COLEÇÃO BIOTECNOLOGIA INDUSTRIAL

Coordenadores da coleção

Flávio Alterthum

Willibaldo Schmidell

Urgel de Almeida Lima

Iracema Moraes

COLEÇÃO BIOTECNOLOGIA INDUSTRIAL

VOLUME 3

PROCESSOS FERMENTATIVOS E ENZIMÁTICOS

2ª edição

Organizador deste volume

Urgel de Almeida Lima

Coleção Biotecnologia Industrial, Volume 3 – Processos fermentativos e enzimáticos, 2ª edição

© 2019 Urgel de Almeida Lima (organizador do volume)

Flávio Alterthum, Willibaldo Schmidell, Urgel de Almeida Lima e Iracema Moraes (coordenadores da coleção)

Editora Edgard Blücher Ltda.

Imagem da capa: iStockphoto

Blucher

Rua Pedroso Alvarenga, 1245, 4º andar

04531-934 – São Paulo – SP – Brasil

Tel.: 55 11 3078-5366

contato@blucher.com.br

www.blucher.com.br

Dados Internacionais de Catalogação na Publicação (CIP)
Angélica Ilacqua CRB-8/7057

Processos fermentativos e enzimáticos / organização de Urgel de Almeida Lima. – 2. ed. – São Paulo : Blucher, 2019.

760 p. : il. (Coleção biotecnologia industrial, coordenada por Flávio Alterthum, Willibaldo Schmidell, Urgel de Almeida Lima, Iracema Moraes; vol. 3)

Bibliografia
ISBN 978-85-212-1457-1 (impresso)
ISBN 978-85-212-1458-8 (e-book)

1. Biotecnologia 2. Biotecnologia – Indústrias 3. Microbiologia industrial 4. Micro-organismos biotecnológicos I. Lima, Urgel de Almeida. II. Moraes, Iracema. III. Alterthum, Flávio. IV. Schmidell, Willibaldo. V. Série.

19-0408
CDD 660.6

Índice para catálogo sistemático:
1. Biotecnologia

Dedicamos este livro à memória dos professores Eugênio Aquarone e Walter Borzani, predecessores desta série

APRESENTAÇÃO

Esta é a segunda edição da coleção Biotecnologia Industrial. A primeira foi publicada em 2001, em quatro volumes, e foi coordenada por quatro professores da Universidade de São Paulo. Ela secundou a coleção Biotecnologia, iniciada em 1975 e continuada em 1983, com cinco volumes editados.

Coordenada por três professores da Universidade de São Paulo (USP) e por uma professora da Universidade Estadual de Campinas (Unicamp), esta edição segue a orientação inicial, tratando de assuntos de natureza multidisciplinar, visando satisfazer aos interesses de profissionais engajados com temas de biotecnologia, de candidatos a uma especialização profissional, e de estudantes de pós-graduação e de graduação de diferentes formações.

O termo "biotecnologia" tem três origens: *bios* (vida), *tecno* (técnica) e *logos* (razão), e significa "conjunto de conhecimentos, especialmente princípios científicos, que se aplicam a uma determinada atividade biológica". O significado é genérico, pois a tecnologia está presente em todas as atividades em que há vida e qualquer definição estará limitada a um setor de conhecimentos.

Como dizia a primeira edição, "para o estudo de tecnologias de transformação de matérias-primas há diversas definições aplicáveis, emitidas por profissionais ou por instituições". "A característica multidisciplinar não significa a justaposição de conhecimentos de profissionais especializados em áreas específicas, mas a integração das técnicas de cada campo de atuação." Observa-se na biotecnologia uma integração entre ciência e técnicas e, para entendê-la, é necessário identificar quais são as atividades envolvidas e a estudar.

Nesta edição, procuramos ater-nos à "Biotecnologia Industrial, em que as matérias-primas a trabalhar são produtos ao natural ou são um material derivado de processamento biotecnológico prévio. Como exemplo, a transformação direta de sucos de frutas em bebidas alcoólicas fermentadas e, posteriormente, seu uso como matérias-primas elaboradas, para obter outros produtos, tais como os fermentados acéticos."

Nosso objetivo foi procurar atualizar os itens abordados pela primeira edição que sofreram modernização e introduzir novos temas de interesse imediato, assim como distribuir a matéria de forma mais ajustada a cada volume. São apresentados novos assuntos de responsabilidade de colaboradores especializados e altamente capacitados.

Em muitos capítulos deixou de ser usada a terminologia "fermentação", a qual foi substituída por "bioprocesso", mais consentânea com as técnicas utilizadas na conservação de produtos, para obtenção de novos manufaturados e na ação de agentes causadores das modificações da matéria-prima ou de sua transformação em produtos econômica e tecnicamente adequados. O termo "fermentação" continua a ser usado na descrição dos processos clássicos, como a obtenção de etanol, vinho, cerveja, vinagre e produtos correlatos.

As fermentações propriamente ditas são bioprocessos com intervenção de microrganismos, mas as atividades que levam à produção de enzimas comerciais, os processos enzimáticos que presidem determinadas atividades do processo biológico e que propiciam transformações sem ação direta de microrganismos, são bioprocessos não caracterizados como fermentação.

São exemplos o escurecimento do chá durante seu beneficiamento, a alteração de produtos alimentares, a obtenção de macromoléculas, como antibióticos e vitaminas, e processos de multiplicação celular, síntese de lipídeos, polissacarídeos e surfactantes.

A presente coleção, como a anterior, é constituída de quatro volumes.

O primeiro – *Fundamentos* – aborda temas fundamentais, indispensáveis ao estudo de bioprocessos.

O segundo – *Engenharia bioquímica* – engloba problemas de engenharia envolvidos nos bioprocessos e outros complementares para o desenvolvimento industrial.

O terceiro – *Processos fermentativos e enzimáticos* – e o quarto – *Biotecnologia na produção de alimentos* – volumes, como na edição anterior, foram destinados à descrição de bioprocessos de interesse e importância industrial.

Todos os temas foram tratados de modo a fornecer informações julgadas relevantes para os que desejam conhecimentos técnicos sobre processos biotecnológicos, para a iniciação e formação de profissionais e para o aperfeiçoamento de técnicos já engajados na industrialização de produtos obtidos por meio de bioprocessos.

Os coordenadores

2019

CONTEÚDO

CAPÍTULO 1
Produção de etanol com matérias-primas sacarinas

Urgel de Almeida Lima

1.1 INTRODUÇÃO

O etanol, ou álcool etílico, tem milenar importância para o homem, inicialmente como bebida, depois como solvente e desinfetante e, na época contemporânea, como combustível líquido alternativo de obtenção renovável.

Em meados do século XIX, a indústria do etanol de batata se desenvolveu na Europa e, no último quarto do século, foi iniciada sua produção no Brasil. Na Europa havia fábricas de fermento para uso em panificadoras, e no estado de São Paulo foi montada uma fábrica similar.

Alemanha, Itália, República Tcheca e, especialmente, França contribuíram para o desenvolvimento das tecnologias de fabricação de etanol por via fermentativa e de construção de aparelhos de destilação. A Primeira Guerra Mundial (1914-1918) contribuiu para o desenvolvimento da produção em grande escala. Naquele período o álcool foi usado como combustível líquido de motores de explosão, incluindo experiências feitas no Brasil.

A importância como combustível líquido alternativo se revelou no Brasil na década de 1970, em decorrência da crise internacional de abastecimento de petróleo. Em poucos anos o país mostrou capacidade de satisfazer suas necessidades e ficou internacionalmente conhecido por isso.

O álcool etílico é produto industrial desde as primeiras décadas do século XX, de importância econômica intimamente ligada à indústria açucareira, da qual o etanol foi subproduto por muitos anos.

A indústria alcooleira produz três tipos de álcool: *aguardente, álcool retificado* e *álcool anidro*, cada qual com seu mercado consumidor específico.

A *aguardente* é bebida alcoólica de amplo consumo, um produto independente e nunca subproduto.

O *álcool retificado* é mistura hidroalcoólica com percentagem de etanol ao redor de 96%, e como tal sempre teve amplo uso, de forma que, por muito tempo, a indústria não precisou preparar o etanol anidro, com concentração superior a 99,5%. Quando passou a ser usado puro em motores, o álcool retificado foi identificado como álcool combustível ou álcool hidratado.

O *álcool anidro*, ou absoluto, é produzido em grande escala desde que sua mistura à gasolina foi oficialmente determinada, a partir da década de 1930.

Em 1929, a crise internacional afetou profundamente as economias de todos os países e, no Brasil, a indústria açucareira sofreu grande dificuldade. Sobravam açúcar e cana, e faltavam divisas para aquisição de combustível veicular. Não havia extração de petróleo, nem refinarias, e o combustível era importado.

Em 1931, o governo federal estabeleceu a obrigatoriedade da mistura de 5% de álcool etílico à gasolina (Decreto n. 19.717), para economizar na importação de combustível e amparar a indústria canavieira.

A primeira destilaria de álcool anidro foi instalada, mas por muitos anos não houve álcool suficiente para misturar a todo combustível consumido. A economia se equilibrou, mas, quando irrompeu a Segunda Guerra Mundial (1939-1945), o país viu-se a braços com nova crise de combustível, e a gasolina foi substituída por gasogênio e álcool retificado.

O uso do gasogênio durou pouco, e restou o uso do etanol como combustível alternativo. Terminada a guerra, voltou a importação de gasolina e a produção de álcool continuou, para atender à mistura de combustíveis e ao uso como matéria-prima para algumas indústrias, como solvente e para a indústria farmacêutica.

Por volta de 1974, a crise internacional de abastecimento de petróleo despertou o interesse para uma nova fase na produção de álcool. Em âmbito internacional buscava-se um combustível alternativo; a experiência brasileira no uso de etanol e o desenvolvimento da tecnologia para produção de cana-de-açúcar contribuíram para a ampliação da fronteira agrícola da cana, para o estímulo à pesquisa na agricultura e para o aperfeiçoamento dos motores a fim de que funcionassem com álcool puro.

Como consequência, destilarias anexas às usinas de açúcar foram modernizadas, foram construídas destilarias autônomas, foi ampliado o parque canavieiro e criado grande número de empregos diretos e indiretos. Houve, também, rápida evolução na construção de motores especialmente projetados para o novo combustível.

O plano de desenvolvimento nessa área, denominado Proálcool, ou Programa Nacional do Álcool, não foi solução improvisada, mas, sim, um projeto modernizador e desenvolvimentista do uso de álcool como combustível. Sem medo de errar, pode-se afirmar que teve origem em 1929-1931.

Infelizmente, o programa arrefeceu com a queda do preço do petróleo no mercado internacional e com a perda do interesse político pelo programa de uso do combustível alternativo, na década de 1980.

Outras contingências fizeram renascer o interesse pela produção de etanol, por outras energias alternativas e pela produção do que se convencionou denominar de álcool de segunda geração. Este foi assim denominado pela perspectiva de hidrolisar o material celulósico do bagaço residual de moagem da cana, obter mais açúcar e utilizá-lo para produzir álcool.

Trata-se de uma industrialização nascente, mas foram perdidos muitos anos para complementar um programa de pesquisas para obtenção de energia alternativa e de proteção ao ambiente. A interrupção de um programa dessa natureza dificulta a recuperação do tempo perdido e o desenvolvimento geral.

1.2 DIFERENTES TIPOS DE ÁLCOOL PRODUZIDOS NO BRASIL

Quando se usa a expressão "álcool", na quase totalidade das vezes ela significa álcool etílico. Produzido pela fermentação de substâncias açucaradas, é encontrado em bebidas e em farmácias, além de ser empregado na fabricação de medicamentos, cosméticos e síntese de outras substâncias.

Nas indústrias em que ele é produzido, há terminologia usada para identificar o produto, coprodutos e resíduos. Assim:

- Etanol: obtido por bioprocesso de substâncias açucaradas.

- Etanol hidratado – EH: é o produto da destilação das substâncias açucaradas fermentadas, também identificado como *álcool retificado*, com teor de 92,8% de álcool puro em massa, ou 96,5% em volume. É comumente usado na indústria farmacêutica, em alcoolquímica, para fabricar bebidas, vinagre e ácido acético, na síntese de cloral e iodofórmio.

- Etanol hidratado combustível – EHC: é o etanol hidratado usado diretamente como combustível de veículos (BRASIL, 2011).

- Etanol anidro – EA: é o etanol com, no mínimo, 99,3% de álcool em massa, usado na indústria de bebidas, farmacêutica e alcoolquímica.

- Etanol anidro carburante – EAC: etanol anidro carburante (de acordo com as resoluções citadas da Agência Nacional do Petróleo – ANP) com, no mínimo, 99,3% em massa, para misturar à gasolina veicular.

- Álcoois homólogos superiores: todos os álcoois que tenham massa molecular e temperatura de ebulição superiores às do etanol.

- Etanol fino: etanol hidratado (EH) de alta pureza em etanol e baixo teor de contaminantes, usado em cosméticos e perfumes.

- Etanol neutro, extraneutro ou extrafino: álcool hidratado (EH) de excelente qualidade físico-química, baixo teor de contaminantes, usado em medicamentos, cosméticos, perfumes e bebidas, sob especificações dos compradores.

- Flegma: mistura hidroalcoólica que flui da coluna de destilação, com graduação de 40% a 50% de álcool em volume.

- Cachaça: destilado obtido de caldo de cana-de-açúcar fermentado por leveduras alcoólicas, com teor de 38% a 48% de etanol em volume, medido a 20 °C, e características organolépticas específicas. É uma flegma.

- Aguardente: destilado obtido pela destilação do mosto fermentado de caldo de cana-de-açúcar por leveduras alcoólicas, com teor de 38% a 54% de álcool em volume, medido a 20 °C e características organolépticas específicas, ou por rebaixamento do teor alcoólico do destilado alcoólico simples. É uma flegma.

- Destilado alcoólico simples de origem agrícola: é o produto com graduação alcoólica superior a 54% e inferior a 95% em volume, medido a 20 °C, destinado à elaboração de bebida alcoólica.

- Vinhaça: líquido residual da destilação das substâncias açucaradas fermentadas (vinhos), que deixa os aparelhos de destilação (alambiques e colunas) tanto nas destilarias de bebidas como nas produtoras de etanol industrial.

- Flegmaça: flegma desalcoolizado, efluente da base da coluna de retificação, composto de água, sólidos solúveis, álcoois superiores e etanol residual.

- Óleo fúsel: mistura de álcoois superiores com predominância dos álcoois amílico e isoamílico, extraída na coluna de retificação.

- Efluente ou purga: produto da regeneração das peneiras moleculares. Também é uma flegma.

1.3 VIAS DE OBTENÇÃO DO ETANOL

Há três vias básicas: destilatória, sintética e por bioprocesso.

Por *via destilatória* o álcool etílico é obtido pela destilação de materiais que o contenham, tais como bebidas alcoólicas inadequadas para o consumo. É forma de pouca significação econômica, a não ser para determinadas regiões vinícolas para controle do preço de vinhos de mesa oriundos de certas castas de uva.

Também, por excesso de produção de materiais alcoólicos, ou necessidade emergencial, como já ocorreu no Brasil em tempos passados, quando houve uma campanha de produção de álcool por redestilação de aguardente.

Por *via sintética* é obtido com hidrocarbonetos alifáticos não saturados, como etino (acetileno) e eteno (etileno). A obtenção do álcool etílico por síntese é conhecida desde as primeiras décadas do século XIX, mas demorou a prosperar por dificuldades diversas, entre as quais a exigência de se trabalhar com grandes volumes de ácido sulfúrico.

A via sintética é viável nas regiões que dispõem de produção de hidrocarbonetos a baixo custo por decorrência de grandes jazidas de petróleo, xistos ou de gás natural. Em países com essas condições, o álcool passou a ser produzido em grandes volumes por essa via, diminuindo o interesse pela via fermentativa.

O processo de síntese mais difundido é o que usa etileno como matéria-prima.

A *via fermentativa*, ou por bioprocesso, é a mais difundida e, para o Brasil, a que merece atenção pelo volume de álcool produzido.

Se, em determinado momento, a produção de etanol por via sintética viesse a ser viável porque o país se tornara autossuficiente em petróleo e gás natural, ainda assim a via fermentativa continuaria a ser importante no Brasil. A indústria de bebida alcoólica fermento-destilada não seria eliminada e continuaria significativa para a economia. Produzido em enorme volume, o destilado continuaria a ser obtido como de tradição e não seria substituído por produto gerado por diluição de álcool sintético. Sem as características organolépticas peculiares, seria recusado.

A cana-de-açúcar, que viceja em todos os estados, em alguns com maior propriedade, é a matéria-prima adequada para a indústria de bebida destilada. Ela é fabricada em indústrias de portes diversos, desde as muito pequenas, praticamente domésticas, às de vastas proporções, com capacidade para milhares de litros horários, provedoras de grandes engarrafadoras comerciais.

1.4 MATÉRIAS-PRIMAS PARA A PRODUÇÃO DE ÁLCOOL

As matérias-primas para a produção de álcool por bioprocesso são vegetais ricos em carboidratos. Eles podem se classificar em materiais açucarados (sacarinos), amiláceos e celulósicos.

São materiais açucarados o açúcar de cana-de-açúcar ou de beterraba, o caldo da cana, o extrato da beterraba, os subprodutos da extração da sacarose, como os méis das usinas, as águas doces da indústria, o suco de sorgo ou do milho sacarino, os sucos de frutas, algaroba, soro de leite e outros.

São materiais amiláceos os que contêm amido: grãos, as raízes tuberosas que contêm amido e inulina, rizomas e caules subterrâneos.

São materiais celulósicos madeiras, galhos, ramos de árvores, palhas, bagaço de cana-de-açúcar, licor sulfítico residual da produção de celulose e papel, em que o carboidrato é representado pela celulose e pela hemicelulose.

Neste capítulo, trataremos somente das matérias-primas sacarinas. A produção de álcool a partir de matérias-primas amiláceas será abordada no Capítulo 2 deste volume, "Álcool de matérias-primas amiláceas", e a produção de álcool de materiais celulósicos no Capítulo 3 deste volume, "Produção de etanol de segunda geração".

Para que o material vegetal seja considerado matéria-prima para produção de álcool, é necessário que seja obtido em escala suficiente para suprir de forma econômica as exigências de volume da indústria produtora.

Do ponto de vista global e de produção em grande escala, merecem atenção a cana-de-açúcar, a beterraba açucareira e o milho; porém, no Brasil, as matérias-primas viáveis para a indústria do álcool etílico são a cana-de-açúcar e seus subprodutos açucarados.

1.5 MATÉRIAS-PRIMAS SACARINAS

São denominadas plantas sacarinas as que encerram alto teor de sacarose em sua composição, como palmáceas e várias gramíneas, entre as quais o sorgo e o milho sacarinos, de curto ciclo vegetativo.

Durante a vigência do Programa Nacional do Álcool, instalado no Brasil em 1975, o sorgo e o milho sacarinos, que reservam sacarose em seus colmos, ganharam evidência como potenciais matérias-primas energéticas. Embora já existam muitas informações sobre esse tipo de sorgo, ele ainda não conheceu grande expansão em termos de exploração agrícola econômica e energética. Sobre o milho sacarino há muito a estudar.

As plantas sacarinas são empregadas na extração do açúcar, ou na produção de energia, considerando-se como energéticos, além do próprio açúcar, o álcool e o material celulósico que sobra na industrialização, ou seja, o bagaço.

A cana-de-açúcar é a planta sacarina por excelência, anual, de ciclo mais longo que as precedentes. A sacarose, as águas doces e os méis de usinas de açúcar incluem-se nessa categoria de matéria-prima.

1.5.1 BETERRABA AÇUCAREIRA COMO MATÉRIA-PRIMA

Por muitos séculos a cana-de-açúcar foi a matéria-prima dominante na produção industrial de açúcar, mas encontrou competidora no século XVIII. Em 1747, na Alemanha (então Prússia), Andréas Margraaf descobriu um açúcar cristalizável nas raízes de beterraba e o identificou como sacarose. Em 1796, Franz Karl Achard, alemão, filho de um refugiado francês, desenvolveu um processo industrial para extraí-lo. Há autores que afirmam que Achard foi discípulo de Margraaf, mas sua tecnologia foi desenvolvida praticamente cinquenta anos depois da identificação da sacarose na beterraba.

A indústria do açúcar de beterraba nasceu na Alemanha e daí passou para a França e Bélgica. Passaram-se aproximadamente 150 anos dessa descoberta até a cultura da beterraba ser implantada em países da Europa e nos Estados Unidos.

Ela é adequada para a produção de etanol em outros países. No Brasil houve ensaios para seu cultivo no Rio Grande do Sul, mas essa prática não prosperou. Embora não seja planta econômica no país, culturalmente é proveitoso conhecer algo sobre ela.

As primeiras raízes estudadas procediam de planta nativa ou autóctone, com baixo teor de sacarose, melhorada ao longo dos anos. À medida que as seleções levaram à produção de mais toneladas por hectare, maior resistência a doenças e menor quantidade de cinza, o teor de sacarose foi aumentando. Pela bibliografia, foram atingidos de 13% a 15% de açúcar, e posteriormente obtiveram-se variedades com até 26% a 27% de açúcar. As seleções iniciais partiram da escolha de sementes.

A beterraba não oferece resíduo celulósico combustível, e a industrialização de seu açúcar depende do uso de combustíveis diversos para energia motora e calorífica.

Há referência à produção de até 60 t/ha de beterrabas apropriadas para destilarias. Algumas variedades são menos ricas em sacarose, normalmente com 9% a 12%, e outras contêm de 12% a 14% de açúcar. Tanto uma como outra classe de raízes produzem de 90% a 94% de suco com 82% a 85% de água, 1,5% a 1,8% de materiais nitrogenados e de 0,8% a 1,4% de minerais, com predominância de sais de potássio (30%) e de fósforo (50%). As beterrabas cultivadas para produção de açúcar têm menor rendimento agrícola, mas são mais ricas em sacarose.

Sua produção varia de 30 t/ha a 35 t/ha, com 15% a 18% de sacarose, 78% a 80% de umidade, 1% a 1,5% de matérias nitrogenadas, 0,7% a 0,9% de cinza, pentoses e ácidos orgânicos. As raízes em adequado estádio de maturação e em bom estado fitossanitário contêm mínimas quantidade de glicose e rafinose. Elas pesam, comumente, de 1 kg a 1,5 kg.

 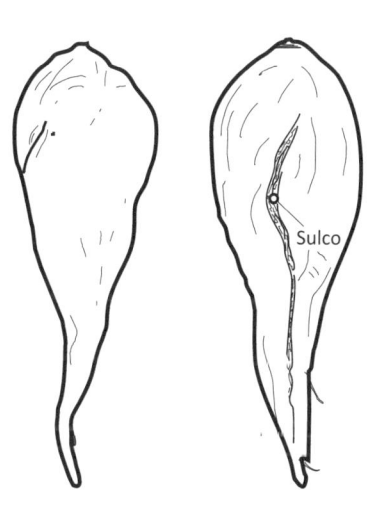

Figura 1.1   Beterraba açucareira.

Após definir-se internacionalmente a necessidade de produzir energia com matérias-primas renováveis e o etanol como combustível líquido alternativo, foi instalada na Inglaterra, próximo de Norfolk, uma destilaria para produzir 70 milhões de litros de etanol com 110 mil toneladas de beterraba. No Reino Unido, uma safra pode se estender por até 150 dias.

Tabela 1.1   Composição centesimal de raiz de beterraba açucareira

Componente	Mínimo	Máximo	Média
Umidade	78	82	80,5
Matéria seca	17	21	19,5
Cinza	0,9	1,25	1,13
Fibra e celulose	1,52	2,2	1,90
Matéria graxa	0,28	0,47	0,30
Açúcares	12,5	16,7	14,5
Material nitrogenado	1,11	2,6	1,32
Nitrogênio	0,178	0,41	0,26

Fonte: Lima (2010).

1.5.2 CANA-DE-AÇÚCAR COMO MATÉRIA-PRIMA

Como o nome indica, a cana-de-açúcar encerra açúcares em sua composição, sendo a sacarose predominante nas canas maduras. Trata-se de um dissacarídeo, carboidrato de forma geral $C_{12}H_{22}O_{11}$, composto de uma molécula de glicose e de uma de frutose. Por ação da luz, em presença de água, de minerais e da clorofila, o dióxido de carbono da atmosfera é transformado em carboidrato.

Suas características e qualidade como matéria-prima são descritas no capítulo "Produção de aguardente de cana-de-açúcar", no volume 4 desta coleção.

1.6 BIOPROCESSO DE OBTENÇÃO DO ETANOL

O etanol tem origem no desdobramento de açúcares simples por ação de enzimas encontradas em microrganismos, entre os quais os mais importantes são as leveduras. O etanol se origina da ação dos microrganismos sobre os açúcares.

Entre os açúcares simples, a glicose e frutose (monossacarídeos) e a sacarose (dissacarídeo) ocupam lugar de destaque, componentes oriundos da seiva e dos sucos dos frutos. Sua decomposição é correntemente representada pela denominada equação de Gay-Lussac:

$$C_6H_{12}O_6 \rightarrow 2\ C_2H_5OH + 2\ CO_2 + \text{liberação de energia (2 ATP)}$$

Glicose   Álcool   Dióxido de carbono

Os açúcares simples são diretamente fermentescíveis. Os dissacarídeos e os polissacarídeos devem ser hidrolisados primeiramente.

No caso da sacarose, a invertase da levedura hidrolisa o dissacarídeo a dois açúcares simples, ambos redutores. A invertase causa a formação do açúcar invertido, que é a mistura em partes iguais de glicose e de frutose, e depois os dois monossacarídeos são desdobrados em álcool e CO_2, com liberação de energia térmica. A produção do álcool ocorre em duas fases:

Hidrólise da sacarose (ou inversão): $C_{12}H_{22}O_{11} + HOH \rightarrow C_6H_{12}O_6 + C_6H_{12}O_6$

Sacarose   Glicose   Frutose

(Açúcar invertido)

Fermentação de cada monossacarídeo: $C_6H_{12}O_6 \rightarrow 2\ C_2H_5OH + 2\ CO_2$

1.7 RENDIMENTO EM ÁLCOOL NA FERMENTAÇÃO ALCOÓLICA

Por meio das equações anteriores é possível determinar qual é o rendimento teórico da fermentação alcoólica de cada matéria-prima, expresso em álcool absoluto, ou a 100% de pureza.

Monossacarídeos – glicose, frutose, açúcar invertido

$C_6H_{12}O_6 \rightarrow 2\ C_2H_5OH + 2\ CO_2 +$ liberação de energia (2 ATP)
180   92   +   88

180:92::100:x

x = (100 × 92)/180 = 51,11 g de álcool absoluto

Dissacarídeos – sacarose, maltose

$C_{12}H_{22}O_{11} + HOH \rightarrow C_6H_{12}O_6 + C_6H_{12}O_6$
342   18   180   180

$2\ C_6H_{12}O_6 \rightarrow 4\ C_2H_5OH + 4\ CO_2$
360   184   176

342:184::100:y

y = (100 × 184)/342 = 53,80 g de álcool absoluto

Polissacarídeo – amido $(C_6H_{10}O_5)_n$

Hidrólise (sacarificação): $C_6H_{10}O_5 + HOH \rightarrow C_6H_{12}O_6$
162   18   180

Fermentação: $C_6H_{12}O_6 \rightarrow C_2H_5OH + 2\ CO_2$

$\quad\quad\quad\quad\quad\ 180 \quad\quad 92 \quad\quad 88$

$$162:92::100:z$$

$$z = (100 \times 92)/162 = 56{,}79 \text{ g de álcool absoluto}$$

Resumindo:

Tabela 1.2 Rendimento teórico de álcool absoluto em massa, usando monossacarídeos, dissacarídeos e polissacarídeos

Matéria-prima	Quilogramas de álcool absoluto	Rendimento (%)
Glicose, frutose, açúcar invertido	51,11	51,11
Sacarose, maltose	53,80	53,80
Amido	56,79	56,79

Utilizando a informação de que o peso específico do álcool a 100%, à temperatura de 15 °C, é de 0,7947, calcula-se o rendimento teórico em volume.

Massa = Volume × densidade, ou Volume = Massa/densidade

Tabela 1.3 Rendimento teórico de álcool absoluto em volume, usando monossacarídeos, dissacarídeos e polissacarídeos

Matéria-prima	Litros de álcool absoluto	Rendimento (%)
Glicose, frutose, açúcar invertido	64,31	64,31
Sacarose, maltose	67,70	67,70
Amido	71,44	71,44

Os rendimentos teóricos (ou estequiométricos) não são alcançados na prática por diversos motivos, tais como eficiência das leveduras, massa de leveduras empregada, instalação da destilaria, produtos secundários à fermentação, infecções dos mostos e outros mais decorrentes da complexidade do processo de fermentação.

1.8 PREPARAÇÃO DOS MEIOS DE FERMENTAÇÃO

A matéria-prima não é suscetível à fermentação em seu estado natural. Preparar um meio de fermentação é condicioná-la às exigências técnicas e econômicas para submetê-la à ação dos microrganismos. Ela possui amido, glicose ou mistura de sacarose, glicose e frutose. O milho, raízes tuberosas, tubérculos e grãos contêm amido; sucos de frutas, caldo de cana-de-açúcar contêm mistura de sacarose, glicose e frutose, assim como os melaços. Uvas contêm glicose. No Brasil a quase totalidade do álcool industrial é produzida com cana-de-açúcar e melaço.

Nas destilarias, os mostos, ou seja, os substratos açucarados que se obtêm dessas matérias-primas, são preparados em dependências que contam com tanques de medição, balanças, diluidores mecânicos, depósitos de sais minerais e de antissépticos, aquecedores ou resfriadores, medidores de ácido e demais acessórios.

1.8.1 PREPARO DOS MOSTOS DE MELAÇO

O melaço é inicialmente diluído convenientemente com água. Alguns autores recomendam usar vinhaça na diluição, mas esse uso é restrito à obtenção de certos tipos de rum.

Há duas formas de diluição: de maneira contínua e em descontínuo.

A *diluição contínua* facilita o trabalho – é feita em misturadores onde água e melaço, ao serem escoados, contínua e concomitantemente provocam a diluição pela mistura dos dois fluxos, mas ela é imperfeita. Os inconvenientes são a diferença de viscosidade de cada fluido e a composição do melaço.

Além da diferença de viscosidade do melaço em relação à água de diluição, ele encerra ar ocluso, tem composição variável a cada turbinagem ou a cada cozimento, a temperatura também varia, e todos esses fatores contribuem para alterações frequentes da densidade, diferente em cada carga para o depósito. Ao retirar o melaço dos tanques de armazenamento, essas variáveis deixam sua marca e fica impossível calcular o peso do melaço pelo seu volume, pois esta relação muda constantemente em função das variáveis apontadas.

Por essas razões, a diluição em regime contínuo exige supervisão constante e rigorosa para enviar mosto de concentração adequada às dornas de fermentação. Esse fator é importante para determinar os rendimentos da fermentação em álcool e o controle da destilaria.

A *diluição descontínua* é feita em tanques providos de agitadores mecânicos individuais. Uma carga de água é colocada no tanque, o agitador é acionado e em seguida é feita uma carga de melaço. Por meio de areômetros é feito o controle da densidade do mosto. Com esse sistema é possível conseguir ajuste uniforme de todas as cargas de mosto destinadas à dorna de fermentação. O inconveniente da diluição descontínua é a exigência de mais de um tanque para garantir a alimentação completa da dorna.

Normalmente são usados três tanques de diluição: um em trabalho de diluição, outro de mosto já diluído e o terceiro em descarga. A diluição descontínua associada com uma balança de caldo ou de melaço permite saber a quantidade de açúcares que está em fermentação; é uma vantagem para os cálculos de rendimento da destilaria.

As concentrações dos mostos, nas destilarias brasileiras, são comumente expressas em graus Brix, e os melaços, diluídos de 15 °Brix a 25 °Brix, com médias de 16 °Brix a 18 °Brix.

Mostos muito diluídos fermentam mais rapidamente e sujam menos os aparelhos de destilação, mas requerem maior volume útil de dornas, mais espaço para elas, mais água para diluição e maior período de safra, além de favorecerem o surgimento de infecções.

Por outro lado, os muito concentrados ocasionam maiores perdas em açúcares não fermentados, temperaturas mais elevadas no processo e sujam mais os aparelhos de destilação. Entretanto, há diminuição do número de dornas e do período de safra.

É comum o uso de mostos mistos, mistura de melaço com caldo de cana. É normal o aparecimento de incrustações nas bandejas e calotas dos aparelhos de destilação quando se trabalha com mostos de melaço puro (SOUZA; LIMA, 1973).

1.8.2 PREPARO DOS MOSTOS DE CALDO DE CANA

O caldo de cana obtido por difusão deve ser resfriado antes de ser encaminhado às dornas.

Quando obtido pelo esmagamento das canas nas moendas, misturado com a água de embebição, é rico em sacarose e em açúcares redutores e está convenientemente diluído para ser fermentado pelas leveduras alcoólicas.

Embora seja possível fazer a fermentação com o caldo bruto, é prática comum clarificá-lo por meio de aquecimento, decantação e filtração para separar coloides, gomas e materiais nitrogenados. O caldo se torna um mosto mais limpo, fermenta melhor, espuma menos e suja menos os aparelhos de destilação. Após a clarificação, o caldo deve ser resfriado antes de ser encaminhado ao tratamento.

Para melhor desempenho do bioprocesso, é recomendável trabalhar com concentração correspondente a 15 °Brix a 16 °Brix. O caldo muito rico deve ser ligeiramente diluído. Entretanto, é preciso evitar trabalhar com canas não perfeitamente maduras. Um caldo bruto com menos de 18 °Brix em geral não fermenta bem, e é conveniente aguardar que a matéria-prima atinja no mínimo os 18 °Brix, que já atestam maturação conveniente.

1.9 FERMENTAÇÃO ALCOÓLICA

O homem vem utilizando a fermentação alcoólica desde a mais remota Antiguidade; há mais de 4 mil anos os egípcios já fabricavam pão e produziam bebidas alcoólicas a partir de frutas e cereais. Entretanto, apenas em época relativamente recente, quando comparada com as datas históricas longínquas, a fermentação foi relacionada com a levedura, fungo amplamente distribuído na natureza e capaz de sobreviver em condições aeróbias e anaeróbias. Ela foi notada pela primeira vez por Antonie van Leewenhoek (1623-1723) ao observar amostra de cerveja em fermentação em seu microscópio rudimentar.

Após 1815, quando Gay-Lussac formulou a equação estequiométrica da fermentação, Pasteur comprovou a natureza microbiológica da fermentação alcoólica como um processo anaeróbio, isto é, a manifestação da vida em ausência de ar (oxigênio). A partir daí, sobretudo nas primeiras décadas do século XX, foram sendo elucidadas as reações enzimáticas da transformação química do açúcar em etanol e dióxido de carbono no interior da célula.

A produção de pão, de cerveja, de vinho e de outras bebidas alcoólicas e, em data mais recente, a obtenção de combustível alternativo e renovável são processos biotecnológicos que dependem das leveduras do gênero *Saccharomyces*. Como consequência, ela passou a ser o microrganismo eucariótico (célula com núcleo organizado e processos metabólicos compartimentados) mais estudado e de metabolismo mais conhecido. Novas descobertas sobre o mecanismo de regulação metabólica em leveduras continuam a merecer a atenção dos pesquisadores.

1.9.1 METABOLISMO NO INTERIOR DA CÉLULA

Doze reações em sequência ordenada presidem a transformação de açúcar em etanol e dióxido de carbono, cada uma catalisada por uma enzima específica. Esse complexo enzimático está incluso no citoplasma celular, local onde se processa a fermentação alcoólica (Figura 1.2).

As enzimas ditas glicolíticas são afetadas por diferentes fatores (inibidores, nutrientes, vitaminas, produtos do próprio metabolismo, pH, temperatura e outros), alguns estimulando e outros reprimindo a ação enzimática, com reflexos sobre o desempenho do processo desenvolvido pelas leveduras.

As leveduras do gênero *Saccharomyces* são aeróbias facultativas, o que significa que podem se adaptar, metabolicamente falando, a condições de aerobiose e de anaerobiose (ausência de oxigênio molecular). Os produtos finais da metabolização dos açúcares dependem das condições em que as leveduras se encontram no meio.

Uma porção de açúcar é transformada em biomassa, dióxido de carbono e água em meio oxigenado. Quando em anaerobiose, é convertida em etanol e dióxido de carbono. Os carboidratos considerados substrato para fermentação podem ser endógenos (constituintes do microrganismo, como glicogênio e trealose) ou exógenos, fornecidos durante o processo (sacarose, glicose, frutose e outros).

Durante o metabolismo dos açúcares a levedura gera energia (ATP – adenosina trifosfato) necessária para realizar as atividades fisiológicas (absorção, excreção) e biossínteses necessárias para crescimento, manutenção de vida e reprodução, perpetuação da espécie, em resumo.

Fermentação alcoólica

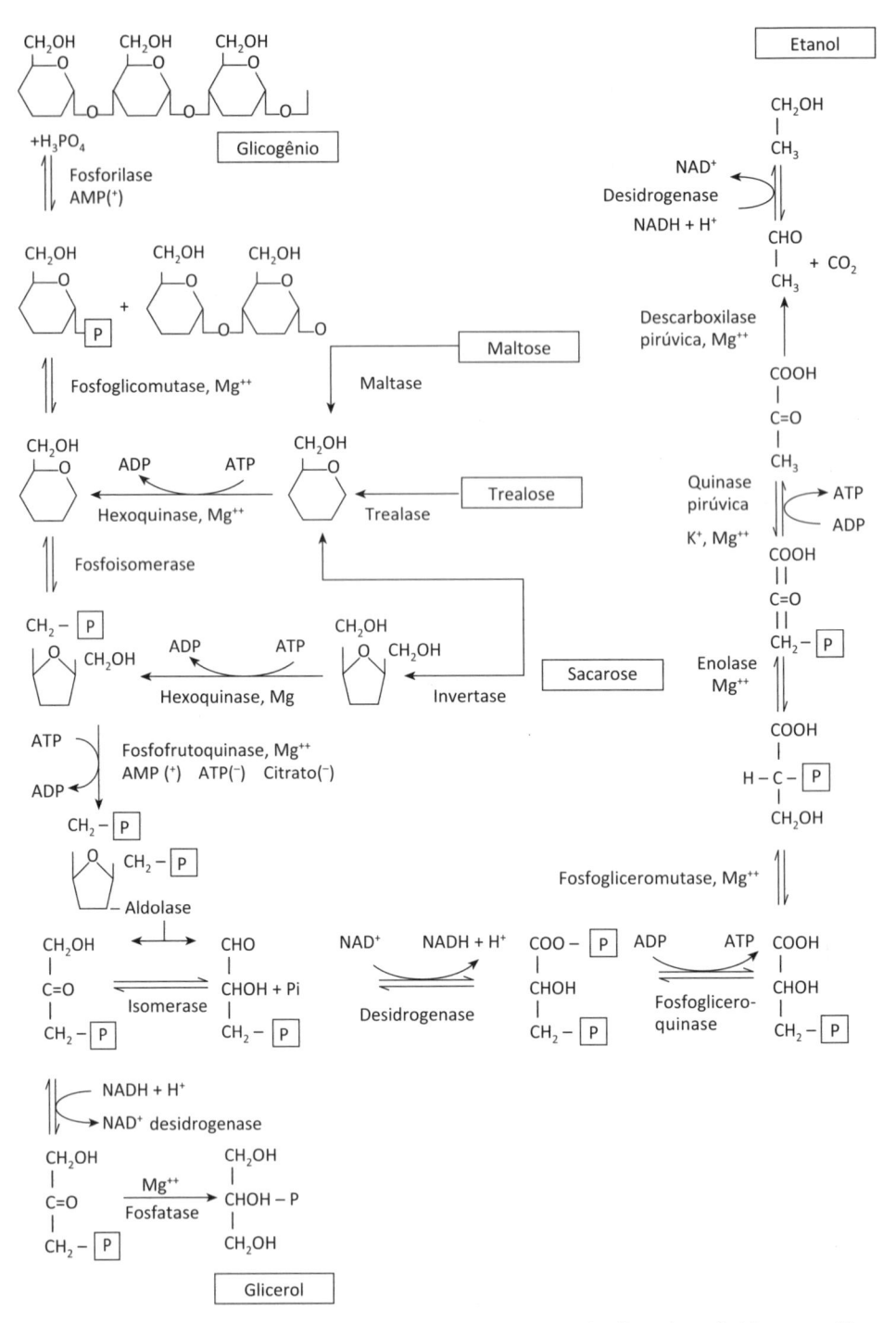

Figura 1.2   Sequência das reações enzimáticas no bioprocesso alcoólico de carboidratos endógenos (glicogênio e trealose) ou exógenos (sacarose e maltose) conduzido por *Saccharomyces*.

Fonte: Lima, Basso e Amorim (2001).

O etanol e o CO_2 resultantes são produtos de excreção sem utilidade metabólica para a levedura em anaerobiose. Entretanto, quando em aerobiose, o etanol e outros produtos excretados, como glicerol e ácidos orgânicos, podem ser oxidados por via metabólica e geram mais ATP e biomassa.

1.9.2 PRODUTOS SECUNDÁRIOS DA FERMENTAÇÃO

Na sequência de reações enzimáticas de produção de energia (ATP) e de etanol, há rotas metabólicas alternativas que levam à formação de materiais necessários para a constituição de massa celular (polissacarídeos, lipídeos, ácidos nucleicos, proteínas e outros) e formação de outros produtos importantes para adaptação e sobrevivência do microrganismo.

Concomitantemente com etanol e dióxido de carbono, são formados e excretados glicerol, ácidos orgânicos (succínico, acético, pirúvico), alcoóis superiores, aldeído acético, acetoína, butilenoglicol e outros de menor significado. Ao mesmo tempo é formada biomassa, pelo crescimento das leveduras.

Admite-se que 5% do açúcar metabolizado pela levedura são consumidos para a geração dos produtos secundários da fermentação, resultando que a equação estequiométrica de rendimento (descrita anteriormente) fique reduzida a 95%, no máximo. Esse resultado foi enunciado por Pasteur, quando trabalhou com mostos sintéticos, e denominado por alguns autores como rendimento Pasteur, o máximo possível em condições práticas. Entretanto, esse rendimento não é normalmente alcançado, sendo admitido que, na indústria, 10% dos açúcares são consumidos para a geração de produtos que não o etanol. Segundo esse raciocínio, deve-se considerar três tipos de rendimento na fermentação: rendimento teórico ou estequiométrico, rendimento Pasteur e rendimento prático. Um rendimento de 90% é considerado como ótima eficiência fermentativa. A Tabela 1.4 ilustra diferentes eficiências fermentativas.

O glicerol, o mais abundante produto secundário da fermentação, é formado e depende do equilíbrio do poder redox celular que se altera quando da formação de ácidos orgânicos, massa celular e presença de sulfito no mosto. O estresse osmótico causado por concentrações elevadas de açúcares ou de sais minerais nos mostos influencia a formação de glicerol.

Quanto à formação do ácido succínico por razões fisiológicas, não há conclusão definitiva, mas é aceito que sua produção é afetada por meio fermentativo inadequado. Não há evidência da necessidade metabólica desse ácido para a levedura, mas é aceito que sua presença favorece a competitividade das leveduras com as bactérias contaminantes. A hipótese é de que atue em sinergia com o etanol com atividade antimicrobiana durante a fermentação alcoólica.

Oferecer um meio de fermentação adequado, ou seja, corrigido e adicionado de elementos que favoreçam a conversão de açúcar em etanol com o mínimo de formação de produtos secundários, significa oferecer à levedura condições para sua atividade metabólica com o máximo de rendimento no produto principal, o etanol, sem prejudicar as atividades metabólicas do microrganismo.

Tabela 1.4 Proporção dos diversos produtos de fermentação alcoólica em g/100 g de glicose metabolizada, de acordo com fontes e eficiência fermentativa diferentes

Produto obtido	Pasteur 95%	Jackman (1987) 90% a 95%	Basso et al. (1996) 85% a 92%
Etanol	48,5	45,0-49,0	43,0-47,0
Dióxido de carbono	46,4	43,0-47,0	41,0-45,0
Glicerol	3,3	2,0-5,0	3,0-6,0
Ácido succínico	0,6	0,0-1,5	0,3-1,2
Ácido acético	–	0,0-1,4	0,1-0,7
Óleo fúsel	–	0,2-0,6	–
Butilenoglicol	–	0,2-0,6	–
Massa celular (seca)	1,2	0,7-1,7	1,0-2,0

Fonte: Lima, Basso e Amorim (2001).

1.9.3 FATORES QUE EXERCEM INFLUÊNCIA NA FERMENTAÇÃO

O bom desempenho de um processo fermentativo depende de fatores físicos, químicos e microbianos. Físicos, a temperatura e a pressão osmótica; químicos, a reação do meio, oxigenação, os nutrientes minerais e orgânicos e a ocorrência de inibidores. São fatores microbianos a espécie, a linhagem, a concentração do microrganismo eleito para o processo e a presença de contaminantes.

A redução da eficiência fermentativa conduz a alteração na estequiometria do processo e causa aumento na formação de produtos secundários, com predominância de glicerol e ácidos graxos, e aumento na massa celular.

1.9.3.1 Agente de fermentação

As leveduras foram os primeiros microrganismos visualizados em um meio em fermentação, por Leewenhoek em seu rudimentar microscópio. Mais tarde foram devidamente identificadas, e depois pesquisadores observaram que havia bactérias capazes também de produzir álcool, entre as quais a *Zynomonas mobilis*. Industrialmente, porém, as leveduras continuam sendo os agentes mais conhecidos e estudados de fermentação alcoólica.

A levedura de fermentação alcoólica por excelência é a *Saccharomyces cerevisiae*, responsável por muitas linhagens selecionadas, tais como *S. ellipsoideus*, *S. carlsbergensis*, *S. uvarum*. Tidas como espécies diferentes, isoladas de meios distintos, por estudos relativamente recentes, foram consideradas como *S. cerevisiae*, com designação particularizada para linhagens diversas, de características próprias, de acordo com as condições em que o bioprocesso se desenrola.

O desempenho do processo fermentativo depende do tipo de levedura que o executa. Seria melhor dizer tipo de "fermento que o executa", fermento designando o inóculo, a maneira como a levedura foi adquirida ou preparada, ou ainda a massa de microrganismos que realiza a decomposição dos açúcares em um meio de fermentação. Nesse sentido, há três tipos básicos de fermento.

O *primeiro* a considerar é um inóculo preparado com células de levedura pura obtida de uma coleção de cultura, em tubos de cultura ou em tubos contendo células liofilizadas, isoladas e purificadas em uma instituição especializada. De maneira geral, elas foram examinadas e têm suas características de desempenho registradas. As células, também identificadas como unidades formadoras de colônia (UFC), são isoladas e puras, mas para serem usadas industrialmente devem ser primeiramente desenvolvidas em meios próprios e em condições assépticas até apresentarem um número de células apropriado para fermentar os volumes de meio normalmente usados nas destilarias.

O *segundo* é o denominado fermento de panificação, uma biomassa desenvolvida industrialmente por companhias especializadas, distribuída em blocos úmidos ou sob a forma seca, geralmente em pérolas minúsculas. Sob a forma úmida é conhecido como fermento prensado, comercialmente designado pela razão social da empresa fabricante, e em pérolas, como fermento seco. Esse tipo de inóculo apresenta a vantagem de poder ser adquirido em massa ou volume suficiente para qualquer quantidade de meio industrial. Pode ser usado imediata e independentemente de desenvolvimento prévio de células, para iniciar e manter um processo fermentativo. Em geral, esse fermento em geral encerra contaminantes, ou seja, outras espécies de microrganismos que não leveduras alcoólicas, comumente bactérias. Sua preparação é executada em boas condições de assepsia, e o fermento contém número suficiente de células para trabalhar de imediato com grandes massas ou volumes de meio. É conhecido como fermento de panificação graças a seu uso em grande escala nas panificadoras, diuturnamente, uma vez que fabricado o principal produto, o pão, as leveduras são destruídas no forneamento. Sua pureza é adequada para o fim a que se destina. Para uso em destilarias há a necessidade de cuidados em seu uso e manutenção, pois pode ser recuperado e reusado em novas fermentações. A facilidade de uso e de aquisição difundiu rapidamente seu emprego nas destilarias.

O *terceiro* tipo básico de inóculo, comumente designado "fermento caipira", ou "fermento natural", é um inóculo obtido a partir de leveduras existentes nos meios naturais a fermentar, leveduras ocorrentes na natureza sobre folhas, caules, flores e frutos. Por essa razão, também são conhecidas como leveduras naturais, ou selvagens, à falta de melhor denominação. As células que ocorrem naturalmente são capazes de fermentar os açúcares da matéria-prima natural, porém, para que o bioprocesso industrial seja eficiente e econômico, é necessário multiplicá-lo até um valor adequado. É um trabalho relativamente fácil, mas exige conhecimentos, ainda que rudimentares, das exigências metabólicas do microrganismo.

1.9.3.2 Exigências nutricionais

As leveduras são organismos saprófitos e, como tal, exigem uma fonte de carbono (glicose ou outro açúcar) que forneça energia química e a estrutura carbônica da constituição celular, formada predominantemente de carbono, oxigênio e hidrogênio.

Algumas vitaminas, como ácido pantotênico e tiamina, são essenciais. Além disso, o meio deve fornecer nitrogênio, fósforo, enxofre, potássio, magnésio, cálcio, zinco, manganês, cobre, ferro, cobalto, iodo e outros elementos em mínimas quantidades.

A *Saccharomyces cerevisiae* utiliza nitrogênio sob a forma amoniacal (NH_4^+), amídica (ureia) ou amínica (aminoácidos), mas não metaboliza N sob a forma de nitratos e não metaboliza proteínas do meio.

O fósforo é absorvido como íon $H_2PO_4^-$ predominante em pH 4,5, e o enxofre pode ser assimilado como sulfato, sulfito e tiossulfato. A exigência em enxofre não é grande, e quando a matéria-prima for melaço residual de açúcar sulfitado haverá elemento residual suficiente para a levedura, tanto quanto pode ser fornecido pelo ácido sulfúrico usado no tratamento do fermento.

A Tabela 1.5 indica as necessidades dos nutrientes para a levedura, mas que eventualmente não precisam ser adicionados aos mostos porque existem na matéria-prima em teor satisfatório. Entretanto, podem ocorrer deficiências que necessitem de correção como, por exemplo, quando o mosto é de caldo de cana imperfeitamente madura, deteriorada por alguma razão, colhida em tempo superior ao recomendado, ou resultante de incêndio acidental de canavial e outros.

Com os mostos de melaço também é possível haver exigência de correções para bom desempenho fermentativo das leveduras.

Tabela 1.5 Concentração de nutrientes minerais nos mostos para se obter adequada fermentação alcoólica

Nutriente	Concentração em mg/L	Nutriente	Concentração em mg/L
NH_4^+	40-5900	Co^{++}	3,5
P	62-560	Co^{++}	10
K^+	700-800	Zn^{++}	0,5-10
Ca^{++}	120	Cu^{++}	7
Mg^{++}	70-200	Mn^{++}	10-13
SO_2^-	2-280	Mn^{++}	10 (10-80)
Na^+	200	Fe^{++}	0,2

Fonte: Lima, Basso e Amorim (2001); Amorim (1977); Lima (1953, 1962).

1.9.3.3 Temperatura

As leveduras são microrganismos mesófilos, e a temperatura considerada ótima para a produção de etanol se encontra no intervalo de 26 °C a 35 °C, com média de 30 °C. Entretanto, não raramente, a temperatura na destilaria alcança 38 °C. À medida que a temperatura aumenta, aumenta a velocidade da fermentação, o que, porém, favorece a contaminação bacteriana, ao mesmo tempo que o microrganismo fica mais sensível à toxicidade do etanol. As temperaturas elevadas favorecem a perda de álcool por arrastamento em dornas abertas. Há locais em que, em certa época do ano, a água de refrigeração das dornas, proveniente diretamente de cursos d'água, é mais alta do que 38 °C. Tais condições justificam o controle de temperatura no processo industrial.

1.9.3.4 Reação do meio

As fermentações nas destilarias de etanol se desenvolvem em amplo intervalo de pH, sendo o adequado entre 4 e 5. Os valores de pH dos mostos industriais geralmente se encontram no intervalo de 4,5 a 5,5, com boa capacidade tamponante, especialmente se preparados com melaços. É comum o uso de mostos mistos, dependendo das condições de trabalho nas destilarias.

No processo de fermentação com reciclagem de leveduras, o tratamento das células separadas é feito durante uma hora em pH de 2,0 a 3,2, com o fim de reduzir a contaminação bacteriana. A fermentação alcoólica inicia com valores baixos de pH e finaliza com valores mais altos, de 3,5 a 4,0. O bioprocesso conduzido em meios mais ácidos resulta em maiores rendimentos em etanol, com consequente redução de glicerol, concomitantemente com menor contaminação bacteriana. Entretanto, fermentações alcoólicas se desenvolvem bem em valores mais elevados de pH (5,8 a 5,9) em substratos de alto poder tampão, como os de melaços. Os caldos de cana, em geral, fermentam sem correção de acidez, em pH natural, que varia de 4,0 a 5,4. A tolerância à acidez é característica importante das leveduras.

1.9.3.5 Inibidores

O bioprocesso pode ser inibido pelos seus próprios produtos, como o etanol, e por substâncias eventualmente presentes nos mostos, ou a eles deliberadamente adicionados. Minerais, como cálcio e potássio, que podem ser encontrados em quantidades excessivas quando se usa melaços, acarretam efeitos negativos. O alumínio é elemento estressante das leveduras em condições de fermentação industrial e pode causar queda da viabilidade do microrganismo, assim como dos teores de trealose da levedura.

A sulfitação do caldo de cana para sua clarificação pode resultar em elevados valores residuais de sulfito nos melaços e, em consequência, efeitos tóxicos à levedura, comprometimento da fermentação e elevação da acidez do álcool produzido. Todavia, em mostos com elevada contaminação bacteriana, sua presença pode ser benéfica, pois contribui para a redução dos contaminantes.

1.9.3.6 Concentração de açúcares

Devido ao aumento da concentração de açúcares, há aumento do rendimento em álcool e, até certo ponto, da velocidade do processo, menor multiplicação das leveduras e de formação de glicerol. Forte aumento de concentração de açúcares pode causar estresse osmótico, motivo pelo qual há um intervalo no teor de açúcares considerado ótimo, medido e controlado pelo teor de sólidos em solução no mosto. Esse teor varia de acordo com a matéria-prima empregada no preparo do meio de fermentação, pura ou mista. Com relação aos mostos de melaço, o teor varia de acordo com a riqueza do material original, por sua vez dependente dos métodos de cozimento do açúcar.

1.9.3.7 Concentração do inóculo

A concentração de leveduras na dorna influi no rendimento ou na produtividade do álcool, conforme se meça apenas o teor de álcool produzido ou o teor e o tempo de fermentação. Um maior número de células, teoricamente, acelera a produção, diminui o efeito dos contaminantes e também a reprodução celular. Também, maior número de células conduz a maior consumo de açúcares (e de energia) para manter a vitalidade das leveduras; haverá maior consumo de açúcares, de nutrientes (orgânicos e minerais) e de fatores de crescimento. Para que o processo industrial decorra com efetividade e economia, é preciso manter um teor adequado de células no meio, ou seja, um número ótimo, para o qual não há como exercer um controle exato. Por essa razão, o número de células é muito elevado, mas varia entre limites amplos, praticamente impossíveis de manter com exatidão.

O excesso de células no meio em fermentação pode ocorrer por desequilíbrio do teor de nitrogênio amoniacal e pela velocidade de reciclagem da levedura. Há uma técnica que visa reduzir a multiplicação celular por tratamento com ácido benzoico, pretendendo diminuir a formação de glicerol e aumentar o rendimento do bioprocesso em consequência. Há redução da formação de ácido succínico pela levedura e redução do antagonismo às bactérias, mas, com a recirculação frequente, perde-se a ação desejada do ácido benzoico.

1.9.3.8 Contaminação bacteriana

Não se impede a contaminação bacteriana nos processos fermentativos para produção de etanol, porque não há prática de esterilização dos mostos. Poderia haver, pois existem técnicas de esterilização viáveis, mas a tecnologia industrial de produção de etanol não as usa porque o custo de produção seria aumentado sem benefícios justificáveis. A fabricação do álcool é um processo de alto investimento para que se possa obter um produto de baixo custo e altíssima pureza, e a introdução de esterilização dos mostos aumentaria o custo de produção.

A contaminação bacteriana é contornada com artifícios, tais como o uso de grandes concentrações de leveduras para diminuir efeitos das bactérias. É relativamente fácil trabalhar com grandes concentrações de leveduras, graças à sua maior facilidade de crescimento em relação às bactérias, o que faz com que a rapidez da fermentação alcoólica suplante a ação bacteriana. Quando isso não ocorre, o recomeço do processo, com lavagem dos equipamentos, novo inóculo preparado em estado de maior pureza, controlado com relação a nutrientes e a uma nova multiplicação celular, retoma de pronto a uniformidade do trabalho da destilaria.

As contaminações bacterianas mais comuns são as causadas por espécies de *Lactobacillus*, às quais se atribuem, por fenômenos ainda não bem explicados, a floculação das leveduras, que complica o bioprocesso e afeta a prática da destilação. Atribui-se o fenômeno de floculação à presença de ácido lático. Esta, na prática de algumas destilarias, é eliminada pela adição de doses maciças de ácido sulfúrico no momento do tratamento das células recicladas, até que o efeito da floculação desapareça. Esse costume apresenta o defeito de gastar ácido excessivamente, com aumento de custo e com efeitos nocivos aos aparelhos, tubulações e bombas.

Cada sala de fermentação emprega técnicas próprias para evitar o efeito nocivo das contaminações bacterianas, incluindo o uso de antissépticos, cujos resultados nem sempre são absolutamente positivos.

1.9.3.9   Antissépticos

Como foi dito, não é usual fazer a esterilização dos meios de fermentação nas destilarias de álcool e de aguardente. Quando se trata da fermentação do caldo de cana puro, a prática de clarificá-lo por aquecimento e decantação causa redução da carga microbiana natural (leveduras e bactérias), mas não realiza esterilização em sua completa acepção. Para controlar o problema das contaminações são usados antissépticos a fim de estabelecer condições favoráveis ao desenvolvimento das leveduras e desfavoráveis a outros microrganismos.

Em outros termos, os antissépticos são substâncias inibidoras de crescimento de microrganismos não produtores de álcool; em certos casos eles podem ser estimulantes das leveduras ao mesmo tempo que inibem bactérias e outros fungos. Os antissépticos podem atuar como bactericidas ou bacteriostáticos, mas o efeito desejado é um só: conseguir um meio que favoreça o desempenho das leveduras alcoólicas.

A bibliografia lista vários antissépticos: colofônia, ácido sulfúrico e hexaclorofeno. Em meados do século XX foi ensaiado com resultados positivos o uso de mínimas quantidades de pentaclorofenato de sódio, porém seu uso foi proibido por causa de seu caráter venenoso. O hexaclorofeno foi usado com sucesso em dose de 4 mg por litro de mosto.

Atualmente, não há antissépticos de uso generalizado. O ácido sulfúrico, que é um corretor da reação do meio, demonstra ação antisséptica e bacteriostática quando aplicado no tratamento de células recicladas.

1.9.3.10 Antibióticos

Em vez de antissépticos, foi verificado que determinados antibióticos (penicilina, cloranfenicol, tetraciclina e clorotetraciclina) podem ser usados nos mostos de destilarias, com a mesma finalidade dos antissépticos. Sua ação é bacteriostática. A penicilina tem ação eficaz contra contaminações; em dose de 500 UI a 1.000 UI por litro de mosto contribui para desenvolvimento de fermentações puras e regulares e apreciável aumento de rendimento em álcool. A aplicação é econômica e não exige modificação nas técnicas da destilaria e nos aparelhamentos.

1.10 CORREÇÃO DOS MOSTOS

A correção dos mostos é o seu condicionamento para obter fermentações uniformes, regulares, homogêneas e o mais puras possível. O conhecimento dos fatores que influem na fermentação orienta sua execução, que depende da natureza da matéria-prima a ser trabalhada.

Os mostos de melaço normalmente são preparados pela diluição com água potável. Em determinados casos é feita a adição de superfostato e sulfato de amônio. Tem sido costume adicionar ureia, sob a afirmação de que é tratamento mais barato. Entretanto, evidências de que a ureia contribui para a formação de carbamato de etila nos destilados desaconselham sua adição, como ocorreu no passado com o uso de pentaclorofenato de sódio, excelente antisséptico.

Quando se trabalha com caldo de cana puro, é necessária correção mais cuidadosa para oferecer condições de nutrição à levedura, que normalmente não se encontram no caldo. Nas destilarias de aguardente é usual fazer a adição de superfosfato, sulfato de amônio e farelo de arroz na proporção de 1 g/L de mosto. O farelo de arroz é boa fonte de vitaminas e de proteínas. Melhores resultados são alcançados quando o caldo de cana também é tratado com 0,1 g/L de sais de magnésio e 0,01 g/L de sais de cobalto e de manganês. Além da diluição e da adição dos nutrientes, é aconselhável tratar com antissépticos e antibióticos e corrigir a temperatura.

É aconselhável que o caldo apresente acidez titulável de 1 g a 2 g, expressa em acidez sulfúrica, e pH 4 a 5. Em mostos de poder tampão elevado, como os de melaços, nem sempre é possível conciliar na prática industrial o teor de acidez titulável com o valor de pH. Após a correção dos meios os substratos são inoculados e tem lugar o processo de produção do etanol nas dornas.

1.11 PREPARO DO INÓCULO

Nas pequenas cantinas e destilarias de aguardente é comum fermentar com os microrganismos naturais, que acompanham a matéria-prima e, obviamente, seus caldos.

1.11.1 INÓCULO COM CULTURA PURA

Nas grandes instalações, o inóculo é preparado com leveduras selecionadas e puras, tolerantes a altas concentrações de etanol e com boa velocidade de fermentação. Essas leveduras são adquiridas em instituições especializadas que as liberam em tubos de cultura, sobre meio sólido de manutenção, ou em tubos em que são conservadas por liofilização. O inóculo é preparado por multiplicação em condições laboratoriais, para manter a pureza das culturas.

É trabalho simples, porém que exige técnica apurada de manipulação, como em laboratório microbiológico, a fim de multiplicar o número de células de leveduras até um valor suficientemente grande para enfrentar as condições industriais, distantes das encontradas nos laboratórios.

Para obter esse tipo de inóculo, os microrganismos liofilizados, ou a colônia do meio sólido, são transferidos para um pequeno volume de meio líquido bem diluído, esterilizado e preparado com todos os nutrientes, corrigido com relação à acidez. A seguir, o meio é colocado em estufa de temperatura controlada para incubar. Esse pequeno volume fermenta e ao final é transferido para um volume cinco vezes maior de meio preparado como o primeiro, mantido em temperatura controlada. Finalizada a fermentação, é feita nova transferência para meio esterilizado em recipiente maior e segue-se a série de transferências até um volume de 50 L a 100 L em um fermentador provido de dispositivo de esterilização, resfriamento e aeração.

Esse fermentador serve de propagador para volumes maiores, até que se tenha obtido um volume de inóculo pelo menos igual a 10% do volume da dorna de fermentação, geralmente fechada e provida de sistema de resfriamento. A Figura 1.3 ilustra esse preparo de inóculo com cultura pura, mostrando duas etapas, uma de laboratório e outra industrial.

Esse tipo de inóculo e fermentação, conhecido por processo clássico de fermentação, é trabalhoso, embora permita obter fermentações de alto rendimento. Modernamente, leveduras selecionadas podem ser adquiridas sob forma liofilizada, o que simplifica muito seu uso, mas, em face do grande tamanho das dornas, uma fase de desenvolvimento do microrganismo tem de ser executada para atender ao grande volume de cada recipiente. Há uma ressalva a observar, como na preparação do fermento com leveduras de panificação: o custo.

Essa multiplicação pode continuar a ser esquematicamente representada pelo desenho clássico da Figura 1.3.

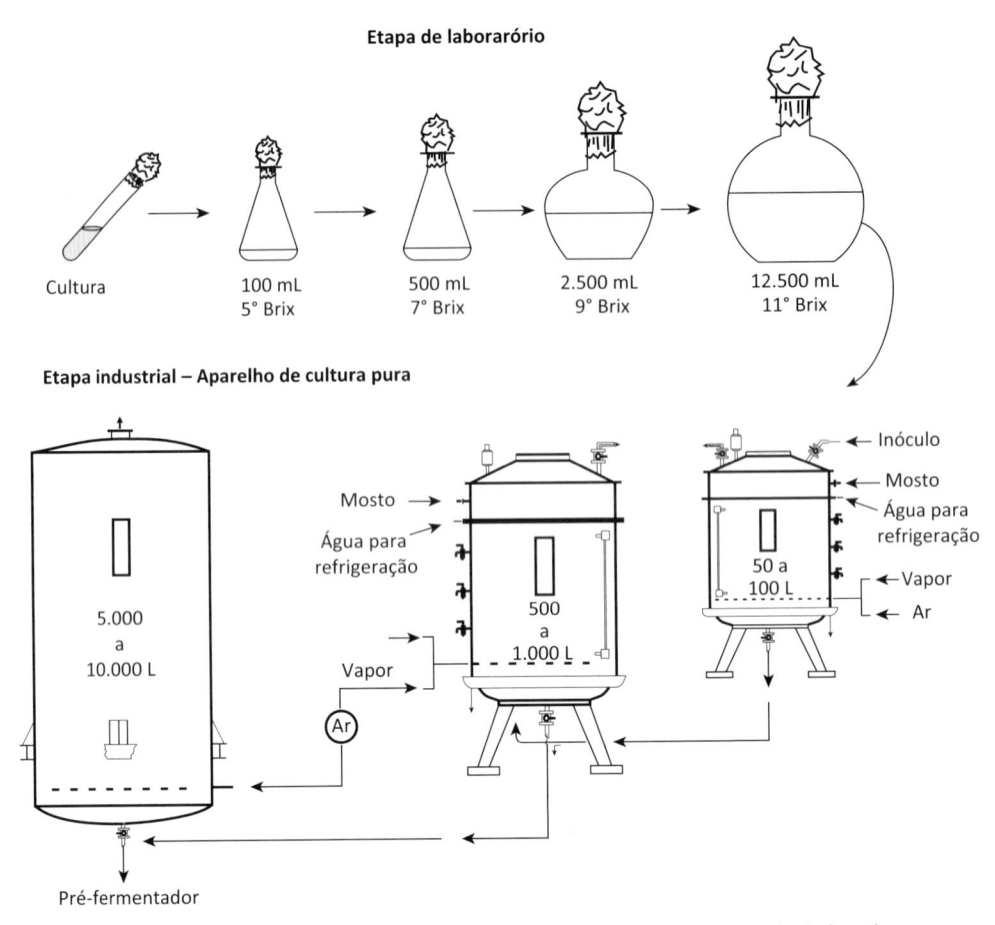

Figura 1.3   Esquema de preparo de inóculo a partir de cultura pura e selecionada de levedura.

1.11.2 BIOPROCESSO COM FERMENTO DE PANIFICAÇÃO

Para acelerar o trabalho industrial, as destilarias preferem usar um inóculo preparado com fermento de panificação prensado, úmido, ou o fermento seco granulado. O inóculo pode ser preparado com grande massa de células desde o primeiro momento, empregando de 10 g a 20 g desse material por litro de mosto.

Em uma dorna de 200 mil litros é possível colocar 2 t de fermento e adicionar mosto preparado de uma vez até encher o recipiente, dando início ao trabalho industrial. No entanto, esse procedimento não é comum e geral, porque o custo de aquisição inicial do fermento é alto. Por esse motivo, as destilarias preferem comprar certa quantidade, colocar na dorna e adicionar meio de fermentação em volume suficiente para dar partida à multiplicação gradativa de células e de maneira mais econômica. É comum começar uma safra com a aquisição de fermento para 1.000 a 10 mil L iniciais; o custo é relativamente baixo, viável e em poucos dias a destilaria passa a operar em sua máxima capacidade após ter desenvolvido um inóculo adequado. Essa observação também é válida para dornas de maior volume.

1.12 PRÁTICA DA FERMENTAÇÃO ALCOÓLICA

O bioprocesso inicia no momento em que o inóculo é colocado em contato com o mosto; as leveduras começam a desdobrar os açúcares nele contidos. É costume considerar que a fermentação ocorre em três fases distintas, embora não haja limites rígidos de separação entre elas: *fase preliminar, fase tumultuosa* e *fase complementar* ou *final*. O tempo de duração de cada uma pode variar, assim como o aspecto do mosto em processo. A experiência industrial permite identificá-las.

A *fase preliminar*, também denominada *fase lag*, ou *lag-fase*, inicia quando mosto e inóculo são colocados em contato. Ela se caracteriza por multiplicação de células, pequena elevação de temperatura e pequeno desprendimento de dióxido de carbono com formação de pouca espuma. Há gradativo aumento de células de elevado poder fermentativo e criação de espuma que se espessa aos poucos. A duração dessa fase é variável segundo o sistema de fermentação adotado na destilaria; ela pode ser reduzida ao valor mínimo se for usado um inóculo volumoso, preparado por pré-fermentação, ou usando grande volume de células recicladas. Com isso, a segunda fase é iniciada quase imediatamente, com ação imediata de desdobramento dos açúcares. Não significa que não haja multiplicação celular, mas ela é sensivelmente reduzida.

A *fase tumultuosa* se caracteriza por intenso desprendimento de gás carbônico, formação de grande volume de espuma e aumento de temperatura, que exige observação sobre a necessidade de seu controle durante essa fase, que é a de maior duração. A temperatura se eleva com rapidez, a densidade do mosto diminui enquanto se elevam o teor de álcool e a acidez. O meio se agita como em ebulição. O inconveniente da elevação excessiva de temperatura é controlado pelo resfriamento, feito por meio de diferentes sistemas. Nas destilarias de grande capacidade são comuns os trocadores de calor de placas.

O desprendimento de dióxido de carbono é evidente pela formação de espuma, cujo aspecto varia para cada raça de levedura e características específicas de cada mosto. No caldo de cana não clarificado é espessa, viscosa e volumosa, a ponto de transbordar em dornas abertas. Ao contrário das fermentações de mostos preparados com caldo clarificado, ou mostos de melaço, não reagem bem à adição de antiespumantes comumente usados nas destilarias de álcool. Nos mostos de melaço as espumas se desfazem facilmente com antiespumantes preparados com óleo vegetal misturados com ácido mineral. Antiespumantes químicos são encontrados à venda.

A *fase complementar* se caracteriza pela diminuição da intensidade do desprendimento de dióxido de carbono, por menor agitação do líquido e redução da temperatura. Nessa fase a presença de açúcares chega ao fim.

A partir do início do processo fermentativo há aumento gradual da proporção de álcoois superiores, porém admite-se que na fase complementar o aumento é mais significativo.

A duração total do processo fermentativo em descontínuo varia conforme o volume de inóculo e a maneira de alimentá-lo. Um grande volume de inóculo reduz o período de multiplicação das leveduras, característico da fase inicial.

A alimentação do inóculo de uma só vez, em carga única, dificulta a atividade inicial das leveduras. A concentração inicial de açúcares é alta e o processo é mais demorado. Ao contrário, a alimentação contínua e bem dosada propicia a redução do tempo.

O inóculo é um creme rico em células e pobre em açúcares; em contato com o mosto, causa sua diluição e favorece a manutenção de baixa concentração de açúcares no fermentador até seu enchimento.

Praticamente não há fase preliminar, e sim fermentação principal desde o início da adição de mosto. O processo se desenvolve de maneira mais uniforme, menos intensamente, produz menos espuma e menor perda de álcool arrastado por ela. A alimentação contínua por lento escoamento de mosto, alimentação em filete como se pode definir, permite manter o mosto em baixa concentração de açúcares, com menor arrastamento de álcool e menor elevação de temperatura.

Não sendo possível executar esse tipo de alimentação, é aconselhada a alimentação intermitente em pequenas cargas, que também mantém o mosto fermentando em baixa concentração de açúcares, com os benefícios assinalados. Como os práticos sabem, o efeito é parecido.

1.13 VERIFICAÇÃO PRÁTICA DA PUREZA DO PROCESSO MICROBIANO

O processo industrial é rústico e, não raras vezes, se desenvolve em condições tecnicamente adversas: canas cortadas há muitos dias, secas, infectadas com diversos tipos de microrganismos em mostos sujos de terra são fatos muito mais comuns em uma destilaria do que se possa pensar. A rusticidade do processo é compensada pela capacidade biológica das leveduras, bastando que se lhes ofereça concentração adequada de açúcares, nutrientes e alguns desinfetantes para que o processo se desenvolva satisfatoriamente. Entretanto, frequentemente ocorrem contaminações que prejudicam o rendimento econômico, inconveniente que se contorna com supervisão constante para evitar ou suprimi-las. O controle do processo microbiano é feito por tópicos, conforme descrito a seguir:[1]

- *Tempo de fermentação.* Nos processos descontínuos a medida de sua duração média varia de acordo com a forma como se conta o tempo, se a partir do momento em que mosto e inóculo são colocados em contato, ou se após o enchimento das dornas. O tempo é mais curto em mostos de melaço e de caldo de cana e mais longo em mostos amiláceos. Registrados os tempos médios despendidos numa destilaria de acordo com os procedimentos técnicos adotados, alteração para mais ou para menos é motivo relevante na observação do processo e eventual sinal de atenção para seu controle.

---

[1] Ver também "Operações de instalações", no Capítulo 16 do volume 2 desta coleção.

- *Odor na fermentação.* O aroma emanado dos processos puros e sadios é penetrante, ativo e tende para odor de frutas maduras. Odor a ranço, ácido, ácido sulfídrico e outros indica irregularidade.

- *Aspecto da espuma.* A natureza do mosto, a temperatura e a raça (estirpe, linhagem) da levedura fazem variar a espuma, mas nas mesmas condições da fermentação apresenta aspecto típico e característico. Alterações nessas características indicam irregularidade, que deve ser sanada.

- *Drosófilas.* Quando se instala infecção acética invariavelmente aparecem "moscas do vinagre" em número proporcional à contaminação.

- *Temperatura.* A temperatura varia durante o processo fermentativo; aumenta de forma uniforme até a fase tumultuosa e diminui no sentido da fase complementar e fim do processo. Sua representação por uma curva revela um desenho uniforme de acréscimo até um máximo, seguido de decréscimo, correspondentes às fases da atividade de transformação dos açúcares em etanol. Alteração nesse comportamento indica defeitos no processo.

- *Densidade do mosto.* Durante a fermentação a transformação dos açúcares em etanol reduz gradativamente seu teor e a densidade, como consequência. Irregularidades nessa redução indicam defeitos no processo. A redução na concentração de açúcares é comumente medida pela diminuição da densidade, ou da percentagem de sólidos em solução, por meio de areômetros ou por refratômetros.

- *Açúcares no mosto.* São consumidos pelo trabalho das leveduras e sua indicação segue a curva de redução da densidade. A desuniformidade na medida indica defeitos no processo.

- *Acidez no substrato em fermentação.* Do começo ao fim do processo fermentativo ocorre acréscimo na acidez titulável. Num processo normalmente sadio, não deve haver grande diferença entre a acidez titulável inicial e final. Quando a acidez final for maior do que o dobro da inicial é sinal de que há defeitos no processo.

1.14 SISTEMAS DE FERMENTAÇÃO

Há processos descontínuos e contínuos. Os descontínuos são milenares, e os contínuos tiveram seu uso industrial iniciado na década de 1940 e prosseguiram na década de 1950. Entretanto, o estímulo para aumentar sua implantação foi gerado quando do fomento da produção de etanol para uso como combustível líquido alternativo. Aconteceu durante e após a crise econômica causada pela alta do preço do petróleo, na década de 1970.

Nos processos industriais descontínuos, distinguem-se quatro sistemas, que podem ser definidos como sistema de reaproveitamento de inóculo (ou de "pés de cuba"), sistema de cortes, sistema com culturas puras e sistema de recuperação de leveduras.

- *Sistema de reaproveitamento de inóculo.* Talvez o mais antigo de todos, comumente empregado nas destilarias de álcool de pequena capacidade e destilarias de aguardente. Por esse método, ao fim do processo fermentativo o mosto é deixado a esfriar por algum tempo para sedimentar as leveduras, e o substrato fermentado e sobrenadante (vinho) é retirado para a destilação. O material sedimentado no fundo da dorna constitui o inóculo para nova fermentação. Denominado "pé de cuba", é tratado convenientemente e alimentado com novo mosto para dar início a outro ciclo fermentativo.

- *Sistema de cortes.* Depois de completado o processo fermentativo, o mosto é dividido em duas partes, não necessariamente iguais, passando uma para outro recipiente vazio. Os dois recebem nova carga de mosto e são deixados a fermentar. Ao final, o conteúdo de um recipiente segue para destilação e o do segundo recipiente é dividido em dois, para receber nova carga e seguir o processo. Em resumo, um recipiente é enviado para a destilaria e o outro serve para produzir inóculo para mais dois e assim por diante, durante a safra.

- *Sistema de cultura pura.* Também denominado sistema clássico de fermentação (ver item 1.11, "Preparo do inóculo", e Figura 1.3) é processo em que cada ciclo de operação é iniciado com as leveduras de um tubo de cultura pura (mantidas em meio sólido de ágar, ou liofilizadas), seguindo todas as fases de preparo nas etapas de laboratório e na indústria e depois encaminhado às dornas, onde recebe as cargas de mosto para o procedimento industrial. É técnica trabalhosa usada modernamente apenas em trabalhos experimentais. Nos meados do século XX, ainda havia destilarias que seguiam esse método, posteriormente substituído pelo de recuperação de leveduras. Por esse sistema não ocorre a substituição de linhagens de leveduras, porque derivam sempre de culturas puras mantidas em laboratório com os cuidados microbiológicos exigidos.

- *Sistema de recuperação de leveduras,* ou sistema de Melle-Boinot. Também identificado como sistema de reciclagem ou de reciclo de leveduras, foi posto em prática na França (Usines de Melle) na década de 1930 e é amplamente usado no Brasil. Ao final da fermentação todo mosto é enviado a centrífugas (turbinas) onde é separado um líquido espesso com aspecto de creme, que recebe a denominação de creme ou de leite de leveduras. Esse leite, que corresponde a 10% a 20% de todo o volume de mosto fermentado da dorna (vinho), é conduzido a um recipiente (dorna de tratamento do leite de leveduras) onde é diluído com igual volume de água e tratado por ácido sulfúrico concentrado até atingir pH 2,2 a 3,2 e agitado por 3 a 4 horas. Na rotina diuturna nem sempre esse tratamento é rigidamente obedecido. Após esse cuidado, o leite é conduzido a outra dorna de fermentação, alimentado adequadamente com novo mosto, e começa novo ciclo de operação.

Com os sistemas de recuperação de leveduras e o de reaproveitamento de pés de cuba, a fase preliminar da fermentação é reduzida ou praticamente eliminada, pois o mosto é colocado em contato com elevada concentração de células de levedura em plena atividade (3×10^9 cel/L), o que permite entrar rapidamente na fase tumultuosa com evidentes vantagens econômicas.

Em cada um desses sistemas a maneira de fazer a alimentação do inóculo varia, assim como as adições de cargas de mosto, sempre de acordo com a orientação técnica da destilaria, disponibilidade de dornas, o fato de se o processo é descontínuo ou contínuo, e outros fatores inerentes a cada instalação.

1.15 FERMENTAÇÃO ALCOÓLICA CONTÍNUA

A ideia de aplicar continuidade aos sistemas de fermentação remonta aos princípios do século XX. Mariller cita Levy como tendo descrito um processo de fermentação contínua em 1903, e também considera que Guillaume, Egrot e Grangé foram precursores, ao apresentar um projeto ao Sindicato de Destilarias Agrícolas na França em 1904. Depois disso, foi requerida uma patente em 1933 por Kuefner e outra em 1938 por Schoeller.

Na bibliografia estrangeira se destacam os trabalhos iniciais de Alzola e de Mariller. Com a evolução da tecnologia, as instalações de fermentação passaram a ser projetadas para o sistema contínuo, no início para fermentar mostos de melaços de beterraba e de cana-de-açúcar. O trabalho com caldo de cana exige sua clarificação.

No Brasil, dois pesquisadores, Matos e Borzani, se preocuparam em estudar a fermentação contínua, principalmente o último, que deu origem a uma geração de pesquisadores na área. Matos foi o pioneiro no Brasil e construiu equipamentos que funcionaram em usinas no estado de São Paulo e em Pernambuco.

Um procedimento ótimo, em sua forma mais simples, seria a alimentação de uma dorna com fluxo contínuo de meio em uma determinada concentração, retirando-se dela, de forma continuada, o vinho, que seria encaminhado para a destilação ou para as dornas de espera, onde terminaria o processo, indo então para a destilaria. A Figura 1.4 esquematiza alguns sistemas de fermentação contínua, nos quais as salas de fermentação tradicionais podem se transformar.

As modificações nas salas de fermentação das destilarias de álcool foram iniciadas com a adaptação das instalações de fermentação existentes. Ligações entre as dornas que trabalhavam de forma intermitente, por carga e descarga, foram feitas de forma que o mosto em fermentação passasse do primeiro ao último da série de recipientes.

- *Desenho 1.* Todas as dornas ligadas entre si, como se fossem uma única, do fundo de uma à metade da seguinte. As primeiras recebem a alimentação, e as demais trabalham como se fossem de fermentação final.

- *Desenho 2.* Dornas divididas em dois grupos. No primeiro grupo dornas ligadas pelo fundo para a fermentação principal, e as demais, pelo fundo de uma e lateralmente à metade da subsequente, para a fermentação final. Funcionavam como dornas de espera. Nelas o mosto provindo das dornas anteriores fica em descanso até completar o bioprocesso e depois, como vinho, seguia para a destilação.

- *Desenho 3.* Dornas divididas em grupos como no desenho 2, no primeiro grupo dornas ligadas pelo fundo e pela lateral e as demais funcionando como dornas de espera.

- *Desenho 4.* Processo Amatos. Dois fermentadores principais alimentados pelo fundo e um terceiro de menor capacidade para fermentação final, denominado decantador. O processo não era perfeitamente contínuo. Em realidade, cada fermentador funcionava de maneira independente e descarregava o vinho alternadamente, assim que a fermentação em seu corpo terminava. A fermentação era muito rápida, porque o volume de inóculo ocupava praticamente a metade do volume útil de cada fermentador (o inóculo diluía o mosto) e o trabalho era desenvolvido com baixa concentração de açúcares, embora preparados com concentração de 15 °Brix a 18 °Brix. A descarga era feita intermitentemente para o decantador e deste para a destilaria.

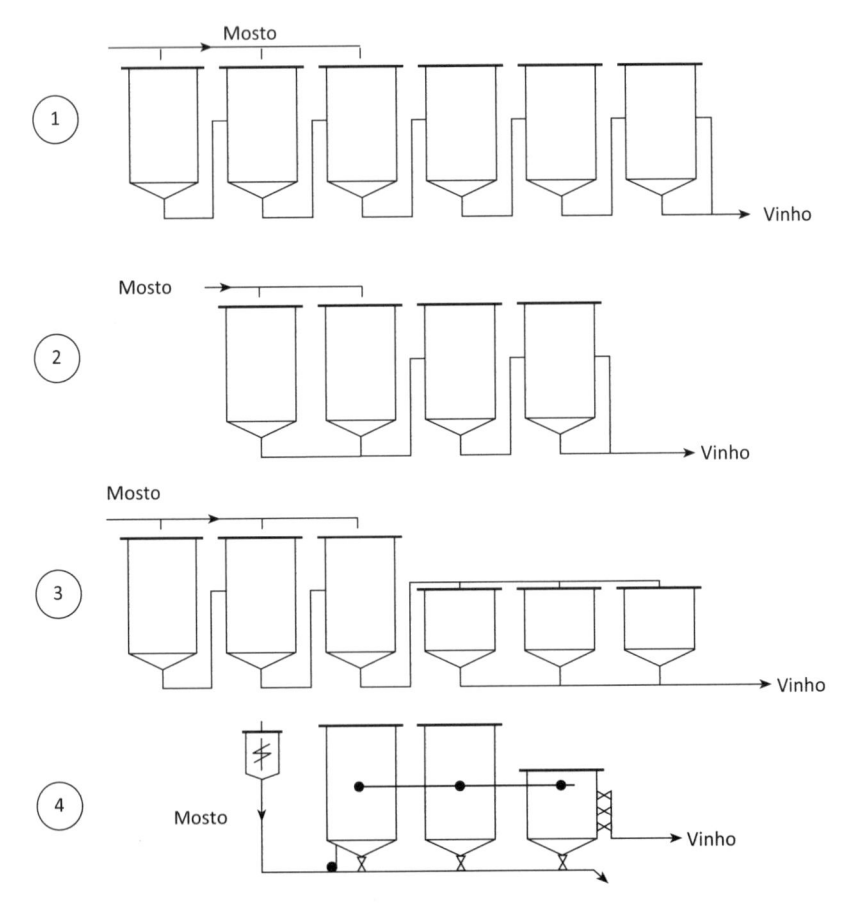

Figura 1.4   Representação esquemática de processos de fermentação contínua.

Depois que foi instalado o Programa Nacional do Álcool na década de 1970, os fabricantes de álcool demonstraram interesse pelos processos contínuos, e foram instalados aparelhos fornecidos por apenas um fermentador, ao mesmo tempo que foram feitas adaptações em destilarias existentes, providas de sistema convencional de fermentação descontínua, similares ao visto na Figura 1.4 (desenhos 1, 2 e 3).

Processo Biostil

Dentro das inovações tecnológicas surgiu o processo Biostil, patente sueco-brasileira, no qual, além de o processo de fermentação ser contínuo, se buscava reduzir o volume de vinhaça, usando o resíduo da destilação para diluir o melaço. Além de ser processo contínuo, pretendia ser um processo de fermentação de mostos com alta pressão osmótica. Foi um projeto patenteado pelas indústrias Alfa-Laval, mas posteriormente controlado pela Nobel Chematur, introduzido no Brasil, na década de 1970, pela Construtora de Destilarias Dedini S/A – Codistil.

O projeto aliava a fermentação em meio de alta pressão osmótica e a continuidade do processo. O retorno da vinhaça da destilaria para diluir o melaço oferecia a vantagem adicional de reduzir sensivelmente o volume do resíduo da destilação. Os fabricantes garantiam a redução do volume de vinhaça de 10 litros em média por litro de álcool produzido nas destilarias convencionais, para aproximadamente 2 litros por litro de álcool.

Esse processo de alto desempenho não teve ampla difusão no Brasil, porque é mais adequado ao trabalho com meios de melaço e de xarope, e as destilarias trabalham com mostos mistos de melaço e caldo de cana. Algumas outras falhas no manuseio do processo o impediram de prosperar.

1.16 SALAS DE FERMENTAÇÃO

São as construções que abrigam os recipientes de fermentação (dornas) fechados ou abertos, as centrífugas, os pré-fermentadores, os tanques de tratamento do fermento e outros equipamentos ligados ao processo de fermentação. As edificações são construídas de acordo com preceitos técnicos e de engenharia variáveis segundo a região, obedecendo às condições climáticas e às exigências de higiene, controle de temperatura, iluminação, ventilação, movimentação de pessoas e insumos e escoamento de resíduos.

Os edifícios devem ser suficientemente amplos para acomodar todos os equipamentos instalados com espaços livres à volta, que permitam fácil acesso para assepsia, reparos, substituições, modificações e manutenção. É conveniente reservar espaços para possíveis ampliações.

Com o aumento da capacidade de produção das destilarias e de ampliações para atender à demanda crescente de etanol houve alteração no conceito de salas de fermentação. Originalmente eram edifícios fechados, atualmente restritos a destilarias de pequena ou média capacidade, sobretudo destilarias de aguardente.

Destilarias que produzem mais de 1.000 m³ de álcool por dia são projetadas para trabalhar com dornas fechadas instaladas a céu aberto. As construções fechadas abrigam equipamentos mais sensíveis e todo o sistema de automação.

1.17 RECIPIENTES DE FERMENTAÇÃO

Os recipientes de fermentação denominam-se dornas, construídas fechadas ou abertas, em aço carbono, cilíndricas, com altura igual a duas vezes o diâmetro, em média.

O controle da temperatura do processo é feito por meio de trocadores de calor de placas. Normalmente são usados para resfriar o mosto em fermentação e manter a temperatura dentro dos limites ótimos para o processo, porém eventualmente podem servir de aquecedores do mosto em fermentação, em momentos de frio muito intenso ou em uma falha da preparação.

Com base na riqueza alcoólica dos vinhos (7% a 9%), é fácil calcular o volume total de recipientes de fermentação de cada um. Este varia de acordo com o sistema de trabalho que é adotado. Para simplificar, é admitido um volume total na proporção de 1:12, isto é, 1 volume de álcool para 12 volumes úteis de dornas. Nos sistemas clássico e de cortes a relação é de 1:24. No sistema contínuo o cálculo é feito levando em consideração o fluxo horário de vinho a destilar e a eficiência do processo.

Não é demais lembrar que é conveniente que a distribuição e o assentamento das dornas sejam feitos de forma a permitir livre acesso aos registros e a todo o entorno, para reparos, substituições, modificações e higienização.

1.18 DESTILAÇÃO

É a operação pela qual um líquido passa à fase vapor por aquecimento e, em seguida, volta ao estado líquido por meio de resfriamento. Quando se trata de uma única substância, o líquido destilado tem a mesma composição que o líquido gerador.

Quando há ocorrência conjunta de líquidos imiscíveis, o destilado contém o líquido de menor temperatura de ebulição. No caso de líquidos perfeitamente miscíveis, os vapores destilados são compostos de mistura de vapores dos dois, com predominância do que apresentar maior volatilidade.

Com uma série de destilações é possível separar os dois líquidos em estado de pureza, desde que não se forme mistura azeotrópica. Azeotropismo é o fenômeno que ocorre em mistura de líquidos, em determinada composição, na qual os vapores emitidos pelos componentes apresentam temperatura de ebulição inferior à de cada componente independentemente. Nessa concentração é impossível separar os componentes por destilação.

Durante a destilação dos vinhos para obter o etanol há formação de mistura azeotrópica, que impede a obtenção do etanol puro simplesmente por destilação.

1.18.1 VINHO[2]

Por definição tecnológica, os meios açucarados fermentados são denominados vinhos e apresentam constituição variável, porém composta de substâncias gasosas, sólidas e líquidas.

O etanol é separado dessa mistura heterogênea e impura por meio de destilação e em grau de pureza e concentração variáveis.

Em relação à maneira de conduzi-la, a destilação é classificada em descontínua e contínua.

1.18.1.1 Destilação descontínua

A destilação descontínua numa indústria é uma destilação simples realizada por cargas sucessivas até finalizar todo o vinho disponível para a obtenção do volume de destilado projetado.

A operação completa é intermitente, daí a denominação de descontínua. O processo descontínuo é realizado em alambiques e restrito a pequenas destilarias de aguardentes. As destilarias de aguardente de grande capacidade, de mais de 2 mil litros por hora de trabalho, usam aparelhos de destilação contínua em colunas de baixo grau.

O alambique recebe uma carga de vinho, é aquecido até o esgotamento do álcool ou até que o destilado apresente concentração em álcool de acordo com a legislação vigente.[3]

1.18.1.2 Destilação descontínua

É executada em colunas de destilação, fazendo a alimentação contínua do vinho no meio do aparelho ou no topo e a retirada contínua do resíduo (vinhaça) pela base. Os componentes secundários (componentes não álcool dos destilados) são separados pelo topo, lateralmente ou pela base da coluna, de acordo com a natureza das impurezas.

As colunas de destilação são constituídas de gomos cilíndricos superpostos que contêm os pratos ou bandejas, separações horizontais perfuradas ou providas de calotas e sifões.

Os gomos e bandejas formam como que uma série de aparelhos de destilação simples superpostos, um destilando seus vapores para o outro, para cima, através das

---

[2] Ver item 5.10 do Capítulo 5 do volume 4, "Produção de aguardente de cana-de-açúcar".
[3] Ver Capítulo 5 do volume 4, "Produção de aguardente de cana-de-açúcar".

calotas, e recebendo o líquido residual do gomo imediatamente superior, descendo por meio de tubos denominados sifões (Figura 1.5).

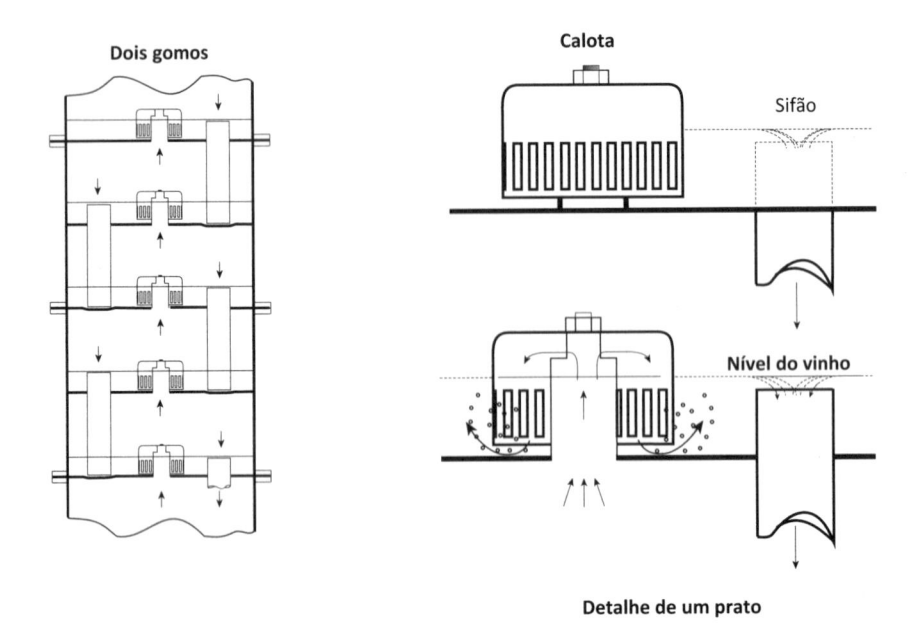

Figura 1.5   Gomo de coluna e calotas.

O aquecimento das colunas é feito pela base, de forma direta, por injeção de vapor por meio de tubos perfurados (borbotores), ou indiretamente, por meio de serpentinas ou trocadores de calor.

O aquecimento das bandejas é executado pela passagem dos vapores do vinho que ascendem na coluna, vapores mais ricos em álcool do que o vinho. Ao se condensar no prato imediatamente superior enriquecem o vinho ali contido e o aquecem até a ebulição, gerando vapores mais ricos, e assim por diante. Em consequência, a temperatura da coluna decresce da base para o topo, ao mesmo tempo que a riqueza alcoólica aumenta no mesmo sentido.

Os vapores que saem da parte superior da coluna são enviados para um condensador, onde circula continuamente vinho frio em seu caminho para a alimentação da coluna. Ao condensar, os vapores transferem calor para o vinho; o condensador é comumente denominado "esquenta-vinho", ou preaquecedor de vinho.

O condensado é dividido em duas partes, uma que volta à coluna e outra encaminhada ao resfriador, de construção semelhante à do condensador, em que circula água, e daí, para fora do circuito. O retorno de parte do condensado é identificado por refluxo, retrogradação ou deflegmação, e sua função é manter vapores ricos em álcool na cabeça da coluna.

Quando a alimentação da coluna é feita pelo topo, os vapores ali formados não são muito concentrados e a coluna é denominada baixo grau.

Quando a alimentação é feita pela lateral, há maior número de gomos e a coluna é denominada alto grau (Figura 1.6). A coluna é praticamente dividida em dois troncos, um de esgotamento, ou de desalcoolização, abaixo da entrada de alimentação do vinho, e outro, acima, denominado concentração. O destilado é obtido de vapores mais ricos em etanol e menos ricos em impurezas voláteis.

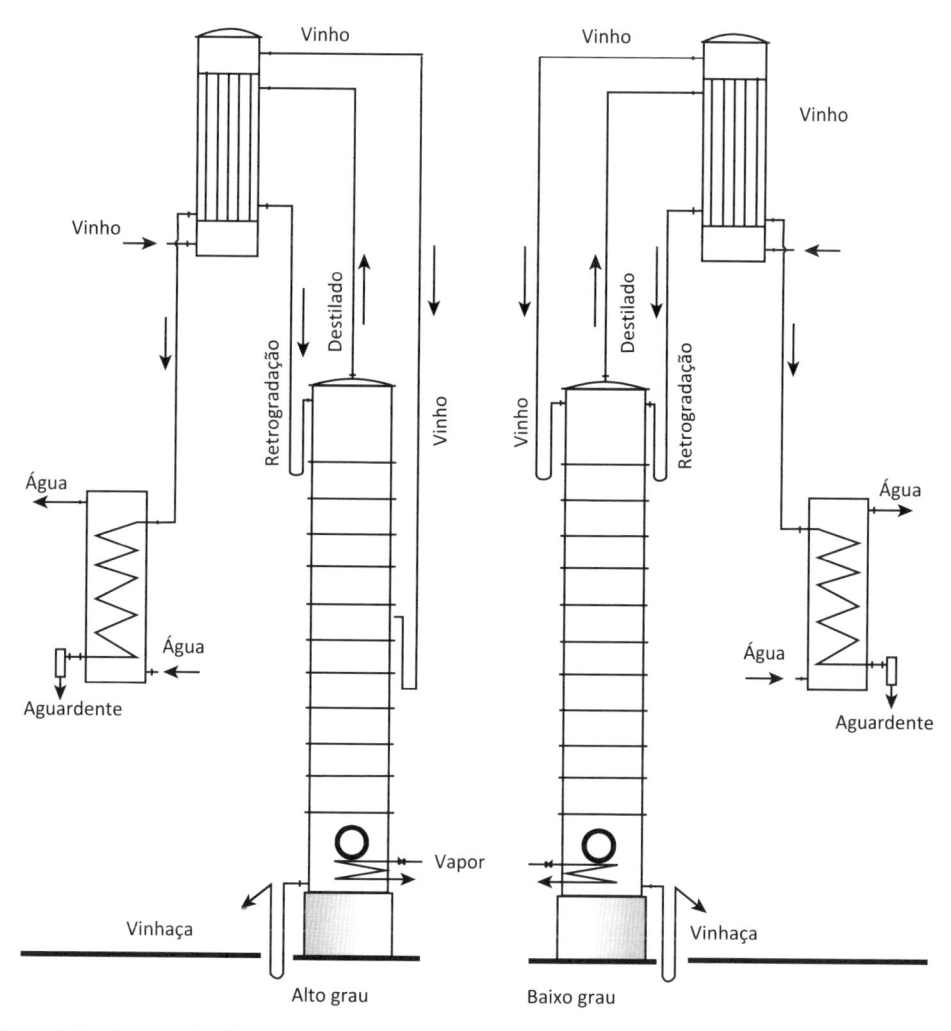

Figura 1.6 Colunas de alto e baixo grau.

Numa coluna de destilação, a graduação alcoólica é maior ou menor segundo o número de pratos superpostos. Maior número conduz a maior número de destilações sequenciais e concentração mais elevada.

Numa coluna de baixo grau são gerados vapores de concentração relativamente baixa que são condensados sob a forma de mistura hidroalcoólica, com certa percentagem de impurezas de cabeça. As impurezas de cauda são eliminadas em parte na base da coluna, na vinhaça.

Nas colunas de alto grau, os produtos de cabeça normalmente são retirados no condensador deflegmador, e o destilado, ou flegma, parcialmente purificado é retirado lateralmente pela base, por meio de sifão, que também regula a permanência de líquido que recebe aquecimento e gera vapores para aquecer o vinho na primeira bandeja.

1.19 RETIFICAÇÃO

Na destilação dos vinhos é produzido um líquido alcoólico (flegma) mais rico que o líquido que o originou, mas em estado impuro. A retificação é a operação pela qual o álcool é separado de impurezas que o acompanham na flegma (álcoois superiores, aldeídos, ésteres, ácidos e furfural). Ela é conduzida em colunas providas de maior número de gomos e bandejas, sobre a flegma obtida na coluna de esgotamento (ou desalcoolização). É comum confundir retificação com concentração, porque o processo é conduzido com flegma de concentração média, que é elevada durante a retificação. Ao mesmo tempo, são eliminadas impurezas e aumenta-se a concentração alcoólica.

As impurezas voláteis são as anteriormente citadas, que, mesmo em percentuais mínimos, influem na qualidade do álcool e podem comunicar características que o invalidem para uso em perfumaria e outros fins industriais.

As substâncias consideradas impurezas têm temperatura de ebulição inferior ou superior à do álcool, e de acordo com ela são separadas como produto de cabeça ou de cauda. A temperatura de ebulição, por si só, não garante a separação por destilação fracionada, pois durante a destilação do etanol são formadas misturas azeotrópicas com a água, com o etanol e entre as próprias impurezas, de tal forma que produtos de temperatura de ebulição mais alta do que a do etanol podem vir a se constituir em produtos de cabeça.

Modernamente, a retificação é explicada em função da formação de misturas azeotrópicas durante o processo.

1.20 PRÁTICA DA RETIFICAÇÃO INDUSTRIAL

A retificação pode ser descontínua e contínua, porém industrialmente só é realizada em processo contínuo, com aparelhos que possuem colunas denominadas depuradora, destiladora, retificadora e de repasse final. Os projetos variam de acordo com o fabricante e com a finalidade do etanol retificado.

A coluna depuradora A (Figura 1.7) é basicamente uma coluna de baixo grau com poucos pratos e conduz à obtenção de destilado com o máximo de eliminação de produtos de cabeça. Nessa coluna são eliminados ésteres, aldeídos, bases voláteis e ácidos.

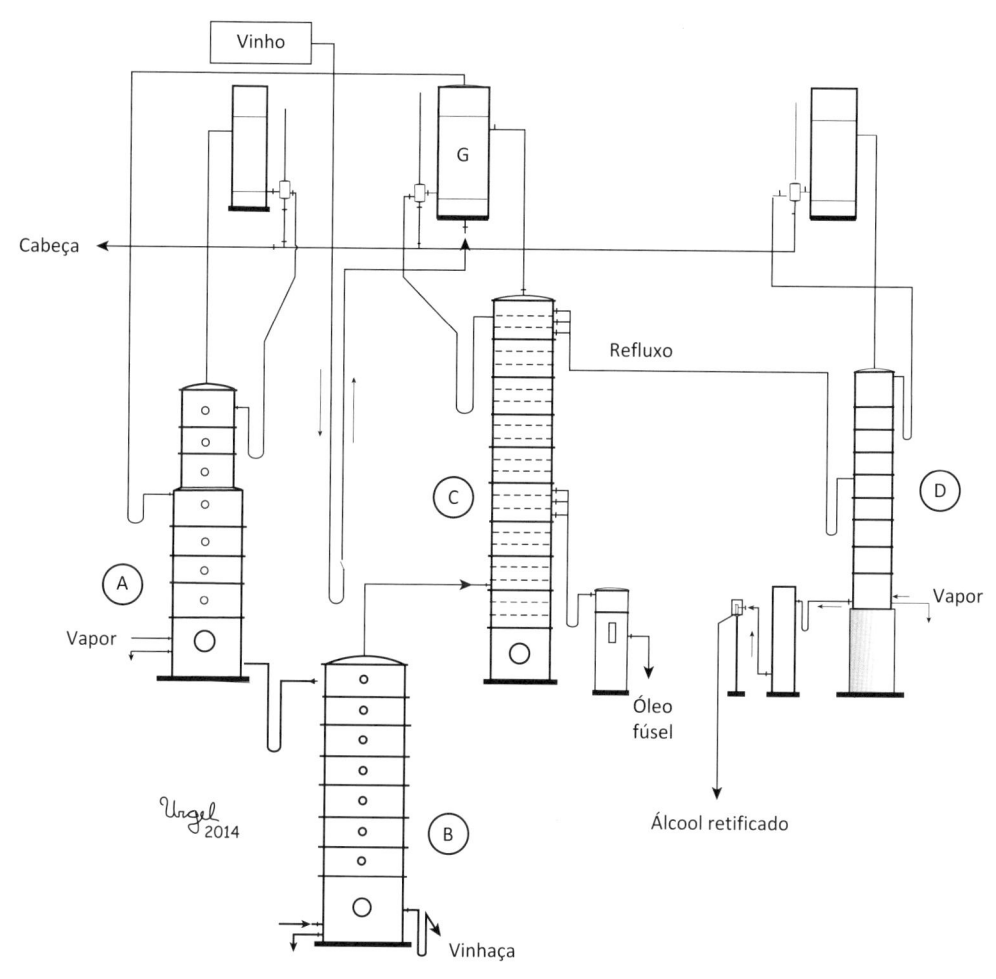

Figura 1.7   Esquema de retificação direta do vinho.

Na coluna B, destiladora, com o condensado parcialmente purificado na coluna A, é produzida flegma rica em etanol. Ela pode ser constituída de um tronco de esgotamento e mais um de concentração, de onde o destilado é retirado lateralmente. No topo são separadas impurezas de cabeça e, com retrogradação constante, outras impurezas se concentram na base.

Na coluna retificadora (coluna C da Figura 1.7) a flegma com concentração alcoólica entre 40% e 50% é introduzida em dois gomos próximos à base. Com destilações sucessivas em mais de 40 bandejas a graduação alcoólica aumenta até o topo. Com as deflegmações constantes, grande quantidade de impurezas de menor volatilidade acumula-se na base e é retirada lateralmente nas faixas de concentração de 40% a 50% e de 55% a 65% de álcool em volume. São separadas em um decantador sob a forma de mistura de diversas substâncias com a denominação de óleo fúsel, na qual predominam os álcois amílico e butílico. Não fazendo a separação, sua concentração se eleva muito, e o produto que era de cauda ascende na coluna, podendo passar a produto de cabeça.

Na zona de concentração de 90% a 92% de álcool em volume é possível fazer a retirada de uma fração de impurezas constituídas por ésteres pesados, como isovalerianatos e isobutiratos.

Na coluna de repasse final (D na Figura 1.7) ocorre a máxima concentração de etanol que se pode conseguir pela destilação, e aí também são acumuladas impurezas. O álcool etílico puro é retirado na base como produto de cauda, e no topo são retiradas impurezas como cabeça.

Na prática a coluna de repasse final pode ser substituída pela retirada do destilado no topo da coluna retificadora em local correspondente a quatro ou cinco bandejas abaixo do topo da coluna.

Não é possível fazer a purificação completa do etanol pela retificação por causa de diversos fatores, como, por exemplo, marcha imperfeita da operação, dificuldade de separar as cabeças por excesso de deflegmação para separar as caudas, variação da temperatura, pureza das fermentações, oscilação na composição dos vinhos, reações de esterificação, combinação e decomposição. Para produzir álcool retificado mais puro é costume neutralizar o álcool com solução alcoólica alcalina, mas é preciso evitar excesso de álcali, que pode conduzir a prejuízos com a decomposição de aminas e sais amoniacais. Na retificação há sempre perdas de álcool, por ação de diversos fatores, incluindo alguns anteriormente citados.

1.21 DESIDRATAÇÃO DO ETANOL

Em 1879 foi percebida a impossibilidade de conseguir álcool "sem água" por destilações sucessivas. Um pesquisador, Le Bel, observou, que a mistura de 95,57 partes de etanol em massa (97,2% em volume) com 4,43 partes de água em massa fervia em pressão normal à temperatura de 78,15 °C, inferior à temperatura de ebulição do álcool puro (78,35 °C) e da água (100 °C). Outros autores continuaram a estudar o fenômeno, e em 1910 Dorozewsky e Polansky o detalharam como mostrado na Tabela 1.6.

A elevada concentração de etanol no álcool retificado permitia seu uso industrial sem necessidade de maior pureza. O álcool anidro era considerado quase como produto de laboratório, exigido apenas em casos especiais. Sua produção tomou relevância quando se tornou necessária sua mistura à gasolina, a fim de melhorar seu desempenho como carburante de motores de combustão interna. Mariller e Patart foram precursores do uso do álcool anidro, mas muitos outros desenvolveram técnicas industriais para sua obtenção.

Uma vez identificado o fenômeno que impede a obtenção de álcool absoluto por destilação, foram procurados diferentes métodos para separar a água e obter o etanol com concentração de 100%, ou álcool puro. Muitas técnicas foram criadas e diversas patentes foram registradas, porém nem todas se revelaram práticas e econômicas.

Do ponto de vista didático, as tecnologias são classificadas com base no emprego de substâncias desidratantes, na destilação de misturas azeotrópicas, no deslocamento do ponto eutético e no princípio da atmólise.

Tabela 1.6 Concentração alcoólica de misturas hidroalcoólicas e seus pontos de ebulição

Percentagem de álcool em volume na mistura hidroalcoólica	Temperatura de ebulição em graus Celsius
95,0	78,35
95,5	78,30
96,0	78,27
96,5	78,25
97,0	78,24
Ponto eutético	**78,15**
97,5	78,24
98,0	78,25
98,5	78,27
99,0	78,29
99,5	78,32
100,0	78,35

Fonte: Almeida (1940).

As primeiras ideias foram de misturar ou de passar o álcool retificado através de substâncias desidratantes, ávidas de água e insolúveis no etanol.

Em seguida, foi tentado um processo de atmólise no qual o destilado sob forma de vapor, no ponto eutético, permite separar o álcool da água através de placas porosas.

Depois surgiram as técnicas de destilação de misturas azeotrópicas, que, até certo ponto, envolvem o deslocamento do ponto eutético. Por elas, durante a operação de destilação, são introduzidas substâncias parcialmente solúveis em álcool e insolúveis em água, capazes de formar misturas azeotrópicas ternárias (álcool, água e a substância) com ponto de ebulição inferior à mistura azeotrópica binária de etanol e água.

As primeiras citações do emprego de arrastadores remontam a 1902, com uso de benzol por Young, em processo descontínuo, aperfeiçoado por outros pesquisadores e transformado em contínuo. A desidratação denominada azeotrópica recebeu considerável impulso nos anos 1930, desenvolvida e aperfeiçoada nos processos conhecidos por técnicas das Usinas de Melle. Elas participaram da industrialização do álcool anidro até quase a década final do século XX.

As substâncias que deslocam o ponto azeotrópico, normalmente hidrocarbonetos, se mostraram inconvenientes por deixarem traços residuais no álcool produzido.

Considerados cancerígenas, ou prejudiciais à qualidade do etanol e de seu uso para algumas preparações, impediram a continuidade desse processo de desidratação.

Com qualquer das tecnologias referidas, há grande gasto de vapor e de água, fatores que orientam a aquisição de equipamentos industriais mais eficientes, para tornar mais econômica a produção do álcool.

No final do século, a tecnologia azeotrópica foi substituída pela denominada destilação extrativa, comumente conhecida como MEG, na qual a introdução de uma terceira substância, o mono etileno glicol (MEG), permite a separação do etanol e da água sem os inconvenientes da destilação azeotrópica. Há forte afinidade da água pelo MEG, razão pela qual há redução da volatilidade da água e facilidade da separação do álcool anidro sob a forma de vapor. O glicol não é volátil nem inflamável e não há reclamações em relação à permanência de resíduos inconvenientes.

Na prática operacional, em comparação com a destilação azeotrópica, são consideradas como vantagens a não volatilidade e a não inflamabilidade do desidratante, além das economias de vapor, de desidratante e de água.

1.22 PROCESSO DE DESIDRATAÇÃO POR MEIO DE PENEIRAS MOLECULARES

Na última década do século XX, foi patenteada e introduzida no Brasil uma nova técnica de desidratação do álcool retificado. Trata-se da sua passagem através de um adsorvente, constituído de pequenas peças de cerâmica, designadas como resinas, para remover as porções da água do álcool retificado. A nova tecnologia, denominada desidratação por peneiras moleculares, é mais rápida e mais eficiente do que os processos anteriormente usados.

Ela se baseia na propriedade, inicialmente identificada nas zeólitas, de acordo com a qual minerais providos de nanoporos são capazes de reter seletivamente líquidos ou gases e de separar moléculas de misturas de gases, ou de líquidos, em função de suas dimensões.

As zeólitas são rochas naturais (geralmente aluminossilicatos), capazes de separar componentes de misturas de líquidos por adsorção seletiva. Seus nanoporos deixam passar moléculas de um componente e retêm as do outro.

Elas foram descritas em 1756 pelo pesquisador sueco Freiherr Axel Frederick Cronstedt, que lhes deu essa denominação ao perceber que, imersas em água, borbulhavam como em ebulição. Ele juntou os termos gregos *zeo* (ferver) e *lithos* (pedra), com o significado de pedra que ferve.

O mineral natural possui estrutura cristalina tridimensional, que forma cavidades que podem ser ocupadas por íons e moléculas de água. A água pode ser eliminada sem afetar a estabilidade estrutural e a zeólita age como "esponja" ou, em outras palavras, como peneira molecular. Essa característica permite desidratação e intercâmbio catiônico.

A gama de propriedades físico-químicas do mineral propiciou seu uso para muitas aplicações industriais, mas, ao natural, as zeólitas se apresentam impuras, com a presença de outros minerais. Por isso, a indústria química sintetizou elementos cerâmicos puros, com as mesmas propriedades e sem os inconvenientes delas. A síntese permite modificar as peculiaridades do material e adequá-lo às particulares necessidades industriais. Atualmente, a grande maioria das destilarias produz álcool anidro por essa tecnologia, introduzida há menos de duas décadas, mas já aperfeiçoada em várias gerações.

1.22.1 PRINCÍPIO DA DESIDRATAÇÃO PELAS PENEIRAS MOLECULARES

A desidratação ocorre por adsorção, fenômeno físico que se caracteriza pela retenção das moléculas de um fluido à superfície de um sólido, sem passar a fazer parte do sólido. É diferente da absorção, na qual o fluido fica retido pelo sólido e passa a fazer parte do absorvente. A adsorção ocorre por ação de forças de coesão, por condensação capilar e por atração eletrostática.

1.22.2 PENEIRA MOLECULAR

Uma peneira molecular, equipamento (Figura 1.9), é constituída de um recipiente metálico cilíndrico cheio de peças cerâmicas, sintetizadas de acordo com especificações adequadas para a adsorção da água e sua separação das moléculas de etanol. Seu diâmetro é variável, mas pode ser considerado ao redor de 5 mm.

O material sintético adsorvente usado para a desidratação do álcool é composto de peças cerâmicas de aluminossilicato potássico, tetraédricas, compostas de quatro átomos de oxigênio, dois átomos de sílica ou de alumínio e cátions de potássio, sódio ou cálcio (Figura 1.8). Seus nanoporos, que medem ao redor de 3 Å, retêm o etanol e adsorvem a água. A molécula de etanol mede 4,4 Å e a da água, 2,8 Å (1 angstrom, 1 Å, mede $0,1^{-10}$ m).

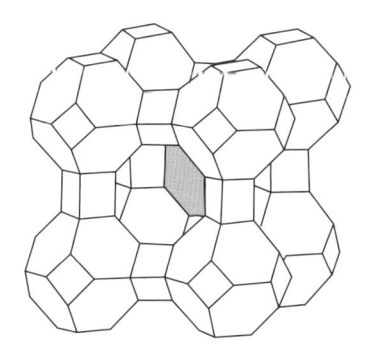

Figura 1.8   Desenho esquemático de um tipo de zeólito sintético.

Há três tipos de leito adsorvente:

a) leito fixo, de zeólitos imóveis;

b) leito móvel que se movimenta por efeito da injeção dos vapores do álcool a desidratar;

c) leito fixo (Figura 1.9), constituído de uma camada superior de esferas de cerâmica inertes, separada da camada de zeólitos (adsorventes) por tela fixa, mais duas camadas de esferas de cerâmica inertes e uma tela fixa.

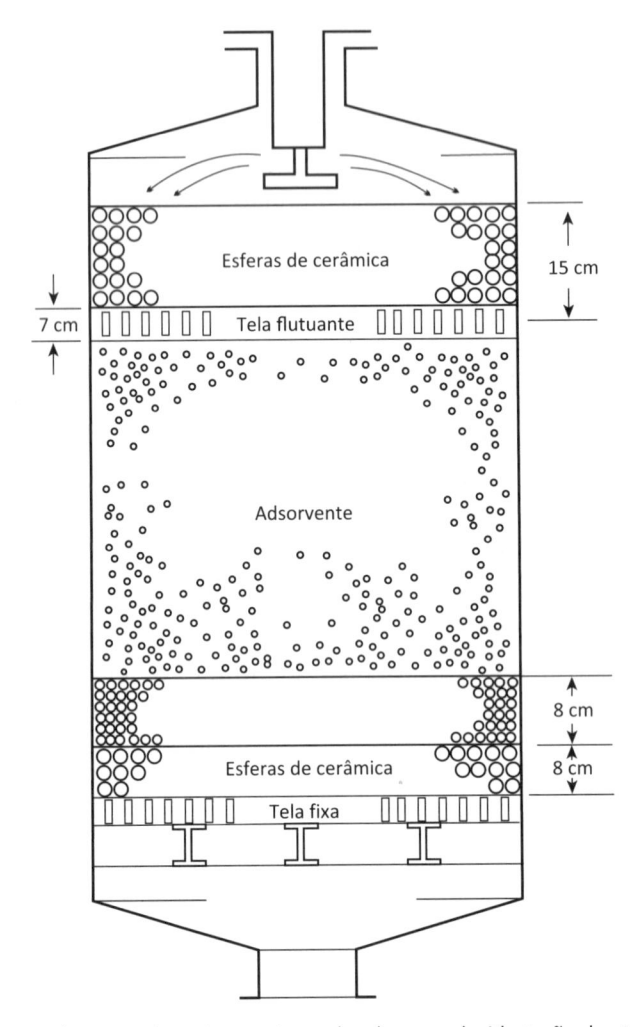

Figura 1.9 Esquema de uma coluna de peneira molecular para desidratação de etanol.

Um conjunto industrial de peneiras moleculares comumente comporta três unidades de adsorção trabalhando independentemente e de forma descontínua, mas formando um fluxo contínuo de álcool anidro, pela manipulação da operação de desidratação (Figura 1.10).

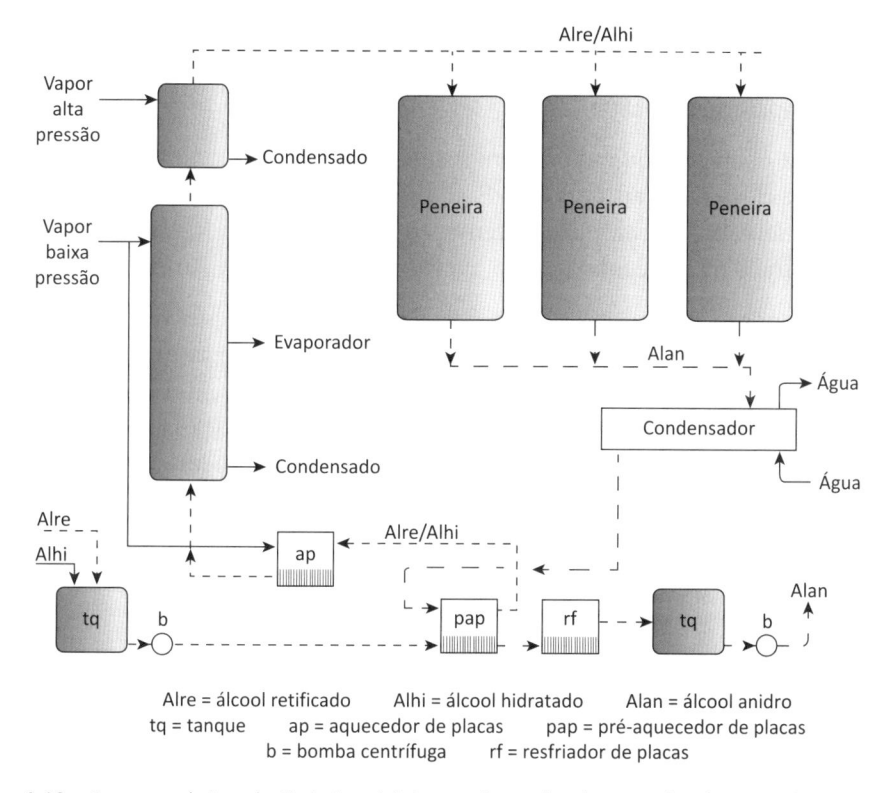

Alre = álcool retificado   Alhi = álcool hidratado   Alan = álcool anidro
tq = tanque   ap = aquecedor de placas   pap = pré-aquecedor de placas
b = bomba centrífuga   rf = resfriador de placas

Figura 1.10   Esquema de instalação industrial de peneira molecular para desidratação de etanol.

1.22.3 ESQUEMA DE FUNCIONAMENTO DAS PENEIRAS MOLECULARES

Em descrição resumida, o processo de desidratação é executado pela introdução de álcool retificado (Alre), pelo topo das colunas de elementos cerâmicos em fluxo vertical descendente, vaporizado e aquecido a 175 °C.

O adsorvente (Figura 1.8), sob a forma de pérolas de 3 mm a 5 mm de diâmetro, retém as moléculas de água e deixa passar o etanol com 99,9% de pureza (álcool anidro – Alan). Os vapores superaquecidos do álcool retificado são recolhidos pela base da unidade de adsorção e seguem para condensadores e resfriadores.

As moléculas de água são adsorvidas, isto é, fixadas na superfície do zeólito sem passar a fazer parte dele.

Quando a mistura hidroalcoólica a desidratar está na fase líquida, as velocidades de adsorção e de fluxo são reduzidas e o tempo de retenção é maior. Por essa razão, o processo recomenda a alimentação da peneira com álcool retificado sob a forma de vapor superaquecido, para evitar a formação de condensado por resfriamento em contato com os zeólitos, e diminuição do desempenho do processo. Tem semelhanças com o processo de atmólise.

A pressão do vapor do etanol a desidratar varia de 1 bar até 3,5 bar em temperatura variável de 120 °C a 150 °C, mas pode ser superaquecido a 175 °C, com vapor de alta pressão e temperatura de 180 °C.

Durante a operação, quando ocorre a adsorção da água, a temperatura do leito adsorvente se eleva em mais de 15 °C. Esse aumento é motivado pelo calor de adsorção, uma combinação de calor de condensação no poro, mais calor de secagem proveniente da retirada da molécula de água, do fluxo de vapor da mistura hidroalcoólica.

À medida que os vapores passam através do adsorvente, a água vai sendo adsorvida e dentro da unidade de adsorção vão se formando zonas de saturação com a água retida. Durante a desidratação, as unidades de adsorção apresentam zonas distintas, denominadas zona ativa (za), zona de equilíbrio (ze) e zona de transferência de massa (ztm). A Figura 1.11 pretende ilustrar o comportamento do processo durante a retenção da água e liberação do etanol, com o esquema de sete vasos.

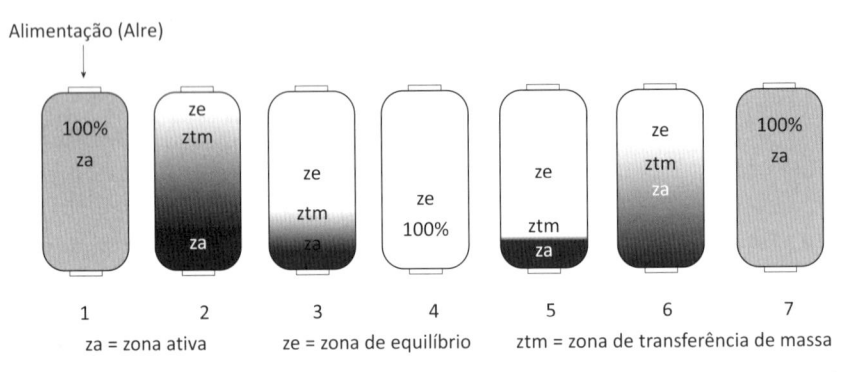

Figura 1.11   Gráfico do funcionamento de uma unidade de desidratação: de seca a saturada e sua regeneração.

O vaso número 1 representa uma zona ativa (za) com 100% da capacidade de adsorção; os zeólitos estão secos.

No vaso de número 2 aparece uma zona de equilíbrio (ze), uma de transferência de massa (ztm) e uma zona ativa (za), que progridem pelo vaso 3 até o vaso 4, em que resta apenas a zona de equilíbrio (ze) com 100% de ocupação. Significa que a unidade de adsorção está saturada, sem nenhuma atividade de adsorção e que deve ser feita a regeneração do leito adsorvente.

Daí em diante segue a dessorção, ou regeneração do adsorvente, por um processo PSA (*pressure swing adsorption*), por meio de vácuo. A dessorção inicia no vaso 5, com o reaparecimento de zona ativa e zona de equilíbrio, que progridem até o vaso de número 7, com 100% de zona ativa.

O adsorvente está seco e pode dar início a nova operação de desidratação.

1.23 REGENERAÇÃO DAS PENEIRAS MOLECULARES

Quando a unidade de desidratação tem seu leito adsorvente saturado de água, perde sua capacidade desidratadora e deve ser regenerada. A regeneração é feita por dessorção, conduzida por três maneiras diferentes:

a) Deslocando a água pela injeção de uma substância estável, com capacidade de eliminar o adsorvido e deixar o adsorvente livre e apto a nova atividade adsortiva.

b) Promovendo variação da temperatura do leito adsorvente, que elimina a água que reduz a capacidade adsortiva. É o processo identificado por TSA (em inglês, *temperature swing adsorption*).

c) Fazendo variar a pressão, ou PSA (*pressure swing adsorption*), pela aplicação de vácuo no equipamento.

Na prática industrial, a dessorção começa pela redução da pressão interna e segue pela admissão de álcool anidro que, em sentido inverso da desidratação, faz a água se deslocar para fora da unidade de desidratação.

O processo é influenciado pela temperatura, pressão e dimensão do zeólito.

A Figura 1.12 ilustra um esquema de regeneração das unidades de desidratação com zeólitos.

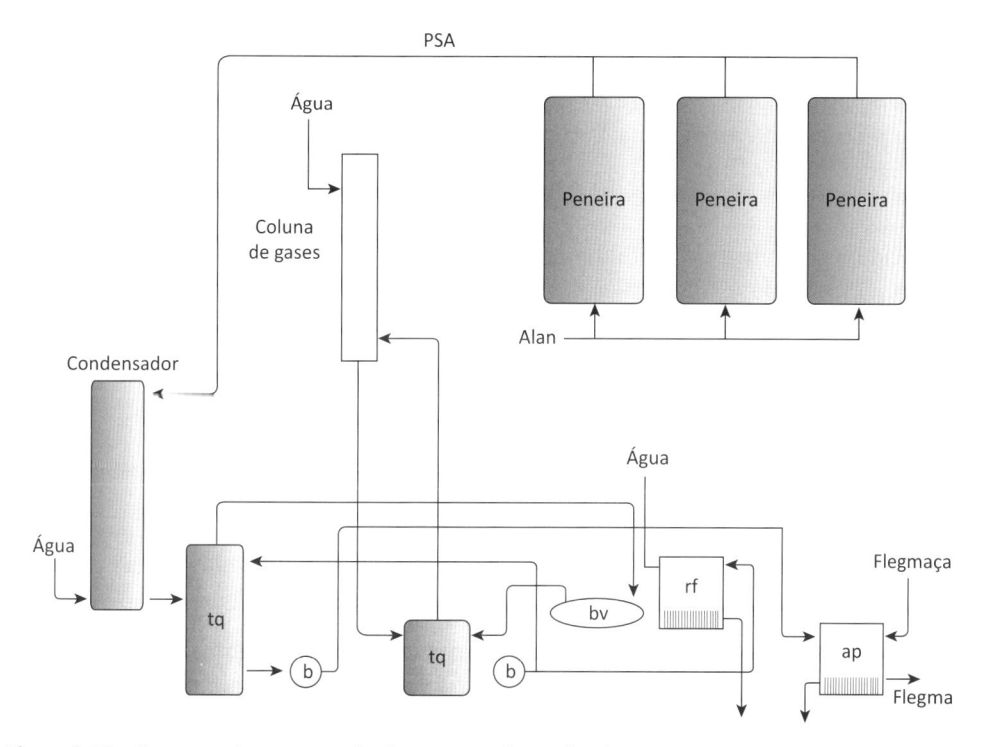

Figura 1.12 Esquema de regeneração de uma peneira molecular.

1.24 CONSUMOS NA DESIDRATAÇÃO

De acordo com a Construtora Conger, de Saltinho (SP), para produzir um litro de álcool anidro são registrados os seguintes consumos:

- Vapor de baixa pressão – 0,9 a 1,9 kgf/cm², 0,55 kg/ L de álcool.

- Vapor de alta pressão – 5 a 10 kgf/cm², 0,05 kg/L de álcool.

- Água de refrigeração – 40 L/kg de álcool.

- Energia elétrica – 6 kWh/m³ de álcool.

1.25 DESIDRATAÇÃO DE ETANOL COM MEMBRANAS

A desidratação do etanol por meio de membranas é objeto de muita pesquisa, mas ainda não está em uso industrial. O aspecto econômico influi no desenvolvimento de tecnologia adequada.

O uso de membranas para desidratação de mistura de etanol e água constitui um processo em que um componente da mistura hidroalcoólica líquida atravessa uma membrana e passa para a fase gasosa. O material volátil da mistura (fase líquida e quente), ao passar pelo corpo sólido da membrana, evapora, condensa em equipamento adequado e é recolhido. O fenômeno é identificado por pervaporação. Ele é considerado competitivo com processos clássicos de separação de misturas líquidas em condições especiais, como a quebra de azeótropos.

A diferença de pressão entre os dois lados causa a difusão de componentes e sua passagem através da membrana. A diferença, que é obtida por um sistema de produção de vácuo ou por fluxo de um gás inerte, também propicia a mudança de fase.

Nesse processo, a difusão e a evaporação se integram. A difusão ocorre como consequência da diferença de mobilidade entre as moléculas; a velocidade de separação dos componentes depende de suas dimensões e da afinidade química com a estrutura da membrana.

A membrana (elemento permeante) é um obstáculo interposto no fluxo de substâncias químicas, mas não o interrompe, e gera duas fases de composição diferente, porque impede seletivamente a passagem de componentes de uma solução ou de mistura de líquidos miscíveis.

O transporte, que se dá por diferença de potencial químico (do maior para o menor), é facilitado pelo aumento de temperatura, que influi favoravelmente na permeabilidade das substâncias através das paredes sólidas.

As observações sobre permeabilidade de membrana são antigas; no século XVIII, há registro sobre uso de membranas animais (diafragma, bexiga) para filtração de água, e, em meados do século XIX, estudos sobre permeação de gases e medição da pressão osmótica de soluções. No entanto, a aplicação comercial desenvolveu-se após a Segunda Guerra Mundial, em ensaios sobre potabilidade da água, feitos com membranas de acetato de celulose. Há membranas feitas com materiais cerâmicos e metálicos, além das poliméricas de ampla utilização.

1.26 SUBPRODUTOS DAS DESTILARIAS DE ÁLCOOL

Inicialmente, as usinas de açúcar produziam o açúcar como alimento, e depois passaram a fabricar álcool em destilarias anexas. Os principais produtos de uma usina de açúcar são o açúcar e o álcool. O bagaço e o melaço eram um resíduo e um subproduto. O bagaço era usado como combustível para gerar energia para as atividades de indústria, e o melaço era a matéria-prima para a produção do álcool.

Vinhaça, torta de filtros, gás carbônico, águas doces de lavagem e leveduras, que eram tidos como resíduos, atualmente se constituem subprodutos, ou coprodutos. Nas destilarias autônomas os subprodutos são vinhaça, gás carbônico e leveduras.

1.26.1 BAGAÇO

O bagaço é resultante da moagem da cana ou da difusão e representa perto de 30% da massa de cana submetida à extração do caldo. Encerra toda a fibra da cana e ao redor de 50% de umidade e é usado como combustível nas caldeiras para produzir energia para todas as operações da indústria, incluídas as que precisam de eletricidade. Quando usado apenas para o trabalho da fábrica, sobra em grande quantidade.

Por muito tempo, foi só um resíduo, incomodante, por causa do enorme volume produzido e pela falta de utilização prática e econômica de toda a massa residual.

Muitas sugestões de aproveitamento foram feitas, tais como compostagem, preparo de aglomerados, embalagens, fabricação de furfural, celulose, papel e outras.

Atualmente, ele passou de resíduo a um importante componente energético das indústrias canavieiras. Sua queima em caldeiras de alto desempenho produz vapor que gera eletricidade, tornando as indústrias autossuficientes, pois produzem energia para todas as suas necessidades na obtenção do açúcar e do álcool, e um excesso do qual não precisam para sua rotina de transformação da biomassa.

O bagaço, mais a palha que sobra da colheita, somam energia para a indústria e para ceder à sociedade civil. Ambos se constituem em elemento econômico e fundamental para a obtenção de energia limpa e renovável, que pode também render créditos de carbono no âmbito global.

É necessário reconhecer que, ao lado das vantagens, há desvantagens na queima da biomassa. O processo de combustão gera fuligem e cinza, causadoras de prejuízos ambientais. Além do dióxido de carbono, são formados outros gases, que podem prejudicar a saúde, embora não devam ser mais prejudiciais do que os que são gerados nas termelétricas a gás natural. Não foram encontradas referências comparativas entre a queima da biomassa e a do gás natural. Por fim, restam as escórias e as cinzas, que sobram das fornalhas e devem ser submetidas a tratamentos para o aproveitamento do material mineral residual. Seus componentes têm potencialidade como nutrientes vegetais e para outros usos.

Com o passar dos anos, as usinas e as destilarias se transformaram em indústrias energéticas; o açúcar como alimento, o álcool como combustível para motores de combustão interna e o bagaço na cogeração de eletricidade.

O bagaço está sendo estudado para o que se denomina obtenção de etanol de segunda geração, isto é, obtenção de etanol após sacarificação da celulose e da hemicelulose, fermentação dos açúcares e obtenção do álcool por destilação.

Uma fábrica em São Miguel dos Campos (AL) anunciou o início da produção do álcool de segunda geração em 2014 e outra, em Piracicaba (SP), nos primeiros meses de 2015. Quando esse processo for efetivado economicamente, o uso do bagaço como componente de fertilizantes ou de rações animais e para obtenção de outras substâncias por processos químicos (furfural) e bioprocessos (xilitol) será marginal.

Os resíduos da fabricação do álcool por aproveitamento do bagaço deverão continuar como combustível. A produção de álcool de segunda geração representa ampliação da fabricação de etanol sem aumento da área de cana e possibilidade de fabricação na entressafra.

Detalhes serão encontrados no Capítulo 3 deste volume, "Produção de etanol de segunda geração".

1.26.2 VINHAÇA

Em todas as produções industriais há rejeitos, ou seja, um ou mais resíduos que causam preocupação quanto ao rendimento econômico ou que causam dano ambiental.

Na indústria de destilados, bebidas e álcool industrial sobra a vinhaça, líquido residual da destilação dos vinhos. Com outras denominações, tais como vinhoto e restilo, constituiu por décadas um problema de poluição de cursos d'água com enorme gama de prejuízos. É um resíduo líquido, escuro, opaco, muito diluído, com aproximadamente 6% de material sólido, quase todo ele orgânico, putrescível e forte consumidor de oxigênio para se estabilizar.

Morte da fauna e flora aquáticas, problema de tratamento das águas de utilidade pública, maus odores na atmosfera e alteração microbiana das águas contaminadas são alguns inconvenientes causados pela vinhaça lançada nos cursos d'água.

Com relação próxima de 1:10 comparada com a produção dos destilados, à medida que a industrialização da cana-de-açúcar foi sendo incrementada, aumentava a poluição dos cursos d'água, até um ponto insuportável pelas populações próximas de indústrias canavieiras.

A disposição da vinhaça era feita por lançamento ao natural nos rios, ribeirões e outros cursos, para levá-la para longe e resolver a falta de tratamento de purificação.

Era a maneira de desviar de um problema e deixá-lo para a sociedade, mas um dia ela se rebelou e exigiu reparos.

Um acidente na década de 1940 contribuiu para a solução. Um reservatório de vinhaça de uma usina de açúcar e álcool que não tinha rio em sua proximidade rompeu e inundou um canavial com um líquido ácido, sobre um solo também ácido. Temeu-se a sua esterilidade, prejuízo para o canavial e para a produção de açúcar e álcool, mas isso não ocorreu. Pesquisas agronômicas intensas mostraram que o solo melhorou, enriqueceu com o material orgânico e mineral do resíduo e aumentou o rendimento agrícola.

Um óbice sempre levantado contra o uso da vinhaça foi o seu grande volume e a dificuldade de seu escoamento. Desde o início dos estudos para evitar o lançamento da vinhaça nos cursos d'água foram sugeridos processos para sua concentração, mas o gasto de vapor para remover a água inviabilizava os processos.

Com o desenvolvimento das tecnologias para o trabalho na indústria, aperfeiçoamento das caldeiras e do balanço térmico industrial, atualmente há indústrias canavieiras fazendo a concentração do resíduo economicamente.

Atualmente a maior parte da vinhaça é tratada, e seu uso mais comum é como fertilizante, devido ao seu alto teor de compostos orgânicos. A vinhaça também é matéria-prima para a produção de biogás.

1.26.3 GÁS CARBÔNICO

Os principais produtos do bioprocesso alcoólico são o etanol e o dióxido de carbono, quase na mesma proporção. Para cada 100 partes de etanol produzido, correspondem aproximadamente 96 de dióxido de carbono.

O volume é muito grande e, somado ao gerado pela combustão do bagaço, contribui para o efeito estufa e o aquecimento global. Entretanto, ele pode ser recolhido quando o bioprocesso é realizado em dornas fechadas, lavado, seco e destinado a diversos usos.

Na tampa de dorna é instalado um vaso provido de água, onde borbulha o gás, ou uma coluna de bandejas valvuladas, por onde o gás atravessa, sendo feita sua lavagem por água em contracorrente. Esses dispositivos são instalados com o objetivo de recuperar o etanol que é arrastado com o gás. É errôneo afirmar que o álcool se perde nas dornas por evaporação, porque a temperatura do bioprocesso, mesmo durante a fermentação tumultuosa, atinge de 30 °C a 35 °C. É mais correto falar em recuperar o álcool arrastado com o gás.

É conveniente o uso de dispositivo valvulado para compensar a irregularidade da produção de gás, concomitantemente com a geração diferente de etanol nas três fases da fermentação.

Nas colunas valvuladas, a água de lavagem arrasta o álcool, e por recirculação pode-se recuperar de 1,5% a 2% de etanol. É um pequeno volume para cada lavador de gás, mas ao longo de uma safra é uma recuperação significativa.

Do recuperador de álcool o gás pode ser liberado na atmosfera (ainda o mais comum), ou aspirado para um secador e, depois armazenamento em gasômetro ou liquefeito em torpedos de aço, para diversos usos.

Ele tem larga aplicação na indústria de alimentos (refrigerantes, solvente supercrítico), na indústria química (ureia e bicarbonato), refrigeração (gelo seco) e como carga de extintores, mas sua captação e comercialização não consomem todo o gás que é produzido.

1.26.4 MELAÇO

O melaço é resíduo nas usinas de açúcar. É um liquido viscoso e escuro que se obtém pela centrifugação da massa cozida para separar os cristais de açúcar. É matéria-prima para a produção de etanol e está descrita no item 1.5, sobre matérias-primas sacarinas.

1.26.5 TORTA DE FILTRO

A torta de filtros sobrante nas usinas de açúcar representa de 2% a 3% da cana moída e é formada pelas borras dos decantadores de caldo, mesclada com bagacilho, que funciona como leito filtrante.

Com 50% a 70% de umidade, encerra fósforo e cálcio provenientes da fabricação do açúcar e nutrientes do caldo. Ela é aplicada como fertilizante ao natural, em quantidade de 15 t/ha a 30 t/ha, de acordo com o solo, distribuída uniformemente no canavial ou em sulcos e incorporada por meio de máquinas cultivadoras.

Sua aplicação contribui para a redução do custo da fertilização.

1.26.6 PROTEÍNA UNICELULAR

Durante a fermentação alcoólica industrial as leveduras se multiplicam constantemente, razão porque de 10% a 20% da massa celular contida no vinho podem ser retirados a cada ciclo, sem prejuízo da continuação do bioprocesso.

As leveduras alcoólicas encerram elevada proporção de material proteico. Células lavadas e puras acusam teor de matéria seca de 25%, no qual cerca de 50% são material proteico. Esse elevado conteúdo de material nitrogenado estimulou o emprego das leveduras das destilarias como concentrado proteico para rações.

Esse produto, de interesse para países com carência de suprimento nutricional proteico, é descrito no Capítulo 15 do volume 4 desta coleção, "Produção de proteínas por microrganismos".

REFERÊNCIAS

ALMEIDA, J. R. *Álcool e destilaria*. Piracicaba: Edição Natanael dos Santos (mimeografado), 1940. 333 p.

_____. *Matérias-primas. Curso sobre fermentação alcoólica – 1ª Semana 1*. Piracicaba: Instituto Zimotécnico/USP, 1960. p. 1-13.

ALZOLA, F. New Process of Continuous Fermentation. *Annual Memorial Conference of the Association Tecn. Azucar*, 14, Cuba, 1940. p. 323-326.

BECZE, G. D. Continuous fermentation. *An. Brew.*, v. 76, n. 2, p. 11-16, 30-32, 34, 1943.

BILFORD, H. R. et al. Alcoholic Fermentation of Molasses. Rapid Continuous Fermentation Process. *Journal of Industrial and Engineering Chemistry*, v. 34, p. 1406-1410, 1942.

BORZANI, W. *Fermentação alcoólica de mosto de melaço*. 1952. Tese (Livre-docência) – Escola Politécnica, Universidade de São Paulo, São Paulo, 1952.

BRASIL. Agência Nacional de Petróleo, Gás Natural e Biocombustíveis. Resolução ANP n. 7, de 9 de fevereiro de 2011. *Diário Oficial da União*, Brasília, DF, 10 fev. 2011.

CÂMARA, G. M. S. Cana-de-açúcar. In: INGLEZ DE SOUSA, J. S. et al. *Enciclopédia Agrícola Brasileira*. São Paulo: Edusp, 1998, p. 111-120.

CONGER. *Desidratação de álcool via peneira molecular Conger/Procknor*. Apresentação em PowerPoint. [n.d.]

DINABURG, A. M. Continuous Fermentation, 31 jul. 1945, apud *Chem. Abstracts*, n. 40, p. 5528, 1946.

GLADK, F. Continuous fermentation in the processing of syrup to alcohol. *Spirto-Vochaaya Prom.*, v. 15, n. 5, p. 20-23, 1938.

KEUSSLER, O. V. Continuous Fermentation of Sugar-poor liquids, 25 nov. 1943 apud *Chem. Abstracts*, n. 39, p. 2842, 1945.

KIRK, R. R.; OTHMER, D. F. Fast and Continuous Fermentation. *Encyclopedia of Chemical Technology 1*. Nova York: Intersc. Encycl. Inc., 1947. p. 261.

KUFFNER, I.; KUFFNER, I. Continuous multi-stage fermentation system for liquids containing sugar, apud *Chemical. Abstracts*, v. 27, p. 5143, 1953.

LEME, J. (Jr.); BORGES, J. M. *Açúcar de cana*. Viçosa: Imprensa Universitária/UREMG, 1965. 328 p.

LIMA, U. A. Matérias-primas sacarinas. In: LIMA, U. A. *Matérias-primas dos alimentos I – Origem vegetal*. São Paulo: Blucher, 2010. p. 119-127.

_____. Um resumo histórico sobre a vinhaça em Piracicaba. *Revista Instituto Histórico e Geográfico de Piracicaba*, p. 245-288, 2013.

LIMA, U. A.; BASSO, L. C.; AMORIM, H. V. Produção de etanol. In: LIMA, U. A. et al. *Biotecnologia Industrial 3 – Processos fermentativos e enzimáticos*. São Paulo: Blucher, 2001. p. 1-43.

MARILLER, Ch. Fermentation Continue et Moûts de Betteraves. *Industries Agricoles et Alimentaires*, v. 11, p. 775, 1962.

MASCARENHAS, A. J. S; OLIVEIRA, E. C.; PASTORE, H. O. Peneiras moleculares: selecionando as moléculas por seu tamanho. *Química Nova na Escola*, Cadernos Temáticos, maio 2001.

MELONI, G. *L'Industria dell'alcole II – Processi e impianti di produzione e trasformazioni – Le materie prime – Le acquaviti*. Milano: Ulrico Hoepli, 1953. 689 p.

MICHELON, J. Desidratação de etanol via peneira molecular. Palestra. Hotel Beira Rio, Piracicaba, ago. 2014.

OLBRICH, H. *O melaço*. 3. ed. Rio de Janeiro: Instituto do Açúcar e do Álcool, 1960. 153 p.

PALACIO LLAMES, H. *Fabricación del alcohol*. Barcelona: Salvat, 1956. 735 p.

QUILLARD, Ch. *La sucrerie de beterraves*. Paris: J. B Baillière et Fils, 1932. 522 p.

SANTOS, H. P.; LHAMBY, J. C. B. Avaliação agronômica da beterraba açucareira e forrageira. *Pesq. Agropec. Bras.*, Brasília, v. 21, n. 5, p. 509-514, maio 1986.

SOUZA, L. G.; LIMA, U. A. Diferentes estudos com mostos de melaço de açúcar cristal e a formação de incrustações nas colunas de destilação de etanol. *Brasil Açucareiro*, Rio de Janeiro, v. 82, n. 4, p. 63-79, 1973.

_____. Diferentes estudos com mostos de melaço de açúcar demerara e a formação de incrustações nas colunas de destilação de etanol. *Brasil Açucareiro*. Rio de Janeiro. v. 82, n. 6, p. 27-36, 1973.

TRENT, R. E. Peneiras moleculares – Fundamentos e aplicação na desidratação de etanol – Zeochem. *Workshop Internacional Codistil-Dedini*. Ribeirão Preto, set. 1993.

CAPÍTULO 2

Álcool de matérias-primas amiláceas

Urgel de Almeida Lima

2.1 INTRODUÇÃO

Matérias-primas amiláceas são as que encerram amido em sua composição. O amido é um carboidrato, de fórmula geral $(C_6H_{10}O_5)_n$, em que n é um número variável. Formado pela fotossíntese, deposita-se nos cloroplastos, de onde é transladado para os órgãos de reserva sob a forma de grânulos cuja morfologia e dimensão são característicos de cada espécie vegetal (Figura 2.1). A forma e tamanho são elementos diferenciadores que permitem identificar diferentes espécies em uma mistura de amidos de diversas origens. Os de batata são muito grandes e os de arroz, muito pequenos.

O amido é produto quase exclusivamente vegetal, sendo amplamente encontrado nas plantas superiores e também em algas, bactérias, bolores e leveduras. Em alguns protozoários ocorrem polissacarídeos, tais como amilopectina, glicogênio, laminarana e amido, dependendo da espécie. Grânulos de amido com morfologia semelhante aos do trigo têm sido encontrados no homem, em lesões.

Após a extração dos vegetais o amido é denominado amido natural e, como tal, tem uma larga aplicação. Embora de extensa ocorrência na natureza, a utilização de material amiláceo para produção de etanol é limitada a alguns vegetais superiores; milho, trigo e batata são usados em grande escala em alguns países.

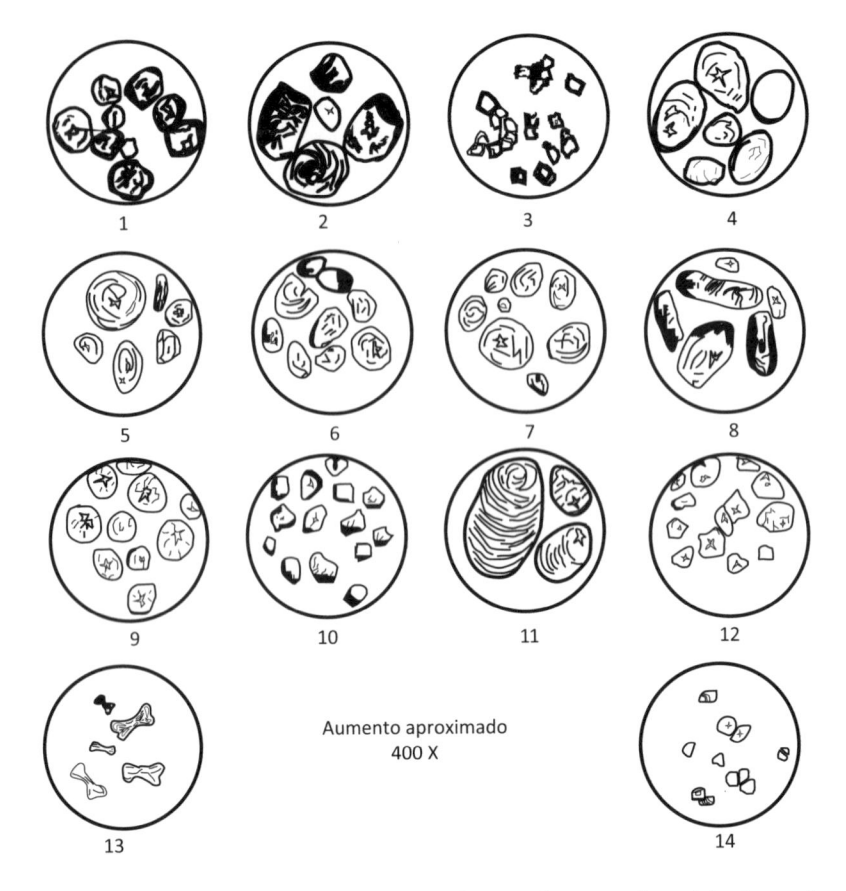

Grânulos de amido: 1 - mandioca; 2 - sagu; 3 - arroz; 4 - araruta; 5 - centeio; 6 - cevada; 7 - trigo; 8 - banana; 9 - milho córneo; 11 - batata; 12 - batata-doce; 13 - *Euphorbia milii* (coroa de Cristo); 14 - babaçu

Figura 2.1　Grânulos de amido de diversos vegetais.

2.1.1 CONSTITUIÇÃO QUÍMICA

O amido é considerado mistura de dois polímeros de alfaglicose, a amilose e a amilopectina.

A *amilose*, de alto peso molecular (250 mil Daltons, sendo que 1 Da $\approx 1,67 \times 10^{-27}$ kg), é um polímero linear formado de 200 a 2 mil unidades de alfaglicose; os monômeros se unem por ligação o-glicosídica α 1,4 e o polímero se arranja como complexo helicoidal ao redor de suas moléculas (Figura 2.1a). Sua linearidade propicia a formação de película rígida por fenômeno de associação molecular denominado retrogradação. Os amidos que contêm amilose formam com o iodo complexo de cor azul intensa.

A *amilopectina*, de peso molecular mais elevado do que o da amilose (entre 50 e 500×10^6 Da) é um polímero ramificado com encadeamento de monômeros (4.700 a 12.800) por ligações o-glicosídicas α 1,4 e α 1,6, podendo ocorrer ligações α 1,3 (Figura 2.1b).

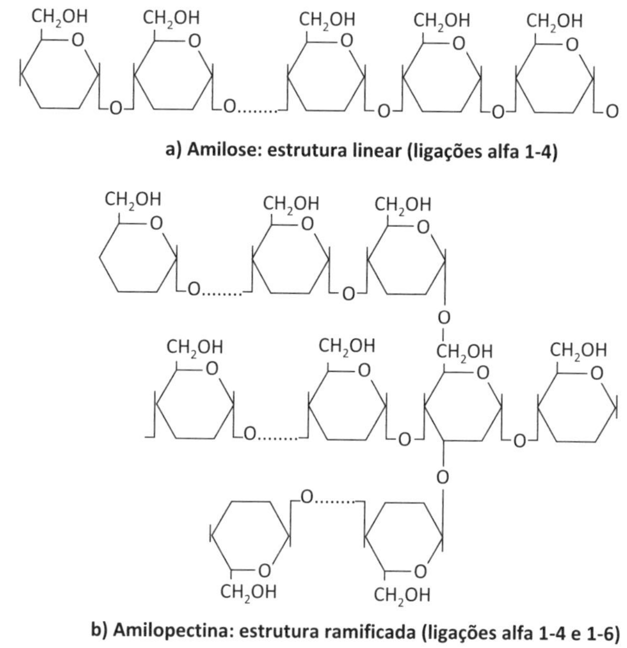

a) Amilose: estrutura linear (ligações alfa 1-4)

b) Amilopectina: estrutura ramificada (ligações alfa 1-4 e 1-6)

Figura 2.2 Estruturas de amilose (a) e amilopectina (b).

Cada ramo da cadeia de amilopectina encerra de 20 a 30 anéis de alfaglicose.

A amilopectina não retrograda e não forma complexo com iodo, mas em sua presença se colore de vermelho-escuro.

A proporção de amilose e amilopectina nos amidos pode ser alterada geneticamente. Grãos cerosos contêm pouco ou nenhuma amilose, e há variedades de milho com 55%, 60% e até 70% de amilose.[1]

2.1.2 PROPRIEDADES FÍSICO-QUÍMICAS DO AMIDO

O amido é muito branco, insípido e insolúvel em água fria; entretanto, tem a capacidade de absorver água, o que causa inchamento dos grânulos. A absorção decorre de sua estrutura cristalina, a qual depende do arranjo molecular dos componentes do amido. Em água aquecida até próximo de 60 °C os grânulos absorvem até 25 vezes sua massa sem perder a forma. O fenômeno é reversível, pois, eliminada a umidade, os grânulos voltam à sua dimensão e forma originais. O aquecimento do amido úmido por mais 5 °C a 15 °C modifica-o por alteração de seu arranjo molecular e o transforma em gel de aparência opalescente, translúcida ou transparente e límpida, de acordo com a concentração em amido. O gel recebe a designação de goma de amido,

---

[1] Ver também "Modificação de Amido por Fermentação – Polvilho Azedo", Capítulo 16 do volume 3 desta coleção.

e o fenômeno de transformação é denominado gelatinização ou gomificação. A velocidade da transformação, a temperatura em que ocorre e a viscosidade do produto são características de cada amido.

A gomificação despolimeriza o amido e a partir daí as moléculas de seus componentes têm condições de se quebrar em moléculas menores e solúveis.

O amido é suscetível à hidrólise pela ação de ácidos e à hidrólise enzimática por ação de enzimas fúngicas ou do malte. Pela ação do malte são quebradas as ligações α (1,4) com formação de maltose e dextrinas, e pela ação de enzimas fúngicas e ácidos a hidrólise é completa (todas as ligações oxídicas são rompidas) com produção de maltose e dextrose.

A legislação brasileira define *amido* como o produto amiláceo extraído das partes aéreas comestíveis dos vegetais, sobretudo grãos, e denomina *fécula* o produto amiláceo das partes subterrâneas comestíveis, raízes, tubérculos e rizomas. Por definição, fécula de batata. Polvilho ou fécula de mandioca é o produto extraído da raiz de mandioca (*Manihot esculenta*); araruta é a fécula obtida da planta araruta (*Maranta arundinacea*), e como tal é reconhecida, dispensando a denominação amido ou fécula de araruta.

Em idiomas de origem latina também é feita a mesma distinção; o material amiláceo encontrado nos grãos é denominado amido e o encontrado nas raízes e tubérculos, fécula. A diferença de denominação apenas indica a proveniência do amido, diferenciação tecnológica e não de composição.

As féculas de batata e de araruta são encontradas no mercado brasileiro, mas a fonte econômica de produção é a mandioca. No Brasil a produção de amido em larga escala provém do milho.

2.2 PRODUÇÃO DO ETANOL COM MATÉRIAS AMILÁCEAS

O amido não é suscetível a bioprocesso com leveduras, embora seja constituído de unidades de glicose. Para que passe a ser suscetível, as matérias amiláceas têm de ser previamente simplificadas para estruturas fermentescíveis constituídas de unidades de glicose. Essa transformação recebe o nome de sacarificação porque o amido é desdobrado em monômeros ou dímeros suscetíveis à ação direta das leveduras com produção de etanol e dióxido de carbono.

2.2.1 SACARIFICAÇÃO

A sacarificação é o ponto de partida do bioprocesso de materiais amiláceos. É um um processo hidrolítico, no qual uma molécula de cadeia complexa de um carboidrato é transformada em açúcares simples, por tratamento com ácidos fortes ou enzimas, complementado com aquecimento.

Ou, dito de outra forma, a sacarificação é a transformação da matéria amilácea em açúcares fermentescíveis, que pode ser realizada por tratamento com ácidos minerais fortes diluídos, pela maltagem (processo diastásico), pela ação direta de microrganismos sacarificantes ou pelo tratamento com enzimas de origem microbiana. O uso de cada método depende do produto final a obter, da capacidade de sacarificação (rendimento em açúcares) e do custo de aplicação.

Ela é feita sobre o amido separado da matéria-prima ou diretamente sobre a matéria-prima, submetidos à ação de enzimas ou de ácidos, como o sulfúrico e o clorídrico.

Conforme já foi dito no item 2.1.1, o amido é composto de amilose e de amilopectina em sua maior parte. A primeira é formada por núcleos de glicose unidas por ligações oxídicas α (1-4) em estrutura linear como uma espiral. Já a segunda é constituída por núcleos de glicose unidos por ligações oxídicas α (1-4) e α (1-6), formando estrutura arborescente (SURMELY et al., 2003).

Quando os amiláceos são submetidos à ação de ácidos sob aquecimento, todas as ligações são quebradas e as unidades de glicose são liberadas. Com o uso das enzimas α-amilase e β-amilase, que ocorrem no malte, as ligações α (1-4) são quebradas e são liberadas unidades de glicose, de maltose e dextrinas.

As ligações α (1-6) são quebradas apenas por glicoamilase ou amilo-1,6-glicosidase, que são encontradas em fungos dos gêneros *Rhizopus*, *Mucor* e *Aspergillus*. Nas cervejarias, o amido da cevada, ou dos complementos amiláceos (adjuntos), é sacarificado na matéria-prima cozida, submetida ao tratamento com malte que contém α e β-amilases. Há sempre um resíduo não hidrolisado, constituído de núcleos de glicose ligados, que são as dextrinas, na maior parte derivadas da amilopectina.

Nas indústrias de produção de etanol industrial com amiláceos a hidrólise é feita, sobre a matéria-prima, com ácidos ou com enzimas de origem fúngica que rompem todas as ligações.

A hidrólise por via ácida é substituída pela via enzimática por medidas econômicas e técnicas, tais como reduzir a corrosão das instalações e a perda de rendimento, causada pela ação dos ácidos sobre os açúcares desdobrados.

A sacarificação de um amido separado e purificado inicia pela sua suspensão em água (leite de amido) e aquecimento para sua gelificação (ou gomificação). No caso das matérias-primas milho, mandioca, raspas, o primeiro cuidado é sua preparação, pela moagem ou desintegração. Depois é feita a hidratação do amido e sua liquefação por aquecimento, pois ácidos e enzimas não agem sobre o amido não hidratado.

O material gomificado é aquecido em presença de enzimas por técnica própria, que eleva a temperatura gradativamente (por exemplo, 1,5 °C por minuto) até um valor adequado em que permanece por algum tempo até haver a sacarificação total ou parcial. A temperatura final de aquecimento e o tempo de residência são importantes para o rendimento da operação e para a qualidade do produto que se deseja obter. Há enzimas termossensíveis e termorresistentes.

Após o aquecimento e a residência no ponto ótimo, o material é resfriado gradativamente (por exemplo, 1 °C a cada minuto). O máximo da temperatura varia em geral de 60 °C a 95 °C, e o tempo de residência é de até 45 minutos, dependendo do tipo de produto a obter. A amilose se desdobra em glicose e maltose, e a amilopectina em glicose, maltose e dextrinas de peso molecular variável.

As enzimas, que em geral são incluídas na designação diástases, são:

- *Amilases* ou *diástases*: há α e β que desdobram o amido em maltose, maltotriose, trissacarídeos e dextrinas.

- *Maltase*: desdobra a maltose em glicose.

- *Zimase*: transforma a glicose em álcool e dióxido de carbono.

- *Lactase*: desdobra a lactose em glicose e galactose.

- *Invertase*: desdobra sacarose em uma molécula de glicose e outra de frutose, em proporções iguais.

- *Citase*: age sobre a celulose.

- *Maltodextrinase*: fermenta a maltodextrina.

2.2.1.1 Sacarificação ácida

A primeira sacarificação ácida do amido foi feita em 1854 por Arnaud de Villeneuve, mas Braconnot já havia obtido glicose de material celulósico, por hidrólise ácida em 1819. Como celulose e amido são representados pela mesma fórmula bruta, é teoricamente simples demonstrar a simplificação de ambos por hidrólise ácida. Entretanto, na prática a transformação da celulose é mais difícil e exige acidez mais alta.

Os ácidos comumente indicados são o clorídrico e o sulfúrico, aplicados em alta temperatura, ao redor de 100 °C a 110 °C.

$$(C_6H_{12}O_5)_n + {}_nH_2O = (C_6H_{12}O_6)_n$$
$$\text{Amido} \qquad \text{Glicose}$$

Período de tempo, concentração do ácido e grau de subdivisão da matéria amilácea influem na hidrólise. A operação deve ser executada com atenção para evitar a destruição concomitante do açúcar formado e encarecer o processo. Atualmente está em desuso, por ser difícil, cara e causar danos aos equipamentos.

2.2.1.2 Sacarificação diastásica

A sacarificação por ácidos é quase sempre utilizada para a obtenção de glicose. Para outras finalidades são usados métodos distintos, dos quais o mais antigo parece ser o diastásico. A diástase se compõe de enzimas naturais de vegetais superiores e se evidencia na germinação de cereais. O exemplo clássico é a maltagem, isto é, a sacarificação do amido por emprego de malte e representada pela seguinte reação:

$$2 \, (C_6H_{12}O_5)_n + H_2O = (C_{12}H_{22}O_{11})_n$$

    Amido   Maltose

Malte significa cereal germinado sob condições controladas de umidade e temperatura, e maltagem, a sua preparação. Quando um grão germina, há liberação de enzimas que desdobram o amido do seu endosperma e o transformam em açúcares que são consumidos para as atividades de respiração e crescimento do embrião a fim de formar nova planta.

Comumente, o termo malte é a designação da cevada germinada. Todavia, outros cereais germinados sob as mesmas condições são denominados malte, juntando-se à palavra malte o nome do cereal de onde se originou. Como exemplo, malte de milho, de arroz e sucessivamente.

Sob condição de umidade e temperatura controladas os grãos liberam enzimas em quantidade suficiente para desdobrar o amido do próprio grão, de outros grãos não germinados e de diferentes materiais amiláceos. Esse fato é favorável às cervejarias, à industrialização de xaropes de maltose ou de glicose e de vinagre, e às destilarias de uísque e de etanol.

O malte de cevada é considerado o de maior capacidade diastásica. Sua preparação envolve as operações de maceração, germinação e secagem. Nas indústrias de etanol com milho, o cereal passa pelas fases descritas a seguir.

Maceração

Os grãos são conservados limpos e secos para manter o embrião dormente. Os escolhidos para a maltagem devem ser classificados por tamanho, a fim de obter germinação uniforme e regular.

A maceraçao, destinada à absorção de água, constitui o início da maltagem. A hidratação causa solubilização de sais constantes do endosperma e inchamento dos grânulos de amido, fenômenos necessários para fazer brotar o germe e favorecer a ação das enzimas amilolíticas.

Germinação

O umedecimento aumenta o quociente de respiração e estimula a atividade enzimática, que quebra a latência do embrião e causa sua brotação. Esse fenômeno ocorre por ação de um conjunto de agentes denominados diástases, que compreendem enzimas e hormônios: citase, amilases, proteases e giberelinas.

A *citase* age sobre as membranas que envolvem o endosperma, quebra-as e as torna permeáveis à água e aos solutos. Sua atividade inicia junto do embrião e se propaga até envolver todo o grão. As *proteases* quebram as proteínas do grão responsáveis pela aglomeração de amido no endosperma e na camada de aleurona e dão formação a albumoses, peptonas, polipeptídeos e aminoácidos.

As *giberelinas* estimulam a quebra enzimática da aleurona e propiciam o início da germinação.

As *amilases* (α e β) hidrolisam o amido do endosperma e o transformam em maltose e glicose (solúveis e fontes de energia) e em dextrinas que não fermentam.

A ação de enzimas sobre o amido durante a germinação pode ser apreciada pelos dados da Tabela 2.1 e da Tabela 2.2.

Tabela 2.1 Ação das enzimas sobre o amido durante a germinação da cevada

Enzima	Requer	Age sobre	Consequência	Forma
Fosforilase (no embrião)	Fosfato inorgânico	α (1→4)	Encurta uma unidade no extremo não redutor	Glicose-1-fosfato
α-amilase (no embrião e aleurona)	Água para hidrólise	α (1→4)	Encurta uma unidade no extremo não redutor	Libera glicose
β-amilase (na aleurona)	Água para hidrólise	α (1→4)	Encurta uma unidade no extremo não redutor	Libera β-maltose
α-amilase (na aleurona)	Água para hidrólise	α (1→4)	Quebra a cadeia aleatoriamente	Libera mistura de dextrinas e açúcares
Desramificadora	Água para hidrólise	α (1→4)	Quebra a cadeia de amilopectina	Libera mistura de dextrinas e açúcares

Fonte: Lima (2002, adaptado de Hough, 1990).

A ação da α-amilase e da β-amilase sobre o amido na germinação de cevada é representada na Tabela 2.2.

Tabela 2.2 Ação da α-amilase e da β-amilase sobre o amido na germinação de cevada

Ação	α-amilase (endoenzima, enzima típica)	β-amilase (exoenzima, metaloenzima)
Ação sobre o amido	Sobre amilose produz cadeias lineares de diferentes tamanhos. Sobre amilopectina, produz mistura de cadeias lineares e ramificadas. A redução da dimensão da molécula causa redução à viscosidade	Separa maltose nos extremos não redutores, produz unidades de β-maltose, dissacarídeo redutor. Não rompe ligações α (1→6), portanto restam cadeias ramificadas
Ação sobre ligação	Nas ligações α (1→4), ao acaso, menos perto da ramificação e dos extremos da molécula	Nas ligações α (1→4), não rompe ligações α (1→6), portanto restam cadeias ramificadas
Produtos obtidos	Principalmente dextrinas e poucos açúcares	Maltose nos extremos não redutores da molécula de amido. Não rompe ligações α (1→6), e restam cadeias ramificadas
Exigências	Íons cálcio	Condições redutoras para manter grupos tioicos
Inibidores	Quelantes de cálcio	Metais pesados e indolacetato de sódio
pH ótimo	5,5	5,2
Temperatura ótima para velocidade máxima	70 °C	60 °C
Presença antes da germinação	Não se encontra no grão maduro; começa a se formar durante a germinação	Presente no grão maduro, aumenta a atividade enzimática durante a germinação

Fonte: Lima (2002, adaptado de Hough, 1990).

Os dados das duas tabelas exemplificam a ação das enzimas nos grãos de cevada, a qual ocorre de modo similar na maltagem de outros grãos.

Secagem

O grão germinado, úmido, denominado malte verde, encerra as enzimas citadas e pode ser usado imediatamente após moagem sob a forma de *leite de malte*, sujeito a deterioração rápida.

Para aumentar a capacidade de uso e interromper o fenômeno da germinação, o malte verde é seco. A secagem reduz a umidade e permite conservação por longo período sem destruição das enzimas.

A secagem feita em equipamentos próprios pode ser complementada por leve torração que comunica cor, útil para as cervejarias.

Ação do malte

Repetindo, para que as enzimas ajam sobre o material amiláceo é necessário que ele esteja sob a forma de gel (gomificado ou gelatinizado). Para isso é feita sua fragmentação em pedaços de 4 a 5 mm, hidratação com água acidulada em pH 4,5 a 5,0 aquecida a 55 °C a 65 °C até absorção de 40% a 50% e posterior cozimento.

Para solubilizar o material proteico presente, o cozimento do amido é feito sob pressão de 3 bar e pH 5,5 em presença de ácido clorídrico, adição de 200 L a 300 L de água por 100 kg de material hidratado e agitação. A operação é executada em cozedores apropriados por tempo variável segundo a natureza do amido. O objetivo é causar o máximo de desagregação do produto e sua transformação em gel (goma) para ser sacarificado pelo malte.

Após a gelatinização do amido a massa é mantida a 40 °C a 60 °C, adicionada de 7% a 15% de malte e agitada em temperatura constante por uma hora aproximadamente.

A sacarificação transforma o amido em uma parte de maltose e outra de dextrinas, em proporção dependente do teor de amido no produto, da concentração de enzimas sacarificantes, da reação do meio e da temperatura. A reação adequada do meio é pH 5,5 a 5,7 e a temperatura 40 °C a 60 °C.

Em seguida, a temperatura é elevada a 65 °C e resfriada a 28 °C a 30 °C em continuação. O mosto está pronto e o resfriamento o condiciona para a fermentação. O aquecimento não deve atingir temperatura de esterilização, para evitar a destruição das amilases, que são úteis durante a fermentação alcoólica.

2.2.1.3 Sacarificação por ação microbiana

Ocorre como decorrência do crescimento de fungos filamentosos, com propriedades amilolíticas, sobre matérias amiláceas. Chamada comumente de processo *amilo*, é executada com várias espécies: *Amylomyces rouxii*, *Aspergillus oryzae*, *Chlamydomucor oryzae*, *Rhizopus japonicus* e *Mucor delemar*. Os bolores são microrganismos sujeitos a contaminações e seu uso industrial requer técnicas laboratoriais para segurança do trabalho.

O processo *amilo* tem sua origem na Ásia, e é empregado há milhares de anos no Japão e China para produzir bebidas alcoólicas com arroz (saquê). Ele tem por base a ação conjunta de bolores e leveduras em atividade simbiótica, com possível presença de bactérias.

O processo é desenvolvido em duas operações distintas: uma, em que um fungo sacarifica o amido, e outra, em que as leveduras desdobram os açúcares formados e produzem etanol e dióxido de carbono. Em resumo, o material amiláceo é hidratado, cozido e inoculado com um fungo (dos citados) cujos esporos germinam e formam uma massa miceliar que se encarrega da sacarificação. O material é incubado em temperatura próxima a 35 °C, com controle de umidade, e depois é inoculado com levedura alcoólica.

Palacio Llames (1956) faz uma descrição didática sobre o processo: 100 kg do material amiláceo, moído grosseiramente, são macerados em água acidulada com 150 g a 200 g de ácido clorídrico, misturados com água acidulada na proporção de duas vezes seu peso e aquecidos a 60 °C. A seguir, passam para um cozedor, onde depois de 15 minutos a pressão é elevada para 4 bar e mantida por meia hora aproximadamente. Daí, a massa fluida é encaminhada a um reservatório em que é adicionada água para ajustar a densidade a 1,067, e onde permanece por meia hora sob pressão de 2 bar. Em seguida, é transferida assepticamente para as dornas de fermentação – dornas fechadas de grande volume (100 m^3 a 150 m^3) providas de agitação, injeção de água e vapor e outras facilidades.

No fundo das dornas há um tubo perfurado para a injeção de vapor e de ar estéril, a fim de favorecer o desenvolvimento do fungo. Um agitador mecânico homogeneíza o mosto durante o resfriamento, impedindo o crescimento do fungo à superfície.

Na tampa há tubulação e porta de carga, registros para inoculação, para correção de pH e tubo de exaustão do CO_2, que borbulha em um frasco lavador com água a fim de evitar contaminação. Termômetros e tomadores de amostra completam o equipamento. Trocadores de calor de placas eficientes controlam a temperatura.

Segundo o autor, 0,1 g de esporos desenvolvidos em 20 g de material amiláceo cozido e a 35 °C é suficiente para inocular uma dorna de 100 m^3. Por aeração durante 24 horas e agitação contínua, o fungo cresce e se torna capaz de sacarificar todo o amido presente e produzir maltose e glicose. Depois de corrigida a temperatura do mosto para 30 °C a 32 °C, a levedura é inoculada (500 mL de suspensão pura). A aeração continua por 6 a 10 horas, multiplicando a levedura, a qual em mais 10 horas executa o bioprocesso.

O rendimento de álcool é de aproximadamente 40 kg de álcool com 100 kg de milho e de 42 kg com arroz, obtidos também com mandioca, sorgo e batata. Com cevada, centeio e trigo, o rendimento é menor, porque sua riqueza em nitrogênio exerce efeito negativo no desenvolvimento dos bolores.

O processo amilo rende mais álcool do que o processo de sacarificação com malte. É possível obter de 37 a 39 litros de álcool de milho pelo processo amilo. Com malte, esse rendimento varia de 34 L a 35 L.

Farelo fúngico

O processo amilo é clássico, sendo o padrão de sacarificação de amido por fungos. Nele, um fungo é posto a crescer num mosto amiláceo e, ao mesmo tempo, suas enzimas o sacarificam. O processo do farelo fúngico é uma variante, considerada mais eficiente por alguns.

Ele começa pela preparação de um cultivo de esporos de uma estirpe de *Aspergillus oryzae* sobre uma porção de farelo de cereal (trigo ou milho), que constitui o inóculo para outra porção de farelo mil ou 2 mil vezes maior. Essa nova quantidade constitui o farelo fúngico. Ele foi empregado com sucesso pela primeira vez em 1914, mas passou a ser amplamente usado depois de 1940 para a produção industrial de etanol em substituição ao processo com malte. A economicidade e a viabilidade do processo foram demonstradas após testes com várias espécies de bactérias e estirpes de fungos.

Nos testes, foram ensaiados três métodos para obtenção das amilases: com farelo de fungos, com amilases bacterianas e com fungos submersos. O primeiro constou do desenvolvimento de fungos sobre farelo dos cereais estudados. Pelo segundo, o microrganismo é desenvolvido em vinhaça diluída e originária da produção de álcool industrial. O terceiro caracteriza-se pelo desenvolvimento de alguns fungos sobre vinhaças diluídas.

O farelo fúngico é preparado em tambores ou em bandejas. O farelo é misturado com ácido clorídrico diluído (0,1 N) e aquecido durante 30 minutos a 100 °C por injeção de vapor direto e sob agitação. Depois é resfriado a 30 °C a 32 °C por meio de corrente de ar, adicionado de esporos de *Aspergillus niger* e agitado. O material inoculado encerra aproximadamente 50% de umidade e apresenta pH ao redor de 3,5. Ele é distribuído em bandejas rasas com movimento alternativo, dispostas em uma câmara de incubação com temperatura controlada. Aí há circulação de ar úmido por entre elas, para que o fungo esteja desenvolvido ao máximo em aproximadamente 40 horas. Em continuação, as bandejas são submetidas a secagem até que sua umidade atinja 12% aproximadamente, para ser usado como inóculo da massa a sacarificar.

Toda a atividade é mecânica; o substrato é esterilizado, resfriado, inoculado, distribuído nas bandejas, incubado para ser totalmente tomado pelo fungo, secado em secadores de túnel, moído e armazenado.

As Figuras 2.3 e 2.4 ilustram a maneira de distribuir o farelo fúngico nas bandejas, uma por cargas e outra de forma contínua.

Em bandejas rasas, é distribuído o farelo de trigo ou de milho com aproximadamente 50% de umidade, e sobre ele é pulverizada uma suspensão de esporos de um fungo amilolítico. Mantendo o teor de umidade e a temperatura ao redor de 35 °C, os esporos germinam e formam micélio sobre o farelo, que vai servir de inóculo para a sacarificação. Esse farelo é adicionado ao material amiláceo gelatinizado, e o procedimento é semelhante ao do processo *amilo*.

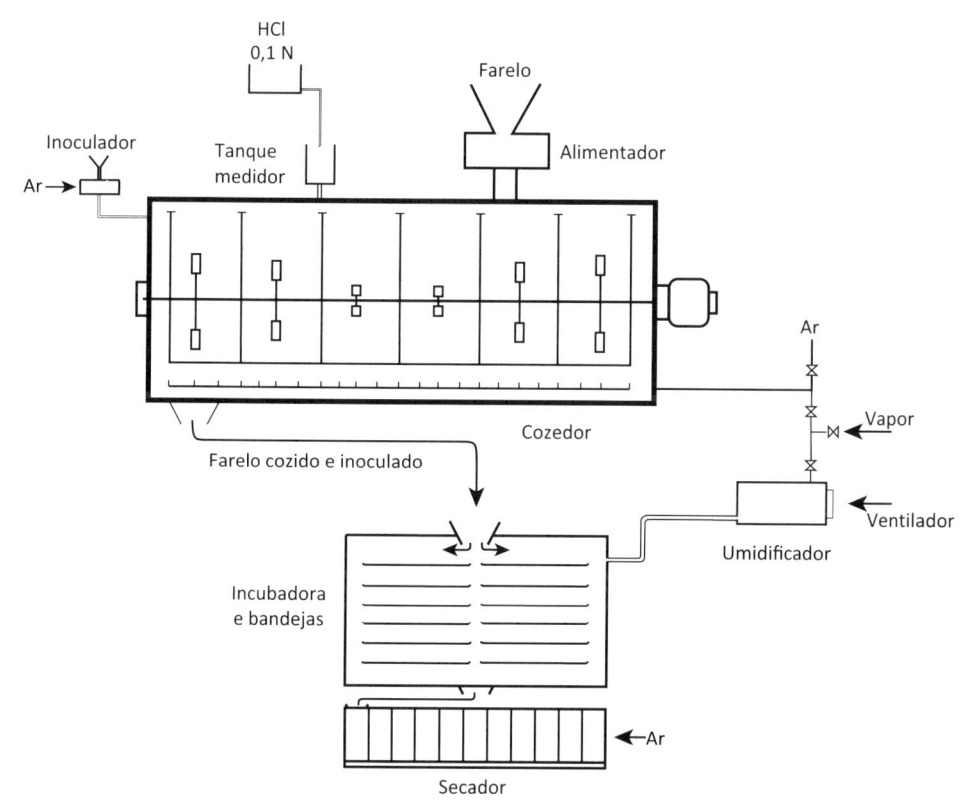

Figura 2.3 Sacarificação descontínua com farelo fúngico em bandejas.

Fonte: adaptado de Pallacio-Llames.

A literatura aconselha o uso de *Aspergillus oryzae* e associação de *Bacillus mesentericus* e *Bacillus subtilis*, produtores de enzimas liquidificantes. A cultura pura do fungo é transferida para um recipiente com farelo úmido, a fim de desenvolver o fungo e esporos em quantidade suficiente para inocular 50 kg de farelo frio, esterilizado por cozimento prévio, para obter cultivo mãe. Esse cultivo é feito em bandejas cobertas por folha de papel e abrigadas da luz. O papel filtra o ar e absorve umidade que se forma à superfície da bandeja, prejudicial porque pode favorecer contaminações.

É importante evitar elevação da temperatura após a germinação e procurar manter o ar ao redor de 30 °C. A bibliografia de países mais frios recomenda a manutenção da temperatura a 25,5 °C, algo mais difícil no Brasil, onde as temperaturas médias costumam ser mais altas, ao redor de 30 °C a 32 °C.

A bibliografia recomenda usar ventiladores com o objetivo de manter a temperatura adequada, porém a ventilação pode ser causa de contaminação pela agitação do ar e dispersão de esporos, incluindo esporos contaminantes. Depois da germinação, o papel úmido é removido e as bandejas ficam em repouso ao ar ambiente para secar, com a finalidade de conservar o cultivo. Também, os esporos úmidos podem ser encaminhados a um recipiente de inoculação, onde é feita uma suspensão em água estéril usada para inocular mais substrato recém-preparado.

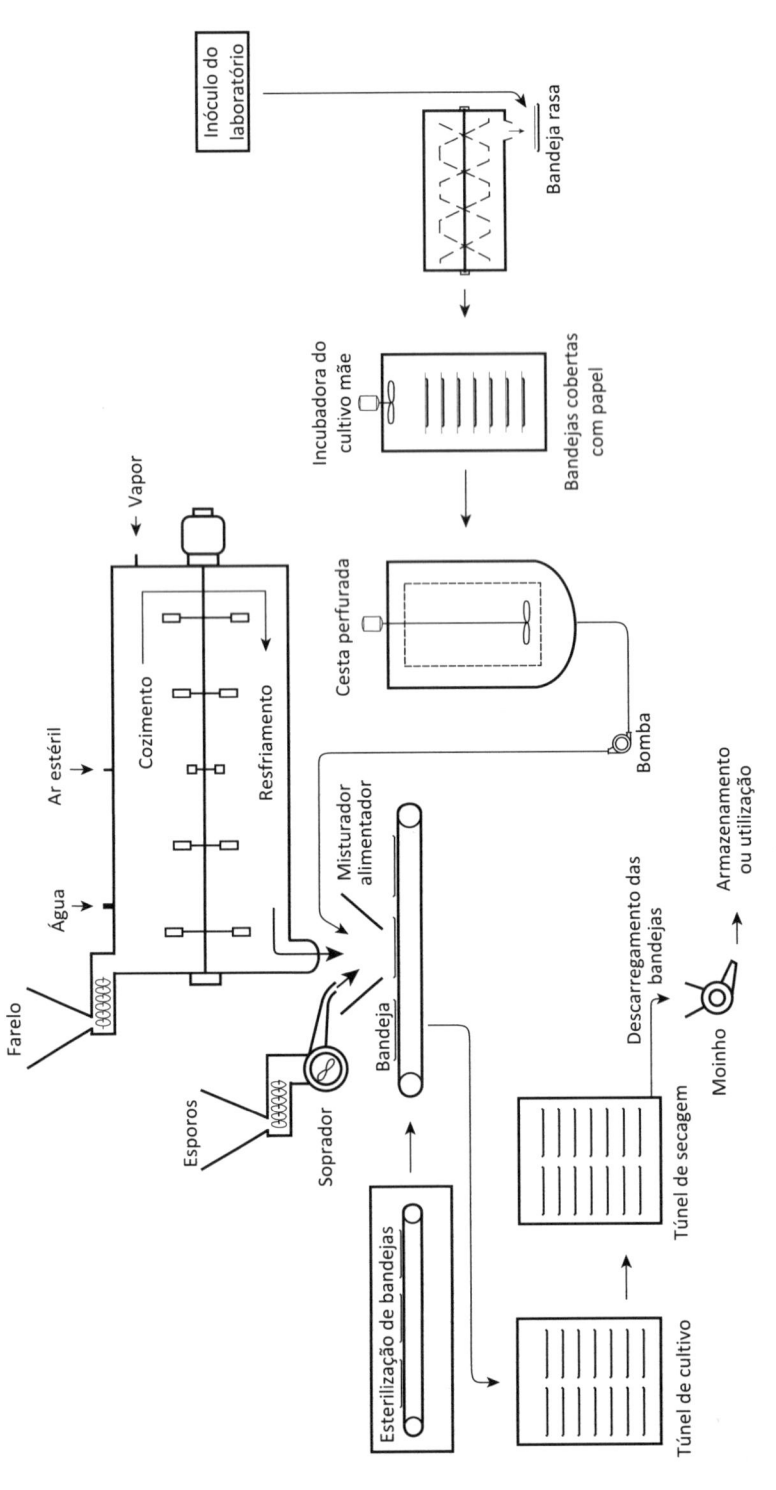

Fonte: adaptado de Pallacio-Llames.

Figura 2.4 Sacarificação contínua de material amiláceo com farelo fúngico.

O substrato inoculado é mantido em um túnel de maturação para desenvolvimento do fungo. Após a germinação, a temperatura ambiente começa a se elevar, e um sistema de controle de temperatura deve entrar em funcionamento para regular a manutenção de 30 °C a 31 °C. O farelo segue para um secador e armazenamento, ou embalagem. O processo de farelo fúngico foi usado amplamente na indústria de álcool durante a Segunda Guerra Mundial, mas o emprego de amilases bacterianas é mais eficiente.

Sacarificação com fungos submersos

Tanto no processo *amilo* como no de farelo fúngico é preciso trabalhar com meios estéreis porque o uso de farelo fúngico requer grande área de trabalho, de fácil contaminação. Nos cultivos submersos são usados recipientes que reduzem essa área. Uma dorna de fermentação fechada recebe farinha de milho (fubá), carbonato de cálcio e vinhaça filtrada.

Cada cuba trabalha 8 horas por dia (1/3 do dia) e encaminha o líquido enzimático para um depósito, que alimenta a destilaria quando necessário. O crescimento do fungo ocorre durante o dia e à noite. Para a fermentação alcoólica são despendidas 60 horas e usados de 50 L a 55 L da suspensão de esporos, ou solução de enzimas para tratar 100 kg de milho. O período de sacarificação é o mesmo que se exige no processo do malte, em temperatura ligeiramente inferior. O rendimento em álcool é similar ao do processo com malte e há recomendação para se usar farelo fúngico em combinação com 4% de malte.

Escolha do fungo

O fungo é escolhido de acordo com sua capacidade de produzir α-amilase e de decompor a maltose pela maltase.

Há trabalhos feitos com espécies de *Fusarium*, que seriam capazes de usar pentoses, em seguida à fermentação de hexoses pelas leveduras. Os trabalhos foram desenvolvidos procurando aproveitar ao máximo os grãos e outros amiláceos para aumentar o rendimento em álcool.

Sacarificação com enzimas fúngicas

Os grãos são submetidos a maceração, sofrem moagem úmida, separação dos germes, nova moagem úmida, centrifugação, separação da proteína (glúten), concentração do material líquido e centrifugações, que finalizam a operação com a obtenção do leite de amido com concentração próxima de 11 °Bé, densidade de 1,06 a 1,08.

A sacarificação inicia pela gelatinização do amido em aquecedores ou cozedores apropriados. As enzimas são adicionadas e é executada a transformação do material amiláceo da maneira seguinte: leite de amido em densidade de 1,06 a 1,08 é gelificado em cozedor a jato (Figura 2.6) e resfriado. Quando a temperatura atinge 90 °C, a enzima α-amilase, termorresistente, é adicionada e o material é mantido nessa condição por aproximadamente uma hora no reator. Em continuação, a temperatura é resfriada a 60 °C e é acrescentada à amiloglicosidase, que converte o restante em glicose, em tempo similar. O material amiláceo é resfriado à temperatura adequada à levedura.

Para preparar o leite de amido deve-se seguir toda a sequência mostrada na Figura 2.5 a partir de grãos de milho. Esse material é gelatinizado e recebe as enzimas. Após mais ou menos 40 horas está completa a sacarificação e preparado o mosto.

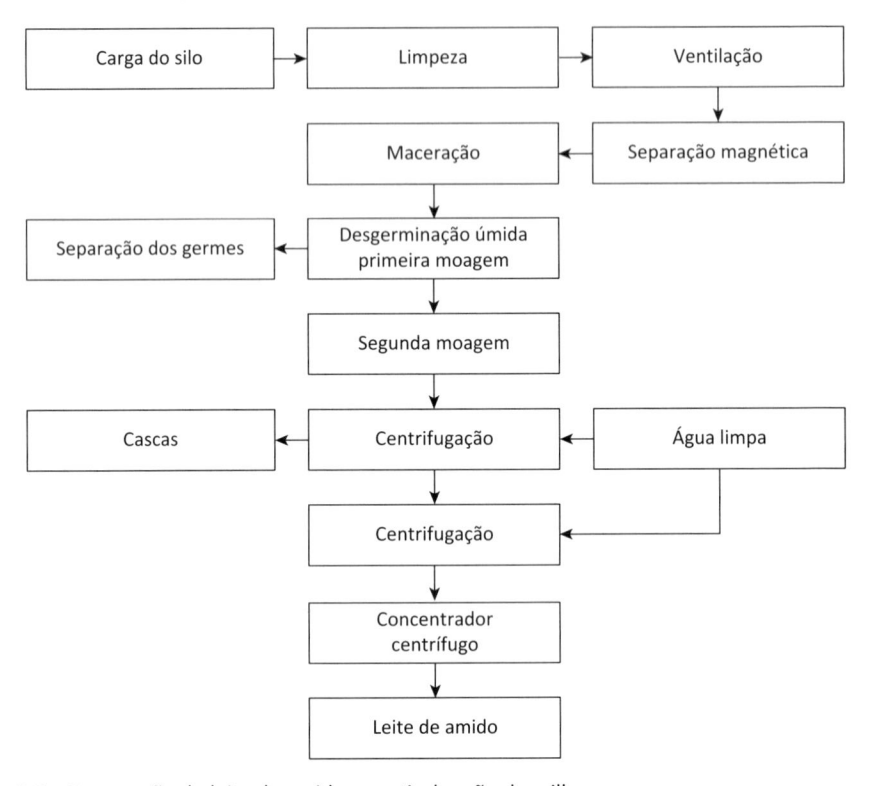

Figura 2.5 Preparação do leite de amido a partir de grão de milho.

2.3 FERMENTAÇÃO DO MOSTO SACARIFICADO

Pelo aquecimento aplicado durante o preparo do mosto é possível entender que ele é, ao menos, pasteurizado. O aquecimento deve ser controlado, para evitar que a temperatura se eleve a um ponto em que ocorra a desnaturação das enzimas.

A fermentação é obtida pelo contato do agente de fermentação alcoólica com o mosto sacarificado, corrigido para a temperatura apropriada ao trabalho das leveduras (30 a 32 °C) e complementado com nutrientes.

Na bibliografia sobre a fermentação de mostos amiláceos, os autores se referem à fermentação conduzida com "levedura mãe", obtida pelo desenvolvimento de microrganismos naturais. Ao citar o processo *amilo*, são encontradas referências à *levedura China* ou *levedura da China*, encontrada em mistura com bactérias e fungos sacarificantes, adequada para a sacarificação com fungos.

Como fermento natural, é comparável ao *fermento caipira* brasileiro, bem conhecido dos produtores de aguardente em destilarias de pequena capacidade (Capítulo 6, "Produção de aguardente de cana-de-açúcar" , volume 4 desta coleção).

Alguns trabalhos citam o uso de inóculos preparados com leveduras selecionadas, e outros com leveduras de panificação, prensadas ou secas e granuladas. A preparação das leveduras selecionadas pode ser vista no Capítulo 1, "Produção de etanol com matérias-primas sacarinas", deste mesmo volume, assim como o uso das leveduras de panificação. Estas são largamente usadas nas destilarias graças à facilidade de obter grandes volumes iniciais de inóculo, mas são específicas para a fermentação em panificação. Apesar de as leveduras poderem ser usadas, a preparação dos pés de cuba (que a bibliografia chama de levedura mãe) deve ser conduzida com cuidado para obter um inóculo de bom desempenho. Assim, evita-se que as contaminações normais contidas no produto comercial interfiram na pureza e desempenho das leveduras alcoólicas.

O uso de fermentos selecionados, ou de panificação, tem a vantagem da rapidez da obtenção de um inóculo com alta concentração de células (10^6 a 10^8 unidades formadoras de colônia por mL). A preparação de *leveduras mãe* com leveduras naturais pode levar de 40 a 70 horas, ao contrário das leveduras puras ou de panificação.

O primeiro cuidado para iniciar a fermentação é corrigir o material sacarificado para uma concentração adequada, que a bibliografia registra como densidade aproximada de 1,06 a 1,07, próximo de 16 °Brix e 18 °Brix.

Iniciado o bioprocesso, o controle de seu desenvolvimento é feito pela determinação periódica do teor de sólidos em solução, com areômetro ou refratômetro. A marcha da redução, ou atenuação dos sólidos em solução, indica a regularidade da operação. Também, alerta para a necessidade, ou não, de correções para produção uniforme e regular do etanol durante o bioprocesso.

Da mesma forma como se desenvolve a fermentação alcoólica com mostos açucarados, o bioprocesso com mostos sacarificados apresenta três fases. Na inicial há consumo de açúcar e multiplicação das leveduras. A seguinte, também conhecida como fase tumultuosa, se caracteriza por forte desdobramento do açúcar, agitação do mosto, grande desprendimento de dióxido de carbono, aumento da temperatura e redução da densidade.

Segundo Palacio Llames (1956):

Nessa fase a maltose se transforma em álcool e dióxido de carbono e a amilase interrompe sua atividade sacarificante, pois sofre inibição causada pela grande quantidade de açúcar, mas a inibição cessa à medida que os açúcares se transformam. Enquanto a maltose se transforma em álcool e dióxido de carbono, aumenta a velocidade de sacarificação das dextrinas. As amilases residuais continuam a sacarificação sobre as dextrinas até um ponto em que a dorna cessa o movimento e parece que está terminada a transformação.

Nesse momento começa a fase final, denominada fermentação complementar, resultante, ainda segundo Palacio Llames (1956):

> da sacarificação complementar das dextrinas ainda presentes no mosto. Essa fase ocorre por ter diminuído a grande concentração de maltose no meio, e porque a autólise de células de levedura durante a fermentação principal atua como ativador da amilase residual e da hidrólise de toda a dextrina do meio. A hidrólise continuada das dextrinas aumenta o rendimento em álcool.

Essa é a razão pela qual o meio sacarificado não deve ser esterilizado, ou o aquecimento exigido para o bom desempenho hidrolítico das enzimas não deve ultrapassar 60 °C, pois desnaturaria as amilases.

A fermentação complementar é demorada porque a atividade das amilases é muito lenta e pode demorar mais de 48 horas. No entanto, sempre restam de 5% a 8% de dextrinas intactas. A reinoculação frequente com novas leveduras é aconselhada para maior eficiência da fermentação. Quanto à adição de nutrientes, nem sempre eles são necessários. A adição de sais de amônio pode até mesmo inibir o processo; no entanto, é indispensável em mosto de batata.

2.4 RENDIMENTO EM ÁLCOOL NA FERMENTAÇÃO ALCOÓLICA

Por meio de equações básicas é possível determinar qual é o rendimento teórico do bioprocesso de produção de etanol com cada matéria-prima, expresso em álcool absoluto, ou a 100% de pureza. A forma de determinar esse rendimento é encontrada no Capítulo 1, "Produção de etanol com matérias-primas sacarinas", deste mesmo volume.

Sem equívoco, os materiais amiláceos são adequados para a produção de etanol, porém sua adoção depende das condições específicas de uma região ou país. Antes de decidir por construir uma destilaria é importante fazer um raciocínio técnico sobre sua viabilidade.

A simples comparação de rendimentos obtidos pelas equações do bioprocesso com amido e com açúcares, *maior com amido*, não é suficiente para adotar definitivamente o material amiláceo como matéria-prima.

Além do conhecimento do percentual de amido na matéria-prima e de que ele propicia maior rendimento em etanol quando comparado com o material açucarado, é preciso considerar outros fatores.

Devem ser analisados: o rendimento agrícola, o ciclo vegetativo, a periodicidade de plantio de cada espécie vegetal, a quantidade de amido ou de açúcar possível de obter por área plantada, as operações de preparação para o bioprocesso e os subprodutos, ou coprodutos, originados durante o bioprocesso, que contribuem para o desempenho econômico da operação industrial.

Mandioca e milho são tecnicamente matérias-primas adequadas para produção de etanol, para aumentar a produção de combustível alternativo renovável, pois são renováveis e complementares de outras matérias-primas amiláceas viáveis.

No Brasil, o milho e a mandioca são considerados matérias-primas potenciais. No país já houve destilarias de álcool de mandioca e de milho instaladas e produtivas nos meados do século XX, além de destilarias instaladas após a década de 1970. Entretanto, não se mantiveram por causa da vantagem da cana-de-açúcar quando analisados os fatores citados.

A cana oferece melhores condições de cultivo, e, no que tange à industrialização, produz bagaço, matéria-prima para a cogeração de eletricidade, também cogitada para contribuir na produção do denominado álcool de segunda geração.

Esse é o panorama econômico no Brasil, diferente do de outros países em que o emprego de matérias amiláceas é opção viável para a produção do combustível alternativo.

2.5 FABRICAÇÃO DE ÁLCOOL COM MILHO

Há duas vias para a obtenção de etanol do milho, uma por moagem seca dos grãos e outra pela moagem úmida, similar ao procedimento para extração do amido.

2.5.1 POR MOAGEM SECA

Os grãos são moídos em moinho de martelos como um fubá integral, o qual é, em seguida, misturado com água para formar uma pasta fluida à qual são adicionadas enzimas para converter o amido em glicose. O pH é ajustado a 5,5 a 5,7 e a massa aquecida a aproximadamente 90 °C, para liquefazer e reduzir a carga de microrganismos contaminantes, sobretudo bactérias. Em seguida, é feito o resfriamento a cerca de 60 °C e a adição das enzimas para a sacarificação. A temperatura não deve estar próxima da esterilização do meio para não desnaturar as amilases.

Realizada a sacarificação, o meio é resfriado a 32 °C a 35 °C e transferido para os fermentadores como mosto, e inoculado com leveduras. A transformação dos açúcares em etanol e dióxido de carbono é iniciada e conduzida sob controle até o final, após 40 a 50 horas, da moagem à sacarificação e bioprocesso completo. Esse é o processo seguido por aproximadamente 80% das destilarias nos Estados Unidos da América.

O vinho (mosto amiláceo fermentado) é encaminhado às colunas de destilação depois de passar por prensas separadoras de bagaço, ou de ser peneirado em malhas muito finas para retirar impurezas sólidas de diferentes dimensões. O material sólido pode causar entupimentos e perda de eficiência dos aparelhos.

O etanol é separado sob a forma de álcool retificado ou anidro, dependendo de seu destino. Se a destinação for combustível alternativo, são adicionados desnaturantes para coibir fraudes, e desdobramento para preparação de bebidas.

A desidratação é executada por meio de peneiras moleculares; sua graduação alcoólica é muito próxima de 100% e favorece sua mistura à gasolina.

2.5.2 POR MOAGEM ÚMIDA

Inicialmente, os grãos são macerados em solução 0,1 N de ácido sulfúrico ou clorídrico, por período de 24 a 48 horas, para amolecer o endosperma e facilitar a separação de constituintes do grão.

Em continuação, são submetidos a uma série de moinhos, inicialmente em moagem úmida, para desgerminação. Os germes são separados em hidrociclones, e o endosperma moído é encaminhado a nova moagem úmida e à centrifugação em presença de água limpa para separação de cascas. O centrifugado é submetido a nova centrifugação, para eliminação do glúten e passado a um concentrador centrífugo, para a obtenção do leite de amido (Figura 2.5) em concentração adequada à sequência das operações.

O leite de amido em densidade de 1,06 a 1,07 é gelificado em cozedor a jato (ver Figura 2.6) e resfriado. Quando a temperatura atinge 90 °C é adicionada a enzima α-amilase, termorresistente, e o material é mantido nessa condição por aproximadamente uma hora no reator. Em continuação, a temperatura é resfriada a 60 °C e é acrescentada a amiloglicosidase, que sob agitação converte o restante em glicose, em aproximadamente 40 horas. O material sacarificado é resfriado à temperatura adequada à levedura.

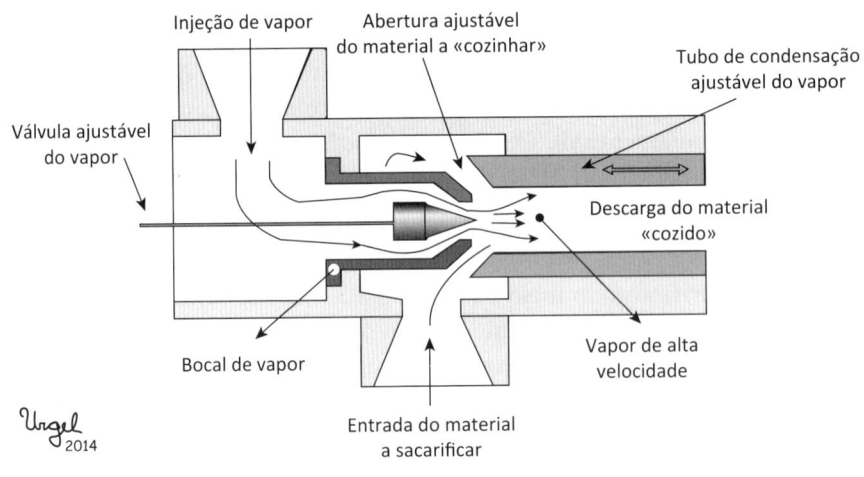

Figura 2.6 Esquema de um cozedor a jato para liquefação do amido.

Após resfriamento a 30 °C a 32 °C é adicionada a levedura e inicia o bioprocesso de produção do álcool. Ao final do bioprocesso, o vinho é passado por peneiras muito finas, perto de 150 malhas/cm², com o objetivo de eliminar grumos, e, depois, é conduzido à coluna de desalcoolização.

Da produção de álcool de milho podem ser aproveitados como subprodutos: farelo de cascas para alimentação de animais, farelo de glúten para preparo de xaropes, óleo de milho dos germes e, não comumente, dióxido de carbono para produção de gelo seco ou para comprimir e usar em outras indústrias.

O líquido da maceração (água de milho) pode ser usado como nutriente em indústrias de bioprocessos, ou para enriquecer rações animais. Os resíduos de amido que sobram dos subprocessos podem ser usados para preparação de amidos modificados.

2.6 MILHO

O milho tem grande importância como alimento e como matéria-prima; seu volume mundial de produção é superado apenas pelo arroz e pelo trigo. Ele é originário das Américas, muito provavelmente no México. O ancestral que lhe deu origem parece ter sido o teossinto, *Euchlaena mexicana*, gramínea nativa da América Central. Depois do descobrimento da América, a Europa tomou conhecimento de sua existência, possivelmente levado por Cristóvão Colombo.

O aumento do consumo e a importância que tomou na alimentação levaram o homem a procurar selecioná-lo e melhorá-lo, com o fim de produzir mais e melhor. A hibridação foi uma consequência, iniciada nos Estados Unidos no último quarto do século XIX, por meio do cruzamento de distintas variedades cultivadas.

2.6.1 PLANTA

O milho (*Zea mays*) é uma monocotiledônea da família Gramineae. A planta é uma haste reta, de altura variável, de 1 a 4 metros. É um colmo, constituído de gomos e nós, de onde saem folhas lanceoladas, invaginantes, alternas e opostas. Na parte inferior situa-se o sistema radicular fasciculado, originado dos nós abaixo do solo. Dos primeiros nós, fora do solo nascem os esporões ou raízes adventícias. O sistema radicular é pouco profundo, com 80% das raízes penetrando até 20 cm, aproximadamente, o que torna a planta extremamente sensível à falta d'água.

Da gema terminal, no topo, origina-se a inflorescência masculina, uma panícula, comumente denominada pendão ou flecha (Figura 2.7), constituída de um eixo central, ou ráquis, do qual saem lateralmente espiguetas aos pares, onde estão localizados os estames.

As inflorescências femininas são espigas dispostas alternadamente no colmo, na parte terminal de um ramo curto que se origina de uma gema produzida em uma folha. Uma espiga é formada por um eixo central, no qual estão dispostas espiguetas, em depressões ou alvéolos, em espiral ou longitudinalmente. Em cada espigueta há duas flores, uma fértil e outra abortada. Toda a espiga é recoberta por brácteas que nascem dos nós do ramo rudimentar lateral e constituem a palha. Na flor fértil está o pistilo, formado de um ovário basal e de um longo estilo-estigma, que se expõe fora das brácteas para receber o pólen. Normalmente apenas duas espigas são fertilizadas em uma mesma planta. As não fertilizadas, portanto, não produtivas, são matéria-prima para conservas e picles. Em linguagem comum o conjunto de estilo-estigmas constitui o cabelo, ou barba do milho e a ráquis da espiga é o sabugo (Figura 2.8).

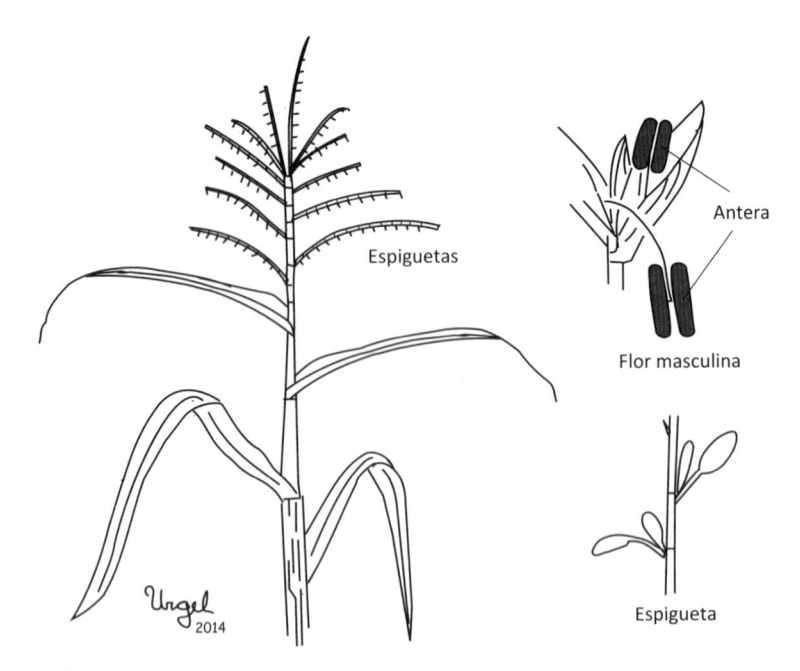

Figura 2.7 Inflorescência masculina do milho.

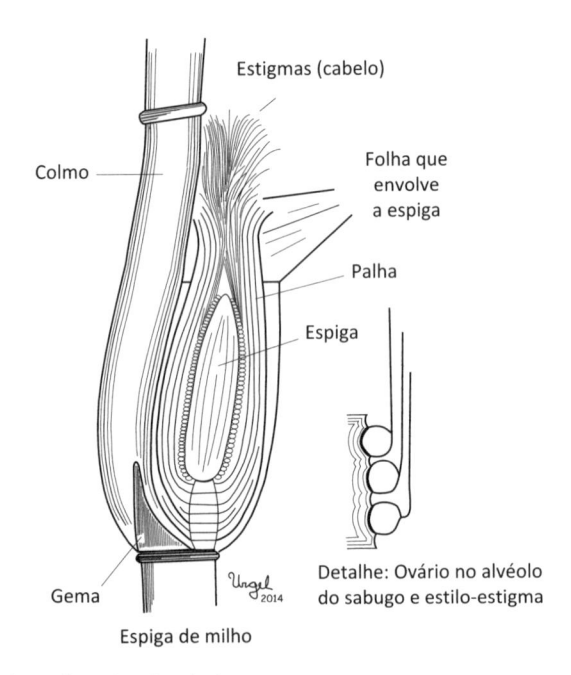

Figura 2.8 Inflorescência feminina (espiga).

Após a fertilização os estilo-estigmas perdem sua função, secam e caem. O ovário fertilizado se desenvolve e forma o fruto, ou seja, o grão do milho, comumente denominado semente.

2.6.2 GRÃO DE MILHO

Pela botânica o grão de milho é um fruto denominado cariopse, constituído de epicarpo, endocarpo e embrião. O epicarpo é a película externa formada pela parede do ovário; o endosperma é o cotilédone simples que encerra todo o material nutricional e de reserva. O germe, ou embrião, formado de plúmula e radícula está localizado na parte interior e inferior do grão, protegido pelo endosperma (Figura 2.9).

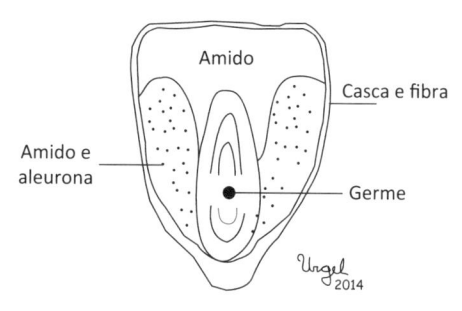

Amido + amido e aleurona formam o endosperma

Figura 2.9　Grão de milho.

2.6.3 CICLO VEGETATIVO

O ciclo vegetativo do milho, período de desenvolvimento da planta, inicia com o plantio, termina na colheita e compreende as fases de germinação e emergência, desenvolvimento vegetativo, florescimento, frutificação e maturação, que os especialistas limitam detalhadamente. O ciclo é variável e depende do clima, de características genéticas, da fertilidade do solo e de outros fatores. Os cultivares se classificam como de ciclo curto, médio e longo, dados importantes para seu destino como matéria-prima.

De modo geral é possível considerar o ciclo vegetativo de 100 a 150 dias, do plantio à colheita.

2.6.4 MILHO COMO MATÉRIA-PRIMA

Pelo volume, e pelo valor da produção agrícola, o milho é um dos cereais de maior expressão econômica nas Américas, ultrapassado apenas pelo arroz e trigo. Seu uso é amplo.

Os colmos do milho sacarino, ricos em sacarose (12% a 13%), são considerados como potencialmente utilizáveis para a produção de etanol, ou para outros bioprocessos.

Antes de ser enviado à industrialização o milho passa por um pré-processamento, que o condiciona como matéria-prima. Dessa atividade constam o beneficiamento e a secagem.

No beneficiamento, o milho é descascado, separado de terra, das palhas, sementes de ervas daninhas e de outras plantas cultivadas, ramos, folhas, pedras, metais e demais impurezas. Se o milho está em espigas, elas são selecionadas e os grãos debulhados. Afora a seleção das espigas, o beneficiamento do milho é totalmente feito em máquinas, exceção feita às pequenas propriedades, nas quais a limpeza é feita manualmente. Já a secagem é uma operação fundamental porque influencia a conservação.

2.6.5 QUALIDADE DA MATÉRIA-PRIMA

Como matéria-prima, deve conter no máximo 15% de umidade, ser limpo e isento de contaminação ou infestação. O máximo de impurezas que se considera admissível no milho ao ser recebido da indústria é de 1%, mas não é o que ocorre comumente. O exame da matéria-prima na recepção revela a percentagem de impurezas, usada no cálculo do deságio para o pagamento ao fornecedor.

Maduro e seco o milho é facilmente conservado, desde que as condições de armazenamento sejam adequadas. Em muitas fazendas e sítios é conservado em espigas, em paióis ou tulhas, e debulhado no momento da utilização, seja para alimentação, seja para pequena industrialização. Em grandes indústrias é armazenado em sacos, ou debulhado, a granel, em silos de capacidade e de material de construção variados, de acordo com a capacidade da fábrica. Há necessidade de cuidados especiais de armazenamento, para evitar o ataque de roedores e outros predadores.

A composição de matéria-prima limpa, ventilada, purificada e nas condições de umidade para ser armazenada varia dentro de limites de pequena amplitude. As variações são consequência das diferenças entre cultivares, condições de cultivo e grau de secagem.

A Tabela 2.3 exemplifica dados de composição, médios, mínimos e máximos, para uma dada amostra. Amostras de outras procedências certamente apresentarão variações, mas não serão extremamente diferentes.

Do ponto de vista do processamento industrial, os grãos de milho são constituídos de endosperma (canjica) e de farelo. Suas proporções variam de acordo com o cultivar, o estádio da maturação e o tipo e intensidade do processamento. De forma geral, considera-se a obtenção de 57% a 70% de canjica (endosperma descascado) e de 30% a 43% de farelo.

Este encerra a película, o embrião e pedaços do endosperma, cuja presença é responsável pela variação das proporções de farelo e de canjica. O farelo é rico em lipídeos; seu teor em matéria graxa varia de 9% a 13%, dependendo da proporção de embrião, o constituinte do grão que contém a maior parte da matéria graxa do milho. O germe encerra aproximadamente 30% de óleo, ou seja, cerca de 70% do teor do grão inteiro.

Tabela 2.3 Composição de grãos de milho, em g/100 g

Elementos	Máxima	Mínima	Média
Umidade	16,09	9,16	11,70
Extrativos não nitrogenados*	70,57	59,03	65,27
Lipídeos	9,20	3,11	5,83
Proteína bruta	15,12	5,82	9,78
Matérias celulósicas	8,50	1,58	4,50
Cinza	4,09	1,33	2,69

* Amido e outros componentes solúveis em água; nos milhos doces essa fração pode apresentar de 5% a 19% de açúcares.
Fonte: Lima (2010).

Industrialmente, o amido é o componente mais importante, e de forma geral é constituído de 20% de amilose e 80% de amilopectina. Essa proporção é variável e uma característica genética dos cultivares, específica, que pode ser alterada. No milho ceroso, obtido por seleção genética, a proporção de amilopectina pode ser muito maior, próxima de 100%.

2.6.6 CONSERVAÇÃO DA MATÉRIA-PRIMA

A conservação garante a qualidade; ela é fundamental porque a produção do cereal é restrita a um curto período e o abastecimento das indústrias deve ser feito o ano todo. Os cuidados com a conservação têm de ser mais severos quanto mais numerosos forem os agentes naturais que contribuam para a deterioração dos grãos. O clima exerce influência marcante: clima quente e úmido contribui para a multiplicação de insetos e de microrganismos.

A conservação visa controlar as condições sanitárias e ambientais, sobretudo umidade e temperatura. Isso significa que, se forem submetidos a condições controladas de calor, umidade, iluminação e ventilação, os grãos podem ser conservados por tempo quase ilimitado.

O trabalho de conservação inicia com a colheita. O milho deve ser colhido em tempo seco, em época oportuna, e transportado imediatamente para galpões cobertos ou paióis, onde a secagem termina e não há mais risco de tornar a umedecer. A absorção de umidade favorece o crescimento de microrganismos e a infestação de parasitos.

Em qualquer que seja o armazém, tulha, paiol ou silo, o milho não pode ser conservado úmido. Para perfeita conservação, é necessário estar seco e rigorosamente limpo, isto é, peneirado, ventilado, passado por separadores magnéticos e, em alguns casos, classificado. Se as condições sanitárias não forem observadas e se não houver controle das condições climáticas, a composição do milho sofre alterações.

Armazenados com mais de 15% de umidade, máximo admissível, os grãos emboloram com a germinação de esporos e adquirem cor, cheiro e sabor estranhos, indicativos de deterioração, que prejudicam sua qualidade ou passam ao produto manufaturado.

O controle de umidade e de calor evita contaminação. Em grãos destinados à alimentação e à industrialização, não é recomendado o uso de fungicidas capazes de destruir os esporos, pois normalmente são residuais.

A ocorrência de insetos também é influenciada pelas condições de calor e umidade, uma vez que se multiplicam muito rapidamente em condições propícias e sua eliminação é difícil. A infestação também depende das condições de limpeza e de armazenamento iniciais: quanto mais precárias, maior é a infestação; quanto menores os cuidados com a umidade e com o calor, mais fácil é a destruição dos grãos e menor o tempo de conservação.

Nos armazéns, o combate aos insetos é feito com materiais que os expulsam, tais como fumo, artemísia, sálvia e outros, ou com substâncias venenosas e específicas.

O gás sulfuroso mata as larvas e os insetos adultos, porém não afeta os ovos. O sulfeto de carbono e o clorofórmio exercem combate positivo em ambientes hermeticamente fechados onde não penetram novos insetos adultos. As fosfinas são usadas com bons resultados.

Esses agentes químicos não prejudicam o uso para alimentação e industrialização, porque se volatilizam pela exposição ao ar, não deixam resíduos, ou não permanecem em teores que causem riscos ao consumidor.

Outra maneira de combater a contaminação e a infestação é a dessecação intensa. O sol é um elemento importante; sua ação é suficiente para garantir secagem conveniente para o armazenamento.

Milho muito úmido, com 20% a 24% de umidade, exige secagem artificial. A matéria-prima em espiga ou debulhada fica livre de insetos pelo aquecimento. A secagem deve ser forte, mas não em temperatura muito alta; comumente é feita entre 40 °C e 60 °C.

A matéria-prima debulhada é armazenada em:

a) Silos subterrâneos ou elevados, de alvenaria, de chapas metálicas, de madeira ou outro material, hermeticamente fechados, impregnados com um dos venenos citados. Os grãos são armazenados secos e a umidade é controlada, colocando-se no interior certa quantidade de óxido de cálcio recém-calcinado, antes de fechar hermeticamente.

b) Silos com movimentação de carga e ventilação conjugada. A movimentação é feita quando é detectada elevação de temperatura, que acontece quando os grãos ficam úmidos. A movimentação e a ventilação secam o milho e expulsam os insetos escondidos.

c) Silos de carga estática, providos de ventilação natural ou forçada. Esses silos são aéreos, verticais, cilíndricos, de altura variável, providos internamente de bandejas perfuradas e de um ventilador central que funciona como chaminé.

d) Silos compartimentados com movimentação da carga, descarga e ventilação mecânicas perfeitamente controladas em cada célula. Nesses silos todas as operações são mecânicas e controláveis: limpeza prévia, carga, ventilação, dessecação por ar quente e posterior resfriamento à temperatura ambiente, regulagem de altura da carga em cada célula, descarga e outras operações.

2.7 ABASTECIMENTO DA INDÚSTRIA

A safra de grãos tem um período curto, mas as fábricas trabalham o ano todo com matéria-prima que recebem de diferentes fornecedores. Eles devem tê-la armazenado em condições adequadas, para entregá-la continuamente às fábricas, dentro das exigências de qualidade descritas.

Por sua vez, o armazenamento nas indústrias deve impedir a alteração e deterioração dos grãos estar apto a propiciar o encaminhamento destes às seções de manufatura, de forma contínua, uniforme e regular.

A produção exige continuidade da operação para melhor desempenho industrial e barateamento do custo. O trabalho industrial e a qualidade dos produtos dependem, fundamentalmente, do sistema de armazenamento do produtor, do fornecedor e da própria indústria. Ao chegar à fábrica, por melhor que tenha sido o preparo no local da produção, é comum os grãos estarem acompanhados de impurezas, contaminados, infestados e com umidade irregular entre as partidas. Dessa forma, é necessário submetê-los de novo à limpeza e secagem antes de estocá-los ou enviá-los ao processamento.

O sistema de armazenagem deve ser escolhido entre os descritos, de acordo com a capacidade de produção. Indústrias de grande capacidade, de elevado investimento, arcam com o ônus de grandes armazéns; em instalações menores eles são compatíveis com os equipamentos e necessidades diárias. Normalmente, a indústria mantém um estoque vultoso, não só para garantir a uniformidade da operação industrial como para aproveitar os preços da matéria-prima.

Tanto o fornecimento da matéria-prima à indústria como a alimentação da fábrica devem ser planejados, para não faltar e não sobrar. Em uma fábrica de média a grande capacidade a armazenagem deve corresponder a 15 dias de processamento, ao menos.

2.8 FABRICAÇÃO DE ÁLCOOL COM MANDIOCA

O álcool de mandioca pode ser obtido com raízes frescas ou com raspas.

2.8.1 COM RAÍZES FRESCAS

O processo de fabricação de etanol com mandioca fresca segue a marcha de trabalho similar à da obtenção de álcool de milho pelo processo de moagem úmida, porém de forma mais simplificada. O amido da mandioca é separado mais facilmente das raízes do que o dos grãos, por decorrência da sua estrutura física.

As raízes são lavadas para eliminar terra, pedra e outras impurezas que acompanham a matéria-prima recém-colhida. Durante a lavagem, quase toda a película externa é eliminada. Para a obtenção da fécula há um repasse que visa a eliminá-la completamente.

Fécula é o amido extraído de raízes, e amido é o produto extraído de grãos; são denominações cujo objetivo é diferenciar a matéria-prima original. Não há diferença entre composição e propriedades físicas e químicas.

A seguir, a mandioca passa por raladores para sua redução a massa ralada, da qual é removida a fécula por meio de lavagens com água potável em raspadores especiais. O material lavado é conduzido a peneiras vibratórias para separar as fibras e a fécula, continuamente arrastada por água corrente.

A lavagem das fibras e o arraste da fécula são fáceis porque a mandioca encerra pequeno teor de lipídeos e de material proteico. O material a hidrolisar (leite de fécula resultante da lavagem da massa ralada de mandioca) deve ser mantido em tanques sob agitação porque a fécula não é solúvel em água fria e tem densidade muito alta, que promove a sua rápida deposição e compactação e torna difícil sua remoção.

Após sua obtenção, o leite de fécula é aquecido em cozedores a jato ou em outros tipos de cozedores para sua gomificação antes de receber as enzimas sacarificadoras. O aquecimento é elevado para liquefazer o leite e, depois de resfriamento a 90 °C, é feita a adição de α-amilase termorresistente. A residência no reator é de uma hora aproximadamente. Em seguida, a temperatura é reduzida a 60 °C e é acrescentada a amiloglicosidase, que converte o restante em glicose. Com o ajuste da temperatura e mais agitação, a sacarificação é completada em aproximadamente 40 horas.

2.8.2 COM RASPAS DE MANDIOCA

A raspa é o produto de mandioca obtido por secagem das raízes frescas. O material seco, com 10% a 13% de umidade, tem um período de conservação prolongado, quase ilimitado, e é matéria-prima adequada para ser usada em períodos de entressafra. A forma de conduzir a obtenção do etanol segue os mesmos procedimentos da obtenção do etanol de milho com moagem seca: moagem das raspas em moinhos de martelo, mistura com água para formar pasta fluida, ajuste do pH para 5,5 a 5,7, aquecimento para liquefazer, resfriar a 90 °C, adição de amilase termorresistente, redução da temperatura para 60 °C e adição de amiloglicosidase para sacarificação total. A seguir, há o ajuste à temperatura a 30 °C a 32 °C e o envio aos fermentadores. Ao final de 40 a 50 horas totais, o vinho é enviado às colunas de destilação.

2.9 MANDIOCA

A mandioca (*Manihot esculenta* Crantz) é originária das Américas. Há indícios de que seja brasileira, porque a maioria das espécies autóctones identificadas como do gênero *Manihot* foi encontrada no Brasil, e os hábitos alimentares dos povos do continente americano parecem confirmar a suposição de que a planta é originária do Brasil. Historicamente, os indígenas brasileiros foram seus descobridores e os primeiros a fazerem uso dela, comendo-a como raiz e fazendo produtos manufaturados.

A mandioca é cultivada em muitos países, do Ocidente ao Oriente, e tem sido a principal fonte de carboidratos de alguns povos, particularmente da África e da América Latina. Estima-se que mais de 300 milhões de pessoas a usem como fonte de subsistência. A África é o continente com a maior produção, seguida pela Ásia e pela América do Sul.

2.9.1 PLANTA

Dicotiledônea da família Euphorbiaceae, gênero *Manihot*. Entre numerosas espécies, a *Manihot esculenta* Crantz é a única cultivada no Brasil.

As plantas adultas apresentam um caule ramificado de 1 a 2 metros de altura; inicialmente verde e tenro, com o envelhecimento torna-se suberificado e a cor passa a cinza ou parda. As folhas são palminérveas, verdes, com três a sete lobos. Os brotos são verdes, de cor bronzeada ou arroxeada. Na axila das folhas há gemas dormentes, capazes de germinar quando o caule é colocado no solo, ou quando morre a gema apical, não dormente. A planta possui flores masculinas e femininas em inflorescências tipo cimeira, localizadas nas axilas dos ramos. As flores masculinas ocorrem em maior número que as femininas. Estas são geralmente duas, dispostas em nível inferior ao das masculinas. A polinização, favorecida pelos insetos, leva à produção dos frutos, cápsulas triloculares com sementes pequenas e férteis, que são úteis para os trabalhos de melhoramento.

A propagação comercial é feita por meio assexuado, por estacas ou manivas (Figura 2.10). O sistema radicular é fasciculado, superficial, de pequeno número de raízes. Na propagação agâmica as raízes são laterais ou basais, produzidas ao longo da estaca e nas extremidades, respectivamente. Essas raízes têm a propriedade de acumular amido em grandes quantidades, como substância de reserva, tornando-se tuberosas. As raízes tuberosas apresentam morfologia diferente, mais comumente cônica, mas também fusiforme e quase cilíndrica. De acordo com o solo e condições climáticas, podem apresentar outras conformações e malformação. Temperatura, falta d'água, solos muito densos, pesados ou arenosos podem afetar seu desenvolvimento e sua morfologia.

O corte transversal de uma raiz tuberosa, de fora para o interior, permite distinguir:

a) Película suberificada pardo-avermelhada ou cinzenta.

b) Entrecasca branca ou amarelada (córtex), de aspecto fibroso, que contém um líquido leitoso que pode encerrar um glicosídeo cianogênico venenoso.

c) Cilindro central branco, de cor rósea ou amarelada, no qual se acumula o amido e que pode conter cianosídeo em menor quantidade do que a casca (Figura 2.10).

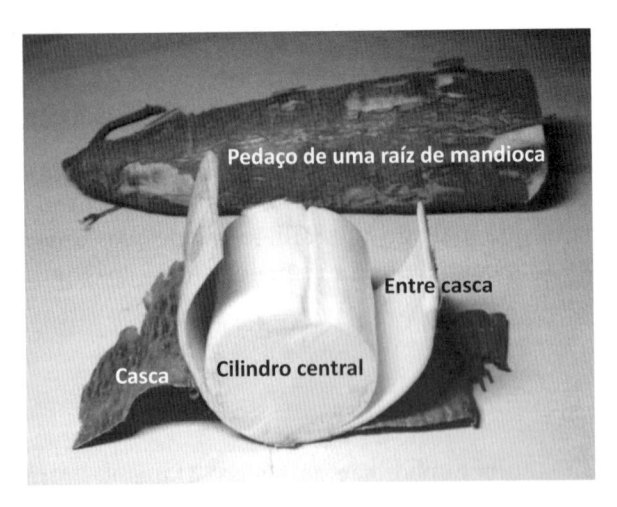

Figura 2.10   Partes de uma raiz de mandioca.

O amido deposita-se em células parenquimatosas do caule e no tecido vascular do xilema. As paredes das células se tornam delgadas em relação ao conjunto, de maneira que o teor de celulose das raízes fica muito reduzido. As fibras, constituídas pelos feixes do xilema, estão dispostas no centro, em todo o sentido longitudinal das raízes. Fibras e cascas representam de 10% a 20% do peso das raízes. Seu envelhecimento causa aumento de volume e peso das fibras e sensível redução no teor de amido.

As raízes ao natural são a principal matéria-prima para a industrialização. As ramas, hastes e folhas contêm teor de fibra que aumenta de acordo com o envelhecimento. Sua proporção em relação ao total da planta varia, mas é pequena para uso como material combustível. Em condições favoráveis podem ser produzidas 20 t/ha ou mais, rendimento insuficiente para tornar o material um combustível razoável para o trabalho industrial.

2.9.2 VARIEDADES CULTIVADAS

Os cultivares são identificados por nomes comuns, diferentes de região para região. Frequentemente uma denominação pode identificar vários cultivares, o que causa certa confusão. De acordo com a finalidade da cultura, podem ser de mesa, para a indústria e para forragem.

Para finalidades industriais são exigidos alto rendimento agrícola e alta riqueza em amido. Ao teor de ácido cianídrico, que pode atingir 35 mg/kg, é dada pouca importância, porque ele é eliminado durante a industrialização. Entretanto, a substância tóxica pode permanecer nos resíduos da industrialização, prejudicando uma possível utilização.

Após o plantio as estacas emitem as raízes a partir dos nós e dos calos que se formam nas extremidades e, depois, começa o aparecimento e o desenvolvimento dos brotos (Figura 2.11). Durante essa fase, as reservas das estacas se esgotam e as plantas começam as sínteses metabólicas que garantem seu sustento e o crescimento. A formação do sistema radicular e o crescimento inicial dos brotos ocorrem em dois a três meses, quando são originadas as raízes tuberosas a partir do calo cicatricial das estacas, das cicatrizes das estípulas e das gemas. Após três semanas do plantio aparecem raízes independentes na base dos brotos.

Figura 2.11   Maniva vegetando.

A fase de engrossamento das raízes, chamada de tuberização, começa entre 50 e 60 dias depois do plantio e atinge o máximo em 90 a 120 dias. Nesse período, a planta passa por repouso fisiológico caracterizado pelo amadurecimento, seca e queda das folhas da base para o cimo e seca das ramas a partir das pontas para a base. Nesse período de repouso o amido é transladado para as raízes e ocorre seu máximo acúmulo, momento propício para a colheita. Esse período, de 9 a 12 meses, do plantio ao repouso constitui o ciclo vegetativo.

Com um novo período de umidade e de temperatura mais alta a planta retoma o crescimento pelo brotamento das gemas apicais e utiliza o amido das raízes como fonte da energia necessária para um novo ciclo vegetativo.

A mandioca é planta de região tropical que se desenvolve bem do Equador até latitudes de 30° Norte e Sul, em altitudes do nível do mar até 1.000 m. Acima disso pode ser afetada pela temperatura. No Brasil é cultivada em todo o país, mesmo em regiões temperadas, onde produz economicamente desde que não sofra geada.

A mandioca é conhecida como planta que produz em quase todos os tipos de solo, mas os melhores resultados são obtidos em terrenos de textura arenosa, permeáveis, não sujeitos a encharcar e de boa fertilidade.

2.9.3 MANDIOCA COMO MATÉRIA-PRIMA

A raiz de mandioca fresca é um produto agrícola apropriado para alimentação e industrialização. Por ser uma raiz, seu componente principal, o amido, é denominado fécula.

Com a mandioca fresca são produzidos vários produtos em indústrias domésticas, ou rurais, descontínuas, com pequeno rendimento técnico. Entretanto, há instalações de produção de fécula de alta capacidade, muito bem instaladas, com equipamentos de alta tecnologia. Assim devem ser também as destilarias de álcool.

2.9.4 COMPOSIÇÃO QUÍMICA

A película externa é eliminada nas operações industriais. Considerando a casca e a parte central como um todo, a mandioca se compõe de 67% a 75% de umidade, de 2% a 5% de proteína bruta, de 1,5% a 2,5% de celulose, de 0,1% a 0,5% de lipídeos, de 18% a 25% de fécula e de 0,5% a 1,9% de cinzas. A qualidade tecnológica da mandioca varia de acordo com a idade, ciclo vegetativo e época da colheita. Há informações sobre raízes com 2% a 40% de fécula, mas para o estado de São Paulo podem-se considerar as médias de 21% a 23%, comumente encontradas nas indústrias, em raízes colhidas em seu período adequado de desenvolvimento e colheita.

O controle da qualidade tecnológica é importante para qualquer escala de manufatura porque as raízes são altamente perecíveis. A deterioração é causada por via enzimática e por via microbiana, favorecida pela composição centesimal. As reações enzimáticas e o crescimento microbiano são facilitados pela riqueza em carboidratos e pelo teor de umidade de 65% a 75%.

Nas montagens industriais de elevada capacidade e com vista à ampla comercialização e exportação, o rendimento industrial é fator fundamental na composição de custo e de preços. A industrialização com raízes frescas deve ser realizada o mais rapidamente possível após a colheita.

Se as condições de armazenamento são adequadas, a matéria-prima é considerada apropriada para a industrialização em até três dias após serem arrancadas. As raízes recebidas devem ser inteiras, sem injúrias mecânicas provocadas por ferramentas, estar isentas de abrasão durante o transporte, limpas de sujidades, de solo, sem pedras, paus, ramas, resíduos e outras impurezas. Nas raízes com injúrias logo aparece cor azulada e apodrecimento, causados por crescimento microbiano que rapidamente se instala nas lesões.

Para melhor rendimento industrial e econômico a fábrica deve apresentar continuidade de operação, isto é, receber e manufaturar a matéria-prima sem interrupções ou com mínimas paradas. O abastecimento da indústria, o fornecimento de matéria-prima, deve ser planejado para não faltar e não sobrar.

A experiência recomenda que o armazenamento das raízes de mandioca não deve ser maior do que a capacidade de manipulação diária, para evitar a deterioração e as perdas que ela provoca. Para a produção industrial contínua é necessário perfeito entrosamento entre colheita, transporte, armazenamento e industrialização das raízes.

Galpões cobertos protegem a matéria-prima e a mão de obra, mas o armazenamento pode se dar a céu aberto, desde que a fabricação seja realizada rapidamente após o recebimento.

É conveniente evitar que os diversos carregamentos de matéria-prima sejam descarregados uns sobre os outros, o mais tardio cobrindo as primeiras cargas de raízes. O descarregamento a granel por meio de basculantes, com raspadeiras ou com garfos, causa choques que provocam quebras, cortes e lesões que aceleram as deteriorações. O amontoamento desordenado leva ao uso de raízes com mais tempo de colheita após as mais recentes e à deterioração das que ficam na parte de baixo dos montes, por causa da elevação da temperatura e do bioprocesso que ela provoca.

2.10 RASPAS DE MANDIOCA

A raspa é o produto de mandioca obtido por secagem das raízes frescas. O material seco, com 10% a 13% de umidade, tem um período de conservação prolongado, quase ilimitado, e é matéria-prima adequada para ser usada em períodos de entressafra. A legislação a define como produto obtido pelo fracionamento e secagem da mandioca. Os órgãos de exportação estabelecem padrões de qualidade expressos na Tabela 2.4.

Tabela 2.4   Padrões brasileiros de raspas de mandioca para exportação

Características e tolerância	Grupo	3	
	Classe	Raspas de mandioca	
	Tipo	1	2
Amido		75,0	70,0
Umidade (% máxima)		13,0	14,0
Acidez, em mL de solução de NaOH n/1		2,0	2,5
Cinza (% máxima)		2,0	3,0
Odor		Peculiar	Peculiar
Matéria estranha ou impurezas (% máxima)		1,0	2,0
Comprimento em cm		5,0	5,0

Fonte: Lima (1982b).

2.11 PROPRIEDADES FÍSICO-QUÍMICAS DA FÉCULA

São as mesmas descritas para o amido no item 2.1.2.

2.12 OUTRAS MATÉRIAS-PRIMAS AMILÁCEAS

A bibliografia cita outros amiláceos como potenciais matérias-primas para a produção de etanol: cevada, arroz, aveia, centeio, painço, sorgo, trigo, batata-doce, tupinambur (alcachofra-de-jerusalém), castanha, bolotas de carvalho e tremoço.

A batata-doce foi experimentada durante o Programa Nacional do Álcool na década de 1970, mas não progrediu. A cevada é utilizada na preparação de cerveja, bebida alcoólica de grande expansão e consumo. Atualmente tem sido usada em associação com adjuntos diversos, como milho, arroz preto, banana e outros.

A Tabela 2.5 indica a composição de algumas matérias-primas amiláceas e feculentas que podem ser empregadas para fabricar etanol.

Para que a matéria amilácea seja considerada adequada para a produção industrial de etanol é preciso que ela contenha amido (fécula) em teor suficiente e esteja disponível de forma econômica e passível de alimentar as indústrias de maneira uniforme e regular.

Nos Estados Unidos da América, a produção de etanol industrial floresce com base no milho como matéria-prima.

Tabela 2.5   Composição de algumas matérias-primas amiláceas

Matéria-prima	Umidade	Matérias não nitrogenadas	Matérias nitrogenadas	Lipídeos	Celulose	Cinzas
Batata	74,91	19,24	2,33	0,18	1,48	1,86
Cevada	13,78	69,25	8,68	2,12	3,67	2,50
Centeio	13,37	69,36	11,19	1,68	2,16	2,24
Aveia	12,81	59,68	10,25	4,27	9,97	3,02
Milho	13,32	67,89	9,58	5,09	2,65	1,47
Arroz	12,48	71,28	6,38	1,08	6,51	2,57
Mandioca	66,91	29,97	1,39	0,24	0,69	0,73
Raspas	11,88	77,15	3,81	1,39	3,13	2,64
Farelo	12,94	75,09	2,94	1,27	6,23	1,53

Fonte: Almeida (1943).

2.13 DESTILAÇÃO

O mosto fermentado é composto de água, álcool em proporção de 8% a 10%, substâncias de caráter mucilaginoso e os normais compostos secundários da fermentação alcoólica. Comumente impuro por material sólido decorrente da transformação da matéria-prima em mosto, é encaminhado a prensas separadoras de bagaço ou peneiras e daí para as colunas de destilação.

Em diante, segue marcha similar dos vinhos de caldo de cana e de melaço, para retificação e desidratação (ver Capítulo 1 deste volume, "Produção de etanol com matérias-primas sacarinas").

Há pequena diferença com relação à destilação na coluna de esgotamento. O vinho deverá ser peneirado antes de ser enviado à coluna, para evitar a passagem de material sólido e o inconveniente de trabalhar com líquido menos fluido. Nas demais colunas em que o destilado segue sob a forma líquida ou de vapor há pouca diferença no processamento.

REFERÊNCIAS

ALMEIDA, J. R. *Fabricação do álcool de mandioca*. Piracicaba: Secção Gráfica do "Jornal de Piracicaba", 1943. 92 p.

BRAUTLECHT, C. A. *Starch. Its Sources, Production and Uses*. New York: Reinhold Publishing, 1953. 408 p.

CÂMARA, G. M. de S. Mandioca. In: SOUSA, J. S. I.; PEIXOTO, A.; TOLEDO, F. F. *Enciclopédia Agrícola Brasileira 4*. São Paulo: Edusp, 2002. p. 386-395.

CÂMARA, G. M. de S. et al. *Mandioca, pré-processamento e transformação agroindustrial*. São Paulo: Secretaria da Indústria, Comércio, Ciência e Tecnologia. Governo do Estado de S. Paulo, 1982. 80 p. (Série Extensão Agroindustrial 4.)

GODOY, J. M. *Fecularia e amidonaria*. 2. ed. São Paulo: Graphicars, 1940. 288 p.

HOUGH, J. S. *Biotecnologia de la Cerveza y de la Malta*. Zaragoza: Acribia, 1990. 194 p.

LIMA, U. A. Industrialização do milho. In: FANCELLI, A. L., LIMA, U. A. *Milho: Produção, pré-processamento e transformação industrial*. São Paulo: Secretaria da Indústria, Comércio, Ciência e Tecnologia. Governo do Estado de São Paulo, 1982a. p. 77-122. (Série Extensão Agroindustrial 5.)

_____. *Manual técnico de beneficiamento e industrialização da mandioca*. São Paulo: Secretaria da Indústria e Comércio, Ciência e Tecnologia. Governo do Estado de São Paulo, 1982b. (Série Tecnologia Agroindustrial – Programa Adequação 2.)

_____. Amido. In: SOUSA, J. S. I.; PEIXOTO, A.; TOLEDO, F. F. *Enciclopédia Agrícola Brasileira 1*. São Paulo: Edusp, 1995. p. 163-169.

_____. Malte. In: SOUSA, J. S. I.; PEIXOTO, A.; TOLEDO, F. F. *Enciclopédia Agrícola Brasileira 4*. São Paulo: Edusp, 2002. p. 359-366.

_____. Matérias-primas amiláceas. In: LIMA, U. A. *Matérias-primas dos alimentos – Origem vegetal, origem animal*. São Paulo: Blucher, 2010. 402 p.

MELONI, G. *L'industria Dell'alcole II. Processi e Impianti di Produzione e Transformazione. Le Materie Prime – Le Acquaviti*. Milano: Ulrico Hoepli. 689 p.

OETTERER, M.; LIMA, U. A. Tecnologia dos alimentos glucídicos. In: CAMARGO, R. (ed). *Tecnologia dos Produtos Agropecuários*. São Paulo: Nobel, 1984. p. 235-266.

PALACIO LLAMES, H. *Fabricación del alcohol*. Barcelona: Salvat, 1956. 735 p.

POMERANZ, Y. *Modern Cereal Science and Technology*. Weinheim: VCH Verlagsgesellschaft mbH, 1987. 486 p.

RADLEY, J. A. *Starch and its derivatives*. 3. ed. London: Chapman & Hall, 1958. 2 v.

SURMELY, R. et al. Hidrólise do amido. In: CEREDA, M.; VILPOUX, O. F. *Tecnologia, usos e potencialidades de tuberosas amiláceas latino americanas*. São Paulo: Fundação Cargill, 2003. p. 377-448.

VAN'DEMDER, A. G. F. et al. *Armazenamento de gêneros e produtos alimentícios*. São Paulo: Secretaria de Indústria, Comércio, Ciência e Tecnologia, s.d. 402 p. (Série Tecnologia Agroindustrial.)

VENTURINI FILHO, W. G.; MENDES, B. P. Fermentação alcoólica de raízes tropicais. In: CEREDA, M. P.; VILPOUX, O. F. *Tecnologia, Usos e Potencialidades de Tuberosas Amiláceas Latino-americanas*. São Paulo: Fundação Cargill, 2003. p. 530-575. (Série Cultura de Tuberosas Amiláceas Latino-americanas, v. 3.)

WHISTLER, R. L; PASCHALL, E. F. *Starch: Chemistry and Technology 2*. New York: Academic Press, 1984. 733 p.

WURZBURG, O. B. *Modified Starches: Properties and Uses*. Boca Raton: CRC Press, 1987.

CAPÍTULO 3

Produção de etanol de segunda geração

Sarita Cândida Rabelo

José Geraldo da Cruz Pradella

Jaciane Lutz Ienczak

3.1 INTRODUÇÃO

Problemas relacionados com a emissão de gases do efeito estufa e insegurança energética têm reforçado o interesse em fontes alternativas de energia. Nesse sentido, as biomassas lignocelulósicas têm se mostrado um recurso renovável adequado para obter combustíveis alternativos de transporte como o etanol e o biodiesel.

A produção atual de etanol é denominada de primeira geração (E1G), produzido a partir da fermentação do amido ou de açúcares extraídos da cana-de-açúcar. O etanol produzido a partir de biomassas lignocelulósicas, também conhecido como etanol de segunda geração (E2G) ou etanol celulósico, surge como uma alternativa interessante para aumentar a produção desse combustível sem a necessidade de ampliar a área plantada.

O E2G tem recebido especial atenção em muitos países, como os da União Europeia (UE), Estados Unidos, China e Brasil. Nesses países, governos, empresas e universidades estão engajados em viabilizar comercialmente o E2G, que representa um importante passo na direção da sustentabilidade ambiental e, em alguns casos, segurança/independência energética nacional. No Brasil, a inovação nesse segmento tem recebido um amplo apoio público, que vai desde a construção de centros de pesquisas especializados no desenvolvimento dessa nova tecnologia até investimentos na construção de plantas de E2G no país, fomentados especialmente pelo Plano Conjunto

BNDES-Finep de Apoio à Inovação Tecnológica Industrial dos Setores Sucroenergético e Sucroquímico (Paiss) (MILANEZ et al., 2015). Em se tratando desses esforços para a construção de plantas de E2G no Brasil, podemos citar três empreendimentos em escala demonstrativa/industrial (BOSSLE, 2016):

- Granbio: instalado na cidade de São Miguel dos Campos, no estado de Alagoas, com uma capacidade produtiva de 83,2 milhões de litros de etanol/ano.

- Raízen: acoplado à Usina Costa Pinto, situada na cidade de Piracicaba, no estado de São Paulo, com uma capacidade instalada de 40,1 milhões de litros de etanol/ano.

- Centro de Tecnologia Canavieira (CTC): acoplado à Usina São Manoel, localizada na cidade de São Manoel, no estado de São Paulo, com uma produção estimada de 3 milhões de litros de etanol/ano, durante os primeiros anos.

A produção de E2G compreende algumas etapas de processo, com distintas possibilidades de combinação entre elas: produção de enzimas, pré-tratamento, hidrólise enzimática, fermentação dos açúcares, processos de separação dos resíduos e, finalmente, destilação e purificação do etanol para atender às especificações necessárias.

3.2 BIOMASSAS LIGNOCELULÓSICAS E SUA DISPONIBILIDADE NO BRASIL

Biomassa lignocelulósica refere-se à massa seca dos vegetais, sendo a matéria-prima mais abundantemente disponível no planeta para a produção de biocombustíveis. É formada pela interação complexa de três macromoléculas, dois polissacarídeos (celulose e hemiceluloses) e uma macromolécula aromática (lignina), além de outros compostos em menores proporções como proteínas estruturais, lipídios e cinzas.

As biomassas lignocelulósicas podem ser classificadas genericamente em biomassa virgem, resíduos de biomassa e culturas destinadas à produção de energia. A biomassa virgem inclui todas as plantas que ocorrem naturalmente, como árvores, arbustos e gramíneas. Resíduos de biomassa são produzidos como um subproduto em diversos setores industriais, como o agrícola (palha de milho, bagaço e palha de cana-de-açúcar, dentre outros) e o florestal (resíduos do setor de celulose e papel, serrarias, dentre outros). As culturas destinadas à produção de energia apresentam alto rendimento de biomassa lignocelulósica, sendo estas produzidas para servir como matéria-prima para a produção de biocombustíveis 2G, que incluem cana-energia, sorgo-sacarino, capim-elefante, dentre outras (TAN; LEE; MOHAMED, 2008).

Devido à vasta biodiversidade encontrada em seu território, o Brasil dispõe de uma grande variedade de resíduos agrícolas e agroindustriais cujo bioprocessamento desperta grande interesse econômico e social. Dentre esses exemplos figuram os resíduos derivados de atividades tais como as indústrias de papel e celulose, usinas de açúcar e álcool e, de um modo geral, unidades de produção agrícola geradoras de resíduos de culturas como a palha e o sabugo de milho, palha de trigo, cascas de arroz, dentre outros (RAMOS, 2000).

Da Tabela 3.1 é possível inferir que o Brasil é um grande produtor de cana-de--açúcar, mas também de outras culturas agrícolas e florestais, cujos resíduos podem ser utilizados na produção de E2G.

Tabela 3.1 Produção agrícola brasileira e seus resíduos lignocelulósicos. Ano-base: 2016/2017

Cultura	Resíduo considerado	Produção (milhões t/ano)[1]	Potencial de resíduos lignocelulósicos (milhões t/ano; base seca)[2]
Cana-de-açúcar	Bagaço e palha	632	164
Milho	Palha e sabugo	86	50
Soja	Casca	97	9
Trigo	Palha	6	3
Arroz	Casca	12	2
Eucalipto[3]	Cascas, cavacos rejeitados e finos	43[4]	5
Pinus[3]	Cascas, cavacos rejeitados e finos	9[4]	1

[1] IBGE (2017); Conab (2016), SNIF (2016); Unica (2016).

[2] Calculados considerando a produção total de biomassas.

[3] Contempla apenas madeira para produção de celulose e papel (provenientes de florestas naturais e plantadas).

[4] Quantidades obtidas em m³ (SNIF, 2016). Foi aplicado fator de conversão aproximado de 1 m³ = 0,68 tonelada.

3.2.1 COMPOSIÇÃO QUÍMICA DAS BIOMASSAS LIGNOCELULÓSICAS

As biomassas lignocelulósicas possuem uma recalcitrância natural, consequência da adaptação evolutiva das plantas como uma forma de proteção ao ataque de microrganismos exógenos. A interação complexa entre lignina, celulose e hemiceluloses determina a ultraestrutura da parede celular, promovendo uma estrutura estável, segura e funcional para o vegetal (SUN; CHENG, 2002). A Figura 3.1 apresenta um modelo da estrutura molecular dos principais constituintes do material lignocelulósico.

Essa natureza recalcitrante da biomassa lignocelulósica acaba se tornando um dos principais gargalos na produção de E2G, uma vez que os carboidratos não estão facilmente acessíveis ao ataque por reagentes químicos ou complexos enzimáticos que efetuarão a sua despolimerização para posterior processamento e obtenção do combustível.

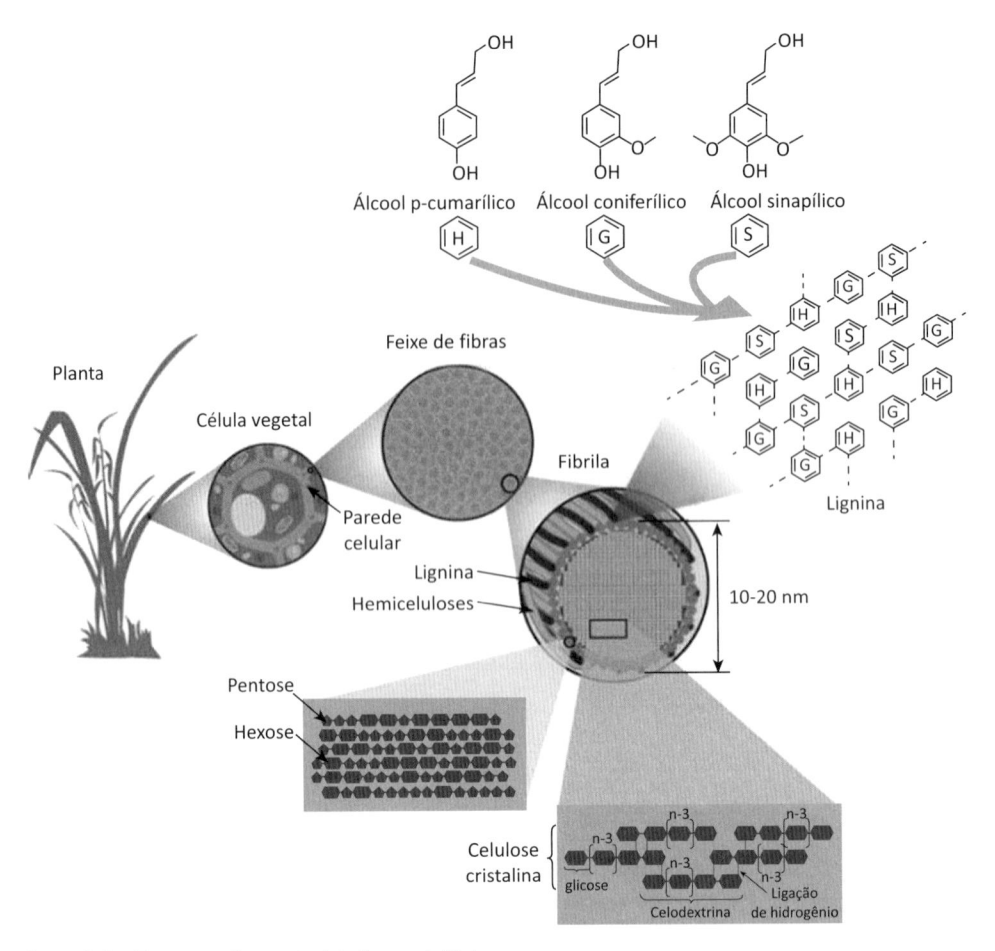

Figura 3.1 Estrutura dos materiais lignocelulósicos.

Fonte: adaptado de Rubin (2008).

A celulose, principal polissacarídeo presente nas biomassas lignocelulósicas, é um componente estrutural da parede celular das plantas formada por moléculas de glicose (β-D-glicopiranose) unidas por ligações do tipo β-D (1,4) glicosídicas. Esse polímero natural é um homopolissacarídeo linear cuja unidade repetitiva é um dímero de glicose, a celobiose. Apesar da sua simplicidade química, existe uma complexa gama de formas físicas devido principalmente à diversidade de origem e aos processamentos tecnológicos subsequentes a que a biomassa celulósica é submetida. A descrição desses substratos inclui propriedades como tamanho, forma, porosidade, grau de polimerização, área superficial, associação com compostos não celulósicos, conformação molecular e cristalinidade, sendo todos eles relevantes para o processo de hidrólise enzimática (BÉGUIN; AUBERT, 1994).

As hemiceluloses (também conhecidas como polioses) são heteropolímeros de estrutura amorfa e variável, formando cadeias moleculares curtas e bastante ramificadas.

Possuem em sua cadeia hexoses (D-glucose, D-galactose e D-manose), bem como pentoses (D-xilose e L-arabinose), podendo conter ainda ácidos urônicos como os ácidos D-glicurônico, D-galacturônico e metilgalacturônico. Outros açúcares, como L-ramnose e L-fucose, também podem estar presentes em pequenas quantidades, além dos grupos acetil, que podem substituir parcialmente os grupos hidroxila dos açúcares. As hemiceluloses são geralmente classificadas de acordo com os principais resíduos de açúcares na cadeia principal, sendo as xilanas abundantes em gramíneas e angiospermas; as mananas, em gimnospermas; e o xiloglicano, em muitas angiospermas (FENGEL; WEGENER, 1989).

Depois da celulose, a lignina é a macromolécula orgânica mais importante nos materiais lignocelulósicos, sendo responsável por conferir rigidez à parede das células, agindo como um agente permanente de ligação entre elas, gerando uma estrutura resistente ao impacto, compressão e dobra. Além da função estrutural, a lignina tem um importante papel no transporte de água, nutrientes e metabólitos, sendo responsável pela proteção dos tecidos contra o ataque de microrganismos (FENGEL; WEGENER, 1989). Apresenta uma estrutura altamente complexa, ramificada e amorfa, gerada a partir da polimerização desidrogenativa dos álcoois hidroxicinamílicos: p-cumarílico, coniferílico e sinapílico, que por sua vez são incorporados à lignina sob a forma de guaiacil (G), siringil (S) e p-hidroxifenil (H), respectivamente. Ela é constituída principalmente de unidades de fenilpropano associadas por ligações estáveis do tipo C-C, aril-éter e aril-aril (FENGEL; WEGENER, 1989).

Além desses componentes principais (celulose, hemiceluloses e lignina), os materiais lignocelulósicos podem conter uma extensa variedade de extrativos orgânicos, os quais podem ser extraídos por solventes polares ou apolares. Tratam-se de compostos intermediários do metabolismo do vegetal, que proporcionam reserva energética e proteção contra o ataque de microrganismos e insetos, porém apresentam grande efeito inibitório aos agentes biológicos durante o processo de conversão da biomassa (processos de hidrólise enzimática e de fermentação alcoólica). Como exemplos de extrativos podem-se citar: ácidos graxos, ceras, alcalóides, proteínas, fenólicos, açúcares simples, pectinas, mucilagens, gomas, resinas, terpenos, amido, glicosídeos, saponinas e óleos essenciais (FENGEL; WEGENER, 1989). Nas frações não extraíveis encontram-se parte das cinzas e resíduos inorgânicos, principalmente carbonatos, fosfatos, silicatos e sulfatos de potássio, cálcio e magnésio (FENGEL; WEGENER, 1989).

Em geral, a composição dos materiais lignocelulósicos é altamente dependente da espécie, idade, condições de crescimento, entre outros. Isso ocorre porque a constituição final de cada planta sofre vários tipos de influência, como, por exemplo, variedade, clima, constituição do solo, infecção e pragas, método de plantio, época de colheita, dentre outros fatores. Essas variáveis fazem com que plantas de uma mesma espécie apresentem composições diferentes. A Tabela 3.2 mostra a composição química dos três componentes principais (celulose, hemiceluloses e lignina) para as biomassas mais importantes no cenário brasileiro.

Tabela 3.2 Composição química dos componentes principais de diferentes biomassas lignocelulósicas

Biomassa lignocelulósica	Celulose (%)	Hemiceluloses (%)	Lignina (%)	Referência
Bagaço de cana-de-açúcar	43	26	22	Silva (2009)
Palha de cana-de-açúcar	38	29	24	Silva (2009)
Casca de arroz	42	18	19	Banerjee et al. (2009)
Palha de milho	38	26	19	Zhu, Lee e Elander (2005)
Sabugo de milho	45	35	15	Prassad, Singh e Joshi (2007)
Sorgo-sacarino	45	27	21	Kim e Day (2011)
Palha de trigo	29-35	26-32	16-21	Howard et al. (2003)
Madeiras de folhosas	40-55	24-40	18-25	Malherbe e Cloete (2002)
Madeiras de coníferas	45-50	25-35	25-35	Malherbe e Cloete (2002)

3.3 PRÉ-TRATAMENTO

O pré-tratamento representa a primeira etapa do processo de produção de E2G, sendo responsável por grande parte dos custos e gargalos ainda existentes na tecnologia, representando, pelo menos, 20% dos custos de produção total do combustível (YANG; WYMAN, 2008). Além disso, a etapa de pré-tratamento influencia consideravelmente os custos das etapas anteriores e subsequentes do processo, estando diretamente ligada à etapa de preparação de matéria-prima (classificação, limpeza da biomassa, dentre outros), eficiência da etapa de hidrólise enzimática e necessidade de tratamento das frações líquidas devido à geração de inibidores que afetam as etapas de hidrólise enzimática e fermentação alcoólica.

A finalidade de um pré-tratamento é solubilizar e/ou modificar, de forma eficiente, os principais componentes da biomassa (celulose, hemiceluloses e lignina), promovendo a recuperação das frações solubilizadas e favorecendo a digestibilidade da biomassa durante a etapa subsequente do processo, a hidrólise enzimática. Dependendo do tipo de pré-tratamento empregado, pode haver a solubilização parcial ou quase total da lignina e/ou hemiceluloses, promovendo, assim, uma quebra da rigidez macroscópica da biomassa, o que diminui as barreiras físicas impostas à transferência de massa. Além disso, há uma redução da cristalinidade da celulose e um aumento da porosidade do material.

Existem várias propriedades fundamentais que devem ser consideradas para o desenvolvimento de um processo de pré-tratamento (YANG; WYMAN, 2008), descritas a seguir:

- característica da biomassa a ser utilizada: o tipo de pré-tratamento a ser utilizado está relacionado às características físico-químicas da matéria-prima, como teor de lignina, características de recalcitrância do material, dentre outros fatores;

- custos moderados de reatores e operação: reatores de pré-tratamento normalmente precisam ser construídos empregando materiais apropriados devido à abrasividade das biomassas e corrosão do meio. Além disso, deseja-se que o processo tenha exigência mínima de energia, produtos químicos e água de processo;

- possibilitar alta recuperação de açúcares provenientes das hemiceluloses;

- promover uma formação mínima de produtos de degradação, por exemplo, compostos fenólicos, aldeídos furânicos (furfural e 5-hidroximetilfurfural) e ácidos carboxílicos, que impactarão diretamente os processos subsequentes de hidrólise enzimática e fermentação alcoólica;

- produzir substratos com alto teor celulósico e acessibilidade para hidrólise enzimática, empregando baixas cargas enzimáticas (inferior a 10 FPU – Unidades de filtro de papel/g biomassa pré-tratada) e baixos tempos de hidrólise (menor que três dias) e alto teor de sólidos (acima de 15% a 20% m/v);

- gerar lignina de alta qualidade ou produtos derivados da lignina quando processos de deslignificação forem aplicados;

- eficácia de operação com baixo teor de umidade: o uso de matérias-primas com altos teores de matéria seca reduz o consumo de energia durante o pré-tratamento.

3.3.1 TIPOS DE PRÉ-TRATAMENTO

Ainda não há consenso sobre qual seja o melhor tipo de pré-tratamento a ser aplicado na tecnologia E2G. Cada processo desenvolvido apresenta uma série de vantagens e desvantagens, sendo a seleção fortemente dependente do tipo de biomassa empregada e produtos finais a serem obtidos.

Nas últimas décadas, diferentes processos de pré-tratamento foram estudados e desenvolvidos para melhorar a digestibilidade dos materiais lignocelulósicos. Em relação a sua natureza, podem se classificar em quatro grupos principais: físicos, químicos, físico-químicos e biológicos, além de uma possível combinação entre eles (MOSIER et al., 2005). Os pré-tratamentos combinados (também conhecidos como sequenciais) apresentam como principal vantagem a possibilidade de favorecer melhorias na digestibilidade da celulose e maximização da solubilização/recuperação das hemiceluloses e lignina, já que a remoção de cada uma dessas frações acontece em etapas distintas, minimizando assim as perdas e a formação de produtos de degradação. Além disso, o pré-tratamento sequencial pode favorecer os custos, uma vez que possibilita agregar valor a todas as frações da biomassa, tendo grande potencial de aplicação em biorrefinarias de biomassas lignocelulósicas (CHERUBINI, 2010).

A evolução da eficiência dos pré-tratamentos tem sido baseada no rendimento de hidrólise enzimática, no balanço de massa para recuperação dos componentes e na perda de açúcares a produtos de degradação.

3.3.1.1 Pré-tratamentos físicos

Os pré-tratamentos físicos são conhecidos por promoverem o aumento da área superficial da biomassa mediante a redução do tamanho da partícula e/ou promovendo um distúrbio na regularidade estrutural da biomassa. Nesse sentido, não há necessariamente uma alteração na composição química do material.

Diferentes tipos de processos físicos têm sido propostos para melhorar a digestibilidade dos materiais lignocelulósicos, sendo os mais comuns a cominuição mecânica (trituração ou moagem), a radiação (raios γ e micro-ondas) e a extrusão. Normalmente essas tecnologias demandam um alto consumo de energia, que está diretamente relacionado ao tamanho almejado da partícula e às características da biomassa. Além disso, devido à abrasividade da biomassa (muitas delas apresentam um alto teor de cinzas na constituição ou a presença de sílicas advindas do processo de extração/recolhimento das cinzas), há um favorecimento do desgaste físico dos equipamentos, demandando que sua substituição e/ou reparo ocorram com relativa frequência. Devido a todos esses fatores, e somando ainda o alto custo das instalações, o processo torna-se pouco viável para aplicações voltadas à produção de biocombustíveis (HENDRIKS; ZEEMAN, 2009).

3.3.1.2 Pré-tratamentos químicos e físico-químicos

Dependendo do processo aplicado, os pré-tratamentos químicos e físico-químicos podem promover uma alta solubilização das frações de hemiceluloses e lignina, aumentando a área superficial da biomassa, tornando a celulose mais acessível às enzimas que participarão da etapa seguinte de hidrólise enzimática. Essas frações solubilizadas podem ser utilizadas em processos de fermentação alcoólica (hemiceluloses), desenvolvimento de produtos químicos de alto valor agregado (hemiceluloses e lignina) ou mesmo utilizado na geração de energia através da queima em caldeiras (lignina).

Os pré-tratamentos químicos e físico-químicos são os mais estudados na literatura e se apresentam como os mais promissores em termos técnico-econômicos. Alguns desses processos já são aplicados em escala piloto e industrial, em usinas de E2G ao redor do mundo, como é o caso dos pré-tratamentos com ácidos diluídos, hidrotérmico, explosão a vapor, dentre outros. Muitos desses processos utilizam agentes químicos como ácidos, bases, solventes, agentes oxidantes e agentes redutores.

Pré-tratamentos que promovem a solubilização das hemiceluloses

A solubilização das hemiceluloses pode ocorrer de forma parcial ou quase total, favorecendo, assim, o acesso das enzimas à celulose. Além disso, dependendo do processo e condições operacionais aplicadas, há solubilização parcial das demais frações da biomassa (lignina e celulose). Subsequentemente à etapa de pré-tratamento, os açúcares provenientes das hemiceluloses podem ser recuperados, após uma etapa de separação sólido/líquido, na forma de oligossacarídeos e/ou monossacarídeos, sendo essa fração líquida conhecida como hidrolisado hemicelulósico ou licor de pentoses. Além dos açúcares, há liberação do grupo acetil presente nas cadeias de hemiceluloses, ocorrendo de forma parcial ou total, sendo este recuperado no licor como ácido acético. Outros ácidos orgânicos, aldeídos furânicos e compostos fenólicos também são quantificados no licor devido à degradação dos açúcares e lignina.

Dentre os pré-tratamentos mais citados na literatura que promovem a solubilização de grande parte das hemiceluloses estão os pré-tratamentos com ácidos diluídos, hidrotérmico e explosão a vapor.

As ligações glicosídicas da celulose e hemiceluloses são suscetíveis à ação hidrolítica por ácidos diluídos. Uma ampla concentração e variedades de ácidos minerais podem ser empregadas no pré-tratamento, tais como ácido sulfúrico, clorídrico, fosfórico e nítrico (ALVIRA et al., 2010). Além de ácidos minerais, ácidos orgânicos, como fórmico, acético, propiônico, fumárico, maleico e oxálico, também têm sido aplicados nas etapas de pré-tratamento.

As principais vantagens dos pré-tratamentos com ácidos diluídos é a possibilidade de aplicação do processo para uma ampla variedade de biomassas lignocelulósicas, produzindo um licor rico em açúcares monoméricos. Sendo assim, a aplicação desse licor para uso em processos fermentativos é favorecida. Entretanto, a concentração do ácido precisa ser bem estabelecida e minimizada, já que quanto maior a sua concentração, mais severo se torna o pré-tratamento, o que pode proporcionar um aumento na formação de inibidores e problemas relacionados à corrosão dos reatores, necessitando de ligas especiais em sua construção.

O pré-tratamento hidrotérmico (também conhecido como auto-hidrólise, hidrotermólise, solvólise em água líquida, e pré-hidrólise com água) vem ganhando crescente atenção por vários motivos: i) não requer a adição de produtos químicos (uso apenas de água em altas temperaturas), o que torna o processo ambientalmente favorável; ii) apresenta alta recuperação de hemiceluloses, em grande parte na forma de oligossacarídeos de pentoses; iii) em comparação com o pré-tratamento ácido, não há problemas relacionado à corrosão de equipamentos devido às condições de pH mais brandas; iv) apresenta um tratamento de efluente mais simplificado quando comparado aos demais processos de pré-tratamento. Entretanto, devido à baixa produção de açúcares monoméricos, uma etapa de hidrólise dos oligossacarídeos (química ou enzimática) pode ser requerida para utilização desses açúcares em processos fermentativos (NAKASU, 2015).

O pré-tratamento por explosão a vapor é um dos pré-tratamentos físico-químicos mais estudados e vislumbrados para uso em escala industrial. Durante o processo, os materiais lignocelulósicos são submetidos a altas pressões de vapor saturado e temperaturas elevadas. Ao final da reação, o material sofre uma ruptura mecânica devido à rápida redução da pressão de operação à atmosférica, sendo essa descompressão súbita conhecida como explosão. O vapor de alta pressão modifica radicalmente a estrutura da parede celular da biomassa e promove uma alta solubilização de hemiceluloses. O pré-tratamento por explosão pode ocorrer apenas na presença de vapor saturado ou mediante o uso de agentes químicos como ácidos, bases, agentes oxidantes, dentre outros (RABELO et al., 2012).

As principais vantagens do pré-tratamento por explosão a vapor estão relacionadas com o aumento da área superficial devido à etapa de explosão, favorecendo assim maiores conversões da biomassa durante a etapa de hidrólise enzimática. Além disso, promove uma transformação da lignina e alta solubilização das hemiceluloses. Por outro lado, como nos demais pré-tratamentos, há formação de inibidores provenientes da degradação dos açúcares e lignina.

Pré-tratamentos que promovem a solubilização da lignina

Da mesma forma que para as hemiceluloses, a lignina pode ser solubilizada de forma parcial ou quase total, favorecendo assim o acesso das enzimas à celulose. A lignina presente na biomassa lignocelulósica propicia a adsorção inespecífica das enzimas em sua superfície, além de promover a inacessibilidade das enzimas à celulose, devido ao impedimento estérico (MOONEY et al., 1998). Isso faz com que haja uma baixa conversão da biomassa durante a etapa de hidrólise enzimática.

O processo de pré-tratamento para remoção da lignina é conhecido como deslignificação e ocorre devido a dois tipos de mudanças estruturais na lignina, sendo o primeiro relacionado à degradação por clivagem de certas ligações interunidades da lignina e o segundo, à introdução de grupos hidrofóbicos nos fragmentos formados. Em virtude da complexidade da estrutura de lignina, compreendendo vários tipos de ligações éter e carbono-carbono, um grande número de possíveis reações de degradação pode ser previsto (GIERER, 1985).

Dentre os processos de deslignificação mais citados na literatura estão os processos alcalinos, oxidativos e organossolves.

A deslignificação alcalina é o método mais utilizado para remover a lignina e parte das hemiceluloses a partir de materiais lignocelulósicos. Durante o pré-tratamento alcalino, as ligações ésteres intermoleculares, entre as hemiceluloses e lignina, são facilmente decompostas, tendo esse efeito potencializado em altas temperaturas. A clivagem dessas ligações promove a solubilização parcial das hemiceluloses e lignina e o inchamento da celulose, expondo-a, assim, ao ataque enzimático. Vários reagentes alcalinos têm sido utilizados nos processos de deslignificação, sendo os mais comuns o hidróxido de sódio, hidróxido de cálcio, carbonato de sódio e amônia em fase aquosa (RABELO, 2010). Apesar de promover um material altamente hidrolítico quando comparado com os processos que realizam apenas a solubilização das hemiceluloses, o pré-tratamento alcalino apresenta como desvantagem um alto custo de reagentes e longos tempos de pré-tratamento devido às baixas temperaturas requeridas.

Os processos de deslignificação oxidativos são métodos comumente usados para branqueamento de polpas celulósicas. Normalmente são empregados ozônio, oxigênio, peróxido de hidrogênio, dióxido de cloro e hipoclorito de sódio como reagentes de oxidação (RABELO et al., 2011). Durante a deslignificação, os reagentes de oxidação liberam uma grande quantidade de radicais livres, resultando em uma alta fragmentação e remoção da lignina, mas mantendo grande parte dos carboidratos na fração sólida. Estes processos são realizados em condições relativamente brandas de temperatura e pressão e, por isso, dificilmente são vistas formações de produtos inibidores (SUN; CHENG, 2002). Entretanto, apresentam um alto custo quando comparados com processos que não promovem remoção eficiente de lignina, como o hidrotérmico e ácido diluído.

Outro processo de deslignificação bastante estudado e que já apresentou aplicações industriais é o pré-tratamento organossolve (SOARES; ROSSELL, 2009). Nesse pré-tratamento, solventes orgânicos ou uma mistura de solventes orgânicos com água são utilizados para promover alta solubilização de lignina e aumentar a área superficial da biomassa. Muitos solventes orgânicos, como etanol, metanol, acetona, ácido peracético e etileno glicol são utilizados para pré-tratar vários materiais lignocelulósicos (ZHAO; CHENG; LIU, 2009). Dentre os solventes, o etanol é o mais utilizado por causa de sua baixa toxicidade e facilidade de recuperação, além de ser o produto de interesse no processo E2G, podendo ser parcialmente desviado para a etapa de pré-tratamento.

A maioria de solventes orgânicos (exceto os ácidos orgânicos) não consegue romper tão efetivamente as ligações estruturais da biomassa e, por isso, o uso de catalisadores (ácidos, sais, álcalis) no processo organossolve é bastante difundido, intensificando ainda mais a solubilização da lignina e, na presença de catalisadores ácidos, favorecendo uma alta solubilização das hemiceluloses (SOARES; ROSSELL, 2009).

Comparando com outros pré-tratamentos químicos, o pré-tratamento organossolve tem muitas vantagens, como fácil recuperação do solvente por destilação, baixo impacto ambiental e recuperação de uma lignina de alta qualidade como subproduto (PAN et al., 2006). Embora a maioria dos solventes utilizados possa ser reciclada para reduzir o custo operacional, o seu preço elevado e os potenciais riscos de lidar com grandes volumes de solventes orgânicos têm limitado a utilização desse processo.

3.3.1.3 Pré-tratamentos biológicos

Microrganismos e enzimas também têm sido aplicados em processos de pré-tratamentos de materiais lignocelulósicos, promovendo degradação seletiva das hemiceluloses e lignina. Dentre os microrganismos, os fungos causadores da podridão branca são os mais utilizados, como *Phanerochaete crysosporium*, *Ceriporia lacerata*, *Cyathus stercoletus*, *Ceriporiopsis subvermispora*, *Pycnoporus cinnabarinus* e *Pleurotus ostreatus* (ALVIRA et al., 2010). Enzimas como lacases, peroxidases e manganês peroxidases são produzidas por esses fungos e atuam diretamente na modificação/degradação da lignina.

Embora os pré-tratamentos biológicos apresentem muitas vantagens, como baixo consumo de energia e praticamente nenhuma exigência de agentes químicos, eles demandam longos tempos de reação, podendo durar semanas, e sua realização demanda grandes áreas/reatores. Além disso, esses microrganismos podem utilizar os carboidratos advindos das hemiceluloses e celulose como fonte de carbono, causando diminuição do rendimento de E2G em relação à biomassa lignocelulósica. Devido a esses inconvenientes/limitações, os pré-tratamentos biológicos enfrentam barreiras técnico-econômicas, o que ainda limita sua aplicação industrial (SUN et al., 2016).

3.3.2 PERSPECTIVAS FUTURAS PARA NOVOS PRÉ-TRATAMENTOS

Alguns processos de pré-tratamento vêm sendo estudados e desenvolvidos com o intuito de maximizar a obtenção de glicose durante a etapa de hidrólise enzimática. Dois exemplos desses processos são os líquidos iônicos e a refinação mecânica da biomassa.

Líquidos iônicos (LIs), por definição, são sais orgânicos compostos por cátions e ânions que se fundem em temperaturas abaixo de 100 °C, apresentam alta estabilidade térmica, alta condutividade elétrica e pressão de vapor desprezível (ROCHA et al., 2017). As propriedades ajustáveis dos LIs, como viscosidade, ponto de fusão, polaridade e basicidade da ligação de hidrogênio, dependem da seleção do cátion e ânion para a síntese do LI. Durante o pré-tratamento com LIs, a biomassa lignocelulósica é dissolvida, levando à formação de uma solução homogênea. Com o uso de um antissolvente, a biomassa é regenerada total ou parcialmente. Teoricamente, após o pré-tratamento com LIs, a celulose regenerada apresenta um aumento expressivo da área superficial, o que favorece o acesso às enzimas e o consequente aumento da conversão da celulose durante a etapa de hidrólise enzimática. Entretanto, devido às características desses sais, dificilmente as enzimas conseguirão manter a atividade específica nesse meio e, por isso, torna-se necessária a remoção efetiva dos LIs antes da etapa de hidrólise enzimática. Em geral, a escolha dos cátions e ânions para a síntese dos LIs e as condições operacionais utilizadas no processo de pré-tratamento (tempo, temperatura, tamanho da partícula, dentre outros) são os principais fatores que afetam a interação entre os LIs nos materiais lignocelulósicos.

As características físico-químicas dos LIs, como baixas pressões de vapor e estabilidade térmica, tornam possível o reciclo durante a etapa de pré-tratamento. Entretanto, compostos fenólicos advindos do fracionamento da biomassa podem acumular-se ao longo dos reciclos, o que porventura pode interferir negativamente na eficiência dos pré-tratamentos. A tecnologia tem se mostrado bastante promissora, mas ainda está limitada devido ao alto custo dos sais.

A refinação mecânica é outro tipo de pré-tratamento que vem sendo bastante estudado e visto com uma aplicação industrial promissora, mediante o uso de equipamentos comumente utilizados nas indústrias de celulose e papel. O sistema de refinamento mecânico pode induzir diferentes alterações na estrutura e morfologia da biomassa, melhorando consideravelmente as conversões da biomassa durante a etapa de hidrólise enzimática.

A tecnologia é vislumbrada para ser aplicada após uma etapa de pré-tratamento químico ou físico-químico, sendo que uma das grandes vantagens referente a essa aplicação sequencial é o fato de o material ainda estar aquecido, o que minimizaria o consumo energético durante a etapa de refino (MUHIC et al., 2010).

A tecnologia de refino tem se mostrado bastante atrativa, devido principalmente aos seguintes fatores: i) a recuperação dos carboidratos pode ser melhorada, proporcionando aumentos de conversão de até 30% durante o processo de hidrólise enzimática; ii) diminuição da severidade do pré-tratamento (menores tempos, temperaturas e concentrações de reagentes), o que pode acarretar redução dos custos e menor formação de inibidores; iii) versatilidade da tecnologia, que pode ser instalada e acoplada a qualquer tipo de pré-tratamento; iv) comprovação comercial da tecnologia, mediante uso no setor de celulose e papel (PARK et al., 2016).

As maiores preocupações relacionadas com a prática dessa tecnologia estão vinculadas ao consumo energético e teores de sólidos durante o processamento. Baixos teores de sólidos durante a etapa de refino podem reduzir o consumo de energia; entretanto, aumentam consideravelmente o consumo de água e diminuem a eficiência global do processo, já que demandam uma etapa adicional para drenagem da água e recuperação da biomassa. Em contrapartida, altos teores de sólidos podem melhorar a produtividade, mas aumentam consideravelmente o consumo de energia. Além disso, há diferenças bastante significativas quanto às características estruturais da biomassa ao final do processo, sendo os processos com baixos teores de sólidos favorecidos frente aos ganhos na etapa de conversão enzimática (PARK et al., 2016).

3.4 HIDRÓLISE ENZIMÁTICA

A conversão das biomassas lignocelulósicas em açúcares fermentescíveis está no centro das atenções da indústria de biocombustíveis – trata-se da segunda etapa na produção de E2G. Porém, a sacarificação da biomassa de plantas é um processo de difícil realização, devido principalmente à inerente recalcitrância e à heterogeneidade dos polímeros de carboidratos que compõem a parede celular de plantas. Nesse sentido, coquetéis enzimáticos e processos de hidrólise enzimática devem ser desenhados de forma a obter a máxima conversão em açúcares monoméricos, que posteriormente serão convertidos a etanol por meio de microrganismos.

3.4.1 HIDROLASES

Fungos filamentosos e leveduras têm papel central na produção de etanol de materiais lignocelulósicos. O primeiro grupo de microrganismos tem sido tradicionalmente utilizado para produção de complexos enzimáticos para hidrólise dos principais componentes desses materiais: celulose e hemiceluloses. Designamos genericamente hidrolases o conjunto de enzimas que fazem a conversão enzimática de hemiceluloses e celulose em pentoses e hexoses, respectivamente. As hidrolases podem ser divididas em dois grandes grupos: celulases e hemicelulases. Celulases são enzimas que catalisam a hidrólise da celulose a glicose. As celulases são de três tipos: endoglicanases (ED) (EC. 3.2.1.4); celobiohidrolases (CBH) ou exoglicanases (EC. 3.2.1.91) e β-glicanases (BG) (EC. 3.2.1.21). ED hidrolisam celulose solúvel como carboximetil-celulose (CMC), agindo internamente e randomicamente na cadeia da celulose, e são pouco ativas em celulose cristalina. CBH não são efetivas em celulose altamente substituídas como o CMC, mas hidrolisam celulose cristalina e formam, principalmente, celobiose. Já as BG hidrolisam celobiose e outros celo-oligossacarídeos curtos a glicose (THONGEKKAEW et al., 2008). Hemicelulases designam uma família complexa de enzimas com atividades endoxilanase, exoxilanase e esterase, que hidrolisam hemiceluloses em seus principais carboidratos: xilose, manose, glicose e galactose (JEFFRIES, 1994; WYMAN, 1996).

Um ponto de importante interesse é o desenvolvimento de coquetéis de hidrolases com atuação sinérgica sobre a biomassa vegetal, que incrementem a atividade ligno-celulolítica dos sistemas já existentes, por exemplo, de *Trichoderma reesei* (HIMMEL; RUTH; WYMAN, 1999). Um sistema celulolítico eficiente requer adequados teores de BGs para hidrolisar a celobiose produzida pela ação das CBHs, que processam a cadeia de celulose a partir das extremidades, tanto a redutora como a não redutora. A adição de BG em coquetéis celulolíticos de *T. reesei*, como o Celluclast 1.5 L, produzi-do pela Novozymes, proporciona uma melhora expressiva na extensão e na velocidade de sacarificação da celulose. Outro componente enzimático com expressiva atividade sinérgica são as enzimas pertencentes à família 61 de glicosil-hidrolases GH61, pri-meiramente caracterizados de *Thielavia terrestris*. É interessante destacar que as hidrolases GH61 não apresentam atividade hidrolítica sobre polissacarídeos padrões de celulose e hemicelulose; em contrapartida, promovem um aumento significativo na velocidade de hidrólise quando empregadas em materiais lignocelulósicos pré-tra-tados (MERINO; CHERRY, 2007).

Alguns tipos de pré-tratamento conseguem preservar grande parte da fração hemi-celulósica, como é o caso dos pré-tratamentos alcalinos, descritos anteriormente. Des-sa forma, o desenvolvimento de hidrolases das hemiceluloses também é uma linha de fundamental importância. A conversão das hemiceluloses em açúcares simples solicita um número ainda maior de enzimas, incluindo enzimas envolvidas na despolimeriza-ção da cadeia principal, como a endo-xilanase e β-xilosidade, e as hidrolases para hi-drólise das ramificações, ou enzimas acessórias, como esterases (ácido ferúlico e acetil), arabinofuranosidases, xiloglicanases, glicanases, entre outras. Enzimas hemicelulolíticas podem ser obtidas a partir de grande variedade de microrganismos, mas as prepara-ções a partir de fungos filamentosos, em especial de *Aspergillus* sp., *Humicola insolens* e *Trichoderma* sp., compõem a grande maioria das formulações comerciais disponíveis para aplicações diversas (VRIES; VISSER, 2001). Com o objetivo de utilizar substratos hemicelulósicos para produção de E2G, o desenvolvimento de coquetéis enzimáticos eficientes demanda o conhecimento do efeito da combinação de diferentes hemicelula-ses, incluindo as enzimas do tipo endo e acessórias, e sua atuação sinérgica na degra-dação em diferentes polissacarídeos de plantas (VRIES et al., 2000).

Enzimas termoestáveis, por suportarem condições reacionais mais severas, vêm ganhando interesse industrial e comercial. A vantagem dessas enzimas está na sua atividade catalítica ótima ocorrer em elevadas temperaturas, tornando-as compatíveis com processos biotecnológicos que requerem altas temperaturas de operação. Essa maior estabilidade térmica, além de propiciar maior flexibilidade operacional, torna as enzimas aptas a suportar condições reacionais mais longas, podendo assim diminuir tanto a demanda enzimática reacional, como também o custo do processo. A hidrólise de material lignocelulósico por enzimas termoestáveis, em estratégias para produção de E2G, tem despertado grande interesse da comunidade científica (VIIKARI et al., 2007; SHAW et al., 2008).

3.4.2 MICRORGANISMOS PRODUTORES DE HIDROLASES

Os microrganismos apresentam uma imensa diversidade genética e desempenham funções únicas e decisivas na manutenção de ecossistemas, como componentes fundamentais de cadeias alimentares e ciclos geoquímicos. Existe um grande número de microrganismos que dependem da degradação da biomassa vegetal para sua sobrevivência. Consórcios de bactérias, fungos e protozoários estão presentes em diversos ambientes da natureza, contribuindo sinergicamente na bioconversão da parede celular de plantas (LYND et al., 2002). Todos esses organismos são potenciais fontes para descoberta de novos sistemas enzimáticos, porém a maioria dos produtos comerciais disponíveis para conversão da biomassa provém de fungos filamentosos. Isso porque os fungos são capazes de produzir uma combinação de enzimas lignocelulolíticas e atingir alta produtividade. Além disso, ao contrário das bactérias, em que as hidrolases produzidas estão fisicamente ligadas à parede celular bacteriana (LYND et al., 2002), as enzimas de fungos são tipicamente secretadas no meio de cultivo, proporcionando um menor custo para a recuperação e para o processamento dos coquetéis enzimáticos (PUNT et al., 2002). Outra vantagem é que algumas espécies de fungos filamentosos conseguem degradar eficientemente a lignina, como os fungos da podridão branca (ALVIRA et al., 2010), e isso auxilia no processo de hidrólise dos polissacarídeos. Por outro lado, os procariotos dominam nichos ecológicos extremos, com relação ao pH, à temperatura e à salinidade, e, com isto, esses microrganismos possibilitam o resgate de enzimas, apresentando uma maior flexibilidade de aplicações para processos biotecnológicos industriais (EICHLER, 2001).

Os principais produtores de hidrolases são linhagens selvagens ou modificadas de fungos filamentosos (*Aspergillus* sp., *Penicillium* sp., *Trichoderma* sp., *Humicola* sp.) (LYND et al., 2002), embora linhagens geneticamente modificadas das leveduras *Pichia pastoris* (DAMASO et al., 2003; JAHIC et al., 2006; THONGEKKAEW et al., 2008), *Saccharomyces cerevisiae* (QIN et al., 2008) e *Kluyveromyces* (HONG et al., 2007) também sejam potenciais produtoras de hidrolases.

Diversas enzimas celulolíticas termoestáveis têm sido isoladas a partir de procariotos termófilos, como linhagens de *Thermotoga*, *Anaerocellum* e *Rhodothermus*

(VIIKARI et al., 2007), e o sistema celulolítico termófilo de *Clostridium* tem sido foco em abordagens de bioconversão direta da biomassa lignocelulósica em etanol (DEMAIN, NEWCOMB, WU, 2005).

3.4.3 PRODUÇÃO DE HIDROLASES

A produção de enzimas celulolíticas em escala industrial tem sido realizada por fermentação submersa (FS) ou por fermentação em estado sólido ou semissólido (FES). Biorreatores usados em FS se caracterizam pelo fato de o meio de fermentação conter grande teor de água (acima de 90% m/v), em que estão dissolvidos componentes do meio de cultura, metabólitos, oxigênio, produtos de interesse e componentes insolúveis do meio de cultura e células microbianas em suspensão. No caso dos biorreatores da FES, o crescimento microbiano se dá na superfície e nos poros de um suporte sólido com cerca de 30% a 60% de umidade, sendo o próprio suporte quem fornece grande parte dos nutrientes para o crescimento microbiano (DURAND, 2003). Em ambos os casos, meio de cultura e biorreator são esterilizados em conjunto ou separadamente, e o biorreator, após ajustadas suas condições de processamento (pH, temperatura, concentração de O_2 dissolvido, agitação e aeração e teor de umidade, no caso da FES), é inoculado com população de microrganismo previamente crescido. O processo é operado em batelada ou em batelada-alimentada. Nesse caso, o aporte intermitente ou contínuo de indutores de síntese, fontes de carbono ou de outros componentes do meio de cultura é realizado ao longo do cultivo. No caso de FS, o ajuste do valor de pH e temperatura no valor do ponto de ajuste é feito automaticamente. Também são ajustados durante o processo os valores de agitação e aeração, sendo necessária, ocasionalmente, suplementação de oxigênio para manutenção de O_2 dissolvido no meio fermentativo em concentração adequada, sobretudo nos bioprocessos com fungos filamentosos e os que utilizam cultivo com alta densidade celular (LEE, 1996; RIESENBERG, GUTHKE, 1999).

Tanto o protocolo de introdução do meio de cultura (velocidade e tempo de adição) quanto a composição do meio de alimentação (concentração da fonte de carbono, relação carbono/nitrogênio) concorrem para influenciar a eficiência do processo de produção (concentração final de enzimas, fator de conversão de nutrientes/enzimas, velocidade de produção de enzimas) (WYMAN, 1996). Também o uso de materiais lignocelulósicos pré-tratados e a utilização de meio de cultura integral, inclusive com o micélio vegetativo, podem produzir complexos enzimáticos adequados para hidrólise enzimática (LIMING; XUELIANG, 2004). Himmel, Ruth e Wyman (1999) apontam o custo de produção das hidrolases como um dos principais gargalos na produção de E2G. Um estudo de pré-viabilidade econômica do processo mostrou que o alto custo de investimento em equipamentos e a produtividade do sistema são duas das variáveis mais impactantes no custo de produção do sistema enzimático. Nesse esquema propõe-se a produção de E2G acoplada a uma unidade otimizada de produção de E1G, usando utilidades e matérias-primas internas para produção das hidrolases suficientes para provocar a hidrólise do bagaço e palha remanescentes da unidade de E1G. A Figura 3.2 mostra a relação entre produtividade do sistema de produção de enzima no local de sua utilização (produção *in house*) e custo da enzima/L etanol produzido para uma planta de E2G anexa a uma planta de produção E1G autônoma que processa 2.500.000 t/ano de cana-de-açúcar.

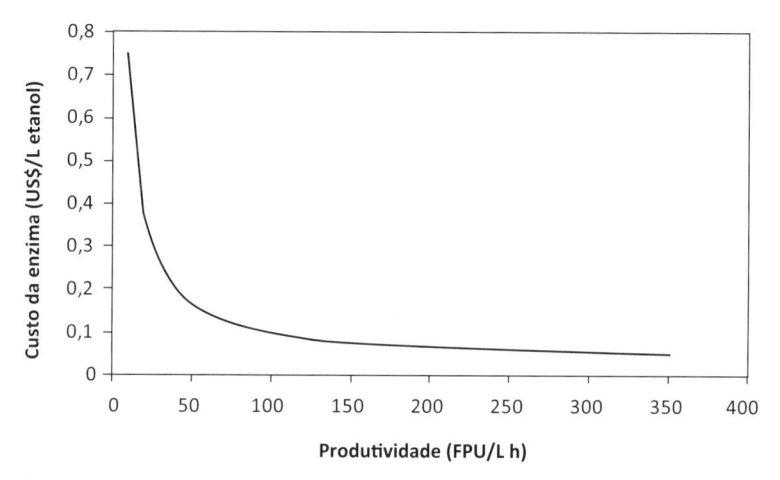

Figura 3.2 Relação entre produtividade do sistema de produção de enzima no local de uso e custo da enzima US$/L etanol produzido para uma planta de E2G anexa a uma planta de produção E1G autônoma que processa 2.500.000 t/ano de cana-de-açúcar.

Fonte: adaptada de Pradella, Rossell e Bonomi (2009).

Observa-se que produtividades de 100 FPU/L h são desejáveis e minimizam o custo de produção de enzima para valor da ordem de 0,10 dólares por litro de etanol produzido. É importante ressaltar que o custo da matéria-prima e sua conversão em enzimas tem um papel importante no custo final do coquetel enzimático. Essa é a razão fundamental para o uso de matérias-primas internas nas usinas de E1G e E2G, como, por exemplo, o bagaço e palha de cana pré-tratados, levedura residual, melaço e caldo de cana-de-açúcar, que apresentam baixo custo quando comparado com outras fontes de carbono.

3.4.4 HIDRÓLISE ENZIMÁTICA DE LIGNOCELULÓSICOS

A conversão da biomassa vegetal em bioetanol, a princípio, inclui pelo menos cinco unidades operacionais: redução e uniformidade da biomassa lignocelulósica, pré-tratamento, hidrólise enzimática, fermentação dos açúcares e destilação do etanol (SUN; CHENG, 2002). Com o objetivo de viabilizar economicamente a rota enzimática, essas unidades operacionais deverão estar integradas, minimizando os custos operacionais e de capital e maximizando a produção de etanol. Biorreatores enzimáticos têm sido bastante utilizados na indústria farmacêutica e de alimentos para a geração de produtos de médio e alto valor agregado. Os reatores empregados nessas indústrias recaem sobre os tipos convencionais utilizados na indústria química: reatores completamente agitados para processamento descontínuo ou contínuo e reatores de fluxo pistonado (*plug flow reactor*). Nesse caso, é usual a utilização de enzimas presas em suportes inertes que ficam retidas no volume da reação, denominado reator de enzimas imobilizadas. A reutilização de enzimas também pode ser realizada por meio do uso de membranas com limite de separação de massa molar determinado (*cut off*), permeáveis a substratos e produtos das reações enzimática, mas não permeável às moléculas proteicas, usualmente de massa molar acima de 10 a 20 kDa. Assim, a engenharia de reatores enzimáticos guarda grande semelhança com o tratamento dado aos reatores catalíticos homogêneos e heterogêneos químicos (LEVENSPIEL, 1989), devendo suas metodologias serem aproveitadas na análise e projeto dos reatores enzimáticos. No caso específico da hidrólise enzimática de materiais lignocelulósicos, diversos gargalos, entre outros, são reconhecidos: i) sistema heterogêneo compreendendo fase líquida (água e complexo enzimático) e fase sólida (substrato e complexo enzimático parcialmente adsorvido); ii) substrato complexo não totalmente conhecido, formado por pelo menos três classes de moléculas (celulose, hemiceluloses e lignina) interligadas física e quimicamente; grau de cristalinidade da celulose; sistema enzimático composto por principalmente três classes de diferentes enzimas (exoglucanases, endoglucanases e β-glicosidase); iii) conhecimento parcial dos mecanismos de ação das enzimas; iv) adsorção do complexo enzimático na matriz lignocelulósica, sendo provavelmente o passo limitante da hidrólise por fenômenos de transporte de massa e de superfície; inativação do complexo enzimático por interação com a matriz de lignina residual do pré-tratamento e inacessibilidade do complexo enzimático às cadeias de celulose provocada pela matriz de hemiceluloses e lignina residual do pré--tratamento (JOSEFSSON; LENNHOLM; GELLERSTEDT, 2001; KIM et al., 2003; ZHANG; LYND, 2004); v) inibição competitiva do sítios ativos das enzimas hidrolíticas pelos produtos da reação (glicose e celobiose) (ÖHGRENA et al., 2007); vi) baixa atividade específica do complexo enzimático, ocasionando exigência de alta relação enzima/substrato para efetivação da hidrólise; vii) altos tempos de reação, provocando inativação do complexo enzimático; viii) dificuldade de mistura da suspensão (valores acima de 10% m/m em escala industrial), gerando solução de carboidratos solúveis acima de 5% m/m (MERINO; CHERRY, 2007). Complexos celulolíticos enzimáticos comerciais têm sido utilizados para a para hidrólise de celulose proveniente de diversas matérias-primas.

A hidrólise enzimática e o processo fermentativo podem ser realizados separadamente, denominado hidrólise e fermentação separada (HSF ou SHF, do inglês *separate hydrolysis and fermentation*), ou simultaneamente, chamada de sacarificação e fermentação simultânea (SFS ou SSF, do inglês *simultaneous saccharification and fermentation*). Além dessas estratégias, ainda podemos citar o bioprocessamento consolidado (BPC), no qual a produção das enzimas, a hidrólise e a fermentação do hidrolisado são executadas em um único passo biotecnológico. Esses modos de operação para a produção de E2G serão mais bem explorados no item 3.7 deste capítulo.

3.5 FERMENTAÇÃO ALCOÓLICA DE MATERIAIS LIGNOCELULÓSICOS

A fermentação alcoólica de conversão de açúcares liberados nas etapas de pré-tratamento e de hidrólise enzimática (hexoses e pentoses) em etanol, etapa crucial no processo de produção de E2G, pode ser efetivada por uma variedade de microrganismos.

A característica fundamental do processo E2G é que ele deve fazer uso de dois grupos distintos de carboidratos, hexoses e pentoses, que devem ser metabolizados até etanol.

Leveduras do gênero *Saccharomyces cerevisiae* utilizadas industrialmente na produção de E1G metabolizam sacarose, frutose e glicose em etanol. Entretanto, essas leveduras não têm habilidade de fermentar pentoses como xilose e arabinose, principais carboidratos provenientes da hidrólise da fração hemicelulósica do bagaço e palha de cana-de-açúcar.

Assim, outros microrganismos selvagens fermentadores de pentoses ou bactérias e leveduras geneticamente modificadas têm sido propostos para, exclusivamente ou em conjunto com as tradicionais *S. cerevisiae*, serem utilizados na produção de E2G. Outro ponto que merece destaque é ainda o pouco conhecimento acumulado em relação à geração de inibidores, principalmente durante a etapa de pré-tratamento, e seus efeitos, tanto na etapa da hidrólise enzimática quanto da fermentação alcoólica.

Essas peculiaridades têm gerado uma grande diversidade de propostas de processo para produção de E2G.

Deve-se explicitar que, no momento de elaboração deste capítulo, ainda não havia um consenso estabelecido sobre qual das alternativas era a melhor. Imagina-se que, provavelmente, em um futuro próximo, vários desses modelos devem conviver em escalas piloto, demonstração e industrial, fruto da experiência de um grande esforço que se faz em nível mundial para o estabelecimento de uma tecnologia E2G econômica e tecnicamente viável.

A seguir, apresenta-se um sumário dos esforços envidados na fermentação alcoólica da fração de pentoses, os efeitos inibitórios sobre os processos e os principais conceitos de processos E2G propostos na literatura.

3.5.1 MICRORGANISMOS PARA A PRODUÇÃO DE ETANOL DE SEGUNDA GERAÇÃO

Os carboidratos obtidos após hidrólise termoquímica ou enzimática de materiais lignocelulósicos podem ser utilizados para a produção de E2G. Uma variedade de açúcares monoméricos é liberada por meio dos processos de pré-tratamento e hidrólise de materiais lignocelulósicos, entre os quais glicose ($C_6H_{12}O_6$, principal produto da hidrólise da celulose) e xilose ($C_5H_{10}O_5$, principal produto da hidrólise das hemiceluloses), que representam 90% dos açúcares monoméricos totais (HAHN-HAGERDAL et al., 2007). Levando-se em consideração que cerca de 603 milhões de toneladas de cana-de-açúcar são colhidas por ano no Brasil (safra de 2015/2016, UNICA, 2016), gerando 84,5 milhões de toneladas de bagaço seco (cada tonelada de cana gera 140 kg de bagaço seco), e sabendo que a celulose compreende 43% da massa seca do bagaço (Tabela 3.2), isto corresponderia à produção de aproximadamente 36 milhões de toneladas de celulose por ano no Brasil. Considerando a estequiometria de conversão de celulose em glicose de 1,11 kg/kg, aproximadamente 40 milhões de toneladas de glicose seriam obtidas. Com a conversão da glicose em etanol, baseando-se no estequiométrico de 0,511 kg/kg (ver Equação 1), seria possível produzir aproximadamente 20 milhões de kg de etanol/ano (considerando a densidade do etanol de 789 kg/m^3, isso corresponderia a 25 milhões de litros de etanol/ano). Quando se usa o mesmo raciocínio de cálculo para as hemiceluloses, observa-se que estas compreendem 26% da massa seca do bagaço (Tabela 3.2), correspondendo à produção de aproximadamente 22 milhões de toneladas de hemiceluloses por ano no Brasil. Com base na estequiometria de conversão de hemiceluloses em xilose e arabinose de 1,13 kg/kg, aproximadamente 25 milhões de toneladas de pentoses seriam obtidas. Com a conversão da xilose em etanol, considerando o estequiométrico de 0,511 kg etanol/kg de xilose (ver Equação 2), seria possível produzir aproximadamente 13 milhões de kg de etanol/ano (com base na densidade do etanol, de 789 kg/m^3, isso corresponderia a 16 milhões de litros de etanol/ano). Assim, verifica-se a possibilidade de incremento na produção de etanol no Brasil, por meio da utilização de bagaço de cana-de-açúcar como matéria-prima. Ressalta-se que a utilização da xilose no processo de produção E2G, inicialmente negligenciada por muitas empresas e centros de pesquisa, atualmente tem recebido a importância merecida. Nesse sentido, microrganismos capazes de converter eficientemente esses carboidratos deverão ser utilizados no processo de fermentação alcoólica.

Hexose

$$C_6H_{12}O_6 \rightarrow 2C2H6O + 2CO_2 \tag{1}$$

Pentose

$$3C_5H_{10}O_5 \rightarrow 5C2H6O + 5CO_2 \tag{2}$$

3.5.1.1 Microrganismos selvagens

Enquanto numerosos microrganismos são conhecidos por sua capacidade de consumir hexoses para a produção de etanol (destaque para *Saccharomyces cerevisiae*, utilizada para a produção industrial de E1G), existe uma real necessidade da busca de microrganismos capazes de consumir pentoses para a produção de etanol, com elevados rendimentos e títulos.

Uma variedade enorme de fungos e bactérias é capaz de converter xilose em etanol (SKOOG; HAHN-HAGERDAL, 1990). Fungos, em geral, apresentam elevados fatores de conversão, porém com títulos e produtividades muito baixas, enquanto bactérias atingem fatores de conversão e títulos baixos, porém com elevada produtividade (MCMILLAN, 1993). Como exemplos de fungos, podemos citar os gêneros *Fusarium, Monilia, Mucor, Neurospora, Paecilomyces, Polyporus* e *Rhizopus*. Bactérias naturalmente capazes de consumir xilose possuem a enzima xilose isomerase (XI), que é responsável pela isomerização da xilose a xilulose. Em seguida, a xilulose é fosforilada a xilulose-5-fosfato, que é um intermediário da via das pentoses fosfato (PPP, ver Figura 3.3). Entre as bactérias, os gêneros mesófilos *Aerobacter, Aeromonas, Bacillus, Bacteroides, Erwinia* e *Klebsiella* se destacam. Já entre as bactérias termófilas, *Clostridium* e *Thermoanaerobacter* podem ser ressaltadas (MCMILLAN, 1993).

Por outro lado, as leveduras *Pachysolen tannophilus, Candida shehatae* e *Scheffersomyces stipitis* (anteriormente denominada *Pichia stipitis*) (RUDOLF et al., 2008) são as linhagens selvagens que se destacam por apresentarem rendimento e produtividade elevados em comparação aos fungos e bactérias capazes de consumir xilose (MCMILLAN, 1993). No entanto, quando glicose e xilose estão presentes no meio de cultura, o consumo sequencial ocorre, sendo a glicose consumida preferencialmente em relação à xilose (SINGH; MISHRA, 1995). Recentemente isolada, a levedura *Spathaspora passalidarum* (SU; WILLIS; JEFFRIES, 2015), se mostrou capaz de consumir glicose e xilose simultaneamente em processos microaerófilos (baixo coeficiente volumétrico de transferência de oxigênio). Vale ressaltar que as demais leveduras selvagens citadas anteriormente para o consumo de xilose também necessitam de baixos coeficientes volumétricos de transferência de oxigênio para evitar a indesejável produção do coproduto xilitol. O consumo de xilose pela grande maioria dos fungos (salvo algumas raras exceções, como *Piromyces* sp.) e por leveduras selvagens se dá por meio da redução de xilose a xilitol com a ação da enzima xilose redutase (XR) e, em seguida, oxidação de xilitol a xilulose pela enzima xilitol desidrogenase (XDH), como pode ser visto na Figura 3.3. A xilulose é fosforilada pela enzima xilulose quinase (XK) e o produto é direcionado para a via das pentoses-fosfato, sendo convertida em gliceraldeído-3-P que, então, é reduzido a etanol. A maioria das XRs tem dupla especificidade de coenzimas, usando tanto NADPH quando NADH, mas normalmente apresentam preferência pelo NADPH. A maioria das XDH utilizam NAD^+, e há um acúmulo de xilitol se quantidades insuficientes de NAD^+ forem regeneradas. Caso isso aconteça, o metabolismo da xilose será bloqueado (HAHN-HAGERDAL et al., 2007; SKOOG, HAHN HAGERDAL, 1990). Por isso verifica se a necessidade da presença de oxigênio dissolvido no meio de cultura, uma vez que este é o último aceptor de elétrons para a reoxidação das coenzimas envolvidas na oxidação da xilose.

Apesar das inúmeras discussões acerca do uso de condições de microaerofilia em processos de fermentação alcoólica, como sendo tarefa extremamente difícil de controlar em processo industrial em larga escala, (HAHN-HAGERDAL et al., 2007), ressalta-se que a transferência de oxigênio nas usinas de E1G nunca foi monitorada em detalhes para se conhecer o real benefício dessa variável no sistema.

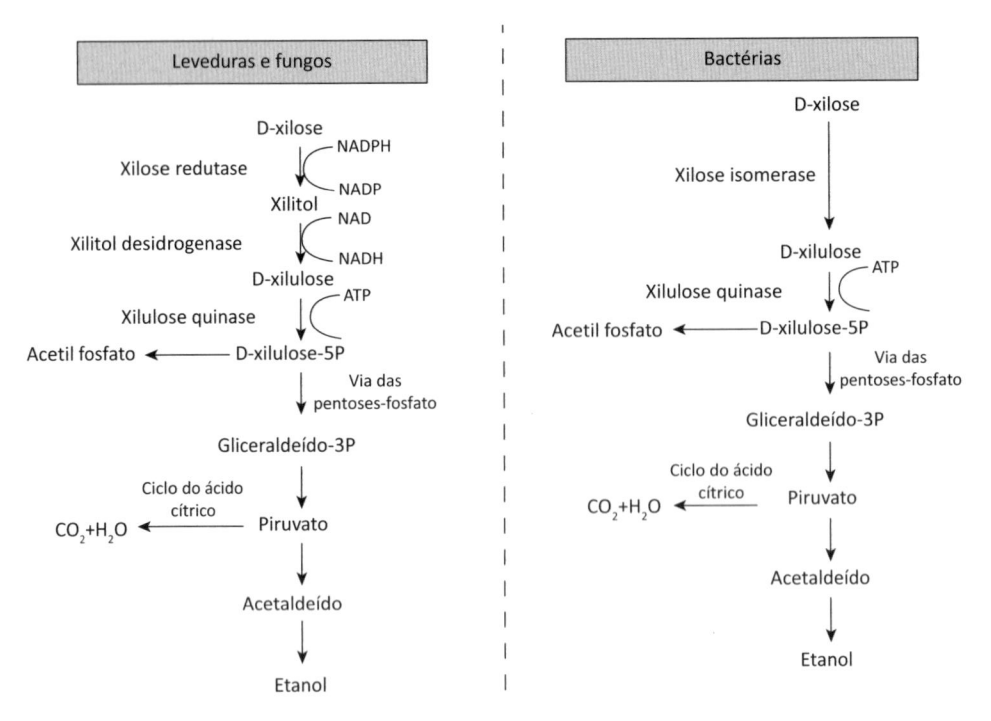

Figura 3.3   Via de produção de etanol a partir de xilose por leveduras, fungos e bactérias selvagens.

Fonte: adaptada de Kuhad et al. (2011).

3.5.1.2   Microrganismos geneticamente modificados

Quando, nos anos 1970 se descobriu, em laboratórios da América do Norte, que leveduras como *Saccharomyces cerevisiae* poderiam fermentar xilulose ($C_5H_{10}O_5$) a etanol, foi anunciado que o desenvolvimento de *S. cerevisiae* recombinantes para o consumo de xilose seria tarefa facilmente resolvida em poucos anos. No entanto, mais de quarenta anos depois, somente um limitado número de *S. cerevisiae* recombinantes para o consumo de xilose estão disponíveis para a produção industrial de E2G de forma eficiente (HAHN-HAGERDAL et al., 2007).

S. cerevisiae é o hospedeiro mais utilizado para a construção de leveduras geneticamente modificadas para o consumo de xilose. *S. cerevisiae* apresenta elevados títulos e rendimentos em etanol, tolerância à elevada concentração de etanol [maiores que 4% (v/v)] e açúcares [acima de 15% (v/v)], e é uma levedura *Crabtree* positiva (na presença de oxigênio e elevadas concentrações de açúcares produz etanol = respiro-fermentativa), além de ser robusta em processos de larga escala e na competição contra inibidores e contaminantes do processo (VAN ZHYL et al., 2007).

Os genes para expressão da enzima XI são os mais estudados para a construção de *S. cerevisiae* recombinantes. Primeiramente, XI de *Thermus thermophilus* – bactéria termófila (DEKKER et al., 1991) – foi expressa em *S. cerevisiae*; no entanto, verificou-se que, à temperatura de 30 °C (ideal para a produção de etanol por *S. cerevisiae*), essa enzima apresentava baixa atividade. Atualmente, os genes que expressam XI de *Pyromices* sp. (HARHANGI et al., 2003), *Xanthomonas campestris* (EJIOFOR, 2004) e *Bacterioides thetaiomicron* (TECHNISCHE UNIVERSITEIT DELFT, 2006) têm sido amplamente utilizados para a construção de *S. cerevisiae* capazes de consumir xilose, sendo os genes de *Pyromyces* sp. os que apresentam melhores resultados para o consumo de xilose.

Apesar de *S. cerevisiae* ser incapaz de captar xilose, os genes XR, XDH e XK estão presentes no seu genoma, expressos, contudo, em valores baixos e, mesmo quando superexpressados (por meio de engenharia metabólica), o consumo de xilose não ocorre. Nesse sentido, XR e XDH de *S. stipitis* também têm sido usadas para a construção de *S. cerevisiae* recombinante (KÖTTER; CIRIACY, 1993). Ressalta-se que os inconvenientes destacados no item 3.5.1.1 para a produção de xilitol ocorrem também para a *S. cerevisiae* modificada geneticamente com o objetivo de expressar essas enzimas. Obviamente, várias observações são necessárias para poder estabelecer a via de utilização de xilose, controle do metabolismo redox (XR e XDH) e fluxo do metabolismo central de carbono. Para isso, deleção dos genes que expressam XR e XDH em *S. cerevisiae*, superexpressão de XK, expressão de transportadores heterólogos, entre outros, podem trazer benefícios para a construção. Atualmente, com o auxílio das ferramentas ômicas (genômica, metabolômica, proteômica, fluxômica e transcriptômica), é possível verificar a regulação da expressão de enzimas/proteínas e metabólitos em nível intracelular. Com isso, modificações dirigidas podem ser realizadas com sucesso. Ressalta-se que a expressão heteróloga de enzimas de membrana é tarefa difícil, mas que pode ser superada com novas técnicas de expressão, como é o caso do CRISPR.[1]

O bioprocessamento consolidado (BPC, ou, em inglês, *consolidated bioprocessing* – CBP) consiste na construção de um único microrganismo geneticamente modificado para realizar quatro eventos biológicos importantes na produção de E2G em um único biorreator: i) produção de enzimas; ii) hidrólise de polissacarídeos; iii) fermentação de hexoses; e iv) fermentação de pentoses (VAN ZHYL et al., 2007). No momento, há empresas que trabalham nessa tecnologia, como Mascoma e Qteros (EUROPEAN BIOFUELS, s.d.). No entanto, conforme mencionado anteriormente, a necessidade de diferentes tipos de enzimas acessórias e a busca por enzimas que operem na mesma faixa de pH e temperatura que a fermentação são tidos como grandes desafios tecnológicos para o BPC.

Bactérias também têm sido estudadas para a produção de E2G. Estudos de modificação genética de *Zymomonas mobilis* (ZHANG et al., 1995), *Echerichia coli* KO11 (YOMANO; YORK; INGRAM, 2007), *Deinococcus* (EUROPEAN BIOFUELS, s.d.) e *Corynebacterium glutamicum* (SAKAI et al., 2007) têm sido efetuados por diferentes empresas e centros de pesquisa.

---

[1] Para mais informações acerca do assunto, ver Shi et al., 2016; Tsai et al., 2015.

3.5.2 INIBIDORES E MÉTODOS DE DESTOXIFICAÇÃO

Conforme discutido no item 3.3, sobre pré-tratamento, a combinação de elevadas temperaturas, pressão e variações de pH durante a etapa de pré-tratamento resulta no fracionamento dos componentes da biomassa lignocelulósica (celulose, hemiceluloses e lignina), que, por sua vez, podem ser degradados a produtos que interferem diretamente nos processos de hidrólise enzimática e fermentação alcoólica. Dessa forma, conforme citado anteriormente, os processos de pré-tratamento devem ser configurados para que haja maior recuperação de açúcares e menor formação de compostos inibitórios. A Figura 3.4 apresenta os principais compostos inibitórios presentes em hidrolisados de materiais lignocelulósicos e suas origens.

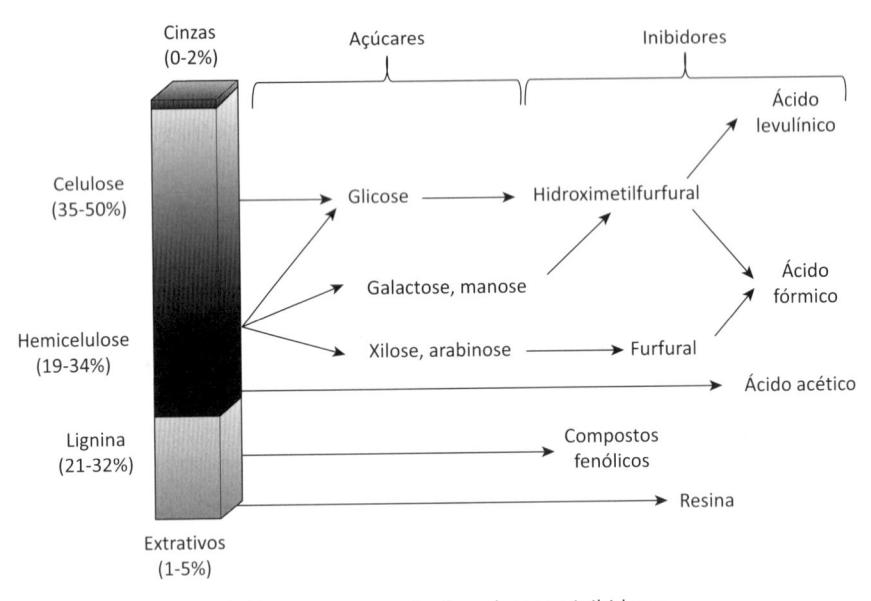

Figura 3.4   Fracionamento da biomassa e geração de açúcares e inibidores.

Fonte: Rabelo (2010, adaptada de Palmqvist e Hahn-Hagerdal, 2000).

Furfural (FF) e 5-hidroximetilfurfural (HMF) são compostos formados pela degradação xilose e glicose, respectivamente. HMF é mais tóxico que FF, como pode ser observado na Tabela 3.3. Vale destacar que a concentração inibitória irá variar de acordo com a espécie e gênero do microrganismo. A oxidação de FF e HMF resulta em álcool furfurílico e álcool hidroximetilfurfurílico, e sua redução forma ácido furóico e ácido hidroximetilfuroico, respectivamente. Esses compostos são menos inibitórios que FF e HMF e são formados pelo metabolismo de leveduras como *S. cerevisiae* (TAHERZADEH; KARIMI, 2011). FF e HMF inibem a ação de desidrogenases (MODIG; LIDEN; TAHERZADEH, 2002; TAHERZADEH et al., 2000). O processo para tratamento dos licores e remoção dos inibidores é chamado de destoxificação e pode ser classificado em métodos físicos, químicos e a combinação entre eles. Esses métodos de destoxificação visam à redução de compostos inibitórios, e, por vezes, resultam na perda de açúcares, podendo esta perda chegar a até 20% (ARRUDA, 2011). Os métodos mais utilizados para a remoção de FF e HMF são extração líquido-líquido (DELGENES; MOLETTA; NAVARRO, 1990), evaporação (DELGENES; MOLETTA; NAVARRO, 2004) e redução de pH combinada a adsorção em carvão ativo (RICHARDSON et al., 2011).

Tabela 3.3 Principais inibidores e seus efeitos em *S. cerevisiae* e *S. stipitis*

Origem do grupo	Inibidor	Concentração (g/L)	Microrganismo	% de inibição na fermentação
Compostos liberados no pré-tratamento e hidrólise enzimática	Ácido acético	1,4	*S. cerevisiae*	50% pH 4,5
	Ácido acético	4,3	*S. cerevisiae*	50% pH 5,5
	Ácido acético	8,0	*S. stipitis*	98% pH 5,1
	Ácido acético	8,0	*S. stipitis*	25% pH 6,5
Produtos de degradação de açúcares	Furfural	1,0	*S. stipitis*	71%
	5-hidroximetilfurfural	3,0	*S. stipitis*	90%
	Ácido fórmico	2,7	*S. cerevisiae*	80% (crescimento)
Produtos de degradação da lignina	Cinamaldeído	1,0	*S. cerevisiae*	100%
	p-hidroxibenzaldeído	1,0	*S. cerevisiae*	48%
	Siringaldeído	0,22	*S. stipitis*	72% (fermentação)

Fonte: Andrade (2012, adaptada de Olsson e Hahn-Hagerdal, 1996).

Alguns ácidos carboxílicos presentes nos hidrolisados lignocelulósicos também exercem inibição aos agentes microbiológicos utilizados na fermentação. Merecem destaque os ácidos levulínico, fórmico e acético. O ácido fórmico é o mais inibitório, seguido pelos ácidos levulínico e acético (ANDRADE, 2012). Os ácidos levulínico e fórmico são formados pela degradação do HMF em elevadas temperaturas e degradação de FF e HMF, respectivamente (ver Figura 3.4). O ácido acético, presente em maiores concentrações do que os ácidos fórmico e levulínico, e conhecido como um dos principais inibidores da produção de E2G, é gerado por meio da desacetilação das hemiceluloses. Quando presente no meio de fermentação, apresenta-se na forma não dissociada (pH da fermentação entre 4,5 e 5,5) e atravessa a membrana celular, entrando no citoplasma e causando redução do pH devido à dissociação do ácido no citoplasma. Para controlar o pH citoplasmático ocorre gasto de ATP pelo bombeamento de prótons para fora da célula, e menos ATP fica disponível (VERDUYN et al.,

1985) para manutenção celular (TAHERZADEH; KARIMI, 2011). Esses inconvenientes causam apoptose (morte celular programada) e mudanças morfológicas (alongamento) nos microrganismos. O ácido acético pode ser removido do meio por evaporação em pH ácido, redução de pH combinado com adsorção em carvão ativo e resinas de troca iônica (RICHARDSON et al., 2011). Além disso, modificações genéticas dos microrganismos podem ser utilizadas como estratégia para que estes passem a resistir ou consumir o ácido acético (redução do acetato a etanol).

Os compostos fenólicos são resultantes da degradação da lignina e estão presentes nos hidrolisados em concentrações muito baixas; no entanto, causam sérios danos aos microrganismos, afetando principalmente a integridade da membrana celular e a estrutura de ácidos graxos, fosfolipídios e proteínas de membrana, levando à lise celular. Métodos de redução de pH combinados com adsorção por carvão ativo, resinas de troca iônica e modificação genética na estrutura da membrana celular podem diminuir os efeitos desses inibidores (ZHANG et al., 2011). Ressalta-se que ainda há muita dificuldade relacionada com determinação e quantificação dos compostos advindos da lignina. O conhecimento da estrutura química desses compostos é de extrema importância para a definição do método de destoxificação a ser aplicado.

Recentemente, o glicoaldeído foi identificado como um potente inibidor de fermentação na produção de E2G (JAYAKODY; HAYASHI; KITAGAKI, 2011). O glicoaldeído é formado pela condensação retroaldol de hexoses e pentoses e aumenta a reação de Maillard em 2.109 vezes em relação à glicose (HAYASHI; NAMIKI, 1986). Esse composto é responsável pela inibição do crescimento e produção de etanol em concentrações da ordem de 0,5 mM/L. O glicoaldeído se liga a grupos aminas de enzimas, inativando-as, além de causar danos à estrutura do DNA e RNA dos microrganismos. O único método proposto na literatura para contornar a inibição por glicoaldeído é a superexpressão da enzima Adh1 para conversão de glicoaldeído a etileno glicol (JAYAKODY; HAYASHI; KITAGAKI, 2013).

3.6 MODOS DE OPERAÇÃO PARA FERMENTAÇÃO DE MATERIAIS LIGNOCELULÓSICOS

Diferentes modos de operação para a produção de E2G têm sido estudados nos últimos anos. Dentre estes, destacam-se: i) inversão da xilose por meio de xilose isomerase anterior à fermentação; ii) BPC – bioprocessamento consolidado; iii) HSF – hidrólise e fermentação separada (*separated hydrolysis and fermentation*, SHF); iv) SFS – sacarificação e fermentação simultâneas (*simultaneous saccharification and fermentation*, SSF). Vale ressaltar que em alguns casos a etapa de fermentação poderá ser integrada à primeira geração. Variantes do processo sugerem o uso da separação das correntes sólido/líquido após a etapa de pré-tratamento, conhecida como separação de corrente. Outra opção é a não separação das correntes após a etapa de pré-tratamento, que leva o nome de lama.

Na Figura 3.5 estão apresentados os fluxogramas dos principais processos estudados atualmente para a produção de E2G.

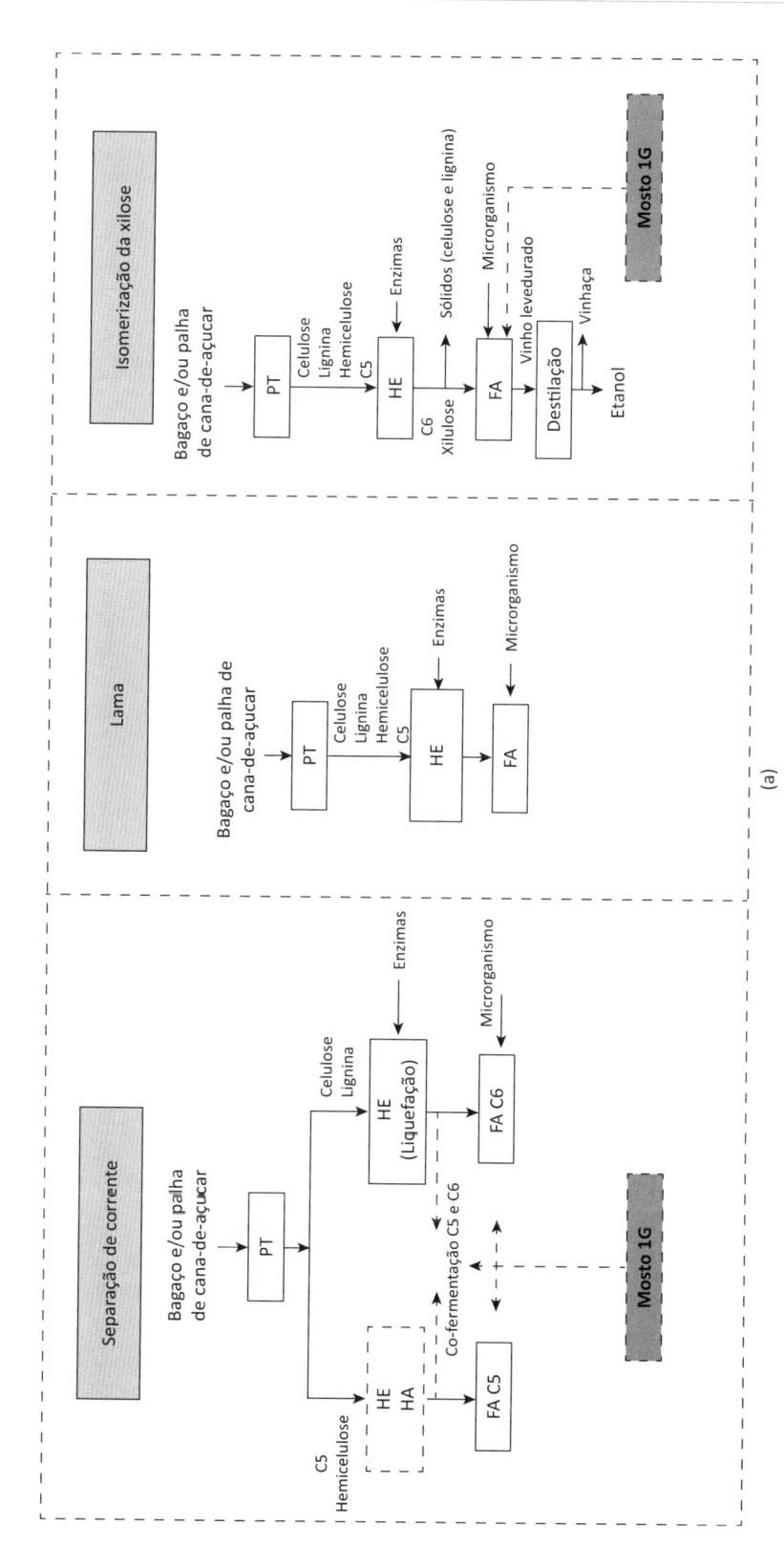

Figura 3.5 Fluxograma de possíveis modos de operação para a produção de etanol de segunda geração. a) Separação de corrente, lama e isomerização da xilose; e b) BPC – bioprocesso consolidado, HSF – hidrólise separada da fermentação e SFS – sacarificação e fermentação simultâneas (*continua*).

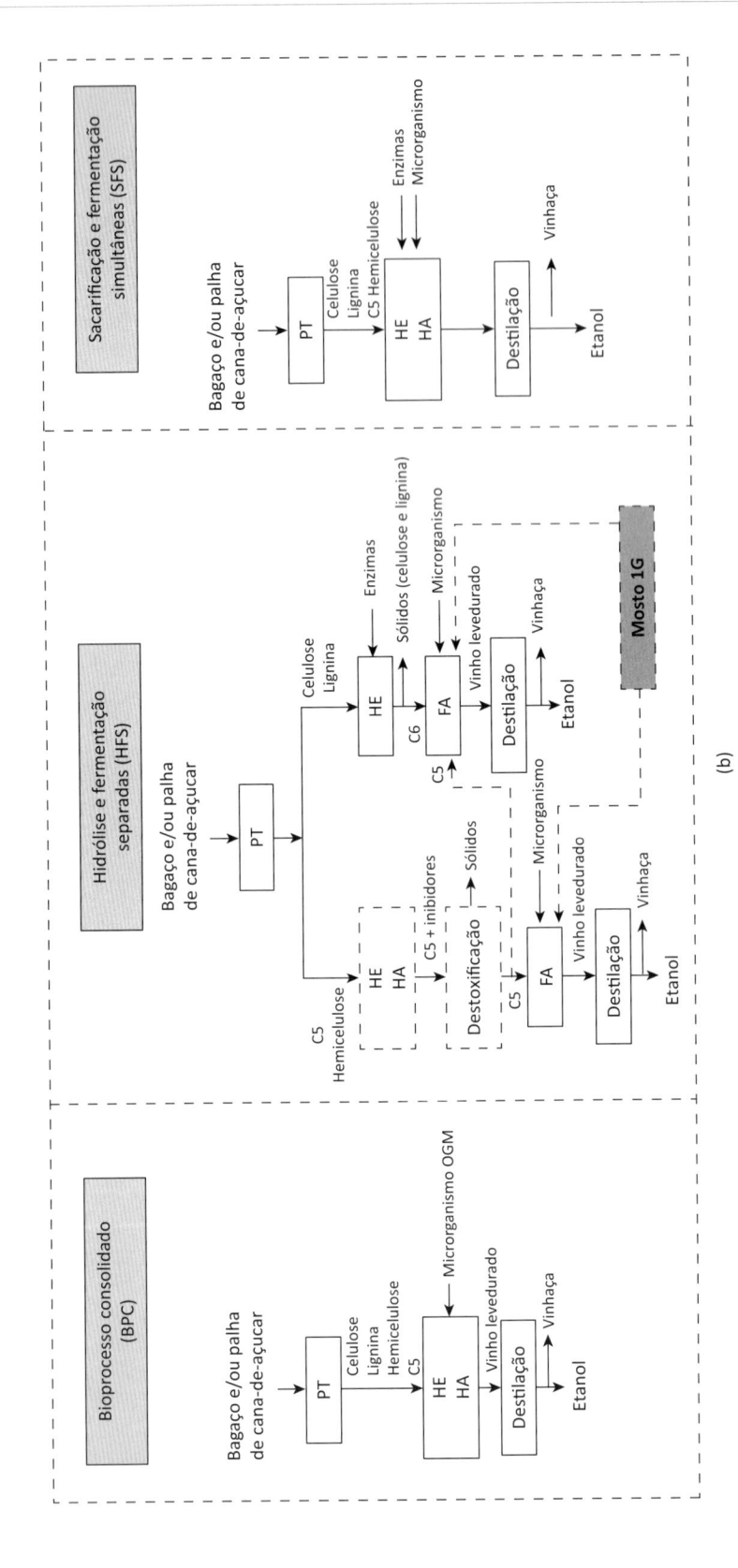

(b)

Figura 3.5 Fluxograma de possíveis modos de operação para a produção de etanol de segunda geração. a) Separação de corrente, lama e isomerização da xilose; e b) BPC – bioprocesso consolidado, HSF – hidrólise separada da fermentação e SFS – sacarificação e fermentação simultâneas (*continuação*).

É possível observar a principal diferença entre os processos com divisão de corrente (*split*) e lama (*slurry*). Na divisão de corrente observa-se a separação das correntes líquidas e sólidas, as quais poderão ser hidrolisadas e fermentadas, sendo que a fermentação poderá ocorrer separadamente para as frações de C5 e C6, utilizando-se diferentes microrganismos, ou as frações podem ser cofermentadas com um único microrganismo capaz de consumir C5 e C6. Ressalta-se que, dependendo do pré-tratamento, a fração de hemiceluloses poderá ser completamente desdobrada a xilose (por exemplo, pré-tratamento catalisado por ácido diluído) ou poderá ser destinada a hidrólise enzimática ou química de xilo-oligômeros (no caso de um pré-tratamento hidrotérmico, por exemplo). Ainda se observa a possibilidade de se operar somente com a corrente de 2G (denominada usina autônoma) ou integrada com E1G (denominada usina integrada).

Ainda na Figura 3.5 nota-se que o processo baseado na hidrólise e fermentação da lama consiste em não separar as correntes após o pré-tratamento e operar nos processos de hidrólise e fermentação com as correntes sólida e líquida. Verifica-se, nesse tipo de operação, a dificuldade de bombeamento da lama (que contém grande quantidade de sólidos em suspensão) e problemas de mistura dos catalisadores biológicos (enzimas e microrganismos) nas etapas de hidrólise e fermentação.

Em seguida, pode-se destacar a prévia isomerização da corrente de hemiceluloses/xilose como uma possibilidade de modo de operação (ver Figura 3.5). Nesse modo de operação a divisão de correntes pode ou não ser aplicada; no entanto, destaca-se na Figura 3.5 a operação com lama. Nessa figura, verifica-se que, após o pré-tratamento, as correntes serão submetidas à etapa de hidrólise enzimática que conterá, além das hidrolases ressaltadas no item 3.4.1 deste capítulo, xilose isomerase capaz de isomerizar xilose a xilulose. Após essa etapa, poderá ser inoculada levedura *S. cerevisiae* nativa que possua capacidade de fermentar xilulose. Em seguida, o vinho fermentado será destinado à etapa de destilação, que até o momento tem sido considerada semelhante à destilação existente para E1G (DIAS et al., 2012).

Além dessas estratégias, ainda podemos citar o bioprocessamento consolidado (BPC), no qual a produção das enzimas, a hidrólise e a fermentação do hidrolisado são executadas em um único passo biotecnológico. O BPC tem grande potencial de tornar-se a rota de menor custo para a produção de biocombustíveis a partir de material lignocelulósico, porém ainda existe a necessidade do desenvolvimento de microrganismos aptos a realizar essa rota consolidada em escala industrial (LYND et al., 2005). Entre as espécies de microrganismos promissoras para a implementação de rotas BPC estão o *Clostridium thermocellum* e o *C. thermosaccharolyticum* (DEMAIN; NEWCOMB; WU, 2005).

Na HSF, a etapa de hidrólise ocorre em condições enzimáticas ótimas, por exemplo, a 50 °C e pH 5 para hidrolases de *T. reesei*. Em seguida, a temperatura e o pH são ajustados para a sobrevivência do microrganismo fermentativo, pH 5,5 a 7 e temperatura entre 30 °C e 40 °C. A carga enzimática na etapa de hidrólise é da ordem de 5 a 30 FPU/g bagaço, o tempo de reação é da ordem de 48 a 96 horas, a concentração de sólidos insolúveis é de 100 g/L a 250 g/L para que se atinja uma concentração de carboidratos (glicose) acima de 50 g/L. O reator usado é o de mistura completa operado em modo batelada, batelada-alimentada ou contínuo. Durante a hidrólise, o aumento na concentração de monômeros de açúcares e oligossacarídeos ocasiona a redução da atividade enzimática, sendo esta a principal limitação do HSF (ÖHGRENA et al., 2007). Conforme apresentado na Figura 3.5, as correntes de C5 e C6 podem ser trabalhadas de forma separada, ou poderá haver a integração das correntes na etapa de fermentação. Salienta-se mais uma vez a possibilidade de integração das correntes de segunda geração com mosto 1G (caldo ou melaço de cana), que resultará na diluição dos inibidores presentes no hidrolisado lignocelulósico e também por conter nutrientes (Mg, Ca, NH_4, entre outros) que poderão auxiliar na fermentação. Observa-se ainda na Figura 3.5 que a possibilidade de inserção de processo de destoxificação na corrente rica em pentoses é um passo que poderá ser adicionado ao processo, dependendo da caracterização dessas correntes em relação aos inibidores.

No processo de SFS é possível, teoricamente, ampliar o rendimento e a concentração de produto final em comparação com HSF, pois o produto final da reação de hidrólise (glicose e xilose) é assimilado pela fermentação microbiana, minimizando-se, assim, a inibição do complexo enzimático pelos produtos da reação (OLOFSSON; BERTILSSON; LIDEN, 2008). Outra vantagem do processo de SFS está na menor demanda de investimentos para implantação da planta (MERINO; CHERRY, 2007). Porém, a necessidade do desenvolvimento de enzimas e microrganismos aptos a operar em condições reacionais equivalentes, assim como a dificuldade para o reciclo do microrganismo fermentador são desvantagens operacionais do processo SFS (OLOFSSON, BERTILSSON, LIDEN, 2008).

3.7 ESTUDOS DE CASO

A produção de E2G traz consigo grandes questionamentos em relação aos avanços da tecnologia, aos custos envolvidos no processo e à viabilidade técnica e econômica do processo. Como já citado no item 3.5.1.2, os estudos sobre a produção de etanol a partir de materiais lignocelulósicos é atual, mas o tema já foi amplamente discutido nos anos 1970 e retornou recentemente devido às preocupações ambientais, econômicas e tecnológicas acerca dos combustíveis fósseis. Nessa retomada de pesquisas em E2G, muitos grupos têm estudado diferentes formas de se obter E2G e, para um maior entendimento do leitor sobre a tecnologia de E2G, alguns exemplos práticos serão apresentados a seguir.

Estudo de caso 1: E2G foi produzido a partir de hidrolisado celulósico de bagaço de cana-de-açúcar por meio da conversão biológica de *S. cerevisiae* PE-2 (SILVA et al., 2016; Figura 3.6). Nesse estudo, o bagaço foi pré-tratado com ácido fosfórico diluído (1,5%, m/v) em 120 °C por 20 minutos para a hidrólise das hemiceluloses (obtenção do hidrolisado hemicelulósico) e diminuição da recalcitrância da biomassa. O hidrolisado hemicelulósico não foi utilizado nesse estudo; no entanto, os autores sugerem que este poderá ser utilizado para a produção de metano por meio de biodigestão. Sabe-se que o hidrolisado hemicelulósico proveniente de pré-tratamento com ácido fosfórico diluído apresenta elevada concentração de inibidores. Por esse motivo, pode-se também efetuar a etapa de destoxificação citada no item 3.5.2 deste capítulo a fim de viabilizar a utilização. Após o pré-tratamento, a fração sólida foi deslignificada com NaOH 1,5% a 120 °C durante 20 minutos, para solubilização da lignina (licor negro). A polpa obtida foi submetida à hidrólise enzimática da celulose com enzimas competentes, gerando 67 g/L de glicose para a hidrólise enzimática com 70% de conversão. O hidrolisado passou por uma etapa de concentração para aumentar a porcentagem de sólidos solúveis para a fermentação alcoólica que foi realizada em modo batelada com reciclo de células a partir da levedura *S. cerevisiae* PE-2. O rendimento fermentativo observado foi superior a 80%, e a produtividade, ao final das cinco bateladas cíclicas, foi de 1,94; 4,19; 5,62; 5,68 e 5,81 $g\,L^{-1}\,h^{-1}$, respectivamente. Os resultados obtidos na recuperação de celulose, hidrólise enzimática e fermentação alcoólica sugerem que esse desenho tecnológico pode ser utilizado para a produção de etanol de E2G.

Estudo de caso 2: No trabalho de Nakasu (2015; Figura 3.7), um planejamento fatorial 2^3 com triplicata no ponto central possibilitou um estudo cinético da pós-hidrólise com os ácidos sulfúrico, maleico e oxálico. Ressalta-se que durante o pré-tratamento hidrotérmico, processo utilizado no trabalho de Nakasu (2015), grande parte das hemiceluloses são solubilizadas, mas recuperadas, majoritariamente, na forma de xilo-oligossacarídeos. Nesse sentido, há necessidade de uma pós-hidrólise ácida subsequente para a obtenção de monômeros de xilose, que poderão ser convertidos a etanol. Conforme discutido no item 3.3.1.2 deste capítulo, a auto-hidrólise é um método economicamente viável e responsável pela formação de baixas quantidades de inibidores quando comparado com os pré-tratamentos químicos. Esse trabalho teve como principal objetivo verificar as melhores condições para obtenção da xilose através da hidrólise dos xilo-oligossacarídeos e verificar o potencial de fermentação dos hidrolisado obtidos. Entre os ácidos estudados, o ácido sulfúrico apresentou a cinética mais rápida de pós-hidrólise, com hidrólise completa dos oligômeros em menos de uma hora. A fermentação das pentoses, realizada em frascos de erlenmeyers de 250 mL pela levedura nativa *Scheffersomyces stipitis* NRRL Y7124, mostrou que os pós-hidrolisados destoxificados fermentaram com fatores de conversão de etanol que variaram entre 0,1 a 0,34 g etanol/g de AR (açúcar redutor). A etapa de destoxificação foi realizada por meio da evaporação, seguida de alteração de pH (supercalagem com CaO até pH 5 e abaixamento de pH com ácido fosfórico até pH 2,5) com adsorção em carvão ativado (1% (m/v) a 60 °C durante 30 minutos) (MARTON, 2002). A maior parte das amostras fermentou entre 48 e 72 horas de experimento com produtividades que variaram entre 0,02 a 0,22 g etanol/L h. A concentração de biomassa seca de leveduras aumentou de 3,5 g/L para até cerca de 14,0 g/L. A fermentação do controle (meio sintético de xilose) ocorreu em 24 horas, com fator de conversão de 0,32 g etanol/g AR e produtividade volumétrica de etanol de 0,37 g etanol/L h. Por meio dos resultados obtidos nesse trabalho, é possível observar que a recuperação de xilose em processo de pré-tratamento hidrotérmico autocatalítico, seguido de pós-hidrólise ácida, é uma alternativa possível para a produção de E2G com foco na fermentação de pentoses. Obviamente, a fração de celulose e o escalonamento da tecnologia deverão ser avaliados, a fim de verificar a aplicação do processo na produção global de E2G.

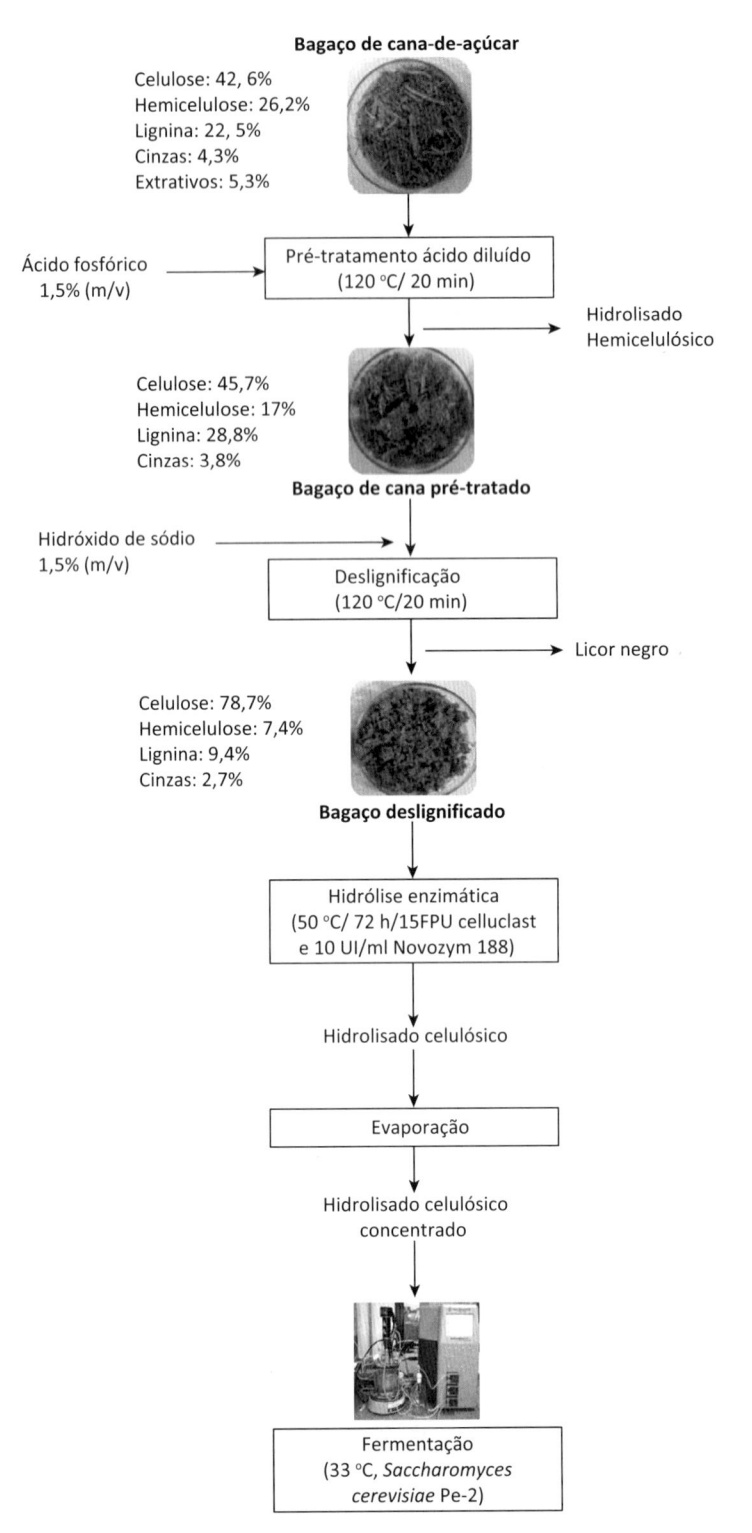

Bagaço de cana-de-açúcar

Celulose: 42, 6%
Hemicelulose: 26,2%
Lignina: 22, 5%
Cinzas: 4,3%
Extrativos: 5,3%

Ácido fosfórico
1,5% (m/v)

Pré-tratamento ácido diluído
(120 °C/ 20 min)

Hidrolisado
Hemicelulósico

Celulose: 45,7%
Hemicelulose: 17%
Lignina: 28,8%
Cinzas: 3,8%

Bagaço de cana pré-tratado

Hidróxido de sódio
1,5% (m/v)

Deslignificação
(120 °C/20 min)

Licor negro

Celulose: 78,7%
Hemicelulose: 7,4%
Lignina: 9,4%
Cinzas: 2,7%

Bagaço deslignificado

Hidrólise enzimática
(50 °C/ 72 h/15FPU celluclast
e 10 UI/ml Novozym 188)

Hidrolisado celulósico

Evaporação

Hidrolisado celulósico
concentrado

Fermentação
(33 °C, *Saccharomyces
cerevisiae* Pe-2)

Figura 3.6   Fluxograma de processo para produção de E2G.

Fonte: adaptada de Silva et al. (2016).

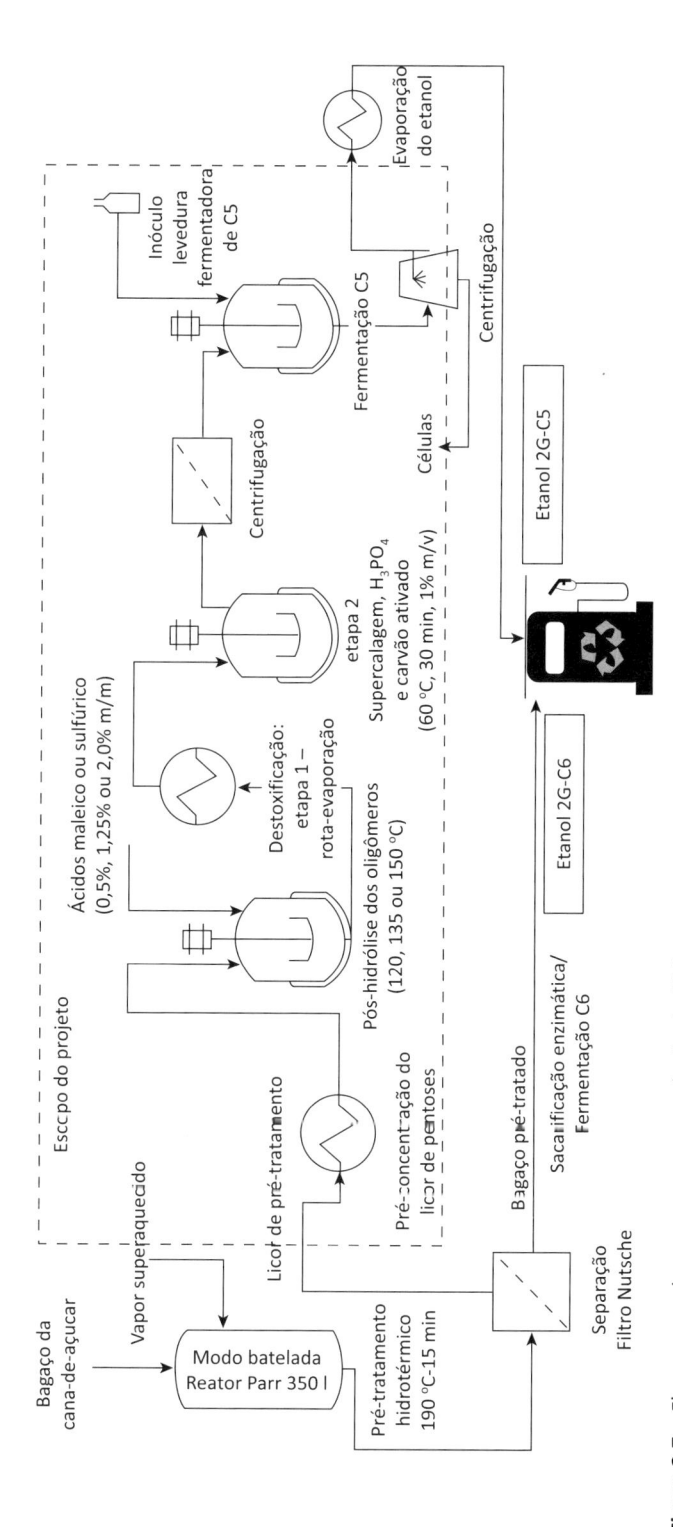

Figura 3.7 Fluxograma de processo para produção de E2G.

Fonte: Nakasu (2015).

Estudo de caso 3: Rabelo et al. (2011) testaram dois diferentes pré-tratamentos de bagaço de cana-de-açúcar (hidróxido de cálcio e peróxido de hidrogênio) com diferentes porcentagens de materiais sólidos (4%, 5%, 6%, 7% e 8%) para a produção de biogás, etanol e energia (Figura 3.8). Nesse processo, após o pré-tratamento, as frações sólidas e líquidas geradas foram separadas, e a fração sólida foi submetida à hidrólise enzimática com 50 FPU/g biomassa pré-tratada, de celulase de *T. reesei* (Sigma-Aldrich), no caso do pré-tratamento com hidróxido de cálcio, e 3,5 FPU/g biomassa pré-tratada, no caso do material pré-tratado com peróxido de hidrogênio alcalino. Além disso, a hidrólise foi suplementada com a enzima β-glicosidase de *Aspergillus niger* (Sigma-Aldrich) correspondendo a 25 UI/g biomassa pré-tratada.

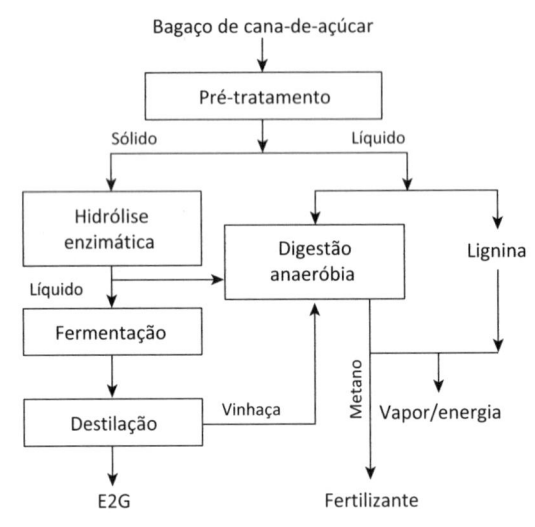

Figura 3.8   Fluxograma de processo para produção de E2G, metano e energia.

Fonte: Rabelo et al. (2012).

Após a etapa de hidrólise enzimática, a fração líquida foi separada da fração sólida e submetida a fermentação por meio da levedura *S. cerevisiae*. A fração sólida de hidrólise enzimática e o licor de hemiceluloses, obtidos após cada etapa de pré-tratamento, foram submetidos a ensaios de biodigestão anaeróbica (ver Figura 3.7). Os resultados mostraram que o pré-tratamento com peróxido de hidrogênio alcalino, com 4% (m/v), apresentou a maior produção de metano (7,2 L de metano/kg de bagaço). Os resultados do trabalho demonstram que 63% a 65% de energia poderiam ser produzidos a partir da queima de bagaço combinada com a produção de etanol, combustão de lignina e biodigestão das pentoses e resíduos de hidrólise enzimática.

Estudo de caso 4: Nakanishi et al. (2017) realizaram a deslignificação de bagaço de cana-de-açúcar com hidróxido de sódio, em que a fração líquida após a etapa de deslignificação (licor negro) foi separada da fração solida (rica em celulose e hemiceluloses). Essa fração sólida foi submetida a hidrólise enzimática por meio da ação das enzimas celulase (10 FPU/g biomassa – Celluclast 1.5 L, Novozymes) e β-glicosidase (20 UI/g de biomassa – Novozym, Novozymes). Após a hidrólise, o material líquido rico em glicose e xilose foi submetido a etapa de fermentação. Na fermentação, duas leveduras selvagens, *S. stipitis* e *S. passalidarum*, foram comparadas para a produção de etanol de acordo com protocolo de fermentação desenvolvido por Santos et al. (2015; Figura 3.9), em que a fermentação em alta concentração celular (15 g/L de levedura seca) foi utilizada para o processo em batelada. Quatro ciclos de fermentação foram realizados: após o término de cada ciclo, as leveduras eram centrifugadas, submetidas ao tratamento com ácido sulfúrico pH 2,5 e retornavam ao processo de fermentação em licor de hexoses e pentoses.

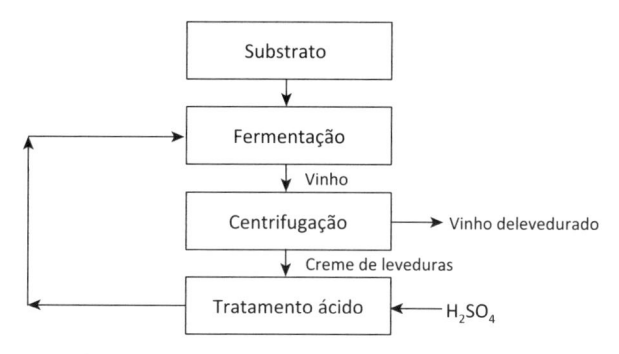

Figura 3.9 Fluxograma de fermentação alcoólica utilizado no trabalho de Nakanishi (2017, baseada em Santos et al., 2015).

Conforme observado na Figura 3.10, os resultados obtidos demonstraram que *S. passalidarum* teve maior rendimento em relação a *S. stipitis* para o consumo de xilose e glicose na obtenção de etanol. Os resultados também indicam maior produtividade para as fermentações realizadas com *S. passalidarum* em relação a *S. stipitis*. Com os resultados, foi possível ainda provar a possibilidade de reuso das leveduras na segunda geração, assim como ocorre nas usinas nacionais para a primeira geração.

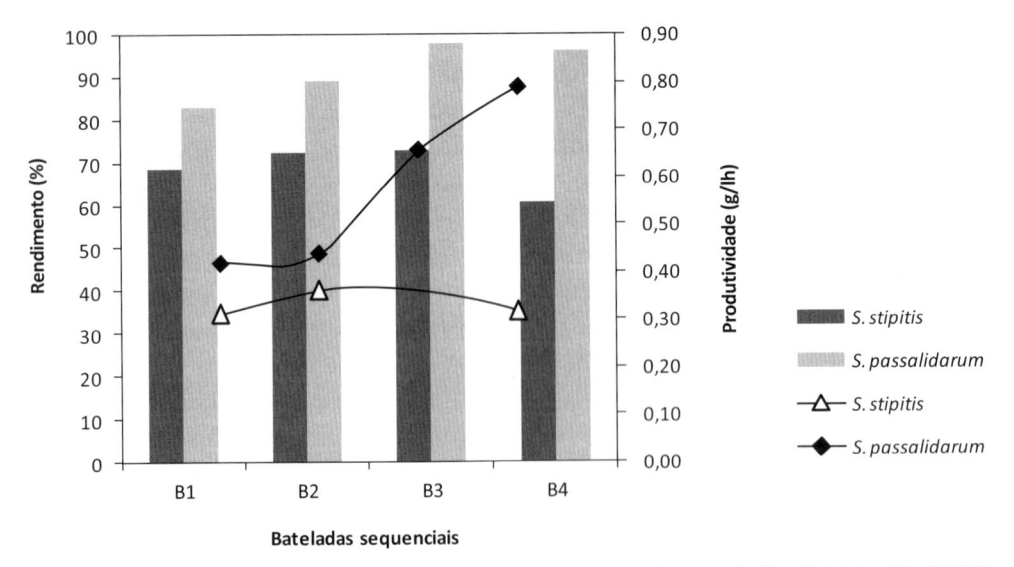

Figura 3.10   Resultados obtidos para a fermentação de hidrolisado no trabalho de Nakanishi (2017), em que B1, B2, B3 e B4 referem-se às bateladas sequenciais 1, 2, 3 e 4 para cada uma das leveduras, respectivamente.

3.8 CONCLUSÕES E PERSPECTIVAS

O etanol apresenta-se como uma fonte renovável de combustível e energia, tendo destaque em países como Brasil e Estados Unidos. Este capítulo abordou o potencial da produção de E2G e as biomassas que apresentam potencial aplicação no cenário brasileiro e discutiu os pré-tratamentos mais estudados e aplicados industrialmente. Além disso, se destacaram as principais enzimas e a importância da etapa de hidrólise enzimática na liberação de açúcares fermentescíveis, que, por fim, serão convertidos a etanol por catalisadores biológicos competentes.

O Brasil é o maior produtor de cana-de-açúcar do mundo (cerca de 600 milhões de toneladas de cana por ano), posição que põe em evidência o potencial do país, que tem 44% de sua matriz energética baseada em energia renovável, dos quais 13,5% oriundos da cana-de-açúcar.

Sumarizando as perspectivas da produção de E2G, as intensas pesquisas no Brasil têm trazido à comunidade científica e ao setor industrial um aprendizado que poderá ser utilizado em um futuro próximo para a produção de bicombustíveis renováveis. Esses combustíveis trazem um impacto positivo para a sociedade, com menores danos ao meio ambiente e melhor aproveitamento da área plantada, possibilitando a exploração da área excedente para o plantio de alimentos. Outro benefício social é a implantação de novas tecnologias e produtos para o setor industrial.

Entretanto, pesquisa e desenvolvimento ainda deverão ser ampliados para tornar o E2G uma realidade nas bombas de combustíveis do país. Conforme abordado neste capítulo, ainda existem muitos gargalos de processo, como equipamentos eficientes para a etapa de pré-tratamento, coquetéis enzimáticos e configuração do processo de hidrólise enzimática para se atingir elevados rendimentos e o desenvolvimento de microrganismos capazes de consumir os carboidratos, especialmente pentoses, e contornar os efeitos deletérios dos inibidores advindos das etapas de pré-tratamento.

Além disso, quando o E2G se tornar competitivo no cenário brasileiro, abrirá espaço para investimentos em produtos químicos de maior valor agregado, chamados de química verde renovável, que podem ser atraídos pelo uso de açúcares de baixo custo proveniente da biomassa e uso da lignina.

REFERÊNCIAS

ALVIRA, P. et al. Pretreatment technologies for an efficient bioethanol production process based on enzymatic hydrolysis: A review. *Bioresource Technology*, v. 101, p. 4851-4861, 2010.

ANDRADE, R. R. *Modelagem cinética do processo de produção de etanol a partir de hidrolisado enzimático de bagaço de cana-de-açúcar concentrado com melaço considerando reciclo de células*. 2012. Tese (Doutorado)–Faculdade de Engenharia Química, Universidade Estadual de Campinas, Campinas, 2012.

ARRUDA, P. V. *Avaliação do processo biotecnológico de obtenção de xilitol em diferentes escalas a partir do hidrolisado hemicelulósico de bagaço de cana-de-açúcar*. Tese (Doutorado em Ciências)–Escola de Engenharia de Lorena, Universidade de São Paulo, 2011. 163 p.

BANERJEE, S. et al. Evaluation of wet air oxidation as a pretreatment strategy for bioethanol production from rice husk and process optimization. *Biomass and Bioenergy*, v. 33, n. 12, p. 1680-1686, 2009.

BÉGUIN, P.; AUBERT, J. P. The biological degradation of celulose. *FEMS Microbiology Reviews*, v. 12, p. 25-58, 1994.

BON, E. P. S.; FERRARA, M. A.; CORVO, M. L. *Enzimas em biotecnologia: produção, aplicaçao e mercado*. Rio de Janeiro: Interciência, 2008.

BOSSLE, R. Exclusivo: Custo de produção estimado do etanol celulósico nas 6 maiores usinas do mundo. Disponível em: https://www.novacana.com/n/etanol/2-geracao-celulose/custo-producao-etanol-celulosico-usinas-mundo-150316/. Acesso em: 13 jun. 2016.

CHERUBINI, F. The biorefinery concept: using biomass instead of oil for producing energy and chemicals. *Energy Conversion and Management*, v. 51, p. 1412-1421, 2010.

CONAB – COMPANHIA NACIONAL DE ABASTECIMENTO. *Acompanhamento da safra brasileiras: grãos – primeiro levantamento safra 2016/17*, Brasília, DF, v. 4, n. 1, 2016. Disponível em: <http://www.conab.gov.br/OlalaCMS/uploads/arquivos/16_10_21_15_32_09_safra_outubro.pdf>. Acesso em: 18 dez. 2017.

DAMASO, M. C. T. et al. Optimized Expression of a Thermostable Xylanase from *Thermomyces lanuginosus* in *Pichia pastoris*. *Applied and Environmental Microbiology*, p. 6064-6072, 2003.

DEKKER, K. et al. Xylose (glucose) isomerase gene for the thermophile *Thermus thermophilus*: cloning, sequencing, and comparison with other thermostable xylose isomerase. *Journal of Bacteriology*, v. 173, p. 3078, 1991.

DELGENES, J. P., MOLETTA, R., NAVARRO, J. M. Acid hydrolysis of wheat straw and process considerations for ethanol fermentation by *Pichia stipitis* Y7124. *Process Biochemistry*, v. 25, p. 132-135, 1990.

DEMAIN, A. L.; NEWCOMB, M.; WU, J. H. Cellulase, clostridia, and ethanol. *Microbiology and Molecular Biology Reviews*, v. 69, p. 124-54, 2005.

DIAS, M. O. S. et al. Integrated versus stand-alone second generation ethanol production from sugarcane bagasse. *Bioresource Technology*, v. 103, p. 152-161, 2012.

DURAND, A. Bioreactor designs for solid state fermentation. *Biochemical Engineering Journal*, v. 13, p. 113-125, 2003.

EICHLER, J. Biotechnological uses of archaeal extremozymes. *Biotechnology advances*, v. 19, p. 261-78, 2001.

EJIOFOR, C. G. *Molecular tools for improving xylose fermentation in xylose isomerase expressing yeasts*. Tese (MSc)–Department of Applied Microbiology, Lund University, Lund, 2004.

EUROPEAN BIOFUELS. Cellulosic Ethanol (CE). S.d. Disponível em: <http://www.etipbioenergy.eu/value-chains/products-end-use/products/cellulosic-ethanol>. Acesso em: abr. 2016.

FENGEL, D.; WEGENER, G. *Wood-chemistry, ultrastruture, reactions*. Berlin/New York: Walter de Gruyter & CO., 1989.

GIERER, J. Chemistry of delignification. *Wood Science and Technology*, v. 19, n. 4, p. 289-312, 1985.

HAHN-HAGERDAL, B. et al. Metabolic engineering for pentose utilization in *Saccharomyces cerevisiae*. *Biofuels: advances in biochemical engineering/biotechnology*. Berlin: Springer, 2007.

HARHANGI, H. R. et al. Genomic DNA analysis of genes encoding (hemi)cellulolytic enzymes of the anaerobic fungus *Piromyces* sp. E2. *Gene*, v. 314, p. 73-80, 2003.

HAYASHI T; NAMIKI M. Role of sugar fragmentation in an early stage browning of amino-carbonyl reaction of sugar with amino acid. *Agriculture and Biological Chemistry*, v. 50, p. 1965-1970, 1986.

HENDRIKS, A. T. W. M.; ZEEMAN, G. Pretreatments to enhance the digestibility of lignocellulosic biomass. *Bioresource Technology*, v. 100, p. 10-18, 2009.

HIMMEL, M. E.; RUTH, M. F.; WYMAN, C. E. Cellulase for commodity products from cellulosic biomass. *Current Opinion in Biotechnology*, v. 10, p. 358-364, 1999.

HONG, J. et al. Construction of thermotolerant yeast expressing thermostable cellulase genes. *Journal of Biotechnology*, v. 130, p. 114-123, 2007.

HOWARD, R. L. et al. Lignocellulose biotechnology: issues of bioconversion and enzyme production. *African Journal of Biotechnology*, v. 2, n. 12, p. 602-619, 2003.

IBGE – INSTITUTO BRASILEIRO DE GEOGRAFIA E ESTATÍSTICA. *Área plantada, área colhida, quantidade produzida, rendimento médio e valor da produção das lavouras segundo as Grandes Regiões e Unidades da Federação produtoras*, 2017. Disponível em: <https://sidra.ibge.gov.br/>. Acesso em: 18 dez. 2017.

JAHIC, M. et al. Process technology for production and recovery of heterologous protein with *P. pastoris*. *Biotechnology Progress*, v. 22, p. 1465-1473, 2006.

JAYAKODY, L. N.; HAYASHI, N.; KITAGAKI, H. Identification of glycol aldehyde as the key inhibitor of bioethanol fermentation by yeast and genome-wide analysis of its toxicity. *Biotechnology Letter*, v. 33, p. 285-292, 2011.

_____. Molecular mechanisms for detoxification of major aldehyde inhibitors for production of bioethanol by *Saccharomyces cerevisiae* from hot compressed water-treated lignocelluloses. In: MÉNDEZ-VILAS, A (ed.). *Materials and processes for energy: communicating current research and technological developments*. Badajox: Formatex Research Center, 2013. p. 302-311.

JEFFRIES, T. *Biodegradation of lignina and hemicellulose*. In: RATLEDGE, C. (ed.) Biochemistry and Microbial Degradation. Norwell, MA: Kluwer Academic Publishers, 1994.

JOSEFSSON, T.; LENNHOLM, H.; GELLERSTEDT, G. Changes in cellulose supramolecular structure and molecular weight distribution during steam explosion of aspen wood. *Cellulose*, n. 8, p. 289-296, 2001.

KIM, M.; DAY, D.F. Composition of sugar cane, energy cane, and sweet sorghum suitable for ethanol production at Louisiana sugar mills. *Journal of Industrial Microbiology & Biotechnology*, v. 38, n. 7, p. 803-807, 2011.

KIM, T. H. et al. Pretreatment of corn stover by aqueous ammonia. *Bioresource Technology*, v. 90, p. 39-47, 2003.

KÖTTER, P.; CIRIACY, M. Xylose fermentation by *Saccharomyces cerevisiae*. *Applied Microbiology and Biotechnology*, v. 38, n. 6, p. 776-783, 1º mar. 1993.

KUHAD, R. C. et al. Bioethanol production from pentose sugars: Current status and future prospects. *Renewable and Sustainable Energy Reviews*, v. 15, p. 4950-4962, 2011.

LEE, S. Y. High cell density culture of *Escherichia coli*. *TIBTECHT*, v. 14, p. 98-105, 1996.

LEVENSPIEL, O. *The Chemical Reactor Omnibook*. Corvallis: OSU Book Stores, 1989.

LIMING, X.; XUELIANG, S. High yield cellulase production by *Trichoderma reesei* ZU-02 on corn cob residue. *Bioresource Technology*, v. 91, p. 259-262, 2004.

LYND, L. R. et al. Consolidated bioprocessing of cellulosic biomass: an update. *Current Opinion on Biotechnology*, v. 16, p. 577-583, 2005.

_____. Microbial cellulose utilization: fundamentals and biotechnology. *Microbiology and Molecular Biology Reviews*, v. 66, p. 506-77, 2002.

MARTON, J. M. *Avaliação de um sistema contínuo composto por colunas de carvão ativo e resinas de troca iônica para o tratamento do hidrolisado hemicelulósico do bagaço de cana-de-açúcar*. 2005. Tese (Doutorado) – Universidade de São Paulo, Lorena, 2005.

MALHERBE, S.; CLOETE, T. E. Lignocellulose biodegradation: fundamentals and applications. *Reviews in Environmental Science and Biotechnology*, v. 1, p. 105-114, 2002.

MCMILLAN J. D. *Xylose Fermentation to ethanol*: a review. Golden: National Renewable Energy Laboratory (NREL), 1993.

MERINO, S. T.; CHERRY, J. Progress and challenges in enzyme development for biomass utilization. *Advanced Biochemical Engineering Biotechnology*, v. 108, p. 95-120, 2007.

MILANEZ, A. Y. et al. De promessa a realidade: como o etanol celulósico pode revolucionar a indústria da cana-de-açúcar – uma avaliação do potencial competitivo e sugestões de política pública. *BNDES Setorial*, Rio de Janeiro, n. 41, p. 237-294, mar. 2015.

MODIG, T.; LIDEN, G.; TAHERZADEH, M. J. Inhibition effects of furfural on alcohol dehydrogenase, aldehyde dehydrogenase and pyruvate dehydrogenase. *Biochemical Journal*, v. 363, p. 769-776, 2002.

MOONEY, C. A. et al. The effect of initial pore volume and lignin content on the enzymatic hydrolysis of softwoods. *Bioresource Technology*, v. 64, p. 113-119, 1998.

MORA-PALE, M. et al. Room temperature ionic liquids as emerging solvents for the pretreatment of lignocellulosic biomass. *Biotechnology and Bioenergy*, v. 108, n. 6, p. 1229-1245, 2011.

MOSIER, N. et al. Features of promising technologies for pretreatment of lignocellulosic biomass. *Bioresource Technology*, v. 96, p. 673-686, 2005.

MUHIC, D. et al. Influence of temperature on energy efficiency in double disc chip refining. *Nordic Pulp & Paper Research Journal*, v. 25, p. 420-427, 2010.

MUSSATTO, S. I.; ROBERTO, I. C. Alternatives for detoxification of diluted-acid lignocellulosic hydrolyzates for use in fermentative processes: a review. *Bioresource Technology*, v. 93, p. 1-10, 2004.

NAKANISHI, S. C. et al. Fermentation strategy for second generation ethanol production from sugarcane bagasse hydrolyzate by *Spathaspora passalidarum* and *Scheffersomyces stipitis*. Biotechnology and Bioengineering, v. 114, n. 10, p. 2211-2221, 2017.

NAKASU, P. Y. S. *Cinética da hidrólise ácida do licor obtido após pré-tratamento hidrotérmico*. Dissertação (Mestrado)–Faculdade de Engenharia Química, Universidade Estadual de Campinas, Campinas, 2015.

ÖHGRENA, K. et al. A comparison between simultaneous saccharification and fermentation and separate hydrolysis and fermentation using steam-pretreated corn stover. *Process Biochemistry*, v. 42, p. 834-839, 2007.

OLOFSSON, K.; BERTILSSON, M.; LIDEN, G. A short review on SSF – An interesting process option for ethanol production from lignocellulosic feedstocks. *Biotechnology Biofuels*, v. 1, p. 7, 2008.

OLSSON, L.; HAHN-HAGERDAL, B. Fermentation of lignocellulosic hydrolysates for ethanol production. *Enzyme Microbiology and Technology*, v. 18, p. 312-331, 1996.

PALMQVIST, E.; HAGERDAL, B. H. Fermentation of lignocellulosic hydrolysates. I: inhibition and detoxification. *Bioresource Technology*, v. 74, p. 17, 2000.

PAN, X. J. et al. Bioconversion of hybrid poplar to ethanol and co-products using an organosolv fractionation process: optimization of process yields. *Biotechnology and Bioenergy*, v. 94, p. 851-861, 2006.

PARK, J. et al. Use of mechanical refining to improve the production of low-cost sugars from lignocellulosic biomass. *Bioresource Technology*, v. 199, p. 59-67, 2016.

PRADELLA, J. G. C.; ROSSELL, C. E. V.; BONOMI, A. et al. Estudo Preliminar do Custo de Produção *in house* de Celulases na Biorrefinaria de Etanol de Segunda Geração. In: Simpósio Nacional de Bioprocessos, 17, 2009, Natal. *Anais 1...* Natal: UFRN, 2009. p. 1-6.

PRASSAD, S.; SINGH, A.; JOSHI, H. C. Ethanol as an alternative fuel from agricultural, industrial and urban residues. *Resources, Conservation and Recycling*, v. 50, p. 1-39, 2007.

PUNT, P. J. et al. Filamentous fungi as cell factories for heterologous protein production. *Trends Biotechnology*, v. 20, p. 200-206, 2002.

QIN, Y. et al. Purification and characterization of recombinant endonuclease of *Thichoderma reesei expressed* in *Sacharomyces cerevisiae* with higher glycosylation and stability. *Protein Expression and Purification*, v. 58, p. 162-167, 2008.

RABELO, S. C. *Avaliação e otimização de pré-tratamentos e hidrólise enzimática do bagaço de cana-de-açúcar para a produção de etanol de segunda geração*. Tese (Doutorado)–Faculdade de Engenharia Química, Universidade Estadual de Campinas, Campinas, 2010.

RABELO, S. C. et al. Enhancement of the enzymatic digestibility of sugarcane bagasse by steam pretreatment impregnated with hydrogen peroxide. *Biotechnology Progress*, v. 28, n. 5, p. 1207-1217, 2012.

_____. Production of bioethanol, methane and heat from sugarcane bagasse in a biorefinery concept. *Bioresource Technology*, v. 102, p. 7887-7895, 2011.

RAMOS, L. P. Aproveitamento integral de resíduos agrícolas e agroindustriais. In: Seminário Nacional Sobre Reuso/Reciclagem de Resíduos Sólidos Industriais, São Paulo, Cetesb, 2000.

RICHARDSON, T. L. et al. Approaches to deal with toxic inhibitors during fermentation of lignocellulosic substrates. *Sustainable production of fuels, chemicals, and fibers from forest biomass*, American Chemical Society, Symposium Series, v. 1067, p. 171-202, 2011.

RIESENBERG, R.; GUTHKE, R. High cell density cultivation of microorganisms. *Applied Microbiology and Biotechnology*, v. 51, p. 422-430, 1999.

ROCHA, E. G. A. et al. Evaluation of the use of protic ionic liquids on biomass fractionation. *Fuel*, v. 206, p. 145-154, 2017.

RUBIN, E. M. Genomics of cellulosic biofuels. *Nature*, v. 454, p. 841-845, 2008.

RUDOLF, A. et al. Simultaneous Saccharification and Fermentation of Steam-Pretreated Bagasse Using *Saccharomyces cerevisiae* TMB3400 and *Pichia stipitis* CBS6054. *Biotechnology and Bioengineering*, v. 99, n. 4, p. 783-790, 2008.

SAKAI, S. et al. Effect of Lignocellulose-Derived Inhibitors on Growth of and Ethanol Production by Growth-Arrested *Corynebacterium glutamicum*. *Applied Environmental Microbiology*, v. 73, n. 7, p. 2349-2353, 2007

SANTOS, S. C. et al. Fermentation of xylose and glucose mixture in intensified reactors by *Scheffersomyces stipitis* to produce ethanol. *International Journal of Scientific and Engineering Research*, v. 9, p. 482, 2015.

SHAW, B. F. et al. Lysine acetylation can generate highly charged enzymes with increased resistance toward irreversible inactivation. *Protein Science*, v. 17, n. 8, p. 1446-1455, 2008.

SHI, S. et al. A highly efficient single-step, markerless strategy for multi-copy chromosomal integration of large biochemical pathways in *Saccharomyces cerevisiae*. *Metabolic Engineering*, v. 33, p. 19-27, 2016.

SILVA, V. F. N. *Estudos de pré-tratamento e sacarificação enzimática de resíduos agroindustriais como etapas no processo de obtenção de etanol celulósico*. Dissertação (Mestrado) – Escola de Engenharia de Lorena, Universidade de São Paulo, Lorena, 2009.

SILVA, V. F. N et al. Using cell recycling batch fermentations to validate a setup for cellulosic ethanol production. *Journal of Chemical Technology and Biotechnology*, v. 91, p. 1853-1859, 2016.

SINGH, A.; MISHRA, P. Microbial Pentose Utilization. *Current Applications in Biotechnology*, v. 33, 1995.

SKOOG, K.; HAHN-HAGERDAL, B. Effect of oxygenation on xylose fermentation by *Pichia stipitis*. *Applied Environmental Microbiology*, v. 56, n. 11, p. 3389-3394, 1990.

SNIF – SISTEMA NACIONAL DE INFORMAÇÕES FLORESTAIS. *Boletim sobre a Produção Florestal no Brasil*, 2016. v.2, n.2. Disponível em: <http://www.florestal.gov.br/snif>. Acesso em: 18 dez. 2017.

SOARES, P. A.; ROSSELL, C. E. V. *Conversão da Celulose pela tecnologia Organosolv.* São Paulo: Núcleo de Análise Interdisciplinar de Políticas e Estratégicas da Universidade de São Paulo (Naippe/USP), 2009. 29 p.

SU, Y. K.; WILLIS, L. B.; JEFFRIES, T. W. Effects of aeration on growth, ethanol and polyol accumulation by *Spathaspora passalidarum* NRRL Y-27907 e *Scheffersomyces stipitis* NRRL Y-7124. *Biotechnology and Bioengineering*, v. 112, n. 3, p. 457-469, 2015.

SUN, S. et al. The role of pretreatment in improving the enzymatic hydrolysis of lignocellulosic materials. *Bioresource Technology*, v. 199, p. 49-58, 2016.

SUN, Y.; CHENG, J. Hydrolysis of lignocellulosic materials for ethanol production: a review. *Bioresource Technology*, v. 83, p. 1-11, 2002.

TAHERZADEH, M. J. et al. Inhibition effects of furfural on aerobic batch cultivation of *Saccharomyces cerevisiae* growing on ethanol and/or acetic acid. *Journal of Bioscience and Bioengineering*, v. 90, p. 374-380, 2000.

TAHERZADEH, M. J.; KARIMI, K. Fermentation inhibitors in ethanol process and different strategies to reduce their effects. In: PANDEY, A. et al. (eds.). *Biofuels: Alternative Feedstocks and Conversion Process*. Waltham: Academic Press, 2011. p. 287-311.

TAN, K. T.; LEE, K. T.; MOHAMED, A. R. Role of energy policy in renewable energy accomplishment: the case of second generation bioethanol. *Energy Policy*, v. 36, n. 9, p. 3360-3365, 2008.

TECHNISCHE UNIVERSITEIT DELFT. Winkler, A. A. et al. *Metabolic engineering of xylose fermenting eukaryotic cells*. Aplicação de patente internacional. WO 2006/009434A1, 26 jan. 2006.

THONGEKKAEW, J. et al. An acidic thermostable carboxymethyl cellulase from yeast *Cryptococcus* sp. S-2: Purification, characterization and improvement of its recombinant enzyme production by high cell-density fermentation of *Pichia pastoris. Protein expression and Purification*, v. 60, p. 140-146, 2008.

TSAI, C. S. et al. Rapid and marker-free refactoring of xylose-fermenting yeast strains with Cas9/CRISPR. *Biotechnology and Bioengineering*, v. 112, n. 11, p. 2406-2411, 2015.

UNICA – UNIÃO DA INDÚSTRIA DE CANA-DE-AÇÚCAR. *Histórico da produção e moagem de cana-de-açúcar para a safra 2014/2015*. 2016. Disponível em: <http://www.unicadata.com.br/historico-de-producao-e-moagem.php?idMn=32&tipo Historico=4>.

VAN ZHYL, W. H. et al. Consolidated bioprocessing for bioethanol production using Saccharomyces cerevisiae. *Biofuels: advances in biochemical engineering/biotechnology.* Berlin: Springer, 2007.

VERDUYN, C. et al. Properties of the NAD(P)H-dependent xylose reductase from the xylose-fermenting yeast *Pichia stipitis. Biochemical Journal*, v. 226, p. 669-677, 1985.

VIIKARI, L. et al. Thermostable enzymes in lignocellulose hydrolysis. *Advanced Biochemical Engineering Biotechnology*, v. 108, p. 121-145, 2007.

VRIES, R. P. et al. Synergy between enzymes from *Aspergillus* involved in the degradation of plant cell wall polysaccharides. *Carbohydrate Research*, v. 327, p. 401-411, 2000.

VRIES, R. P.; VISSER, J. *Aspergillus* enzymes involved in degradation of plant cell wall polysaccharides. *Microbiology and Molecular Biology Reviews*, v. 65, p. 497-522, 2001.

WYMAN, C. *Handbook on bioethanol: production and utilization.* Washington: Taylor and Francis, 1996.

YANG, B.; WYMAN, C. E. Pretreatment: the key to unlocking low cost cellulosic ethanol. *Biofuels, Bioproducts and Biorefining*, v. 2, p. 26-40, 2008.

YOMANO, L. P.; YORK, S. W.; INGRAM, L. O. Isolation and characterization of ethanol-tolerant mutants of *Escherichia coli* KO11 for fuel ethanol production. *Journal of Industrial Microbiology & Biotechnology*, v. 20, n. 2, p. 132-138, 2007.

ZHANG, J. et al. Improvement of acetic acid tolerance and fermentation performance of *Sccharomyces cerevisiae* by disruption of the FPS1 aquaglyceroprotein gene. *Biotechnology Letters*, v. 33, p. 277-284, 2011.

ZHANG, M. et al. Metabolic engineering of pentose metabolism pathway in ethanologenic *Zymomonas mobilis. Science*, v. 267, p. 240-243, 1995.

ZHANG, Y. H.; LYND, L. R. Toward an aggregated understanding of enzymatic hydrolysis of cellulose: non-complexed cellulase systems. *Biotechnology and Bioengineering*, v. 88, p. 797-824, 2004.

ZHAO, X.; CHENG, K.; LIU, D. Organosolv pretreatment of lignocellulosic biomass for enzymatic hydrolysis. *Applied Microbiology and Biotechnology*, v. 82, p. 815-827, 2009.

ZHU, Y.; LEE, Y. Y.; ELANDER, R. T. Optimization of dilute acid pretreatment of corn stover using a high-solids percolation reactor. *Applied Biochemistry and Biotechnology*, v. 121-124, p. 1045-1054, 2005.

CAPÍTULO 4
Produção de solventes

Urgel de Almeida Lima

4.1 INTRODUÇÃO

Importantes solventes, butanol, acetona e isopropanol podem ser obtidos por bioprocesso conduzido pela ação de bactérias do gênero *Clostridium,* sobre meios preparados com matérias-primas sacarinas, amiláceas, celulósicas, com resíduos sulfíticos de fábricas de papel e celulose e soro de queijo.

Do desdobramento dos açúcares existentes nessas matérias-primas, ou delas obtidos, são produzidos os solventes indicados e outros produtos, como etanol, ácido acético, ácido butírico, acetilmetilcarbinol e uma mistura de álcoois superiores, comumente denominada óleo amarelo. Essa mistura inclui entre seus componentes álcoois *n*-amílico, isoamílico, *n*-hexílico e seus ésteres de ácidos cáprico, caprílico e butírico.

Em 1861, Pasteur obteve butanol por bioprocesso e, em 1905, Shardinger obteve acetona, produto já obtido quimicamente. Passado mais de um século e meio do trabalho de Pasteur e pouco mais de um século das pesquisas de Shardinger, a produção de butanol e de acetona via bioprocesso não teve a expansão industrial que se poderia esperar. Aparentemente, a produção a partir de hidrocarbonetos derivados de petróleo é mais fácil e menos custosa.

A síntese da borracha por polimerização do butadieno, que pode ser obtido a partir do butanol, tornou importante o estudo da produção fermentativa do butanol. A primeira patente data de 1912, obtida por Weizmann. A partir do início da Primeira Guerra Mundial (1914-1918), houve interesse pela produção de acetona e a fermentação foi um dos meios de obtê-la, entre outros, como a partir da destilação da madeira, do etanol ou do acetileno.

O desenvolvimento da indústria automobilística contribuiu para estimular a produção de butanol, com a finalidade de usar essa substância e seus ésteres, como solvente para lacas de nitrocelulose. Até a Segunda Guerra Mundial, os bioprocessos para produção de butanol tinham grande importância, mas depois da cessação do conflito ele passou a ser produzido sinteticamente, com menor custo. Entretanto, sua produção por fermentação não cessou de todo.

A literatura técnica indica a importância da produção de butanol e a existência de três diferentes métodos de síntese química, citados adiante, que parecem ser menos onerosos do que a obtenção via bioprocesso.

O butanol é um álcool primário de quatro átomos de carbono, de fórmula empírica C_4H_9OH, líquido incolor de odor particular que emite vapores irritantes às mucosas, tem efeito narcótico em altas concentrações, é miscível com outros solventes e parcialmente miscível com água.

Sua síntese química é feita por três processos industriais: oxo, reppe e hidrogenação e condensação do aldol, esquematizados na Figura 4.1.

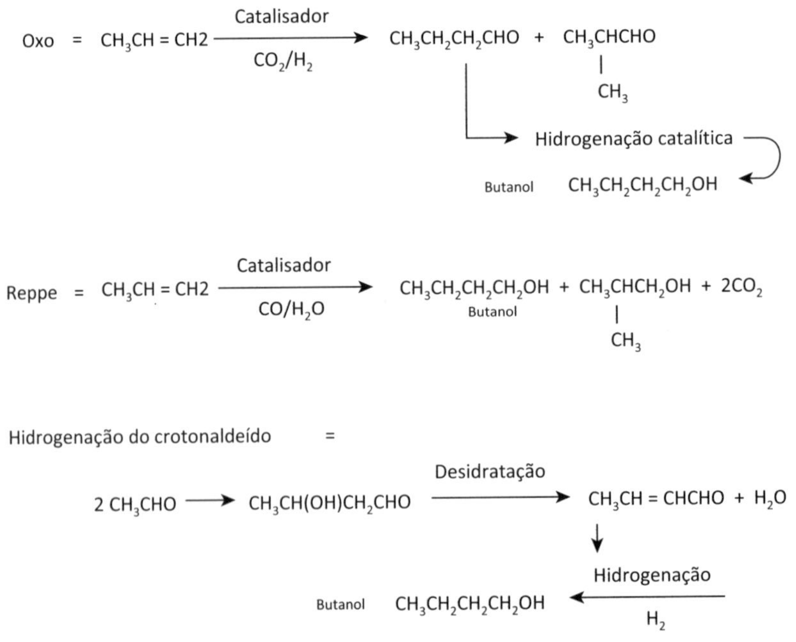

Figura 4.1   Vias de obtenção do butanol por síntese química.

Contudo, o custo de produção do butanol a partir do butadieno pareceu ceder lugar à produção via bioprocesso, em momento de alta do petróleo. Atualmente, a produção do óleo passa por nova contingência, ou seja, seu preço baixou muito e o bioprocesso não parece tão promissor.

Como nas últimas quatro décadas o valor do barril de petróleo variou algumas vezes, não é fácil desaconselhar ou estimular a produção de butanol por via microbiana. A expansão do uso industrial, comercial ou da utilização do butanol como combustível alternativo, estimado como melhor do que o etanol, pode ser orientação para o incremento das pesquisas sobre o bioprocesso de sua obtenção.

A Tabela 4.1 ilustra as propriedades do butanol e compara suas propriedades com as de outros combustíveis.

Tabela 4.1 Características e propriedades do butanol e de outros combustíveis

Butanol				
Temperatura de fusão	−89,3 °C			
Temperatura de ebulição	117,2 °C			
Temperatura de ignição	35 °C			
Ponto de fulgor	365 °C			
Densidade a 20 °C	0,8098			
Pressão crítica (kPa)	48,4			
Temperatura crítica	287 °C			
	Butanol	**Gasolina**	**Etanol**	**Metanol**
Densidade de energia MJ/L	29,2	32	9,6	16
Relação ar/combustível	11,6	14,6	90	6,5
Calor de vaporização	0,43	0,36	0,92	1,2
Número de octanas	96	91-99	129	136
Número de octanas por motor	78	81-89	102	104

Fonte: Lee et al. (2008).

Atualmente, os estudos são dirigidos prioritariamente à produção de butanol; no início do século XX, a acetona era o produto desejado, e o butanol, um produto de menor utilização. Havia grandes estoques de butanol, que passaram a ser úteis com o desenvolvimento da indústria automobilística, que o empregou na elaboração de lacas de nitrocelulose para pintura.

Todavia, a viabilidade econômica do bioprocesso é considerada boa para países que não são produtores de petróleo, mas ricos em rejeitos como soro de queijo, melaço e outros. A bibliografia aponta que o melaço foi econômico na África do Sul até 1983, quando houve quebra na produção.

A crise mundial do comércio e abastecimento de petróleo, iniciada a partir de 1973, impeliu à necessidade de encontrar substitutos para os derivados dessa fonte de energia fóssil e, dentro do programa de estudo de alternativas, despontou o interesse pela produção de butanol e acetona. Todavia, sua produção por bioprocesso ainda não chegou a se generalizar, pois a crise de petróleo está temporariamente contornada.

Se vier a se concretizar o esgotamento das reservas de petróleo de acordo com as previsões de especialistas, a literatura sobre produção de solventes por bioprocesso possui boas informações de pesquisas realizadas a partir de 1975, que acrescentaram muitos subsídios aos obtidos durante quase cem anos de investigações.

Entretanto, o esgotamento das reservas de petróleo não parece estar iminente como se conjeturava no último quarto do século XX. São relativamente frequentes notícias sobre a descoberta de novas jazidas, como ocorreu no Brasil, com a descoberta de petróleo em grande quantidade nas zonas de pré-sal.

Os estudos sobre produção via bioprocesso não podem ser abandonados. Devem, ao contrário, ser estimulados, pelo menos para acrescentar conhecimentos teóricos para uso futuro. São muitos os pesquisadores envolvidos com tais pesquisas em diversos países, e, numa eventualidade, já existe um banco de conhecimentos à disposição das indústrias.

4.2 FERMENTAÇÃO ACETONO-BUTANÓLICA NO BRASIL

No Brasil, um projeto de instalação de uma destilaria para produzir acetona, butanol e etanol (ABE) foi idealizado em 1936 pela Secretaria de Agricultura do estado de São Paulo. Desse projeto surgiram laboratórios, pesquisas e uma instalação piloto para produzir 2 mil litros de solventes por dia. A destilaria foi instalada pela Federação Paulista das Cooperativas de Mandioca na cidade de São Paulo, e serviu para o desenvolvimento de estudos em âmbito industrial, que geraram muitos e importantes conhecimentos, sobretudo com mandioca, durante a Segunda Guerra Mundial.

A destilaria, montada pela federação dos produtores de mandioca no bairro paulistano da Lapa, funcionou durante alguns dias, pouco antes da Segunda Guerra Mundial. Por motivos econômicos e desentendimentos políticos, a denominada Usina da Federação cessou suas atividades. Em 1960 essa destilaria foi transferida para a Escola Superior de Agricultura Luiz de Queiroz, da Universidade de São Paulo. Foi desmontada, ainda com butanol nas bandejas da coluna de destilação, e transportada para Piracicaba, onde não chegou a ser remontada.

À época do Proálcool (Programa Nacional do Álcool, cujo objetivo era o desenvolvimento da produção de etanol no Brasil como combustível líquido alternativo), tentou-se sua reinstalação. Foi realizada uma pesquisa exploratória sobre a fermentação butanol-acetona, em nível de estado da arte, mas não foi possível obter a verba necessária para instalá-la no prédio construído para abrigá-la. Inicialmente a destilaria operou com mandioca, mas seria montada para trabalhar com melaço e posteriormente com caldo de cana.

Um de seus técnicos especialistas no processo fermentativo (TOLEDO MELLO, 1954) descreveu o histórico dessa destilaria e os resultados positivos que ele e mais um pesquisador obtiveram em seu trabalho. Os conhecimentos gerados, de valor técnico e industrial significativo, credenciaram a contratação desses especialistas para a superintendência da instalação de nova destilaria em Caxias (RJ) pela empresa Estabelecimentos Chimicos Sintecor S/A. Esta chegou a produzir 100 toneladas de solventes em 1942, mas problemas econômicos levaram à dissolução da empresa.

Mais tarde, um engenheiro francês, Victor Sence, construiu nova destilaria para acetona, butanol e etanol em Conceição de Macabu (RJ), a qual produziu solventes com sucesso até 1993, quando foi desativada. A destilaria, inicialmente denominada Usina Conceição, ficou conhecida como destilaria Victor Sence.

Algumas pesquisas e notícias informam que empresas do setor químico nos Estados Unidos e no Brasil buscam produzir biobutanol para uso como solvente e biocombustível, e as empresas estariam em vias de instalar centros de pesquisa e construir fábricas para a produção industrial.

4.3 BIOPROCESSO ACETONO-BUTANÓLICO

Há muitas pesquisas relacionadas com a produção de acetona e butanol por bioprocesso, sobretudo estudos ligados à microbiologia, no tocante à influência de nutrientes e fatores que afetam a atividade do microrganismo produtor dos solventes. Há, também, investigações sobre métodos de separação dos solventes do meio em que são formados. Numa eventualidade, esses trabalhos já constituem um banco de conhecimentos à disposição das indústrias.

A literatura científica cita várias espécies de bactérias como capazes de produzir butanol e acetona, mas para produções industriais ainda é indicado o *Clostridium acetobutylicum*. Há grande número de patentes para os processos de fermentação, que incluem outras espécies, como o *Clostridium beijerinckii*, *Clostridium saccharobutylicum* e *Clostridium saccharosuperbutylicum e acetonicum*, originalmente aceitos como *Clostridium acetobutylicum*.

As espécies usadas originalmente foram isoladas de fontes naturais, como leguminosas, raízes de hortaliças, de trigo e de centeio, associadas à parte vital, e não ao material em decomposição.

Todas as espécies são formadoras de esporos, que sobrevivem em solo, areia ou outro material inerte. Essa propriedade facilita a sua conservação nos laboratórios para utilizar na preparação de inóculo; especialistas afirmam que os esporos conservados nesses substratos podem ser viáveis mesmo após trinta anos.

4.3.1 MECANISMO DA FERMENTAÇÃO ACETONO-BUTANÓLICA

O butanol é o principal produto da fermentação acetono-butanólica, obtido na proporção de 6:3, de acordo com os principais estudos a respeito. Outros produtos são o etanol (que completa a proporção inicial em 6:3:1), ácidos orgânicos, dióxido de carbono, hidrogênio, acetilmetilcarbinol e óleo amarelo.

O bioprocesso de produção do butanol é constantemente estudado. Há duas fases na fermentação, uma de produção de ácidos (acidogênese) e outra de produção de solventes (solventogênese). Primeiramente são formados acetato e butirato e, depois, acetona e butanol.

Resumidamente, a glicose é transformada em piruvato, de acordo com rota metabólica. O piruvato dá formação ao acetil-CoA, com liberação de CO_2 e H_2; o acetil-CoA é precursor do etanol, do acetato e dos solventes.

Duas moléculas de acetil-CoA formam acetoacetil-CoA e induzem a formação de ácido butírico, que abaixa o pH do meio de 5,8 a 6 para 4 e estimula a ação de outras enzimas que, por sua vez, levam à formação de butanol e acetona.

Por ação da fosfatil-acetil transferase, o acetil-CoA dá formação ao acetil-fosfato, que é transformado em ácido acético por ação da acetoquinase.

O butiril-CoA é transformado em butiril-fosfato por ação de fosfato-butiril transferase e em butirato por ação de butirato quinase. Invertendo a reação, o ácido butírico produz butanol.

O ácido butírico é reduzido a butanol primeiro porque uma acetoacetil-CoA transferase transfere a CoA para um grupo butiril e forma butiril-CoA (butirato + CoA). O acetato resultante gera acetil-CoA, que com acetoacetoetil-CoA-acetato (butirato – CoA transferase) forma acetona. Na continuação, o butiril-CoA forma butiraldeído, e este é transformado em butanol.

O butirato-CoA pode ser formado a partir do ácido butírico, que ocorre enquanto há acetato-CoA disponível.

A acetona também é formada por descarboxilação do aceto-acetato, com a ativação do mecanismo de tomada de ácidos do meio. A tomada de acetato e de butirato conduz à formação de acetona.

Simplificando, acetona e butanol são formados concomitantemente, embora a proporção de butanol seja maior.

A Figura 4.2 ilustra a rota metabólica do *Clostridium acetobutylicum*, com destaque para as reações de formação de ácidos e de solventes.

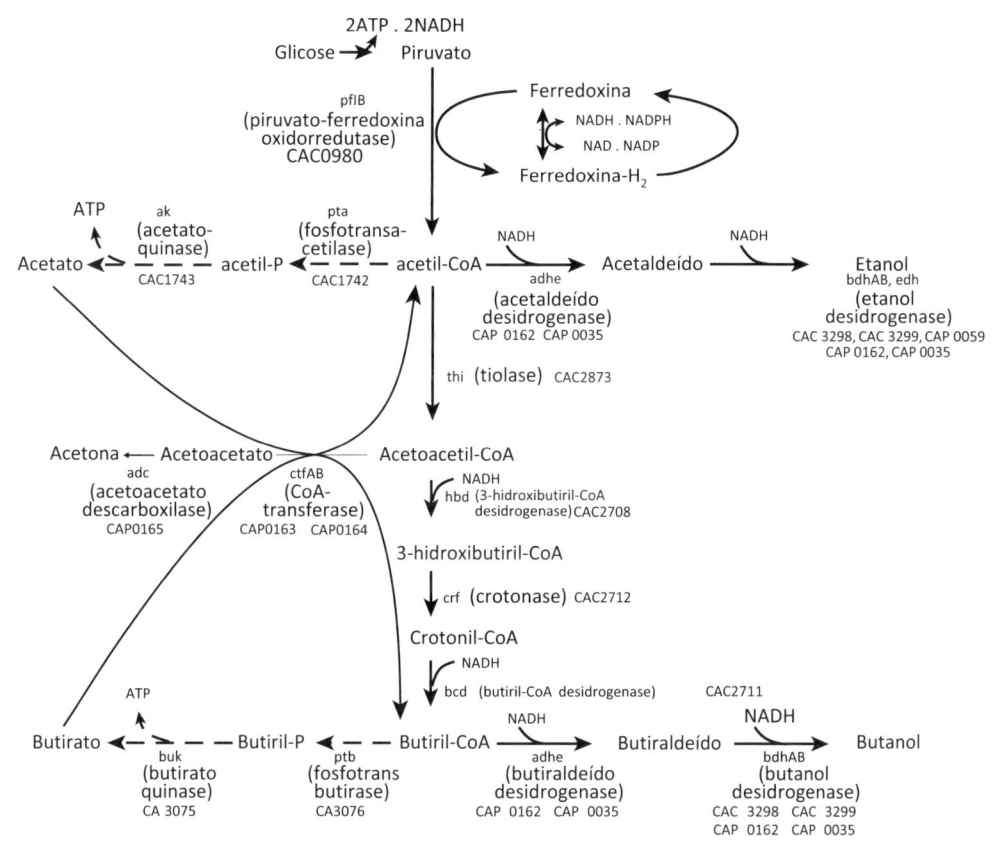

Figura 4.2 Rota metabólica do *Clostridium acetobutylicum*, adaptada de Lee et al. (2008) pelo autor. As reações que ocorrem durante a acidogênese e a solventogênese estão destacadas pelas linhas e setas em negrito. As setas mais grossas indicam reações que ativam todo o metabolismo do bioprocesso. As letras em escrita normal indicam os genes e enzimas que presidem as reações. Os números CAC e CAP são números ORF, respectivamente em genoma e megaplasmídeos. ORF – *Open Reading Frame*, ou quadro aberto de leitura do genoma, em que CAC significa *Clostridium acetobulylicum* cromossoma e CAP, *Clostridium acetobutylicum* plasmídeo.

4.3.2 FERMENTAÇÃO CONTÍNUA

Nas fermentações contínuas, diferentes autores afirmam que a limitação ou carência de fosfatos favorece a formação de solventes.

Os processos contínuos são conduzidos em duas fases. Na primeira, um inóculo é continuamente produzido em um fermentador, no qual são mantidas condições favoráveis ao crescimento do microrganismo. Na segunda, para favorecer a gênese dos solventes e não a multiplicação celular, a cultura de microrganismos passa para outro fermentador, em que é alimentada com menor vazão de substrato do que no de crescimento do inóculo, mas mantendo uma concentração adequada de carboidratos.

Para evitar o efeito tóxico do solvente e de outros produtos da fermentação, o mosto é bombeado através de coluna adsorvente de carvão ou resina para retirar o solvente.

Periodicamente, o fluxo de meio é invertido para retornar as células ao fermentador, e o adsorvente é lavado com vapores de acetona ou outro solvente.

4.3.3 FERMENTAÇÃO COM CÉLULAS IMOBILIZADAS

Há muitos anos, a imobilização de enzimas e de células é razão de trabalho de pesquisadores de diversos países, que desenvolvem esforços no sentido de obter meios que substituam os processos em que as células desenvolvem sua atividade suspensas nos substratos.

As vantagens apontadas são: maior concentração celular no meio, maior rendimento, condução do processo de maneira contínua com alta vazão específica, sem carrear as células para fora do fermentador, eliminação de fermentadores complexos e maior e mais fácil controle da fermentação. Também são descritas a separação das duas fases da produção dos solventes (acidogênese e solventogênese), separação contínua dos produtos formados, fluxo contínuo de substrato de forma independente nas duas fases e fornecimento de substratos com carboidratos e nutrientes de acordo com a fase do processo.

O suporte mais citado é o de alginato de cálcio, mas há estudos de fermentação com imobilização em numerosos suportes. A grande maioria dos trabalhos é ainda restrita a investigações em laboratório.

Há que lembrar que os mostos industriais são impuros e que os suportes podem vir a ser bloqueados se não houver uma técnica para trabalhar com meios límpidos.

4.3.4 MATÉRIAS-PRIMAS

Não foi encontrada referência a possível desenvolvimento da bactéria sobre hidrocarbonetos. A literatura destaca o uso de meios amiláceos e feculentos, melaços de beterraba e de cana-de-açúcar, madeira, material celulósico, resíduos celulósicos da agroindústria e licores sulfíticos. Todas essas matérias-primas fornecem açúcares para o crescimento do *Clostridium*.

Dentre os amiláceos destacam-se o milho, a batata e a mandioca. Já falamos da tentativa realizada com esta última em São Paulo, tecnicamente positiva, mas interrompida por motivos de natureza econômica e política logo após os primeiros ensaios.

Entre outras matérias-primas, o melaço tem sido utilizado como xarope de caldo de cana-de-açúcar ou como mel final das usinas de açúcar. O xarope, referido na literatura como *high test molasses*, é obtido pela concentração de caldo de cana clarificado e submetido à inversão em meio ácido, e contém cerca de 50% de açúcar invertido e 25% de sacarose. O mel final, denominado *blackstrap molasses*, é o resíduo final da turbinagem do açúcar e não mais utilizado para a recuperação da sacarose. Não há na literatura referências ao uso do caldo de cana ao natural. Como os meios de fermentação são preparados com baixo teor de açúcares fermentescíveis, é possível pensar no uso do caldo de cana clarificado, sem concentração; aliás, deverá ser diluído para conter os teores de açúcar recomendados pelos especialistas para a fermentação de butanol.

A matéria-prima é escolhida de acordo com a facilidade de obtenção, riqueza em açúcares e condições econômicas de sua produção. A literatura especializada cita com frequência e com detalhes características e técnicas de preparação de substratos derivados de materiais celulósicos, como madeira e cascas de aveia e de amendoim. É preciso que o material seja barato e produzido em grande volume nos locais onde serão usados.

4.3.5 PREPARAÇÃO DOS SUBSTRATOS

4.3.5.1 Condicionamento da matéria-prima e concentração do substrato

Preparar os substratos consiste em colocar a matéria-prima nas condições exigidas pelos microrganismos, para seu desenvolvimento e atividade fermentativa. Isso significa extrair ou obter os açúcares da matéria-prima, regular sua concentração, controlar a temperatura do meio, adicionar nutrientes, corrigir sua acidez, providenciar e manter as condições adequadas de assepsia.

Os materiais amiláceos e feculentos são cozidos para solubilizar o amido (ver "Álcool de matérias-primas amiláceas", Capítulo 2 deste volume) e submetidos a uma hidrólise para transformá-los em açúcares fermentescíveis.

Os grãos são moídos, macerados em água e cozidos com o mesmo líquido, em quantidade para garantir de 7% a 8% de amido no meio. O cozimento é feito sob agitação e pressão de 2,5 a 3,5 bar, a 132 °C a 134 °C, por 2 horas, para gomificar o amido. A seguir, o meio é resfriado a 36 °C a 37 °C, adicionado de solução esterilizada de nutrientes e encaminhado às dornas previamente esterilizadas. No caso do milho, a eliminação do germe antecede a maceração. Se os nutrientes não são suscetíveis a alteração pelo calor, podem ser adicionados antes do cozimento.

O cozimento também pode ser feito em cozedores contínuos; o material cozido é, ou não, diluído com água para manter uma concentração de 7% a 8% de amido antes da sacarificação.

A batata sofre tratamento, assim como a mandioca fresca. A mandioca também pode ser usada sob a forma de raspas. Nesse caso, depois da moagem, o preparo segue a marcha indicada para o milho. Quando fresca, a mandioca é lavada, descascada, ralada e enviada para o cozimento, e durante essa operação os produtos cianogênicos são eliminados pelo aquecimento.

A madeira e outros materiais celulósicos são submetidos a hidrólise ácida, destilação para eliminação do furfural formado e neutralização com hidróxido de cálcio. Os substratos totalmente hidrolisados fermentam mal, ao passo que os que encerram 3% de açúcar fermentescível fermentam quase completamente.

Para preparar substratos com licores sulfíticos, preliminarmente é adicionado hidróxido de cálcio até pH 10, para eliminar o dióxido de enxofre por precipitação como sulfito de cálcio. Depois, elimina-se a lignina por adição de mais hidróxido de cálcio até pH 11. Em seguida, é feita adição de ácido sulfúrico para baixar o pH a 5,7 a 5,8. O sulfato de cálcio, insolúvel, deve ser eliminado.

Há trabalhos feitos com meios sintéticos e também com o soro de fábricas de queijo. Não parece haver sentido no uso de meios sintéticos para a produção industrial, a não ser que haja excesso de sacarose disponível. O uso de soro de queijo, para ser econômico como matéria-prima, deve estar disponível em grande concentração regional.

Os mostos de melaços, dissacarídeos e xaropes são preparados por diluição com água, ou com água e vinhaça, e adição de fosfato e sais de amônio. Os de melaços têm elevado poder tampão. Depois da diluição, são esterilizados por aquecimento a 107 °C durante uma hora. Nos xaropes, a adição de sais de amônio não é feita no momento do preparo dos mostos, e sim depois da esterilização.

Os melaços devem ser pesados antes da diluição, para garantir sempre a mesma percentagem de açúcares fermentescíveis. A medição em volume não é satisfatória, porque os melaços apresentam oclusão de ar, que altera a proporção de açúcares em cada volume medido.

Os meios de melaço são mais econômicos, por causa da grande disponibilidade e menor custo do que os amiláceos. A essas vantagens são acrescentadas facilidade de transporte, de armazenamento e de movimentação por bombas e tubulações, preparação por simples diluição, esterilização em temperatura inferior a dos amiláceos e fermentação em temperaturas mais baixas, desfavoráveis aos contaminantes. Completando, também são mais fáceis a limpeza de tanques, diluidores, canalizações e bombas e a assepsia geral.

4.3.5.2 Nutrientes

Para uma boa fermentação, é preciso que se conte com uma boa cepa de microrganismo e com um substrato adequado, além de outras exigências ambientais. Os nutrientes são adicionados de acordo com as exigências do microrganismo e segundo a maior ou menor riqueza do substrato, condição dependente da matéria-prima que lhe dá origem.

Alguns microrganismos fermentam açúcares, mas não sacarose pura; outros exigem apenas adição de nitrogênio amoniacal, enquanto outros pedem também nutrientes nitrogenados mais complexos, como peptonas, peptídeos e aminoácidos.

Algumas estirpes são estimuladas pela presença de ácido glutâmico e aspártico, de asparagina, de succinato ou malato de amônio; a asparagina parece ser o melhor estimulante.

Em substratos pobres, como os obtidos pela sacarificação de sabugos de milho, é conveniente adicionar pequenas porções de água de maceração de milho, extrato de leveduras, vinhaças e carbonato de cálcio. Esse sal, entretanto, em alguns casos pode prejudicar a fermentação, contribuindo para diminuir a produção de butanol e de acetona e estimular a produção de ácido acético e butírico, ao mesmo tempo que impede a formação de etanol.

Alguns elementos, mesmo em pequenas quantidades, podem prejudicar a fermentação. O cobre é um deles, mas pode ser eliminado dos licores hidrolisados por tratamento com ferro metálico em pó, com sal ferroso ou com carvão ativo.

4.3.5.3 Reação do meio

De maneira geral, os *Clostridia* apresentam boa atividade em meios ácidos, com reação entre pH 4,7 e 4,8. Não há inibição total, mas a produção de solventes é prejudicada nos valores limites. Em presença de alguns ácidos, como clorídrico, nítrico, sulfúrico, ortofosfórico, acético, butírico, propiônico e outros ácidos orgânicos, há completa inibição no intervalo de pH entre 3,65 e 3,90. Os efeitos tóxicos parecem ser devidos a uma concentração crítica de íons de hidrogênio no interior das células, e não propriamente ao pH.

Com relação aos ácidos graxos e sua concentração molar, a efetividade da inibição é decrescente para os ácidos nonílico, caprílico, heptílico, fórmico, caproico, valérico, isobutírico, propiônico e acético.

Os substratos industriais são, no início, ajustados para pH de 5,8 a 6. No decorrer da fermentação a acidez titulável aumenta até a metade do período fermentativo, aproximadamente. Em consequência o pH abaixa, mas volta a subir com a transformação dos ácidos em solventes; no final da fermentação o pH volta ao valor inicial.

4.3.5.4 Temperatura

A temperatura é um importante fator a ser considerado na produção de butanol e acetona. Ela é regulada de acordo com o microrganismo usado na fermentação e com a matéria-prima original do substrato. Os substratos de amiláceos em geral devem ser fermentados em 36 °C a 37 °C, e os de melaço, em 30 °C a 32 °C. Diz a literatura que, se em determinado ponto da fermentação a temperatura for reduzida para próximo de 25 °C, a proporção de butanol aumenta em relação à dos outros solventes.

Esses valores de temperatura são os da literatura; para o Brasil há reservas quanto a eles, pois se referem a resultados obtidos em outros países. O clima é diferente, e, em geral, as fermentações são conduzidas em temperaturas ambientes mais altas (ver Capítulo 1 deste volume). A manutenção rigorosa das temperaturas de 30 °C e inferiores requer sistemas de troca de calor com controles estritos e custos correspondentes, obrigatoriamente incluídos no preço do produto.

É possível que sejam mais convenientes e satisfatórias as temperaturas mais altas, desde que empregadas raças selecionadas de *Clostridium* a elas adaptadas. Afora os trabalhos industriais das destilarias de butanol citadas, executados com tecnologias importadas, sem divulgação de eventuais resultados de observações técnicas, faltam trabalhos de pesquisa no país para que as afirmações citadas sejam tomadas como definitivas para nossas condições.

4.3.5.5 Oxigênio

Os clostrídios são anaeróbios por excelência e severamente afetados pela presença de oxigênio, embora não sejam mortos quando a ele expostos em curto período de tempo, que pode alcançar seis horas.

Essa sensibilidade aconselha que a inoculação dos fermentadores seja feita em ambiente anaeróbio, mantido no interior dos recipientes por atmosfera de gás carbônico com alta pressão positiva. Quando a fermentação estiver produzindo gases, eles podem ser eliminados, porém de forma a manter a atmosfera anaeróbia e a pressão positiva interna necessária para evitar a aspiração de ar e de contaminantes.

4.3.5.6 Esterilização

Os clostrídios são muito sensíveis à presença de organismos estranhos. Por isso, os meios são submetidos à esterilização após sua preparação; é preciso garantir condições que permitam seu desenvolvimento como organismo único nos fermentadores. Além do meio, fermentadores, tubulações, bombas e sala de fermentação devem estar esterilizados ou no melhor estado de assepsia possível (ver os capítulos "Microrganismos e meios de cultura para utilização industrial", "Esterilização de equipamentos", "Esterilização de meios de fermentação por aquecimento com vapor" e "Esterilização por filtração" do volume 2).

Segundo a literatura, a esterilização é um fator de grande importância para o sucesso da fermentação butanol-acetônica. De acordo com a bibliografia, em uma fábrica da África do Sul os fermentadores e seus acessórios, incluindo bombas e tubulações, são esterilizados por vapor e mantidos com vapor enquanto fora de uso. A esterilização dos fermentadores é feita em atmosfera de CO_2 sob pressão, que é mantida após o resfriamento, para que não haja aspiração de ar exterior pela depressão que o resfriamento causa.

Nessa planta, o meio de melaço era esterilizado em trocadores de placa contínuos, e mantido em vasos de retenção por 4 minutos, a fim de manter a temperatura de 128 °C, antes de seguir para o setor de resfriamento do trocador, onde a temperatura é reduzida aos valores recomendados para a fermentação. Esse tratamento também elimina o ar ocluso no meio, contribui para melhor condição de anaerobiose e para a diminuição do potencial redox do meio. Durante o enchimento dos fermentadores é mantida a injeção de CO_2 esterilizado, mesmo após a inoculação, para causar agitação e boa mistura de meio e inóculo.

4.3.6 TECNOLOGIA

Após a esterilização, o meio é inoculado com uma cultura pura do agente fermentador.

A cultura pura que constitui o inóculo é obtida segundo uma técnica que multiplica o microrganismo em meio líquido, até que seja obtido volume suficiente para garantir o desenvolvimento econômico da fermentação industrial.

4.3.6.1 Preparação do inóculo

O líquido contendo o inóculo é obtido em duas fases, uma no laboratório e outra na indústria. A primeira é iniciada em tubos de cultura com meio de batata-glicose, nos quais é semeado 0,1 g de uma cultura de *Clostridium acetobutilycum* conservado em solo. Os tubos são colocados em um banho de água fervente por 90 segundos, para estimular a germinação dos esporos, e depois são resfriados a 30 °C se destinados a mostos de melaço, ou a 36 °C a 37 °C para mostos de amiláceos. Os microrganismos são incubados durante 24 horas nos tubos, na mesma temperatura, e, depois, transferidos para 500 mL de um meio líquido esterilizado, com 4% de açúcar, sulfato de amônio, carbonato de cálcio e superfosfato, nas proporções de 5,6% dos primeiros nutrientes e de 0,2% do terceiro, em relação ao açúcar contido no meio. Embora seja uma diferença pequena, alguns autores aconselham o uso de 5,4% de sulfato de amônio e de carbonato de cálcio em relação à concentração de açúcares no meio.

Após 24 horas de incubação o líquido fermentado é usado como inóculo. Para cada litro de meio idêntico ao primeiro, são adicionados 100 mL do inóculo líquido (10% em volume) e feita a incubação por mais 24 horas, a 30 °C ou 36 °C a 37 °C, de acordo com o meio.

Ao final dessa segunda incubação tem início a etapa industrial, com a transferência do inóculo para o primeiro fermentador, que, de acordo com a indústria, varia de 300 a 15 mil litros. O mosto, que no pré-fermentador contém 6% de açúcares e nutrientes proporcionais, recebe 1 litro do inóculo para cada mil litros, ou seja, 0,1% em volume.

Os meios de melaço podem ser preparados sem a adição de sulfato de amônio, mas com a adição de amônia líquida durante a fermentação, que atua como fonte de nitrogênio, mas causa risco de neutralização. Para evitar isso, o meio é preparado com sulfato de amônio e carbonato de cálcio, que atua como tampão.

A inoculação de cada fase das etapas da preparação do inóculo é executada de acordo com o desenvolvimento da bactéria, observado pela curva de pH, pela produção de gás e pela queda de concentração dos açúcares. Esta é geralmente medida por meio de areômetros de Brix, ou de refratômetros. O bioprocesso passa de uma a outra fase, quando a concentração de açúcares atinge 1,5 °Brix a menos do que a metade da concentração inicial. Nessa condição o pH deve estar em seu valor mais baixo, de 5,4 a 5,5. Pela observação da produção de gás, o inóculo está em condições de ser usado quando pelo menos a metade do volume de líquido da haste de um tubo de Einhorn ou de Smith tenha sido substituído por gás.

4.3.6.2 Fermentação

Após seu desenvolvimento nos pré-fermentadores, o inóculo é transferido para os fermentadores principais, na proporção de 2% a 4% do volume total. Segundo a bibliografia, há fermentadores industriais de 200 a 2 mil m^3 de capacidade total.

A transferência do inóculo para o substrato é feita com cuidados especiais, citados nos itens 4.3.5.5 e 4.3.5.6, para reduzir ao mínimo a possibilidade de contaminação com microrganismos estranhos.

Segundo a bibliografia, o período de uma fermentação descontínua varia de 36 a 72 horas e o pH inicial, de 5,5 a 6,2, com média de 5,8. Para manter as condições anaeróbias no início da fermentação e evitar contaminações, a superfície livre do meio deve ser mantida em contato com atmosfera de dióxido de carbono sob pressão, que enche o espaço vazio do fermentador até que a atmosfera fique saturada com o gás produzido pela fermentação.

Após 10 a 20 horas de uma fermentação normal de mosto de milho, é percebida a formação de uma camada esponjosa à superfície, separada de uma camada líquida inferior, que pode conter material filamentoso em suspensão. Ao fim do processo, a camada superficial tende a se depositar.

A observação do bioprocesso permite notar que nas primeiras 15 a 20 horas há aumento da acidez titulável e consequente declínio de pH. Esse fenômeno deve-se à formação de ácidos voláteis, como acético, butírico, fórmico, caprílico, cáprico e outros fixos, originados da desaminação de aminoácidos. Com a transformação de ácido em solventes diminui a acidez titulável e o valor de pH torna a subir. É possível considerar a fermentação butanol-acetônica como executada em duas fases, a primeira de formação de ácidos e a segunda de sua transformação em solventes. A passagem de uma fase para outra ocorre praticamente na metade do período total do bioprocesso. A Figura 4.2 permite visualizar o que foi descrito.

Tomando como ponto de partida um mosto de milho, com 7,5% de material amiláceo, o consumo de amido começa após 8 a 10 horas da inoculação, atingindo seu ponto máximo ao redor de 20 horas. A essa altura o *Clostridium* consumiu praticamente a metade do amido do meio, e continua sua degradação até o final.

Após 16 a 20 horas de processo aparecem os solventes no substrato, coincidindo com a redução da acidez, com o consumo da metade do amido e com a metabolização dos açúcares redutores. Os solventes são rapidamente acumulados até 40 a 45 horas e, desse ponto aumentam até o final, porém menos intensamente.

Em geral, num bioprocesso normal com amiláceos são formados butanol, acetona e etanol na proporção de 6:3:1, e há informações de até 14:4:1 com material sacarino (melaço, por exemplo). A produção de solventes é controlada pela formação da acetona.

Como referência, 1.000 kg de material amiláceo com 65% de amido produzem 74 kg de butanol, 32 kg de acetona, 184 kg de dióxido de carbono, 5 kg de hidrogênio e 5,5 kg de ácidos residuais. De mosto de melaço com 7,53% de açúcares fermentescíveis foram obtidos 22,5 g de solventes por litro, contra 15,17 g por litro em substrato com 7,45% de amiláceos.

Os produtos finais da fermentação são os solventes neutros, os ácidos fórmico, acético e butírico, os gases dióxido de carbono e hidrogênio, o acetilmetilcarbinol na proporção de 300 a 400 mg por litro de meio e o óleo amarelo.

A maior parte dos processos de fermentação relatados é descontínua, mas há estudos sobre a fermentação contínua, de pesquisadores que buscam desvendar os fatores que interferem na transição da fase de produção de ácidos para a de solventes.

Diante da hipótese de que a dificuldade do estabelecimento da continuidade do processo está ligada à composição do substrato, foram estudadas variações na composição em açúcares e em nutrientes, assim como variações na reação do meio. Os estudos foram feitos com deficiência de glicose, de nitrogênio, de fosfato, com adição de butirato e variações de pH. Também, foi estudada variação da fonte de amônio, tendo sido incluído o uso de cloreto de amônio. Aparentemente, a deficiência em fosfato e o valor de pH são os fatores mais importantes para o êxito de fermentações contínuas. Nos processos descontínuos o pH varia de 5,0 a 6,2, com ótimo em 5,0, mas nos contínuos o melhor valor está situado ao redor de 4,3. A deficiência em fonte de carbono e de nutrientes afeta o crescimento, a adição de acetato e de butirato afeta a produção de solventes e a presença de butanol intoxica mais do que a da acetona.

4.3.6.3 Contaminantes

As contaminações são evidenciadas pelas irregularidades durante o processo fermentativo e pela lentidão do processo, que em linguagem prática é chamada de "preguiça", identificadas pela curva anormal do pH e da acidez total, pela ausência de solventogênese, pelo seu baixo rendimento e pela produção anormal de gás.

A lentidão do processo, ultrapassando o limite de 72 horas, revela anormalidade da fermentação, mas, algumas vezes, a produção de solventes esperada é alcançada. Entretanto, há casos em que a produção é inativada, a hidrólise do amido é interrompida sem a produção de açúcares e ácidos são formados sem o aparecimento de solventes, mesmo após 120 horas de fermentação.

O aumento regular da acidez total indica desenvolvimento normal do processo fermentativo, e sua alteração indica anormalidade. Como consequência, a observação do pH leva a indicação semelhante. Entretanto, durante a fermentação podem ocorrer alterações na produção de ácidos sem a interferência de contaminantes.

Além da lentidão do processo, não há produção de gás durante a fermentação e o mosto fica anormalmente escuro. A falta de gás ou a redução de sua produção é um indicativo seguro de anormalidade, causada principalmente por contaminantes. É, possivelmente, o melhor indicativo.

As alterações na produção de solventes devem ser consequência da irregularidade na produção de ácidos.

Os clostrídios são muito suscetíveis a bacteriófagos e à presença de bactérias contaminantes no substrato. A preguiça é relacionada com a interferência de bacteriófagos, inconveniente que pode ser contornado com o uso de culturas fagorresistentes desenvolvidas por cultivo em meios com quantidades crescentes de fagos e em gerações subsequentes.

A presença de fagos é também detectada por meio da redução da produção de gás, do consumo de nitrogênio e dos carboidratos. A presença de fagos pode interromper o bioprocesso sem razão evidente, e recomeçar depois de tempo mais ou menos longo. Nesse caso, a introdução de inóculo de *Candida utilis* no meio em fermentação é tida como favorável, pois ela consome os carboidratos não utilizados.

Todavia, os maiores distúrbios nas fermentações de butanol e acetona são causados por bactérias láticas. Sendo também anaeróbias, crescem bem nas condições gerais oferecidas pelos meios destinados à fermentação de butanol-acetona. O seu desenvolvimento causa o abaixamento do pH do substrato a valores desfavoráveis à produção dos solventes. As espécies consideradas mais prejudiciais são *Lactobacillus leichmanii*, *Lactobacillus mannitopoeum* e *Bacillus volutans*. Essas bactérias produzem grandes quantidades de ácido lático, mínimas porções de ácido acético e butírico e não dão formação a gases, solventes ou álcoois. Outros contaminantes relativamente comuns são o *Bacillus globigii*, que não interfere na fermentação, o *Bacillus mesentericus*, que também não interfere, mas produz pigmento vermelho e o *Streptococcus lactis*, que não altera as condições de fermentação se sua contaminação ocorrer após forte desenvolvimento do *Clostridium acetobutylicum*.

4.3.6.4 Separação dos solventes

A extração dos solventes do meio bioprocessado é considerada crucial, devido ao alto custo de operação. Ao lado da tradicional destilação, os pesquisadores apontam outros processos, que incluem pervaporação, adsorção seletiva, extração líquido-líquido, extração gás-líquido (*gas stripping*) e osmose reversa, cujo objetivo é baratear a separação dos solventes (Figura 4.3).

A destilação é considerada cara, porque é baixa a concentração dos solventes nos meios processados. A osmose reversa seria preferível do ponto de vista econômico, mas a operação apresenta riscos de entupimento e colmatagem das membranas. A extração líquido-líquido é tida como eficiente, e os líquidos extratores aconselhados são o decanol e o álcool oleílico. Como desvantagens, são lembradas a possível toxicidade do extrator sobre as células e a formação de emulsão. A extração gás-líquido, citada por muitos autores, é considerada eficiente na separação do butanol sob forma de vapor.

A Figura 4.3 ilustra processos de separação dos solventes direta e continuamente do meio em bioprocesso.

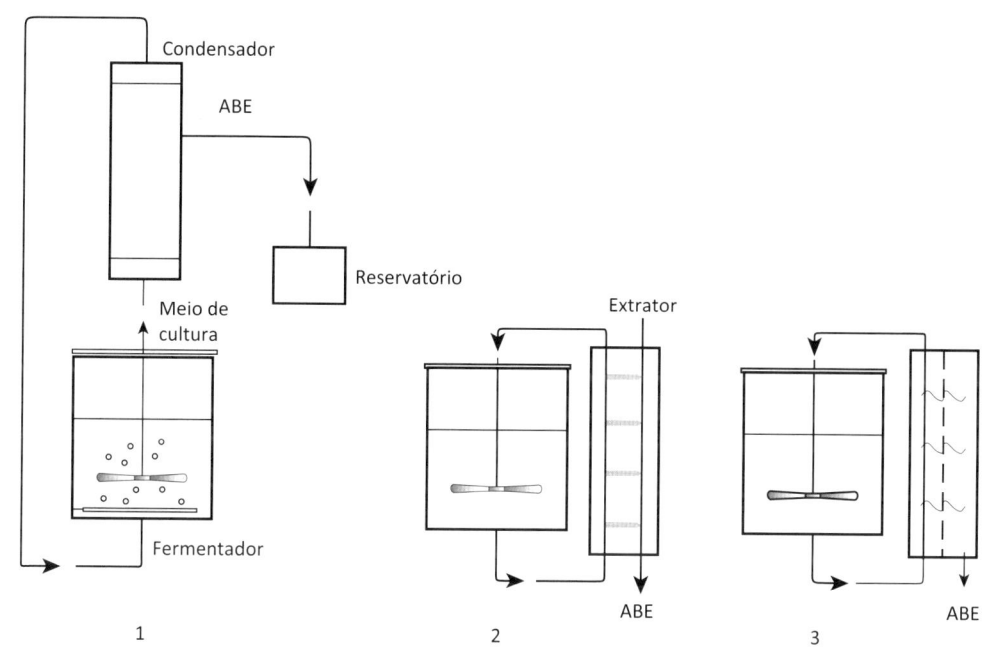

Figura 4.3 Esquemas de fermentação e separação dos solventes direta e continuamente do meio em bioprocesso. 1) extração líquido-gás, 2) extração líquido-líquido e 3) pervaporação.

Fonte: adaptada de Lee et al. (2008).

A pervaporação é o processo preferido de vários autores. Trata-se do uso de membranas para separação de componentes de uma mistura de líquidos miscíveis entre si. Constitui um processo em que um componente da mistura líquida atravessa uma membrana e passa para fase gasosa. A solução que contém material volátil (fase líquida e quente), ao passar pelo corpo sólido da membrana, evapora, é condensado e recolhido (ver Capítulo 1 deste volume, "Produção de etanol com matérias-primas sacarinas").

O transporte, que se dá por diferença de potencial químico (do maior para o menor), é facilitado pelo aumento de temperatura, o qual influi favoravelmente na permeabilidade das substâncias através das paredes sólidas.

Quando, pela pervaporação, o permeado contém acetona, butanol e etanol, sua recuperação deve ser feita por meio de destilação, o que parece ser um inconveniente.

Se, por um lado, há muitas pesquisas sobre o bioprocesso e sobre a separação dos solventes, não há muitas informações a respeito de novas tecnologias comerciais para a extração do butanol dos meios fermentados. Continua sendo aplicada a tradicional separação por destilação, considerada cara devido ao baixo rendimento na produção dos solventes, como já foi dito.

São relativamente recentes as sugestões de uso de meios de extração gás-líquido, extração líquido-líquido, adsorção seletiva, fermentação a vácuo e pervaporação.

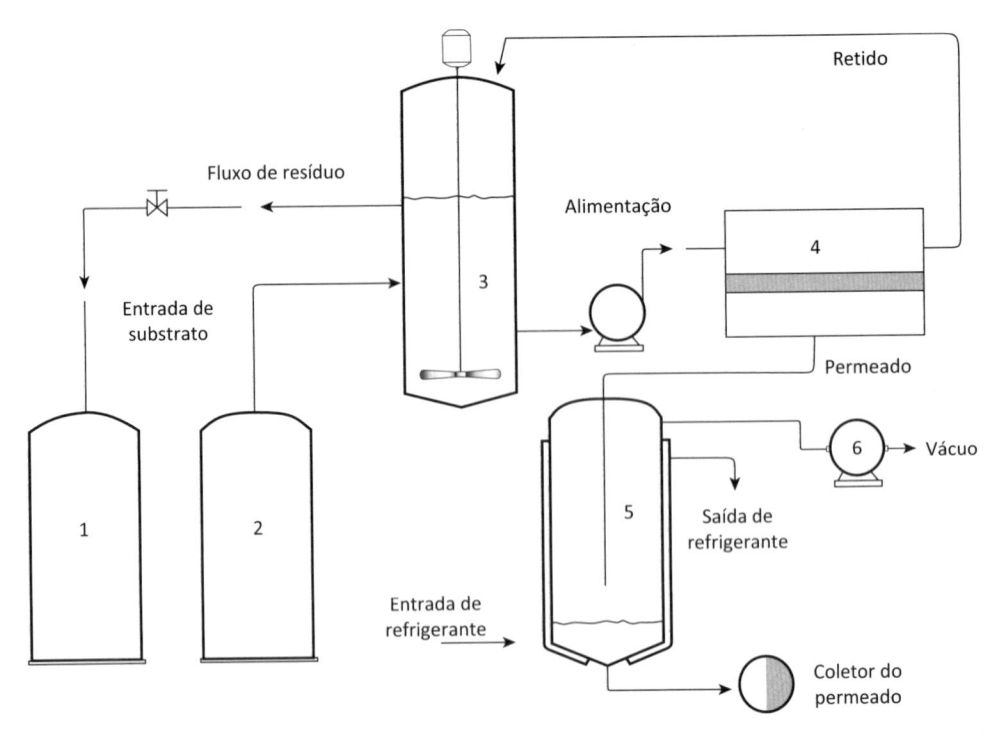

Figura 4.4 Esquema de fermentação contínua conectada com pervaporação. 1) Tanque de resíduo, 2) tanque de substrato, 3) vaso de cultivo, 4) célula de pervaporação e 5) extrator refrigerado.

Fonte: adaptada de Izák et al. (2008).

Para alguns autores a pervaporação é método adequado, moderado e efetivo para separação de misturas que não podem suportar as severas condições da destilação. Como já dissemos, trata-se de um processo de separação de misturas líquidas que ocorre pela sua vaporização parcial através de uma membrana polimérica, sendo um dos melhores métodos de separação dos solventes, se comparado com outros (ver gráficos da Figura 4.3).

É aconselhado o uso de membranas de ultrafiltração do tipo líquido iônico (IL) polidimetilsiloxana ou PMDS, com poros de 60 nm (100 Å), que mantêm estabilidade e seletividade a 37 °C.

Nesse processo, a difusão e a evaporação se integram. A difusão ocorre como consequência da diferença de mobilidade entre as moléculas; a velocidade de separação dos componentes depende de suas dimensões e da afinidade química com a estrutura da membrana.

A membrana (elemento permeante) é um obstáculo interposto no fluxo de substâncias químicas, mas não o interrompe, e gera duas fases de composição diferente, porque impede seletivamente a passagem de componentes de uma solução ou de mistura de líquidos miscíveis.

As membranas polidimetilsiloxanas removem os solventes mais eficientemente do que as membranas poliméricas clássicas. São recomendadas membranas preparadas com 15% de tetracianoborato mais 85% de polidimetilsiloxano, em mistura com silicones.

É possível que, com o desenvolvimento de peneiras moleculares, atualmente usadas para a desidratação de etanol, sejam encontradas zeólitas capazes de separar os solventes, desde que sejam determinados os tamanhos das moléculas. As peneiras moleculares usadas na desidratação de etanol são compostas de zeólitas com poros de aproximadamente 3 Å, medida similar à da molécula de acetona.

Não foram encontradas as medidas para a molécula de butanol, para o que as tabelas de secagem indicam a separação da água apenas por destilação.

A extração industrial do butanol, da acetona e do etanol do substrato bioprocessado ainda é executada por destilação contínua, em instalações nas quais há operações distintas, uma para a separação dos solventes do meio fermentado e outras para a separação da acetona, do butanol e do etanol. São operações contínuas, mas realizadas em colunas diferentes interligadas.

Os outros produtos, acetilmetilcarbinol, isopropanol, álcool amílico e óleo amarelo, são separados como subprodutos e recolhidos à parte isoladamente. Para esse processo é feita a distinção entre quatro fases, a saber:

- separação dos *produtos da fermentação* em uma coluna de esgotamento, sob a forma de um destilado com 30% a 50% de solventes em volume;
- separação da *acetona* sob a forma de um destilado com pureza de 100%;
- separação do *etanol*, com concentração ao redor de 96,5%, em volume;
- separação do *butanol* com quase 100% de pureza.

Os subprodutos são retirados continuamente e separados, e encontram-se em estado de elevada pureza.

A Figura 4.5 representa um esquema simplificado de uma instalação com oito colunas de borbulhamento. Bombas, provetas, refrigerantes, passagens visíveis e registros foram eliminados do desenho, para facilitar a compreensão do processo. As colunas de esgotamento, de acetona e de etanol, além do condensador deflegmador, possuem um resfriador, que não está representado, a fim de simplificar a explanação do esquema de marcha que está descrito a seguir.

Primeira fase: separação dos produtos da fermentação

O mosto fermentado é encaminhado para a coluna de esgotamento **A**, através de um pré-aquecedor **P,** por meio de uma bomba e de válvulas reguladoras de fluxo. Penetrando na coluna **A** pelo topo, à temperatura aproximada de 75 °C, o meio fermentado desce para a base e é esgotado pelos vapores que sobem em contracorrente.

Esses vapores são originados nas bandejas inferiores da coluna de destilação, por efeito do aquecimento na base da coluna, feito com vapor d'água com pressão de 1,2 bar. Os vapores ascendentes na coluna saem pelo topo da coluna **A** com 95 °C, e são encaminhados para o condensador tubular **P**, onde são condensados por troca de calor com o mosto fermentado, que, por sua vez, é aquecido antes de entrar no topo da coluna **A**. Uma parte do condensado reflui para o topo da coluna **A**, para ali manter vapores de elevada concentração de solventes; a outra parte, com 30% a 50% de solventes em volume, segundo a riqueza do meio fermentado, é conduzido à coluna **B**, de acetona. Os gases incondensáveis compostos de dióxido de carbono e hidrogênio escapam para a atmosfera depois de passarem por um lavador **L**. A água de lavagem retorna à coluna de esgotamento.

Fazem parte desse conjunto de destilação um separador de espumas **S**, na tubulação de vapores emitidos pela coluna **B**, e um depósito **a**, do qual uma solução de hidróxido de sódio a 25% é enviada para a parte superior da coluna **A**, para a redução da acidez do mosto.

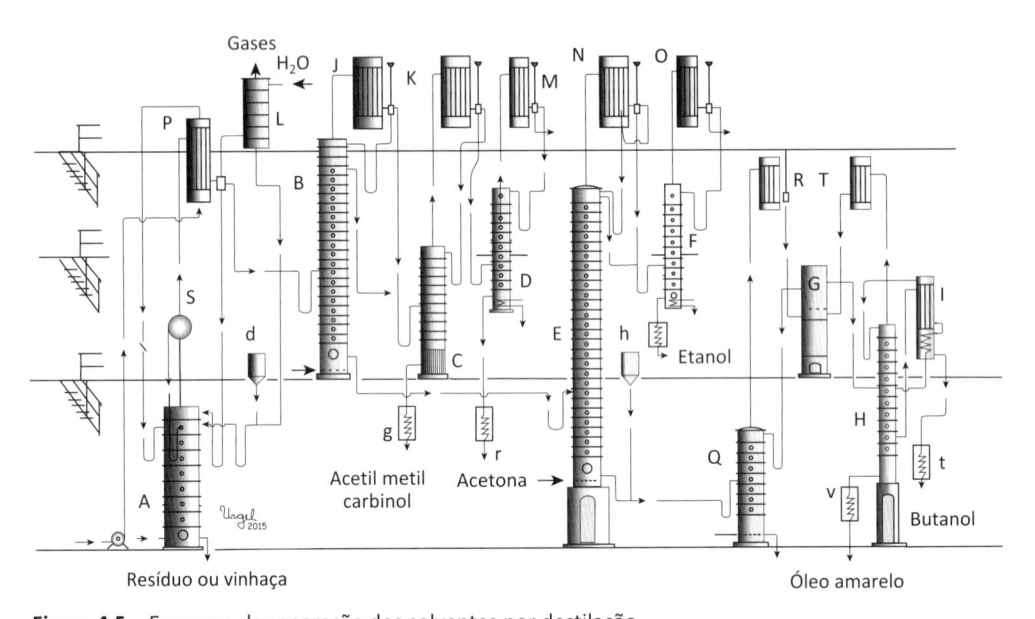

Figura 4.5 Esquema da separação dos solventes por destilação.

Segunda fase: separação da acetona

A mistura condensada em **P** alimenta a coluna **B**, aproximadamente ao meio de sua altura. O aquecimento é feito pela base, por injeção de vapor de 1 a 2 bar.

Os vapores cetônicos são encaminhados ao condensador **I**, de onde uma parte retrograda ao topo da coluna **B** e a outra é levada à coluna retificadora de acetona **C**, juntamente com vapores da antepenúltima bandeja da coluna **B**. O aquecimento da coluna **C** é feito indiretamente por meio de trocador de calor tubular, aquecido com vapor saturado de 1,5 a 2 bar, para não causar alteração na mistura azeotrópica constituída de 70% de acetilmetilcarbinol e de 30% de isopropanol em massa, que é retirada pela base e refrigerada em **g**. Os vapores de acetona são condensados em **K**, de onde uma parte retrograda para o topo de **C** e a outra é encaminhada para a coluna **d** de retificação, para a eliminação de aldeídos no topo da coluna e no condensador **M**, com retrogradação parcial para **d**. Da base de **D** flui a acetona de alta pureza, que é resfriada em **r**. A coluna **D** é aquecida com vapor saturado de 1,5 a 2 bar pela base, por meio de serpentina.

Terceira fase: separação do etanol

A mistura de butanol, etanol, água e óleo amarelo, que flui pela base da coluna **B**, é encaminhada para o terço inferior da coluna de retificação **E**, aquecida pela base, por injeção de vapor de 1,2 bar. Da parte superior, lateralmente são retirados vapores alcoólicos que são encaminhados ao terço inferior da coluna **F**. Do topo de **E** são emitidos vapores de etanol que passam ao condensador **N**, de onde uma parte retrograda à cabeça de **E** e o restante se junta aos vapores que vêm de **E**, sendo então conduzido para a coluna **F**. No topo da coluna **F** são separados os aldeídos através do condensador **O,** e na base, aquecida por serpentina, flui o etanol retificado, que é refrigerado em **i**.

Quarta fase: separação do butanol

Da base da coluna **E** sai uma mistura de butanol, água e óleo amarelo. Ela é tratada com uma solução de hidróxido de sódio a 25%, que vem do depósito **h** e depois é enviada para a coluna **Q** de esgotamento de butanol. A mistura é introduzida quente na coluna, após preaquecimento com água quente num trocador de calor. A coluna é aquecida por injeção de vapor saturado de 1,1 bar, para destilar todas as substâncias de ponto de ebulição superior a 100 °C. Na base de **Q** sai água e, no topo, uma mistura azeotrópica constituída de 57,65% de butanol e 42,44% de água em massa, com ponto de ebulição de 92,7 °C. A mistura é condensada em **R** e passa para o decantador **G,** onde se separa em duas fases. A camada superior encerra 78% de butanol e 22% de água, e a inferior 9% de butanol e 91% de água. A camada superior é encaminhada para o topo da coluna **H**, provida, na base, de sistema de aquecimento indireto por vapor saturado de no mínimo 3,2 bar. No interior da coluna são formados vapores azeotrópicos de butanol e água de 57,66% a 42,44% em massa, que vão condensar em **T** e fluem para **G**, de onde voltam para novo ciclo. Na base, a 1 m de altura, são extraídos os vapores de butanol com quase 100% de pureza; eles são encaminhados para o condensador **I** e depois para o resfriador **t**, de onde são retirados para o armazenamento. Da base de **H** são retirados o álcool amílico e os outros componentes que constituem os óleos pesados ou óleo amarelo, que são refrigerados em **v**.

4.4 FERMENTAÇÃO BUTANOL-ISOPROPANOL

Dentre os vários microrganismos capazes de produzir isopropanol, o mais conhecido é o *Clostridium butyricum*, denominação mais atual do *Clostridium butylicum*. Trata-se de uma bactéria anaeróbia formadora de esporos, cuja temperatura ótima de crescimento é 37 °C.

Por seu intermédio, os açúcares são metabolizados com produção de butanol, isopropanol, dióxido de carbono, hidrogênio, pequena quantidade de ácido acético e butírico e mínimas quantidades de ácido fórmico e acetona.

Durante a Segunda Guerra Mundial desenvolveu-se em Formosa uma indústria de solventes que empregava o *Clostridium toanum* na produção de butanol, isopropanol e acetona.

4.4.1 MATÉRIAS-PRIMAS E PREPARAÇÃO DOS MEIOS DE FERMENTAÇÃO

Para a produção desses solventes são usadas as mesmas matérias-primas indicadas para a fermentação de butanol-acetona-etanol, isto é, material amiláceo e feculento, melaços, hidrolisados e mais xaropes de açúcar, açúcar bruto e caldo de cana-de-açúcar. O uso de hidrolisados de madeira requer cuidados especiais para a retirada de substâncias inibidoras. Para a preparação dos meios seguem-se as mesmas técnicas de preparação dos mostos para a fermentação de butanol-acetona, com os cuidados específicos relacionados com as exigências dos microrganismos, sobretudo quanto aos nutrientes.

4.4.2 NUTRIENTES

Os agentes de fermentação de butanol-isopropanol encontram melhores condições de desenvolvimento quando o suprimento de nitrogênio é feito com proteínas parcialmente hidrolisadas e com adição de malte, extrato de leveduras, peptonas, água de maceração de milho, glúten ou outra fonte de proteínas.

O efeito das proteínas na fermentação é sensível. A literatura cita casos de bioprocesso de mostos de milho que, em igualdade de condições de preparo, produziram três vezes mais butanol com a adição de pequenas quantidades de extrato de leveduras e de água de milho. A proporção desses nutrientes foi de 3,5 g de extrato de levedura e 12 mL de água de milho por litro de meio.

Da mesma forma, a adição de 1,4 g de asparagina por litro de substrato com 5% de amiláceos estimulou a produção de butanol, em lugar de ácido butírico. Efeitos semelhantes foram obtidos com o uso de peptona e de extrato de levedura. A presença de biotina, sais de ferro, manganês e magnésio colaborou para elevar o rendimento.

Certas substâncias que não são propriamente nutrientes causam alteração nos rendimentos por meio de inibição, transformações ou ação estimulante. A adição de bicarbonato de sódio às fermentações causa a inibição da produção de solventes, mais evidente para o isopropanol. Ao mesmo tempo são formados sais de ácido acético, lático, pirúvico e fórmico. Os teores de acetona e de isopropanol aumentam no mosto fermentado com a adição de acetona ou de outros aceptores de hidrogênio; contrariamente, diminuem os teores de ácido butírico e de butanol.

Em substratos de glicose a 2% enriquecidos com extrato de levedura os rendimentos em solventes diminuíram, enquanto aumentaram os de ácido propiônico, acético e butírico e houve formação de n-propanol.

4.4.3 TECNOLOGIA

A tecnologia da fermentação para produção de butanol-isopropanol é semelhante à empregada na produção de butanol-acetona, tanto no que se refere ao preparo dos meios como nos cuidados na preparação do inóculo e na assepsia das instalações.

Em Formosa, a produção industrial de butanol-isopropanol por via fermentativa foi conseguida com caldo de cana, açúcar bruto, melaços e outra espécie de microrganismo, o *Clostridium toanum*. Os substratos com 7,5% de açúcares fermentam na faixa de temperatura de 32 °C a 37 °C durante 30 a 40 horas, com rendimento de 30% de solventes em relação aos açúcares contidos nos mostos.

O rendimento das fermentações varia quanto à proporção dos solventes. A maior oscilação ocorre entre acetona e isopropanol, por efeito da natureza dos substratos. São encontrados valores de 53% a 65% de butanol, 19% a 44% de isopropanol, 1% a 24% de acetona e 3%, aproximadamente, de etanol.

Nos mostos de melaço há diferença entre os oriundos de usinas em que o caldo é clarificado por defecação e os clarificados por carbonatação. Estes não são viáveis, ao passo que os primeiros fermentam bem. A mistura dos dois, com maior proporção dos melaços de caldos defecados, permite o uso dos melaços carbonatados. Os melaços de usinas que produzem açúcar cristal de consumo direto, de alta polarização, produzidos com clarificação do caldo por sulfitação, não são citados na literatura. É possível que o comportamento dos clostrídios seja diferente neste caso.

4.4.4 SEPARAÇÃO DOS SOLVENTES

Embora haja estudos de separação por pervaporação, industrialmente é executada por destilação fracionada, em aparelhos contínuos, semelhantes aos usados para a obtenção de acetona-etanol-butanol, já descritos.

4.5 FERMENTAÇÃO ACETONA-ETANOL

Os microrganismos que produzem acetona-etanol conjuntamente, por bioprocesso, são o *Bacillus macerans* e o *Bacillus acetoethylicus*. Os produtos da fermentação são acetona, etanol, ácido acético e ácido fórmico.

4.5.1 MATÉRIAS-PRIMAS E PREPARAÇÃO DOS MEIOS

Para essa fermentação são usadas as mesmas matérias-primas das fermentações precedentes: milho, batata, hidrolisados diversos e melaços. A preparação dos meios segue as linhas gerais já descritas.

Quando o agente de fermentação é o *Bacillus acetoethylicus*, o teor de carboidratos recomendado é de 2% a 3%, e se o meio é constituído apenas de amido, é recomendado adicionar peptonas como fonte de nitrogênio. Para o crescimento do microrganismo, a reação do meio mais favorável é de pH 8 a 9, mas a máxima solventogênese ocorre em pH no intervalo de 6 a 8.

Os meios de fermentação preparados com xarope de xilose obtido pela hidrólise de material celulósico devem ter o pH inicial ajustado para 7,6 a 8,4 por meio da adição de carbonato de cálcio, a fim de neutralizar os ácidos da fermentação à medida que são formados.

Os hidrolisados de sabugos são preparados com sabugos moídos tratados com água e ácido sulfúrico, na proporção de 200:50:4 de água, sabugo e ácido, respectivamente, sob pressão de 1,5 a 2 bar por uma hora. A concentração de carboidratos expressa em glicose é ajustada para 3%, e o pH inicial ajustado para 7,6 a 8,4 por meio da adição de carbonato de cálcio. O substrato preparado com essa técnica permite obter 2,7 kg de acetona, 6,6 kg de etanol e 3,4 kg de ácidos voláteis por 100 kg de sabugos.

O hidrolisado de cascas de aveia ou de amendoim é preparado pelo tratamento do material com 2% de ácido sulfúrico durante 2 horas, sob pressão de 1 a 1,5 bar, neutralização com leite de cal e extração dos açúcares por prensagem e lavagem. Com as cascas de aveia são obtidos 26,5% de açúcares redutores, como glicose, e de cascas de amendoim até 7,6%. Com um meio de 3% de açúcares adicionado de fosfato de sódio, peptonas e carbonato de sódio, foram produzidos etanol, acetona e ácidos voláteis, na proporção de 7,2:3,9:1,4 kg por 100 kg de cascas.

A reação do meio influi no aparecimento dos produtos da fermentação. Com a elevação do pH são produzidos mais ácidos voláteis e menos etanol. Há estímulo na produção de solventes, mas ocorre redução em pH de 5,8 a 6. Ao contrário da fermentação de butanol-acetona, o carbonato de sódio é sempre adicionado.

A temperatura adequada varia de 40 °C a 43 °C. Normalmente, a fermentação termina em 6 dias. Durante o seu desenvolvimento é formado um limo que contém bactéria e carbonato de cálcio e que é eliminado do meio pela adição de material inerte, como sabugos de milho ou coque.

Com a eliminação do material viscoso, a fermentação é mais rápida. Ao final do processo o substrato fermentado é escoado e novo meio é adicionado sobre os microrganismos retidos no material inerte; a assepsia precisa ser perfeita para evitar as contaminações, que provocam os mesmos inconvenientes citados para a fermentação de butanol-acetona.

REFERÊNCIAS

ARRAYOZ, M. A.; PUIGIANER, L. Study of butanol extraction through pervaporation in acetobutylic fermentation. *Biotechnology and Bioengineering*, v. 30, p. 692-696, 1983.

BROSSEAU, J. D.; YAN, J. Y.; LO, K. V. The relationship between hydrogen gas and butanol production by *Clostridium saccharoperbutylacetaniocum*. *Biotechnology and Bioengineering*, v. 28, p. 305-310, 1986.

EZEJI, T. C.; QURESHI, N.; BLASCHEK, H. P. Microbial production of a biofuel (acetone-butanol-ethanol) in a continuous bioreactor: impact of bleed and simultaneous product removal. *Bioprocess and Biosystems Engineering*, v. 36, n. 1, p. 109-116, 2013.

FALANGHE, H.; NEDER, R. N. *Pesquisa exploratória sobre fermentação acetona-butanol – Revisão da literatura*. Revisão de literatura para Oxiteno S/A Indústria e Comércio. Fundação de Estudos Agrários Luiz de Queiroz, 1985.

FOND, O. et al. The acetone butanol fermentation of glucose and xylose. I – Regulation and kinetics in batch cultures. *Biotechnology and Bioengineering*, v. 28, p. 160-166, 1986.

FRIEDL, A.; QURESHI, N.; MADDOX, I. S. Continuous acetone-butanol-ethanol (ABE) fermentation using immobilized cells of *Clostridium acetobutylicum* in a packed bed reactor and integration with product removal by pervaporation. *Biotechnology and Engineering*, v. 38, p. 518-527, 1991.

GEORGE, H. A.; CHEN, I. S. Acidic conditions are not obligatory for onset of butanol formation by *C. beijerinckii* (synonym of *C. butylicum*). *Applied and Environmental Microbiology*, v. 46, p. 321-327, 1983.

IZÁK, P. et al. Increased productivity of *Clostridium acetobutylicum* fermentation of acetone, butanol and ethanol by pervaporation through supported ionic liquid membrane. *Applied Microbiology and Biotechnology*, v. 78. n. 4. p. 597-602, 2008.

LEE, S. Y. et al. Fermentative butanol production by *Clostridia*. *Biotechnology and Bioengineering*, v. 101, n. 2, p. 209-228, 2008.

LIMA, U. A. Produção de solventes. In: LIMA, U. A. et al. *Biotecnologia industrial 3 – Processos fermentativos e enzimáticos*. São Paulo: Edgard Blücher, 2001. p. 61-79.

MARIANO, A. P. et al. Bioproduction of butanol in bioreactors: new insights from simultaneous in situ butanol recovery to eliminate product toxicity. *Biotechnology and Bioengineering*, v. 108, n. 8, p. 1757-1765, 2011.

MASIERO, S. S.; TRIERWEILER, L. F.; TRIERWEILER, J. O. Produção de butanol por *Clostridium acetobutylicum*. In: OCTOBERFÓRUM – SEMINÁRIO DO PROGRAMA

DE PÓS-GRADUAÇÃO EM ENGENHARIA QUÍMICA, 10. Universidade Federal do Rio Grande do Sul, 2011. 7 p.

MATSUMURA, M; KATAOKA, H. Separation of dilute aqueous butanol and acetone solutions by pervaporation through liquid membrane. *Biotechnology and Bioengineering*, v. 28, p. 305-310, 1986.

MONOT, F.; ENGASSER, J. M. Production of acetone and butanol by batch and continuous culture of *Clostridium acetobutylicum* under nitrogen limitation. *Biotechnology Letters*, v. 5, p. 213-218, 1983.

NI, Y.; WANG, Y.; SUN, Z. Butanol production from cane molasses by *Clostridium saccharobutylicum* DSM 13864: batch and semicontinuous fermentation. *Applied Microbiology and Biotechnology*, v. 166, n. 8, p. 1896-907, 2012.

ONES, D. T.; WOODS, D. R. Acetone butanol fermentation revisited Cape-town, South Africa. *Microbiological Reviews*, v. 50, n. 4, p. 484-524, 1986.

PARK, C. H.; OKOS, M. R.; WANKAT, P. C. Acetone butanol ethanol (ABE) fermentation in an immobilized cell trickle bed reactor. *Biotechnology and Bioengineering*, v. 34, p. 18-29, 1989.

SCHOUTENS, G. H.; NIEUWENHUIZEN, M. C. H.; KOSSEN, N. W. F. Continuous butanol production from whey permeate with immobilized *Clostridium beijerinckii* LMD 27.6. *Applied Microbiology and Biotechnology*, v. 21, p. 282-286, 1984.

SETLHAKU, M. et al. Investigation of gas stripping and pervaporation for improved feasibility of two-stage butanol production process. *Bioresour. Technol.*, v. 136, n. 5, p. 102-108, maio 2013.

SHUKLA, R.; KANG, W.; SIRKAR, K. K. Acetone butanol ethanol (ABE) production in a novel hollow fiber fermenter-extractor. *Biotechnology and Bioengineering*, v. 34, p. 1158-1166, 1989.

PIVEY, M. J. The acetone-butanol-etanol fermentation. *Process Biochemistry*, v. 13, p. 2-4, 1978.

TOLEDO MELLO, J. Fermentação acetono-butanólica. São Paulo: Linográfica Editora, 1954. 100 p.

USEMANN, M. H. W.; PAPOUTSAKIS, E. T. Solventogenesis in *Clostridium acetobutylicum* fermentations related to carboxylic acid and proton concentrations. *Biotechnology and Bioengineering*, v. 32, p. 843-852, 1988.

YANG, X; TSAO, G.T. Enhanced acetone-butanol fermentation using repeated fed batch operation coupled with cell recycle by membrane and simultaneous removal of inhibitory products by adsorption. *Biotechnology and Bioengineering*, v. 47, p. 444-450, 1989.

YEN, H. W.; WANG, Y. C. The enhancement of butanol production by in situ butanol removal using biodiesel extraction in the fermentation of ABE (acetone-butanol-ethanol). *Bioresource Technology*, v. 145, n. 10, p. 224-228, out. 2013.

CAPÍTULO 5
Produção de ácidos orgânicos

Adalberto Pessoa Jr.

Valéria de Carvalho Santos Ebinuma

Jorge Fernando Brandão Pereira

5.1 INTRODUÇÃO GERAL E HISTÓRICO

Neste capítulo serão descritos e explicados os vários processos de produção de ácidos orgânicos por fermentação. De forma geral, esses processos utilizam microrganismos que possuem capacidade de metabolizar, aeróbia ou anaerobiamente, diferentes substratos, permitindo, assim, a obtenção dos ácidos orgânicos desejados. Embora os processos fermentativos sejam utilizados desde os primórdios da civilização, apenas em 1850 começaram a ser descritos e compreendidos, quando Pasteur identificou as leveduras como células vivas com capacidade de fermentar o açúcar, produzindo etanol e dióxido de carbono, em condições anaeróbias (MOO YOUNG, 1985). Após as primeiras descobertas e evidências sobre a ciência dos processos de produção de etanol e vinagre, outros processos fermentativos começaram a ser estudados, começando com o maior detalhamento do processo de produção do ácido acético, até o desenvolvimento de diferentes vias biológicas para a obtenção de outros ácidos orgânicos.

A produção industrial e comercialização dos ácidos orgânicos é realizada desde 1880, quando foi produzido ácido lático através de fermentação em escala laboratorial. No entanto, embora a fermentação industrial de ácido lático tenha começado a ser desenvolvida há mais de cem anos, ela foi mantida durante um longo período em segundo plano. Esse desinteresse pela produção de ácidos orgânicos utilizando bioprocessos deveu-se ao preferencial uso de processos químicos na conversão de ácidos orgânicos a partir de petróleo (MOO-YOUNG, 1985). O emprego de processos químicos gerava maior economia processual, bem como maiores rendimentos de produção. Contudo, no final do século passado a redução das reservas petrolíferas, e o consequente aumento do custo do petróleo, levou a um reinvestimento em processos biológicos (MOO-YOUNG, 1985). Associada a essa causa econômica, existiu também uma motivação ambiental, uma vez que a sociedade industrial passou a interessar-se mais pela utilização e desenvolvimento de processos mais sustentáveis e biocompatíveis, acarretando a redução do uso de compostos petrolíferos e seus derivados e levando a uma posterior redução de emissão de gases de efeito estufa (SAUER et al., 2008).

Dessa maneira, todas as razões de sustentabilidade econômico-ambientais conduziram ao desenvolvimento de diversos estudos, objetivando processos de fermentação de ácidos orgânicos e evolução das vias metabólicas de diversos microrganismos, tanto por mecanismos aeróbios quanto anaeróbios. A produção mais sustentável de ácidos orgânicos pode permitir o aumento da sua aplicabilidade comercial, não apenas como *commodities* mas também como produtos intermediários na produção de compostos de alto valor agregado (MOO-YOUNG, 1985). Após o reinvestimento industrial, diversos microrganismos foram descritos como capazes de produzir ácidos orgânicos, tendo sido reportada a produção microbiana de mais de 130 compostos ácidos na década de 1970 (WRIGHT; VINING, 1973).

Em função da extensa lista de ácidos orgânicos produzidos por microrganismos, estes são geralmente agrupados de acordo com a sua estrutura (ácidos mono-, di-, tricarboxílicos, glicosilados etc.), ou até mesmo organizados de acordo com sua origem metabólica. Levando em conta que este capítulo tem como foco a obtenção de ácidos orgânicos por fermentação, detalhamos a seguir sua classificação em termos de origem metabólica. Assim, tal como reportado por Mattey (1992), os ácidos orgânicos são divididos em dois principais grupos: 1) ácidos produzidos através das principais vias metabólicas de organismos aeróbios, como ciclo do ácido tricarboxílico e glicólise; e 2) ácidos obtidos da oxidação direta da glicose, a partir de uma ou duas etapas enzimáticas. De acordo com a classificação descrita anteriormente, ácidos como o cítrico, o itacônico, o lático e o málico são facilmente incorporados na primeira categoria, enquanto ácidos como o glucônico, glucono-σ-lactona e outros oxogluconatos entram na segunda. Embora essa classificação permita fácil distinção de grande número desses compostos produzidos por fermentação, fica bem mais complexo incorporar ácidos como o ácido acético, o qual pode ser classificado no primeiro grupo ou no segundo se considerarmos o ácido acético obtido por biotransformação do etanol (MATTEY, 1992).

Esta introdução mostra que existe grande diversidade de ácidos orgânicos que podem ser obtidos por vias metabólicas e que são de extrema importância para o futuro da indústria biotecnológica. Embora grande parte dos ácidos orgânicos apresente aplicabilidade imediata, sua importância tecnológica em nível industrial é somente "real" para alguns desses compostos. Em 2008, Sauer et al. distinguiram a importância e o impacto industrial de alguns dos ácidos orgânicos mais importantes, bem como verificaram quais são produzidos através de bioprocessos. Na Tabela 5.1 apresentamos uma lista contendo um resumo dos ácidos orgânicos que apresentam maior produção utilizando processos fermentativos em larga escala, a qual foi preparada de acordo com os valores anteriormente reportados por Sauer et al. (2008).

Tabela 5.1 Principais ácidos orgânicos, seus volumes médios de produção no ano de 2008 em escala industrial, valores totais e correspondentes apenas a processos microbianos

Ácido orgânico	Produção anual total (t)	Produção anual por fermentação (t)
Ácido cítrico	1.600.000	1.600.000
Ácido acético	7.000.000	190.000
Ácido lático	150.000	150.000
Ácido glucônico	87.000	87.000
Ácido itacônico	15.000	15.000

Fonte: valores obtidos de Sauer et al. (2008).

A Tabela 5.1 exibe a produção total e por fermentação dos ácidos orgânicos que apresentavam produção anual significativa em 2008. De acordo com esses valores, observa-se que a via biotecnológica já era responsável pela produção anual total de alguns ácidos orgânicos. A única exceção era o ácido acético, que industrialmente é produzido, principalmente, por via química. Porém, apesar desses ácidos serem os mais produzidos industrialmente, não se pode diminuir a importância de outros ácidos orgânicos, como ácido málico, fumárico, propiônico, butírico, succínico etc. Estes, apesar de menos comuns, podem também ser produzidos por bioprocessos e ter impacto significativo tanto em termos econômicos para a indústria biotecnológica como também em termos de aplicações e uso por outras indústrias, por exemplo, a farmacêutica, alimentar e química.

Desse modo, neste capítulo serão abordados com detalhe os ácidos orgânicos de maior interesse industrial. Para esses será feita uma breve contextualização, descritos os respectivos fluxogramas de produção e processos de separação e/ou recuperação, e abordadas genericamente as suas formas de comercialização e de impacto de mercado. Nas últimas subseções deste capítulo será apresentado também um resumo de outros tipos de ácidos orgânicos, que, embora de menor impacto econômico-industrial, são também produzidos por bioprocesso.

5.2 ÁCIDO CÍTRICO

O ácido cítrico (2-hidroxi-1,2,3-propanotricarboxílico) é um ácido fraco de massa molar de 210,24 g/mol, muito encontrado em frutas cítricas, sendo um intermediário do ciclo de Krebs (ciclo do ácido cítrico) (MOO-YOUNG, 1985). Apresenta diversas aplicações, como acidulante em indústrias alimentícias e bebidas (DEMAIN, 2007). Analisando seu volume de produção e aplicabilidade, o ácido cítrico pode ser considerado um dos bioprodutos mais importantes empregados industrialmente (MOO-YOUNG, 2011).

O processo histórico da produção do ácido cítrico é bem documentado na literatura (MOO-YOUNG, 1985; KRISTIANSEN; MATTEY; LINDEN, 1999; SAUER et al., 2008). Assim, neste capítulo faremos somente um breve resumo dos fatos. Esse ácido foi isolado, primeiramente, do suco de limão em 1784, sendo iniciada a sua produção industrial por essa via em 1826. Em 1880, passou a ser sintetizado quimicamente a partir de glicerol e, posteriormente, de dicloroacetona. Todavia, essas sínteses mostraram-se inadequadas devido ao custo, à periculosidade das matérias-primas e ao número excessivo de reações, o que gerava baixos rendimentos (MOO-YOUNG, 1985).

A produção de ácido cítrico por microrganismos foi primeiramente observada em 1893 a partir de espécies de *Penicillium*. Entretanto, somente em 1917 foi demonstrado que a cepa *Aspergillus niger* era capaz de produzir esse ácido em meio estático com altos rendimentos. Em 1923, foi desenvolvida por Chas. Pfizer & Co. Inc. a primeira planta de produção dessa biomolécula nos Estados Unidos (MOO-YOUNG, 1985), e posteriormente, a mesma produção usando fermentação em superfície sólida foi implementada em países como a Inglaterra, Bélgica, França, Tchecoslováquia, União Soviética e Alemanha (MOO-YOUNG, 2011). Após a Segunda Guerra Mundial, o processo de produção de ácido cítrico por fermentação submersa utilizando diversas fontes de carbono foi finalmente estabelecido (MOO-YOUNG, 1985). Atualmente, 99% da produção mundial de ácido cítrico ocorre por via microbiana (MAX et al., 2010), sendo que 80% é produzida por fermentação submersa (MOO-YOUNG, 2011).

Apesar de a produção de ácido cítrico já ser um processo bem estabelecido, um dos principais problemas desta indústria é a água residual que apresenta alta demanda química de oxigênio (DQO) e baixo pH (ZHANG et al., 2017). Desta maneira, novos processos de tratamento da água residual e reciclo desta água vêm sendo desenvolvidos para reduzir o custo do processo de produção de ácido cítrico.

5.2.1 PROCESSO DE PRODUÇÃO

Conforme apresentado, o processo de produção do ácido cítrico foi iniciado por fermentação em superfície e só depois foi desenvolvida a sua produção por fermentação submersa. Esta foi bem estabelecida nas décadas de 1930 e 1940, e desde então diversos microrganismos e meios de cultivo foram avaliados a fim de se produzir esse composto com altos rendimentos (MAX et al., 2010). O ácido cítrico pode ser acumulado em grandes quantidades por fungos filamentosos, certas leveduras e algumas bactérias. Esse não é um fenômeno natural do seu metabolismo, mas é conduzido durante seu crescimento sob certas condições nas quais o metabolismo é alterado para uma via que predispõe aos microrganismos a capacidade de acumular citrato. Dentre os microrganismos, *A. niger* é o principal produtor desse ácido orgânico, mas levedura de *Candida* sp. pode também ser usada empregando carboidratos ou *n*-alcanos como fontes de carbono (SHULER; KARGI, 2002). Um fluxograma resumo das principais etapas envolvidas no processo de produção do ácido cítrico é apresentado na Figura 5.1.

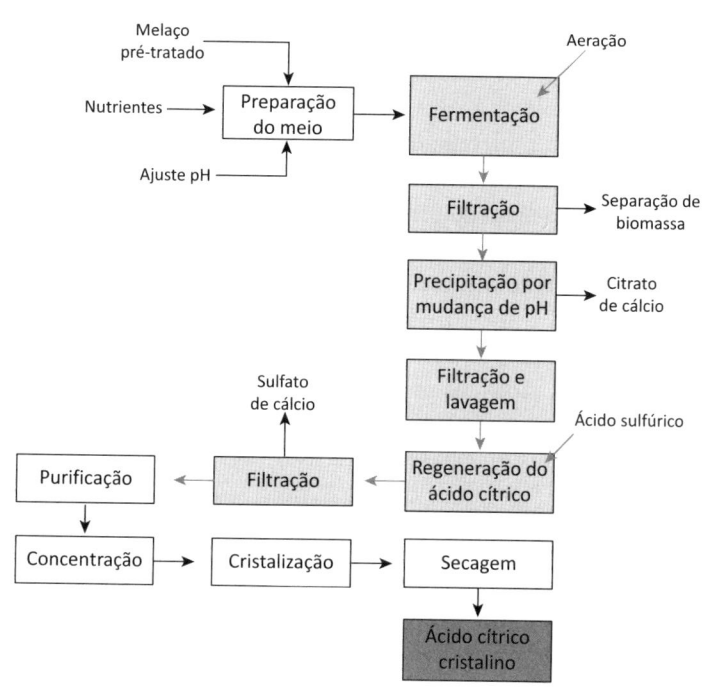

Figura 5.1 Fluxograma simplificado do processo de produção de ácido cítrico a partir da fermentação de melaço.

A produção de ácido cítrico por *A. niger* é fortemente influenciada pela composição do meio e condições de cultivo (MOO-YOUNG, 2011). Este é produto do metabolismo primário do microrganismo, sendo seu processo produtivo parcialmente associado ao crescimento. Para a obtenção de altos rendimentos são necessárias algumas condições específicas, como nutrientes em excesso (p. ex., açúcares), condição limitante de nitrogênio e fosfato e concentrações muito baixas de micronutrientes (como os metais Zn, Mn, Fe, Cu e metais pesados) (SHULER; KARGI, 2002). Em relação à fonte de carbono, industrialmente são empregados, principalmente, xaropes de glicose e melaços de beterraba e açúcar (MAX et al., 2010), embora já tenha sido reportada a utilização de outras matérias-primas alternativas.

O pH durante o processo fermentativo é um parâmetro de suma importância, no qual um pH ácido durante a fase de produção (pH < 2) reduz o risco de contaminação por outros microrganismos e inibe a produção de outros ácidos orgânicos indesejáveis (ácido glucônico e ácido oxálico), o que facilita a etapa de recuperação do ácido cítrico (MAX et al., 2010). Com *A. niger*, o pH varia de acordo com o meio empregado. Para melaços, o pH inicial deve ser neutro ou ligeiramente ácido para que ocorra a germinação e crescimento do microrganismo. Quando o meio é baseado em glicose ou sacarose pura e sais inorgânicos, o pH inicial pode variar entre 2,5 e 3,5. Por outro lado, utilizando-se leveduras é necessário controlar o pH por meio de frequente adição de carbonato de cálcio ou hidróxido de sódio (MOO-YOUNG, 1985). De maneira geral, o pH decresce durante o processo fermentativo, com valor final frequentemente próximo a 2.

Considerando a bioquímica do processo de produção de citrato a partir de glicose e sacarose, esta envolve um grande número de etapas enzimáticas que ocorrem no citosol e na mitocôndria. No citosol, a glicose é convertida a piruvato pela via glicolítica. Na mitocôndria, uma molécula de piruvato é descarboxilada pela ação do complexo piruvato desidrogenase, formando acetil-coA, enquanto a outra permanece no citosol e é carboxilada pela ação do piruvato carboxilase a oxaloacetato. Oxaloacetato é transportado na mitocôndria (via malato) e condensado com acetil-CoA para formar citrato. Em seguida, o produto é transportado para a mitocôndria e finalmente extraído da célula (MAGNUSON; LASURE, 2004). Como citado anteriormente, muitos dos processos industriais de produção de ácido cítrico empregam melaços como fonte de carbono, os quais são ricos principalmente em sacarose. Nesse caso, o açúcar presente no melaço deve ser hidrolisado a glicose e frutose antes de ir para o ciclo de Krebs pela ação das enzimas invertases (MAGNUSON; LASURE, 2004).

Em relação à forma do processo fermentativo, o ácido cítrico pode ser obtido por fermentação submersa, em superfície e sólida (processo Koji) (MOO-YOUNG, 2011). Industrialmente, o rendimento da produção desse bioproduto varia de 55% a 60% na fermentação submersa empregando melaços e 50% a 60% com amido hidrolisado. Rendimentos de 50% a 60% também são obtidos durante fermentação sólida utilizando amido como fonte de carbono. Porém, o maior rendimento de produção de ácido cítrico (60% a 65%) é alcançado para a fermentação em superfície com melaços (MOO-YOUNG, 2011). No entanto, esta apresenta diversos problemas associados, como intensivo processo laboratorial e menor susceptibilidade à otimização quando comparado com a fermentação submersa. Por outro lado, a fermentação submersa requer maior suplemento de energia e é menos reprodutível devido à maior suscetibilidade à tensão do oxigênio dissolvido (PRASAD, 2010).

Apesar dos pressupostos apresentados, o processo de fermentação submersa é o mais empregado industrialmente para a produção de ácido cítrico (KRISTIANSEN; MATTEY; LINDEN, 2002). Esse processo se destaca por vantagens como maior produtividade, menores custos com mão de obra e menor risco de contaminação (MOO--YOUNG, 2011) e pode ser realizada em modo descontínuo, descontínuo-alimentado, ou em sistema contínuo (MOO-YOUNG, 2011). Em relação aos tipos de reatores, o mais empregado é o tanque agitado, seguido pelo reator *air lift* (KRISTIANSEN; MATTEY; LINDEN, 2002). Um requerimento importante para esse tipo de fermentação é um sistema de aeração que mantenha alto nível de oxigênio dissolvido ao longo do processo (KRISTIANSEN; MATTEY; LINDEN, 2002). Além disso, durante o bioprocesso, e uma vez que a viscosidade do meio pode aumentar (afetando a transferência de oxigênio), é necessário um eficiente sistema de agitação. Geralmente, para evitar cisalhamento, a agitação nesses processos varia entre 50 rpm e 100 rpm (MAGNUSON; LASURE, 2004). A produção do ácido cítrico ocorre numa faixa de temperatura de 28 °C a 30 °C com duração de 5 a 14 dias, dependendo das condições do processo (MOO-YOUNG, 2011).

O processo de produção de ácido cítrico mais tradicional, a fermentação de superfície, é aplicado somente industrialmente, em pequena escala, em algumas áreas da

Europa. Esse processo utiliza bandejas resistentes aos ácidos, em que um compartimento estéril é completado com o meio contendo açúcar e inoculado com esporos de *A. niger*. O processo ocorre sob condições estacionárias numa faixa de temperatura de 28 °C a 30 °C, mas com elevado grau de circulação de ar (permite a formação de uma camada de micélio sobre a superfície do meio), durante um período que varia de 8 a 14 dias. (MOO-YOUNG, 2011).

O processo Koji foi originalmente desenvolvido no Japão e consiste em uma fermentação em meio sólido que ocorre em pequena escala (KRISTIANSEN; MATTEY; LINDEN, 2002), muito similar à fermentação em superfície. Para o desenvolvimento desse processo, substratos sólidos, como farelos, são umedecidos para uma atividade de água final de 70% a 80%, e o pH ajustado para uma faixa entre 4 e 6 (MOO-YOUNG, 2011). A temperatura de incubação é 30 °C e o processo dura de 4 a 5 dias em condição estacionária (KRISTIANSEN; MATTEY; LINDEN, 2002). A vantagem desse processo é o tempo relativamente curto da fermentação, sendo a sua maior desvantagem relacionada com a grande quantidade de resíduos gerados após a fermentação (MOO-YOUNG, 2011).

5.2.2 PROCESSO DE SEPARAÇÃO

A recuperação do ácido cítrico a partir do meio fermentado é um processo que envolve uma série de operações unitárias de purificação. O processo clássico é o de precipitação do ácido, o qual é empregado independentemente do tipo de fermentação. Inicialmente, a separação das células do meio fermentado é realizada por filtração ou centrifugação, e, em seguida, o meio fermentado sem células é aquecido e adiciona-se hidróxido de cálcio. Dessa maneira, ocorre precipitação de citrato de cálcio tetra-hidratado. O precipitado é recuperado por filtração e tratado com suspensão aquosa de H_2SO_4, gerando uma solução aquosa de ácido cítrico e do subproduto $CaSO_4$. A solução contendo o ácido cítrico é tratada com carvão ativado e/ou resina de troca iônica para permitir a cristalização do ácido cítrico. Finalmente, a solução concentrada é cristalizada a vácuo a 20 °C a 25 °C, formando ácido cítrico mono-hidratado. A precipitação de ácido cítrico anidro ocorre quando a cristalização ocorre em temperaturas abaixo de 36,5 °C. A desvantagem desse método é a formação de gipsita em grandes quantidades, aumentado o custo para o tratamento dos efluentes aquosos (MOO-YOUNG, 2011).

A extração com solventes orgânicos é um processo alternativo ao clássico, aplicado geralmente quando o ácido cítrico é obtido a partir de glicose pura. Nos processos que empregaram melaços como fonte de carbono, os solventes tendem a extrair algumas impurezas contidas nos licores. A vantagem do uso da extração com solventes é evitar a disposição de gipsita (MOO-YOUNG, 1985).

Nas fermentações que utilizam *n*-alcanos e em particular hidróxido de sódio no controle de pH, os sais, citrato monossódico ou trissódico, podem ser diretamente cristalizados a partir do meio fermentado clarificado. Nesse caso, o ácido cítrico pode ser produzido a partir do citrato de sódio por eletrodiálise (MOO-YOUNG, 1985).

5.2.3 COMERCIALIZAÇÃO E MERCADO

O ácido cítrico pode ser produzido como composto anidro ou mono-hidratado (ambos disponíveis comercialmente). De maneira geral, a comercialização do ácido cítrico em todo o mundo está dividida entre as seguintes áreas: alimentos, confeitaria e bebidas (75%), farmacêutica (10%) e outros setores industriais (15%) (MOO-YOUNG, 2011). Em 2014, aproximadamente, 1,3 milhão de toneladas de ácido cítrico foram produzidas somente na China (GRAND VIEW RESEARCH, 2017). De acordo com o relatório da *Market and Markets*, em 2014, o mercado global de ácido cítrico foi de 2,6 bilhões de dólares, sendo esperado que em 2020 atinja valores na ordem dos 3,6 bilhões de dólares, com a maior cota de consumo na Europa, seguida pela América do Norte (MARKET AND MARKETS, 2015). A agência norte-americana Food and Drug Administration (FDA) classifica o ácido cítrico como um ingrediente alimentar *generally recognised as safe* (GRAS). Assim, esse ácido é empregado na indústria de alimentos como acidulante, antioxidante e adjuvante de sabor. Por exemplo, o ácido cítrico pode ser utilizado no melhoramento do sabor, conferindo acidez e controlando o pH no processo de produção de geleias e doces, ou ser aplicado como estabilizador em diversos alimentos (DEMAIN et al., 2007). Adicionalmente, o ácido cítrico é capaz de complexar metais pesados como ferro e cobre, o que tem levado ao seu crescente uso como estabilizante de óleos e gorduras, pois permite a redução significativa da oxidação catalisada por esses metais (MOO-YOUNG, 1985). A capacidade de se combinar com metais complexos, em associação com o baixo grau de reação com aços especiais, permite o emprego de soluções de citrato na limpeza de caldeiras de centrais elétricas e instalações semelhantes (MOO-YOUNG, 2011). No campo farmacêutico, devido à ação de sequestro do ácido cítrico, é também usado, por exemplo, na estabilização do ácido ascórbico. Por outro lado, o seu efeito fervescente, produzido quando combinado com carbonatos ou bicarbonatos, permite a aplicação do ácido cítrico em formulações de antiácidos e preparações solúveis de aspirina. Este é frequentemente usado como ânion em preparações farmacêuticas empregando substâncias básicas como agente ativo (MOO-YOUNG, 1985).

O ácido cítrico permite também formar uma vasta gama de sais metálicos, os quais podem ser empregados em artigos do comércio, entre outros. Citrato trissódico, por exemplo, é usado como conservante de sangue e em produtos de limpeza (MOO-YOUNG, 1985). Citrato de amônio férrico é usado no tratamento de anemia, embora outros sais de ferro sejam preferidos; é também utilizado como auxiliar para a emulsificação na fabricação de produtos alimentares processados como queijos e derivados. Ácido cítrico apresenta efeito bactericida e bacteriostático, e soluções contendo ácido cítrico são também usadas como agentes esterilizantes (MOO-YOUNG, 2011). Diante do exposto, o ácido cítrico apresenta vasta gama de aplicações, razão pela qual futuros estudos visando otimizar e reduzir seu custo de produção são de grande interesse.

5.3 ÁCIDO LÁTICO

O ácido lático (ácido 2- hidroxipropanoico) é um ácido orgânico de função mista, ácido carboxílico-álcool, presente em duas formas ópticas ativas. Em humanos e outras espécies de mamíferos apenas a forma do isômero L(+) se encontra presente, enquanto ambos os enantiômeros D(–) e L(+) podem ser sintetizados usando cepas de bactérias apropriadas (GHAFFAR et al., 2014). Sua produção pode ser realizada por síntese química ou via fermentativa, sendo que atualmente é, sobretudo, produzido pelo segundo processo (MOO-YOUNG, 2011). A sua importância deve-se à diversidade de suas aplicações, as quais incluem as indústrias de alimentos, química, cosmética e farmacêutica. Atualmente, seu mercado está em expansão, pois pode ser empregado como precursor do polímero biodegradável e biocompatível poli (ácido lático) (PLA) (ABDEL-RAHMAN; TASHIRO; SONOMOTO, 2013).

O ácido lático foi descoberto em 1780 por Carl Wilhelm Scheele, que o isolou a partir de leite coalhado. Posteriormente, em 1789, Lavoisier nomeou o componente do leite como *acide lactique*, que deu origem à atual terminologia "ácido lático". Este foi considerado um componente do leite até 1857, quando Pasteur o postulou como metabólito fermentativo gerado pela ação de certos microrganismos (GHAFFAR et al., 2014). Todavia, sua produção industrial iniciou-se somente em 1881 nos Estados Unidos (MOO-YOUNG, 1985). Atualmente, é produzido industrialmente por grandes empresas, como Galactic, PURAC®, Cargill Incorporated, Archer Daniels Midland Company (MOO-YOUNG, 2011).

5.3.1 PROCESSO DE PRODUÇÃO

Como citado anteriormente, grande parte da produção mundial de ácido lático é obtida por processos fermentativos. Estes oferecem diversas vantagens, como, por exemplo, utilização de substratos renováveis de baixo custo, baixa temperatura de produção e baixo consumo de energia, além de permitirem a produção do ácido lático puro em ambas as formas óticas, D(–) ou L(+), por meio da seleção apropriada do microrganismo (ABDEL-RAHMAN; TASHIRO; SONOMOTO, 2013). Os microrganismos produtores podem ser divididos em quatro grupos principais, nomeadamente, bactérias láticas, cepas de *Bacillus, Escherichia coli* e *Corynebacterium glutamicum* (ABDEL-RAHMAN; TASHIRO; SONOMOTO, 2013). Outros agentes biológicos capazes de produzir o ácido lático são algumas cepas de *Rhizopus, Kluyveromyces* e *Saccharomyces* (GHAFFAR et al., 2014).

As bactérias láticas constituem um grupo de bactérias Gram-positivas que existem no interior de plantas, carne e produtos lácteos, com capacidade de produzir ácido lático como um produto anaeróbico da glicólise com altos rendimentos e produtividade

(ABDEL-RAHMAN; TASHIRO; SONOMOTO, 2013). As condições ótimas de crescimento variam dependendo dos produtores utilizados, porém podem crescer em ampla faixa de pH (3,5 a 10) e temperatura (5 °C a 45 °C) (ABDEL-RAHMAN; TASHIRO; SONOMOTO, 2013). As bactérias láticas podem ser classificadas como homofermentativas, se produzem ácido lático, células e outras substâncias em menores quantidades; ou heterofermentativas, se produzem ácido lático, células e outros subprodutos como ácido acético, dióxido de carbono, etanol e glicerol (MOO-YOUNG, 1985). As homofermentativas catabolizam a glicose segundo a via de Embden-Meyerhof (MOO-YOUNG, 1985), enquanto as heterofermentativas usam a via alternativa da pentose monofosfato, na qual uma hexose é convertida a uma pentose e dióxido de carbono (catalisado por diferentes enzimas). A pentose resultante é então clivada a gliceraldeído-3-fosfato e acetilfosfato por ação da fosfocetolase (ABDEL-RAHMAN; TASHIRO; SONOMOTO, 2013).

Em comparação com as bactérias láticas, as cepas de *Bacillus* spp. (bactérias Gram-positivas) apresentam avanços na produção de ácido lático, permitindo redução dos custos do processo de produção, uma vez que podem crescer e produzir ácido lático em meio com sais minerais e pobres em nitrogênio (meios mais baratos), bem como podem ser fermentadas em temperaturas acima de 50 °C (ABDEL-RAHMAN; TASHIRO; SONOMOTO, 2013). Dentre os fungos filamentosos, *Rhizopus* sp., particularmente *Rhizopus oryzae*, pode ser usado para produzir L(+) ácido lático. Quando comparado com bactérias láticas, esse microrganismo tem requerimento nutricional menos complexo (MOO-YOUNG, 2011). Ademais, o processo de recuperação do ácido lático produzido por essas cepas é relativamente mais fácil quando comparado ao obtido por outras bactérias e leveduras (ABDEL-RAHMAN; TASHIRO; SONOMOTO, 2013).

A produção do ácido lático por fungos filamentosos apresenta também algumas vantagens: crescimento em meio mineral simples, facilitando a etapa de recuperação e tolerância a valores de pH muito baixos, dispensando a etapa de neutralização durante o processo fermentativo. O baixo pH elimina a regeneração do precipitado de lactato (lactato de cálcio), permitindo diminuição dos custos com agentes neutralizantes (como o carbonato de cálcio) (ABDEL-RAHMAN; TASHIRO; SONOMOTO, 2013).

Na literatura, podem-se encontrar cepas de *Saccharomyces cerevisiae* geneticamente modificadas com a capacidade de metabolizar lactose e produzir ácido lático (TURNER et al., 2017), porém não há citações sobre o emprego dessas cepas industrialmente.

Assim como o ácido cítrico, o ácido lático pode também ser obtido por processos descontínuo, descontínuo alimentado, descontínuo repetido (semicontínuo) e contínuo (GHAFFAR et al., 2014). Embora o processo descontínuo tenha sido um dos mais utilizados para a produção do ácido lático, ele apresenta baixa produtividade devido ao longo tempo de fermentação e baixa concentração celular. Em adição, outros fatores como substrato e a inibição pelo produto restringem o emprego dessa forma de condução do processo. Para a produção do ácido lático por algumas cepas, como

Bacillus e *Escherichia coli,* é fundamental o controle da aeração. Por exemplo, na ausência de aeração, a produção de ácido lático por *Bacillus* sp. é limitada devido à sua baixa concentração de biomassa, enquanto sob taxas de aeração elevadas ocorre a formação diversos subprodutos (ABDEL-RAHMAN; TASHIRO; SONOMOTO, 2013). Esses problemas conduziram ao interesse nas outras formas de condução do processo.

Todavia, cada um desses processos apresenta também algumas limitações, tendo sido exigidos grandes esforços no seu desenvolvimento e melhoramento para alcançar uma produção efetiva de ácido lático (ABDEL-RAHMAN; TASHIRO; SONOMOTO, 2013). Se o objetivo é reduzir a inibição pelo substrato, o processo descontínuo alimentado surge como o melhor sistema para manter a concentração de substrato em um nível baixo, pois permite alimentação contínua de nutrientes aos microrganismos (ABDEL-RAHMAN; TASHIRO; SONOMOTO, 2013). O processo descontínuo repetido envolve ciclos repetidos por inocular uma parte ou todas as células obtidas no processo anterior no próximo a ser realizado. Se o objetivo for evitar a inibição pelo produto, o processo contínuo surge como a opção mais atrativa, uma vez que o produto é diluído no meio de fermentação juntamente com o novo meio de cultivo adicionado (ABDEL-RAHMAN; TASHIRO; SONOMOTO, 2013).

As condições para a fermentação são diferentes para cada método industrial, sendo, geralmente, produzidas em faixa de temperatura de 45 °C a 60 °C e pH entre 5 e 6,5 para o *Lactobacillus delbrueckii* e 43 °C a pH de 6 a 7 para *Lactobacillus bulgaricus*. Ambas apresentam tempos de fermentação de 1 a 2 dias sob condições ótimas, sendo o rendimento do ácido lático de 90% a 95% em relação à concentração inicial de açúcar (GHAFFAR et al., 2014). Dentre os substratos mais utilizados, destacam-se glicose, sacarose, lactose e amido/maltose, derivados de alimentos como açúcar de beterraba, melaços, mel e malte de cevada. A preferência por resíduos está relacionada ao seu baixo preço, disponibilidade e custo de purificação do ácido lático produzido com esse substrato (GHAFFAR et al., 2014).

Independentemente do método empregado, cada microrganismo apresenta especificidades na produção do ácido, e esse fator deve ser levado em consideração na avaliação do processo. De maneira geral, tem sido observado que a produtividade é normalmente afetada pela temperatura, tempo de fermentação e nível de substrato. Os maiores índices de produtividade têm sido obtidos depois de 7 dias de fermentação (GHAFFAR et al., 2014), caso em que as taxas de agitação e de concentração de glicose aparecem como os principais fatores limitantes (GHAFFAR et al., 2014). O processo fermentativo requer também controle apropriado do pH numa faixa de 5 a 7, o qual é obtido pela aplicação de agentes neutralizantes durante a fermentação. Esse procedimento leva a um incremento do custo em termos de acidulação do meio fermentado para regenerar ácido lático livre seguido do processo de recuperação (ABDEL-RAHMAN; TASHIRO; SONOMOTO, 2013). Como exemplo, na Figura 5.2 é apresentado um fluxograma modelo da produção do ácido lático.

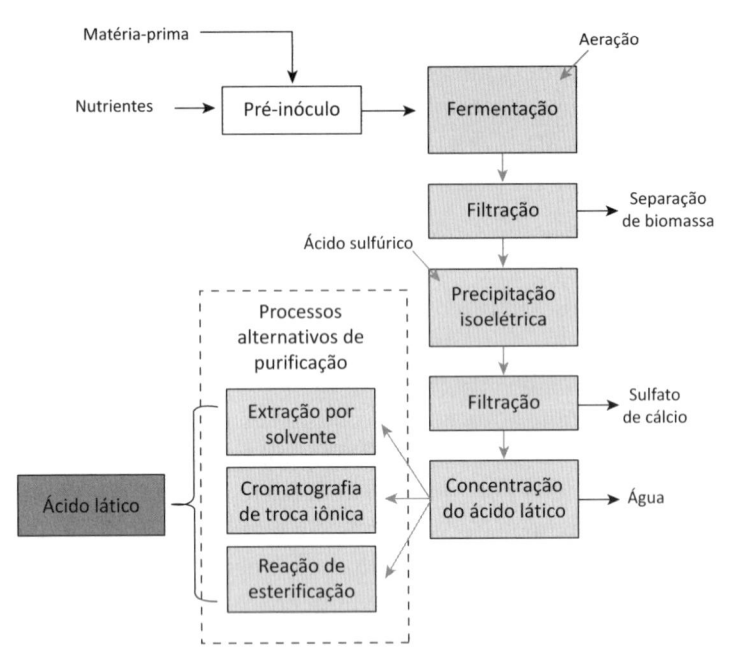

Figura 5.2   Fluxograma simplificado do processo fermentativo de produção de ácido lático.

5.3.2 PROCESSO DE SEPARAÇÃO

O processo de recuperação do ácido lático começa pela separação das células do meio fermentado por filtração ou centrifugação. Posteriormente, é realizada a precipitação isoelétrica do lactato de sódio pela adição de $Ca(OH)_2$. Adiciona-se, então, ácido sulfúrico até o pH chegar próximo a 2 (ocorre precipitação de sulfato de cálcio –gipsita). Essa etapa tem a vantagem de ser simples e bem conhecida, mas, como enunciado anteriormente para o ácido cítrico, apresenta a desvantagem de gerar subprodutos como a gipsita (ABDEL-RAHMAN; TASHIRO; SONOMOTO, 2013). A gipsita é removida por filtração ou centrifugação e o filtrado é submetido à técnica de eletrodiálise (MOO- -YOUNG, 2011). A eletrodiálise é efetiva na recuperação de ácido lático a partir do meio clarificado devido à sua rapidez e efetividade na remoção de moléculas não iônicas, além de concentrar o ácido lático e ser um processo ambientalmente sustentável (ABDEL-RAHMAN; TASHIRO; SONOMOTO, 2013). Além disso, essa técnica permite a regeneração do agente neutralizante do processo fermentativo (MOO-YOUNG, 2011). Por outro lado, podem ser utilizadas resinas de adsorção e extração com solventes como alternativa às etapas de acidificação e purificação, porém essa combinação de técnicas pode gerar alguns resíduos salinos (MOO-YOUNG, 2011). Deve-se realçar que, para obter ácido lático com alto grau de pureza, é necessário realizar etapas posteriores de purificação, nomeadamente, utilização de resinas (catiônica, aniônica e carbono ativado) para remover íons e pigmentos, e uma técnica cromatográfica final para se obter ácido lático com alto grau de pureza (MOO-YOUNG, 2011).

5.3.3 COMERCIALIZAÇÃO E MERCADO

A demanda por ácido lático tem crescido anualmente entre 5% e 8%, tendo em 2012 uma produção mundial anual aproximada de 259 mil toneladas (ABDEL-RAHMAN; TASHIRO; SONOMOTO, 2013) e, em 2015, de 500.000 toneladas. A produção de 2015 permitiu um mercado na ordem dos 1,65 bilhão de dólares, sendo que a expectativa é que esse valor aumente mais de 12,5% nos próximos anos (*GLOBAL MARKET INSIGHTS*, Relatório GMI821, 2016). Tal como o ácido cítrico, o ácido lático é classificado como GRAS pela FDA, o que permite seu uso em quase todos os segmentos da indústria alimentar, como regulador do pH, aromatizante de alimentos, fortificação mineral (WEE; KIM; RYU, 2006). Dentre as aplicações mais específicas na indústria alimentícia, este é empregado em carnes processadas para aumentar o prazo de validade, no controle contra patógenos alimentares ou como acidulante em molhos de saladas, legumes em conserva e bebidas (WEE; KIM; RYU, 2006). Ao ser utilizado pela indústria farmacêutica, o ácido lático é usualmente empregado para ajustar o pH das formulações (MOO-YOUNG, 2011). Em processos químicos, o ácido lático e seus sais são utilizados para descalcificação, como agente regulador de pH, neutralizador, intermediário quiral, solvente, agente de limpeza, agente de liberação lenta de ácido, complexante, antimicrobiano e umectante (WEE; KIM; RYU, 2006).

O ácido lático é utilizado como precursor de compostos de baixa e alta massa molar propileno glicol e alguns polímeros acrílicos, respectivamente. Os polímeros produzidos a partir do ácido lático são biodegradáveis e geralmente empregados como materiais de embalagem e rotulagem. Devido à sua biocompatibilidade, são úteis para a fabricação de dispositivos protéticos e suturas (MARTINEZ et al., 2013). Entre eles, o ácido polilático (PLA) tem recebido bastante destaque graças à sua aplicação nas indústrias médica, têxtil e farmacêutica (MARTINEZ et al., 2013), bem como por ser considerado um polímero novo ambientalmente favorável, sendo até um possível bioplástico (GHAFFAR et al., 2014). Como o mercado para o PLA tem crescido, espera-se que a demanda por ácido lático aumente nos próximos anos.

5.4 ÁCIDO ACÉTICO

O ácido acético é o principal componente do vinagre, o qual é também reconhecido como efetivo componente antimicrobiano na prevenção do crescimento de organismos patógenos em alimentos fermentados (GULLO; VERZELLONI; CANONICO, 2014). O vinagre, solução aquosa de ácido acético, é conhecido e consumido há tanto tempo quanto o vinho e, portanto, a sua produção data de pelo menos 10 mil anos a.C. (MOO-YOUNG, 2011). Os primeiros métodos de obtenção do ácido acético foram a partir de carboidratos naturais por oxidação bioquímica do álcool e destilação da madeira (MOO-YOUNG, 2011). O vinagre pode ser obtido a partir de uma grande variedade de matérias-primas, por exemplo, frutas (maçã, uva, pêssego, pera, laranja, abacaxi), grãos, soro de leite e malte, melaços de cana-de-açúcar, sendo o termo "vinagre" aplicado ao produto de fermentação acética de etanol a partir de qualquer uma das fontes mencionadas (MOO-YOUNG, 2011). No entanto, desde 1950, são os métodos sintéticos que fornecem a maior parte do ácido acético comercializado em todo o mundo (MOO-YOUNG, 1985), sendo apenas 10% da produção mundial obtida por via biotecnológica. Contudo, o desenvolvimento de bioprocessos de produção de ácido acético continua a ser fundamental, pois diversas legislações determinam que o vinagre usado em alimentos seja de origem natural (biológica) (MOO-YOUNG, 2011).

5.4.1 PROCESSO DE PRODUÇÃO

As acetobactérias são capazes de oxidar etanol como substrato para produzir ácido acético em meio com pH neutro e ácido sob condições aeróbias (MOO-YOUNG, 2011). Esse grupo de microrganismos pode ser dividido em dois gêneros: *Gluconobacter* e *Acetobacter*. O primeiro grupo oxida etanol a somente ácido acético, enquanto o segundo grupo pode oxidar etanol primeiro a ácido acético e então a CO_2 e H_2O. A produção de ácido acético por ambos os microrganismos ocorre a partir da bioconversão de etanol através de duas reações catalisadas pela pirroloquinolina quinona (PQQ) ligada à membrana, a qual é dependente das enzimas álcool desidrogenase (ADH) e aldeído desidrogenase (ALDH). ADH oxida o etanol a acetaldeído, o qual é então convertido a ácido acético por ação de ALDH e libera a molécula no meio. Esses dois complexos de desidrogenase estão estritamente ligados à cadeia respiratória, que transfere elétrons através de ubiquinona (UQ) ao oxigênio, o qual atua como receptor final de elétrons. O ácido acético produzido pela oxidação parcial do etanol pode ser oxidado no citoplasma por um conjunto de $NAD(P)^+$ solúvel desidrogenases-dependentes (ADH e de ALDH) via ciclo de ácido tricarboxílico, resultando na oxidação de etilo (superoxidação) (GULLO et al., 2014).

Os dois métodos principais de produção biotecnológica do ácido acético são: fermentação em estado sólido (microrganismos cultivados em substratos na ausência de água livre); fermentação submersa (GULLO et al., 2014). Este último método apresenta diversas vantagens, pois, no cultivo submerso, a oxidação do álcool ocorre trinta vezes mais rápido, utiliza reatores de menor volume, podendo ser totalmente automatizado, e permite alcançar maior eficiência; ou seja, é um processo mais econômico (MOO-YOUNG, 2011).

Os requisitos básicos para preparação de cultivos submersos são a disponibilidade de adequadas concentrações de álcool, ininterrupta aeração e utilização de cepas que tolerem elevadas concentrações de ácido acético e etanol. Adicionalmente, é desejado que as cepas não sejam sensíveis às infecções de fagos e necessitem de pequenas quantidades de nutrientes para alcançar altos rendimentos (GULLO et al., 2014). A fermentação submersa em escala industrial é realizada, principalmente, por processos semicontínuos (processos descontínuos repetidos), nos quais os substratos alcoólicos são adicionados após o início da acetificação, e continuamente a depender de seu consumo no fermentador. Esse modo operacional é relatado como o mais vantajoso para a produção de vinagre, em parte porque reduz o risco de inibição pelo substrato e repressão catabólica (GULLO et al., 2014).

O ácido acético também pode ser obtido por fermentação anaeróbia, em que a hexose é convertida a três moléculas de ácido acético por diferentes bactérias acetogênicas.

Esses procariontes foram inicialmente estudados devido às suas propriedades de fixação de CO_2, tendo sido isoladas até o momento mais de 100 espécies acetogênicas, representando 22 gêneros. De todos estes, as bactérias *Acetobacterium* e *Clostridium* são as mais conhecidas (MOO-YOUNG, 2011). As bactérias acetogênicas são anaeróbias que utilizam a via de acetil-coenzima-A (acetil-CoA) para a redução do CO_2. Assim, acetato é o único produto de fermentação, o qual é frequentemente utilizado para acetogênese (MOO-YOUNG, 2011). Contrariamente à fermentação aeróbia convencional (a qual apresenta baixo rendimento do produto e custo de energia elevado), a fermentação anaeróbia permite que cerca de 100% do substrato de carbono possa ser recuperado na forma de ácido acético (MOO-YOUNG, 1985).

A produção de ácido acético por bactérias acetogênicas ocorre em fase única, na qual, pela acetogênese, todo o carbono da glicose é convertido em ácido acético. Desse modo, pode ser considerado o processo microbiano ideal para a produção comercial de ácido acético. Contudo, a comercialização desse ácido por esse processo não é ainda realizada, principalmente devido a duas principais razões: inibição das bactérias acetogênicas em altas concentrações de acetato; não crescimento das bactérias em condições muito ácidas. O mecanismo subjacente é diferente da oxidação do etanol por microrganismos aeróbios, que utilizam O_2, e não CO_2, como receptor final de elétrons.

A fim de clarificar o processo de produção de ácido acético, a Figura 5.3 apresenta um fluxograma simplificado do processo de produção do ácido acético a partir de resíduo de usina.

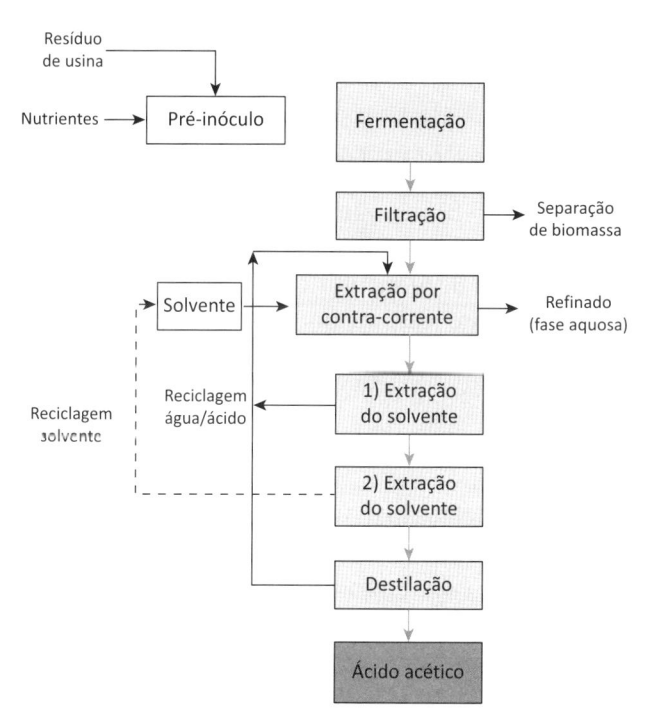

Figura 5.3 Fluxograma simplificado do processo de produção de ácido acético a partir da fermentação de resíduos de usina.

5.4.2 PROCESSO DE SEPARAÇÃO

A separação de ácido acético tem sido explorada há muitos anos por meio de várias tecnologias, como destilação fracionada; desidratação por destilação azeotrópica; extração por solvente; combinação dos métodos referidos; destilação extrativa; e adsorção de carbono. Para concentrações elevadas de ácido acético (> 50%), pode ser realizado fracionamento simples (MOO-YOUNG, 1985).

Na destilação extrativa, a lavagem em contracorrente de vapores mistos em uma coluna de destilação tem lugar através de uma corrente descendente de um líquido com alto ponto de ebulição, o qual será o solvente preferencial para um dos componentes. Esse processo foi primeiramente aplicado na remoção do ácido acético a partir de ácido pirolenhoso. Porém, essa técnica tem uma grande desvantagem, pois exige equipamentos mais dispendiosos e consome maior quantidade de vapor de água do que os outros processos (MOO-YOUNG, 1985).

Para concentrações intermediárias de ácido acético (10% a 50%), é utilizada a extração líquido-líquido combinada com posterior destilação azeotrópica, que consiste na aplicação de diversos solventes de baixa massa molar (ésteres, éteres e cetonas), os quais têm coeficientes de distribuição suficientemente elevados para separar os ácidos em concentrações baixas (MOO-YOUNG, 1985). Por fim, com o interesse de evitar a inibição pelo produto, um processo de extração simultânea foi desenvolvido, o qual permite a remoção contínua dos ácidos produzidos, mantendo, assim, seu nível abaixo do ponto crítico. A extração contínua é realizada geralmente por troca de íons, extração de solvente e de separação por membrana (MOO-YOUNG, 2011).

5.4.3 COMERCIALIZAÇÃO E MERCADO

Grande parte do ácido acético atualmente produzido é utilizado pela indústria mais tradicional, a indústria alimentar, como principal componente do vinagre ou como aditivo em outros tipos de alimentos (MOO-YOUNG, 2011). No entanto, esse ácido é também um importante reagente químico orgânico e industrial, majoritariamente empregado na produção de polietileno tereftalato. Esse polímero é utilizado na confecção de garrafas de refrigerante, produção de acetato de celulose e na formulação de filmes fotográficos, acetato de polivinil, cola de madeira e fibras sintéticas (MOO-YOUNG, 2011).

O ácido acético é um dos ácidos mais comercializados no mundo inteiro. De acordo com o relatório da Global Market Insights, ultrapassou os 8 bilhões de dólares em 2016, sendo estimado que esse valor possa quase duplicar e atingir 16 bilhões de dólares em 2024. Em 2016, 35% de toda a produção de ácido acético foi consumida na China, sendo esperado que essas cotas de consumo sejam mantidas até 2024 (GLOBAL MARKET INSIGHTS, 2017). É importante enfatizar novamente que a maior parte do ácido comercializado é obtida por síntese química, sendo apenas uma pequena fração (10%) obtida por vias metabólicas com base biotecnológica (MOO-YOUNG, 2011).

5.5 ÁCIDO ITACÔNICO

O ácido itacônico, também conhecido como ácido metilsuccínico, é um ácido dicarboxílico saturado, cujo grupo metileno pode participar de reações de polimerização (empregado na produção de polímeros sintéticos). Além disso, ele pode ser usado como componente bioativo na agricultura e farmácia e como iniciador na conversão enzimática para formar importantes polifuncionais. Por essas razões, o ácido itacônico foi considerado pelo Departamento de Energia dos Estados Unidos como uma das doze matérias-primas mais interessantes que podem ser produzidas por bioprocesso. Atualmente, sua produção comercial ocorre por fermentação submersa de *A. terreus*, por uma via variante da via metabólica para a produção do ácido cítrico em *A. niger* (VAN DER STRAAT et al., 2014).

O ácido itacônico foi descoberto em 1837 como produto de decomposição térmica do ácido cítrico. Porém, somente em 1929 ele foi relatado como um produto metabólico, quando Kinoshita o isolou a partir do caldo de fermentação de uma espécie de *Aspergillus* posteriormente denominada como *A. itaconicus*. Nos anos seguintes, diversas outras espécies de *Aspergillus*, incluindo *A. terreus*, foram descritas como cepas mais adequadas para a produção de ácido itacônico (MOO-YOUNG, 2011). Adicionalmente, já foi também reportado que certas leveduras podem acumular ácido itacônico (MOO-YOUNG, 1985). A produção industrial desse ácido por fermentação submersa foi iniciada em 1955 por Chas. Pfizer & Co., Inc. em sua fábrica sediada no Brooklyn, Nova York, Estados Unidos (MOO-YOUNG, 1985). Esse ácido orgânico pode ser sintetizado por meio de diferentes processos químicos, empregando principalmente o ácido cítrico como matéria-prima. No entanto, tem sido demonstrado que esses métodos são inadequados para a produção industrial, especialmente devido às desvantagens econômicas e baixos rendimentos de produção, o que faz com que hoje em dia o ácido itacônico seja produzido exclusivamente por via fermentativa (MOO-YOUNG, 2011).

5.5.1 PROCESSO DE PRODUÇÃO

Embora a produção do ácido itacônico já esteja estabelecida em larga escala, é necessária a otimização de alguns dos processos atuais que utilizam o fungo *A. terreus*, uma vez que os elevados custos de produção estão dificultando a ampliação de seu uso (KLEMENT; BUCHS, 2013). Industrialmente, o ácido itacônico é basicamente produzido por fermentação em sistema descontínuo, tanto em reator tanque agitado como em reator *air lift*. Os processos contínuos são vistos como possíveis alternativas ao processo descontínuo, uma vez que podem ser conduzidos sob condições ideais por longos períodos de tempo. Além disso, devido ao fornecimento contínuo de caldo de fermentação, essa metodologia favorece os posteriores processos de recuperação do ácido itacônico. Como esse ácido é produzido sob condições limitadas de crescimento, o fornecimento de nutrientes deve ser cuidadosamente equilibrado para permitir o crescimento e produção em paralelo (KLEMENT; BUCHS, 2013).

A biossíntese de ácido itacônico em *A. terreus* e a produção de ácido cítrico em *A. niger* partilham uma característica-chave em suas vias metabólicas, sendo até, em alguns casos, designada a produção de ácido itacônico como "produção de ácido cítrico na presença de uma cis-aconitato descarboxilase" (KLEMENT; BUCHS, 2013). Durante a produção de ácido itacônico, *A. terreus* é cultivado em altas concentrações de substrato e baixos valores de pH, sob condições limitadas de fosfato (KLEMENT; BUCHS, 2013). Semelhantemente ao processo de produção de ácido cítrico com *A. niger*, a glicose é convertida via Embden-Meyerhof (glicólise) em duas moléculas de piruvato. Estequiometricamente, uma molécula de piruvato é descarboxilada e depois convertida a acetil-coA, e a outra é usada em uma reação anaplerótica de forma a repor o oxaloacetato. Posteriormente, tanto o oxaloacetato quanto o acetil-coA são combinados pela citrato sintase através da primeira etapa do ciclo dos ácidos tricarboxílicos (ciclo de Krebs) para render citrato (KLEMENT; BUCHS, 2013).

Embora a via de produção do ácido itacônico apresente algumas similaridades com a via do ácido cítrico, existe uma importante diferença a ser considerada. Alguns estudos a respeito da produção do ácido cítrico focam na inibição da aconitase que converte o produto desejado a citrato e depois para cis-aconitato por quelação com íons ferro ou modificando a aconitase. Todavia, deve ser evitada a utilização de métodos que possam interromper o ciclo de Krebs através da desativação da aconitase, uma vez que essa é a enzima-chave para a via de produção desse ácido. A aconitase catalisa duas reações sucessivas de citrato a cis-aconitato e cis-aconitato a isocitrato (KLEMENT; BUCHS, 2013).

Outros microrganismos produtores de ácido itacônico, como *Ustilago maydis* ou *Pseudomonas antartica*, requerem condições limitadas de nitrogênio e moderados valores de pH (KLEMENT; BUCHS, 2013). O sucesso da produção depende da adição de micronutrientes; em particular, é essencial uma suplementação suficiente de ferro de forma a manter a aconitase na sua forma funcional. Além disso, outros compostos, como cálcio, cobre e zinco, são também importantes cofatores para a produção de ácido itacônico (KLEMENT; BUCHS, 2013). Outro importante ponto da síntese de ácido itacônico é sua separação no espaço intracelular, uma vez que as suas reações-chave ocorrem em dois diferentes compartimentos: na mitocôndria, onde ocorre a síntese do citrato pela citrato sintase e a conversão do citrato pela aconitase; e no citosol, onde ocorre a glicólise, a formação anaplerótica de oxaloacetato e a carboxilação final de cis-aconitato (KLEMENT; BUCHS, 2013).

A formação de ácido itacônico é um processo estritamente aeróbio, o que gera, para fungos filamentosos como *A. terreus*, por exemplo, um conflito entre a transferência de oxigênio suficiente e a demanda celular por estresse hidrodinâmico (KLEMENT; BUCHS, 2013). Atualmente, ácido itacônico é produzido por *A. terreus* em uma via bastante similar à pré-tratada de melaços, sob condições limitantes de fosfato e temperaturas que variam entre 37 °C e 40 °C. Embora os melhores rendimentos sejam alcançados quando se utiliza glicose pura como substrato, o aumento do preço da glicose tem levado ao uso preferencial de material de amido pré-tratado (KLEMENT; BUCHS, 2013). Como exemplo, a Figura 5.4 apresenta um fluxograma genérico da produção do ácido itacônico a partir de glicose ou sacarose.

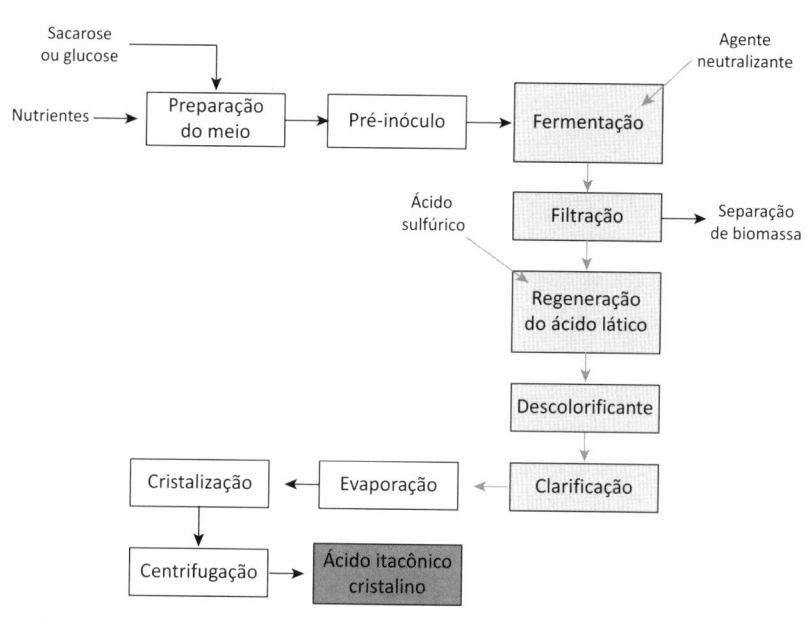

Figura 5.4 Fluxograma simplificado do processo de produção de ácido itacônico a partir da fermentação de glicose ou sacarose.

5.5.2 PROCESSO DE SEPARAÇÃO

Tal como esquematizado na Figura 5.4, em um processo de fermentação com meios essencialmente compostos por sacarose ou glicose e sais, e particularmente quando a concentração do carboidrato residual no fim da fermentação é muito baixa, o produto final pode ser obtido através de uma cristalização direta do ácido itacônico a partir do meio clarificado (MOO-YOUNG, 1985). Entre os vários processos de recuperação do ácido itacônico, sua separação a partir do resíduo de glicose surge como uma das etapas mais importantes, uma vez que a glicose pode interferir no processo de final cristalização. Assim, uma das alternativas é obter o ácido itacônico por precipitação com a adição de sais de cálcio ou de chumbo, sendo obtido itaconato na forma de sal, e posteriormente ácido itacônico com um passo subsequente de troca de cátion (KLEMENT; BUCHS, 2013).

O processo de extração convencional para uma fase orgânica, por exemplo, com octanol, não é viável para o ácido itacônico devido à sua alta polaridade. No entanto, esse problema pode ser resolvido usando uma extração reativa em que o ácido itacônico forma um complexo com o composto reativo e, desse modo, aumenta sua solubilidade na fase orgânica. Posteriormente, o ácido itacônico pode ser reextraído a partir da fase orgânica (KLEMENT; BUCHS, 2013). Na separação direta de ácido itacônico, a eletrodiálise tem sido apresentada como uma alternativa interessante, uma vez que a aplicação de um campo elétrico na solução permite que os íons itaconato sejam transferidos através de membranas de trocadores de íons. Desse modo, o ácido itacônico é separado dos outros componentes, não carregados, presentes no caldo fermentado, como a glicose residual. Essa etapa permite também a reconcentração do ácido itacônico (KLEMENT; BUCHS, 2013).

5.5.3 COMERCIALIZAÇÃO E MERCADO

De acordo com o relatório do *Global Market Insights*, o mercado global de ácido itacônico ultrapassou o valor de 75 milhões de dólares em 2015, sendo esperado que cresça aproximadamente 16,8% até 2024 (GLOBAL MARKET INSIGHTS, 2016a). Ao contrário dos outros ácidos orgânicos, o ácido itacônico é usado exclusivamente em aplicações não alimentícias (MAGNUSON; LASURE, 2004). Sua aplicação primária ocorre na indústria de polímeros, onde é empregado como um comonômero, normalmente adicionado em percentagens que variam de 1% a 5% em diversos produtos (MAGNUSON; LASURE, 2004), como resinas, detergentes, poliésteres, plásticos e vidros. O ácido itacônico pode também ser utilizado na preparação de compostos bioativos para a agricultura, indústria farmacêutica e em alguns setores da medicina, o que faz dele uma substância muito promissora industrialmente.

Recentemente, foi demonstrado que o ácido itacônico pode atuar como precursor de potenciais fontes de biocombustíveis, como o 3-metiltetrahidrofurano (GEILEN et al., 2010). Na indústria têxtil, o ácido itacônico é aplicado como ligante químico de tecido. Esse ácido tem sido aplicado em áreas biomédicas, como a medicina dentária, a oftalmologia e em sistemas de liberação controlada de fármacos (*drug delivery*) (STANOEVIC et al., 2006). A comercialização como poli(ácido itacônico) é também bastante promissora, uma vez que esse biopolímero é solúvel em água e possui ampla gama de aplicações, incluindo superabsorventes, agentes em tratamentos de água, aditivos na formulação de detergentes e dispersantes para minerais a serem utilizados em revestimentos. Em combinação com o alginato, o poli(ácido itacônico) permite a fabricação de hidrogéis (KLEMENT; BUCHS, 2013), os quais atualmente são considerados compostos biotecnológicos de alto interesse industrial.

5.6 ÁCIDO GLUCÔNICO

O ácido glucônico (ácido-2,3,4,5,6-penta-hidroxi-hexanoico) é um ácido poli-hidroxicarboxílico comumente encontrado em humanos e outros organismos (SINGH; KUMAR, 2007). Esse composto é um ácido carbônico multifuncional considerado químico a granel de indústrias de alimentos, ração, bebidas, têxtil, farmacêutica e de construção (SINGH; KUMAR, 2007). É tido como um ácido orgânico suave, não corrosivo, não volátil e não tóxico (RAMACHANDRAN et al., 2006). Além disso, o ácido glucônico é reconhecido como seguro (GRAS), tendo sido aprovado pelo Comitê de Peritos em Aditivos Alimentares da Organização para a Alimentação e Agricultura (FAO) da Organização Mundial da Saúde (OMS). Em 2009, a sua produção mundial anual foi de cerca de 90 mil toneladas (MOO-YOUNG, 2011).

O ácido glucônico foi descoberto em 1870 por Hlasiwetz e Habermann por uma oxidação de glicose com cloro (MOO-YOUNG, 2011). Em 1880, foi descoberta a sua produção utilizando microrganismos, quando Boutoux observou a formação desse ácido através de fermentação lática, processo que foi posteriormente caracterizado por outros autores como metabolismo de bactéria acética (MOO-YOUNG, 2011). Desde então, a produção de ácido glucônico já foi demonstrada em espécies bacterianas, como *Pseudomonas, Gluconobacter, Acetobacter* e várias espécies fúngicas (RAMACHANDRAN et al., 2006). Em 1924, Bernhauer demonstrou a capacidade de *Aspergillus niger* em converter glicose a ácido glucônico, tendo sido obtidos altos rendimentos de produção quando o ácido era neutralizado por adição de carbonato de cálcio. Posteriormente, verificou-se que sua produção é altamente dependente do pH, embora também já tenha sido reportado que para cepas de *Penicillium* essa dependência não é tão crítica quanto com espécies de *A. niger* (RAMACHANDRAN et al., 2006).

A produção industrial do ácido glucônico utilizando fungo filamentoso iniciou-se em 1926 pelo Departamento de Agricultura dos Estados Unidos (MOO-YOUNG, 2011). Em 1933, Currie et al. patentearam o processo de fermentação submersa de ácido glucônico por *Aspergillus e Penicillium*, os quais apresentaram rendimentos de 90% após períodos fermentativos de 48 a 60 horas (RAMACHANDRAN et al., 2006). Atualmente, a produção comercial de gluconato de sódio emprega fermentação submersa com *A. niger*, um bioprocesso que teve como base o procedimento desenvolvido por Blom et al. em 1952 (RAMACHANDRAN et al., 2006), no qual o ácido glucônico foi produzido pelo cultivo de *A. niger* em reator descontínuo alimentado com glicose e hidróxido de sódio como agente neutralizante (RAMACHANDRAN et al., 2006). Diversos estudos têm sido desenvolvidos com o objetivo de transferir toda a produção industrial de ácido glucônico para processos bacterianos (MOO-YOUNG, 2011).

5.6.1 PROCESSO DE PRODUÇÃO

A produção do ácido glucônico pode ser realizada por via química, eletroquímica, bioquímica e bioeletroquímica, utilizando distintos agentes oxidantes. Apesar da diversidade de metodologias para a produção de ácido glucônico, todos esses processos são mais caros e menos eficientes quando comparados aos processos fermentativos. Desse modo, a fermentação tem sido e continua a ser a técnica de produçao mais eficiente e dominante (RAMACHANDRAN et al., 2006). Tal como referido na seção introdutória, tanto os fungos quanto as bactérias têm capacidade de produzir ácido glucônico, porém industrialmente os microrganismos mais utilizados são *A. niger* e *Gluconobacter suboxydans* (MOO-YOUNG, 2011). A adaptação de cada microrganismo aos diferentes meios de cultivo será sempre dependente do tipo de cepa utilizada. Embora exista uma diversidade de reações fermentativas, alguns nutrientes são essenciais em todas as reações, independentemente do microrganismo empregado (SINGH; KUMAR, 2007), sendo a síntese do ácido glucônico diretamente relacionada com a atividade da enzima glicose oxidase (RAMACHANDRAN et al., 2006).

Em termos de exigências nutricionais, a utilização de glicose em concentração de 10 a 15%, na forma de cristais de glicose mono-hidratado ou xarope de frutose/dextrose, surge como a principal fonte de carbono. Os processos com essa formulação permitem rendimentos finais de 90% a 95% de ácido glucônico por unidade de carbono consumida (SINGH; KUMAR, 2007). No entanto, o uso de glicose como fonte de carbono é limitado à concentração máxima de 150 g/L, pois em concentrações superiores o gluconato de cálcio pode formar soluções supersaturadas e precipitar no produto, acarretando inibição da transferência de oxigênio (RAMACHANDRAN et al., 2006). Por outro lado, uma vez que a maioria dos microrganismos pode crescer utilizando diversas fontes de carboidratos, os subprodutos da agroindústria começaram a ser considerados uma fonte nutricional alternativa e mais econômica, permitindo maior sustentabilidade aos bioprocessos de produção do ácido glucônico (SINGH; KUMAR, 2007). Os processos de fermentação são geralmente realizados em tanques agitados convencionais a 30 °C. O inóculo é preferencialmente fornecido como micélio a partir de biomassa de fermentação obtida por filtração ou centrifugação do meio, a qual é ressuspensa imediatamente no meio fresco; alternativamente, micélios vegetativos podem ser preparados a partir de uma cultura de esporos. Em ambos os casos o carbonato de cálcio é adicionado em pequenas alíquotas de acordo com o perfil de produção do ácido, sendo o pH do meio sempre mantido em valores acima de 3,5 (KIRIMURA et al., 2011).

Em fungos como *A. niger*, o ácido glucônico é produzido a partir de glicose através de uma reação simples de desidrogenação catalisada pela glicose oxidase. Essa oxidação do grupo aldeído do C1 da beta-D-glicose para grupos carboxílicos produz glucona-δ-lactona e H_2O_2 (subproduto da reação) (SINGH; KUMAR, 2007). Glucona-δ-lactona é hidrolisada a ácido glucônico espontaneamente com a clivagem da lactona, um fenômeno que acontece rapidamente a pH próximo do neutro, como resultado da adição de carbonato de cálcio ou hidróxido de sódio, ou por ação da enzima lactonase. Paralelamente, o H_2O_2 é decomposto em água e oxigênio pela ação da peroxidase. Perto de 100% da glicose é convertida a ácido glucônico sob condições apropriadas (RAMACHANDRAN et al., 2006). Durante o processo fermentativo é recomendado que seja removida a lactona presente no meio, de forma a reduzir seu efeito negativo sobre a taxa de oxidação de glicose e, consequentemente, sobre a produção de ácido glucônico e seus sais (RAMACHANDRAN et al., 2006). Além do fungo *A. niger*, outras espécies do gênero, como *Penicillium*, *Gliocladium*, *Scopulariopsis* e *Gonatobotrys*, têm sido testadas para a produção de ácido glucônico.

Adicionalmente, muitas bactérias são empregadas para a bioprodução desse ácido através de uma via específica de oxidação da glicose em ácido glucônico pela ação da glicose desidrogenase (SINGH; KUMAR, 2007). Como a reação permite a obtenção de um produto ácido, é requerida neutralização por adição de agentes neutralizantes, caso contrário, a glicose oxidase será inativada pela alta acidez do meio, e consequentemente ocorrerá o arraste da produção do ácido glucônico. Caso se pretenda fermentar os gluconatos de cálcio e de sódio, as condições para os respectivos processos de fermentação serão distintas em muitos aspectos como, por exemplo, a concentração de glicose (inicial e final) e o ajuste do pH. Por exemplo, durante o processo produtivo de gluconato de cálcio, o controle do pH será resultado da adição de carbonato de cálcio (RAMACHANDRAN et al., 2006). Ao contrário do que ocorre com fungos, em bactérias a reação de obtenção do ácido glucônico é realizada por ação da glicose desidrogenase, que oxida glicose a ácido glucônico, o qual posteriormente é oxidado a 2-cetogluconato pela ação da ácido glucônico desidrogenase. O ácido glucônico produzido é então exportado da célula e catabolizado através de reações via pentoses-fosfato. Quando a concentração de glicose no meio é superior a 15 mM, a via das pentoses-fosfato é reprimida, ocorrendo a acumulação de ácido glucônico (RAMACHANDRAN et al., 2006). Se observarmos como exemplo a fermentação da *G. oxydans*, uma bactéria aeróbia obrigatória que oxida glicose por duas vias alternativas, verifica-se que a primeira via metabólica requer a fosforilação inicial seguida de uma oxidação através da via das pentoses-fosfato. Só depois, por uma segunda via de oxidação direta da glicose, ocorre a formação dos ácidos glucônico e cetoglucônico.

Na bioprodução de ácido glucônico, independentemente do microrganismo empregado, são destacados dois parâmetros processuais: 1) concentração de oxigênio disponível; 2) controle do pH. No primeiro caso, a suplementação de O_2 para o microrganismo é importante, pois oxigênio é o substrato do complexo enzimático glicose oxidase, o qual é um requerimento essencial para a formação de ácido glucônico (SINGH; KUMAR, 2007). Nesse caso, o controle adequado do gradiente de concentração e do coeficiente volumétrico de transferência de oxigênio será um dos fatores críticos e irá permitir o monitoramento da disponibilidade de oxigênio no meio. A taxa de aeração e a velocidade de agitação serão fundamentais, pois podem afetar a disponibilidade de oxigênio e consequentemente a bioconversão da reação de produção de ácido glucônico (RAMACHANDRAN et al., 2006). Por outro lado, a importância do segundo fator limitante da fermentação do ácido glucônico se deve à capacidade, por exemplo, da espécie de *A. niger*, de produzir outros tipos de ácidos orgânicos fracos, como os ácidos cítrico e oxálico. Desse modo, o acúmulo do ácido glucônico será completamente dependente do pH do meio fermentativo. Quando o meio apresenta valores de pH abaixo de 3,5, o processo fermentativo será direcionado para o ciclo do ácido cítrico, sendo facilitada a formação de ácido cítrico. Por outro lado, para ser promovida a produção do ácido glucônico, a faixa de pH operacional terá de estar entre 4,5 e 7 (p. ex., *A. niger* apresenta um pH ótimo próximo a 5,5) (RAMACHANDRAN et al., 2006). Adicionalmente, tal como foi reportado, uma série de enzimas envolvidas na produção de ácido glucônico são ativadas em pH neutro. A neutralização do meio é usualmente obtida por adição de carbonato de cálcio e/ou carbonato de sódio (SINGH; KUMAR, 2007).

A fermentação pode ocorrer de forma submersa ou em superfície sólida (SINGH; KUMAR, 2007). O primeiro tipo de fermentação é muito aplicado em cultivos microbianos e apresenta como principal benefício o fato de poder ser modificado para operações contínuas (SINGH; KUMAR, 2007). Como desvantagens, esse tipo de bioprocesso requer alto consumo energético, manutenção e adição contínua de agentes neutralizantes, o que pode colocar em risco a eficiência de algumas operações em escala industrial (SINGH; KUMAR, 2007). A fermentação em superfície sólida é pouco reportada na literatura, e em termos industriais sua aplicação é praticamente inexistente. Todavia, convém destacar que esse tipo de fermentação permite um rendimento de produção de ácido glucônico da ordem de 94% (SINGH; KUMAR, 2007).

Em suma, as condições consideradas ótimas para a produção do ácido glucônico são: 1) concentração de glicose limitada a 150 g/L; 2) fonte de nitrogênio e fosfato em baixa concentração (20 mM); 3) valores de pH entre 4,5 e 6; 4) alta taxa de aeração pela aplicação de elevada pressão de ar (RAMACHANDRAN et al., 2006). De acordo com os vários bioprocessos brevemente descritos, a Figura 5.5 apresenta um modelo simplificado de fluxograma de produção de ácido glucônico a partir de glicose.

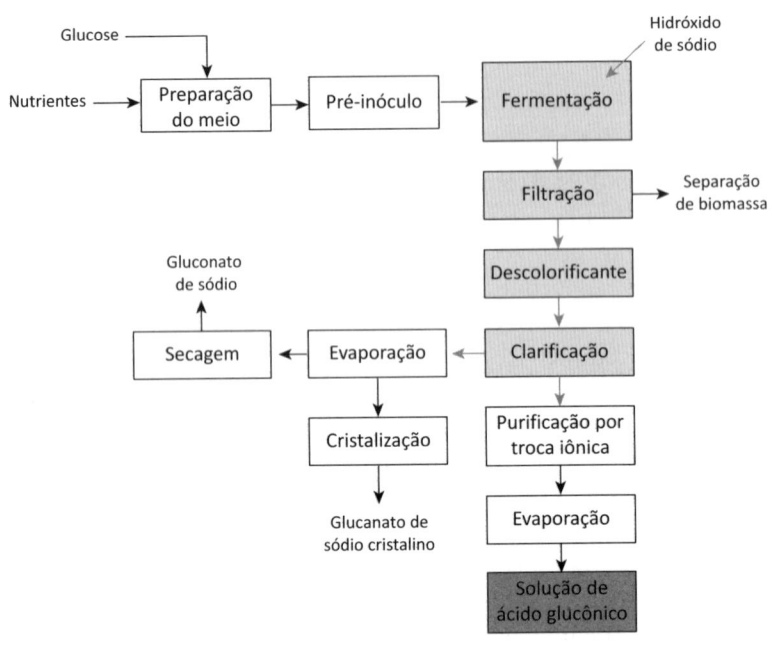

Figura 5.5   Fluxograma simplificado do processo de produção de ácido glucônico a partir da fermentação de glicose.

5.6.2 PROCESSO DE SEPARAÇÃO

O processo de purificação de ácido glucônico é geralmente similar a outros processos empregados para obtenção de produtos a partir de fungos e bactérias, sendo na primeira fase efetuada a remoção das células e a clarificação do sobrenadante por filtração ou centrifugação (SINGH; KUMAR, 2007). Posteriormente, dentre as diversas possibilidades para se recuperar o ácido glucônico puro, este pode ser recuperado na forma de gluconato de cálcio através da precipitação com sulfato de cálcio, ou em solução através de uma separação por cromatografia líquida utilizando uma coluna de troca iônica. Cristais de glucona-δ-lactona purificada podem ser obtidos a partir de soluções supersaturadas de ácido glucônico na faixa de 30 °C a 70 °C (MOO-YOUNG, 2011). Um processo alternativo para recuperação do ácido glucônico a partir do meio clarificado consiste na passagem da solução por uma resina trocadora de ânion como Amberlite IRS400 (SINGH; KUMAR, 2007).

5.6.3 COMERCIALIZAÇÃO E MERCADO

Em 2013, o ácido glucônico apresentava um volume de mercado na ordem das 100 mil toneladas por ano (SAUER, MATTANOVICH, MARX, 2013), dividido entre as seguintes áreas de aplicação: construção (45%); alimentos (35%); farmacêutica (10%); outras (10%) (MOO-YOUNG, 2011). A forma de comercialização mais comum desse ácido é como sais de gluconato, devido essencialmente à excelente estabilidade desses sais frente a diversos íons metálicos, especialmente sob condições alcalinas (MOO-YOUNG, 2011). Recentemente, a *Mordor Intelligence* apresentou um relatório no qual foi demonstrado que esse ácido conseguiu uma cota de mercado de 51,6 milhões de dólares em 2016, sendo relatado que esse valor pode atingir os 66 milhões de dólares em 2022 (MORDOR INTELLIGENCE, 2017).

Quando utilizado como aditivo alimentar, o ácido glucônico é empregado em processos mais específicos, por exemplo, processamento de carnes, panificação e fabricação de lacticínios. Esse ácido possui a capacidade de produzir e melhorar o gosto amargo, bem como eliminar possíveis traços de metais pesados em produtos alimentícios (SAUER, MATTANOVICH, MARX, 2013). No caso específico do gluconato de sódio, este possui alto poder sequestrante, o que o torna um bom agente quelante em pH alcalino, com ação comparativamente melhor do que EDTA e outros quelantes. Na indústria de laticínios, o ácido glucônico previne a formação do depósito de cálcio, proteínas e outros componentes do leite ao ser aquecido a temperaturas acima de 60 °C. Pode também ser utilizado na lavagem de latas de alumínio. Alguns dos sais derivados do ácido glucônico são aplicados pela indústria láctea na formação de requeijão, iogurte, queijo *cottage* etc. (RAMACHANDRAN et al., 2006).

Na indústria de panificação e/ou confeitaria é empregado geralmente na forma D-glucona-δ-lactona, como fermento em pó para uso em bolos secos e mistura para pães; como agente aromatizante (p. ex., em sorvetes); na redução da absorção de gordura em *donuts*. Na indústria de carnes e derivados, é aplicado como acidulante de ação lenta no processamento de carne processada, como salsicha, e coagulação da proteína da soja na fabricação de tofu (RAMACHANDRAN et al., 2006).

Por outro lado, é importante também destacar as excelentes capacidades químicas e poliméricas do ácido glucônico, como sua eficiente capacidade plastificante e sua alta taxa de biodegradabilidade (98% em 48 horas). O gluconato de sódio é empregado como detergente para lavagem de garrafas, na indústria metalúrgica, como aditivo em indústrias de cimento, têxtil e de papel. Embora comercialmente menos importantes, outros derivados cristalinos do ácido glucônico são também aplicados industrialmente, destacando-se a aplicação do gluconato de cálcio em terapias com cálcio e nutrição animal e do gluconato de ferro no tratamento de anemia e formulações de adubo em horticultura (RAMACHANDRAN et al., 2006).

5.7 OUTROS ÁCIDOS

Nesta seção serão descritos os processos de produção microbiana de outros ácidos orgânicos com menor impacto comercial e industrial, ou que são preferencialmente produzidos por vias sintéticas. Assim, nas próximas subseções iremos destacar, de forma resumida, alguns aspectos de produção, separação e comercialização dos seguintes ácidos orgânicos: ácido málico, ácido fumárico, ácido pirúvico, ácido propiônico, ácido butírico, ácido succínico, ácido acrílico e ácido ascórbico.

5.7.1 ÁCIDO MÁLICO

O ácido málico é um ácido dicarboxílico com quatro carbonos, que apresenta duas formas enantiômeras. A maioria das misturas racêmicas de ácido málico é sintetizada quimicamente, sendo que apenas a produção do isômero L(–) ocorre naturalmente na natureza. O ácido L-málico é utilizado como aditivo alimentar, apresentando ação acidificante, aromatizante e estabilizante, ou mesmo como intensificador de sabor. Quando utilizado como agente acidificante, esse composto compete com o ácido cítrico. Porém, apesar de apresentar melhorias significativas em termos de qualidade alimentar, o ácido L-málico ainda não é produzido de forma suficientemente econômica que permita sua larga utilização como substituto competitivo para o ácido cítrico. Adicionalmente, o ácido málico surge como interessante alternativa à anidra málica (composto derivado de petróleo), a qual é um composto-chave da indústria química, sendo empregada como intermediário em diversas vias sintéticas de produção de polímeros, ou mesmo pela indústria farmacêutica, como agente de higienização, regeneração de tecidos e tratamento de fibromialgia (em combinação com magnésio) (MOO-YOUNG, 2011).

O ácido L-málico foi identificado pela primeira vez em 1924 como um produto de fermentação alcoólica de leveduras (DAKIN, 1924), tendo o seu processo de produção por fermentação sido patenteado em 1962 (ABE; FURUYA; TAKAYAMA, 1962). Em 1977 foi reportada a sua produção com rendimento total de 100% através da bioconversão de glicose utilizando *Lactobacillus brevis* (YAMADA, 1977). Apesar dos bons resultados em escala laboratorial, posteriormente foi verificado que a simples conversão de glicose (ou outro açúcar equivalente) não permitia a obtenção de rendimentos significativos em escala industrial. Desse modo, vários estudos objetivaram o desenvolvimento e a otimização da produção industrial de ácido málico, tendo sido obtido altos rendimentos de produção quando utilizados processos de biotransformação de ácido fumárico, mais especificamente através da conversão enzimática do ácido fumárico (ver mais detalhes na próxima seção) (DELLWEG, 1983). A biotransformação do ácido fumárico, a qual pode também ser definida como transcristalização, é um processo simples de metabolização do ácido fumárico a ácido málico, o qual utiliza células (livres ou imobilizadas) e/ou enzimas produzidas por diferentes microrganismos. Esse mecanismo de obtenção do ácido L-málico puro envolve a hidratação do ácido fumárico e tem como base uma reação catalítica promovida pela fumarase (DELLWEG, 1983).

A produção de ácido málico já foi reportada para diversos tipos de microrganismos, como *Lactobacillus* sp., *A. flavus, S. cerevisiae, Zygosaccharomyces rouxii* etc. A produção utilizando esses microrganismos é geralmente baixa e pode resultar de quatro tipos de vias metabólicas, nomeadamente a redução direta do ácido oxaloacético, através do ciclo dos ácidos tricarboxílicos (TCA), via ciclo do glioxilato cíclico ou via ciclo do glioxilato não cíclico (ZELLE, 2008). Vários estudos de bioengenharia têm sido desenvolvidos com o objetivo de melhorar/aumentar os rendimentos e produtividades desses bioprocessos.

Diversas indústrias têm produzido ácido L-málico empregando via biotecnológica. Por exemplo, em 1999, mais de 40 mil toneladas desse ácido foram obtidas por biossíntese (XU; JAIN; ELANKOVAN, 1999). Apesar de esses valores parecerem não significativos, eles representam mais da metade do mercado de ácido málico, uma vez que, de acordo com o relatório da *Grand View Research*, em 2015 o mercado global desse ácido era de 70 mil toneladas. A estimativa de consumo desse ácido é crescente, e é esperado que em 2024 os Estados Unidos da América ultrapasse os 40 milhões de dólares (GRAND VIEW RESEARCH, 2016). De acordo com esse relatório, é esperado que o Brasil assuma cada vez mais um papel importante no consumo desse ácido, visto que em 2015 o seu mercado já alcançava valores na ordem dos 2,85 milhões de dólares (GRAND VIEW RESEARCH, 2016). Desse modo, considerando que com o desenvolvimento de novas técnicas de biotecnologia e bioengenharia os índices de produtividade podem ser melhorados, aumentando a viabilidade econômica desses bioprocessos, no futuro, será possível transformar o ácido málico em um dos produtos de valor agregado da indústria de bioprocessos e biotecnologia.

5.7.2 ÁCIDO FUMÁRICO

Tal como o ácido málico, o ácido fumárico é um ácido carboxílico com quatro carbonos. Todavia, esse composto pode ser produzido naturalmente por diferentes espécies microbianas geralmente em baixas quantidades. Devido à sua interessante estrutura química (dupla ligação e dois grupos carboxílicos), também pode ser facilmente polimerizado, o que faz do ácido fumárico um composto-chave na produção de alguns biopolímeros e resinas sintéticas. As primeiras aplicações de ácido fumárico foram como agente acidificante em diferentes indústrias alimentares e/ou de bebidas, principalmente devido à sua alta capacidade acidificante (1,5 vez superior à do ácido cítrico). O ácido fumárico já foi utilizado para outras aplicações, como agente antibacteriano, aditivo em formulações das indústrias farmacêutica e cosmética (devido às suas propriedades fisiologicamente ativas), e até em tratamentos medicinais, como o tratamento da psoríase (infecção de pele). Apesar da importância em todas as áreas descritas, o maior interesse no ácido fumárico e, consequentemente, no aumento de sua produção, deve-se essencialmente à sua utilização como composto intermediário na preparação de outros ácidos orgânicos edíveis, como os ácidos L-aspártico e L-málico (XU; JAIN; ELANKOVAN, 1999).

O ácido fumárico foi isolado pela primeira vez a partir da planta *Fumaria officinalis*, e, posteriormente, foi verificada também a sua produção pelo fungo *Rhizopus nigricans*. Desde então, diversas outras espécies de fungos, como *Mucor*, *Cunninghamella* e *Circinella* foram referenciadas e identificadas como capazes de produzir ácido fumárico. Apesar da grande diversidade de espécies produtoras, os maiores rendimentos foram obtidos com a fermentação de fungos da espécie *Rhizopus* (XU; JAIN; ELANKOVAN, 1999). Os primeiros processos industriais foram desenvolvidos pela Pfizer, a qual apresentou em 1943 o primeiro processo industrial de produção de ácido fumárico através de fermentação aeróbia submersa do fungo *R. nigricans*. Posteriormente, a mesma empresa desenvolveu e otimizou processos de fermentação de várias estirpes de *Rhizopus*, os quais geraram rendimentos de produção da ordem das 4 mil toneladas anuais, quando utilizados fungos de *R. arrhizus* (XU; JAIN; ELANKOVAN, 1999). No entanto, após os anos 1950, o crescimento da indústria petrolífera e petroquímica "arrefeceu" o interesse pelos bioprocessos, e a produção de ácido fumárico por fermentação foi substituída por processos de síntese química utilizando anidra maleica (derivada de butano). Recentemente, tal como citado anteriormente para os outros ácidos, o aumento das restrições ambientais motivou a reutilização de processos industriais com base biotecnológica. Adicionalmente, deve-se ressaltar que a evolução dos processos fermentativos e a possibilidade de integração de processos que envolvem fixação de CO_2 aumentaram o interesse pelos bioprocessos, devido principalmente ao melhoramento de suas eficiências (ENGEL et al., 2008).

Desde as primeiras evidências verificou-se que os processos metabólicos de produção do ácido fumárico não se baseavam na via glicolítica comum (a qual começa com glicose) (DELLWEG, 1983). A evolução dos processos de fermentação para a produção do ácido fumárico permitiu compreender os fatores que influenciavam sua baixa produtividade, como morfologia e especificidade das espécies dos microrganismos; uso de agentes de neutralização; alteração das fontes nutricionais; controle dos processos de aeração. Recentemente, Xu, Jain e Elankovan (1999) e Engel (2008) revisaram vários processos de fermentação para a produção de ácido fumárico, demonstrando que os maiores rendimentos de produção são sempre obtidos pela fermentação de *R. oryzae* através de um processo metabólico que combina o ciclo do citrato e a carboxilação redutora do piruvato. É importante destacar que apenas as estirpes de *R. oryzae* do tipo I são capazes de sintetizar o ácido fumárico, uma vez que as estirpes do tipo II geralmente produzem ácido lático, mas são incapazes de produzir o ácido fumárico (ou o produzem apenas em quantidades residuais). Os mesmos autores evidenciaram que futuramente será fundamental desenvolver bioprocessos que utilizem fontes de nutrientes alternativas (como resíduos de outros processos industriais) e que evitem (ou reduzam) o emprego de agentes neutralizantes sem afetar os índices produtivos. Em relação à eliminação dos agentes neutralizantes, deve-se destacar que esta pode levar à inibição da produção de ácido fumárico (XU; JAIN; ELANKOVAN, 1999; ENGEL et al., 2008). Tendo em conta essas considerações, é evidente a necessidade de uma total compreensão dos metabolismos de produção e acumulação de ácido fumárico pela espécie de *R. oryzae*, bem como a otimização dos processos de transporte desse ácido e evolução da sua capacidade de tolerância ambiental.

Assim, apesar da grande motivação ambiental, a utilização de bioprocessos para a produção do ácido fumárico ainda não é efetiva e competitiva quando comparada aos processos químicos convencionais. Somente uma melhoria dos índices de produtividade e redução dos consumos energéticos podem alterar completamente o interesse industrial pela utilização de bioprocessos. No entanto, é importante destacar a aplicação industrial do ácido fumárico como metabólito-chave na biossíntese de outros dois ácidos orgânicos (ácidos L-málico e L-aspártico), de modo que a integração da produção dos três ácidos em escala industrial pode reduzir os custos de produção e comercialização, conduzindo ao desenvolvimento de um processo completamente biotecnológico e economicamente atrativo num futuro próximo.

5.7.3 ÁCIDO SUCCÍNICO

O ácido succínico (ácido butanodioico) é outro ácido carboxílico com quatro carbonos e atua como intermediário no ciclo dos ácidos tricarboxílicos (TCA). Foi obtido pela primeira vez em 1550, por meio da destilação a seco do âmbar báltico (MOO-YOUNG, 2011). Desde então, sua produção foi obtida por diversos processos fermentativos e químicos (os quais utilizam o gás petrolífero líquido como matéria-prima). Como descrito para os ácidos málico e fumárico, o ácido succínico é principalmente utilizado como aditivo alimentar e farmacêutico, bem como matéria-prima para a síntese de diversos biopolímeros. No entanto, do mesmo modo para os outros dois ácidos, atualmente sua produção industrial é preferencialmente realizada por síntese química de compostos derivados de petróleo.

Em 2011, seu mercado atual era de cerca de 20 mil a 30 mil toneladas anuais (MOO-YOUNG, 2011). No entanto, está em franco crescimento, principalmente devido ao seu uso como precursor de diversas sínteses químicas, nomeadamente ácido adípico, 1,4-butanodiol, tetra-hidrofurano, sais de succinato, poliamidas etc. (SONG; LEE, 2006). Assim, de acordo com o relatório da Market and Markets, em 2015 foram consumidas mais de 58,5 mil toneladas de ácido succínico, movimentando mais de 127,2 milhões de dólares (MARKET AND MARKETS, 2016). A expectativa é que o mercado cresça mais de 28%, particularmente impulsionado pelo aumento de ácido succínico de fontes biotecnológicas (*bio-based*). Apesar de sua importância (principalmente na indústria química), sua produção por bioprocesso em 2012 ainda era residual, e apenas existente em escala industrial para processos que objetivavam a obtenção do ácido succínico como produto a ser utilizado posteriormente pelas indústrias agrícolas ou alimentares (ZEIKUS et al., 2012). No entanto, o potencial dos processos fermentativos para a produção de ácido succínico tem sido incentivada pela possível utilização de resíduos ricos em carboidratos recuperados de agroindústrias (possível fonte de carbono preferencial para diversos microrganismos) (ZEIKUS et al., 2012). Adicionalmente, importa realçar que a utilização do ácido succínico como aditivo alimentar foi ainda mais fortalecida quando o vencedor do Prêmio Nobel de Fisiologia ou Medicina de 1905, Robert Knock, provou que esse mesmo ácido não fica acumulado no organismo humano, e, pelo contrário, possui um efeito positivo no corpo humano (SONG; LEE, 2006).

A produção de ácido succínico por via biológica foi reportada para diversos tipos de microrganismos, como fungos, leveduras e bactérias Gram-positivas, os quais produzem ácido succínico por fermentação anaeróbia de diferentes matérias-primas renováveis (MOO-YOUNG, 2011). Apesar da grande variedade de microrganismos capazes de produzir ácido succínico, apenas algumas espécies bacterianas apresentaram rendimentos e eficiências processuais ajustadas às necessidades de uma escala industrial. Dentre as bactérias que apresentam boas capacidades de produção destacam-se as espécies de *Anaerobiospirillum succiniproducens*, *Actinobacillus succinogenes* e *Mannheimia succiniciproducens* (MOO-YOUNG, 2011). Com a evolução da bioengenharia, a *Escherichia coli* também tem sido empregada como bactéria modelo na produção do ácido succínico. Em termos de metabolismos, diversas vias metabólicas permitem a síntese do ácido succínico, mas, quando produzido por bactérias, a via preferencial é a reação de carboxilação do fosfoenolpiruvato. Quando o ácido succínico não é produzido por essa via metabólica, é obtido por uma combinação de várias vias metabólicas (SONG; LEE, 2006).

Resumindo, apesar de microrganismos como *A. succinogenes*, *M. succiniciproducens* e *A. succiniproducens* apresentarem altos rendimentos de produção, a formação de subprodutos acaba por dificultar a sua recuperação/purificação, aumentando os custos de separação e inviabilizando sua larga produção industrial por fermentação. Desse modo, é fundamental que nos próximos anos ocorra não só uma melhoria dos rendimentos de produção, mas também uma redução do custo das tecnologias de recuperação do ácido succínico. Relativamente ao primeiro fator limitante, a evolução de espécies recombinantes, o aumento de estudos fermentativos em escala industrial e o desenvolvimento de novas estratégias de engenharia metabólica apresentam-se como as soluções mais válidas em curto e médio prazo. Por outro lado, e embora a melhoria das vias metabólicas através de técnicas de bioengenharia possam reduzir o número de subprodutos durante o processo de biossíntese do ácido succínico, será fundamental o desenvolvimento de técnicas de recuperação mais econômicas através, por exemplo, da redução do número de operações unitárias utilizadas atualmente e/ou da evolução dos procedimentos de extração líquido-líquido empregados hoje em dia.

5.7.4 ÁCIDO PROPIÔNICO

O ácido propiônico, também comumente denominado ácido propanoico, é um ácido carboxílico saturado com três átomos de carbono, o qual possui propriedades físicas entre os ácidos carboxílicos de cadeia curta (como o fórmico e o acético) e os ácidos graxos de cadeia longa. Este pode ser utilizado na sua forma de ácido ou na sua forma cristalina. A sua aplicação é extensa, destacando-se seu emprego em processos industriais químicos, como na produção de plástico a partir de celulose (utilizados por exemplo na indústria têxtil, filtros, membranas de osmose reversa e em moldes), na indústria agrícola como herbicida, nas indústrias alimentares como aditivo com capacidade de conservante ou aromatizante, até a sua utilização como aditivo nas indústrias farmacêuticas e de cosméticos (BOYAVAL; CORRE, 1995).

A primeira evidência de produção de ácido propiônico data de 1844, quando Gottlieb o identificou, dentre vários produtos da degradação de açúcar. A sua produção através de processos fermentativos somente foi verificada nos anos conseguintes, quando os pesquisadores Strecker, Pasteur and Fitz verificaram a sua produção como resultado da fermentação de diferentes substratos, como açúcares, álcoois e outros ácidos orgânicos (MOO-YOUNG, 1985). Apesar de os processos fermentativos de produção do ácido propiônico, mesmo em escala piloto, serem estudados e patenteados desde o início do século passado, sua produção comercial em escala industrial é totalmente realizada por síntese química de diferentes derivados de petróleo. As limitações da produção desse ácido orgânico por bioprocesso estão relacionadas com problemas durante a fermentação e recuperação do produto. Em relação à fermentação, o processo é longo (uma a duas semanas), gera baixas produtividades e pode existir inibição por subprodutos do processo, como os ácidos acético e lático. Em adição, a baixa seletividade do ácido propiônico em relação a outros ácidos dificulta a separação deste, principalmente porque ele apresenta uma volatilidade semelhante à da água, dificultando sua separação por simples destilação (BOYAVAL; CORRE, 1995).

O ácido propiônico começou a ser produzido por meio de fermentação anaeróbia com bactérias Gram-positivas, nomeadamente do gênero *Propionibacterium*, utilizando glicose ou maltose como fontes nutricionais. Essas bactérias mostraram também capacidade para produzir ácido propiônico utilizando outros açúcares, como arabinose, xilose e amido. Outras bactérias anaeróbias foram reportadas como capazes de produzir ácido propiônico, sendo destacadas as bactérias do gênero *Veillonella*, *Selenomonas*, *Megasphaera*, *Bacteroides* e, mais especificamente, espécies de *Clostridium propionicum* (MOO-YOUNG, 1985).

Os primeiros trabalhos de fermentação do ácido propiônico levaram à formulação da equação de Fitz, a qual reporta um rendimento máximo teórico de 54,8% para o ácido propiônico e 77% para os ácidos totais.

1 ácido lático → 2 ácido propiônico + 1 ácido acético + 1 CO_2 + 1 H_2O (equação de Fitz)

Como verificado por meio da equação de Fitz, a produção do ácido propiônico é acompanhada da produção de acetato, e preferencialmente realizada através do ciclo dos ácidos dicarboxílicos. No entanto, um grupo restrito de espécies bacterianas, como *Clostridium propionicum*, *Megasphaera elsdenii* e *Bacteroides ruminicola*, produzem também o ácido propiônico utilizando o ciclo do ácido acrílico (BOYAVAL; CORRE, 1995). Ambas as vias metabólicas estão bem caracterizadas na literatura (MOO-YOUNG, 2011). É importante que as reações de produção ocorram sempre com balanço de hidrogênio e potencial redox equilibrado, as quais são controladas pela termodinâmica dos sistemas, como o controle da produção de ATP (adenosina trifosfato) e geração de entropia no sistema (MOO-YOUNG, 1985).

Tal como enunciado anteriormente, diversas limitações têm reduzido o interesse na utilização de processos de fermentação do ácido propiônico em nível industrial. Assim, o futuro desses processos biotecnológicos depende exclusivamente de eliminar ou reduzir o impacto das etapas processuais limitantes, permitindo sua produção em valor comercialmente atrativo. Recentemente, diversos esforços foram desenvolvidos para superar algumas dessas limitações, por exemplo, reduzir ou eliminar a formação de ácido acético através de técnicas de engenharia metabólica (inativação do gene expressor da enzima acetato quinase) ou do desenvolvimento de novos bioprocessos com espécies recombinantes, ou novos tipos de biorreatores (p. ex., biorreatores de leito fixo com células imobilizadas). Outros estudos têm objetivado a redução das limitações dos processos *downstream*, como pelo uso de destilação fracionada, destilação por desidratação azeotrópica, extração com solventes, destilação extrativa etc. Apesar do grande número de estudos de separação desenvolvidos, estes ainda não são economicamente vantajosos em escala industrial (MOO-YOUNG, 2011). Técnicas alternativas de separação vêm sendo empregadas na tentativa de melhorar os fatores de recuperação do ácido propiônico, como a utilização de técnicas de cromatografia de contracorrente, extração utilizando o solvente não volátil tri-octil fosfina (Topo) e separação com novos sistemas de membranas (MOO-YOUNG, 2011).

No entanto, apesar das várias limitações processuais, o ácido propiônico voltou a estar em foco principalmente devido às recentes restrições da indústria alimentar na utilização de produtos obtidos por síntese química. Assim, é crucial o desenvolvimento de novos processos fermentativos que utilizem matérias-primas de baixo custo como fonte nutricional e/ou estirpes geneticamente modificadas, possibilitando não só o aumento dos índices de produtividade, mas também a sua seletividade em relação aos outros subprodutos. Adicionalmente, o aparecimento de novas técnicas de separação e extração podem também transformar a produção do ácido propiônico "natural" numa rentável tecnologia de nível industrial.

5.7.5 ÁCIDO BUTÍRICO

Tal como o ácido propiônico, o ácido butírico (ou ácido butanoico) é um ácido monocarboxílico de cadeia curta e aberta, o qual se distingue do ácido propiônico pelo número de carbonos da sua cadeia (quatro carbonos). O ácido butírico apresenta odor e sabor peculiar, caracteristicamente azedo, e aspecto oleoso, sendo altamente solúvel em água, etanol ou éter (MOO-YOUNG, 2011). A sua principal aplicação industrial é como matéria-prima para a síntese de termoplásticos de acetato de celulose butírico, os quais são utilizados para a produção de fibras têxteis. Na indústria têxtil o ácido butírico pode ser também empregado como aditivo para melhorar a resistência física das fibras, por exemplo, resistência à luz solar e temperatura. Atualmente, estudos têm utilizado esse ácido como matéria-prima do polímero β-hidroxibutírico. A indústria biotecnológica tem também procurado utilizar o ácido butírico para aumentar os rendimentos produtivos de biobutanol (ZHANG et al., 2009). Por outro lado, tal como outros ácidos, este pode ser utilizado pela indústria alimentar como aditivo para incrementar o sabor ou intensificar a fragrância de várias frutas. Além dessas aplicações, o ácido butírico é uma fonte energética importante para o corpo humano, e identificado como possível supressor do câncer do cólon. Atualmente, o uso do ácido butírico como agente terapêutico vem sendo amplamente estudado, sendo pesquisada a sua possível utilização no tratamento de disfunções gastrointestinais, tratamento de câncer e até mesmo aplicação de alguns dos seus derivados em processos anestésicos ou na produção de fármacos com capacidade vasoconstritora (MOO-YOUNG, 2011).

Tal como muitos ácidos orgânicos, a produção por bioprocesso do ácido butírico não é comercialmente competitiva, principalmente devido à sua baixa concentração no meio fermentado. Assim, a maior parte desse ácido é industrialmente produzida por via química a partir de propileno. Contudo, apesar dessa larga produção por síntese química, as indústrias alimentares e farmacêuticas têm dado preferência à utilização de ácido butírico produzido por bioprocessos (MOO-YOUNG, 2011).

A fermentação do ácido butírico foi primeiramente descrita por Pasteur, em 1861, e posteriormente desenvolvida por Fitz, Gruber e Grimbert, os quais mostraram a fermentação desse ácido, mas não distinguiram as espécies produtoras de ácido butírico e butanol, sendo que a maioria desses primeiros processos fermentativos foram baseados na fermentação de várias espécies de *Clostridium*. Desde então, diversos estudos reportaram a produção de ácido butírico, utilizando não só espécies de *Clostridium*, mas também outras espécies de bactérias que não produzem esporos, como *Butyrivibrio fibrosolvens*, *Sarcina maxima*, *Eubacterium* spp., *Fusobacterium* spp., *Megasphaera* (MOO-YOUNG, 1985). Dentre estas, as mais utilizadas são bactérias do gênero *Clostridium*, *Butyrivibrio* e *Butyribacterium*, sendo as espécies de *Clostridium* as mais utilizadas para fins comerciais (maior estabilidade e produtividade) (MOO-YOUNG, 2011). A fermentação de *Clostridium* para produção de ácido butírico ocorre a uma temperatura ótima de 30 °C a 37 °C e pH 5 a 7,5, sendo este produzido com uma grande variedade de fontes de carbono. *C. butyricum* utiliza normalmente hexoses, pentoses, glicerol, melaço, amido de batata ou resíduos lignocelulósicos, enquanto cepas de *C. tyrobutyricum* utilizam glicose, xilose e frutose (ZHANG et al., 2009).

A produção de ácido butírico foi avaliada por meio de processos descontínuo, descontínuo-alimentado ou contínuo, verificando-se que menores crescimentos celulares, geralmente obtidos através da limitação de carbono em processos descontínuo-alimentado ou contínuo, induziram efeitos positivos na produtividade e seletividade do ácido butírico (MOO-YOUNG, 2011). As vias metabólicas envolvidas na produção do ácido butírico utilizando espécies de *Clostridium* podem produzir uma diversidade de produtos finais, como butirato, acetato, CO_2, H_2 e lactato. No entanto, para a formação de butirato a partir de glicose, é clara a participação do acetil-CoA como intermediário-chave nessa via metabólica simples de conversão de glicose em butirato e produção concomitante de acetato (ZHANG et al., 2009). As bactérias de *Clostridium* exibem duas vias metabólicas paralelas: um primeiro mecanismo metabólico em que produzem por acidogênese os ácidos butírico e acético, e um segundo mecanismo de solventogênese que leva à produção dos solventes butanol e acetona. A mudança de metabolismo de produção de ácido para solvente é controlada por um simples ajuste de pH e taxa de NADH/NAD. Para obter altas produtividades em escala industrial, é fundamental um controle apropriado desses mesmos parâmetros do processo (MOO-YOUNG, 2011).

A produção de ácido butírico por bioprocesso pode ser uma alternativa para diversas indústrias. Alguns desafios, no entanto, terão de ser ultrapassados, por exemplo:

melhorar a tolerância ao butirato pelas diversas espécies de *Clostridium*; reduzir os custos das matérias-primas utilizadas como fonte de carbono e nitrogênio (DWIDAR et al., 2012). Desse modo, o desenvolvimento de novas espécies por engenharia genética, bem como a integração destas com métodos e processos atualmente empregados nas fermentações tradicionais, poderá não só melhorar a tolerância ao butirato como também permitir a produção de ácido butírico a partir de resíduos de baixo custo. Por outro lado, tal como verificado nos processos produtivos de ácido propiônico, os rendimentos e eficiências de produção de ácido butírico poderão ser incrementados com otimização e integração dos processos de separação e produção, os quais permitiriam uma remoção *in situ* do ácido butírico durante seu bioprocesso, evitando a inibição pelo produto. Todas essas abordagens podem levar a uma redução dos custos totais de produção do ácido butírico e transformar os bioprocessos em alternativas sustentáveis e competitivas em escala industrial.

5.7.6 ÁCIDO ACRÍLICO

O ácido acrílico é um ácido orgânico monocarboxílico, insaturado de cadeia normal, no qual há crescente interesse pela indústria biotecnológica, visto que pode ser produzido por processos fermentativos a partir de diversos açúcares. Assim, o ácido acrílico produzido por vias biológicas é considerado como alternativa sustentável ao atualmente comercializado, produzido através de síntese química a partir de matérias-primas derivadas do petróleo. A sua principal aplicação é como *commodity* química, estando englobado na lista dos 25 compostos químicos mais comercializados em todo o mundo. Em 2005, sua produção anual foi de aproximadamente 4 milhões de toneladas cúbicas (STRAATHOF et al., 2005). O relatório recente da Allied Market Research aponta que, em 2020, poderão ser comercializados mais de 8 milhões de toneladas, os quais corresponderão a valores na ordem de 18,8 bilhões de dólares (ALLIED MARKET RESEARCH, 2014). Entre suas diversas aplicações destaca-se o emprego como aditivo em formulações e na síntese de diversos floculantes poliméricos, dispersantes, tintas e adesivos. Apresenta também outras aplicações mais específicas na indústria têxtil, calçado e papel (STRAATHOF et al., 2005). Apesar da sua importância industrial, sua bioprodução utilizando matérias-primas renováveis é ainda residual e bastante recente.

O primeiro bioprocesso de produção do ácido acrílico ocorreu por desidratação química do ácido lático e foi empregado por muitos anos. Porém, o maior interesse é na otimização de sua biossíntese a partir da fermentação de microrganismos. Atualmente, os processos de biossíntese mais utilizados são baseados na utilização de espécies de *Clostridium propionicum*, as quais podem promover um mecanismo de redução direta do ácido lático, embora estes possuam também a capacidade de induzir a produção do ácido acrílico. As vias metabólicas e enzimas envolvidas no metabolismo ainda não estão completamente esclarecidas (MOO-YOUNG, 2011), mas foi verificado no mecanismo de redução direta do ácido lático a presença do acrilil-CoA como produto intermediário da fermentação do lactato a propionato. Embora reportada a formação do intermediário acrilil-CoA através de diversas vias metabólicas, os estudos mostram que a posterior síntese do ácido acrílico é bastante rara, uma vez que é requerida, geralmente, a adição de receptor de elétrons. Outros mecanismos de bioconversão do ácido lático foram estudados utilizando coculturas de *Lactobacilli* e *Propionibacterium shermanii*, resultando, contudo, em uma produção de ácido ineficaz, devido também à necessidade de um receptor de elétrons externo.

Além dos mecanismos de bioconversão do ácido lático, foram também reportadas outras vias metabólicas para a produção de ácido acrílico, sendo os melhores resultados obtidos na conversão enzimática da acrilamida e acrilonitrila utilizando cepas de *Rhodococcus rhodochrous*. Processos de engenharia metabólica foram também aplicados para permitir a clonagem de genes específicos dessa espécie de *R. rhodochrous* em espécies modelo de *E. coli* BL21 (MOO-YOUNG, 2011), permitindo valores de produção de ácido acrílico bastante interessantes. Embora essas vias biossintéticas apresentem resultados promissores, a utilização de compostos químicos como nitrilas, acrilamidas e/ou acrilonitrila como matéria-prima torna o processo não natural, visto que são majoritariamente derivados de petróleo (MOO-YOUNG, 2011).

Apesar do seu elevado interesse econômico, existem várias limitações processuais para a bioprodução do ácido acrílico. Tendo em conta essas limitações, Straathof et al. (2005) analisaram e projetaram diferentes vias metabólicas, de forma a obter um balanço de massa e potencial redox equilibrado, bem como um plausível equilíbrio bioquímico e energético desses processos de biossíntese. Os processos de biossíntese propostos tiveram como base vias metabólicas que ocorrem naturalmente em algas e microrganismos. Essas novas hipóteses de vias metabólicas alternativas podem no futuro permitir uma implementação em larga escala de bioprocessos para a produção desse ácido a partir de matérias-primas renováveis. De acordo com as hipóteses sugeridas, a máxima produção de ácido acrílico será apenas possível com recursos de processos metabólicos que utilizem uma das seguintes vias: β-alanina, metilcitrato ou metilmalonato-CoA (STRAATHOF et al., 2005). Apesar das possibilidades sugeridas, é necessário o desenvolvimento de estudos a respeito das enzimas utilizadas, de balanço energético, e de expressão genética desses metabolismos em organismos hospedeiros específicos. Assim, tendo em conta os pressupostos apresentados e os estudos especulativos desenvolvidos, a produção do ácido acrílico por processos fermentativos poderá ser a solução mais sustentável em termos ambientais e econômicos num futuro próximo, embora ainda muito dependente da evolução da biologia sintética e da engenharia genética.

5.7.7 ÁCIDO ASCÓRBICO

O ácido ascórbico, ou vitamina C, é um ácido orgânico com seis átomos de carbono, o qual é um sólido cristalino bastante solúvel em água e que está presente naturalmente em frutas, hortaliças e tecidos vegetais. Apresenta características muito interessantes, como capacidade de hidroxilação de várias reações bioquímicas que ocorrem em nível celular, ou seu alto poder oxidante, o que faz dele um composto nutricional indispensável ao funcionamento fisiológico dos humanos e de alguns outros mamíferos (BREMUS et al., 2006).

Devido às suas propriedades e à larga aplicabilidade em diversas reações, o ácido L-ascórbico é um composto com grande mercado mundial e, em 2016, eram produzidas em média 110 mil toneladas anuais (BREMUS et al., 2006). De acordo com o relatório da Zion, em 2015 eram comercializadas mais de 150 mil toneladas de ácido ascórbico, com valor total de 820,4 milhões de dólares (ZION, 2016). A expectativa é de crescimento, e é esperado que, em 2021, o mercado de ácido ascórbico movimente mais de 1 bilhão de dólares (ZION, 2016).

Aproximadamente 50% da produção desse ácido é utilizada por indústrias farmacêuticas, principalmente na preparação de suplementos vitamínicos e como aditivo em alguns tipos de fármacos (HANCOCK; VIOLA, 2002). No entanto, devido ao alto poder oxidante e potencial para estimular a produção de colágeno, sua aplicação como cosmético se tornou alvo preferencial, sendo decisiva para a contínua expansão do mercado comercial do ácido L-ascórbico. Por outro lado, esse ácido é também utilizado pelas indústrias alimentares (25%) e de bebidas (15%), uma vez que protege não só os aromas e sabores dos diversos produtos alimentícios, mas também melhora suas composições nutricionais (BREMUS et al., 2006). Por fim, e apesar de responder por apenas 10% das aplicações do ácido L-ascórbico, este pode ser também utilizado como ração suplementar na alimentação de diversos animais de fazenda, ou em aquiculturas de peixes (HANCOCK; VIOLA, 2002). Além de todas as aplicações atuais, diversos estudos têm objetivado compreender e perceber o seu envolvimento em reações em nível celular, como na ativação de fatores de tradução, aplicações que poderão aumentar o seu atual mercado (BREMUS et al., 2006).

O ácido L-ascórbico foi primeiramente isolado a partir de frutas cítricas e posteriormente sintetizado quimicamente através do processo de Reichstein, procedimento que converte glicose por meio de seis etapas de conversão química e uma etapa que envolve a fermentação do D-sorbitol para L-sorbose. Tal como todos os processos químicos utilizados industrialmente, a síntese química do ácido L-ascórbico apresenta diversas desvantagens, como altos consumos energéticos (altas temperaturas e pressões utilizadas) e utilização de grandes quantidades de solventes e reagentes (alto impacto em termos de contaminação aquática e/ou atmosférica). No entanto, apesar desses aspectos negativos, grande parte do ácido L-ascórbico é obtido através do processo de Reichstein (HANCOCK; VIOLA, 2002).

Contudo, devido à procura de processos industriais ambientalmente mais favoráveis, bem como alguns fatores de economia de processo, surgiu o interesse de vários tipos de indústrias por uma produção de L-ascórbico através de diferentes bioprocessos. Nas últimas décadas, diversas estratégias biotecnológicas têm vindo a ser desenvolvidas; todavia, a maioria delas não objetivou a síntese direta de ácido L-ascórbico, mas sim a produção de um intermediário-chave no processo químico, nomeadamente, o 2-ceto-L-gluconato, o qual é posteriormente convertido a ácido ascórbico por processos químicos (HANCOCK; VIOLA, 2002). A produção biológica desse intermediário pode ser realizada através da fermentação de alguns açúcares, como D-glucose, D-sorbitol ou L-sorbose, utilizando espécies do gênero *Gluconobacter, Erwinia, Acetobacter, Pseudomonas, Ketogulonicigenium* e *Corynebacterium*, através da fermentação de culturas mistas, ou utilizando espécies recombinantes. A tendência de produção é a utilização de técnicas de engenharia metabólica que permitam alterar as vias metabólicas de alguns desses microrganismos, ou a utilização de microrganismos hospedeiros de forma a melhorar os índices de produção do 2-ceto-L-gluconato, mas também o desenvolvimento de processos enzimáticos que possam possibilitar biossíntese do ácido L-ascórbico a partir desse intermediário-chave. Dois artigos de revisão (HANCOCK; VIOLA, 2002; BREMUS et al., 2006) compilaram um grande número de trabalhos em que foram utilizados diversos bioprocessos para a produção desse intermediário a partir de diferentes culturas microbianas (puras ou recombinantes). Atualmente, já foi desenvolvida uma tecnologia com duas etapas fermentativas para a produção de 2-ceto-L-gluconato em nível industrial. Apesar do grande esforço no desenvolvimento, até mesmo através de processos fermentativos com espécies geneticamente alteradas, nenhum estudo apresentou ainda cepas ou misturas de cepas capazes de promover a conversão direta e total dos açúcares em ácido L-ascórbico (BREMUS et al., 2006). Além dos processos de produção microbiana, outros estudos têm sido realizados com o objetivo de aumentar a produção natural de ácido L-ascórbico em algumas plantas e microalgas. Estes mostraram, por exemplo, que os rendimentos de produção de ácido L-ascórbico por espécies selvagens de *Chlorella pyrenoidosa* a partir de matérias-primas de baixo custo são geralmente insignificantes, mas poderiam ser melhorados por meio de alterações mutagênicas (BREMUS et al., 2006).

Esta breve revisão mostra que a produção industrial de ácido L-ascórbico a partir da conversão direta de glicose ou D-sorbitol ainda se encontra em fase de desenvolvimento. No entanto, a produção de intermediários já se encontra bem estabelecida, sendo atualmente produzido e comercializado, por exemplo, o 2-ceto-L-gluconato obtido por processos industriais com duas etapas de fermentação (HANCOCK; VIOLA, 2002). Consórcios de grandes empresas farmacêuticas e biotecnológicas têm estado envolvidos na produção industrial do 2-ceto-L-gluconato. Ademais, esses mesmos consórcios estão também empenhados na melhoria dos processos de conversão, com estudos de otimização da expressão genética, ou mesmo na evolução dos processos fermentativos, visando à eliminação de produtos secundários de reação e ao desenvolvimento de um processo de etapa única para a produção do ácido L-ascórbico. Esses recentes avanços industriais e o envolvimento de um número significativo de grandes empresas mostram que em breve a produção de vitamina C se dará somente por meio de processos totalmente biológicos.

5.8 SUMÁRIO E PERSPECTIVAS FUTURAS

Este capítulo permitiu uma análise de diversos bioprocessos de produção de ácidos orgânicos, tendo sido os vários ácidos distinguidos de acordo com três classes importantes: 1) os ácidos que já se encontram bem estabelecidos no mercado mundial e são produzidos por tecnologias de base biotecnológica bem desenvolvidas, como os ácidos cítrico e lático; 2) os ácidos que apresentam um futuro potencial favorável à sua produção por bioprocesso, como os ácidos itacônico, glucônico e fumárico; 3) os ácidos cuja produção por bioprocesso ainda é pouco competitiva em relação aos compostos produzidos por síntese química, como o ascórbico e o acrílico.

Tal como descrito nas várias seções, e sumariamente reportado no parágrafo anterior, a industrialização de processos de fermentação encontra-se em fases de desenvolvimento bastante diferentes, as quais dependem essencialmente do tipo de ácido que se pretende produzir. No entanto, uma análise sumária de todos os processos de produção mostra que a utilização de bioprocessos pode ainda ser aprimorada, e em alguns casos ser até mais importante que os processos de base química.

Resumidamente, o crescimento da indústria biotecnológica de produção de ácidos orgânicos irá depender da combinação de dois fatores principais: 1) aumento das exigências em termos de sustentabilidade, e consequentemente respectivas restrições ambientais; 2) redução dos custos processuais para a bioprodução de ácidos orgânicos. Relativamente ao primeiro ponto, o crescimento da industrialização e da comercialização de ácidos orgânicos obtidos por fermentação irá depender de uma maior exigência e regulamentação por parte das autoridades mundiais (FDA, FAO, OMS, OCDE), que obriguem a utilização de processos produtivos cada vez mais sustentáveis e mais benignos para o ambiente, o que permitiria o surgimento dos bioprocessos utilizando recursos renováveis como alternativa favorável. Por outro lado, objetivando a redução de custos (ponto 2), é fundamental que os processos de bioprodução sejam melhorados, tanto em relação às estirpes para aumento dos rendimentos de produtividade como pela redução dos custos energéticos de produção e recuperação do produto. Desse modo, é claro que os recentes avanços em termos de engenharia metabólica e bioengenharia permitirão o desenvolvimento de microrganismos que sejam mais resistentes e com vias metabólicas otimizadas, permitindo a conversão mais eficiente de fontes de carbono e nitrogênio. A engenharia genética poderá facilitar o incremento da eficiência energética dos bioprocessos, mas é também fundamental completar estes com o desenvolvimento das etapas de recuperação/purificação do produto final. Essa melhoria das tecnologias de *downstream* deve favorecer não só a redução dos custos totais de produção e separação, mas também reduzir a inibição por produto final e/ou subprodutos de fermentação.

Há cerca de uma década, Sauer et al. (2008) sugeriram os ácidos orgânicos como uma das biomoléculas com futuro mais promissor na indústria biotecnológica. Os autores sugeriram que eles poderiam ter um impacto significativo numa grande quantidade de indústrias, desde as tradicionais indústrias química e alimentar até as mais inovadoras, como de biomateriais e biomedicina. Passados quase dez anos, e de acordo com os vários relatórios apresentados neste capítulo, é evidente que esses ácidos não são apenas um futuro promissor, e sim uma realidade para várias empresas de base biotecnológica.

REFERÊNCIAS

ABDEL-RAHMAN, L.; TASHIRO, Y.; SONOMOTO, K. Recent advances in lactic acid production by microbial fermentation processes. *Biotechnology Advances*, v. 31, p. 877-902, 2013.

ABE S.; FURUYA, A.; TAKAYAMA, K. *Method of producing l-malic acid by 424 fermentation*. United States. US3063910A, 13 nov. 1962.

ALLIED MARKET RESEARCH. Acrylic acid market – global opportunity analysis and industry forecast, 2013-2020 Código do Relatório: MA14221. 2014. Disponível em: <https://www.alliedmarketresearch.com/acrylic-acid-market>. Acesso em: 14 set. 2017.

BLANCH, H. W. Industrial Chemicals, Biochemicals and Fuels. In: MOO-YOUNG, M. *Comprehensive Biotechnology: The Principles, Applications and Regulations of Biotechnology in Industry Agriculture and Medicine 3.* Oxford: Pergamon Press, 1985.

BOYAVAL, P.; CORRE, C. Production of Propionic Acid. *Lait*, v. 75, p. 453-461, 1995.

BREMUS, C. et al. The use of microorganisms in L-ascorbic acid production. *Journal of Biotechnology*, v. 124, p. 196-205, 2006.

DAKIN, H. D. The formation of L-malic acid as a product of alcoholic fermentation by yeast. *Journal of Biological Chemistry*, v. 61, p. 139-145, 1924.

DELLWEG, H. Biomass, Microorganisms for Special Applications, Microbial products I, Energy from Renewable Resources. In: REHM, H. J.; REED, G. *Biotechnology: a comprehensive treatise 3.* Weinheim: Verlag Chemie, 1983.

DEMAIN, A. L. The business of biotechnology. *Industrial Biotechnology*, v. 3, n. 3, p. 269-283, 2007.

DWIDAR, M. et al. The future of butyric acid in industry. *The Scientific World Journal*, v. 2012, p. 1-9, 2012.

ENGEL, C. A. R. et al. Fumaric acid production by fermentation. *Applied Microbiology and Biotechnology*, v. 78, p. 379-389, 2008.

GHAFFAR, T. et al. Recent trends in lactic acid biotechnology: A brief review on production to purification. *Journal of Radiation Research and Apllied Sciences*, v. 7, p. 222-229, 2014.

GLOBAL MARKET INSIGHTS. Itaconic acid market size, price trends – industry share report, 2024. Código do relatório: GMI782. 2016a. Disponível em: <https://www.gminsights.com/industry-analysis/itaconic-acid-market?utm_source=globenewswire.com&utm_medium=referral&utm_campaign=Paid_Globnewswire>. Acesso em: 14 set. 2017.

_____. Lactic acid and polylactic acid market size, price trends – industry share report, 2024. Código do Relatório: GMI821. 2016b. Disponível em: <https://www.gminsights.com/industry-analysis/lactic-acid-and-polylactic-acid-market?utm_source=globenewswire.com&utm_medium=referral&utm_campaign=Paid_Globnewswire>. Acesso em: 14 set. 2017.

_____. Acetic acid market size, price trends – industry share report, 2024. Código do relatório: GMI1594. 2017. Disponível em: <https://www.gminsights.com/industry-analysis/acetic-acid-market>. Acesso em: 14 set. 2017.

GRAND VIEW RESEARCH. Malic acid market analysis by end-use and forecasts to 2024. Código do relatório: 978-1-68038-371-3. 2016. Disponível em: <http://www.grandviewresearch.com/industry-analysis/malic-acid-market>. Acesso em: 14 set. 2017.

_____. Citric acid market analysis, market size, application analysis, regional outlook, competitive strategies and forecasts, 2014 To 2020. Código do relatório: GVR962. 2018. Disponível em: <http://www.grandviewresearch.com/industry-analysis/citric-acid-market>. Acesso em: 18 set. 2017.

GULLO, M.; VERZELLONI, E.; CANONICO, M. Aerobic submerged fermentation by acetic acid bacteria for vinegar production: Process and biotechnological aspects. *Process Biochemistry*, v. 49, p. 1571-1579, 2014.

HANCOCK, R. D.; VIOLA R. Biotechnological approaches for L-ascorbic acid production. *Trends in Biotechnology*, v. 20, n. 7, p. 299-304, jul. 2002.

KIRIMURA, K.; HONDA, Y.; HATTORI, T. Gluconic and Itaconic Acids. *Industrial Biotechnology and Commodity Products*, Tokyo, v. 3, p. 143-147, 2011.

KLEMENT, T.; BUCHS, J. Itaconic acid – A biotechnological process in change. *Bioresource Technology*, v. 135, p. 422-431, 2013.

KRISTIANSEN, B.; MATTEY, M.; LINDEN, J. *Citric Acid Biotechnology*. Philadelphia: Taylor & Francis e-Library, 2002.

MAGNUSON, J. K.; LASURE, L. L. Organic acid production by filamentous fungi. In: TKACZ, J. S.; LANGE, L. (eds.). *Advances in fungal biotechnology for industry, agriculture, and medicine*. New York: Kluwer Academic/Plenum Publishers, 2004. p. 307-340.

MARKET AND MARKETS. Citric acid market – global forecast to 2020. Código do relatório: FB3834. 2015. Disponível em: <http://www.marketsandmarkets.com/Market-Reports/citric-acid-market-185568353.html>. Acesso em: 14 set. 2017.

_____. Succinic acid market – global forecast to 2021. Código do relatório: CH2917. 2016. Disponível em: <http://www.marketsandmarkets.com/Market-Reports/succinic-acid-market-402.html>. Acesso em: 14 set. 2017.

MARTINEZ, F. A. C. et al. Lactic acid properties, applications and production: A review. *Trends in Food Science & Technology*, v. 30, p. 70-83, 2013.

MATTEY, M. The production of organics acids. *Critical Reviews in Biotechnology*, v. 12, n. 1, p. 87-132, 1992.

MAX, B. et al. Biotechnological production of citric acid. *Brazilian Journal of Microbiology*, v. 41, n. 1, p. 862-875, 2010.

MORDOR INTELLIGENCE. Global gluconic acid market – growth trends and forecasts (2017-2022). 2017. Disponível em: <https://www.mordorintelligence.com/industry-reports/gluconic-acid-market>. Acesso em: 14 set. 2017.

MURALI, N.; SRINIVAS, K.; AHRING, B. K.; Biochemical Production and Separation of Carboxylic Acids for Biorefinery Applications. *Fermentation*, v. 3, n. 22, p. 1-25, 2007.

MOO-YOUNG, M. I. *Comprehensive biotechnology: the principles, applications and regulations of biotechnology in industry agriculture and medicine 3*. Oxford: Pergamon Press, 1985.

_____. *Comprehensive Biotechnology: The principles, applications and regulations of biotechnology in industry agriculture and medicine 3*. 2. ed. Oxford: Elsevier, 2011.

PRASAD, N. K. *Downstream process technology: a new horizon in biotechnology*. New Delhi: PHI Learning, 2010.

RAMACHANDRAN, S. et al. Gluconic acid: properties, applications and microbial production. *Food Technology and Biotechnology*, v. 44, n. 2, p. 185-195, 2006.

SAUER, M. et. al. Microbial production of organic acids: expanding the market. *Trends in Biotechnology*, v. 26, n. 2, p. 100-108, jan. 2008.

SAUER, M.; MATTANOVICH, D.; MARX, H. Microbial production of organic acids for use in food. In: MCNEIL, B, et al. *Microbial Production of Food Ingredients, Enzymes and Nutraceuticals*. Cambridge: Woodhead, 2013. p. 288-320.

SHULER, M. L.; KARGI, F. *Bioprocess engineering, basic concepts*. 2. ed. New Jersey: Prentice Hall, 2002.

SINGH, O. V.; KUMAR, R. Biotechnological production of gluconic acid: future implications. *Applied Microbiology and Biotechnology*, v. 75, p. 713-722, 2007.

SONG, H.; LEE S. Y. Production of succinic acid by bacterial fermentation. *Enzyme and Microbial Technology*, v. 39, p. 352-361, 2006.

STRAATHOF, A. J. J. et. al. Feasibility of acrylic acid production by fermentation. *Applied Microbiology and Biotechnology*, v. 67, p. 727-734, 2005.

TURNER, T. L. et al. Conversion of lactose and whey into lactic acid by engineered yeast. *Journal of Dairy Science*, v. 100, p. 124-128, 2017.

VAN DER STRAAT, L. et al. Expression of the *Aspergillus terreus* itaconic acid biosynthesis cluster in *Aspergillus niger*. *Microbial Cell Factories*, v. 13, p. 11, 2014.

WEE, Y-J.; KIM, J-N.; RYU, H-W. Biotechnological production of lactic acid and its recent applications. *Food Technology and Biotechnology*, v. 44, n. 2, p. 163-172, 2006.

WRIGHT, J. L.; VINING, L. C. Carboxylic acids. In: LASKIN, I. A.; LECHEVALIER, H. A. *CRC Handbook of Microbiology 3*. 2. ed. Boca Raton: CRC Press, 1973.

XU, Q.; JAIN, M. K.; ELANKOVAN, P. Key technologies for the industrial production of fumaric acid by fermentation. *Applied Microbiology and Biotechnology*, v. 51, p. 545-552, 1999.

YAMADA, K. Recent advances in industrial fermentation in Japan. *Biotechnology and Bioengineering*, v. 19, n. 11. p. 1563-1621, 1977.

ZEIKUS, J. G. et al. Biotechnology of succinic acid production and markets for derived industrial products. *Biotechnology Advances*, v. 30, p. 1685-1696, 2012.

ZELLE, R. M. et al. Malic acid production by *Saccharomyces cerevisiae*: engineering of pyruvate carboxylation, oxaloacetate reduction, and malate export. *Applied and Environmental Microbiology*, v. 47, n. 9. p. 2766-2777, 2008.

ZHANG, C. et al. Current progress on butyric acid production by fermentation. *Current Microbiology*, v. 59, p. 656-663, 2009.

ZHANG, H. et al. Citric acid production by recycling its wastewater treated with anaerobic digestion and nanofiltration. *Process Biochemistry*, v. 58, p. 245-251, 2017.

ZION. Ascorbic acid market – segment, trends and forecast, 2015-2021. Código do relatório: MRS-71526. 2016. Disponível em: <http://www.marketresearchstore.com/report/ascorbic-acid-market-z71526>. Acesso em: 14 set. 2017.

CAPÍTULO 6
Produção de polissacarídeos

Francisco Maugeri Filho

Rosana Goldbeck

6.1 INTRODUÇÃO

Neste capítulo serão abordadas produção, estrutura e aplicações dos polissacarídeos com potencial industrial, obtidos pela ação de microrganismos. Esses polissacarídeos, conhecidos também como biopolímeros, são obtidos por processos fermentativos e apresentam vantagens em relação aos polissacarídeos de origem vegetal e animal, como reprodutibilidade e estabilidade das propriedades físico-químicas. Devido às suas propriedades físico-químicas, os biopolímeros podem ser amplamente utilizados na indústria como emulsificantes, gelificantes e estabilizantes.

Até a década de 1950, a produção e uso industrial desses compostos baseavam-se em produtos de origem vegetal e de algas marinhas. Esses produtos tradicionais, como amido, alginatos, goma arábica, goma guar e goma de algaroba, são largamente empregados nas indústrias de alimentos, farmacêutica e química. No entanto, o suprimento, a qualidade e a homogeneidade desses polissacarídeos podem, com exceção feita ao amido, flutuar por uma série de motivos, tornando-se às vezes um sério problema para as indústrias.

Frente a esses obstáculos, os polissacarídeos de origem microbiana são uma alternativa válida, pois possuem propriedades similares aos tradicionais e, em alguns casos mais vantajosos, por possuírem propriedades específicas que os qualificam para o desenvolvimento de novos produtos. As gomas microbianas não dependem de condições climáticas, contaminação marinha ou falha nas colheitas, que prejudicam a oferta das gomas tradicionais e, além disso, são menos suscetíveis à variabilidade em sua qualidade, pois sua produção pode ser controlada cuidadosamente. Por fim, no nível molecular, existem técnicas de engenharia genética que nos permitem manipular microrganismos para obter polissacarídeos com propriedades "sob encomenda", de maneira rápida e eficiente.

Historicamente, as observações empíricas sobre gomas datam de 1813, quando se constatou que os xaropes de cana-de-açúcar e beterraba tomavam uma textura quase sólida, dificultando o processamento do açúcar nas fases de filtração e cristalização. Pasteur, em 1861, interpretou esse fenômeno como sendo resultado de fermentação por microrganismos. A bactéria envolvida foi identificada em 1878 como *Leuconostoc mesenteroides*, e o produto em 1880 como sendo uma glucana, que recebeu o nome de dextrana (dextrorrotatória). A dextrana passou, muito tempo depois, a ser o primeiro biopolímero produzido em larga escala.

A indústria de alimentos é um dos principais consumidores de polissacarídeos, utilizando-os primordialmente como espessantes ou agentes de suspensão e gelificantes. Os polissacarídeos são, no entanto, importantes também por seus efeitos secundários, que incluem emulsificação, estabilização de emulsões, controle de cristalização, inibição de sinerese, encapsulação e formação de filmes. Uma das principais propriedades, a de espessante, requer um polissacarídeo que em baixas concentrações gere alta viscosidade, promovendo a suspensão de partículas ou a inibição de associações de gotículas de emulsões. Contudo, os produtos alimentícios devem possuir fluidez ao serem agitados e vertidos. Frente a isso, a viscosidade deve decrescer marcadamente sob agitação, mas recuperar-se prontamente após a remoção de qualquer tensão de cisalhamento. Além disso, essas propriedades devem se manter sob extremos de temperatura (p. ex. molhos submetidos a *ultra high temperature* – UHT), pH e força iônica, e também na presença de outros ingredientes do alimento. São essas propriedades reológicas de pseudoplastia e tixotropia que consagraram alguns polímeros, principalmente a xantana. Por esse motivo, a xantana passou a ser o segundo biopolímero a ser produzido em larga escala e o primeiro a ser amplamente utilizado na indústria de alimentos.

A dextrana e a goma xantana são os polissacarídeos microbianos mais comercializados em larga escala até o momento, dividindo fatias importantes do mercado de gomas. A goma gelana foi o terceiro polissacarídeo produzido comercialmente por biossíntese microbiana e obteve aprovação da agência norte-americana Food and Drug Administration (FDA) em 1990 para uso em alimentos. A gelana destaca-se em relação aos outros polissacarídeos devido a suas propriedades específicas que a tornam comercialmente atrativa. Incluem-se entre essas propriedades alta viscosidade, poder gelificante maior, compatibilidade com uma grande variedade de sais numa ampla faixa de pH e temperatura, alta solubilidade em água e ação sinérgica com outros polissacarídeos.

Em relação à classificação, os polissacarídeos podem ser classificados quanto à sua estrutura química em dois grupos principais: homopolissacarídeos e heteropolissacarídeos. Homopolissacarídeos são constituídos de um único tipo de monossacarídeo, como a dextrana (formada apenas de monómeros de glicose). Já os heteropolissacarídeos são compostos de vários tipos de monossacarídeos, apresentam estrutura complexa, como é o caso da goma xantana. Os polissacarídeos também podem ser classificados quanto a sua aplicação industrial; dessa forma, destacam-se duas categorias principais: agentes de viscosidade e agentes gelificantes. Uma terceira categoria inclui polissacarídeos, cujas aplicações são bem específicas, como dextrana clínica e polissacarídeos usados para obter açúcares raros. No entanto, não podemos nos esquecer dos oligossacarídeos, que são polímeros compostos de resíduos de monossacarídeos unidos por ligações glicosídicas, em número que varia de duas até aproximadamente dez unidades, e que apresentam propriedades funcionais importantes. A produção de oligossacarídeos, estrutura, aplicações industriais bem como os benefícios do consumo de oligossacarídeos para a saúde humana serão abordados no Capítulo 7.

A Tabela 6.1 ilustra as funções e o uso geral em porcentagens relativas dos polissacarídeos, enquanto a Tabela 6.2 ilustra a aplicação de gomas na indústria de alimentos segundo suas propriedades funcionais.

Tabela 6.1   Distribuição de gomas de acordo com sua propriedade funcional

Função	Uso (%)
Estabilizador, agente de suspensão e dispersante	25
Espessante	23
Agente formador de filmes	17
Agente de retenção de água	12
Coagulante	7
Coloide	6
Lubrificante	5
Outros	5

Tabela 6.2   Aplicação de gomas na indústria de alimentos

Propriedade	Função
Aumento de viscosidade	Espessante, suspender sólidos, estabilizar emulsões
Formação de géis	Formar géis, suspender sólidos
Ligação de água	Afetar solubilidade, facilitar a secagem, facilitar a precipitação, evitar a separação
Inibição de cristalização	Melhorar textura, melhorar transparência, induzir maciez
Tensoativo	Melhorar a formação de espumas, melhorar emulsões, estabilizar espumas
Formação de filmes	Fixar aromas, encapsulação
Reatividade com proteínas	Suspender sólidos, melhorar textura, estabilizar espumas, evitar separação de soros
Mistura de propriedades	Evitar mascaramento de aromas, melhorar clarificação, promover ligações, aumentar volume, promover floculação

6.2 AGENTES DE VISCOSIDADE

Tradicionalmente, os polissacarídeos industriais, agentes de viscosidade, têm sido obtidos a partir de algas marinhas e plantas. No entanto, a produção e o uso de polissacarídeos microbianos vêm se intensificando desde que começou a ocorrer uma grande demanda industrial por esses agentes, pois apresentam propriedades similares aos tradicionais e, em alguns casos, até mais vantajosas, pois possuem propriedades específicas, o que contribui para o desenvolvimento de novos produtos.

6.2.1 XANTANA

6.2.1.1 Propriedades

A xantana é um dos biopolímeros mais utilizados e estudados devido a suas características diferenciadas e grande aplicação industrial. No Brasil, na última década, houve relevantes progressos relativos ao conhecimento das características químicas, físicas e biológicas desse biopolímero, obtido de novas linhagens de *Xanthomonas*, como também a caracterização de inúmeras cepas nativas de *X. campestris*. A obtenção de xantana a partir de fontes alternativas é alvo de muita pesquisa, com o intuito de diminuir os custos de produção desse polímero e, assim, permitir o aproveitamento de resíduos agroindustriais (MACHADO et al., 2012).

Xantana é um poli-β-(1→4)-D-glucopiranose, assemelhando-se à celulose, mas com ramificações alternadas nas posições C-3, constituídas por três açúcares, como ilustra a Figura 6.1. Cerca de 30% das ramificações possuem um grupo piruvato carregado. O peso molecular da xantana varia de 2 a 12×10^6 g/mol, dependendo da preparação da amostra e do método utilizado. Sua estrutura ramificada e seu alto peso molecular conferem à xantana uma alta viscosidade, mesmo em baixas concentrações (LUVIELMO; SCAMPARINI, 2009). No que concerne às propriedades reológicas, as soluções de xantana mostram um comportamento pseudoplástico, ou seja, a viscosidade diminui com o aumento da deformação do fluido. A viscosidade das soluções praticamente não se altera com a temperatura entre 4 °C e 93 °C, pH entre 1 e 13 e forças iônicas equivalentes a concentrações de cloreto de sódio entre 0,05% e 1%. Existe plena compatibilidade com uma grande diversidade de insumos usados industrialmente, como metais, ácidos, sais, agentes redutores, outros texturizantes, solventes, enzimas, surfactantes e conservantes. Uma propriedade interessante da goma xantana é que, em conjunto com galactomananas (goma guar e goma de algaroba), apresenta um aumento sinérgico de viscosidade (a viscosidade final é maior que a soma das viscosidades individuais) e forma géis termorreversíveis (LETISSE et al., 2002).

A xantana é completamente atóxica, sendo aprovada pelo FDA desde 1969 como aditivo em alimentos. No Brasil, a adição de xantana em alimentos é permitida desde 1965, pelo Decreto-lei n. 55.871 da Legislação Brasileira de Alimentos.

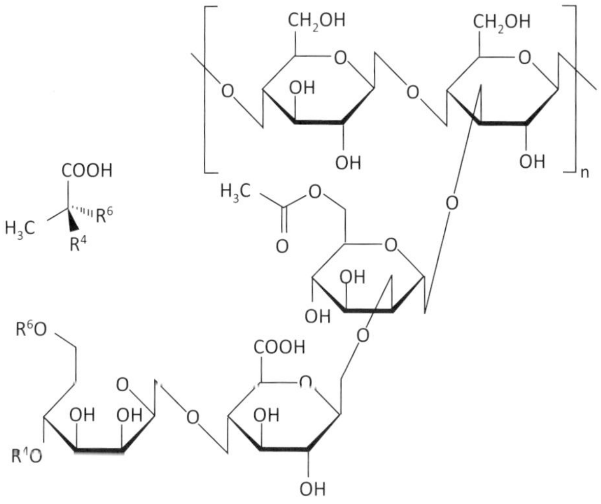

Figura 6.1 Unidade estrutural da goma xantana.

6.2.1.2 Produção

A xantana é produzida pela bactéria *Xanthomonas campestris* sob condições aeróbias a 28 °C aproximadamente. A produção de goma xantana usando *X. campestris* tem melhorado nas últimas décadas em função da seleção genética que vem sendo realizada e por melhoramentos no processo experimental (LETISSE et al., 2002). O meio de cultura consiste basicamente em glicose ou sacarose como fonte de carbono, fontes de nitrogênio e fósforo e traços de outros minerais. O pH deve ser mantido próximo à neutralidade. O polímero é sintetizado, principalmente, ao cessar o crescimento microbiano.

O tempo de fermentação é de 48 a 96 horas. Em seguida, o caldo é esterilizado para eliminar o microrganismo, que é fitopatogênico, e também para melhorar as características reológicas da goma em solução. Uma vez eliminadas as células, a xantana é precipitada com álcool ou sais quaternários de amônio ou separada por ultrafiltração. A recuperação da goma xantana do caldo fermentativo é geralmente difícil e dispendiosa. Em função da alta concentração de goma xantana, o caldo é altamente viscoso e difícil de manusear. A alta viscosidade complica a remoção da biomassa do caldo. Os principais passos no processo de recuperação da goma são: desativação e remoção (ou lise) das células microbianas, precipitação do biopolímero, lavagem, secagem, moagem e embalagem (MOREIRA; DEL PINO; VENDRUSCOLO, 2003). A Figura 6.2 ilustra o processo típico de obtenção de xantana.

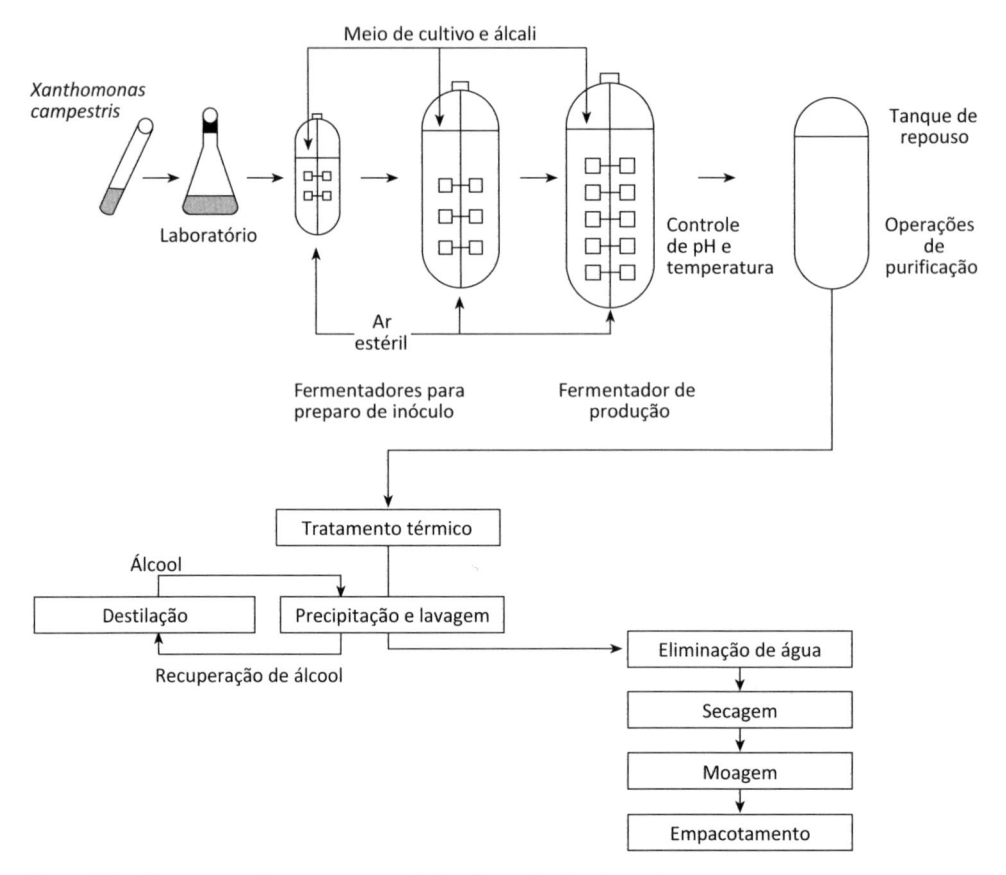

Figura 6.2 Fluxograma de um processo típico de produção de xantana.

Um problema importante relacionado com a produção de xantana deve-se à instabilidade das linhagens de *X. campestris*, resultando numa variação de peso molecular do polissacarídeo, assim como no grau de piruvilação e acetilação. No entanto, os genes responsáveis pela síntese do polissacarídeo foram identificados por Vanderslice et al. em 1989, o que proporcionou aos pesquisadores uma ferramenta para, através de manipulações genéticas, alterar o grau de acetilação, aumentar o grau de piruvilação em 45% e aumentar o rendimento da goma em 20%.

Devido ao mercado crescente, muitos estudos têm sido conduzidos objetivando o melhoramento das linhagens, dos meios de cultivo e dos processos de fermentação, extração e purificação de goma xantana. A maior parte da literatura referente à produção de xantana cita o uso de glicose ou sacarose como fontes de carbono preferenciais, entretanto, algumas fontes alternativas têm sido sugeridas. O soro de leite, resultante da fabricação de queijos, vem sendo estudado como alternativa promissora, em bioprocessos, para a obtenção da goma xantana. A utilização de substratos alternativos poderá auxiliar a produção de goma xantana no país, ajudando a eliminar problemas ambientais como o descarte de efluentes, sendo que dessa forma o Brasil poderá suprir sua própria demanda de goma xantana com maior competitividade no preço final, visto que a maior parte da goma xantana utilizada no país é importada (BRANDÃO et al., 2008).

O Brasil tem um elevado potencial econômico para a implantação da indústria de produção de goma xantana, uma vez que possui matérias-primas básicas de menor custo para a produção e recuperação da goma, como açúcar, extrato de levedura e álcool provenientes do setor sucroalcooleiro, o que não acontece em outros países, onde o custo do meio de fermentação representa um fator crítico em relação ao aspecto comercial na produção do polissacarídeo (PADILHA, 2003). Isso coloca o Brasil numa posição favorável e competitiva frente a países que dominam essa tecnologia, como o Japão, Estados Unidos, França, Áustria e China (MENEZES et al., 2012).

O Grupo Fufeng, com ações cotadas na bolsa de Hong Kong, é um fabricante internacional de polissacarídeos microbianos. Oriundos de uma empresa inovadora e de alta tecnologia, os produtos Fufeng têm sido fornecidos para mais de cinquenta países nos últimos anos. Sua capacidade de produção anual de goma xantana é de 44 mil toneladas.

6.2.1.3 Aplicações

As aplicações de xantana na indústria de alimentos são muito amplas. Ela é empregada para controlar viscosidade, textura, retenção de aromas, suspensão de sólidos e estabilização de emulsões. A vantagem da goma xantana sobre outras existentes no mercado é que ela é muito estável em relação a pH e temperatura, e, apesar de mais cara por unidade de peso, é mais barata por unidade de viscosidade obtida. A literatura é bastante esclarecedora quanto aos empregos mais relevantes de goma xantana (LUVIELMO; SCAMPARINI, 2009). Na indústria de alimentos ela encontra aplicações em molhos prontos (*French dressings*), alimentos congelados, suco de frutas e coquetéis, sobremesas instantâneas, produtos cárneos etc.

Fora da indústria de alimentos, é usada como agente de suspensão e espessante em pasta de dentes e desodorantes em forma de géis, na impressão em tecidos, na suspensão de compostos químicos de uso agrícola e no aumento da recuperação de petróleo, entre outros. Dentre os biopolímeros utilizados na recuperação terciária de petróleo, a xantana é o mais utilizado, não existindo até o momento nenhum outro em escala comercial que supere suas qualidades. A goma xantana tem sido usada junto com hidróxido de sódio e surfactantes na técnica conhecida como APS (álcali-polímero-surfactante) (NAVARRETE; SHAH, 2001).

Apesar de a goma xantana ter propriedades reológicas adequadas para ser utilizada na extração terciária de petróleo, o custo de produção a partir de glicose torna essa aplicação inviável comercialmente, devido à alta quantidade de goma necessária ao processo. Por esse motivo, vem aumentando muito o interesse por substratos alternativos, por exemplo, resíduos industriais, que além de serem normalmente descartados e causarem sérios problemas ambientais, podem ser utilizados como uma alternativa para a produção de polissacarídeos, diminuindo os custos de produção (BRANDÃO et al., 2008).

Diversos trabalhos vêm sendo desenvolvidos empregando resíduos agroindustriais como matéria-prima para a produção de biopolímero. Nery et al. (2008) avaliaram o rendimento da produção de goma xantana por diferentes linhagens nativas de *Xanthomonas campestris* utilizando como substrato o soro de leite. Segundo os autores, foi constatado que o soro de leite pode ser uma fonte viável de substrato para a produção de xantana, por apresentar rendimento de goma superior ao obtido com sacarose como fonte de carbono, além de a goma produzida apresentar comportamento reológico pseudoplástico, característico de soluções poliméricas de goma xantana. Já Brandão et al. (2008) estudaram a obtenção de goma xantana a partir da fermentação do soro de mandioca com diferentes linhagens de *Xanthomonas campestris*, e verificaram que as diferentes linhagens de *Xanthomonas* geram grandes variações no rendimento e na viscosidade da goma xantana sintetizada. No entanto, todas as soluções produzidas apresentaram comportamento pseudoplástico característico das soluções de goma xantana. Os autores asseguram que, em vista do baixo custo do soro de mandioca, a sua bioconversão a um produto de alto valor agregado como a goma xantana pode representar uma alternativa lucrativa de utilização para esse resíduo agroindustrial.

6.2.2 LEVANA

Outro polissacarídeo de interesse é a goma levana, que vem sendo aplicada na área de alimentos como espessante e estudada como possível substituinte da goma arábica. A levana é formada através de reações de transfrutosilação e é constituída, basicamente, de unidades de frutose ligadas em $\beta(2{\to}6)$ como pode ser visualizado na Figura 6.3 (MORO, 2012). Pode ser sintetizada por vários grupos de bactérias, entre elas a *Zymomonas mobilis*, em um meio fermentativo à base de sacarose, extrato de levedura e sais minerais.

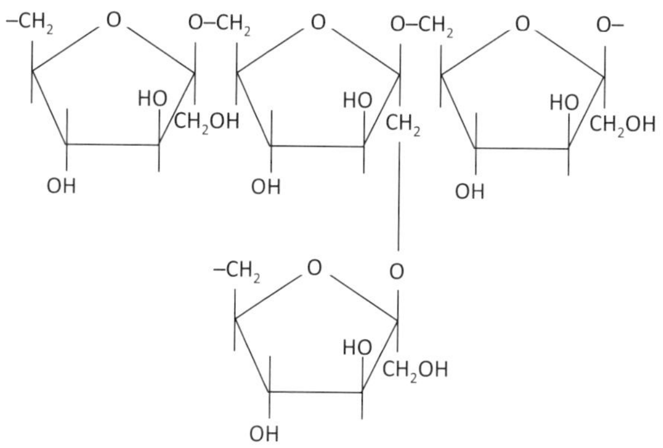

Figura 6.3 Estrutura química da goma levana com unidades de frutose ligadas em β(2→6) e ramificações β(2→1).

A levana possui massa molecular de aproximadamente 107 Daltons, correspondente a aproximadamente 60 mil unidades de frutose unidas por ligações β(2→6). Os polímeros de levana são lineares ou ramificados (graus variáveis) na hidroxila do carbono 1 (MORO, 2012).

O termo "levana" refere-se a um exopolissacarídeo obtido pela reação de transfrutosilação durante a fermentação de culturas crescidas em meios ricos em sacarose. Sendo um anidrofrutosilfrutosídeo solúvel em água, a levana pode também ser chamada de polifrutana pelo fato de ser constituída de moléculas de frutose.

Na indústria de alimentos, a levana pode ser empregada como fixador de cores e sabores, espessante e estabilizante em géis para sobremesas, temperos prontos para salada, pudins, sorvetes e derivados do leite, bebidas, coberturas para produtos de confeitaria e, ainda, como invólucro de embutidos. Nos alimentos funcionais contendo probióticos, a levana representa um eficiente aditivo que pode influenciar de modo benéfico o funcionamento do trato intestinal e, consequentemente, o balanço nutricional do organismo humano. Portanto, o potencial de aplicações desse polímero nos setores alimentício e farmacêutico vem promovendo uma intensa e constante pesquisa visando entender melhor as vias metabólicas de síntese, a função fisiológica, a biologia dos microrganismos produtores e, assim, regular sua formação e composição, além da otimização do processo de produção (ERNANDES; GARCIA-CRUS, 2005).

Em relação à biossíntese de levana, inúmeros estudos estão sendo realizados para identificar os genes das enzimas envolvidas no processo de biossíntese, as localizações desses genes, como também sua funcionalidade em diferentes microrganismos (TOMA et al., 2003). Os estudos de biologia molecular são de extrema relevância, pois o conhecimento dos genes envolvidos nas rotas de biossíntese é fundamental tanto para modificar os microrganismos, com a finalidade de elevar a produtividade no processo fermentativo, como para alterar o peso molecular e a composição química do polímero. Nas últimas décadas, as modificações no polímero vêm sendo obtidas em estudos que utilizam diferentes fontes de carbono (glicose, sacarose e frutose), ou por microrganismos mutantes (PADILHA, 2003).

6.2.3 ESCLEROGLUCANA

Descrita pela primeira vez nos anos 1960, a escleroglucana é constituída de unidades β-D-(1→3)-glucopiranosídica, com ramificações β-D-(1→6) a cada três unidades da cadeia principal, e forma em solução cadeias helicoidais triplas, unidas por pontes de hidrogênio (COVIELLO et al., 2003). A Figura 6.4 ilustra sua estrutura química.

Esse polímero é assim chamado por ser produzido por diferentes espécies de *Sclerotium*, em especial *Sclerotium glucanicum*. Como a goma xantana, a escleroglucana tem um peso molecular de 2 a 12×10^6 g/mol. É facilmente solubilizada em água, originando soluções pseudoplásticas com alta tolerância a temperatura, pH e concentrações salinas. A escleroglucana compete com xantana como biopolímero utilizado para a recuperação de petróleo; no entanto, apresenta atividade contra tumores. Essa atividade antitumoral parece estar relacionada à estrutura química da cadeia principal da glucana, na forma de tríplice hélice, à frequência e complexidade das cadeias laterais e à sua massa molecular (SCHMID et al., 2001).

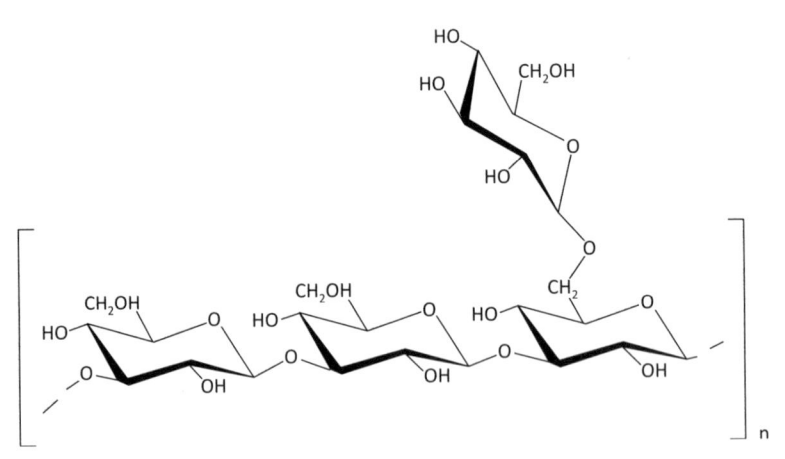

Figura 6.4   Estrutura química da unidade de tetrassacarídeos componentes de escleroglucana.

A escleroglucana de *Sclerotium rolfsii* ATCC 201126 tem sido investigada devido ao seu potencial na recuperação de óleos, bem como pela sua capacidade de promover estímulo imunológico. Apresenta atividades antimicrobianas e antineoplásicas significantemente mais elevadas do que outras β-glucanas (FARIÑA et al., 1998).

Escleroglucana é um polissacarídeo solúvel em água que tem sido utilizado em várias aplicações comerciais e, mais recentemente, na área dos produtos farmacêuticos. Há cada vez mais interesse por hidrogéis fisicamente reticulados, capazes de absorver uma quantidade considerável de água, mantendo a sua forma original. Essa propriedade levou à realização de diversas pesquisas sobre o desenvolvimento de um novo tipo de hidrogel, obtido a partir da combinação de escleroglucana e bórax. O hidrogel produzido foi liofilizado e usado como matriz para comprimidos. Essa abordagem pode ser útil para desenvolvimento de novos hidrogéis com potenciais aplicações na indústria farmacêutica (COVIELLO et al., 2003).

6.2.4 ESQUIZOFILANA

Esquizofilana é um polissacarídeo neutro extracelular produzido pelo fungo *Schizophyllum commune,* também conhecida como sizofirana. Esquizofilana é um β-1,3-betaglucano com β-1,6 ramificação. Esquizofilana tem peso molecular de 450 mil Daltons, e rotação específica em água de 18 °C a 24 °C. Um polissacarídeo análogo à esquizofilana é a escleroglucana, que é produzida por fungos do gênero *Sclerotium.* Ambos os polissacarídeos partilham a estrutura química da cadeia principal da curdlana, goma com propriedades gelificantes que será discutida mais adiante. A Figura 6.5 mostra a unidade estrutural da esquizofilana.

Esquizofilana é conhecida por várias aplicações, incluindo sua capacidade de estimular o sistema imunológico e de transportar metais na água. Como destacado anteriormente, algumas glucanas tipo β(1→3), como escleroglucana (*Sclerotium glucanicum*), esquizofilana (*Schizophyllum commune*), cinereana (*Botrytis cinerea*) e pestalotana (*Pestalotia* sp.), exibem atividade contra tumores, que pode estar relacionada à estrutura química da cadeia principal da glucana na forma de tríplice hélice, à frequência e complexidade das cadeias laterais e à sua massa molecular (SCHMID et al., 2001).

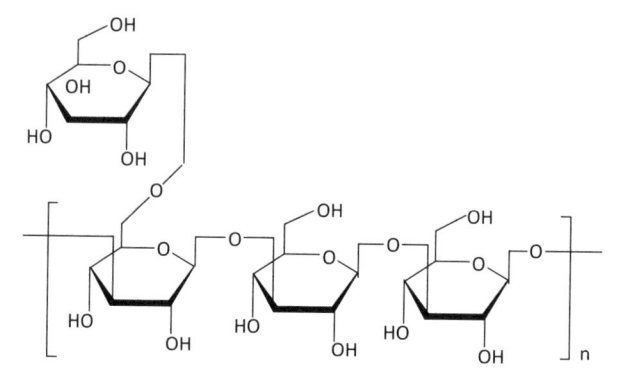

Figura 6.5 Unidade estrutural da esquizofilana.

6.2.5 DIUTANA

A diutana é um polissacarídeo extracelular sintetizado pelo microrganismo *Sphingomonas* através de cultivo aeróbio. Ela apresenta propriedades reológicas semelhantes às da goma xantana, as quais podem, porém, ser potencializadas principalmente devido à diferenciação de peso molecular, que a torna de grande interesse para a recuperação terciária de petróleo (NAVARRETE; SHAH, 2001). A diutana foi recentemente isolada e é conhecida também como S-657. Esse biopolímero foi apresentado no ano 2000 pelo grupo de biopolímeros da Kelco® na International Association of Drilling Contractors – Society of Petroleum Engineers.

A diutana tem despertado interesse principalmente na área petrolífera, em substituição à goma xantana, para aplicação em projetos de recuperação terciária do petróleo devido a desejáveis propriedades químicas, como estabilidade em condições salinas, alta viscosidade em soluções aquosas com baixa concentração de polímero e aplicação em ampla faixa de temperatura (NAVARRETE; SHAH, 2001). A goma diutana apresenta propriedades como alta viscosidade e melhor estabilidade térmica, além de possuir ação emulsificante. Acredita-se também que a diutana tenha potencial para aplicação também na indústria de alimentos por apresentar propriedades espessantes, estabilizantes e boa estabilidade térmica.

6.3 POLISSACARÍDEOS GELIFICANTES

Além dos agentes espessantes, emulsificantes e de suspensão, os gelificantes são necessários primeiramente para promover textura e encorpamento em diferentes produtos, como congelados, enlatados, saladas, molhos, laticínios, doces e confeitos, produtos farmacêuticos, cosméticos, rações animais etc.

6.3.1 GELANA

A goma gelana é um polissacarídeo extracelular, sintetizado pelo microrganismo *Sphingomonas elodea*. A gelana caracteriza-se por ser um polissacarídeo linear e aniônico com uma sequência que consiste na repetição de dois resíduos de β-D-glucose, um de glucuronato e um de α-L-ramnose, conforme pode ser visualizado na Figura 6.6 (FIALHO et al., 2008).

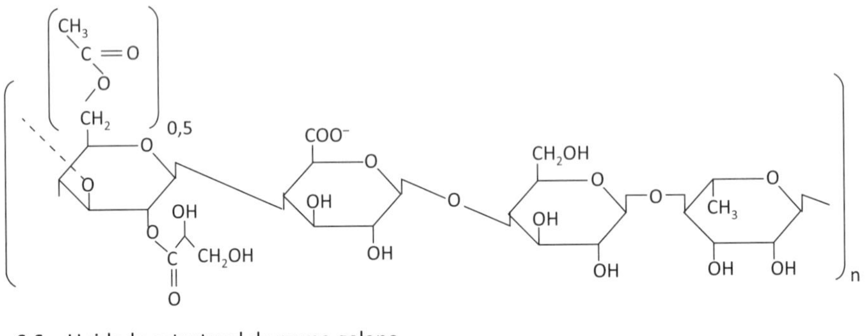

Figura 6.6 Unidade estrutural da goma gelana.

A produção de gelana ocorre durante a fase de crescimento bacteriano. Em sua biossíntese, a viscosidade do meio de cultura aumenta durante as fases estacionária e exponencial, atingindo um valor bastante elevado no final do processo. Devido à elevada viscosidade, faz-se necessária uma diluição do meio de cultivo antes da precipitação com álcool isopropílico. Após a precipitação, a gelana é ressuspensa em água, dialisada e liofilizada (FIALHO et al., 2008).

As condições ótimas de fermentação para a produção de gelana são favorecidas pelo desequilíbrio da razão C/N, contudo, essas condições de crescimento favorecem a síntese de quantidades consideráveis de ácido poli-β-hidroxibutírico (PHB), produto que compete com a síntese de gelana. No entanto, por mutagênese aleatória a síntese do PHB pode ser bloqueada, não alterando a síntese de gelana. Estratégias promissoras tanto na produção de gelana modificada como no incremento da produtividade mássica podem surgir com o emprego das engenharias molecular e metabólica. Como a síntese desse polímero se dá na fase de crescimento do microrganismo, se ocorrer uma baixa taxa de conversão de açúcares (40% a 50%), haverá provavelmente necessidade de estratégias que incrementem a conversão de substratos para o aumento na produção de gelana (VARTAK et al., 1995).

O mecanismo que leva à formação dos géis de gelana consiste em uma alteração conformacional termorreversível do polímero, passando de uma estrutura desordenada para uma estrutura ordenada em dupla hélice. Essa transição é influenciada pelas propriedades físico-químicas do solvente e acontece quando a temperatura decresce ou a força iônica aumenta. Esse mecanismo é geralmente explicado como sendo um processo termorreversível de dois passos: primeiro se dá o ordenamento das hélices e depois a associação entre as hélices duplas, por interações intermoleculares (PÉREZ-CAMPOSA et al., 2012).

Existem dois tipos de gomas disponíveis comercialmente: uma que forma um gel firme (baixo grau de acetilação) e outra que forma géis elásticos (forma não acetilada). Como no ágar, os géis firmes de gelana são resistentes à degradação enzimática, termoestáveis e exibem as mesmas características de fusão e solidificação. Outras propriedades de gelana incluem solubilidade em água fria, necessidade de cátions de magnésio para gelificar, necessidade de baixa concentração para formação de gel, que gelifica rapidamente, e limpidez. Uma característica promissora para a gelana é a possibilidade de formação de géis a frio, com o uso de sequestrantes como o EDTA, o que facilita a dissolução das formas não acetiladas e parcialmente acetiladas do polímero em soluções salinas (BAIRD; SHIM, 1985).

O maior potencial para a aplicação da gelana está provavelmente na adição em produtos como congelados, sorvetes e geleias. Gelana tem sido igualmente recomendada para uso em geleias com baixo teor calórico, nas quais atua como um bom substituto de pectinas e k-carragena. Comercialmente, encontra-se disponível com as designações comerciais de Gelrite® (LA), Kelcogel® (LA) e Kelcogel® LT100 (HA) (FIALHO et al., 2008). O Gelrite® é usado como substituto do ágar na cultura de espécies bacterianas termófilas, bem como em culturas de tecidos de plantas. Em relação à diversidade de propriedades da gelana, a propriedade de produzir um gel termorreversível tem uma vasta aplicação nas indústrias alimentícia, farmacêutica e outras, como texturizante, estabilizante, espessante, emulsificante e agente gelificante. As designações Kelcogel®, como o Kelcogel® LT100, são aplicadas a agentes gelantes na indústria alimentícia e em produtos de higiene pessoal (loções, cremes e pastas de dente) e majoritariamente como estabilizadores e agentes de suspensão numa vasta gama de produtos alimentícios.

6.3.2 CURDLANA

Curdlana é um polissacarídeo microbiano extracelular composto exclusivamente de resíduos de D-glicose ligados por ligações $\beta(1\rightarrow3)$ e produzida por *Alcaligenes faecalis* var. *myxogenes* (hoje identificada como *Agrobacterium biovar*) e *Agrobacterium radiobacter* (SAUDAGAR; SINGHAL, 2004). Segundo Funami et al. (1999), apresenta a seguinte estrutura (Figura 6.7):

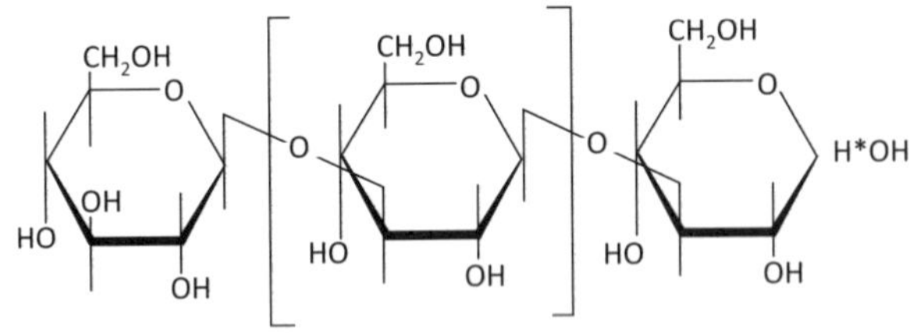

Figura 6.7 Estrutura química da curdlana.

Esse biopolímero foi descoberto em 1966 por Tokuya Harada, professor da Universidade de Osaka, no Japão, e recebeu a denominação de curdlana por sua habilidade de coagulação (*curdle*) quando aquecida em solução. Possui as capacidades de ligação com a água e de gelificação por aquecimento, propriedade esta de grande interesse para a indústria de alimentos.

A produção de curdlana não é diretamente associada ao crescimento, de forma que os estágios de crescimento e produção têm de ser otimizados separadamente. A curdlana é biossintetizada sob condições de limitação de nitrogênio e sua produção tem atraído considerável interesse devido a suas propriedades únicas de gelificação. Seu processo de fermentação é patenteado e envolve crescimento aeróbio em meio de cultivo contendo glicose, uma única fonte de nitrogênio e quantidades traço de minerais. O polímero formado no meio é dissolvido com álcali, separado da biomassa e purificado. No produto final contém aproximadamente 90% de $\beta(1\rightarrow3)$ D-glucana e 10% de umidade (FUNAMI et al., 1999).

A propriedade caracteristicamente comercial de curdlana é a formação de géis termicamente irreversíveis. Géis de curdlana podem ser formados pela diálise de soluções alcalinas, pelo resfriamento de soluções aquecidas em dimetilsulfóxido ou pela adição de íons de cálcio em soluções alcalinas fracas. Quando os géis são aquecidos a 54 °C, tornam-se límpidos; entre 60 °C e 65 °C, há formação de géis fracos; e de 75 °C a 80 °C, géis rígidos. Os géis formados em altas temperaturas são elásticos e não fundem em temperaturas abaixo de 160 °C. Comparados ao ágar, os géis de curdlana são mais elásticos, muito mais resistentes à degradação causada pelo congelamento/descongelamento e podem ser formados numa ampla faixa de pH (3 a 9,5). A curdlana possui propriedades gelificantes e de solubilidade peculiares. A solubilidade em água depende do peso molecular. Com grau de polimerização entre 30 e 45, ela é solúvel em água fria, enquanto com altos pesos moleculares é insolúvel. Tipicamente, a curdlana comercial tem um grau de polimerização de 155 a 455, dependendo das condições de fermentação. Esse material fornece uma suspensão coloidal turva quando disperso em água fria.

A aplicação mais comum de curdlana é na indústria de confeitos japonesa, embora filmes comestíveis tenham sido produzidos em combinação com pectina e pululana. O uso de curdlana em alimentos é, contudo, limitada, devido ao seu efeito adverso ao paladar, e também devido ao mercado do ágar. Outras aplicações potenciais de curdlana estão relacionadas às suas atividades antitumorais e como fonte de açúcares raros, por exemplo, gentibiose e lamina-ribiose. A molécula de curdlana também apresenta potencial como matriz para imobilização enzimática, pois contém grande número de grupos hidroxilas, e a reação desses grupos com a epicloridrina resulta em grupos epóxi ativos que podem ligar-se covalentemente com grupos sulfidrila, hidroxila e amino de enzimas, e consequentemente imobilizá-los (SAUDAGAR; SINGHAL, 2004).

A possibilidade de usar géis de curdlana como material para liberação controlada de drogas também é observada na literatura, bem como a aplicação de curdlana na produção de plásticos biodegradáveis visando aplicações biomédicas.

6.3.3 ALGINATO BACTERIANO

A estrutura dos polissacarídeos microbianos difere, em geral, da estrutura dos polissacarídeos oriundos de fontes vegetais e algas, embora possuam propriedades físicas similares. Uma exceção são os alginatos bacterianos, que possuem estrutura similar aos alginatos obtidos de algas marrons (*Phaeophyceae)*, diferindo apenas na existência de grupos acetila associados com o ácido D-manurônico. Ambos os alginatos, de bactéria e de algas, consistem em um copolímero de ácido o-manurônico e α-L-gulurônico em ligações $\alpha(1{\to}4)$, como mostra a Figura 6.8.

As propriedades do polímero, especialmente aquelas relacionadas com seu poder gelificante na presença de íons de cálcio, dependem da relação ácido manurônico/ácido gulurônico. Quanto maior a proporção de ácido gulurônico no polímero, mais forte e consistente será o gel, da mesma forma que a qualidade e a textura podem ser controladas pela adição de cálcio.

Alguns microrganismos dos gêneros *Azotobacter* e *Pseudomonas* produzem alginatos, sendo que o mais estudado foi o *A. vinelandii*. As bactérias do gênero *Azotobacter* são microrganismos mucoides naturais do solo. Várias linhagens de *A. vinelandii* segregam alginatos em seus hábitats naturais e retêm essa capacidade também em cultivos de laboratório (DEAVIN et al., 1977).

Uma das estratégias da pesquisa com alginatos microbianos foi desenvolver um polímero com peso molecular tão grande quanto possível, para competir com o amplo espectro do alginato de algas. A produção é possível em processos de batelada ou contínuo, tendo como característica principal a limitação de fosfato, favorecendo a produção de ácido algínico. As operações pós-fermentativas de recuperação de alginatos são similares às sugeridas na produção de alginatos de algas. A Figura 6.9 descreve um diagrama de blocos típico para a produção de alginatos microbianos. Devido à viscosidade do meio, a separação de células é a etapa mais difícil e custosa do processo.

Ácido polimanurônimo

Ácido poligulurônimo

Estrutura com blocos misturados

Figura 6.8 Alginato bacteriano: as três sequências de ácidos urônicos que podem ser encontradas. Alguns resíduos o-manurosila carregam grupos o-acetila.

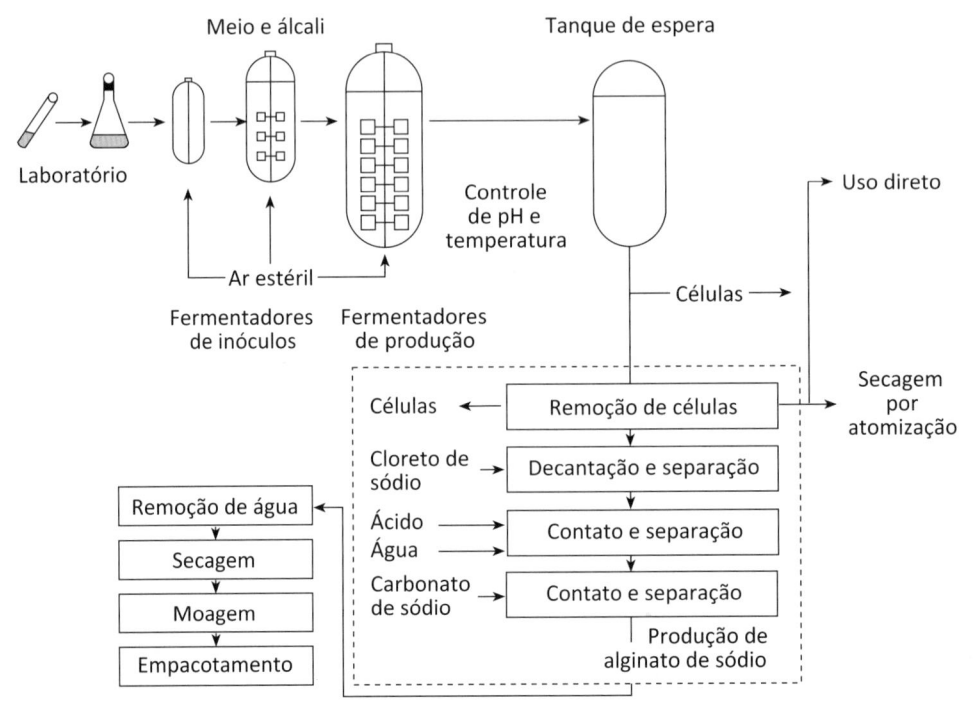

Figura 6.9 Fluxograma típico para a produção de alginatos microbianos.

O alginato é amplamente utilizado em alimentos, cosméticos e medicamentos, e também encontra aplicação na indústria têxtil e de papel. Atualmente vem sendo utilizado em aplicações inovadoras na área médica e farmacêutica (DRAGET; TAYLOR, 2009). A indústria de alimentos utiliza a maior parte do alginato produzido. Entre as aplicações nessa indústria estão a utilização do biopolímero como agente controlador de viscosidade em xaropes e molhos; estabilizante em sorvetes e cerveja; agente de suspensão em bebidas e temperos para saladas; agente de formação de filmes em salsichas; e agente gelificante em doces contendo leite e em geleias (SABRA; ZENG; DECKWER, 2001).

Na indústria têxtil, a utilização do alginato melhora o desempenho das tintas utilizadas nos processos de impressão, favorecendo a aderência e a deposição desses materiais sobre os tecidos. Na indústria de papel, a adição de alginato permite que as propriedades para impressão desses materiais também melhorem (SABRA; ZENG; DECKWER, 2001). O alginato vem sendo frequentemente utilizado como um biomaterial em aplicações médicas, e entre suas aplicações estão a imobilização de células, liberação sustentada, tratamento no refluxo esofágico, dermatologia, cicatrização de feridas e materiais de moldagem dental. A microencapsulação de drogas, peptídeos ou células em esferas de alginato como sistemas de liberação controlada é um campo crescente de aplicação (REMMINGHORST; REHM, 2006).

6.4 POLISSACARÍDEOS COM APLICAÇÕES ESPECÍFICAS

Alguns polissacarídeos de origem microbiana encontram aplicações comerciais dentro de faixas de mercado bem específicas. São os casos da dextrana, muito utilizada na indústria farmacêutica, e da pululana, com potencial para uso como plástico biodegradável. Outros polímeros também são potencialmente utilizáveis em diferentes ramos, como descrito a seguir.

6.4.1 DEXTRANA

Muitos exopolissacarídeos microbianos são produtos da conversão catabólica intracelular do substrato em produtos intermediários, que finalmente são transformados no polímero. Com a dextrana, no entanto, a síntese ocorre extracelularmente, sendo o substrato transformado em polissacarídeo sem penetrar no interior da célula. Isso é possível graças a uma enzima denominada dextrana-sacarase (α-1,6-glucan 6-α-D-glucosiltransferase, E.C.2.4.1.5). Essa enzima é excretada pelo microrganismo no meio de cultura, na presença de sacarose. Ela atua na molécula de sacarose, liberando a frutose e transferindo a molécula de glicose a uma molécula receptora, no caso moléculas de dextrana em expansão. As dextranas são, portanto, polímeros de glicose contendo grandes quantidades de ligações α-D-glucopiranosil, principalmente $\alpha(1\rightarrow6)$, com ramificações encontradas em $\alpha(1\rightarrow2)$, $\alpha(1\rightarrow3)$ e $\alpha(1\rightarrow4)$, como ilustra a Figura 6.10.

A produção industrial de dextrana é feita a partir de uma única linhagem, *Leuconostoc mesenteroides* NRRL B-512(F), que possui 95% de ligações $\alpha(1\rightarrow6)$ e 5% de $\alpha(1\rightarrow3)$. No entanto, a dextrana pode ser produzida por uma série de outros microrganismo, como *Streptococcus*, *Lactobacillus* e *Penicillium*. O que diferencia as dextranas produzidas é a composição de suas estruturas, que variam de acordo com o microrganismo produtor.

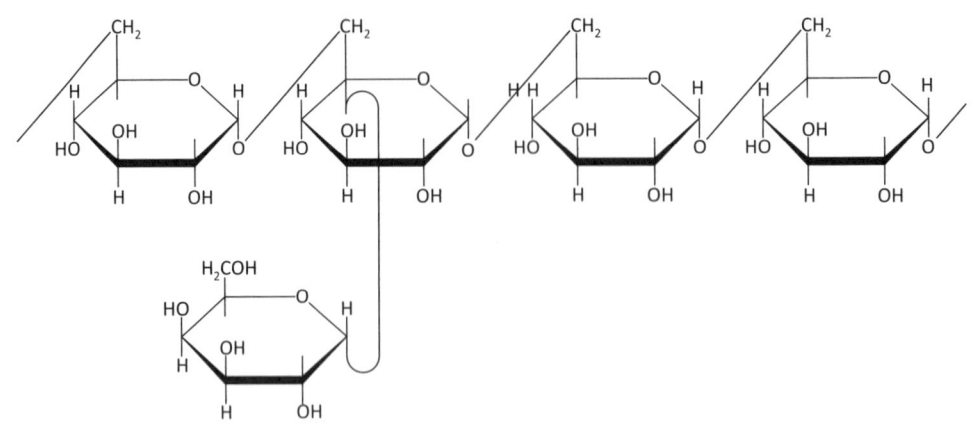

Figura 6.10   Estrutura de fragmento de cadeia de dextrana produzida por *L. mesenteroides* NRRL B-517(F).

A Tabela 6.3 exibe uma relação das linhagens produtoras de dextrana descritas na literatura. Já a Tabela 6.4 relaciona alguns microrganismos produtores com as características das dextranas produzidas pelas enzimas procedentes desses microrganismos.

Tabela 6.3   Relação de algumas linhagens produtoras de dextrana descritas na literatura

Microrganismos	Linhagens
Lactobacillus reuteri	Cepa 121
Leuconostoc citreum	Genes HJ-P4 e HJ-P5
Leuconostoc mesenteroides	B-1375
Leuconostoc mesenteroides	B-512F
Leuconostoc mesenteroides	B-512FM
Leuconostoc mesenteroides	B-512FMC
Leuconostoc mesenteroides	B-742CB
Leuconostoc mesenteroides	Cepa Birmingham
Leuconostoc mesenteroides	Gene DSRB742
Leuconostoc mesenteroides	Genes HJ-S7 e HJ-S13

(continua)

Tabela 6.3 Relação de algumas linhagens produtoras de dextrana descritas na literatura (*continuação*)

Microrganismos	Linhagens
Leuconostoc mesenteroides	IAM 1046
Leuconostoc mesenteroides	IBT-PQ
Leuconostoc mesenteroides	NRRL B-1299
Leuconostoc mesenteroides	NRRL B-1416
Leuconostoc mesenteroides	NRRL B-512F
Leuconostoc mesenteroides	Recombinante
Leuconostoc mesenteroides	Sikhae
Leuconostoc mesenteroides	Cepa 0326 e gene dexYG
Leuconostoc mesenteroides	Cepa B-1299
Leuconostoc mesenteroides	Cepa B-1299CB4 e gene dsrBCB4
Leuconostoc mesenteroides	Cepa B-512F
Leuconostoc mesenteroides	Cepa B-512FMCM
Leuconostoc mesenteroides	Cepa CGMCC1.544 e gene dsrX
Leuconostoc mesenteroides	Cepa FT 045B
Leuconostoc mesenteroides	Cepa Lm28
Leuconostoc mesenteroides	Cepa NRRL B-512F
Leuconostoc mesenteroides	Cepa NRRL B-640
Leuconostoc mesenteroides	Cepa PCSIR-4
Leuconostoc mesenteroides	Cepas IBT-PQ e NRRL B-1299 e gene dsrP
Penicillium aculeatum	Cepa ATCC10409
Streptococcus mutans	6715
Streptococcus mutans	E49
Streptococcus oralis	HS6
Streptococcus sanguis	Gene gtfR
Streptococcus sanguis	ATCC10558

Fonte: adaptada de Vettori (2011).

Tabela 6.4   Composição de dextranas produzidas por enzimas procedentes de diversos microrganismos

Microrganismos	Resíduos glucopiranosídicos (%)			
	$\alpha(1{\to}6)$ isomaltose	$\alpha(1{\to}4)$ maltose	$\alpha(1{\to}3)$ nigerose	$\alpha(1{\to}2)$ kojibiose
L. mesenteroides				
NRRLB-512 (F)	95	–	05	–
NRRL B-742 (S)	60	–	50	–
NRRL B-742 (L)	87	13	–	–
NRRL B-1299 (L)	49	–	19	32
NRRLB-1355 (L)	95	–	05	–
NRRL B-1355 (S)	54	–	46	–
Streptococcus mutans				
OMZ 176	16	–	84	–
Ingbritt A	37,5	–	62,5	–
6715 (S)	64	–	36	–
6715 (I)	04	–	96	–
Streptococcus sanguis				
804	52	–	48	–
Complexo Tibi	90	1,5	8,5	–

S = fração solúvel; L = fração pouco solúvel; I = fração insolúvel para caso de cepas que produzem mais de um tipo de dextrana.

A reação catalisada pela enzima dextrana-sacarase pode ser ilustrada da seguinte forma:

$$\left(1,6-\alpha-D-glucopiranosil\right)_{n} + sacarose$$

$$\xrightarrow{dextrana-sacarase} \left(1,6-\alpha-D-glucopiranosil\right)_{n+1} + frutose$$

O peso molecular da dextrana pode atingir vários milhões de Daltons, dependendo do processo de produção. As soluções contendo dextrana apresentam comportamento reológico não newtoniano, do tipo pseudoplástico.

O mecanismo de reação da dextrana-sacarase foi descrito em 1974 e postula a existência de intermediários enzima-glicose e enzima-dextrana, sendo as moléculas de glicose adicionadas à molécula do polímero alternadamente em cada sítio ativo da enzima (ROBYT; KIMBLE; WALSETH, 1974), como ilustra a Figura 6.11.

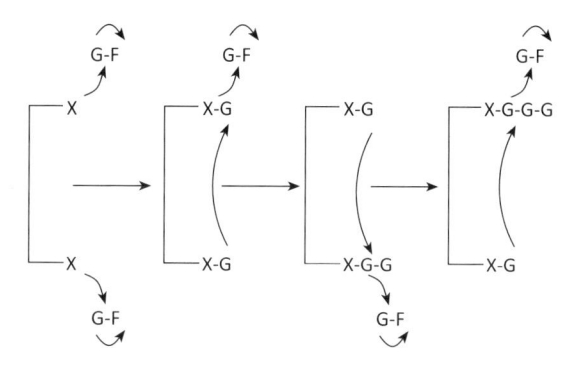

Figura 6.11 Mecanismo de dois sítios ativos para a biossíntese da cadeia de dextrana.

Assim, a cadeia de dextrana cresce, a princípio, indefinidamente. Entretanto, a presença de receptores detém a reação. No meio de síntese, em geral existe somente a frutose como molécula receptora fraca. Quando a frutose atua sobre o complexo enzima-glicose, é produzido um polissacarídeo conhecido como leucrose. É importante mencionar que a maltose é um receptor conhecido de maior potência e, dessa forma, ao adicioná-la ao meio no início da reação, obtém-se como produto uma mistura de oligodextranas.

6.4.1.1 Produção de dextrana

Comercialmente, a dextrana é produzida seja na forma convencional *in vivo* (na presença do microrganismo), seja na forma enzimática *in vitro* (na ausência do microrganismo).

6.4.1.2 Processo convencional

A forma convencional está ilustrada pela Figura 6.12 e compreende três etapas simultâneas: crescimento do microrganismo, síntese e excreção da enzima dextrana-sacarase e síntese da dextrana pela ação da enzima.

A sacarose é utilizada como fonte de carbono e energia para o microrganismo indutor e substrato da enzima. É de se esperar, portanto, um rendimento de dextrana baixo, em torno de 25% com base no açúcar adicionado. Terminada a fermentação, a dextrana é precipitada com metanol ou etanol, com eliminação prévia de células. A dextrana assim obtida é de alto peso molecular (2 milhões a 40 milhões de Daltons). No preparo de dextrana clínica, a dextrana é hidrolisada com H_2SO_4 ou HCl (pH = 1), em condições de tempo e temperatura controladas. Segue então o fracionamento com etanol ou metanol, para separar o produto com peso molecular apropriado. A seguir, esse produto é dissolvido novamente e secado em secador-atomizador. O rendimento é de 38% a 40% da dextrana nativa.

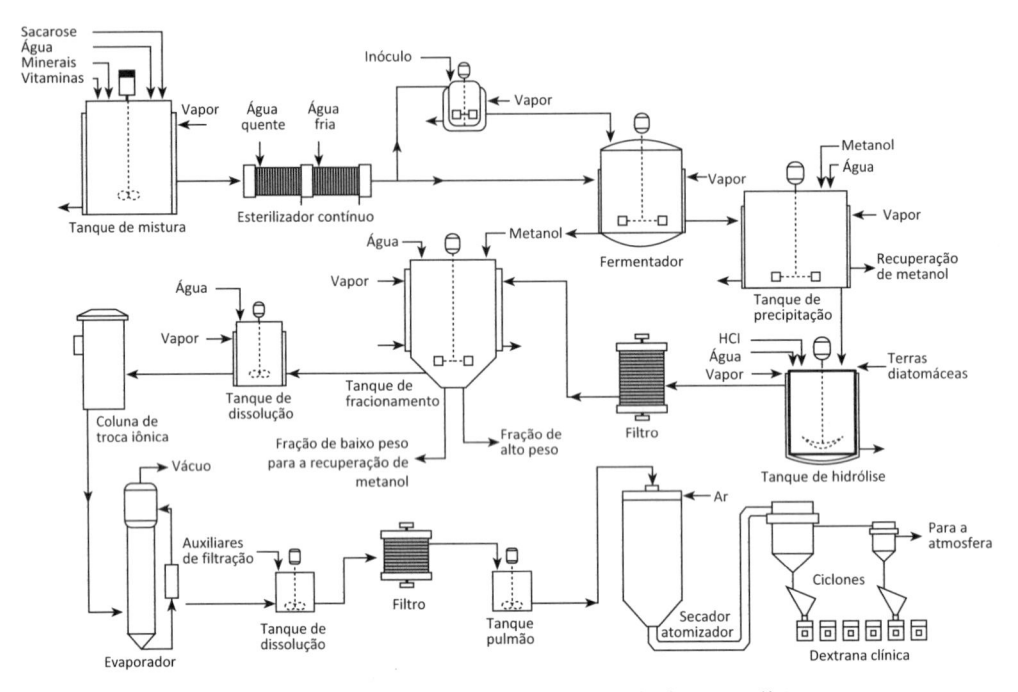

Figura 6.12   Fluxograma do método convencional de produção de dextrana clínica.

6.4.1.3   Processo enzimático

Com a finalidade de otimizar a produção de dextrana, Tsuchiya et al. (1952) propuseram um sistema consistindo em duas etapas: na primeira a produção da enzima é favorecida e minimizada a produção da dextrana. Na segunda etapa, a enzima bruta ou parcialmente purificada é aplicada para obtenção da dextrana. A vantagem desse método é que ele possibilita otimizar e controlar melhor as duas etapas, aumentando os rendimentos.

A enzima obtida na primeira etapa pode ser então aplicada na síntese de dextrana *in vitro*. A vantagem desse procedimento é que, na ausência do microrganismo, praticamente todo o substrato é convertido a dextrana e frutose, que são dois produtos de grande apelo comercial. Além disso, com a adição de receptores, é possível obter dextrana em pesos moleculares "sob medida".

A dextrana-sacarase (EC 2.4.1.5) é uma glicosiltransferase extracelular que catalisa a transferência de resíduos D-glicopiranosil da sacarose para a dextrana, liberando moléculas de frutose (LEATHERS, 2002). A atividade catalítica da dextrana-sacarase é uma combinação de reações envolvendo os sítios ativos da enzima, o substrato e o aceptor. Duas atividades distintas podem ser consideradas na síntese de dextrana a partir da sacarose: a atividade hidrolítica e a glicosiltransferase. A primeira é responsável pela quebra da ligação entre a frutose e a glicose da sacarose, formando o grupo D-glicosil; a segunda, pela transferência do grupo D-glicosil para a cadeia do polímero em formação.

A síntese *in vitro* apresenta potencial econômico enorme, devido ao fato de ser extracelular e não necessitar de energia adicional e da reação ser irreversível (VETTORI, 2011). Esse processo apresenta vantagens, como diminuição dos riscos de contaminação; redução dos custos industriais do processo; obtenção de produtos com melhores características, por exemplo, melhor comportamento reológico; e controle de pH, temperatura e agitação, tornando seu rendimento ainda maior (MIBIELLI, 2001). Esse mesmo autor realizou um estudo comparativo da síntese enzimática de dextrana para concentrações de sacarose de 50 e 100 g/L, tendo sido utilizada enzima bruta e purificada. Os ensaios foram realizados em reator batelada à temperatura de 23 °C. A produtividade obtida em termos de consumo de sacarose foi igual para ambas as concentrações iniciais de sacarose, tendo sido obtidos maiores rendimentos percentuais em dextrana de alta massa molar para a concentração de sacarose de 50 g/L. Em termos de rendimento, o autor reporta que o processo enzimático utilizando a enzima purificada apresentou um rendimento 67% superior ao obtido empregando-se a enzima bruta.

Pereira et al. (1998) reportaram a produção *in vitro* de dextrana de baixo peso molecular utilizando glicose como receptor. Os pesos moleculares alcançados variaram entre 2.800 e 4.500 Daltons, após otimização da reação de síntese com a enzima dextrana-sacarase, através da técnica de planejamento experimental e análise de superfícies de resposta.

6.4.1.4 Aplicações da dextrana

Atualmente a dextrana tem sido empregada em diversas áreas da indústria farmacêutica, química, petroquímica e também na indústria de alimentos devido às suas características não iônicas e boa estabilidade em condições normais de operação. Dentre as aplicações que alcançaram sucesso comercial, destacam-se as da indústria farmacêutica para fins clínicos. Mais recentemente, as indústrias fotográficas e oftalmológicas têm mostrado grande interesse na demanda de dextrana. Dextranas são também utilizadas em formulações de cremes e loções, obtendo grande sucesso nas formulações de cremes utilizados em bebês.

Também na área farmacêutica, Gil et al. (2008) estudaram a caracterização físico-química de uma nova série de dextranas nativas (B110-1-2) obtida de cana-de-açúcar, que apresenta propriedades inovadoras quanto ao encapsulamento de comprimidos farmacêuticos, como estabilidade na presença de misturas em pó de algumas substâncias comerciais de encapsulamento, por exemplo, lactose e álcool cetílico, e na presença de drogas (hidrocloreto de propranolol, ácido acetilsalicílico, dinitrato isossorbato, loberzario dissódico e nifedipina). Os comprimidos obtidos pela compressão mostraram boas propriedades físico-mecânicas e tecnológicas.

Já na indústria de alimentos, a dextrana pode ser usada como agente estabilizante e gelificante. Seo et al. (2007) apresentaram um método de síntese de um oligossacarídeo termo-ácido estável (Taso) a partir da ação da dextrana-sacarase, obtida de *Leuconostoc mesenteroides* B-512FMCM, sobre solução de sacarose, sendo que o grau de polimerização dos oligossacarídeos sintetizados foi de 2 a 11 (unidades de glicose). Além de inibir efetivamente a formação de glucana insolúvel, o crescimento e a produção ácida de *Streptococcus sobrinus*, o composto Taso pode ser potencialmente utilizado como adoçante em alimentos e bebidas quando propriedades termoacidorresistentes forem necessárias, e como inibidor da cárie dentária.

Outra área em crescimento que faz uso da dextrana é em imagem de ressonância magnética, recentemente aprovado pelos Estados Unidos e pela Comunidade Europeia. Além dessas aplicações, dextrana também vem sendo usada na biologia molecular, na qual um de seus derivados, a dextrana-sulfato, é utilizada em processos de hibridização. A dextrana tem contribuído para a estabilidade de vacinas, auxiliando em bioprocessos industriais visando o melhoramento de técnicas de floculação.

6.4.2 PULULANA

A pululana é um homopolissacarídeo neutro linear, produzido por *Aureobasidium pullulans*, constituído principalmente por unidades de maltotriose, isto é, três unidades de glicose ligadas entre si por ligações glicosídicas $\alpha(1\rightarrow4)$ e interconectadas via ligações $\alpha(1\rightarrow6)$. Pode ser descrita como uma polimaltotriose linear (Figura 6.13). Algumas vezes pode conter maltotetraose e ligações $\alpha(1\rightarrow3)$. A pululana é um polissacarídeo sem odor e sabor, não tóxico e biodegradável. Seu peso molecular varia entre 8 mil e 2 milhões de Daltons, dependendo das condições de cultivo empregadas. Em água, forma soluções viscosas (alta viscosidade em relativa baixa concentração) estáveis na presença da maioria dos cátions, mas não forma géis (CHI et al., 2009).

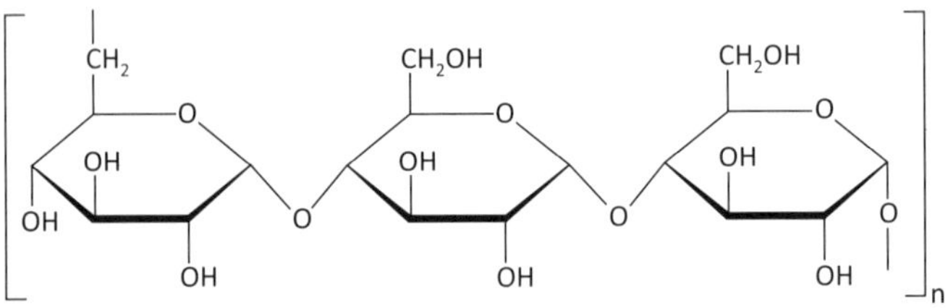

Figura 6.13   Estrutura da pululana.

Entre os fatores que influenciam a produção de polissacarídeo em *A. pullulans* estão a variabilidade de características das cepas utilizadas, a natureza da fonte de carbono no meio de cultura, o pH, a temperatura de incubação, os níveis de oxigênio dissolvidos, a configuração do fermentador e a fonte de nitrogênio (SHINGEL, 2004).

A biossíntese da pululana e a regulação do *A. pullulans* ainda não foram elucidadas, o que impede que o rendimento e a produtividade de pululana possam ser incrementados por métodos moleculares. Porém, já se sabe que, ao contrário das dextranas bacterianas, que são sintetizadas extracelularmente, a pululana é sintetizada intracelularmente e posteriormente excretada (CHI et al., 2009).

A pululana é resistente ao óleo, e daí sua aplicação em poços de petróleo. Esse biopolímero forma filmes solúveis em água e pode ser comprimido e moldado sem o auxílio de plastificantes, dando origem a filmes transparentes biodegradáveis com alta permeabilidade ao oxigênio, se comparado com os filmes plásticos comumente usados em embalagens. Soluções de pululana podem também ser usadas para formar coberturas sem odor e sabor sobre material alimentício, revestindo os alimentos, retendo seu sabor e aparência. Essas aplicações têm aparentemente sido desenvolvidas no Japão, mas o uso do polímero em outros países parece ser limitado. Pululana é também um bom adesivo e pode ser usado na preparação de algumas fibras, como um componente de sistemas aquosos bifásicos (BARBOSA et al., 2004).

Estudos demonstraram a possibilidade do emprego da pululana como prebiótico, já que esse biopolímero é capaz de promover o crescimento seletivo de *Bifidobacterium* spp. no intestino humano (LEATHERS, 2003). A pululana tem recebido destaque quanto às aplicações na área farmacêutica e biomédica, já que seus derivados se mostraram promissores para utilização como conjugados não tóxicos na produção de vacinas. Foi também demonstrado que a pululana pode atuar como agente potencializador do efeito do interferon, proteína que vem sendo utilizada eficazmente no tratamento de algumas doenças virais, como a hepatite (LEATHERS, 2003; SHINGEL, 2004).

Comercialmente, a produção de pululana por via fermentativa é feita pelas empresas Sigma-Aldrich Co. (Estados Unidos) e Hayashibara Biochemical Co. (Japão). Apesar das inúmeras aplicações descritas para a pululana, seu custo é ainda o principal entrave para o uso comercial. O alto custo da pululana padrão da marca Sigma-Aldrich, que é obtida por *Aureobasidium pullulans*, se deve principalmente ao baixo rendimento do produto, à formação de pigmento (melanina), à viscosidade elevada do meio e à degradação do polímero durante o processo fermentativo (LIN; ZHANG; THIBAULT, 2007). Para garantir a comercialização do biopolímero pululana, deve-se adotar estratégias que permitam reduzir o seu custo final de produção.

Uma alternativa é empregar matérias-primas de baixo custo e de grande disponibilidade. Os rejeitos industriais podem ser uma boa opção como matéria-prima em bioprocessos. A introdução de rejeitos na cadeia produtiva tem como vantagens a redução do custo de produção, dada sua grande disponibilidade e baixo preço e, em especial, o aproveitamento de material poluente cujo descarte traria consequências desastrosas para o ambiente. No entanto, muitas vezes, o aproveitamento de rejeitos se torna inviável devido aos custos adicionais para adequar a matéria-prima para emprego como meio reacional e/ou aos custos referentes aos processos de separação e purificação (*downstream processes*). Uma possibilidade é o uso do rejeito em substituição não à fonte de carbono (elemento principal), mas sim à fonte de nitrogênio. Nesse caso, seria necessária uma menor quantidade de rejeito, o que implicaria menor quantidade de impurezas no meio reacional, facilitando, assim, a etapa de purificação. A complexidade metabólica do fungo produtor de pululana permite o emprego de diferentes matérias-primas, viabilizando a busca por alternativas eficientes para o desenvolvimento do processo do ponto de vista econômico e ambiental (OLIVEIRA, 2010).

6.4.3 β-GLUCANAS DE LEVEDURAS DE PANIFICAÇÃO

As paredes das leveduras são compostas principalmente de polímeros de glicose, conectadas entre si por ligações do tipo β(1→3)-glicosídicas, com ramificações β(1→6)-glicosídicas. As β-glucanas de leveduras de panificação são um material da parede celular do microrganismo compostas primariamente por glicose, contendo também manose, obtidas por rompimento mecânico das células de levedura. Esse polissacarídeo tem a propriedade de conferir um sabor de gordura ou óleo e pode ser usada em dietas de baixa caloria, substituindo óleos e gorduras. Além disso, o produto tem ótimo poder emulsificante e estabilizante, propriedades estas manipuláveis e ajustáveis segundo a necessidade e dependentes da linhagem de *Saccharomyces cerevisiae* utilizada. Nas últimas décadas, esses polímeros vêm recebendo especial atenção por sua bioatividade, principalmente no que se refere à imunomodulação. Além disso, inúmeros efeitos benéficos, como antitumorais, anti-inflamatórios, antimutagênicos, hipocolesterolêmicos e hipoglicêmicos, têm sido relacionados às β-glucanas (MAGNANI; CASTRO-GÓMEZ, 2008).

Os efeitos benéficos da ingestão continuada de β-glucanas podem diminuir os riscos de doenças crônicas tanto em humanos como em animais. As β-glucanas têm se destacado entre os ingredientes utilizados para a produção de alimentos funcionais. Fragmentos obtidos a partir dessa macromolécula, os oligossacarídeos, podem atuar como prebióticos, estimulando seletivamente o crescimento de bactérias do trato intestinal e servindo de fonte energética para a microflora benéfica. Outros aspectos positivos, como redução dos níveis de colesterol e de açúcar no sangue pela inclusão das β-glucanas na dieta, também já foram comprovados em humanos (KIM et al., 2006).

Desde a descoberta das propriedades benéficas das β-glucanas para animais e humanos, inúmeros processos de isolamento e purificação desse polissacarídeo têm sido desenvolvidos. Diferentes métodos, como hidrólise ácida parcial e alcalina, digestão enzimática, fosforilação, sulfonilação, sulfatação, carboximetilação, irradiação de ultrassom e aminação podem ser aplicados na despolimerização desses biopolímeros, resultando em fragmentos solúveis e de menor peso molecular (MAGNANI; CASTRO-GÓMEZ, 2008).

6.4.4 CELULOSE BACTERIANA

A celulose é o biopolímero mais abundante no mundo. Com uma produção estimada de 10^{14} toneladas por ano e grande importância econômica, pode ser sintetizada não só por plantas, mas também por microrganismos (DONINI et al., 2010). Poucas bactérias, tal como a *Gluconacetobacter xylinus*, anteriormente denominada *Acetobacter xylinum*, têm a capacidade de produzir celulose. Essa produção se dá na forma de uma película extracelular, que rapidamente se agrega em microfibrilas celulósicas.

Acredita-se que a celulose bacteriana se enquadra como um biopolímero bastante promissor, podendo se tornar um dos biomateriais mais prósperos para a área da saúde. Ela é obtida microbiologicamente através de rotas de biossíntese de bactérias de gêneros como *Gluconacetobacter, Rhizobium, Sarcina, Agrobacterum* e *Alcaligenes*. A sua forma de obtenção possibilita ser livre de impurezas, além de diminuir o custo final do produto (SHODA; SUGANO, 2005).

A celulose é um polímero insolúvel em água, formado por ligações $\beta(1\rightarrow4)$-D-glucosídicas. Muito similar à celulose vegetal, a celulose bacteriana possui a mesma fórmula química, mas suas fibras, em dimensões manométricas, dão à celulose bacteriana propriedades distintas: alta resistência mecânica e à tração e a possibilidade de inserções de materiais para obtenção de compósitos. Além disso, a celulose bacteriana demonstra possuir poder espessante em baixas concentrações e interage sinergicamente com outros agentes de viscosidade, como xantana e carboximetilcelulose. Entre as diversas aplicações biotecnológicas da membrana de celulose bacteriana, alguns exemplos seriam: regeneração tecidual, como o Biofill, da empresa brasileira Bionext, os biomateriais da empresa norte americana Xylos, o implante vascular artificial BaSyC, o diafragma para fones de ouvido da multinacional japonesa Sony, entre outros (DONINI et al., 2010).

Tem grande aplicação na área de cosméticos como agente estabilizador de emulsões, em condicionadores, cremes tônicos e polidores de unhas. Também se destaca na área médica, principalmente na formulação de peles artificiais temporárias para queimaduras e úlceras, e na formulação de componentes de implantes dentários. Na indústria de alimentos, é empregada como estabilizante de emulsões "celulose comestível", enquanto na indústria de papel é utilizada na substituição artificial da madeira e na fabricação de papéis especiais (DONINI et al., 2010).

A formação da membrana de celulose bacteriana pode ocorrer não apenas em meio estático, mas também em cultivos dinâmicos, ou seja, agitados, como em biorreatores ou em frascos, feitos com o objetivo de aumentar a produção, pois nesses casos o material produzido tem baixa resistência mecânica e se apresenta na forma de *pellet* ou como um emaranhado de fibras. Apesar disso, a utilização desses métodos objetiva aumentar a produção de celulose bacteriana para fins industriais (SHODA; SUGANO, 2005).

Vistas as inúmeras aplicações da celulose bacteriana e considerando o seu caráter sustentável, bem como as atuais perspectivas de mercado, é oportuna a comparação de produtividades entre celulose bacteriana e vegetal. Nesse caso, comparando 1 hectare de eucalipto com incremento médio anual (IMA) de 50 m^3, e considerando uma densidade básica de aproximadamente 500 kg por m^3, tem-se um IMA de 25 toneladas por hectare ano. Com um plantio de teor de aproximadamente 45% de celulose, tem-se em torno de 80 toneladas de celulose por hectare após 7 anos de cultivo (GOMIDE et al., 2005). A mesma produção seria alcançada com a celulose bacteriana, considerando um rendimento hipotético de 15 gramas por litro, em 50 horas de cultivo (média de 0,3 grama por hora), em um biorreator de 500 m^3. Nessas condições, ter-se-ia em 22 dias uma produção de celulose bacteriana equivalente ao crescimento de 1 hectare de eucalipto durante 7 anos. Outra vantagem é a celulose bacteriana ser um produto puro e ecologicamente sustentável (DONINI et al., 2010).

6.4.5 CICLOSSOFORANAS E CICLODEXTRINAS

As ciclossoforanas são polissacarídeos cíclicos do tipo $\beta(1{\rightarrow}2)$-glucosídicas produzidos por *Rhizobium, Agrobacterium* e algumas espécies de *Xanthomonas*. Essa classe de biopolímeros poderá ser uma alternativa às ciclodextrinas como agentes de encapsulamento. As ciclodextrinas são oligossacarídeos de 6, 7 ou 8 resíduos de glicose com ligações $\alpha(1{\rightarrow}4)$-glucosídicas formando anéis sem extremidades redutoras. São obtidas pela ação da enzima ciclodextrina glucosil-transferase (CGT-ase), produzida por *Bacillus macerans,* em amido. O posicionamento dos grupos hidroxilas na parte externa dos anéis faz com que a molécula apresente um caráter hidrófilo externamente e hidrófobo internamente ao anel. Essa estrutura favorece a formação de complexos de inclusão com uma série de compostos sólidos, líquidos e gasosos. Devido a tal habilidade, essas macromoléculas vêm sendo utilizadas como protótipos para investigação de interações não covalentes envolvendo diferentes compostos. Assim, uma grande variedade de substratos, desde gases nobres a derivados de benzeno, corantes aromáticos e água podem ser encontrados inclusos em ciclodextrinas (SZEJTLI, 1988).

As aplicações possíveis na indústria de alimentos para esses produtos são numerosas. Podem ser empregados na prevenção de oxidação de vitaminas, flavorizantes e óleos essenciais por inclusão no interior dos anéis. A preparação de cosméticos é outra área na qual se utiliza a complexação de moléculas com ciclodextrinas, por exemplo, na diminuição da volatilidade de perfumes. O controle do odor, a estabilização e o aperfeiçoamento do processo envolvendo a conversão de um ingrediente líquido para a forma sólida são os principais benefícios dessas macromoléculas nesse setor. A interação de aromas como ciclodextrinas é ainda de especial interesse para o desenvolvimento de produtos têxteis aromaterápicos (WANG; CHEN, 2005).

Os estudos envolvendo as ciclodextinas têm aumentado vertiginosamente nos últimos anos, e as ciclodextinas têm se tornado popular em diferentes campos do conhecimento e de aplicação tecnológica. A evolução dos campos do conhecimento, como química supramolecular, nanotecnologia e química verde, somada ao baixo custo, grande disponibilidade e baixa toxicidade, fizeram com que as ciclodextinas passassem a ser empregadas como blocos moleculares importantes para atuar como receptores eficientes e, dessa forma, auxiliar na solução dos diferentes tipos de problemas que se descortinam. Assim, as ciclodextinas vêm representando um papel de destaque em inúmeras áreas, como na montagem de sistemas de liberação controlada de fármacos, em terapia imunomodulatória e em processos de encapsulação de gases apresentando importância comercial, ambiental e biológica (VENTURINI et al., 2008).

As ciclodextrinas também têm sido alvo de numerosos estudos na área ambiental e biológica ("química verde"), sendo utilizadas com sucesso como moléculas receptoras eficientes na remoção de poluentes lançados ao solo. Elas têm a habilidade de transferir continuamente os contaminantes insolúveis da superfície do solo para a fase aquosa pela formação de complexos solúveis em água. Na fase aquosa, os microrganismos podem degradar os contaminantes de forma muito mais fácil e rápida, pois essas moléculas se tornam disponíveis para o sistema microbiano, e ainda, em particular, pela capacidade que as ciclodextrinas possuem de reduzir a toxicidade da molécula inclusa (SZANISZLÓ; FENYVESI; BALLA, 2005).

6.4.6 EMULSANA E INDICANA

Emulsana e indicana são substâncias tensoativas com estrutura molecular polimérica, com características suficientemente promissoras para pronto desenvolvimento industrial. Emulsana é produzida por *Acinetobacter calcoaceticus* RAG-1, uma bactéria Gram-negativa encapsulada com a habilidade de crescer em hidrocarbonetos. Tem sido reportada como estabilizador de uma ampla faixa de emulsões de hidrocarbonetos em água, incluindo misturas de água com querosene, óleo diesel e petróleo bruto. É tida como de baixa toxidez e particularmente eficiente em limpeza manual de materiais e na recuperação e redução de viscosidade de petróleo pesado (SUTHERLAND, 1990; CHAMANROKH et al., 2008).

Indicana foi desenvolvida pela Tate e Lyle nos anos 1980 e é o único polissacarídeo lipófilo estudado sistematicamente até hoje. É produzido aerobicamente por *Beijerinckia indica* e deve sua característica lipófila à estrutura linear altamente acetilada, combinada com um alto teor em ramnose. Essa estrutura de característica apolar fornece soluções viscosas e tixotrópicas em concentrações de 0,5% do polímero e propicia estabilidade a emulsões de óleo em água, devido à formação de filmes interfaciais (SZEJTLI, 1988).

Existem poucas publicações sobre esse assunto. No entanto, a emulsificação do óleo por via microbiológica ainda precisa de esclarecimentos de ambos os pontos de vista, tanto mecânico quanto biotecnológico. Microrganismos podem utilizar óleo bruto como um substrato para crescer, com ou sem concomitante emulsificação do óleo. Contudo, quando a emulsificação do óleo ocorre, deve-se à produção de agentes emulsionantes extracelulares (biopolímeros). Embora esses bioemulsificantes extracelulares já tenham sido bem caracterizados, ainda são necessários estudos sobre suas propriedades químicas, devido à ampla gama de produção microbiana (CHAMANROKH et al., 2008).

6.5 PESQUISA E DESENVOLVIMENTO EM POLISSACARÍDEOS MICROBIANOS

O desenvolvimento de novos produtos, principalmente nas áreas de alimentos e fármacos, trará desafios para o desenvolvimento e obtenção de novos polímeros, os quais, entre outras exigências, deverão suportar as técnicas atualmente empregadas na indústria de alimentos, como processamento UHT, micro-ondas, extrusão, processamento a vácuo, além de novas formulações baseadas em baixos teores de gordura, sal e calorias, que visam ao desenvolvimento de alimentos mais saudáveis. Nesse sentido, faz-se necessário desenvolver biopolímeros microbianos capazes de formar géis resistentes ao processamento e que atendam às exigências do mercado.

Outro exemplo que vem sendo alvo de estudos é o emprego de polissacarídeos microbianos como suportes cromatográficos. Existe uma grande diversidade de suportes cromatográficos, desde polímeros polissacarídeos naturais e sintéticos a materiais inorgânicos. Essas matrizes apresentam-se geralmente inertes, necessitando muitas vezes ser funcionalizadas com ligantes específicos que lhes confiram o caráter cromatográfico a explorar. Assim, a busca de novas matrizes com características distintas das convencionais poderá ser valiosa na área científica, tanto como agentes de purificação de novas biomoléculas farmacológicas como na área industrial para diminuição dos custos associados à produção das matrizes cromatográficas. Nesse sentido, a goma gelana poderá aparecer como uma nova solução, por ser um polímero naturalmente aniônico, podendo ser usada em troca catiônica sem a necessidade de funcionalização. A necessidade da presença de cátions na formulação dos géis de gelana confere a essa matriz a capacidade de conjugar num só suporte os dois tipos de troca iônica, sendo que, quando aplicados cátions metálicos, será possível fazer uso de sua afinidade com moléculas específicas (CORRADI DA SILVA et al., 2006).

Nos últimos anos, novos polissacarídeos vêm sendo investigados. Um exemplo é o exopolissacarídeo denominado botriosferana, que é produzido pelo fungo ascomiceto *Botryosphaeria* sp. Esse metabólito foi obtido por precipitação etanólica, purificado por cromatografia de filtração em gel e submetido a hidrólise ácida para determinação de seus constituintes monossacarídicos. Os resultados das análises por cromatografia de troca iônica de alta pressão revelaram 98% de glicose. Os espectros de infravermelho e RMN ^{13}C mostraram que todas as ligações glicosídicas apresentavam configuração β. Os resultados das análises de metilação e degradação indicaram que a botriosferana é uma glucana β-D-(1→3) com cerca de 22% de ramificações em C-6. Geralmente, tem sido aceito que glucanas β-D-(1→3) com estrutura ordenada constituída por uma cadeia flexível e com conformação em tripla hélice têm elevada atividade antitumoral (CORRADI DA SILVA et al., 2006). Vários exopolissacarídeos produzidos por fungos ainda não foram adequadamente explorados e caracterizados, e muitos desses biopolímeros apresentam propriedades reológicas ou funcionais que são valiosas para a indústria em geral.

No entanto, a exploração comercial de um dado produto pode ser dificultada pela instabilidade genética do microrganismo ou por sua baixa produtividade. Consequentemente, estudos com o objetivo de descobrir novas linhagens mais produtoras ou novas tecnologias que levam a processos mais produtivos são de grande interesse. Novos polissacarídeos podem ser obtidos não só pela seleção de novas linhagens, mas também pela manipulação genética de cepas já conhecidas.

Os biopolímeros têm sido objeto de intensa pesquisa, tendo em vista seu elevado potencial de aplicação em diferentes setores industriais, embora muitos deles ainda não tenham sido produzidos em escala industrial. Os polissacarídeos de origem microbiana apresentam muitas vezes propriedades superiores aos biopolímeros tradicionais (de origem vegetal e algas marinhas), o que justifica sua intensa aplicação

(BARBOSA et al., 2004). Outra característica importante relacionada com a produção dos biopolímeros microbianos está na etapa de recuperação e purificação, que apresenta dificuldades menores quando comparada aos vegetais. Há também técnicas de biologia molecular que permitem obter polissacarídeos microbianos com propriedades específicas, o que ainda não é possível com os vegetais. Todo esse conjunto de vantagens torna os biopolímeros microbianos mais interessantes e atrativos, despertando interesse por pesquisa e desenvolvimento de polissacarídeos com características cada vez mais específicas.

REFERÊNCIAS

BAIRD, J. K.; SHIM, J. L. *Non-heated gellan gum gels.* US Patent 0130689, 1985.

BARBOSA, A. M. et al. Production and Applications of Fungal Exopolysaccharides. *Semina: Ciências Exatas e Tecnológicas,* v. 25, n. 1, p. 29-42, 2004.

BRANDÃO, L. V et al. Produção de goma xantana obtida a partir do caldo de cana. *Ciência e Tecnologia de Alimentos,* v. 28, p. 217-222, 2008.

CHAMANROKH, P. et al. 2008. Emulsan Analysis produced by locally isolated bacteria and *Acinetobacter calcoaceticus* RAG-1. *Iranian Journal ol Environment Health Science & Engineering,* v. 5, n. 2, p. 101-108, 2008.

CHI, Z. et al. Bioproducts from *Aureobasidium pullulans,* a biotechnologically important yeast. *Applied Microbiology and Biotechnology,* v. 82, p. 793-804, 2009.

CORRADI DA SILVA, M. L. et al. Caracterização química de glucanas fúngicas e suas aplicações biotecnológicas. *Química Nova,* v. 29, n. 1, p. 85-92, 2006.

COVIELLO, T. et al. Structural and rheological characterization os Scleroglucan/borax hydrogel for drug delivery. *International Journal of Biological Macromolecules,* v. 32, p. 83-92, 2003.

DEAVIN, L. et al. The production of alginic acid, Azotobacter vinelandii in batch and continuous culture, *ACS Symposium Series,* v. 45, p. 15-26, 1977.

DONINI, I. A. N. et al. Biossíntese e recentes avanços na produção de celulose bacteriana. *Eclética Química,* v. 35, n. 4, p. 165-178, 2010.

DRAGET, K.; TAYLOR, C. Chemical, physical and biological properties of alginates and their biomedical implications. *Food Hydrocolloids,* v. 23, p. 251-256, 2009.

ERNANDES, F. M. P. G.; GARCIA-CRUS, C. H. Bacterial Levana: Tecnological aspectos, characteristics and production. *Semina: Ciências Agrárias,* v. 26, n. 1, p. 71-82, 2005.

FARIÑA, J. I. et al. High seleroglucan production by *Selerotuim rolfsii*: Influence of medium composition. *Biotechnology Letters,* v. 20, n. 9, p. 825-831, 1998.

FIALHO, A. M. et al. Occurrence, production, and applications of gellan: current state and perspectives. *Applied Microbiology and Biotechnology,* v. 79, p. 889-900, 2008.

FUNAMI, T. et al. Decresing oil uptake of doughnuts during deep fat frying using curdlan. *Journal of Food Science*, v. 64, n. 5, p. 883-888, 1999.

GIL, E. C. et al. Sugar cane native dextran as an innovative functional excipient for the development of pharmaceutical tablets. *European Journal of Pharmaceutics and Biopharmaceutics*, v. 68, p. 319-329, 2008.

GOMIDE, J. L. et al. Caracterização tecnológica, para produção de celulose, da nova geração de clones de *Eucalyptus* do Brasil. *Revista Árvore*, v. 29, n. 1, p. 129-137, 2005.

KIM, S. Y. et al. Biomedical issues of dietary fiber β-glucan. *Journal Korean of Medical Science*, v. 21, n. 10, p. 781-789, 2006.

LEATHERS, T. D. Dextran. In: VANDAMME, E. J.; DE BAETS, S.; STEINBÜCHEL, A. (eds.). *Polysaccharides I: Polysaccharides from Prokaryotes*. Weinheim: Wiley-VCH, p. 299-321, 2002.

_____. Biotechnological production and applications of pullulan. *Applied Microbiology and Biotechnology*, v. 62, p. 468-473, 2003.

LETISSE, F. et al. The influence of metabolic network structures and energy requirements on xanthan gum yields. *Journal of Biotechnology*, v. 99, p. 307-317, 2002.

LIN, Y.; ZHANG, Z.; THIBAULT, J. *Aureobasidium pullulans* batch cultivations based on a factorial design for improving the production and molecular weight of exopolysaccharides, *Process Biochemistry*, v. 42, n. 5, p. 820-827, 2007.

LUVIELMO, M. M.; SCAMPARINI, A. R. P. Goma xantana: produção, recuperação, propriedades e aplicação. *Estudos Tecnológicos*, v. 5, n. 1, p. 50-67, 2009.

MACHADO, B. A. et al. Mapeamento tecnológico da goma xantana sob o enfoque em pedidos de patentes depositados no mundo entre 1970 a 2009. *Revista GEINTEC*, v. 2, n. 2, p. 154-165, 2012.

MAGNANI, M.; CASTRO-GÓMEZ, R. J. H. β-glucana from *Saccharomyces cerevisiae*: constitution, bioactivity and obtaining. *Semina: Ciências Agrárias*, v. 29, n. 3, p. 631-650, 2008.

MENEZES, J. D. S. et al. Produção biotecnológica de goma xantana em alguns resíduos agroindustriais, caracterização e aplicações. *Revista Eletrônica em Gestão, Educação e Tecnologia Ambiental*, v. 8, n. 8, p. 1761-1776, 2012.

MIBIELLI, G. M. *Síntese do Processo de Obtenção de Dextrana de Clínica e Frutose a partir de Sacarose*. Dissertação (Mestrado)–Programa de Engenharia de Alimentos, Faculdade de Engenharia de Alimentos, Universidade Estadual de Campinas, Campinas, 2001.

MOREIRA, A. N.; DEL PINO, F. A. B.; VENDRUSCOLO, C. T. Estudo da produção de biopolímeros via enzimática através da inativação e lise celular e com células viáveis de *Beijerinckia* sp. 7070. *Ciência e Tecnologia de Alimentos*, v. 23, n. 2, p. 300-305, 2003.

MORO, M. R. *Produção de etanol e levana por células de Zymomonas mobilis imobilizadas em alginato*. 76 p. Dissertação (Mestrado) – Programa de Engenharia e Ciência de Alimentos, Instituto de Biociências, Letras e Ciências Exatas da Universidade Estadual Paulista "Júlio de Mesquita Filho", São José do Rio Preto, 2012.

NAVARRETE, R. C.; SHAH, S. N. New Biopolymer for coiled tubing applications. *Society of Petroleum Enginners 68487*, Richardson, p. 1-10, 2001.

NERY, T. B. R. et al. Biosynthesis of xanthan gum from the fermentation of milk whey: productivity and viscosity. *Química Nova*, v. 31, n. 8, p. 1937-1941, 2008.

OLIVEIRA, J. D. Efeito da fonte e concentração de nitrogênio na produção de biopolímero por *Aureobasidium pullulans*. 131 p. Dissertação (Mestrado) – Escola de Química, Universidade Federal do Rio de Janeiro, Rio de Janeiro, 2010.

PADILHA, F. F. *Produção de biopolímeros por microrganismos modificados geneticamente*. 210 p. Tese (Doutorado) – Departamento de Ciência de Alimentos, Faculdade de Engenharia de Alimentos, Universidade Estadual de Campinas, Campinas, 2003.

PEREIRA, A. M. et al. In vitro synthesis of oligosaccharides by acceptor reaction of dextransucrase from *Leuconostoc mesenteroides*. *Biotechnology Letters*, v. 20, n. 4, p. 397-401, 1998.

PÉREZ-CAMPOSA, S. J. et al. Gelation and microstructure of dilute gellan solutions with calcium ions. *Food Hydrocolloids*, v. 28, p. 291-300, 2012.

REMMINGHORST, U.; REHM, B. H. A. Bacterial alginates: from biosynthesis to applications. *Biotechnology Letters*, v. 28, p. 1701-1712, 2006.

ROBYT, J. F.; KIMBLE, K. B; WALSETH, T. F. The mechanism of dextransucrase action. *Archives of Biochemistry and Biophysics*, v. 165, p. 634-640, 1974.

SABRA, W.; ZENG, A. P.; DECKWER, W. D. Bacterial alginate: physiology, product quality and process aspects. *Applied Microbiology and Biotechnology*, v. 56, p. 315-325, 2001.

SAUDAGAR, P. S.; SINGHAL, R. S. Curdlan as a support matrix for immobilization of enzyme. *Carbohydrate Polymers*, v.56, p. 483-488, 2004.

SCHMID, F. et al. Structure of epiglucan, a highly sidechain/branched (1→3; 1→6)--β-glucan from the micro fungus *Epicoccum nigrum* Ehrenb. ex Scglecht. *Carbohydrate Research*, v. 331, p. 163-171, 2001.

SEO, E. et al. Synthesis of thermo- and acid-stable novel oligosaccharides by using dextransucrase with high concentration of sucrose. *Enzyme and Microbial Technology*, v. 40, p. 1117-1123, 2007.

SHINGEL, K. I. Current knowledge on biosynthesis, biological activity, and chemical modification of the exopolysaccharide, pullulan. *Carbohydrate Research*, v. 339, p. 447-460, 2004.

SHODA, M.; SUGANO, Y. Recent advances in bacterial cellulose production. *Biotechnology and Bioprocess Engineering*, v. 10, n. 1, p. 1-8, 2005.

SUTHERLAND, I. W. *Biotechnology of Microbial Polysaccharides*. Cambridge: Cambridge University Press, 1990.

SZANISZLÓ, N.; FENYVESI, É.; BALLA, J. Structure-stability study of cyclodextrin complexes with selected volatile hydrocarbon contaminants of soils. *Journal of Inclusion Phenomena and Macrocyclic Chemistry*, v. 53, p. 241-248, 2005.

SZEJTLI, J. *Cyclodextrin Technology.* Dordrecht: Kluwer Academic Publishers, 1988.

TOMA, M. M. et al. The effect of mixing on glucose fermentation by *Zymomonas mobilis* continuous culture. *Process Biochemistry*, v. 38, n. 9, p. 1347-1350, 2003.

TSUCHIYA, H. M. et al. The effect of certain cultural factors on production of dextransucrase by *Leuconostoc mesenteroides. Journal of Bacteriology*, v. 64, p. 521-527, 1952.

VANDERSLICE, R. W. et al. Genetic engineering of polysaccharide structure in *Xanthomonas campestris.* In: CRESCENZI, V. et al. (eds.). *Biomedical and Biotechnological Advances in Industrial Polysaccharides.* New York: Gordon & Breach, 1989.

VARTAK, N. B. et al. Glucose metabolism in *'Sphingomonas elodea':* Pathway engineering via construction of a glucose-6-phosphate dehydrogenase insertion mutant. *Microbiology*, v. 141, n. 9, p. 2339-2350, 1995.

VENTURINI, C. G. et al. Properties and recent applications of cyclodextrins. *Química Nova*, v. 31, n. 2, p. 360-368, 2008.

VETTORI, M. H. P. B. *Estudo e otimização da produção da dextranasacarase e caracterização da dextrana produzida por* Leuconostoc mesenteroides *FT045B.* 116 p. Dissertação (Mestrado) – Instituto de Biociências, Universidade Estadual Paulista "Júlio de Mesquita Filho", Rio Claro, 2011.

WANG, C. X.; CHEN, S. L. Aromachology and its Application in the Textiles Field. *Fibres and Textiles in Eastern Europe*, v. 13, n. 6, p. 41-44, 2005.

CAPÍTULO 7
Produção de oligossacarídeos

Francisco Maugeri Filho

Rosana Goldbeck

Ana Paula Manera

7.1 INTRODUÇÃO

Os oligossacarídeos podem ser obtidos através de síntese (química ou enzimática) ou a partir da despolimerização de polissacarídeos (física, química ou enzimática). Este capítulo abordará a produção de oligossacarídeos por biossíntese enzimática, a partir do uso de enzimas microbianas, utilizados principalmente para alimentação. Também destacará suas propriedades, aplicações e os efeitos benéficos de seu consumo na saúde humana.

Os oligossacarídeos são polímeros compostos de resíduos de monossacarídeos unidos por ligações glicosídicas, em número que varia de dois até aproximadamente dez unidades. São componentes naturais de muitos alimentos, como frutas, vegetais, leite e mel, que podem ser sintetizados por enzimas produzidas por várias espécies de fungos filamentosos, leveduras e bactérias. Por apresentarem propriedades prebióticas, estimulando a microbiota intestinal e contribuindo para o melhoramento da fisiologia do organismo humano, são utilizados como ingredientes funcionais de alimentos, apresentando grande potencial para melhorar a qualidade de muitos produtos alimentícios, além de serem empregados como adoçantes e estabilizantes.

Não só a indústria alimentícia, como também o setor farmacêutico e de cosméticos têm grande interesse na aplicação de oligossacarídeos como agentes de corpo e agentes prebióticos.

Os oligossacarídeos com características prebióticas estão relacionados principalmente à defesa imunológica, replicação viral, crescimento e adesão celular. Os oligossacarídeos encontram-se entre as fibras que proporcionam efeito positivo na composição da microbiota intestinal quando consumidos, sendo resistentes às ações das enzimas salivares e intestinais. Dentre eles destacam-se os fruto-oligossacarídeos (FOS), galacto-oligossacarídeos (GOS), xilo-oligossacarídeos (XOS), malto e iso-malto-oligossacarídeos, e demais oligossacarídeos com características específicas que serão abordados a seguir.

7.2 FRUTO-OLIGOSSACARÍDEOS (FOS)

Fruto-oligossacarídeos (FOS) são oligossacarídeos compostos por "n" grupos frutosil ligados em cadeia na posição β-2,1 possuindo uma glicose terminal e classificados como prebióticos (alimento funcional) devido à sua ação seletiva na promoção do desenvolvimento de uma microflora intestinal benéfica ao organismo, os probióticos. Os FOS mais conhecidos são: GF2 (1-kestose), GF3 (nistose) e GF4 (1F-β-frutofuranosilnistose) (Figura 7.1). Dentre eles, ainda não se sabe ao certo qual seria a composição ideal de cada um, mas quanto maior a cadeia desses oligossacarídeos não digeríveis, mais demorada será sua fermentação por bactérias do trato digestivo, ou seja, a fermentação ocorrerá numa porção mais longa do cólon, favorecendo ainda mais a absorção de minerais no trânsito intestinal (STEWART; TIMM; SLAVIN, 2008).

Alguns alimentos, como trigo, banana, tomate e mel, entre outros, contêm naturalmente fruto-oligossacarídeos, porém em pequenas quantidades; além da ocorrência natural em alimentos, a extração de fontes naturais não é compensatória, e a ingestão através de uma dieta balanceada nem sempre é possível. No entanto, grandes quantidades de FOS podem ser obtidas biotecnologicamente através da atividade de transfrutosilação pela ação de invertases (β-frutofuranosidases) ou transferases (β-D-frutosiltransferase) de certos microrganismos (PASSOS; PARK, 2003).

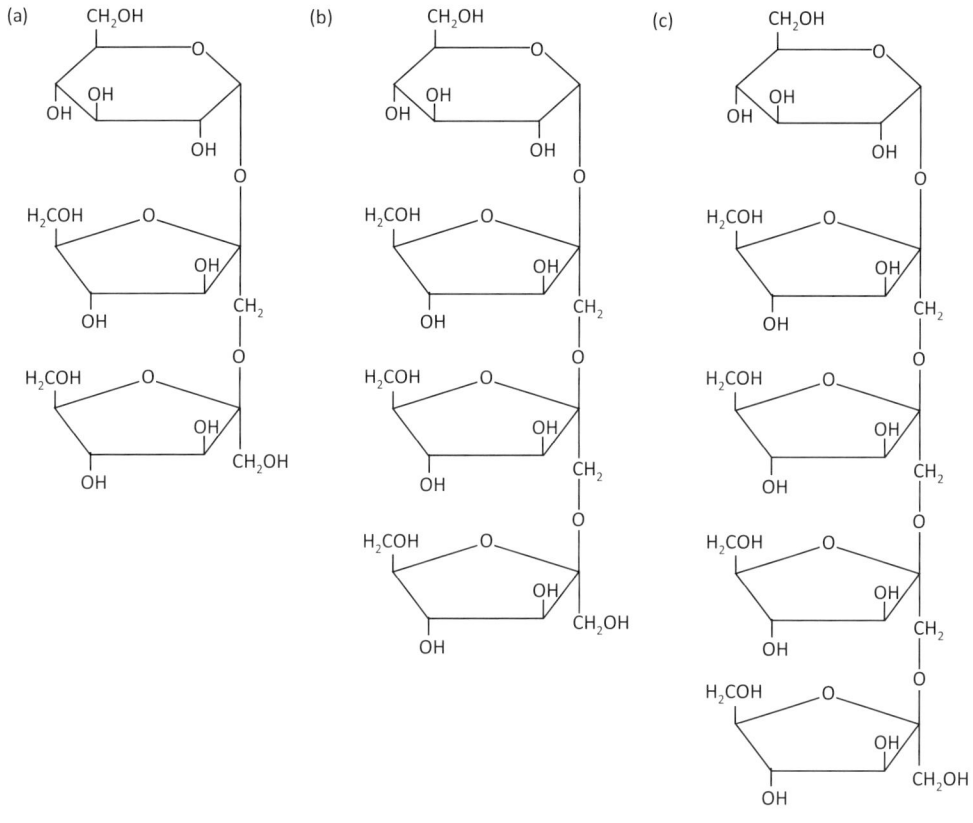

Figura 7.1   Estrutura química dos fruto-oligossacarídeos. (A) 1-kestose (GF2); (B) nistose (GF3); e (C) 1F-β-frutofuranosil-nistose (GF4).

Fonte: Passos e Park (2003).

7.2.1   PRODUÇÃO DE FRUTO-OLIGOSSACARÍDEOS

Fruto-oligossacarídeos são produzidos por dois processos diferentes, como ilustra a Figura 7.2, ou a partir da hidrólise da inulina, ou sintetizados a partir de sacarose por enzimas.

Existem dois caminhos para a produção de fruto-oligossacarídeos através da ação da β-frutofuranosidase em sacarose: (1) por hidrólise reversa e (2) transfrutosilação. Quando essa enzima catalisa a produção de fruto-oligossacarídeos por hidrólise reversa da sacarose é classificada como hidrolase, denominando-se β-frutofuranosidase (ou invertase, E.C. 3.2.1.26). Já quando essa enzima realiza a transfrutolisação é chamada de transferase, ou frutosiltransferase (E.C. 2.4.1.9) (YUN, 1996). Segundo Cruz et al. (1998), além da atividade hidrolítica, a invertase possui atividade transferásica em concentrações acima de 15% de sacarose, podendo ser ideal para a produção de fruto-oligossacarídeos.

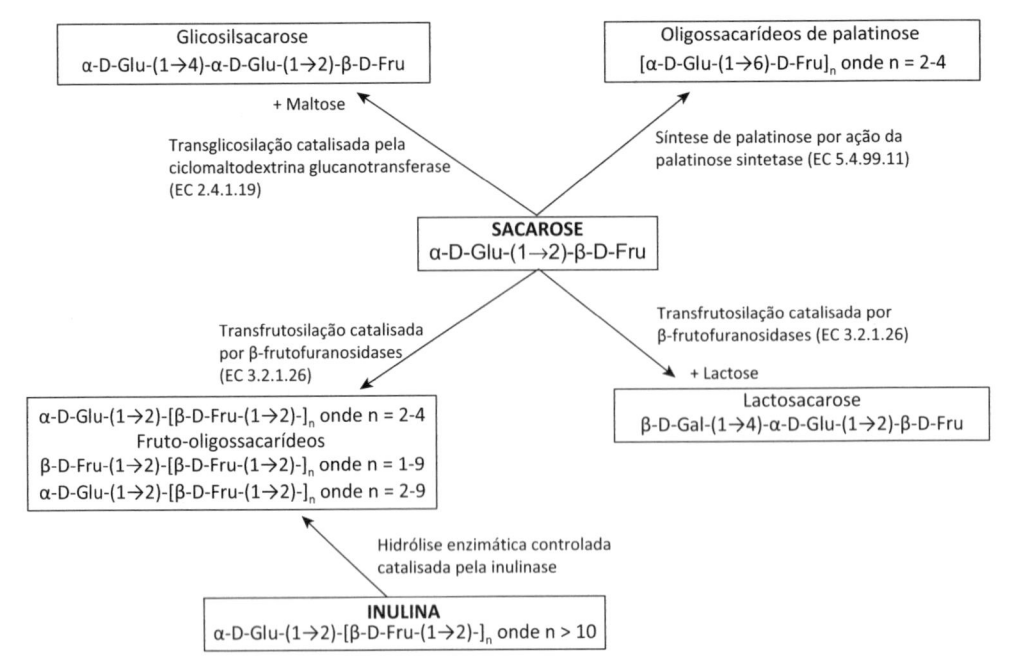

Figura 7.2 Formação de oligossacarídeos a partir da sacarose e inulina (Glu, glicose; Gal, galactose; Fru, frutose).

Fonte: adaptada de Crittenden e Playne (1996).

Os fruto-oligossacarídeos geralmente compostos de 1-kestose, nistose e 1F-β-frutofuranosil-nistose são produzidos pela atividade de transfrutosilação da β-frutofuranosidase de microrganismos e de plantas. A β-frutofuranosidase (invertase) é uma enzima que hidrolisa a sacarose principalmente em glicose e frutose, mas dependendo de sua origem pode exibir atividade de transfrutosilação em condições apropriadas de reação. Já a frutosiltransferase catalisa a transferência de um grupo frutosil para a molécula de sacarose ou até mesmo para um fruto-oligossacarídeo de cadeia curta, originando um fruto-oligossacarídeo de cadeia mais longa. As frutosiltransferases apresentam uma pequena afinidade com a água como aceptor, significando que a atividade de hidrólise é muito pequena (YUN, 1996).

No entanto, para a produção de FOS a partir da inulina, o processo ocorre através da hidrólise enzimática controlada da inulina, pela enzima inulinase, e consistindo em unidades lineares de frutosil, com ou sem uma unidade final de glicose. Esse processo ocorre amplamente na natureza, e esses oligossacarídeos podem também ser encontrados em grande variedade de plantas, principalmente em tubérculos, alcachofras, aspargos, beterraba, chicória, banana, alho, cebola, trigo e tomate (YUN, 1996), mas em pequenas quantidades.

Os principais FOS produzidos comercialmente, tanto a partir da sacarose quanto da inulina, estão apresentados na Tabela 7.1.

Tabela 7.1 Empresas que produzem comercialmente fruto-oligossacarídeos de grau alimentício

Substrato	Empresa produtora	Nome comercial
Inulina	Orafti Active Food Ingredients, Estados Unidos	Raftilose Raftiline
	Beneo-Orafti, Bélgica	Orafti
	Cosucra Groupe Warcoing, Bélgica	Fibrulose
Sacarose	Beghin-Meiji Industries, França	Actilight Profeed
	Cheil Foods and Chemicals Inc., Coreia do Sul	Oligo-Sugar
	GTC Nutrition, Estados Unidos	NutraFlora
	Meiji Seika Kaisha Ltd., Japão	Meioligo
	ShenZhen Victory Biology Engineering Co. Ltd., China	Prebiovis scFOS

No Brasil não existe produção de FOS, mas estes são comercializados por várias empresas de produtos funcionais.

Diversos microrganismos têm sido reportados como produtores da enzima β-frutosiltransferase, responsável pela produção dos fruto-oligossacarídeos, dentre eles, fungos como *Aspergillus oryzae*, *Aspergillus japonicus*, *Aspergillus niger*, *Penicillium citrinum*, e também bactérias como o *Bacillus macerans* e *Zymomonas mobilis* (DOMINGUEZ et al., 2014). Leveduras, como *Saccharomyces*, *Rhodotorula*, *Candida* e *Aureobasidium* também têm sido reportadas. A levedura *Schwanniomyces occidentalis* é produtora da enzima β-frutofuranosidase, capaz de atuar sobre a sacarose para produzir 6-cestose, um oligossacarídeo constituído por moléculas de frutose unidas por ligações glicosídicas do tipo $\beta(2\to6)$ (ÁLVARO-BENITO et al., 2007). A estrutura e as ligações dos FOS produzidos dependem da origem microbiana da frutosiltransferase utilizada na síntese. Sabe-se que os FOS obtidos diretamente de frutos e folhas são formados a partir da frutose ligando-se tanto ao resíduo de frutose quanto de glicose, resultando, assim, numa cadeia ramificada, diferente dos FOS obtidos por meio da ação de enzimas de microrganismos.

Considerando a grande biodiversidade do ambiente brasileiro ainda não explorado, Hernalsteens e Maugeri (2010) selecionaram microrganismos capazes de produzir fruto-oligossacarídeos. Entre 495 cepas de leveduras isoladas, uma em particular, identificada como uma cepa de levedura vermelha, *Rhodotorula sp.*, isolada de flores a partir da biomassa tropical brasileira, foi capaz de produzir uma enzima extracelular termoestável eficaz, com ambas as atividades, hidrolítica e transfrutosilação da sacarose. As melhores condições de atividade para essa enzima foram observadas na faixa de pH de 3,8 a 4,3 e temperatura de cerca de 65 °C. Sob essas condições, a atividade de transfrutosilação atingiu o seu máximo, sendo dez vezes mais elevada do que a atividade hidrolítica.

Hernalsteens e Maugeri (2008) estudaram a síntese de FOS empregando o microrganismo *Rhodotorula* sp. (LEB-V10) e alcançaram rendimento em FOS de aproximadamente 48%, glicose (31,3%) e frutose (20,7%), a partir de sacarose, próximo ao de enzimas encontradas nos microrganismos *Aspergillus* e *Aureobasidium*, com os quais a reação atingiu 50% a 60% de FOS. As características das enzimas, como termoestabilidade, temperatura ótima de reação elevada, elevada atividade específica, juntamente com alto rendimento de FOS, tornam a levedura *Rhodotorula* sp. (LEB-V10) uma boa alternativa para os processos industriais existentes. Além disso, foi demostrado que o FOS sintetizado teve um efeito prebiótico, promovendo o crescimento de bactérias probióticas.

A otimização da síntese de fruto-oligossacarídeos (FOS) através da enzima imobilizada de frutosiltransferase de *Rhodotorula* sp. (LEB-V10) foi estudada por Aguiar, Rodrigues e Maugeri (2012). Através da metodologia de planejamento experimental foi possível aumentar em três vezes a atividade da enzima imobilizada, resultando num significativo aumento da quantidade de nistose (GF3) na mistura de FOS. Também foi observado um aumento de quatro vezes na produtividade de FOS, passando de 2,86 g/L.h (condição não otimizada) para 12,05 g/L.h (condição otimizada), além da redução do tempo total de síntese de 96 para 24 horas. O rendimento da produção de FOS passou de 51% para 58% nas condições otimizadas. Os rendimentos de produção de fruto-oligossacarídeos variam de 24% a 61%, sendo que rendimentos de 61% foram encontrados utilizando *Aspergillus japonicus* com altas concentrações de sacarose (40%) como substrato (SANGEENTHA; RAMESH; PRAPULLA, 2005).

7.2.2 PROPRIEDADES E APLICAÇÕES DOS FRUTO- -OLIGOSSACARÍDEOS

Estudos aconselham o consumo de FOS por pacientes com câncer devido a uma série de benefícios, como o aumento considerável na absorção de cálcio e magnésio, ação mais efetiva quando comparada com a da insulina (STEWART; TIMM; SLAVIN, 2008), aumento da resistência a doenças e infecções, efeitos já bastante comprovados de crescimento seletivo da microflora benéfica ao nosso organismo, efeitos anticariogênicos e baixo poder calórico. Devido a esse baixo poder calórico, eles podem ser empregados como ingredientes e também como adoçantes numa série de produtos alimentícios, inclusive para diabéticos (MABEL et al., 2008). Adicionalmente, podem também ser empregados em alimentação animal ou em uso cosmético e farmacêutico.

Os fruto-oligossacarídeos vêm sendo utilizados comercialmente como ingredientes de cosméticos, medicamentos, produtos agrícolas e principalmente na indústria alimentícia. Esses compostos são muitas vezes substituintes do açúcar, atuando como adoçantes em alimentos de baixa caloria, e também são adicionados em sucos e refrigerantes para melhorar suas propriedades organolépticas. Também atuam como agentes anti-higroscópicos e umectantes, protegendo os alimentos da perda de água (LEE et al., 2004).

Os FOS apresentam várias características que os tornam interessantes para a aplicação em alimentos, como a solubilidade, que é maior que a da sacarose, não são degradados em processos de aquecimento, não são calóricos e podem ser utilizados na formulação de alimentos destinados a diabéticos. Devido a essas características, podem ser utilizados em muitos alimentos, dentre eles sorvetes e sobremesas lácteas, iogurtes, biscoitos, produtos de panificação, barras de cereais e sucos, dentre outros (BALI et al., 2015).

Esses açúcares são solúveis em água, levemente doces, possuem de 0,4 a 0,6 vez o poder de doçura da sacarose, com baixo valor calórico, sendo esta última propriedade benéfica em dietas com restrição de açúcares. A doçura dos fruto-oligossacarídeos depende da estrutura química e da massa molecular dos oligossacarídeos presentes e dos níveis de mono e dissacarídeos na mistura (YUN, 1996).

Comparado aos mono e dissacarídeos, o maior peso molecular dos oligossacarídeos promove ainda um incremento da viscosidade, característica interessante para diversos produtos. Também podem ser usados para controlar o nível de escurecimento devido à reação de Maillard em alimentos processados com o uso de altas temperaturas. Promovem também retenção da umidade, prevenindo a excessiva secagem de alguns alimentos, e diminuem a proporção de atividade de água livre, sendo conveniente no controle de contaminação microbiana (CRITTENDEN; PLAYNE, 1996).

Os fruto-oligossacarídeos (FOS) são considerados os principais oligossacarídeos com ação prebiótica, sendo adicionados a vários produtos, como biscoitos, bebidas, iogurtes, cereais matinais, geleias e doces (ROBERFROID, 2002). Os FOS promovem seletivamente o crescimento de *Lactobacillus acidophillus*, *Bifidus bifidus* e *Lactobacillus faecium*, que são bactérias benéficas do trato gastrintestinal (PASSOS; PARK, 2003). Ao estimular a flora intestinal, os FOS contribuem para o aumento da produção de ácidos orgânicos e inibem a proliferação de patógenos sensíveis a essas condições.

É na área de bebidas que os oligossacarídeos encontram sua maior aplicação. Os oligossacarídeos estão, de forma crescente, sendo introduzidos em leites fermentados contendo probióticos para produzir simbióticos. O "Bifiel" (Yakult, Tóquio, Japão) contém galacto-oligossacarídeos, enquanto "Symbalance" (Toni Milch, Zurique, Suíça), "Fyos" (Nutricia, Bornem, Bélgica) e "Fysiq" (Mona, Weerden, Holanda) contêm fruto-oligossacarídeos. Os oligossacarídeos são também largamente utilizados em produtos de confeitaria (doces, biscoitos, bolachas etc.) em todo o mundo (Tabela 7.2). Um mercado em desenvolvimento é a aplicação de oligossacarídeos em rações animais e em aplicações não alimentares, como na área cosmética (RODRIGUES; ROCHA; TORRES, 2005).

Tabela 7.2   Alimentos que podem ser incorporados de oligossacarídeos

Laticínios	Leite fermentado
	Leite em pó
	Sorvetes
Bebidas	Sucos de frutas
	Refrigerantes
	Café
	Chá
	Bebidas energéticas
	Bebidas alcoólicas
Confeitaria	Doces
	Bolachas
	Biscoitos
	Chocolates
Sobremesas	Pudim
	Cremes
	Mousses
Frutas	Doces
	Compotas
Produtos proteicos	Patês
	Tofu

7.2.3   GLICOSILSACAROSE E OLIGOSSACARÍDEOS DE PALATINOSE

A glicosilsacarose é um trissacarídeo formado a partir da maltose e sacarose através da reação de transglicosilação catalisada pela enzima ciclomaltodextrina glucano-transferase (ver Figura 7.2). Apresenta metade do poder adoçante da sacarose e, como muitos oligossacarídeos, pode ser usada como edulcorante substituto da sacarose. Esse oligossacarídeo é suscetível à hidrólise por enzimas presentes no trato gastrointestinal; dessa forma, é improvável que apresente efeitos bifidogênicos. No entanto, ele oferece outros benefícios, principalmente na tecnologia de alimentos, diminuindo a formação de cristais, reações de escurecimento e retrogradação. O principal efeito benéfico à saúde humana está ligado à diminuição da formação de cáries dentárias (CRITTENDEN; PLAYNE, 1996).

Oligossacarídeos de palatinose ou isomaltulose são encontrados naturalmente no mel e no caldo de cana-de-açúcar em pequenas quantidades, e podem ser produzidos a partir da ação da enzima α-glicosiltransferase, também conhecida como sacarose--isomerase ou palatinose-sintase, a partir da sacarose (Figura 7.2). A isomaltulose possui um sabor adocicado suave e propriedades físicas e sensoriais muito similares às da sacarose. Devido ao seu baixo potencial cariogênico, é utilizada como ingrediente e substituinte da sacarose em diversos produtos. A partir da isomaltulose podem ser obtidos diversos compostos de interesse industrial, sendo o mais utilizado o isomalte, um açúcar álcool obtido por hidrogenação, que possui baixo valor calórico e baixa cariogenicidade, utilizado em produtos dietéticos e em formulações farmacêuticas. Diversos estudos toxicológicos em animais e clínicos em seres humanos têm demonstrado a segurança da utilização da isomaltulose, sendo, portanto, um potencial substituto da sacarose como ingrediente em alimentos e em formulações farmacêuticas (KAWAGUTI; SATO, 2008).

7.3 GALACTO-OLIGOSSACARÍDEOS (GOS)

Os GOS são componentes naturais do leite humano, bem como de alguns alimentos, incluindo cebola, alho, banana, soja e chicória, e podem ser produzidos a partir da lactose pela reação de transgalactosilação da enzima β-galactosidase, empregando substratos ricos em lactose. O sítio ativo da β-galactosidase possui habilidade similar tanto para hidrolisar a lactose, formando galactose e glicose, quanto para transgalactosilar a galactose, formando os GOS (MAHONEY, 1998).

A mistura de GOS obtida após a síntese enzimática pela β-galactosidase pode ser formada por dissacarídeos a hexassacarídeos. A baixa efetividade da enzima em produzir oligossacarídeos de maior massa molecular pode ser explicada pela competitividade da transgalactosilação da galactose com a hidrólise da lactose. A reação de transgalactosilação será menos efetiva quanto maior for a massa molar dos oligossacarídeos aceptores, o que explica a maior formação de dissacarídeos, trissacarídeos e tetrassacarídeos em comparação com oligômeros maiores (MAHONEY, 1998).

As estruturas dos GOS podem diferir, conforme Figura 7.3, na composição dos sacarídeos (A), na regioquímica das ligações glicosídicas (B) e no grau de polimerização (C). Há um número de consequências importantes provenientes dessas diferenças estruturais: estruturas de GOS resultam em diferentes propriedades químicas, evidências *in vitro* sugerem que microrganismos probióticos crescem de forma diferente em oligossacarídeos com diferentes estruturas, e a estrutura dos GOS também afeta as características relevantes para a sua aplicação em alimentos (GOSLING et al., 2010).

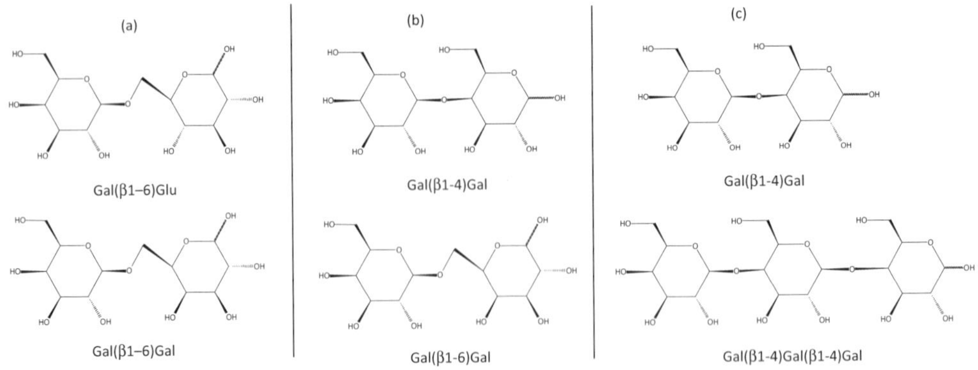

Figura 7.3 Variação na estrutura de GOS: (a) composição, (b) regioquímica das ligações e (c) grau de polimerização (Gal, galactose; Glu, glicose).

Fonte: adaptada de Gosling et al., 2010.

7.3.1 PRODUÇÃO DE GALACTO-OLIGOSSACARÍDEOS

Galacto-oligossacarídeos produzidos pela ação da enzima β-galactosidase sobre a lactose foram identificados pela primeira vez no início da década de 1950. Quatro tipos de GOS foram formados utilizando β-galactosidase de *Kluyveromyces lactis* e três tipos com β-galactosidase de *Escherichia coli* (ARONSON, 1952). Desde então, vários estudos foram realizados sobre a síntese enzimática de GOS e diferentes resultados foram observados. As principais conclusões obtidas foram as seguintes:

a) dependendo da fonte microbiana da β-galactosidase, existem grandes diferenças entre a quantidade, o grau de polimerização e o tipo de galacto-oligossacarídeos formados (BOON; JANSSEN; RIET, 2000);

b) o aumento da concentração da enzima não é proporcional ao aumento da concentração de oligossacarídeos (CHOCKCHAISAWASDEE et al., 2005);

c) a concentração inicial de lactose é o fator mais importante a afetar a formação de GOS. Em concentrações baixas de lactose a reação de hidrólise é predominante, enquanto a formação de GOS é observada em elevadas concentrações de lactose (ALBAYRAK; YANG, 2002).

De acordo com López-Leiva e Gusman (1995), a fonte e concentração da enzima, o tempo de reação, a temperatura e o pH do processo, a concentração inicial de lactose e a presença de inibidores ou ativadores específicos para a enzima têm influência sobre a quantidade de GOS formada.

A lactose é o principal substrato utilizado para a produção de GOS, e, alternativamente ao emprego de soluções de lactose de grau analítico, pode-se empregar leite e soro de queijo como fontes desse carboidrato. Tanto o leite quanto o subproduto da produção de queijos podem ser empregados não só na síntese dos GOS, mas no cultivo dos microrganismos para a produção da enzima β-galactosidase.

Existem duas rotas preferenciais para a obtenção de GOS através da reação enzimática de transgalactosilação (Figura 7.4), uma formando preferencialmente ligações glicosídicas do tipo β-1,4 e a outra formando ligações β-1,6. As ligações do tipo β-1,2 e β-1,3 também podem ocorrer, porém em menor incidência que as citadas anteriormente (SAKO; MATSUMOTO; TANAKA, 1999).

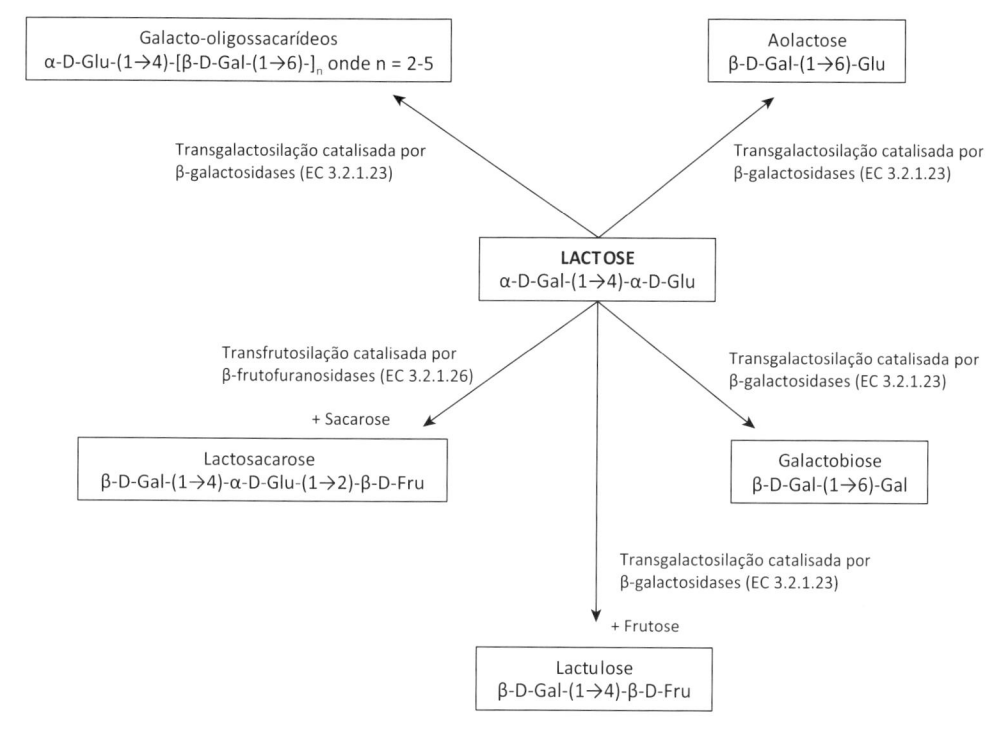

Figura 7.4 Formação de oligossacarídeos a partir da lactose (Glu, glicose; Gal, galactose; Fru, frutose).

Fonte: adaptada de Crittenden e Playne, 1996.

Industrialmente, GOS são produzidos e comercializados principalmente no Japão, Estados Unidos e Europa. As principais empresas produtoras desses compostos prebióticos estão listadas na Tabela 7.3.

Os principais GOS formados enzimaticamente são os dissacarídeos alolactose e galactobiose; trissacarídeos 6'digalactosil-glucose, 6'galactosil-lactose, 6'galactotriose, 3'galactosil-lactose; o tetrassacarídeo 6'digalactosil-lactose e o pentassacarídeo 6'tri-galactosil-lactose (MAHONEY, 1998).

A enzima β-galactosidase pode ser empregada de diferentes formas na síntese de GOS (extrato bruto, enzima purificada, enzima recombinante, células íntegras e permeabilizadas, enzimas e células imobilizadas), e existe um grande número de microrganismos, tanto bactérias quanto fungos (fungos filamentosos e leveduras), produtores dessa enzima com atividade de transgalactosilação, sendo os principais dos gêneros

Aspergillus, Kluyveromyces, Lactobacillus e *Bifidobacterium* (MAZUTTI et al., 2011; OTIENO, 2010; GOSLING, 2010).

Tabela 7.3 Empresas que produzem comercialmente galacto-oligossacarídeos de grau alimentício

Empresa produtora	Nome comercial
Yakult Honsha, Japão	Oligomate
Nissin Sugar Co. Ltd., Japão	Cup-Oligo
Snow Brand Milk Products Co. Ltd., Japão	GOS P7L
FrieslandCampina Ingredients, Holanda	Vivinal GOS
GTC Nutrition, Estados Unidos	Purimune
Clasado BioSciences, Reino Unido	Bimuno
First Milk Ingredients, Reino Unido	Promovita
Kerry Dairy Ingredients, Estados Unidos	Profile

Manera et al. (2010) produziram GOS a partir da enzima β-galactosidase presente em células permeabilizadas da levedura *Kluyveromyces marxianus* CCT 7082. A síntese de GOS resultou em 83 g/L de GOS, nas melhores condições reacionais. Em seguida, Manera et al. (2012) empregaram a mesma enzima para produzir GOS em reator pressurizado com diferentes fluidos supercríticos (n-butano, propano e CO_2), objetivando uma maior conversão de lactose em GOS. Os autores observaram que as concentrações de GOS variaram entre 65, 75 e 84 g/L ao empregar os fluidos propano, n-butano e CO_2, respectivamente, indicando que o aumento da pressão e o emprego de diferentes fluidos supercríticos não alterou significativamente a estrutura conformacional da enzima para favorecer uma maior transgalactosilação.

Outros trabalhos publicados e compilados nos trabalhos de Otieno (2010) e Gosling (2010) sobre a produção de GOS indicam que as concentrações de GOS variam conforme as condições da síntese e que as enzimas β-galactosidases necessitam de condições específicas de reação conforme sua fonte microbiana, o que resulta em diversas possibilidades para a produção de GOS.

7.3.2 PROPRIEDADES E APLICAÇÕES DOS GALACTO-OLIGOSSACARÍDEOS

Os GOS disponíveis comercialmente, na forma líquida ou em pó, são misturas compostas por vários tipos de oligossacarídeos transgalactosilados, lactose, glicose e galactose, resultantes do processo de síntese e hidrólise (LI et al., 2008).

Algumas características dos GOS são interessantes do ponto de vista industrial, já que apresentam solubilidade maior do que a sacarose, não cristalizam, não precipitam e nem deixam sensação de secura na boca. São estáveis em condições adversas de pH e temperatura, resistem a 160 °C por 10 minutos em pH neutro ou a 120 °C por 10 minutos em pH 3. Nessas mesmas condições a degradação da sacarose seria superior a 50%. Em condições ácidas na temperatura ambiente, GOS tendem a ser estáveis durante o armazenamento de longo prazo (SAKO; MATSUMOTO; TANAKA, 1999).

Devido a essas características, os GOS podem ser usados em formulações de sobremesas lácteas, leites fermentados, pães, geleias, bebidas e produtos de confeitaria. Alimentos infantis e alimentos especiais para idosos e hospitalizados são promissores na aplicação de GOS, pois essas pessoas são mais suscetíveis a mudanças na microflora intestinal (SAKO; MATSUMOTO; TANAKA, 1999).

A síntese de GOS em substratos lácteos (leite e soro de queijo) resulta em produtos com menor teor de lactose, ideais a consumidores intolerantes a esse carboidrato. Essa intolerância está relacionada à ausência da enzima β-galactosidase presente na mucosa intestinal humana. Hudson (2011) relata que cerca de 75% da população mundial apresentam algum grau de intolerância à lactose.

Além da indústria de alimentos, outros setores, como a indústria farmacêutica e de cosméticos, podem explorar as propriedades físico-químicas e fisiológicas dos GOS.

7.3.3 ALOLACTOSE, GALACTOBIOSE, LACTOSSACAROSE E LACTULOSE

Embora na síntese enzimática de GOS ocorra a formação de tri- a hexassacarídeos com 2 a 5 unidades de galactose, é muito comum encontrar dissacarídeos transgalactosilados, como a alolactose, consistindo em uma molécula de galactose e uma molécula de glicose com ligações β-glicosídicas diferentes da lactose, ou dissacarídeos formados somente por galactose, como a galactobiose. Esses dissacarídeos podem ser considerados prebióticos desde que tenham características fisiológicas similares às dos GOS (SAKO; MATSUMOTO; TANAKA, 1999).

A lactossacarose, outro exemplo de oligossacarídeo prebiótico, é um açúcar formado pela transferência de resíduos frutosil provenientes da sacarose para a lactose, catalisada pela β-frutofuranosidase. Esse carboidrato possui baixo teor calórico e também estimula o crescimento seletivo de bifidobactérias no trato gastrointestinal. Mantém as características físico-químicas desejáveis e possui aproximadamente 30% de doçura em comparação com a sacarose (FUJITA; KITAHATA, 1991).

A lactulose é composta por uma molécula de frutose e uma de galactose e pode ser produzida a partir da reação de transgalactosilação da enzima β-galactosidase, tendo frutose como aceptor. Esse dissacarídeo pode atuar na síntese de GOS através da reação de transgalactosilação da β-galactosidase, resultando principalmente na formação de trissacarídeos, diferentes daqueles obtidos na presença de lactose, mas com importantes características prebióticas (OLANO; CORZO, 2009). A formação enzimática desses oligossacarídeos está apresentada na Figura 7.4.

7.4 XILO-OLIGOSSACARÍDEOS (XOS)

Os XOS estão presente naturalmente em alguns frutos, vegetais, leite e mel. Podem ser formados pela hidrólise da xilana, presente em materiais lignocelulósicos. Devido à heterogeneidade da xilana encontrada em plantas, a sua completa despolimerização depende da ação de um complexo enzimático variado. As enzimas hidrolíticas mais importantes nesse processo são as endo-β-1,4-xilanase, ou simplesmente xilanases (EC 3.2.1.41). Elas são responsáveis por catalisar a clivagem das ligações β-D-1,4- entre os resíduos de xilose, resultando na formação de xilo-oligossacarídeos de tamanhos variados (GONG et al., 2013), como pode ser visualizado na Figura 7.5.

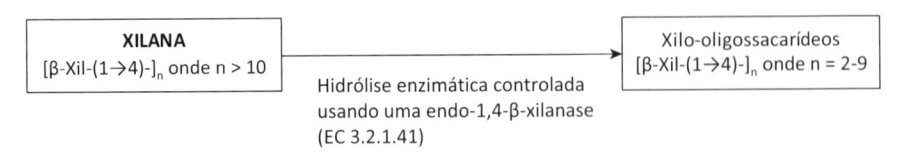

Figura 7.5   Formação de oligossacarídeos a partir da xilana (Xil, xilose).

Fonte: adaptada de Crittenden e Playne (1996).

7.4.1 PRODUÇÃO DE XILO-OLIGOSSACARÍDEOS

Os materiais lignocelulósicos utilizados para a produção dos XOS são provenientes de uma grande variedade de resíduos, como florestais (madeira de eucalipto) e agroindustriais, como sabugo de milho, amêndoas, azeitonas, cascas de arroz, cevada e aveia (MENEZES; DURRANT, 2008). Xilobiose e xilotriose são os tipos mais frequentes de XOS produzidos a partir de materiais lignocelulósicos (BIELY et al., 1997).

A xilana é degradada por bactérias e fungos através da produção de um conjunto completo de enzimas. Os microrganismos dos gêneros *Trichoderma*, *Aspergillus*, *Fusarium* e *Pichia* são considerados grandes produtores de xilanases. Fungos basidiomicetos, como os do gênero *Pleurotus*, apresentam um complexo enzimático capaz de atuar sobre diferentes substratos ricos em celulose, hemicelulose e lignina, sendo uma possível via para obtenção de diversos oligossacarídeos (MENEZES et al., 2010).

Para a produção de XOS, o complexo enzimático deve conter baixa atividade de exoxilanase ou de β-xilosidase, para não produzir uma quantidade elevada de xilose, que inibe a produção de XOS (AKPINAR; ERDOGAN; BOSTANCI, 2009).

A hidrólise enzimática de resíduos agrícolas também apresenta grande potencial biotecnológico. Através da ação de xilanases, xilo-oligossacarídeos podem ser obtidos a partir de espigas de milho (MOURA et al., 2007). Subprodutos da agroindústria, tais como derivados do processamento da mandioca (água de manipueira) e da indústria de cana (bagaço), também têm sido utilizados para esse fim.

A produção de produtos de alto valor agregado a partir de biomassa residual é de grande interesse para avançar não só no campo de biocombustível, mas também para as indústrias farmacêuticas e de alimentos. Mandelli et al. (2014) estudaram o potencial para aplicação biotecnológica da xilanase (XynZ) de *C. thermocellum* ATCC 27405 na hidrólise de resíduos agroindustriais, como o bagaço de cana-de-açúcar. A bifuncionalidade da enzima estudada (XynZ) permitiu a extração simultânea de xilo--oligossacarídeos e compostos antioxidantes a partir da biomassa de cana.

Goldbeck et al. (2014) estudaram, através de planejamento experimental, a combinação de cinco enzimas hemicelulolíticas para a degradação de bagaço de cana-de--açúcar, visando otimizar as enzimas necessárias para a elaboração de coquetéis enzimáticos menos dispendiosos, permitindo, assim, o desenvolvimento de aplicações biotecnológicas-alvo, como a produção de biocombustíveis ou a produção de xilo-oligossacarídeos. Com base nos resultados obtidos foi possível definir quais combinações enzimáticas favoreceram a produção de XOS com diferentes graus de polimerização. Para hidrólise de arabinoxilano de trigo, as cinco enzimas estudadas contribuíram significativamente para a produção de XOS, enquanto para o bagaço de cana pré-tratado, apenas a xilanase (GH11) foi suficiente para hidrólise e liberação de XOS.

7.4.2 PROPRIEDADES E APLICAÇÕES DOS XILO--OLIGOSSACARÍDEOS

Os XOS têm uma ampla gama de aplicações potenciais em diferentes áreas. Na indústria alimentar, XOS podem ser utilizados como alimentos funcionais, devido aos efeitos positivos que os oligossacarídeos causam na microbiota gastrointestinal, promovendo vários benefícios para a saúde humana (YANG et al., 2011). O grau de polimerização preferido dos XOS varia de 2 a 4 para aplicações relacionadas com alimentos. Na indústria farmacêutica, XOS oferecem vantagens quando comparados a outros oligossacarídeos em termos de estabilidade e efeitos benéficos, como estímulo ao crescimento de microrganismos probióticos, a exemplo de *Lactobacillus* spp. e inibição do crescimento de microrganismos patogênicos, proporcionando inúmeros benefícios para os sistemas digestivo e imunológico (CHAPLA; PANDIT; SHAH, 2012). XOS possuem propriedades organolépticas aceitáveis e não apresentam toxicidade ou efeitos negativos sobre a saúde humana.

Os xilo-oligossacarídeos também diminuem os níveis de açúcares no sangue e favorecem o metabolismo das gorduras. A utilização de XOS como ingredientes para alimentos funcionais é fundamentada na sua estabilidade em longa faixa de pH (entre 2,5 e 8) e temperatura, o que favorece o crescimento das bifidobactérias.

Xilo-oligossacarídeos possuem a propriedade de serem muito mais estáveis em meios ácidos que outros prebióticos, tendo uma aplicação muito interessante em refrigerantes, que tendem a ser acidificados. Testes demonstraram que bebidas contendo XOS, com pH 3,4, podem ser armazenadas em temperatura ambiente durante três anos, sendo o conteúdo de XOS restante superior a 97% (O'SULLIVAN, 1993).

Os XOS também são usados como edulcorantes. O grau de doçura da xilobiose equivale a 30% da doçura da sacarose, e a doçura dos outros XOS é moderada, não possuindo efeito residual. Os XOS também inibem a retrogradação do amido, melhorando as propriedades nutricionais e sensoriais dos alimentos (VORAGEN, 1998).

Dessa forma, os XOS, e principalmente a xilobiose, que é um dissacarídeo formado por duas moléculas de xilose, são de grande interesse para a indústria de alimentos por causa de suas aplicações como prebióticos e edulcorantes. Além disso, a produção de xilose diretamente a partir desses substratos pode ser usada para a produção de bioetanol, bem como para a produção de xilitol, um adoçante alternativo (WINKELHAUSEN; KUZMANOVA, 1998).

7.4.3 XILITOL

Embora o xilitol seja um álcool e não um oligossacarídeo, ele é destacado neste capítulo por ser obtido a partir de xilose, que por sua vez é obtida a partir da hidrólise da hemicelulose e de xilanas. O xilitol é um edulcorante que pode substituir a sacarose, em virtude de sua elevada estabilidade química e microbiológica, e atua mesmo em baixas concentrações como conservante de produtos alimentícios, oferecendo resistência ao crescimento de microrganismos e prolongando a vida de prateleira desses produtos (BAR, 1991).

Devido ao seu elevado custo de produção por via química, vários centros de pesquisa no Brasil e no exterior desenvolvem pesquisas para a produção de xilitol por processos biotecnológicos, na tentativa de gerar uma técnica menos dispendiosa, utilizável em escala industrial (MUSSATO; ROBERTO, 2002).

Os microrganismos mais utilizados nesse processo são as leveduras, em especial as do gênero *Candida*, cujo cultivo é feito em hidrolisados obtidos de diferentes matérias-primas, como palha de arroz, bagaço de cana-de-açúcar e madeira de eucalipto (MUSSATTO; ROBERTO, 2002). A obtenção de xilitol por via biotecnológica está associada à capacidade dos microrganismos de sintetizar a enzima xilose-redutase. Inicialmente, essa enzima catalisa a redução de xilose a xilitol com a participação dos cofatores NADPH ou NADH. O xilitol, composto relativamente estável, ou é excretado da célula, ou é oxidado a xilulose pela enzima xilitol-desidrogenase, cuja atividade requer os cofatores NAD ou NADP (ROSEIRO et al., 1991).

7.5 MALTO-OLIGOSSACARÍDEOS E ISOMALTO--OLIGOSSACARÍDEOS

Os malto-oligossacarídeos podem ser obtidos por processos enzimáticos, nos quais suas estruturas são formadas a partir da polimerização de unidades de glicose, com ligações glicosídicas α-1,4 oriundas da hidrólise do amido. Já os isomalto-oligossacarídeos são produzidos por ação de α-amilases e β-amilases que convertem o amido a maltose com di-, tri- e oligossacarídeos com ligações α-1,6 entre as unidades de glicose (CRITTENDEN; PLAYNE, 1996). Esses processos resultam na produção de oligossacarídeos com diferentes graus de polimerização e posições das ligações glicosídicas.

7.5.1 PRODUÇÃO DE MALTO E ISOMALTO-OLIGOSSACARÍDEOS

Malto-oligossacarídeos são produzidos comercialmente a partir do amido através de desramificação catalisada por enzimas isoamilases e pululanases, combinadas com hidrólise por α-amilases (Figura 7.6). Essas α-amilases têm especificidades reacionais diferentes e podem ser usadas na produção de xaropes ricos em malto-oligossacarídeos com cadeias de diferentes tamanhos (CRITTENDEN; PLAYNE, 1996).

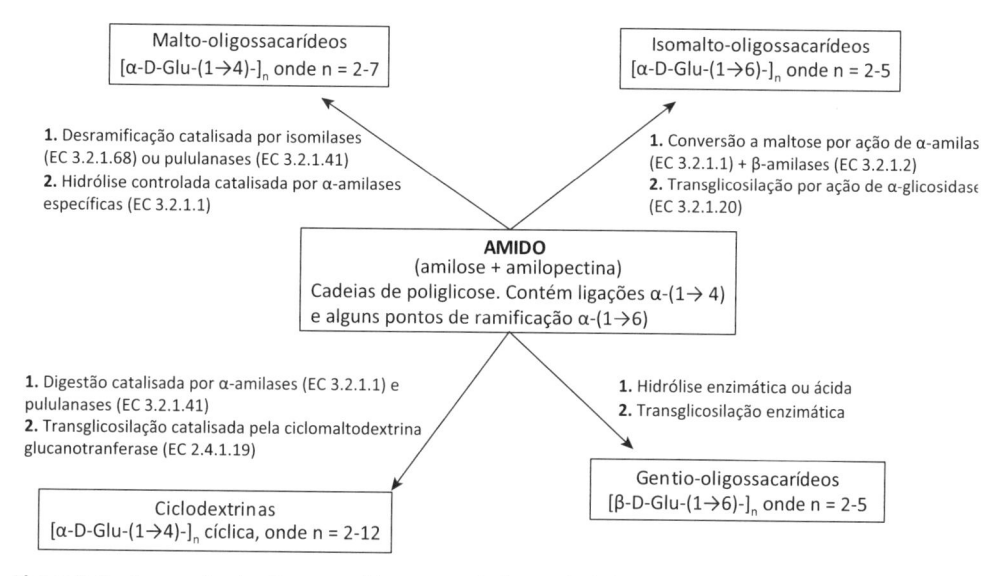

Figura 7.6 Formação de oligossacarídeos a partir do amido (Glu, glicose).

Fonte: adaptada de Crittenden e Playne, 1996.

As misturas de isomalto-oligossacarídeos podem conter oligossacarídeos tanto com ligações glicosídicas α-1,4 (ligações da molécula de maltose) como α-1,6 (ligações entre as demais unidades de glicose), resultando na formação de isomaltose, panose, isomaltotetraose, isomaltopentaose, nigerose e kojibiose (RASTALL, 2010). Eles são produzidos a partir de uma combinação de enzimas imobilizadas em um reator de dois estágios. No primeiro estágio, o amido é liquefeito a partir do emprego de α-amilases. No segundo estágio, reações são catalisadas tanto por β-amilases quanto por α-glicosidases. As β-amilases hidrolisam o amido liquefeito em maltose, em seguida, pela ação de transglicosilação, as α-glicosidases produzem os isomalto-oligossacarídeos (Figura 7.6) (CRITTENDEN; PLAYNE, 1996).

7.5.2 PROPRIEDADES E APLICAÇÕES DOS MALTO E ISOMALTO-
-OLIGOSSACARÍDEOS

Esses oligossacarídeos apresentam elevada estabilidade, baixa viscosidade, baixa doçura, elevada capacidade de retenção de umidade e baixa atividade de água. Essas propriedades lhes permitem preservar a textura, evitar a contaminação microbiológica e retardar a degradação dos alimentos (GOFFIN et al., 2011).

Dependendo do grau de ramificação, do comprimento da cadeia polimérica e da sua massa molar, podem apresentar propriedades de doçura, viscosidade, solubilidade e não digestibilidade variáveis, o que determina sua aplicação industrial, farmacêutica ou alimentícia (GOULAS; FISHER; GRIMBLE, 2004).

Os isomalto-oligossacarídeos (IMOS) são oligossacarídeos prebióticos, compostos por uma unidade de maltose e até oito unidades de glicose unidas por ligações glicosídicas α-1,6 (MUSSATTO; MANCILHA, 2007). A função biológica dos IMOS está relacionada com a sua resistência à hidrólise pelas glicosidases que, entre outros atributos, lhes permite permanecer por mais tempo no cólon.

IMOS são também conhecidos pelo seu potencial para ativar o sistema imunitário e para melhorar o metabolismo lipídico, bem como as funções do fígado e dos rins (GOFFIN et al., 2011).

7.5.3 GENTIO-OLIGOSSACARÍDEOS E CICLODEXTRINAS

Gentio-oligossacarídeos consistem em vários resíduos de glicose ligados por ligações glicosídicas β-1,6. Eles são produzidos a partir da hidrólise do amido por transglicosilação enzimática. Esses oligossacarídeos não são hidrolisados no estômago ou intestino delgado, promovendo, assim, o crescimento de bifidobactérias e lactobacilos (CRITTENDEN; PLAYNE, 1996).

Estudos demonstraram que gentio-oligossacarídeos com grau de polimerização (GP) de 2 a 3 unidades glicosídicas, apresentaram melhor resposta como fator de crescimento para as bifidobactérias que os que apresentavam GP igual a 4 e 5 (SANZ et al., 2006).

As ciclodextrinas (CDs) são compostos cíclicos formados durante a ação de enzimas ciclomaltodextrina-glucanotransferases sobre o amido, e consistem em moléculas com 6 a 12 unidades de glicose. Apresentam um grande potencial em aplicações industriais, pois, devido ao seu arranjo tridimensional, suas moléculas apresentam um espaço (cavidade) interno apolar. Esse espaço no interior da molécula permite que as CDs formem complexos de inclusão com uma grande variedade de compostos, modificando suas propriedades físicas e químicas (VENTURINI et al., 2008). As mais importantes CDs são as α-, β-, γ-CDs, que possuem 6, 7 e 8 monômeros de glicose, respectivamente.

Por essas propriedades, as CDs são usadas na indústria alimentícia para aumentar a estabilidade de componentes dos alimentos suscetíveis à ação da luz, da temperatura e da oxidação, além de diminuir a velocidade de perda dos compostos voláteis presentes. Com isso há aumento da estabilidade dos aromas, das vitaminas, das gorduras e de outros componentes do alimento, resultando em aumento da vida útil do produto pós-processamento. Em geral, não são considerados compostos bifidogênicos (CRITTENDEN; PLAYNE, 1996).

7.6 PURIFICAÇÃO DE OLIGOSSACARÍDEOS

Quando oligossacarídeos são produzidos, a mistura resultante da síntese enzimática apresenta em sua composição, além dos oligossacarídeos de interesse, outros carboidratos, como dissacarídeos e monossacarídeos. Estes muitas vezes não apresentam as propriedades bifidogênicas que os oligossacarídeos apresentam, sendo necessário efetuar uma etapa de separação entre esses carboidratos.

Existem diversas técnicas para a purificação dos oligossacarídeos. As principais envolvem métodos cromatográficos, com o emprego de colunas de leito fixo e a utilização de carvão ativo ou zeólitas, colunas de leito móvel simulado empregando resinas de troca iônica, colunas de exclusão ou emprego de outras técnicas de separação que envolvem os fluidos supercríticos, a precipitação com etanol e a filtração com membranas.

O processo mais comum usado para purificar oligossacarídeos é a coluna de leito fixo com carvão ativado, dividida em três passos principais. No primeiro passo, a solução de oligossacarídeos passa através de uma coluna contendo o adsorvente (carvão ativo), que adsorve todos os carboidratos presentes na solução. Em seguida, os compostos não adsorvidos, como monossacarídeos e sais, são removidos da coluna utilizando água ou uma solução com baixa concentração de etanol. Finalmente, os oligossacarídeos adsorvidos são eluídos seletivamente utilizando gradientes com altas concentrações de etanol (NOBRE; TEIXEIRA; RODRIGUES, 2015).

Estudos recentes têm demonstrado que a separação cromatográfica de misturas de monossacarídeos e dissacarídeos pode ser melhorada pelo emprego de zeólitas, que é um procedimento promissor na separação dos oligossacarídeos. Kuhn e Maugeri-Filho (2010) estudaram a separação de fruto-oligossacarídeos e conseguiram um melhoramento no processo de separação dos FOS utilizando duas colunas em série, especialmente para a separação dos oligossacarídeos e da glicose (monossacarídeo). Atualmente, nas indústrias de processamento, as colunas de leito fixo têm sido utilizadas em processos de purificação de águas residuais e clarificação de açúcares empregando colunas com carvão ativado. Comparando os resultados obtidos com a separação de açúcares por meio de colunas de leito fixo com zeólitas, tem-se notado como grande vantagem o baixo custo do processo, devido ao menor custo de aplicação de zeólitas como adsorventes em processos em comparação com outras resinas aplicadas em cromatografia, e também por ser uma tecnologia já bem conhecida pela indústria para processos de separação.

Os oligossacarídeos podem ser separados por cromatografia de exclusão. Nesse processo, a separação utilizando a filtração em gel se mostrou bastante eficiente, apresentando alto rendimento, chegando a 92% de recuperação (HERNÁNDEZ et al., 2009). No entanto, a filtração em gel não é um processo adequado para implementação em grande escala devido à vida útil limitada do meio filtrante. Já a cromatografia por eluição em colunas é um método que permite efetiva separação e purificação de vários componentes de uma mistura com diferentes afinidades por um determinado adsorvente cromatográfico. Esse método apresenta algumas desvantagens, como a baixa produtividade e o longo tempo de separação, mas, apesar disso, vem sendo bastante estudado e aplicado em larga escala nas últimas duas décadas (GUIOCHON; SHIRAZI; KATTI, 1994).

Vários autores estudaram o potencial de utilização das resinas de troca iônica na separação de hidratos de carbono. A separação cromatográfica por troca iônica é baseada nas diferenças moleculares dos hidratos de carbono, e não em suas propriedades macroscópicas. Portanto, essa técnica permite a separação de hidratos de carbono muito semelhantes, como isômeros, e mostra um elevado potencial para a separação de FOS.

Resinas de troca catiônica vêm sendo amplamente utilizadas na indústria do açúcar para diferentes tipos de separação. A utilização de resinas de troca catiônica, juntamente com a água como eluente, resulta em melhor separação dos sacarídeos, em comparação com o emprego de resinas aniônicas. Um grande número de sacarídeos foi separado, incluindo oligossacarídeos, tendo-se recuperações superiores a 95% ao empregar resinas de troca catiônica (VALERO, 2009). Em escala industrial, resinas de troca iônica têm sido muito utilizadas como adsorventes em cromatografia de leito móvel simulado. Resinas de troca iônica de poli-sulfonados são amplamente empregadas devido à sua inércia química, maior capacidade e seletividade (LUZ et al., 2008).

Entre muitas técnicas que têm sido relatadas para o fracionamento de carboidratos, a cromatografia de leito móvel simulado parece ser a mais eficiente em escala industrial. A cromatografia de leito móvel simulado consiste em várias colunas cromatográficas ligadas em série e um arranjo complexo de válvulas que permite uma mudança apropriada de injeção e coleta de pontos. O sistema funciona em movimento de contracorrente contínuo da fase sólida em relação à fase líquida, sem o movimento real do adsorvente. No entanto, a movimentação do adsorvente é simulada pelas válvulas móveis em duas posições de entrada (alimentação e eluente) e dois fluxos de saída (refinado e extrato) por uma coluna de comutação na direção do fluxo da fase líquida, em um intervalo de tempo fixo (NOBRE; TEIXEIRA; RODRIGUES, 2015).

A principal vantagem desse método de separação é a coluna funcionar como um sistema contínuo e permitir separações muito difíceis, mesmo com componentes que apresentem baixa seletividade. Em comparação com a cromatografia de eluição, produtividades mais altas são obtidas com consumo inferior de solvente, tornando-se menos dispendioso para separações em grande escala. Portanto, embora seja um sistema complexo, a cromatografia de leito móvel simulado funciona de modo contínuo e não requer a utilização de solventes orgânicos, o que torna sua aplicação em escala industrial vantajosa em relação às colunas de carvão ativado. Essa técnica já provou ser adequada para separação de misturas de açúcares binários e também na separação de misturas de oligossacarídeos complexos. Entretanto, é esperado que a cromatografia de leito móvel simulado desempenhe um papel importante na purificação em grande escala dos FOS (NOBRE; TEIXEIRA; RODRIGUES, 2015).

Uma patente americana de 2007 (US 20070141678 A1) concedida à companhia P&G (The Procter & Gamble Company) descreve um processo de purificação de oligossacarídeos empregando uma resina básica de boronato com pH na faixa de 8 a 10, que se liga a cerca de 90% a 99,9% dos monossacarídeos e aproximadamente 0,1% a 5% dos oligossacarídeos presentes na solução, visando obter uma solução purificada de oligossacarídeos. Também está descrito que esse processo pode ser realizado tanto por processos convencionais de batelada ou contínuos, inclusive leito móvel simulado.

Além das técnicas de cromatografia, existem também técnicas que empregam fluidos supercríticos para a purificação de oligossacarídeos, que utilizam dióxido de carbono e uma mistura etanol/água para separar os oligo, mono e dissacarídeos. Essa separação dos carboidratos ocorre devido ao diferente grau de polimerização (MONTAÑÉS et al., 2009).

Outro processo para promover a purificação de oligossacarídeos obtidos por síntese enzimática é o emprego de precipitação com etanol. GOS foram purificados através dessa técnica, e a melhor separação foi alcançada utilizando altas concentrações de etanol (90% v/v) na temperatura de 40 °C. A solução final obtida (28 g/L de açúcares totais) continha cerca de 4% (m/m) de monossacarídeos (SEN et al., 2011).

A utilização de membranas de nanofiltração na separação de oligossacarídeos passou a ser investigada na última década. A aplicação da nanofiltração no setor alimentício recebe maior destaque e consolida-se como uma técnica potencial para concentrar e/ou purificar compostos de interesse industrial. Essa técnica foi utilizada com sucesso para concentrar compostos naturais bioativos termossensíveis como antocianinas presentes em extratos de *Hibiscus sabdariffa* L. (CISSÉ et al., 2011) e compostos fenólicos com propriedades antioxidantes de extratos de própolis (TYLKOWSKI et al., 2010). A tecnologia de nanofiltração é aplicada com sucesso também na purificação de oligossacarídeos com propriedades prebióticas, como fruto-oligossacarídeos (LI et al., 2005; KUHN et al., 2010), xilo-oligossacarídeos (GONZÁLEZ-MUÑOZ; PARAJÓ, 2010), galacto-oligossacarídeos (GOULAS et al., 2002; MICHELON et al., 2014) e lactulose (ZHANG et al., 2011).

Essas técnicas de purificação podem ser empregadas concomitantemente, visando aumentar a eficiência da separação dos oligossacarídeos. Para obtenção de um produto com alto grau de pureza, o que elevaria seu potencial comercial, um *design* de processo deve ser estabelecido considerando técnicas de purificação complementares.

7.7 EFEITOS BENÉFICOS DOS OLIGOSSACARÍDEOS

O conceito de alimento funcional surgiu no Japão e foi regulamentado em 1991, tendo recebido a denominação *foods for specified health use* (Foshu). Segundo a Agência Nacional de Vigilância Sanitária, alimentos funcionais são aqueles que produzem efeitos metabólicos ou fisiológicos, através da atuação de um nutriente ou não nutriente no crescimento, desenvolvimento, manutenção e em outras funções normais do organismo humano.

Definidos como produtos, os alimentos funcionais contêm em sua composição algumas substâncias biologicamente ativas, que, ao serem adicionados a uma dieta usual, desencadeiam processos metabólicos ou fisiológicos, resultando na redução do risco de doenças e manutenção da saúde (NAGARAJAN; RAJAGOPALAN; KRISHNAN, 2006).

Os prebióticos são definidos como ingredientes alimentares não digeríveis que exercem um efeito benéfico no indivíduo, estimulando seletivamente o crescimento e/ou atividade de espécies bacterianas existentes no cólon, melhorando a saúde do hospedeiro. Esses ingredientes, normalmente de natureza glicídica (em geral, oligossacarídeos) devem, obrigatoriamente, possuir os seguintes requisitos: resistir aos processos de digestão, absorção e adsorção; ser fermentados pela microflora que coloniza o sistema gastrointestinal; e estimular seletivamente o crescimento e/ou atividade de uma espécie ou um pequeno grupo de espécies bacterianas do sistema gastrointestinal. A estratégia adotada para a modulação da flora intestinal como objetivo de melhorar a saúde do indivíduo deve seguir a seguinte ordem: (I) a ingestão de microrganismos vivos (probióticos); (II) a ingestão de componentes que favorecem o crescimento e metabolismo de espécies microbianas benéficas (prebióticos); e (III) a combinação dessas duas estratégias (simbióticos). Esses conceitos são a base do desenvolvimento de alimentos funcionais dirigidos para a função gastrointestinal (RODRIGUES; ROCHA; TORRES, 2005).

Os efeitos benéficos associados à ingestão de prebióticos e probióticos podem ser resumidos na Figura 7.7 e incluem: a estimulação da atividade do tecido linfoide associado à mucosa intestinal; alteração da composição da microflora fecal para atingir/manter a predominância de bifidobactérias (efeito bifidogênico); aumento da massa fecal e da frequência de defecações; redução de infecções e aumento da imunidade contra hospedeiros; aumento na biodisponibilidade de nutrientes por absorção via cólon, entre outros.

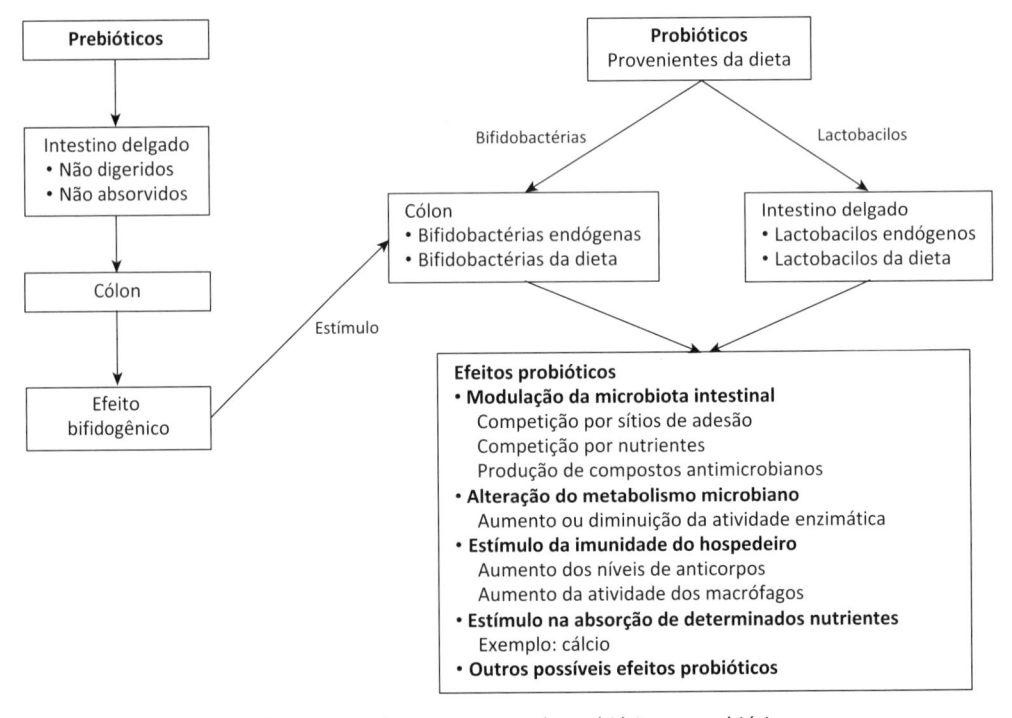

Figura 7.7   Efeitos benéficos associados ao consumo de prebióticos e probióticos.

Fonte: adaptada de Saad (2006).

A ingestão de oligossacarídeos, de forma geral, aumenta a proliferação de bifidobactérias no trato intestinal e, por efeito antagônico, a supressão da atividade de bactérias putrefativas e redução da formação de metabólitos tóxicos. Além dos efeitos mencionados, os efeitos benéficos à saúde dos consumidores em função da proliferação das bifidobactérias incluem:

a) proteção de infecção intestinal, inibindo bactérias prejudiciais, como *Citrobacter* sp. e *Klebsiella* sp.;

b) diminuição do *Clostridium perfringens* na microflora intestinal e diminuição de subprodutos tóxicos resultantes, como amônia, amina e indol;

c) prevenção da diarreia patogênica;

d) favorecimento da absorção de cálcio, de magnésio e fósforo presentes na dieta;

e) redução dos níveis séricos de colesterol;

f) redução da pressão arterial;

g) aumento da imunidade celular ou propriedades anticarcinogênicas;

h) produção de vitaminas do complexo B;

i) redução da formação de cáries dentárias, pois os oligossacarídeos não são degradados pelas enzimas salivares;

j) estímulo à formação de ácidos graxos de cadeia curta (CRITTENDEN; PLAYNE, 1996).

A mudança dos hábitos alimentares, principalmente pela população brasileira, tem sido relacionada ao crescente aparecimento de doenças crônicas, como a obesidade, aterosclerose, hipertensão, osteoporose e até mesmo alguns tipos de carcinomas. Em vista dessa alarmante situação, a promoção da qualidade de vida desde a infância tem servido como apelo às indústrias alimentícias no desenvolvimento e comercialização de novos produtos, em função do atual consumo de dietas ricas em gordura e pobres em fibras entre as crianças e adolescentes (NEUTZLING et al., 2007). O uso de aditivos como os oligossacarídeos nos alimentos preferidos por essa faixa etária, como bolos, bebidas lácteas, iogurtes de soja, sao uma alternativa para suprir essas necessidades (GIESE et al., 2011).

Embora a adição em produtos alimentícios e farmacêuticos de oligossacarídeos apresente diversos efeitos benéficos à saúde humana, a conscientização e adequação dos hábitos alimentares são necessárias para que todos os benefícios desses carboidratos se tornem realidade para uma maior parte da população mundial.

Diversos estudos continuam sendo realizados para compreender outros efeitos benéficos da ingestão destes compostos prebióticos, bem como estudos direcionados ao desenvolvimento de novas linhagens microbianas, através do uso da engenharia genética e na seleção de linhagens mutantes mais eficientes para a produção das enzimas necessárias à síntese dos oligossacarídeos.

REFERÊNCIAS

AGUIAR-OLIVEIRA, E.; RODRIGUES, M. I.; MAUGERI, F. Optimization of fructo-oligosaccharides synthesis by immobilized fructosyltransferase. *Current Chemical Biology*, v. 6, p. 42-52, 2012.

AKPINAR, O.; ERDOGAN, K.; BOSTANCI, S. Enzymatic production of xylooligosaccharide from selected agricultural wastes. *Food and Bioproducts Processing*, v. 87, n. 2, p. 145-151, 2009.

ALBAYRAK, N. A.; YANG, S. T. Production of galacto-oligosaccharides from lactose by *Aspergillus oryzae* β-galactosidase immobilized on cotton cloth. *Biotechnology and Bioengineering*, v. 77, p. 8-19, 2002.

ÁLVARO-BENITO, M. et al. Characterization of a β-fructofuranosidase from Schwanniomyces occidentalis with transfructosylating activity yielding the prebiotic 6-kestose. *Journal of Biotechnology*, v. 132, n. 1, p. 75-81, 2007.

ARONSON, M. Transgalactosylation during lactose hydrolysis. *Archives of Biochemistry and Biophysics*, v. 39, p. 370-378, 1952.

BALI, V. et al. Fructo-oligosaccharides: production, purification and potential applications. *Critical Reviews in Food Science and Nutrition*, v. 55, n. 11, 2015.

BAR, A. Xylitol. In: O'BREIN NABORS, L., GELARDI, R. C. (eds). *Alternative Sweeteners*. 2. ed. New York: Marcel Dekkor Inc., 1991. p. 349-379.

BIELY, P. et al. Endo-beta-1,4-xylanase families: differences in catalytic properties. *Journal of Biotechnology*, v. 57, n. 1-3, p. 151-166, 1997.

BOON M. A.; JANSSEN A. E. M.; RIET, K. V. Effect of temperature and enzyme origin on the enzymatic synthesis of oligosaccharides. *Enzyme and Microbial Technology*, v. 26, p. 271-281, 2000.

CISSÉ, M. et al. Selecting ultrafiltration and nanofiltration membranes to concentrate anthocyanins from roselle extract (*Hibiscus sabdariffa L.*). *Food Research International*, v. 44, n. 9, p. 2607-2614, 2011.

CHAPLA, D.; PANDIT, P.; SHAH, A. Production of xylooligosaccharides from corncobxylan by fungal xylanase and their utilization by probiotics. *Bioresource Technology*, v. 115, p. 215-221, 2012.

CHOCKCHAISAWASDEE, S. et al. Synthesis of galacto-oligosaccharide from lactose using β-galactosidase from *Kluyveromyces lactis*: Studies on batch and continuous UF membrane-fitted bioreactors. *Biotechnology and Bioengineering*, v. 89, p. 434-443, 2005.

CRITTENDEN, R. G.; PLAYNE, M. J. Production, properties and applications of food-grade oligosaccharides. *Trends in Food Science & Technology*, v. 7, p. 353-361, 1996.

CRUZ, R. et al. Production of fructooligosaccharides by mycelia *Aspergillus japonicas* immobilized in calcium alginate. *Bioresource Technology*, v. 65, p. 139-143, 1998.

DOMINGUEZ, A. L. et al. An Overview of the Recent Developments on Fructooligo-saccharide Production and Applications. *Food and Bioprocess Technology*, v. 7, p. 324-337, 2014.

FUJITA, K.; KITAHATA, S. Production of lactosucrose by β-fructofuranosidase and some of its physical properties. *Journal of the Japanese Society of Starch Science*, v. 38, n. 1, p. 1-7, 1991.

GIESE, E. C. et al. Production, properties and applications of oligosaccharides. *Semina: Ciências Agrárias*, v. 32, n. 2, p. 683-700, 2011.

GOFFIN, D. et al. Will isomalto-oligosaccharides, a well-established functional food in Asia, break through the European and American market? The status of knowledge on these prebiotics. *Critical Reviews in Food Science and Nutrition*, v. 51, p. 394-409, 2011.

GOLDBECK, R. et al. Development of hemicellulolytic enzyme mixtures for plant biomass deconstruction on target biotechnological applications. *Applied Microbiology and Biotechnology*, v. 98, n. 20, p. 8513-8525, 2014.

GONG, X. et al. Biochemical analysis of a highly specific, pH stable xylanase gene identified from a bovine rumen-derived metagenomic library. *Applied Microbiology and Biotechnology*, v. 97, n. 6, p. 2423-31, 2013.

GONZÁLEZ-MUÑOZ, M. J.; PARAJÓ, J. C. Diafiltration of Eucalyptus wood auto-hydrolysis liquors: mathematical modeling. *Journal of Membrane Science*, v. 346, n. 1, p. 98-104, 2010.

GOSLING, A. et al. Recent advances refining galactooligosaccharide production from lactose. *Food Chemistry*, v. 121, p. 307-318, 2010.

GOULAS, A. K. et al. Purification of oligosaccharides by nanofiltration. *Journal of Membrane Science*, v. 209, n. 1, p. 321-335, 2002.

GOULAS, A. K.; FISHER, D. A.; GRIMBLE, G. K. Synthesis of isomaltooligosaccha-rides and oligodextrans by the combined use of dextransucrase and dextranase. *Enzyme and Microbial Technology*, v. 35, p. 327-338, 2004.

GREEN, P. R.; NARASIMHAN, K. Inventores, concessionário *Processes for purifying oligosaccharides*. United States Patent (US 20070141678 A1), 21 jun. 2007.

GUIOCHON, G.; SHIRAZI, S. G.; KATTI, A. M. *Fundamentals of preparative and nonlinear chromatography*. London: Academic Press, 1994.

HERNÁNDEZ, O. et al. Comparison of fractionation techniques to obtain prebiotic galactooligosaccharides. *International Dairy Journal*, v. 19, p. 531-536, 2009.

HERNALSTEENS, S.; MAUGERI, F. Purification and characterisation of a fructosyl-transferase from *Rhodotorula sp. Applied Microbiology and Biotechnology*, v. 79, p. 589-596, 2008.

_____. Synthesis of fructooligosaccharides using extracellular enzymes from *Rhodotorula sp. Journal of Food Biochemistry*, v. 34, p. 520-534, 2010.

HUDSON, E. Alimentos sem lactose mantêm apelo global. *Revista Aditivos e Ingredientes*, n. 77, 2011.

KAWAGUTI, H. Y.; SATO, H. H. Produção de isomaltulose, um substituto da sacarose, utilizando glicosiltransferase microbiana. *Química Nova*, v. 31, n. 1, p. 134-143, 2008.

KUHN, R. C.; MAUGERI-FILHO, F. Purification of fructooligosaccharides in an activated charcoal fixed bed column. *New Biotechnology*, v. 27, p. 862-869, 2010.

KUHN, R. C. et al. Mass transfer and transport during purification of fructooligosaccharides by nanofiltration. *Journal of Membrane Science*, v. 365, p. 356-365, 2010.

LEE, G. et al. Molecular dynamics simulations of forced conformational transitions in 1,6-linked polysaccharides. *Biophysical Journal*, v. 87, n. 3, p. 1456-1465, 2004.

LI, W. et al. Study on nanofiltration for purifying fructo-oligosaccharides: II. extended pore model. *Journal of Membrane Science*, v. 258, n. 1-2, p. 8-15, 2005.

LI, Z. et al. Production of non-monosaccharide and high-purity galactooligosaccharides by immobilized enzyme catalysis and fermentation with immobilized yeast cells. *Process Biochemistry*, v. 43, p. 896-899, 2008.

LUZ, D. A. et al. Adsorptive separation of fructose and glucose from an agroindustrial waste of cashew industry. *Bioresource Technology*, v. 99, p. 2455-2465, 2008.

LÓPEZ-LEIVA, M. H.; GUZMAN, M. Formation of oligosaccharides during enzymic hydrolysis of milk whey permeates. *Process Biochemistry*, v. 30, n. 8, p. 757-762, 1995.

MABEL, M. J. et al. Physicochemical characterization of fructooligosaccharides and evaluation of their suitability as a potential sweetener for diabetics. *Carbohydrate Research*, v. 343, p. 56-66, 2008.

MAHONEY, R. R. Galactosyl-oligosaccharide formation during lactose hydrolysis: a review. *Food Chemistry*, v. 63, n. 2, p. 147-154, 1998.

MANDELLI, F. et al. Simultaneous production of xylooligosaccharides and antioxidant compounds from sugarcane bagasse via enzymatic hydrolysis. *Industrial Crops and Products*, v. 52, p. 770-775, 2014.

MANERA, A. P. et al. Galacto-oligosaccharides Production Using Permeabilized Cells of *Kluyveromyces marxianus*. *International Journal of Food Engineering*, v. 6, p. 1-15, 2010.

MANERA, A. P. et al. Enzymatic synthesis of galactooligosaccharides using pressurised fluids as reaction medium. *Food Chemistry*, v. 133, p. 1408-1413, 2012.

MAZUTTI, M. A. et al. Enzymatic Synthesis of Functional Saccharides for Food Applications In.: GUPTA, V. K.; Ayyachamy, M. *Biotechnology of Microbial Enzymes*, Nova Biomedical, 2011, p. 1-20.

MENEZES, C. R.; DURRANT, L. R. Xilooligossacarídeos: produção, aplicações e efeitos na saúde humana. *Ciência Rural*, v. 38, n. 2, p. 587-592, 2008.

MENEZES, C. R. et al. Production of xylooligosaccharides from enzymatic hydrolysis of xylan by white-rot fungi *Pleurotus. Acta Scientiarum. Technology*, v. 32, n. 1, p. 37-42, 2010.

MICHELON, M. et al. Concentration and purification of galacto-oligosaccharides using nanofiltration membranes. *International Journal of Food Science and Technology*, v. 9, p. 1953-1961, 2014.

MONTAÑÉS, F. et al. Supercritical technology as an alternative to fractionate prebiotic galactooligosaccharides. *Separation and Purification Technology*, v. 66, n. 2, p. 383-389, 2009.

MOURA, P. et al. In vitro fermentation of xylo-oligosaccharides from corn cobs autohydrolysis by *Bifidobacterium* and *Lactobacillus* strains. *LWT Food Science Technology*, v. 40, n. 6, p. 963-972, 2007.

MUSSATO, S. M.; ROBERTO, I. C. Xilitol: edulcorante com efeitos benéficos para a saúde humana. *Revista Brasileira de Ciências Farmacêuticas*, v. 38, n. 4, 2002.

MUSSATTO, S. I.; MANCILHA, I. M. Non-digestible oligosaccharides: A review. *Carbohydrate Polymers*, v. 68, p. 587-597, 2007.

NAGARAJAN, D. R.; RAJAGOPALAN, G.; KRISHNAN, C. Purification and characterization of a maltooligosaccharide-forming α-amylase from a new *Bacillus subtilis* KCC103. *Applied Microbiology Biotechnology*, v. 73, n. 3, p. 591-597, 2006.

NEUTZLING, M. B. et al. Freqüência de consumo de dietas ricas em gordura e pobres em fibra entre adolescentes. *Revista Saúde Pública*, v. 41, n. 3, p. 17-21, 2007.

NOBRE, C.; TEIXEIRA, J. A.; RODRIGUES, L. R. New Trends and Technological Challenges in the Industrial Production and Purification of Fructo-oligosaccharides. *Critical Reviews in Food Science and Nutrition*, v. 55, n. 10, p. 1444-1455, 2015.

OLANO, A.; CORZO, N. Lactulose as food ingredient. *Journal of Science of Food and Agriculture*, v. 9, p. 1987-1990, 2009.

OTIENO, D. O. Synthesis of β-galactooligosaccharides from lactose using microbial β-galactosidases. *Comprehensive Reviews in Food Science and Food Safety*, v. 9, n. 5, p. 471-482, 2010.

O'SULLIVAN, M. G. Metabolism of bifidogenic factors by gut flora – an overview. *International Dairy Federation*, v. 313, p. 23-30, 1993.

PASSOS, L. M. L.; PARK, Y. K. Fruto-oligossacarídeos: implicações na saúde humana e utilização em alimentos. *Ciência Rural*, v. 33, n. 2, p. 385-390, 2003.

RASTALL, R. A. Functional oligosaccharides: application and manufacture. *Annual Review of Food Science and Technology*, v. 1, p. 305-339, 2010.

ROBERFROID, M. B. Fructo-oligosaccharide mal absorption: benefit for gastrointestinal functions. *Current Opinion in Gastroenterology*, v. 16, n. 2, p. 173-177, 2002.

RODRIGUES, L.; ROCHA, I.; TORRES, D. Alimentos funcionais: uma estratégia para a BIOTEMPO. *Boletim de Biotecnologia*, p. 3-12, 2005.

ROSEIRO, J. C. et al. The effects of the oxygen transfer coefficient and substrate concentration on the xylose fermentation by *Debaryomyces hansenii*. *Archives of Microbiology*, v. 156, p. 484-490, 1991.

SAAD, S. M. I. Probióticos e prebióticos: o estado da arte. *Revista Brasileira de Ciências Farmacêuticas*, v. 42, n. 1, p. 1-16, 2006.

SAKO, T.; MATSUMOTO, K.; TANAKA, R. Recent progress on research and application of non-digestible Galacto-Oligosaccharides. *International Dairy Journal*, v. 9, p. 69-80, 1999.

SANGEETHA, P. T.; RAMESH, M. N.; PRAPULLA, S. G. Recent trends in the microbial production, analysis and application of fructooligosaccharides. *Trends in Food Science & Technology*, v. 16, p. 442-457, 2005.

SANZ, M. L. et al. Selective fermentation of gentiobiose-derived oligosaccharides by human gut bacteria and influence of molecular weight. *FEMS Microbiology Ecology*, v. 56, n. 3, p. 383-388, 2006.

SEN, D. et al. Galactosyl oligosaccharide purification by ethanol precipitation. *Food Chemistry*, v. 128, n. 3, p. 773-777, 2011.

STEWART, M. L.; TIMM, D. A.; SLAVIN, J. L. Fructooligosaccharides exhibit more rapid fermentation than long-chain inulin in an in vitro fermentation system. *Nutrition Research*, v. 28, p. 329-334, 2008.

TYLKOWSKI, B. et al. Extraction of biologically active compounds from propolis and concentration of extract by nanofiltration. *Journal of Membrane Science*, v. 348, n. 1-2, p. 124-130, 2010.

VALERO, J. I. S. *Production of galacto-oligosaccharides from lactose by immobilized β-galactosidase and posterior chromatographic separation*. Dissertation (Chemical and Biomolecular Engineering)–Ohio State University, 2009.

VENTURINI, C. G. et al. Propriedades e aplicações recentes das ciclodextrinas. *Química Nova*, v. 31, n. 2, p. 360-368, 2008.

VORAGEN, A. G. J. Technological aspects of functional carbohydrates. *Trends in Food Science & Technology*, v. 9, p. 328-335, 1998.

WINKELHAUSEN, E.; KUZMANOVA, S. Microbial conversion of D-xylose to xylitol. *Journal of Fermentation and Bioengineering*, v. 86, p. 1-14, 1998.

YANG, H. et al. Production of xylooligosaccharides by xylanase from *Pichia stipitis* based on xylan preparation from triploid *Populas tomentosa*. *Bioresource Technology*, v. 102, p. 7171-7176, 2011.

YUN, J. W. Fructooligosaccharides: Occurrence, preparation and application. *Enzyme and Microbial Technology*, v. 19, n. 2, p. 107-117, 1996.

ZHANG, Z. et al. Purification of lactulose syrup by using nanofiltration in a diafiltration mode. *Journal of Food Engineering*, v. 105, n. 1, p. 112-118, 2011.

CAPÍTULO 8
Biossurfactantes

Denise Maria Guimarães Freire

Lívia Vieira Araujo de Castilho

8.1 INTRODUÇÃO

De uma forma geral, os surfactantes constituem uma classe importante de compostos químicos amplamente utilizados em diversos setores industriais. A produção mundial de surfactantes em 2008 alcançou 13 milhões de toneladas, das quais cerca da metade foram utilizadas em detergentes. Em 2014 o mercado mundial de surfactantes movimentou mais de 33 bilhões de dólares (ACMITE MARKET INTELLIGENCE, 2013; CERESANA RESEARCH, 2015). Em 2017, o mercado mundial de surfactantes movimentou mais de 43 bilhões de dólares e é esperado que movimente 66 bilhões de dólares em 2025 (LONDON, 2018).

É esperado que a demanda por surfactantes nos Estados Unidos aumente 3,2% ao ano, chegando a 4,94 bilhões de quilogramas em 2018, com valor estimado de 14,4 bilhões de dólares. Esse crescimento será apoiado pelo aumento das despesas com construção, produção de óleo e gás, assim como reajustes nos gastos dos consumidores com produtos de cuidados pessoais. A mudança em direção a surfactantes especiais de maior valor agregado por motivos de desempenho também irá promover o crescimento dos valores financeiros envolvidos (FREEDONIA GROUP, 2015).

Em 2015, a Europa teve a maior produção e o maior consumo de surfactantes (22,96% e 25,27%, respectivamente), seguida pela América do Norte (21,26% e 22,15%) e pela China (18,63% e 17,81%). De acordo com suas propriedades, os surfactantes podem ser classificados como aniônicos, anfóteros, catiônicos ou não iônicos. Nesse mesmo ano, os primeiros ocuparam 50,37% da participação do mercado global enquanto os não iônicos, 40,08%. Já os anfotéricos e os catiônicos obtiveram apenas 6,40% e 3,15% da participação desse mercado (GLOBAL INFO RESEARCH, 2019).

No Brasil, uma análise do relatório brasileiro do mercado de surfactantes demonstrou que o mercado obteve receitas de mais de 1,31 bilhão de dólares em 2011. É esperado que esse número alcance 1,9 bilhão de dólares em 2018 (COSMETICS BUSINESS, 2012).

A grande maioria dos surfactantes disponível comercialmente é sintetizada a partir de derivados de petróleo. Entretanto, o crescimento do apelo ambiental entre os consumidores e as novas legislações de controle do meio ambiente têm levado à procura e desenvolvimento de estudos com surfactantes biológicos como alternativa aos produtos existentes. Isso tem se refletido num grande interesse por parte da comunidade científica e industrial, como pode ser observado pelo número de patentes depositadas na área de produção e utilização de biossurfactantes (387). Somente nos últimos anos (2015-2019), foram publicados mais de 12 mil trabalhos em artigos de revistas científicas, capítulos de livros e livros envolvendo o tema.

Os biossurfactantes produzidos por microrganismos vêm recebendo considerável interesse nos últimos anos devido à sua natureza biodegradável, baixa toxicidade e diversidade de aplicações. Entre as aplicações comerciais dos biossurfactantes destacam-se a recuperação de petróleo, biorremediação de poluentes, formulação de lubrificantes, além de diferentes utilizações na indústria têxtil, cosmética, alimentícia e farmacêutica (BANAT; MAKKAR; CAMEOTRA, 2000).

Apesar das inúmeras vantagens de uso dos biossurfactantes em relação aos surfactantes químicos, a produção desses compostos ainda não é viável do ponto de vista econômico, visto que a produção demanda altos custos devido às metodologias utilizadas, que ainda são ineficientes em termos de produtividade e recuperação dessa biomolécula. Além disso, as cepas microbianas, em geral, apresentam baixa produtividade, e muitas vezes são empregados substratos de elevado custo para a composição de meio de cultivo.

Porém, o problema econômico da produção de biossurfactantes pode ser significativamente reduzido por meio do uso de fontes alternativas de nutrientes facilmente disponíveis e de baixo custo. Uma possível alternativa para a produção de biossurfactantes seria o uso de coprodutos agrícolas ou de processamento industrial. Atualmente, o aproveitamento de resíduos e aumento do valor agregado de coprodutos vem sendo incentivado por contribuir para a redução da poluição ambiental, bem como permitir a valorização econômica da cadeia agroindustrial. Outro fator que pode viabilizar a aplicação industrial destas moléculas é sua aplicação em indústrias de produtos que possuem maior valor comercial, como cosméticos e produtos farmacêuticos.

Tendo em vista as suas principais características, sua possibilidade de uso em diversas aplicações industriais e sua versatilidade, esses compostos têm ganhado cada vez mais notoriedade, e sua produção passou a ser alvo de intensas pesquisas e interesse industrial.

8.2 DEFINIÇÕES

8.2.1 BIOSSURFACTANTE

Biossurfactantes são produtos do metabolismo microbiano de bactérias, fungos filamentosos e leveduras. Essas moléculas são caracterizadas por possuírem atividade surfactante.

Agentes surfactantes são moléculas anfipáticas constituídas por uma porção hidrófila (que pode ser não iônica, carregada positivamente/negativamente ou anfotérica) e uma porção hidrofóbica (geralmente lipídeos).

As propriedades surfactantes são marcadas pela interação anfipática dessas moléculas em interfaces com diferentes graus de polaridade e ligações de hidrogênio, como interfaces óleo/água, óleo/óleo, ar/óleo, ar/água e ar/sólido. Essa ação se traduz pela redução da tensão interfacial (entre líquidos imiscíveis), da tensão superficial (entre liquido/gás) e alteração da molhabilidade (sólido/gás) entre esses pares de fases. Geralmente, os surfactantes são caracterizados por suas propriedades físico-químicas, como concentração micelar crítica (CMC), balanço hidrófilo-lipófilo (HLB), estrutura química e carga.

8.2.2 TENSÃO INTERFACIAL/SUPERFICIAL

As moléculas situadas no interior de um líquido são sujeitas a forças de atração iguais em todas as direções. Já as moléculas situadas na superfície de separação líquido-ar estão submetidas a forças de atração não balanceadas ou não equilibradas. Esse fato resulta em uma força em direção ao interior do líquido. O maior número possível de moléculas se deslocará da superfície para o interior do líquido, e consequentemente a superfície tenderá a contrair-se. É devido a esse mesmo fenômeno que gotículas de um líquido ou bolhas de gás tendem a adquirir uma forma esférica. Essa não é uma situação estática; uma superfície líquida aparentemente em repouso se encontra na realidade em estado de grande turbulência (em relação ao movimento de partículas entre o interior e a superfície).

A tensão superficial, também conhecida como TS, se refere estritamente a uma fase sólida ou líquida na presença de uma fase gasosa completamente inerte. Já a tensão interfacial, também chamada de TI, se refere às tensões presentes nas regiões que separam duas fases cujas composição, estrutura e propriedades são diferentes. A interface pode ser: sólido-sólido, sólido-líquido, sólido-gás, líquido-líquido, líquido-gás.

A TS é apenas um tipo de equilíbrio entre forças que já existem no líquido moldando a forma da superfície desse líquido, ou seja, não se trata de uma força ou interação nova, com o mesmo *status* do peso ou da força elétrica. Esse equilíbrio pode ser medido como excesso de energia livre por unidade de área (γ), que é o trabalho necessário para aumentar a superfície em uma unidade de área, que também pode ser representado como medida da tendência da superfície de encolher, por unidade de comprimento (mN/m).

Devido às suas propriedades anfifílicas, os surfactantes se distribuem uniformemente na interface, reduzindo a força em direção ao interior da fase, consequentemente diminuindo o valor da tensão superficial ou interfacial.

8.2.3 CONCENTRAÇÃO MICELAR CRÍTICA

Quando em baixas concentrações, os surfactantes se apresentam uniformemente distribuídos na forma de monômeros na interface. Porém, à medida que essa concentração aumenta, a ponto de ocupar toda a superfície disponível, excedendo um determinado mínimo, esses monômeros se associam espontaneamente, dando forma a agregados de dimensões coloidais. A concentração a partir da qual esses agregados começam a ser formados é chamada de concentração micelar crítica, também conhecida pela sigla CMC (GUIMARÃES, 2015).

Em solução aquosa as micelas possuem um núcleo hidrofóbico e uma superfície externa hidrófila. O grupamento hidrófilo (cabeça) encontra-se em contato com a água, e o grupamento hidrofóbico (cauda) encontra-se no interior da micela. Dessa maneira, quando um surfactante é adsorvido em uma superfície hidrofóbica e está em uma solução aquosa, orienta o grupamento hidrofóbico para a superfície e expõe o grupamento polar à água. A superfície, que inicialmente era hidrofóbica, se torna hidrófila, resultando na diminuição da tensão interfacial entre a superfície e água (MACHADO, 2005).

Quando o surfactante atinge o valor de CMC, ele apresenta o menor valor de tensão superficial, pois a partir dessa concentração a superfície já se encontra saturada por uma monocamada de surfactante. Ao aumentar a concentração do produto, ele não é capaz de reduzir ainda mais a tensão superficial e começa a formar micelas.

8.2.4 BALANÇO HIDRÓFILO-LIPÓFILO

O equilíbrio entre o tamanho e a força com a qual uma molécula surfactante combina os grupos hidrófilos e lipófilos (ou grupos polares e apolares) é chamado de balanço hidrófilo-lipófilo (HLB). Os agentes tensoativos podem ser classificados de várias formas, desde seus tipos químicos até de acordo com a ionização. Entretanto, a classificação por HLB permite uma predição do comportamento interfacial e reduz a quantidade de trabalho envolvido na seleção de um agente emulsificante, molhante ou outro tipo de agente.

Esse método é baseado na premissa de que todos os surfactantes combinam os grupos hidrófilos e lipófilos em uma molécula e de que a proporção da porcentagem entre a massa desses dois grupos, no caso de surfactantes não iônicos, é uma indicação do comportamento interfacial que pode ser esperado para esse produto. O valor de HLB é útil, pois permite a predição da ação que pode ser esperada pelo surfactante. Já sua eficiência, ou seja, o quanto esse surfactante será bom para determinada ação, não pode ser medida. Como exemplo, um baixo valor (próximo a 4) será um emulsificante de água em óleo e um alto valor (próximo a 16) será um agente solubilizante (GRIFFIN, 1949).

8.2.5 ESTRUTURA QUÍMICA E CARGA

Os biossurfactantes são estruturalmente um grupo diverso de moléculas tensoativas sintetizadas por microrganismos e constituem uma das principais classes de surfactantes naturais, sendo classificados de acordo com a sua composição química e sua origem microbiana, diferentemente dos surfactantes sintetizados quimicamente que são classificados de acordo com seus grupos polares.

Os biossurfactantes possuem uma estrutura em comum – a Figura 8.1 apresenta alguns exemplos de biossurfactantes. A porção lipófila é quase sempre composta por cadeia hidrocarbônica de um ou mais ácidos graxos, que podem ser saturados, insaturados, hidroxilados ou ramificados. A parte solúvel em água (polar) de um biossurfactante pode ser tão simples como um carboxilato ou grupo hidróxi ou uma mistura complexa como fosfato, carboidrato, aminoácidos etc. (ARAÚJO, 2013).

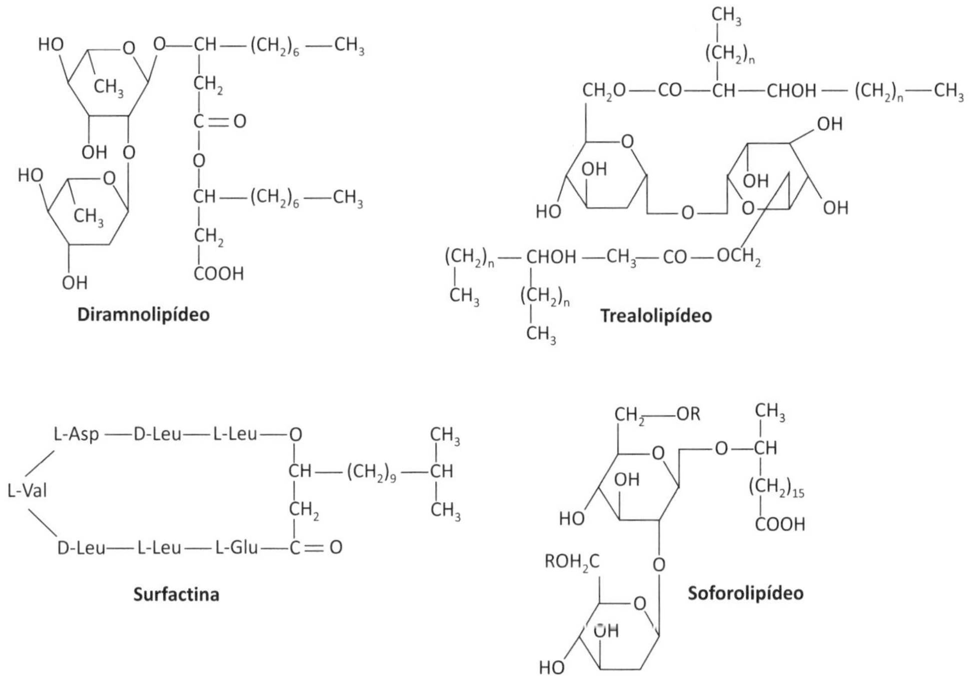

Figura 8.1 Estrutura química de alguns dos principais tipos de biossurfactantes.

Fonte: Cameotra e Makkar (1998).

A maioria dos biossurfactantes é neutra ou carregada negativamente, variando de pequenos ácidos graxos até grandes polímeros. Nos biossurfactantes aniônicos, a carga deve-se a um carboxilato e/ou fosfato ou, ocasionalmente, a um grupo sulfato. Um pequeno grupo de biossurfactantes catiônicos contém grupamentos amino (NITSCHKE; PASTORE, 2002).

Os biossurfactantes também podem ser classificados com base em seus tipos de lipídeos. Surfactantes de lipídeos neutros simples incluem ésteres, álcoois e mono-, di- e triglicerídeos. Os fosfolipídios contêm estruturas de diglicerídeos, fosfato e uma ampla gama de grupos polares. Os glicolipídeos variam de glicosil-glicerídeos aos compostos mais complexos produzidos por microrganismos.

Ácidos carboxílicos, lipídeos neutros e fosfolipídeos são os constituintes mais bem conhecidos de todas as células. Alguns ácidos carboxílicos são comuns em biossurfactantes microbianos. Eles têm propriedades surfactantes utilizáveis por si só e são constituintes comuns de biossurfactantes complexos (COOPER, 1986).

8.2.6 EMULSIFICAÇÃO

A emulsão consiste em um sistema heterogêneo no qual um líquido imiscível se difunde em outro sob a forma de gotículas de variados tamanhos. Após determinado tempo de repouso, as gotículas coalescem e têm-se novamente duas fases distintas. Porém, ao adicionar um composto com propriedades tensoativas como os surfactantes e agitar a solução para a formação da emulsão, o tensoativo se direciona para as novas interfaces criadas pelas gotículas dispersas, formando uma camada sobre aquelas. Em função das propriedades anfifílicas dos surfactantes, ocorre a redução da tensão superficial na interface das fases imiscíveis, estabilizando a emulsão (GUIMARÃES, 2015).

8.2.7 DETERGÊNCIA

Geralmente a água é utilizada como solvente para promover a limpeza de superfícies. As substâncias polares são carreadas pela água, pois são solúveis nesta. Entretanto, existem sujidades apolares, como óleos, gorduras, ceras, entre outros. A limpeza de uma superfície com um solvente apolar é, na maioria das vezes, pouco viável, restando então a utilização de solvente polar para promover a retirada de sujeiras apolares.

A utilização de tensoativos, devido à sua natureza anfifílica, proporciona uma mistura estável entre a sujeira apolar e a água, facilitando o processo de limpeza. Dessa forma, é gerada uma emulsão como resultado final do efeito de detergência, e a estabilização dessa emulsão é de grande importância, pois evita que a sujeira retorne à superfície limpa. A estabilidade da emulsão formada deve durar tempo suficiente para a manutenção da sujidade suspensa na água até o momento do enxágue (GUIMARÃES, 2015).

8.2.8 CAPACIDADE ESPUMANTE

Ao agitar uma solução contendo tensoativo, pequenas bolhas de ar entram na solução formando novas interfaces líquido-ar, e o tensoativo se desloca para essas interfaces. As bolhas de ar formadas apresentam densidade mais baixa do que a da água, o que faz com que rapidamente se dirijam para a parte superior da solução. Conforme mais bolhas são formadas e migram para a parte superior do sistema, estas empurram as bolhas mais antigas para cima. A densidade e a estabilidade da camada de espuma dependem da carga do tensoativo que a originou.

Devido à disposição do tensoativo nas interfaces líquido-ar (na espuma), a concentração deste é diminuída no corpo da solução, sendo indesejável para processos industriais, pois reduz a capacidade dos equipamentos, além de reduzir a concentração de tensoativo no meio.

Já em produtos de limpeza a formação de espuma é desejável apenas por uma questão estética, pois para os consumidores a formação de espuma é associada à limpeza. No entanto, a espuma dificulta a limpeza, pois necessita de mais enxague. Em produtos como xampus, a espuma tem como função impedir que o tensoativo seja rapidamente levado pela água e auxilia na retirada de partículas sólidas, mantendo-as suspensas até o enxágue (GUIMARÃES, 2015).

8.2.9 MOLHABILIDADE

Compostos que possuem altos valores de tensão superficial tendem a se comportar como gotas esféricas sobre superfícies, pois as moléculas apresentam forte atração entre si e tendem a se manter unidas. Quando os valores de tensão superficial são menores, o líquido se espalha com mais facilidade sobre as superfícies, o que faz com que tal líquido adquira um formato chamado de lente. Esse formato apresenta um determinado valor de ângulo de contato com a superfície sólida, o qual depende diretamente da tensão superficial do líquido. O termo molhabilidade é utilizado para descrever quanto uma gota de um líquido é capaz de se espalhar sobre uma superfície, deixando-a molhada.

A superfície estará completamente molhada pelo líquido se o ângulo de contato for zero e parcialmente molhada se o ângulo de contato for maior que zero. A redução do valor de tensão superficial do líquido também reduz o ângulo de contato e aumenta a área da superfície molhada, ou seja, a molhabilidade (GUIMARÃES, 2015).

8.3 TIPOS

Os agentes surfactantes podem ser divididos em sintéticos ou naturais. Os sintéticos são, geralmente, produtos de origem petroquímica (derivados de polímeros de alquil ou etileno e polipropileno), e os surfactantes naturais são produzidos por organismos vivos ou derivados de origem biológica: vegetais, animais ou microrganismos. Os biossurfactantes, pertencentes à classe de surfactantes naturais, são definidos como compostos com propriedades tensoativas produzidos por microrganismos.

Quando comparados aos surfactantes convencionais de origem sintética, os biossurfactantes apresentam algumas características peculiares, como a presença de um ou mais grupos funcionais e centro quiral, biodegradabilidade e baixa toxicidade, baixos valores de CMC e alta atividade superficial, habilidade em estruturas multimoleculares e geração de cristais, atividade biológica (antimicrobiana, antitumoral etc.), estabilidade em condições extremas de pH, salinidade e temperatura. Em adição, podem ser produzidos a partir de substratos renováveis por meio de processos biotecnológicos (FREIRE et al, 2009).

A ampla diversidade de microrganismos produtores sugere que essa biomolécula seja uma ferramenta importante para a sobrevivência do microrganismo. E, portanto, é possível afirmar que os biossurfactantes possuem diversos papéis na fisiologia e ecologia desses microrganismos (FREIRE et al., 2009). A Tabela 8.1 mostra algumas classes de biossurfactantes e microrganismos envolvidos.

Tabela 8.1   Principais classes de biossurfactantes e microrganismos envolvidos

Tipo de biossurfactante	Microrganismo
Glicolipídeos	
Ramnolipídeos	*Pseudomonas aeruginosa*
Soforolipídeos	*Torulopsis bombicola, Torulopsis apicola*
Ter-halolipídeos	*Rhodococcus erythropolis, Mycobacterium* sp.
Lipopeptídeos e lipoproteínas	
Peptídeo-lipídeo	*Bacillus licheniformis*
Viscosina	*Pseudomonas fluorescens*
Serrawetina	*Serratia marcescens*
Surfactina	*Bacillus subtilis*
Subtilisina	*Bacillus subtilis*
Gramacidina	*Bacillus brevis*
Polimixina	*Paenibacillus polymyxa*
Ácidos graxos, lipídeos neutros e fosfolípideos	
Ácidos graxos	*Corynebacterium lepus*
Lipídeos neutros	*Nocardia erythropolis*
Fosfolipídeos	*Thiobacillus thiioxidans*
Surfactantes poliméricos	
Emulsan	*Acinetobacter calcoaceticus*
Biodispersan	*Acinetobacter calcoaceticus*
Liposan	*Candida lipolytica*
Carboidrato-lipídeo-proteína	*Pseudomonas fluorescens*
Manana-lipídeo-proteína	*Candida tropicalis*
Surfactantes particulados	
Vesículas	*Acinetobacter calcoaceticus*
Células	Várias bactérias

Fonte: Nitschke e Pastore (2002).

Para os microrganismos produtores, alguns dos papéis fisiológicos dos biossurfactantes podem ser ilustrados por: aumento da área interfacial e biodisponibilidade de substratos insolúveis hidrofóbicos; patogênese e *quorum-sensing;* atividade antimicrobiana; regulação adesão-dessorção dos microrganismos a superfícies, quelação de metais pesados e motilidade (FREIRE et al. 2009). Independentemente de seu papel fisiológico e natureza, as propriedades exibidas pelos biossurfactantes são a principal razão para o aumento do interesse na sua exploração comercial. O aumento da conscientização mundial em relação ao meio ambiente tem impulsionado o estudo dos biossurfactantes, essencialmente devido à baixa toxicidade e natureza biodegradável (ARAÚJO, 2013).

As principais classes de biossurfactantes são glicolipídeos, lipopeptídeos e lipoproteínas, fosfolipídeos e ácidos graxos e surfactantes poliméricos e particulados.

Os biossurfactantes mais bem estudados são os glicolipídicos e os lipopeptídicos, com ênfase para os ramnolipídeos e a surfactina, respectivamente.

8.3.1 RAMNOLIPÍDEOS

Os ramnolipídeos são os glicolipídeos mais bem estudados. Possuem uma ou duas moléculas de ramnose ligadas a uma ou duas moléculas de ácido β-hidroxidecanoico (ácido caprílico). A primeira descrição da produção dos glicolipídeos contendo ramnose foi feita por Jarvis e Johnson (1949). Os principais glicolipídeos produzidos por *Pseudomonas aeruginosa* são o L-ramnosil-L-ramnosil-β-hidroxidecanoil-β-hidroxidecanoato e o L-ramnosil-β-hidroxidecanoil-β-hidroxidecanoato, mas também foram relatados outros tipos de ramnolipídeos, um ácido-β-hidroxidecanoico com uma ou duas unidades de ramnose, metil éster derivados dos L-ramnosil-L-ramnosil-β-hidroxidecanoil-β-hidroxidecanoato e L-ramnosil-β-hidroxidecanoil-β-hidroxidecanoato e ramnolipídeos com cadeias de ácidos graxos alternativas (ARAÚJO, 2013).

A *Pseudomonas aeruginosa* pode produzir os ramnolipídeos a partir de vários substratos, incluindo alcanos C_{11} e C_{12}, succinato, piruvato, citrato, frutose, glicerol, óleos vegetais, glicose e manitol. O rendimento e a produtividade do cultivo dependem do tipo de biorreator, do pH, da composição nutricional, do substrato e da temperatura usada, enquanto a composição do ramnolipídeo depende da composição do meio de cultivo. Santa Anna et al. (2002, 2004 e 2007) foram capazes, pela modificação do meio de cultivo e modo de condução do processo, de minimizar (900%) e maximizar (300%), respectivamente, a produção de fatores de virulência e ramnolipídeos utilizando uma cepa de *Pseudomonas* PA1, isolada de poços de petróleo.

Os ramnolipídeos produzidos por *Pseudomonas* spp. demonstraram serem capazes de diminuir a tensão interfacial contra o n-hexadecano para 1 mN/m e a tensão superficial para 25 e 30 mN/m. Eles também emulsificam alcanos e estimulam o crescimento da *P. aeruginosa* no hexadecano (FREIRE et al., 2009).

Santos et al. (2002) observaram que a proporção entre monorramnolipídeos (R1) e dirramnolipídeos (R2), produzidos por uma cepa de *Pseudomonas aeruginosa*, estava relacionada com a fonte de carbono utilizada no meio de cultivo. Quando o glicerol (substrato solúvel) era adicionado e quando óleos vegetais eram utilizados (insolúvel), a razão entre as concentrações de R2 e R1 eram de 5,9 e 0,8, respectivamente. Essa diferença na proporção entre tipos de ramnolipídeos pode representar uma importante mudança nas características físico-químicas do biossurfactante produzido e consequentemente sua aplicação industrial.

8.3.2 SURFACTINAS

O lipopeptídeo com atividade surfactante mais bem estudado pode ser produzido por diversas espécies de *Bacillus*, sendo o microrganismo produtor mais estudado o *Bacillus subtilis*. Essa molécula recebeu o nome usual de surfactina, um dos mais poderosos biossurfactantes. É caracterizado como um lipopeptídeo cíclico, contendo sete aminoácidos. A porção lipídica é composta por um ácido β-hidroxilado contendo de 13 a 16 carbonos. Possui a capacidade de reduzir a tensão superficial da água de 72 mN/m para valores próximos a 27,9 mN/m em concentrações tão baixas quanto 0,005% (m/v). A surfactina possui diversas funções, sendo que sua atividade antimicrobiana é a mais estudada (ARAÚJO et al., 2013).

Outra característica importante desse composto é sua capacidade de lisar eritrócitos de mamíferos e formar esferoblastos; essa propriedade é usada para detectar a produção de surfactina por meio da hemólise no ágar sangue.

A estrutura primária da surfactina foi determinada em 1969 por Kanikuma et al. (apud MULLIGAN, 2005). Mais recentemente, em 1995, a estrutura tridimensional foi determinada por Bonmatin et al. (apud MULLIGAN, 2005) por meio de técnicas de ressonância magnética nuclear.

A surfactina possui várias aplicações farmacêuticas, como a inibição da formação de coágulos; formação de canais iônicos em membranas; atividade antibacteriana e antifúngica; atividade antiviral e antitumoral.

Os microrganismos podem produzir simultaneamente diversos tipos de surfactinas (homólogos de surfactina), sendo diferenciadas pelo comprimento da cadeia de ácido graxo e composição de aminoácidos. A diferença estrutural pode levar a mudanças nas propriedades físico-químicas da molécula.

Algumas cepas de *Bacillus subtilis* isoladas de diferentes ambientes (alimentos fermentados ou substrato contaminado com petróleo) produziram quantitativamente e qualitativamente diferentes isoformas dos lipopeptídeos cíclicos sob diferentes condições de cultivo, o que reforça a ideia de que o tipo ou a quantidade de substrato disponível influencia a produção do biossurfactante.

8.4 APLICAÇÕES

Os surfactantes convencionais são usados em uma grande variedade de aplicações, e não existe uma indústria que não tenha utilizado algum dia esses compostos. A maioria dos requisitos para um surfactante convencional pode ser preenchida pelo biossurfactante. A troca de um surfactante sintético por um composto de origem biológica pode ser justificada no caso de se encontrar um agente mais efetivo para uma dada aplicação, e/ou um que possa ser produzido com custos mais baixos.

Os tensoativos de origem microbiana possuem ampla gama de propriedades funcionais, que incluem emulsificação, separação de fases, molhabilidade, capacidade de formação de espuma, solubilização, desmulsificação, inibição da corrosão e redução de viscosidade. Logo, existem muitas áreas de aplicação nas quais os surfactantes químicos poderiam ser substituídos pelos biossurfactantes. Alguns exemplos de áreas nas quais os biossurfactantes poderiam substituir os de origem química vão desde agricultura, construção civil, indústrias de bebidas e alimentícias, limpeza industrial, biorremediação de poluentes insolúveis em água, lubrificantes, tratamento do couro, indústrias de papel e metal, indústrias têxteis, cosméticos, indústria farmacêutica até indústrias de petroquímicos e petróleo.

A Tabela 8.2 apresenta as principais aplicações comerciais dos biossurfactantes. A utilização dos surfactantes se concentra principalmente na indústria de produtos de limpeza (sabões e detergentes), na indústria de petróleo e na indústria de cosméticos e produtos de higiene. Atualmente, o maior mercado em potencial para os biossurfactantes é a indústria petrolífera, em que são utilizados na produção de petróleo ou incorporados em formulações de óleos lubrificantes, biorremediação e dispersão no derramamento de óleos, redução e mobilização de resíduos de óleos em tanques de estocagem e recuperação melhorada do óleo (ARAÚJO; FREIRE, 2013).

Tabela 8.2   Principais aplicações comerciais dos biossurfactantes

Funções	Campos de aplicação
Emulsionantes e dispersantes	Cosméticos, tintas, biorremediação, óleos, alimentos
Solubilizantes	Produtos farmacêuticos e de higiene
Agentes molhantes e penetrantes	Produtos farmacêuticos, têxteis e tintas
Detergentes	Produtos de limpeza, agricultura
Agentes espumantes	Produtos de higiene, cosméticos e flotação de minérios
Agentes espessantes	Tintas e alimentos

(continua)

Tabela 8.2   Principais aplicações comerciais dos biossurfactantes (*continuação*)

Funções	Campos de aplicação
Sequestrantes de metais	Mineração
Formadores de vesículas	Cosméticos e sistemas de liberação de drogas
Fator de crescimento microbiano	Tratamento de resíduos oleosos
Desmulsificantes	Tratamento de resíduos, recuperação de petróleo
Redutores de viscosidade	Transporte em tubulações, oleodutos
Dispersantes	Misturas carvão-água, calcáreo-água
Fungicida	Controle biológico de fitopatógenos
Agente de recuperação	Recuperação terciária de petróleo (Meor)

Fonte: Nitschke e Pastore (2002).

8.4.1 ATIVIDADE ANTIMICROBIANA

A atividade antimicrobiana pode ser explorada através do uso de biossurfactantes. Uma ampla gama de biossurfactantes demonstrou atividade antimicrobiana contra bactérias, fungos filamentosos, leveduras, algas e vírus. A combinação de nisina com ramnolipídeos foi capaz de aumentar a vida de prateleira e inibir esporos termófilos em leite de soja UHT. O uso de natamicina associada a ramnolipídeos em molhos para saladas foi capaz de aumentar a vida de prateleira e inibir o crescimento de leveduras. A associação de natamicina, nisina e ramnolipídeos também prolongou a vida de prateleira e inibiu crescimento de bactérias e leveduras em queijo *cottage*.

Dentre os biossurfactantes, a classe dos lipopeptídeos é a mais relatada em termos de ação antimicrobiana. Esse efeito antimicrobiano provavelmente é mais eficiente em bactérias Gram-positivas do que em Gram-negativas devido às diferenças nas estruturas das paredes celulares, causando uma maior inibição do crescimento celular. Isso ocorre porque, em geral, os microrganismos Gram-positivos possuem alta sensibilidade a detergentes aniônicos, o que não se dá com os Gram-negativos. A surfactina interfere mais intensamente em membranas contendo fosfolipídeos que possuem cadeias mais curtas e/ou estão em organização fluida, consequentemente interferindo em suas funções biológicas por meio da inserção nas bicamadas lipídicas, modificando a permeabilidade da membrana pela formação de canais iônicos ou por carrear cátions mono ou di-valentes e solubilizando a membrana por seu mecanismo detergente. Outra classe de biossurfactante muito estudada por seu potencial antimicrobiano é a dos glicolipídeos, com ênfase para os ramnolipídeos de *Pseudomonas aeruginosa* e os soforolipídeos de *Candida bombicola*.

8.4.2 ATIVIDADE ANTIADESIVA/ANTIBIOFILME

A atividade antiadesiva é desejável para evitar a formação de biofilmes por microrganismos indesejáveis. Essa atividade pode ser explorada através do condicionamento das superfícies com os biossurfactantes (ARAÚJO, 2013).

Alterações físico-químicas ocorrem na superfície condicionada devido ao filme formado pelo biossurfactante. Quando um surfactante é adsorvido a superfícies hidrofóbicas, normalmente orienta o grupo hidrofóbico para a superfície e expõe o grupo polar à água. A superfície torna-se assim hidrófila e, como resultado, a tensão interfacial entre a superfície e a água é reduzida. O efeito antiadesivo ou inibitório dos biossurfactantes pode estar ligado a alterações nas interações atrativas entre a superfície e o microrganismo, combinado ou não com um efeito de dessorção desse biocomposto. Ademais, esse efeito inibitório pode estar sendo potencializado por uma ação antimicrobiana dos biossurfactantes.

8.4.3 LIMPEZA DE TANQUES DE ESTOCAGEM DE ÓLEO

Os resíduos e frações de óleos pesados que sedimentam no fundo de tanques de estocagem são altamente viscosos e podem se tornar depósitos sólidos que não são removidos através de bombeamento convencional. A remoção requer lavagem com solventes ou limpeza manual, ambas perigosas, demoradas e caras. Um processo alternativo de limpeza é o uso de biossurfactantes que promovem a diminuição da viscosidade e a formação de emulsões óleo/água, facilitando o bombeamento dos resíduos e a recuperação do óleo cru após quebra da emulsão. Os sólidos resultantes carregam uma quantidade limitada de óleo residual pela ação do detergente biossurfactante, tornando o descarte desses resíduos menos problemático (DESAI; BANAT, 1997).

8.4.4 MITIGAÇÃO DE VAZAMENTOS DE PETRÓLEO

Os acidentes com derramamento de óleo são numerosos e têm causado muitos problemas ecológicos e sociais. Hoje em dia, a maioria dos países define como opção a utilização de dispersante em casos de derramamento de óleo. Os dispersantes utilizados atualmente podem ser efetivos em uma ampla gama de tipos de óleo, levando-se em consideração as condições e razões utilizadas em sua aplicação. De uma forma mais geral, uma parte de dispersante é capaz de dispersar 20 a 30 partes de óleo. Pode-se chegar até a 100 partes de óleo por parte de dispersante se o óleo for leve e o mar possuir alta energia (LESSARD; DEMARCO, 2000).

Os dispersantes geralmente são misturas de surfactantes e solventes que auxiliam a dispersão do óleo em pequenas gotículas após um vazamento, aumentando a interação superficial água/óleo. Essas pequenas gotículas são mais facilmente dispersas na água do mar e também mais prontamente biodegradáveis pelos microrganismos presentes no corpo da água, diminuindo os problemas ecológicos e sociais causados pelo derramamento de óleo. A utilização de dispersantes químicos como estratégia auxiliar no combate aos derramamentos de óleo no mar é internacionalmente reconhecida como de fundamental importância e com grande aplicabilidade prática. Dessa forma, os biossurfactantes podem ser uma excelente alternativa aos produtos químicos utilizados atualmente. Em abril de 2010 a indústria do petróleo encontrou a necessidade de utilizar dispersantes em grandes profundidades no acidente com a plataforma Deepwater Horizon, no Golfo do México. Até aquele momento, não se tinha notícias da utilização do dispersante em qualquer situação que não fosse na interface do ar com a superfície de um corpo hídrico. Pesquisadores observaram a necessidade de estudos aprofundados sobre o tema para melhor embasar as opiniões, por vezes conflitantes. Atualmente, o Laboratório de Tecnologia Submarina (Coppe/UFRJ), em colaboração com o Laboratório de Biotecnologia Microbiana (IQ/UFRJ), possui uma linha de pesquisa envolvendo a aplicação de surfactantes em grandes profundidades, simulando o ambiente marinho.

8.4.5 BIORREMEDIAÇÃO

Biorremediação é um processo que visa à destoxificação e à degradação de poluentes tóxicos através da assimilação microbiana ou transformação enzimática em compostos menos tóxicos. Os biossurfactantes aumentam a interação superficial água/óleo, acelerando a degradação de óleos por microrganismos, promovendo a biorremediação de águas e solos. A capacidade dos biossurfactantes em emulsificar e dispersar hidrocarbonetos em água aumenta a degradação desses compostos no ambiente. Uma vez que microrganismos degradadores estão presentes em oceanos, a biodegradação constitui um dos métodos mais eficientes de remoção de poluentes. Quando utilizados diretamente no solo, os biossurfactantes emulsificam e aumentam a solubilidade dos contaminantes (GUIMARÃES, 2015).

8.4.6 RECUPERAÇÃO TERCIÁRIA DO PETRÓLEO

A Meor é uma tecnologia de recuperação terciária do petróleo através da utilização de microrganismos ou produtos de seu metabolismo para a recuperação do óleo residual. A tensão superficial óleo-rocha é reduzida, diminuindo as forças capilares que impedem a movimentação do óleo através dos poros do mineral, facilitando sua recuperação. Os biossurfactantes também auxiliam na emulsificação e na quebra dos filmes de óleo das rochas.

A utilização de biossurfactantes em Meor pode ser feita através de injeção de microrganismos produtores de biossurfactantes no reservatório e subsequente propagação *in situ*; ou injeção de nutrientes no reservatório, estimulando o crescimento de microrganismos selvagens produtores de surfactantes; ou, ainda, pela produção de biossurfactantes em reatores e posterior injeção no reservatório. Dessa forma, os biossurfactantes podem substituir os sulfonatos de petróleo ou lignosulfonatos que são usados para esse propósito, os quais são relativamente caros (FIECHTER, 1992).

8.4.7 APLICAÇÕES FARMACÊUTICAS

Devido à sua compatibilidade com a pele, os biossurfactantes podem ser usados em produtos de higiene e cosméticos (DESAI; BANAT, 1997).

A surfactina possui várias aplicações farmacêuticas, como a inibição da formação de coágulos; formação de canais iônicos em membranas; atividade antibacteriana e antifúngica; atividade antiviral e antitumoral. Como exemplos, tem-se que o biossurfactante produzido por *Rhodococcus erythropolis* é capaz de inibir o vírus do herpes simples e o vírus parainfluenza. A iturina, produzida por *Bacillus subtilis*, possui atividade antifúngica. É possível a inibição da adesão de bactérias entéricas patogênicas por um biossurfactante produzido por *Lactobacillus* spp., além da possibilidade do desenvolvimento de agentes antiadesivos para diminuição da formação de biofilmes.

8.4.8 INDÚSTRIA DE ALIMENTOS

Considerando as propriedades funcionais dos biossurfactantes, em indústrias de alimentos estes podem utilizados como agentes antiadesivos, antimicrobianos e emulsificantes. Suas atividades podem ser testadas simultaneamente ou separadamente. A atividade antiadesiva do biossurfactante é desejável para evitar a formação de biofilmes em superfícies com as quais o alimento vai entrar em contato (ARAÚJO; FREIRE, 2013). A adição de emulsificantes melhora a textura e a cremosidade (FREIRE et al., 2009), e a atividade antimicrobiana inibe a proliferação de microrganismos, aumentando o tempo de prateleira dos produtos (NITSCHKE; COSTA, 2007).

Na indústria de alimentos, a emulsificação tem papel importante na formação da consistência e da textura, bem como na dispersão de fase e na solubilização de aromas. Os biossurfactantes são utilizados como emulsionantes no processamento de matérias-primas alimentícias. Os agentes tensoativos encontram aplicação em panificação e produtos derivados da carne, nos quais influenciam as características reológicas da farinha e a emulsificação de gorduras. Um exemplo é o uso do bioemulsificante produzido por *Candida utilis* em molhos prontos para saladas. Um biossurfactante produzido por uma linhagem termofílica láctea de *Streptococcus* sp. poderia ser usado para o controle de contaminação nas placas de troca de calor dos pasteurizadores, já que ele retarda a colonização de *Streptococcus termophilus*, responsável pela contaminação. Os biossurfactantes podem ser candidatos em potencial na busca de produtos com diferentes funcionalidades, desde que atinjam os requerimentos de aditivos alimentícios funcionais (BANAT; MAKKAR; CAMEOTRA, 2000).

8.4.9 APLICAÇÕES NA AGRICULTURA

Na agricultura, os biossurfactantes podem ser usados como agente de biocontrole especialmente em formulações herbicidas e pesticidas. Os compostos ativos destas formulações geralmente são hidrofóbicos, sendo necessários agentes emulsificantes para dispersá-los em soluções aquosas. Como exemplo, surfactantes de *Bacillus* spp. foram utilizados para emulsificar formulações de pesticidas organofosforados imiscíveis.

Os ramnolipídeos possuem potencial para o controle biológico de fitopatógenos que produzem zoósporos (NITSCHKE; PASTORE, 2002).

São utilizados também na hidrofilização de solos densos. A molhabilidade e forma de distribuição dessas moléculas permitem o afrouxamento dos solos deixando-os mais hidratados. Podem atuar também como agentes degradadores de pesticidas químicos (GUIMARÃES, 2015).

8.4.10 OUTRAS APLICAÇÕES

Hidratação de superfície e dispersão de sólidos são propriedades importantes para a separação de sobrenadantes de minérios ou preparação de pastas de carvão (COOPER, 1986).

Compostos tensoativos produzidos por culturas de *Pseudomonas* spp. e *Alcaligenes* sp. podem ser utilizados para flotação e separação de calcita e eschelita.

O biodispersan, polissacarídeo aniônico produzido por *Acinetobacter calcoaceticus*, pode ser utilizado na prevenção da floculação e dispersão de misturas de pedra calcárea e água. Biossurfactantes de *Candida bombicola* demonstraram eficiência na solubilização do carvão.

Em muitas circunstâncias o excesso de espuma deve ser regularizado com o uso de surfactantes, e a propriedade de estabilização de espuma também é necessária para extintores de incêndio. Outras propriedades desejáveis são lubrificação, inibição da corrosão e inibição estática (COOPER, 1986; NITSCHKE; PASTORE, 2003).

Muitas das aplicações potenciais dos biossurfactantes dependem da capacidade de produzir de uma forma economicamente viável para cada propósito.

8.5 PRODUÇÃO

Geralmente, a economia é o principal gargalo em processos biotecnológicos. Até o momento, ainda não é possível que os biossurfactantes sejam competitivos economicamente com os compostos sintetizados quimicamente disponíveis no mercado, devido aos altos custos de produção, à metodologia de bioprocessamento ineficiente, à baixa produtividade das linhagens e à necessidade de uso de substratos caros.

Esse problema econômico pode ser significativamente reduzido através do meio de cultivo, que representa de 10% a 30% do custo total da produção. O uso de fontes alternativas de nutrientes facilmente disponíveis e de baixo custo, como o uso de subprodutos agrícolas ou de processamento industrial, além de diminuir o custo total de produção, também contribui para a redução da poluição ambiental e permite a valorização econômica de resíduos que seriam simplesmente descartados.

A dificuldade na seleção de um resíduo está em encontrar a composição adequada de nutrientes que permita o crescimento celular e o acúmulo do produto de interesse, além da padronização do substrato devido às variações naturais de composição, bem como os custos de transporte, armazenagem e tratamento prévio necessário. O Brasil é um país essencialmente agrícola, portanto, a quantidade e a facilidade de acesso aos subprodutos agroindustriais são bastante significativas (NITSCHKE; PASTORE, 2003).

Outro ponto que pode ser explorado para a redução de custo de produção dos biossurfactantes é o desenvolvimento de cepas com maiores rendimentos e técnicas de recuperação do produto a baixo custo (FREIRE et al., 2009).

Algumas tentativas já foram realizadas para aumentar o rendimento dos biossurfactantes através de alterações nas condições fisiológicas e manipulação do meio de cultivo. Alguns genes responsáveis pela produção de biossurfactantes foram isolados e caracterizados. Logo, cepas microbianas com maiores rendimentos podem ser construídas através de engenharia genética e usadas para a produção de biossurfactantes em grandes quantidades com o emprego de diferentes substratos (FREIRE et al., 2009).

Como várias aplicações em potencial para os biossurfactantes dependem da forma de produção economicamente viável, muito esforço ainda é necessário para a otimização em nível biológico e de engenharia. Ainda mais, aspectos legais, como leis mais pesadas envolvendo a poluição ambiental e a saúde por atividades industriais, também aumentam as chances de os biossurfactantes substituírem seus equivalentes químicos (FIECHTER, 1992).

8.5.1 SUBSTRATOS DE BAIXO CUSTO

Recentemente, com a procura por substratos de baixo custo para a produção de biossurfactantes, diversos trabalhos foram publicados, envolvendo a produção de ramnolipídeos a partir de diversos óleos, como de soja, oliva, milho e castanha-do-pará. Nesses trabalhos as fermentações foram realizadas em frascos agitados com pequeno volume e diferentes cepas de *Pseudomonas aeruginosa*, com exceção de um trabalho que utilizou uma cepa de *Pseudomonas putida* submetida a mutagênese. Os melhores resultados foram encontrados com a utilização da castanha-do-pará como fonte de carbono: foi obtida concentração de 9,9 g/L com produtividade de 83 mg/L.h. Também foi estudada a produção de ramnolipídeos a partir de óleo de fritura descartado, alcançando 2,7 g/L de biossurfactante, expresso em unidades de ramnose. Em outros estudos os pesquisadores empregaram torta proveniente do óleo de amendoim para produzir biossurfactantes por *Corynebacterium kutscheri*, obtendo 6,4 g/L de biossurfactantes em 132 horas, resultando em uma produtividade de 48 mg/L.h, e também foi possível produzir biossurfactantes com *Lactobacillus lactis* e *Streptococcus thermophilus* a partir de soro de queijo e melaço, no entanto com baixas concentrações do produto.

Santos et al. (2002) estudaram variações relacionadas às fontes de carbono na síntese de ramnolipídeos por *Pseudomonas aeruginosa*. Os autores relataram produtividades de 23, 14, 11,2 e 11 mg/L.h de biossurfactantes, expressas em unidades de ramnose, quando utilizados glicerol, etanol, óleo de soja e óleo de oliva, respectivamente. O trabalho demonstrou a possibilidade de se obter biossurfactantes para diversas aplicações, devido a variações na proporção dos homólogos de ramnolipídeos produzidos com as diferentes fontes de carbono. Utilizando-se nitrato de sódio como fonte de nitrogênio, foram obtidos 54,1% de monorramnolipídeos e 45,9% de dirramnolipídeos com óleo de soja como única fonte de carbono e 14,3% e 85,2% com glicerol.

8.5.2 AUMENTO DA ESCALA DE PRODUÇÃO

A maioria dos microrganismos produtores de biossurfactantes demanda condições aeróbicas para uma produção eficiente. Esses microrganismos têm seu crescimento e metabolismo afetados por diferentes condições de oxigenação. O crescimento microbiano fica contido por baixas concentrações de oxigênio, sendo necessário assegurar o suprimento adequado desse nutriente. O aumento de oxigênio disponível possui efeito positivo no crescimento celular e na produção de biossurfactante por *Pseudomonas aeruginosa*. Em escala laboratorial, essa produção é realizada em frascos agitados, com todo o oxigênio necessário para o metabolismo celular sendo fornecido apenas pelo oxigênio atmosférico absorvido pelo meio de fermentação e sua consequente difusão no meio. Nessa escala, a transferência de oxigênio é suficiente para suprir o consumo, desde que a área de contato do meio com o ar, a maior variável diretamente relacionada à oxigenação, possa ser considerada alta em relação ao volume total do meio. No entanto, quando o aumento de escala da produção é desejado, essa forma de fornecimento de oxigênio deverá ser aceitável se a área de volume/superfície do meio for mantida em valores extremamente baixos, o que não é viável. Logo, deve-se lançar mão do uso de biorreatores, com ar ou oxigênio puro sendo fornecidos através de borbulhamento convencional (FREIRE et al., 2009).

Não obstante, o uso da oxigenação convencional submersa pode induzir à formação de espuma extremamente estável, devido à presença dos surfactantes, causando sérios problemas operacionais. A elevada produção de espuma é aumentada pelas proteínas extracelulares e pelas células microbianas presentes, resultando em altos custos para seu controle, e, por vezes, o processo de produção se torna inviável. Quebradores de espuma mecânicos não são muito eficientes, e agentes antiespumantes podem alterar a qualidade do produto e possuir potencial de poluição do efluente (FREIRE et al., 2009).

8.5.3 PROCESSO CONVENCIONAL

Diversos estudos relatam a produção de biossurfactantes em biorreatores com diferentes técnicas para o controle de espuma. Em um desses estudos, foi utilizada uma armadilha instalada na saída de ar para coletar a espuma formada na produção de biossurfactantes por *Bacillus subtilis*. No entanto, esse recipiente, estéril, deve ser continuamente trocado, dificultando um posterior escalonamento do processo.

Durante a produção de ramnolipídeos em biorreator por uma cepa de *Pseudomonas aeruginosa* isolada de solo contaminado por petróleo, foi observado que o aumento no suprimento de oxigênio melhorou a concentração final de ramnolipídeos. Os experimentos foram realizados em biorreator com volume útil de 1,2 L e que possuía sistema de reciclo de espuma.

Outra abordagem é a utilização de separador mecânico de espuma, em um processo em escala piloto para produção contínua de ramnolipídeos de *Pseudomonas aeruginosa*. O volume útil do reator foi de 23 L e a fonte de carbono (glicose) foi mantida em excesso, enquanto a fontes de nitrogênio e ferro do meio de cultivo foram mantidas sob limitação (REILING et al., 1986). Foi alcançada uma produtividade de 147 mg/L.h, correspondente a uma produção diária de 80 g de biossurfactante, com rendimento de glicose de 77 mg/g. O biorreator também foi equipado com um sistema de reciclo de espuma em adição a um separador mecânico de espuma.

Com o emprego do óleo de silicone como antiespumante durante a produção de ramnolipídeos por *Pseudomonas aeruginosa* em um biorreator com volume útil de 2 L e 250 rpm de agitação, o melhor resultado, 54,7 mg/L.h de ramnolipídeos, foi adquirido com glicose como fonte de carbono. A concentração de oxigênio dissolvido não foi monitorada durante a fermentação.

Uma possibilidade alternativa é a produção contínua de biossurfactantes por bactérias imobilizadas em pérolas de álcool polivinílico em biorreatores aerados. Foi relatada uma produção de 0,1 g/h de ramnolipídeo por *Pseudomonas aeruginosa* BYK-2 a partir de óleo de peixe, com o reator com volume útil de 1,2 L e taxa de diluição de 0,018 L/h (FREIRE et al., 2009).

8.5.4 OXIGENAÇÃO NÃO DISPERSIVA

Outra opção para superar as dificuldades observadas com a formação excessiva de espuma devido à oxigenação dispersiva convencional é o emprego de tecnologia de transferência de oxigênio não dispersiva. Um contator constituído por membranas poliméricas pode ser utilizado para promover a transferência de oxigênio entre a fase gasosa e o líquido, em um biorreator com sistema de reciclo externo, sem a dispersão das fases, de acordo com o processo brasileiro patenteado por Petróleo Brasileiro S.A. – Petrobras (SANTA ANNA et al., 2004). Um processo similar já foi descrito, e outro, para fermentações alcoólicas, foi patenteado pela L'Air Liquide (FREIRE et al., 2009).

Nos últimos anos foram desenvolvidos alguns estudos envolvendo sistemas integrando processos biotecnológicos com membranas. Foi investigada a produção de etanol e frutose em um sistema contínuo integrado com processo de separação por membranas. O etanol produzido foi continuamente removido por pervaporação, enquanto a frutose foi removida por diálise através de uma membrana líquida (DI LUCCIO; BORGES; ALVES, 2002). Também foi estudada uma unidade de eletrodiálise acoplada a um reator em que são produzidos ácido glucônico e sorbitol por

Zymomonas mobilis imobilizada em um módulo contendo fibras ocas microporosas de policarbonato. A unidade de eletrodiálise permitiu uma remoção eficiente do ácido glucônico, mantendo o pH do meio constante, evitando a inibição da enzima (FERRAZ; ALVES; BORGES, 2001).

Em relação à produção de biossurfactantes, a utilização de um reator contínuo de tanque agitado (CSTR) com reciclo celular e contactores de membrana para a oxigenação na produção de ramnolipídeos por *Pseudomonas aeruginosa* foi avaliada. Nesse trabalho, os autores relataram que a oxigenação do meio de cultivo realizada exclusivamente por membranas não foi considerada factível, também utilizando oxigenação convencional por borbulhamento, sendo os contatores utilizados somente para a remoção do dióxido de carbono. No entanto, a produção dos biossurfactantes pode ser alcançada através da utilização somente da oxigenação não dispersiva, desde que o sistema esteja atendendo aos requerimentos do processo, estando apto a suprir todo o oxigênio necessário para o crescimento celular e produção. Com o sistema de oxigenação apropriadamente delineado, é possível a condução normal do processo, evitando totalmente a formação de espuma (FREIRE et al., 2009; KRONEMBERGER et al., 2008).

A grande vantagem na utilização de oxigenação não dispersiva é a possibilidade de manter o oxigênio dissolvido em uma concentração constante durante todo o processo. Grandes mudanças nesse parâmetro podem afetar o metabolismo celular, por anóxia ou excesso de oxigênio, o que pode resultar em produção de proteínas relacionadas ao estresse oxidativo, reduzindo o rendimento dos biossurfactantes. Na maioria dos processos convencionais para a produção de biossurfactantes em biorreatores, esse parâmetro é negligenciado, sendo programada uma condição constante de oxigenação durante a fermentação. Com a oxigenação não dispersiva, pode ser utilizado um controlador para a manutenção da concentração constante, alcançada simplesmente pela manipulação de algumas variáveis do processo. Outra grande vantagem é que, desde que os dados de oxigenação sejam registrados, pode-se determinar a quantidade exata de oxigênio fornecida ao meio de cultivo durante o processo, através de uma prévia caracterização da oxigenação do sistema. Considerando a perda de oxigênio negligenciável e sabendo a concentração celular durante a fermentação, pode-se determinar a taxa específica de consumo de oxigênio (Sour) do microrganismo.

A produção de ramnolipídeos de *P. aeruginosa* PA1 com glicerol como fonte de carbono em biorreatores de 3 L de volume útil, utilizando oxigenação não dispersiva foi estudada. A diferença entre a fermentação conduzida com oxigenação convencional por borbulhamento e outra com oxigenação não dispersiva pode ser vista na Figura 8.2. Os autores relatam que a produtividade de 30 mg/L.h com rendimento (YP/S) de 20% quando a concentração de oxigênio dissolvida era mantida em 4 mg/L. A taxa específica de consumo de oxigênio apresentada durante os 7 dias de fermentação também é interessante. Durante a fase de crescimento exponencial, a taxa alcança valores acima de 80 mg de oxigênio por grama de células por hora. Logo, pode ser concluído que o oxigênio é um nutriente essencial para o crescimento microbiano, já que é consumido avidamente nessa fase. Uma vez que a fase estacionária é atingida, o consumo de oxigênio começa a reduzir, alcançando um valor correspondente a 25% do valor máximo, sendo importante também para a manutenção celular (FREIRE et al., 2009; KRONEMBERGER et al., 2008).

(a)   (b)

Figura 8.2 Comparação entre a produção de ramnolipídeos utilizando: a) a oxigenação convencional; e b) a oxigenação não dispersiva por contatores com membranas.

Fonte: Freire et al. (2009).

8.6 NOVAS PERSPECTIVAS

Muito esforço tem sido feito para estudar aplicações dos biossurfactantes como agentes antiadesivos, antibiofilmes e antimicrobianos, além das demais propriedades. Os resultados encontrados até o momento têm sugerido que, em um futuro próximo, esses produtos poderão ser utilizados e produzidos em larga escala, como alternativa aos produtos de origem sintética, levando em consideração seu *status* de bioprodutos ou químico verde. Os biossurfactantes também podem ser explorados como produtos de alto valor agregado obtidos a partir de substratos renováveis. Os principais desafios a serem transpostos para o aumento da utilização dos biossurfactantes pelas diferentes indústrias são a melhora do rendimento da produção, redução de custo e estabelecimento de condições de cultivo para propiciar a produção de homólogos com propriedades específicas para cada aplicação, além da otimização na forma de recuperação do bioproduto.

REFERÊNCIAS

ACMITE MARKET INTELLIGENCE. *Global Surfactant Market*. 3. ed. 2013. Disponível em: <http://www.acmite.com/market-reports/chemicals/world-surfactant-market.html>.

ARAÚJO, L. V. *Modificação de superfícies por biossurfactantes: potencial de uso na inibição da adesão de micro-organismos indesejáveis na indústria de alimentos*. 2013. Tese (Doutorado em Ciência de Alimentos) – Instituto de Química, Universidade Federal do Rio de Janeiro, Rio de Janeiro, 2013.

ARAÚJO, L. V.; FREIRE, D. M. G. Biossurfactantes: Propriedades anticorrosivas, antibiofilmes e antimicrobianas. *Química Nova*, v. 36, n. 6, p. 848-858, 2013.

ARAÚJO, L. V. et al. Rhamnolipid and surfactin inhibit *Listeria monocytogenes* adhesion. *Food Research International*, v. 44, p. 481-488, 2011.

BANAT, I. M.; MAKKAR, R. S.; CAMEOTRA, S. S. Potential commercial applications of microbial surfactants. *Applied Microbiology Biotechnology*, v. 53, p. 495-508, 2000.

CAMEOTRA, S. S.; MAKKAR, R. S. Synthesis of biosurfactants in extreme conditions. *Applied Microbiology and Biotechnology*, v. 50, p. 520-529, 1998.

CERESANA RESEARCH. *Market Study on Surfactants*. 2. ed. 2015. 610 p.

COOPER, D. G. Biossurfactants. *Microbiological Sciences*, v. 3, n. 5, p. 145-149, 1986.

COSMETICS BUSINESS. *Brazilian Surfactants Market to Reach 19bn in 2018*. 2012. Disponível em: <http://www.cosmeticsbusiness.com/news/article_page/Brazilian_surfactants_market_to_reach_19bn_in_2018/81546>. Acesso em: jun. 2015.

DESAI, J. D.; BANAT, I. M. Microbial production of surfactants and their commercial potential. *Microbiology and Molecular Biology Reviews*, v. 61, n. 1, p. 47-64, 1997.

DI LUCCIO, M.; BORGES, C. P.; ALVES, T. L. M. Economic analysis of ethanol and fructose production by selective fermentation coupled to pervaporation: effect of membrane costs on process economics. *Desalination*, v. 147, p.161-166, 2002.

FERRAZ, H. C.; ALVES, T. L. M.; BORGES, C. P. Coupling of an electrodialysis unit to a hollow fiber bioreactor for separation of gluconic acid from sorbitol produced by *Zymomonas mobilis* permeabilized cells. *Journal of Membrane Science*, v. 19, p. 43-51, 2001.

FIECHTER, A. Biosurfactants: moving towards industrial application. *Tibtech*, v. 10, 1992.

FREEDONIA GROUP. *Study #3247 Surfactants US Industry Study with Forecasts for 2018 & 2023*. 2015. Disponível em: <http://www.freedoniagroup.com/brochure/32xx/3247smwe.pdf>. Acesso em: jun. 2015.

FREIRE, D. M. G. et al. Biosurfactants as emerging additives in food processing. In: PASSOS, M. L.; RIBEIRO, C. P. Innovation in Food Engineering: New Techniques and Products. Hoboken: CRC Press, 2009. p. 685-705.

GLOBAL INFO RESEARCH. Global Surfactant Market 2019 by Manufacturers, Regions, Type and Application, Forecast to 2024. [*S.l.*], 2019.

GRIFFIN, W. C. Classification of surface-active agents by "HLB". *Journal of the Society of Cosmetic Chemists*, 1949. p. 311-326.

GUIMARÃES, C. R. *Avaliação da produção de uma surfactina-like por* Bacillus sp. *H2O-1*. Dissertação (Mestrado em bioquímica) – Instituto de Química, Universidade Federal do Rio de Janeiro, Rio de Janeiro, 2015.

JARVIS, F. G.; JOHNSON, M. J. A Glyco-lipide Produced by *Pseudomonas aeruginosa*. *Journal of the American Chemical Society*, v. 71, n. 12, p. 4124-4126, dez. 1949.

KRONEMBERGER, F. A. et al. Oxygen-controlled biosurfactant production in a bench scale bioreactor. *Applied Biochemistry and Biotechnology*, v. 147, p. 33-45, 2008.

LESSARD, R. R.; DEMARCO, G. The Significance of Oil Spill Dispersants. *Spill Science & Technology Bulletin*, v. 6, n. 1, p. 59-68, 2000.

LONDON. *Surfactants Market by Type (Cationic, Anionic, Nonionic, Amphoteric, and Others) and Application (Household Detergent, Personal Care, Industrial & Institutional Cleaner, Oilfield Chemical, Agricultural Chemical, Food Processing, Paint & Coating, Adhesive, Plastic, Textile, and Others) - Global Opportunity Analysis and Industry Forecast, 2018-2025*. Nov. 29 2018.

MACHADO, S. M. de O. *Avaliação do efeito antimicrobiano do surfatante cloreto de benzalcônio no controlo da formação de biofilmes indesejáveis*. 129 f. Dissertação (Mestrado em tecnologia do ambiente) – Departamento de Engenharia Biológica, Universidade do Minho, Minho, 2005.

MULLIGAN, C. N. Environmental applications for biosurfactants. *Environmental Pollution*, v. 133, p. 183-198, 2005.

NITSCHKE, M.; COSTA, S. G. V. A. O. Biosurfactants in food industry. *Trends in Food Science and Technology*, v. 18, p. 252-259, 2007.

NITSCHKE, M.; PASTORE, G. M. Biossurfactantes a partir de resíduos agroindustriais. *Revista Biotecnologia Ciência e Desenvolvimento*, v. 31, p. 63-67, 2003.

_____. Biossurfactantes: Propriedades e Aplicações. *Química Nova*, v. 25, n. 5, p. 772-776, 2002.

NITSCHKE, M. et al. Surfactin reduces the adhesion of food-borne pathogenic bacteria to solid surfaces. *Letters in Applied Microbiology*, v. 49, p. 241-247, 2009.

REILING, H. E. et al. Pilot plant production of rhamnolipid biosurfactant by *Pseudomonas aeruginosa*. *Appl. Environ. Microbiol.*, v. 51, n. 5, p. 985-989, 1986.

SANTA ANNA, L. M. et al. *Biosurfactant and its uses in bioremediation of oil contaminated sandy soils*. Patente PI0405952-2, Petróleo Brasileiro S.A., Brasil, 2004.

_____. Production of biosurfactants from *Pseudomonas aeruginosa* PA1 isolated in oil environment. *Brazilian Journal of Chemical Engineering*, v. 19, n. 2, p. 159-166, 2002.

_____. Use of biosurfactant in the removal of oil from contaminated sandy soil. *Journal of Chemical Technology and Biotechnology*, v. 82, p. 687-691, 2007.

SANTOS, A. S. et al. Evaluation of different carbon and nitrogen sources in production of rhamnolipids by a strain of *Pseudomonas aeruginosa*. *Applied Biochemistry and Biotechnology*, v. 98-100, p. 1025-1035, 2002.

CAPÍTULO 9
Inoculantes agrícolas

Elke Jurandy Bran Nogueira Cardoso

German Andrés Estrada-Bonilla

9.1 HISTÓRICO

O termo "inoculantes agrícolas" é muito abrangente e engloba os mais variados compostos utilizados na agricultura, pecuária e silvicultura, frequentemente para o controle biológico de doenças de plantas, também chamado de bioproteção de plantas. Além destes, também existem aqueles destinados a interferir diretamente no metabolismo de plantas, estimulando maior crescimento e produtividade por permitir maior absorção de nutrientes minerais ou por outros mecanismos que proporcionem um melhor desenvolvimento vegetal. No presente capítulo, vamos nos restringir aos compostos constituídos basicamente de microrganismos ou seus subprodutos que interagem diretamente com as plantas.

As associaçoes entre microrganismos e vegetais são bastante complexas e influenciadas por inúmeros fatores. Até hoje, ainda não conhecemos todos os detalhes de muitas dessas interações, e continuamos a necessitar de pesquisas científicas que esclareçam as vias bioquímicas e os mecanismos subjacentes a muitas delas. Com o passar do tempo e uma maior solidificação dos conhecimentos nessa área, iniciou-se o emprego biotecnológico, e, aos poucos, foi possível demonstrar sua eficácia, além de se compreenderem as condições que pudessem favorecer sua utilização. Ao mesmo tempo, a partir do início do século XX, estabeleceram-se práticas de manejo agrícola baseadas em maquinário para a lida no campo e na utilização de fertilizantes e pesticidas, aliadas ao melhoramento genético dos cultivares. Esses fatores trouxeram um grande estímulo à agricultura, aumentando sobremaneira a segurança e a previsibilidade de melhor produtividade agrícola, resultando na criação de diferentes empresas comerciais dedicadas à produção de insumos agrícolas. Essas inovações culminaram na chamada "revolução verde" (BORLAUG, 2000), que trouxe um grande avanço e maior segurança alimentar, principalmente às populações dos países em desenvolvimento, resultando em expressivos aumentos na produtividade agrícola e em maior segurança alimentar de uma população humana cada vez maior, atualmente já superando os 7 bilhões de pessoas em todo o mundo (EVENSON; GOLLIN, 2003).

Naquela época, o preço dos adubos nitrogenados era relativamente baixo, e o emprego dos insumos industriais tornou-se cada vez mais generalizado. Embora a fixação biológica de nitrogênio em leguminosas já fosse conhecida desde o final do século XIX, esse conhecimento inicialmente não despertou grande interesse para aplicação prática na agricultura. Porém, com o tempo, foi inevitável que se observasse um lado menos positivo resultante do emprego das tecnologias inerentes à revolução verde, quando começaram a surgir efeitos prejudiciais, principalmente relacionados ao meio ambiente. Verificou-se maior poluição de solos e de águas subterrâneas decorrente da aplicação excessiva de adubos sintéticos e a ocorrência do assoreamento de rios, seguida da eutrofização de lagos, além do grande aumento da erosão e degradação dos solos. Incrementaram-se os passivos ambientais, perdeu-se a fertilidade de solos por falta de matéria orgânica, e a poluição ambiental tornou-se predominante em toda parte devido ao acúmulo indiscriminado de lixo e resíduos, incluindo xenobióticos, como a maioria dos defensivos agrícolas e de outros materiais tóxicos. Compreendeu-se que a agricultura moderna estava contribuindo para a agressão ao meio ambiente, exterminando florestas e campos naturais, interferindo nos cursos de água, diminuindo a biodiversidade e até eliminando o pequeno agricultor, frequentemente obrigado a procurar refúgio nas cidades. Além disso, a utilização intensiva de fertilizantes comerciais e pesticidas foi se tornando cada vez mais onerosa, chegando a engolir boa parte do lucro previsto. Foi então, já nas décadas finais do século XX e início do século XXI, que um número crescente de pesquisadores começou a questionar várias práticas correntes no manejo da produção vegetal e animal.

As últimas décadas testemunharam um grande desenvolvimento da microbiologia geral e ambiental, em decorrência do desenvolvimento da microbiologia humana, que resultou em conhecimentos mais detalhados sobre as bactérias que se associavam diretamente aos seres vivos. Assim, no âmbito do projeto chamado Microbioma Humano detectou-se a presença de dezenas de trilhões de microrganismos que vivem dentro ou na superfície dos seres humanos, em número maior do que o de células que compõem o corpo humano. Este foi um passo importante para a compreensão da importância fundamental dos microrganismos associados aos seres vivos, sendo estes os principais responsáveis pelas atividades metabólicas e pela própria sobrevivência dos seres por eles colonizados (COSTELLO et al., 2009).

Logo em seguida, descobriu-se que as plantas também se associam a grandes comunidades microbianas, as quais se localizam dentro e sobre suas folhas, flores, caules ou raízes, o assim chamado microbioma vegetal. É essa microbiota que proporciona às plantas maior acesso a nutrientes e proteção contra patógenos ou outros fatores estressantes (BULGARELLI et al., 2013). Acredita-se que, num futuro próximo, talvez dentro de uma década ou duas, a agricultura se baseie em primeiro lugar no uso desses microrganismos, visto que os conhecimentos na área estão avançando rapidamente (LAKSMANAN; SELVARAJ; BAIS; 2014). Já se sabe há bastante tempo que o solo é origem e depósito da grande maioria dos microrganismos existentes no planeta Terra e que nos solos que recobrem o nosso planeta encontramos em média centenas de milhões de bactérias por grama de terra, estimando-se em 30 mil o número de diferentes espécies microbianas presentes na rizosfera de uma planta (BERENDSEN; PIETERSE; BAKKER, 2012). Os estudos dessas interações tão profundas entre plantas e microrganismos são recentes, porém, novas descobertas estão surgindo rapidamente, podendo-se prever um avanço ímpar em novas tecnologias baseadas nessas associações. Todo esse desenvolvimento histórico trouxe para a discussão um novo termo técnico, que é a "saúde do solo" (CARDOSO et al., 2013).

Por outro lado, a agricultura convencional, desenvolvida preponderantemente no hemisfério norte, baseia-se em técnicas de revolvimento profundo do solo por meio de aração e gradeamento, no uso maciço de fertilizantes minerais, a maioria sintética, e na proteção de plantas por meio de defensivos agrícolas ou pesticidas, práticas não sustentáveis que visam, principalmente, ao lucro imediato. Ademais, nas regiões tropicais, onde as chuvas em geral são condensadas em alguns períodos do ano, o impacto da agricultura convencional costuma ser o agravamento da erosão do solo. Contudo, embora a agricultura convencional ainda seja predominante no mundo, técnicas alternativas vêm sendo introduzidas por toda parte. No Paraná, por exemplo, criou-se um novo sistema de preparo do solo agrícola denominado plantio direto, o qual praticamente dispensa o revolvimento do solo, que é um marco na conservação do solo e leva a muitas outras práticas de manejo mais sustentáveis e que podem ser enquadradas na manutenção da saúde do solo. Esse desenvolvimento tecnológico e biotecnológico iniciou-se por volta dos anos 1960, e tudo indica que é um movimento sem volta, cada vez mais predominante no Brasil e com procura crescente em todo o mundo. Aos poucos, os agricultores começaram a perceber que a agricultura convencional estava colaborando com a degradação ambiental, transformando milhares de quilômetros quadrados de terra agrícola em áreas degradadas e inférteis, ou seja, em passivos ambientais. Lal (2001) estimou em 2 bilhões de hectares os solos degradados no mundo todo, enquanto todo ano são degradados mais 12 milhões de hectares de solos agrícolas (RICKSON et al., 2015). Entre as principais causas desse desenvolvimento temerário podemos citar o desmatamento intensivo e descontrolado e a eliminação das matas ciliares, a instituição de monoculturas, a contaminação do solo e das águas por resíduos industriais ou mesmo por emprego excessivo de adubos sintéticos e de pesticidas. Esses processos, aliados a atividades de mineração e a contaminações industriais, resultam em: perda de propriedades físicas adequadas do solo e sua compactação, em consequência da mecanização agrícola e de arações contínuas, da falta de matéria orgânica no solo e de cobertura nas culturas; erosão do solo; e assoreamento de rios e lagos (WANNE, 2015).

Diante dessa situação quase emergencial, vem surgindo uma profunda revolução no pensamento de muitos pesquisadores da área, que clamam por maior sustentabilidade na agricultura e pela utilização de conceitos ecologicamente corretos, atuando na proteção de solos e mananciais, na preservação da biodiversidade e no aproveitamento dos "serviços ambientais" ou "serviços ecossistêmicos" que a natureza disponibiliza gratuitamente e que equivalem a bilhões de dólares anuais, embora sejam oferecidos a nós, usuários, sem nenhum custo. Entre esses serviços ambientais destaca-se a atuação de incontáveis espécies microbianas nos solos e nas plantas, responsáveis pela ciclagem dos nutrientes minerais, a polinização de grande percentual das plantas por abelhas e outros animais voadores, pelo parasitismo ou antagonismo de certos fungos ou insetos aos patógenos ou pragas agrícolas etc. À medida em que aprendemos maiores detalhes sobre os processos ecológicos disponibilizados pela natureza, começamos a compreender que, se quisermos sobreviver como espécie e continuar alimentando as crescentes populações humanas, é urgente rever nossas práticas agrícolas. É fundamental compreender que, inadvertidamente, até aqui temos atuado muito mais na destruição desses serviços do que na sua manutenção. Chegamos a um impasse no qual é mandatório reverter com urgência máxima tais ações, adaptando-nos a metodologias mais brandas e conservacionistas, incluindo aqui novos métodos de manejo do solo e das culturas (EVENSON; GOLLIN, 2003). Entre esses novos métodos podemos citar: a manutenção das matas ciliares; o plantio direto ou com cultivo mínimo, sem revolvimento do solo; a manutenção de resíduos orgânicos na superfície do solo, incluindo métodos físicos de conservação do solo contra a erosão; a substituição, ao menos parcial, dos adubos minerais por adubos orgânicos; a utilização redobrada da fixação biológica de nitrogênio; o emprego de rizobactérias promotoras do crescimento de plantas (RPCP); a substituição do controle químico de parasitas e patógenos por métodos de controle biológico ou integrado; e assim por diante.

Na área da microbiologia agrícola e do solo, prevê-se a continuada pesquisa na área dos inoculantes e dos consórcios microbianos multifuncionais e no desenvolvimento de práticas de manejo modernos, com plena utilização dos serviços ecossistêmicos, aliados a métodos de genética direcionados sobretudo à resistência dos vegetais a pragas e a doenças e também a condições climáticas, como resistência à seca e a altas temperaturas. Aos poucos, essas metodologias substituirão as convencionais, pois são mais ecológicas e menos dispendiosas. A esse conjunto de práticas pode-se dar o nome de "segunda revolução verde" (WOLLENWEBER; PORTER; LUBBERSTEDT, 2005).

Muitas empresas, tradicionalmente envolvidas na fabricação de fertilizantes ou defensivos agrícolas, entre as quais algumas empresas petrolíferas, têm investigado vias alternativas mais sustentáveis para suas atividades-fim, ao mesmo tempo que outras, de cunho biotecnológico, multiplicam-se em todo o mundo. Por exemplo, já estão profundamente engajadas nessa pesquisa as empresas Amyris, Basf, Bayer, Crop Science, Stoller, Novozymes, Monsanto e até a Shell, entre outras, algumas dessas já com subsidiárias no Brasil. Os novos produtos e inoculantes biotecnológicos vêm sendo desenvolvidos com a finalidade de auxiliar na nutrição vegetal ou de acelerar seu crescimento e produtividade, mas também visam a uma grande economia de insumos graças ao menor emprego de fertilizantes industriais, abrindo o caminho para uma agricultura mais autossustentável e ecologicamente adequada. Esse raciocínio favorece cada vez mais a utilização de inoculantes microbianos que possam substituir os fertilizantes sintéticos ou que visem os tratamentos fitossanitários, para mitigação ou controle de pragas ou patógenos de plantas. Quase todos esses inoculantes são à base de RPCP, a maioria delas colonizadoras da rizosfera e muitas até endofíticas.

No mercado brasileiro, são comercializados principalmente inoculantes com bactérias fixadoras de N, destinados à lavoura da soja e com base nas bactérias *Rhizobium* spp. e *Bradyrhizobium* spp. Em menor proporção são comercializados produtos baseados em *Azospirillum* spp. para aplicação na cultura do milho e trigo. Outros tipos de inoculantes registrados no Ministério da Agricultura, Pecuária e Abastecimento (Mapa) destinam-se ao controle biológico de pragas e são formulados à base de *Bacillus thuringiensis* para o controle de lepidópteros e de *Metarhizium anisopliae* o qual é utilizado no controle da cigarrinha da pastagem no pasto ou na cana-de-açúcar. Para o biocontrole de doenças de plantas já foi comercializado o fungo *Trichoderma* spp., e vários inoculantes à base de fungos micorrízicos (FMA) estão sendo submetidos para registro no Mapa. Estamos também na fase final do lançamento de um inoculante para cana-de-açúcar constituído por cinco espécies diferentes de bactérias diazotróficas.

Em 2016, o mercado global de biofertilizantes movimentou 787,7 milhões de dólares. Estima-se que esse valor será de 1,5 bilhões de dólares em 2022 (GRAND VIEW RESEARCH, 2018).

9.2 RIZOSFERA

A rizosfera pode ser definida como a área do solo bem próxima das raízes, a qual sofre a influência da sua atividade (HILTNER, 1904). A liberação pelas raízes de compostos orgânicos de fácil degradação por microrganismos, os exsudatos radiculares, aumenta a densidade de microrganismos nessa zona. Os microrganismos rizosféricos influenciam a captação de nutrientes pela planta, aumentando ou diminuindo sua disponibilidade.

Os microrganismos presentes na rizosfera são constituídos por um subgrupo de filos bacterianos já mais ou menos conhecidos dentro dos microrganismos do solo, ainda que as comunidades de cada região sejam diferentes entre si, diferindo entre si em relação a ordens, famílias, gêneros e/ou espécies.

Na rizosfera, os microrganismos são influenciados tanto por fatores do solo como da planta. Características do solo que podem afetar a estrutura das comunidades bacterianas podem ser atributos físicos ou químicos (como textura, conteúdo de nutrientes, matéria orgânica, pH etc.) e fatores ambientais (como o clima e a vegetação) (MARILLEY; ARAGNO, 1999). As plantas modificam as propriedades físico-químicas da rizosfera, excretando e depositando entre 1% e 25% da produção fotossintética bruta, a qual inclui raízes mortas e compostos solúveis (MERBACH et al., 1999). Por meio de seus exsudatos, as plantas selecionam a comunidade rizosférica. Uma proporção dos exsudatos radiculares, constituída de açúcares, ácidos orgânicos aniônicos e aminoácidos, é facilmente degradável pelos microrganismos na rizosfera, resultando em maior densidade e atividade nessa região. Muitas e variadas bactérias da rizosfera apresentam uma íntima interação com a raiz, processo denominado de protocooperação ou mutualismo, em que a planta proporciona nutrientes para as bactérias e estas auxiliam no desenvolvimento vegetal, por meio de variados mecanismos. Por isso, são denominadas de rizobactérias promotoras do crescimento de plantas (RPCP), do inglês *plant growth promoting rhizobacteria* (PGPR) (KLOEPPER; SCHROTH, 1978).

9.3 MECANISMOS BIOLÓGICOS E BIOQUÍMICOS DAS RIZOBACTÉRIAS PROMOTORAS DE CRESCIMENTO DE PLANTAS (RPCP)

As bactérias que são dominantes na rizosfera e que até podem colonizar a raiz ou invadir outras partes da planta, onde podem ser endófitas, ao menos durante certas épocas de seu ciclo vital, beneficiam o desenvolvimento de suas hospedeiras, aumentando seu crescimento e sua produtividade, e podem atuar por meio de mecanismos muito variados. Revisões sobre esse assunto podem ser encontradas em Maheshwari (2011); Khan, Zaidi e Musarrat (2009).

Os principais mecanismos de atuação das RPCP estão descritos a seguir.

a) Fixação de N_2. Na biotecnologia vegetal, o exemplo mais relevante é a fixação biológica de nitrogênio (FBN), mediada por bactérias que recebem a denominação comum de "rizóbios", as quais nodulam as raízes dessas plantas e fixam N_2 atmosférico em simbiose com as leguminosas. Existem também inúmeras bactérias, de vida livre ou associativas, que colonizam a rizosfera, raízes ou outros órgãos vegetais, onde fazem a fixação biológica do nitrogênio (FBN), que pode ser utilizado pelas plantas.

b) Mineralização da matéria orgânica. Aumento da mineralização da matéria orgânica presente na rizosfera, disponibilizando diversos nutrientes minerais. Esse processo é altamente difundido entre as RPCP e é promovido por inúmeras espécies bacterianas e também por fungos, protozoários e certos invertebrados do solo.

c) Produção de fitormônios, como ácido indol-acético, citocininas e giberelinas, entre outros, que induzem maior crescimento vegetal, atuando no aumento de sistemas radiculares fasciculados e na maior absorção de nutrientes minerais, provocando, consequentemente, maior produtividade. Aumentos comuns devidos a este processo situam-se entre 20% e 30%, mas, em alguns casos, podem ultrapassar 80%.

d) Mobilização de fósforo, pela solubilização de fosfatos (apatitas e outras rochas fosfáticas), de micas, silicatos e feldspatos, que disponibilizam P, K, Fe ou Si na solução do solo. Essa solubilização deve-se principalmente à produção de ácidos orgânicos pelas bactérias. Já o P dos fosfatos orgânicos, de difícil obtenção por raízes de plantas, pode ser liberado por fosfatases e fitases, enzimas produzidas tanto por plantas quanto por bactérias.

e) Produção de sideróforos, que são substâncias orgânicas de baixo peso molecular e que podem ser produzidos por plantas ou por bactérias e cuja função é a quelação de todo o ferro presente na rizosfera. Assim, os sideróforos contendo Fe, ao serem absorvidos pela planta, liberam esse micronutriente no seu interior, resultando em níveis adequados para o pleno desenvolvimento vegetal, mesmo quando crescendo em solo deficiente em Fe. Esse processo, que atua na nutrição vegetal, pode também ter implicações no biocontrole, o que será visto posteriormente.

f) Controle biológico de fitopatógenos. Várias bactérias e fungos, selecionados pela rizosfera vegetal, têm a propriedade de produzir determinados antibióticos ou substâncias tóxicas que eliminam potenciais patógenos da rizosfera de plantas, fenômeno já sobejamente conhecido no caso de diversas doenças de plantas. Em certos casos, a bacterização de sementes com microrganismos antagônicos aos causadores de doenças favorecem o desenvolvimento saudável das plântulas, que ficam assim protegidas logo após a germinação das sementes, até seus tecidos se tornarem naturalmente mais resistentes à colonização por parasitas e patógenos.

g) Resistência a estresses abióticos: enquadram-se aqui todas as RPCP que tornam as plantas mais tolerantes a extremos climáticos, como as altas temperaturas, secas prolongadas, salinidade, acidez do solo e outras condições do seu hábitat de crescimento. Sua importância vem aumentando gradativamente, principalmente por causa das mudanças climáticas que vêm ocorrendo.

h) Resistência sistêmica e facilitação biótica. Algumas bactérias favorecem seus hospedeiros por meio de processos que atuam no incremento da germinação das sementes ou pela indução da resistência sistêmica. Outras bactérias são conhecidas por favorecer a colonização de plantas por fungos micorrízicos arbusculares ou pelos ectomicorrízicos. Com relação a este último mecanismo, já foram relatados casos de bactérias promotoras de maior colonização dos tecidos vegetais por esses fungos, as quais ficaram conhecidas como *mycorrhizal helper bacteria*, em português, bactérias auxiliares das micorrizas (WU et al., 2012). Não há dúvida de que outros mecanismos sutis de cooperação serão ainda descobertos, podendo vir a ter utilização na biotecnologia agrícola.

As RPCP mais conhecidas estão entre as espécies de *Pseudomonas*, consideradas predominantes em rizosferas vegetais, além de *Arthrobacter, Beijerinckia, Ewingella, Azotobacter, Bacillus, Flavobacterium, Azospirillum, Herbaspirillum, Burkholderia, Klebsiella*, entre outras. *Rhizobium* e *Bradyrhizobium* (as clássicas fixadoras de nitrogênio em leguminosas) atuam também no controle de doenças de cereais e de outras plantas e na solubilização de fosfatos.

Como um dos inúmeros exemplos práticos, podemos citar a *Pseudomonas aeruginosa*, que foi pesquisada por dois anos no campo, nas rizosferas de batata, amendoim, girassol e tomate, atuando concomitantemente na produção de ácido indol-3-acético (AIA), na solubilização de fosfatos, na produção de sideróforos, no antagonismo contra patógenos, no maior crescimento de raízes e parte aérea e no incremento significativo da produção de sementes (KUMAR; PANDEY; MAHESHWARI, 2009).

9.4 BACTÉRIAS FIXADORAS DE NITROGÊNIO ATMOSFÉRICO SIMBIÓTICAS COM PLANTAS

Além da associação clássica entre rizóbios e leguminosas, ainda existem diversos outros sistemas de plantas em simbiose com bactérias fixadoras de N_2. Entre outras, podemos citar a associação simbiótica de determinadas árvores florestais com as actinobactérias do gênero *Frankia*. Essas plantas formam nódulos radiculares conhecidos pelo nome de actinorrizas e são utilizadas principalmente como quebra-ventos ou na revegetação de áreas degradadas. Trata-se dos gêneros vegetais *Casuarina* e *Alnus*, entre outros.

Por outro lado, plantas da família Cycadaceae associam-se com a cianobactéria diazotrófica *Nostoc*, a qual se aloja em cavidades das suas raízes. A samambaia aquática *Azolla*, juntamente com o seu simbionte *Anabaena azollae*, desenvolve-se em áreas inundadas. Como esse sistema possui alta eficiência na fixação do nitrogênio atmosférico, o crescimento de *Azolla* em cultivos de arroz de baixada contribui significativamente para a fertilização nitrogenada do arroz. Essa técnica tem importância histórica na produtividade dos arrozais em países como China, Filipinas, Vietnã e outros, cuja alimentação foi sempre baseada na rizicultura.

Finalmente, a família das plantas leguminosas (Fabaceae) forma, em conjunto com o grupo bacteriano genericamente denominado de "rizóbios", a associação simbiótica de maior importância e impacto econômico na agricultura (BISWAS; GRESSHOFF, 2014). A Tabela 9.1 apresenta alguns exemplos de Fabaceae e seus valores de fixação nitrogenada quando associadas a rizóbios. A descoberta de que a ervilha podia formar nódulos nas raízes, os quais continham bactérias, já foi reportada há quase 130 anos, e não houve grande demora para que os pesquisadores percebessem que as plantas noduladas por rizóbios continham mais nitrogênio em seus tecidos (HELLRIEGEL, 1886).

Durante um longo período, toda e qualquer bactéria isolada de nódulos em leguminosas era chamada de rizóbio, ou, ainda, *Rhizobium*, gênero no qual foram descritas várias espécies, em consonância com as plantas que se associavam com cada um desses isolados. Verificou-se, pois, que algumas plantas dessa família eram muito específicas com relação a sua bactéria simbiótica, enquanto outras eram bastante promíscuas. Bem mais tarde, com o advento de pesquisas mais voltadas para a fisiologia das bactérias e, sobretudo, com a introdução de técnicas moleculares, foi possível fazer estudos mais detalhados nessas bactérias. Logo se percebeu que ocorria grande diversidade filogenética entre os isolados, e foi então que o gênero bacteriano *Rhizobium* teve de ser subdividido. Atualmente, conhecem-se os gêneros *Rhizobium*, *Bradyrhizobium*, *Mesorhizobium*, *Azorhizobium*, *Sinorhizobium*, *Allorhizobium*, *Blastobacter*, *Devosia*, *Methylobacterium* e *Ochrobactrum*, todos classificados como alfaproteobactérias (LEMAIRE et al., 2015). Além disso, nos últimos dez a vinte anos, o estudo dos rizóbios de várias leguminosas arbóreas florestais da região tropical revelou a predominância do gênero *Burkholderia* nos seus nódulos, principalmente em plantas da América Latina. Após uma relutância inicial dos pesquisadores, hoje está plenamente aceito que essas plantas têm como simbiontes o gênero *Burkholderia* e talvez o gênero *Ralstonia* (CHEN et al., 2005). Essas bactérias são classificadas como betaproteobactérias. Lammel et al. (2015) descreveram diferentes estirpes do gênero *Burkholderia* em nódulos de espécies arbóreas de *Mimosa* e encontraram que a coinoculação de *Burkholderia* com micorrizas arbusculares é uma tecnologia promissora para ser utilizada em projetos de reflorestamento com *Mimosa* spp.

Tabela 9.1 Estimativa das quantidades de N fixado anualmente por leguminosas de interesse agrícola

Leguminosa	(kg N ha^{-1} Ano^{-1})
Soja	176
Feijão	23
Grão de bico	58
Ervilha	86
Lentilha	51
Fava	107
Amendoim	88
Outras leguminosas	41

Fonte: Herridge, Peoples e Boddey (2008).

Além disso, a pesquisa da interação entre a soja e seu microssimbionte, o rizóbio *Bradyrhizobium japonicum*, deu-nos a chance de aprender detalhes insuspeitados sobre todo o mecanismo simbiótico da fixação biológica do N$_2$ e dos seus processos fisiológicos. Sabe-se, hoje em dia, que a nodulação das raízes é precedida por uma interação harmônica entre os simbiontes, durante a qual ocorre uma troca de sinais bioquímicos, modulados por fatores genéticos e ambientais. Para a formação da simbiose, deve haver interação entre os genótipos da planta e da bactéria. As plantas inoculadas formam novas proteínas, chamadas de nodulinas, que são diferentes daquelas que existem na planta ou na bactéria quando estas crescem isoladamente. Nesse caso, as bactérias, protegidas e bem supridas por compostos energéticos de seus hospedeiros, podem alcançar valores muito elevados (ver Tabela 9.1) de fixação de nitrogênio. Isso resulta em alta produtividade nas leguminosas, e ainda pode restar nitrogênio adicional incorporado ao solo após a colheita, o que irá favorecer outros plantios em sequência.

Ocorreram grandes aprimoramentos na tecnologia de produção de inoculantes de rizóbio e no manejo das culturas. Grande parte dessa pesquisa foi desenvolvida no

Brasil, especialmente com relação à cultura da soja, e hoje chegou-se ao ponto em que as plantas de soja que foram inoculadas com rizóbios conseguem obter todo o nitrogênio necessário para seu desenvolvimento máximo, sem precisar de fertilizantes nitrogenados. O desenvolvimento desse sistema de manejo rendeu ao Brasil economias de até 15 bilhões de reais por ano, visto que a importação de adubos nitrogenados para a soja é financeiramente insustentável e a aplicação de inoculantes é uma prática com preços quase irrisórios (HUNGRIA et al., 2006).

A impossibilidade de resumir em poucas páginas tudo o que já se sabe sobre essa interação nos impede de fornecer aqui maiores detalhes desse processo, sobre o qual já se publicaram inúmeros livros e milhares de artigos científicos. Vamos nos ater, a seguir, àquelas bactérias que são classificadas como RPCP.

9.4.1 A IMPORTÂNCIA DAS BACTÉRIAS DIAZOTRÓFICAS NA DISPONIBILIZAÇÃO DE NITROGÊNIO EM PLANTAS NÃO LEGUMINOSAS

O N é o principal nutriente a limitar a produção de diferentes culturas agrícolas devido à sua carência na maioria dos solos. A principal reserva de N na biosfera é o N molecular da atmosfera, entretanto, este não pode ser assimilado diretamente pelas plantas. O N atmosférico é incorporado ao solo principalmente através do processo da fixação biológica do N_2 (FBN), que é realizado por algumas bactérias conhecidas como bactérias diazotróficas. Essas bactérias são detentoras do complexo enzimático nitrogenase, que permite a conversão do N atmosférico a NH_4 em condições de pressão e temperatura normais, o que é impossível para quaisquer outros seres vivos.

Entretanto, a transferência de N da atmosfera para o solo não é exclusivamente biológica, mas pode também ser mediada pela ação dos raios e relâmpagos nas tempestades, que são responsáveis por 10% da contribuição global e pela indústria dos fertilizantes, que produz 25% do N presente nos fertilizantes industriais, enquanto a FBN produz aproximadamente 60% (BACA; SOTO; PARDO, 2000) de todo o nitrogênio incorporado aos solos.

Na segunda metade do século XX e nas primeiras décadas do século XXI também se intensificaram os estudos sobre a FBN em bactérias que não fazem simbiose com plantas, as assim chamadas bactérias de vida livre, que podem aparecer em grande abundância em certos ecossistemas (DÖBEREINER, 1953). Aos poucos, ficou claro que muitas dessas bactérias, embora não simbióticas, prevaleciam em ambientes com grande armazenamento de substâncias orgânicas energéticas. O processo bioquímico que reduz o nitrogênio gasoso a nitrogênio combinado nas bactérias diazotróficas, inacessível aos demais seres vivos, consome grande quantidade de energia na forma de ATP e, portanto, depende de uma fonte de fornecimento dessa energia para sua instalação e manutenção. Em consequência, grande parte dos microrganismos diazotróficos se associa a raízes de plantas, das quais podem adquirir o Carbono, retribuindo com fixação de N que é partilhado com a planta, podendo ter hábitos rizosféricos ou até endofíticos. Esse processo se chama "fixação associativa".

Entre as bactérias diazotróficas associativas, podemos destacar um grupo variado que se associa com as gramíneas (Poaceae) (DÖBEREINER, 1992). Sobressaem-se alguns gêneros e espécies, como *Azotobacter* associado a grama-batatais (*Paspalum notatum*), *Herbaspirillum* com arroz e cana-de-açúcar, dezenas de espécies de *Azospirillum* ligadas à rizosfera de capins e pastagens, como o capim-elefante e a *Brachiaria*, ou de cereais (milho, trigo, sorgo). Uma descoberta especialmente significativa para o Brasil foi a existência do *Gluconoacetobacter diazotrophicus* em cana-de-açúcar não na rizosfera dessa planta, mas no interior dos colmos, e que traz grande contribuição para a nutrição nitrogenada dessa planta (BODDEY et al., 1995).

A incorporação de N ao sistema solo-planta pelas bactérias diazotróficas não simbióticas vem sendo amplamente estudado com a finalidade de avaliar o potencial real de sua utilização nos sistemas de produção agrícola. Na cultura da cana-de-açúcar, resultados a campo sugerem que, em determinadas condições, cerca de 60% de todo o N acumulado pelas plantas podem vir da FBN (BODDEY et al., 2001).

Apesar de o Brasil ser referência em pesquisas na área de FBN por bactérias associadas a gramíneas (Poaceae), até recentemente não existiam inoculantes comerciais com essas bactérias. O primeiro inoculante desenvolvido seguindo os protocolos da legislação brasileira para plantas não leguminosas foi fruto de uma parceria entre a Empresa Brasileira de Pesquisa Agropecuária (Embrapa–Soja) e a Universidade Federal do Paraná (UFPR). Esse inoculante é recomendado para as culturas do milho (*Zea mays* L.) e do trigo (*Triticum aestivum* L.) e atualmente inclui duas estirpes de *Azospirillum brasilense,* Ab-V5 e Ab-V6 (HUNGRIA et al., 2010).

Hungria et al. (2010) reportaram a instalação de experimentos de inoculação em Londrina e Ponta Grossa (Paraná) com milho e trigo, e o inoculante utilizado foi turfoso com nove diferentes estirpes. A dose de N fertilizante aplicada às plantas inoculadas foi baixa, 20 kg de N ha^{-1}. No milho, o rendimento médio dos tratamentos inoculados com esse inoculante misto foi 24% a 30% superior ao do tratamento controle, dependendo da estirpe utilizada. Quanto ao trigo, a inoculação com estirpes de *Azospirillum brasilense* Ab resultou em incremento significativo médio no rendimento de grãos de 13% a 18%. Hoje também já foi demonstrado pela Embrapa-Soja que a inoculação de *Azospirillum* spp. em soja, juntamente com o rizóbio simbiótico pode ter uma ação sinérgica, aumentando a fixação de nitrogênio.

Atualmente, pesquisadores da Embrapa Agrobiologia já desenvolveram um inoculante para a cultura da cana-de-açúcar. Em experimentos de inoculação em casa de vegetação e a campo, selecionaram cinco estirpes de bactérias diazotróficas para a formulação de um inoculante biológico. O inoculante é composto por uma mistura das seguintes estirpes diazotróficas endofíticas: *Gluconacetobacter diazotrophicus* PAL5T, *Azospirillum amazonense* CBAmC, *Herbaspirillum seropedicae* HRC54, *Herbaspirillum rubrisubalbicans* HCC103 e *Burkholderia tropica* PPe8T. As plantas micropropagadas de cana-de-açúcar, crescidas em vaso durante doze meses, mostraram que essas bactérias foram responsáveis por cerca de 30% do N nas plantas, dependendo da combinação das bactérias utilizadas (OLIVEIRA et al., 2002). Oliveira et al. (2006) demonstraram também que o uso desse inoculante proporcionou uma grande contribuição na aquisição de N, quando aplicado na variedade SP70-1143, em solo de baixa fertilidade. Com esse inoculante, a produtividade foi similar à de áreas que receberam a dose recomendada do fertilizante nitrogenado, e foi possível demonstrar que de fato ocorrera a colonização da cana-de-açúcar por meio das técnicas de hibridização *in situ* por fluorescência (FISH) e a contagem bacteriana pelo número mais provável. A maior colonização de três das cinco estirpes ocorreu quando se utilizou a mistura das cinco estirpes (OLIVEIRA et al., 2009).

Outra cultura na qual a inoculação de diversas bactérias diazotróficas tem apresentado resultados importantes é o arroz. A inoculação de *Burkholderia vietnamiensis* TVV75, em condições de campo, mostrou incrementos de 13% a 22% na produção de grãos, conforme demonstrado por Trân Van et al. (2000). Os autores calcularam que a inoculação respondeu por cerca de 25 a 30 kg de N presentes nos tecidos. Estudos realizados por Baldani, Baldani e Döbereiner (2000) mostraram que a inoculação de *Burkholderia brasilensis* aumentou em 69% a biomassa das plantas e contribuiu com 31% do total de N da planta. A contribuição de N derivado da FBN foi de 31% e 54%, respectivamente, quando as plantas de arroz foram inoculadas com as estirpes *Herbaspirillum seropedicae* ZAE94 e ZAE67. A inoculação da estirpe *Azospirillum amazonense* Y2 em arroz, cultivado em casa de vegetação, aumentou a massa seca de grãos em 7% a 11,6% e o número de panículas em 3% a 18,6%. Além disso, a acumulação de nitrogênio na maturação aumentou de 3,5% a 18,5%, enquanto a contribuição da FBN foi de 27% (RODRIGUES et al., 2008).

9.5 OTIMIZAÇÃO DA FERTILIZAÇÃO FOSFATADA PELO USO DE BACTÉRIAS MOBILIZADORAS DE FOSFATO

A baixa disponibilidade de fósforo (P) no solo limita o crescimento das culturas e, consequentemente, a produtividade agrícola, principalmente em países em desenvolvimento, onde o acesso a fertilizantes fosfatados é restrito. Além disso, nas regiões tropicais, há predominância de solos muito antigos, bastante lixiviados e ácidos, cuja fração argilosa é representada principalmente por óxidos de ferro e de alumínio e que têm grande atuação na fixação do P, tornando-o indisponível para as plantas. Como matéria-prima para a produção de fertilizantes minerais fosfatados são usadas rochas fosfáticas, porém, trata-se de um recurso finito e não renovável. Alguns autores afirmam que as reservas mundiais atuais de rocha fosfática conseguirão atender à demanda desses fertilizantes apenas pelos próximos cinquenta a cem anos antes de se esgotarem (CORDELL; DRANGERT; WHITE, 2009). Em função desse panorama, existe uma crescente preocupação mundial sobre a utilização mais sustentável e equitativa das fontes de P na agricultura e a necessidade de melhorar a eficiência dos fertilizantes fosfatados em diferentes sistemas agrícolas.

Os microrganismos são essenciais no ciclo do P no solo e desempenham um importante papel na disponibilidade de fosfato inorgânico (Pi) para as plantas, podendo aumentar ou diminuir a disponibilidade de Pi (Figura 9.1). Os chamados microrganismos mobilizadores de P (MMP) aumentam sua disponibilidade por meio da solubilização e mineralização do P no solo. Por outro lado, a estimulação do crescimento das raízes e dos pelos radiculares, induzida por outros microrganismos, leva ao aumento da captação de P pela planta. A quantidade de P presente na biomassa microbiana que poderia ser disponibilizada para a planta é variável e influenciada pela quantidade de carbono no solo. A captação de Pi pela biomassa microbiana (imobilização) pode reduzir o Pi disponível para a vegetação; entretanto, o *turnover* (retorno ou mineralização) da biomassa pode liberar P gradualmente, evitando sua fixação no solo em formas menos disponíveis.

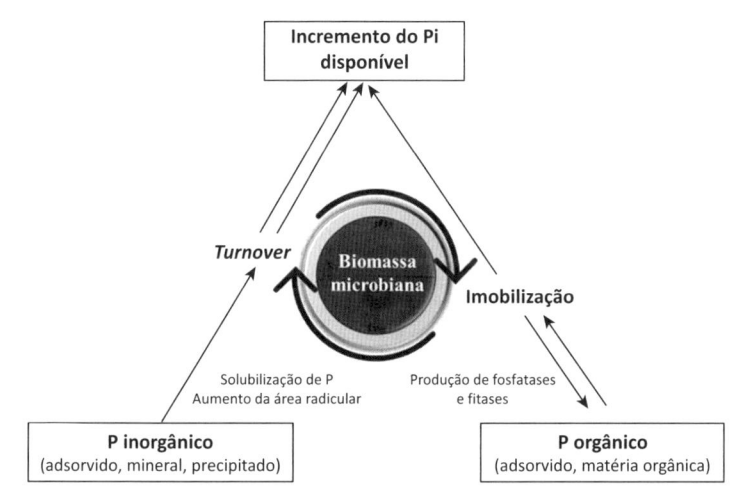

Figura 9.1 Representação da importância dos microrganismos na disponibilidade do P no solo. Os microrganismos podem aumentar a disponibilidade de fosfato no solo por meio de reações de solubilização e mineralização (ESTRADA-BONILLA et al., 2017). *Turnover* é o retorno ou mineralização da biomassa.

Sabe-se que grande número de microrganismos presentes no solo é capaz de solubilizar o Pi. Estima-se que 1% a 50% das bactérias e 0,5% a 1% dos fungos do solo podem ser classificados como microrganismos solubilizadores de Pi (GYANESHWAR et al., 2002). A liberação de prótons por microrganismos pode alterar o pH da solução do solo nas proximidades da célula, mudando a disponibilidade dos nutrientes minerais. A solubilização do Pi pela acidificação é associada principalmente ao Pi ligado ao Ca. A acidificação não explica totalmente a capacidade de solubilizar Pi devido à capacidade tampão dos solos, e foi estabelecido que, com a liberação de prótons para o meio externo, também são liberados ácidos orgânicos aniônicos (AOA) (CASARIN et al., 2003).

Nas condições dos solos tropicais, os microrganismos que liberam AOA carboxilados de baixa massa molecular como mecanismo de solubilização do Pi apresentam alto potencial biotecnológico. A diminuição do pH do meio não é causada pela liberação de AOA, e sim pela maior secreção de prótons por raízes para compensar as cargas líquidas negativas. A solubilização de Pi por AOA é causada por ação das cargas negativas ou em decorrência das propriedades de complexação. Por se tratar de ânions, estes podem mobilizar o Pi da superfície de óxidos metálicos por meio da troca de ligantes ou melhorando a dissolução de óxidos de Fe ou Al e fosfatos de Ca, resultando no enfraquecimento das ligações minerais devido à adsorção prévia do ânion orgânico e/ou por quelação (OBURGER; JONES; WENZEL, 2011).

A utilização do fósforo orgânico (Po) presente no solo e que pode ser absorvido pelas plantas requer a mineralização (hidrólise) de substratos orgânicos por enzimas fosfatases, que podem ser provenientes das próprias plantas ou dos microrganismos presentes na rizosfera. O aumento da produção de fosfatases na rizosfera, em condições de deficiência de P, é observado em diversas espécies de plantas e principalmente em solos deficientes em P disponível (RICHARDSON; SIMPSON, 2011). Embora as raízes das plantas possam produzir fosfatases ácidas, raramente produzem grandes quantidades de fosfatases alcalinas, sugerindo que este é um nicho potencial para a inoculação de MMP.

A inoculação de MMP pode alterar as propriedades da rizosfera. Ramesh et al. (2014) demonstraram o aumento da atividade das fosfatases ácidas e alcalinas ao inocular *Bacillus aryabhattai* e relatam que MMP são importantes no ciclo do Po presente no solo. No entanto, é difícil determinar se as fosfatases foram liberadas pela raiz ou pelos MMP. Outro desafio é determinar se o aumento no Pi do solo deveu-se à ação enzimática (bioquímica) ou à mineralização biológica (*turnover* dos microrganismos inoculados). Atualmente, ainda é pouco conhecida a relação entre os MMP inoculados no solo, a atividade da fosfatase e a mineralização posterior do Po presente na biomassa.

Devido à grande diversidade de microrganismos presentes na rizosfera com potencial para promover o crescimento vegetal, o uso de inoculantes microbianos para diminuir ou aprimorar o uso de fertilizantes minerais surgiu como uma alternativa biotecnológica. No caso do P, busca-se aumentar a disponibilidade desse nutriente para as culturas (ADESEMOYE; KLOEPPER, 2009). A inoculação de MMP em diversas culturas mostrou o aumento na disponibilidade e assimilação de nutrientes (entre os quais o P), promovendo aumento da produtividade, apesar da diminuição do uso de fertilizantes minerais (Tabela 9.2).

No laboratório de Microbiologia do Solo da Escola Superior de Agricultura "Luiz de Queiroz" (Esalq), da Universidade de São Paulo, no estudo de RPCP em pesquisas sobre a mobilização de fósforo durante a compostagem de resíduos sucroenergéticos, com adição de fosfato de rocha e duas estirpes de MMP, obteve-se maior solubilização do P ligado à rocha no composto que continha as bactérias, em comparação com aquele que só recebeu o fosfato de rocha. Já em experimentos de inoculação com RPCP em mudas de cana-de-açúcar adubadas com esse composto, estas também apresentaram maior acúmulo de P por unidade de matéria seca após 75 dias de crescimento (ESTRADA-BONILLA et al., 2017), resultado que depois foi confirmado em experimento de campo.

Apesar dos resultados promissores na literatura (Tabela 9.2), o uso de inoculantes biológicos de MMP para melhorar a fertilização fosfatada ainda é restrito a alguns países, como Estados Unidos, Canadá e Índia. Nesses países, os produtos comerciais utilizam principalmente isolados de *Penicillium* spp. Esse fungo apresenta um elevado potencial para o desenvolvimento de inoculantes graças à capacidade de solubilizar P em diversas condições de laboratório, à facilidade de produção e por colonizar de forma não específica a rizosfera de diferentes plantas (HARVEY; WARREN; WAKELIN, 2009). Os resultados positivos utilizando *Penicillium* spp. em diversos solos ainda precisam ser confirmados a fim de assegurar que o efeito observado é consequência direta da mobilização de P no solo, e não decorrente de efeitos indiretos como a produção de fitormônios.

Tabela 9.2 Efeito da inoculação de microrganismos mobilizadores de P sobre o desenvolvimento de culturas em experimentos em casa de vegetação (CV) e campo (CA)

Microrganismo solubilizador de P	Cultura	Resultado da inoculação	Referência
Bacillus thuringiensis	Canola – CV	Aumento de 30% a 54 % no número de vagens, aumento de 35% na produção	De Freitas, Banerjee e Germida (1997)
Burkholderia vietnamiensis	Arroz irrigado –CA	Aumento de 13% a 22% na produção de grãos	Trân Van et al. (2000)
Mesorhizobium mediterraneum	Cevada e grão de bico – CV	Aumento do conteúdo de P de 100% e 125%, aumento de nutrientes na parte aérea	Peix et al. (2001)
Penicillium sp.	Trigo, lentilha – CA	Incrementos na parte aérea e biomassa em sete de nove experimentos	Wakelin et al. (2007)
Biagro: *Pseudomonas fluorescens, Bacillus subtilis, Bacillus amyloliquefaciens, Candida tropicalis*	Arroz irrigado – CA	Aumento da produção de colmos de 3% a 5%, aumento da produção de grãos de 1,72 a 3,58 t ha^{-1}	Cong et al. (2011)
Bacillus sp.	Arroz sequeiro – CV	Aumento da biomassa em 54% a 85%, aumento do P nas folhas	Panhwar et al. (2011)
Burkholderia vietnaminensis, Herbaspirillum seropedicae	Arroz irrigado – CV	Aumento de 33% a 47% na produtividade, aumento na eficiência do uso do fertilizante nitrogenado	Estrada et al. (2013)
Azotobacter chrooccocum, Klebsiella variicola	Milho – CV	Aumento de 29% a 39% na biomassa da raiz e parte aérea, aumento na concentração de P nas folhas	López-Ortega et al. (2013)
Pseudomonas putida	Tomate – CV	Aumento de 67% na massa fresca da parte aérea e de 58% na massa fresca da raiz	Pastor et al. (2014)

9.6 PRODUÇÃO DE AUXINAS POR RPCP – EFEITOS NO CRESCIMENTO DE PLANTAS

Os fitormônios são mensageiros químicos que promovem e regulam o crescimento e o desenvolvimento da planta. Os fitormônios frequentemente são divididos em cinco classes principais: auxinas, citocininas, giberelinas, ácido abscísico e etileno, embora recentemente se tenha demonstrado a atividade hormonal de outros compostos, como as estrigolactonas e os brassinosteroides (SANTNER; ESTELLE, 2009). Em meio de cultura, diversas bactérias isoladas do solo e associadas a plantas produzem fitormônios, porém, sua contribuição na promoção de crescimento vegetal não foi comprovada para todos. Por esse motivo, neste texto, nos restringiremos ao caso mais documentado: a produção de auxina.

O grupo de moléculas que apresenta atividade de auxina é fundamental em diversos aspectos do crescimento e desenvolvimento da planta. A auxina mais abundante e melhor caracterizada é o ácido indol-3-acético (AIA). Para sua biossíntese, o principal precursor é o triptofano, entretanto, múltiplas vias de biossíntese foram descritas em microrganismos associados às plantas, incluindo alguns patogênicos. A produção de auxinas é uma característica comum em muitas bactérias do solo associadas à planta. Cerca de 80% das bactérias isoladas da rizosfera são capazes de produzir AIA, indicando um possível papel na interação com o seu crescimento (PERSELLO-CARTIEAUX; NUSSAUME; ROBAGLIA, 2003).

A observação de que muitas RPCP produzem AIA e experiências de inoculação com estirpes mutantes defectivas na produção de auxinas levaram à conclusão de que a produção de auxinas é uma característica importante na promoção do crescimento vegetal (SPAEPEN; VANDERLEYDEN; REMANS, 2007). Em experimentos de inoculação, foi demonstrada uma relação direta entre a produção de AIA por *Azospirillum* e alterações na morfologia de raízes de trigo (DOBBELAERE et al., 1999). Esses resultados foram corroborados por Spaepen et al. (2008), mostrando que a aplicação da estirpe selvagem de *Azospirillum brasilense* encurtou a raiz e aumentou a formação de pelos radiculares, enquanto a estirpe mutante (na qual a síntese de AIA foi reduzida pela interrupção do gene *ipdC*) não induziu tais mudanças. Esses experimentos demonstraram que as alterações radiculares detectadas em plantas inoculadas com *Azospirillum* podem explicar o aumento na absorção de minerais pela planta e levantaram a hipótese de que a produção de auxinas pelas bactérias leva à proliferação das raízes, resultando em uma superfície específica de contato maior, o que permite à planta absorver maior quantidade de nutrientes e água.

Em estudos práticos com árvores nativas do Brasil, como *Araucaria angustifolia*, foram obtidos isolados de Pseudomonadaceae, Enterobacteriaceae e de Bacillaceae com grande potencial para a produção de AIA e de sideróforos, além de potencial para a solubilização de fosfatos e, ainda, apresentando antagonismo contra certos patógenos vegetais (RIBEIRO; CARDOSO, 2012). Em outras pesquisas, observou-se que actinobactérias, também provenientes da mata de araucárias apresentavam múltiplos mecanismos inerentes à RPCP (VASCONCELLOS; CARDOSO, 2011). Os mesmos autores encontraram uma espécie de *Streptomyces* que favorece a germinação de esporos de *Gigaspora margarita*, que é um fungo micorrízico arbuscular, muito eficiente na promoção de crescimento em araucária. Outro isolado de *Streptomyces* produziu um grande incremento no crescimento de *Pinus taeda*, quando na presença de fungo ectomicorrízico (EM), embora o fungo EM sozinho não tenha favorecido o crescimento vegetal. Gumiere et al. (2014) reportaram que a inoculação de AIA proveniente de RPCP em plântulas de *A. angustifolia* resultou em curva de crescimento ascendente dessas plantas, de acordo com o incremento do AIA sintetizado pelas bactérias rizosféricas. Uma revisão sobre RPCP em gimnospermas pode ser encontrada em Cardoso et al. (2011) (Figura 9.2), parte de um livro que versa inteiramente sobre RPCP.

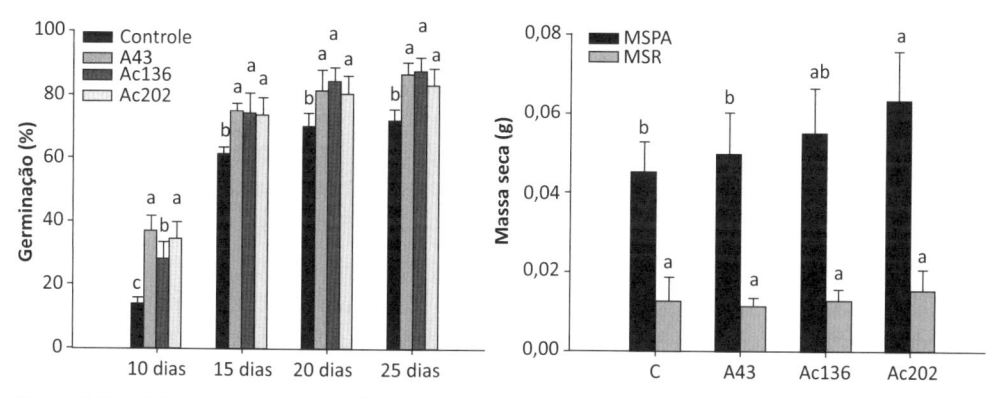

Figura 9.2 Efeito de três isolados de RPCP sobre a germinação de sementes e na biomassa seca de plântulas de *Pinus taeda* (MSPA, massa seca da parte aérea; MSR, massa seca da raiz).

9.7 O PAPEL DOS MICRORGANISMOS NA RESISTÊNCIA AO ESTRESSE ABIÓTICO

O estresse abiótico compromete o desenvolvimento das plantas, impactando negativamente o rendimento de diversas culturas ao redor do mundo, causando perdas de até 50%. Na atualidade, as mudanças climáticas causam limitações adicionais nas condições físicas dos solos nos trópicos, e os impactos sobre o desenvolvimento vegetal se apresentam como estresses abióticos, representados principalmente pela seca, pela salinidade e pelas temperaturas extremas. Tais estresses podem se apresentar conjuntamente em áreas tradicionalmente usadas para a agricultura.

Fatores abióticos geralmente não se apresentam isolados, por exemplo, a seca costuma ser acompanhada de incrementos drásticos na temperatura. Como efeitos secundários, observam-se também grandes aumentos de sais nos solos, provenientes da adubação e irrigação. As plantas toleram diferentes faixas de temperatura e, a depender de sua fisiologia, a temperatura considerada ótima para algumas espécies pode ser prejudicial para outras. Algumas plantas, provenientes de clima quente, ainda apresentam danos fisiológicos quando submetidas a temperaturas entre 10 °C e 15 °C. Exemplos com importância agrícola são o milho (*Zea mays*), a soja (*Glycine max*), o algodão (*Gossypium hirsutum*), o tomate (*Lycopersicon esculentum*) e a banana (*Musa* sp.) (MAHAJAN; TUTEJA, 2005).

Devido à sua importância na agricultura, os estresses abióticos vêm ganhando notoriedade nos projetos de pesquisa, impulsionados pelas mudanças climáticas que estão ocorrendo no planeta nos últimos vinte anos. Pesquisas desenvolvidas na última década, utilizando RPCP, demonstram que sua aplicação é uma tecnologia potencial para enfrentar essa problemática, apresentando ampla projeção mundial nos dias atuais (YANG; KLOEPPER; RYU, 2009).

Estudos desenvolvidos no Brasil com bactérias do gênero *Bacillus*, isolados de cacto, mostram grande potencial para aumentar a resistência ao estresse em culturas de interesse econômico como o milho (KAVAMURA et al., 2013). Em plantas de milho, o impacto do estresse causado pela falta de água foi atenuado quando as plantas passaram a ser inoculadas com RPCP, como *Burkholderia phytofirmans*. Os efeitos do estresse sobre o desenvolvimento da planta foram reduzidos de 30% a 40% (NAVEED et al., 2014). Em leguminosas como o feijão e a soja, a inoculação das plantas com *Pseudomonas aeruginosa* (SARMA; SAIKIA, 2014) e *Azotobacter* e *Azospirillum* (ZAKIKHANI et al., 2012), respectivamente, mostraram aumentos na biomassa e no rendimento das culturas, quando submetidas ao estresse hídrico e comparadas com as plantas sem inoculação.

No que diz respeito ao estresse causado pelo incremento da salinidade nos solos, autores encontraram resultados promissores nas culturas do milho e do trigo. Os efeitos do estresse por salinidade em plantas foram atenuados quando estas foram inoculadas com os microrganismos *Azotobacter chroococcum* e *Bacillus halodenitrificans,* aumentando a biomassa das plantas e a produção das culturas (ROJAS-TAPIAS et al., 2012)

Não existe um mecanismo único pelo qual os microrganismos induzem a proteção da planta em condições de estresse abiótico. Na verdade, existe uma ação sinérgica entre diferentes características promotoras de crescimento vegetal, como produção de fitormônios, FBN, produção de compostos quelantes (sideróforos), solubilização de nutrientes (fósforo e potássio), secreção de metabólitos inibidores (ácido cianídrico), atividade ACC-deaminase, entre outras. Ainda, vários mecanismos aceleram o metabolismo da planta, favorecendo a multiplicação celular, acompanhada de uma absorção mais eficiente de nutrientes, o que se reflete em ganho de tempo contra os efeitos deletérios do estresse abiótico. Da mesma forma, ocorre a regulação dos níveis nocivos de etileno, provenientes da resposta da planta ao estresse, e que são regulados mediante a atividade da enzima ACC-deaminase, produzida por diversos microrganismos promotores de crescimento vegetal, sob condições de estresse abiótico (GLICK, 2014).

9.8 CONTROLE BIOLÓGICO DE DOENÇAS DE PLANTAS

O controle biológico é definido como o processo de supressão de organismos vivos deletérios e/ou patogênicos por meio da utilização de outros organismos vivos. Nesta discussão, serão abordados principalmente os microrganismos que podem suprimir ou inibir o agente patogênico por sua ação direta ou indireta, protegendo a planta.

As RPCP podem sintetizar diversos compostos por meio da atividade antimicrobiana. Esses compostos podem ser produzidos durante o metabolismo secundário, ou são moléculas proteicas derivadas da síntese ribossômica ou da síntese de peptídeos não ribossomais. As espécies microbianas mais estudadas e consideradas as mais eficientes no controle de patógenos por meio da produção de compostos antimicrobianos pertencem aos gêneros *Pseudomonas*, *Bacillus* e *Trichoderma*, sendo os mais utilizados em produtos comerciais para o controle biológico. Os compostos conhecidos e mais bem caracterizados no controle biológico são fenazinas, 2,4-diacetylfloroglucinol (2,4-DAPG), pioluteorina, pirrolnitrina, os surfactantes lipopeptídeos cíclicos, zitermicina A e bacteriocinas (BERG, 2009). Embora as estirpes biocontroladoras não promovam diretamente o crescimento da planta, podem também estimular seu crescimento. Um exemplo é *Pseudomonas fluorescens*, que produz 2,4-DAPG, o qual aumenta o efeito da inoculação de estirpes de *A. brasilense* por meio da alteração da expressão de genes envolvidos na promoção de crescimento vegetal no hospedeiro (COMBES-MEYNET et al., 2011).

A inoculação de bactérias não patogênicas na planta pode induzir resistência contra um amplo espectro de organismos fitopatogênicos. Esses mecanismos alternativos para o controle biológico incluem metabólitos produzidos por algumas bactérias que interagem com o sistema radicular vegetal e induzem a resistência sistêmica na planta contra certas bactérias patogênicas, fungos e vírus. Esse fenômeno é chamado de resistência sistêmica induzida (ISR em inglês), a qual depende, principalmente, do ácido jasmônico e do etileno na planta. Dessa forma, as plantas são preparadas para reagir mais rápida e fortemente quando ocorre um ataque de patógenos (DE VLEESSCHAUWER; HÖFTE, 2009).

Atualmente, um grupo de substâncias muito estudado é o de compostos voláteis que apresentam ação de biocontrole. Trata-se de moléculas de baixo peso molecular, muitas delas constituídas de compostos coloridos e com fragrâncias definidas, dotadas de uma função fundamental nas interações microbianas. Entre os principais produtores desses compostos encontram-se, novamente, diversas espécies de *Pseudomonas* e também de *Paenibacillus*. A *Phytophthora infestans*, que causa uma devastadora doença da batata, pode ser controlada por várias dessas substâncias voláteis, que apresentam diversas fragrâncias. É por essa razão que dizem que "ela tem um nariz muito sensível" (SHULZ, 2015).

No caso de doenças do sistema radicular, nas quais os patógenos podem acabar colonizando o solo de cultivo, este é chamado de condutivo à doença, e o controle dessas doenças é extremamente difícil. Entretanto, sabe-se que, em certas condições, podem ser encontrados solos supressivos, nos quais a doença não se desenvolve porque o patógeno não se instala. Fazendo-se o levantamento das comunidades bacterianas existentes nos solos condutivos e nos supressivos, muito poucas diferenças foram encontradas entre eles no número de *Actinobactérias*, *Beta-proteobactérias*, *Firmicutes* e *Planctomyces*, entre as quais ocorrem inúmeras espécies que comumente atuam no biocontrole. Em alguns solos supressivos, no entanto, foi encontrado um número maior de *Bacteroidetes*, *Sphingobacteriaceae*, *Chromobacteriaceae* e *Chitinophagaceae*, grupos bacterianos que costumam ter baixa representatividade nas comunidades do solo. Assim, as diferenças entre as comunidades bacterianas de solos condutivos e supressivos não são de natureza filogenética, mas de natureza funcional, ou seja, as diferenças encontradas devem-se sobretudo às diferentes espécies bacterianas que os compõem. As funções protetoras, nesse caso, estão mais difundidas nas beta e gama-proteobactérias, e especialmente nos gêneros *Pseudomonas* e *Burkholderia*. Em espécies deste último gênero, foram encontrados novos compostos com ação bioprotetora, como dimetilsulfeto e surfactantes, agentes antifúngicos como burkholdinas, ocidiofunginas, ornibactina e malleobactina, entre outros.

Outro gênero que se destaca no biocontrole em solos supressivos é o *Bacillus*, do filo Firmicutes, a mais comum bactéria Gram-positiva formadora de endósporos e que já vem sendo empregada no biocontrole em sistemas agrícolas e florestais. A sua frequência no solo é influenciada pelo tipo de planta e pelas características do solo.

Um sistema de controle biológico de doenças de plantas bastante difundido é o de certas bactérias que secretam sideróforos, os quais sequestram todo o Fe presente na rizosfera, mesmo na forma insolúvel de $Fe(OH_3)$, normalmente indisponível para as plantas. A rizosfera, estando totalmente deficiente em Fe, impede o crescimento de muitos dos fitopatógenos, o que resulta na eliminação do agente patogênico nesse local. No Brasil, com relação a doenças de essências florestais, foi verificado que isolados de *Streptomyces* foram muito eficientes no controle biológico dos agentes causais *Armillaria mellea*, *Fusarium oxysporum* e *Cylindrocladium* spp., que são patogênicos à araucária, ao pinus e a outras plantas (VASCONCELLOS; CARDOSO, 2011). Estudando o controle biológico de duas doenças de coníferas em pinus, foram encontrados três isolados de *Streptomyces* que mostraram a inibição dos patógenos "*in vitro*" (Figura 9.2). Para o controle biológico de doenças do eucalipto, principalmente doenças de viveiro, já existem inoculantes à base de antagonistas, com destaque para *Burkholderia* spp.

Uma das primeiras teses de mestrado a versar sobre biocontrole no Brasil abordou o controle biológico de *Fusarium oxysporum* f. sp. *phaseoli* do feijoeiro (CARDOSO, 1968), no então recém-instituído curso de Pós-Graduação em Fitopatologia da Escola Superior de Agricultura "Luiz de Queiroz", da USP. Nesse trabalho, também foi demonstrado que todas as plantas, embora saudáveis, se apresentam colonizadas internamente com os mais variados fungos e bactérias, os quais, em determinadas circunstâncias, podem funcionar como agentes de biocontrole. Posteriormente, seguiram-se muitos outros estudos na ESALQ, na Universidade Federal de Viçosa (UFV), na Universidade Rural do Rio de Janeiro (UFRRJ), na Universidade Rural de Pernambuco (UFRPE), na Embrapa Meio Ambiente, entre outros.

Um dos principais organismos empregados, em todo o mundo, no controle biológico de diversas doenças de plantas é o fungo *Trichoderma* spp., já disponível na forma de inoculante agrícola. Mais de vinte diferentes inoculantes de biocontrole a fitopatógenos já estão à venda no Brasil (BETTIOL; MORANDI, 2009).

9.9 FUNGOS MICORRÍZICOS

Outro grupo bastante promissor de microrganismos é constituído pelos fungos micorrízicos, relacionados a uma maior produtividade vegetal, cada vez mais necessária para alimentar um número de humanos em contínuo crescimento e que deverá atingir os 9 bilhões até 2050. Os fungos micorrízicos, em simbiose mutualista com as plantas, dão origem às micorrizas, estruturas constituídas de raízes colonizadas por esses fungos. As micorrizas ampliam o volume de solo explorado pela raiz e aumentam a absorção de nutrientes minerais, especialmente os de menor mobilidade, como fósforo, cobre e zinco. Entre 80% e 90% das plantas são passíveis de formação de micorrizas, podendo beneficiar-se desse mecanismo que resulta em maior crescimento e produtividade vegetal. Entre os diferentes tipos de micorrizas destacam-se as micorrizas arbusculares, constituídas por fungos da classe dos Glomeromycetos, que ocorrem em quase todas as culturas agrícolas e em muitas plantas tropicais, e as Ectomicorrizas, restritas principalmente às essências florestais de clima temperado.

No Brasil, nos anos 1970, já tivemos uma empresa produtora de mudas de plantas micorrizadas com fungos micorrízicos arbusculares (FMA). Essa empresa, a Bioplanta, teve muito sucesso entre os agricultores por fornecer mudas mais sadias, precoces e produtivas, principalmente de plantas frutíferas, mas acabou fechando suas portas por motivos políticos e logísticos.

Atualmente, no Brasil, há um grande interesse em produzir inoculantes micorrízicos, e várias empresas nacionais e estrangeiras estão em processo de experimentação junto a instituições de pesquisa a fim de obter o registro no Ministério da Agricultura, o que permitirá a venda de inoculantes micorrízicos no Brasil, como já vem ocorrendo em muitos outros países. Vários pesquisadores brasileiros na área de microbiologia do solo já participaram de projetos relacionados à comprovação da eficiência agronômica de FMA e conseguiram demonstrar os efeitos benéficos das micorrizas para as culturas agrícolas em questão. Com relação aos inoculantes de FMA, ainda existe uma problemática especial, pois são formados por fungos cujo cultivo "*in vitro*" ainda não foi possível, de modo que precisam de uma planta hospedeira viva para sua multiplicação. Por isso, são chamados de biotróficos obrigatórios. Portanto, em casos de plantações em larga escala e que são iniciadas por semeadura, é mais racional fazer-se o manejo dos FMA do que tentar multiplicá-los para o preparo de inoculantes, visto que os FMA estão naturalmente presentes nos solos. O manejo dos fungos MA implica na utilização de métodos ambientalmente recomendados, como evitar ou minimizar a aplicação de fertilizantes sintéticos altamente solúveis e/ou de pesticidas, fazer plantio direto e rotação de culturas, utilizar cobertura orgânica do solo, praticar a calagem em solos muito ácidos, aumentar a matéria orgânica do solo, entre outros. Apesar das dificuldades, no entanto, já existe um número crescente de empresas que preparam inoculantes comerciais de FMA, com produção de centenas de esporos por grama de substrato. Os detalhes desse processo são mantidos em sigilo pelas empresas (CARDOSO et al., 2010).

Nos inoculantes, pode-se também combinar os esporos de FMA com compostos orgânicos, com outros microrganismos estimulantes do crescimento vegetal, ou mesmo com fertilizantes. O preparo de inoculantes para a produção de mudas (café, citros, outras frutíferas ou hortícolas) já é possível e vem sendo bastante procurado pelos agricultores, muitos dos quais já comprovaram a vantagem do plantio de mudas micorrizadas em comparação com mudas não micorrizadas. Em contraposição, para a implantação de florestas como de pinus e eucalipto já existem inoculantes ectomicorrízicos (visto que esses fungos são cultiváveis *in vitro*), e seu uso vem se disseminando entre os silvicultores, especialmente para as essências florestais exóticas pinus e eucalipto, pois as essências florestais nacionais também se associam com FMA.

Os fungos micorrízicos são de grande importância, principalmente em regiões onde os solos são pobres ou apresentam deficiências nutricionais ou outros fatores estressantes. Assim, nas regiões tropicais, a maioria dos solos apresenta deficiência de fósforo e alta acidez. Nos locais em que ocorrem condições estressantes, como estiagens prolongadas, excesso de calor ou de chuvas, resíduos tóxicos ou solos degradados, o benefício das micorrizas é ainda maior do que quando as condições para a agricultura são adequadas ou otimizadas.

9.10 PRODUÇÃO DE INOCULANTES E SUAS CATEGORIAS

Um dos aspectos fundamentais para a utilização prática dos microrganismos no manejo agrícola é a produção de inoculantes agrícolas, que está sujeita à regulamentação de variados órgãos governamentais e instituições. O registro de um inoculante microbiano é um processo muito burocrático, exaustivo, penoso e demorado. Fala-se bastante, também, em patentear o inoculante, a fim de não se perder a primazia de sua fabricação. Este aspecto, entretanto, gera alguma controvérsia, porque a patente, que dá prioridade ao seu idealizador, às vezes pode até ser contraproducente. Assim, no Brasil, não é permitido patentear um microrganismo, mas apenas um processo. Mas, depois de patenteado, o processo não pode ser modificado, mesmo que haja evidência de novas vias mais seguras ou econômicas.

Antes de se pensar em registro, porém, existe um longo caminho de experimentação, visto que o inoculante deve ser eficiente em todas as situações para as quais foi desenvolvido, ter bom tempo de prateleira e desempenho confiável no campo, não apresentar impactos negativos no ambiente, ser compatível com fertilizantes ou defensivos agrícolas etc. São muitos anos de estudos antes de realmente ser possível pensar na sua comercialização.

Um ponto importante na produção dos inoculantes é qual o veículo que deve ser utilizado no seu preparo, se será um produto líquido ou em pó, e qual a melhor maneira de aplicação. Algumas substâncias bastante utilizadas como veículos nos inoculantes são turfa, óleo mineral, alginatos, carboximetilcelulose 0,15%, glicerina 1%, colágeno 1%, extrato de solo 1:1 etc. As RPCP também podem ser aplicadas via substratos de plantio, com o composto orgânico ou via água de irrigação.

As RPCP podem ser incluídas em diferentes categorias. Na categoria de bioestimulantes incluem-se microrganismos que estimulam o crescimento vegetal, além de outros agentes ou substâncias, como:

- Ácidos húmicos e fúlvicos
- Alguns extratos de plantas
- Hidrolisados de proteínas e outros compostos que contêm nitrogênio
- Quitosana e outros biopolímeros

- Compostos inorgânicos como Al e Si, entre outros
- Estimulantes microbianos que contêm bactérias ou fungos ou uma mistura de vários agentes.

Entre estes últimos estão aqueles que liberam auxinas ou ativam as vias de crescimento vegetal mediadas por auxinas, incrementam a proliferação de raízes laterais ou o tamanho dos pelos radiculares ou auxiliam na absorção de nutrientes e assim atuam na economia de fertilizantes, diminuindo as perdas para o ambiente (DU JARDIN, 2014).

Podem ser chamados de bioestimulantes as micorrizas arbusculares, os microrganismos solubilizadores de fosfato (*Pseudomonas* spp., *Bacillus* spp.) e os diazotróficos (*Rhizobium*, *Azotobacter*, *Azospirillum*). No entanto, os microrganismos indutores de resistência sistêmica de plantas contra patógenos (*Bacillus*, *Pseudomonas*, *Trichoderma*) e aqueles que atuam na supressividade de solos a patógenos de plantas não devem ser enquadrados entre os bioestimulantes, e sim considerados agentes de biocontrole. As cianobactérias envolvidas em mecanismos de retenção de água em plantas, por exemplo, são chamadas apenas de RPCP. Os bioestimulantes são, portanto, também enquadrados como biofertilizantes, mas biocontrole e bioestimulação são mutuamente excludentes.

REFERÊNCIAS

ADESEMOYE, A. O.; KLOEPPER, J. W. Plant-microbes interactions in enhanced fertilizer-use efficiency. *Applied Microbiology Biotechnology*, Berlin, v. 85, p. 1-12, 2009.

BACA, B.; SOTO, L.; PARDO, M. Fijación biológica de nitrógeno. *Elementos*, Puebla, v. 1, p. 39-49, 2000.

BALDANI, V. L. D.; BALDANI, J. I.; DÖBEREINER, J. Inoculation of rice plants with the endophytic diazotrophs *Herbaspirillum seropedicae* and *Burkholderia* spp. *Biology and Fertility of Soils*, v. 30, p. 485-491, 2000.

BERENDSEN, R. L.; PIETERSE, C. M. J.; BAKKER, P. A. H. M. The rhizosphere microbiome and plant health. *Trends in Plant Science*, Kidlington, v. 17, p. 478-486, 2012.

BERG, G. Plant-microbe interactions promoting plant growth and health: perspectives for controlled use of microorganisms in agriculture. *Applied Microbiology and Biotechnology*, Berlin, v. 84, p. 11-18, 2009.

BETTIOL, W.; MORANDI, M. A. B. (orgs.). *Biocontrole de Doenças de Plantas: Uso e Perspectivas*. Jaguariúna: Embrapa Meio Ambiente, 2009. 341 p.

BISWAS, B.; GRESSHOFF, P. M. The role of symbiotic nitrogen fixation in sustainable production of biofuels. *International Journal of Molecular Sciences*, Basel, v. 15, p. 7380-7397, 2014.

BODDEY, R. M. et al. Biological nitrogen fixation associated with sugarcane and rice: contributions and prospects for improvement. *Plant and Soil*, Dordrecht, v. 174, p. 195-209, 1995.

_____. Use of the $_{15}$N natural abundance technique for the quantification of the contribution of N_2 fixation sugar cane and other grasses. *Australian Journal Plant Physiology*, Melbourne, v. 28, p. 889-895, 2001.

BORLAUG, N. E. Ending world hunger. The promise of biotechnology and the threat of antiscience zealotry. *Plant Physiology*, Berlin, 124, p. 487-490, 2000.

BULGARELLI, D. et al. Structure and functions of the bacterial microbiota of plants. *Annual Review of Plant Biology*, Palo Alto, v. 64, p. 807-838, 2013.

CARDOSO, E. J. B. N. Contribuição ao estudo do controle biológico de *Fusarium oxysporum* f. *phaseoli* no feijoeiro. Dissertação (Mestrado) – Escola Superior de Agricultura "Luiz de Queiroz" (ESALQ), Universidade de São Paulo, Piracicaba, 1968.

CARDOSO, E. J. B. N. et al. Micorrizas arbusculares na aquisição de nutrientes pelas plantas. In: SIQUEIRA, J. O. et al. (org.). *Micorrizas: 30 anos de pesquisas no Brasil*. Lavras: UFLA, 2010, p. 15-75.

_____. PGPR in coniferous trees. In: MAHESHWARI, D. K. (org.). *Bacteria in Agrobiology: Crop Ecosystems*. Berlin/Heidelberg: Springer, 2011, p. 345-359.

_____. Soil health: looking for suitable indicators. What should be considered to assess the effects of use and management on soil health? *Scientia Agricola*, Piracicaba, v. 70, p. 280-295, 2013.

CASARIN, V. et al. Quantification of oxalate ions and protons released by ectomycorrhizal fungi in rhizosphere soil. *Agronomie*, Paris, v. 23, p. 461-469, 2003.

CHEN, W. M. et al. Proof that *Burkholderia* strains form effective symbioses with legumes: a study of novel Mimosa-nodulating strains from South America. *Applied and Environmental Microbiology*, Washington, DC, v. 71, p. 7461-7471, 2005.

COMBES-MEYNET, E. et al. The Pseudomonas secondary metabolite 2,4-diacetylphloroglucinol is a signal inducing rhizoplane expression of Azospirillum genes involved in plant growth promotion. *Molecular Plant-Microbe Interaction*, St. Paul, v. 24, p. 271-284, 2011.

CONG, P. T. et al. Effects of a multistrain biofertilizer and phosphorus rates on nutrition and grain yield of paddy rice on a sandy soil in southern Vietnam. *Journal of Plant Nutrition*, New York, v. 34, p. 1058-1069, 2011.

CORDELL, D.; DRANGERT, J. O.; WHITE, S. The story of phosphorus: Global food security and food for thought. *Global Environmental Change*, Arlington, v. 19, n. 2, p. 292-305, 2009.

COSTELLO, E. K. et al. Bacterial community variation in human body habitats across space and time. *Science*, Washington, DC, v. 326, n. 5960, p. 1694-1697, 2009.

DE FREITAS, J. R.; BANERJEE, M. R.; GERMIDA, J. J. Phosphate-solubilizing rhizobacteria enhance the growth and yield but not phosphorus uptake of canola (*Brassica napus L.*). *Biology Fertility Soils*, Berlin, v. 24, p. 358-364, 1997.

DE VLEESSCHAUWER, D.; HÖFTE, M. Rhizobacteria-induced systemic resistance. *Advances in Botanical Research*, London, v. 51, p. 223-281, 2009.

DÖBEREINER, J. *Azotobacter* em solos ácidos. *Bol Inst Ecol Exp Agr.*, Rio de Janeiro, v. 11, p. 1-36, 1953.

_____. History and new perspectives of diazotrophs in association with non-leguminous plants. *Symbiosis*, Rehovot, v. 13, p. 1-13, 1992.

DOBBELAERE, S. et al. Phytostimulatory effect of *Azospirillum brasilense* wild type and mutant strains altered in IAA production on wheat. *Plant and Soil*, Dordrecht, v. 212, p. 155-64, 1999.

DU JARDIN, P. A *Legal Framework for Plant Biostimulants and Agronomic Fertilizer Additives in the EU*. Report for the European Commission Enterprise & Industry Directorate - General. Contract n° 255/PP/ENT/IMA/13/1112420, Ad Hoc Study on Bio-Stimulant Products. Ordered by European Commission. 2014.

ESTRADA, G. A. et al. Selection of phosphate-solubilizing diazotrophic *Herbaspirillum* and *Burkholderia* strains and their effect on rice crop yield and nutrient uptake. *Plant and Soil*, Dordrecht, v. 369, p. 115-129, 2013.

ESTRADA-BONILLA, G. A. et al. Effect of phosphate-solubilizing bacteria on phosphorus dynamics and the bacterial community during composting of sugarcane industry waste. *Systematic and Applied Microbiology*, 40, 309-313, 2017.

EVENSON, R. E.; GOLLIN, D. Assessing the impact of the green revolution, 1960 to 2000. *Science*, Washington, v. 300, p. 758-762, 2003.

GLICK, B.R. Bacteria with ACC deaminase can promote plant growth and help to feed the world. *Microbiological Research*, Amsterdam, v. 169, p. 30-39, 2014.

GRAND VIEW RESEARCH. *Biofertilizers Market Size, Share & Trends Analysis Report By Product (Nitrogen Fixing, Phosphate Solubilizing), By Application (Seed Treatment, Soil Treatment), And Segment Forecasts, 2012–2022*. San Francisco, 2018.

GUMIERE, T. et al. Indole-3-acetic acid producing root-associated bacteria on growth of Brazil Pine (*Araucaria angustifolia*) and slash pine (*Pinus elliottii*). *Antonie van Leeuwenhoek*, Dordrecht, v. 105, p. 663-669, 2014.

GYANESHWAR, P. et al. Role of soil microorganisms in improving P nutrition of plants. *Plant and Soil*, Dordrecht, v. 245, p. 83-93, 2002.

HARVEY, P. R.; WARREN, R. A.; WAKELIN, S. Potential to improve root access to phosphorus: the role of non-symbiotic microbial inoculants in the rhizosphere. *Crop Pasture Science*, Victoria, v. 60, p. 144-151, 2009.

HELLRIEGEL, H. Welche Stickstoffquellen stehen der Pflanze zu Gebote? *Zeitschrift Versammlung Rübenzucker Industrie des Deutschen Reichs*, Berlin, v. 36, p. 863-877, 1886.

HERDER, G. D. et al. The roots of a new green revolution. *Trends Plant Science*, Kidlington, v. 15, p. 600-607, 2010.

HERRIDGE, D. F.; PEOPLES, M. B.; BODDEY, R. M. Global inputs of biological nitrogen fixation in agricultural systems. *Plant and Soil*, Dordrecht, v. 311, p. 1-18, 2008.

HILTNER, L. Über neuere Erfahrungen und Probleme der Bodenbakteriologie unter besonderer Berücksichtigung der Gründüngung und Brache. *Arb Deut Landwirt Ges*, Berlin, v. 98, p. 59-78, 1904.

HUNGRIA, M. et al. Nitrogen nutrition of soybean in Brazil: contributions of biological N2 fixation and N fertilizer to grain yield. *Canadian Journal of Plant Science*, Ottawa, v. 86, p. 927-939, 2006.

_____. Inoculation with selected strains of *Azospirillum brasilense* and *A. lipoferum* improves yields of maize and wheat in Brazil. *Plant and Soil*, Dordrecht, v. 331, p. 413-425, 2010.

KAVAMURA, V. N. et al. Screening of Brazilian cacti rhizobacteria for plant growth promotion under drought. *Microbiological Research*, Amsterdam, v. 168, p. 183-191, 2013.

KHAN, M. S.; ZAIDI, A.; MUSARRAT, J. *Microbial strategies for crop improvement*. Berlin/Heidelberg: Springer, 2009. p. 358.

KLOEPPER, J. W.; SCHROTH, M. M. Plant growth promoting rhizobacteria on radishes. In: *Proceedings of the 4th International Conference on Plant Pathogenic Bacteria*. Angers, France, 1978. p. 879-882.

KLOEPPER, J. W.; ROMERO, D. Practical applications of PGPR. In: *10th International PGPR (Plant Growth Promoting Rhizobacteria) Workshop*. Liège, 2015.

KUMAR, S.; PANDEY, P.; MAHESHWARI, D. K. Reduction in dose of chemical fertilizers and growth enhancement of sesame (*Sesamum indicum* L.) with application of rhizospheric competent *Pseudomonas aeruginosa* LES4. *European Journal of Soil Biology*, Paris, v. 45, p. 334-340, 2009.

LAKSMANAN, V.; SELVARAJ, G.; BAIS, H. Functional soil microbiome: belowground solutions to an aboveground problem. *Plant Physiology*, Berlin, v. 166, p. 689-700, 2014.

LAL, R. Soil degradation by erosion. *Land Degradation & Development*, Chichester, v. 12, n. 6, p. 519-539, 2001.

LAMMEL, D. R. et al. Woody Mimosa species are nodulated by *Burkholderia* in ombrophylous forest soils and their symbioses are enhanced by arbuscular mycorrhizal fungi (AMF). *Plant and Soil*, Dordrecht, v. 393, n. 1-2, p. 123-135, 2015.

LEMAIRE, B. et al. Symbiotic diversity, specificity and distribution of rhizobia in native legumes of the core cape subregion (South Africa). *FEMS Microbiology Ecology*, Amsterdam, v. 91, p. 1-17, 2015.

LÓPEZ-ORTEGA, M. P. et al. Characterization of diazotrophic phosphate solubilizing bacteria as growth promoters of maize plants. *Revista Colombiana de Biotecnologia*, Bogotá, v. 15, n. 2, p. 115-123, 2013.

MAHAJAN, S.; TUTEJA, N. Cold, salinity and drought stresses: An overview. *Archives of Biochemistry and Biophysics*, New York, v. 444, p. 139-158, 2005.

MAHESHWARI, D. K. *Plant growth and health promoting bacteria*. Munster: Springer, 2011. v. 18.

MARILLEY, L.; ARAGNO, M. Phylogenetic diversity of bacterial communities differing in degree of proximity of *Lolium perenne* and *Trifolium repens* roots. *Applied Soil Ecology*, Amsterdam, v. 13, p. 127-136, 1999.

MERBACH, W. et al. Release of carbon and nitrogen compounds by plant roots and their possible ecological importance. *Journal of Plant Nutrition and Soil Science*, Weinheim, v. 162, p. 373-383, 1999.

NAVEED, M. et al. Drought stress amelioration in wheat through the inoculation with *Burkholderia phytofirmans* strain PsJN. *Plant Growth Regulation*, Dordrecht, v. 73, p. 121-131, 2014.

OBURGER, E.; JONES, D. L.; WENZEL, W. W. Phosphorus saturation and pH differentially regulate the efficiency of organic acid anion-mediated P solubilization mechanisms in soil. *Plant and Soil*, Dordrecht, v. 341, n.1-2, p. 363-382, 2011.

OLIVEIRA, A. L. M. et al. The effect of inoculating endophytic N^2-fixing bacteria on micropropagated sugarcane plants. *Plant and soil*, Dordrecht, v. 242, p. 205-215, 2002.

_____. Yield of micropropagated sugarcane varieties in different soil types following inoculation with diazotrophic bacteria. *Plant and Soil*, Dordrecht, v. 284, p. 23-32, 2006.

_____. Colonization of sugarcane plantlets by mixed inoculations with diazotrophic bacteria. *European Journal of Soil Biology*, Paris, v. 45, p. 106-113, 2009.

PANHWAR, Q. A. et al. Role of phosphate solubilizing bacteria on rock phosphate solubility and growth of aerobic rice. *Journal Environmental Biology*, Muzaffarnagar, v. 32, p. 607-612, 2011.

PASTOR, N. et al. Inoculation with *Pseudomonas putida* PCI2, a phosphate solubilizing rhizobacterium, stimulates the growth of tomato plants. *Symbiosis*, Rehovot, v. 62, p. 157-167, 2014.

PEIX, A. et al. Growth promotion of chickpea and barley by a phosphate solubilizing strain of *Mesorhizobium mediterraneum* under growth chamber conditions. *Soil Biology & Biochemistry*, Oxford, v. 33, p. 103-110, 2001.

PERSELLO-CARTIEAUX, F.; NUSSAUME, L.; ROBAGLIA, C. Tales from the underground: molecular plant rhizobacteria interactions. *Plant Cell Environmental*, v. 26, p. 189-199, 2003.

RAMESH, A. et al. Phosphorus Mobilization from Native Soil P-Pool upon Inoculation with Phytate-Mineralizing and Phosphate-Solubilizing *Bacillus aryabhattai* Isolates for Improved P-Acquisition and Growth of Soybean and Wheat Crops in Microcosm Conditions. *Agricultural Research*, v. 3, n. 2, p. 118-127, 2014.

RIBEIRO, C. M.; CARDOSO, E. J. B. N. Isolation, selection and characterization of root-associated growth promoting bacteria in Brazil Pine (*Araucaria angustifolia*). *Microbiological research*, Amsterdam, v. 167, n. 2, p. 69-78, 2012.

RICHARDSON, A. E.; SIMPSON, R. J. Soil microorganisms mediating phosphorus availability. *Plant Physiology*, Berlin, v. 156, p. 989-996, 2011.

RICKSON, R. J. et al. Input constraints to food production: the impact of soil degradation. *Food Security*, v. 7, p. 351-364, 2015.

RODRIGUES, E. et al. *Azospirillum amazonense* inoculation: effects on growth, yield and N_2 fixation of rice (Oryza sativa L.). *Plant and Soil*, Dordrecht, v. 302, p. 249-261, 2008.

ROJAS-TAPIAS, D. et al. Effect of inoculation with plant growth-promoting bacteria (PGPB) on amelioration of saline stress in maize (*Zea mays*). *Applied Soil Ecology*, Amsterdam, v. 61, p. 264-272, 2012.

SANTNER, A.; ESTELLE, M. Recent advances and emerging trends in plant hormone signalling. *Nature*, London, v. 459, p. 1071-1078, 2009.

SARMA, R. K.; SAIKIA, R. Alleviation of drought stress in mung bean by strain *Pseudomonas aeruginosa* GGRJ21. *Plant and Soil*, Dordrecht, v. 377, p. 111-126, 2014.

SHULZ, K. A fragrant neighborhood: The role of volatiles in the formation of bacterial communities in soil. *In: 10th International PGPR (Plant Growth Promoting Rhizobacteria) Workshop.* Liège, 2015.

SPAEPEN, S.; VANDERLEYDEN, J.; REMANS, R. Indole-3-acetic acid in microbial and microorganism-plant signaling. *FEMS microbiology reviews*, Amsterdam, v. 31, p. 425-448, 2007.

SPAEPEN, S. et al. Effects of *Azospirillum brasilense* indole-3-acetic acid production on inoculated wheat plants. *Plant and Soil*, Dordrecht, v. 312, p. 15-23, 2008.

TRÂN VAN, V. et al. Repeated beneficial effects of rice inoculation with a strain of *Burkholderia vietnamiensis* on early and late yield components in low fertility sulfate acid soils of Vietnam. *Plant and Soil*, Dordrecht, v. 218, p. 273-284, 2000.

VASCONCELLOS, R.; CARDOSO, E. *Actinobacteria from Tropical Forest with Biotechnological Potential – a survey of plant growth promoting bacteria in the rhizosphere of Araucaria angustifolia.* Lap Lambert Academic Publishing, 2011. 51 pp.

WAKELIN, S. A. et al. The effect of *Penicillium* fungi on plant growth and phosphorus mobilization in neutral to alkaline soils from southern Australia. *Canadian Journal Microbiology*, Ottawa, v. 53, n. 1, p. 106-115, 2007.

WANNE, T. The New "Passive Revolution" of the Green Economy and Growth Discourse: Maintaining the "Sustainable Development" of Neoliberal Capitalism. *New Political Economy*, Abingdon, v. 20, n. 1, p. 21-41, 2015.

WOLLENWEBER, B.; PORTER, J. R.; LUBBERSTEDT, T. Need for multidisciplinary research towards a second green revolution. *Current Opinion in Plant Biology*, London, v. 8, p. 337-341, 2005.

WU, X. Q. et al. Effects of ectomycorrhizal fungus *Boletus edulis* and mycorrhiza helper *Bacillus cereus* on the growth and nutrient uptake by *Pinus thunbergii*. *Biology and Fertility of Soils*, Berlin, v. 48, p. 385-391, 2012.

YANG, J.; KLOEPPER, J. W.; RYU, C. M. Rhizosphere bacteria help plants tolerate abiotic stress. *Trends Plant Science*, Kidlington, v. 14, p. 1-4, 2009.

ZAKIKHANI, H. et al. Influence of Diazotrophic Bacteria on Antioxidant Enzymes and Some Biochemical Characteristics of Soybean Subjected to Water Stress. *Journal of Integrative Agriculture*, Oxford, v. 11, p. 1828-1835, 2012.

CAPÍTULO 10

Purificação de enzimas e peptídeos antimicrobianos: suas aplicações

Ricardo Pinheiro de Souza Oliveira

10.1 INTRODUÇÃO

Na área de biotecnologia, as enzimas exercem um importante papel, já que, além de serem responsáveis pela vida celular, participam de processos fermentativos e de cultura de células. As enzimas de aplicações industriais podem ter origem animal, vegetal e microbiana. Geralmente, as enzimas de origem microbiana são as mais utilizadas, pois o microrganismo utilizado como fonte possui alta velocidade de crescimento, levando à produção de grande quantidade de enzima em curto período de tempo.

Peptídeos antimicrobianos têm sido considerados uma nova fonte de biomoléculas em diversos campos de pesquisa por serem uma potencial arma contra microrganismos patogênicos. O aumento da resistência de microrganismos frente aos antibióticos e a incapacidade de discernir os mecanismos de inibição desses microrganismos tornou-se um assunto de enorme preocupação, requerendo imediata atenção da indústria farmacêutica e de instituições governamentais e acadêmicas. Em particular, as bacteriocinas, peptídeos antimicrobianos de origem bacteriana, apresentam ação bactericida ou bacteriostática sobre microrganismos Gram-positivos e Gram-negativos.

É importante ressaltar que o nível de purificação de qualquer biomolécula que apresenta atividade biológica, como as enzimas (atividade catalítica ou enzimática) e os peptídeos antimicrobianos (atividade antimicrobiana), depende primariamente do uso a que se destina. Para essas biomoléculas, quando obtidas em grandes quantidades, o grau de pureza é considerado secundário se comparado aos custos. Nesse caso, as técnicas cromatográficas, conhecidas como purificação de alta resolução, não são necessárias, pois processos envolvendo a clarificação e a purificação de baixa resolução já são etapas suficientes para a obtenção desses produtos. Por outro lado, para aplicações terapêuticas, a alta pureza é fundamental, mas a quantidade obtida, em termos de rendimento, é relativamente pequena.

10.2 PLANEJAMENTO INICIAL DO PROCESSO DE PURIFICAÇÃO

De forma geral, a purificação desejada depende do número de etapas empregadas no processo e do uso a que se refere o produto final. Perde-se atividade em cada etapa de purificação, por isso, para aumentar o rendimento, um número mínimo de etapas deve ser efetuado. Considerações como custos de material, tempo de trabalho e exequibilidade do processo são importantes em termos de economia. Portanto, é de extrema importância conhecer todas as operações unitárias envolvidas em um processo de purificação de biomoléculas. É sabido que existem milhares de enzimas e centenas de bacteriocinas diferentes. Logo, é uma utopia encontrar um método de purificação genérico para essas biomoléculas. A Tabela 10.1 exemplifica algumas estratégias de purificação de enzimas utilizadas em alimentos, diagnóstico e medicamentos. Nesse caso, a criteriosa escolha dos processos aplicados em cada etapa possibilitará o melhor rendimento com um mínimo de perdas.

Tabela 10.1 Etapas de purificação de algumas enzimas utilizadas em alimentos, diagnósticos e medicamentos

Enzima	Fonte	Etapas*	Rendimento (%)	Fator de purificação	Referência
Amilase	*Chryseobacterium taeanense* TKU001	1. EB 2. CTI[A] 3. CIH[B]	100 45 11	1 3 5	Wang, Liang e Liang (2011)
Amilase	*Anoxybacillus flavithermus*	1. EB 2. AS/D 3. CTI[C]	100 81,7 65,8	1 1,2 5,2	Fincan et al. (2014)
Galactosidase	*Arthrobacter* sp. 32cB	1. EB 2. CTI[D] 3. CTI[E] 4. CEM[F]	100 12,4 6,9 3,5	1 7,3 10,9 14,5	Pawlak-Szukalska et al. (2014)
Galactosidase	*Aspergillus parasiticus* MTCC-2796	1. EB 2. PA 3. CTI[G] 4. CEM[H]	100 69,6 14,25 4,38	1 3 13,96 16,59	Shivam e Mishra (2010)

(continua)

Tabela 10.1 Etapas de purificação de algumas enzimas utilizadas em alimentos, diagnósticos e medicamentos (*continuação*)

Enzima	Fonte	Etapas*	Rendimento (%)	Fator de purificação	Referência
Lipase	*Bacillus* sp.	1. CFS 2. SA 3. CIH[B]	100 32,5 10,5	1 1,44 5,17	Sivaramakrishnan e Incharoensakdi (2016)
Lipase	*Streptomyces* sp. OC119-7	1. EB 2. SA 3. CEM[I]	100 13,97 3,43	1 4,7 5,52	Ayaz, Ugur e Boran (2015)
Glicose 6 fosfato desidrogenase	*E.coli* BL21	1. CFS 2. CA[J]	100 88,78	1 29,85	Saeed et al. (2018)
Glicose 6 fosfato desidrogenase	Rim de rato	1. EB 2. CA[K]	100 88	1 531	Adem e Ciftci (2012)
Peroxidase	*Streptomyces albidoflavus* TN644	1. EB 2. TT 3. SA 4. CTI[L]	100 83 66 54	1 55,2 76 146	Jaouadi et al. (2014)
Peroxidase	*Phoenix dactylifera*	1. EB 2. UF 3. CTI[A] 4. CEM[F]	100 96 13,2 5,8	1 1,4 3,5 17	Al-Senaidy e Ismael (2011)
Luciferase	*Benthosema pterotum*	1. EB 2. SA 3. CTI[M]	100 83,8 73,3	1 3,2 7,7	Homaei et al. (2013)
Luciferase	*Photinus pyralis*	1. EB 2. SDFA[N]	100 70,31	1 6,68	Priyanka et al. (2013)
Hialuronidase	*Cerastes cerastes*	1. EB 2. CEM[O] 3. CTI[P]	100 51,5 12,2	1 3,6 9,7	Wahby et al. (2012)
Hialuronidase	*Palamneus gravimanus*	1. EB 2. CEM[Q] 3. CTI[R]	100 64 39,2	1 3,9 25,6	Morey, Kiran e Gadag (2006)
Asparaginase	*Pichia pastoris*	1. EB 2. UF 3. CEM[F] 4. CTI[L]	100 70,5 65,5 51,3	1 2,3 8,6 10,9	Girão et al. (2016)

(*continua*)

Tabela 10.1 Etapas de purificação de algumas enzimas utilizadas em alimentos, diagnósticos e medicamentos (*continuação*)

Enzima	Fonte	Etapas*	Rendimento (%)	Fator de purificação	Referência
Asparaginase	*Talaromyces pinophilus*	1. EB 2. SA 3. D 4. CEM[H]	100 39,7 17,6 12	1 6,4 7,8 19,7	Krishnapura e Belur (2016)
Estrepto-quinase	*Pichia pastoris*	1. EB 2. D 3. CA[J]	100 88,39 70,62	1 1,20 1,48	Adivitiya et al. (2016)
Estrepto-quinase	*E. coli* BL21	1. CFS 2. CIH[S] 3. CTI[A]	100 82,7 76	1 2,94 5,33	Goyal et al. (2007)

*Etapas de purificação: EB (extrato bruto); CFS (sobrenadante livre de células); SA/D (precipitação em sulfato de amônio/diálise); TT (tratamento térmico); PA (precipitação em acetona); UF (ultrafiltração); SDFA (sistemas de duas fases aquosas); CTI (cromatografia de troca iônica); CEM (cromatografia de exclusão molecular); CIH (cromatografia de interação hidrofóbica); CA (cromatografia de afinidade). Colunas: A (DEAE-Sepharose); B (Phenyl Sepharose); C (DEAE-cellulose); D (Fractogel EMD DEAE); E (Resource Q); F (Superdex 200); G (DEAE-Sephadex A-50); H (Sephadex G-100); I (Sephacryl S100 HR); J (HiTrap HP Nickel); K (2'5' ADP Sepharose 4B); L (Mono Q Sepharose); M (Q Sepharose); N (PEG 1500, $(NH_4)_2SO_4$ e pH 8,37); O (Sephacryl S- 200); P (CM-Sepharose); Q (Sephadex G-75); R (DEAE–cellulose); S (Streamline phenyl).

Em particular, a purificação de bacteriocinas não é trivial, pois esses peptídeos antimicrobianos, além de terem baixa massa molar, apresentam pequenas quantidades de peptídeos hidrofóbicos em sua porção (BERJEAUD; CENATIEMPO, 2004). Os principais métodos de purificação envolvendo as bacteriocinas são: precipitação, ultrafiltração, cromatografia de troca iônica, cromatografia de interação hidrofóbica, cromatografia de exclusão molecular e cromatografia de fase reversa (FOULQUIÉ--MORENO; CALLEWAERT; DE VUYST, 2001; HU et al., 2013; JOZALA et al., 2015; CASABURI et al., 2016). Outro método de purificação utilizado recentemente para esses peptídeos antimicrobianos é o de extração em sistemas de duas fases aquosas (SDFA), o qual implica a extração de bacteriocinas diretamente do meio fermentado (JOZALA et al., 2013; MOLINO et al., 2014). Esse tipo de método apresenta vantagens em termos de poluição ambiental, facilidade de escalonamento e custo menor quando comparado com métodos convencionais. A seguir, a Tabela 10.2 apresenta exemplos de purificação de algumas bacteriocinas.

A escolha das técnicas a serem empregadas está vinculada às propriedades moleculares inerentes a cada biomolécula; sendo assim, a combinação correta de várias etapas que exploram essas propriedades permitirá a purificação a partir de uma mistura.

Tabela 10.2 Etapas de purificação de algumas bacteriocinas

Bacteriocina	Fonte	Etapas*	Rendimento (%)	Fator de purificação	Referência
Plantaricina MG	*Lactobacillus plantarum KLDS1.0391*	1. CFS 2. SA 3. CEM[A] 4. CFR	100 95 47 12	1 14 120 25.200	Gong, Meng, Wang (2010)
Nisina	*Lactococcus lactis ATCC 11454*	1. CFS 2. CIH[B] 3. CIH[B]	100 285 152	1 774 384	Jozala et al. (2015)
Pediocina PA-1	*Pediococcus pentosaceous* NCDC 273	1. CFS 2. SA 3. CTI[C]	100 80 128	1 1,49 340	Simha et al. (2012)
Paracasina SD1	*Lactobacillus paracasei* SD1	1. CFS 2. SA 3. EC 4. CEM	100 4,2 4,2 1,1	1 3,79 19,50 871,28	Wannun, Piwat e Teanpaisan (2014)
Bifidocina A	*Bifidobacterium animals* BB04	1. CFS 2. pH/AD 3. CTI[E] 4. CEM[F] 5. CFR	100 80 48 30 7	1 1,48 19,10 59,40 115,00	Liu et al. (2015)

*Etapas de purificação: CFS (sobrenadante livre de células); SA (precipitação em sulfato de amônio); pH/AD (ajuste de pH para adsorção e dessorção); EC (extração em clorofórmio); CTI (cromatografia de troca iônica); CEM (cromatografia de exclusão molecular); CIH (cromatografia de interação hidrofóbica); CFR (cromatografia de fase reversa). Colunas: A (superdex 75); B (butyl sepharose CL 4B); C (SP Sephadex); D (Waters Spherisorb); E (SP-Sepharose Fast Flow); F (Sephadex G10).

Nas primeiras etapas, quase sempre é desejável a remoção de sólidos em suspensão (sólidos insolúveis). Para isso, as operações unitárias envolvendo a clarificação, como filtração convencional, centrifugação, centrifugação tangencial e floculação, são de grande aplicabilidade. Quando se objetiva reduzir o volume, é utilizada, frequentemente, a precipitação fracionada com sais ou solventes orgânicos. Posteriormente, a molécula-alvo pode ser purificada em sistemas constituídos por duas fases aquosas imiscíveis. Para as etapas finais, o objetivo quase sempre é um aumento da resolução, e para isso utilizam-se técnicas cromatográficas, como cromatografia de troca iônica, em gel, de interação hidrofóbica, de adsorção em membranas e de afinidade. Uma estratégia geral é desaconselhada quando os materiais disponíveis e as necessidades para cada caso são diferentes.

Frequentemente são necessários vários experimentos, selecionados na base da tentativa e erro, para se estabelecer as condições ideais, o método mais efetivo para otimizar o rendimento e o número de etapas de purificação. A análise via eletroforese em gel (SDS-Page) pode indicar o grau de pureza e o número de contaminantes presentes; além disso, as massas molares da amostra e dos contaminantes podem ser determinadas e, assim, servirem de base para a escolha de uma das técnicas cromatográficas disponíveis (HARRIS; ANGAL, 1989).

10.2.1 EXTRAÇÃO

A primeira etapa na purificação é a obtenção de um extrato bruto contendo a biomolécula na forma solúvel. Em relação à célula produtora, a biomolécula poderá ser extracelular ou intracelular – nesse caso, a biomolécula poderá estar localizada no espaço citoplasmático ou periplasmático. Quando uma biomolécula de interesse é secretada no meio de cultivo, qualquer outra partícula contaminante, como as próprias células, deve ser removida para as etapas subsequentes. Geralmente são utilizadas técnicas de filtração ou centrifugação, caso em que se deve tomar cuidado para não haver lise celular, o que poderia causar contaminação desnecessária. É importante salientar que a purificação de uma biomolécula extracelular possui custo menor quando comparado com a purificação de uma biomolécula intracelular. Para as enzimas intracelulares há a necessidade do rompimento celular e, para isso, algumas vezes é necessário um pré-tratamento, como remover gorduras ou picar o tecido para facilitar a homogeneização.

Células obtidas por cultivo fermentativo devem ser concentradas para um rompimento eficiente. No caso de bacteriocinas, o custo da purificação geralmente é menor quando comparado com as enzimas, porque a maioria desses peptídeos antimicrobianos é produzida extracelularmente.

Ressalta-se que a técnica de rompimento celular não é nada trivial. Para que se tenha um rompimento celular eficiente, alguns fatores são considerados importantíssimos, como tamanho da célula, tolerância a tensões de cisalhamento, necessidade de controle de temperatura, rendimento do processo, gasto de energia, custo e capital de investimento (PESSOA JÚNIOR, 2005).

As técnicas de rompimento de células são divididas em rompimento mecânico, rompimento não mecânico ou físico, rompimento químico e enzimático. Os principais métodos utilizados para rompimento celular estão listados a seguir.

- *Através de mixers e liquidificadores (blenders).* Esses aparelhos são robustos e têm o copo feito de aço inoxidável para facilitar o congelamento, minimizando o aquecimento gerado pelo atrito e pelo próprio motor. Órgãos e tecidos animais são homogeneizados facilmente com esses aparelhos, que não são adequados para células microbianas. Dependendo das células, até mesmo algumas bactérias são suscetíveis ao tratamento com aparelhos do tipo *polytron*, os quais, munidos de haste de aço inoxidável com uma grade na ponta, trabalham em altas velocidades, provocando efeitos de cisalhamento e impacto das células entre as lâminas e a grade.

- *Agitação com abrasivos.* Em pequenos volumes de células pode-se utilizar um pistilo e almofariz para macerar com materiais abrasivos como alumina. Para quantidades maiores de células, existem aparelhos que trabalham com pérolas de vidro (0,1 a 0,5 mm de diâmetro) sob agitação, causando, assim, efeitos de cisalhamento e colisão, que rompem as células. Aparelhos como o Dyno-Mill trabalham com volumes de 300 a 600 mL de forma descontínua e também de forma contínua. Como esse processo gera calor, o aparelho deve trabalhar em câmara fria ou refrigerado com água fria circulando através de uma camisa. A massa celular ocupa cerca de 50% do volume da câmara. Essa técnica é adequada para microrganismos que oferecem resistência ao rompimento por outros métodos, sendo particularmente eficaz no caso de fungos filamentosos (REHACEK; SCHAEFER, 1977).

- *Extrusão sólida e líquida.* O método utiliza câmaras sob pressão (*French press* ou *X-press*), onde as células em estado líquido ou sólido (congeladas) são forçadas sob altas pressões contra uma placa com um orifício muito pequeno. Isso faz com que as células sejam submetidas ao cisalhamento e, ao mesmo tempo, a uma violenta descompressão após a passagem pelo orifício. Para ser eficiente, esse processo precisa ser realizado em múltiplas etapas, e com cuidados para evitar a elevação da temperatura (MAGNUSSON; EDEBO, 1976).

- *Ultrassom.* O aparelho utiliza altíssimas frequências (acima de 20 kHz), criando zonas de cavitação, isto é, áreas de vácuo e compressão que se revezam entre si; quando as bolhas de vácuo colapsam, são formadas as ondas de choque. Não se deve aplicar a suspensões muito concentradas de células (maiores que 10^8/mL). Cerca de 170 watts a 20 kHz são aplicados em pulsos de 30 segundos ou menos, com a suspensão mantida a 4 °C em gelo (MARR; COTTA-ROBLES, 1957).

- *Congelamento/descongelamento.* Dependendo das células, esse processo, de forma repetida, resulta em rompimento da membrana, sendo acompanhado da liberação do material intracelular. O tipo de célula, idade, temperatura final de congelamento e as taxas de resfriamento e aquecimento são importantes. É um processo demorado e de difícil implantação em larga escala; além disso, enzimas suscetíveis ao congelamento podem ser inativadas, motivo pelo qual cada caso deve ser considerado isoladamente (MAZUR, 1970).

- *Choque osmótico.* Enzimas podem ser liberadas de plantas, células animais e bactérias Gram-negativas utilizando-se essa técnica, que é bastante apropriada para enzimas localizadas na região periplásmica. As células são recolhidas do meio de cultivo por centrifugação e suspensas em solução tamponada contendo 20% de sacarose. Após o equilíbrio (cerca de 30 minutos), centrifuga-se novamente e ressuspende-se o *pellet* em água pura a 4 °C. Utilizando essa técnica, quando possível, evitam-se etapas adicionais de purificação, uma vez que o extrato resultante tem pouca contaminação. Esse método não é adequado para bactérias Gram-positivas, porque essas bactérias têm alta pressão osmótica interna (CHARM; MATTEO, 1971).

- *Enzimas hidrolíticas de parede.* É um método suave e seletivo para o rompimento de paredes celulares. Como o custo dessas enzimas é relativamente alto, seu uso se limita à pequena escala. Dentre as enzimas mais utilizadas estão: tripsina, neuroaminidase e lisozima. Esta última é a mais utilizada e a que catalisa a hidrólise de ligações β-1,4-glicosídicas da parede de bactérias Gram-positivas. As bactérias Gram-negativas podem ser tratadas com EDTA para aumentar a suscetibilidade à lisozima. Existem preparados comerciais de enzimas líticas apropriadas ao uso com leveduras e fungos filamentosos, como Novozym, da Novo. As desvantagens desse tipo de tratamento são o relativo alto custo e o fato de essas enzimas terem de ser removidas posteriormente (WISEMAN, 1985).

- *Tratamento alcalino.* Quando a enzima desejada é estável em pH alcalino (em torno de 11), esse método torna-se adequado, devido ao baixo custo. Além disso, os microrganismos e proteases são rapidamente inativados, também ocorrendo a eliminação de pirogênio. A enzima L-asparaginase é extraída de uma suspensão de *Erwinia carotovora* utilizando-se essa técnica. O primeiro passo depois de recolher as células por centrifugação é elevar o pH para 11,5 com NaOH e esperar por 30 minutos; depois disso, reduz-se o pH para 6,5 com ácido acético e centrifuga-se novamente (WISEMAN, 1985).

- *Uso de detergentes e solventes.* Detergentes agem dissolvendo a membrana celular e assim liberam os componentes intracelulares. São frequentemente utilizados sais biliares, laurilsulfato de sódio, dodecilsulfato de sódio (SDS) e triton. Sua ação é muito dependente do pH e temperatura, motivo pelo qual cuidados redobrados devem ser tomados com respeito à desnaturação e precipitação. O tratamento com detergentes é mais eficiente quando se realiza um pré-tratamento com solventes, como acetona, que inicia e estimula a autólise. Esse processo pode ser utilizado na produção de enzimas a partir de autolisado de leveduras. Como exemplo, a invertase pode ser obtida da seguinte forma: suspender a massa celular (60%) em tolueno 0,1 M a 60 °C, deixar agir por 30 a 60 minutos e adicionar papaína a 1% p/v para completar a digestão. Ajustar o pH para 4,5 e precipitar a invertase adicionando etanol a 95% (HARRIS; ANGAL, 1989).

10.2.2 PURIFICAÇÃO BASEADA NA SOLUBILIDADE

A solubilidade de uma biomolécula em um solvente aquoso é determinada pela distribuição de cargas presentes em determinadas condições. Os grupos carregados interagem com íons na solução, e a precipitação pode ser induzida por mudanças no pH, força iônica e adição de solventes orgânicos ou polímeros. Como a solubilidade também é dependente da temperatura, esse fator deve ser levado em consideração. O precipitado formado pode ser recuperado por centrifugação, ressuspenso em tampão adequado e depois dessalinizado por diálise para as etapas posteriores de purificação.

Quando há a distribuição de cargas na superfície de uma proteína é neutra, isto é, as cargas positivas se anulam com as negativas (ponto isoelétrico – PI), ocorre uma tendência de atração eletrostática entre as moléculas e, em consequência, a formação de um precipitado. Esse tipo de precipitação, chamada precipitação isoelétrica, é frequentemente utilizada para a precipitação de proteínas indesejáveis, uma vez que o risco de desnaturação com esse procedimento é alto.

Em purificação, a adição de sais como NaCl ou $(NH_4)_2SO_4$ aumenta a força iônica, de tal forma que as moléculas proteicas se agregam e precipitam. No caso de enzimas e peptídeos antimicrobianos é comum o uso desses sais (WANG; LIANG; LIANG, 2011; FINCAN et al., 2014; ISLAM HUSAIN et al., 2016; AN et al., 2015). A efetividade de um sal é determinada primariamente pela natureza do ânion, sendo os polivalentes mais efetivos no aumento da força iônica, uma vez que: Força iônica = $^1/_2 \sum Ci.Vi^2$, em que Ci é a concentração do íon e Vi é a valência do íon. Por ordem de efetividade, fosfato > sulfato > acetato. Na prática prefere-se usar sais mais baratos, com poucas impurezas e com alta solubilidade, sendo mais comum o uso do sulfato de amônio, pois uma solução saturada desse sal em água chega a 4 M. O sal é adicionado ao sobrenadante até uma porcentagem de saturação em que a biomolécula de interesse é precipitada e separada por centrifugação. A composição do extrato pode influenciar a precipitação, assim como sua concentração e a temperatura, que, no caso de enzimas, deve ser mantida baixa (4 °C). A adição do sal deve ser lenta e em agitação constante para favorecer a homogeneização; a adição na forma de pó tem a vantagem de não aumentar muito o volume do sobrenadante, evitando problemas de centrifugação. Após centrifugação, o *pellet* pode ser redissolvido em tampão adequado, utilizando-se um volume de aproximadamente 2 vezes o volume do *pellet*. Como a concentração de sulfato de amônio nesse ponto ainda é alta, pode ser necessária uma dessalinização para a medida de atividade e também para procedimentos posteriores de purificação (SCOPES, 1982).

A precipitação por adição de solventes orgânicos miscíveis em água baseia-se na diminuição da constante dielétrica da solução formada; assim, ocorre diminuição da solubilidade e aumento da agregação por interações eletrostáticas. Nesse caso o tamanho da molécula é importante, e geralmente as de maior massa molar são precipitadas em menores concentrações de solvente. Para evitar desnaturação, o processo deve ser efetuado na temperatura mais baixa possível; o solvente deve ser resfriado antes de sua adição e adicionado lentamente com agitação. Se o pH for ajustado para ficar próximo do PI, a precipitação ocorrerá em concentrações mais baixas de solvente.

Solventes como metanol, etanol, butanol e acetona são os mais comumente utilizados e, como são inflamáveis, os aspectos de segurança devem ser seriamente considerados. Como exemplo, Dey e Banerjee (2015) utilizaram acetona na purificação da α-amilase de *Aspergillus oryzae*. Por outro lado, Ungcharoenwiwat e Kittikun (2015) utilizaram esse mesmo solvente para obter a lipase produzida por *Burkholderia* sp. isolado de águas residuais. A maioria das proteínas pode ser precipitada com um volume de acetona ou quatro volumes de etanol. A concentração do solvente geralmente é expressa em porcentagem; sendo assim, se um volume de acetona é adicionado, teremos uma concentração de 50%. As centrifugações devem ser realizadas a frio e mantidas a 0 °C. O solvente presente no *pellet* ao final do processo pode ser retirado por evaporação ou tratamento sob vácuo, preferivelmente a 4 °C (GREEN; HUGHES, 1955; FOSTER; WATT, 1980).

A extração de enzimas e peptídeos em sistemas constituídos por duas fases aquosas imiscíveis pode ser uma boa alternativa em relação à extração em solventes orgânicos. Fundamentalmente, a separação entre a molécula a ser purificada e os contaminantes decorre das diferentes solubilidades apresentadas por esses solutos em cada uma das fases aquosas (FRANCO et al., 2005). Nessa situação, a precipitação utilizando polímeros orgânicos pode ser adequada, dependendo de cada caso. O mecanismo é semelhante ao que ocorre com solventes orgânicos, e concentrações relativamente mais baixas são suficientes para a precipitação da maioria das enzimas (geralmente abaixo de 20%). É utilizado polietilenoglicol (PEG) com massa molar em torno de 6 mil, e massas molares mais altas não aumentam a eficiência. Apesar do PEG presente não interferir com processos subsequentes de purificação, como cromatografia de troca iônica e afinidade, se for necessário ele pode ser removido por ultrafiltração. Quando se deseja a remoção de ácidos nucleicos presentes no extrato bruto inicial, podem ser utilizados polímeros chamados de policátions, como polietilenoimina e sulfato de protamina (KULA, 1979).

Um eficiente método para precipitar enzimas e proteínas de soluções aquosas é o de partição em três fases, conhecido como *three-phase partitioning* (TPP). Esse método consiste na adição sequencial de uma quantidade suficiente de sal (tipicamente sulfato de amônio) e um solvente orgânico (principalmente t-butanol) no extrato bruto, seguido de uma posterior agitação e decantação (SAGU et al., 2015). A mistura separa-se em três fases distintas: uma camada rica em t-butanol e outra aquosa são formadas por cima e por baixo da camada de proteína precipitada (DENNISON; LOVRIEN, 1997).

Nas etapas de purificação citadas obtêm-se meios clarificados, constituídos de proteínas (podendo ser a enzima de interesse) e peptídeos. Posteriormente, os métodos cromatográficos têm por objetivo isolar e purificar a biomolécula-alvo em relação às demais.

10.2.3 PURIFICAÇÃO DE ALTA RESOLUÇÃO

A purificação de alta resolução engloba operações cromatográficas que têm por objetivo isolar e purificar a biomolécula-alvo em relação às demais, levando-a à pureza adequada a seu uso. A cromatografia pode ser definida como uma separação diferencial dos componentes de uma amostra entre uma fase móvel e uma fase estacionária; na maioria das vezes a fase estacionária é formada por partículas esféricas de um material insolúvel que é colocado ("empacotado") numa coluna. A mistura de biomoléculas a serem separadas é introduzida na coluna pela fase móvel e forçada a migrar através da coluna. As proteínas que possuírem maior atração pela fase estacionária irão migrar de forma diferenciada (fixar-se ou mover mais lentamente) daquelas que tiverem maior afinidade pela fase móvel.

A fase estacionária é chamada de matriz ou resina, que pode ser modificada pela ligação de grupos químicos para conferir-lhe determinadas características físico-químicas adequadas a cada processo. As matrizes mais comuns são polímeros do tipo celulose, dextrana, agarose, poliacrilamida e poliestireno, e de preferência devem ter alta estabilidade química, mecânica e biológica. A completa purificação pode exigir mais de uma etapa cromatográfica, sendo que cada uma baseia-se em diferentes princípios de separação, como veremos a seguir.

10.2.3.1 Purificação baseada na hidrofobicidade

A cromatografia por interação hidrofóbica (CIH) baseia-se na associação entre proteínas e ligantes hidrofóbicos imobilizados, os quais são obtidos pela fixação de grupos hidrofóbicos de cadeia curta (butil, octil e fenil) na superfície de um suporte sólido (MAUGERI FILHO, MENDIETA-TABOADA, 2005). É sabido que toda proteína tem carga positiva, carga negativa e uma porção hidrofóbica, basicamente definida pelos aminoácidos hidrofóbicos, como fenilalanina, tirosina e triptofano, os quais possuem anéis aromáticos. Portanto, a adição de altas concentrações de sais (p. ex., sulfato de amônio) neutraliza as cargas da proteína, expondo, dessa forma, regiões hidrofóbicas que se associam a grupos hidrofóbicos de uma matriz. Geralmente, a CIH é uma técnica muito utilizada para complementar outros métodos cromatográficos, como cromatografia de troca iônica GOYAL; SAHOO; SAHNI, 2007; KISHORE; KAYASTHA, 2012) e cromatografia de exclusão molecular (KISHORE; KAYASTHA, 2012).

10.2.3.2 Purificação baseada na carga

Mais comumente denominada cromatografia de troca iônica, essa técnica envolve adsorção a grupos carregados da resina, seguida de sua eluição com fracionamento. Enzimas ou peptídeos carregam grupos ionizados em sua superfície, devido principalmente aos resíduos de aminoácidos. Assim sendo, cargas positivas resultam dos resíduos de histidina, lisina, arginina e amina N-terminal; por outro lado, cargas negativas devem se aos ácidos aspártico e glutâmico e ao grupo carboxi C-terminal. O balanço de cargas depende das quantidades relativas desses grupos carregados, o que varia com o pH. Como citado, quando esses grupos estão presentes em igual número, temos o pHI ou PI (ponto isoelétrico). Acima do PI a enzima possui uma carga negativa, e abaixo, uma carga positiva. Por isso há matrizes carregadas com grupos positivos como Deae (dietilaminoetil) chamadas aniônicas ou trocadoras de ânions, e com grupos negativos, como CM (carboximetil), chamadas de catiônicas ou trocadoras de cátions.

Na seleção da resina adequada para a purificação de uma determinada biomolécula, o pH de estabilidade desta deve ser considerado na determinação da faixa de trabalho. Se a enzima ou peptídeo, por exemplo, é mais estável acima do PI, uma resina aniônica deve ser a escolhida. Ao contrário, se a faixa de estabilidade se dá abaixo do PI, escolhe-se uma resina catiônica. A fase móvel deve ser sempre tamponada, de forma a minimizar flutuações de pH, o que poderia afetar as interações entre as fases móvel e estacionária. O tampão deve ser escolhido de tal forma a não interferir com o processo de troca iônica, ou seja, deve-se usar tampões com carga negativa, como acetato ou citrato, para resinas catiônicas e, por outro lado, tampões como Tris e imidazol para resinas aniônicas.

O pH pode ser ajustado para regular o grau de adsorção da molécula-alvo pela resina. Uma unidade de pH acima ou abaixo do PI deve ser utilizada para facilitar a adsorção; uma diferença maior no pH poderia levar a uma ligação muito forte com a resina, dificultando a eluição posteriormente. A concentração salina utilizada para adsorção está normalmente entre 20 mM e 50 mM, e durante a eluição é elevada normalmente até 0,5 M. A eluição normalmente é mais eficiente quando feita através de um gradiente linear, em que o pH ou a força iônica sofre uma mudança contínua. Um pH crescente pode ser utilizado para uma resina catiônica, e um pH decrescente para resinas aniônicas. Gradientes de pH são pouco utilizados em relação à força iônica, porque existe pouca reprodutibilidade e também porque é difícil produzir mudanças de pH para uma força iônica constante.

Existem disponíveis no mercado várias colunas de troca iônica para uso em HPLC; mesmo que possuam pequena capacidade de processamento, são muito úteis no estabelecimento de condições ideais para uma ampliação de escala.

A regeneração de resinas de troca iônica é um processo relativamente simples, geralmente feita com cloreto de sódio em concentrações elevadas, para liberação de proteínas fortemente ligadas. Também é feita com o uso de ácido clorídrico e hidróxido de sódio, o que proporciona uma reativação dos grupos carregados. Instruções específicas costumam ser fornecidas pelos manuais dos fabricantes. Para a estocagem devem ser utilizados agentes antimicrobianos. Os mais utilizados são azida sódica a 0,02%, mertiolato a 0,005% e etanol de 20% a 70% (WISEMAN, 1985; ATKINSON; SCAWEN; HAMMOND, 1987).

10.2.3.3 Purificação baseada no tamanho

O princípio básico é uma partição de moléculas entre solvente e uma fase estacionária de porosidade definida; sendo assim, é uma forma de cromatografia de partição para a separação de moléculas de diferentes tamanhos e tem recebido várias denominações, como filtração em gel, cromatografia de exclusão molecular, peneira molecular e, também, cromatografia em gel.

O processo de separação é realizado utilizando-se uma matriz com porosidade controlada, empacotada numa coluna e envolta pela fase móvel. Quando se aplica uma amostra constituída de uma mistura de moléculas de diversos tamanhos, as moléculas menores irão penetrar nos poros da matriz e, em razão disso, terão um movimento relativamente mais lento através da coluna, sendo os componentes eluídos ao final do processo de separação. As moléculas maiores passam pela coluna juntamente com a fase móvel e são eluídas primeiro; já as de tamanho intermediário podem entrar no gel e são eluídas na ordem direta em relação ao tamanho, com as de menor massa molar saindo num volume de eluição maior.

O volume em que a amostra é eluída chama-se volume de eluição (Ve), e o volume em que as partículas maiores que o poro são eluídas, ou seja, o volume da fase móvel, é chamado de volume de exclusão ou volume vazio (Vo). Ao volume do leito da coluna dá-se o nome de volume total (Vt). Para uma determinada partícula, as condições de eluição dentro de um determinado gel devem ser constantes. Dessa forma, pode-se calcular um coeficiente chamado de coeficiente de partição (Kav) que é dado pela seguinte fórmula:

$$K_{AV} = \frac{V_e - V_0}{V_t - V_0}$$

A maioria dos suportes utilizados é constituída de polímeros com ligações cruzadas intercadeias como dextrana, agarose e poliacrilamida, bem como combinações entre eles. Quanto maior o número dessas ligações intercadeias, menor será o tamanho do poro e, também, maior será sua rigidez mecânica, permitindo um fluxo maior.

Vários fatores devem ser levados em consideração para se escolher o gel adequado, mas basicamente a escolha dependerá da finalidade a ser alcançada. Se o objetivo for a separação de moléculas grandes (p. ex., enzimas) ou de moléculas pequenas como sais ou outros solutos com peso menor que 3.000 Da, géis com poros pequenos são utilizados. Nesse caso, as enzimas são excluídas dos poros e são eluídas no Vo. Géis adequados para esse fim são Sephadex G-25 ou G-50 (Pharmacia) e Biogel P-6 ou P-10 (Bio-Rad). Para a separação entre moléculas que possuam um tamanho mais próximo, um gel de porosidade adequada (dentro da faixa de resolução) deve ser escolhido, de forma que as moléculas não sejam eluídas no Vo nem no Vt; para isso existem géis que fracionam várias faixas de massa molar. Essas informações podem ser encontradas nos catálogos dos fabricantes dessas resinas. Para uma maior resolução, géis com diâmetro menor (grau fino ou superfino) devem ser escolhidos.

Os equipamentos básicos para realizar uma filtração em gel incluem: coluna adequada, um detector de UV, um coletor de frações e um meio de controlar o fluxo adequadamente (bomba peristáltica). A escolha de colunas longas aumenta a resolução, mas aumenta o tempo de separação e a diluição da amostra.

Para géis que são fornecidos na forma de pó, é necessário um processo de hidratação que costuma ser demorado quando realizado à temperatura ambiente. Depois de misturar o pó a um excesso de líquido, deve-se esperar pelo menos 24 horas. Para acelerar esse processo, pode-se aquecer a suspensão a 100 °C por 3 horas. Após o resfriamento deve-se remover qualquer material particulado que fique em suspensão, após o que o ar aprisionado no gel deve ser removido sob vácuo, colocado na coluna e equilibrado no tampão de utilização, de preferência na temperatura em que o processo de separação será realizado.

Para verificar a homogeneidade do leito, um corante com partículas de tamanho conhecido pode ser utilizado ("Blue dextran"), devendo ter um tamanho maior do que o poro a fim de que seja excluído do gel. Dessa forma, pode-se determinar também o volume da fase móvel (Vo).

Melhores resoluções são obtidas quando a amostra está concentrada em volumes pequenos. Os volumes recomendados estão entre 1% e 5% do volume total da coluna. Se o objetivo for uma dessalinização, volumes maiores podem ser aplicados. Para não ocasionar problemas com viscosidade, a amostra deve ter no máximo uma concentração de 20 mg/mL em proteína. O fluxo é muito importante e deve ser adequado ao comprimento da coluna e ao gel utilizado; isto permitirá melhores resoluções. As moléculas maiores saem primeiro e estão sujeitas a uma menor turbulência e difusão; por outro lado, moléculas menores estão sujeitas a uma maior difusão e a serem eluídas em picos mais amplos num volume maior; por isso, a escolha da porosidade adequada é fundamental.

Os cuidados com a limpeza da coluna e com a estocagem são importantes. Após a utilização, a maioria dos géis podem ser limpos com dois volumes de NaOH 0,2 M, depois lavados com água deionizada e guardados, de preferência com um agente antimicrobiano (azida sódica a 0,02% ou etanol a 20%), a 4 °C.

Há no mercado várias colunas de filtração em gel para uso em HPLC, mais comumente utilizada como técnica analítica, desde que os volumes de aplicação sejam pequenos.

A filtração em gel é frequentemente utilizada nas etapas finais de purificação, mas, como citado anteriormente, é muito útil para a dessalinização de amostras e a separação de moléculas de diferentes tamanhos, como células e vírus. Também é bastante utilizada para determinações de massas molares de amostras desconhecidas, uma vez que se pode calibrar uma coluna com padrões de massas molares conhecidas e construir uma curva do logaritmo da massa molar desses padrões em função do volume de eluição (Ve). Dessa forma, uma amostra com massa molar desconhecida pode ser passada pela mesma coluna e, através do seu volume de eluição, determinar-se sua massa molar pela curva de calibração (HARRIS; ANGAL, 1989; WISEMAN, 1985; ACKERS, 1970).

10.2.3.4 Purificação baseada na afinidade

As enzimas ou peptídeos exercem sua atividade biológica através de seu sítio catalítico e possuem a propriedade de se ligarem a outra(s) molécula(s) através desse sítio ou outros, como sítios alostéricos e de ligação. Essas propriedades podem ser exploradas para fins de purificação, desde que moléculas para as quais a molécula-alvo tenha afinidade, e chamadas de ligantes, possam ser fixadas a uma matriz. Nesse caso, o ligante pode ser um inibidor, um análogo do substrato, um cofator ou um análogo de um cofator, ou seja, qualquer molécula para a qual a biomolécula tenha afinidade. Essa técnica é conhecida como cromatografia de afinidade.

No caso de enzimas, a escolha de um ligante torna-se evidente a partir de suas propriedades. Como exemplos de ligantes têm-se: inibidores de proteases (para proteases); heparina (para lipases e DNA polimerases); corantes triazínicos (para desidrogenases, quinases e enzimas de restrição). O ligante deve formar um complexo reversível com o metabólito a ser purificado, de tal forma que esse complexo seja resistente à passagem da amostra e também às etapas de lavagem, mas facilmente desfeito, sem precisar de condições desnaturantes. O ligante deve ser estável nas condições utilizadas para imobilização, bem como nas condições de uso. A imobilização do ligante à matriz é feita por uma ou mais ligações covalentes, e a efetividade do ligante na purificação, por vezes, é dependente da estrutura da matriz. Sendo assim, ela deve ser altamente porosa, estável quimicamente, mecanicamente rígida e uniforme estruturalmente. Uma das matrizes atualmente mais utilizadas é a agarose.

Geralmente são utilizados espaçadores para distanciar o ligante da matriz, a fim de facilitar as interações estereoespecíficas. O tamanho do espaçador geralmente está entre 6 e 8 átomos de carbono (p. ex., 1,6-diamino-hexano; 1,2-diaminoetano) e não deve ter afinidade por proteínas. Matrizes com espaçador já incorporado estão disponíveis comercialmente.

A maioria das interações é composta de uma combinação de forças moleculares de natureza iônica, hidrofóbica, entre outras. Frequentemente a natureza da interação não é definida, e as condições de eluição são obtidas empiricamente. Dentre as possíveis formas de eluição, temos:

- *Mudança da força iônica.* Pode ser utilizado um gradiente linear de um sal (p. ex., KCl), no qual há predomínio da interação iônica. Por outro lado, uma diminuição da força iônica pode ser necessária para efetuar a eluição quando a interação hidrofóbica predomina.

- *Mudança de pH.* Geralmente feito de forma decrescente, altera o grau de ionização de grupos carregados na superfície de ligação, reduzindo a força da interação. Deve-se observar que gradientes de pH são menos reprodutíveis e a eluição por etapas é mais adequada.

- *Eluição seletiva ou por afinidade.* Utilizam-se moléculas que são capazes de interagir em nível de sítio de ligação, ou outros sítios, de tal forma que a superfície de ligação fique não disponível por mudanças conformacionais. Uma das características desse tipo de eluição é que são requeridas baixas concentrações do eluente (cerca de 10 mM) (HARRIS; ANGAL, 1989; LOWE, 1979).

10.2.4 CONCENTRAÇÃO

A etapa de concentração geralmente é necessária ao final ou entre etapas de purificação. Isso porque um volume menor de solução é mais fácil de manusear em etapas subsequentes, como precipitação ou cromatografias que exigem volumes pequenos, como cromatografia em gel; além disso, concentrações proteicas mais altas minimizam perdas por adsorção não específica em recipientes e matrizes. A concentração pode ser obtida por remoção de água das seguintes maneiras:

- *Por adição de um polímero* do tipo Sephadex G-25, cujos poros são muito pequenos para permitir a entrada de moléculas grandes.

- *Por remoção do solvente* através de uma membrana semipermeável que não permite a passagem da enzima de interesse (ultrafiltração).

- Por remoção de água a vácuo (*liofilização*).

A precipitação pode também ser utilizada, desde que o *pellet* seja solubilizado em pequenos volumes.

A adição de um polímero inerte como Sephadex G-25 (20 g por 100 mL de solução), por um tempo de 20 minutos, depois removido por centrifugação ou filtração, é o suficiente para a remoção de cerca de 70% de água, com uma perda de proteína em torno de 20%. Não é muito eficaz, mas tem a vantagem de ser relativamente rápido.

Na ultrafiltração, água e pequenas moléculas são direcionadas através de uma membrana semipermeável por uma força que pode ser exercida por centrifugação ou pressão, geralmente feita por nitrogênio gasoso. Geralmente, o tamanho dos poros nas membranas de ultrafiltração é denominado pela massa molar retida, ou seja, a mínima massa molar de uma proteína globular que não passa pelo poro. Como o tamanho dos poros na membrana não é homogêneo, é recomendável utilizar membranas com porosidade de pelo menos 20% menor que o tamanho da molécula a ser retida. É bom lembrar que com poros pequenos o fluxo também é menor, o que resulta num tempo mais longo de processo. A concentração por ultrafiltração oferece várias vantagens sobre outros métodos alternativos, dentre as quais a de ser mais rápida e ter melhor recuperação. O fluxo é diretamente proporcional à pressão (até um determinado limite) e indiretamente proporcional à resistência contra a passagem de moléculas através da membrana. Essa resistência pode ser minimizada da seguinte maneira:

- *Aumentando o poro*, até o máximo permissível para a molécula de interesse não passar.

- Aumentando a quantidade de poros.

- *Mínima espessura da membrana,* sendo que a maioria das membranas é anisotrópica, consistindo de uma fina camada superior de 0,5 mm de espessura suportada por uma membrana porosa com espessura de 150 mm.

- Máxima hidratação da membrana.

- Mínima viscosidade da solução.

A concentração por polarização ocorre quando se forma um filme de moléculas na superfície da membrana, que pode agir como uma segunda camada de "membrana", diminuindo o fluxo. Isso pode ser evitado por agitação da solução próxima da membrana (celas agitadas). Essas celas agitadas são disponíveis comercialmente com volumes de até 400 mL (Amicon, Filtron). Não é recomendável permitir que a solução dentro da cela chegue a secar, pois isso pode causar perda irreversível na superfície da membrana. Após o uso, as membranas podem ser limpas com hidróxido de sódio diluído ou NaCl 1-2 M. As celas agitadas são úteis para uso em escala de laboratório, já que a superfície de filtração é relativamente pequena. Para uso em larga escala existem vários tipos de sistemas de ultrafiltração, descritos a seguir:

- *Ultrafiltração tangencial.* As membranas são colocadas entre placas de aço inoxidável ou acrílico, de forma individual ou em *cassettes*. A solução é bombeada tangencialmente à membrana e é reciclada (retido), enquanto o filtrado passa através da membrana e é coletado. O aumento de escala é feito aumentando-se o número de membranas.

- *Espirais.* Várias folhas de membrana são sobrepostas entre telas e então encaixadas num cilindro oco perfurado. A solução é bombeada paralelamente ao eixo do cilindro e o filtrado passa através da membrana, indo para um canal conectado ao centro do cilindro. O retido sai do cilindro e é recirculado até a concentração desejada.

- *Fibras ocas.* É um ultrafiltro de forma cilíndrica (fibras) com diâmetro interno de 0,5 mm a 3 mm. Várias fibras são montadas dentro de um cartucho cilíndrico. A solução é bombeada através das fibras e o filtrado passa para o cartucho.

- *Tubos.* Similares às fibras ocas, mas com diâmetro da ordem de 2 cm a 3 cm, levando a um volume interno muito maior em relação à superfície. Por causa dessa característica, o fluxo através das membranas é menor que nas fibras ocas.

Vários fatores influenciam na escolha da configuração adequada, dentre eles: capacidade de processamento, fluxo, acúmulo de sujeira, facilidade de limpeza e facilidade no aumento de escala (MARR; COTTA-ROBLES, 1957; WISEMAN, 1985).

Em contraste com a ultrafiltração, a liofilização resulta na concentração dos sais presentes na solução inicial; além disso, ela pode provocar perda de atividade enzimática. Por outro lado, uma vez obtida a enzima ativa na forma de pó, esta é muito mais estável que em solução aquosa. O cuidado principal a ser tomado é evitar que a solução descongele durante o processo, pois isso resulta em grande perda de atividade. Tampões com fosfato não são adequados, já que o pH diminui durante o congelamento, podendo levar a uma desnaturação. A concentração do tampão deve ser minimizada a fim de se evitar perdas, e recomenda-se a adição de aditivos como lactose, trealose e manitol (1% a 5%) (HARRIS; ANGAL, 1989; WISEMAN, 1985).

10.3 ENZIMAS E PEPTÍDEOS ANTIMICROBIANOS: APLICAÇÕES

As aplicações de enzimas estão vinculadas ao mercado mundial e podem ser divididas em dois amplos grupos: enzimas industriais e enzimas especiais (SÁ-PEREIRA et al., 2008). As enzimas industriais são empregadas nas indústrias de alimentos e de ração animal e também para fins domissanitários, como têxtil, curtume, biocombustíveis, papel e celulose. As enzimas especiais são aquelas utilizadas para fins terapêuticos, diagnósticos, pesquisa e química fina (VITOLO, 2015; MANISHA, 2017).

Em biotecnologia, as enzimas são frequentemente utilizadas para melhoria de processos e para possibilitar o uso de novas matérias-primas, melhorando suas características físico-químicas e também as de vários produtos. Do ponto de vista industrial, para ser comercialmente utilizável, a enzima deve proporcionar a obtenção de produtos com as seguintes características: ser de melhor qualidade do que o produto tradicional, possibilitar melhoria no processo, de forma a reduzir custos de laboratório e maquinaria envolvidos, possibilitar a produção de produtos que não estão disponíveis ou somente o estão em pequenas quantidades.

De acordo com Elleuche et al. (2014), as aplicações industriais das enzimas têm sido dificultadas principalmente devido a propriedades indesejáveis em termos de estabilidade, eficiência catalítica e especificidade. Para superar esses problemas, muitas medidas vêm sendo tomadas, como seleção de enzimas de fontes naturais, mutações aleatórias e imobilização. O número de aplicações industriais para enzimas explodiu nos últimos anos, principalmente devido aos avanços na tecnologia de engenharia de proteínas e às necessidades ambientais e econômicas (CHOI; HAN; LIM, 2015). Nesse contexto, a biocatálise enzimática tem rapidamente substituído os tradicionais processos químicos em várias áreas tecnológicas.

No campo da biotecnologia, as enzimas ocupam um importante papel, já que são responsáveis pela vida celular, além de estarem presentes em processos biotecnológicos, como cultivos fermentativos e de cultura celular. De acordo com Vitolo (2015), existe uma preferência pelo uso de enzimas microbianas, pois, além de o microrganismo ser usado como fonte, este tem uma alta velocidade de crescimento e um menor tempo de geração, levando à produção de grande quantidade de enzima num espaço de tempo mais curto quando comparada à obtida de animais ou plantas.

A seguir será abordada a aplicação de enzimas na indústria química; medicamentos; análises clínicas; cosméticos; detergentes; indústria têxtil; e em curtumes. A aplicação de ezimas em alimentos é amplamente abordada no Capítulo 20 deste volume.

10.3.1 ENZIMAS NA INDÚSTRIA QUÍMICA

A acrilamida é um importante produto químico utilizado para sintetizar a poliacrilamida, a qual possui um papel significativo para a recuperação de petróleo, tratamento de águas residuais, fabricação de papel, formulação de pesticidas, prevenção de erosão do solo e gel eletroforese (ASANO, 2002; LEONOVA et al., 2000). Pelas vias tradicionais, a acrilamida pode ser produzida quimicamente por oxidação de acrilonitrila, usando cobre e ácido sulfúrico como catalisadores a temperatura elevada (PADMAKUMAR; ORIEL, 1999). No entanto, ambos os métodos são conhecidos por causar diversos tipos de poluição ambiental. A descoberta da nitrila hidratase (EC 4.2.1.84) e sua aplicação na hidratação nitrílica ofereceu um novo processo para a produção de acrilamida através da acetonitrila. Alguns pesquisadores já relataram a obtenção da enzima nitrila hidratase por *Pseudomonas putida* NRRL-18668 (CUI et al., 2014) e *Rhodococcus rhodochrous* (KANG et al., 2014), sendo que, nesta última cepa, a enzima obteve uma taxa de conversão de 93%, proporcionando rendimento final de 42,5% em acrilamida.

O ácido glicólico é muito utilizado como substância intermediadora na obtenção de biopolímeros, além de ter uma importante aplicação na indústria de alimentos e de cosméticos. Koivistoinen et al. (2013) reportaram que o mercado do ácido glicólico movimentou 93,3 milhões de dólares em 2011, sendo que a produção deste ácido orgânico é de aproximadamente 60 mil toneladas por ano com expectativa de aumento (AHMED et al., 2015). A obtenção desse ácido orgânico por via química convencional ainda é muito comum, o que gera um produto contendo muitas impurezas. Atualmente, já se pode obter ácido glicólico por via enzimática, utilizando enzimas como nitrilase, lactoaldeído redutase e lactoaldeído desidrogenase (CHAUHAN et al., 2003; PANOVA et al., 2007). A Tabela 10.3 apresenta algumas enzimas aplicadas na indústria química.

Tabela 10.3 Algumas enzimas utilizadas na indústria química

Produto	Enzima(s)	Referência
Acrilamida	Nitrila hidratase	Cui et al. (2014) Kang et al. (2014)
Ácido glicólico	Nitrilase	Panova et al. (2007)
1,3-propanodiol	Glicerol desidrogenase; oxidorredutase-isoenzima	Rieckenberg et al. (2014)
5-hydroximethilfurfural (HMF)	Glicose isomerase	Huang et al. (2010)
(R),(S)- epicloridrina	Halohidrina dehalogenase; epóxido hidrolases	Lee (2007)
Ciclodextrinas	Ciclodextrina glicosiltransferase	Bonnet et al. (2010)

10.3.2 ENZIMAS EM MEDICAMENTOS E ANÁLISES CLÍNICAS

Historicamente, o uso de enzimas na área da saúde iniciou-se em 1930, ocasião em que essas biomoléculas foram empregadas como auxiliares digestivos, principalmente para pessoas com baixa capacidade de produção fisiológica de enzimas amilolíticas, lipolíticas e proteolíticas (VITOLO, 2015).

Para o emprego no campo farmacêutico, as enzimas precisam ter certas características, como a) baixa resposta imunológica, com afinidade dirigida ao problema em questão; b) ser proveniente de microrganismos não patogênicos isentos de endotoxinas ou de cultura de células animais perfeitamente estabelecidas; c) alta atividade e estabilidade em pH fisiológico; d) retenção da atividade e estabilidade em soro animal; e) alta afinidade pelo substrato (baixo K_m); f) baixa taxa de eliminação da circulação quando injetadas; g) não serem inibidas pelos produtos ou constituintes normais encontrados nos fluídos biológicos; h) não ter necessidade de cofatores exógenos; i) efetiva irreversibilidade da reação enzimática sob condições fisiológicas.

Um dos exemplos mais bem-sucedidos na aplicação prática das enzimas na indústria farmacêutica é o composto antidiabético sitagliptina. A sitagliptina é um medicamento utilizado para tratamento de diabetes do tipo II, que pode ser obtido através de uma enzima transaminase seletiva (DESAI, 2011; SAVILLE et al., 2010).

Dentre as enzimas atualmente em uso, destacam-se aquelas empregadas no tratamento de pacientes com alguma forma de leucemia, por exemplo, L-asparaginase, a qual pode ser obtida ou expressa por diferentes microrganismos, como *Escherichia coli* (KIM et al., 2015; SRIKHANTA et al., 2013), *Erwinia carotovora* (KOTZIA; LABROU, 2005), *Pichia pastoris* (FERRARA et al., 2006; GIRÃO et al., 2016). A base do tratamento é a degradação do aminoácido (L-asparagina) encontrado no plasma, e que é essencial à sobrevida das células tumorais.

No tratamento de trombose venosa profunda, infarto agudo do miocárdio e embolia pulmonar, as enzimas estreptoquinase e uroquinase, quando aplicadas por via intravenosa, iniciam o processo de dissolução de coágulos por ativação da fibrinolisina presente na corrente sanguínea (LIJNEN; COLLEN, 1988).

Várias proteases são utilizadas em alguns casos de condições inflamatórias; as mais empregadas são tripsina e quimotripsina, geralmente associadas a antibióticos ou analgésicos (AMBRUS; LASSMAN; DE MARCHI, 1967). A papaína, uma mistura de enzimas extraídas do látex do mamão, tem sido empregada com sucesso no debridamento ou remoção do tecido desvitalizado presente em feridas, escaras e enxertos de pele. Já a bromelina pode atuar como um auxiliar digestivo, vermífugo ou até na cicatrização de ferimentos (OLIVEIRA, 2001).

Cabe lembrar que um importante uso terapêutico de enzimas consiste na administração a pessoas que – por razões de hereditariedade, falhas fisiológicas e/ou metabólicas – são incapazes de produzi-las. A esse emprego dá-se o nome de terapia de reposição enzimática. A fim de tornar viável o uso de enzimas na terapia de reposição, as moléculas são modificadas – pela inclusão ou remoção de grupos químicos funcionais de sua estrutura primária ou favorecimento da interação molecular através da criação de ligações cruzadas intermoleculares – para melhorar a performance catalítica, aumentar a estabilidade e a meia-vida plasmática (BEUTLER, 1981). De acordo com Vitolo (2015), a reposição enzimática pode ser realizada para auxiliar na digestão, como no caso da pancreatina e bromelina, e no tratamento de doenças enzimoprivas, como síndrome de Gaucher (deficiência de glicocerebrosidase) e Fabry (deficiência de α-galactosidase).

Na Tabela 10.4 encontram-se formulações medicamentosas contendo enzimas.

Tabela 10.4 Enzimas encontradas em formulações de medicamentos

Enzima	Tratamento
Asparaginase	Leucemia linfoide aguda, leucemia linfoide crônica, linfoma não Hodgkin, linfossarcoma e melanossarcoma
Pancreatina	Insuficiência pancreática
Uroquinase	Agente fibrinolítico
Estreptoquinase	Infarto agudo do miocárdio, embolia pulmonar, trombose venosa profunda, doença arterial oclusiva crônica (uso hospitalar)
Hialuronidase	Utilizada para reabsorver exsudatos e auxiliar na difusão de anestésicos locais
Pancrelipase	Fibrose cística
Urato-oxidase	Tratamento da hiperuricemia aguda para evitar insuficiência renal em pacientes com neoplasia hematológica
Bromelina	Auxiliar digestivo, vermífugo, cicatrização de ferimentos
Colagenase	Cicatrizante

Nas análises clínicas, as enzimas são muito utilizadas como:

a) reagentes químicos para dosar substâncias em amostras de fluidos biológicos como sangue e urina. São citados dosagens de glicose, ureia, colesterol, esteroides, amônia, etanol, entre outros (Tabela 10.5);

b) na determinação da atividade de enzimas presentes em fluidos biológicos, por exemplo, na detecção de atividades anormais de enzimas como fosfatase ácida (câncer de próstata, síndrome de Gaucher). Fosfatase alcalina pode indicar raquitismo e osteomalácia; renina, hiperaldosteronismo; lactato desidrogenase, infarto no miocárdio, câncer de testículo e distrofia muscular; creatinina quinase, problemas cardíacos e musculares; e amilase no soro e urina pode indicar uma pancreatite aguda, carcinoma do pâncreas ou úlcera perfurada (VITOLO, 2015; GERHARTZ, 1990);

c) como marcadores em enzimaimunoensaios (EIA), caso no qual a reação de antígeno-anticorpo é monitorada por medida da atividade enzimática. A técnica de enzimaimunoensaio utiliza as enzimas como marcadoras para determinar a quantidade de imunocomplexo formado (antígeno-anticorpo). As enzimas podem ser ligadas a anticorpos por meio de agentes bifuncionais como o glutaraldeído ou outros, dependendo da natureza dos grupos reativos na enzima. Algumas enzimas utilizadas em enzimaimunoensaio são peroxidase, fosfatase alcalina e β-galactosidase (MAGGIO, 1988). O EIA tem como vantagens: ensaio sensível e específico; reagentes estáveis durante o armazenamento; manipulação simples; ensaios rápidos; uma etapa de separação pode ser desnecessária; possibilidade de realizar ensaios simultâneos, já que há variedade de marcadores; e automatização (VITOLO, 2015).

A Tabela 10.5 cita algumas enzimas para fins de diagnóstico.

Tabela 10.5 Enzimas utilizadas em diagnósticos para dosar substâncias em amostras de fluidos biológicos

Enzima	Substrato medido
Álcool desidrogenase ou álcool oxidase	Etanol
Colesterol oxidase	Colesterol
Esterase	Triglicérides
Sacarose fosforilase	Fosfato inorgânico
Glicose 6-fosfato desidrogenase	Glicose
Glicose oxidase	Glicose
Glutamato desidrogenase	Amônia
Creatininase	Creatinina
Glicerol desidrogenase	Glicerol
Hexoquinase	ATP, glicose
Nitrato redutase	Nitrato
Urato oxidase	Uratos
Urease	Ureia
B-glicuronidase	Esteroides

10.3.3 ENZIMAS EM COSMÉTICOS

As enzimas aplicadas para fins cosméticos devem obedecer a alguns critérios, como: a) estabilidade durante toda a vida de prateleira do produto; b) manter a atividade enzimática inalterada pelos componentes da formulação cosmética; e c) o uso tópico da enzima não deve ocasionar reações tóxicas, irritantes ou sensibilizantes (DOS SANTOS et al., 2008).

Proteases, glicoamilases, uricases, hialuronidases e tirosinases são algumas enzimas utilizadas em formulações cosméticas. As principais aplicações dessas enzimas são: no tratamento de acne; em colutórios; em produtos para tingir cabelos; em tratamentos de celulite; em bronzeadores etc. (VITOLO, 2015; DOS SANTOS et al., 2008).

Algumas enzimas são utilizadas como biocatalisadores, como no caso da amilossacarase produzida por *Deinococcus geothermalis*, a qual pode ser usada na obtenção de arbutina. A arbutina é um composto conhecido como clareador de pele e inibidor de melanogênese sem causar melanocitotoxicidade (SEO et al., 2012). Outro exemplo seria a obtenção de miristato de isopropila, emoliente multifuncional amplamente utilizado em produtos cosméticos devido à sua propriedade hidratante, através da ação de lipases (HILTERHAUS; THUM; LIESE, 2008).

10.3.4 ENZIMAS EM DETERGENTES

As proteases tripsina e quimotripsina foram introduzidas pela primeira vez – em 1913, por sugestão de Otto Röhm – como ingredientes ativos em detergentes de lavanderia, visando à remoção de manchas proteicas. O primeiro detergente comercial contendo proteases bacterianas foi produzido por Gebrüder Schnyder em 1959 (HERBOTS et al., 2000). Algum tempo depois, 80% dos detergentes para lavanderia passaram a ser formulados com enzimas proteolíticas, lipolíticas e amilolíticas.

A substituição dos sabões por produtos sintéticos se deu basicamente por aspectos econômicos e técnicos, uma vez que as gorduras se tornaram cada vez mais escassas e destinadas à alimentação humana. Além disso, a formação de sais insolúveis com os agentes de dureza da água, como o cálcio e o magnésio, além da insolubilização em meio neutro e ácido, levou à intensificação das pesquisas em torno da utilização das enzimas (STARACE, 1983).

O aparecimento de enzimas adequadas, estáveis em pH alcalino, obtidas por fermentação de microrganismos, que podem ser obtidas em maiores quantidades e menor tempo, com menor custo, possibilitou o uso de enzimas nos detergentes. A Novozymes introduziu no mercado, com grande sucesso, a Alcalase®, uma protease bacteriana que logo foi incorporada nas formulações de detergentes na Europa e Estados Unidos.

No início de 1970, o surgimento de processos alérgicos em trabalhadores durante o manuseio das preparações enzimáticas na fabricação dos detergentes provocou um recuo no crescimento da utilização das enzimas. As medidas de segurança que foram incorporadas na manipulação, aliadas a novas formulações de enzimas, como as formas revestidas, levou à retomada da aplicação das enzimas em detergentes (TREVES et al., 1984). Em 1985, na Europa, 70% dos detergentes de lavanderia para uso doméstico continham enzimas em suas fórmulas (VOJCIC et al., 2015).

O primeiro detergente com enzimas comercializado no Brasil foi o Biotex, da Organon, em 1968. Logo após surgiu o Biopresto, da Unilever. Entre 1978 e 1984, a Henkel comercializou o Viva. A partir de 1989, a Gessy Lever, hoje líder de mercado, lançou o Omo contendo enzimas, e o seu sucesso estimulou outras indústrias a lançarem produtos com enzimas. Uma das limitações desses produtos é a temperatura da água de lavagem, que no Brasil costuma ser a ambiente. Essas enzimas têm sua temperatura ótima em torno de 40 °C a 50 °C. Para contornar essa dificuldade, recomenda-se um tempo maior de molho se a lavagem for realizada à temperatura ambiente.

Os detergentes líquidos estão em pleno crescimento no mercado, devido à sua praticidade e à fácil incorporação dos tensoativos e outros componentes na água. Porém, o uso de enzimas nessas formulações está restrito devido à alta atividade de água presente, o que afeta a estabilidade das enzimas. Isso lança um novo desafio aos fabricantes de enzimas para detergentes: a sua incorporação às formulações líquidas, para uso em pré-lavagem ou *spotting*, sem prejuízo da atividade e estabilidade.

Os produtos de lavanderia contendo enzimas vêm suprir uma deficiência dos detergentes comuns, que é a capacidade de atacar e remover manchas e sujeiras de diversas origens. Apesar de os detergentes emulsionarem substâncias lipofílicas com a água, algumas manchas gordurosas são resistentes à sua ação. Por isso, atualmente, adicionam-se lipases às fórmulas, existindo, também, a possibilidade de serem utilizadas amilases e celulases (NOTHENBERG, 1991).

Atualmente, economia e eficiência energética são fundamentais para que haja equilíbrio ambiental. Em decorrência disso, a sociedade tornou-se mais consciente em relação à importância de utilizar produtos sustentáveis, como detergentes ou produtos de lavanderia contendo enzimas com elevada eficiência a ampla gama de temperatura, especialmente abaixo de 20 °C (GERDAY et al., 2000).

Proteases adaptadas a baixas temperaturas podem ser isoladas a partir de microrganismos psicrófilos, exibindo elevada atividade proteolítica (15 °C). Infelizmente, essas enzimas geralmente não atendem aos requisitos industriais devido à baixa estabilidade inerente a temperaturas acima de 20 °C e baixos rendimentos na produção em larga escala. Por outro lado, subtilisinas isoladas de microrganismos mesófilos apresentam ao mesmo tempo maior eficiência catalítica e estabilidade térmica a temperaturas entre 30 °C e 45 °C. A fim de adaptar as subtilisinas mesofílicas à tendência atual de lavagem a baixa temperatura (20 °C), técnicas de engenharia genética têm sido empregadas (VOJCIC et al., 2015), resultando em microrganismos recombinantes produtores de proteases mesofílicas, como *Bacillus sphaericus* (WINTRODE; MIYAZAKI; ARNOLD et al., 2000), e proteases psicrofílicas, como *Bacillus* TA39 (microrganismo isolado da Antártica) (TINDBAEK et al., 2004).

10.3.5 ENZIMAS NA INDÚSTRIA TÊXTIL

O uso de enzimas pela indústria têxtil tem sido uma abordagem ambientalmente sustentável, resultando em produtos de alta qualidade e redução de custos nos processos. Durante as últimas três décadas, o uso de enzimas foi totalmente aceito pelos fabricantes, e ainda há potencial para aplicações de novas enzimas.

Para aumentar a resistência dos fios durante o processo de tear, estes são banhados em uma goma de amido, que posteriormente deve ser eliminada para não prejudicar os processos de coloração. Para isso, pode ser utilizada uma α-amilase bacteriana, que é capaz de agir em altas temperaturas, acelerando o processo. Temperaturas de 105 °C a 110 °C são utilizadas por 1 a 2 minutos com α-amilase de *Bacillus licheniformis* (WISEMAN, 1985).

As enzimas pectinolíticas podem ser utilizadas para degradar as camadas de pectina que recobrem as fibras de celulose. Na indústria do algodão, a aplicação de pectinases associadas com outras enzimas, como amilases, lipases e hemicelulases, são muito eficazes na remoção de pectina, cera e gomas, além de oferecer vantagens como substituir a soda cáustica durante o processamento e gerar produtos de alta qualidade a um menor custo (UENOJO; PASTORE, 2007).

Celulases são rotineiramente utilizadas no processamento têxtil e acabamento dos tecidos à base de celulose. As celulases são muito eficazes na remoção de pelos dos fios de celulose, o que proporciona aparência lisa e lustrosa ao tecido, além de conferir brilho à cor. A lavagem enzimática do tecido de algodão geralmente envolve celulases ácidas e neutras produzidas por *Trichoderma reesei* e *Humicola insolens*, respectivamente (JUTURU; WU, 2014).

10.3.6 ENZIMAS EM CURTUME

Por englobar diversos setores, como o de vestuários, calçados, malas, tapetes, tendas, tapetes, entre outros, a indústria do couro tem uma grande importância no cenário econômico. O processamento do couro convencional envolve várias operações unitárias, nas quais produtos químicos como cal, sulfeto, cromo em diferentes estágios de processamento (pré-curtimento e curtimento) e sulfetos são muito utilizados. Portanto, o processo gera uma grande quantidade de resíduos líquidos e sólidos, inclusive de grande poder de poluição ambiental (SARAN et al., 2013).

A aplicação de enzimas em curtume é necessária, pois, além de atuarem na limpeza profunda do couro, remoção de pelos e desengorduramento, estas proporcionam a não disposição de produtos tóxicos. Em particular, as principais enzimas utilizadas na indústria do couro são proteases, lipases e queratinases.

No processamento de couros, as proteases encontram uma ampla aplicação durante as várias fases. Na fase inicial de limpeza é necessário haver uma reidratação, passando pela remoção dos pelos, em que é utilizada uma protease alcalina, já que o pH básico ajuda na exposição dos folículos pilosos, facilitando sua remoção. As proteases mais utilizadas são as de origem animal, fúngica e bacteriana, mas em alguns casos especiais, como produção de couro extramacio, pode ser utilizada papaína (WISEMAN, 1985).

As lipases atuam na hidrólise de gorduras, óleos e graxas presentes na hipoderme. Zhang e Zhang (1982) relataram que a lipase alcalina combinada com proteinases melhora o efeito desengordurante para amaciar a pele de porco. Por outro lado, as queratinases, obtidas na maioria das vezes por espécies de *Bacillus*, degradam as pontes dissulfeto da queratina sem a degradação do colágeno (DE SOUZA; GUTTERRES, 2012; PAUL et al., 2016).

10.4 PEPTÍDEOS BIOATIVOS: BACTERIOCINAS

Os conservantes químicos têm sido tradicionalmente utilizados durante a fabricação de produtos processados. No entanto, o crescente interesse dos consumidores por produtos frescos e naturais impulsionou a pesquisa por peptídeos antimicrobianos naturais, em particular as bacteriocinas. Por definição, bacteriocinas são peptídeos ou proteínas ribossomais, liberados para o meio extracelular por microrganismos Gram-positivos e Gram-negativos. Esses compostos apresentam ação bactericida ou bacteriostática (COLLINS et al., 2010; DE VUYST; LEROY, 2007).

A primeira bacteriocina foi inicialmente identificada por Gratia (1925) como uma proteína antimicrobiana produzida por *Escherichia coli*, denominada colicina. O interesse em bacteriocinas produzidas por microrganismos Gras (*generally recognized as safe*), como as bactérias ácido-láticas (BALs), tem levado a um interesse considerável pela nisina, a primeira bacteriocina a ser aplicada comercialmente, em 1969. A partir de então, o campo de pesquisa para essa biomolécula aumentou vertiginosamente, resultando na descoberta e caracterização detalhada de um grande número de bacteriocinas nas últimas décadas (COLLINS et al., 2010).

Historicamente, as BALs têm sido associadas com alimentos fermentados, razão pela qual muitas dessas bactérias, como *Lactococcus, Oenococcus, Lactobacillus, Leuconostoc, Pediococcus* e *Streptococcus* sp., são consideradas Gras e probióticas (MAYO et al., 2010). Além disso, o gênero *Bifidobacterium* tem uma grande importância como microrganismo probiótico. A capacidade de produzir substâncias antimicrobianas, como bacteriocinas, é uma propriedade desejável de uma cepa probiótica, pois pode proporcionar vantagem na competição e colonização do trato gastrointestinal.

Recentemente, as bacteriocinas têm recebido grande atenção devido ao seu elevado potencial de aplicação na indústria de alimentos como agentes conservantes naturais. Do mesmo modo, as indústrias farmacêuticas têm melhorado a utilização desses peptídeos antimicrobianos, possuidores de atividade antibacteriana, para tentar reduzir o uso indiscriminado de antibióticos em produtos alimentares para consumo humano e animal (SABO et al., 2014).

Existem diversas classificações para as bacteriocinas. Drider et al. (2006) dividiram as bacteriocinas em três grandes classes, de acordo com as características genéticas e bioquímicas dos microrganismos produtores (Tabela 10.6). Recentemente, Cavera et al. (2015) propuseram classificar as bacteriocinas de microrganismos Gram-positivos, como as BALs, como de Classe I quando decorrentes de modificação pós-translacional, e de Classe II quando apresentam pequenas ou nenhuma dessas modificações. Ademais, as bacteriocinas maiores do que 10 kDa são incluídas na Classe III. As bacteriocinas de bactérias Gram-negativas são divididas em pequenos peptídeos, como as microcinas, e grandes peptídeos, como as colicinas.

Tabela 10.6   Classificação de bacteriocinas

Classe I ou lantibióticos	Lantionina ou peptídeos contendo lantionina	Tipo A (moléculas lineares)	Nisina, subtilina, epidermina
		Tipo B (moléculas globulares)	Mersacidina
Classe II	Classe heterogênea de pequenos peptídeos termoestáveis	Subclasse IIa	Pediocina, enterocina, sakacina
		Subclasse IIb (compostos de dois peptídeos)	Plantaricina, lactacina F
		Subclasse IIc	Lactococina
Classe III	Grandes peptídeos (termolábeis)		Helveticina J, milericina B

Fonte: adaptado de Drider et al. (2006).

A produção de bacteriocina ocorre inicialmente como um mecanismo de resposta aos estímulos ou ao estresse ambiental ocasionado pela competição microbiana. Geralmente, as bacteriocinas são sintetizadas como pré-peptídeos inativos com uma sequência precursora na região N-terminal (XIE; VAN DER DONK, 2004), transportada à superfície celular durante a fase exponencial e catalisada na sua forma ativa (AUCHER et al., 2005).

A regulação da produção das pediocinas (DRIDER et al., 2006) ocorre através da ativação de genes que podem estar localizados nos cromossomos ou nos plasmídeos (ENNANHAR et al., 2000) das bactérias produtoras. Essa regulação é composta por três componentes: peptídeo indutor (ferormônio ou fator de ativação), histidina quinase transmembrana (receptor do ferormônio) e regulador da resposta. O peptídeo indutor é sintetizado no ribossomo em baixos níveis como um pré-peptídeo, o qual é clivado e secretado no meio externo pelo transportador. A uma determinada concentração, esse pré-peptídeo clivado ativa a histidina quinase transmembrana, que promove a autofosforilação do resíduo de histidina. Assim, um fosfato é transportado ao regulador da resposta. Esse regulador fosforilado ativa a transcrição da bacteriocina (NES et al., 1996), que será sintetizada na sua forma inativa nos ribossomos. A interferência eletrostática ocasionada pela variação do pH e pela concentração de sais no meio promove um efeito negativo nessa sinalização. Do mesmo modo, a densidade celular no meio interfere na comunicação bacteriana (*quorum sensing*), fator que estimula a autoindução do peptídeo indutor (KOTELKINOVA; GELFAND, 2002; ENNANHAR et al., 2000; EIJSINK et al., 2002).

10.5 APLICAÇÃO DE BACTERIOCINAS

A aplicação desses peptídeos antimicrobianos como biopreservativos vem crescendo gradativamente nos últimos anos. As principais aplicações das bacteriocinas ocorrem nas áreas de alimentos e clínica. De acordo com Nascimento, Moreno e Kuaye (2008), as bacteriocinas podem ser introduzidas nos alimentos de pelo menos três diferentes maneiras: em alimentos fermentados, podem ser produzidas *in situ* pela adição de bactérias láticas bacteriocinogênicas no lugar das tradicionais culturas iniciadoras; pela adição dessas culturas como adjuntas; ou pela adição direta de bacteriocinas purificadas ou parcialmente purificadas. A inoculação de BALs em alimentos, como culturas iniciadoras, tornou-se uma alternativa funcional e altamente aplicável nas indústrias para o controle de bactérias patogênicas, visto que as propriedades organolépticas dos alimentos são mantidas.

10.5.1 ALIMENTOS

Tradicionalmente, a nisina foi o primeiro peptídeo antimicrobiano a ser comercializado. Em 1983, esse peptídeo foi adicionado à lista europeia de aditivos alimentares, e em 1988 a agência norte-americana Food and Drug Administration (FDA) autorizou o seu uso em queijos processados. No Brasil, o Ministério da Saúde aprovou o uso da nisina com a função de conservador para queijos pasteurizados no limite máximo de 12,5 mg/kg em 1996.

O uso de bioconservantes naturais em vez de agentes químicos é uma estratégia importante para aumentar a vida de prateleira de frutas e legumes minimamente processados. Siroli et al. (2016) utilizaram a cepa produtora de nisina *Lactococcus lactis* CBM21 como agente bioconservante em fatias de maçãs, a qual limitou o crescimento de leveduras por um período de 28 dias, mantendo as qualidades organolépticas. Kallinteri, Kostoula e Savvaidis (2013) estudaram a ação bioconservante da nisina A em queijo do tipo Galotyri e observaram que a vida de prateleira desse produto foi de 19 dias, enquanto sem a adição desse peptídeo o mesmo alimento deteriorou-se em 14 dias de armazenamento.

Os alimentos cárneos constituem consideráveis fontes de microbiota benéfica e desejável no processo fermentativo. Dessa forma, nesses alimentos cepas probióticas como *Pediococcus* spp. são utilizadas no controle de *Listeria monocytogenes*. A bacteriocina sintetizada por *Pediococcus pentosaceus*, denominada pediocina, apresentou atividade bactericida contra *L. monocytogenes* 54002 por 2 horas em presunto suíno, com redução celular de 8 logUFC/mL para 5 log UFC/mL, sendo que o crescimento dessa cepa patogênica foi controlado durante 10 dias (HUANG et al., 2010). Ao contrário, na ausência dessa pediocina, houve crescimento bacteriano de $5,5 \times 10^3$ UFC/g a $3,3 \times 10^7$ UFC/g.

Outra vantagem interessante da pediocina foi a sua capacidade de se manter estável numa ampla faixa de pH (2 a 8) e a 121 °C por 15 minutos, tornando-a bastante atrativa para o controle microbiano em alimentos cárneos (pH neutro a básico) biopreservados por tratamento térmico. As propriedades tecnológicas da pediocina são fundamentais para garantir sua aplicação em alimentos.

A plantaricina também é uma bacteriocina muito utilizada em alimentos (SABO et al., 2014). Enan et al. (1996), por exemplo, isolaram esse peptídeo antimicrobiano de *Lactobacillus plantarum* UG1, o qual foi capaz de inibir cepas patogênicas como *L. monocytogenes*, *Bacillus cereus*, *Clostridium perfringens* e *Clostridium sporogenes*.

10.5.2 ÁREA CLÍNICA

Embora a principal aplicação de bacteriocinas ocorra em alimentos como agentes conservantes naturais, pesquisas têm verificado seu potencial uso para fins terapêuticos, por exemplo, no tratamento de dermatite atópica (VALENTA; BERNKOP--SCHNÜRCH; RIGLER, 1996), úlceras estomacais e infecções do cólon em pacientes com deficiências imunológicas (KIM et al., 2003).

Ademais, pesquisas mostraram a grande eficácia da atividade antimicrobiana das bacteriocinas no controle de infecções no trato respiratório. Fernández et al. (2008) demosntraram que a nisina, utilizada como subtituta de antibióticos, foi muito eficiente no tratamento de mastite estafilocócica bovina.

De acordo com Naghmouchi et al. (2012), a combinação de antibióticos com peptídeos antimicrobianos é uma forma de permitir a redução do uso de antibióticos em aplicações médicas, além de auxiliar na redução de bactérias resistentes aos antibióticos. A bacteriocina subtilisina associada com a clindamicina e o metronidazol mostrou-se muito eficaz no combate à *Gardnerella vaginalis*, a qual é responsável pela vaginose bacteriana.

A eficácia sinérgica entre bacteriocinas e antibióticos foi medida em estudos *in vitro* e *in vivo*. A nisina, combinada com antibióticos convencionais, auxiliou com grande eficácia na permeabilização da membrana de *Salmonella enterica* serovar multirresistente (SINGH et al., 2013).

Amer, Mossallam e Mahrous (2014) observaram que bacteriocinas derivadas de espécies de *Lactobacillus* foram eficazes no controle de *Giardia lamblia*, tanto nos ensaios *in vitro* (ensaios de inibição de crescimento e aderência) como *in vivo*, através da estimativa da densidade parasitária, exame histopatológico intestinal e análise ultraestrutural dos trofozoítos.

No que diz respeito à saúde oral, a cepa *Streptococcus salivarius*, produtora do lantibiótico salivaricina A, tem reduzido o número de bactérias causadoras da halitose (BURTON et al., 2006), enquanto a suplementação dessa bacteriocina em produtos lácteos tem ajudado na redução de infecção por *Streptococcus pyogenes*, microrganismo causador da faringite oral (DIERKSEN et al. 2007). Já na área da saúde sexual e contraceptiva, a lacticina 3147 foi capaz eliminar espermatozoides a partir de várias espécies animais (REDDY et al., 2004; SILKIN et al. 2008).

As bacteriocinas representam um sistema de defesa dos microrganismos que deve ser amplamente estudado, pois o mecanismo de ação dessas biomoléculas ainda não está bem definido. Com o desaparecimento iminente de antibióticos contra muitas bactérias multirresistentes Gram-negativas (produtoras de β-lactamase), a aplicação de bacteriocinas como alternativa aos antibióticos vem ganhando crescente popularidade.

REFERÊNCIAS

ACKERS, G. K. Analytical Gel Chromatography of Proteins. *Advances in Protein Chemistry*, v. 23, p. 343-446, 1970.

ADEM, S.; CIFTCI, M. Purification of rat kidney glucose 6-phosphate dehydrogenase, 6-phosphogluconate dehydrogenase, and glutathione reductase enzymes using 2′,5′-ADP Sepharose 4B affinity in a single chromatography step. *Protein Expression and Purification*, v. 81, p.1-4, 2012.

ADIVITIYA et al. High level production of active streptokinase in Pichia pastoris-fed-batch culture. *International Journal of Biological Macromolecules*, v. 83, p. 50-60, 2016.

AHMED, A. S. et al. Production of gluconic acid by using some irradiated microorganisms. *Journal of Radiation Research and Applied Sciences*, v. 8, p. 374-380, 2015.

AL-SENAIDY, A. M.; ISMAEL, M. A. Purification and characterization of membrane-bound peroxidase from date palm leaves (*Phoenix dactylifera* L.). *Saudi Journal of Biological Sciences*, v. 18, p. 293-298, 2011.

AMBRUS, J. L.; LASSMAN, H. B.; DE MARCHI, J. J. Absorption of Exogenous and Endogenous Proteolytic Enzymes. *Clinical Pharmacology and Therapeutics*, v. 8, n. 3, p. 362-367, 1967.

AMER, E. I.; MOSSALLAM, S. F.; MAHROUS, H. Therapeutic enhancement of newly derived bacteriocins against Giardia lamblia. *Experimental Parasitology*, v. 146, p. 52-63, Nov. 2014.

AN, J. et al. Purification and characterization of a novel bacteriocin CAMT2 produced by *Bacillus amyloliquefaciens* isolated from marine fish *Epinephelus areolatus*. *Food Control*, v. 51, p. 278-282, 2015.

ASANO, Y. Overview of screening for new microbial catalysts and their uses in organic synthesis – Selection and optimization of biocatalysts. *Journal of Biotechnology*, v. 94, p. 65-72, 2002.

ATKINSON, T.; SCAWEN, M. D.; HAMMOND, P. M. Large Scale Industrial Techniques of Enzyme Recovery. In: KENNEDY, J. F. *Biotechnology 7*, Weinheim: VCH, 1987.

AUCHER, W. et al, 2005. Influence of amino acid substitutions in the leader peptide on maturation and secretion of mesentericin Y105 and Leuconostoc mesenteroides. *Journal of Bacteriology*, Washington, v. 187, n. 6, p. 2218-2223, 2005.

AYAZ, B.; UGUR, A.; BORAN, R. Purification and characterization of organic solvent-tolerant lipase from *Streptomyces* sp. OC119-7 for biodiesel production. *Biocatalysis and Agricultural Biotechnology*, v. 4, 103-108, 2015.

BERJEAUD, J. M., CENATIEMPO, Y. Purification of antilisterial bacteriocins. *Methods in Molecular Biology*, v. 268, p. 225-233, 2004.

BEUTLER, E. Enzyme Replacement Therapy. *Trends in Biochemical Sciences,* p. 95-96, abr. 1981.

BONNET, V. et al. Enzymatic catalysis in presence of cyclodextrins. *Current Organic Chemistry*, 2010, v. 14, p. 1323-1336.

BURTON, J. P. et al. A preliminary study of the effect of probiotic *Streptococcus salivarius* K12 on oral malodour parameters. *Journal of Applied Microbiology*, v. 100, p. 754-764, 2006.

CASABURI, A. et al. Technological properties and bacteriocins production by *Lactobacillus curvatus* 54M16 and its use as starter culture for fermented sausage manufacture. *Food Control*, v. 59, p. 31-45, 2016.

CAVERA, V. L.; VOLSKI, A.; CHIKINDAS, M. L. The natural antimicrobial subtilosin A syn-ergizes with lauramide arginine ethyl ester (LAE), ε-poly-l-lysine (polylysine), clindamycin phosphate and metronidazole, against the vaginal pathogen *Gardnerella vaginalis*. *Probiotics Antimicrob Proteins*, v. 7, p. 164-171, 2015.

CAVERA, V. L. et al. Bacteriocins and their position in the next wave of conventional antibiotics. *International Journal of Antimicrobial Agents*, v. 46, p. 494-501, 2015.

CHARM, S. E.; MATTEO, C. C. Scale-Up of Protein Isolation. *Methods Enzymol.*, v. 22, p. 476, 1971.

CHAUHAN, S. et al. Purification, cloning, sequencing and over-expression in *Escherichia* coli of a regioselective aliphatic nitrilase from Acidovorax facilis 72 W. *Applied Microbiology and Biotechnology*, v. 61, p. 118-122, 2003.

CHOI, J. M.; HAN, S. S.; KIM, H. S. Industrial applications of enzyme biocatalysis: Current status and future aspects. *Biotechnology Advances*, v. 33, p. 1443-1454, 2015.

COLLINS, B. et al. Applications of lactic acid bacteria-produced bacteriocins. In: MOZZI, F.; RAYA, R. R.; VIGNOLO, G. M. (eds.). *Biotechnology of Lactic Acid Bacteria: Novel Applications*. Oxford: Wiley-Blackwell, 2010. p. 89-109.

CUI, Y. et al. Improvement of stability of nitrile hydratase via protein fragment swapping. *Biochemical and Biophysical Research Communications*, v. 450, n. 1, p. 401-408, 2014.

DE SOUZA, F. R.; GUTTERRES, M. Application of enzymes in leather processing: a comparison between chemical and coenzymatic processes. *Brazilian Journal of Chemical Engineering*, v. 29, n. 3, jul./set. 2012.

DE VUYST, L.; LEROY, F. Bacteriocins from lactic acid bacteria: production, purification and food applications. *Journal of Molecular Microbiology and Biotechnology*, v. 13, p. 194-199, 2007.

DENNISON, C.; LOVRIEN, R. Three phase partitioning: Concentration and purification of proteins. *Protein Expression and Purification*, v. 11, n. 2, p. 149-161, 1997.

DESAI, A. A. Sitagliptin manufacture: a compelling tale of green chemistry, process intensification, and industrial asymmetric catalysis. *Angewandte Chemie*, v. 50, p. 1974-1976, 2011.

DEY, T. B.; BANERJEE, R. Purification, biochemical characterization and application of α-amylase produced by *Aspergillus oryzae* IFO-30103. *Biocatalysis and Agricultural Biotechnology*, v. 4, p. 83-90, 2015.

DIERKSEN, K. P. et al. The effect of ingestion of milk supplemented with salivaricin A-producing Streptococcus salivarius on the bacteriocin-like inhibitory activity of streptococcal populations on the tongue. *FEMS Microbiology Ecology*, v. 59, p. 584-591, 2007.

DOS SANTOS, E. P. et al. Enzimas na indústria de cosméticos. In: BOM, E. P. S.; FERRARA, M. A.; CORVO, M. L. (eds.). *Enzimas em biotecnologia*. Rio de Janeiro: Interciência, 2008. p. 333-348.

DRIDER, D. et al. The continuing story of class IIa bacteriocins. *Jounal ASM Org: Microbiology and Molecular Biology Reviews*, v. 70, n. 2, p. 564, 2006.

EIJSINK, V. G. H. et al. Production of class II bacteriocins by lactic acid bacteria; an example of biological warfare and communication. *Antonie Van Leeuwenhoek*, v. 81, p. 639-54, 2002.

ELLEUCHE, S. et al. Extremozymes-biocatalysts with unique properties from extremophilic microorganisms. *Current Opinion in Biotechnology*, v. 29C, p. 116-123, 2014.

ENAN, G. et al. Antibacterial activity of *Lactobacillus plantarum* UG1 isolated from dry sausage: Characterization, production and bactericidal action of plantaricin UG1. *International Journal of Food Microbiology*, v. 30, p. 189-215, 1996.

ENNANHAR, S. et al. Class IIa Bacteriocins: Biosynthesis, structure and activity. *Journal Elsevier Fews Microbiology Reviews*, v. 24, p. 64-106, 2000.

FERNÁNDEZ, L. et al. The bacteriocin nisin, as effective agent for the treatment of Staphylococcal mastitis during lactation. *Journal of Human Lactation*, v. 24, n. 3, p. 311-316, 2008.

FERRARA, M. A. et al. Asparaginase production by a recombinant *Pichia pastoris* strain harbouring *Saccharomyces cerevisiae* ASP3 gene. *Enzyme and Microbial Technology*, v. 39, n. 7, p. 1457-1463, 3 nov. 2006.

FINCAN, S. A. et al. Purification and characterization of thermostable α-amylase from thermophilic *Anoxybacillus flavithermus*. *Carbohydrate Polymers*, v. 102, p. 144-150, 2014.

FOSTER, P.; WATT, J. G. *Methods of Plasma Protein Fractionation*. New York: Academic Press, 1980.

FOULQUIÉ-MORENO, M. R.; CALLEWAERT, R.; DE VUYST, L. Isolation of bacteriocins through expanded bed adsorption using a hydrophobic interaction medium. *Bioseparation*, v. 10, p. 45-50, 2001.

FRANCO, T. T. et al. Extração líquido-líquido em sistemas de duas fases aquosas. In: PESSOA JR., A.; KILIKIAN, B. V. (eds.). *Purificação de produtos biotecnológicos 1*. São Paulo: Manole, 2005. p. 444.

GERDAY, C. et al. Coldadapted enzymes: from fundamentals to biotechnology. *Trends in Biotechnology*, v. 18, p. 103-107, 2000.

GERHARTZ, W. *Enzymes in industry*. Weinheim: VCH, 1990.

GIRÃO, L. F. C. et al. *Saccharomyces cerevisiae* asparaginase II, a potential antileukemic drug: Purification and characterization of the enzyme expressed in *Pichia pastoris. Protein Expression and Purification*, v. 120, p. 118-125, abr. 2016.

GONG, H. S.; MENG, X. C.; WANG, H. Plantaricin MG active against Gram-negative bacteria produced by *Lactobacillus plantarum* KLDS1.0391 isolated from "Jiaoke", a traditional fermented cream from China. *Food Control*, v. 21, p. 89-96, 2010.

GOYAL, D.; SAHOO, D. K.; SAHNI, G. Hydrophobic interaction expanded bed adsorption chromatography (HI-EBAC) based facile purification of recombinant Streptokinase from *E. coli* inclusion bodies. *Journal of Chromatography B*, v. 850, p. 384-391, 2007.

GRATIA, A. Sur un remarquable example d'antagonisme entre deux souches de colibacille. *Comput. Rend. Soc. Biol.*, 93, 1040-1042, 1925.

GREEN, A. A.; HUGHES, W. L. Protein fractionation on the basis of solubility in aqueous solutions of salts and organic solvents. *Methods in Enzymology*, v. 1, p. 72-90, 1955.

HARRIS, E. L. V.; ANGAL, S. *Protein purification methods: a practical approach*. New York: Oxford University Press, 1989.

HERBOTS, I. et al. Enzymes, 4. Non-food application. In: *Ullmann's Encyclopedia of Industrial Chemistry*. Weinheim: Wiley-VCH, 2000.

HILTERHAUS, L.; THUM, O.; LIESE, A. Reactor concept for lipase-catalyzed solvent-free conversion of highly viscous reactants forming two-phase systems. *Organic Process Research and Development*, v. 12, p. 618-625, 2008.

HOMAEI, A. A. et al. Purification and characterization of a novel thermostable luciferase from *Benthosema pterotum. Journal of Photochemistry and Photobiology B: Biology*, v. 125, p. 131-136, 2013.

HU, M. et al. Purification and characterization of plantaricin 163, a novel bacteriocin produced by *Lactobacillus plantarum* 163 isolated from traditional Chinese fermented vegetables. *Journal of Agricultural and Food Chemistry*, v. 61, p. 11676-11682, 2013.

HUANG, R. L. et al. Integrating enzymatic and acid catalysis to convert glucose into 5-hydroxymethylfurfural. *Chemical Communications*, v. 46, p. 1115-1117, 2010.

ISLAM HUSAIN, I. et al. Purification and characterization of glutaminase free asparaginase from *Pseudomonas otitidis*: Induce apoptosis in human leukemia MOLT-4 cells. *Biochimie*, v. 121, p. 38-51, 2016.

JAOUADI, B. et al. Production, purification, and characterization of a highly thermostable and humic acid biodegrading peroxidase from a decolorizing *Streptomyces albidoflavus* strain TN644 isolated from a Tunisian off-shore oil field. *International Biodeterioration & Biodegradation*, v. 90, p. 36-44, 2014.

JOZALA, A. F. et al. Aqueous two-phase micellar system for nisin extraction in the presence of electrolytes. *Food and Bioprocess Technology*, v. 6, p. 3456-3461, 2013.

_____. Low cost purification of nisin from milk whey to a highly active product. *Food and Bioproducts Processing*, v. 9, n. 3, p. 115-121, 2015.

JUTURU, V.; WU, J. C. Microbial cellulases: Engineering, production and applications. *Renewable and Sustainable Energy Reviews*, v. 33, p. 188-203, 2014.

KALLINTERI, L.; KOSTOULA, O.; SAVVAIDIS, I. Efficacy of nisin and/or natamycin to improve the shelf-life of Galotyri cheese. *Food Microbiology*, v. 36, n. 2, p. 176-181, 2013.

KANG, M. S. et al. High-level expression in *Corynebacterium glutamicum* of nitrile hydratase from *Rhodococcus rhodochrous* for acrylamide production. *Applied Microbiology and Biotechnology*, v. 98, n. 10, p. 4379-4387, 2014.

KIM, S. K. et al. Application of repeated aspartate tags to improving extracellular production of *Escherichia coli* L-asparaginase isozyme II, *Enzyme and Microbial Technology*, v. 79-80, p. 49-54, 2015.

KIM, T. S. et al. Antagonism of *Helicobacter pylori* by bacteriocins of lactic acid bacteria. *Journal Food Protection*, v. 66, n. 1, p. 3-12, 2003.

KISHORE, D.; KAYASTHA, A.M. A β-galactosidase from chick pea (*Cicer arietinum*) seeds: Its purification, biochemical properties and industrial applications. *Food Chemistry*, v. 134, p. 1113-1122, 2012.

KOIVISTOINEN, O. M. et al. Glycolic acid production in the engineered yeasts *Saccharomyces cerevisiae* and *Kluyveromyces lactis*. *Microbial Cell Factories*, v. 12, p. 82, 2013.

KOTELKINOVA, E. A.; GELFAND, M. S., 2002. Bacteriocin production by Gram positive bacteria and the Mechanisms of Trancriptional Regulation. *Russian Journal of Genetics*, v. 38, n. 2, p. 628-641, 2002.

KOTZIA, G. A.; LABROU, N. E. Cloning, expression and characterization of *Erwinia carotovora* L-asparaginase. *Journal of Biotechnology*, v. 119, n. 4, p. 309-323, 10 out. 2005.

KRISHNAPURA, P.R.; BELUR, P.D. Partial purification and characterization of L--asparaginase from anendophytic *Talaromyces pinophilus* isolated from the rhizomes of Curcuma amada. *Journal of Molecular Catalysis B: Enzymatic*, v. 124, p. 83-91, 2016.

KULA, M. R. *Applied Biochemistry and Bioengineering 2*. New York: Academic Press, 1979.

LEE, E. Y. Enantioselective hydrolysis of epichlorohydrin in organic solvents using recombinant epoxide hydrolase. *Journal of Industrial and Engineering Chemistry*, v. 13, p. 159-162, 2007.

LEONOVA, T. E. et al. Nitrile hydratase of rhodococcus – Optimization of synthesis in cells and industrial applications for acrylamide production. *Applied Biochemistry and Biotechnology*, v. 88, p. 231-241, 2000.

LIJNEN, H. R.; COLLEN, D. Mechanisms of plasminogen activation by mammalian plasminogen activators. *Enzyme*, v. 40, p. 90-96, 1988.

LIU, G. et al. Purification and characteristics of bifidocin A, a novel bacteriocin produced by *Bifidobacterium animals* BB04 from centenarians' intestine. *Food Control*, v. 50, p. 889-895, 2015.

LOWE, C. R. *An Introduction to Affinity Chromatography, Laboratory Techniques in Biochemistry and Molecular Biology.* Amsterdam: North-Holland Publishing Co., 1979.

MAGGIO, E. T. *Enzyme Immunoassay.* New York: CRC Press, 1988.

MAGNUSSON, K. E.; EDEBO, L. Large-Scale Desintegration of Microorganisms by Freeze-Pressinf. *Biotechnology and Bioengineering*, v. 18, p. 975-986, 1976.

MANISHA, S. K. Y. Technological advances and applications of hydrolytic enzymes for valorization of lignocellulosic biomass. *Bioresource Technology*, v. 245, p. 1727-1739, 2017.

MARR, A. G.; COTTA-ROBLES, E. H. Sonic Disruption of *Azotobacter vinelandii. Journal of Bacteriology*, v. 74, p. 79-86, 1957.

MAUGERI FILHO, F., MENDIETA-TABOADA, O. Cromatografia de interação hidrofófica. In: PESSOA JR., A.; KILIKIAN, B. V. *Purificação de produtos biotecnológicos.* Barueri: Manole, 2005. p. 212-230.

MAYO, B. et al. Updates in the metabolism of lactic acid bacteria. In: MOZZI, F.; RAYA, R. R.; VIGNOLO, G. M. (eds.). *Biotechnology of lactic acid bacteria novel applications.* Massachusetts: Wiley-Blackwell, 2010.

MAZUR, P. Cryobiology: The Freezing of Biological Systems. *Science*, v. 168, p. 939-949, 1970.

MOLINO, J. V. et al. Biomolecules extracted by ATPS: Practical examples. *Revista Mexicana de Ingenieria Quimica*, v. 13, n. 2, p. 359-377, 2014.

MOREY, S.S.; KIRAN, K.M.; GADAG, J.R. Purification and properties of hyaluronidase from *Palamneus gravimanus* (Indian black scorpion) venom. *Toxicon*, v. 47, p. 188-195, 2006.

NAGHMOUCHI, K. et al. Antibiotic and antimicrobial peptide combinations: synergistic inhibition of *Pseudomonas fluorescens* and antibiotic-resistant variants. *Research in Microbiology*, v. 163, n. 2, p. 101-108, fev. 2012.

NASCIMENTO, M. S.; MORENO, I.; KUAYE, A. Y. Bacteriocinas em alimentos: uma revisão. *Brazilian Journal of Food Technology*, v. 11, n. 2, p. 120-127, 2008.

NES, I. F. et al. Biosynthesis of bacteriocins in lactic acid bacteria. *Antonie van Leeuwenhoek*, v. 60, p. 113-28, 1996.

NOTHENBERG, M. Enzimas retornam aos detergentes. *Química e Derivados*, v. 25, n. 283, p. 8-13, 1991.

OLIVEIRA, L. F. Os avanços do uso da bromelina na área de alimentação e saúde. *Alimentação e Nutrição*, v. 12, p. 215-226, 2001.

PADMAKUMAR, R.; ORIEL, P. Bioconversion of acrylonitrile to acrylamide using a thermostable nitrile hydratase. *Applied Biochemistry and Biotechnology*, v. 77-79, p. 671-679, 1999.

PANOVA, A. et al. Chemoenzymatic synthesis of glycolic acid. *Advanced Synthesis and Catalysis*, v. 349, p. 1462-1474, 2007.

PAUL, T. et al. Bacterial keratinolytic protease, imminent starter for NextGen leather and detergent industries. *Sustainable Chemistry and Pharmacy*, v. 3, June, p. 8-22, jun. 2016.

PAWLAK-SZUKALSKA, A. et al. A novel cold-active β-D-galactosidase with trans-glycosylation activityfrom the Antarctic *Arthrobacter* sp. 32cB – Gene cloning, purification and characterization. *Process Biochemistry*, v. 49, p. 2122-2133, 2014.

PESSOA JÚNIOR, A. Rompimento celular. In: PESSOA JÚNIOR, A.; KILIKIAN, B. V. *Purificação de produtos biotecnológicos*. Barueri: Manole, p. 7-24, 2005.

PRIYANKA, B. S. et al. Downstream processing of luciferase from fireflies (*Photinus pyralis*) using aqueous two-phase extraction. *Process Biochemistry*, v. 47, 1358-1363, 2013.

REDDY, K. V. et al. Evaluation of antimicrobial peptide nisin as a safe vaginal contraceptive agent in rabbits: In vitro and in vivo studies. *Reproduction*, v. 128, p. 117-126, 2004.

REHACEK, J.; SCHAEFER, J. Desintegration of Microorganisms in a Industrial Horizontal Mill of Novel Design. *Biotechnology and Bioengineering*, v. 19, p. 1523-1534, 1977.

RIECKENBERG, F. et al. Cell-free synthesis of 1,3-propanediol from glycerol with a high yield. *Engineering in Life Sciences*, v. 14, p. 380-386, 2014.

SABO, S. S. et al. Overview of Lactobacillus plantarum as a promising bacteriocins producer among lactic acid bacteria. *Food Research International*, v. 64, p. 527-536, 2014.

SAEED, H. et al. Overexpression, purification and enzymatic characterization of a recombinant Arabian camel *Camelus dromedarius* glucose-6-phosphate dehydrogenase. *Protein Expression and Purification*, v. 142, p. 88-94, 2018.

SAGU, S. T. et al. Extraction and purification of beta-amylase from stems of *Abrus precatorius* by three phase partitioning. *Food Chemistry*, v. 183, p. 144-153, 2015.

SÁ-PEREIRA, P. et al. Biocatálise: estratégias de inovação e criação de mercados. In: BOM, E. P. S.; FERRARA, M. A.; CORVO, M. L. (eds.). *Enzimas em Biotecnologia: produção, aplicações e mercado*. Rio de Janeiro: Interciência, 2008. p. 433-462.

SARAN, S. et al. Enzyme mediated beam house operations of leather industry: a needed step towards greener technology. *Journal of Cleaner Production*, v. 54, p. 315-322, 2013.

SAVILLE, C. K. et al. Biocatalytic asymmetric synthesis of chiral amines from ketones applied to sitagliptin manufacture. *Science*, v. 16, p. 305-309, 2010. doi: 10.1126/science.1188934.

SCOPES, R. K. *Protein Purification: Principles and Practice*. New York: Springer Verlag, 1982.

SEO, D. H. et al. High-yield enzymatic bioconversion of hydroquinone to alpha-arbutin, a powerful skin lightening agent, by amylosucrase. *Applied Microbiology and Biotechnology*, v. 94, p. 1189-1197, 2012.

SHIVAM, K.; MISHRA, S.K. Purification and characterization of a thermostable α-galactosidase with transglycosylation activity from *Aspergillus parasiticus* MTCC-2796. *Process Biochemistry*, v. 45, p. 1088-1093, 2010.

SILKIN, L. et al. Spermicidal bacteriocins: Lacticin 3147 and subtilosin A. *Bioorganic and Medicinal Chemistry Letters*, v. 18, p. 3103-3106, 2008.

SIMHA, B. V. et al. Simple and rapid purification of pediocin PA-1 from *Pediococcus pentosaceous* NCDC 273 suitable for industrial application. *Microbiological Research*, v. 167, p. 544-549, 2012.

SINGH, A. P.; PRABHA, V.; RISHI, P. Value addition in the efficacy of conventional antibiotics by nisin against Salmonella. *PLOS ONE*, v. 8, p. e76844, 2013.

SIROLI, L. et al. Use of a nisin-producing Lactococcus lactis strain, combined with natural antimicrobials, to improve the safety and shelf-life of minimally processed sliced apples. *Food Microbiology*, v. 54, p. 11-19, 2016.

SIVARAMAKRISHNAN, R.; INCHAROENSAKDI, A. Purification and characterization of solvent tolerant lipase from *Bacillus* sp. for methyl ester production from algal oil. *Journal of Bioscience and Bioengineering*, v. 121, n. 5, p. 517-522, 2016.

SRIKHANTA, Y. N. et al. Distinct physiological roles for the two L-asparaginase isozymes of *Escherichia coli*. *Biochemical and Biophysical Research Communications*, v. 436, n. 3, p. 362-365, 5 jul. 2013.

STARACE, C. A. Detergent Enzymes – Past, Present and Future. *Journal of the American Oil Chemists' Society*, v. 60, n. 5, p. 1025-1027, 1983.

TINDBAEK, N. et al. Engineering a substratespecific cold-adapted subtilisin. *PEDS*, v. 17, p. 149-156, 2004.

TREVES, C. et al. On the Interation Between Synthetic Detergents and Enzymatic Proteins. *Canadian Journal of Biochemistry and Cell Biology*, v. 64, p. 55-59, 1984.

UENOJO, M.; PASTORE, G. M. Pectinases: aplicações Industriais e perspectivas. *Química Nova*, v. 30, n. 2, 2007.

UNGCHAROENWIWAT, P.; KITTIKUN, A. H. Purification and characterization of lipase from *Burkholderia* sp. EQ3 isolated from wastewater from a canned fish factory and its application for the synthesis of wax esters. *Journal of Molecular Catalysis B: Enzymatic*, v. 115, p. 96-104, 2015.

VALENTA, C.; BERNKOP-SCHNÜRCH, A.; RIGLER, H. P. The antistaphylococcal effect of nisin in a suitable vehicle: a potential therapy for atopic dermatitis in man. *Journal of Pharmacy and Pharmacology*, v. 48, n. 9, p. 988-991, 1996.

VITOLO, M. Enzimas e aplicações. In: VITOLO, M. et al. *Biotecnologia farmacêutica*. São Paulo: Blucher, 2015. p. 247-287.

VOJCIC, L. et al. Advances in protease engineering for laundry detergents. *New Biotechnology*, v. 32, n. 6, 2015.

WAHBY, A. F. et al. Egyptian horned viper *Cerastes cerastes* venom hyaluronidase: Purification, partial characterization and evidence for its action as a spreading factor. *Toxicon*, v. 60, p. 1380-1389, 2012.

WANG, S-L.; LIANG, Y-C.; LIANG, T-H. Purification and characterization of a novel alkali-stable α-amylase from *Chryseobacterium taeanense* TKU001, and application in antioxidant and prebiotic. *Process Biochemistry*, v. 46, p. 745-750, 2011.

WANNUN, P.; PIWAT, S.; TEANPAISAN, R. Purification and characterization of bacteriocin produced by oral *Lactobacillus paracasei* SD1. *Anaerobe*, v. 27, p. 17-21, 2014.

WINTRODE, P. L.; MIYAZAKI, K.; ARNOLD, F. H. Cold adaptation of a mesophilic subtilisin-like protease by laboratory evolution. *The Journal of Biology Chemistry*, v. 275, p. 31635-31640, 2000.

WISEMAN, A. *Handbook of enzyme biotechnology*. 2. ed. New York: John Wiley & Sons, 1985.

XIE, L.; VAN DER DONK, W. A. Post-translational modifications during lantibiotic biosynthesis. *Current Opinion in Chemical Biology*, Oxford, v. 8, n. 5, p. 498-507, 2004.

ZHANG, X.; ZHANG, Y. Test use of alkaline lipase in degreasing of pigskin. *Pige Keji*, v. 40, p. 16, 1982.

CAPÍTULO 11
Produção de enzimas microbianas

Denise Maria Guimarães Freire

Geraldo Lippel Sant'Anna Junior

11.1 INTRODUÇÃO

Enzimas são proteínas que apresentam atividade catalítica. A complexa estrutura molecular enzimática é majoritariamente constituída por uma parte proteica, à qual podem estar integradas outras moléculas como carboidratos e lipídios. Para apresentar atividade catalítica, algumas enzimas requerem a participação de moléculas de natureza não proteica (cofatores).

Os cofatores podem ser íons (Zn^{2+}, Ca^{2+} e outros) ou moléculas orgânicas (coenzimas). Os cofatores orgânicos podem ser grupos prostéticos, firmemente ligados à enzima ou coenzimas, que são liberadas durante a reação. Exemplos de coenzimas são os dinucleotídeos (NADH, NADPH, FAD) e a coenzima A, entre outros. Um passo fundamental para a catálise enzimática é a formação do complexo enzima-substrato (ES). Algumas interações fracas se estabelecem no complexo ES, mas a total e completa gama de interações entre enzima e substrato apenas ocorre quando o complexo atinge o estado de transição. Nesse contexto, interações fracas entre enzima e substrato fornecem uma força motriz importante para a catálise enzimática (NELSON; COX, 2006).

Segundo esses autores, o poder catalítico das enzimas deriva da energia livre liberada da formação de muitas ligações fracas e interações entre a enzima e o substrato, sendo que essa energia contribui para a especificidade e a catálise. Ocorre otimização dessas interações fracas no estado de transição da reação e o sítio ativo da enzima não é inteiramente complementar ao substrato *per se*, mas sim ao estado de transição, intermediário na sequência reacional que leva aos produtos. A exigência de múltiplas interações fracas para dirigir a catálise explica, de certo modo, porque as enzimas e algumas coenzimas são moléculas tão grandes.

As reações podem ocorrer milhões de vezes por segundo, e essa taxa elevadíssima decorre da formidável dinâmica interna dessas estruturas proteicas.

Inúmeras reações que ocorrem nos sistemas biológicos são catalisadas por enzimas. É a ação catalítica dessas macromoléculas que permite que essas reações tenham curso com velocidades suficientemente altas e, ademais, com a seletividade requerida.

11.1.1 ESTRUTURA DAS ENZIMAS

As proteínas são heteropolímeros formados por aminoácidos ligados covalentemente por ligações peptídicas. A estrutura primária dessas macromoléculas corresponde à sequência desses aminoácidos, que é geneticamente determinada. As cadeias polipeptídicas, por sua vez, adotam configurações espaciais determinadas pela própria estrutura primária, bem como pelas interações entre os seus aminoácidos constituintes. Assim, as interações entre aminoácidos adjacentes podem levar a arranjos espaciais do tipo α-hélice ou do tipo folha β, que compõem a estrutura secundária. A estrutura terciária da enzima resulta das interações entre aminoácidos, não sequencialmente próximos, que provocam torções e dobramentos de regiões da macromolécula. A estrutura tridimensional terciária configura o sítio catalítico da enzima (sítio ativo), que é determinante para a atividade biológica dessa macromolécula. A estrutura quaternária refere-se à interação entre cadeias polipeptídicas e subunidades distintas e ocorre em algumas enzimas complexas de regulação. Uma consistente descrição da estrutura de proteínas foi apresentada por Voet e Voet (2011).

A conformação e a estabilização da estrutura molecular das enzimas são asseguradas por ligações de hidrogênio, interações hidrofóbicas, pontes de dissulfeto, ligações iônicas e forças de Van der Waals. A atividade catalítica, bem como a estabilidade e a especificidade da enzima, dependem da sua estrutura tridimensional. Condições ambientais, como pH, temperatura e força iônica do meio, afetam a estrutura da enzima e, em decorrência, as suas propriedades.

11.1.2 AÇÃO CATALÍTICA E ESPECIFICIDADE DAS ENZIMAS

A ação catalítica das enzimas se dá, como a dos catalisadores químicos, via redução da energia de ativação da reação sem alteração do seu equilíbrio termodinâmico. Além de reduzir significativamente a energia de ativação e aumentar a velocidade de reação, as enzimas apresentam elevada especificidade.

O parâmetro, conhecido como número *turnover*, corresponde a uma constante de reação de primeira ordem (k_{cat}), e representa o número de moléculas de substrato convertidas em produto por unidade de tempo. Na Tabela 11.1 são apresentados valores de k_{cat} para a conversão de substratos em reações catalisadas por enzimas. Observa-se nessa tabela que os valores de *turnover* são extremamente elevados. A título comparativo, a degradação do peróxido de hidrogênio (H_2O_2) catalisada pela enzima catalase apresenta velocidade de reação $1,5 \times 10^7$ vezes maior do que a catalisada por platina (HARTMEIER, 1988).

Tabela 11.1 *Turnover* de algumas enzimas

Enzima	Substrato	k_{cat} (s^{-1})
Catalase	H_2O_2	40.000.000
Anidrase carbônica	HCO_3^-	400.000
Acetilcolinesterase	Acetilcolina	140.000
β-lactamase	Benzilpenicilina	2.000
Fumarase	Fumarato	800

Fonte: adaptada de Nelson e Cox (2006).

As enzimas podem apresentar diferentes especificidades: químio, régio e estereoespecificidade. Algumas enzimas apresentam especificidade estrita, como é o caso da fumarase, que transforma L-malato em fumarato, mas não atua sobre D-malato. A DNA polimerase e a RNA polimerase são também enzimas altamente específicas, que, além do sítio ativo catalítico, possuem outro que remove um nucleotídeo incorporado erroneamente. Esse modo de ação (*proofreading*) confere altíssima especificidade a essas enzimas. Outras enzimas, no entanto, não apresentam especificidade tão absoluta, como ocorre com a xilose isomerase, que catalisa a transformação de xilose em xilulose, bem como a de glicose em frutose.

11.1.3 NOMENCLATURA E CLASSIFICAÇÃO DAS ENZIMAS

Um importante passo para estabelecer a nomenclatura científica das enzimas foi dado em 1956, pela União Internacional de Bioquímica (IUB), cuja comissão de especialistas (Enzyme Commission – EC) procurou sistematizar classes e nomes desses biocatalisadores. Tanto a nomenclatura como a classificação das enzimas têm sido objeto de revisões e inclusões por parte do Comitê de Nomenclatura da União Internacional de Bioquímica e Biologia Molecular (NC-IUBMB).

Os nomes sistemáticos incluem o substrato, a reação catalisada e a terminação "ase". Alguns exemplos são apresentados a seguir:

Substrato → Tipo de reação catalisada → (sufixo ase)

Substrato A: Substrato B → Tipo de reação catalisada → (sufixo ase)

Doador de elétron: Aceptor de elétron → Oxidorredutase

Doador: Aceptor → Grupo transferido → Transferase

Substrato → Grupo hidrolisado → Hidrolase

Exemplos:

- α-1,4-D-glicano glico-hidrolase;
- álcool: NAD^+oxidorredutase;
- sucrose: 1,6-α-D-glucano 6-α-D-glucosiltransferase;
- triacilglicerolacil-hidrolase.

Embora o esforço de sistematização da nomenclatura das enzimas seja importante e louvável, nomes comuns ainda são largamente empregados (tripsina, lipase, α-amilase e outras mais). Em publicações técnicas e científicas, o uso dos nomes comuns tem sido permitido desde que complementado pelo número EC (*EC number*), como será comentado adiante. As enzimas estão classificadas em seis classes, conforme indicado na Tabela 11.2.

O código da enzima (*EC number*) é constituído de quatro algarismos. O primeiro refere-se à classe da enzima (de 1 a 6), o segundo, à subclasse (tipo de ação ou grupo sobre o qual atua), o terceiro, à subsubclasse e o quarto refere-se ao número de série da enzima na subsubclasse considerada.

Tome-se como exemplo a enzima L-lactato: NAD^+oxidorredutase; o seu *EC number* é 1.1.1.27. O primeiro algarismo (1) corresponde à classe das oxidorredutases. O segundo (1) ao grupo no qual atua (=CH-OH). O terceiro (1) ao tipo de aceptor (NAD) e o quarto (27) ao número de série na subsubclasse.

Devido à complexidade de alguns nomes, é usual empregar-se a nomenclatura trivial ou comum seguida do código da enzima. Exemplos:

- Glutamato desidrogenase (EC 1.4.1.3) é uma oxidorredutase que atua em grupos = $CH-NH_2$.
- Hexoquinase (EC 2.7.1.1) é uma transferase (ATP:D-hexose 6-fosfotransferase).
- Pectina esterase (EC 3.1.1.11) é uma hidrolase que atua em ligações éster.

De um ponto de vista estrito, o *EC number* não especifica a enzima, mas sim a reação que ela catalisa. Se diferentes enzimas (de fontes diversas, por exemplo) catalisarem a mesma reação, elas receberão o mesmo *EC number*. Um interessante histórico sobre a nomenclatura das enzimas foi publicado por Tipton e Boyce (2000).

Tabela 11.2 Classificação das enzimas

Classe 1 – Oxidorredutases	Catalisam reações de oxidorredução. O substrato que é oxidado é considerado doador de hidrogênio. Em geral, têm o nome comum de desidrogenases
Classe 2 – Transferases	Transferem um grupo (metil, glicosil) de um composto (doador) para outro (receptor)
Classe 3 – Hidrolases	Promovem, via hidrólise, a quebra de ligações C-O, C-N, C-C, além de outras como ligações de anidrido fosfórico
Classe 4 – Liases	Promovem a clivagem de ligações C-C, C-O, C-N e outras por eliminação, formando duplas ligações ou anéis, ou, ainda, adicionam grupos a duplas ligações
Classe 5 – Isomerases	Catalisam a mudança geométrica ou estrutural em uma molécula. Dependendo do tipo de isomerismo podem ser chamadas de racemases, epimerases, cis-trans-isomerases, tautomerases etc.
Classe 6 – Ligases	Catalisam a junção de duas moléculas, que são acopladas via hidrólise de uma ligação difosfato do ATP ou de trifosfato similar

11.1.4 ATIVIDADE ENZIMÁTICA

A expressão da atividade de uma enzima é medida por meio de sua velocidade de reação, determinada em condições experimentais estabelecidas. A Figura 11.1 ilustra o progresso de reações hipotéticas conduzidas com distintas concentrações iniciais de enzima. A concentração de produto formado aumenta linearmente com o tempo num dado intervalo (velocidade de reação constante). No entanto, a partir de certo tempo, a velocidade (valor da tangente à curva num dado instante) decresce. Vários fatores podem contribuir para essa diminuição: diminuição da concentração de substrato, inativação parcial da enzima no decorrer da reação, inibição por produto e deslocamento do equilíbrio se a reação for reversível.

Para evitar a influência dos fatores mencionados, costuma-se associar a atividade à medida da velocidade de reação em condição inicial, ou seja, aquela que assegura velocidade constante (fase linear das curvas da Figura 11.1 – retas tracejadas). É importante frisar que nos processos industriais as enzimas atuam em condições muito distantes daquelas vigentes para a reação a velocidade constante (condição inicial).

A escolha de um método para determinação da atividade de uma enzima requer conhecimento prévio da faixa de concentração enzimática que permite obter variação linear da concentração de produto (ou substrato) com o tempo, em um intervalo que não seja suficientemente grande para que os fatores citados venham a interferir.

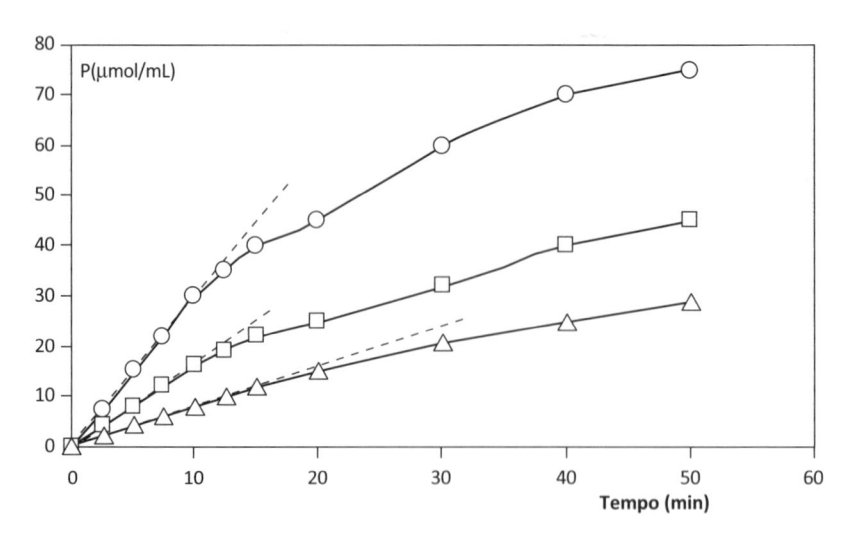

Figura 11.1   Curvas de progresso de reação para três diferentes concentrações enzimáticas iniciais (U/mL): maior (○); menor (△); intermediária (□).

Vários métodos podem ser usados para avaliar a variação das concentrações das espécies. Alguns deles são muito diretos (espectrofotometria, fluorimetria, titulometria), e os ensaios de determinação podem ser realizados de modo descontínuo ou contínuo. Outros são menos diretos, como os que medem a variação de uma propriedade do meio (viscosidade). Variedade de condições de ensaio, bem como de métodos de determinação é observada para uma mesma enzima, dependendo do produtor, do investigador ou do usuário. Assim, algumas vezes é difícil comparar resultados de atividade enzimática obtidos por diferentes autores, em função da falta de definição de padrões consensualmente aceitos.

A atividade é expressa em unidades de atividade. A definição proposta pela IUB (unidade internacional – IU ou, simplesmente, U) considera uma unidade de atividade como a quantidade de enzima que catalisa a transformação de um micromol de substrato ou a formação de um micromol de produto por minuto em condições de ensaio definidas. Em muitas situações, como quando se deseja avaliar a pureza da preparação enzimática, emprega-se a atividade específica, que é expressa em unidades (U) por massa de proteína.

Uma resolução da Conferência Geral de Pesos e Medidas (CGPM), de 1999, aceitou o pedido de algumas associações científicas no sentido de instituir uma nova unidade para a atividade catalítica. Denominada katal, essa unidade expressa a atividade catalítica em mol por segundo ($mol.s^{-1}$), de modo que essa grandeza fique expressa em consonância com o sistema internacional (SI) de unidades. Entretanto, sua aceitação tem sido gradual, e ainda é comum expressar a atividade enzimática em unidades (U), como acima descrito.

11.2 PRODUÇÃO INDUSTRIAL DE ENZIMAS MICROBIANAS

11.2.1 BREVE HISTÓRICO

Enzimas têm sido utilizadas há milênios, sobretudo na produção de alimentos e bebidas. Entretanto, os conhecimentos científicos sobre as enzimas só começaram a ser obtidos no século XIX, graças aos trabalhos de vários cientistas, entre eles, Christian Hansen (produção de renina), Eduard Buchner (conversão de glicose em etanol) e William Kuhne (descoberta da tripsina e cunhagem do termo enzima).

O uso de enzimas em países do Oriente, em particular no Japão, vem de longa data. As enzimas produzidas por fungos foram e são usadas na produção de alimentos e aditivos com base na proteína de soja (*shoyu, missô, tempeh*). O *koji*, tradicional produto resultante da fermentação do fungo *Aspergillus oryzae* sobre arroz cozido, é empregado na manufatura de diversos alimentos e bebidas (*shōchu, awamori, missô*). A relevância do *koji* no Japão impulsionou Jokichi Takamine a desenvolver um processo para a produção de enzimas digestivas. Nos Estados Unidos, em 1894, Takamine solicitou e obteve uma patente para produzir enzima diastática. Essa foi a primeira patente americana de produção de enzima microbiana. Esse *pool* enzimático foi obtido a partir do cultivo de *A. oryzae* em farelo de trigo. As propriedades diastáticas desse preparado enzimático e suas potenciais aplicações em medicina levaram Takamine a licenciar o produto para um grande laboratório farmacêutico americano, sob o nome de takadiastase.

Embora mais tradicional, a produção de enzimas microbianas por fermentação em meio sólido, estabelecida em países orientais, não teve o desenvolvimento esperado no Ocidente. Os avanços na fermentação em meio líquido, iniciados durante a Primeira Guerra Mundial (produção de glicerol e de acetona e butanol), se intensificaram no início da Segunda Guerra Mundial, devido à necessidade de se produzir penicilina em larga escala. Em decorrência, tanto processos como equipamentos para a fermentação em meio líquido se tornaram disponíveis a custos abordáveis. Essa disponibilidade de tecnologia e de conhecimento permitiu que, no Ocidente, a produção de enzimas, que começava a ganhar escala, adotasse a fermentação em meio líquido ou fermentação submersa como processo preferencial para a obtenção desses bioprodutos.

Atualmente, a produção industrial de enzimas se faz majoritariamente por fermentação submersa (FS), muito embora a fermentação em meio sólido (FMS) seja praticada em muitos países orientais. Deve-se mencionar que algumas das maiores empresas produtoras de enzimas têm em sua carteira de produtos enzimas produzidas por FMS. As técnicas de cultivo submerso, industrialmente predominantes, têm se beneficiado dos avanços na instrumentação e controle de processos e são adequadas para cultivos, em condições muito mais controladas, de microrganismos recombinantes, que vêm sendo crescentemente empregados para a produção de enzimas. Mais adiante neste capítulo serão comentadas e cotejadas essas duas formas de fermentação.

11.2.2 PROCESSOS A MONTANTE DA FERMENTAÇÃO (*UPSTREAM PROCESSES*)

A linhagem microbiana utilizada industrialmente é, em geral, fruto de um longo trabalho de melhoramento e, portanto, sigilosamente protegida. A manutenção da linhagem requer minucioso e permanente cuidado de estocagem e preservação de suas características morfológicas e produtivas, que são muito importantes para assegurar a reprodutibilidade dos resultados e a produtividade esperada, tanto em trabalhos de pesquisa como na produção industrial.

Uma das etapas mais importantes é o preparo do inóculo. Pode-se partir de um cultivo em frascos agitados inoculados com a cultura estoque liofilizada. Quando em fase de crescimento exponencial média ou tardia, esse cultivo pode ser inoculado em fermentador de 100 a 500 L de capacidade, contendo meio de cultivo similar ao de produção. Decorrido um tempo conveniente, essa cultura é inoculada no fermentador principal. Caso esse vaso tenha volume muito grande ($\geq$ 50.000 L), um outro fermentador para pré-inóculo pode ser necessário. A Figura 11.2 mostra um possível esquema dos processos a montante da produção de enzimas por fermentação submersa (FS).

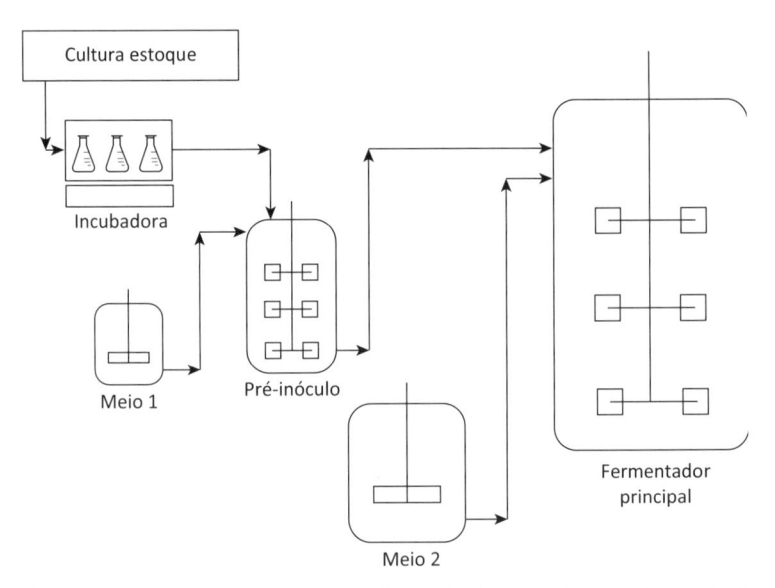

Figura 11.2   Esquema dos processos a montante da produção de enzima por fermentação submersa.

Os meios de cultivo empregam compostos quimicamente conhecidos (meio sintético) ou matérias-primas naturais. Do ponto de vista industrial, os meios sintéticos são, por vezes, caros, e a opção geralmente é feita por meios que contenham apreciáveis quantidades de matérias-primas provenientes da agroindústria.

Os meios devem conter fontes de carbono, energia e nitrogênio; substâncias minerais; e fatores de crescimento, quando necessários. Para a produção de enzimas indutíveis, a presença de um indutor é essencial (p. ex., amido para amilase, ureia para urease, xilose para xilose isomerase). No caso de ocorrência de repressão catabólica, a escolha da fonte de carbono deve ser feita com cautela, sobretudo quando a fermentação submersa é empregada. Deve-se evitar a presença no meio de açúcares facilmente assimiláveis, como a glicose.

A otimização de um meio de cultivo é, em geral, um processo progressivo de aprimoramento e pode ser realizado por meio de técnicas de planejamento experimental, que permitem identificar o efeito da concentração de certos nutrientes (fontes de fósforo, P, e de nitrogênio, N) na produção da enzima-alvo.

A composição dos meios de cultivo usados industrialmente é sigilosamente guardada. A literatura apenas indica que os seguintes constituintes complexos são comumente empregados:

- Fontes de carbono e energia: farinhas amiláceas, licores de milho, soja e outros cereais, melaços.

- Fontes de nitrogênio: farinha de peixe, gelatinas, licores de milho e de soja.

- Fatores de crescimento e micronutrientes: extrato de levedura, licor de milho, farinhas de sementes oleaginosas.

Ressalta-se que alguns dos componentes citados podem atender mais de uma exigência nutricional.

No caso da produção por fermentação em meio sólido, os processos a montante são relativamente similares aos mostrados na Figura 11.2, entretanto, o meio que alimenta o fermentador principal é sólido e, em geral, sofre esterilização em um equipamento específico. Um esquema dos processos anteriores à produção de enzima por fermentação em meio sólido (fermentador de bandejas) é mostrado na Figura 11.3.

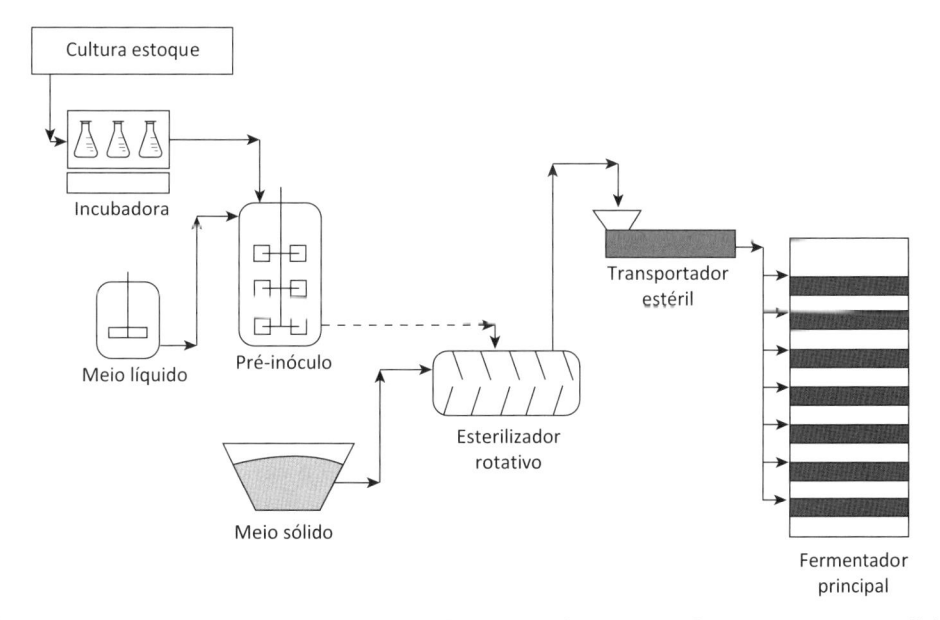

Figura 11.3 Esquema dos processos a montante da produção de enzima por fermentação em meio sólido.

No esquema da Figura 11.3, o pré-inóculo é incorporado ao meio sólido após a esterilização (linha tracejada), e a mistura segue para um transportador estéril que também promove a homogeneização do material sólido que é alimentado ao fermentador principal, no caso, um fermentador de bandejas.

Uma alternativa consiste no preparo do pré-inóculo em meio sólido em um fermentador de bandejas ou de tambor rotativo, para depois ser adicionado e misturado ao meio sólido de fermentação previamente esterilizado.

Deve-se proceder a controles nas transferências para observar os seguintes aspectos: presença de contaminação, infecção por bacteriófagos e proliferação de mutantes de menor eficiência. O número de transferências deve ser reduzido ao mínimo possível. O inóculo deve ser suficientemente grande, pois a esterilização em escala industrial pode não ser absoluta, e o microrganismo produtor deve competir e reprimir qualquer contaminante. A concentração de inóculo, que pode variar de 1% a 10% (m/v), e o estado fisiológico das células nele presentes são parâmetros que afetam significativamente a produtividade dos processos de produção de enzimas.

No caso da fermentação submersa, a esterilização é muitas vezes conduzida no fermentador principal em operação descontínua. Entretanto, a permanência de meios de cultivo complexos e/ou obtidos a partir de coprodutos agroindustriais, que contenham nitrogênio orgânico, carboidratos e vitaminas, por longos períodos a altas temperaturas, pode acarretar a perda do seu potencial nutritivo e/ou o aparecimento de compostos inibitórios ao crescimento microbiano. Nesses casos, dependendo da escala de produção, do número de unidades produtoras em paralelo, entre outros fatores, a esterilização dos constituintes do meio pode ser feita separadamente, ou pode-se empregar a esterilização contínua em trocadores de calor de placas, tubulares ou espirais. Informações detalhadas sobre as operações de esterilização podem ser encontradas na literatura especializada.

11.2.3 O PROCESSO FERMENTATIVO

A fermentação pode ser conduzida em meio líquido (FS) ou em meio sólido (FMS). Como já comentado, a produção industrial de enzimas é majoritariamente feita por FS. Essa tem sido a técnica de fermentação usada para produzir as enzimas de microrganismos recombinantes – cuja demanda tem sido crescente – e a produção de enzimas intracelulares. Porém, a fermentação em meio sólido (FMS) tem tido aplicação na produção de enzimas extracelulares, cujos nichos de mercado estão muito bem consolidados.

A opção por uma das técnicas de fermentação depende de vários fatores, e a Tabela 11.2 apresenta alguns atributos de cada uma dessas técnicas. Variáveis essenciais ao processo, como pH, temperatura e umidade (no caso da FMS), devem ser monitoradas e controladas nos fermentadores.

A fermentação submersa é conduzida em escala industrial em fermentadores mecanicamente agitados, tal como ilustrado na Figura 11.4a.

Tabela 11.3 Atributos das fermentações submersa (FS) e em meio sólido (FMS)

FS	FMS
Meio de cultivo com fase líquida	Meio de cultivo sem fase líquida
Substratos solúveis em água	Substratos insolúveis em água
Absorção de nutrientes dissolvidos na fase líquida	Absorção de nutrientes do meio sólido
Nutrientes uniformemente distribuídos	Gradiente na concentração de nutrientes
Disponibilidade abundante de água	Disponibilidade de água restrita às necessidades metabólicas
Meios de cultivo mais complexos e caros	Meios de cultivo simples e de baixo custo
Controle rigoroso de parâmetros e variáveis (pH, temperatura, O_2 dissolvido)	Controle menos rigoroso de parâmetros e variáveis
Menores concentrações de inóculo	Maiores concentrações de inóculo
Obtenção do oxigênio dissolvido da fase líquida	Obtenção do oxigênio predominantemente da fase gasosa
Agitação essencial em caso de metabolismo aeróbio	Agitação facultativa
Transferência de calor e massa mais eficiente	Transferência de calor e massa menos efetiva
Facilidade de automação e menor demanda de mão de obra	Dificuldade de automação e demanda de mão de obra mais intensiva
Crescimento fúngico em micélios individuais ou *pellets*	Crescimento fúngico ocorre com penetração das hifas no substrato sólido
Células de bactérias e de leveduras crescem no seio do líquido	Células de bactérias e de leveduras crescem aderidas ao substrato sólido
Produtos menos concentrados	Produtos mais concentrados
Menos versátil para a produção de *pools* enzimáticos de interesse	Mais versátil quando o produto de interesse é um *pool* enzimático

Fonte: adaptada de Mitchell e Lonsane (1992) e Chen (2013).

A utilização de meios líquidos concentrados pode conduzir a elevada viscosidade e complexa reologia do fluido no interior do fermentador. Em decorrência, a energia necessária para agitação e aeração pode incidir significativamente sobre o custo final do produto.

A produção industrial de enzimas por FS geralmente ocorre em fermentadores com capacidades de 10 mil a 100 mil litros operados de modo descontínuo (batelada). Os modos de operação em contínuo e batelada alimentada (*fed batch*) também são praticados industrialmente. Este último modo de operação é adequado quando se deseja adicionar ao meio, num dado instante da batelada, indutores para a produção da enzima, ou, ainda, quando se deseja manter no meio níveis baixos de nutrientes para reduzir o eventual efeito de repressão por excesso de substrato.

Os fermentadores são munidos de camisas ou serpentinas internas para as necessidades de aquecimento e refrigeração e de instrumentação (sensores de pH, temperatura, oxigênio dissolvido e espuma). As fermentações em batelada para produção de enzimas podem ter duração da ordem de 30 a 150 horas.

A fermentação em meio sólido (FMS) tem sido objeto de intensa pesquisa nas últimas décadas. A literatura científica sobre esse tema é abundante, e o leitor interessado pode consultar os trabalhos de Pandey et al. (1999), Mitchell, Krieger e Berovic (2006) e Pandey, Soccol e Larroche (2008). Esses textos abordam os fundamentos do processo, os biorreatores mais empregados e os diferentes bioprodutos que têm sido obtidos por FMS.

A FMS em escala industrial é conduzida em batelada em diferentes tipos de biorreatores. Os fermentadores de bandejas confinam o meio sólido em bandejas (em geral, sem agitação), que acomodam leitos de material sólido de pequena espessura, por conta das dificuldades de transferência de calor e de massa inerentes ao processo. Para operar com sistemas não estáticos, empregam-se reatores do tipo tambor rotativo de eixo horizontal ou vertical (Figura 11.4b). Nesses reatores, pás ou chicanas internas promovem o revolvimento do material sólido de forma contínua ou periódica. Além de controle da temperatura, é essencial dispor de controle da umidade ambiente.

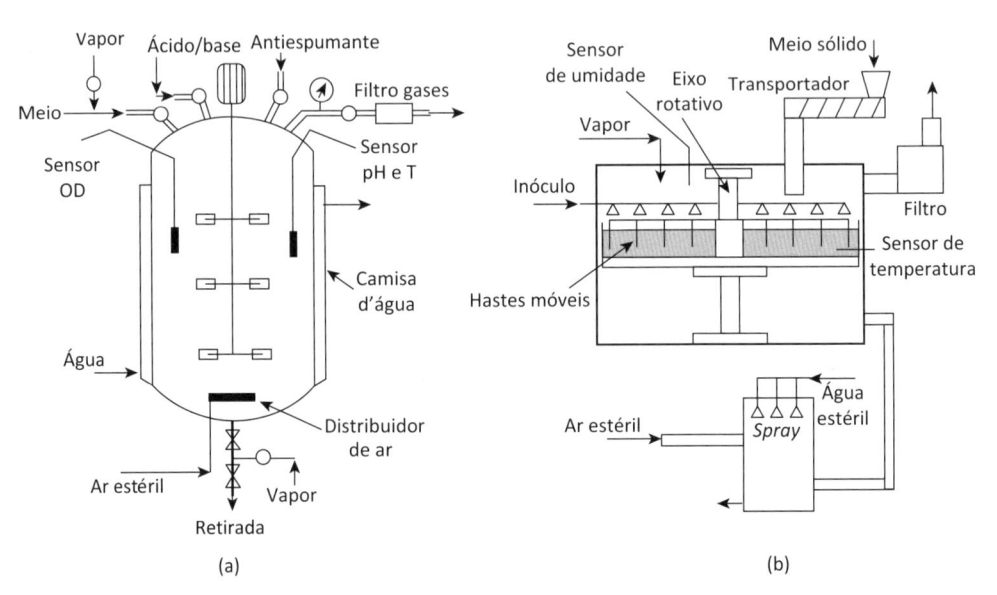

Figura 11.4 Exemplos de fermentadores utilizados para a produção de enzimas: a) fermentação submersa, b) fermentação em meio sólido.

Esses dois parâmetros afetam fortemente o desempenho do processo. Na realidade, outros parâmetros são essenciais para o bom desenvolvimento do processo e a obtenção da atividade enzimática almejada. Além da escolha adequada do substrato e do microrganismo, muitas vezes é preciso pré-tratar o material sólido, além de promover sua moagem para que o tamanho mais apropriado das partículas sólidas seja alcançado.

Conforme comentado, a umidade relativa e a atividade da água do substrato, bem como a temperatura, são fatores muito relevantes para a FMS. Ademais, a concentração do inóculo e a uniformidade das condições ambientais são também essenciais ao bom andamento da fermentação. Em muitas FMS a esterilidade estrita não é necessária, ao contrário do que ocorre na FS. A baixa disponibilidade de água e a inoculação suficientemente grande criam condições pouco propícias para o crescimento de microrganismos contaminantes e competidores.

Um grande número de microrganismos pode ser cultivado por FS ou FMS para produzir diferentes enzimas. Na produção industrial de enzimas por FS a tendência, já estabelecida há alguns anos, é a de utilização de microrganismos geneticamente modificados (GMO). No passado, a seleção de organismos para fermentação industrial se baseava num tedioso processo de escolha, dependente de promissores resultados ocasionais. Com a implantação das técnicas de biologia molecular, microrganismos podem ser geneticamente modificados para produzir enzimas com elevada produtividade.

Os fungos filamentosos são os organismos mais empregados na produção de enzimas por FMS. Os gêneros *Aspergillus*, *Penicillium* e *Trichoderma* têm se mostrado produtores de diferentes enzimas (celulases, proteases, amilases, lipases, xilanases, lactases, entre outras). Pandey et al. (1999) fizeram uma extensa compilação de trabalhos publicados sobre a produção de diferentes enzimas por FMS com o emprego de diferentes linhagens microbianas.

Vários trabalhos evidenciaram as diferenças entre enzimas produzidas por FS e FMS. A fisiologia microbiana e a regulação que ocorre no interior das células são influenciadas pelo ambiente onde se dá a fermentação (VINIEGRA-GONZALES, 1997). Tais diferenças podem se manifestar no que se refere à estabilidade, à termo-tolerância e, sobretudo, à presença de demais atividades enzimáticas além da principal, geralmente observada no cultivo de microrganismos por FMS. A produção de *pools* enzimáticos tem se revelado de interesse para a produção industrial de algumas enzimas utilizadas em alimentação animal (fitases), na conversão de material celulósico (celulases), no processamento de frutas (pectinases), entre outras aplicações.

11.2.4 PROCESSOS A JUSANTE DA FERMENTAÇÃO (*DOWNSTREAM PROCESSES*)

As operações que se seguem ao processo fermentativo dependem da localização da enzima de interesse (intra ou extracelular). A Figura 11.5 ilustra as etapas envolvidas na recuperação e no processamento pós-fermentação.

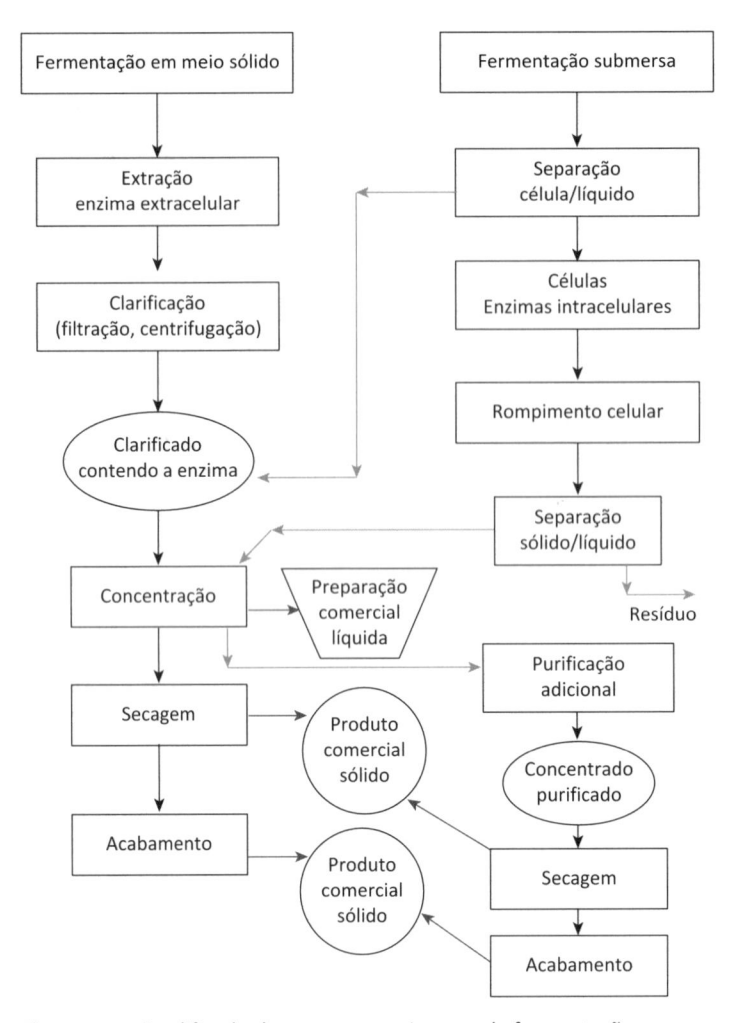

Figura 11.5 Fluxograma simplificado dos processos a jusante da fermentação.

Em algumas poucas situações, o caldo por meio de cultivo livre de células, sem processamento adicional, é diretamente comercializado. No entanto, na maioria das vezes, a enzima de interesse é recuperada do caldo por meio de cultivo ou da massa celular e purificada até o grau desejado.

Devido aos altos custos associados às operações de purificação, para as enzimas industriais, produzidas em larga escala, as etapas posteriores à fermentação são relativamente poucas e não muito sofisticadas.

Também em virtude da possibilidade de que a etapa de purificação tenha custos elevados, é recomendável dispor de conhecimento sobre algumas características da enzima, como a dependência de sua atividade e de sua estabilidade ao pH e à temperatura. Esse conhecimento permite estabelecer estratégias de purificação mais apropriadas.

Cabe aqui introduzir três conceitos úteis para análise dos processos a jusante da fermentação: atividade total (A_T), rendimento (R) e fator de purificação (FP), definidos adiante. A letra "i" subscrita refere-se a uma etapa qualquer entre a inicial (0) e a final (N).

$$A_T = \text{Volume (mL ou L). Atividade (U/mL ou U/L)} \qquad (11.1)$$

A_T é expresso em unidades de atividade (U) e representa o número de unidades em questão num dado estágio ou etapa.

$$\text{Rendimento de uma etapa } R_i = (A_{Ti}/A_{Ti-1}).100 \qquad (11.2)$$

R é expresso em percentagem (%) e representa o quociente entre a atividade total num dado estágio e a atividade total na etapa precedente, em percentagem. É também denominado fator de recuperação de atividade enzimática. O rendimento global é dado pela equação a seguir:

$$\text{Rendimento global } R = (A_{TN}/A_{T0}).100 \qquad (11.3)$$

em que A_{TN} é a atividade total na última etapa (N) e A_{T0} a atividade total no início do processo de purificação.

$$\text{Fator de purificação de uma dada etapa } FP_i = (A_{ei}/A_{ei-1}).100 \qquad (11.4)$$

em que A_e é a atividade específica, expressa em unidades de atividade por massa de proteína (U/g ou U/mg).

As etapas de separação e purificação permitem remover substâncias tóxicas e/ou metabólitos indesejáveis e conferem características adequadas ao produto a ser comercializado. Com essa finalidade, são, em geral, empregados processos relativamente simples caso o produto (preparação enzimática) seja de grau comercial ou técnico. Para a obtenção de preparações enzimáticas de uso analítico ou farmacêutico, processos mais sofisticados de purificação, como é o caso das separações cromatográficas, são utilizados.

Na Figura 11.6 estão ilustrados como os valores de FP e de R variam ao longo de uma sequência hipotética de etapas de purificação, que apresentam graus de resolução crescentes. Observa-se que o rendimento ou recuperação da enzima tem valor decrescente ao longo das etapas de purificação, enquanto o valor do fator de purificação tem comportamento oposto. Conclui-se que o aumento de etapas de purificação, além de aumentar os custos de obtenção do produto final, promove queda na recuperação da atividade enzimática. Conforme será comentado adiante neste tópico, as técnicas cromatográficas são, em geral, consideradas de alta resolução.

Da Figura 11.5 depreende-se que a produção de preparados de enzimas intracelulares é mais complexa, pois envolve as etapas de ruptura celular e posterior separação dos constituintes intracelulares.

Na Tabela 11.4 são apresentadas as principais técnicas utilizadas a jusante da fermentação na produção de enzimas industriais. Comentários adicionais sobre algumas dessas técnicas encontram-se nos parágrafos seguintes.

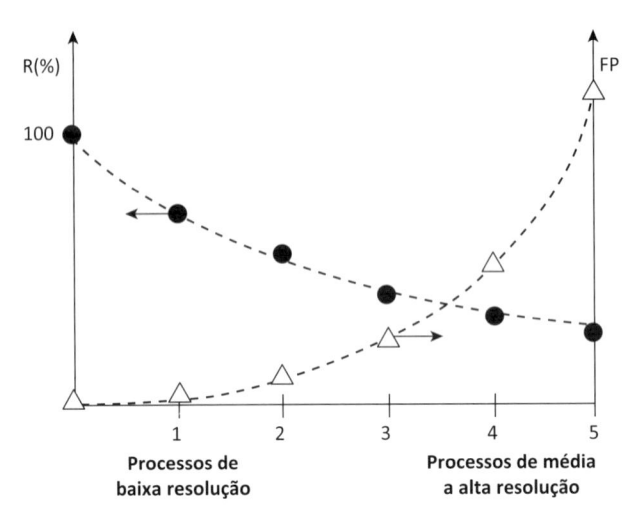

Figura 11.6 Variação do rendimento e do fator de purificação ao longo de várias etapas de purificação com crescente grau de resolução.

Tabela 11.4 Técnicas utilizadas após a fermentação no processo de produção de enzimas

Técnica	Finalidade/características
Clarificação	Remoção de sólidos em suspensão e impurezas na forma de material coloidal
Homogeinização	Ruptura celular
Moagem	Ruptura celular em moinhos de bolas
Tratamento enzimático ou químico	Ruptura celular com enzimas ou agentes químicos
Ultrassonicação	Ruptura de células por cavitação ultrassônica
Microfiltração	Clarificação de soluções e etapa prévia à ultrafiltração
Ultrafiltração	Purificação de baixa resolução, concentração
Precipitação	Purificação de baixa resolução – emprega eletrólitos, solventes, polímeros não iônicos ou polieletrólitos
Extração líquido-líquido	Purificação de baixa resolução – envolve a transferência da enzima do caldo clarificado para uma fase orgânica. Etapas adicionais: precipitação, cristalização, evaporação
Cromatografia de filtração em gel	Baseia-se na exclusão por tamanho e, dependendo do gel utilizado, pode ser de média ou alta resolução

(*continua*)

Tabela 11.4 Técnicas utilizadas após a fermentação no processo de produção de enzimas (*continuação*)

Técnica	Finalidade/características
Cromatografia de troca iônica	Purificação de alta resolução – a carga líquida da proteína a separar é oposta à carga da resina. Após retenção da proteína ela pode ser eluída variando-se o pH ou empregando-se solução salina
Cromatografia de afinidade	Purificação de alta resolução – sítios específicos da proteína de interesse interagem com um ligante presente no material cromatográfico. Subsequentemente, uma solução contendo um ligante competitivo ou de diferente pH ou força iônica permite recuperar a molécula ligada
Secagem	Empregada nas etapas finais da produção. Parte de um concentrado líquido seguido de atomização em coluna de secagem (*spray dryer*)
Liofilização	Empregada para enzimas especiais – promove aumento da vida útil do produto
Formulação	Envolve a adição de substâncias estabilizantes da enzima, ou de outros compostos que assegurem a padronização da atividade rotulada, além de agentes antimicrobianos

11.2.4.1 Enzimas extracelulares

No caso de enzimas extracelulares, ao término do processo fermentativo, o meio é resfriado a cerca de 5 °C para assegurar condições de estabilidade do produto e evitar o crescimento de microrganismos contaminantes. O pH é geralmente ajustado para o valor ótimo de atuação da enzima produzida.

A separação das células pode ser feita por centrifugação ou filtração. Fungos filamentosos podem ser separados por filtração, geralmente conduzida com a adição de auxiliares de filtração, em filtros-prensa ou filtros rotativos a vácuo.

Bactérias e leveduras podem ser separadas por centrifugação, no entanto, pode ser necessária a prévia floculação com agentes convencionais (sulfato de alumínio, cloreto de cálcio) ou com polieletrólitos ou outros agentes de floculação. Tal procedimento é eficiente, de baixo custo, permitindo que a centrifugação seja feita em equipamentos menos sofisticados.

A solução clarificada contendo a enzima de interesse deve, a seguir, ser concentrada. Em consequência do avanço da tecnologia de processos com membranas, a ultrafiltração tem se difundido e superado a utilização do processo de concentração por evaporação a vácuo. Este último, em geral, é conduzido a temperaturas inferiores a 35 °C. A disponibilidade de grande variedade de membranas e de módulos (planos, tubulares, espirais e fibras ocas) tem permitido a crescente difusão das técnicas de separação por membranas no ambiente industrial.

A solução concentrada, dependendo da aplicação da enzima, pode se constituir em um produto enzimático líquido que, uma vez diluído a níveis convenientes e/ou acondicionado com estabilizantes da atividade enzimática, pode ser embalado para comercialização.

11.2.4.2 Enzimas intracelulares

No que se refere às enzimas intracelulares, a separação da biomassa celular, *per se*, já fornece um alto fator de concentração da enzima de interesse e, uma vez descartada a fase líquida, resulta em menor volume de material a ser processado (em comparação com as enzimas extracelulares). No entanto, as operações subsequentes de ruptura celular e a posterior separação de produtos incidirão fortemente nos custos de produção.

A biomassa, obtida após o processo de separação sólido-líquido inicial, é lavada e as células são rompidas. Diversas técnicas podem ser empregadas nessa operação: moagem com esferas de vidro, homogeneização a alta pressão, sonificação, congelamento, tratamentos químicos e enzimáticos.

A moagem em moinho vibratório com esferas de vidro é uma técnica largamente empregada e com alto nível de aceitação. Esses sistemas mecânicos podem operar em batelada ou em contínuo e podem exigir resfriamento para absorver o calor gerado no processo. Outra técnica mecânica de rompimento, muito difundida, é a homogeneização a alta pressão, na prática uma ruptura por cisalhamento, que é proporcionada por bombeamento a alta pressão da suspensão contra uma válvula de descarga ajustável, que dispõe de um pequeno orifício para a passagem do fluido.

A técnica de sonificação, que promove a ruptura das células por cavitação, é muito empregada em laboratório, mas não tem encontrado apreciável aplicação em escala industrial.

A ruptura da parede celular por agentes químicos, como soluções de soda cáustica, tem aplicação muito limitada a situações nas quais a enzima seja tolerante a valores elevados de pH. A utilização de enzimas para promover o rompimento celular tem tido larga utilização em laboratório.

A ruptura das células coloca um problema desafiante de separação, visto que inúmeras substâncias são liberadas para o meio aquoso e uma apreciável quantidade de material permanece em suspensão. A técnica de centrifugação é, em geral, muito efetiva para promover a separação, e a microfiltração em membrana pode ser uma alternativa.

A precipitação dos ácidos nucleicos é um procedimento necessário, pois, quando solúveis, eles conferem viscosidade às soluções e interferem no fracionamento de proteínas e na separação cromatográfica. Essa precipitação pode ser feita pela adição de sais de Mn (II), sulfato de estreptomicina, sulfato de protamina ou polietilenoimina. Evidentemente, deve-se ter o cuidado de escolher um agente que não precipite a enzima de interesse ou provoque a sua desativação. O sobrenadante pode ser clarificado por simples filtração e concentrado por ultrafiltração ou evaporação a vácuo.

11.2.4.3 Etapas finais de produção

Conforme indicado no fluxograma da Figura 11.5, a partir da obtenção de um concentrado enzimático, as operações de processamento não mais se diferenciam quanto à natureza intra ou extracelular da enzima, mas sim quanto à forma de apresentação (sólida ou líquida) e ao grau de pureza do produto comercial.

As etapas finais de produção consistem em purificações e acabamentos. O concentrado líquido pode ser considerado um produto bruto comercializável em certos mercados. Por diversas razões (aplicação, transporte, estocagem e outras), pode ser preferível a obtenção de um preparado enzimático bruto na forma sólida. Nesse caso, o concentrado deve ser seco a vácuo ou por atomização (*spray drying*). A técnica de secagem por atomização tem tido larga difusão e aceitação industrial graças a suas vantagens de capacidade e de custo.

O produto final não pode apresentar baixa granulometria, pois haveria risco de geração de poeiras, que podem provocar problemas de saúde para os trabalhadores que manuseiam essas preparações em pó. Assim, procede-se à peletização ou aglomeração desse material sólido, de forma a se obter partículas maiores. Em alguns casos, o produto enzimático é recoberto ou encapsulado para minorar os riscos de emanação de finos (pó enzimático).

Quando se pretende obter uma preparação enzimática com maior grau de pureza, deve-se submeter o concentrado líquido a uma série de técnicas de fracionamento e purificação.

A técnica de precipitação é considerada rápida e eficiente para a concentração de proteínas de interesse, sendo empregada com o objetivo de eliminar impurezas e aumentar a atividade específica da enzima-alvo. O uso de altas concentrações salinas (sulfato de amônia e sulfato de sódio) promove a remoção de água de hidratação da molécula proteica e, por consequência, de sua solubilidade. Também conhecida como técnica de precipitação por força iônica, ela tem se difundido por ser de fácil execução e apresentar bons rendimentos. No entanto, sua seletividade é baixa, e os sais empregados podem provocar corrosão em equipamentos, não havendo tampouco viabilidade econômica na sua recuperação para reúso.

A precipitação com solventes (etanol, metanol, isopropanol) é também uma técnica muito difundida industrialmente. Em geral, flocos facilmente sedimentáveis são obtidos, tornando simples a operação de separação. Devido ao risco de provocar desnaturação de proteínas, esse procedimento deve ser conduzido a temperaturas baixas, em geral, inferiores a 0 °C. Assim, rendimentos adequados e seletividades médias só são obtidos em tais condições. Adicionalmente, essa técnica tem como vantagem a viabilidade de recuperação dos solventes para reutilização.

Como já mencionado, as técnicas que utilizam membranas, em particular, ultrafiltração, microfiltração, diafiltração e osmose inversa, têm encontrado crescente aplicação para separação de bioprodutos. Como não apresentam elevada seletividade, têm sido usadas em consórcio com técnicas mais seletivas ou nas etapas de concentração de solutos. Quando se busca maior grau de pureza do produto, técnicas cromatográficas são empregadas.

A cromatografia de troca iônica baseia-se na interação reversível entre a carga elétrica da proteína e a carga oposta do meio cromatográfico. Alta resolução pode ser obtida procedendo-se à escolha adequada do meio cromatográfico e das condições de operação. A carga líquida superficial de uma proteína depende do pH. Valores de pH acima do ponto isoelétrico (pI) da proteína permitem que ela se ligue a um meio trocador carregado positivamente. Ligação a um meio carregado negativamente ocorre quando o pH é inferior ao valor do pI da proteína. A recuperação da proteína ligada se dá pela eluição com um gradiente de solução de NaCl ou de pH. Há hoje no mercado disponibilidade de muitas resinas de troca iônica e grande variedade de colunas cromatográficas.

A cromatografia de afinidade baseia-se na interação reversível da proteína com um ligante específico presente no meio cromatográfico. Vários tipos de interações podem ser explorados nessa técnica: enzima-substrato, proteína-proteína, ácido nucleico-proteína, anticorpo-antígeno. A recuperação da proteína de interesse se faz por eluição com uma solução contendo um ligante competitivo ou por mudança de força iônica, pH ou polaridade.

A cromatografia de filtração em gel ou de exclusão por tamanho é diferente das anteriores, pois nesse caso a separação ocorre com base no tamanho e forma das moléculas. A separação depende da habilidade das diferentes proteínas em penetrar ou não nos poros do gel cromatográfico. Apresenta resolução média a alta de acordo com a escolha do gel e das condições de separação.

Vale a pena mencionar que várias proteínas, purificadas em larga escala por processos cromatográficos, têm sido comercializadas há vários anos. Além disso, houve considerável avanço no que se refere à qualidade dos meios cromatográficos e equipamentos de detecção.

Uma descrição consistente dos princípios de funcionamento das técnicas cromatográficas para purificação de proteínas pode ser vista em Voet e Voet (2011), e a descrição das principais técnicas de purificação de bioprodutos pode ser encontrada na publicação editada por Kilikian e Pessoa Jr. (2005).

Cabe frisar que o grau de purificação almejado está associado à aplicação do produto. Assim, estão disponíveis no mercado tanto preparações pouco purificadas, para uso técnico ou industrial, como preparados de alto grau de pureza para uso analítico ou farmacêutico.

O acabamento e a formulação do produto são as etapas finais da produção de enzimas industriais. Podem ser feitos ajustes na composição do produto, via maior ou menor concentração (líquidos) ou adição de substâncias inertes (sólido ou líquido), com o intuito de padronizar a atividade enzimática do produto final. Ademais, substâncias estabilizantes e antimicrobianas também podem ser adicionadas às preparações enzimáticas comerciais.

11.3 USOS E APLICAÇÕES DAS ENZIMAS MICROBIANAS

Em levantamento feito por uma organização europeia sem fins lucrativos, a Associação de Fabricantes e Formuladores de Produtos Enzimáticos (Amfep), em 2014, cerca de 250 enzimas constavam da lista de enzimas comerciais (AMFEP, 2014). O exame dessa lista revela que aproximadamente 92% das enzimas comercializadas são de origem microbiana. As enzimas microbianas são predominantemente produzidas por: *Aspergillus* (27%), *Bacillus* (17%), *Trichoderma* (12%), *Penicillium* (4,5%), *Rhizopus* (4%).

Os usos das enzimas são múltiplos e crescentes. Alguns segmentos industriais fazem uso intenso de preparações enzimáticas, como é o caso da produção de detergentes e de produtos de higiene pessoal. A utilização nas indústrias de alimentos e bebidas é também muito significativa. Alguns autores classificam o uso das enzimas comerciais nas seguintes categorias: processamento de alimentos, técnicas e nutrição animal.

Os usos técnicos referem-se à aplicação das enzimas em diversos processos e indústrias (indústrias de celulose e papel, processamento de couro, produção de biocombustíveis, processamento de têxteis, produção de detergentes e produtos de higiene pessoal, entre outras). A Tabela 11.5 apresenta, de modo resumido, alguns dos principais tipos de enzimas comercializadas e os produtos e indústrias nas quais encontram aplicação. O leitor interessado poderá encontrar mais informações sobre as enzimas comerciais e suas aplicações nas publicações de Coelho, Salgado e Ribeiro (2008) e de Bon, Ferrara e Corvo (2008).

O mercado de enzimas apresentou expansão de 7,8% ao ano entre 2012 e 2017, e estima-se que supere cerca de 7 bilhões de dólares em 2018 (FREEDONIA GROUP, 2014). O mercado de enzimas, segundo as aplicações ou setor industrial, é aproximadamente o seguinte: alimentos, bebidas e nutrição animal (34%), detergentes e produtos de higiene pessoal (27%), indústrias de celulose e papel (11%), indústrias do couro, têxteis e outras (17%) (BINOD et al., 2013).

Cabe mencionar que enzimas também são utilizadas em medicamentos, em *kits* de análises químicas e biossensores e em laboratórios de biologia molecular. Foi nessa última área que as polimerases contribuíram decisivamente para o estudo do genoma de organismos e plantas e do próprio genoma humano.

O uso de enzimas técnicas, nos diversos setores industriais (têxteis, celulose e papel, couro, bioenergia e alimentos), tem contribuído para modificar processos existentes, tornando-os mais sustentáveis. Economia de energia, menor consumo de agentes químicos agressivos e mesmo diminuição nas emissões de gases de efeito estufa têm sido relatados (JEGANNATHAN; NIELSEN, 2013). É certo que as enzimas têm contribuído para a implantação de *tecnologias limpas* em diversos setores industriais.

Tabela 11.5 Enzimas utilizadas em produtos e processos industriais

Atividade industrial ou produtos	Enzimas
Detergentes e produtos de higiene pessoal	Proteases, amilases, celulases, pectinases
Têxtil	Amilases, pectinases, celulases, catalases, proteases
Indústria do couro	Proteases, lipases
Papel e celulose	Amilases, xilanases, esterases, lipases, lactases, celulases
Energia e biocombustíveis	Celulases, amilases, proteases, xilanases, xilosidases, lipases
Alimentos e bebidas (geral)	Amilases, glicose-isomerase, pululanase, hemicelulases, xilanases, dextranases, lipases, oxidases, lipoxigenases, asparaginases
Laticínios	Proteases, lactases, lipases, fosfolipases
Cervejarias	Amilases, xilanases, celulases
Sucos de frutas	Pectinases
Nutrição animal	Fitases, amilases
Síntese orgânica	Lipases, esterases, proteases, nitrilases, oxidorredutases, acilases

11.4 TENDÊNCIAS E AVANÇOS NA PRODUÇÃO DE ENZIMAS

Os avanços nas técnicas de biologia molecular nas últimas décadas permitiram produzir enzimas por microrganismos geneticamente modificados (GMO). A primeira enzima produzida em escala comercial por GMO veio ao mercado em 1988. Desde então, tem crescido o uso de GMOs na produção de enzimas.

A pesquisa na área de produção de enzimas exige um enfoque multidisciplinar e é beneficiada por novos desenvolvimentos científicos e tecnológicos. Como já comentado, a seleção de produtores de enzimas por técnicas tradicionais cedeu lugar às denominadas *high throughput screening techniques*, assentadas nos conhecimentos da biologia molecular, da genética, da físico-química e da bioinformática. O domínio dessas técnicas é de grande relevância para países que dispõem de enorme biodiversidade, como o Brasil.

O avanço da bioinformática e da modelagem molecular, em particular, tem auxiliado no desenvolvimento da engenharia de proteínas. Essa disciplina tem tido êxito em gerar proteínas modificadas com novas ou desejadas propriedades. Um enfoque adotado consiste no emprego da técnica de mutagênese de sítio dirigida e outro na utilização de mutagênese randômica (*direct evolution*) com a técnica adicional de *DNA shuffling*. Informações mais detalhadas sobre as técnicas anteriormente citadas podem ser encontradas em Park e Cochran (2009) e Arnold e Giorgiu (2003).

O emprego dessas técnicas pelas grandes empresas produtoras de enzimas tem levado à obtenção de enzimas com novas propriedades e permitido explorar a diversidade microbiana, em particular, o amplo grupo dos microrganismos extremófilos. A utilização dessas novas enzimas em processos industriais deve trazer benefícios ambientais, como menor consumo de água e energia e menor geração de resíduos e efluentes, e também deve agregar mais qualidade e aprimorar as propriedades dos produtos finais.

Progressos também são esperados na produção de enzimas por fermentação em meio sólido (FMS). O desenvolvimento de sensores e instrumentação tem permitido melhor controle da temperatura e da unidade do processo, com ganhos apreciáveis de produtividade. A capacidade desse tipo de fermentação de gerar *pools* enzimáticos tem atraído a atenção de grandes empresas produtoras de enzimas, que outrora não investiam em FMS. Um dos campos de interesse é a nutrição animal, pois a natureza complexa dos alimentos torna benéfica a ação de múltiplas enzimas. Outra área de interesse é a de produção de enzimas para aplicações ambientais (tratamento de resíduos e efluentes), nas quais substratos variados devem ser transformados com custos relativamente baixos (CAMMAROTA; FREIRE, 2006).

O avanço do conhecimento científico e tecnológico deverá não apenas tornar a produção de enzimas microbianas mais econômica, como também permitirá produzir enzimas *sob medida* para aplicações específicas em setores industriais tradicionais, assim como em segmentos nos quais a utilização de enzimas ainda é limitada, sejam eles industriais ou não. Há expectativa de crescimento do emprego das enzimas na medicina e na indústria farmacêutica, em síntese orgânica e na produção de energia e biocombustíveis. Resta a ser explorada uma imensa diversidade microbiana na busca de novas enzimas, agora com o auxílio de modernas técnicas de *screening* e de desenho de proteínas.

REFERÊNCIAS

AMFEP – Association of Manufacturers and Formulators of Enzyme Products. *List of commercial enzymes 2014*. Disponível em: <http://www.amfep.org/content/list-enzymes>. Acesso em: ago. 2014.

ARNOLD, F. H.; GIORGIU, G. (eds.). *Directed enzyme evolution: screening and selection methods (Methods in Molecular Biology)*. Totowa: Humana Press, 2003.

BINOD, P. et al. Industrial enzymes – Present and future perspectives for India. *Journal of Scientific & Industrial Research*, v. 72, p. 271-286, 2013.

BON, E. P. S.; FERRARA, M. A.; CORVO, M.L. (eds.). *Enzimas em biotecnologia*, Rio de Janeiro: Interciência, 2008.

CAMMAROTA, M. C.; FREIRE, D. M. G. A review on hydrolytic enzymes in the treatment of wastewater with high oil and grease content. *Bioresource Technology*, v. 97, p. 2195-2210, 2006.

CHEN, H. *Modern solid state fermentation*. Dordrecht: Springer, 2013.

COELHO, M. A. Z.; SALGADO, A. M.; RIBEIRO, B. D. *Tecnologia enzimática*. Petrópolis: EPUB, 2008.

FREEDONIA GROUP INC. *World Enzyme to 2015, 2014*. Cleveland, 2014.

HARTMEIER, W. *Immobilized biocatalysts*. Berlin: Springer-Verlag, 1988.

JEGANNATHAN, K. R.; NIELSEN, P.H. Environmental assessment of enzyme use in industrial production – A literature review. *Journal of Cleaner Production*, v. 42, p. 228-240, 2013.

KILIKIAN, B. V.; PESSOA JR., A. (eds.). *Purificação de produtos biotecnológicos*. Barueri: Manole, 2005.

MITCHELL, D. A.; LONSANE, B. K. Definition, characteristics and potential. In: DOELLE, H. W; MITCHELL, D. A.; ROLZ, C. E. (eds.). *Solid substrate cultivation*. London: Elsevier Applied Science, 1992. p. 1-13.

MITCHELL, D. A.; KRIEGER, N.; BEROVIC, M. *Solid state fermentation bioreactors*. Dordrecht: Springer, 2006.

NELSON, D. L.; COX, M. M. *Princípios de bioquímica Lehninger*. 4. ed. São Paulo: Sarvier, 2006.

PANDEY, A. et al. Solid state fermentation for the production of industrial enzymes. *Current Science*, v. 77, n. 1, p. 149-162, 1999.

PANDEY, A.; SOCCOL, C. R.; LARROCHE, C. (eds.). *Currents developments in solid-state fermentation*. Dordrecht: Springer, 2008.

PARK, S. J.; COCHRAN, J. R. (eds.). *Protein engineering and design*. Boca Raton: CRC Press, 2009.

TIPTON, K.; BOYCE, S. History of the enzyme nomenclature system. *Bioinformatics*, v. 16, n. 1, p. 34-40, 2000.

VINIEGRA-GONZALES, G. Solid state fermentation: definition, characteristics, limitations and monitoring. In: ROUSSOS, S. et al. (eds.). *Advances in solid state fermentation*. Dordrecht: Kluwer Publishers, 1997. p. 5-22.

VOET, D.; VOET, J. G. *Biochemistry*. 4. ed. New York: John Wiley & Sons, 2011.

CAPÍTULO 12

Produção de enzimas de origem animal e vegetal

Alline Artigiani Lima Tribst

Bruno Ricardo de Castro Leite Jr.

12.1 INTRODUÇÃO

As enzimas são substâncias que atuam como catalisadoras de reações bioquímicas, sendo imprescindíveis para a manutenção da vida de todos os seres. Sem elas, as reações possivelmente ocorreriam, mas a uma velocidade muito lenta, incompatível com as necessidades de proteção, síntese, degradação e eliminação de toxinas dos seres, incluindo os animais e os vegetais.

Nos animais, as enzimas apresentam função digestiva (proteases, lipases e amilases para ruminantes), de proteção (lisozima, lactoperoxidase), de controle de oxidação (catalase), de decomposição de tecidos (catepsinas, calpaínas), entre outras.

Nos vegetais, as enzimas são fundamentais na propagação das espécies, sendo as responsáveis pela hidrólise de constituintes de alto peso molecular, como amido e pectina, que resulta no amolecimento e aumento do dulçor de frutos. Essa transformação torna os vegetais mais atrativos para diversos animais que se alimentam do fruto e transportam as sementes para outras localidades, favorecendo a disseminação da espécie. Além disso, as enzimas promovem a hidrólise dos constituintes das sementes, especialmente do gérmen, permitindo a liberação de nutrientes necessários para uma boa germinação e, consequentemente, sendo responsáveis pela sobrevivência do vegetal. Outras enzimas, como a peroxidase e a polifenoloxidase, têm como função principal promover a proteção do vegetal contra o ataque de pragas.

A aplicação dessas enzimas em diversos processos de transformação ocorreu, inicialmente, de forma acidental. Acredita-se, por exemplo, que a obtenção de queijos decorreu do uso de bolsas produzidas com o estômago de mamíferos para armazenamento de leite entre 3.000 e 8.000 a.C. Como os estômagos contêm proteases, estas hidrolisavam a caseína e produziam um coágulo proteico, modificando o sabor, o aroma e a textura do leite.

No início da aplicação de enzimas em processos industriais, aquelas de origem animal e vegetal eram muito importantes, visto que representavam as fontes conhecidas dessa substância. O então baixo desenvolvimento da microbiologia industrial, com replicação de microrganismos seguros e capazes de produzir enzimas desejáveis, fazia com que as enzimas de origem vegetal e animal, especialmente as lipases, proteases e pectinases, dominassem o mercado de aplicação de enzimas.

As maiores dificuldades para a obtenção de enzimas de origem animal se relacionam ao fato de que é necessário alimentar e esperar normalmente muitos meses até o abate, momento no qual a enzima será obtida. Assim sendo, os volumes obtidos de enzima por esse meio são pequenos, e a produção, lenta. Para agravar o problema, as enzimas são apenas um subproduto do abate dos animais e, na maioria das vezes, a indústria de obtenção de carne não tem estrutura para fazer a extração das enzimas, mesmo estas sendo um subproduto de alto valor agregado. Além disso, a diferença de concentração e de atividade entre as enzimas extraídas de diferentes animais torna difícil a padronização de atividade enzimática entre diferentes lotes produzidos.

A obtenção de enzimas de origem vegetal apresenta dificuldades similares, visto que é necessário esperar o desenvolvimento do vegetal para posterior extração da enzima. Além disso, as variações climáticas e de solo podem resultar em perdas na produção, como também podem afetar a concentração das enzimas, dificultando a padronização entre lotes.

Assim, devido às dificuldades de obtenção e padronização de enzimas de origem animal e vegetal e ao desenvolvimento de diferentes tecnologias para melhorar a produção de enzimas microbianas (melhores meios de cultivo, alto rendimento e velocidade de produção, padronização das enzimas produzidas e implementação de engenharia genética, tornando possível produzir enzimas capazes de atuar em extensa faixa de pH e temperatura), a fatia de mercado ocupada pelas enzimas de origem animal e vegetal foi reduzindo-se de maneira gradual e, atualmente, a maioria dessas enzimas não apresenta extração comercial, sendo sua atividade limitada à ação *in situ* nos vegetais e animais. Em termos de comercialização, estima-se que as enzimas de origem animal e vegetal ocupem, respectivamente, 8% e 4% do mercado comercial.

Por outro lado, especialmente para mercados mais tradicionalistas, nos quais o uso de enzimas produzidas por microrganismos geneticamente modificados pode representar um entrave, as enzimas de origem animal e vegetal mantêm uma grande importância.

Em termos de aplicação, cerca de 37% da produção de enzimas no mercado mundial são utilizados em detergentes, 12% em têxteis, 11% em amido, 8% em panificação e 6% em ração animal, que somam em torno de 75% das enzimas produzidas industrialmente. Entre as maiores empresas produtoras de enzimas estão a Amano Pharmaceuticals (Japão), Novozyme (Dinamarca), Genencor International (Estados Unidos), Unilever (Holanda), Biocatalysts (Inglaterra) e Meito Sankyo (Japão).

12.2 PRODUÇÃO E PURIFICAÇÃO DE ENZIMAS

12.2.1 ORIGEM ANIMAL

As enzimas de origem animal são extraídas normalmente de animais de sangue quente criados para a produção de carne, englobando principalmente bois, porcos, galinhas, cavalos, cabras e ovelhas. Não existe produção desses animais apenas com o objetivo de extração de enzimas, sendo estas um subproduto dos abatedouros.

De forma geral, as enzimas de origem animal são extraídas de órgãos principais ou acessórios do sistema digestório do animal, incluindo estômago, intestino, pâncreas e fígado. Todas as enzimas animais são intracelulares, mas sua extração é bastante simples, já que as células animais não apresentam parede celular rígida.

Após a insensibilização dos animais é realizada a sangria e evisceração – etapa na qual são removidos os órgãos do aparelho digestivo. Quando esses órgãos são destinados à obtenção de enzima, eles seguem refrigerados, congelados ou secos para a unidade fabril de produção enzimática. A primeira etapa da extração envolve o rompimento das células do animal, realizada através da moagem dos tecidos frescos ou secos. Caso a moagem seja realizada com tecidos frescos, posteriormente é realizada a secagem destes.

A extração das enzimas de interesse pode ser realizada por imersão ou maceração dos tecidos em água, solução salina ou tampão de pH ótimo da enzima de interesse. A escolha do método de extração é definida em função das características de cada enzima (afinidade e estabilidade nos diferentes possíveis solventes), das etapas disponíveis para purificação e do nível de pureza desejado.

O extrato enzimático obtido normalmente é submetido a processos de concentração e purificação antes da comercialização. Dependendo da quantidade de outras substâncias carreadas no processo de extração, antes da concentração é realizada uma etapa de filtração com terra diatomácea ou qualquer outro elemento filtrante.

A concentração é feita por aquecimento a vácuo ou por precipitação das enzimas utilizando solventes orgânicos, como álcool ou éter. Não se utiliza evaporação a altas temperaturas, pois nessas condições as enzimas extraídas de animais apresentam baixa estabilidade, o que, consequentemente, levaria a uma grande perda de atividade. De forma similar, os efeitos da precipitação com solventes devem ser bem conhecidos, a fim de evitar que o solvente desnature a enzima, causando perda de atividade. Após a concentração, as enzimas podem ser diretamente comercializadas (na forma de extrato concentrado ou seco) ou seguirem para purificação (quando as suas aplicações comerciais exigirem maior nível de pureza), conforme descrito no Capítulo 10, "Purificação de enzimas e peptídeos antimicrobianos: suas aplicações".

As principais enzimas de origem animal de interesse industrial são calpaínas, catepsinas, catalase, coalho, β-galactosidase, lactoperoxidase, lisozima, lipases, pancreatina e pepsina. As fontes, estruturas, características e principais aplicações destas enzimas são destacadas na seção 12.3 deste capítulo.

Essas informações foram obtidas nos trabalhos publicados por Dixon et al. (1979) e Godfrey e West (1996).

12.2.2 ORIGEM VEGETAL

As enzimas podem ser extraídas de diversas partes dos vegetais, incluindo frutas, sementes, caules e raízes. Similarmente à produção de enzimas de origem animal, as enzimas provenientes de frutos são extraídas como subprodutos da indústria de sucos ou outros produtos à base de frutas. Já no caso do cardo e das enzimas extraídas do malte (cereal pré-germinado), a produção vegetal ocorrerá com o intuito de se obter a enzima, que será posteriormente utilizada em processos de fabricação de queijos (cardo) ou cerveja (malte).

A concentração da enzima no vegetal é função do estádio de maturação deste. Para enzimas encontradas em frutas, como as pectinolíticas, proteases, celulases e amilases, a maior concentração ocorre normalmente antes do início do amadurecimento dos vegetais, quando a fruta se prepara para o intenso processo de hidrólise das moléculas de cadeia longa para a redução da firmeza e aumento de dulçor característico do amadurecimento. Por outro lado, no caso das enzimas extraídas do malte, a maior concentração será observada após a pré-germinação do grão. A distribuição das enzimas também não é homogênea. A ficina e a papaína são extraídas do látex de figo e de mamão, respectivamente, enquanto as proteases do abacaxi podem ser extraídas do talo ou do fruto. As pectinases, amilases e celulases, por outro lado, são encontradas majoritariamente nas polpas dos frutos.

Quando o objetivo é o processamento de enzimas de origem vegetal, é importante entender a fisiologia da planta, de forma a fazer a extração da enzima na fração correta do vegetal e no melhor estádio de maturação, o que garante maior produtividade da enzima.

As enzimas são encontradas no interior das células, sendo necessário um processo físico de ruptura celular para liberá-las, uma vez que, diferentemente das células de animais, as dos vegetais possuem parede celular espessa. A etapa seguinte é a extração das enzimas, a qual pode ser feita por precipitação, uso de solventes com diferentes polaridades ou filtração. A escolha da forma de extração dependerá do nível de pureza desejada para a enzima, do tipo de impureza presente, da possibilidade de restar resíduos de solvente, da natureza da enzima, do nível de extração desejado *vs.* custos e do valor comercial do produto final. Como descrito para as enzimas animais, após a extração, estas podem ser concentradas, secas ou submetidas a processos posteriores de purificação. Quanto maior o nível de pureza desejado, mais específico e caro é o processo de purificação (podendo atingir até 90% do custo da produção de enzima), e, portanto, os valores comerciais precisam compensar o custo de produção.

As principais enzimas de origem vegetal de interesse industrial são amilases, bromelina, cardo, ficina, papaína, enzimas pectinolíticas e tanase. As fontes, estruturas, características e principais aplicações dessas enzimas estão destacadas na seção 12.3 deste capítulo. Essas informações foram obtidas nos trabalhos publicados por Dixon et al. (1979) e Godfrey e West (1996).

12.3 ENZIMAS DE INTERESSE INDUSTRIAL

12.3.1 ORIGEM ANIMAL

12.3.1.1 Calpaína/catepsina

As calpaínas e as catepsinas são proteases endógenas conhecidas por hidrolisar as proteínas miofibrilares durante o armazenamento *post mortem* de carne e de peixe e estão envolvidas nos processos de maturação da carne e de resolução do *rigor mortis*, com possível ação sinergística entre as enzimas.

As calpaínas (EC 3.4.22.17), originalmente conhecidas como proteases sarcoplasmáticas ativadas por cálcio, são cisteínas proteases neutras intracelulares dependentes de cálcio. Apresentam atividade ótima em pH neutro (7 a 7,5) e temperatura entre 10 °C e 25 °C. Essas enzimas são subclassificadas em μ-calpaína ou calpaína 1 (EC 3.4.22.52) e m-calpaína ou calpaína 2 (EC 3.4.22.53), as quais diferem na sensibilidade aos íons de cálcio. Ambas são heterodímeros: a subunidade maior e a menor de μ e m-calpaína têm pesos moleculares próximos de 80 kDa e 28 kDa, respectivamente. O sítio ativo está localizado na subunidade maior, mas, para a atividade total, é necessária a presença de ambas as subunidades, sendo que a subunidade menor tem papel regulador. O cálcio é fundamental no mecanismo de ativação das calpaínas, conduzindo à dissociação e/ou autoproteólise, mesmo na presença de um substrato alternativo. As calpaínas atuam sobre a linha Z e sobre as proteínas desmina, titina, nebulina, tropomiosina, troponina e proteína C, mas não apresentam ação direta sobre actina e miosina ou sobre as proteínas do tecido conjuntivo.

As catepsinas são proteases ácidas, possuem atividade máxima em valores de pH menor que 6 e estão localizadas nos lisossomos. Elas podem ser liberadas tanto no citoplasma como nos espaços intracelulares devido ao rompimento do lisossomo após a morte celular do animal e queda do pH. Essas enzimas promovem a degradação do disco Z, das troponinas e da proteína C e degradam lentamente a tropomiosina, nebulina e α-actinina. Existem cerca de vinte tipos de catepsinas, as quais podem ser diferenciadas de acordo com o sítio ativo em quatro classes específicas: aspártica, cisteína, serina e metaloproteases. As principais catepsinas envolvidas na proteólise muscular são catepsinas B (EC 3.4.22.1), L (EC 3.4.22.15), H (EC 3.4.22.16) e D (EC 3.4.22.5). As catepsinas B, H e L são reguladas *in vivo* por um inibidor de protease chamado cistatina B. A especificidade da hidrólise varia de uma catepsina para outra. A catepsina B hidrolisa a cadeia de miosina e a troponina T e mais lentamente a troponina I e a tropomiosina. A catepsina H degrada, principalmente, troponina T, e a catepsina L degrada a maioria das proteínas miofibrilares, com exceção da troponina C e tropomiosina. Embora as catepsinas possam degradar a miosina e a actina, essa degradação ocorre em valores de pH abaixo de 5,5 ou em temperatura de 25 °C a 35 °C, condições improváveis durante o armazenamento da carne *in natura*.

A ação dessas enzimas ocorre de forma endógena, atuando na resolução natural do *rigor mortis* em carnes, com aumento da maciez dos tecidos. Sua extração para aplicação como protease sobre outras proteínas não é viável, dado o alto custo de extração (a enzima teria que ser extraída da carne, que é o músculo nobre destinado ao consumo humano).

Essas informações foram obtidas nos trabalhos publicados por Bechet et al. (2005) e Gomide, Ramos e Fontes (2013).

12.3.1.2 Catalase

A catalase (E.C. 1.11.1.6; hidroperoxidase) é uma enzima intracelular, encontrada na maioria dos organismos, que decompõe o peróxido de hidrogênio (H_2O_2) formando água e oxigênio molecular. Sua principal função endógena é prevenir o acúmulo de peróxido de hidrogênio, que é um metabólito celular de organismos aeróbios, nas células animais. Na ausência da catalase a reação de decomposição do H_2O_2 ocorre espontaneamente, mas de forma muito lenta.

A catalase é um tetrâmero de 240 kDa que tem quatro cadeias polipeptídicas na sua estrutura quaternária. Cada cadeia polipeptídica liga um grupo heme que contém um íon de ferro. O sítio ativo encontra-se no centro metálico, que reage com o peróxido de hidrogênio. A catalase de mamíferos contém ainda quatro moléculas de NADPH firmemente ligadas. Algumas catalases que não apresentam grupo heme possuem um centro binuclear de manganês. Esse dinucleotídeo não é essencial para a atividade da enzima, mas diminui sua suscetibilidade à inativação quando ela fica exposta a altas concentrações do seu substrato.

A atividade da enzima ocorre em pH ótimo variando de 6 a 8, com temperatura ótima de 20 °C. A catalase cristalina obtida do leite é estável em soluções de sal, mantendo mais que 90% da sua atividade em 10% de NaCl. A enzima é inativada quando submetida a 70 °C por 30 minutos. Em tratamentos térmicos a 60 °C, 65 °C e 72 °C por 16 segundos a enzima apresenta reduções de 26%, 84% e 92%, respectivamente. Dessa forma, a atividade de catalase pode ser um bom indicador de pasteurização do leite. Qualquer íon metálico (em especial cobre e ferro) pode agir como inibidores não competitivos da catalase. Já o cianeto é inibidor competitivo, ou seja, liga-se fortemente ao centro ativo da catalase, impedindo a ligação do peróxido de hidrogênio.

Em termos industriais, a catalase é utilizada na indústria de lácteos para remoção do peróxido de hidrogênio que foi adicionado para conservação a frio do leite em países onde essa prática é permitida por não se dispor de cadeia do frio. Na indústria têxtil, a catalase é utilizada para a remoção de peróxido de hidrogênio residual de tecidos submetidos ao branqueamento, e a não adição da catalase pode interferir negativamente no processo de tingimento. A enzima também é utilizada como agente antibacteriano em soluções de limpeza de lente de contato e, no ramo de cosméticos, é utilizada em conjunto com o peróxido de hidrogênio em máscaras de beleza com o intuito de liberação de oxigênio para maior oxigenação celular das camadas superiores da epiderme.

As informações contidas no presente item foram obtidas nos trabalhos publicados por Kirkman e Gaetani (1984); Chelikani, Fita e Loewen (2004); e Farkye e Bansal (2011).

12.3.1.3 Coalho

O coalho é o extrato obtido do abomaso de animais ruminantes. Esse extrato é rico em proteinases ácidas que apresentam atividade coagulante sobre o leite sob condições adequadas de temperatura e pH.

As proteinases encontradas no abomaso de ruminantes são a quimosina (EC 3.4.23.4), a pepsina A (EC 3.4.23.1), a pepsina B (EC 3.4.23.2) e a gastricsina (EC 3.4.23.3), com peso molecular variando de 30 a 39 kDa. A quimosina caracteriza-se por ser uma enzima de atividade altamente específica sobre a ligação Phe_{105}-Met_{106} da κ-caseína, com bom poder coagulante. Por outro lado, a pepsina apresenta menor especificidade, hidrolisando ligações que tenham aminoácidos como Phe, Tyr, Leu ou Val. A atividade da pepsina pode ocasionar a liberação de peptídeos de cadeias médias provenientes da proteína do leite, que possuem sabor desagradável e, consequentemente, causam defeito no queijo produzido. Dada a baixa atividade proteolítica específica da pepsina, ela precisa ser utilizada em uma concentração cinco vezes maior do que a quimosina para promover a coagulação do leite. A concentração de quimosina e de pepsina varia em função da idade do animal, sendo encontrada na proporção de 80% de quimosina e 20% de pepsina em bezerros e na proporção inversa para animais adultos.

Em termos de atividade, a quimosina é mais estável em valores de pH entre 5,3 a 6,3, com pH ótimo em 4. Em condições ácidas (pH < 3,5), a enzima perde atividade rapidamente, provavelmente devido a uma autodegradação, enquanto em condições de pH alcalino (acima de 9,8) perde atividade devido a uma mudança conformacional irreversível. A pepsina apresenta uma atividade proteolítica máxima em pH próximo a 3. Apesar de a atividade máxima das proteases se dar em pH baixo, o coalho é usado em pH neutro para a produção de queijos (pH do leite aproximadamente 6,7).

A quimosina é mais estável a 2 °C do que à temperatura ambiente e apresenta uma perda de atividade quando a temperatura ultrapassa 55 °C. A pepsina apresenta maior estabilidade geral em comparação com a quimosina, no entanto, sua termoestabilidade em solução decresce com o aumento do pH e na presença de sal ou ureia.

A produção industrial de coalho destina-se exclusivamente à produção de queijos, dado o alto custo da enzima e sua especificidade sobre a caseína do leite. O coalho extraído do abomaso de bezerros era considerado o melhor extrato para a produção de queijos. A sua aplicação, entretanto, é cada vez mais restrita, devido ao crescimento da produção mundial de queijos (cerca de 4% ao ano) e ao decréscimo da oferta de coalho de bezerros (uma vez que há uma tendência de redução de abate precoce de novilhos em função do baixo aproveitamento em termos de produção de carnes).

Assim, é crescente a busca de enzimas alternativas para substituição do coalho. Atualmente, apenas 20% a 30% dos queijos produzidos no mundo utilizam coalho de vitelo. Substitutos potenciais devem imitar suas propriedades específicas, apresentando alta atividade de coagulação do leite (ou seja, especificidade na hidrólise da κ-caseína) e baixa atividade proteolítica em pH e temperatura de fabricação de queijos. Além disso, devem ser inativados à temperatura de pasteurização, de forma que seja possível obter um soro com boa qualidade proteica, sem restos de coagulante ativo. Adicionalmente, devem cumprir as regras e regulamentos em vigor em cada país, restrições tecnológicas e econômicas e características do mercado-alvo (certificação kosher, aprovação orgânico ou vegetariano).

As informações contidas na presente seção foram obtidas nos trabalhos publicados por Chitpinityol e Crabbe (1998), Fox et al. (2004) e Andrén (2011).

12.3.1.4 β-galactosidase

A β-galactosidase (EC 3.2.1.23), popularmente conhecida como lactase, hidrolisa a lactose em galactose e glicose. A enzima está presente no intestino de mamíferos e sua concentração reduz-se com o aumento da idade do animal. Em humanos, a ausência ou insuficiência na produção de β-galactosidase leva à intolerância à lactose, que reduz a absorção do açúcar, causa cólicas intestinais, diarreia e aumento de gases pela fermentação da lactose pela flora intestinal.

Apesar de ser encontrada em todos os mamíferos, a produção de lactase só se tornou importante tecnologicamente quando começou a ser disponibilizada a partir de fontes microbianas. As principais preparações comerciais são obtidas de *Aspergillus niger*, *Aspergillus oryzae*, *Kluyveromyces lactis* e *Kluyveromyces fragilis*, sendo aplicadas em cargas ou imobilizadas para a produção de leite delactosado destinado ao consumo direto ou à obtenção de alimentos à base de leite com ausência de lactose.

Além disso, a aplicação dessas enzimas na hidrólise da lactose previne a cristalização desse açúcar em produtos lácteos, como doce de leite, leite condensado, leite concentrado congelado, misturas para sorvetes e iogurtes, melhorando os parâmetros de cor, textura e sabor desses alimentos.

Além da aplicação direta em leite e produtos lácteos, a β-galactosidase também é produzida para comercialização na forma *in vitro* para pessoas com intolerância à lactose. Os comprimidos possuem a enzima lactase para quebrar a lactose no intestino e aliviar os sintomas de intolerância. Adicionalmente, alguns estudos utilizam a β-galactosidase para produção de fruto-oligossacarídeos, utilizados como alimentos prebióticos.

As informações contidas na presente seção foram obtidas nos trabalhos publicados por Richmond, Gray e Stine (1981) e Panesar et al. (2006).

12.3.1.5 Lactoperoxidase

A lactoperoxidase (EC 1.11.1.7) é uma oxidorredutase que utiliza o peróxido de hidrogênio para oxidar o íon tiocianato para hipotiocianato. Está presente naturalmente no leite cru, no colostro e na saliva. Essa enzima tem atividade máxima na faixa de pH de 5 a 7 e pI 8,1. Apresenta estabilidade durante a estocagem em pH 7, mas perde atividade em condições ácidas (pH 3). Em termos de estabilidade térmica, a enzima perde 75% da sua atividade no processo de pasteurização (72,5 °C durante 15 segundos).

A lactoperoxidase faz parte do sistema de proteção dos animais contra infecções entéricas, com efeito bactericida contra bactérias Gram-negativas e bacteriostático contra bactérias Gram-positivas. Apesar de o leite cru conter lactoperoxidase e tiocianato, não há peróxido de hidrogênio suficiente para ativar o sistema da enzima. Assim, vários métodos estão sendo desenvolvidos para aumentar os níveis de peróxido de hidrogênio em leite cru a fim de fornecer um sistema de "estabilização microbiológica a frio" para os países que possuem recursos energéticos insuficientes seja para resfriar, seja para aplicar o tratamento térmico no leite cru. Sua eficácia na inativação de microrganismos psicrotróficos em leite cru armazenado a 4 °C já foi demonstrada por alguns autores.

Embora o peróxido de hidrogênio possa ser usado como um conservante em alguns países, sua dosagem para ação antimicrobiana efetiva é elevada (de 300 a 500 mg/L), ocasionando a destruição de algumas vitaminas e prejudicando a funcionalidade das proteínas do leite. Com a lactoperoxidase, os níveis de peróxido de hidrogênio são baixos para danificar o leite, sendo necessários apenas 10 mg.L^{-1} para ativar a enzima.

Além do efeito *in situ*, a lactoperoxidase está sendo aplicada na indústria de cosméticos, em tratamentos dentários como contra a gengivite e adicionada às pastas de dentes e enxaguantes bucais. Na área médica, estudos relatam efeitos antivirais e antitumorais.

As informações contidas na presente seção foram obtidas nos trabalhos publicados por Harper (2000) e Naidu (2000).

12.3.1.6 Lisozima

A lisozima é uma N-acetil-muramil-hidrolase (E.C. 3.2.1.17) que hidrolisa a ligação β-glicosídica entre o C_1 do ácido N-acetilmurâmico e o C_4 da N-acetilglicosamina presentes no peptidoglicano que compõe a parede celular microbiana, levando à lise e à morte celular. A lisozima é um antimicrobiano de baixo custo reconhecido como natural e seguro (considerado como *generally recognized as safe* – Gras – pela agência norte-americana Food and Drug Administration – FDA). A lisozima é amplamente distribuída na natureza, sendo encontrada nas lágrimas e muco de animais. Entretanto, a fonte comercial mais importante é a clara de ovos.

Estruturalmente, a lisozima de clara de ovo é uma enzima monomérica, cujos dois lóbulos (α- e β-) são ligados por uma α-hélice longa, e entre os dois lóbulos se encontra o sítio catalítico. Essa enzima contém 129 aminoácidos, com massa molar de 14,3 kDa e pI de 10,5. A enzima possui atividade máxima em pH entre 5,5 e 6,5 à temperatura de 30 °C a 40 °C.

A lisozima é utilizada na indústria de alimentos com a finalidade principal de evitar o estufamento tardio de queijos duros e semiduros como gouda, danbo, grana padano e emmental. Esse defeito é causado pelo desenvolvimento de *Clostridium tyrobutyricum*, cuja fermentação de ácido butírico no queijo resulta na formação de ranhuras e olhaduras irregulares. Além disso, a lisozima é capaz de inibir outras células vegetativas em queijos, bactérias ácido lácticas usadas como culturas iniciadoras e também o crescimento de *Listeria monocytogenes* em produtos lácteos com alta acidez, como é o caso do iogurte (pH < 5).

Alguns estudos demonstram que a lisozima, quando parcialmente inativada, apresenta efeito inibitório contra microrganismos Gram-negativos. Isso acontece porque a desnaturação causa a exposição de grupos hidrofóbicos e, consequentemente o aumento da afinidade da lisozima com a membrana de lipopolissacarídeo do microrganismo, facilitando o acesso da enzima e sua atividade antimicrobiana. Dessa forma, a desnaturação parcial pode aumentar o espectro de ação da enzima e, consequentemente, a variedade de possíveis aplicações.

Atualmente, várias patentes apresentam a eficácia da lisozima, isoladamente ou combinada com outros agentes sinérgicos, como conservante para frutas, legumes, carnes e bebidas. No mercado, gomas de mascar, balas e enxaguantes bucais já utilizam a lisozima como conservador.

As informações contidas nesta seção foram obtidas no trabalho publicado por Losso, Nakai e Charter (2000).

12.3.1.7 Lipase

As lipases (E.C 3.1.1.3; hidrolases de triacilglicerol) são enzimas que catalisam a hidrólise das ligações ésteres presentes nas moléculas de triacilgliceróis, liberando ácidos graxos livres, diacilgliceróis, monoacilgliceróis e glicerol. Além da hidrólise, catalisam reações de esterificação, transesterificação e interesterificação dos lipídios. A especificidade da lipase é controlada pelas propriedades moleculares da enzima, pela estrutura do substrato e por fatores que afetam a ligação enzima-substrato, sendo essas características cruciais para a escolha da aplicação de cada tipo de enzima. As lipases podem ser de origem animal (pancreática, hepática e gástrica), vegetal ou microbiana (bactérias e fungos).

As lipases possuem numerosas aplicações industriais, principalmente, por apresentarem ampla faixa de atuação em pH, 3 a 11, e temperatura, de 30 °C a 60 °C. Além disso, características como a estabilidade em presença de solventes orgânicos, não exigência de cofatores e especificidade ao substrato tornam essas enzimas bastante atrativas para o setor de biotecnologia. No entanto, muitas vezes, o alto custo de produção desses biocatalisadores restringe sua utilização. As lipases podem ser utilizadas na formulação de detergentes (principal aplicação), na modificação de óleos e gorduras, na indústria farmacêutica, no setor alimentício, na produção de biodiesel, nos curtumes, no tratamento de efluentes, entre outras aplicações.

As reações de hidrogenação, hidrólise e interesterificação promovem a alteração da composição básica dos óleos e gorduras, visando à obtenção de lipídeos estruturados, através da modificação e/ou substituição de um ou mais ácidos graxos na molécula de triacilglicerol, produzindo lipídeos que apresentam propriedades nutricionais, funcionais e físicas diferentes dos óleos e gorduras originais. Métodos químicos convencionais para transformação de óleos e gorduras envolvem a produção de triacilglicerol na presença de catalisadores ácidos ou básicos. No entanto, o ácido leva à formação de subprodutos indesejáveis que podem ser difíceis de serem separados do produto final. Assim, o uso de lipases representa uma excelente perspectiva para a produção de óleos e gorduras com maior valor agregado.

Na área de tecnologia de alimentos, as lipases são utilizadas para aprimoramento de aroma e textura em diversos produtos e para hidrolisar a gordura do leite com liberação de ácidos graxos de cadeia curta, intensificando o desenvolvimento de aromas e sabores em queijos com consequente aceleração do processo de maturação. Na panificação, a adição de lipases a massas de pães e bolos tem a finalidade de aumentar o volume do pão, melhorar a textura e o aroma, além de retardar a sinérese, aumentando a vida de prateleira do produto. Lipases também são utilizadas na remoção de gordura em carnes e pescados e na melhoria do aroma de produtos embutidos. Além disso, podem ser empregadas na produção de emulsificantes, como monoacilgliceróis contendo ácido linoleico.

As informações contidas na presente seção foram obtidas nos trabalhos publicados por Gandhi (1997) e Jaeger e Eggert (2002).

12.3.1.8 Pancreatina

A pancreatina é um complexo enzimático constituído por enzimas secretadas pelo pâncreas que possuem atividades proteolíticas, amilolíticas e lipolíticas, sendo, portanto, responsáveis pela hidrólise da maioria das moléculas dos alimentos. As enzimas pertencentes a esse complexo têm atividade ótima entre pH 7 e 9, que é o pH do trato gastrointestinal, meio no qual elas precisam ter atividade *in vivo* com uma temperatura ótima na faixa de 30 °C a 50 °C. A amilase pancreática fragmenta o amido em moléculas de maltose; a lipase pancreática hidrolisa os triacilgliceróis, originando ácidos graxos e glicerol; e as nucleases atuam sobre os ácidos nucleicos, separando seus nucleotídeos.

As proteases pancreáticas são divididas em endopeptidases (tripsina, elastase e quimotripsina) e exopeptidases (carboxipeptidases A e B). A tripsina é uma das três principais serinoproteases envolvidas no processo digestivo das proteínas e catalisa a hidrólise das ligações peptídicas em que o grupo carbonila é fornecido pela arginina ou lisina. Sua atuação começa no estômago e vai até o intestino delgado, onde o ambiente ligeiramente alcalino (pH em torno de 8) promove sua atividade enzimática máxima. Essa enzima é produzida na forma inativa de tripsinogênio pelo pâncreas e se transforma em tripsina ativa devido à enteroquinase presente no suco intestinal. A elastase, por sua vez, cliva ligações entre resíduos de aminoácidos alifáticos. A quimotripsina catalisa, principalmente, a hidrólise das ligações peptídicas adjacentes ao grupo carboxila dos aminoácidos aromáticos fenilalanina, tirosina e triptofano, podendo também hidrolisar os aminoácidos hidrofóbicos leucina e metionina. Apesar do pH ótimo na faixa alcalina, a quimotripsina apresenta-se estável em pH ácido e perde sua atividade em pH superior a 9, quando o grupo NH^{3+} é convertido a NH_2.

A carboxipeptidase A é uma enzima proteolítica que hidrolisa a ligação peptídica de resíduos carboxiterminais com cadeias laterais aromáticas (fenilalanina, tirosina e triptofano) e alifáticas longas, desde que o carboxilato C-terminal esteja livre. A carboxipeptidase A tem peso molecular de 34 kDa e seu pH ótimo está na faixa de 7 a 8. A carboxipeptidase B tem mecanismo de ação é similar ao da carboxipeptidase A, porém apresenta especificidade diferente, requerendo que o resíduo C-terminal do substrato seja arginina ou lisina.

Em função de sua especificidade, associada à presença da quimotripsina e da carboxipeptidase A, a pancreatina é usada como enzima proteolítica para produzir hidrolisados proteicos com teor reduzido de fenilalanina (Phe). O acúmulo de Phe no sangue apresenta efeito tóxico, causando retardo mental, para as pessoas que possuem uma doença genética denominada fenilcetonúria. Além disso, essas enzimas são também utilizadas em recém-nascidos prematuros, crianças com diarreia, gastroenterite, má absorção e, ainda, em pessoas com alergia a proteínas. Dessa forma, a utilização dessas enzimas apresenta grande aplicação para complementar ou suplementar dietas de pacientes com necessidades fisiológicas e nutricionais particulares.

De forma industrial, a obtenção de cada uma dessas enzimas a partir da pancreatina ou diretamente do suco pancreático é realizada através de métodos especiais de isolamento ou purificação. A tripsina é utilizada no processo de fabricação do couro. A amilase pancreática é utilizada na indústria têxtil na etapa de degomagem das fibras do tecido para remover a película protetora formada por uma goma de amido. Na indústria farmacêutica, as enzimas pancreáticas são utilizadas na formulação de remédios para pacientes com insuficiência pancreática ou como auxiliar digestivo e no tratamento de infecções e inflamações.

As informações contidas no presente item foram obtidas nos trabalhos publicados por Vértesi et al. (1999) e Silvestre et al. (2011).

12.3.1.9 Pepsina

A pepsina compreende o principal grupo de proteases ácidas oriundas do estômago de animais de sangue quente (pepsina A, EC 3.4.23.1; e pepsina B, EC 3.4.23.2) e foi a primeira enzima a ser descoberta (século XVIII) e a segunda a ser cristalizada. Elas são subclassificadas como de diversos tipos em função do animal fonte de extração (humano, bovinos ou porcos), tamanho da protease e características genéticas. Independentemente da sua subclassificação, a pepsina é uma endopeptidase com alta atividade proteolítica. A pepsina hidrolisa ligações com N e C-terminal, mas também cliva dipeptídeos sintéticos como Glu-Tyr ou Phe-Phe com menor eficiência. A faixa de pH de hidrólise varia de 1 a 6 com ótimo em 3,5 e redução drástica de atividade acima de pH 7. A enzima pode ser inibida pela ação da pepstatina.

A pepsina derivada de suínos está disponível como um produto comercial. Na indústria de alimentos essa enzima pode ser aplicada no amaciamento da carne, no processamento da hidrólise da proteína de soja e de gelatina e como reagente para o método analítico de pesquisa de *Trichinella spiralis* em frigoríficos. Além disso, a pepsina B apresenta atividade de coagulação do leite por possuir especificidade sobre a ligação Phe_{105}-Met_{106} da κ-caseína. No entanto, a elevada atividade inespecífica promove alterações no sabor e no aroma dos queijos frescos durante o armazenamento.

Na indústria de couro, a pepsina é usada para remover traços indesejáveis de tecido remanescente, como cabelo e gordura. O processo também reduz a dilatação e suaviza as peles, melhorando a qualidade do couro. Na indústria farmacêutica, essa enzima é utilizada no tratamento de problemas digestivos relacionados com a deficiência da secreção gástrica e na produção de compostos antiulcerativos.

Essas informações foram obtidas nos trabalhos publicados por Chitpinityol e Crabbe (1998), Andrén (2011) e Tang (2013).

12.3.2 ORIGEM VEGETAL

12.3.2.1 Amilases

As amilases são enzimas capazes de hidrolisar as ligações glicosídicas da molécula de amido, sendo produzidas endogenamente por vegetais para degradar o amido acumulado como reserva de energia. Além disso, atuam no processo de amadurecimento de frutas, fazendo com que o amido seja hidrolisado para amolecimento dos tecidos e desenvolvimento de dulçor.

As amilases podem ser divididas em duas categorias quanto ao seu modelo de ação: endoamilases e exoamilases. As endoamilases hidrolisam as ligações glicosídicas ao acaso no interior da molécula de amido, liberando oligossacarídeos, e as exoamilases hidrolisam, sucessivamente, as ligações glicosídicas a partir da extremidade não redutora da molécula, liberando glicose ou maltose. A seguir, são descritas as amilases que atuam na conversão do amido em compostos de baixo peso molecular:

- α-amilases (EC 3.2.1.1): são endoenzimas que hidrolisam as ligações glicosídicas α-1,4 internas da amilose e amilopectina, liberando oligossacarídeos de cadeias com comprimentos variáveis. São também chamadas de enzimas dextrinizantes e podem ser divididas em duas categorias de acordo com o grau de hidrólise do substrato: α-amilases liquificantes, que quebram de 30% a 40% do substrato; e α-amilases sacarificantes, que hidrolisam de 50% a 60% do substrato.

- β-amilases (EC 3.2.1.2): são exoenzimas que hidrolisam a penúltima ligação α-1,4 a partir da extremidade não redutora da cadeia de amido, liberando unidades de β-maltose. A amilose é completamente convertida em maltose enquanto o índice de conversão de amilopectina em maltose varia entre 50% e 60%, dependendo do grau de ramificação. Também é classificada como uma amilase sacarificante.

- Glucoamilases (EC 3.2.1.3): são exoenzimas que hidrolisam as ligações glicosídicas α-1,4 e α-1,6 da molécula de amido. Elas liberam unidades de β-D-glicose a partir da extremidade não redutora do substrato. As glucoamilases são também chamadas de enzimas de sacarificação, pois são capazes de hidrolisar completamente o amido em incubação por longo tempo.

- α-D-glucosidases (EC 3.2.1.20): são enzimas que hidrolisam as ligações α-1,4 e α-1,6 de polissacarídeos como amido e glicogênio e oligossacarídeos de cadeia curta formados pela ação de outras amilases. As α-D-glucosidases liberam unidades de D-glicose a partir da extremidade não redutora. A literatura descreve três principais tipos de α-glucosidases: o tipo I apresenta maior afinidade por glicosídeos aril como p-nitrofenil glucopiranosídeo (pNPG) comparado com oligossacarídeos curtos; o tipo II é mais ativo em maltose do que em glicosídeos aril; e o tipo III é similar ao tipo II, porém hidrolisa amido e oligossacarídeos com a mesma velocidade. Existem ainda as α-D-glucosidases, que sintetizam malto-oligossacarídeos através de maltose por um processo conhecido como transglicosilação.

- Exo-(1,4)-α-D-glucanases (EC 3.2.1.60 / 3.2.1.98): são exoamilases que em vez de liberar sucessivas unidades de maltose, como ocorre com a β-amilase, liberam maltotetraose e malto-hexose como os maiores produtos da ação da enzima sobre o amido.

- Pululanases (EC 3.2.1.41): são enzimas que hidrolisam as ligações α-1,6 do pululano e de outros oligossacarídeos, liberando maltotrioses. Muitas vezes as pululanases são utilizadas conjuntamente com outras enzimas para a sacarificação do amido.

- Isopululanases (EC 3.2.1.57): são enzimas que hidrolisam também as ligações glicosídicas α-1,4 do pululano, mas que não têm nenhuma atividade sobre o amido. O produto final da ação dessas enzimas é a isopanose.

- Isoamilases (EC 3.2.1.68): hidrolisam as ligações α-1,6 da amilopectina, glicogênio e oligossacarídeos, mas não hidrolisam a ligação α-1,6 do pululano.

A utilização dessas enzimas no processamento de alimentos tem sido muito vantajosa, pois, além de o rendimento ser semelhante ou maior do que o do processamento químico, não há formação de compostos não desejados. Além disso, as enzimas amilolíticas têm as vantagens de catalisar reações em condições moderadas, e serem naturais, não tóxicas e ativas em baixas concentrações.

A aplicação de amilases para sacarificação de amido seguido de processo fermentativo para a produção de álcool está em constante crescimento e tem solucionado, em parte, os problemas que alguns países apresentam em função da escassez de reservas de combustível mineral. Nesse processo, glucoamilases e α-amilases são adicionadas em meio fermentativo contendo células de *Saccharomyces cerevisiae*. O amido presente no meio fermentativo é convertido em glicose através da ação conjunta das amilases. Essa glicose é posteriormente convertida por fermentação em etanol.

As amilases, mais especificamente a α-amilase, têm sido usadas na indústria papeleira com o propósito de diminuir a viscosidade da goma de amido que é empregada sobre o papel durante o processamento deste. A ação da α-amilase sobre a camada de amido utilizada no revestimento do papel também contribui para a sua qualidade final. Além disso, as α-amilases têm sido utilizadas nas formulações de detergentes líquidos para reduzir a agressividade dos detergentes sobre madeiras e porcelanas.

Atualmente, cerca de 90% dos detergentes líquidos contêm α-amilase em suas formulações. Algumas limitações do uso de α-amilases na composição dos detergentes consistem no fato de que a maioria dessas enzimas demonstra sensibilidade ao cálcio, e sua estabilidade pode ser severamente comprometida em baixas concentrações desse íon. Além disso, essa enzima pode ser inibida na presença de alguns agentes oxidantes.

As enzimas amilolíticas de origem vegetal de maior importância são aquelas encontradas no malte. O malte é o produto obtido da pré-germinação de grãos de cevada ou outros cereais, no qual ocorre a produção e liberação de amilases e outras enzimas como proteases, lipases, oxirredutases e hemicelulases em menor quantidade. As amilases liberadas têm a função de hidrolisar o amido presente em cereais como cevada, milho, trigo, batata, arroz etc., e produzir açúcares fermentescíveis (ocorre hidrólise até a sacarificação do amido) para que a levedura faça a conversão do açúcar em álcool, gerando, assim, bebidas alcoólicas diversas, como a cerveja da cevada, o saquê do arroz, a tequila do agave e o uísque do milho ou da cevada.

Até a década de 1960, a produção de bebidas fermentadas era realizada apenas com base na sacarificação do amido pelas enzimas naturalmente presentes no malte. Entretanto, a partir de então foi observada uma substituição gradativa do malte por enzimas de origem microbiana, graças a vantagens como padronização em escala automática industrial, aumento do rendimento, redução do custo e do tempo de processo e maior resistência das enzimas microbianas nas condições de pH e temperatura de sacarificação.

Essas informações foram obtidas nos trabalhos publicados por Gupta et al. (2003), Haki e Rakshit (2003) e Souza e Magalhães (2010).

12.3.2.2 Bromelina

A bromelina compreende um conjunto de cisteína-endopeptidases extraídas do abacaxizeiro, especialmente dos talos (EC 3.4.22.32) ou dos frutos (EC 3.4.22.33). Essas proteases caracterizam-se por serem glicoproteínas que contêm um resíduo de oligossacarídeo por molécula e por clivarem, preferencialmente, ligações peptídicas glicil, alanil e leucil. A bromelina do talo presente em maior quantidade e largamente utilizada em aplicações industriais possui massa molecular de 23,4 kDa e atividade ótima em pH 7 a 30 °C, com pI de 9,5. A bromelina do fruto tem peso molecular entre 25 e 31 KDa e pI de 4,6. As condições de temperatura e pH ótimos para atividade variam em função do substrato, sendo pH de 7,5 para azoalbumina e 6,5 para a azocaseína ambos a 55 °C, 7,7 para caseína e 6,5 para caseinato de sódio a 59 °C e pH ótimo de 2,9 a 37 °C para hemoglobina.

As bromelinas do talo e do fruto são inativadas quando submetidas a temperaturas comumente utilizadas em pasteurização. Além disso, essas enzimas podem ser reversivelmente inativadas por compostos inorgânicos que contêm mercúrio e, para a bromelina presente no talo, irreversivelmente inativada na presença de N-etilmaleimida, maleimida, ácido monoiodoacético e 1,3-dibromoacetona, uma vez que esses compostos alquilam o grupo sulfidril essencial da enzima.

A principal aplicação de bromelina na indústria de alimentos se destina ao amaciamento de carnes por meio da promoção da hidrólise das proteínas musculares e do tecido conjuntivo. A indústria de cervejas pode utilizar a bromelina como clarificante, mas seu uso não é recomendado devido à formação de resíduos de difícil retirada dos tanques de armazenamento do produto. Na indústria de lácteos, a bromelina já foi utilizada como coagulante do leite em nível de pesquisa; no entanto, devido à alta atividade hidrolítica e à baixa especificidade, essa enzima não é considerada própria para a fabricação de queijo.

Além da indústria de alimentos, a bromelina encontra aplicações de pré-tratamento de soja, tratamento de couro, indústria têxtil, tratamento de lã e de seda e, principalmente, para fins farmacêuticos, incluindo aplicações como anti-inflamatório, agente digestivo, medicamento para tratamento de problemas respiratórios e de doenças relacionadas à coagulação sanguínea e como reagente para o preparo de suspensão de hemácias e para a determinação da tipagem sanguínea.

Essas informações foram obtidas nos trabalhos publicados por Rowan, Buttle e Barrett (1990), Maurer (2001) e Corzo, Waliszewski e Welti-Chanes (2012).

12.3.2.3 Cardo

A cinarase (também denominada como cardosina) é uma protease aspártica extraída da planta do cardo (*Cynara cardunculus* L.), que cresce principalmente em áreas secas e pedregosas de Portugal e em algumas outras partes da península ibérica.

As cardosinas da *C. cardunculus* L. apresentam três frações ativas denominadas cynarases 1, 2 e 3, sendo que a cardosina 1 ou cardosina A é a mais abundante das cardosinas. As cardosinas são heterodiméricas, com subunidade maior de 32,5, 33,5 e 35,5 kDa e subunidade menor de 16,5, 16,5 e 13,5 kDa para as cardosinas 1, 2 e 3, respectivamente. Essas enzimas apresentam um pH ótimo ácido (pH 5,1) com faixa ótima de temperatura variando de 37 °C a 50 °C, são desnaturadas em temperaturas acima de 60 °C e apresentam estabilidade de estocagem a pH elevados, não apresentando perdas após 14 dias a 4 °C a pH 8,3. Quimicamente, são inativadas por pepstatina e inibidas parcialmente por iodoacetamida, cistina e aprotinina.

O maior interesse comercial dessa enzima deve-se à sua capacidade de clivar κ-caseína na mesma ligação peptídica (Phe$_{105}$-Met$_{106}$) que a quimosina, apresentando, portanto a habilidade de coagulação de leite para obtenção de queijo. Dentre as cardosinas, é a cardosina 3 que apresenta maior atividade de coagulação do leite.

Os extratos de *Cynara cardunculus* L. têm sido usados durante séculos na produção artesanal de queijos a partir de leite de ovelhas, como o Serra da Estrela, Manchego, La Serena ou Serpa em Portugal e Espanha, alguns deles com denominação de origem controlada (DOC). Uma característica especial desses queijos é a acentuada proteólise, resultando em um produto cremoso e amanteigado de textura macia. Um desafio para a aplicação das cinarases na fabricação de queijos em escala automática é a variabilidade de extratos não padronizados. Para atender a essa demanda, é possível realizar a fabricação de cinarase recombinante, obtendo-se a padronização do poder coagulante dessa enzima. Entretanto, como o uso da cinarase está relacionado à produção de queijos com denominação de origem controlada (DOC), a enzima necessariamente deve ser obtida por extração direta do vegetal.

Essas informações foram obtidas nos trabalhos publicados por Heimgartner et al. (1990) e Macedo, Malcata e Oliveira (1993).

12.3.2.4 Ficina

Há muitos anos foi verificado que o látex leitoso que fluía de cortes do caule, folhas e frutos verdes do figo continha atividade proteolítica. O nome ficina foi criado para o pó branco purificado com atividade anti-helmíntica que foi obtido a partir de qualquer espécie do gênero *Ficus*. Há mais de 1.300 espécies de figo, muitos dos quais contêm a atividade proteolítica devido à presença de mais de uma protease. Em 1992, a União Internacional de Bioquímica e Biologia Molecular (International Union of Biochemistry and Molecular Biology – IUBMB) recomendou o nome ficina para o principal componente proteolítico do látex da espécie *Ficus glabrata*.

A ficina (EC 3.4.22.3) é uma protease do grupo sulfidrila (como a bromelina e a papaína) obtida do látex de figos verdes que tem ação sobre aminoácidos que possuem anéis aromáticos e neutros. Possui um peso molecular na faixa de 20 a 26 kDa e um grupo tiol de cisteína em seu sítio ativo. É ativada por compostos tióis e inativada por compostos sulfidrílicos como iodoacetamida e tetrationato de sódio. Apresenta atividade em pH de 4 a 9,5, com ponto ótimo em 6,5 a 7, temperatura de 50 °C a 55 °C e maior estabilidade em pH neutro. A presença de cofatores como trealose, sorbitol, sacarose e xilitol exerce grande efeito protetivo à enzima, sendo que, em processos realizados a 70 °C por 10 minutos, a perda de atividade é de 37% e 9% na ausência e presença de cofatores, respectivamente. Além disso, a presença de cofatores como sorbitol e trealose aumenta a temperatura de desnaturação de 73 °C para 83 °C e 85 °C, respectivamente.

A separação da ficina no látex pode ser feita por cromatografia, originando diversas frações proteolíticas que podem ter aplicações industriais. A principal aplicação da ficina é no amaciamento de carnes, pela aplicação de injeções *antemortem* da solução enzimática na veia jugular do animal de 15 a 20 minutos antes do abate, já que a circulação sanguínea do animal ainda vivo facilita a distribuição da enzima pelo seu corpo. Além disso, a ficina é utilizada como um biocatalisador versátil e de baixo custo para síntese de peptídeos em solventes orgânicos e na área médica para promover a coagulação do sangue.

Essas informações foram obtidas nos trabalhos publicados por Devaraj, Kumar e Prakash (2008) e Sekizaki et al. (2008).

12.3.2.5 Papaína

O látex do fruto verde do mamão (*Carica papaya*) contém uma mistura de cisteínas endopeptidases, como a papaína (EC 3.4.22.2), as quimopapaínas A e B (EC 3.4.22.6) e as endopeptidases papaia III e papaia IV.

A papaína é constituída de uma única cadeia polipeptídica contendo 212 resíduos de aminoácidos, com massa molecular de 23,4 kDa e ponto isoelétrico de 9,5. Essa enzima apresenta amplo espectro de ação sobre proteínas, peptídeos e substratos sintéticos. Apresenta elevada estabilidade térmica em pH neutro e em estocagem refrigerada. Seu pH ótimo é 5, mas esse pH pode ser alterado em função das características do substrato; por exemplo, sobre a albumina de ovo, o pH ótimo sobe para 7. A atividade da papaína é dependente do estado reduzido dos grupos tióis livres presentes em seus sítios ativos, portanto, a preservação da atividade da enzima é função da menor concentração de agentes oxidantes no meio (incluindo oxigênio). A enzima é ativada por cianeto, cisteína e sulfetos e inativada por agentes oxidantes; além disso, íons de metais pesados como Cd^{+2}, Zn^{+2}, Fe^{+2}, Cu^{+2}, Hg^{+2} e Pb^{+2} são inibidores de papaína, bem como os reagentes que atuam nos grupos SH, como iodoacetamida e p-cloromercuribenzoato.

Na indústria de alimentos, a papaína é aplicada na clarificação de cervejas visando à hidrólise das proteínas precipitadas que promovem a turvação da bebida. Também é utilizada no amaciamento de carnes sem alterar o sabor e o aroma destas. Sua aplicação na fabricação de queijos não é viável devido à alta atividade proteolítica inespecífica.

Além das aplicações para alimentos, a papaína é utilizada extensivamente na produção de detergentes para hidrolisar as proteínas presentes nas roupas, aumentando seu poder de limpeza. Em curtumes, a papaína é empregada na remoção dos pelos e amaciamento do couro, agindo na degradação do colágeno. Na indústria cosmética é aplicada como um potente ingrediente ativo adicionado às preparações esfoliantes, graças à sua capacidade de hidrolisar ligações peptídicas de colágeno e queratina no estrato córneo da pele. Na odontologia, a papaína está sendo incorporada a formulações para remoção da cárie, principalmente para aplicação na odontopediatria, assim como no tratamento de canais e na remoção do tártaro.

A indústria farmacêutica tem explorado as propriedades proteolíticas da papaína, principalmente em medicamentos de usos oral e tópico. Os medicamentos de uso oral contendo papaína são comercializados como digestivos, auxiliando na degradação das proteínas da dieta por pessoas com deficiência de produção de proteases endógenas. Já os medicamentos de uso tópico visam remover tecidos desvitalizados, necróticos ou corpos estranhos no leito de feridas e de queimaduras, com o objetivo de acelerar o processo de cicatrização dessas lesões.

Essas informações foram obtidas nos trabalhos publicados por Moraes, Termignoni e Salas (1994), Ayello e Cuddigan (2004), Sangeetha e Abraham (2006) e Amri e Mamboya (2012).

12.3.2.6 Enzimas pectinolíticas

As enzimas pectinolíticas apresentam ação hidrolítica sobre as pectinas dos tecidos vegetais. Essas enzimas se encontram naturalmente nos frutos e agrupam-se em três tipos: as desesterificantes ou desmetoxilantes (removem os grupos metil éster), as despolimerizantes (catalisam a clivagem das ligações glicosídicas das substâncias pécticas) e as protopectinases (solubilizam protopectina para formar pectina).

A pectinametilesterase ou pectinaesterase (polimetilgalacturonato esterase, E.C.3.1.1.11) é uma enzima desesterificante que catalisa a hidrólise dos grupos metil éster da pectina, produzindo pectinas de menor grau de metilação, liberando metanol e convertendo pectina em pectato (polímero não esterificado), que servirão de substrato para as poligalacturonases. A enzima age preferencialmente no grupo metil éster da unidade de galacturonato próxima a uma unidade não esterificada. Apresenta valores de pH ótimo entre 4 e 8 e temperatura ótima entre 40 °C e 50 °C. Está presente em praticamente todas as preparações enzimáticas comerciais utilizadas para modificação da textura de frutas e vegetais processados e para a extração e clarificação de sucos de frutas. Além disso, está associada às mudanças das substâncias pécticas durante amadurecimento, estocagem e processamento de frutas e vegetais.

As enzimas despolimerizantes são classificadas de acordo com a clivagem hidrolítica (hidrolases) ou transeliminativa (liases) das ligações glicosídicas; mecanismos endo- (randômica) ou exo- (a partir do final da molécula) de ação e preferência por ácido péctico ou pectina como substrato. São divididas entre hidrolases (catalisam a hidrólise de ligações α-1,4) e liases (catalisam a β-eliminação).

No grupo das hidrolases estão presentes endopoligalacturonase (endo-PG, EC 3.2.1.15), exopoligalacturonase 1 (exo-PG 1, EC 3.2.1.67), exopoligalacturonase 2 (exo-PG 2, EC 3.2.1.82), endopolimetilgalacturonase (endo-PMG) e exopolimetilgalacturonase (exo-PMG). As poligalacturonases (PG) hidrolisam as ligações glicosídicas α-1,4 entre dois resíduos de ácido galacturônico e podem apresentar mecanismo de ação endo-PG ou exo-PG. As poligalacturonases normalmente se caracterizam pela alta atividade enzimática, com pH ótimo de atividade faixa de 4,5 a 6 e temperatura ótima entre 30 °C e 50 °C. A polimetilgalacturonase (PMG) hidrolisa polimetil-galacturonatos a oligometilgalacturonatos por clivagem de ligações α-1,4, podendo ser endo- ou exo-PMG.

No grupo das liases, também chamadas transeliminases, estão presentes as endopoligalacturonase liase (endo-PGL, EC 4.2.2.2), exopoligalacturonase liase (exo-PGL, EC 4.2.2.9), endopolimetilgalacturonase liase (endo-PMGL, EC 4.2.2.10) e exopolimetilgalacturonase liase (exo-PMGL, EC 4.2.2.10). Essas enzimas rompem ligações glicosídicas, resultando em galacturonídeos com uma ligação insaturada entre os carbonos 4 e 5 no final não redutor do ácido galacturônico formado. As poligalacturonato liases (PGL) catalisam a clivagem de ligações α-1,4 de ácido péctico de modo endo- ou exo- por transeliminação, requerem Ca^{2+} para atividade e têm pH ótimo na região alcalina, entre 7,5 e 10 e temperatura ótima entre 40 °C e 50 °C. As polimetilgalacturnato liases (PMGL) catalisam a β-eliminação entre dois resíduos de ácido galacturônico. Quebram as ligações por transeliminação do hidrogênio dos carbonos das posições 4 e 5 da porção aglicona do substrato (pectina) de modo endo-PMGL ou exo-PMGL. O pH ótimo é em torno de 5,5, e a temperatura ótima, entre 40 °C e 50 °C.

Por fim, existem as protopectinases que solubilizam a protopectina, formando pectina solúvel altamente polimerizada. São divididas em dois tipos: protopectinase tipo A (PPase-A), que reage com o sítio interno, isto é, a região do ácido poligalacturônico da protopectina, e protopectinase tipo B (PPase-B), que reage com o sítio externo, ou seja, com as cadeias de polissacarídeos que podem estar conectadas às cadeias de ácido poligalacturônico, constituintes das paredes celulares. No entanto, essas enzimas não estão presentes em grandes quantidades e possuem pouco interesse industrial na degradação da pectina.

As enzimas pectinolíticas podem auxiliar em diversos processos e operações tecnológicas na indústria de alimentos. Elas são utilizadas nas indústrias de sucos de frutas para reduzir viscosidade (melhorando a eficiência de filtração e de clarificação), no tratamento preliminar da uva em vinícolas, na maceração, liquefação e extração de tecidos vegetais, na fermentação de chá, café e cacau (melhorando a extração de óleos vegetais) e na extração de polpa de tomate. As pectinases também são utilizadas para reduzir o amargor excessivo em cascas de cítrus, restaurar o aroma perdido durante a secagem (pelo aumento de substâncias voláteis de frutas e vegetais) e aumentar a quantidade de agentes antioxidantes em óleo de oliva extravirgem (reduzindo a indução ao ranço). Na ração animal, são utilizadas em conjunto com outras enzimas para aumentar a liberação e a absorção de nutrientes. Na indústria têxtil e de papel são utilizadas na etapa de degomagem para degradar a camada de pectina que recobre as fibras de celulose, liberando-as para posterior processamento.

Essas informações foram obtidas no trabalho publicado por Uenojo e Pastore (2007).

12.3.2.7 Tanase

A tanino acil-hidrolase, popularmente conhecida como tanase (E.C 3.1.1.20), é uma enzima que hidrolisa ésteres e ligações laterais de taninos hidrolisáveis como o ácido tânico, convertendo-os em glicose e ácido gálico. A tanase pode ser obtida de frutas, folhas, galhos e cascas de vegetais ricos em taninos. Também é encontrada em intestino de bovinos, nas mucosas de ruminantes e pode ser obtida por fermentação de microrganismos.

As tanases são glicoproteínas com peso molecular de até 300 kDa, estáveis em uma faixa de pH de 3,5 a 8 e de temperatura de 30 °C a 60 °C, com pH ótimo entre 5,5 e 6 e temperatura ótima entre 30 °C e 40 °C. Para expressar sua atividade catalítica completa, a tanase requer a presença de íons como Mg^{2+} e Hg^+, porém a presença de outros íons como Ba^+, Ca^{2+}, Hg^{2+}, Fe^{3+}, Cu^{2+}, Mn^{2+}, Zn^{2+} e Na^{2+} pode inibir sua atividade.

Os taninos são compostos fenólicos solúveis presentes em vegetais, que podem ter efeito desejável (clarificação de cerveja pela precipitação de proteínas) ou indesejável (perda do valor nutricional em rações por indisponibilização de proteínas e desenvolvimento de complexos insolúveis em sucos e chás). Quando o efeito é indesejável, a aplicação industrial da tanase torna-se necessária para aumento da qualidade dos alimentos obtidos. Assim, alguns dos usos de tanase na indústria de alimentos são: eliminação de compostos insolúveis indesejáveis em chás instantâneos, remoção de compostos fenólicos em vinhos para maior estabilização, clarificação de sucos e aumento do valor nutricional de ração animal. Além das aplicações diretas na indústria de alimentos, as tanases também são utilizadas no tratamento de efluentes da indústria de couros e na produção de ácido gálico para a indústria química e farmacêutica.

Essas informações foram obtidas nos trabalhos publicados por Aguilar e Gutiérrez-Sánchez (2001), Belmares et al. (2004) e Battestin, Matsuda e Macedo (2004).

12.4 EFEITO INDESEJÁVEL DE ENZIMAS DE ORIGEM VEGETAL E ANIMAL

Apesar do vasto número de aplicações de enzimas de origem animal e vegetal, algumas dessas enzimas, quando agem diretamente nos alimentos em que são naturalmente encontradas, resultam em reações que tornam esses produtos indesejáveis para consumo. Como exemplo, é possível citar as enzimas pectinolíticas, as lipolíticas, a polifenoloxidase, a peroxidase e a lipoxigenase em vegetais e as lipases e proteases em produtos de origem animal. É de extrema importância conhecer essas enzimas e o seu desempenho em diferentes condições, de forma que seja possível escolher métodos eficazes de controle de sua ação e, consequentemente, da extensão da vida útil dos alimentos nos quais essas enzimas são encontradas.

Conforme previamente descrito, durante o processo de amadurecimento, ocorre gradativa hidrólise das substâncias pécticas por enzimas pectinolíticas, com consequente perda de firmeza pela parede do vegetal. Essa hidrólise, entretanto, pode ser acelerada quando um fruto sofre um estresse mecânico, como choque, fricção ou amassamento. Nesse caso, o maior contato entre enzima e substrato propiciado pela ruptura dos tecidos causa uma rápida perda da rigidez do vegetal na região que sofreu o dano físico. Esse processo resulta em danos aparentes nos vegetais, reduzindo seu valor comercial. Como em vegetais *in natura* não é possível inativar as enzimas pectinolíticas, é necessário que o manejo e o transporte sejam realizados com cuidado, de forma a minimizar essa ação indesejável.

Outro exemplo de atividade indesejável das enzimas pectinolíticas é observado em produtos feitos com tomate. Nesse caso, as enzimas apresentam alta atividade e, se o tomate é triturado com as enzimas ativas, a hidrólise parcial das pectinas que ocorre entre a trituração e o processo térmico é suficiente para a redução da consistência esperada de produtos como ketchup, molhos e extratos. Para solucionar esse problema, o tomate deve ser tratado termicamente antes da trituração, visando à inativação das pectinases.

Além do amolecimento de tecidos, o escurecimento e o desenvolvimento de aromas indesejáveis em frutos são causados pela ação de enzimas. A lipoxigenase (E.C. 1.13.11.12) é uma oxirredutase que catalisa a hidroperoxidação de ácidos graxos poli-insaturados contendo sistema *cis-cis*-1,4 pentadieno, levando à formação de hidroperóxidos e, sequencialmente, de aldeídos e cetonas de cadeia curta que modificam o sabor e o aroma de vegetais estocados como feijão e ervilha. A atividade da lipoxigenase depende da qualidade fisiológica do grão e da sua atividade de água, sendo que grãos estocados em condições que permitam a germinação são altamente suscetíveis à ação da lipoxigenase. A atividade das lipoxigenases é favorecida pela atividade de lipases endógenas, que clivam as moléculas de triacilglicerol, liberando os ácidos graxos poli-insaturados para a oxidação. Mesmo em outros vegetais nos quais a ação da lipoxigenase não é importante, a ação das lipases endógenas em vegetais com alto conteúdo de lipídeos pode resultar em aumento de acidez e descaracterização sensorial do produto.

A polifenoloxidase (E.C. 1.10.3.2 ou E.C. 1.14.18.1) é uma metaloproteína que catalisa reações de hidroxilação de monofenóis presentes em vegetais a difenóis e, sequencialmente, a oxidação dos difenóis presentes a quinonas. As quinonas são instáveis e se polimerizam, formando as malaninas, que são compostos de alto peso molecular e cor escura. A polifenoloxidase é uma enzima muito importante no escurecimento de vegetais como batata, maçã, pera, ameixa e pêssego, sendo o escurecimento causado pela enzima o fator responsável por 50% da rejeição de vegetais por parte dos consumidores.

No vegetal íntegro, a reação enzimática não ocorre, uma vez que os polifenóis encontram-se retidos nos vacúolos. Entretanto, quando a célula sofre um dano físico inicia-se o processo de escurecimento. A velocidade de ação da polifenoloxidase depende da concentração da enzima, substrato (compostos fenólicos e oxigênio) e das características do meio reativo. A atividade máxima ocorre normalmente em temperatura ambiente e com grande exposição ao oxigênio. Em vegetais *in natura*, estratégias como refrigeração, vácuo, redução do pH e usos de aditivos que reagem com a enzima ou com os compostos intermediários formados são aplicadas para minimizar a reação oxidativa. Além dessas, o tratamento térmico pode ser utilizado para inativação da polifenoloxidase quando as modificações causadas no vegetal pelo processamento não inviabilizem sua comercialização.

A peroxidase (E.C. 1.11.1.x) é uma oxirredutase que catalisa a peroxidação de diversas moléculas, incluindo compostos fenólicos, utilizando o peróxido de hidrogênio na etapa inicial da reação como aceptora de elétrons. Está presente em animais e vegetais e é essencial à vida, pois impede o acúmulo de H_2O_2 em tecidos vivos. É uma enzima conhecida pela sua alta termorresistência, atribuída às inúmeras isoenzimas encontradas nos alimentos. Os produtos da reação da peroxidase podem resultar em desenvolvimento de aromas indesejáveis em produtos de origem animal. Além disso, sua atividade implica a modificação da cor de vegetais, especialmente quando a polifenoloxidase está ativa, devido a um efeito sinergístico entre as enzimas.

Em termos de produtos de origem animal, as enzimas mais relevantes são as lipases e as proteases. As lipases (E.C. 3.1.1.3) são capazes de atuar na fração lipídica dos alimentos, promovendo uma rancificação hidrolítica com a liberação de ácidos graxos livres na presença de água. Esses ácidos graxos aumentam a acidez dos alimentos e, como são menos estáveis do que o triacilglicerol, podem se envolver em reações bioquímicas em sequência. A presença desses ácidos é um problema marcante em produtos que têm alta concentração de gordura de leite, uma vez que os ácidos graxos liberados se caracterizam por ter cadeias curtas (ácidos butírico e caproico) e, portanto, alta volatilidade, fazendo com que o alimento desenvolva um aroma rançoso. Para limitar a ação das enzimas lipolíticas é preciso fazer tratamento térmico para inativação da enzima, conservação do alimento sob temperaturas baixas e, para alimentos exclusivamente lipídicos, garantir a máxima redução da quantidade de água possível.

Similar às lipases, as proteases (E.C. 3.4.x.x) podem ter efeito indesejável sobre o leite e produtos lácteos, uma vez que a plasmina (protease endógena do leite) atua sobre a caseína (especialmente sobre a fração β-caseína), favorecendo a formação de peptídeos de cadeia curta e sabor amargo em queijos e o fenômeno de gelificação em leites estocados. Tais efeitos podem ser limitados pela redução da concentração de plasmina no leite, o que pode ser obtido através de rígido controle sanitário das vacas, visto que a plasmina é produzida como resposta imune dos animais em situações de infecção.

A Tabela 12.1 compila os dados das enzimas que podem ter ação indesejável em alimentos, destacando também as suas possíveis aplicações industriais.

Essas informações foram obtidas nos trabalhos publicados por Toivonen e Brummell (2008) e Datta e Deeth (2001).

Tabela 12.1   Enzimas presentes nos alimentos: efeito indesejável e aplicação industrial

Enzima	Fonte	Efeito indesejável *in situ*	Aplicação industrial
Pectinases	Frutas	Amolecimento de vegetais em regiões que sofreram dano físico	Redução da viscosidade em sucos
Lipoxigenase	Feijão, ervilha, tomate	Formação de aromas/sabor indesejáveis em leguminosas armazenadas	Melhorador de farinha para panificação por oxidação
Lipases vegetais	Oleaginosas	Aumento de acidez e modificação sensorial	Detergente, acelerador de maturação de queijos, interesterificação de gorduras
Polifenoloxidase	Frutas, tubérculos	Escurecimento de vegetais	Bioindicador de compostos fenólicos, auxiliar de desenvolvimento de cor em chás, tratamento de efluentes

(continua)

Tabela 12.1 Enzimas presentes nos alimentos: efeito indesejável e aplicação industrial (*continuação*)

Enzima	Fonte	Efeito indesejável *in situ*	Aplicação industrial
Peroxidase	Vegetais *in natura*	Formação de aromas/sabor e cor indesejáveis em vegetais	Bioindicador, biorremediação, produção de papel, indústria farmacêutica
Lipases	Leite/cárneos	Rancificação do alimento	Detergente, acelerador de maturação de queijos, interesterificação de gorduras
Proteases (plasmina)	Leite	Gelificação de leite e amargor em queijos	–

12.5 PROCESSOS DE MODIFICAÇÃO EM ENZIMAS VISANDO À MELHORIA DO DESEMPENHO

Apesar de as enzimas de origem animal e vegetal terem representado as principais enzimas comercializadas no período de desenvolvimento das aplicações industriais, hoje elas ocupam apenas uma pequena fatia de mercado. Isso deve-se ao fato de que as enzimas produzidas por vegetais e animais demandam um longo tempo até que seja possível a sua extração. Além disso, essas fontes de enzimas levam a uma obtenção não homogênea, o que dificulta a padronização entre lotes em termos de atividade enzimática, estabilidade e condições ótimas de uso, visando à aplicação em escala industrial automática. Outro fator importante é que as enzimas de origem vegetal e animal apresentam baixas temperaturas de atividade ótima, visto que existem para catalisar reações à temperatura ambiente (vegetais) ou nas temperaturas corpóreas dos animais dos quais são extraídos. Similarmente, a faixa de atividade de pH dessas enzimas é muito restrita, considerando sua função biológica, e baixa atividade é esperada na presença de solventes.

Assim, com a implantação da microbiologia industrial e a possibilidade de produzir enzimas por fermentação, as tradicionais enzimas obtidas de origem animal e vegetal foram sendo substituídas gradativamente por enzimas microbianas. O desenvolvimento da engenharia genética, que tornou possível a produção de qualquer enzima de origem animal ou vegetal de interesse por microrganismo, afirmou a dominação do mercado pelas enzimas microbianas.

As enzimas de origem animal e vegetal, contudo, não desapareceram completamente do mercado. Isso porque a produção de algumas enzimas, como as proteases papaína e ficina, se mantém economicamente competitiva. Além disso, a existência de mercados tradicionais (que rejeitam produtos obtidos através de organismos geneticamente modificados) e de produtos com certificado de origem (que precisam manter o método de produção igual ao registrado) alimentam a indústria de enzimas extraídas de animais e vegetais. Ainda assim, a garantia da sobrevivência dessa indústria exige que ela se modernize e desenvolva métodos para se tornar mais produtiva, com adequada reprodutibilidade de atividade e estabilidade entre lotes. Algumas tecnologias desenvolvidas com esse objetivo são descritas a seguir.

12.5.1 MÉTODOS FÍSICOS

A atividade de uma enzima é função de sua configuração, uma vez que os sítios ativos podem ficar mais ou menos expostos como resposta ao enovelamento da molécula da enzima, o que é vinculado às características do meio onde se encontram (temperatura, pressão, pH, presença de solventes e sais). Assim, existe uma condição ótima do meio para que a enzima apresente máxima atividade. Conforme relatado na seção anterior, a faixa de ação de enzimas de origem animal e vegetal é restrita, especialmente em termos de temperatura, o que limita as possibilidades de aplicação dessas enzimas.

Algumas pesquisas objetivaram a aplicação de métodos físicos para modificação da estrutura tridimensional de enzimas, tornando-as mais ativas e estáveis em condições não ótimas. A aplicação desses métodos pode ser uma alternativa para melhoria do desempenho de enzimas de origem vegetal e animal, melhorando a competitividade destas em relação ao uso de enzimas microbianas. A seguir são exemplificados alguns métodos físicos aplicados para modificação de enzimas, destacando seus potenciais usos.

A modificação de enzimas por processos que envolvam a aplicação de pressão pode ser feita utilizando a homogeneização a alta pressão ou processamento de alta pressão isostática. A homogeneização a alta pressão é um processo no qual a solução de enzima é pressurizada a pressões de até 400 MPa e, em seguida, despressurizada abruptamente. No caso de alta pressão isostática, ao contrário, a solução de enzima é mantida sob pressão de até 1.200 MPa por tempo determinado, e só então o sistema é despressurizado. Apesar dos mecanismos de funcionamento diferentes, ambos os processos são descritos como capazes de promover alterações nas estruturas quaternárias e terciárias e, eventualmente, nas estruturas secundárias de enzimas.

Essas modificações resultaram em melhoria da atividade de coagulação de coalho de vitelo e de bovino adulto, associada à redução de atividade proteolítica inespecífica, possibilitando o uso de menor concentração dessas enzimas processadas na fabricação e obtenção de queijos com melhores rendimentos, aromas e sabores.

Ambos os processos também foram aplicados sobre lisozima, e os resultados demonstraram que, apesar de os processos em condições extremas causarem redução da atividade enzimática, eles foram capazes de promover aumento de atividade antimicrobiana, visto que a desnaturação parcial da enzima potencializa sua ação antimicrobiana não enzimática. Dessa forma, a aplicação dos processos de alta pressão pode aumentar os tipos de microrganismos suscetíveis à enzima.

Além dessas, a homogeneização à alta pressão foi capaz de aumentar e estabilidade térmica e a faixa de temperatura de ação da tripsina. A alta pressão isostática foi descrita como capaz de aumentar a atividade de diversas enzimas em temperatura ótima (α- e β-amilase, peroxidase, lipoxigenase, polifenoloxidase, pectinametilesterase e α-quimotripsina) e acima da ótima (pectinametilesterase, lípase e amilase) e também de aumentar a estabilidade térmica de lipoxigenase e amilases.

A aplicação de ondas ultrassônicas é outro exemplo de método físico capaz de promover alterações desejáveis em enzimas, dada a sua habilidade de romper ligações de hidrogênio e interações de Van der Waals com consequente reconfiguração das estruturas secundárias e terciárias das enzimas. Além disso, o uso de ultrassom durante a reação enzimática permite maior interação entre enzima e substrato, aumentando a velocidade de reação e reduzindo o tempo de processo e a concentração de enzima adicionada. Tais vantagens foram comprovadas pelo aumento de atividade de lipase, pectinases, celulases, papaína e tripsina, utilizadas em processos industriais para obtenção de ácidos graxos livres, couro e na indústria têxtil.

Essas informações foram obtidas nos trabalhos publicados por Eisenmenger e Reyes-De-Corcuera (2009); Kentish e Feng (2014) e Leite Júnior (2014).

12.5.2 MÉTODOS QUÍMICOS E MODIFICAÇÃO DE COMPOSIÇÃO DO MEIO REATIVO

A modificação da atividade e da estabilidade de enzimas pode ser feita por métodos químicos e também por modificação do meio reativo. A seguir são exemplificadas algumas dessas estratégias, aplicadas para modificação de enzimas de origem vegetal e animal, destacando seus potenciais usos.

Em termos de modificações químicas, nem todos os aminoácidos são suscetíveis. Só é possível modificar aminoácidos que estão na superfície da enzima e contêm grupos reativos como lisina, cisteína, ácido glutâmico, ácido aspártico, serina, tirosina e triptofano. Apesar de todas essas possibilidades, usualmente se realiza a modificação de lisina ou cisteína, sendo que a lisina normalmente se encontra na parte externa da molécula, enquanto a modificação de cisteína ocorre na parte interna, tornando-a mais estável.

Uma das modificações mais frequentes é a reação química com polietilenoglicol (PEG) para aumento da solubilidade de enzimas em solventes orgânicos, termoestabilidade e melhoria de propriedades farmacocinéticas e farmacodinâmicas, que pode ser atingido pela menor hidrofobicidade superficial da enzima e formação de novas pontes de hidrogênio. Tal modificação já foi utilizada para melhorar a reatividade de quimotripsina em meio hidrofóbico e para melhorar a estabilidade térmica de sublisina, quimotripsina, peroxidase, tripsina e papaína.

A glicoconjugação através da reação entre enzimas e polissacarídeos é outro método proposto para aumentar a atividade e a estabilidade de enzimas, sendo desejável para o aumento de atividade e estabilidade de tripsina em detergentes (pela formação de ligações cruzadas entre as moléculas das enzimas).

Além da modificação por reação com PEG e glicoconjugação, é possível modificar enzimas pela reação com moléculas pequenas (ácidos, anidridos e succinatos). Nesse caso, o principal objetivo é a neutralização ou a modificação de cargas da enzima, alterando o pH ótimo de ação e sua estabilidade térmica por aumento de ligações cruzadas. Esse tipo de modificação foi realizado para papaína (com o objetivo de modificação de pH ótimo), quimotripsina (estabilidade em presença de sais) e peroxidase (aumento da estabilidade térmica).

Além das modificações químicas realizadas na molécula das enzimas, o uso de outras substâncias no meio reativo, classificadas como cossolventes, também pode aumentar a atividade e/ou a estabilidade de enzimas. Nesse sentido, o uso de açúcares é uma estratégia interessante quando se deseja aumentar a estabilidade térmica de proteínas de forma geral. A interação com açúcares faz com que se modifique a tensão superficial do solvente principal, aumentando a energia de ativação da enzima e, consequentemente, sua estabilidade térmica. O uso de polióis modifica a repulsão estérica, alterando o mecanismo de repulsão de cargas e aumentando a hidratação das enzimas.

Resultados obtidos para papaína mostraram um aumento de estabilidade térmica após adição de sorbitol, xilitol, sacarose e glicerol, com tempo de inativação a 75 °C entre 25% e 300% maior quando comparado à enzima aquecida apenas em solução tampão. Resultados similares foram obtidos para lipase extraída de pâncreas de porco e pectinametilesterase de tomate e quando submetidas à temperatura de 60 °C na presença de trealose, xilitol e sorbitol.

Essas informações foram obtidas nos trabalhos publicados por Díaz-Rodríguez e Davis (2011) e Minten et al. (2014).

12.5.3 USO DE MELHORIA GENÉTICA PARA AUMENTO OU DESENVOLVIMENTO DE PRODUÇÃO DE ENZIMAS VEGETAIS

A engenharia genética tornou-se uma ferramenta importante para a melhoria de produtividade em diversos tipos de processos. Algumas propostas para vegetais incluem o uso de transgenia para a inserção de enzimas microbianas, com finalidades específicas ou visando à produção em geral.

Uma dessas propostas é a produção de enzimas em vegetais cuja aplicação tecnológica depende da ação de enzimas. Um exemplo é a adição de endoglucanases em cevada, que posteriormente estarão presentes na cerveja com a função de reduzir a viscosidade do produto, tornando-o sensorialmente mais desejável. A redução da viscosidade da solução de tabaco durante o processo de maceração para a produção de cigarros também é possível pela inserção de genes produtores de endoglucanases no tabaco. Outra possibilidade é a transgenia de enzimas celulósicas recombinantes (obtidas a partir de fungos ou bactérias) em cana-de-açúcar. Tal proposta tem como objetivo a obtenção de etanol de segunda geração (a partir da sacarificação dos materiais celulósicos e lignocelulósicos presentes no bagaço) a um menor custo, visto que a existência de enzimas celulósicas na própria cana reduz a necessidade de adição de enzimas comerciais para sua hidrólise. Uma adequada expressão e acúmulo de celobio-hidrolase I e II e endoglucanase em canas foi obtido por melhoramento genético e, as celobio-hidrolases produzidas se mostraram resistentes à proteólise que ocorre durante a senescência do vegetal. Isso representa um importante passo para a obtenção de cana-de-açúcar produtora de quantidade significativa de celulases.

A utilização de vegetais como fábricas de enzimas no campo é outra proposta de aplicação da engenharia genética para produzir enzimas. Através da transgenia, criam-se plantas com capacidade de produção de enzimas de ocorrência não natural nelas, como avidina e β-glucoronidase em milho e α-amilase em alfafa, tabaco, milho e arroz. O sucesso do uso de plantas como fábricas de enzimas depende da concentração de enzimas que o vegetal produz (função da expressão transgênica) e também da acumulação dessas enzimas (função da estabilidade da proteína no vegetal e localização celular das enzimas). Além disso, para inserção do gene são escolhidos vegetais de boa produtividade por hectare e de mais de uma safra ao ano, e que apresentem baixa necessidade nutricional, de irrigação e de controle de pragas. A principal vantagem é que essas enzimas podem ser extraídas de forma fácil e sem necessidade de muita purificação. Em culturas nas quais a transgenia é efetiva, acredita-se que o uso de plantas como "biorreatores" seja economicamente mais interessante do que o emprego de microrganismos fermentadores geneticamente modificados.

Essas informações foram obtidas nos trabalhos publicados por Ponstein, Beudeker e Pen (2003) e Harrison et al. (2011).

12.6 CONCLUSÕES

A partir dos dados apresentados neste capítulo, fica evidente que, apesar de terem perdido mercado nos últimos anos, as enzimas de origem vegetal mantêm sua importância em algumas áreas de aplicação, quando a produtividade no campo é feita de forma economicamente viável, com custos comparáveis aos de enzimas similares produzidas por fermentação microbiana. As enzimas de origem animal, por sua vez, são utilizadas muitas vezes para obtenção de produtos com certificado de origem (produtos lácteos), que necessariamente precisam manter o processo produtivo original, ou, em alguns casos, apresentam baixo custo por serem tratadas como subprodutos da cadeia produtiva de carnes. Além disso, a existência de mercados que rejeitam produtos que contenham ingredientes geneticamente modificados fortalece a continuação da produção dessas enzimas. Entretanto, a melhoria contínua na produtividade, no rendimento, na padronização e no desempenho das enzimas de origem animal e vegetal é fundamental para o seu fortalecimento.

REFERÊNCIAS

AGUILAR, C. N.; GUTIÉRREZ-SÁNCHEZ, G. Review sources, properties, applications and potential uses of tannin acyl hydrolase. *Food Science and Technology International*, New York, v. 7, p. 373-382, 2001.

AMRI, E.; MAMBOYA, F. Papain A. Plant Enzyme of Biological Importance: a Review. *American Journal of Biochemistry and Biotechnology*, New York, v. 8, n. 2, p. 99-104, 2012.

ANDRÉN, A. Cheese: Rennets and Coagulants. In: FUQUAY, J. W.; FOX, P. F.; MCSWEENEY, P. L. H. *Encyclopedia of Dairy Sciences*. 2. ed. London: Elsevier Academic Press, 2011.

AYELLO, E. A.; CUDDIGAN, J. E. Debridement: Controlling the necrotic/cellular burden. *Advances in Skin & Wound Care*, Springhouse, v. 17, n. 2, p. 66-75, 2004.

BATTESTIN, V.; MATSUDA, L. K.; MACEDO, G. A. Fontes e aplicações de taninos e tanases em alimentos. *Alimentos e Nutrição*, Araraquara, v. 15, n. 1, p. 63-72, 2004.

BECHET, D. et al. Lysosomal proteolysis in skeletal muscle. *The International Journal of Biochemistry & Cell Biology*, Amsterdam, v. 37, p. 2098-2114, 2005.

BELMARES, R. et al. Microbial production of tannase: an enzyme with potential use in food industry. *LWT – Lebensmittel-Wissenschaft und-Technologie*, London, v. 37, p. 857-864, 2004.

CHELIKANI, P.; FITA, I.; LOEWEN, P. C. Diversity of structures and properties among catalases. *CMLS Cellular and Molecular Life Sciences*, Basel, v. 61, p. 192-208, 2004.

CHITPINITYOL, S.; CRABBE, M. J. C. Chymosin and aspartic proteinases. *Food Chemistry*, Barking, v. 6, n. 4, p. 395-418, 1998.

COELHO, M. A. Z.; SALGADO, A. M.; RIBEIRO, B. D. *Tecnologia enzimática*. Rio de Janeiro: Epub, 2008.

CORZO, C. A.; WALISZEWSKI, K. N.; WELTI-CHANES, J. Pineapple fruit bromelain affinity to different protein substrates. *Food Chemistry*, Barking, v. 133, p. 631-635, 2012.

DATTA, N., DEETH, H. C. Age gelation of UHT milk – A review. *Food and Bioproducts Processing*, Basingstoke, v. 79, n. 4, p. 197-210, 2001.

DEVARAJ, K. B.; KUMAR, P. R.; PRAKASH, V. Purification, Characterization, and Solvent-Induced Thermal Stabilization of Ficin from *Ficus carica*. *Journal of Agricultural and Food Chemistry*, Washington, v. 56, p. 11417-11423, 2008.

DÍAZ-RODRÍGUEZ, A.; DAVIS, B. G. Chemical modification in the creation of novel biocatalysts. *Current Opinion in Chemical Biology*, London, v. 15, n. 2, p. 211-219, 2011.

DIXON, M et al. *Enzymes*. 3. ed. London/New York: Longmans, Green & Co./Academic Press, 1979.

EISENMENGER, M. J., REYES-DE-CORCUERA, J. I. High pressure enhancement of enzymes: A review. *Enzyme and Microbial Technology*, New York, v. 45, n. 5, p. 331-347, 2009.

FARKYE, N. Y.; BANSAL, N. Enzymes indigenous to milk/other enzymes. In: JOHN, W. et al. *Encyclopedia of Dairy Science*. 2. ed. Amsterdam: Academic Press, 2011.

FOX, P. F et al. *Cheese: Chemistry, Physics and Microbiology 1*. London: Chapman and Hall, 2004.

GANDHI, N. N. Application of lipase. *Journal of the American Oil Chemists Society*, Champaign, v. 74, n. 6, p. 621-634, 1997.

GODFREY, T.; WEST, S. *Industrial Enzymology Industrial enzymology: the application of enzymes in industry*. New York: Nature Press, 1996.

GOMIDE, L. A. M.; RAMOS, E. M.; FONTES, P. R. *Ciência e Qualidade da Carne*. Viçosa: UFV, 2013. (Série Didática – Fundamentos.)

GUPTA, R. et al. Microbiol α-amylases: a biotecnological perspective. *Process Biochemistry*, London, v. 38, p. 1599-1616, 2003.

HAKI, D. G.; RAKSHIT, K. S. Developments in industrially important thermostable enzymes. *Bioresource Technology*, Barking, v. 89, p. 17-34, 2003.

HARPER, W. J. *Biological properties of whey components – A review*. Chicago: American Dairy Products Institute, 2000.

HARRISON, M. D et al. Accumulation of recombinant cellobiohydrolase and endoglucanase in the leaves of mature transgenic sugar cane. *Plant Biotechnology Journal*, Oxford, v. 9, n. 8, p. 884-896, 2011.

HEIMGARTNER, U. et al. Purification and partial characterization of milk clotting proteases from flowers of *Cynara cardunculus*. *Phytochemistry*, London, v. 29, n. 5, p. 140-141, 1990.

IUBMB – International Union of Biochemistry and Molecular Biology. School of Biological and Chemical Sciences, University of London, London, 2014.

JAEGER, K. E.; EGGERT. T. Lipases for biotechnology. *Current Opinion in Biotechnology*, London, v. 13, p. 390-397, 2002.

KENTISH, S.; FENG, H. Applications of power ultrasound in food processing. *Annual Review of Food Science and Technology*, Palo Alto, v. 5, n.1, p. 263-284, 2014.

KIRKMAN, H. N.; GAETANI, G. F. Catalase: a tetrameric enzyme with four tightly bound molecules of NADPH. *Proceedings of the National Academy of Sciences of the United States of America*, Washington, v. 81, p. 4343-4347, 1984.

KRISHNA, S. H. Developments and trends in enzyme catalysis in nonconventional media. *Biotechnology Advances*, Oxford, v. 20, p. 239-267, 2002.

LEITE JÚNIOR, B. R. C. Application of high pressure homogenization technology in the modification on milk-clotting enzymes. Tese (Mestrado em tecnologia de alimentos)– Faculdade de Engenharia de Alimentos, Universidade de Campinas, Campinas, 2014.

LOSSO, J. N.; NAKAI, S.; CHARTER, E. A. Lysozyme. In: NAIDU, A. S. *Natural food antimicrobial systems*. Boca Raton: CRC Press, 2000.

MACEDO, A. C.; MALCATA, F. X.; OLIVEIRA, J. C. The technology, chemistry and microbiology of Serra cheese: A review. *Journal of Dairy Science*, Champaign, v. 76, p. 1725-1739, 1993.

MAURER, H. R. Bromelain: biochemistry, pharmacology and medical use. *Cellular and Molecular Life Sciences*, Basel, v. 58, n. 9, p. 1234-1245, 2001.

MINTEN, I. J., et al. Post-production modification of industrial enzymes. *Applied Microbiology and Biotechnology*, Berlin, v. 98, n. 14, p. 6215-6231, 2014.

MORAES, G. M.; TERMIGNONI, C.; SALAS, C. Biochemical characterization of a new cysteine endopeptidase from *Carica candamarcensis* L. *Plant Science*, Limerick, v. 102, p. 11-18. 1994.

NAIDU, A. S. Lactoperoxidase. In: NAIDU, A. S. *Natural food antimicrobial systems.* Boca Raton: CRC Press, 2000.

PANESAR, P.S. et al. Microbial production, immobilization and applications of β-D-galactosidase. *Journal of Chemical Technology and Biotechnology*, Chichester, v. 81, p. 530-543, 2006.

PONSTEIN, A. S.; BEUDEKER, R. F.; PEN, J. Transgenic Plants for Production of Enzymes. In: WHITAKER, J. R. et al. *Handbook of Food Enzymology.* New York: Marcel Dekker, 2003.

RICHMOND, M. L.; GRAY, J. I.; STINE, C. M. Beta-galactosidase: review of recent research related to technological application, nutritional concerns, and immobilization. *Journal of Dairy Science*, Champaign, v. 64, p. 1759-1771, 1981.

ROWAN, A. D.; BUTTLE, D. J.; BARRETT, A. J. The cysteine proteinases of the pineapple plant. *Biochemical Journal*, London, v. 266, n. 3, p. 869-875, 1990.

SANGEETHA, K.; ABRAHAM, T. E. Chemical modification of papain for use in alkaline medium. *Journal of Molecular Catalysis B: Enzymatic*, Amsterdam, v. 38. p. 171-177, 2006.

SEKIZAKI, H. et al. Application of several types of substrates to ficin-catalyzed peptide synthesis. *Amino Acids*, Wien, v. 34, p. 149-153, 2008.

SILVESTRE, M. P. C. et al. WPC Hydrolysates Obtained by the Action of a Pancreatin: Preparation, Analysis and Phenylalanine Removal. *Asian Journal of Scientific Research*, Faisalabad, v. 4, p. 302-314, 2011.

SOUZA; P. M.; MAGALHÃES, P. O. Application of microbial α-amylase in industry – A review. *Brazilian Journal of Microbiology*, São Paulo, v. 41, p. 850-861, 2010.

TANG, J. Pepsin A. In: RAWLINGS, N. D.; SALVESEN, G. *Handbook of Proteolytic Enzymes 1.* 3. ed. Amsterdam: Elsevier/Academic Press, 2013.

TOIVONEN, P. M. A.; BRUMMELL, D. A. Biochemical bases of appearance and texture changes in fresh-cut fruit and vegetables. *Postharvest Biology and Technology*, Amsterdam, v. 48, n. 1, p. 1-14, 2008.

UENOJO, M.; PASTORE, G. M. Pectinases: aplicações industriais e perspectivas. *Química Nova*, São Paulo, v. 30, n. 2, p. 388-394, 2007.

VÉRTESI, A. et al. Preparation, characterization and application of immobilized carboxypeptidase A. *Enzyme and Microbial Technology*, New York, v. 25, p. 73-79, 1999.

WHITEHURST, R. J.; LAW, B. A. *Enzymes in Food Technology*. Boca Raton: CRC Press LLC, 2002.

CAPÍTULO 13
Desenvolvimento e produção de vacinas para uso humano

Antonio de Pádua Risolia Barbosa

Ivna Alana Freitas Brasileiro da Silveira

Marta Cristina de Oliveira Souza

Maria de Lourdes Moura Leal

13.1 INTRODUÇÃO

Vacinas são formulações que contêm microrganismos vivos atenuados, mortos ou substâncias obtidas a partir destes, utilizadas para evitar doenças imunopreveníveis. Elas atuam estimulando o corpo humano a produzir células e moléculas (linfócitos e anticorpos) contra agentes etiológicos específicos. Dessa forma, o ser humano vacinado não desenvolve a doença ao entrar em contato com o microrganismo patogênico.

O impacto da vacinação na saúde da população mundial é incomensurável, e nenhuma outra intervenção tem sido tão eficaz na redução da mortalidade. A vacina é o recurso mais eficaz e mais barato entre os instrumentos utilizados na prevenção de doenças infecciosas em humanos e animais. Doenças como varíola, poliomielite, sarampo e rubéola foram erradicadas no Brasil e várias outras estão controladas graças ao forte programa de vacinação implantado no país. O ressurgimento de surtos de sarampo em 2019 são provenientes de casos importados devido à imigração de populações não vacinadas, associados à diminuição da cobertura vacinal no país.

A cada ano são produzidas mais de 1 bilhão de doses de vacinas no mundo segundo processos de produção que variam muito, dependendo não só do microrganismo, mas também da plataforma tecnológica utilizada por cada fabricante. Essa é uma indústria que opera com pequenos volumes, quando comparada com a produção de antibióticos obtidos por fermentação e a de biofármacos. Enquanto as últimas trabalham em escala de dezenas de milhares de litros, na etapa de formação do produto, a de vacinas utiliza volumes que variam de 50 a 3.000 L, com raras exceções acima dessa faixa.

Este capítulo oferecerá um rápido histórico da vacinologia, definirá imunização ativa e passiva, apresentará uma classificação de vacinas, pontuará algumas das principais características envolvidas no desenvolvimento e produção dos imunobiológicos, ressaltando alguns aspectos regulatórios obrigatórios no projeto e operação de plantas industriais. O foco maior será a formação e purificação do produto das principais vacinas utilizadas no Brasil, produzidas em diferentes plataformas tecnológicas. Serão também consideradas as vacinas combinadas e as tendências futuras na produção de vacinas.

13.1.1 HISTÓRICO

Bem antes do estabelecimento dos conceitos de infecção e imunologia, já era conhecido o fato de que certas doenças eram transmitidas de uma pessoa para outra e que tal episódio somente se dava uma vez na mesma pessoa, para a mesma doença. Sabia-se também que formas brandas de determinadas doenças protegiam contra sua reincidência. Assim, há registros de monges budistas, por volta do ano 1.000 a.C., descrevendo como prevenir casos fatais de varíola, usando material infectado da pele de indivíduos suscetíveis. Esse mesmo princípio de prevenção é descrito em documentos datados de distintas épocas, e sua prática foi introduzida na Europa por fazendeiros ingleses, até algumas décadas antes dos experimentos descritos por Edward Jenner, em 1796, que marcam o início das bases científicas do controle de doenças infecciosas por inoculação (WHO, 2012a).

O primeiro sucesso alcançado na prevenção de uma doença infecciosa foi contra o vírus da varíola, após a imunização de humanos com o vírus da varíola bovina. Inicialmente, Jenner demonstrou que o vírus bovino podia ser transmitido diretamente de uma pessoa para outra, independentemente dos surtos esporádicos, provando o conceito de inoculação em larga escala. Posteriormente, ele imunizou ativamente um garoto com o vírus bovino e a seguir o infectou com vírus humano. A criança não desenvolveu a doença, e os resultados do sucesso na proteção do indivíduo foram publicados. Nascia, então, a prática da vacinação e o conceito de profilaxia.

Porém, essa nova ciência só teve um avanço considerável quase cem anos depois, quando Louis Pasteur desenvolveu a primeira vacina humana contra a raiva, em 1885. Ele evidenciou, através de experimentos em animais, que cepas de bactérias e vírus que perderam a virulência continuavam a induzir proteção contra infecção do patógeno original. Esta continua sendo a base das vacinas atenuadas, ainda muito empregadas hoje em dia. Pasteur foi um dos pioneiros mais influentes da vacinologia e usou a terminologia vacina (*vaccinia,* que em latim significa material proveniente de vaca) para se referir genericamente aos agentes imunizantes, em homenagem a Jenner.

Inicialmente as vacinas eram constituídas de células inteiras inativadas ou atenuadas, porém algumas causavam eventos adversos, que podiam ser severos. Uma nova geração de vacinas foi desenvolvida a partir de estruturas moleculares ou de metabólitos de microrganismos, constituindo as vacinas de subunidades. O desenvolvimento científico e tecnológico propiciou a obtenção de novos imunógenos utilizando-se microrganismos geneticamente modificados, conhecidos como vacinas recombinantes. Nesse contexto, continuam surgindo imunobiológicos mais complexos, eficazes e seguros (PLOTKIN; ORENSTEIN; OFFIT, 2013, p. 1-13).

13.1.2 IMUNIZAÇÃO PASSIVA E ATIVA

A Imunologia estuda os mecanismos de defesa de organismos superiores diante dos microrganismos invasores ou patógenos. O termo "imune" significa isento ou livre de doenças. São duas as principais formas de aquisição de imunidade: passiva ou ativa.

A forma passiva pode se dar por via natural ou artificial, sendo que a primeira consiste na passagem de imunoglobulinas ou anticorpos pela amamentação ou placenta. A forma artificial ocorre através da utilização de soroterapia, ou seja, do emprego emergencial, por via intravenosa, de anticorpos purificados produzidos em animais, caso ocorra contato de um indivíduo não vacinado com um antígeno potencialmente perigoso. Alguns exemplos da imunização passiva artificial são a imunoglobulina antirrábica e anti-hepatite B, obtidas a partir de soros de indivíduos imunizados com os vírus da raiva e hepatite B, respectivamente. Soros imunes também podem ser preparados em cavalos, conhecidos como antissoro ou antitoxina, e possuem altos títulos de imunoglobulinas (p. ex., antitoxina diftérica). Esse tipo de terapia que fornece curta proteção é, normalmente, utilizado para neutralizar toxinas como do tétano, difteria, gangrena, mordida de cobras e botulismo.

A imunização ativa também pode ser observada pela via natural, através da instalação da doença branda, como a caxumba, por exemplo, ou por via artificial, pela administração de vacinas. Os microrganismos invasores ou as vacinas promovem a produção de diferentes tipos de imunoglobulinas, moléculas glicoproteicas, contra os patógenos causadores da doença, que são destruídos pelo sistema imunológico do hospedeiro. As imunoglobulinas são importantes componentes do mecanismo de defesa, produzidas por linfócitos B para debelar infecções. Ao provocar uma resposta do sistema imunológico do indivíduo, através da mobilização de linfócitos B e T e da geração de mecanismos de memória, uma exposição posterior ao agente invasor estranho, causador da doença, estimulará o organismo a lutar contra a instalação da doença (PLOTKIN; ORENSTEIN; OFFIT, 2013, p. 80-85).

13.2 CLASSIFICAÇÃO DE VACINAS

Existem diversas formas de classificação de vacinas. Adotamos a classificação referida no Quadro 13.1, baseada em plataformas tecnológicas, uma vez que faremos esse tipo de abordagem ao longo do capítulo. No entanto, dependendo do produtor, um determinado antígeno pode ser obtido por diferentes plataformas tecnológicas, como, por exemplo, a vacina influenza, que pode ser produzida em ovos embrionados ou através de cultivos de linhagem celular em biorreator (PLOTKIN; ORENSTEIN; OFFIT, 2013, p. 1-13).

Quadro 13.1 Classificação das principais vacinas utilizadas no Brasil

Vacinas		Exemplo
Atenuadas (antígeno vivo atenuado)		Tuberculose (BCG) Pólio oral (VOP) Sarampo Caxumba Rubéola Varicela Rotavírus Febre amarela
Inativadas (antígeno morto)		Pertussis célula inteira (wP) Pólio vírus inativada (VIP) Raiva
Subunidades (antígeno purificado)	Polissacarídeo	Meningocócica sorogrupos A, C, W_{135} e Y Pneumocócica 23-valente
	Polissacarídeo conjugado	*Haemophilus influenzae* tipo b (Hib) Meningocócica sorogrupos A, C, W_{135} e Y Pneumocócicas
	Anatoxina (toxina inativada)	Tétano Difteria
	Proteína nativa	Pertussis acelular (aP)
	Proteína recombinante	Hepatite B (HepB) Papiloma (HPV)

13.3 CARACTERÍSTICAS DA PRODUÇÃO DE VACINAS

Um dos principais desafios para a produção de vacinas é garantir que o processo seja escalonável e que estas induzam resposta clínica idêntica àquela obtida nas escalas laboratoriais e piloto. É importante reconhecer que determinadas técnicas que funcionam bem em escala de laboratório podem não ser uma escolha apropriada para a produção em grande escala, uma vez que envolvem, normalmente, longos processos e substâncias sensíveis às condições ambientais, como temperatura e pH. Assim, o processo deve ser concebido para satisfazer todas as exigências requeridas por um determinado antígeno, visando à eficiência na industrialização de tal vacina.

Além da complexidade dos processos produtivos, também existe um rígido controle de qualidade em todas as fases, incluindo avaliação dos insumos, produtos intermediários e produto final, associando, ainda, uma análise de risco à robustez do processo. Com o surgimento de novas tecnologias houve aumento dos mecanismos necessários para assegurar a inocuidade e eficácia do produto final, o que resultou no rápido desenvolvimento e aprimoramento de métodos físico-químicos, biológicos e microbiológicos para a caracterização dos antígenos.

Outro ponto que chama atenção na produção de vacinas é a adição de conservantes, estabilizadores e adjuvantes, que visam aumentar a estabilidade dos antígenos e/ou potencializar sua eficácia. Esses produtos podem trazer dificuldades adicionais aos processos de formulação, envase e, se for o caso, na liofilização dos imunobiológicos. O adjuvante mais largamente empregado nas formulações é o hidróxido de alumínio, que dificulta a homogeneização do produto no momento de sua distribuição asséptica na embalagem primária, sendo necessária a utilização de estratégias diferenciadas de agitação e recirculação do produto entre a máquina de envase e o tanque de formulação.

No caso das vacinas liofilizadas, em especial aquelas compostas por vírus vivos atenuados, o desenvolvimento do ciclo de liofilização é crucial para a produtividade da fábrica. Os liofilizadores são equipamentos de alto custo e limitantes da capacidade produtiva, portanto, quanto menor o tempo de liofilização do produto, maior a produtividade. Atualmente os ciclos de liofilização dos imunobiológicos variam entre 36 a 120 horas por lote.

13.3.1 DESENVOLVIMENTO DE PRODUTO

O desenvolvimento de uma vacina envolve várias etapas e uma equipe multidisciplinar. É um processo longo e que demanda um investimento muito alto. O paradigma atual do desenvolvimento de vacinas pode ser visualizado na Figura 13.1, na qual se observa que o tempo necessário para tal desenvolvimento normalmente varia de dez a quinze anos, a um custo total que pode ultrapassar 1 bilhão de dólares. É também um investimento de alto risco, em que muitos candidatos a um determinado antígeno são testados, pouquíssimos têm a prova de conceito estabelecida e somente um chega a ser testado em humanos.

A fase de investigação básica se refere à invenção/descoberta de um potencial antígeno vacinal e à sua produção em escala laboratorial, correspondendo, na Figura 13.1, à identificação do antígeno, produção deste e demonstração da prova de conceito. É importante observar que, atualmente, com legislações e normas cada vez mais rigorosas, não é mais possível prosseguir os estudos e licenciar o produto caso todas as etapas não sejam realizadas segundo as Boas Práticas Laboratoriais e de Fabricação. Os testes em animais fazem parte dos estudos pré-clínicos, nos quais a inoculação do antígeno-candidato visa demonstrar sua capacidade de gerar anticorpos específicos, ou seja, é a prova de conceito. Nesse caso, as Boas Práticas de Experimentação Animal devem ser seguidas.

Os Estudos Clínicos de Fase I avaliam a reatogenicidade da preparação candidata a vacina. São feitos em um pequeno grupo de voluntários adultos sadios (de vinte a trinta pessoas). Também é possível se ter uma ideia da imunogenicidade, todavia, o número de pessoas é pequeno. Já nessa fase, os protocolos de Boas Práticas Clínicas são aplicados, e esses estudos devem ser aprovados pelo comitê de ética da instituição em que a pesquisa está sendo realizada. Para iniciar essa fase, é necessário que a "vacina" seja produzida em escala piloto, em instalações certificadas e que atendam às Boas Práticas de Fabricação (BPF).

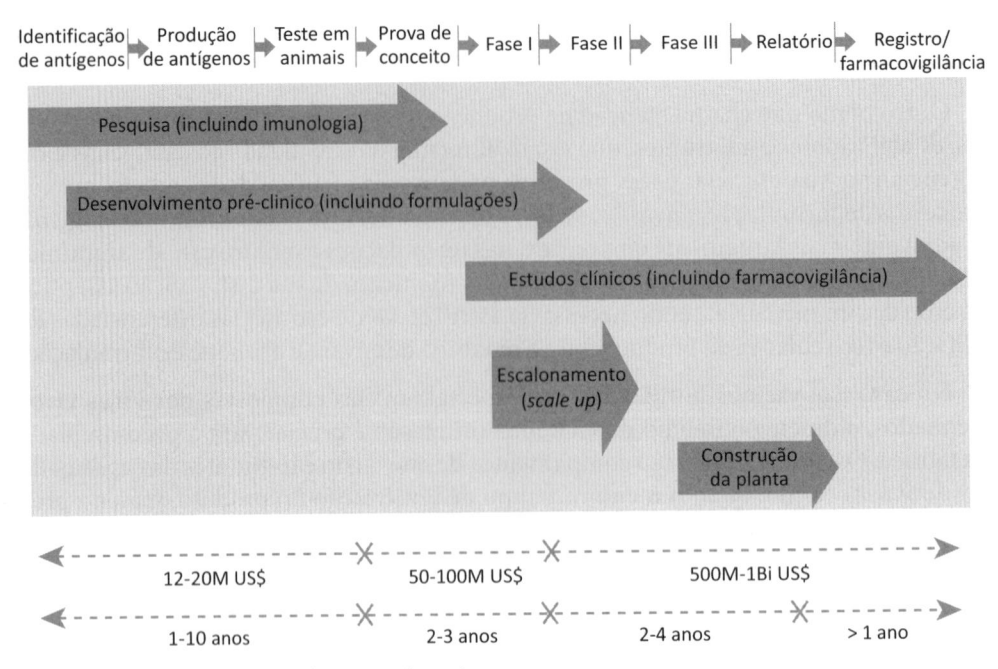

Figura 13.1 Ciclo de desenvolvimento de vacinas.

Fonte: adaptada de Barbosa (2009).

As fases subsequentes envolvem um grande número de pessoas a fim de verificar a imunogenicidade do produto (Fase II) e sua eficácia (Fase III). Estas são as fases mais dispendiosas e demoradas no processo de desenvolvimento de uma vacina. Para a realização dos estudos de Fase III, o produto já deve ser produzido em escala comercial ou em uma escala muito próxima. Qualquer modificação no processo acarretará novos estudos de estabilidade e até clínicos, dependendo da alteração.

A avaliação estatística dos resultados dos estudos clínicos é incluída no relatório que deverá ser submetido à autoridade regulatória do país onde se pretende comercializar o produto. A análise se dará em toda a documentação gerada desde a fase de pesquisa, sendo o registro do produto concedido em, no mínimo, um ano.

Ainda há a fase de pós-comercialização ou farmacovigilância, que demanda ao instituto produtor a manutenção de uma equipe clínica para acompanhamento dos possíveis casos de eventos adversos.

13.3.2 ASPECTOS REGULATÓRIOS ENVOLVIDOS NA PRODUÇÃO DE VACINAS

Centenas de milhares de doses de vacinas são aplicadas, anualmente, em pessoas sadias, sendo a grande maioria em crianças a partir do nascimento. Por essa razão, o setor de vacinas é um dos mais rigorosamente normatizados, monitorados e controlados pelas agências reguladoras de saúde de cada país, incluindo a Organização Mundial da Saúde (OMS), que qualifica os produtores de países em desenvolvimento para que possam exportar. Para certificar que as vacinas são seguras, eficazes e que tenham um alto grau de pureza e potência para a proteção adequada, as agências reguladoras, no caso do Brasil a Agência Nacional de Vigilância Sanitária (Anvisa), fazem uma severa revisão dos dados laboratoriais, pré-clínicos e clínicos, assim como uma ampla inspeção nas unidades de produção. Verifica-se se os parâmetros de produção, as condições técnico-científicas e o conhecimento incorporado em uma vacina são robustos o bastante para tornar o novo imunógeno confiável, antes do licenciamento.

A seguir serão abordados alguns aspectos regulatórios necessários à produção de vacinas.

13.3.3 BOAS PRÁTICAS DE FABRICAÇÃO (BPF)

Os instrumentos de controle sanitário para a produção de vacinas, além do registro dos produtos, são as inspeções anuais nas instalações dos produtores, a fim de verificar o cumprimento das BPF, as análises dos resultados dos testes de controle de qualidade e de consistência de produção.

As BPF são estabelecidas através das Resoluções da Diretoria Colegiada (RDC) da Anvisa, que dispõem sobre os requisitos mínimos a serem seguidos pelos produtores de vacinas. Tais requisitos englobam a infraestrutura apropriada ou sistema de qualidade, incluindo as instalações, os procedimentos, os processos e os recursos organizacionais. Também exigem que ações sistemáticas sejam tomadas com o objetivo de assegurar que um produto cumpra seus requisitos de qualidade. A totalidade dessas ações é chamada de Garantia da Qualidade. As BPF determinam, ainda, dentre outros requisitos de qualidade, que sejam realizadas as qualificações e validações necessárias nas instalações industriais, utilidades e equipamentos de processo.

13.3.4 CARACTERÍSTICAS DAS INSTALAÇÕES INDUSTRIAIS

Para diminuição dos riscos de contaminações durante o processo de fabricação de vacinas, as instalações de produção devem ser projetadas de tal modo que não haja cruzamento de fluxo de pessoal, insumos e produtos, evitando a contaminação cruzada, a contaminação por partículas e o acúmulo de poeira. Ou seja, as instalações físicas devem estar dispostas segundo o fluxograma de produção, de tal maneira que as etapas de produção ocorram em ambientes cada vez mais controlados à medida que aumenta o grau de pureza do produto. Dessa forma, tornam-se mais críticas as áreas de filtração esterilizante, as áreas de formulação e envasamento do produto final. Essas áreas são classificadas e submetidas ao monitoramento ambiental quanto ao número de partículas viáveis (durante os processos) e não viáveis (continuamente), cujos níveis não devem ultrapassar aqueles estabelecidos no *Guia da Qualidade para Sistemas de Tratamento de Ar e Monitoramento Ambiental na Indústria Farmacêutica* (Anvisa, 2013a).

O *Guia* fornece uma descrição detalhada dos requisitos de acabamento dos ambientes, renovação e recirculação de ar, padrões de fluxo de ar, características e localização dos elementos filtrantes, limites de temperatura e umidade, diferenciais de pressão e barreiras físicas entre os ambientes, dentre muitas outras recomendações.

13.3.5 UTILIDADES E EQUIPAMENTOS

A água é um dos principais insumos utilizados na produção de vacinas, e sua geração, armazenamento e distribuição são também regidas pelas BPF, visando reduzir os riscos de contaminação físico-química, biológica ou microbiológica. Nas diversas etapas do processo produtivo são utilizados dois tipos de água. A água purificada (AP) é o insumo utilizado nas etapas iniciais de produção, como no preparo dos meios de cultivo, lavagem de materiais e equipamentos que não entram em contato direto com o produto final. À medida que o produto vai sendo purificado até as etapas de filtração esterilizante, formulação e envase, passa-se a utilizar a água para injetáveis (API), empregada inclusive na lavagem de materiais e equipamentos que entram em contato com o produto. As especificações de qualidade das águas para uso farmacêutico estão estabelecidas em Farmacopeias e nas BPF e, no Brasil, estão em consonância com os padrões estabelecidos pela OMS publicados em 2012 (WHO, 2012a).

Para a produção de AP normalmente utilizam-se, após o tratamento primário, colunas de troca iônica, osmose reversa e ultrafiltração. A API é obtida a partir da água purificada por processo de destilação ou osmose reversa. Os materiais construtivos dos equipamentos de geração dessas águas e dos materiais que entram em contato com elas, assim como dos tanques de armazenamento e da rede de distribuição é o aço inox 316 L, com baixo teor de carbono. Da mesma forma, as válvulas, os diafragmas, os lacres e os instrumentos devem possuir especificações sanitárias apropriadas, especificadas no *Guia de Qualidade para Sistemas de Purificação de Água para Uso Farmacêutico* (ANVISA, 2013b). A API é armazenada em tanques mantidos em temperaturas acima de 80 °C, com recirculação contínua em toda a rede de distribuição, mantida também à mesma temperatura, para evitar contaminação biológica ou microbiana. É monitorada diariamente, empregando-se testes físico-químicos e microbiológicos.

Outro insumo importante é o vapor puro, produzido a partir da AP. Ele é gerado em destilador de aço inox 316 L e distribuído em tubulações de mesma qualidade. É utilizado para esterilizar materiais empregados nos processos produtivos que, ao contrário dos fermentadores e tanques fixos, não têm esterilização *in situ*. Nesses equipamentos há ainda o suprimento de ar comprimido, gerado e distribuído obedecendo critérios rígidos quanto à sua qualidade (ANVISA, 2010).

Uma vez iniciada a operação de uma fábrica de vacinas, após comissionamento e validações, os sistemas citados não serão mais desligados, a não ser em paradas programadas ou por problemas inesperados. Qualquer parada, programada ou não, requer revalidações. Tudo isso torna a fabricação de vacinas uma produção de alto custo fixo.

13.4 PRINCIPAIS VACINAS COMERCIAIS

Existem algumas dezenas de vacinas registradas nos mais diversos países do mundo, produzidas em diferentes plataformas tecnológicas. Esta seção apresentará um panorama geral das tecnologias de produção de algumas vacinas bacterianas e virais, utilizadas no Programa Nacional de Imunizações (PNI), exemplificando o processo produtivo através de fluxogramas de processo, curvas cinéticas de formação de produtos e estruturas moleculares.

13.4.1 VACINAS BACTERIANAS

Os antígenos utilizados nessas formulações podem ser a própria bactéria atenuada ou morta, proteínas destoxificadas provenientes do metabolismo microbiano ou frações celulares desses microrganismos.

13.4.1.1 Vacina BCG

A vacina atenuada contra tuberculose (BCG) é a mais antiga, existente desde a década de 1920, e foi o primeiro imunógeno bacteriano a ser produzido para uso rotineiro em seres humanos. O bacilo da tuberculose (*Mycobacterium tuberculosis*) foi obtido por Camile Calmétte e Aphonse Guérin em 1906, através do isolamento do microrganismo de vaca, atenuado após 213 culturas sucessivas em presença de bile bovina. Ainda hoje, essa é a única vacina disponível para combater a doença causada por esse patógeno. Trata-se de um produto de baixo custo e seguro para a prevenção das formas humanas da tuberculose, incluindo meningite, administrado em crianças recém-nascidas (WHO, 2009).

O bacilo é cultivado em frascos estáticos, a 37 °C, e se desenvolve como uma película na superfície do meio líquido. A bactéria se multiplica em grandes agregados, e não como células individuais. A fermentação transcorre entre 6 e 9 dias, sem controle de qualquer parâmetro de processo. Após esse período, o cultivo é coletado, filtrado e homogeneizado em um moinho de bolas. A seguir, as células são ressuspensas em meio líquido estéril e homogeneizadas em temperatura controlada. Posteriormente é realizada a determinação da viabilidade celular e a liofilização da preparação. Todo o processo de produção, controle de qualidade (ensaio de potência, determinação da pureza e fenótipo atenuado) e estocagem do produto deve ser protegido da luz solar e ultravioleta. A vacina reconstituída contém bilhões de bacilos vivos e mortos e deve ser administrada por via intradérmica (WHO, 2009).

13.4.1.2 Vacina diftérica

Difteria é uma doença infeciosa, aguda, causada pela bactéria *Corynebacterium diphtheriae*. O componente vacinal é a anatoxina diftérica ou toxoide diftérico, obtido a partir da modificação química da estrutura da toxina excretada no meio de cultivo fermentado. O processo de destoxificação pode ser realizado antes ou após a purificação da toxina.

Produção de anatoxina diftérica

A vacina introduzida na década de 1930 é segura, eficaz e continua a ser utilizada atualmente. O processo de produção é relativamente simples e bem estabelecido.

C. diphtheriae é um bacilo Gram-positivo pleomórfico, cujo principal fator de virulência é a toxina diftérica. Somente as bactérias lisogênicas por fagos, que carregam o gene estrutural *tox*, são capazes de produzir a toxina. A linhagem de *C. diphtheriae* recomendada para produção da anatoxina diftérica é a Park Williams 8 devido à baixa infectividade e a alta capacidade de produção da toxina *in vitro* (WHO, 1990).

Um componente fundamental do meio de cultivo semissintético clássico, para crescimento de *C. diphtheriae* e produção da toxina com rendimentos elevados, é o ferro em concentração adequada. Esse elemento é imprescindível para o crescimento da bactéria; no entanto, o excesso de ferro inibe a liberação da toxina diftérica para o meio de cultivo. A toxina somente começará a ser excretada quando esse elemento apresentar concentrações muito baixas ou estiver ausente no meio (VAN HEMERT, 1974, p. 133).

O pH ideal de produção da proteína diftérica é em torno de 7 a 8. A escolha da fonte de carbono do meio de cultivo influencia na velocidade de metabolização dos carboidratos, indicando a necessidade ou não de controle de pH no processo produtivo. Por exemplo, o uso do dissacarídeo maltose como substrato impede o acesso direto à glicose, fazendo com que a formação de ácidos carboxílicos seja lenta, conforme apresentado na equação a seguir. A completa oxidação desses ácidos, mantendo o pH ideal do meio, é regulada pela taxa de aeração do sistema. O uso da glicose como fonte de carbono gera acúmulo de ácidos no meio, devido à rapidez com que esse substrato é metabolizado, fazendo com que ocorra a queda no pH e, consequentemente, diminuição no rendimento do processo produtivo (VAN HEMERT, 1974).

$$\text{Maltose} \rightarrow \text{Glicose} \rightarrow \text{Ácidos carboxílicos} \rightarrow CO_2 + H_2O \tag{13.1}$$

A produção da anatoxina diftérica tem início com a semeadura da bactéria em meio semissólido de Löefller, incubado a 35 °C por 24 horas. Posteriormente, realiza-se a propagação do inóculo empregando dois repiques sucessivos em meio líquido (N. Z. Amine® tipo A contendo cloreto de cálcio) com intervalo de 24 horas, incubados a 36 °C, sob agitação constante. Transfere-se o inóculo correspondente a 0,6% v/v para o biorreator de 500 L, contendo 250 L do mesmo meio utilizado para obtenção do inóculo, acrescido de sulfato ferroso para uma concentração final de 0,30 μg/mL de Fe^{++}. As condições de cultivo de *C. diphtheriae* para produção da anatoxina diftérica são: temperatura de 35 °C, agitação em vórtice de 300 a 370 rpm, vazão de ar de 330 a 370 L/min (aeração superficial), pressão interna 14 a 17 psi e tempo de cultivo de aproximadamente 64 horas (FERREIRA, 2013).

A purificação da toxina diftérica pode ser realizada de duas maneiras. Nas duas metodologias, a primeira etapa é a separação das células por filtração tangencial e a concentração do filtrado por ultrafiltração tangencial, com membrana de 30 kDa. No primeiro método, ocorre a destoxificação do cultivo com formaldeído e a purificação é realizada através de combinação das técnicas de cromatografia de exclusão molecular e dessalinização, dando origem a anatoxina com pureza antigênica de aproximadamente 2.000 a 2.500 Lf/mgNP (limite de floculação/mg nitrogênio proteico). A desvantagem dessa metodologia é a obtenção da anatoxina com um maior grau de impurezas, devido à formação de ponte de metileno entre as toxinas e as impurezas, compostas por peptídeos e aminoácidos de componentes bacterianos e nutrientes remanescentes no meio. Na segunda metodologia, a toxina é purificada diretamente do cultivo, por meio da utilização de várias técnicas como dessalinização fracionada, cromatografia de troca iônica e cromatografia de exclusão molecular, e a destoxificação ocorre posteriormente, com formaldeído, originando uma pureza antigênica superior a 3.000 Lf/mgNP. A purificação antes da destoxificação fornece um produto mais puro, no entanto, deve-se tomar mais cuidado durante a etapa de destoxificação devido à possibilidade de aumento do risco de reversão da toxicidade.

A destoxificação da toxina diftérica consiste na adição de formaldeído na concentração final de 0,5% v/v, bicarbonato de sódio 0,5%, 1,2 mL de lisina/mL, incubado a 37 °C por 4 a 6 semanas. A adição de um aminoácido como a lisina tem o objetivo de evitar a reversão da toxicidade. Somente após comprovação da destoxificação, realizada em animais, o produto pode sair da área de contenção biológica, normalmente nível de biossegurança 2 (FRATELLI et al., 2011).

13.4.1.3 Vacina tetânica

O tétano é uma doença infecciosa, não contagiosa, causada pelo *Clostridium tetani*. A vacina tem como componente a anatoxina tetânica ou toxoide tetânico, originado da toxina excretada no meio de cultivo fermentado, purificada e modificada quimicamente (destoxificada).

Produção da anatoxina tetânica

C. tetani é um bacilo Gram-positivo, anaeróbio estrito e que forma esporos termoestáveis. Os esporos estão presentes no ambiente, principalmente em solos de áreas quentes e úmidas, no trato intestinal de seres humanos e animais e em instrumentos perfurocortantes contendo poeira ou terra.

O principal fator de virulência de *C. tetani* é a toxina altamente potente denominada tetanoespasmina. Essa toxina, mesmo em quantidades mínimas, bloqueia os neurotransmissores inibitórios do sistema nervoso central, levando o indivíduo a apresentar rigidez muscular e espasmos típicos de tétano generalizado.

Para a produção da vacina tetânica, a cepa *C. tetani* deve ser altamente toxigênica, de origem conhecida, com histórico e verificação das características bioquímicas, moleculares e genéticas, além de ser aprovada pela autoridade regulatória nacional. Muitos fabricantes utilizam a cepa Harvard para a produção da vacina contra tétano (WHO, 1990).

O meio Mueller e Miller (MM) foi originalmente utilizado para o cultivo de *C. tetani*. A base deste é o hidrolisado de caseína (NZ-case), contendo também glicose, infusão de cérebro e coração de boi (BHI), alguns aminoácidos, vitaminas, uracil e sais inorgânicos. Posteriormente esse meio foi substituído pelo meio de Latham, que não possui BHI na sua composição. É importante ressaltar que o meio de cultura deve ser esterilizado por calor, devido à possível formação de um complexo entre a glicose e a cistina que atua como indutor na formação da toxina. Esse meio deve ser resfriado imediatamente antes da inoculação, para evitar a incorporação de oxigênio (VAN HEMERT, 1974, p. 137).

O cultivo de *C. tetani* requer condições ambientais e de infraestrutura especiais. Devido à formação de esporos termoestáveis, todo o processo de produção, até a liberação do resultado de destoxificação, deve ser realizado em instalações segregadas, distantes dos demais prédios da fábrica. As áreas são de contenção biológica nível III, com barreiras especiais de entrada e saída, fluxo de pessoal e materiais segregados e operação com pressão negativa em relação ao exterior. Todo o ar que deixa essa área é incinerado.

De forma geral, a maioria dos produtores inicia o cultivo com a ressuspensão de um liófilo do bacilo em meio de tioglicolato, em condição de anaerobiose, por 36 horas a 36 °C, em cultivo estático. Na sequência, realiza-se um repique no mesmo meio e cultivo por mais 24 horas. Após o término dessa etapa, a propagação do inóculo é realizada em frascos de até 7.000 mL, contendo meio tioglicolato, incubados a 36 °C, sem agitação, por 8 horas. Posteriormente, o inóculo é transferido para biorreatores de até 420 L contendo NZ-case TT® modificado, e o cultivo é mantido a 35 °C por 88 horas (PRADO, 2008).

A toxina tetânica possui massa molecular de 150 kDa, é sintetizada durante a fase exponencial de crescimento da bactéria e somente é liberada para o meio de cultivo no final da fase estacionária de crescimento, quando se inicia a lise da bactéria, conforme se pode observar na Figura 13.2 (OZUTSUMI; SUGIMOTO; MATSUDA, 1985).

Durante a fermentação ocorre a formação de gases provenientes do metabolismo microbiano, como CO_2, H_2, NH_3 e H_2S, que se acumulam no *head space* do biorreator. O H_2S é tóxico para a bactéria e afeta a produção da toxina tetânica. Dessa forma, a taxa de exaustão dos gases é de extrema relevância na produção da vacina tetânica e pode ser favorecida pelo fornecimento contínuo de ar estéril para lavar os gases que chegam até o espaço livre no biorreator acima do cultivo. Outra possibilidade, descrita no trabalho de De Luca et al. (1997), é a utilização de um suprimento periódico de nitrogênio por borbulhamento, para expulsar os gases oriundos da fermentação e manter o ambiente de anaerobiose, acarretando um aumento no rendimento da toxina quando comparado com o cultivo sem adição do gás. É importante ressaltar que após a lise celular ocorre não só a liberação da toxina como também de enzimas proteolíticas que decompõem parte da toxina. O oxigênio presente no ar é responsável pela inibição parcial dessas enzimas. Portanto, a estratégia mais adequada para a produção da toxina tetânica seria a utilização de borbulhamento de nitrogênio durante a etapa inicial do cultivo e posterior insuflamento superficial de ar (VAN HEMERT, 1974, p. 143).

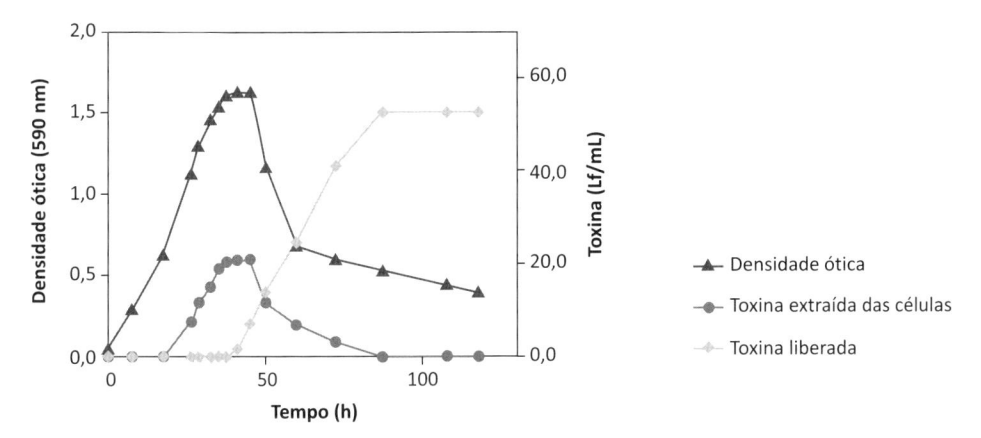

Figura 13.2 Cinética de produção de toxina por *C. tetani* em meio de Latham modificado a 35 °C. Toxina extraída das células com NaCl 1 M e citrato de sódio 0,1 M, 0 °C a 4 °C, 24 horas sob agitação.

Fonte: adaptada de Ozutsumi, Sugimoto e Matsuda (1985).

Outro aspecto importante é a homogeneização do cultivo, que deve ser realizada de forma suave, sem que ocorra a incorporação dos gases do metabolismo. Na produção de toxina tetânica a homogeneização é realizada pelo vibromixer, também denominado vibromisturador (Figura 13.3). Diferente dos processos agitados e aerados, este dispositivo é um agitador não rotatório, eletromagnético, que gera vibrações no sentido vertical. O vibromisturador move-se para cima e para baixo, a uma taxa de 50 a 60 vezes por segundo, e pode ser ajustado de acordo com o nível de produção dos gases, durante a fase exponencial de crescimento. O disco na base do agitador possui perfurações em forma de tronco de cone voltadas para cima, de forma que ocorra um deslocamento do fluido suficiente para manter o cultivo homogêneo (MUNIANDI et al., 2013). O vibromisturador, além de auxiliar na lise da bactéria, também é responsável pela retirada dos gases do seio do líquido para o *head space* do biorreator.

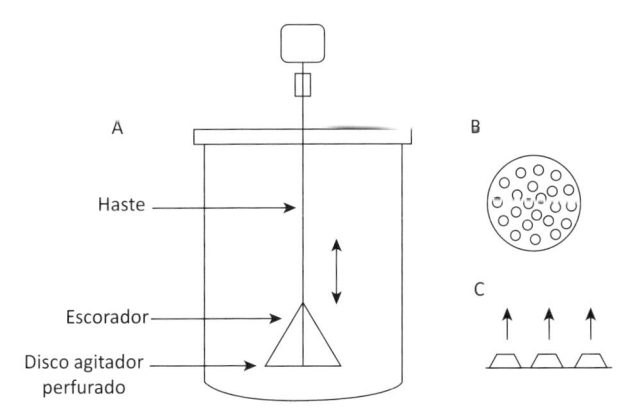

Figura 13.3 A: Diagrama esquemático do vibromisturador no interior do biorreator. B: Vista superior do disco agitador. C: Vista lateral expandida do disco agitador mostrando o sentido do fluxo do meio no interior do biorreator.

Fonte: adaptada de Muniandi et al. (2013).

Após o término da etapa de fermentação, a toxina tetânica pode ser purificada e depois destoxificada com formaldeído ou, de forma inversa, destoxificada e posteriormente purificada. O fluxograma da Figura 13.4 apresenta as duas possibilidades de processamento da toxina tetânica. A toxina tetânica purificada é, então, acondicionada à temperatura de 2 °C a 8 °C. As vantagens e desvantagens de cada metodologia são similares àquelas descritas para a anatoxina diftérica (seção 13.4.1.2).

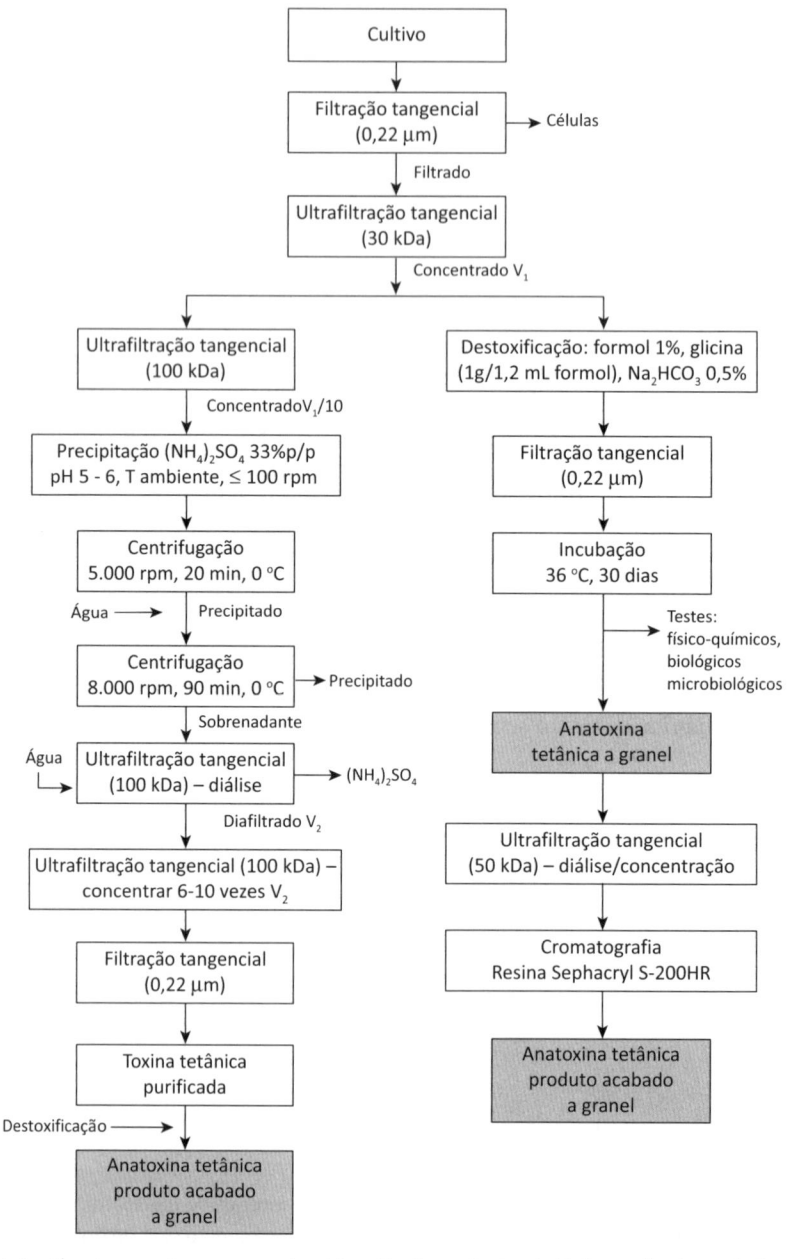

Figura 13.4   Fluxograma do processo de obtenção da anatoxina tetânica após etapa de fermentação.

Fonte: adaptada de Prado (2008).

13.4.1.4 Vacina pertussis celular e acelular

A coqueluche é uma doença extremamente contagiosa que acomete crianças e re-cém-nascidos, causada pela bactéria *Bordetella pertussis,* um cocobacilo Gram-nega-tivo, aeróbico estrito. As vacinas disponíveis no mercado podem ser celulares ou acelulares. A vacina celular é composta de uma suspensão de células inteiras inativadas de uma ou mais cepas de *B. pertussis,* enquanto a acelular contém uma ou mais frações celulares purificadas do patógeno.

De acordo com a OMS, as cepas escolhidas devem conter predominantemente cé-lulas obtidas no início da fase exponencial de crescimento, que apresentem fímbrias do tipo 2 e 3 e que demonstrem resultados satisfatórios de segurança e imunogenici-dade, após inativação. O meio de cultivo sólido normalmente utilizado é o Bordet--Gengou, enquanto um meio líquido amplamente utilizado em cultivos industriais é o meio de Stainer e Scholte, um meio quimicamente definido. É importante ressaltar que para validar o processo de produção e garantir o *status* de fase I da cultura, utili-zam-se testes de controle de qualidade para avaliação da atividade hemolítica, empre-gando meio de ágar-sangue (WHO, 1990).

O cultivo da bactéria deve ser realizado empregando uma aeração eficiente, que pode ser submersa ou superficial. Entretanto, o principal problema relacionado à ae-ração submersa é a tendência de *B. pertussis* flotar nas bolhas de ar e se mover para a superfície. Esse fenômeno é responsável pela retirada da bactéria do contato com o meio, ocasionando a interrupção do crescimento, e pode ser intensificado pela forma-ção natural de espuma. Por isso deve-se utilizar antiespumante, em concentrações mínimas, de forma a evitar a inibição do crescimento bacteriano. Uma alternativa para a otimização do cultivo é a aeração superficial e a formação de vórtice pela reti-rada das chicanas, conforme os resultados obtidos por Shivanandappa et al. (2015). Esses autores mostraram que a formação de vórtice proporcionou a obtenção do do-bro de massa celular em menor tempo de fermentação, quando comparado com o processo sem a presença de vórtice. Isso foi demonstrado em biorreator de 500 L, contendo 300 L de meio, agitação de 500 rpm, vazão de ar de 16 L/min, durante 48 horas com controle de pH. Outra vantagem da utilização de aeração superficial e for-mação de vórtice é a eliminação do uso de antiespumante durante o cultivo.

A suspensão bacteriana é, então, submetida à filtração tangencial para retirada do meio de cultivo, e posteriormente ressuspensa em solução salina, antes do processo de inativação. Os métodos de inativação incluem a utilização de agentes químicos como o formaldeído ou o calor, desde que sejam validados para promoverem a morte das células bacterianas, sem afetar a potência ou as características físicas da vacina. Ne-nhuma toxina termolábil ativa (toxina dermonecrótica) deve ser detectável na vacina. O concentrado antigênico final deve ser submetido aos testes de toxicidade específica (ganho de peso de camundongos, avaliação do teor da toxina pertussis e endotoxina) e teste de potência, através do desafio intracerebral de camundongos (WHO, 1990).

Com o objetivo de minimizar os eventos adversos observados com a vacina celu-lar, foram desenvolvidas vacinas acelulares, contendo componentes purificados de *B.*

pertussis. Pode-se utilizar apenas a toxina pertussis, ou essa em combinação com hemaglutinina filamentosa, antígenos de fímbria (tipos 2 e 3) e pertactina, que desempenham papel importante na patogênese e indução de imunidade protetora. Existe uma ampla variação entre os clones de bactéria utilizados, o número e quantidade de componentes, os métodos de purificação e inativação e a formulação.

As vacinas acelulares são preparadas de sobrenadantes de cultura livres de células, obtidos através de filtração ou ultracentrifugação e, normalmente, inativados com formaldeído (WATANABE; NAGAI, 2005). Há duas abordagens de produção, sendo que em uma delas os diferentes componentes são purificados individualmente, através de métodos físico-químicos de separação. Na outra, os componentes são purificados simultaneamente por repetidos ciclos de precipitação com sulfato de amônio e centrifugação com gradiente de densidade, para obtenção de preparações enriquecidas de proteínas, sem a presença de endotoxina. A toxina pertussis é, então, destoxificada através do emprego de agentes químicos como formaldeído, glutaraldeído, ou uma combinação de ambos, ou, ainda, com peróxido de hidrogênio. Os antígenos proteicos são então formulados para obtenção de vacina com composição definida.

13.4.1.5 Vacinas polissacarídicas

As cápsulas polissacarídicas de bactérias como *Haemophilus influenzae* tipo b (Hib), *Neisseria meningitidis* (*N. meningitidis*) e *Streptococcus pneumoniae* (*S. pneumoniae*) foram, durante muitos anos, usadas em formulações vacinais para proteção contra as respectivas doenças. A eficácia das vacinas polissacarídicas, que são antígenos T-independentes, está largamente comprovada no controle de surtos e epidemias em adultos, porém esses antígenos não induzem memória imunológica, sendo necessárias revacinações. As doenças causadas por esses microrganismos têm prevalência em crianças com idade inferior a 18 meses, faixa etária na qual o sistema imunológico não está totalmente desenvolvido e não responde às vacinas polissacarídicas (JONES, 2005). Em função da limitação do uso dessas vacinas, a partir da década de 1980 novas abordagens vacinais foram desenvolvidas, como as vacinas conjugadas, conforme descrito no item 13.4.1.6.

Produção dos polissacarídeos bacterianos

A produção dos polissacarídeos bacterianos consiste basicamente em uma etapa de fermentação seguida da etapa de purificação, considerando as características inerentes a cada microrganismo. Esses antígenos são utilizados na formulação de vacinas polissacarídicas ou como insumos para obtenção de vacinas conjugadas. Considerando que a estrutura da cápsula é conservada entre as cepas pertencentes ao mesmo sorogrupo (*N. meningitidis*), sorotipo (*S. pneumoniae*) e tipo (*H. influenzae*), o importante é que elas sejam comprovadamente capazes de produzir polissacarídeo de forma eficiente e segura.

Produção de polissacarídeos meningocócicos

N. meningitidis (meningococo) é um diplococo Gram-negativo causador de diferentes manifestações clínicas, somente em humanos. A classificação desse microrganismo em doze sorogrupos se baseia nas diferenças estruturais da cápsula polissacarídica. Seis sorogrupos (A, B, C, X, W$_{135}$ e Y) são responsáveis pela ocorrência de 90% da doença endêmica e surtos em todo o mundo. Dentre os seis sorogrupos, quatro possuem ácido siálico na sua composição, sendo que as cápsulas de meningo A e X são constituídas por homopolímeros de N-acetil-manosamina-1-fosfato e N-acetil-D-glicosamina-1-fosfato, respectivamente. Já os homopolímeros das cápsulas dos sorogrupos B e C são constituídos por ácido siálico, com ligações α 2→8 (B) e α 2→9 (C). O sorogrupo W$_{135}$ possui ácido siálico e galactose, enquanto o sorogrupo Y possui ácido siálico e glicose na sua composição (JONES, 2005). Apesar de possuir a mesma composição da cápsula do sorogrupo C, o polissacarídeo do sorogrupo B não é imunogênico, por apresentar uma estrutura química semelhante à das células neurais humanas, podendo desencadear doença autoimune (JOSEFSBERG; BUCKLAND, 2012). Dessa forma, para esse sorogrupo é empregada outra abordagem vacinal, utilizando antígenos subcapsulares.

O meio geralmente utilizado para produção de polissacarídeos meningocócicos, em escala industrial, é o meio sintético de Frantz suplementado com 2 g/L de extrato de levedura dialisado (GOTSCHLICH; LIU; ARTENSTEIN, 1969). O meio semissintético desenvolvido por Reddy (2009) utiliza vitamina B12 em vez do extrato de levedura dialisado, para aumentar a produção da cápsula e reduzir o rendimento em biomassa celular. A composição desse meio também inclui sulfato férrico e cloreto de amônio para o cultivo dos sorogrupos A e W$_{135}$, respectivamente. Uma característica desse meio é a manutenção do pH entre 6,5 e 7 sem a necessidade de ajustes.

O processo de fermentação tem início com a semeadura da bactéria liofilizada ou congelada a –70 °C na superfície de placas contendo meio sólido, como, por exemplo, ágar Müeller-Hinton. Posteriormente, as placas são incubadas por 16 a 18 horas a 37 °C em atmosfera contendo 5% de CO_2. O tapete celular formado na superfície de cada placa é ressuspenso em 1 a 2 mL do meio líquido que será utilizado nos cultivos subsequentes. A suspensão bacteriana é transferida para frascos agitados de 2 L contendo 500 mL de meio de Frantz, sendo esses incubados a 37 °C em agitador rotatório, a 200 rpm por 4 horas. O conteúdo dos frascos, correspondente a um inóculo de 10% v/v, é transferido para um biorreator de 15 L, contendo 10 L de meio e cultivado por 4 horas. O cultivo é realizado à temperatura 37 °C, sem controle de pH. A vazão de ar e a velocidade de agitação são ajustadas de forma a se obter um coeficiente volumétrico de transferência de oxigênio de 36 h^{-1}. A transferência do inóculo dessa etapa para um biorreator de 150 L, contendo 90 L de meio de Frantz, ocorre durante a fase exponencial de crescimento. As condições de cultivo empregadas na escala de 100 L são as mesmas empregadas na etapa anterior, exceto com relação ao tempo de coleta do cultivo, que ocorre em 16 horas.

O momento ideal para a colheita do cultivo é de fundamental importância e deve ser avaliado de acordo com o meio e as condições experimentais empregadas. Vale ressaltar que o tempo de fermentação em que se obtém o maior rendimento em polissacarídeo não é, necessariamente, o tempo ideal para se produzir polissacarídeos de tamanho molecular elevado, necessários para a indução da resposta imunológica.

N. meningitidis é uma bactéria com exigências diferenciadas no que se refere ao suprimento de oxigênio ao meio de cultivo. A taxa de aeração é uma variável crítica e deve ser controlada de acordo com a cinética de crescimento do microrganismo. A regulação dessa variável influenciará na taxa de formação de biomassa e da cápsula.

As informações sobre os parâmetros cinéticos, em grande escala, estão protegidas por segredo industrial. A Figura 13.5 apresenta perfis cinéticos de cultivo de *N. meninigitidis* sorogrupo C em biorreator de 1 L, contendo 0,5 L de meio de Frantz com controle de pH e aeração superficial. A taxa de crescimento é altamente dependente da concentração de oxigênio no meio de cultivo, conforme pode ser visualizado na curva cinética em duas regiões diferentes. O consumo de glicose também parece ser afetado pela disponibilidade de oxigênio. Em concentrações mais elevadas desse gás, o consumo é menor, enquanto em concentrações próximas de zero ocorre o consumo total do carboidrato. Esse comportamento poderia estar associado a diferentes caminhos metabólicos da glicose em *N. meningitidis*. A formação do polissacarídeo ocorre em duas etapas, a primeira associada ao crescimento celular e a segunda seria durante a fase estacionária de crescimento (HENRIQUES et al., 2005).

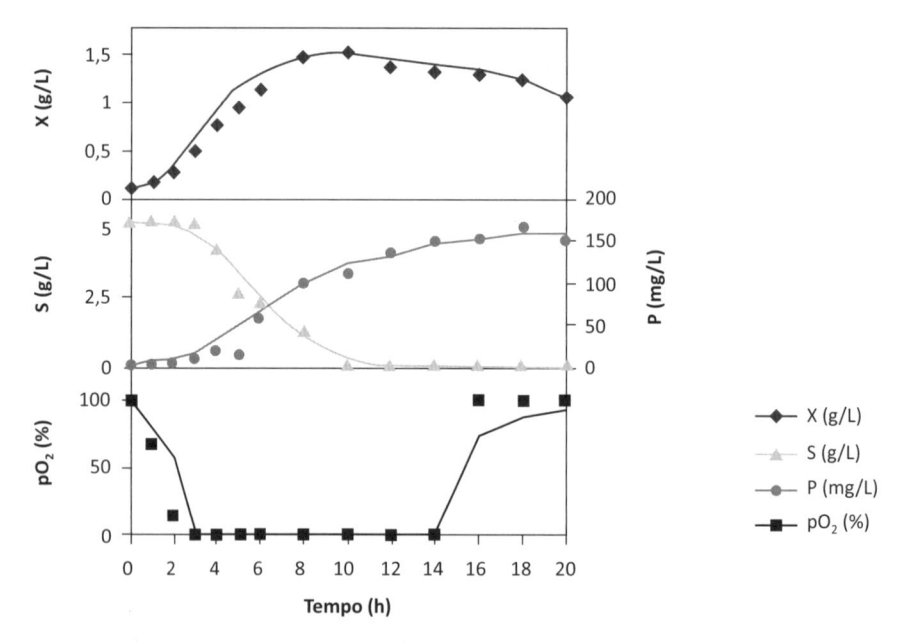

Figura 13.5   Cinética de crescimento celular (X), formação de produto (P), consumo de substrato (S) e percentagem de saturação de oxigênio (pO$_2$). Taxa de aeração de 0,8 L/min, temperatura 37 °C e pH 7.

Fonte: adaptada de Henriques et al. (2005).

Durante o cultivo submerso de *N. meningitidis* sorogrupo W_{135}, altos níveis de oxigênio podem ocasionar a morte da bactéria na fase inicial de crescimento, enquanto concentrações muito baixas desse gás podem não ser suficientes para atender à demanda da bactéria na fase exponencial de crescimento. Essa fase também é caracterizada por uma queda típica no valor de pH e no aumento do consumo de base, quando o pH é controlado automaticamente. Ning et al. (2012) realizaram cultivos conduzidos em biorreator de 300 L, contendo 200 L de meio de Frantz modificado, nitrogênio amoniacal, temperatura 36,5 °C, concentração inicial de células 5×10^8 UFC/mL (unidades formadoras de colônias) e pH 7. Durante o cultivo, o suprimento de oxigênio foi modificado em três etapas: na primeira etapa o oxigênio dissolvido foi mantido em 5% após o inóculo. No início da fase exponencial, geralmente na quarta hora, a vazão de ar e a velocidade de agitação variaram de acordo com a demanda de oxigênio da bactéria. Na terceira etapa, correspondendo à sétima hora de cultivo, o oxigênio dissolvido foi mantido em 10%. A maior concentração de polissacarídeo (55 mg/L) foi alcançada em 7,5 horas de cultivo. Esse valor é satisfatório, considerando a produção média de alguns fabricantes e a concentração de antígeno na vacina (50 µg/dose).

Finalizada a etapa de fermentação é realizada avaliação da pureza do cultivo, empregando técnica de Gram e semeadura em meios seletivos. Posteriormente, a cultura é inativada por aquecimento a 56 °C durante 10 minutos, seguida da etapa de purificação.

O método clássico para purificação de polissacarídeos se baseia no procedimento desenvolvido por Gotschlich, Liu e Artenstein (1969) e consiste na adição de um sal de amônio quaternário (detergente catiônico – Cetavlon) diretamente no cultivo ou no sobrenadante após a remoção das células. O detergente promove a precipitação do polissacarídeo e de substâncias com carga negativa. O precipitado de Cetavlon e polissacarídeo pode ser armazenado a –50 °C, ou em temperaturas inferiores para ser purificado posteriormente. A purificação consiste em várias etapas: dissoluções em diferentes concentrações de etanol, centrifugações, remoção de proteínas com fenol a quente, ultracentrifugação para a remoção de lipopolissacarídeos (LPS), lavagem do centrifugado com acetona e etanol absoluto e secagem a vácuo (Figura 13.6). O polissacarídeo purificado pode ser armazenado a –50 °C, mantendo sua estabilidade por até dez anos, sem perda de potência.

O processo descrito anteriormente possui três etapas inconvenientes para produção em grande escala: (1) o manuseio de grandes quantidades de etanol, que resulta em um processo perigoso, necessitando de instalações e equipamentos à prova de explosão; (2) o fenol é um reagente tóxico e corrosivo que pode causar sérios danos à saúde pela exposição prolongada através da inalação; (3) a etapa de ultracentrifugação é muito dispendiosa, sendo necessário um grande número de ultracentrífugas. Adicionalmente esse processo possui muitas etapas, o que acarreta uma perda substancial de produto, traduzida em uma recuperação de polissacarídeo consideravelmente baixa, de aproximadamente 37% p/p (PATO; BARBOSA; JUNIOR, 2006).

Dessa forma, a busca por novas metodologias de purificação mais eficientes vem sendo empreendida pelos fabricantes de vacinas. São exemplos de novas metodologias a substituição do fenol por enzimas para eliminação de proteínas, o emprego de ultra-filtração tangencial e a adição de desoxicolato (DOC) para retirada de LPS, ou a utilização de etapas cromatográficas, com elevado grau de recuperação do polissacarídeo meningocócico C, sem adição de etanol (PATO; BARBOSA; JUNIOR, 2006).

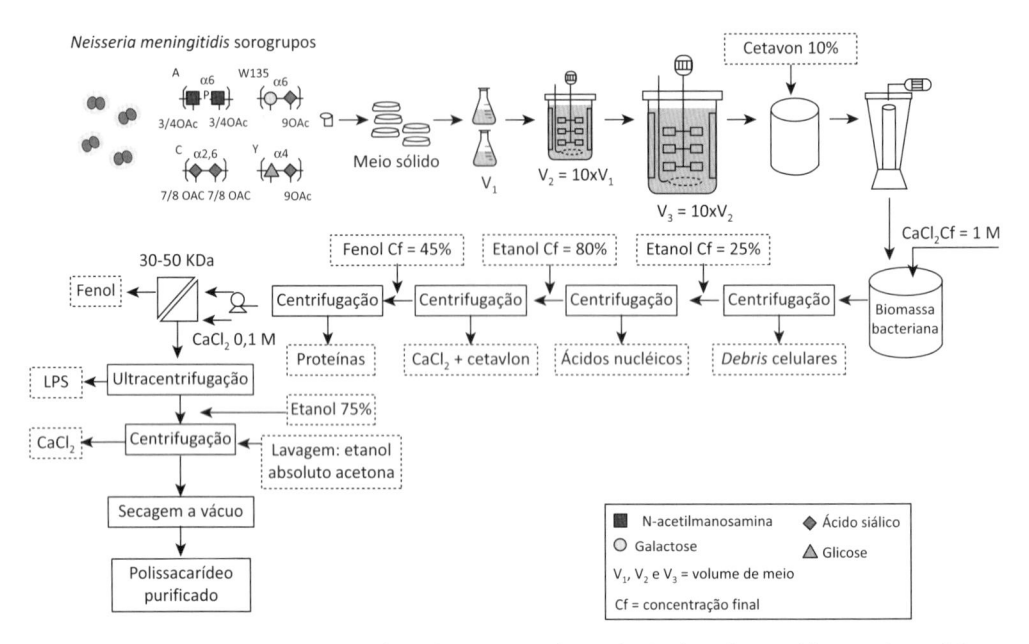

Figura 13.6 Representação esquemática do processo de produção de polissacarídeo meningocócico.

Produção de polissacarídeos pneumocócicos

S. pneumoniae é uma bactéria Gram-positiva, comumente denominada pneumococo, que coloniza a superfície da mucosa da nasofaringe humana. Ao contrário da maioria das espécies de estreptococos não patogênicos presentes no trato respiratório humano, os pneumococos podem causar doença com importantes manifestações clínicas. Essas bactérias podem ser classificadas em mais de noventa sorotipos diferentes, de acordo com a estrutura molecular de sua cápsula. A maioria dos polissacarídeos possui estruturas complexas, contendo vários açúcares, tipos de ligações diferentes e, em muitos casos, apresenta cadeias laterais. A distribuição dos sorotipos que causam doenças varia de acordo com a idade, região geográfica e ao longo do tempo. Os sorotipos mais comuns no mundo, responsáveis pela doença pneumocócica invasiva em crianças menores do que 5 anos, são: 1, 5, 6A, 14, 19F e 23F (WHO, 2012b).

A vacina polivalente foi desenvolvida para prevenir a doença pneumocócica em adultos. No entanto, também está licenciada para uso em crianças maiores de 2 anos que apresentem elevado risco em adquirir infecções respiratórias pneumocócicas. Essa vacina contém polissacarídeo capsular dos 23 sorotipos (25 μg de cada polissacarídeo/dose).

Os meios de cultivo empregados para esses microrganismos contêm, além de hidrolisado de caseína e glicose, uma gama de vitaminas, aminoácidos e fatores de crescimento. Existem trabalhos que substituem a solução de vitaminas por extrato de levedura dialisado e/ou peptona de soja (GONÇALVES et al., 2002; CARMO, 2010). Outra abordagem para a produção de polissacarídeo pneumocócico, sorotipo 14, foi descrita por Leal (2011), cuja base é o meio de Catlin modificado, suplementado com dialisado de extrato de levedura.

O processo de fermentação para obtenção do polissacarídeo de *S. pneumoniae* segue as mesmas etapas do processo descrito para produção do polissacarídeo meningocócico, levando em consideração as características fisiológicas da bactéria. Dentre as condições ambientais mais importantes para o cultivo, pode-se destacar a concentração de oxigênio. Por se tratar de uma bactéria anaeróbia facultativa, normalmente, injeta-se CO_2 durante o cultivo, ou utilizam-se baixas concentrações de oxigênio, ou, ainda, mantêm-se as condições de anaerobiose pela adição de N_2. É possível também reduzir a concentração de oxigênio sem adição de gases, utilizando L-cisteína, ácido tioglicólico e bicarbonato de sódio no preparo do meio (GONÇALVES et al., 2002).

De um modo geral, os processos fermentativos para produção de vacinas pneumocócicas são conduzidos por batelada convencional, empregando biorreatores de volumes variados, sendo que alguns fabricantes utilizam até a escala de 3.000 L. Leal (2011) realizou um processo em batelada alimentada com pulso de glicose (50% p/v) e acetato de amônio (46,2% p/v), em 4 horas de cultivo. Conforme se pode observar, houve o aumento da concentração de glicose disponível de 4 g/L para 11,5 g/L (Figura 13.7). A adição foi realizada antes da fase estacionária de crescimento, quando as células ainda se encontravam em plena atividade. Verifica-se também que a adição dessas substâncias não foi capaz de evitar a lise celular e a formação de lactato, principal metabólito da fermentação, apesar de ainda existir glicose presente no meio. Em 24 horas de cultivo, a concentração de polissacarídeo foi 2,4 vezes maior quando comparada com a amostra obtida após 6 horas, momento de maior concentração celular. Pode-se verificar também uma redução na concentração de células de 68,7% devido à autólise. O aumento da concentração de polissacarídeo é, provavelmente, decorrente da produção de células que ainda estão viáveis e da liberação pelas células que já sofreram lise. A velocidade específica de crescimento encontrada foi $0{,}929h^{-1}$ e a concentração máxima de polissacarídeo de 300 mg/L, valores adequados para uma produçao industrial.

O cultivo em batelada alimentada, com meio concentrado, com vazão de alimentação (F) constante igual a 0,14 L/h ou vazão de alimentação exponencial ($F = 0{,}48e^{0{,}08t}$ L/h), constitui estratégias de condução de processo, buscando aumento de produção do polissacarídeo. No intuito de evitar o acúmulo de metabólito tóxico (ácido láctico) durante o cultivo e aumentar a concentração celular na produção de polissacarídeo, pode-se empregar o cultivo contínuo com reciclo de células utilizando microfiltração/perfusão (CARMO, 2010).

Após a finalização da fermentação ocorre a inativação do cultivo empregando fenol. A etapa seguinte consiste na lise das células pela adição de DOC ao cultivo ou na clarificação por microfiltração tangencial, para utilização apenas do sobrenadante.

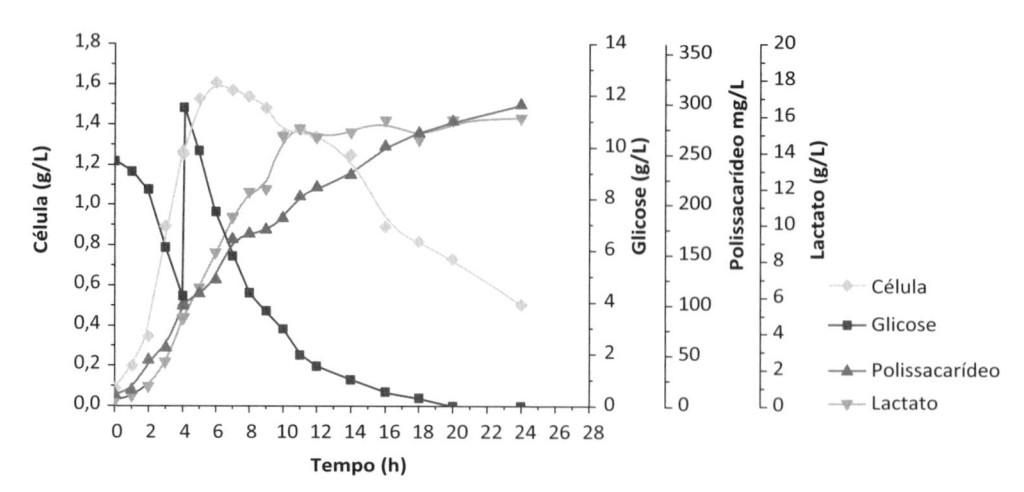

Figura 13.7   Perfil cinético de crescimento, produção de polissacarídeo sorotipo 14, consumo de glicose e formação de lactato em meio Catlin modificado em biorreator de 2 L com controle de pH 7,2, pulso de glicose e acetato de amônio em 4 horas.

Fonte: Leal (2011).

O processo de purificação dos polissacarídeos pneumocócicos, que geralmente possuem carga negativa, é semelhante à metodologia de purificação descrita anteriormente para purificação dos polissacarídeos meningocócicos. Para os sorotipos neutros (7F, 14 e 33) não ocorre adição de Cetavlon e as concentrações de etanol e acetato de sódio são variadas, em função dos sorotipos a serem purificados. Como os pneumococos não possuem LPS, mas apresentam polissacarídeo da parede celular, denominado polissacarídeo C (ácido teicoico com resíduos de fosfocolina), que deve ser retirado, é necessária a inserção de mais uma etapa de purificação com adição de etanol a 44%.

Outras metodologias de purificação utilizadas para os polissacarídeos meningocócicos podem ser empregadas para os pneumococos, como o tratamento com enzimas. Por exemplo, a adição de benzonase elimina ácidos nucleicos, e a utilização de uma mistura de enzimas proteolíticas (tripsina, pronase e nargase) retira as proteínas. Utiliza-se, ainda, em uma etapa posterior, a ultrafiltração tangencial para retirada de contaminantes de baixo peso molecular oriundos da degradação enzimática.

Os polissacarídeos pneumocócicos purificados também podem ser estocados a baixas temperaturas por longos períodos.

Produção de polissacarídeo de Hib

H. influenzae é um cocobacilo Gram-negativo que pode ou não ser encapsulado, sendo que ambas as formas podem causar infecção. As cepas não encapsuladas são responsáveis por doenças como otite média e sinusite, enquanto as encapsuladas causam doenças invasivas, como a meningite. As cepas encapsuladas podem ser divididas em seis tipos: a, b, c, d, e, f, de acordo com a estrutura molecular do polissacarídeo capsular. A bactéria do tipo b (Hib) é responsável por aproximadamente 95% de todas as doenças invasivas, acometendo, principalmente, crianças menores de 5 anos. A cápsula de Hib, principal fator de virulência dessa bactéria, é constituída de unidades repetidas de ribosil, ribitol fosfato (PRRP) (WHO, 2013).

No aspecto nutricional, *H. influenzae* é um microrganismo exigente, requerendo fatores de crescimento no meio de cultura, como hemina (fator X) e NAD (fator V). A produção industrial de polissacarídeo de Hib utiliza meios à base de peptonas de soja como a principal fonte de nitrogênio proteico. Dependendo dos parâmetros físicos associados à fermentação, a formação do produto pode ou não estar associada à multiplicação celular.

Gonçalves (1998) mostrou que a cinética de formação de PRRP é associada ao crescimento, quando se utiliza aeração superficial de 0,5 vvm, sem controle de pH, conforme se pode observar na Figura 13.8. Nessas condições, a produção de polissacarídeo foi em torno de 300 mg/L, rendimento satisfatório para uma escala industrial, visto que cada dose de vacina contém apenas 50 µg de PRRP.

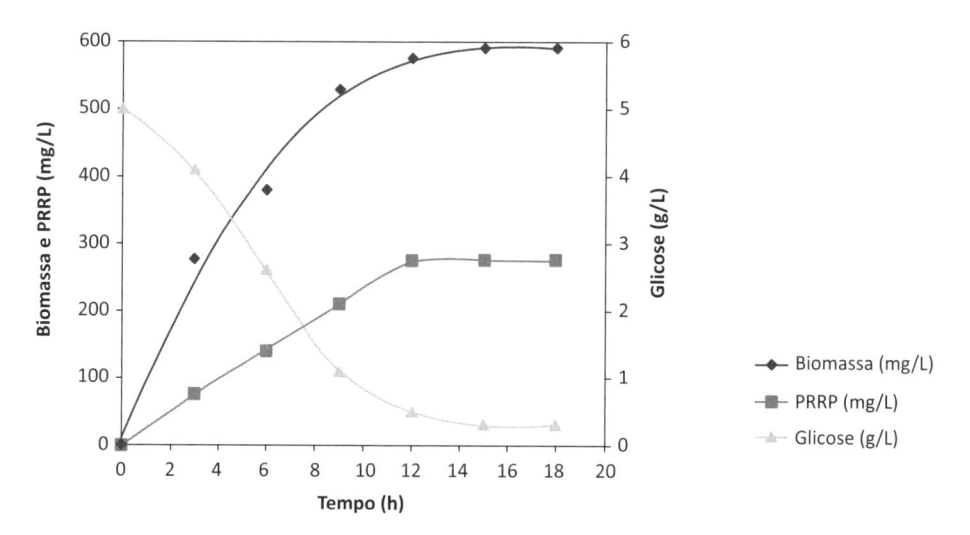

Figura 13.8 Cinética do processo em batelada convencional de obtenção de PRRP.

Fonte: Gonçalves (1998)

Takagi et al. (2007) mostraram a influência do controle de pH e pO_2 no cultivo do microrganismo. Os experimentos foram realizados em biorreator de 13 L, conduzido em batelada, nas seguintes condições: aeração superficial sem controle de pH, aeração submersa (pO_2 = 30%) sem controle de pH e com controle de pH em 7,2. Dentre as condições avaliadas, o controle de pO_2 e de pH proporcionou uma concentração de PRRP no sobrenadante de 943,3 mg/L, correspondendo a um aumento de 36% (574,3 mg/L) em relação ao cultivo (pO_2 = 30%) sem controle de pH, e de 124% (420,8 mg/L) para aeração superficial, sem controle de pH. Em geral, os resultados mostraram que a produção de PRRP continua mesmo após o cultivo atingir a fase estacionária de crescimento, e sua liberação para o meio ocorre tanto durante a fase exponencial como durante a fase estacionária, caracterizando uma cinética de formação de PRRP não associada ao crescimento.

Mudanças na forma de condução do processo fermentativo acarretam um grande impacto no rendimento do produto. Seguindo essa abordagem, Merritt et al. (2000) cultivaram Hib, em biorreator de 500 L, na forma de batelada alimentada, e foi observado um aumento de aproximadamente 4 vezes da concentração de PRRP (1.300 mg/L), quando comparado com o cultivo em batelada.

A metodologia tradicional para purificação do polissacarídeo de Hib é similar àquela descrita para obtenção de polissacarídeos meningocócicos (ver Figura 13.6). Tecnologias mais novas de purificação PRRP, seguindo a mesma linha de purificação dos polissacarídeos meningocócicos e pneumocócicos, também utilizam tratamento enzimático, ultrafiltração tangencial, adição de DOC e agentes quelantes (EDTA).

13.4.1.6 Vacinas conjugadas

Outras abordagens têm sido propostas para melhorar a natureza da resposta imunológica induzida pelos polissacarídeos capsulares bacterianos. A principal consiste nos processos de conjugação química destes com proteínas carreadoras. A obtenção de conjugados utilizando oligossacarídeos ou polissacarídeos bacterianos, que são antígenos independentes de células T, ligados covalentemente a carreadores proteicos (antígenos dependentes de células T), resulta em moléculas altamente imunogênicas em crianças, capazes de induzir memória imunológica (JONES, 2005).

O sucesso dessa abordagem foi demonstrado pela primeira vez em seres humanos com a vacina conjugada Hib, na década de 1980, que resultou na diminuição da doença invasiva e evidenciou o potencial para o controle de doenças causadas por outras bactérias encapsuladas. Posteriormente, em 1989, foi desenvolvida uma vacina conjugada de Hib, utilizando o antígeno polissacarídico capsular totalmente sintético, conjugado à anatoxina tetânica (ASTRONOMO; BURTON, 2010).

Existem vacinas conjugadas licenciadas contendo 7, 10 e 13 sorotipos de *S. pneumoniae*. Os polissacarídeos capsulares são produzidos e conjugados individualmente e posteriormente formulados de acordo com o número de sorotipos da vacina. Essas vacinas conjugadas são, sob o ponto de vista tecnológico, as mais complexas existentes e exigem testes de controle de qualidade bastante sofisticados. Como exemplo, citam-se os testes de identificação e quantificação de cada conjugado presente na composição da vacina através de espectrometria de massas e ressonância magnética nuclear. Para a liberação de um lote da vacina pneumocócica 10-valente, são necessários mais de 500 testes de controle de qualidade, desde a produção e purificação dos polissacarídeos, componentes intermediários e conjugados, até a formulação do produto final (Figura 13.9).

Em relação às vacinas meningocócicas conjugadas, existem três tetravalentes licenciadas em diferentes países, contendo polissacarídeos dos sorogrupos A, C, W_{135} e Y.

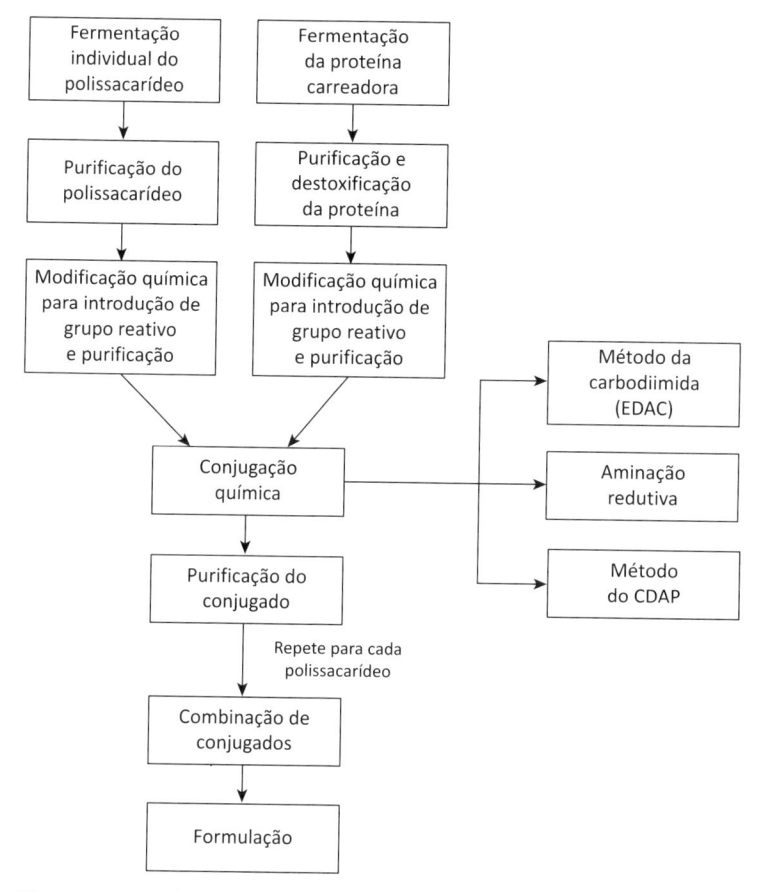

Figura 13.9   Fluxograma geral do processo de produção de vacinas conjugadas.

Fonte: adaptada de Josefsberg e Buckland (2012).

Em geral, os polissacarídeos produzidos, controlados e liberados para a produção das vacinas polissacarídicas podem ser utilizados na reação de conjugação com diferentes tamanhos moleculares, desde que seja mantida sua antigenicidade, que tem relação direta com o tamanho molecular. Dessa forma, os oligossacarídeos ou polissacarídeos devem conter um número sequencial e não modificado de unidades repetidas dentro da cadeia, com o objetivo de preservar a estrutura adequada à indução de anticorpos que se ligarão ao polissacarídeo capsular, quando o indivíduo for exposto à bactéria. Outro aspecto importante a ser considerado é a possibilidade do peso molecular do polissacarídeo poder afetar a eficiência de conjugação, já que a densidade ótima de carga de açúcar no conjugado depende do tamanho da cadeia polissacarídica (ASTRONOMO; BURTON, 2010).

Existem cinco principais proteínas carreadoras utilizadas na produção dos conjugados: anatoxina tetânica, anatoxina diftérica, toxina diftérica obtida de *Corynebacterium diphtheriae* mutante (CRM197), proteína D derivada de *H. influenzae* não tipável e proteínas de membrana externa de *N. meningitidis* sorogrupos B e C (PMEs). Vacinas conjugadas para Hib, meningococos e pneumococos têm demonstrado boa segurança e imunogenicidade, independente da proteína carreadora utilizada, embora a anatoxina tetânica seja a proteína mais imunogênica e, consequentemente, a que induz maior resposta imunológica aos conjugados obtidos.

No processo de conjugação, o polissacarídeo deve inicialmente ser modificado quimicamente para gerar grupos reativos que se liguem à proteína. Utiliza-se periodato para a geração de grupos aldeído e brometo de cianogênio (CNBr) ou 1-ciano-4--dimetilaminopiridina tetraflouroborato (CDAP) para a introdução de grupos ciano nos polissacarídeos. O CDAP induz a geração de grupos ciano com melhor eficiência e apresenta menor toxicidade do que o CNBr (JONES, 2005).

A Figura 13.9 descreve um fluxograma genérico para os processos de produção de vacinas conjugadas, mostrando os métodos químicos mais utilizados na etapa de conjugação. Dependendo do tipo de grupo funcional presente nos componentes a serem conjugados e do peso molecular do polissacarídeo, procede-se à escolha do método mais adequado.

A rota da carbodiimida caracteriza-se pela obtenção de conjugados com ligações múltiplas entre dois antígenos polifuncionais, através da introdução de um grupo amino (NH_2) no polissacarídeo, ativando-o com CNBr para a produção de um isocianato intermediário, que reage com a di-hidrazida do ácido adípico (ADH). A conjugação ocorre com a ativação de grupos carboxílicos da proteína (ácido aspártico e ácido glutâmico) com N-etil-N'-(3-dimetilaminopropil) carbodiimida (EDAC) e a posterior reação com os grupos hidrazidas do polissacarídeo. Um dos problemas dessa reação é a quantidade de substituintes desnecessários gerados na proteína e no polissacarídeo. O uso de moléculas bifuncionais, como a ADH, pode produzir um entrelaçamento entre as moléculas do polissacarídeo, criando estruturas de alto peso molecular, conforme mostra a Figura 13.10. A carbodiimida produz uma série de produtos secundários, devido à reatividade e instabilidade do intermediário formado. Todos esses fatores podem induzir à obtenção de estruturas antigênicas novas e indesejáveis na molécula do conjugado, além de uma vacina que pode apresentar uma potência variável (HERMANSON, 1996).

A utilização da aminação redutiva faz com que a proteína carreadora, através de reações de substituição, se ligue a várias cadeias de carboidrato, originando uma estrutura denominada neoglicoproteína (Figuras 13.9 e 13.10). Durante a reação, são introduzidos grupos aldeídos terminais no polissacarídeo, através de hidrólise ácida ou alcalina, oxidação seletiva com periodato de sódio ou outros procedimentos. Os oligossacarídeos originados reagem com grupamentos aminos presentes em proteínas (resíduos lisil), em presença de um agente redutor de bases de Schiff. Entretanto, a reação de aminação redutiva pode ser menos eficaz com polissacarídeos de alto peso molecular, possivelmente devido ao tamanho das macromoléculas envolvidas na reação. Além disso, o método necessita de longo tempo de reação para a obtenção completa dos conjugados, podendo durar de dois a três dias. A eficiência da reação pode ser aumentada com a introdução de grupos hidrazida na proteína que reajam mais favoravelmente com os grupos aldeídos gerados no polissacarídeo, através da reação com cloridrato de hidrazina. Esses grupos são mais reativos do que os grupos amino presentes na proteína carreadora e também não estão comprometidos com o processo de destoxificação da toxina tetânica, após o tratamento com formaldeído (JENNINGS; LUGOWSKI, 1981; JONES, 2005). Essa abordagem foi empregada por Silveira et al. (2007), que obtiveram conjugados de polissacarídeo meningocócico sorogrupo C com redução no tempo de reação de 2 a 3 dias para 14 a 18 horas.

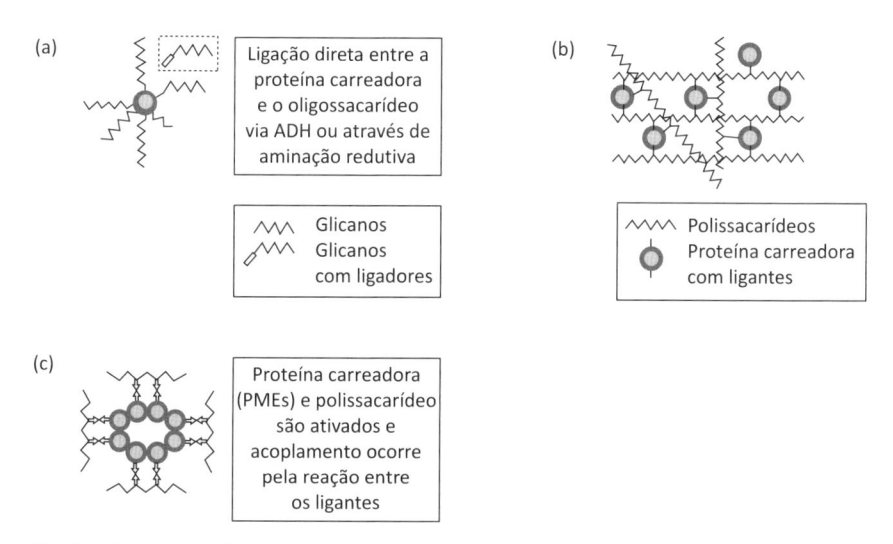

Figura 13.10 Representação de diferentes tipos estruturais de vacinas conjugadas: (a) vacina neoglico-conjugada obtida através da ativação com ADH (ácido adípico) ou periodato (aminação redutiva) e proteína carreadora (CRM197); (b) vacina conjugada obtida através de uma rede de ligações cruzadas, com alto peso molecular; (c) vacina conjugada baseada em vesículas de membrana externa, onde existem múltiplas ligações entre o polissacarídeo e a proteína carreadora (PMEs – proteínas de membrana externa).

Fonte: adaptada de Jones (2005).

No terceiro método de conjugação, o CDAP reage diretamente com o polissacarídeo, resultando na substituição de grupos hidroxila, abundantes na cadeia glicídica, por grupos ciano e formando um cianoéster bastante reativo. Esse método é altamente dependente do pH, e a eficiência da reação de ativação do polissacarídeo é maior em pH 9 a 10. O cianoéster formado reage com os grupamentos ε-lisina da proteína, dando origem a uma ligação estável O-alquil-isoureia. Para finalizar a reação utiliza-se um reagente que contenha grupos amino, por exemplo, a glicina (ver Figura 13.9).

Para a produção em grande escala dos componentes intermediários e dos conjugados, são utilizados reatores com controle de agitação, temperatura e pH. Os concentrados antigênicos conjugados são purificados utilizando-se métodos capazes de separá-los dos componentes livres que não reagiram e dos subprodutos de reação. A cromatografia de exclusão molecular, de troca iônica e de afinidade, além de etapas de ultrafiltração de fluxo tangencial, são normalmente utilizadas nesse processo. A ultrafiltração é frequentemente realizada nas etapas de recuperação para reduzir o volume do lote e troca de soluções tampão, proporcionando a eliminação das impurezas de pequenos tamanhos moleculares.

Após a etapa de purificação, os conjugados são avaliados em ensaios de controle de qualidade, como determinação da taxa de açúcar e proteína, avaliação do perfil cromatográfico e da massa molecular por espalhamento de luz dos componentes intermediários e conjugados. Avalia-se, ainda, o teor de açúcar livre, a identidade e integridade estrutural do conjugado por técnicas de RMN, dentre outras análises (BASTOS et al., 2015).

13.4.2 VACINAS VIRAIS

Os processos de produção da maioria das vacinas virais envolvem o cultivo de células animais e sua posterior infecção para obtenção de partículas virais, uma vez que a replicação de vírus não ocorre na ausência de células vivas. Processos tradicionais de produção de vacinas virais que envolvem o sacrifício de animais para a remoção de tecidos previamente infectados com o vírus de interesse ou de tecidos que serão infectados *in vitro* ainda são utilizados. No entanto, desde a década de 1980 é crescente a tendência mundial de desenvolvimento de novos processos de produção de vacinas virais, empregando o cultivo de linhagens de células estabelecidas, passíveis de serem cultivadas em biorreatores agitados, sob condições monitoradas e controladas. Melhorias na potência, qualidade ou segurança das vacinas ou redução no tempo e custos de fabricação são alcançadas com essas novas plataformas tecnológicas (ULMER; VALLEY; RAPPUOLI, 2006).

Existem algumas vacinas virais que tradicionalmente são produzidas em ovos embrionados e que atualmente podem ser obtidas em células cultivadas em biorreatores agitados, como a vacina influenza e a vacina inativada contra a febre amarela. Em igualdade de produção, um biorreator de escala industrial com cultivo homogêneo poderá substituir um grande número de ovos embrionados e, consequentemente, reduzir a mão de obra envolvida e o número de manipulações, minimizando os riscos de contaminação e de variabilidade de títulos entre os lotes (DOYLE; GRIFFITHS, 1998). Além disso, os processos de produção utilizando células são muito mais rápidos, possibilitando atender demandas emergenciais em caso de epidemia ou pandemia de forma efetiva, sem a necessidade de os produtores manterem grandes estoques estratégicos da vacina (KISTNER; BARRET; MUNDT, 1998). Outra vantagem é a ausência de antibióticos nesses processos e proteínas do ovo, como a ovalbumina, responsável por eventos adversos em indivíduos alérgicos (BRETAS, 2011).

Há a produção de importantes vacinas utilizando o cultivo de células, com tecnologias menos avançadas e mais laboriosas, tal como o crescimento de células em monocamadas em *cell factors*, dispositivos descartáveis de superfícies planas dispostas em forma de prateleiras, contendo meio de cultivo para a propagação celular. As células homogeneamente distribuídas nesses dispositivos são cultivadas sem agitação até que toda a superfície disponível esteja coberta por elas. Posteriormente, as células são infectadas com o vírus que se propaga rapidamente no interior delas, causando ou não lise celular, dependendo do vírus. A seguir ocorre a clarificação por filtração, coletando-se a suspensão viral para dar origem à vacina correspondente.

Especificamente para a fabricação de vacinas de uso humano, somente algumas linhagens celulares são consideradas apropriadas. Dentre as linhagens aceitas estão incluídas as de células diploides MRC-5 e WI-38 (ambas provenientes de pulmão humano) e FRhL-2 (derivada de pulmão de embrião de macaco Rhesus). Linhagens de células contínuas têm grande potencial na produção de vacinas, pois são células imortalizadas, ou seja, podem ser cultivadas em diferentes sistemas de cultivo, aderidas ou em suspensão, permitindo o uso de biorreatores agitados. Essas células transformadas podem ser obtidas por diferentes métodos: subcultivos de células de tumores humanos ou de animais, por vírus oncogênicos ou espontaneamente. Células de animais transformadas espontaneamente, como as células de rim de macaco verde africano (Vero), células de rim de hamster neonato (BHK) e células de ovário de hamster chinês (CHO), também têm sido utilizadas para a produção de produtos biológicos (vacinas e biofármacos) para uso humano.

Em escala comercial, células Vero cultivadas em microcarregadores já vêm sendo empregadas na produção das vacinas contra a raiva, poliomielite, influenza e encefalite japonesa. Nesses casos, as células crescem aderidas a microcarregadores os quais, devido à sua densidade relativamente baixa, podem ser mantidos em suspensão, mesmo em baixas velocidades de agitação (BLÜML, 2004).

Microcarregadores são pequenas esferas, micro ou macroporosas, com diâmetros variando de 100 a 500 μm e densidades entre 1 e 1,06 g/mL. Eles podem ser confeccionados em vários materiais, como dextrana, poliestireno, colágeno, gelatina ou celulose. A carga e o tamanho dos microcarregadores têm sido otimizados para melhorar o crescimento celular. As superfícies dessas esferas podem ser revestidas de materiais que facilitem a adesão celular, como gelatina, colágeno, ProNectina ou Poli-lisina. Os microcarregadores microporosos, comumente chamados de microcarregadores sólidos, são aqueles em cujo interior as células não conseguem crescer, devido ao reduzido tamanho dos poros, de modo que o crescimento celular acontece apenas na superfície das microesferas. Por outro lado, os microcarregadores macroporosos, designados geralmente de microcarregadores porosos, foram desenvolvidos visando à obtenção de maiores áreas disponíveis ao crescimento celular, através da adesão e crescimento das células também no interior dos poros. Assim, é possível o cultivo de células animais em biorreatores de grandes volumes apenas aumentando a concentração de microcarregadores (BLÜML, 2004).

No entanto, os desafios enfrentados na ampliação de escala empregando microcarregadores passam pela definição das necessidades nutricionais do cultivo, acúmulo de subprodutos do metabolismo e sua remoção, transferência de oxigênio no biorreator e sensibilidade das células às restrições físicas e fisiológicas no crescimento. Restrições físicas significam tensões de cisalhamento decorrentes da agitação e das limitações de transporte de nutrientes em situações de alta concentração celular. Adicionalmente, há a necessidade de adoção de métodos analíticos adequados ao acompanhamento e controle do processo.

Além de uma elevada concentração celular no momento da infecção viral ideal para a produção de elevados títulos virais, outros fatores também determinam o sucesso de um processo de produção de antígenos virais. As variáveis mais importantes na otimização de um processo de produção de vírus, seja em batelada, batelada alimentada ou perfusão, são o momento de infecção viral (TOI), a concentração celular no momento da infecção (CMI) e a multiplicidade de infecção (MOI), definida como a relação entre a concentração de inóculo viral e de células no momento da infecção. O uso de uma estratégia empregando um baixo MOI é muitas vezes obrigatório nos processos produtivos de vacinas virais, uma vez que existe a necessidade de evitar o rápido esgotamento do banco de vírus, o qual normalmente é certificado e de elevado custo para o produtor (MARANGA et al., 2004).

13.4.2.1 Vacina influenza

Existem dois tipos de vacinas influenza: inativada e atenuada. Dentre as vacinas contra influenza inativadas, há aquelas compostas pelos vírus inteiros, fração viral e subunidade.

A maioria das vacinas contra influenza atualmente licenciadas, inativadas ou atenuadas, é produzida em ovos embrionados. No entanto, o progresso alcançado na tecnologia de cultura de células para produção de vacinas tem levado os fabricantes dessas vacinas a utilizar a plataforma tecnológica de produção em biorreator agitado (MILIÁN; KAMEN, 2015). Uma representação esquemática do processo de produção de vacina inativada contra influenza baseado em cultivo celular de alta densidade está apresentada na Figura 13.11.

A vacina de influenza inativada é uma vacina sazonal, formulada com vírus inativados H1N1, H3N2 e influenza B, produzida a partir de células Vero. As células crescem aderidas aos microcarregadores e posteriormente são infectadas com um dos vírus semente com MOI de aproximadamente 0,01 $TCID_{50}$/mL (dose capaz de infectar 50% dos cultivos celulares). Na etapa seguinte, o sobrenadante é clarificado e tratado com enzimas para degradação dos resíduos de DNA e inativado pela adição de formaldeído. O processo de purificação continua com etapas de ultracentrifugação para concentração das partículas virais, seguido de filtração estéril para formulação final.

Outro tipo de vacina de influenza é uma vacina de subunidade trivalente, composta por duas cepas do vírus influenza A (H1N1, H3N2) e uma cepa do vírus tipo B, produzidas em células MDCK. A linhagem celular cresce em suspensão, aderida aos microcarregadores, em meio de cultivo livre de soro e proteínas. Cada uma das cepas virais é produzida e purificada separada e posteriormente formulada para dar origem à vacina trivalente (MILIÁN; KAMEN, 2015).

Em ambos os processos, após a fase de crescimento celular, o vírus semente é inoculado e, em poucos dias, o sobrenadante viral é recuperado, utilizando etapas sequenciais de centrifugação, filtração, ruptura química e cromatografia para eliminação dos resíduos celulares e separação do vírus das demais impurezas. Para eliminação do DNA em limites menores que 10 ng por dose, é feita adição de enzimas para promover sua degradação. A inativação do vírus é realizada quimicamente com β-propiolactona e interrompida com brometo de cetiltrimetilamônio para solubilizar os antígenos de superfície virais, hemaglutinina e neuraminidase (MILIÁN; KAMEN, 2015).

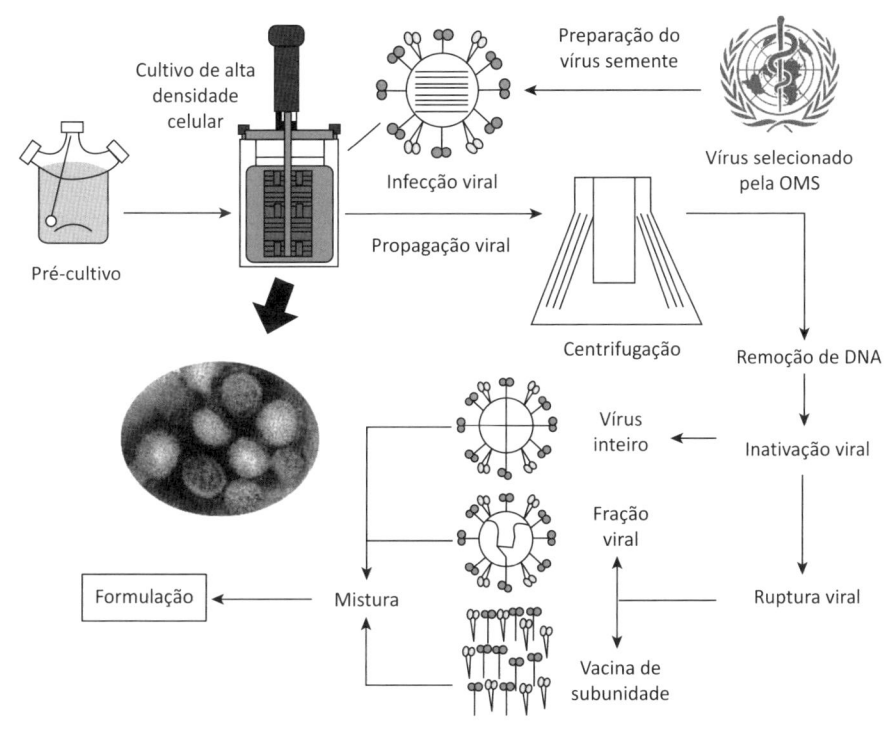

Figura 13.11 Representação esquemática do processo de produção da vacina contra influenza inativada obtida a partir da tecnologia do cultivo celular.

Fonte: adaptada de Milián e Kamen (2015).

13.4.2.2 Febre amarela

Atualmente, a vacina atenuada para febre amarela é produzida a partir de ovos embrionados. Estudos para a produção de uma vacina inativada de febre amarela, mais pura e que apresente menos eventos adversos, está em fase de desenvolvimento, empregando cultivo de linhagem celular certificada em biorreator agitado (SOUZA, 2007).

Inicialmente, células Vero crescem aderidas aos microcarregadores em meio de cultivo livre de soro. No quinto dia de cultivo, a infecção viral em volume reduzido é realizada, cessando-se a agitação e permitindo a decantação dos microcarregadores e a remoção de 70% do meio sobrenadante. Após 1 hora da infecção viral o meio de cultivo é reposto para 100% do volume de trabalho, e a coleta do sobrenadante viral é realizada no quarto dia após a infecção. A Figura 13.12 mostra as curvas típicas de propagação celular e produção do vírus desse processo. Posteriormente, o sobrenadante viral é submetido às etapas de clarificação, purificação, inativação e finalmente formulação.

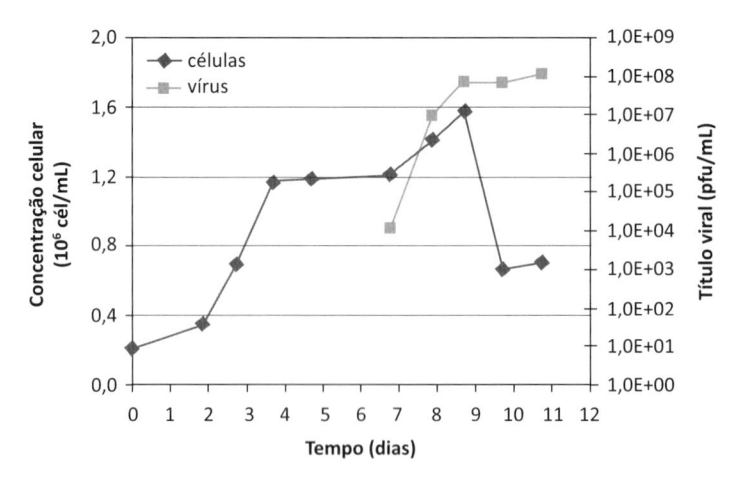

Figura 13.12 Crescimento celular e produção de vírus a partir do cultivo de células Vero em microcarregadores, utilizando meio de cultivo livre de soro em biorreator agitado de 1 L. A infecção viral foi realizada no quinto dia de cultivo.

Fonte: Souza (2007).

A obtenção da mesma quantidade de vírus produzida em biorreator de 1 L (1×10^8 unidade formadora de placa – UFP/mL) corresponde à utilização de 27.500 ovos embrionados pela metodologia tradicional. Considerando que a inoculação é feita de forma manual, pode-se imaginar a dificuldade de expansão da capacidade de produção que os laboratórios produtores enfrentam, frente a uma demanda emergencial dessa vacina (SOUZA, 2007).

13.4.2.3 Vacinas de hepatite B e HPV

A tecnologia do DNA recombinante permitiu o desenvolvimento de vacinas de subunidades, estruturalmente semelhantes ao antígeno (VLP, *virus-like particles*), capazes de induzir a formação de anticorpos contra epítopos fisiologicamente relevantes. VLP podem ser produzidas usando sistemas de expressão como bactérias, leveduras ou células de inseto, os quais podem gerar uma grande quantidade de proteínas recombinantes. Devido à ausência do ácido nucleico viral, os VLP não podem se replicar e são, portanto, mais seguros do que vacinas atenuadas.

Atualmente, existem vacinas licenciadas para uso humano baseadas em VLP, para HepB e HPV. No entanto, a composição das vacinas é bastante diferente. As vacinas para hepatite B são monovalentes e produzidas em *Saccharomyces cerevisiae* por vários fabricantes. As VLP para HepB são compostas de partículas da membrana lipídica da levedura, na qual a proteína S do envelope do vírus da hepatite B (HBsAg) foi incorporado. Elas assemelham-se morfologicamente às partículas não infecciosas encontradas no sangue de indivíduos infectados com vírus da HepB.

O meio de cultivo usado nesse processo é um meio complexo contendo extrato de levedura, peptona de soja, glicose, aminoácidos e sais minerais. Durante o processo produtivo, testes são realizados para determinação da quantidade de células hospedeiras que expressam o antígeno de interesse. No final da fermentação, o HBsAg é liberado pela ruptura das células da levedura em homogeneizador de alta pressão e purificado por uma série de métodos físicos e químicos. A vacina produzida atualmente não contém DNA detectável de levedura, e menos de 1% do conteúdo de proteína provém da levedura. A proteína purificada é tratada com formaldeído em tampão fosfato, filtrada empregando membrana de 0,22 µm e coprecipitada com alumínio (sulfato de alumínio e potássio), para formar uma quantidade de vacina adsorvida com sulfato de hidroxifosfato de alumínio amorfo (PLOTKIN; ORENSTEIN; OFFIT, 2013, p. 48).

Para HPV existem atualmente duas vacinas disponíveis no mercado, ambas recombinantes, não infecciosas, preparadas a partir de VLP altamente purificadas, semelhantes à principal proteína L1 do capsídeo. Uma delas, contendo quatro diferentes proteínas, é produzida em *S. cerevisiae*, e o processo é semelhante ao descrito para HepB (SCHILLER; MÜLLER, 2015).

A vacina bivalente também emprega um sistema de expressão em células de inseto. Nesse caso, o antígeno de proteção é inserido em um bacilovírus para gerar o vírus recombinante, o qual é amplificado em células de inseto e origina um banco de trabalho do vírus. As células de inseto crescem em um biorreator e são posteriormente infectadas com o vírus recombinante do banco de trabalho. As células são separadas do meio por centrifugação, e a proteína VLP é recuperada e purificada para posterior formulação da vacina (COX, 2012).

13.4.2.4 Vacinas de poliomielite e raiva

Há duas vacinas diferentes para a poliomielite. A vacina Sabin, que é de uso oral (VOP), é constituída por vírus atenuados do tipo I, II e III e é produzida a partir do cultivo de célula diploide humana (MRC-5). A vacina Salk é injetável e formulada com vírus inativado, produzida a partir do cultivo de células Vero em biorreator agitado.

A vacina de pólio inativada (VIP) também é uma mistura dos três poliovírus, obtidos de sobrenadantes provenientes de cultivos celulares e posteriormente submetidos à purificação e inativação, como ilustrado na Figura 13.13.

As células Vero, expandidas a partir do banco de células de trabalho, são adaptadas ao crescimento em microcarregadores até alcançar altas concentrações de células, em biorreator de grande volume. Antes da infecção viral, o meio de crescimento é removido, as células são lavadas três vezes e um dos três poliovírus é inoculado. Depois de 72 a 96 horas de processo, com temperatura de incubação a 37 °C, as células devem ser lisadas pela replicação viral e o sobrenadante coletado. Após clarificação, o vírus é concentrado 500 vezes por ultracentrifugação. Para remoção de proteínas celulares e DNA, o concentrado viral é submetido às etapas de purificação por cromatografia de exclusão e troca iônica e, posteriormente, inativado por formaldeído.

Como toda vacina acarreta algum evento adverso, no caso da vacina de poliomielite atenuada há raros casos de paralisia associada ao uso. Esses casos podem ser evitados com a inclusão da vacina VIP como opção à primeira dose para as crianças, sendo nas doses subsequentes a utilização da vacina VOP, conforme introduzido no calendário nacional de vacinação, em 2012.

A vacina para raiva também é produzida empregando o cultivo de células Vero aderidas em microcarregadores, com ou sem adição de soro, em biorreatores agitados. De forma semelhante à produção de pólio, a etapa inicial é a de crescimento da linhagem Vero até altas concentrações celulares, seguida da infecção viral e posterior coleta do sobrenadante. As etapas seguintes incluem a concentração e purificação do vírus por ultracentrifugação e posterior inativação com β-propiolactona. A formulação final contém albumina humana (PLOTKIN; ORENSTEIN; OFFIT, 2013, p. 654).

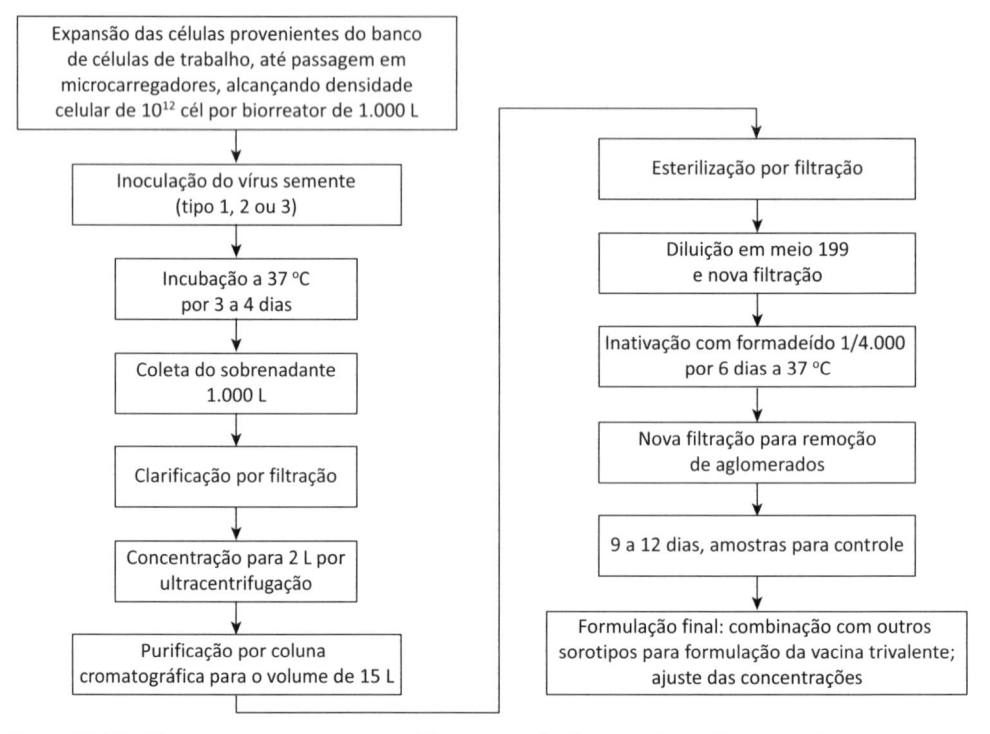

Figura 13.13 Fluxograma das etapas envolvidas na produção da vacina pólio inativada.

Fonte: adaptada de Plotkin, Orenstein e Offit (2013, p. 575).

13.5 VACINAS COMBINADAS

Existe um grande interesse na utilização de vacinas combinadas com a perspectiva de proteção contra várias doenças ao mesmo tempo em uma única injeção. Dessa forma, também diminuem o número de visitas dos indivíduos aos postos de saúde, o que contribui para a redução dos custos envolvidos na vacinação. A combinação pode ser obtida durante o processo de formulação do produto ou no momento da administração. O grande desafio da combinação de vacinas é a manutenção de uma resposta imunológica similar àquela observada quando a vacina é aplicada separadamente. As combinações mais conhecidas são a tríplice bacteriana (difteria, tétano e pertussis – DTP), tetravalente (DTP-Hib), pentavalente (DTP-Hib-HepB) e hexavalente (DTP--Hib-HepB-IPV), a tríplice viral (sarampo, caxumba e rubéola; SCR) e a tetravalente viral (SCR-varicela).

Essas combinações devem seguir critérios de avaliação para assegurar que os antígenos tenham compatibilidade física, química e biológica, que sejam seguros e efetivos e não interfiram na eficácia dos demais antígenos da combinação.

Algumas vacinas combinam duas cepas de uma mesma espécie, como é o caso de vacinas contra poliomielite e influenza. Outras associam diferentes subunidades, obtidas de diversos sorotipos de bactérias, como ocorre com as vacinas pneumocócicas e meningocócicas.

13.6 TENDÊNCIAS FUTURAS NA PRODUÇÃO DE VACINAS

Existem hoje várias abordagens tecnológicas sendo utilizadas para o desenvolvimento de vacinas. Os estágios de desenvolvimento são os mais variados e promissores possíveis.

13.6.1 VACINAS DE DNA

São fragmentos de DNA contendo genes de diferentes antígenos proteicos, relacionados a uma doença em particular. Após a administração, o DNA entra temporariamente nas células do hospedeiro, e essas células podem produzir a proteína codificada e induzir uma resposta imunológica. Teoricamente, essas vacinas são extremamente seguras e induzem poucos eventos adversos, uma vez que os antígenos são produzidos diretamente pelo hospedeiro. A vantagem dessa abordagem seria a possibilidade de induzir resposta celular imediata, direcionada para o antígeno (p. ex., contra um patógeno intracelular), sem que o plasmídeo se replique nas células. Os primeiros testes clínicos utilizando injeções de DNA, para estimular uma resposta imunológica contra uma proteína, começaram em 1995, com uma proteína do vírus da imunodeficiência humana (HIV). Em contraste com as vacinas compostas de proteínas, que induzem anticorpos neutralizantes, as vacinas de DNA induzem respostas citotóxicas e têm sido testadas em vários estudos para prevenção ou tratamento de infecções virais e malignidades.

13.6.2 VACINAS TERAPÊUTICAS

Essas vacinas representam uma alternativa para o tratamento antiviral ou para dar suporte parcial a uma terapia efetiva. Funcionam através da ativação do sistema imunológico do paciente, visando a uma resposta de células T específica e multifuncional contra os antígenos virais mais importantes. O sistema imunológico, então, é estimulado a controlar completamente a replicação viral e a produção de antígenos ou, de forma ideal, a eliminar o vírus. Por outro lado, o sucesso das vacinas profiláticas está baseado na rápida neutralização do patógeno invasor, por meio de anticorpos, e no controle do vírus e eliminação de células infectadas, por meio de células T. O entendimento das respostas imunológicas envolvidas constitui a base para o desenho das vacinas terapêuticas, que têm potencial de uso para viroses persistentes causadoras de doenças ou danos teciduais (KUTSCHER et al., 2012). Estão sendo atualmente desenvolvidas para infecções virais crônicas, como HPV, HIV, herpesvírus, HepB e HepC.

13.6.3 VACINOLOGIA REVERSA

É uma abordagem que utiliza a análise do genoma para identificar todos os antígenos que são expostos na superfície das células e antigenicamente conservados em múltiplas cepas. Os epítopos mais imunogênicos, após serem sequenciados, são patenteados e avaliados em diferentes formulações vacinais. Já existe uma vacina licenciada no Brasil (2015) e em vários outros países utilizando essa abordagem. Trata-se da vacina meningocócica do sorogrupo B. O seu desenvolvimento baseou-se na busca de uma vacina universal, utilizando o genoma da cepa MC58. A triagem inicial identificou 350 proteínas expressas e purificadas para estudos de imunização pré-clínica. Vinte e oito dessas novas proteínas foram selecionadas como capazes de induzir anticorpos bactericidas e também de serem conservadas entre cepas do sorogrupo B (JOSEFSBERG; BUCKLAND, 2012). Cinco dos antígenos mais promissores (fHbp, NadA, NHBA, GNA2091 e GNA1030) foram selecionados e compõem a vacina que está sendo comercializada. Essa vacina possui três proteínas recombinantes (proteína de fusão fHbp – proteína ligante fator H; proteína NadA – adesina A de *Neisseria*; e proteína de fusão NHBA – antígeno de *Neisseria* de ligação à heparina) formuladas com vesícula de membrana externa da cepa NZ98/254 da Nova Zelândia.

13.6.4 TECNOLOGIA DE ACOPLAMENTO DE GLICANOS A PROTEÍNAS

Trata-se de uma plataforma que representa uma evolução do processo de produção de vacinas conjugadas utilizando métodos químicos, inaugurando uma nova era na glicoengenharia. A tecnologia é versátil e permite a conjugação biológica de açúcares bacterianos a qualquer proteína carreadora, através do acoplamento enzimático *in vivo* utilizando a via de glicosilação presente na bactéria *Campylobacter jejuni* (via N-glicosilação em resíduos de asparagina), em *Escherichia coli* recombinante (Figura 13.14). Vários estudos têm demonstrado a biossíntese de diferentes conjugados contendo glicanos de *Staphylococcus aureus* sorotipos 5 e 8, *Streptococcus pneumoniae* sorotipo 14, *Shigella flexneri* 2a, 3a, 6, *Shigella sonnei* e *Burkholderia pseudomallei* (IHSSEN et al., 2010).

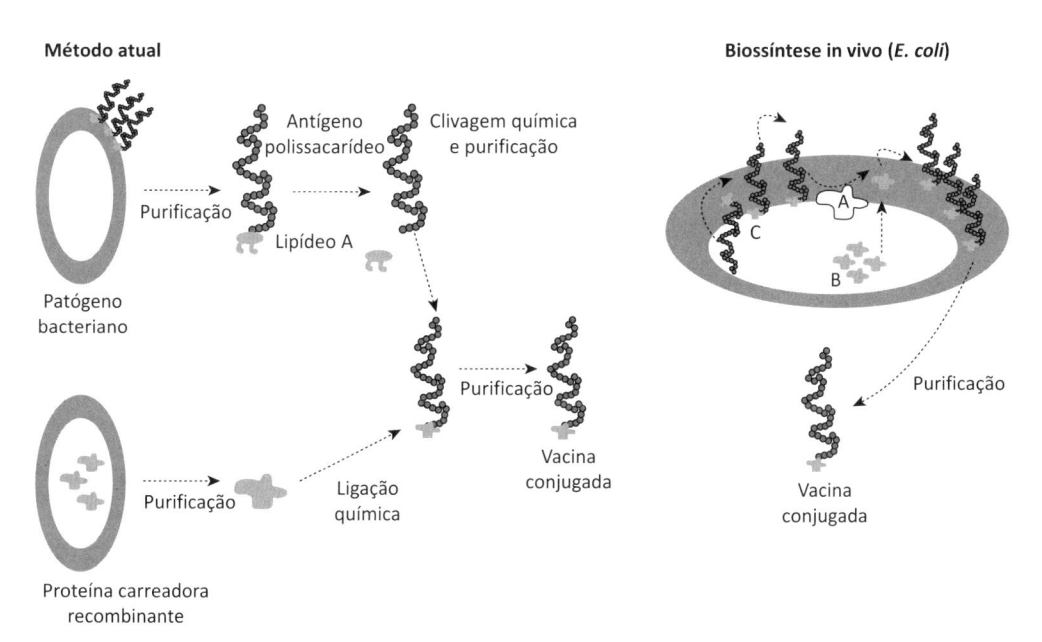

Figura 13.14 Método atual para a produção de vacinas conjugadas e a biossíntese *in vivo*. A: oligossa-cariltransferase Pglb. B: proteína carreadora com sequência de sinal para secreção ao periplasma. C: polissacarídeos ligados ao undecaprenilpirofosfato.

Fonte: adaptada de Ihssen et al. (2010).

13.7 CONSIDERAÇÕES FINAIS

Este capítulo buscou oferecer uma visão geral da produção das principais vacinas utilizadas no país, das etapas envolvidas no desenvolvimento de novas vacinas e das tendências tecnológicas dos futuros imunobiológicos. O foco nos processos produtivos buscou evidenciar, principalmente, aspectos relacionados à formação e purificação dos produtos. No entanto, a indústria de vacinas é fortemente protegida por patentes e segredos industriais, acarretando uma escassez na literatura a respeito de tais aspectos. É por isso que muitas informações fornecidas neste capítulo têm como base a experiência dos autores no campo da vacinologia.

REFERÊNCIAS

ANVISA – Agência Nacional de Vigilância Sanitária. *Guia de Qualidade para Sistemas de Tratamento de Ar e Monitoramento Ambiental na Indústria Farmacêutica*. 56 p. Brasília: Anvisa, 1º de março de 2013a.

_____. *Guia de Qualidade para Sistemas de Purificação de Águas para Uso Farmacêutico*. 28 p. Brasília: Anvisa, 1º de março de 2013b.

_____. Resolução RDC n. 17, de 16 abr. 2010. Disponível em: <http://bvsms.saude.gov.br/bvs/saudelegis/anvisa/2010/res0017_16_04_2010.html>. Acesso em: 27 ago. 2015.

ASTRONOMO, R. D.; BURTON, D. R. Carbohydrate vaccines: developing sweet solutions to sticky situations? *Nature Reviews*, v. 9, p. 308-324, 2010.

BARBOSA A. P. R. *A formação de competências para inovar através de processos de transferência de tecnologia: um estudo de caso.* 222 p. Tese (Doutorado em processos químicos e bioquímicos) – Escola de Química, Universidade Federal do Rio de Janeiro, Rio de Janeiro, 2009.

BASTOS, R. C. et al. Brazilian meningococcal C conjugate vaccine: Scaling up studies. *Vaccine*, v. 33, p. 4281-4287, 2015.

BLÜML, G. *Culture of animal cells (adherent and suspension cells) on microcarriers.* In: PRODUCTION OF BIOPHARMACEUTICALS ANIMAL CELL CULTURES – AN INTERNATIONAL COURSE. Rio de Janeiro, jul. 2004, p. 12-23.

BRETAS, R. M. *Avaliação da capacidade instalada para a produção e certificação de células animais.* 154 f. Dissertação (Mestrado profissional em tecnologia de imunobiológicos) – Instituto de Tecnologia em Imunobiológicos, Fundação Oswaldo Cruz, Rio de Janeiro, 2011.

CARMO, T. S. *Otimização da produção de polissacarídeo do* Streptococcus pneumoniae *sorotipo 6B em biorreator.* 128 f. Tese (Doutorado em biotecnologia), Instituto Butantan/IPT, Universidade de São Paulo, São Paulo, 2010.

COX, M. M. J. Recombinant protein vaccines produced in insect cells. *Vaccine*, v. 30, p. 1750-1766, 2012.

DE LUCA, M. M. et al. Nitrogen-Gas Bubbling During the Cultivation of *Clostridium tetani* Produces a Higher Yield of Tetanus Toxin for the Preparation of its Toxoid. *Microbiology and Immunology*, v. 41, p. 161-163, 1997.

DOYLE, A., GRIFFITHS, J. B. (eds.). *Cell and Tissue Culture: Laboratory Procedures in Biotechnology.* London: John Wiley & Sons, 1998. 332 p.

FERREIRA, A. A. *Desenvolvimento da metodologia para realizar a qualificação de performance do biorreator utilizado para a produção de toxina diftérica.* 80 f. Dissertação (Mestrado em biotecnologia) – Instituto Butantan/IPT, Universidade de São Paulo, São Paulo, 2013.

FRATELLI, F. et al. Na alternative method for purifing and detoxifying diphtheria toxin. *Toxicon*, v. 57, p. 1093-1100, 2011.

GONÇALVES, M. C. M. *Produção da cápsula polissacarídica de* Haemophilus influenzae *tipo b.* 105 p. Dissertação (Mestrado em engenharia química) – Escola de Química, Universidade Federal do Rio de Janeiro, Rio de Janeiro, 1998.

GONÇALVES, V. M. et al. Optimization of medium and cultivation conditions for capsular polysaccharyde production by *Streptococcus pneumoniae* serotype 23F. *Applied Microbiology Biotechnology*, v. 59, p. 713-717, 2002.

GOTSCHLICH, E. C.; LIU, T. Y.; ARTENSTEIN, M. S. Human immunity to the meningococcus III. Preparation and immunochemical properties of the group A, group B, and group C meningococcal polysaccharides. *Journal of Experimental Medicine*, n. 129, p. 1349-1365, 1969.

HENRIQUES, A. W. S. et al. Mathematical modeling of capsular polysaccharide production by *Neisseria meningitidis* serogroup C in bioreactors. *Brazilian Journal of Chemical Engineering*, v. 22, n. 4, p. 585-592, 2005.

HERMANSON, G.T. The chemistry of reactive groups. In: *Bioconjugate Techniques*. San Diego: Academic Press, Inc., 1996. p. 156-161.

IHSSEN, J. et al. Production of glycoprotein vaccines in *Escherichia coli. Microbial Cell Factories*, v. 9, p. 1-13, 2010.

JENNINGS, H. J.; LUGOWSKI, C. Immunochemistry of groups A, B, and C meningococcal polysaccharide-tetanus toxoid conjugates. *Journal Immunology*, n. 127, p. 1011-1018, 1981.

JONES, C. Vaccines based on the cell surface carbohydrates of pathogenic bacteria. *Academia Brasileira de Ciências*, v. 77, p. 293-324, 2005.

JOSEFSBERG, J. O.; BUCKLAND, B. *Vaccine Process Technology Biotechnology and Bioengineering*, v. 109, p. 1443-1460, 2012.

KISTNER, O.; BARRET, P. N. O.; MUNDT, W. Development of a mammalian cell (Vero) derived candidate influenza virus vaccine. *Vaccine*, v. 16, p. 960-968, 1998.

KUTSCHER, S. et al. Design of therapeutic vaccines: hepatitis B as an example. *Microbial Biotechnology*, v. 5, p. 270-282, 2012.

LEAL, M. L. M. *Desenvolvimento de processo para produção de polissacarídeo capsular de* Streptococcus pneumoniae *sorotipo 14*. 144 f. Tese (Doutorado em ciências) – Escola de Química, Universidade Federal do Rio de Janeiro, Rio de Janeiro, 2011.

MARANGA, L., et al. Scale-up of viruslike particles production: effects of sparging, agitation and bioreactor scale on cell growth, infection kinetics and productivity. *Journal of Biotechnology*, v. 107, p. 55-64, 2004.

MERRITT, J. et al. Development and scale-up of a fed-batch process for the production of capsular polysaccharide from *Haemophilus influenzae. Journal of Biotechnology*, v. 8, p. 189-197, 2000.

MILIÁN, E.; KAMEN, A. Current and emerging cell culture manufacturing Technologies for influenza vacines. *BioMed Research International*, v. 2015, p. 504831, 2015.

MUNIANDI, C. et al. Standardization of process for increased production of pure and potent tetanus toxin. *Journal of Microbiology and Infectious Diseases*, v. 3, n. 3, p. 133-140, 2013.

NING, P. et al. Process Optimisation for Increased Polysaccharide Yield of *Neisseria meningitidis* (Serogroup W135) by Submerged Fermentation. *Biotechnology & Biotechnological Equipment*, v. 5, n. 26, p. 3224-3230, 2012.

OZUTSUMI, K.; SUGIMOTO, N.; MATSUDA, M. Rapid, Simplified Method for Production and Purification of Tetanus Toxin. *Applied and Environmental Microbiology*, v. 49, n. 4, p. 939-943, 1985.

PATO, T. P.; BARBOSA, A. P. R.; JUNIOR, J. G. S. Purification of capsular polysaccharide from *Neisseria meningitidis* by liquid chromatography. *Journal of Chromatography*, n. 832, p. 262-267, 2006.

PLOTKIN, S. A.; ORENSTEIN, W. A.; OFFIT, P. A (eds.). *Vaccines*. 6. ed. Philadelphia: Elsevier-Saunders, 2013.

PRADO, S. M. A. *Aplicabilidade do antígeno tetânico conjugado com derivados do monometoxi-polietilenoglicol*. 143 f. Tese (Doutorado em biotecnologia) – Instituto Butantan/IPT, Universidade de São Paulo, São Paulo, 2008.

REDDY, J. R. Method of producing meningococcal meningitis vaccine for *Neisseria meningitidis* serotypes A, C, Y, and W-135. Patente US 7.491.517 B2, 2009.

SCHILLER, J; MÜLLER, M. Next generation prophylactic human papillomavirus vaccines. *Lancet Oncology*, v. 16, p. e217-e225, 2015.

SHIVANANDAPPA, K. C. et al. Assessment of Bordetella pertussis Strain 509 Cell Mass Yield in Baffle and Vortex Mode of Agitation during Large Scale Industrial Fermentor Cultivation. *Journal Bacteriology Parasitology*, v. 6, p. 1-6, 2015.

SILVEIRA, I. A. F. B. et al. Characterization and immunogenicity of meningococcal group C conjugate vaccine prepared using hydrazide-activated tetanus toxoid. *Vaccine*, v. 25, p. 7261-7270, 2007.

SOUZA, M. C. O. *Produção do vírus da febre amarela em células Vero utilizando biorreatores agitados*. 117 f. Tese (Doutorado em engenharia química) – Instituto Alberto Luiz Coimbra de Pós-graduação e Pesquisa em Engenharia, Universidade Federal do Rio de Janeiro, Rio de Janeiro, 2007.

TAKAGI, M. et al. Improvement of simple cultivation conditions for polysaccharide synthesis by *Haemophilus influenzae* type b. In: Mendéz-Villas, A. (ed.). *Communicating Current Research and Educational Topics and Trends in Applied Microbiology 1*. Sevilla: Formatex, 2007. p. 602-608.

ULMER, J. B.; VALLEY, U.; RAPPUOLI, R. Vaccine manufacturing: challenges and solutions. *Nature Biotechnology*, v. 24, n. 11, p. 1377-1383, 2006.

VAN HEMERT, P. Vaccine Production as a Unit Process. In: HOCKENHULL, D. J. D. *Progress in Industrial Microbiology 13*. Edinburgh/London: Churchill Livingstone, 1974. p. 151-285.

WATANABE, M.; NAGAI, M. Acellular pertussis vaccines in Japan: past, present and future. *Expert Review of Vaccines*, v. 4, p. 173-184, 2005.

WHO – World Health Organization. Informal Consultation on Standardization and Evaluation of BCG Vaccines. *WHO Technical Report*. 2009.

_____. *Requirements for Diphtheria, Tetanus, Pertussis and Combined Vaccines. Anex 2*. 1990. (Technical Reports Series n. 800).

_____. *Technical Report Series*, n. 970, 2012a.

_____. *Weekly epidemiological record. Haemophilus influenza type b (Hib) Vaccination Position Paper*, n. 39, p. 413-428, jul. 2013.

_____. *Weekly epidemiological record. Pneumococcal vaccines: WHO Position Paper*, n. 14, p. 129-144, 2012b.

CAPÍTULO 14

Bioprocessos para obtenção de vitaminas

Iracema de Oliveira Moraes

Rodrigo de Oliveira Moraes

Regina de Oliveira Moraes Arruda

14.1 INTRODUÇÃO

Vitaminas são substâncias orgânicas necessárias em quantidades-traço para o funcionamento da maioria dos seres vivos. Muitos destes não conseguem sintetizar vitaminas, razão pela qual devem obtê-las de fontes externas. Segundo diversos autores, a produção de vitaminas destinou-se inicialmente ao uso animal. A produção para uso humano passou a ocorrer posteriormente. E como apareceu a denominação "vitamina"?

Christiaan Eijkman tinha visto muitas vítimas de beribéri enquanto servia o exército nas Índias Orientais holandesas. A doença começava com sinais de fraqueza, fadiga, irritabilidade, agitação, perda de apetite e desconforto abdominal vago. Com o progresso da doença, os pacientes desenvolviam sensação de queimação, formigamento nas extremidades e alterações sensitivas, como dormência. Muitos dos doentes morriam de insuficiência cardíaca. As autópsias mostravam degeneração das fibras nervosas e dos músculos do coração. Na Ásia, o beribéri era uma doença conhecida havia alguns milhares de anos. Mas, de repente, após 1870, tornou-se uma das doenças mais comuns na região.

Em 1800, sabia-se que o povo necessitava de proteínas, carboidratos, gordura e sal para manter-se sadio. Até então, ninguém havia ouvido falar sobre vitaminas. Em 1906, o bioquímico britânico Frederick Hopkins demonstrou que os alimentos continham necessários "fatores acessórios" em adição a proteínas, carboidratos, gordura, sal e água. O termo vitamina foi usado em 1911 pela primeira vez pelo químico Casimir Funk, que pensava ter encontrado a substância vital que Eijkman chamava de fator antiberibéri. Funk deu à substância o nome "vitamine", combinando palavras "vital" e "amine". Esse nome denota todas as vitaminas, não apenas aquela que era o fator antiberibéri que Funk pensava ter descoberto (FLORENT, 1986).

Apenas em 1926 foi, de fato, descoberta a vitamina, que foi chamada de tiamina ou B1 e isolada em sua forma pura. A estrutura da vitamina foi plenamente elucidada, e a vitamina, sintetizada em 1936. Em 1929, Eijkman compartilhou o Prêmio Nobel em Fisiologia/Medicina com Frederick Hopkins. Por motivo de saúde, Eijkman não pode ir à Suécia receber o prêmio, falecendo um ano depois (EIJKMAN, 2019).

O termo vitamina foi estendido a todas as substâncias orgânicas possuidoras das mesmas características biológicas, não apenas aminas, ou seja, substâncias que são essenciais para o crescimento e funcionamento normal de um organismo, que são ativas em muito baixas doses, que não têm valor energético inerente e que não podem ser biossintetizadas pelo organismo.

Há muito já se sabia que os alimentos podiam ser usados para tratar certas deficiências vitamínicas, mas somente no século XIX foram identificados certos fatores na dieta que eram responsáveis por determinadas doenças. Entre 1913 e 1948, e especialmente entre 1925 e 1939, pesquisadores trabalharam para isolar treze substâncias reconhecidas como vitaminas para o homem.

14.2 LISTA DE VITAMINAS: NOME COMUM E FORMA ATIVA

As vitaminas dividem-se em duas classes: lipossolúveis e hidrossolúveis.

14.2.1 LIPOSSOLÚVEIS

Vitamina A (α-caroteno; β-caroteno; retinol 11-cis-retinal)

Vitamina D (colecalciferol; 1,25-di-hidroxicolecalciferol)

Vitamina E (α-tocoferol)

Vitamina K (filoquinona)

14.2.2 HIDROSSOLÚVEIS

Vitamina B_1 (tiamina; tiamina pirofosfato – TPP)

Vitamina B_2 (riboflavina; flavinanucleotídeos; FMM, FAD)

Vitamina B_6 (piridoxina; piridioxalfosfato)

Vitamina B_{12} (cianocobalamina; coenzima B_{12}; mecobalamina)

Vitamina B_5 (ácido pantotênico; coenzima A)

Vitamina B_7 (H-biotina; biocitina)

Vitamina B_9 (ácido fólico; ácido tetra-hidrofólico; THF)

Vitamina PP (niacina; nicotinamida ADN; ADNP)

Vitamina C (ácido L-ascórbico)

14.3 OBTENÇÃO DAS VITAMINAS

Todas as vitaminas podem ser extraídas de fontes naturais, as quais, às vezes, contêm quantidades relativamente grandes delas:

- Produtos de origem animal: peixes, óleo de fígado de bacalhau, fígado de rês, ovos etc.

- Produtos de origem vegetal: óleo de milho, farelo de arroz ou de milho, abóbora, espinafre, cenoura, laranja, limão etc.

- Produtos de origem microbiana: leveduras cervejeiras, leveduras de panificação, leveduras viníferas etc. Do ponto de vista econômico (FLORENT, 1986), é melhor produzi-las por síntese ou biossíntese.

Embora quase todas elas sejam formadas no metabolismo de microrganismos, atualmente só há produção por bioprocessos para a riboflavina (vitamina B_2) e, principalmente, para as cobalaminas (entre as quais a cianocobalamina, ou vitamina B_{12}). Também o ácido ascórbico (vitamina C), em uma de suas fases – transformação de sorbitol em sorbose por desidrogenação – é assim obtido, embora em processo econômico tenha aumentado o número de transformações microbiológicas (AQUARONE, 2001).

A maioria das vitaminas é produzida por síntese química, e há algumas vitaminas que podem ser produzidas por bioprocessos, como vitaminas A, C e E, além de algumas do grupo ou complexo B. O complexo B compõe-se de oito vitaminas: tiamina, riboflavina, biotina, ácido fólico, ácido pantotênico, piridoxina, niacina e cianocobalamina (HEINZLE; BIWER; COONEY, 2007).

14.3.1 OBTENÇÃO DE VITAMINAS LIPOSSOLÚVEIS: A, D, E, K

14.3.1.1 Obtenção de vitamina A

A vitamina A é representada por três moléculas biologicamente ativas: retinol, retinal e ácido retinoico, sendo que as duas primeiras podem fornecer ácido retinoico por oxidação. Transretinal, retinol e ácido retinoico são derivados de uma molécula de origem vegetal, o betacaroteno. Essa provitamina A consiste em duas moléculas de retinal ligadas por uma dupla ligação entre os carbonos de suas terminações aldeídicas. O betacaroteno ingerido é quebrado na luz intestinal pela betacaroteno dioxigenase, liberando retinal, e este é reduzido a retinol pela retinaldeído redutase, uma enzima da mucosa intestinal dependente de NADPH.

Embora os carotenoides estejam presentes em muitas plantas e animais, apenas microrganismos e plantas são dotados do necessário equipamento enzimático para a síntese da maioria dessas substâncias, em especial o betacaroteno. Algas, como a *Dunaliella*, fungos filamentosos, como *Neurospora crassa* e *Penicillium sclerotiorum*, e leveduras, como a *Rhodotorula* sp., podem ser considerados para a obtenção, porém a baixa produtividade bloqueia seu uso industrial.

Após 1955, foram estudadas duas formas sexuais (+) e (–) de *Blakeslea trispora* provindas da Coleção NRRL, sendo a forma (+) a *B. trispora* NRRL 2456 e a forma (–) a *B. trispora* NRRL 2457.

Conforme Ninet e Renaut (1979), foi implantada uma planta piloto no Northern Regional Research Laboratories (NRRL), em Peoria, Illinois, na década de 1970, sendo que o processo fermentativo se inicia com culturas separadas de ambas por sete dias em meio de cultura de manutenção (cultura em tubos), passando ao primeiro estágio de cultura semente (400 mL em frascos de Erlenmeyer de 2 L), cultivando ainda separadas as duas formas, por 48 horas em agitador rotatório. Em seguida inicia-se o segundo estágio, com cultura mista de ambas as formas, usando o mesmo meio da cultura semente, em fermentador de 170 L, com 120 L de volume de trabalho, inoculado com 0,4 L de cada primeiro estágio da cultura semente, a 26 °C, agitação de 170 rpm (rotações por minuto) e aeração de 1 vvm (volume por volume por minuto), por 40 horas. A etapa seguinte é a etapa final realizada com a cultura mista, em fermentador de 800 L com 320 L de volume de trabalho, inoculado com 32 L da cultura semente de segundo estágio. Agitação a 210 rpm, aeração de 1,2 vvm por 185 horas. Ao completar 48 horas de crescimento, adiciona-se assepticamente 1 g/L de beta ionone e 5 g/L de querosene. Inicia-se, então, uma alimentação contínua de 42 g/L de glicose até o final do processo. Nessas condições se obtém um rendimento de 2,5 a 3 g/L de betacaroteno.

O produto obtido é endocelular, e o micélio obtido, após filtração, lavagem e secagem, pode ser usado diretamente em ração animal. Para obter o betacaroteno puro, o micélio é filtrado e desidratado a vácuo e depois extraído com solvente orgânico, resultando em um rendimento relativo ao mosto de 80% (NINET; RENAUT, 1979).

Os meios de cultura utilizados nesse processo são:

- Meio de cultura de manutenção (g/L)

  - Maltose 10,00

  - $(NH_4)_2SO_4$ 1,00

  - $MgSO_4.7H_2O$ 0,20

  - $FeSO_4.7H_2O$ 0,01

  - KCl 0,50

  - KH_2PO_4 0,50

- CaCO$_3$ 0,20
- MnSO$_4$.H$_2$0 0,03
- Tiamina.HCl 0,01
- Meio de cultura semente, estágios I e II (g/L)
  - Água de maceração de milho 70,00
  - Amido de milho 50,00
  - KH$_2$PO$_4$ 0,50
  - MnSO$_4$.H$_2$0 0,01
  - Tiamina.HCl 0,01
- Meio de cultura industrial (g/L)
  - Solúveis de destilaria 70,00
  - Amido de milho 60,00
  - Óleo de soja 30,00
  - Óleo de algodão 30,00
  - Etoxiquina 0,35
  - MnSO$_4$.H2O 0,20
  - Tiamina.HCl $0,5.10^{-3}$
  - Isoniazida 0,60
  - Querosene 0,02
  - pH = 6,3

14.3.1.2 Obtenção de vitamina D

A vitamina D existe em duas formas: vitamina D$_2$ ou ergocalciferol, que é a forma semissintética obtida por radiação ultravioleta do ergosterol.

É largamente empregada de maneira terapêutica e está disponível comercialmente. Ergosterol extraído de leveduras se produz industrialmente por métodos bem estabelecidos. Vitamina D$_3$ ou colecalciferol é a forma que se apresenta no óleo de fígado de bacalhau. Existe também no homem, sendo formada pela radiação UV solar a partir de 7-deidrocolesterol presente na derme humana. O homem necessita de 20 µg de vitamina D por dia. Ergosterol é a mais importante das provitaminas D e é o mais comum dos esteroides microbianos. É praticamente insolúvel em água, ligeiramente solúvel em álcool e solúvel em álcool fervendo, em éter e em clorofórmio.

Na maioria dos microrganismos, embora seja encontrado o ergosterol, sua distribuição não é regular. Bactérias e actinomicetos praticamente não contêm esteroides, ou os possuem em teores muito baixos: 0,001% a 0,01% da massa celular seca. Os fungos *Aspergillus, Penicillium, Cephalosporium, Fusarium* e *Trichoderma* contêm entre 0,1% e 0,8%. Excepcionalmente se encontraram teores de 2,2% em *Penicillium westlingii* e em *Aspergillus fischeri*. São as leveduras que mais produzem, ou seja, são a maior fonte industrial de ergosterol. A maior concentração desse esteroide (acima de 2% de ergosterol na biomassa seca) é produzida pelos gêneros *Saccharomyces* e *Candida*, sendo que o melhor resultado pertence às espécies *Candida tropicalis, Saccharomyces chevalieri, S. oviformis, S. uvarum, S. carlsbergensis* (que produzem cerca de 0,5%) e, acima de todas, está a *S. cerevisiae* (FLORENT, 1986).

A produção de ergosterol se faz especialmente por leveduras e por fungos. Muitos estudos feitos pelo grupo Merck, selecionando linhagens de leveduras *Saccharomyces cerevisiae*, resultaram em produção de ergosterol de 8% a 10% da biomassa seca, cultivando-as em condições que garantiam crescimento abundante. Dulaney, Stapley e Simpf (1954), nas condições descritas a seguir, utilizando linhagem de *Saccharomyces cerevisiae* MY813 (da coleção de culturas do grupo Merck), obtiveram 36 g/L de biomassa em 4 dias, com 10,4 % de ergosterol, portanto, 3,76 g/L de ergosterol. Usa-se um meio de cultura para obter o inóculo, composto de 50 g/L de glicose; 10 g/L de extrato de levedura; 10 g/L de N-Z-amina; 1 g/L de KH_2PO_4 e *Saccharomyces cerevisiae* MY813. Em frasco de Erlenmeyer de 250 mL, usam-se 50 mL e se opera em agitador rotatório a 220 rpm, por 72 horas e 28 °C.

O meio de produção foi composto de 200 g/L de melaço residual invertido e 20 g/L de água de maceração de milho. O pH antes da esterilização do meio é ajustado a 9 e após autoclavagem chega a 7. Utilizaram o inóculo produzido com o *Saccharomyces cerevisiae* MY813 e levaram ao agitador rotatório a 220 rpm e 28 °C, por 96 horas.

Rychtera et al. (2010) pesquisaram fontes nutricionais para a otimização da produção de ergosterol por *Saccharomyces cerevisiae*. A composição do meio de cultura foi otimizada com a utilização do método Rosenbrock modificado em relação aos seguintes componentes: glicose, extrato de levedura, sulfato de amônia, di-hidrogeno-fosfato de potássio, sulfato de magnésio e cloreto de cálcio. O cultivo de *Saccharomyces cerevisiae* foi feito em biorreator de laboratório de 7 L com um volume de trabalho de 5 L, equipado com uma unidade de controle e ligado a um computador, com analisadores de medição de tensão de oxigênio dissolvido, oxigênio e dióxido de carbono.

Quanto à produção de ergosterol por fungos, estes são principalmente dos gêneros *Trichoderma, Fusarium* ou *Cephalosporium*. A produção ocorre em meio de cultura baseado em carboidratos, sendo melhores os hidrocarbonetos e preferivelmente n-parafinas, segundo Nakao, Kuno e Suzuki (1975).

O meio de cultura recomendado, seja para *Fusarium* sp. IFO 8889, *Trichoderma* sp. IFO 6355 ou *Cephalosporium coremioides* IFO 8379, tem a seguinte composição em g/L: parafina, 130; peptona, 70; KH_2PO_4, 8; $FeSO_4.7H_2O$, 2; $MgSO_4.7H_2O$, 0,5;

$CaCl_2 \cdot H_2O$, 0,1; óleo de soja, 5; Tween, 60 5; $CaCO_3$, 10. O processo foi agitado e aerado por 90 horas a 24 °C.

14.3.1.3 Obtenção de vitamina E (α-tocoferol)

Segundo Takeyama et al. (1997), *Euglena gracilis* Z é um dos poucos microrganismos que produz simultaneamente vitaminas antioxidantes, como β-caroteno, e as vitaminas C e E. Cultivada foto-heterotroficamente, *E. gracilis* Z produziu elevados níveis de biomassa, mas com um menor teor de vitaminas antioxidantes do que as cultivadas fotoautotroficamente. Para aumentar a produção dessas vitaminas, foi realizada uma cultura em dois estágios. As células foram cultivadas foto-heterotroficamente e, em seguida, transferidas para condições fotoautotróficas. Quando as células de *E. gracilis* Z foram cultivadas em batelada alimentada sob condições foto-heterotróficas, sua concentração atingiu 19 g/L, após 145 horas. Transferência subsequente para condições fotoautotróficas produziu concentrações de 71 mg/L de β-caroteno, 30,1 mg/L de vitamina E e 86,5 mg/L de vitamina C.

Grimm et al. (2015) estudaram o uso da biomassa de *Euglena gracilis* para a produção de α-tocoferol, paramilon e biogás em uma cadeia para agregação de valor. Analisaram o peso celular seco e a concentração de produto obtido em um meio de cultura mínimo, de baixo custo e com diversas fases de crescimento heterotrófico, foto-heterotrófico e fotoautotrófico. O crescimento heterotrófico acumulou $5,3 \pm 0,12$ mgL^{-1} de α-tocoferol, $9,3 \pm 0,1$ gL^{-1} de paramilon ou $805 \pm 10,9$ mL de biogás g_{vs}^{-1} (g por g de sólidos voláteis). Os resultados para crescimento fotoautotrófico foram de $8,6 \pm 22$ mgL^{-1} de α-tocoferol e $0,78 \pm 0,01 gL^{-1}$ de paramilon ou $648 \pm 7,2$ mL de biogás g_{vs}^{-1}.

14.3.1.4 Obtenção de vitamina K (filoquinona K1 e menaquinona K2)

As formas naturais de vitamina K são a filoquinona ou vitamina K1 (2-metil-3--fitil-1,4-naftoquinona), encontrada em hortaliças e óleos vegetais, e as menaquinonas ou vitamina K2, majoritariamente sintetizadas por bactérias. Pesquisa realizada por cientistas da Universitat Rovira i Virgili (IBARROLA-JURADO et al., 2012), concluiu que o consumo de alimentos ricos em vitamina K1, como brócolis, espinafre e couve-flor, pode reduzir pela metade a incidência do diabetes tipo 2. Em termos quantitativos, a pesquisa demonstrou que cada 100 µg de vitamina K1 ingeridos por dia diminuíam em 17% as chances de desenvolver o diabetes.

A menaquinona (vitamina K_2), sintetizada por bactérias, pode variar de MK_4 a MK_{13} (série de vitaminas designadas MK_{-n}, sendo n o número de resíduos isoprenoides).

Menaquinona 7 (MK_7) é um homólogo altamente bioativo de vitamina K. Sato et al. (2001) obtiveram uma estirpe mutante D200-41 de *Bacillus subtilis* estirpe MH-1 resistente à difenilanina que foi isolada a partir de *natto* (soja fermentada). A estirpe mutante exibiu uma diminuição da produção de MK_6 e uma produção eficiente de MK_7. Descobriram que, em comparação com uma cultura agitada e aerada, a produção de MK_7 foi maior em cultura estática. A esporulação das células progrediu mais lentamente em cultura estática que em uma cultura agitada. A concentração máxima de MK_7 foi de cerca de 60 mg/L num meio de cultura contendo extrato de soja a 10%, 5% de glicerol, 0,5% de extrato de levedura e 0,05% de K_2HPO_4 (pH 7,3) As células de *Bacillus subtilis* D200-41, bem como *B. subtilis* MH-1, foram estaticamente cultivadas a 45 °C, durante 5 dias, após serem cultivadas com agitação a 37 °C durante 1 dia.

14.3.2 VITAMINAS HIDROSSOLÚVEIS: B_1, B_2, B_3, B_5, B_6, B_7, B_9, B_{12}, C

Dentre as oito vitaminas que fazem parte do complexo B, apenas as vitaminas B_2 e B_{12} são obtidas por bioprocessos. A vitamina B_{12} é unicamente produzida através de bioprocessos, enquanto na produção da vitamina B_2 o processo fermentativo compete com a síntese química ou semissíntese.

14.3.2.1 Vitamina B_1 – tiamina – forma ativa: tiamina pirofosfato TPP

A tiamina está presente em importantes coenzimas envolvidas no metabolismo dos carboidratos e é fundamental em reações de decomposição da glicose em energia, desempenhando importante papel na condução dos impulsos nervosos. A deficiência de tiamina acarreta graves alterações no sistema nervoso e cardiovascular, e sua forma mais grave é conhecida como beribéri.

14.3.2.2 Vitamina B_2 – riboflavina – forma ativa: flavinucleotídeos FMM, FAD

Exerce importante papel no metabolismo de carboidratos através de funções coenzimáticas, além de atuar no metabolismo de ácidos graxos e aminoácidos. Resulta da combinação de uma flavina, isoaloxazina, com um poliol D-ribitol derivado de D-ribose, daí o nome riboflavina. Na natureza se encontra na forma de duas coenzimas flavina mononucleotídio ou riboflavina 5'-fosfato e flavina adenina dinucleotídeo ou riboflavina 5'- adenosildifosfato.

A demanda do mercado está estimada em 6 mil toneladas, e os maiores produtores são Roche, Basf e a chinesa Hubei Guangji Pharmaceutical.

Bioprocessos para a produção de D-ribose

Mais de 50% da riboflavina existente no mercado é produzida por fermentação, com base em processo desenvolvido por pesquisadores da Takeda Chemical Industries, depositando patentes no Japão Pat. 64-2463 em 1964, na França Pat. 2189513 em

1974 e na Alemanha Pat. 2454931 em 1975 (ALMEIDA, 2008). Esses processos usaram cepas mutantes de *Bacillus subtilis* e *B. pumilus*.

Bioprocessos com Eremothecium ashbyii *e* Ashbya gossypii

Silva (1973) investigou as condições de cultura de cinco linhagens de fungos, conhecidos como produtores de riboflavina. Estudou linhagens *Eremothecium ashbyii* CBS 741-70; *Ashbya gossypii* CBS 117-28; *Eremothecium ashbyii* IZ 1389; *Ashbya gossypii* IOC 2388; *Ashbya gossypii* IM 2102. As duas linhagens CBS foram importadas do Centraalbureau voon Schimmelcultures da Holanda. Na época o processo de importação era muito demorado, e, enquanto não se concretizava, o autor conseguiu descobrir que no Brasil havia algumas "coleções" de cultura que tinham esse microrganismo. Ao final, a escolhida foi a linhagem do Instituto Zimotécnico, da Escola de Agronomia "Luiz de Queiroz" (Esalq), *E. ashbyii* IZ 1389, a melhor produtora de vitamina B2, era uma linhagem de microrganismo praga do algodão. Durante o processo fermentativo, Silva estudou o crescimento micelial, o consumo de substrato, as variações de pH e a produção de riboflavina. A cinética da fermentação foi explicada pela teoria de Kono. A viscosidade do caldo foi medida e seu comportamento reológico estudado pelo modelo de Ostwald-de Waele (lei da potência). Os experimentos foram feitos em frascos agitados e fermentador de 1 L em escala de laboratório, e 47 meios de cultura foram testados. A maior produção de riboflavina obtida foi de 1,087 g/L depois de 144 horas de fermentação, com o fermentador operando num alto nível de aeração (1 vvm), sem condições de limitação de oxigênio, e em um meio de cultura constituído de açúcares totais de melaço de cana 25 g/L, soro de macerado de milho 28 g/L e óleo de milho 12 g/L.

Dos dois ascomicetos estudados, *E. ashbyii* foi usado pela primeira vez em 1935 no mundo, e sua habilidade de produzir riboflavina foi crescente, chegando a 5,3 g/L. Esse microrganismo, porém, é suscetível a variação genética, de modo que *Ashbya gossypii* foi preferida em nível industrial por ser geneticamente muito mais estável, embora de início fosse muito pouco produtiva.

Demain (1980) e Kaplan (1981), citados por Florent (1986), reportam o rendimento de 10 a 15 g/L após 10 dias de fermentação com *Ashbya gossypii*, com melhoramento nas qualidades intrínsecas do microrganismo e otimização do meio de cultura. Rendimento de 4,2 g/L foi obtido em 5 dias usando um meio de cultura com 45 g/L de água de maceração de milho, 35 g/L de peptona, 45 g/L de óleo de soja e 3 g/L de glicina, um precursor de guanina. A fermentação era aeróbia e a temperatura foi mantida entre 28 °C e 29 °C.

Wei et al. (2012) afirmam que *Ashbya gossypii* está sendo correntemente usada na indústria para a produção de riboflavina. Cerca de 30% da produção industrial, a qual supera $1{,}25 \times 10^6$ kg, é produzida por fermentação direta com esse fungo. Nos trabalhos de Wei et al. (2012), o microrganismo utilizado foi um mutante de *Ashbya gossypii* tratado com UV, e o meio de cultura para a produção de riboflavina foi otimizado usando um planejamento ortogonal de três fatores e três níveis L_9 (3^3). Níveis do fator A (água de maceração de milho) foram 20 g/L, 30 g/L e 40 g/L; níveis do fator B (gelatina) foram 15 g/L, 25 g/L e 30 g/L; e do fator C (óleo de soja) foram 4 g/L, 4,5 g/L e 5 g/L. Foi realizado um total de 9 corridas experimentais em frascos Erlenmeyer de 500 mL contendo 100 mL de meio incubado com agitação a 28 °C por 7 dias, em triplicata para cada corrida experimental. A concentração de riboflavina obtida foi de 8,2 g/L e foi determinada conforme o método de Tanner, Vojnovich e Lanen (1949), com modificações.

Bioprocessos com Bacillus subtilis

Os primeiros experimentos usando *Bacillus subtilis*, embora mais rápidos, apresentavam rendimentos muito baixos. Em laboratório, fermentando em frascos de Erlenmeyer, em agitadores rotatórios, chegavam a 0,8 g/L. Iniciaram-se então processos de mutação introduzindo um plasmídio com resistência à eritromicina, e a produção de riboflavina aumentou de 4 a 8 vezes. A linhagem russa *B. subtilis* foi objeto da patente 2546907 na França, em 1984. O meio de cultura utilizado nesse processo tinha 50 g/L de glicose, 20 g/L de extrato de levedura, 6 g/L de ureia, 2 g/L de $MgSO_4 7H_2O$, 1 g/L de KH_2PO_4 e mais 50 g/L de glicose após 12 horas em fermentador aerado e agitado de 600 L. Com 24 horas de fermentação a temperaturas entre 39 °C e 41 °C obtiveram-se 4,5 g/L de riboflavina (FLORENT, 1986).

Waghmare et al. (2014) desenvolveram um processo em um estágio usando *Bacillus subtilis* recombinante que converte glicose a riboflavina e pode render 16 g/L de riboflavina.

Bioprocessos com Lactobacillus plantarum *e* Streptococcus thermophilus

Ibrahim et al. (2014) estudaram a produção de folato e riboflavina em quatro diferentes meios de cultura usando *Lactobacillus plantarum* e *Streptococcus thermophilus* encapsulados. A produção de vitaminas foi estimada usando HPLC (*High Performance Liquid Chromatography*). Os autores observaram que a maior produção se deu com *Streptococcus thermophilus* encapsulado (10,3 log UFC/mL – UFC, unidades formadoras de colônias), seguido por *Lactobacillus plantarum* (9,9 log UFC/mL), comparado com outros meios de cultura e células livres. Riboflavina foi produzida por *S. thermophilus* entre 1,58 mg/L e 1,78 mg/L e por *Lactobacillus plantarum* entre 1,48 mg/L e 1,62 mg/L, respectivamente.

Fluxograma da produção de riboflavina

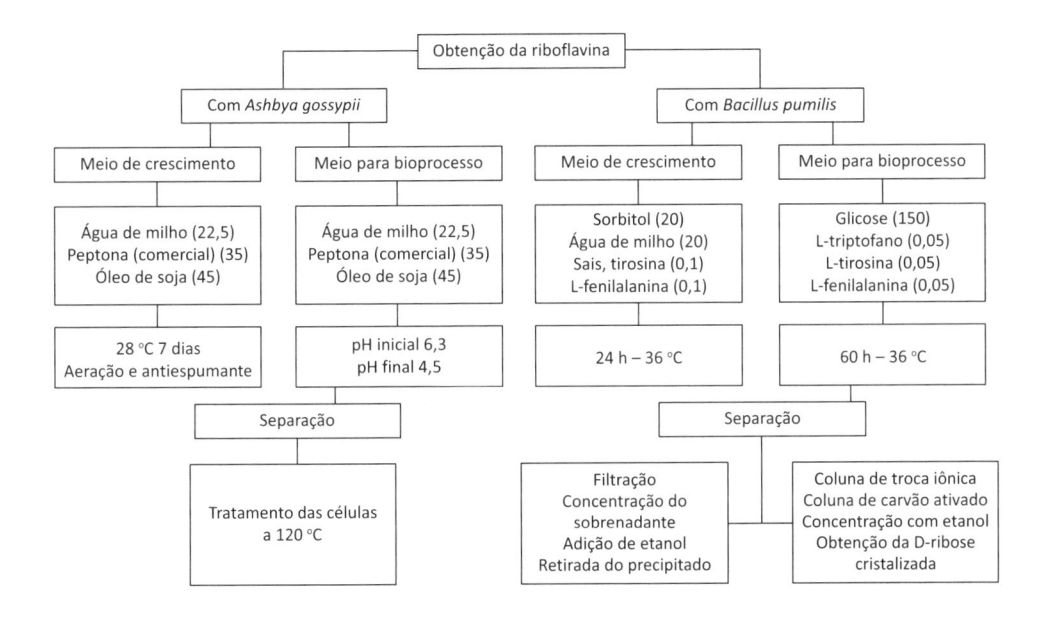

14.3.2.3 Vitamina B₃ ou PP – niacina – forma ativa: nicotinamida ADN, ADNP

A vitamina B_3 ou PP serve como substrato para a formação das coenzimas energéticas NAD e NADP que, por meio de ações de oxirredução e metabolismo, fornecem energia para as células no fígado, rim e cérebro, além dos eritrócitos e leucócitos.

14.3.2.4 Vitamina B₅ – ácido pantotênico – forma ativa: coenzima A

A vitamina B_5 ou ácido pantotênico tem função metabólica importante na produção de energia através de carboidratos, lipídios e aminoácidos, por estar envolvida na constituição da coenzima A.

14.3.2.5 Vitamina B₆ – piridoxina – forma ativa: piridoxalfosfato

A vitamina B_6 ou piridoxina atua no metabolismo das proteínas, participa do processo de conversão do triptofano em niacina (vitamina B3), da produção de hormônios, de hemácias e anticorpos, mantém o equilíbrio de sódio/fósforo no corpo e é essencial para a manutenção do funcionamento do sistema nervoso central.

Tentativas de produção da B_6 por fermentação foram realizadas usando *Klebsiella* sp., *Achromobacter cycloclastes*, *Flavobacterium* sp., *Bacillus* sp., *Pichia guilliermondii*, *Rhizobium melitti* IFO 14872. Este último foi o melhor produtor, embora seu rendimento tenha alcançado somente 51 mg/L, segundo Massaki et al. (1999).

14.3.2.6 Vitamina B_7 ou H – biotina – forma ativa: biocitina

A vitamina B_7 ou H, também conhecida como biotina, funciona como cofator enzimático. Funciona no metabolismo das proteínas e dos carboidratos, agindo diretamente na formação da pele e indiretamente na utilização dos hidratos de carbono (açúcares e amido) e das proteínas. Tem como principal função neutralizar o colesterol.

14.3.2.7 Vitamina B_9 – ácido fólico – forma ativa: ácido tetra-hidrofólico THF

Auxilia a vitamina B_{12} na formação das células vermelhas do sangue, e o ácido fólico, ou folato, que também participa do metabolismo de aminoácidos, é útil para a síntese de DNA e RNA e essencial para o crescimento e reprodução de todas as células do organismo.

14.3.2.8 Vitamina B_{12} – cianocobalamina – forma ativa: coenzima B_{12} mecobalamina

Participa do processo de formação e maturação dos glóbulos vermelhos e é essencial no metabolismo de carboidratos e lipídios e nos processos de formação de coenzimas energéticas.

Conforme Aquarone (2001), a cianocobalamina é um sólido cristalino de cor vermelho-intenso, inodoro e insípido. É higroscópica, muito solúvel em água e etanol e insolúvel nos solventes orgânicos. Decompõe-se rapidamente em meio alcalino e em soluções com valores de pH inferiores a 4,5. O valor de pH ideal para aquecimento em solução é 5,5. Outras cobalaminas com atividade vitamínica reduzida possuem grupos diferentes em lugar do CN. Quando se substitui o radical 5,6 dimetilbenzimidazol (DBI), pode haver redução ou perda completa da atividade. Portanto, é preponderante na formação das cianocobalaminas ativas a presença desse radical DBI, que pode preexistir ou ser introduzido.

Bioprocessos para a produção de B_{12}

Os microrganismos utilizados na indústria são, sobretudo, *Propionibacterium freudenreichii*, *P. shermanii* e *Pseudomonas*, principalmente *P. denitrificans*. Utilizam-se também *Bacillus megaterium*, *Streptomyces olivaceus* (com boa aeração) e mesmo

Clostridium recuperados de mostos esgotados de fermentação para a obtenção de antibióticos (principalmente tetraciclinas, estreptomicina e neomicina) ou de butanol e acetona. Com mutantes selecionados as espécies de *Propionibacterium e Pseudomonas* têm rápido crescimento e elevada produtividade, e por isso são muito utilizadas.

Selvakumar, Balamurugan e Viveka (2012) estudaram quinze espécies de *Streptomyces*, isoladas a partir de sedimentos marinhos que foram identificados por análise bioquímico/morfológica. Os isolados foram identificados como: *S. filementosus* (S1), *S. ruber* (S2), *S. niveus* (S3), *S. lusitanus* (S4), *S. aureofaciens* (S5), *S. gougeroti* (S6), *S. albus* (S7), *S. eurocidicus* (S8), *S. nitrosporeus* (S9), *S. erythreus* (S10), *S. gougeroti* (S11), *S. rochei* (S12), *S. candidus* (S13), *S. fulvissimus* (S14) e *S. olivaceus* (S15). Para a produção de vitamina B_{12} foi usado o processo de fermentação em batelada em condições ideais e com meio de fermentação específico. Entre quinze *Streptomyces* isolados, sete produziram vitamina B_{12} em concentrações de 1,9 µg até 45,3 µg por mL. *Streptomyces rochei* produziu quantidade máxima de vitamina B_{12} (45,3 µg por mL). Entre os sete produtores de vitamina B_{12}, quatro espécies de *Streptomyces* foram utilizadas para verificar a atividade antibacteriana e exibiram amplo espectro antagonista contra todas as bactérias patogênicas testadas. Essa atividade foi medida por halo de inibição (mm), pelo método de difusão em ágar. No seu conjunto, os resultados indicaram que o ambiente marinho natural é boa fonte para isolamento de novas variedades de espécies de *Streptomyces* e antagonistas para produzir vitamina B_{12}.

O trabalho de Xia et al. (2015) teve como objetivo desenvolver um meio de fermentação de baixo custo para a produção industrial de vitamina B_{12} por *P. denitrificans* em fermentador de 120 mil litros. Verificaram que o xarope de maltose (um xarope de baixo custo a partir de amido de milho por meio de hidrólise ácida ou enzimática) e água de maceração de milho foram ótimas fontes para a produção de vitamina B_{12} por *P. denitrificans*. Conforme o meio de fermentação ótimo, obtido pela metodologia de superfície de resposta, um rendimento de 198,27 ± 4,60 mg/L de vitamina B_{12} foi obtido, similar ao obtido com meio de cultura com sacarose refinada (198,80 mg/L) e maior do que que o obtido com melaço de beterraba (181,75 mg/L).

Wang et al. (2014) relatam que a pesquisa realizada com grandes quantidades de dióxido de carbono gerado na produção de vitamina B_{12} por *Pseudomonas denitrificans* durante a fermentação aeróbia permanece obscura. Nesse artigo, apresentam experimentos paralelos realizados para investigar vários níveis de entrada de CO_2 sobre o metabolismo fisiológico de *P. denitrificans* em fermentação em escala de laboratório. Os resultados demonstraram que a taxa de transferência de oxigênio, o crescimento celular e o consumo de glicose foram inibidos com frações de CO_2 entre 0,03% e 8,86 ± 0,24%, enquanto os resultados mais interessantes mostraram que a taxa de produção de vitamina B_{12} específica e o rendimento de glicose foram grandemente estimulados quando CO_2 dissolvido aumentou para 8,86 ± 0,24%. Assim, estabeleceram a estratégia de controle ótima da fração de CO_2 para o fermentador de 120 m^3. Como a concentração do CO_2 de saída foi bem controlada em 7,5 ± 0,25% em linha, a produção de vitamina B_{12} rendeu 223,7 ± 3,7 mg/L, 11,2% superior à do controle. Segundo os autores, essa estratégia mostrou-se necessária e eficaz para a otimização industrial da fermentação da vitamina B_{12}.

Mohammed et al. (2014) desenvolveram um processo de produção em dois estágios a partir de *Bacillus megaterium*. O objetivo desse trabalho foi a otimização do processo de fermentação de *B. megaterium* usando estratégias de dois estágios para produzir altos rendimentos de vitamina B_{12}. Na primeira estratégia, o processo de fermentação foi dividido em três etapas. Na primeira fase, as bactérias cresceram aerobicamente para aumentar a biomassa, seguida pela fase de crescimento anaeróbica para a produção do precursor de vitamina B_{12} e, na terceira fase, a aeração da cultura foi usada para completar a formação de vitamina B_{12}. Além disso, a influência de $CoCl_2$, δ-ácido aminolevulínico (ALA) e 5,6-dimetilbenzimidazol (DMB) como suplementos foram investigados . Na segunda estratégia, investigou-se e otimizou-se o tempo ideal para cada uma das três fases do processo de fermentação usando o planejamento experimental Box-Behnken combinado com a metodologia de superfície de resposta (RSM) para alcançar alto rendimento de vitamina B_{12}. Os autores afirmam que, na natureza, há muitos análogos da vitamina B_{12}, e alguns deles não são ativos para humanos e não têm qualquer valor econômico, especialmente com *B. megaterium* como um dos produtores de vitamina B_{12}, que em anaerobiose revela pseudovitamina B_{12} (forma inativa da vitamina B_{12}). Por isso, houve a necessidade de utilizar HPLC e análise por MS (*mass spectrometry* – espectrometria de massa) para confirmar as formas ativas de vitamina B_{12} (cianocobalamina e adenosilcobalamina) ao contrário dos métodos de análise pouco fiáveis, como bioensaio de cobalamina, que não é medida precisa e aponta todos os análogos de vitamina B_{12}, sem distinção, incluindo a forma inativa de vitamina B_{12}.

Kureha (1985), citado por Aquarone (2001), dentre outros, aplicou engenharia genética, conseguindo cepas híbridas e altamente produtivas, como o *Rhodopseudomonas protamicus*. Nesse caso, o rendimento chegou a 135 mg/L após 90 horas, sem adição de DBI ou estimulantes. Existem ainda referências a bom rendimento em meios enriquecidos com determinados sais e/ou nutrientes e usando *Azotobacter chroococcus* ou *Eubacterium limosum*, entre outros.

Conforme Aquarone (2001), *P. shermanii* ATCC13673 é uma boa cepa para a obtenção de vitamina B_{12}. Para obter produção maior, deve-se desenvolver cerca de 50% iniciais do processo em anaerobiose, pois embora a aeração não deixe de propiciar a formação de DBI (e, portanto, de vitamina B_{12}), ela, por outro lado, reprime a propionibactéria, um dos estágios da biossíntese. No estágio inicial, portanto, é melhor manter a fermentação em condições de anaerobiose até o consumo total do açúcar e crescimento do microrganismo. Na última fase, o ar é introduzido para induzir a biossíntese de DBI, e a conversão de cobanamida em cobalamina. Em planta-piloto consegue-se de 30 a 40 mg de vitamina/L. Para manutenção usa-se, em tubos de ensaio, um meio contendo (g/L): triptona, 10; extrato de levedura, 10; suco de tomate filtrado, 200; ágar, 15; pH 7,2. Incubação de 4 dias a 30 °C. Para multiplicação do microrganismo (primeira fase), usam-se 400 mL de mosto em Erlenmeyer de 2 L: mesmo meio de manutenção sem ágar. Quarenta e oito horas a 30 °C sem agitação. Para multiplicação do microrganismo (segunda fase), usam-se 10 L em fermentador de aço inox de 30 L contendo (em g/L): água de maceração de milho, 20; glicose, 90, pH 6,5. Vinte e quatro horas a 30 °C sem agitação, mantendo o pH a 6,5 com solução NH_4OH. Na fermentação propriamente dita usam-se 340 L em fermentador de aço inox de 500 L contendo (em g/L): água de maceração de milho, 40; glicose, 100; $CoCl_2$-$6H_2O$ – 0,02 e pH 7. Nas primeiras 80 horas a 30 °C não se deve aerar (pois isso baixa a pressão de N_2) e deve-se manter lenta agitação; nas 88 horas seguintes, agitação e aeração de 0,1 vvm. Manter o pH a 7 com solução de NH_4OH.

Yongsmith e Chutima (1983), citados por Aquarone (2001), verificaram que células vivas de *Propionibacterium* sp. imobilizadas em gel de alginato e incubadas em um meio rico em fontes de carbono e hidrogênio, contendo sulfato de cobalto, DBI e um agente antiespumante (Tween 80), podem produzir mais de 20 mg/L de vitamina B_{12} em 5 dias. As células podem ser reutilizadas numerosas vezes e mantêm sua habilidade de sintetizar a vitamina durante cerca de duas semanas. Uma patente da Nippon Oil (1983) se refere a um rendimento de 65 mg/L.

Aquarone (2001) comenta a pesquisa de Yongsmith e Apiraktivongse (1983), que usaram resíduos de soja como substratos, com *P. freudenreichii* em condições de microaerofilia em meio contendo (em g/L): glicose, 10; extrato de levedura, 5 a 10; riboflavina, 50 (mg/L) e um sal de cobalto. A fermentação proporcionou na célula seca a concentração de 467 µg/g, chegando no precipitado seco do coagulado a 889 mg/g. Trata também do uso de *Pseudomonas* para a produção da vitamina B_{12} destacando a *P. denitrificans* que, através dos anos, por mutação, aumentou seu rendimento até chegar a um mínimo de 60 mg/L. Com esse microrganismo há produção da vitamina durante toda a fermentação, desde que se adicione sal de cobalto e DBI, essenciais para sua biossíntese, e deve-se trabalhar com aerobiose intensa. Utilizaram melaço de beterraba, por ser fonte barata de betaína (trimetilglicina), a qual estimula a biossíntese e/ou permeabilidade da célula, aumentando o rendimento. Em melaço de cana-de-açúcar não consta a presença de betaína.

Também é interessante o processo em escala piloto descrito por Merck & Co. (1979) e Florent e Ninet (1979) usando *P. denitrificans* MB 2436, sendo que o microrganismo é armazenado liofilizado em leite em pó; o inóculo é preparado em ágar inclinado contendo, em g/L: melaço de beterraba, 60; extrato de levedura, 1; N-Z Amina (hidrolisado enzimático de caseína), 1; $(NH_4)_2HPO_4$, 2; $MgSO_4 \cdot 7H_2O$, 1, $MnSO_4 \cdot H_2O$, 0,2; $ZnSO_4$-$7H_2O$, 0,02; Na_2MoO_4-$2H_2O$, 0,005; água tratada, q.s.; pH 7,4. A incubação se faz por 96 horas a 28 °C; a pré-fermentação se faz em frascos de Erlenmeyer de 1 L, com 150 mL do mesmo meio mencionado, sem ágar, e se incuba por 72 horas a 28 °C em agitador rotatório. A fermentação se faz em fermentador de 5 L com 3,3 L de meio contendo (em g/L): melaço de beterraba, 100; extrato de levedura, 2; fosfato monoácido de amônio, 5; sulfato de magnésio hepta-hidratado, 3; sulfato de manganês mono-hidratado, 0,2; nitrato de cobalto hexahidratado 0,188; DBI, 0,025; sulfato de zinco hepta-hidratado, 0,02; molibdato de sódio bi-hidratado, 0,05; água tratada; pH 7,4. Esteriliza-se o meio durante 75 minutos a 120 °C. Inocula-se com 150 mL do meio de pré-fermentação, e a fermentação ocorre durante 90 horas a 29 °C com agitação de 420 rpm e aeração de 1 vvm.

Separação da B$_{12}$

O isolamento da vitamina B$_{12}$ consiste principalmente em solubilizar as cobalaminas e convertê-las em cianocobalamina com cianeto, retirando-a com até 95% a 98% de pureza (80% quando para uso animal) (BINDER et al., 1982). Após separar o substrato fermentado por centrifugação, o sólido resultante é lavado com água, autolisando-se as células por aquecimento a 100 °C na presença de H$_2$SO$_4$ diluído (pH = 5); obtém-se a vitamina em fase aquosa, que é separada por centrifugação na fase líquida; esta é, então, seca a vácuo. Essa última fase deve ser efetuada mantendo o pH a 5 na presença de sulfito de sódio. Também pode ser empregado o método de adsorção, podendo-se usar: Amberlite IRC 50; Dowex 1X2; alumina; sílica gel ou Amberlite XAD 2. A eluição pode se dar com água fenolada ou mistura hidroalcoólica. Na extração, podem-se usar soluções de fenol ou cresol, ou cresol com benzeno ou com butanol. A precipitação ou cristalização é feita, então, com solventes como acetona ou reagentes como ácido tânico ou p-cresol. Kureha (1985, apud AQUARONE, 2001) sugere extrair a massa fermentada com uma solução aquosa de etanol contendo 0,01% de cianeto de potássio a 100 °C, purificar o extrato em pH 4 com coluna de resina Dowex 1 × 2 (Cl⁻) para reunir as impurezas; transferir a solução purificada para uma coluna de carvão vegetal ativado e separar a cianocobalamina, eluindo com solução aquosa de acetona a 75%; transferir essa solução a pH 3,5 para coluna de resina Amberlite IR 50 e eluir com solução de amônia de pH 9; novamente passar a pH 7 por coluna de carvão ativado, eluindo com solução aquosa com 75% de acetona; finalmente, concentrar o eluato para cristalização por adição de acetona anidra. Com extração de 92% consegue-se vitamina B$_{12}$ pura a 99%.

Riaz et al. pesquisaram uma linhagem de bactérias Gram-negativas, *Pseudomonas specie* PCSIR-B-99, com grande capacidade de utilização de metanol como fonte de carbono e energia. Essa linhagem foi obtida da Coleção de Cultura do Paquistão. A estirpe foi identificada como sendo um excelente produtor de vitamina B$_{12}$ usando um meio basal modificado. O efeito do tempo de fermentação, diferentes concentrações de metanol e íons cobalto no crescimento, bem como a produção de vitamina B$_{12}$ de bactérias isoladas, foram investigados. Máxima biomassa celular bacteriana e produção de vitamina B$_{12}$ foram observadas em meio contendo 3,5 % (v/v) de metanol e 1 mg/L de Co^{++} após 72 horas de fermentação. No entanto, o rendimento de vitamina B$_{12}$ foi adicionalmente ampliado até 3.500 µg/L de meio com a adição de 200 mg/L de 5,6-dimetilbenzimidazol, o precursor da vitamina B$_{12}$, como uma concentração ótima.

14.3.2.9 Vitamina C – ácido L-ascórbico

A vitamina C tem função antioxidante potente e age diminuindo o estresse oxidativo. Também é importante como um cofator de enzima para a biossíntese de vários bioquímicos importantes.

A vitamina C é produzida comercialmente através de extração a partir de plantas, por síntese química, por fermentação e por métodos mistos de síntese de fermentação/químicos.

Na primeira etapa, tanto no tradicional processo Reichstein quanto no processo de fermentação em duas fases, mais recente, o sorbitol é oxidado em sorbose por fermentação. Todos os produtores usam o mesmo microrganismo para essa fermentação (sorbitol em si é feito através da redução de glicose a uma temperatura elevada). Nem o processo de Reichstein, nem o processo de fermentação em duas fases envolvem o uso de organismos geneticamente modificados (OGM).

O processo de Reichstein é um método misto de síntese química e de fermentação. Foi usado pela primeira vez em 1933 e ainda é empregado pela Roche, Basf e Takeda. Nele, a sorbose é transformada em ácido diacetona cetogulônico (Dacs) num processo químico em duas fases. O primeiro passo envolve uma reação com acetona que produz sorbose diacetona, a qual é depois oxidada utilizando cloro e hidróxido de sódio para produzir Dacs. No passo seguinte, Dacs é dissolvido numa mistura de solventes orgânicos e a sua estrutura é rearranjada para formar vitamina C, utilizando um catalisador ácido. Esta etapa do processo é semelhante no processo de fermentação em duas fases. Na última etapa da produção, a vitamina C bruta é purificada por recristalização. Este passo é idêntico para os dois processos.

Muitas modificações técnicas e químicas no processo de Reichstein visam otimizá-lo e reduzir as muitas vias de reação. Por conseguinte, cada passo tem agora um rendimento de mais de 90%. O rendimento global de vitamina C a partir de glicose é de cerca de 60%. As diversas fases do processo de Reichstein usam quantidades consideráveis de solventes e reagentes orgânicos e inorgânicos, incluindo acetona, ácido sulfúrico e hidróxido de sódio. Embora alguns desses compostos possam ser reciclados, controle ambiental rigoroso é necessário, resultando em custos significativos de eliminação de resíduos.

Processo de fermentação em dois estágios

O mais recente dos dois principais processos de produção foi desenvolvido na China e é usado por todos os produtores chineses.

O uso do processo também foi licenciado para um número de fabricantes ocidentais, incluindo a Roche e uma *joint venture* envolvendo a Basf e a Merck. Tem custos fixos e de capital menores, resultando numa poupança de custo global de produção de cerca de um terço em comparação com o método de Reichstein. No processo de fermentação em duas fases, uma segunda etapa de fermentação substitui as reações químicas usadas na produção de Dacs no método de Reichstein. Essa fermentação resulta em um produto intermediário diferente, ACG (acetona cetogulônica). Todos os produtores usam o mesmo microrganismo. Duas etapas químicas semelhantes às etapas finais do processo de Reichstein, em seguida, completam a síntese da vitamina C. Em comparação com o processo de Reichstein, o processo de fermentação em duas fases usa menor quantidade de solventes e menos reagentes tóxicos. Existe, portanto, uma redução no custo de processamento de produtos residuais.

Muitas patentes para a produção de vitamina C por vias diferentes foram publicadas. Houve dois focos recentes de trabalho de pesquisa e desenvolvimento, sendo o primeiro centrado no desenvolvimento de métodos de fermentação para transformar a glicose em ACG, quer diretamente, quer através de sorbitol, sorbose ou ácido dicetoglucônico. Por exemplo, uma *joint venture* nos Estados Unidos envolvendo Genencor International, Eastman, Eletrossíntese Company Inc., MicroGenomics Inc. e Argonne National Laboratory estava desenvolvendo um processo para fabricar ACG diretamente de glicose por fermentação. O segundo foco pesquisa a conversão direta da glicose em vitamina C por fermentação utilizando microalgas mutantes. Segundo Shimizu (2008) a produção microbiana de vitamina C se faz através da enzima 2,5-diceto-D-gulônico ácido redutase obtida por fermentação de *Corynebacterium* sp. Há a transformação de diceto-D-gluconato obtido via processo fermentativo passando a 2-ceto-L-gulônico, seguido de conversão química a ácido L-ascórbico.

14.4 PERSPECTIVAS

Segundo Almeida (2008), com a crescente produção nacional de biodiesel visando adequar a matriz energética a um modelo menos nocivo à natureza, um dos subprodutos gerados em escala no processo é a glicerina, que acaba gerando custos desnecessários às empresas produtoras de biodiesel.

Buscar formas alternativas de agregar valor a essa glicerina foi uma das maneiras encontrada por essas empresas para aumentar sua competitividade no mercado internacional. Em seu estudo, Almeida realizou previsões de demanda futura para dois produtos que podem ser originados a partir da glicerina como substrato: as vitaminas B_3 e B_5. Além disso, avaliou o custo inicial de produção dessas vitaminas para a empresa com a qual trabalha, fornecendo sugestões acerca de sua entrada ou não nesse nicho de mercado. Não tão recentes, porém importantes, são os comentários de Battock e Azam-Ali (1998), sobre a importância dos processos de fermentação regionais, que podem resultar em aumento de concentração de vitaminas no produto final a um menor custo. *Saccharomyces cerevisiae* é capaz de concentrar grandes quantidades de tiamina, biotina e ácido nicotínico, e dessa forma se obtêm produtos enriquecidos.

REFERÊNCIAS

ALMEIDA, M. R. M. *Estudo de viabilidade de produção de vitaminas a partir de glicerina subproduto de biodiesel*. Trabalho de Conclusão de Curso (Bacharelado em Engenharia de Produção) – Escola Politécnica, Universidade de São Paulo, São Paulo, 2008.

ALOSTA, H. A. Riboflavin production by encapsulated *Candida Flareri*. Dissertação (Mestrado), Oklahoma State University, Stillwater, 2002

AQUARONE, E. Produção de vitaminas. In: *Biotecnologia Industrial 3*. São Paulo: Blucher, 2001. p. 81-99.

BATTOCK, M.; AZAM-ALI, S. *Fermented fruits and vegetables. A global perspective*. Roma: Food and Agriculture Organization of the United Nations Rome, 1998. (FAO Agricultural Services Bulletin, n. 34.)

BINDER, M. et al. High pressure liquid chromatography of cobalamins and cobalamins analogs. *Analytical Biochemistry*, v. 125, p. 253-258, 1982.

BINOD, P.; SINDHU, R.; PANDEY, A. Microbial source of vitamins. In: PANDEY, A. et al. (eds.). *Comprehensive Food Fermentation Biotechnology*. New Delhi: Asiatech Pub, 2010.

DULANEY, E. L.; STAPLEY, E. O.; SIMPF, K. Studies on ergosterol production by yeasts. *Journal of Applied Microbiology*, v. 2, n. 6, p. 371-379, 1954.

EIJKMAN C. *Nobel Lecture*: Antineuritic Vitamin and Beriberi. Stockholm, 1929. Disponível em: <https://www.nobelprize.org/prizes/medicine/1929/eijkman/lecture/>. Acesso em: 26 Abr. 2019.

FLORENT, J. Vitamins. In: REHM, H. J.; REED, G. (eds.). *Biotechnology – A Comprehensive Treatise 4*. Weinheim: VCH Publishers, 1986. p. 114-158.

FLORENT, J.; NINET, L. Vitamin B_{12}. In: PEPPLER, H. Y.; PERLMAN, D. (eds.). *Microbiology technology*. 2. ed. New York: Academic Press, 1979. p. 497-519.

GRIMM, P. et al. Applicability of *Euglena gracilis* for biorefineries demonstrated by the production of α-tocopherol and paramylon followed by anaerobic digestion. *Journal of Biotechnology*, v. 215, p. 72-79, 2015.

GURU, V.; VISEANATHAN, K. Riboflavin production in milk whey using probiotic bacteria-*Lactobacillus acidophilus* and *Lactococcus lactis*. *Indian Journal of Fundamental and Applied Life Sciences*, v. 3, n. 4, p. 169-176, 2013.

HEINZLE, E.; BIWER, A.; COONEY, C. *Development of Sustainable Bioprocesses: Modeling and Assessment*. Chichester: John Wiley & Sons, 2007.

HUGENSCHMIDTM, S.; SCHWENNINGER, S. M; LACROIX, C. Concurrent high production of natural folate and vitamin B12 using a co-culture process with *Lactobacillus plantarum* SM39 and *Propionibacterium freudenreichii* DF13. *Process Biochemistry*, n. 46, p. 1063-1070, 2011.

IBARROLA-JURADO, N. et al. Dietary phylloquinone intake and risk of type 2 diabetes in elderly subjects at high risk of cardiovascular disease. *American Journal of Clinical Nutrition*, v. 96, n. 5, p. 1113-1138, 2012.

IBRAHIM, G. A. et al. Isolation, Identification and Selection of Lactic Acid Bacterial Cultures for Production of Riboflavin and Folate. *Middle East Journal of Applied Sciences*, v. 4, n. 4, p. 924-930, 2014.

_____. Riboflavin and Folate Production in Different Media using Encapsulated *Streptococcus Thermophiles* and *Lactobacillus plantarum*. *Middle East Journal of Applied Sciences*, v. 5, n. 3, p. 663-669, 2015.

JEGNOW, G.; DAWID, W. *Biotecnologia*. Zaragoza: Acribia, 1991. p. 149.

MASSAKI, T.; KEIKO, I.; TATSUO, H. Production of vitamin B_6 in *Rhizobium*. *Bioscience Biotechnology Biochemistry*, v. 63, p. 1378-1382, 1999.

MERCK & CO. US Patent. 4165250, 1979.

MOHAMMED, Y. et al. Development of a two-step cultivation strategy for the production of vitamin B12 by *Bacillus megaterium*. *Microbial Cell Factories*, v. 13, p. 102, 2014.

NAKAO, Y.; KUNO, M.; SUZUKI, M. US Patent. 3884759, 1975.

NINET, L.; RENAUT, J. Carotenoids. In: PEPPLER, H. J.; PERLMAN, D. (eds.). *Microbial Technology 1*. 2. ed. New York: Academic Press, 1979. p. 529-544.

NIPPON OIL CO. LTD. Eur. Pat. 87920, 1983.

RIAZ, M. et al. Microbial production of vitamin B12 by methanol utilizing strain of *Pseudomonas* specie. *Pakistan Journal of Biochemistry and Molecular Biology*, v. 40, n. 1, p. 5-10, 2007.

RYCHTERA, M. et al. Optimization of feeding strategy for the ergosterol production by yeasts *Saccharomyces cerevisiae*. *Revista Colombiana de Biotecnología*, Bogotá, v. 12, n. 1, jan.-jun. 2010.

SATO, T. et al. Production of menaquinone (vitamin K2)-7 by *Bacillus subtilis. Journal of Bioscience and Bioengineering*, v. 91, n. 1, p. 16-20, 2001.

SELVAKUMAR, P.; BALAMURUGAN, G.; VIVEKA, S. Microbial Production of Vitamin B12 and Antimicrobial Activity of Glucose Utilizing Marine Derived Streptomyces Species. *International Journal of ChemTech Research*, v. 4, n. 3, p. 976-982, 2012.

SILVA, R. S. S. F. *Produção de riboflavina por fermentação com Eremothecium ashbyii: estudo de propriedades físico-químicas e formulação de meios de cultura com subprodutos de indústrias de alimentos*. Tese (Doutorado em ciência de alimentos) – Faculdade de Engenharia de Alimentos, Universidade Estadual de Campinas, Campinas, 1973.

SHIMIZU, S. Vitamins and Related Compounds: Microbial Production. In: REHM, H.-J.; REED, G. (eds.). *Microbial Production Biotechnology*. Weinheim: Wiley-VCH, p. 319-341, 2008.

TAKEYAMA, H. et al. Production of antioxidant vitamins, β-carotene, vitamin C, and vitamin E, by two-step culture of *Euglena gracilis* Z. *Biotechnology and Bioengineering*, v. 53, n. 2, p. 185-190, 1997.

TANNER, F. W.; VOJNOVICH, C.; LANEN, J. M. V. Factors affecting riboflavin production by *Ashbya gossypii*. *Journal of Bacteriology*, v. 58, n. 6, p. 737-745, 1949.

WAGHMARE, P. et al. *Riboflavin Production – Biological Process*. Slides. Disponível em: <http://pt.slideshare.net/PriyeshWaghmare/riboflavin-production-biological-process>. Acesso em: 06 nov. 2015.

WANG, Z. J. et al. Enhance Vitamin B12 Production by Online CO_2 Concentration Control Optimization in 120 m^3 Fermentation. *Journal of Bioprocessing and Biotechniques*, v. 4, p. 159, 2014.

WEI, S. et al. Isolation and characterization of an *Ashbya gossypii* mutant for improved riboflavin production. *Brazilian Journal of Microbiology*, v. 43, n. 2, 2012.

XIA, W. et al. Industrial vitamin B12 production by *Pseudomonas denitrificans* using maltose syrup and corn steep liquor as the cost-effective fermentation substrates. *Bioprocess and Biosystems Engineering*, v. 38, n. 6, p. 1065-1073, 2015.

CAPÍTULO 15
Aplicações industriais de microalgas

Jorge Alberto Vieira Costa

Michele Greque de Morais[1]

15.1 INTRODUÇÃO

A biotecnologia é uma ciência que apresenta inúmeras aplicações possíveis, várias delas ainda pouco exploradas. O conhecimento e as competências dos diferentes campos científicos da biotecnologia se reúnem, e os produtos e serviços derivados podem ser utilizados em diversas áreas de estudo. A biotecnologia agrega o uso de princípios científicos de engenharia, microbiologia, genética e bioquímica para transformação de materiais utilizando agentes biológicos com o objetivo de obter bens e serviços.

A biotecnologia microalgal é uma área de destaque devido à multidisciplinaridade do tema. A biomassa de microalgas pode ser aplicada nos principais pilares da sociedade, sendo estes o setor alimentício, farmacêutico, ambiental e energético (MORAIS et al., 2015). As microalgas possuem como ponto forte para aplicação industrial a capacidade de síntese direcionada de biocompostos de interesse através de alterações nas condições de cultivo (LOURENÇO, 2006).

A biomassa microalgal é rica em compostos bioativos com alto valor proteico, elevada digestibilidade, quantidades significativas de ácidos graxos poli-insaturados essenciais, compostos fenólicos, vitaminas B_1, B_2, B_{12} e E, minerais e oligoelementos,

---

[1]   Os autores agradecem às engenheiras de alimentos Dra. Etiele Greque de Morais e Dra. Bruna da Silva Vaz pelas valiosas contribuições na elaboração deste capítulo.

como ferro, magnésio, cálcio, fósforo e potássio. Essas características conferem às microalgas potenciais aplicações, como para consumo *in natura*, na forma de cápsulas e no enriquecimento de alimentos com a biomassa em pó ou biocompostos específicos extraídos dela. Na área alimentícia, os biopigmentos como ficocianina e carotenoides são muito importantes por serem corantes naturais com propriedades antioxidantes. Alguns biopolímeros, como poli-hidroxibutirato e seu copolímero, podem ser aplicados tanto no desenvolvimento de embalagens alimentícias como na área médica para desenvolvimento de próteses biodegradáveis (SOCCOL; PANDEY; LARROCHE, 2013).

Os componentes de origem microalgal foram identificados com atividade antimicrobiana, antiviral, anticoagulante, antienzimática, antifúngica, anti-inflamatória, antitumoral, anti-HIV, antioxidante e imunossupressora. A importância terapêutica de microalgas inclui sua utilização no tratamento da hiperlipidemia, câncer, HIV, diabetes, obesidade e hipertensão; na melhoria da resposta imunológica; na proteção renal contra metais pesados e fármacos; na diminuição dos níveis séricos de glicose e lipídios; e na redução do risco de doenças degenerativas (MORAIS et al., 2015).

O uso de fontes alternativas de nutrientes no cultivo microalgal, como o dióxido de carbono (CO_2) emitido na combustão de carvão em termelétricas, além de minimizar os problemas causados pela emissão desse gás, como o aquecimento global, reduz os custos com esse nutriente e gera créditos de carbono. Além de CO_2, a combustão do carvão emite óxidos de nitrogênio e enxofre que são responsáveis pelas chuvas ácidas, bem como cinzas. Estes compostos podem ser utilizados no cultivo de microalgas como fonte nutricional (VAZ; COSTA; MORAIS, 2016a, 2016b).

As microalgas podem ainda ser utilizadas para tratamento de efluentes líquidos nas mais variadas empresas, já que compostos orgânicos ricos em nitrogênio e fósforo são nutrientes indispensáveis ao cultivo desses microrganismos. As microalgas podem produzir biocombustíveis de terceira geração, sendo consideradas fontes de energia alternativa aos combustíveis fósseis, sem os inconvenientes associados aos de primeira e segunda geração. Os potenciais biocombustíveis obtidos a partir da biomassa microalgal ou dos cultivos são: biodiesel a partir dos ácidos graxos saturados, etanol através da fermentação direta da biomassa ou de seus carboidratos, produção fotobiológica de hidrogênio através da captura direta do cultivo, digestão anaeróbica para geração de biogás ou queima direta para obtenção de energia, já que o poder calorífico desses microrganismos é superior ao de alguns carvões.

A introdução de indústrias de microalgas no mercado representaria ganhos econômicos, sociais, ambientais e técnicos. Os ganhos econômicos estão associados à redução das importações de petróleo e diesel; os sociais, à geração de renda e emprego; e os ambientais, à significativa redução de efluentes sólidos, líquidos e gasosos. Os ganhos técnicos estão ligados à semelhança entre os biocombustíveis, biopolímeros e biocompostos de origem microalgal aos convencionais atualmente disponíveis no mercado (COSTA; MORAIS, 2011).

Neste contexto, iremos abordar as aplicações industriais dos cultivos microalgais, apresentando iniciativas já existentes, bem como explorando as áreas menos investigadas dentro da biotecnologia microalgal.

15.2 MICROALGAS PARA APLICAÇÃO INDUSTRIAL

As microalgas são algas microscópicas que desempenham papel fundamental nos ecossistemas aquáticos, sendo as responsáveis pela base da cadeia trófica. São microrganismos fotossintéticos importantes para a vida na Terra, pois são responsáveis por produzir parte do oxigênio (O_2) do planeta. Aproximadamente 40% da fotossíntese global é executada por esses microrganismos. As microalgas são um grupo de microrganismos heterogêneo com variações em metabolismos e propriedades bioquímicas. Essa diversidade implica que os grupos de microalgas sejam divididos através dos conjuntos de genes e da maneira como estes são expressos fenotipicamente.

Historicamente, as espécies de microalgas são reconhecidas com base na morfologia, anatomia celular, estrutura e metabolismo, e eram descritas e categorizadas de acordo com o Código Internacional de Nomenclatura Botânica. Porém, bacteriologistas recomendaram que a taxonomia de microalgas procarióticas (cianobactérias) fosse efetuada de acordo com o Código Internacional de Nomenclatura de Bactérias. As cianobactérias não possuem organelas (plastídios, mitocôndrias, núcleo, complexo de Golgi e flagelos) ligadas à membrana (JOHANSEN, 2012).

As microalgas eucarióticas, que abrangem grande quantidade de espécies, possuem organelas que controlam as funções celulares, permitindo a sobrevivência e reprodução. As microalgas eucarióticas são categorizadas em uma variedade de classes basicamente definidas por sua pigmentação, ciclo de vida e estrutura celular. As classes mais importantes são algas verdes (*Chlorophyta*), algas vermelhas (*Rhodophyta*) e diatomáceas (*Bacillariophyta*) (LOURENÇO, 2006).

As culturas microalgais se tornaram foco de pesquisa a partir de 1948 nos Estados Unidos, Alemanha e Japão. O cultivo comercial de microalgas teve início por volta de 1960 para *Chlorella* e 1970 para *Spirulina*, ambas para aplicação como suplemento alimentar. A partir de 1986, foram iniciados na Austrália os cultivos comerciais, a fim de explorar biocorantes microalgais. *Dunaliella salina* foi cultivada para produção de β-caroteno e *Haematococcus pluvialis* para obtenção de astaxantina (JOHANSEN, 2012).

15.2.1 METABOLISMO MICROALGAL

O metabolismo das microalgas pode ser autotrófico ou heterotrófico. O primeiro requer apenas compostos inorgânicos como CO_2, sais e energia solar para o desenvolvimento; o segundo não realiza fotossíntese, portanto requer fonte externa de compostos orgânicos para utilizar como nutriente e fonte de energia. Algumas espécies fotossintéticas são mixotróficas, possuindo habilidade de realizar fotossíntese e utilizar fontes orgânicas exógenas. *Chlorella vulgaris* e *Spirulina platensis* são exemplos de espécies que crescem sob condições autotróficas, heterotróficas e mixotróficas (LOURENÇO, 2006). O processo mais comum de cultivo microalgal é o autotrófico, também chamado de fotoautotrófico. Nesse sistema, a microalga utiliza a luz solar como fonte energética e CO_2 como fonte de carbono para gerar energia bioquímica através da fotossíntese (PANDEY et al., 2014). Na fotossíntese, plantas e microrganismos fotossintéticos convertem energia, água e sais minerais em compostos orgânicos através da seguinte reação global:

$$6CO_2 + 12H_2O + \text{energia luminosa} \rightarrow C_6H_{12}O_6 + 6O_2 + 6H_2O \qquad (15.1)$$

Para o desempenho de suas funções, os seres vivos utilizam a energia química contida nas moléculas de ATP e uma fonte de poder redutor NADPH. As sínteses de ATP, a partir de ADP e fosfato (Pi), e de NADPH, a partir de $NADP^+$, prótons (H^+) e elétrons (e^-), são sempre obtidas por oxidação.

Através da reação global, duas fases distintas podem ser identificadas: a fase clara (etapa fotoquímica) e a fase escura (etapa química). Na fase fotoquímica a energia radiante excita os pigmentos fotossintéticos, e esse estado de excitação (energia) é transferido, com auxílio de água, até as moléculas de NADP e ATP (energia química). Os produtos primários da etapa fotoquímica são o ATP e o NADPH. Nessa etapa também ocorre a liberação do O_2 como subproduto da dissociação da molécula de água. Na fase química, o carbono obtido a partir de uma molécula de CO_2 é assimilado mediante reações enzimáticas com o uso da energia armazenada nas moléculas de ATP e NADPH, terminando por formar o primeiro produto da fotossíntese, o hidrato de carbono (CH_2O) (NELSON; COX, 2011).

Nos procariotos, como cianobactérias, a fotossíntese ocorre em grânulos ligados à membrana plasmática. Em eucariotos, como plantas e algas verdes, ocorre nos cloroplastos. Os fotossistemas são mecanismos por meio dos quais são realizadas as duas partes da reação da fotossíntese. Esses sistemas interagem indiretamente por uma cadeia transportadora de e^- para reduzir o $NADP^+$ a NADPH (fotossistema I ou PSI ou P700) e oxidar a água para produzir O_2 (fotossistema II ou PSII ou P680). O aparelho transportador de elétrons da membrana tilacoide consiste em diversos grandes complexos ligados a membranas: o PSII, o complexo de citocromos b_{6f} e o PSI. Vários transportadores solúveis de elétrons formam a conexão entre esses grandes complexos proteicos. Na membrana tilacoide, os transportadores solúveis são a plastoquinona (PQ) e a plastocianina (PC). A conexão entre água e o $NADP^+$ é efetuada pelos complexos proteicos que atravessam a membrana tilacoide, ligados pelos dois transportadores solúveis. Os prótons são bombeados do estroma para o interior da tilacoide, os elétrons são transferidos de um composto para outro, com redução de energia livre, e há conservação energética através de gradiente de prótons na membrana tilacoide (CAMPBELL; FARRELL, 2006).

A geração de energia na fotossíntese ocorre através do estímulo da luz no PSII, gerando um potente oxidante, capaz de clivar a água em e^-, H^+ e O_2; esses e^- são emitidos por PSII e chegam a PSI. A resposta do PSI ao mesmo estímulo é gerar um potente redutor capaz de doar e^- a $NADP^+$, levando à formação de NADPH. O transporte de e^- é acoplado ao deslocamento de H^+ (NELSON; COX, 2011). Diversas reações contribuem para a geração do gradiente de prótons nos cloroplastos. As etapas que contribuem para gerar o gradiente são cisão da molécula de água, que libera prótons no lúmen do tilacoide;

redução das plastoquinonas, que retira H^+ do estroma; bombeamento de prótons do estroma para o interior do tilacoide pelo citocromo b_{6f} via ciclo Q; e redução de $NADP^+$ pela enzima ferredoxina-$NADP^+$ oxidorredutase (FNR), que consome H^+ do estroma (CAMPBELL; FARRELL, 2006).

15.3 CONDIÇÕES DE CULTIVO

15.3.1 NUTRIENTES, pH E TEMPERATURA

As condições de cultivo de microalgas são fatores importantes que influenciam o metabolismo desses microrganismos, dirigindo, assim, a síntese de compostos específicos de interesse. A composição bioquímica da biomassa das microalgas não é determinada somente pela natureza de cada espécie algal, depende também de fatores como intensidade de luz, temperatura, pH, nutrientes e agitação dos cultivos. Pesquisas relacionadas com a interação entre os fatores de crescimento podem contribuir para a otimização do cultivo, pois o desenvolvimento de microalgas deriva de diversas reações bioquímicas e biológicas (BERTOLDI; SANT'ANNA; OLIVEIRA, 2008).

Os meios de cultivo são preparações químicas formuladas de modo a conter os nutrientes necessários para que as microalgas se multipliquem e/ou sobrevivam. As microalgas exigem macronutrientes, como C, H, O, N, P, S, K, que são essenciais para o crescimento por serem constituintes estruturais de biomoléculas, de membranas e do meio intracelular. Além disso, esses nutrientes participam de processos de trocas de energia e regulam diversas atividades metabólicas. Os micronutrientes que são geralmente necessários são Mn, Mo, Co, B, Zn, Cu etc., sendo importantes, pois participam da estrutura e da atividade de diversas enzimas que estão envolvidas em diferentes vias metabólicas das microalgas (LOURENÇO, 2006; MORAIS et al., 2015).

O CO_2 é a fonte de carbono normalmente utilizada para o cultivo de microalgas. As microalgas utilizam a fotossíntese como metabolismo principal para a obtenção de carbono orgânico através do carbono inorgânico contido no CO_2. O nitrogênio é importante para o metabolismo primário das microalgas, sendo responsável pela formação de proteínas. O fósforo atua como transportador de substratos ou energia química, sendo que pequenas quantidades no meio de cultura podem limitar o crescimento de algumas espécies de microalgas (BERTOLDI; SANT'ANNA, OLIVEIRA, 2008). A limitação ou excesso de nutrientes é a estratégia utilizada para acumular biocompostos específicos. Sob privação de nitrogênio, microalgas degradam preferencialmente uma ou mais macromoléculas que contêm esse elemento, como proteínas, resultando na redução desses compostos e no acúmulo de substâncias de reserva de carbono, como carboidratos e lipídios (GONZÁLEZ-FERNÁNDEZ; BALLESTEROS, 2012).

O alto custo dos nutrientes pode representar fator limitante no cultivo de microalgas, e fontes alternativas têm sido exploradas para reduzir os gastos. Fontes de nutrientes disponíveis na natureza são utilizadas para o cultivo comercial de microalgas, como água do mar, efluentes industriais e fertilizantes, entre outras. Essas alternativas favore-cem o uso de microalgas em vários processos que podem gerar benefícios ambientais. A utilização de efluentes líquidos e gasosos como fontes de nutrientes resulta no tra-tamento desses compostos e benefícios ambientais, combinados com a produção de biomassa (JOHANSEN, 2012).

O controle de pH é essencial para a absorção eficaz dos componentes do meio de cultivo, uma vez que afeta diretamente a disponibilidade dos elementos químicos. Além disso, os ajustes de pH são medidas primárias utilizadas para evitar a contami-nação por microrganismos (MORAIS et al., 2015). O pH ótimo é determinado de acordo com o tipo de microrganismo, variando de neutro a alcalino para a maioria das espécies de microalgas (SOCCOL; PANDEY; LARROCHE, 2013).

A temperatura é um dos principais fatores que regulam a morfologia e fisiologia celular, bem como os subprodutos da biomassa microalgal. A temperatura elevada pode acelerar o metabolismo das microalgas, e a baixa temperatura pode inibir o crescimento. A temperatura ótima para a maioria das espécies de microalgas é entre 35 °C e 37 °C. Altas temperaturas são desejáveis durante o dia, pois têm efeito favorá-vel nas taxas de crescimento devido à fotossíntese. Durante a noite, temperaturas mais elevadas não são desejadas no cultivo de microalgas, devido ao aumento da taxa de respiração, que resulta em elevado gasto de energia celular e consequente redução da concentração de biomassa. Outros fatores que são importantes para o cultivo também são influenciados pela temperatura, como o balanço iônico da água, o pH e a solubi-lidade do CO_2 e O_2 (PANDEY et al., 2014).

15.3.2 BIORREATORES PARA CULTIVO DE MICROALGAS

O cultivo de microalgas pode ser realizado em diferentes tipos de biorreatores. Pes-quisadores e produtores comerciais desenvolveram diversas tecnologias de cultivo para produzir biomassa de microalgas em biorreatores abertos ou fechados. Nos fotobiorrea-tores, a fonte de carbono deve ser suficientemente fornecida para evitar limitação do crescimento. A transferência de massa de CO_2 no meio de cultivo deve ser eficiente, pois o CO_2 não dissolvido é perdido. A transferência de massa de O_2 no sistema é também uma consideração importante, devido à necessidade de remover o oxigênio formado na fotossíntese antes que alcance concentrações inibitórias. As características da mistura e/ ou agitação dependem da geometria do reator e das condições de operação, sendo consideradas o principal determinante da utilização de luz pela cultura. Isso afeta a eficiência fotossintética, produtividade e composição celular (SOCCOL; PANDEY; LARROCHE, 2013). Uma mistura adequada deve proporcionar elevada concentração de biomassa, permitir a circulação de líquido, manter as células em suspensão, eliminar a estratificação térmica, otimizar a distribuição de nutrientes, melhorar a troca gasosa e reduzir o sombreamento e a fotoinibição de microalgas (PANDEY et al., 2014).

Sistemas abertos podem ser divididos em águas naturais (lagos, lagoas) ou tanques artificiais. Os reatores artificiais são principalmente tanques *raceway* (agitação por pás rotativas), construídos de concreto, PVC ou fibra de vidro. Com relação à complexidade, os sistemas abertos são mais fáceis de construir e operar do que a maioria dos sistemas fechados, sendo as principais vantagens o baixo investimento de capital e utilização da luz solar para a fotossíntese. No entanto, é necessário controlar a temperatura do meio líquido, a evaporação de água, a concentração de gases dissolvidos e a contaminação por outros microrganismos. Os fotobiorreatores fechados têm atraído muito interesse, porque permitem melhor controle das condições de cultivo do que sistemas abertos (MORAIS et al., 2015; JOHANSEN, 2012). As configurações de fotobiorreatores fechados testados em escala de laboratório (Figura 15.1) ou piloto incluem reatores verticais, horizontais, de placa plana, anular, sacos de plástico, tipo painel e várias formas de reatores tubulares, agitados mecanicamente ou por injeção de ar (PANDEY et al., 2014). Os reatores fechados são construídos de material (vidro, plástico ou acrílico) transparente, que permite a passagem da luz (JOHANSEN, 2012).

As vantagens do uso de biorreatores fechados em comparação com sistemas abertos incluem: (i) alta produtividade, gerando maior biomassa de microalgas por unidade de tempo; (ii) perdas nulas em relação à evaporação; (iii) redução acentuada de problemas relacionados à contaminação dos cultivos por outras algas ou microrganismos heterotróficos; (iv) facilidade dos procedimentos de coleta de biomassa, devido ao menor volume de meio de cultura; (v) maior controle das trocas gasosas entre o cultivo e a atmosfera; (vi) menor espaço ocupado; (vii) elevada relação superfície/ volume, o que ajuda a aumentar a iluminação do sistema; e (viii) a possibilidade de se obter cultivos e/ou compostos produzidos com elevado grau de pureza (LOURENÇO, 2006; MORAIS et al., 2015).

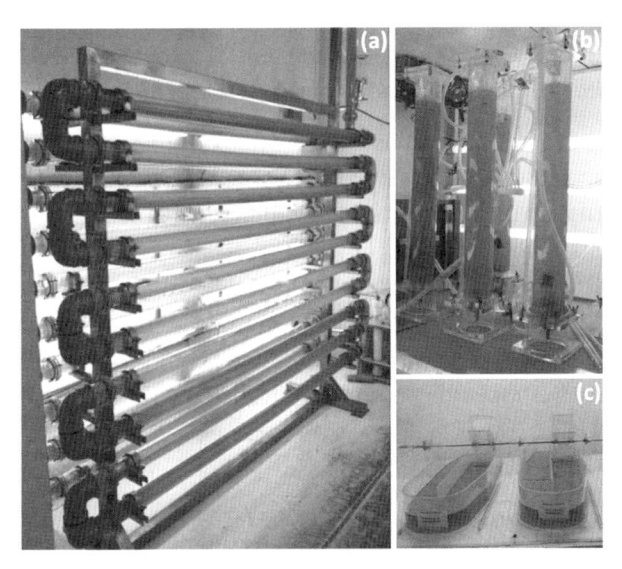

Figura 15.1 (a) Reatores tubulares horizontais, (b) tubulares verticais e (c) *raceway* em escala laboratorial para cultivo microalgal.

Os fotobiorreatores podem ser iluminados por luz artificial ou solar. Em cultivos ao ar livre, a luz solar é a principal fonte de energia. Em cultivos internos, o maior desafio é o custo elevado de iluminação artificial, a qual pode ser fornecida por inovações como diodos emissores de luz (LED) e de fibra ótica (PANDEY et al., 2014). A luz é fundamental para o crescimento microalgal, pois atua como a principal fonte de energia no processo de fotossíntese. O excesso de luz também pode provocar efeito letal nas células pela formação de peróxido de hidrogênio, em reação denominada foto-oxidação ou morte fotoxidativa (BERTOLDI; SANT'ANNA; OLIVEIRA, 2008). O comprimento de onda e intensidade de luz causam variações nas respostas fotossintéticas e no crescimento e metabolismo de microalgas, de modo que influenciam a composição bioquímica da biomassa (SOCCOL; PANDEY; LARROCHE, 2013).

15.4 BIOATIVIDADE DOS COMPOSTOS EXTRAÍDOS DE MICROALGAS

A biotecnologia de microalgas tornou-se objeto de estudo para várias áreas, devido aos bioprodutos variados que podem ser obtidos desses microrganismos. A importância de microalgas como fontes de ingredientes funcionais tem sido reconhecida graças aos seus efeitos benéficos para a saúde (PANGESTUTI; KIM, 2011). A adaptação das microalgas a diferentes condições ambientais leva à síntese de metabólitos biologicamente ativos que não são encontrados em outros organismos (MORAIS et al., 2015). A biomassa produzida a partir do cultivo de microalgas proporciona biocompostos, como biopeptídeos, biopolímeros, carboidratos, ácidos graxos essenciais, vitaminas, enzimas, minerais, oligoelementos e esteróis. Tais compostos podem apresentar propriedades anti-inflamatórias, antibacteriana, antioxidante e/ou antifúngicas (MORAIS et al., 2014). Muitos desses compostos (cianovirina-N, ácido oleico, ácido linolênico, ácido palmitoleico, vitamina E, vitamina B12, β-caroteno, ficocianina, luteína e zeaxantina) têm potencial para a redução, promoção e/ou prevenção de doenças (MORAIS et al., 2015).

Os pigmentos naturais são fontes valiosas de compostos bioativos. Dentre os ingredientes funcionais identificados a partir de microalgas, os pigmentos têm recebido atenção especial devido às várias atividades biológicas benéficas, que incluem ação antiobesidade, potencial antiangiogênico e ação neuroprotetora (PANGESTUTI; KIM, 2011). Os carotenoides são antioxidantes que atuam como protetores solares, protegendo os tecidos fotossintetizantes das microalgas contra os danos causados pela luz e oxigênio (MORAIS et al., 2016). Dentre os carotenoides destacam-se o β-caroteno e a astaxantina. Esses compostos possuem aplicação na indústria alimentícia e farmacêutica devido às suas propriedades antioxidantes e capacidade de pigmentação (MORAIS et al., 2015). O β-caroteno possui vários benefícios para a saúde, como fortalecer o sistema imunológico e reduzir o risco de doenças degenerativas, por exemplo, câncer, doenças cardiovasculares e formação de catarata (SOCCOL; PANDEY; LARROCHE, 2013). Vários estudos têm mostrado que a astaxantina possui efeitos na prevenção e tratamento de várias doenças, como câncer, doenças inflamatórias crônicas, síndrome metabólica, diabetes, doenças cardiovasculares, doenças gastrointestinais, doenças do fígado, doenças neurodegenerativas, doenças oculares, doenças de pele, infertilidade masculina e insuficiência renal aguda (JOHANSEN, 2012).

As microalgas são fonte importante de antibióticos com ampla e eficiente atividade antibacteriana. O potencial antimicrobiano desses microrganismos é devido à capacidade de sintetizar compostos, como os ácidos graxos, ácidos acrílicos, compostos alifáticos halogenados, terpenóides, esteróis, compostos heterocíclicos contendo enxofre, carboidratos, acetogeninas e fenóis. O composto decadienal, derivado do ácido araquidônico, exibe forte atividade contra microrganismos patogênicos como *Escherichia coli*, *Pseudomonas aeruginosa*, *Staphylococcus aureus* e *Staphylococcus epidermidis* (MOSTAFA, 2012). Devido à presença de ácido γ-linolênico, as microalgas *Spirulina* e *Chlorella* têm efeito hipocolesterolêmico, e também agem contra os sintomas da tensão pré-menstrual, esclerose múltipla e doença de Parkinson (JOHANSEN, 2012). Polissacarídeos microbianos também possuem ação antiviral e antimicrobiana. As microalgas produzem polissacarídeos sulfatados extracelulares (EPS), com características ácidas que têm potencial como agentes terapêuticos. Os grupos sulfato de EPS determinam algumas das características dos polissacarídeos, sendo que foi verificado que maior teor de sulfato induz atividade antiviral superior. Os polissacarídeos sulfatados obtidos a partir de microalgas inibem infecções virais, como encefalomiocardite, herpes simples tipo 1 e 2 (HSV1, HSV2), imunodeficiência humana (HIV), septicemia hemorrágica de salmonídeos, peste suína e varicela (MORAIS et al., 2015). O polissacarídeo cálcio spirulan inibe seletivamente a penetração de vírus em células hospedeiras, evitando, desse modo, a replicação. As microalgas são os principais agentes biológicos que têm sido estudados para controle de fungos patógenos em plantas. A atividade antifúngica desses microrganismos foi atribuída à presença de compostos fenólicos totais, saponinas totais e alcaloides (MOSTAFA, 2012).

As proteínas de microalgas são de grande interesse como fonte de peptídeos bioativos, devido ao seu potencial terapêutico no tratamento de várias doenças. Esses compostos podem incluir fatores de crescimento, substituição de tecidos danificados, hormônios e imunomoduladores, além de benefícios da nutrição (MORAIS et al., 2015). Os biopeptídeos contêm de 3 a 20 resíduos de aminoácidos e estão normalmente inativos dentro da sequência da molécula da proteína, mas tornam-se ativos durante a digestão gastrointestinal, hidrólise enzimática ou durante a fermentação de alimentos (PANDEY et al., 2014). A cianovirina-N, proteína isolada a partir do extrato celular da microalga *Nostoc ellipsosporum*, tem atividade potente contra o vírus da imunodeficiência humana (HIV-1, HIV-2). O criptoficina-1, outro composto ativo isolado da *Nostoc*, exerce atividade antiproliferativa e antimitótica. Uma glicoproteína obtida a partir da microalga *Chlorella vulgaris* exibiu atividade protetora contra a metástase tumoral (MOSTAFA, 2012).

A biomassa de microalgas pode ser utilizada para produzir o biopolímero poli--hidroxibutirato (PHB), que pode substituir polímeros sintéticos na construção de matrizes extracelulares (*scaffolds*) para utilização em culturas de tecidos ou construção de moléculas bioativas. A incorporação de biomassa microalgal em *scaffolds*, além de apresentar efeitos antibacterianos e anti-inflamatórios, estimula processos biológicos importantes, como o crescimento celular, difusão de nutrientes, interações celulares específicas e regeneração de tecidos. A aplicação, por exemplo, de 0,1% de extrato da microalga *Spirulina* reduz os níveis de bactérias *Escherichia coli* e *Staphylococcus aureus* a níveis insignificantes dentro de 30 minutos. Os biopolímeros podem ainda ser utilizados como material de revestimento para nanocápsulas. Esses polímeros proporcionam barreira contra várias substâncias estranhas que podem reagir com os compostos ativos e reduzir sua atividade. Além de aumentar a estabilidade, prevenir a hidrólise e a degradação, o revestimento com biopolímero também aumenta a biodisponibilidade dos compostos nanoencapsulados, bem como melhora os efeitos terapêuticos (MORAIS et al., 2014).

15.5 APLICAÇÕES INDUSTRIAIS DE MICROALGAS

15.5.1 ADIÇÃO DE BIOMASSA MICROALGAL EM ALIMENTOS

As microalgas são capazes de melhorar o conteúdo nutricional dos alimentos, podendo afetar positivamente a saúde dos seres humanos e animais. Essa característica deve-se à composição química rica em proteínas, minerais, vitaminas e ácidos graxos essenciais (LOURENÇO, 2006; SOCCOL; PANDEY; LARROCHE, 2013). O cultivo de microalgas começou com a *Spirulina*, que foi colhida e utilizada para fazer bolo seco (*tecuitlatl*, *dihe*) para alimentar os indígenas no México e no Chade (África) (CHU, 2012).

A microalga *Spirulina*, além de ser consumida como produto alimentício, é aplicada como ingrediente funcional. Sua biomassa é incorporada a vários produtos para melhorar a qualidade nutricional e para ação terapêutica de doenças crônicas (CHU, 2012). *Spirulina* e *Chlorella* possuem certificado *generally recognized as safe* (GRAS) emitido pela Food and Drug Administration (FDA), que declara que as microalgas podem ser legalmente comercializadas como alimento ou complemento alimentar sem oferecer risco à saúde humana, desde que precisamente qualificadas e livres de contaminantes e adulterações com substâncias (SOCCOL; PANDEY; LARROCHE, 2013). Com produção anual de 3 mil e 4 mil toneladas, respectivamente, as microalgas *Spirulina* e *Chlorella* representam a maior parte do mercado de biomassa de microalgas (MORAIS et al., 2015).

As microalgas são consumidas na forma de comprimidos, cápsulas ou líquidos. Elas também são incorporadas a massas, biscoitos, pão, iogurte, doces, goma e bebidas (PANDEY et al. 2014; SOCCOL; PANDEY; LARROCHE, 2013). A *Chlorella* é produzida por mais de 70 empresas, sendo a Taiwan Chlorella Manufacturing Co. (Taipei, Taiwan) a maior produtora mundial, com mais de 400 toneladas de biomassa produzidas por ano. Produção significativa também é alcançada em Klötze (Alemanha) (80 a 100 toneladas de biomassa seca por ano). Muitas empresas comercializam grande variedade de produtos nutracêuticos produzidos a partir da microalga *Spirulina*. A maior empresa produtora do planeta, Hainan Simai Pharmacy Co. (China), produz anualmente 3 mil toneladas de biomassa da microalga. Uma das maiores indústrias do mundo é a Earthrise Farms (Califórnia, Estados Unidos). Seus produtos à base de *Spirulina* (comprimidos e em pó) são distribuídos em mais de 20 países.[2] A Myanmar Spirulina Factory (Yangon, Myanmar) produz comprimidos, batatas fritas, massas. A Cyanotech (Havaí, Estados Unidos) produz e comercializa suplementos dietéticos sob o nome Spirulina Pacifica® e BioAstin®[3] (MORAIS et al., 2015).

No Brasil, desde 1996 o Laboratório de Engenharia Bioquímica (LEB) da Universidade Federal do Rio Grande (FURG – Rio Grande, RS) tem desenvolvido projetos de pesquisa que estudam o cultivo de *Spirulina* sp. LEB 18 em escala piloto nas margens da lagoa Mangueira (Figura 15.2a), para produção de diversos alimentos com adição da biomassa microalgal. Foram desenvolvidos alimentos com *Spirulina* como aditivos para refeições de crianças. Os produtos foram desenvolvidos no Centro de Enriquecimento de Alimentos com *Spirulina* (CEAS) localizado na FURG. Esses produtos incluem macarrão instantâneo, bebidas isotônicas, barras de cereais, sopas instantâneas, pudim, mistura em pó para bolo, biscoitos, leite em pó, achocolatado e gelatina em pó (Figura 15.3). Ainda no Brasil a empresa Olson Microalgas Macronutrição (Camaquã, RS) produz cápsulas de *Spirulina* sp. LEB 18 como suplemento alimentar para comercialização (Figura 15.2b) (MORAIS et al., 2014).[4]

(a) (b)

Figura 15.2 (a) Planta piloto de cultivo da microalga *Spirulina* sp. LEB 18 para produção de alimentos (Santa Vitória do Palmar, RS); (b) planta de produção comercial de *Spirulina* sp. LEB 18 pela empresa Olson Microalgas (Camaquã, RS).

---

[2]   Ver http://www.earthrise.com/.

[3]   Ver http://www.cyanotech.com/.

[4]   Ver http://www.olson.com.br/.

Figura 15.3   Alimentos com *Spirulina* sp. LEB 18: (a) bebidas isotônicas, (b) barras de cereais, (c) sopas instantâneas, (d) pudim, (e) mistura em pó para bolo, (f) biscoitos.

Fonte: Vaz et al. (2016).

15.5.2 BIOPIGMENTOS

Pigmentos ou corantes são substâncias que conferem cor, podendo ser sintéticos ou produzidos por microrganismos. Esses bioprodutos possuem aplicabilidade nas indústrias farmacêutica, cosmética e, principalmente, de alimentos, já que a maioria dos consumidores avalia a qualidade e a atratividade de um produto alimentício através da coloração. A regulamentação para a aplicação de corantes sintéticos para consumo humano estimula pesquisas visando ao desenvolvimento e à utilização de biopigmentos, incluindo os de origem microalgal (JOHANSEN, 2012). Semelhantemente ao que ocorre em outros organismos, cada classe de microalgas apresenta sua própria combinação de pigmentos (MORAIS et al., 2015). Os biopigmentos microalgais principais são clorofilas, carotenoides e ficobilinas (PANDEY et al., 2014).

As clorofilas são as principais responsáveis pela absorção de luz no processo de fotossíntese. As microalgas podem conter de 0,5 a 1% (peso seco) de clorofila em sua biomassa, principalmente clorofila a e b. Possuem estrutura insaturada macrocíclica contendo quatro anéis de pirrol ligados por ligação de carbono simples. As clorofilas estão localizadas nos cloroplastos e podem ser extraídas da biomassa microalgal através da aplicação de solventes orgânicos (JOHANSEN, 2012).

Os carotenoides funcionam como fotoprotetores e como pigmentos fotossintéticos secundários para as células microalgais. Cada espécie pode conter aproximadamente 60 diferentes carotenoides, que variam da coloração amarela até a vermelha, dentre eles: β-caroteno, luteína, zeaxantina, licopeno, fucoxantina e astaxantina. Extratos de carotenoides foram obtidos a partir das microalgas *Chlorella vulgaris*, *Spirulina platensis*, *Nannochloropsis gaditana*, *Synechococcus* sp. e *Dunaliella salina*. Diversas espécies microalgais podem acumular altas concentrações de carotenoides, através de estímulos ambientais de carotenogênese, sendo consideradas as melhores fontes naturais desses biopigmentos (MORAIS et al., 2016).

As ficobilinas são biopigmentos obtidos através de cianobactérias, como *Spirulina* e *Synechococcus*, e podem ser classificadas em: ficoeritrina, aloficocianina e ficocianina. A ficocianina é um pigmento azul amplamente utilizado na indústria alimentícia e cosmética que possui propriedades antioxidantes e anti-inflamatórias, além da capacidade de aumentar a produção de glóbulos brancos, melhorando as respostas imunológicas do organismo (VONSHAK, 1997). Os pigmentos, em geral, são compostos muito sensíveis e suscetíveis à degradação, com consequente perda de suas atividades e características. Os pigmentos carotenoides e ficobilinas apresentam sensibilidade à presença de O_2, umidade e luz, tornando-se instáveis. Nessa área, estudos demonstram que técnicas como o nanoencapsulamento reduzem a degradação de pigmentos causada por fatores ambientais (JOHANSEN, 2012).

15.5.3 BIOPOLÍMEROS

Desde 1940, os plásticos mais utilizados industrialmente são polietileno (PE), polipropileno (PP), poliestireno (PS), poli (tereftalato de etileno) (PET), e poli (cloreto de vinila) (PVC). Apesar dos avanços, o processamento de plásticos pode gerar dois problemas principais: o uso de recursos não renováveis para obter suas matérias-primas e grandes quantidades de resíduos gerados pelo descarte desses materiais. Os biopolímeros são plásticos que se degradam completamente de três a doze meses. Os poli-hidroxialcanoatos (PHAs) são poliésteres naturais que consistem em unidades de ácidos hidroxialcanóicos com propriedades semelhantes aos plásticos petroquímicos (JAU et al., 2005).

Os PHAs são produzidos como reserva de carbono e energia acumulada no interior das células de vários microrganismos, como as microalgas. Entre os PHAs, o PHB e o seu copolímero poli-hidroxibutirato-covalerato (PHB-HV) são sintetizados por cianobactérias quando expostos a condições específicas de cultivo (Figura 15.4) (SHARMA et al., 2007). A taxa de degradação de PHB e de PHB-HV depende de fatores relacionados com o ambiente (temperatura, umidade, pH e fornecimento de nutrientes) e com o biopolímero (composição, cristalinidade, aditivos e área de superfície). Devido às suas propriedades físicas e químicas, o PHB é facilmente processado em equipamento correntemente utilizado para poliolefinas e plásticos sintéticos (KHANNA; SRIVASTAVA, 2005).

No Brasil, a Indústria Afasa "Indústria de Sacos Plástico Ltda." realiza o cultivo de microalgas para produção de biopolímeros. Os principais produtos da empresa são sacos plásticos para embalagens de alimentos (cereais, farinhas, massas, especiarias, pães, bolos, biscoitos, alimentos congelados etc.), envelopes plásticos para correspondência, sacos para plantio de mudas, folhas e envelopes plásticos para álbuns fotográficos, sacolas plásticas para lojas e supermercados, sacos plásticos para lixo doméstico e hospitalar, bem como para outras aplicações e utilidades (PANDEY et al., 2014).

A FDA, órgão que normatiza o setor de fármacos e alimentos nos Estados Unidos, aprovou o uso do PHB em embalagens alimentícias. Como o PHB é biocompatível com células e tecidos e facilmente absorvido pelo organismo humano, ele pode ser empregado também na área médico-farmacêutica. Esse biopolímero pode ser utilizado na fabricação de fios de sutura, próteses ósseas, enxertos cardiovasculares, pinos ortopédicos e implantes, bem como na regeneração e reparo de tecidos. Uma das vantagens dos biopolímeros sobre os polímeros sintéticos está relacionada à biocompatibilidade desses materiais com o corpo humano, produzindo *scaffolds* que facilitam a adesão das células implantadas aos tecidos a serem regenerados (MORAIS et al., 2014).

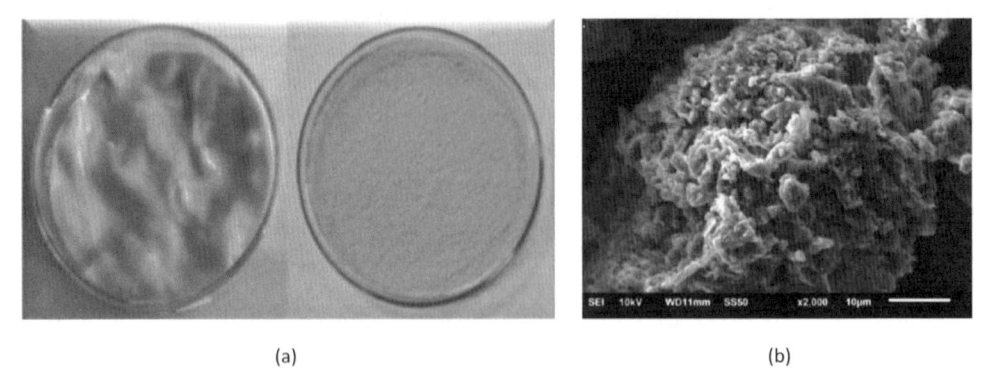

(a)   (b)

Figura 15.4   Biopolímero poli-hidroxibutirato de *Spirulina* sp. LEB 18 (a) antes e depois de secagem, e (b) imagem em microscópico eletrônico de varredura da superfície do biopolímero.

Fonte: Morais et al. (2014).

O desenvolvimento de *scaffolds* nanoestruturados utilizando PHB com incorporação de biomassa microalgal é considerado um grande avanço na área de engenharia de tecidos. Por possuir compostos bioativos, a biomassa de microalgas pode agregar características aos *scaffolds* como capacidade antioxidante, anti-inflamatórias, antibacterianas e antifúngicas. A utilização de biopolímero biocompatível com células e tecidos, bem como estimulantes do crescimento celular promovido pelas propriedades da biomassa microalgal, possibilita o desenvolvimento de *scaffolds* que eliminem a dependência de doadores de tecidos ou órgãos autólogos (MORAIS et al., 2014).

15.5.4 BIOCOMBUSTÍVEIS

O uso contínuo de combustíveis fósseis é reconhecido como forma de energia não sustentável, devido ao uso de fontes esgotáveis e à contribuição destes para o acúmulo de CO_2 na atmosfera. Dessa forma, o desenvolvimento de combustíveis renováveis para transporte e geração de energia tornou-se necessário. Os biocombustíveis geralmente são obtidos através de fontes vegetais que demandam grande quantidade de terra e água para cultivo. Além disso, a colheita desses vegetais superiores é realizada por safras, o que não torna a obtenção dessa matéria-prima contínua, limitando a produção dos biocombustíveis (CHISTI, 2007). Frente a essa problemática, estudos envolvendo o cultivo de microalgas para produção de energia vêm sendo desenvolvidos, graças às vantagens desses microrganismos quando comparados às matérias-primas tradicionalmente utilizadas na produção de diversos biocombustíveis (Figura 15.5).

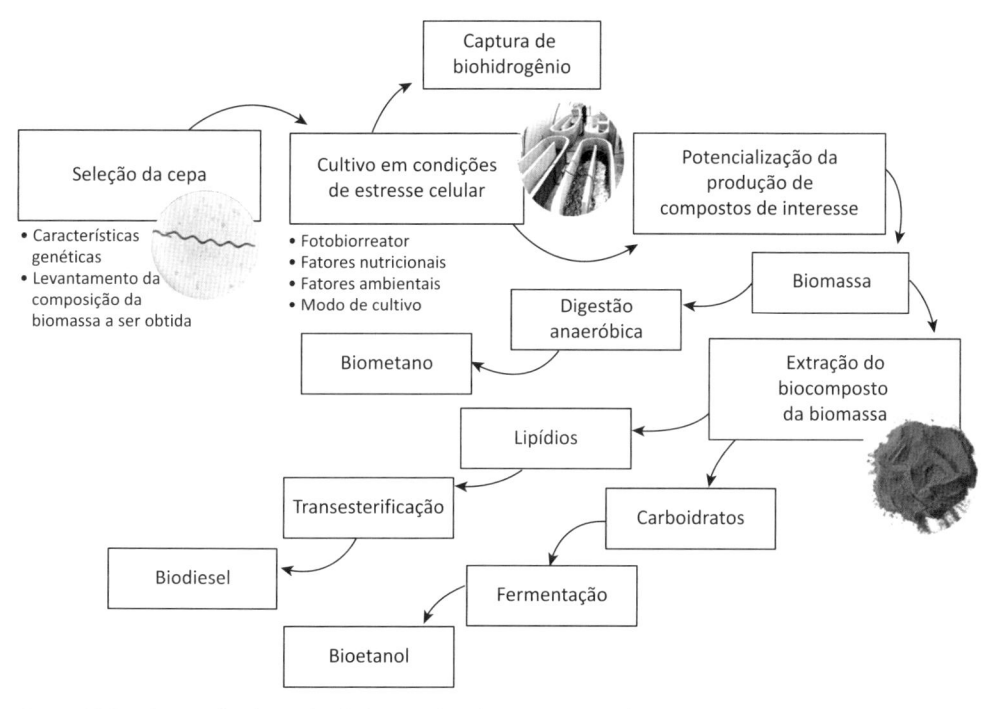

Figura 15.5 Etapas da obtenção de biocombustíveis por microalgas.

Estudos vêm demonstrando que a produção de biocombustíveis microalgais está cada vez mais viável devido ao desenvolvimento das tecnologias de produção. Além de poderem ser cultivadas em locais inóspitos e não necessitarem de grande quantidade de água para seu cultivo, as microalgas podem atingir altas produtividades e a colheita é diária. Efluentes industriais, ricos em carbono e nitrogênio, podem ser utilizados nos cultivos como fonte nutricional, reduzindo os custos de obtenção de biomassa. Os bicombustíveis microalgais não competem com a produção de alimentos, de modo que não geram problemas de segurança alimentar (DAMIANI et al., 2010). Estudos na área de obtenção de energia através da biomassa microalgal têm focado principalmente na seleção de microalgas com capacidade de produção de compostos específicos e aumento da concentração desses compostos através de condições de estresse. Dentre os bicombustíveis produzidos por microalgas, o biodiesel e o bioetanol estão entre os mais pesquisados.

O biodiesel é produzido através da transesterificação de óleos em presença de um catalisador e um álcool. O resultado dessa reação é a formação dos ésteres metílicos de ácidos graxos, biodiesel e glicerol. A biomassa microalgal é composta por ácidos graxos que variam, principalmente, entre 16 e 18 carbonos, saturados e insaturados, semelhantes a oleaginosas. Através da manipulação das condições de cultivo e da espécie, o teor de lipídios pode ultrapassar 50% em massa seca. Pesquisas relacionadas à produção de biodiesel têm envolvido o estudo das condições de cultivo nutricionais e ambientais, além dos métodos de extração de óleo e condições de transesterificação (YEN et al., 2013).

As microalgas também são potencial fonte de substrato fermentescível. De acordo com as condições de cultivo, a biomassa pode alcançar elevados níveis de carboidratos.

Esses compostos podem ser diretamente fermentados ou sofrer pré-tratamentos para a produção de bioetanol. Ao contrário das plantas terrestres, células microalgais são flutuantes e, portanto, não necessitam de lignina e hemicelulose para apoio estrutural. Portanto, a extração de carboidratos a partir de biomassa é mais fácil comparada à de materiais lignocelulósicos, não necessitando de etapas de pré-tratamento para remoção de lignina. No entanto, é preciso realizar etapas de hidrólise dos carboidratos de microalgas para açúcares simples, como glicose, gerando aumento significativo do rendimento do processo fermentativo (PANDEY et al., 2014).

O biogás é o biocombustível produto da digestão anaeróbica da matéria orgânica e pode ser obtido através da biodigestão da biomassa microalgal. A digestão anaeróbica da biomassa também pode ser realizada diretamente no cultivo, eliminando etapas de colheita, secagem e, consequentemente, os custos associados ao processamento da biomassa. A produção de metano por microalgas varia de acordo com a capacidade de degradação da biomassa de cada espécie (PANDEY et al., 2014).

Outro biocombustível promissor é o bio-hidrogênio. As microalgas são capazes de produzir bio-hidrogênio sob certas condições e podem ser cultivadas em sistemas fechados, permitindo a captura do gás formado. A capacidade de microalgas para produção de hidrogênio foi primeiramente relatada por Gaffron e Rubin (1942). No entanto, a emissão observada de hidrogênio foi transiente e a quantidade era muito pequena. Em 2000, Melis et al. demonstraram que a redução de enxofre modificava o metabolismo microalgal, alterando o crescimento fotossintético aeróbico para um estado fisiológico anaeróbio. A mudança para condições anaeróbicas permitiu que as microalgas gerassem quantidades significativas de hidrogênio durante tempo prolongado.

O resíduo microalgal do processamento e tratamentos para produção desses bicombustíveis pode ser queimado para produzir energia. Estudos demonstram que o poder calorífico desses microrganismos é superior ao de alguns carvões (PANDEY et al., 2014). A produção de biocombustíveis em grande escala é observada em vários países, em especial nos Estados Unidos. Fundada em 2006, em Fort Meyers, na Flórida, a Algenol produz biocombustíveis a partir de biomassa microalgal. Sua tecnologia foi patenteada e é chamada *direct to ethanol*®. Tal tecnologia, baseada em fotobiorreatores de plástico, ocorre em duas etapas de produção. Na primeira, o bioetanol é removido por evaporação e, na segunda, as microalgas são novamente alimentadas com água para a produção de óleo cru (*green crude*), que pode ser utilizado nas refinarias tradicionais para a produção de biocombustíveis. Em 2015, duas empresas (BioFields S.A.P.I e Reliance Industries Ltd) utilizavam a tecnologia *direct to ethanol*®.

A empresa Cellana (Califórnia, Estados Unidos) produz biomassa de microalgas como matéria-prima de sua linha de produtos, utilizando a tecnologia ALDUO™, que combina o cultivo microalgal em sistemas abertos e fechados. A Cellana fornece biodiesel para a Neste Oil, empresa produtora de combustíveis de baixa emissão de gases tóxicos. Investimentos da ordem de 100 milhões de dólares foram empregados no desenvolvimento da tecnologia e instalações.

Na mesma região da Califórnia e fundada em 2007, a Sapphire utiliza *raceways* para a produção de óleo a partir de microalgas em sistema alimentado por CO_2, biomassa de microalgas, luz solar e água não potável. A empresa possui três unidades, nas quais foram investidos cerca de 1 bilhão de dólares: San Diego (Califórnia), Las Cruces (Novo México) e Columbus (Novo México).

Fundada em 2003, a Solazyme é uma das principais empresas produtoras de derivados de microalgas, incluindo biocombustíveis. A empresa possui unidade operacional em Peoria (Illinois, Estados Unidos), com capacidade de produção de 2 milhões de litros de óleo por ano. Em Orindiúva (São Paulo, Brasil) a empresa possui unidade em *joint venture* com a Bunge, para a produção de 300 mil toneladas de óleos.

15.5.5 TRATAMENTO DE EFLUENTES POR CULTIVOS MICROALGAIS

O cultivo microalgal pode ser utilizado para tratamento de efluentes líquidos, sólidos e gasosos. É alternativa sustentável aliando o tratamento desses resíduos à redução dos custos de cultivo para a produção de biocompostos microalgais. Esses microrganismos têm capacidade de absorção de diferentes fontes de carbono para utilização em cultivos autotróficos, heterotróficos e mixotróficos e vêm sendo aplicados principalmente na biofixação de CO_2. Além disso, podem absorver nitrogênio e fósforo eficientemente, o que oferece alternativa possível para a remoção de nutrientes inorgânicos durante tratamento de águas residuais, reduzindo problemas de eutrofização. As microalgas podem também ser utilizadas para produção de biossurfactantes, capazes de realizar a biorremediação de água e solo (JOHANSEN, 2012).

Águas residuais de origem doméstica e industrial são fonte de nutrientes e poluentes para água doce, ecossistemas marinhos e lençol freático. As tecnologias de tratamento existentes são caras ou parcialmente eficazes na remoção desses poluentes. O cultivo de microalgas em águas residuais reduz os custos com tratamento desse efluente. Esses microrganismos consomem componentes presentes nos efluentes para crescimento, e, dessa forma, esses compostos inorgânicos são removidos. O efluente secundário das águas residuais domésticas possui baixa demanda química de oxigênio (DQO) e concentrações relativamente elevadas de nitrogênio e fósforo, sendo um meio de cultura apropriado para o cultivo de microalgas em grande escala (MCGINN, 2012).

O mecanismo de biofixação de CO_2 por microalgas é baseado na capacidade que esses microrganismos possuem de realizar fotossíntese, porém com taxas de fixação mais elevadas do que as plantas terrestres. Outra característica importante é o fato de que os gases de combustão emitidos podem ser injetados diretamente no cultivo microalgal através de sistemas acoplados a fotobiorreatores, ao passo que vegetais superiores captam o CO_2 do ambiente. A injeção em tanques de cultivo pode ser realizada sem necessidade de resfriamento desses gases, já que muitas microalgas possuem características extremófilas, resistindo a altas temperaturas. Além disso, esses microrganismos também podem utilizar os óxidos NO_X e SO_X presentes nos gases de combustão para seu desenvolvimento, não sendo necessário realizar a retirada desses gases daquele que será injetado (RADMANN et al., 2011).

As aplicações práticas do tratamento de efluentes residuais por microalgas é realizada em diversas partes do mundo. O LEB da FURG possui desde 2005 uma planta de produção de *Spirulina* localizada nas instalações da Usina Termelétrica Presidente Médici, operada pela Companhia de Geração Térmica de Energia Elétrica (CGTEE). Essa planta tem como objetivo realizar a biofixação de CO_2 proveniente dos gases de combustão liberados pela queima do carvão mineral e aplicação de cinzas do combustível fóssil no cultivo (Figura 15.6a). Estudos acerca da aplicação de efluentes da produção de biocombustíveis como biodiesel (glicerol), biometano e da obtenção de biopolímeros vêm sendo realizados. A Ouro Fino Saúde Animal (Ribeirão Preto, SP) utiliza resíduos da indústria sucroalcooleira para produção de biomassa de *Spirulina* sp. LEB 52 (Figura 15.6b) (PANDEY et al., 2014).

(a)   (b)

Figura 15.6 Plantas de produção de microalgas utilizando efluentes industriais. (a) Usina Termelétrica Presidente Médici e (b) Ouro Fino Saúde Animal.

Fonte: Pandey et al. (2014).

15.6 FOTOBIORREFINARIA MICROALGAL

Em menos de uma década, a biomassa será um dos principais recursos renováveis para a produção de materiais, produtos químicos, combustíveis e energia. O potencial global de aplicação de biomassa é grande. A expectativa é que em 2050 a produção mundial de biomassa seca obtida de diferentes fontes ultrapasse 25 bilhões de toneladas por ano. Contudo, como as previsões indicam que a demanda global irá aumentar, é necessário que se estabeleçam medidas para que o cenário de uma sociedade sustentável seja alcançado e mantido.

As possibilidades originadas do aproveitamento de diferentes biomassas através das biorrefinarias as tornam matérias-primas de grande potencial. Assim, abre-se uma nova fronteira tecnológica e econômica para a biomassa como matéria-prima renovável e sustentável. A conveniência de uma biorrefinaria proporcionada pela sua estrutura não linear é que o potencial da biomassa poderá ser integralmente aproveitado.

A biorrefinaria é uma instalação integrada, que combina vários processos para a produção de biocombustíveis e biocompostos de alto valor com aplicações em indústrias alimentícia, farmacêutica e cosmética. O conceito de biorrefinaria visa ao tratamento sustentável da biomassa com obtenção de vários produtos comerciais e energia (MARKOU; NERANTZIS, 2013). O conceito é análogo ao da refinaria de petróleo, que produz múltiplos produtos a partir do petróleo. No caso de uma biorrefinaria, porém, todos os produtos são derivados de recursos renováveis (SOCCOL; PANDEY, LARROCHE, 2013). Como uma biorrefinaria utiliza cada componente da biomassa como matéria-prima para a produção de produtos utilizáveis, o custo global de determinado produto é reduzido (CHISTI, 2007).

Dentro desse contexto, as microalgas são microrganismos fotossintéticos que utilizam energia solar e nutrientes para seu crescimento. Onde houver resíduos disponíveis, ou existir potencial de implementação de sistemas de cultivo de microalgas, poderá ser instalada uma fotobiorrefinaria para aproveitamento desse cenário. No contexto das biorrefinarias, a utilização integral das frações de biomassa microalgal pode configurar uma alternativa para a produção de bioprodutos de alto valor agregado e emissão mínima de resíduos (VANTHOOR-KOOPMANS et al., 2013).

Diferentes tecnologias para o emprego de biorrefinarias têm sido apresentadas. Contudo, estas possuem problemas a serem resolvidos: os custos de aproveitamento da biomassa e a eficiência energética de sua cadeia produtiva. A experiência de diversas equipes em biotecnologia microalgal mostra a grande importância de uma biorrefinaria de microalgas para tornar o cultivo realmente autossustentável, desenvolvendo bioprodutos que sejam competitivos com os disponíveis no mercado.

Para uma biorrefinaria baseada em microalgas ser autossustentável e ambientalmente correta, é necessário o uso de fontes alternativas de carbono (que é o nutriente em maior requerimento), originadas de efluentes ou resíduos industriais (CO_2, glicerol, vinhaça, melaço, pentose) para redução dos custos de produção, bem como a obtenção de, no mínimo, quatro bioprodutos da biomassa produzida. Essas características abrem diversas possibilidades, a fim de desenvolver soluções viáveis para o problema relacionado aos custos de produção da biomassa, e, concomitantemente, destinar um efluente industrial à produção de microalga com alto potencial de aproveitamento.

A biomassa microalgal pode ser separada dentro do processo de cultivo, de forma a ser adaptada à finalidade subsequente para a obtenção dos bioprodutos de interesse. A biomassa microalgal apresenta uma composição complexa, sendo necessário realizar uma separação primária dos principais grupos de substâncias que a compõem. Os tratamentos e processamentos subsequentes desses compostos conduzem a diferentes bioprodutos, cujos protocolos de extração a baixo custo já estão bem definidos.

Explorar as possibilidades de conversão biotecnológica e química desses biocompostos tem se mostrado um dos desenvolvimentos de maior interesse na área. Assim, a composição desejável para obtenção dos produtos de interesse, juntamente com a viabilidade dos custos de cultivo e extração, bem como a sensibilidade da espécie às características do meio de cultura, entre outros fatores, determina qual espécie deve ser usada para determinada finalidade.

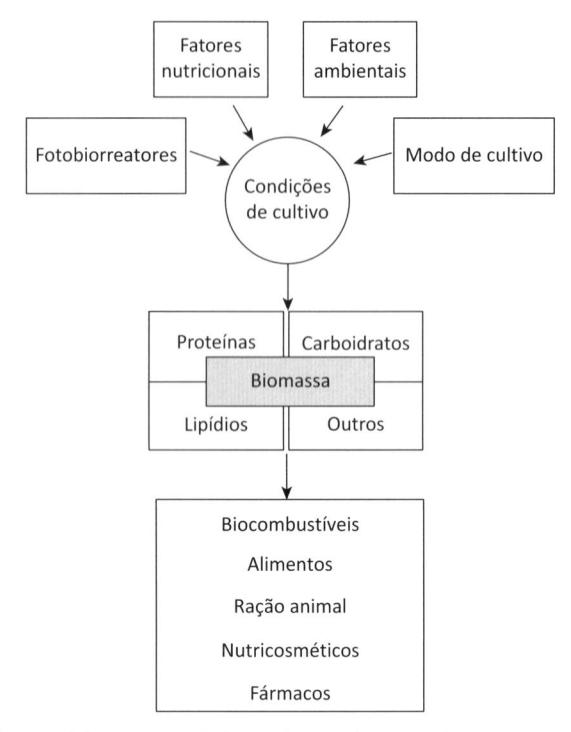

Figura 15.7 Esquema geral do conceito de biorrefinaria de microalgas.

15.7 CONSIDERAÇÕES FINAIS

As microalgas são microrganismos versáteis com aplicação nas mais diversas áreas do conhecimento. A capacidade de obtenção de uma grande quantidade de bioprodutos aliada às vantagens do cultivo de microalgas, como alta produtividade, vem dando destaque a produção destes microrganismos em grande escala. Processos industriais envolvendo microalgas são difundidos em diversos lugares do mundo. Aplicações nas áreas energética, alimentícia, farmacêutica e cosmética estão entre as mais importantes. Estudos acerca do cultivo microalgal abordam variações nas condições de cultivo, como fatores ambientais e fontes nutricionais para obtenção de compostos de interesse. Os biorreatores para produção de biomassa microalgal têm sido automatizados, permitindo maior controle do desenvolvimento celular. As microalgas podem gerar sustentabilidade em processos que emitem grande quantidade de efluentes sólidos, líquidos e gasosos, através da aplicação desses resíduos como fonte nutricional. O estudo de processos que envolvam a produção de compostos de alto valor agregado junto ao de biocombustíveis dentro do conceito de fotobiorrefinaria são alternativa para maior viabilização da aplicação desses microrganismos.

REFERÊNCIAS

BERTOLDI, F. C.; SANT'ANNA, E.; OLIVEIRA, J. L. B. Revisão: Biotecnologia de Microalgas. *B.CEPPA*, v. 26, n. 1, p. 9-20, jan./jun. 2008.

CAMPBELL, M. K.; FARRELL, S. O. *Bioquímica 3*. São Paulo: Thomson Learning, 2006.

CHISTI, Y. Biodiesel from microalgae. *Biotechnology Advances*, v. 25, p. 294-306, 2007.

CHU, W-L. Biotechnological applications of microalgae. *IeJSME*, v. 6 (suppl. 1), p. S24--S37, 2012.

COSTA, J. A. V.; MORAIS, M. G. The role of biochemical engineering in the production of biofuels from microalgae. *Bioresource Technology*, v. 102, p. 2-9, 2011.

DAMIANI, M. C. et al. Lipid analysis in *Haematococcus pluvialis* to assess its potential use as a biodiesel feedstock. *Bioresource Technology*, v. 102, p. 10163-10172, 2010.

GAFFRON, H.; RUBIN, J. Fermentative and Photochemical Production of Hydrogen in Algae. *Journal of General Physiology*, v. 26, p. 219-240, 1942.

GONZÁLEZ-FERNÁNDEZ, C.; BALLESTEROS, M. Linking microalgae and cyanobacteria culture conditions and key-enzymes for carbohydrate accumulation. *Biotechnology Advances*, v. 30, p. 1655-1661, 2012.

JAU, M. et al. Biosynthesis and mobilization of poly(3-hydroxybutyrate) P(3HB) by *Spirulina platensis*. *International Journal of Biological Macromolecules*, v. 36, p. 144-151, 2005.

JOHANSEN, M. N. *Microalgae: Biotechnology, Microbiology and Energy*. New York: Science Publishers, 2012.

KHANNA, S., SRIVASTAVA, A. K. Recent advances in microbial polyhydroxyalkanoates. *Process Biochemistry*, v. 40, p. 607-619, 2005.

LOURENÇO, S. O. *Cultivo de Microalgas Marinhas: Princípios e Aplicações*. São Paulo: RiMa, 2006.

MCGINN, P. J. et al. Assessment of the bioenergy and bioremediation potentials of the microalga *Scenedesmus* sp AMDD cultivated in municipal wastewater effluent in batch and continuous mode. *Algal Research*, v. 1, p. 155-165, 2012.

MARKOU, G.; NERANTZIS, E. Microalgae for high-value compounds and biofuels production: A review with focus on cultivation under stress conditions. *Biotechnology Advances*, v. 31, p. 1532-1542, 2013.

MELIS, A. et al. Sustained photobiological hydrogen gas production upon reversible inactivation of oxygen evolution in the green alga *Chlamydomonas reinhardtii*. *Plant Physiology*, v. 122, p. 127-136, 2000.

MORAIS, M. G. et al. Biologically Active Metabolites Synthesized by Microalgae. *BioMed Research International*, v. 2015, 2015.

_____. Biological Effects of *Spirulina* (Arthrospira) Biopolymers and Biomass in the Development of Nanostructured Scaffolds. *BioMed Research International*, v. 2014, p. 1-9, 2014.

_____. Nanoencapsulation of the Bioactive Compounds of *Spirulina* with a Microalgal Biopolymer Coating. *Journal of Nanoscience and Nanotechnology*, v. 16, n. 1, p. 81-91, 2016.

MOSTAFA, S. S. M. Microalgal Biotechnology: Prospects and Applications. In: DHAL, N. K.; SAHU, S. C. *Plant Science*. Rijeka: InTech, 2012.

NELSON, D. L.; COX, M. M. *Princípios de Bioquímica de Lehninger*. 5. ed. São Paulo: Sarvier, 2011.

PANDEY, A. et al. *Biofuels From Algae*. San Diego: Elsevier, 2014.

PANGESTUTI, R.; KIM, S-K. Biological activities and health benefit effects of natural pigments derived from marine algae. *Journal of Functional Foods*, v. 3, p. 255-266, 2011.

RADMANN, E. M. et al. Isolation and application of SO_x and NO_x resistant microalgae in biofixation of CO_2 from thermoelectricity plants. *Energy Conversion and Management*, v. 52, n. 10, p. 3132-3136, 2011.

SHARMA, L. et al. Process optimization for poly-β-hydroxybutyrate production in a nitrogen fixing cyanobacterium, *Nostoc muscorum* using response surface methodology. *Bioresource Technology*, v. 98, n. 5, p. 987-993, 2007.

SOCCOL, C. R.; PANDEY, A.; LARROCHE, C. *Fermentation Processes Engineering in the Food Industry*. Boca Raton: CRC Press, 2013.

VANTHOOR-KOOPMANS, M. et al. Biorefinery of microalgae for food and fuel. *Bioresource Technology*, v. 135, p. 142-149, 2013.

VAZ, B. S. et al. Microalgae as a new source of bioactive compounds in food supplements. *Current Opinion in Food Science*, v. 7, p. 73-77, 2016.

VAZ, B. S.; COSTA, J. A. V.; MORAIS, M. G. CO_2 Biofixation by the cyanobacterium *Spirulina* sp. LEB 18 and the green alga *Chlorella fusca* LEB 111 grown using gas effluents and solid residues of thermoelectric origin. *Applied Biochemistry and Biotechnology*, v. 178, p. 418-429, 2016a.

_____. Use of solid waste from thermoelectric plants for the cultivation of microalgae. *Brazilian Archives of Biology and Technology*, v. 59, p. 1-8, 2016b.

VONSHAK, A. *Spirulina platensis (Arthrospira): Physiology, Cell-Biology and Biotechnology*. New York: Taylor & Francis, 1997.

YEN, H. W. et al. Microalgae-based biorefinery: from biofuels to natural products. *Bioresource Technology*, v. 135, p. 166-174, 2013.

CAPÍTULO 16
Modificação de amido por fermentação: polvilho azedo

Marney Pascoli Cereda
Vitor Hugo dos Santos Brito

16.1 INTRODUÇÃO

Diversos alimentos e bebidas são preparados a partir da fermentação de matérias-primas amiláceas. No caso específico da mandioca (*Manihot esculenta* Crantz), muitos desses alimentos fazem parte da cultura brasileira e podem ser considerados como étnicos, como a aguardente *tiquira* e as massas de *puba* e *carimã*, *farinhas d'água* e *polvilho azedo*. Vários produtos foram levados para a África e Ásia e adaptados às necessidades e gostos locais.

Quando produzidos a partir das raízes, os alimentos são elaborados por fermentação em água, tendo como agentes microrganismos e suas enzimas amiloliticas, pectinolíticas e celulolíticas. Durante o processo de fermentação a polpa torna-se macia, as fibras se desprendem com facilidade e as raízes rompem-se. Além de facilitar a extração do amido, o que se faz em condições rústicas, o produto final seco em forno apresenta sabor e aroma característicos e agradáveis.

Quando a raiz de mandioca é colocada para fermentar inteira, admite-se que, mesmo em pequenas quantidades, existem nutrientes suficientes para que o processo se desenvolva. Entretanto, a origem dos nutrientes é mais difícil de ser explicada quando se trata da fermentação direta do amido de mandioca na produção de polvilho azedo, pois a fração amido é exaustivamente lavada durante a extração. Ainda assim, o processo fermentativo inicia-se e torna-se muito ativo após 24 horas.

O polvilho azedo apresenta como principais atributos o sabor característico e a propriedade de expansão ao forno, sem necessidade de adição de agentes levedantes, como fermento químico ou biológico.

Em quase dez anos o polvilho azedo passou de um produto regional de Minas Gerais para matéria-prima de fabricação de pão de queijo em larga escala, devido à transformação deste em *fast food* com diversos sabores e recheios. Antes disponível apenas em padarias, alcançou as lojas especializadas, o que aumentou em muito seu consumo e pressionou a fabricação artesanal tradicional, na qual a fermentação demorava trinta dias e a secagem ao sol era feita em jiraus de bambu. Juntamente com maior produção, foi exigida também maior qualidade.

A exigência por qualidade tecnológica, que compreende a eliminação de sujidades, redução do conteúdo microbiano, formação de estrutura alveolar uniforme e adequada, além da crocância característica de *snacks* extrusados (BERTOLINI et al., 2001; GARCIA; LEONEL; 2005; DEMIATE; KOTOVICZ, 2011), conduziu as pesquisas para que o polvilho azedo passasse a apresentar maior padronização (VATANASUCHART et al., 2005; FRANCO et al., 2010; BRITO, 2015). Posteriormente, foi intensificada a pesquisa sobre o tipo de modificação do amido necessária para elaborar polvilho azedo de forma mais rápida, no intuito de desenvolver produtos industriais. Dentre esses, os amidos ácido modificados e os oxidados por via fotoquímica foram avaliados, principalmente como alternativa na elaboração de alimentos denominados sucedâneos de polvilho azedo (BRITO, 2015).

Em ambos os produtos, polvilho azedo ou sucedâneos, a expansão no forno é atribuída à pressão interna de gases e vapor de água, formados durante a etapa de forneamento, retidos em uma rede polimérica resultante de ligações de hidrogênio formadas entre as moléculas de água e os grupos carboxilas e hidroxilas do amido (MARCON et al., 2009).

As Normas Técnicas Relativas a Alimentos e Bebidas (ANVISA, 2004) estabelecem as especificações para o amido, matéria-prima para elaboração do polvilho azedo, mas não enfrentam o problema real que é sua propriedade de expansão ao forno sem necessidade de agente levedante. Até o momento, a legislação brasileira (BRASIL, 2004) não preconiza uma metodologia padrão para a determinação da propriedade de expansão do polvilho azedo, que pode ser medida pelo volume específico após o forneamento. A questão da avaliação da qualidade de expansão ficou a critério dos produtores, comerciantes e pesquisadores, pela necessidade de acompanhar os resultados das modificações de processo e regular a comercialização do produto (BRITO; CEREDA, 2015).

16.2 POLVILHO AZEDO – QUALIDADE E LEGISLAÇÃO

No quesito das características físicas e químicas, há uma série de parâmetros exigidos tanto para amido nativo de mandioca como para polvilho azedo (BRASIL, 2004). Segundo a legislação, a umidade máxima deve ser de 14 g 100 g^{-1}, o teor mínimo de amido de 80 g 100 g^{-1} e o resíduo mineral fixo máximo de 0,50 g 100 g^{-1}. A acidez é um diferencial: para o polvilho azedo, a acidez máxima deve ser de 5 mL NaOH 100 g^{-1}.

Esse limite máximo é inconsistente com o fato de o polvilho azedo ser considerado um alimento de acidez desenvolvida, pois teores de acidez mais elevados são costumeiramente encontrados no produto comercial. As normas (BRASIL, 2001) para características microbianas são: *Bacillus cereus* por grama de amostra menor que 3×10^3, coliformes a 45 °C menor que 10^2 para amostras indicativas e *Salmonella* sp./25 g ausente para amostras indicativas.

A literatura que procura caracterizar o polvilho azedo e diferenciá-lo do amido nativo de mandioca é vasta, envolvendo a composição química, parâmetros viscográficos e mesmo o tamanho de grânulos. Segundo Sarmento (1994), foi possível identificar significativa redução do diâmetro médio dos grânulos do amido nativo (17,76 μm) em comparação aos do polvilho azedo (11,75 μm), o que se reflete em redução correspondente da densidade (1,5186 para 1,4416 g cm³). Além disso, ácidos graxos de cadeia curta são formados durante a fermentação, com perfil formado principalmente por ácido lático, ácido acético e ácido butírico, com traços de ácido valérico.

Na busca de características relacionadas à qualidade do polvilho azedo, Plata-Oviedo e Camargo (1995), analisaram amostras comerciais provenientes de Minas Gerais. As características do polvilho azedo foram de maiores valores de solubilidade e poder de inchamento, porém menores valores de viscosidade intrínseca e de pasta do que o amido nativo, mas ambos apresentaram difractograma de raio X tipo C, com aumento na intensidade de pico a 17°, fenômeno associado com a degradação da região amorfa do grânulo de amido.

Além das características já citadas, a granulação é outro atributo encontrado no polvilho azedo artesanal, que se deve ao processo de secagem ao sol e revolvimento manual. O aumento de comercialização dos sucedâneos do polvilho azedo, também denominados polvilho azedo industrial, de granulação tão fina quanto o amido nativo, tem reduzido a importância dessa característica. Essa granulação típica na qualidade do polvilho azedo é difícil de explicar, mas Cereda e Catâneo (1986), encontraram correlação significativa entre a absorção de água, um dos fatores envolvidos no rendimento de produtos elaborados em padarias, e a quantidade de fração com granulometria entre 0,074 mm e 0,420 mm, sua fração mais fina.

Embora outras diferenças possam ser citadas, o principal diferencial continua a ser a propriedade de expansão no forno (CEREDA, 1983a; CEREDA; VILPOUX, 2003; DEMIATE; KOTOVICZ, 2011). Nesse sentido, considerando o polvilho azedo como amido modificado, foi possível estabelecer que sua expansão depende da fermentação durante o processo de produção, como um dos fatores envolvidos na qualidade, sendo o outro a exposição à radiação ultravioleta do sol durante a secagem. A fermentação promove a formação de ácidos orgânicos, garantindo os atributos de acidez, aroma e sabor característicos.

Apesar da pesquisa realizada sobre o tema polvilho azedo e amidos com propriedade de expansão, que alcançou esfera internacional (BERTOLINI et al., 2001; VATANASUCHART et al., 2005; LOPEZ-TENORIO; RODRIGUEZ-SANDOVAL; SEPULVEDA-VALENCIA, 2012; DEWI; TETHOOL, JADING, 2014), a manutenção de um padrão de qualidade ainda constitui um desafio.

16.3 MATÉRIA-PRIMA – AMIDO

A produção de amido de mandioca no Brasil é avaliada em 516 mil toneladas/ano, produzida por cerca de 20 mil indústrias, entre pequeno e médio porte, além de cerca de 69 fecularias modernas, de grande porte.

Nas regiões tradicionais de fabricação de Minas Gerais, a produção de polvilho aze-do a partir da extração do amido das raízes de mandioca em plantios realizados em áreas com relevo acidentado vem perdendo a importância por encarecer o produto. Para contornar o problema da baixa produtividade da mandioca, as empresas passaram a comprar amido comercial de empresas (fecularias) do Paraná, Mato Grosso do Sul e São Paulo, para produzir o polvilho azedo diretamente a partir do amido nativo.

A legislação brasileira (BRASIL, 2004) designa o termo "amido" para a fração ami-lácea extraída de órgãos de reserva de cereais, raízes, rizomas e tubérculos. No caso específico da mandioca, ainda é possível encontrar as denominações "amido nativo", "fécula" e "polvilho doce" ou "azedo" quando especificar o amido fermentado. O uso apenas de amido é facultado pela legislação, o que havia muito era defendido por em-presários, professores e pesquisadores, pela confusão que as denominações específi-cas causavam na comercialização e nas aplicações.

As matérias-primas influenciam certas propriedades de seus amidos, principal-mente entre as raízes, tubérculos e cereais. Por isso, para compreender as proprieda-des do polvilho azedo há necessidade de entender a estrutura e as propriedades do amido nativo, em especial da mandioca.

Além de carboidratos, a fração amilácea da mandioca pode conter pequenos teores de substâncias acompanhantes, que potencialmente podem influenciar as caracterís-ticas e propriedades funcionais de géis e pastas de amido. Entre os compostos de cons-tituição destacam-se os nitrogenados, lipídeos e minerais (BULÉON et al., 1998). De uma forma geral pode-se afirmar que o amido de mandioca apresenta cerca de 0,90% de fração proteica, 0,78% de matéria graxa e 0,60% de fibras, com acidez potencial de 1,29 (mL de NaOH 100 g^{-1} de amostra) e acidez efetiva de 5,9 (pH) (CEREDA; VILPOUX, DEMIATE, 2003).

Quimicamente, o amido nativo, natural ou não modificado, é um polissacarídeo de alta massa molecular, formado por dois polímeros principais, *amilose* e a *amilopectina*. Tais polímeros são formados por unidades de α-D-glicopirosídeos interconectadas, proporcionando arranjo linear e/ou ramificado às moléculas, como ilustrado na Figu-ra 16.1 (TESTER; KARKALAS; QI, 2004).

A amilose é essencialmente linear, composta principalmente por ligações α-1$\rightarrow$4 (99%) (MUA; JACKSON, 1997; BULÉON et al., 1998) com massa molecular da ordem de 250 mil Daltons (cerca de 1.500 unidades de glicose). A massa molecular pode va-riar entre as espécies de plantas amiláceas e dentro da mesma espécie, dependendo do grau de maturação do vegetal ou das variedades/cultivares (TESTER; KARKALAS; QI, 2004; LAJOLO; MENEZES, 2006).

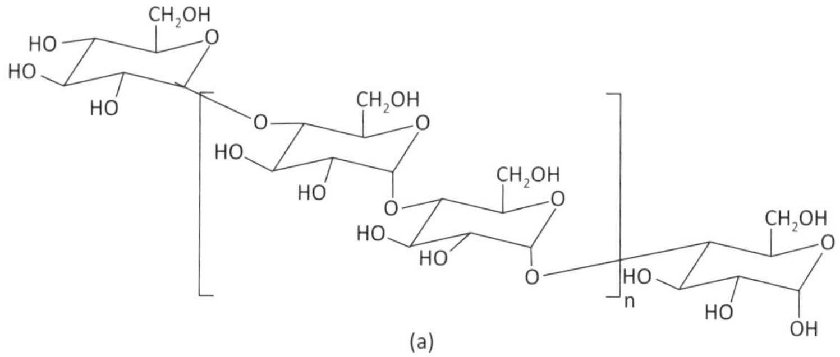

(a)

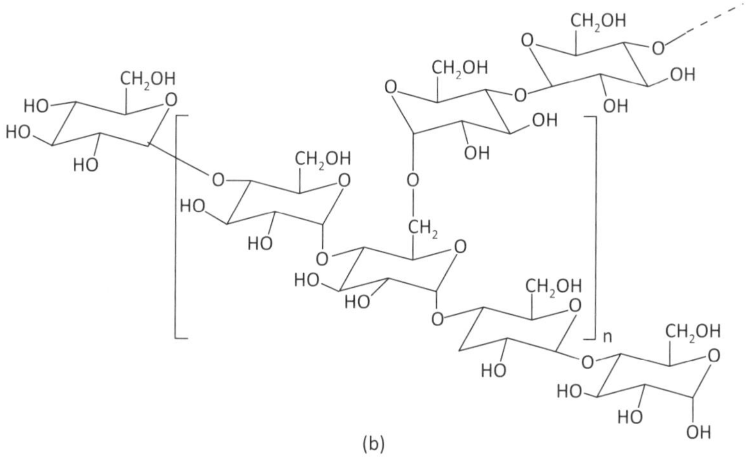

(b)

Figura 16.1 (a) Estrutura da amilose (α-1→4 D-glicopirosídeos), (b) estrutura da amilopectina (α-1→4 e α-1→6 D-glicopirosídeos).

Fonte: Corradini et al. (2005).

Segundo Wurzburg (1989), as cadeias da amilose apresentam nas extremidades um terminal de glicose com uma hidroxila primária e duas secundárias. Nos grupamentos finais ocorre aldeído redutor na forma de um hemiacetal interno, o que determina uma molécula com extremidade redutora. Na extremidade oposta, a unidade de glicose contém uma hidroxila primária e três secundárias, conferindo uma extremidade final não redutora à molécula.

Já a molécula de amilopectina é um polímero constituído por ramificações, apresentando, além das unidades de glicose ligadas linearmente através de ligações α-D (1→4), ramificações no carbono 6, com ligação glicosídicas α-D (1→6). O comprimento das ramificações é variável, mas é comum apresentarem entre 20 e 30 unidades de glicose. A massa molecular da amilopectina varia entre 50 e 500.10^6 Daltons (TANG; MITSUNAGA; KAWAMURA, 2006; LAJOLO; MENEZES, 2006).

As propriedades físicas do amido estão relacionadas com a estrutura macroscópica dos grânulos, caracterizadas pela deposição das moléculas de amilose e amilopectina em camadas sucessivas ao redor de um ponto central (hilo) (TESTER; KARKALAS;

QI, 2004). Segundo Tang, Mitsunaga e Kawamura (2006), o condicionamento da resistência física e a solubilidade das moléculas devem-se à ligação de hidrogênio entre grupos hidroxilas. Essas ligações permitem a formação de massas compactas com certa cristalinidade e regularidade da estrutura espacial dos grânulos, que podem ser rompidas com reativos apropriados, enzimas em processo fermentativo ou por aquecimento/pressurização, o que proporciona aumento da solubilidade e redução da cristalinidade.

Moléculas de amilose vizinhas, assim como ramificações exteriores da cadeia de amilopectina, podem se associar por ligações de hidrogênio em paralelo às áreas cristalinas denominadas micelas. Em contato com a água fria, as áreas cristalinas mantêm a estruturação dos grânulos, permitindo a entrada de água devido à difusão e absorção e consequentemente o seu inchamento, que alcança de 10% a 20% da massa da cadeia, mas caracteriza um processo reversível pela secagem (CEREDA, 2001; DENARDIN; SILVA, 2009).

O amido de mandioca nativo, como extraído das raízes, apresenta cerca de 18% de amilose e 82% de amilopectina, expressos como porcentagem sobre o total de amido. No amido de cereais, ocorrem esses mesmos polímeros, mas em proporção diferente, em geral de 20% a 25%. A proporção entre os polímeros é considerada na literatura especializada como a principal responsável pelas propriedades funcionais dos amidos. No caso específico do amido de mandioca fermentado e seco ao sol (polvilho azedo), a proporção de amilose é levemente aumentada (proporção próxima a 20:80), devido à hidrólise parcial do amido durante o processo, mas ainda assim as propriedades reológicas são alteradas (FRANCO et al., 2010).

16.3.1 AMIDOS MODIFICADOS

As propriedades funcionais dos amidos são alteradas para melhorar sua aplicação em escala industrial, podendo variar de acordo com a sua funcionalidade (RICKARD; ASAOKA; BLANSHARD, 1991; DEFLOOR; DEHING; DELCOUR, 1998). Dependendo da intensidade desse processo, vários produtos podem ser obtidos, estabelecendo-se amplo campo de desenvolvimento de pesquisa e de aplicação de conhecimento tecnológico (VEIGA; VILPOUX; CEREDA, 1995; CEREDA, 2001).

Para os ajustes na estrutura química são utilizados processos químicos, físicos, enzimáticos ou combinações entre esses processos, que são classificados em reações de substituição ou inclusão, de despolimerização e interligação (*crosslinked*). Métodos usados em pesquisas e indústrias mensuram a modificação pelo grau de substituição ou teor de grupos funcionais formados, variações decorrentes do tipo e intensidade dos reativos empregados (PAROVOURI et al., 1995; ELOMAA et al., 2004; DIAS et al., 2007; AYUCITRA, 2012).

Amidos estabilizados (esterificados, eterificados e acetilados) são empregados em alimentos processados para minimizar a sinérese causada pelo estresse térmico. Essa propriedade é atribuída às modificações introduzidas nas cadeias laterais das moléculas de amilose e amilopectina dos amidos modificados. Esses tipos de modificações são medidos em grau de substituição (número médio de sítios por unidade de glicose que recebeu um substituinte), além de apresentar carga (negativa ou positiva) (SCHOCH; MAYWALD, 1956). Os modificados oxidados e ácidos modificados são determinados mais facilmente pelo teor de carboxilas (WURZBURG, 1989; DEMIATE et al., 2000).

Muitos dos amidos quimicamente modificados são elaborados pelo princípio de reação-suspensão em temperatura próxima à ambiente (WURZBURG, 1989; SWINKELS, 1996).

Os amidos oxidados têm sido descritos na literatura como passíveis de apresentarem expansão, ainda que não tão evidente como a que ocorre no polvilho azedo. Essa característica tem levado pesquisadores e indústrias a proporem sucedâneos de polvilho azedo tendo por base amidos modificados, principalmente por processos de oxidação. Além da expansão, outras características os aproximam do polvilho azedo.

O processo de oxidação desencadeia a quebra das ligações α-D (1→4) e α-D (1→6), causando despolimerização das cadeias de amilose e amilopectina, o que reduz drasticamente a viscosidade dos géis. Ao mesmo tempo, pode haver alterações moleculares em até 3% das moléculas de glicose, transformando grupos hidroxilas em grupos carbonílicos, que rapidamente são convertidos a carboxílicos. O processo altera diversas propriedades físico-químicas e funcionais dos amidos, como aumento do volume específico de massas, diminuição da tendência de retrogradação e transparências dos géis (SWINKELS, 1996; DIAS et al., 2007; DIAS et al., 2011), processo este semelhante ao que ocorre na oxidação solar do amido, durante a produção de polvilho azedo (CEREDA; VILPOUX; DEMIATE, 2003; DIAS et al., 2007).

Empresas especializadas em amidos modificados chegaram a lançar sucedâneo de polvilho azedo. A Corn Products desenvolveu o Expandex®, capaz de produzir pães de queijo e biscoitos de polvilho com volumes específicos altos e estáveis no tempo, com valores que podem ser superiores a 15 cm³ g⁻¹. O elevado preço do produto desestimulou o consumo, e a empresa deixou de comercializar esse amido modificado. As vantagens de uso desses amidos estão relacionadas principalmente ao poder de expansão e por ser isento de glúten, o que o torna atraente para o mercado de sucedâneo de pao para os portadores de síndrome celíaca, o qual sempre foi um mercado cativo dos derivados de polvilho azedo. O anúncio na internet avisa que se trata de uma modificação de amido de mandioca, e não de milho. O forte cheiro de ácido acético faz pensar em um amido acetilado.

Muitos dos amidos modificados por via química foram introduzidos de produtos correlatos desenvolvidos para celulose. Mais recentemente, em razão de maior consciência por parte dos consumidores, poucos são os amidos quimicamente modificados desenvolvidos e aumentam as modificações físicas e enzimáticas, sobretudo para uso alimentar.

16.4 TECNOLOGIA PARA A PRODUÇÃO DE AMIDO FERMENTADO – POLVILHO AZEDO

A técnica mais utilizada para a produção de polvilho azedo usa o amido recém--extraído da mandioca, com equipamentos mais sofisticados, em empresas com capacidade diária mínima de 400 toneladas de raízes. Já a elaboração do polvilho azedo segue o processo de fermentação e secagem ao sol tradicional. Quando a fabricação de polvilho azedo é realizada nas fecularias, a suspensão de amido em água (leite de amido) é descarregada diretamente nos tanques de fermentação.

Existe controvérsia entre os pequenos produtores sobre qual o melhor cultivar de mandioca a ser empregado e se essa escolha pode influir na qualidade do polvilho azedo. Sem dúvida a literatura confirma que diferentes cultivares podem influenciar a composição do amido, sobretudo das substâncias e seus acompanhantes.

Onitilo et al. (2007), extraíram e fermentaram amido para verificar a influência de seis dos cultivares mais utilizados na Nigéria. Depois da fermentação as amostras foram secas e moídas. Os resultados mostraram diferenças significativas no teor de cinzas, pH e acidez titulável, carboidratos livres, amido, amilose, amilopectina e amido danificado. Não foram observadas diferenças na absorção de água, poder de inchamento e índice de solubilidade. Nas propriedades da pasta as diferenças foram significativas na concentração mínima para gelatinização e no tamanho do grânulo para as amostras de amido de mandioca fermentado. Foram observadas asperezas na superfície dos grânulos e leve evidência de perfurações (ONITILO et al., 2007), semelhantes às encontradas por Brito (2015) (Figura 16.2).

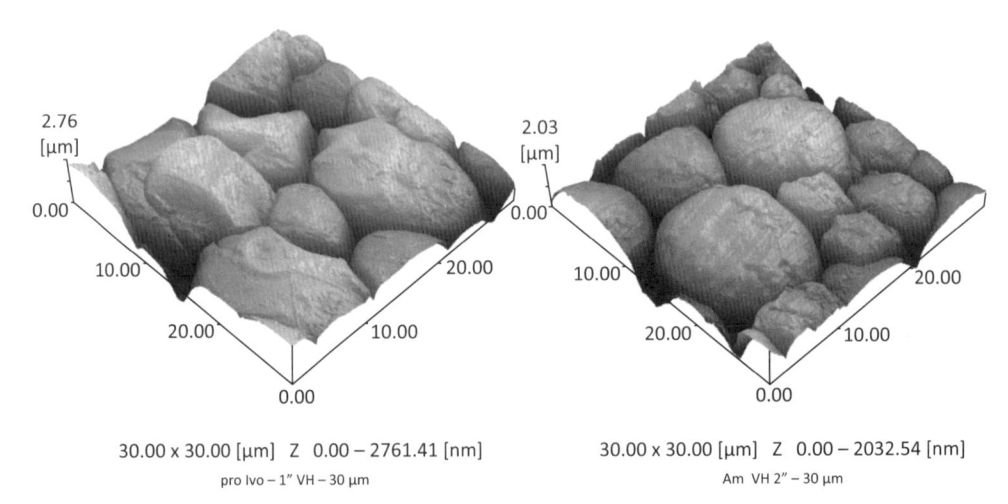

30.00 x 30.00 [μm] Z 0.00 – 2761.41 [nm]
pro Ivo – 1" VH – 30 μm

30.00 x 30.00 [μm] Z 0.00 – 2032.54 [nm]
Am VH 2" – 30 μm

Figura 16.2 Análises de grânulos de amido de mandioca nativo e polvilho azedo através da técnica de microscopia de força atômica, técnica capaz de estabelecer o tamanho médio e rugosidade superficial dos grânulos.

Fonte: Brito (2015).

16.4.1 EQUIPAMENTOS PARA EXTRAÇÃO DE AMIDO

Os equipamentos mínimos necessários são o descascador/lavador, ralador, peneiras separadoras e decantador. Nas empresas familiares, as operações são manuais. É importante lembrar que a matéria-prima para produção do polvilho azedo é o amido nativo. O empresário pode decidir comprar o amido nativo de uma fecularia e fermentá-lo a polvilho azedo. A vantagem dessa opção, além de eliminar o custo da extração, é a facilidade da estocagem da matéria-prima, com possibilidade de aproveitar preços mais baixos, quando ocorrem. A opção deve levar em conta o preço de mercado do polvilho azedo. Esse ajuste ocorreu também em países que produzem polvilho azedo, como o Paraguai, próximo ao estado do Paraná, os quais acompanharam o desenvolvimento do setor e instalaram fecularias de médio e grande porte.

16.4.2 LOCALIZAÇÃO DA INDÚSTRIA

É importante levar em conta a disponibilidade da matéria-prima na região. O uso do amido nativo comercial como matéria-prima resolve parcialmente esse problema. Algumas empresas de polvilho azedo chegam a adquirir o amido nativo de mandioca ainda úmido, mas nesse caso é preciso considerar o custo de transporte. Se a decisão for extrair o próprio amido, será importante conhecer as cultivares de mandioca desenvolvidas para cada região e seu cultivo. É necessário levar também em conta a necessidade de água, que deve ocorrer em abundância e ser de boa qualidade. Outra desvantagem da extração do amido é o volume de água exigida, que no total chega a 10 m³/tonelada de raiz. Mesmo que essa água seja barata ou de custo mínimo (mina ou riacho), a extração do amido gera volume elevado de água residual, enquanto a produção de polvilho azedo não gera resíduos líquidos.

Quando a opção for pela utilização do amido nativo como matéria-prima, deve ser considerada a água de fermentação, cerca de 1 m³/tonelada de amido nativo. Essa água deve ser de boa qualidade microbiana e química. Água rica em ferro pode conferir cor escura ao produto em razão da presença residual de cianeto. A produção de polvilho azedo a partir de amido nativo gera apenas um subproduto, a *goma* ou *borra*, que é em geral comercializada como adesivo ou cola.

Outro ponto importante a ser considerado é a variação da temperatura ambiente durante o ano. Sabe-se, através da pesquisa, que a fermentação do polvilho que garante boa qualidade ao produto é a lática, que requer temperaturas mais baixas, cerca de 10 °C, como a que ocorre nas principais regiões produtoras de Minas Gerais.

16.4.3 PROJETO DA INDÚSTRIA

Sugestões podem ser feitas de projeto de indústria com tanques de decantação. Os labirintos para decantação do amido estão atualmente em desuso, apesar de propiciarem amido de melhor qualidade e pela facilidade de separar as impurezas leves e pesadas.

No tanque de decantação essas impurezas decantam, formando camadas difíceis de serem separadas. Quando o amido é adquirido esse problema não existe, porque os equipamentos modernos são capazes de eliminar as impurezas, mas é preciso verificar se o amido não guarda resíduos de produtos químicos que dificultam a fermentação.

16.4.4 PROCESSAMENTO

O "leite de amido" pode ser passado por peneiras de malha fina (estacionárias, vibratórias ou rotativas), onde são separadas as fibras mais finas. A permanência dessas fibras e sua influência no processo fermentativo são também sujeitas a controvérsias. O processo de purificação pode também ser realizado com centrífugas.

16.5 FERMENTAÇÃO

A fermentação do amido de mandioca ocorre sobre o amido granular, que não é diretamente fermentescível a não ser para uns poucos grupos de microrganismos, que conseguem hidrolisá-lo a açúcares simples.

O amido purificado é transferido para tanques de fermentação. Esses tanques podem estar descobertos ou não, ser enterrados, semienterrados ou elevados, ou ainda, quanto ao material, é possível usar desde cochos de madeira a tanques de alvenaria, revestidos ou não. Os revestimentos mais comuns são cerâmica, lajota, ladrilho ou azulejo. No caso de tanques de alvenaria, é prática comum revesti-los de plástico preto, para evitar que o desenvolvimento de acidez solte areia da argamassa, que irá passar para o produto fermentado. Os ácidos produzidos atacam os interstícios do revestimento aplicado, de modo que se torna necessário reformar os tanques na entressafra.

O amido deve permanecer em tanques de fermentação sob uma camada de água, que no início chega a 20 cm e vai secando à medida que o tempo passa. O tempo necessário para que a fermentação se complete varia de 3 (GRAVATÁ, 1940; ALBUQUERQUE, 1961) a 20 dias (FIGUEIREDO, 1936; SILVEIRA, 1956). Nas regiões tradicionais produtoras de Minas Gerais, entretanto, a fermentação levava de 30 a 40 dias, chegando a 60 dias no início da safra (CEREDA, 1987).

Poucos produtores têm o hábito de trocar a água sobrenadante, o que Cereda (1987), comprovou ser desvantajoso por meio de fermentações realizadas em laboratório. A mesma autora (CEREDA, 1973) relata que a maioria dos produtores não usa inóculo para garantir ou acelerar o processo fermentativo. Entretanto, é certo que o material que fica entranhado nas paredes dos tanques pode dar início ao processo fermentativo. Alguns poucos produtores costumam usar como inóculo o polvilho azedo da safra anterior, úmido ou seco, ou deixar no fundo do tanque um pouco de amido fermentado. Outros tipos de inóculo, poucas vezes empregados, são grãos de milho ou fubá, que são colocados no fundo do tanque, envoltos em sacos ou suco de limão. Enquanto o primeiro tipo de inóculo poderia ser útil, a acidificação artificial é temporária e não produz polvilho azedo de boa qualidade.

A tradição de usar polvilho azedo seco como inóculo não encontra apoio nos dados de Carvalho (1994), que demonstrou que apenas bactérias do gênero *Bacillus* sobreviviam à exposição ao sol.

Quer tenha início na microflora do inóculo, meio ambiente ou matéria-prima, a fermentação sempre apresenta sinais visíveis após poucos dias, com a formação de bolhas e espuma na superfície, como relatado por Leme-Júnior (1967). O final da fermentação não é fácil de ser constatado. A formação de bolhas na superfície, embora seja adotada por alguns autores (FIGUEIREDO, 1936; SILVEIRA, 1956), não marca o final da produção de ácidos, que ocorre em até dois terços do tempo total de fermentação. Bolhas de gás aparecem também na massa de polvilho depositada, podendo ser observadas quando o processo ocorre em um recipiente de vidro. A fermentação caracteriza-se pelo abaixamento do valor do pH, com produção concomitante de ácidos orgânicos e compostos aromáticos (CEREDA, 1987).

Segundo Cereda (1987), alguns produtores contam com seus próprios critérios para estabelecer o ponto ideal de fermentação, avaliando a superfície da massa no tanque ou mesmo a acidez na boca. O valor de pH na massa de amido em fermentação cai de 5 a 6, normal para tecidos de raiz de mandioca sadios, para valores entre 3 e 3,5, chegando mesmo a 2,5, provavelmente inibindo o processo fermentativo. A massa fermentada apresenta características diferentes do amido não fermentado. De insípida, passa a apresentar aroma e sabor característicos. Em regiões produtoras pode-se identificar o odor do ácido butírico (regiões quentes) ou do ácido láctico (regiões frias), ou mesmo o aroma de "abacaxi maduro" característico do *Geotrichum* sp., fungo leveduriforme que cresce no líquido sobrenadante de tanques cobertos. A fermentação também muda a consistência do polvilho, tornando-o macio e friável.

Cereda e Lima (1981) acompanharam a fermentação do amido nativo de mandioca em ensaios de laboratório, determinando variações de pH e acidez tituláveis, carboidratos livres e ácidos orgânicos e relacionaram esses valores com o isolamento, enumeração e identificação da microflora ocorrente.

É difícil explicar uma fermentação tão exuberante a partir de um meio de cultivo tão pobre. No processo de purificação do amido, perdem-se os solúveis de constituição da raiz, que apresenta, embora poucos, compostos nitrogenados e vitaminas. O substrato fica, então, restrito a uma suspensão de amido granular em água. Entretanto, Cereda (1973), identificou uma abundante microflora no líquido, a partir do segundo dia de fermentação. Esses agentes podem ter origem na própria matéria-prima, nos tanques que não são lavados após a descarga ou no próprio ambiente. Ensaios de laboratório, realizados em condições assépticas (CEREDA, 1981), comprovaram que o amido nativo seco contém microrganismos suficientes para que seja usado como inóculo.

O amido nativo comercial apresenta em média 23×10^3 aeróbios e $7,5 \times 10^5$ esporos de aeróbios mesófilos por 100 g de massa seca. Depois que o amido comercial de mandioca começou a ser usado, muitos produtores em Minas Gerais se queixaram de que a fermentação demorava mais para se tornar evidente, não ocorria, ou apresentava alterações de padrão, como desenvolvimento de cor escura. Esses "acidentes" poderiam decorrer de resíduos de produtos usados na desinfecção dos equipamentos na fase de extração (CEREDA, 1981).

Cereda et al. (1985), verificaram que mesmo em fermentação realizada em ambiente aberto ocorre queda da tensão de oxigênio na água sobrenadante da fermentação, proporcionando condições para que, nos primeiros dias, o ambiente seja microaeróbio. Em fermentações levadas a efeito em ambiente fechado de laboratório, foi possível coletar os gases formados, posteriormente identificados e dosados. A concentração inicial de O_2 era equivalente à da atmosfera, mas observou-se decréscimo acentuado entre o primeiro e o terceiro dia, elevando-se após o terceiro dia, para manter-se em equilíbrio com o teor de oxigênio do ar pelo restante do período de fermentação.

O final da fase de maior redução do teor de oxigênio coincidiu com o início da fase mais tumultuosa da fermentação do amido, quando bolhas são formadas no interior da massa de polvilho depositada e migram para a superfície, formando uma camada fina. Cereda (1973) concluiu que em uma primeira fase desenvolveu-se uma microflora pouco exigente, composta em sua maioria por coliformes e outros aeróbios mesófilos. Na segunda desenvolveram-se microrganismos mais exigentes, identificados como produtores de ácidos orgânicos, muitos dos quais microaerófilos ou anaeróbios. A terceira fase caracterizou-se pela presença de leveduras e microrganismos saprófitos. Nesse caso, a primeira fase coincide com a queda brusca do valor do pH do líquido sobrenadante, que se estabiliza após o segundo ou terceiro dia ao redor de pH 3. Cardenas e De Buckle (1980) obtiveram um perfil semelhante nas condições colombianas, com acidificação inicial de 2 a 3 dias de duração. O valor de pH caiu de 6,5 para 3,5 e então permaneceu estável até o final. Cereda (1973) observou que os valores de acidez titulável apresentaram oscilações até o final do processo, embora o pH não fosse sensível o suficiente para acusar essas variações. O valor final de pH 3 provavelmente é limitante para esse processo microbiano.

Carvalho (1994) acompanhou todo o processo produtivo em condições industriais, com contagens e identificação da flora microbiana. Em seu estudo confirmou que o processo de fermentação tem início já na etapa de decantação no tanque, de modo que o amido nativo de indústrias artesanais pode ser considerado semifermentado. Durante o processo, não foi observada alteração no número de microrganismos, mas houve alternância dos grupos avaliados. Mesmo quando a água utilizada era de má qualidade, com presença de coliformes totais e fecais, o processo de produção era eficiente para eliminá-los. A autora confirma ainda a presença de microrganismos com habilidade de hidrolisar o amido, entre os quais *Bacillus* sp. e bactérias lácticas. Resultados da pesquisa de Carvalho (1994) demonstraram também que não foram encontradas bactérias lácticas viáveis em polvilho azedo seco ao sol, sobrevivendo apenas as do gênero *Bacillus*. Cereda et al. (1985), que também distinguiram *Bacillus* de diversas espécies entre a microflora inicial, identificou entre eles cepas capazes de produzir amilases.

Em amostras de polvilho azedo comercial analisadas, foram notadas diferenças no teor e na composição dos ácidos dosados, conforme tivessem origem nas regiões produtoras dos estados de Minas Gerais, Paraná ou São Paulo. Essas diferenças poderiam ser explicadas pela variação dos agentes da segunda fase, em função de condições ambientais, principalmente temperatura. Assim, os resultados obtidos parecem evidenciar que o *Clostridium butyricum* seria um dos agentes importantes na segunda fase das fermentações realizadas a 30 °C, frequentemente citado por Cereda (1973), nas condições dos ensaios de laboratório. Já em temperaturas mais baixas predomina uma flora lática, como comprovado por Cardenas e De Buckle (1980), em isolamento e identificação dos microrganismos que ocorrem em fermentações naturais do *almidón agrio* colombiano, com processo realizado em temperatura ambiente de 15 °C a 25 °C. Os autores encontraram predominância de microaerófilos do grupo lático, do qual *Lactobacillus plantarum* foi a bactéria mais frequente. Encontraram também *Lactobacillus casei* e leveduras dos gêneros *Saccharomyces* e *Geotrichum*, além de bactérias esporuladas Gram-positivas e numerosas espécies de leveduras. A fermentação de amido de mandioca na Colômbia confirmou também que a flora microbiana é composta, em parte, por *Lactobacillus*, produtores de ácidos que atacam os grânulos de amido.

Brabet et al. (1994a), ao encontrarem predominância de microflora produtora de ácido lático em amido fermentado de mandioca na Colômbia, concluíram que se tratava de uma fermentação em que o principal produto era o ácido, que contribui para as características organolépticas de produtos à base de polvilho azedo. Os autores concluíram, ainda, que a seleção de tipos especiais de bactérias láticas como culturas iniciadoras do processo fermentativo provavelmente proporcionaria melhora na qualidade do amido fermentado de mandioca.

Um fato bem registrado da fermentação natural para a produção de polvilho azedo, citado por Cereda et al. (1985), é a presença de bactérias láticas na fase intermediária do processo. A autora cita também a presença de diversos gêneros de bactérias láticas, entre as quais *Leuconostoc* sp., *Lactobacillus* sp. e *Streptococcus* sp.

Ben-Omar et al. (2000) observaram variabilidade de bactérias láticas em fermentação natural do amido nativo de mandioca em Cali, Colômbia, identificada por biologia molecular. Entre as diversas espécies de bactérias láticas isoladas, os autores destacaram como as duas mais frequentes os isolados de *Lactobacillus plantarum* e *L. manihotivorans*. Morlon-Guyot et al. (1998) lembram que o *L. manihotivorans* é uma espécie que apresenta como característica produzir enzimas capazes de hidrolisar o amido.

A presença de leveduras também foi detectada por Cereda (1973), caracterizando a terceira fase da fermentação, na qual predominam microrganismos saprófitas e contaminantes, entre os quais leveduras de diversas espécies. Além de consumir os ácidos orgânicos da superfície dos tanques, esses microrganismos podem ser responsáveis pela formação de compostos aromáticos que, em conjunto com outros compostos orgânicos, causam o sabor característico do polvilho comercial. Segundo observou Cereda (1987), os microrganismos saprófitas aparecem principalmente nos tanques de fermentação cobertos. Nos descobertos, que recebem luz do sol, o crescimento não ocorre, provavelmente por sua ação germicida da radiação ultravioleta solar sobre a camada superficial dos tanques.

Ainda segundo Cereda (1973), a presença de microrganismos da primeira fase poderia estar associada à rápida queda de concentração de O_2 dissolvido. Entre esses, citam-se os gêneros *Escherichia*, *Alcaligenes*, *Micrococcus* e *Pseudomonas*, capazes de consumir oxigênio, produzir gases (CO_2 e H_2) e ácidos orgânicos. Ainda nessa fase, foi detectado *Bacillus*, predominando o *B. subtilis*, cuja produção de enzimas amilolíticas é destacada na literatura. Provavelmente tem início aí o ataque de enzimas aos grânulos de amido, propiciando uma fonte de carbono para o metabolismo dos agentes de fermentação.

Embora ocorra em condições bastante rústicas durante a fermentação comercial, a constatação de fermentação natural de amido granular é em si um fato de difícil explicação, a não ser nos processos de amidos modificados, nos quais a penetração de reagentes no interior dos grânulos ou ação de enzimas se justifica, pelo menos em parte, pela presença de poros na superfície (TETLOW, 2006; DENARDIN; SILVA, 2009). O efeito dessas amilases pode ser notado no aspecto alterado da superfície dos grânulos de amido de mandioca após a fermentação, com pontuações e rugosidades características.

Comprovou-se essa hipótese através da identificação cromatográfica dos açúcares presentes no líquido sobrenadante ao longo da fermentação, em ensaios realizados em laboratório por Cereda e Lima (1982). Nesses ensaios foram detectados glicose (Gl) apenas nos primeiros dias de fermentação e maltotetroses (G3) nos demais, até o trigésimo dia, indicando que os açúcares produzidos vão sendo rapidamente consumidos e metabolizados, principalmente na formação de gases e ácidos orgânicos. Cardenas e De Buckle (1980) obtiveram na Colômbia predominância de ácido lático (66 a 82% do total), seguido de misturas de ácido acético e butírico.

Vale lembrar que o ácido lático é um hidroxiácido obtido por fermentação natural. Suas moléculas possuem a propriedade de reagir entre si, fazendo com que a carboxila de uma molécula se ligue à hidroxila da molécula vizinha, e assim sucessivamente (VITTI; PIZZINATTO; LEITÃO, 1991). Em trabalho realizado por Brito (2015), o autor relaciona a capacidade do desenvolvimento de expansão de massas de amido nativo quando tratadas com ácido lático (comercial) sob radiação ultravioleta artificial; entretanto, os caracteres de sabor e aroma não foram reproduzidos, mostrando, assim, a necessidade do processo fermentativo para desenvolver as características organolépticas do polvilho azedo. Cereda (1983d), Cereda, Vilpoux, Demiate (2003), e Brito (2015) reforçam que os ácidos orgânicos e as modificações produzidas no amido durante o processo de fermentação conferem características de sabor e textura, mas também, e principalmente, proporcionam a propriedade de volume do polvilho azedo.

A hipótese de ação das amilases foi reforçada pelos resultados obtidos pela equipe de pesquisadores da Colômbia. Os autores compararam o amido nativo com o *almidón agrio* e amido acidificado (20 dias a 37 °C) com os ácidos orgânicos mais comumente encontrados nas amostras analisadas. Os grânulos de amido fermentados apresentaram, sob luz polarizada, perda parcial de birrefringência e tendência marcante para formar agregados, característica essa também relatada em amostras de polvilho azedo comercial no Brasil (CEREDA, 1973). Uma evidência visível foi a alteração da superfície dos grânulos, lisa e homogênea nos grânulos de amido nativo, e áspera e com leve evidência de perfurações nos grânulos após a fermentação. Os grânulos de amido tratados com ácidos apresentavam a superfície semelhante à do amido nativo. Para os autores, o fato comprova que, além da ação dos ácidos, há evidências de um ataque enzimático (CARDENAS; DE BUCKLER, 1980).

Se com ação de enzimas amilolíticas uma fonte de carbono é disponibilizada, como detectado por Cereda (1973), Cereda e Lima (1982) e Cardenas e De Buckle (1980), resta esclarecer a origem do nitrogênio, necessário para o crescimento de microrganismos. Cereda et al. (1985) determinaram, em experimentos de laboratório, a composição dos gases desprendidos, revelando a presença de hidrogênio, nitrogênio, oxigênio, argônio e gás carbônico.

No início, a composição percentual dos gases se mostrou bastante próxima da composição do ar, e o hidrogênio não chegou a ser detectado. A partir do início da fase visível da fermentação ocorreu aumento gradativo no teor de hidrogênio e gás carbônico. O teor de argônio permaneceu praticamente constante, com evidente redução do teor de nitrogênio. Entre o segundo e o quarto dias, correspondendo à produção intensa de gases, houve aumento de CO_2, consumo de nitrogênio e oxigênio. Admitiu-se, para explicar os resultados, que o N_2 da atmosfera no sistema fechado em fermentação foi consumido em certas fases, em detrimento da composição total. Assim, o nitrogênio necessário à formação da biomassa nos primeiros estádios da fermentação seria originário da atmosfera, já que o teor proteico disponível no amido nativo, segundo Cereda (1973), é muito baixo, cerca de 0,15 g por 100 g.

Para explicar o fato foram instalados experimentos de fermentação, nos quais foram realizadas contagens de microrganismos que cresceram em meio isento de fonte de nitrogênio. Foi, então, comprovada a existência de microrganismos não simbióticos fixadores de nitrogênio na fermentação do amido. Esses ocorrem desde o primeiro dia, alcançando valores máximos entre o terceiro e o quarto dia de fermentação e decaindo após esse período, já que as condições começam a se tornar adversas. Em razão disso, ocorre uma curva ascendente de nitrogênio total na fermentação, atingindo o valor máximo no sétimo dia, tornando-se assintótica a partir desse ponto. Embora ainda não tenham sido identificados, há possibilidade de que se tratem de bactérias do gênero *Bacillus*, como *B. polymyxa*, *B. macerans*, *B. circulans*, *B. cereus*, *B. licheniformis*, além das do gênero *Clostridium*. Segundo Bachaman e Gibbons (1975 apud CEREDA; BRITO, 2016), o *C. butyricum* é responsável por fixar o N_2 atmosférico, e este, segundo Cereda (1973), ocorreu em todas as fermentações de laboratório e em 37% das fermentações industriais analisadas.

O consumo de oxigênio propicia condições para o desenvolvimento de microrganismos da segunda fase, microaerófilos, anaeróbios facultativos ou anaeróbios estritos. Nessa fase predominam microrganismos mais exigentes, produtores de ácido e gás. Foram identificados grupos responsáveis por fermentações butírica, lática, acética, propiônica, entre outras, isoladas ou concomitantemente. A predominância de determinado ácido orgânico seria, assim, uma questão de condições favoráveis a certos grupos. Entre os fatores mais importantes estão as condições ambientais, principalmente temperatura da região produtora.

16.6 SECAGEM E TRATAMENTO COM RADIAÇÃO ULTRAVIOLETA

A secagem do polvilho azedo, além de ser o principal fator responsável pela presença de sujidades, é causadora de perdas de produto por ação do vento e de chuvas inesperadas, além de atrasos na entrega e aumento do custo de produção.

Uma vez completa a fermentação, deixa-se secar a superfície dos tanques até que o polvilho apresente umidade ao redor de 30 a 50%, com consistência e aspecto de queijo. Pode-se também deixar o polvilho azedo armazenado no próprio tanque, para ser comercializado na entressafra. Nesse caso, há necessidade de que permaneça água sobrenadante, caso contrário haverá oxidação, com a superfície adquirindo coloração azulada e negra.

O polvilho azedo sai do tanque para a secagem com cerca de 50% de umidade. Calculando-se a massa de polvilho azedo pela densidade (1,2), um tanque produz cerca de 2 toneladas de amido úmido, ou 1 tonelada de amido seco. A carga utilizada nos sistemas de secagem solar tradicionais (terreiro ou jiraus) varia de 1 a 1,5 kg/m^2. Portanto, para secar o equivalente a um tanque, conforme proposto, necessita-se de 1.000 a 1.500 metros quadrados de área. No sistema de jiraus adota-se a largura de 1,5 metro como adequada para o revolvimento manual, o que proporciona 1,5 m^2 por metro linear. A massa de amido fermentado de um tanque exigiria, portanto, 1.000 metros lineares de mesas de secagem.

O desenho proposto para a área de secagem varia caso se pretenda realizar secagem inteiramente manual ou parcialmente mecanizada. No caso da secagem manual, os operadores necessitam apenas de um corredor entre os jiraus (Figura 16.3), mas, no parcialmente mecanizado, a distância é maior, o que permite a passagem de um trator com carreta, de onde dois operadores, um de cada lado, lançam o polvilho azedo para os dois lados em direção à superfície de secagem.

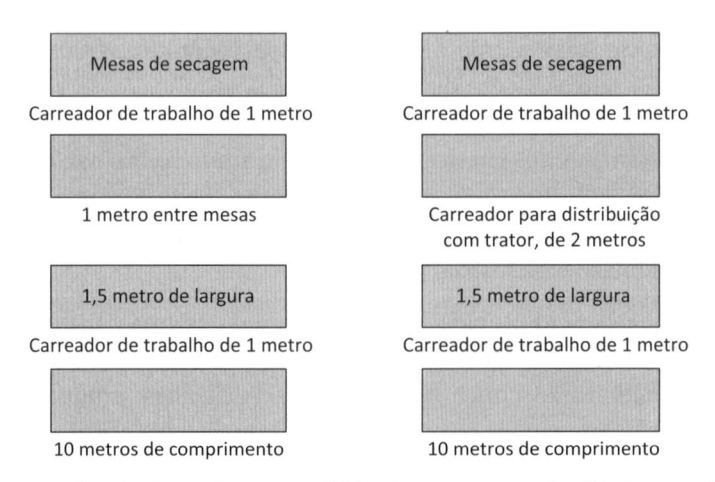

Figura 16.3 Dimensões dos jiraus de secagem (a) inteiramente manual, e (b) que permite a circulação de um trator.

Fonte: Cereda et al. (2003).

O polvilho fermentado é retirado dos tanques por meio de pás, podendo ou não passar por esfarelador mecânico, e então espalhado para secar. A operação tem início ao amanhecer, para que a secagem se processe no mesmo dia, já que o polvilho azedo armazenado úmido pode tornar-se azulado e não apresentar boa expansão.

A secagem é sempre feita ao sol, em processo que pode ser limitante da produção, mas que proporciona o tratamento complementar por ultravioleta, que confere a propriedade de expansão ao polvilho azedo. A secagem artificial não proporciona expansão, uma vez que, mais do que o calor, é a radiação ultravioleta do espectro solar a responsável pela característica (CEREDA, 1983d; NUNES; CEREDA, 1994; PLATA--OVIEDO; CAMARGO, 1998; MESTRES; ROUAU, 1997). Esse fato enfatiza a necessidade de separar a secagem do amido do tratamento por radiação ultravioleta.

A secagem e o tratamento por UV são normalmente feitos sobre jiraus de bambu trançado, sobre o qual se estendem panos brancos ou plástico preto. Embora pouco empregado, o pano preto deve resultar em secagem mais rápida, pois, além de absorver calor, permite a passagem do vento através do tecido. Há, porém, quem considere que o pano acarreta perdas do amido aderido, dando, por isso, preferência ao plástico, prescindindo de parte do efeito desidratante do vento. O polvilho azedo produzido por processo tradicional tem por característica uma fina granulação, passível de ser observada em microscópio comum, que não existe no amido de mandioca seco em *flash dryer*.

A secagem em jiraus exige mão de obra numerosa. Normalmente opera-se em duplas, um de cada lado esfarelando o polvilho entre as mãos. Várias superfícies já foram utilizadas para secagem ao sol, muitas delas abandonadas em razão do aumento de exigência de qualidade.

Terreiros de terra batida revestidos com lona ou plástico preto, cercados ou não de mureta baixa de alvenaria, eram comuns na Colômbia. Apresentavam a vantagem de exigir apenas uma pessoa para revolver o polvilho, a qual utilizava para isso um rodo com a borracha cortado em dentes largos. Foram abandonados pelo inconveniente de que, sendo baixos, recebem poeira e detritos soprados pelo vento. Qualquer que seja a opção, o produtor estará à mercê das variações do clima, e qualquer ameaça de chuva exige o pronto recolhimento do polvilho azedo (CEREDA, 1987).

A etapa de exposição ao sol é obrigatória para desenvolver a expansão característica do *polvilho azedo*, e não deve ser confundida com a secagem, que é pouco eficiente. Segundo Plata-Oviedo e Camargo (1998), a reação de oxidação promovida pela ação da radiação ultravioleta do sol sobre o amido fermentado de mandioca durante a secagem é responsável pela propriedade de expansão, com máxima influência a partir de 4 horas de exposição solar. Essa explicação foi posteriormente complementada para evidenciar a importância do ácido lático. A literatura passa a explicar que essa característica tecnológica de expansão é verificada em amidos fermentados e secos ao sol ou previamente tratados com ácido lático, secos ao sol, ou expostos à radiação ultravioleta (NUNES; CEREDA, 1994; VATANASUCHART et al., 2003).

É possível combinar secagem em *flash dryer* com tratamento solar com UV para dobrar a produção na mesma área caso a indústria extraia amido de mandioca e disponha do equipamento. Considerando que o período de maior concentração de UV na radiação solar ocorre às 9 e às 16 horas (NUNES, 1994), basta expor a massa úmida ao sol pela manhã e secar à tarde no *flash dryer*, enquanto à noite é seco o amido exposto no período da tarde. Esse esquema funcionaria com folga no caso de a indústria só produzir polvilho azedo, pois não haveria necessidade de secagem de amido nativo.

Caso combine o tratamento UV com secagem, a indústria deverá destinar uma área específica para a atividade, que será dependente da capacidade diária de produção. Para calcular a área de secagem há necessidade de conhecer a capacidade de tanques de fermentação. Um tanque de fermentação com dimensões de $1 \times 2 \times 1,5$ m, dimensões estas recomendadas por facilitar o manuseio, tem capacidade para 2,20 m³.

A distância entre os jiraus na opção inteiramente manual prevê um operador passando nos carreadores de 1 metro de largura (Figura 16.3) para distribuir a massa úmida de polvilho azedo, ao passo que a opção parcialmente mecanizada permite a entrada de uma carreta no corredor mais largo (2 metros). Em ambos os casos, o revolvimento é feito manualmente.

16.6.1 PROPRIEDADES DO POLVILHO AZEDO EM DECORRÊNCIA DA FERMENTAÇÃO E EXPOSIÇÃO AO SOL

Cereda (1973) analisou 25 amostras de polvilho azedo comercial, o que permitiu estabelecer a seguinte composição média: umidade 14%, amido 84%, proteína 1,2%, cinzas 0,31%, fibra 0,5%, lipídios 0,004%, pH 3,87 e acidez 5,5 mL de NaOH 100 g^{-1}. Com frequência havia amostras que apresentaram valores fora dos limites de acidez estabelecidos pela legislação (BRASIL, 1978).

Em comparação com a composição do amido nativo, observa-se que a fermentação enriquece o amido com proteína em cerca de dez vezes, o que foi explicado pela fixação do nitrogênio do ar e posterior aproveitamento pelos microrganismos durante a fermentação. O polvilho azedo apresenta ainda uma granulação típica e, sendo obtido por fermentação natural, ressente-se da falta de uniformidade mesmo em partidas de mesma origem. Apenas pela melhoria das condições de fabricação será possível obter produto mais padronizado. Essas alterações são mais bem esclarecidas por análises mais específicas.

O processo fermentativo e a secagem alteram o grânulo de amido, que passa a apresentar características peculiares. As modificações que ocorrem durante a fermentação são de ordem a alterar sua reologia (CARDENAS; DE BUCKLE, 1980; CEREDA, 1983b), de modo que a curva viscográfica em RVA (*Rapid Visco Analyser*) passa a apresentar picos menos elevados que os do amido nativo, nas mesmas concentrações. O perfil de viscosidade do amido nativo e do polvilho azedo são apresentados na Figura 16.4. No pico de viscosidade a viscosidade foi de 1.233 Cp, devido ao efeito de despolimerização parcial dos grânulos de amido após os tratamentos. Já o amido nativo apresentou elevado pico de viscosidade mais elevado (2.782 Cp).

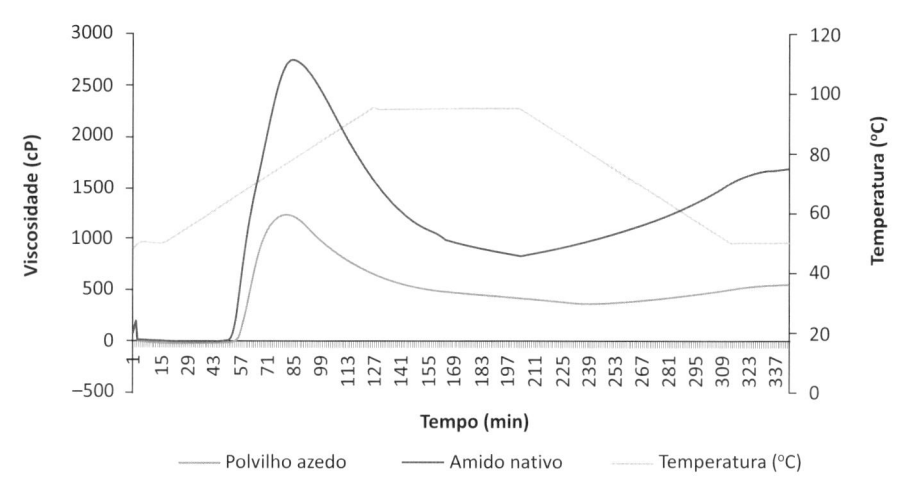

Figura 16.4 Perfil de viscosidade de amido nativo e de polvilho azedo em RVA (*rapid visco analyser*), com a mesma concentração inicial.

Fonte: Brito (2015).

Cardenas e De Buckle (1980) citam que, quanto ao aspecto, dimensões e temperatura de gelificação, tanto o amido nativo como o polvilho azedo apresentaram poucas diferenças, mas, ainda assim, a temperatura de gelificação do polvilho azedo sempre foi inferior à do amido nativo. Os autores observaram ainda que o índice de álcali, que expressa o número de radicais redutores, aumentou do amido nativo (1,2) para o polvilho azedo (8,2). Segundo os autores, esse aumento se deveria provavelmente à clivagem das cadeias de amido pela ação amilolítica de ambos, enzimas e acidez, com consequente exposição dos grupos redutores.

A quebra de moléculas é confirmada pela redução do valor médio de massa molecular e viscosidade de géis (BRITO, 2015). Amostras de amido de mandioca nativo apresentam elevada viscosidade (2782 cP), enquanto o polvilho azedo e o amido tratado com ácido lático apresentam valores menores (1233 e 843 cP, respectivamente).

Complementando essa hipótese, a análise de mais de trinta amostras de polvilho azedo comerciais e elaborados em laboratório permitiu identificar modificações no teor de amilose e amilopectina no produto fermentado, que passou a apresentar maior teor de amilose que o nativo de mandioca. Portanto, o ataque de ácidos e enzimas se faz, como, aliás, é relatado na literatura, preferencialmente sobre a parte amorfa do grânulo, onde se localiza a amilopectina, que é hidrolisada e carreada para o meio em fermentação (CEREDA; CATÂNEO, 1986).

Brito (2015) relata que o processo fermentativo induz a despolimerização do amido, influenciando nas propriedades funcionais dos géis. Quando avaliado o teor de amilose em duas amostras, uma de amido nativo e outra de polvilho azedo comercial, o autor verificou a redução no teor de amilose, que passou de 24,02% no amido nativo para 23,36% no polvilho azedo. Além disso, o efeito sobre a estrutura molecular da amilopectina foi avaliado, e os resultados comprovam a desestruturação polimérica, com aumento significativo em cadeias de 5 a 12 unidades de glicose, 25 a 36 e maiores que 37 unidades, juntamente com redução drástica em polímeros com 13 a 24 unidades. Tais resultados são evidenciados claramente nas propriedades reológicas, conforme a Figura 16.4.

Considerando-se o polvilho azedo como um amido modificado, como de fato ele o é, as modificações internas dos grânulos de amido podem se refletir na superfície destes. A observação por microscopia de força atômica de amido nativo e amostra de polvilho azedo mostrou alterações de rugosidade superficial e tamanho de grânulos (BRITO, 2015), conforme mostra a Figura 16.2.

16.6.2 HIPÓTESES PARA O DESENVOLVIMENTO DE EXPANSÃO DO POLVILHO AZEDO

Resultados de pesquisa de comparação entre o polvilho azedo e o amido nativo de mandioca mostraram que a fermentação, além de conferir ao produto sabor e odor característicos, causa alterações em suas propriedades físico-químicas. O polvilho fermentado apresenta maior solubilidade e poder de intumescimento em água. Entretanto, a propriedade mais específica do polvilho azedo é a expansão ao forno sem necessidade de agente levedante químico ou biológico, o que exige a formação de uma rede extensível equivalente ao glúten dos produtos panificáveis de cereais. Vários autores tentaram explicar como essa propriedade era estabelecida.

Como hipótese para explicar a propriedade de expansão do polvilho azedo, Brabet et al. (1994b) citaram produção de exopolissacarídeos (EPS) produzidos por bactérias láticas, que seriam responsáveis pela formação de uma estrutura viscoelástica, a qual permitiria a retenção de gás e a expansão da massa de polvilho azedo durante o forneamento.

Plata-Oviedo e Camargo (1998) afirmou que para o amido de mandioca apresentar propriedade expansiva, há necessidade de modificação com ácidos orgânicos e secagem ao sol. A hidrólise com ácido lático produziu biscoitos com maior volume específico médio (8,24 cm^3 g^{-1}) e menor coeficiente de variação (7,48%). Quando o amido foi ácido modificado com os ácidos acético, propiônico e a mistura acético-propiônico, os biscoitos elaborados mostraram os menores volumes específicos, 6,87, 6,50 e 5,62 cm^3 g^{-1}, respectivamente. Quando o ácido lático foi adicionado aos outros ácidos, observou-se aumento no volume dos biscoitos, 7,67, 7,37 e 6,88 cm^3 g^{-1} e diminuição na variabilidade das medidas. Além disso, o polvilho azedo e o amido de mandioca tratado com ácido lático e seco ao sol não perderam a propriedade de expansão depois dos tratamentos de umidificação e secagem em estufa. Segundo o autor, as mudanças provocadas pela secagem solar eram presumivelmente de natureza química.

Brito (2015), tentando elucidar as alterações que ocorrem no polvilho azedo, avaliou diversos tipos de amidos modificados quanto à suscetibilidade enzimática (amilases e amiloglicosidases) e analisou por espectrometria de infravermelho médio os resíduos obtidos na catálise enzimática, além de avaliar o teor de carboxilas e o grau de substituição de grupos funcionais, metodologia esta recomendada pela literatura especializada para mensurar o grau de modificação para os amidos enxertados, um tipo de éter de amido.

Por meio dos resultados obtidos por Brito (2015), constatou-se a formação de carboxilas no polvilho azedo com tratamento ácido, fato bem estabelecido pela literatura como fruto da oxidação com formação de ligações de hidrogênio (DEMIATE et al., 2000), mas o padrão de ataque que ocorreu com as enzimas apontou para outra hipótese, a de que a modificação é causada por um tipo de mecanismo mais complexo, provavelmente pela enxertia de um polímero de ácido lático na estrutura do amido, reação possivelmente semelhante à relatada em amido termoplástico descrito por Wang et al. (2012).

16.6.3 TRATAMENTO COM ULTRAVIOLETA ARTIFICIAL

Para comprovar essa hipótese foi necessário estabelecer metodologias para avaliar o efeito da radiação ultravioleta em sistemas estáticos e contínuos.

A secagem artificial do amido de mandioca fermentado é composta de duas fases: o tratamento da massa úmida com UV artificial proporcionado pela luz solar (fase 1), seguido pela secagem por ar quente (fase 2). A proposta surgiu de evidências de pesquisa de que, mais que o calor do sol, a radiação ultravioleta era a responsável pelas propriedades especiais que o polvilho azedo apresenta. Essas propriedades fazem com que o polvilho azedo deva ser considerado um tipo especial de amido modificado, mesmo que de fabricação ainda artesanal. Os princípios relativos a esse processo foram objeto das patentes INPI940 2303 e INPI940 2304 (CEREDA; NUNES, 1994a; CEREDA; NUNES, 1994b).

O processo caracteriza-se por reação de natureza fotoquímica, induzida pela radiação ultravioleta sobre o amido previamente tratado por ácido lático. As análises empregadas para caracterização dos amidos quimicamente modificados mais comumente elaborados não identificam as alterações do polvilho azedo, que vinha sendo caracterizado apenas pelo aumento de carboxilas (DEMIATE et al., 2000; BRITO, 2015).

A hipótese de que a reação seja do tipo enxerto (*grafting*), já descrito na literatura para reações entre celulose e agentes apropriados, decorre das propriedades dos amidos enxertados, que contemplam os amidos superabsorventes ou material amido termoplástico. Essas evidências foram confirmadas por pesquisa recente realizada por Wang et al. (2012), que constataram que a reação decorre da abertura do anel de glicose, onde a carbononila forma uma ligação vicinal pela qual é ligada ao carbono por um único átomo de hidrogênio. Como consequência, mais um oxigênio é incluído, para formar a ligação entre a cadeia de amilose ou amilopectina e o radical enxertado. Os autores lembram também que, na reação, primeiro é formado um éster de amido, que depois evolui para um grupamento éter de amido.

Para que ocorra a reação que dá origem aos amidos enxertados, basta a ocorrência de reativos e condições para a reação. Radiação gama foi relatada como catalisadora

(ZHAI et al., 2002), mas alguns autores citam como reagentes os ácidos orgânicos, como málico e acético (KIATKAMJORNWONG; MONGKOLSAWAT; SONSUK, 2002; KUMAR et al., 2014). Amido esterificado como o anfótero, um modificado tradicional, é também citado como um amido enxertado (SONG et al., 2009), assim como o esterificado por ligação cruzada.

Para explicar a modificação introduzida no amido nativo de mandioca para dar origem ao polvilho azedo, foi necessário buscar resultados de pesquisa de amido em presença de ácido lático, o que mais frequentemente ocorre no produto comercial (WANG et al., 2012; BRITO, 2015).

A hipótese de que a expansão no polvilho azedo decorre de uma reação do tipo enxertia encontra apoio na pesquisa de Wang et al. (2012), que relataram ocorrência de reação quando foi usada a proporção 4:1 de amido de milho para ácido lático, expressa em massa. Para amido de cereal foi necessário tempo de reação de pelo menos 2 horas a 80 °C. Para os autores, a reação ocorre em duas etapas. Na primeira, o anel da glicose terminal da cadeia de amido é aberta, com adição de mais um oxigênio, e duas moléculas de ácido lático são polimerizadas formando um lactídeo composto por duas carbonilas, conforme a Figura 16.5 (WANG et al., 2012). Na sequência, o *lactide* é introduzido e faz a ligação de éter com a outra molécula de glicose da cadeia de amido, resultando numa enxertia de 58,9% nas condições otimizadas.

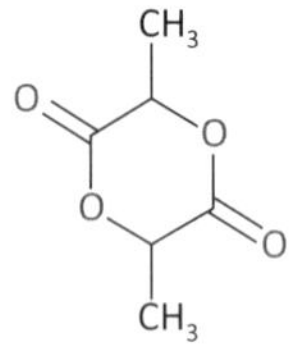

Figura 16.5   Estrutura molecular do lactídeo.

Fonte: Qian, Liu e Ma (2010).

Como o objetivo era usar esse amido de milho modificado para elaborar embalagens biodegradáveis, os autores não determinaram a expansão ao forno, mas relataram aumento de viscosidade e explicaram a formação de uma rede capaz de reter gás. Também reforça essa hipótese o fato de que amostras de amido tratadas com ácido lático, expostas ou não à radiação ultravioleta natural (sol) ou artificial (lâmpadas), apresentaram menor porcentagem de carboxilas, uma vez que elas estariam envolvidas na reação de enxertia (BRITO; CEREDA, 2015). Wang et al. (2012) explicam que parte das carbonilas presentes no amido tratado são convertidas em carboxilas, responsáveis pela polimerização do ácido lático e pela inclusão dos duplos oxigênios e formação da molécula de lactídeo.

As vantagens do processo de secagem artificial sobre a secagem natural são evidentes, conforme os exemplos a seguir.

- Tratamento e secagem concomitantes, sem dependência do clima.
- Padronização da qualidade.
- Produção sem contaminação, sujidades ou resíduos.
- Redução do número de mão de obra utilizado na secagem ao sol.
- Redução ou eliminação da área de secagem.
- Redução das perdas por deriva ao vento e manuseio.
- Menor número de equipamentos, de fácil manutenção.
- Facilidade de operação.
- Possibilidade de aumento da instalação através de crescimento modular.
- Viabilidade de programar a produção e introduzir automação.

16.7 PRODUÇÃO COMERCIAL DE POLVILHO AZEDO NA AMÉRICA LATINA

Na Colômbia, o polvilho azedo é denominado *almidón agrio* e produzido com características muito semelhantes às do Brasil. Cardenas e De Buckle (1980) descrevem a produção, que, na época, como ocorria no Brasil, era obtida por meio de amido extraído da mandioca e submetido à fermentação natural e secado ao sol, preferencialmente em terreiros ladrilhados ou recobertos de plástico preto. A produção do *almidón agrio* é feita sobretudo no vale do Cauca, próximo à cidade de Cali, de clima tropical. A maior altitude aumenta o tempo de secagem, o que confere ao produto uma cor acinzentada.

A ocorrência frequente de nebulosidade e de chuvas levou ao desenvolvimento de sistemas de proteção para o polvilho em secagem, com tetos deslizantes sobre trilhos. A superfície de secagem em geral está nos forros das próprias indústrias ou em terreiros. O uso do produto fermentado colombiano se faz principalmente em artigos de panificação, nos quais é insubstituível. Alguns desses produtos são o *pan de bono*, *buñuelo*, *pan de queso*, *besitos*.

No Paraguai, o polvilho azedo é denominado *almidón agrio* ou artesanal. Na região de Coronel Oviedo, próxima ao estado brasileiro do Paraná, reuniam-se numerosas pequenas indústrias artesanais de polvilho azedo de processamento semelhante ao que se faz nas indústrias brasileiras. A decantação era feita no mesmo tanque em que se faz a fermentação, que dura por quase uma semana.

A água utilizada nas indústrias em geral vem de poços. A extratora consiste de um cilindro semelhante ao lavador descontínuo brasileiro, forrado internamente com uma tela plástica, que funciona de forma mais prática que as colombianas. O final da fermentação é reconhecido de acordo com a prática do produtor, o *chipero*. Considera-se que se a fermentação se prolonga, o produto obtido é de melhor qualidade. A fermentação pode durar de 2 a 3 meses, com troca da água superficial.

A secagem se faz em um dia no verão e em 2 a 3 dias no inverno. Várias indústrias podem utilizar a mesma área de secagem por meio de serviço pago a especialistas, como serviços de terceiros. No Brasil o mercado passou a buscar quantidades maiores e um produto mais homogêneo e de melhor qualidade.

Parte da produção paraguaia é exportada para a Argentina, para se fazer *chipas* para os paraguaios que vivem na Argentina. No Mato Grosso do Sul é comum o consumo de *chipas* tanto quanto ou mais do que pão de queijo, mas com formato de meio círculo. Em Assunção, como em São Paulo, a *chipa* transformou-se em *fast food*, atendendo às pessoas que passam nas ruas, com pressa e sem tempo para fazer uma refeição mais demorada.

Em geral são conservadas em sacos plásticos, com cerca de 3 ou 4 quando são menores. Também são comercializadas as *chipitas*, que são roscas muito menores e crocantes, de maior tempo de conservação.

As *chipas* não têm formulação fixa. Como nos produtos brasileiros, os ingredientes são o amido fermentado e secado ao sol, misturado meio a meio com amido nativo (industrial), ovos, anis, queijo curado, gordura, leite e sal. As "*chipas* mestiças" são feitas com substituição de 30% do amido por farinha de milho e também por amendoim.

O escaldamento se faz com água, leite e gordura ferventes sobre o amido, exatamente como ocorre no Brasil e na Colômbia. Detalhes da fórmula são considerados segredo industrial. São consumidas sozinhas ou acompanhadas de "cozido paraguaio", um tipo de chá forte e doce. Não há controle de qualidade.

A produção de amido fermentado por empresas na Bolívia é semelhante à paraguaia e à brasileira, e o equivalente ao pão de queijo é o *cuñape*, de formulação semelhante à dos produtos brasileiros, paraguaios e colombianos. A comercialização também é semelhante.

16.8 PRODUTOS NO BRASIL

16.8.1 BISCOITO DE POLVILHO

O polvilho azedo é insubstituível no preparo de biscoito salgado, que se caracteriza por ser produto muito leve e volumoso, resultado da expansão no forno. No meio rural do estado de Minas Gerais, esse biscoito quase sempre substitui o pão e, por conseguinte, a farinha de trigo e o fermento fresco. Se adequadamente acondicionado, os biscoitos podem durar toda a semana. Se há pressa, podem ser consumidos fritos, se não, são assados em fornos. Nessas regiões existe diversificação, com biscoitos doces além dos salgados, e com mistura de outros ingredientes, como amendoim, canela, coco e outros. A confecção do biscoito de polvilho é, também, um teste de qualidade aceito por usuários e produtores (VILPOUX et al., 1996).

Em comparação com o pão de queijo, o biscoito de polvilho é encontrado com menor frequência nas padarias. O consumo de biscoito de polvilho é significativamente maior entre as crianças, em geral uma opção de adultos por sua providencial fama de ser saudável, principalmente para ser consumido em viagens.

16.8.2 PÃO DE QUEIJO

Tradicionalmente, o pão de queijo era produto de padarias. O mercado evoluiu para empresas especializadas, que valorizam sua importância cultural. É vendido por unidade, recheado ou não, assim como congelados individualmente e em pacotes. Essa forma está presente unicamente nos supermercados e estabelecimentos especializados.

O pão de queijo elaborado com polvilho azedo acrescido de gordura, leite, ovos e queijo curado tipo minas ou parmesão é um alimento calórico, da mesma maneira que o biscoito de polvilho. Tal como o biscoito de polvilho, sua principal característica é a expansão ao forno sem necessidade de agentes levedantes, biológicos ou químicos. A propriedade excepcional desse amido modificado de apresentar expansão ao forno sem necessidade de uso de fermento químico ou biológico permite obter produtos alveolados, como os pães, sem uso de glúten, o que permitiria seu direcionamento para pessoas com síndrome celíaca. Por outro lado, a mesma propriedade permite obter produtos expandidos, como os que se conseguem com uso de extrusoras, comuns na fabricação de salgadinhos com derivados de milho. Nesse caso, os biscoitos de polvilho poderiam competir em preço com marcas famosas.

Vilpoux et al. (1996) destacaram que a maioria das empresas produtoras de pão de queijo utilizavam mistura de polvilho azedo com amido nativo de mandioca (polvilho doce), mas cerca de 10% já utilizavam apenas amido nativo e explicaram essa tendência devido à descaracterização da origem cultural como um produto regional mineiro. Naquela época, já havia padarias que utilizavam o "pré-mix", ao qual só é necessário acrescentar os líquidos como ingredientes complementares. O pão de queijo elaborado apenas com o amido nativo de mandioca apresenta menor expansão e textura mais "borrachuda", sendo recomendado seu consumo quente, pois quando esfria endurece depressa.

A comercialização do pão de queijo se faz principalmente na forma do produto assado, distribuído em grandes redes que vendem o produto aquecido, em geral acompanhado de café. Os pães de queijo de massa congelados são produtos mais elaborados, que necessitam de uma estrutura especializada para serem produzidos e distribuídos. Nenhum supermercado ou hipermercado tem marca própria para esses produtos de polvilho azedo.

16.9 AVALIANDO A QUALIDADE DO POLVILHO AZEDO POR SUA PROPRIEDADE DE EXPANSÃO AO FORNO SEM NECESSIDADE DE AGENTES LEVEDANTES

No âmbito da panificação, mesmo para o polvilho de baixa absorção, a conversão é bastante elevada, pois as formulações praticamente dobram a massa do polvilho pela adição de líquido, água e leite. Para fins de comparação sobre a importância que pode ter a absorção de água, citamos o cálculo, elaborado a partir de dados obtidos na fabricação de biscoitos junto a um estabelecimento comercial, que processou dois lotes de polvilho de diferentes procedências (A e B). O polvilho A, proveniente do estado do Paraná, apresentou poder de absorção de 160,4 mL 100 g^{-1}, enquanto o B, proveniente do estado de São Paulo, apresentou absorção de 186,6 mL 100 g^{-1}. Utilizou-se a mesma receita para ambos. O polvilho A produziu cerca de 9 g de biscoito, e o polvilho B, 11 g, uma diferença que representou 24 sacos de biscoito (CEREDA, 1987).

A diferença de temperatura ambiente durante a safra pode explicar a variação do perfil e de concentrações de ácidos orgânicos formados, uma vez que nas regiões mais frias localizadas em Minas Gerais, as fermentações são mais lentas (40 a 60 dias) com dominância da flora lática, ao passo que em locais de temperaturas mais amenas as fermentações são mais rápidas (20 a 30 dias), o que seleciona microflora butírica.

Embora reconhecido como produto alimentar, a Legislação Brasileira de Normas Técnicas Especiais Relativas a Alimentos e Bebidas (BRASIL, 1978) não reconhece a propriedade de expansão como critério de qualidade para esse tipo de amido modificado, e não especifica uma metodologia preconizada para sua análise (BRASIL, 2004).

O aumento no consumo do pão de queijo passou a exigir melhor qualidade, o que, por sua vez, exigiu maior padronização do polvilho azedo, incluindo o conteúdo microbiano, formação de estrutura alveolar adequada e a crocância característica de *snacks* extrusados (BERTOLINI et al., 2001; GARCIA; LEONEL, 2005), que dependem da expansão ao forno (DEMIATE; KOTOVICZ, 2011).

Uma vez que a legislação nacional (BRASIL, 1998) não estabelece uma metodologia padrão, a questão da avaliação da qualidade de expansão fica a critério dos produtores e comerciantes, mas é ainda mais crítica quando necessária em pesquisas.

Os primeiros métodos de avaliação da propriedade de expansão do polvilho azedo como critério de qualidade basearam-se no processo caseiro de utilização em pão de queijo, com formulação composta, que incluía matérias-primas de alta variabilidade como queijo, leite e ovos, na mesma proporção usada nas padarias. Além disso, para conseguir consistência adequada, realizavam o escaldamento, processo utilizado nas residências e padarias que consistia em despejar sobre o polvilho azedo um volume estabelecido de uma mistura fervente de leite, água e óleo ou gordura vegetal hidrogenada. Além dos ingredientes, esse era outro fator de erro, em razão da dificuldade em manter a temperatura adequada durante o tempo necessário (CEREDA, 1983d; MAEDA; CEREDA, 2001; APLEVICZ; DEMIATE, 2007).

Cada vez mais a qualidade estável do polvilho azedo é exigência para sua comercialização. A pesquisa para o desenvolvimento de novos produtos também exige uma metodologia mais precisa e maior reprodutibilidade, a partir de menor quantidade de amostra, de modo que Brito e Cereda (2015) estabeleceram um método para a determinação do volume específico de massas assadas de polvilho azedo e amidos com propriedade de expansão somente com amido e água na mistura direta de 5 g de amostra de amido com 5 mL de água destilada, em moldes de silicone e forneamento a 200 °C durante 25 minutos. Com o uso de metal revestido com politetrafluoretileno, a melhor condição é forneamento a 200 °C durante 20 minutos, facilitando, assim, as análises e a eliminação de variações decorrentes do acréscimo de outros constituintes.

16.10 ANÁLISES UTILIZADAS PARA PADRONIZAÇÃO DA QUALIDADE E NA PESQUISA

Não existem compêndios de métodos oficiais definindo a metodologia específica para o polvilho azedo. Em razão de suas características especiais, métodos tiveram de ser adaptados ou criados. Os principais métodos adotados para a obtenção dos resultados apresentados neste capítulo são descritos a seguir.

16.10.1 DETERMINAÇÃO DE ACIDEZ TITULÁVEL

Para determinação de acidez titulável, cerca de 10 g de amostra (base seca) são suspensos em 50 mL de água deionizada e mantidos sob agitação por 30 minutos. O amido suspendido é decantado e o sobrenadante titulado com hidróxido de sódio (NaOH) 0,01 N na presença de fenolftaleína conforme descrição técnica. Os resultados são expressos em mL de NaOH 100 g^{-1} de suspensão da amostra de amido (IAL, 2008).

16.10.2 ÁCIDOS ORGÂNICOS

A metodologia utilizada é a de cromatografia em fase líquida, usando ácido sulfúrico 0,01 N como solução extratora do polvilho azedo. As condições de operação do aparelho são coluna Biorad HPX 47X, fase móvel ácido sulfúrico 0,01 N, temperatura da coluna de 60 °C, fluxo da fase móvel 0,7 mL/min e detector por refratometria.

16.10.3 CONTEÚDO CARBOXÍLICO

O teor de carboxilas na amostra é estabelecido por titulação com hidróxido de sódio (NaOH), empregando-se a fenolftaleína como indicador, conforme procedimento descrito por Smith (1967). A fim de acidificar todas as carboxilas formadas durante a modificação química, 500 mg (base seca) de amostra são suspensos em 30 mL de solução 0,1 N de ácido clorídrico (HCl) por 30 minutos, à temperatura ambiente e sob agitação. Após esse período, a amostra é recuperada em cadinho de fundo poroso (n.º 3) e lavada exaustivamente com água deionizada. A amostra desmineralizada é dispersa em 300 mL de água deionizada, sendo em seguida aquecida até a ebulição e mantida por 15 minutos, com agitação contínua para haver gelificação do amido. Após esse período, a pasta ainda quente é titulada com NaOH 0,02 N. O cálculo da porcentagem de carboxilas no amido é feito pelo emprego da Equação (16.1), correspondendo ao percentual de carboxilas presentes.

$$\% \text{ COOH} = \text{mL de NaOH} \times \text{normalidade do álcali} \times 0,045 \times 100 \text{ g}^{-1} \qquad (16.1)$$

16.10.4 TEOR DE AMIDO

O método consiste na quantificação do teor de glicose após a hidrólise enzimática do amido. A amostra é homogeneizada em solução tampão pH 6 e é aquecida a temperatura superior a 90 °C, adicionando uma amilase termorresistente (Thermamyl[®] Novozymes) com atividade declarada de 240 KNU g^{-1} para hidrólise de ligações α-1,4, durante uma hora. Após esse procedimento, para sacarificação emprega-se a amiloglicosidase (AMG[®] Novozymes) com atividade declarada de 300 AGU mL^{-1} (pH 4 e temperatura entre 58 °C e 70 °C) (de acordo com as especificações técnicas do fabricante). Posteriormente, as amostras obtidas devem ser analisadas como glicose livre, empregando o *kit* enzimático colorimétrico (Analisa[®] Glicose PP), contendo enzimas glicose oxidase (GOD – EC 1.1.3.4), peroxidase (POD – EC 1.11.1.7) e 4-aminoantipirina (4-AAP). A leitura foi realizada em espectrocolorímetro a 640 nm (DAHLQUIST, 1961). Uma curva padrão de glicose anidra deve ser estabelecida. O teor de amido é ajustado multiplicando o teor de glicose livre por 0,9 para conversão em amido.

16.10.5 MICROSCOPIA DE FORÇA ATÔMICA – TAMANHO E RUGOSIDADE SUPERFICIAL

A microscopia de força atômica (AFM) é uma técnica desenvolvida que permite obter imagens reais, em três dimensões, da topografia das superfícies, com uma resolução espacial que se aproxima das dimensões atômicas. O microscópio de força atômica permite a caracterização das propriedades interfaciais dos eletrodos, possibilitando a observação direta da arquitetura da superfície. Consequentemente, a técnica de AFM pode trazer informações importantes sobre a morfologia da superfície dos eletrodos modificados com moléculas biológicas. Em AFM é efetuada a varredura da superfície da amostra utilizando uma sonda sensível à força (sensor de força), que consiste numa ponta de dimensões atômicas integrada num braço em movimento. À medida que a ponta se aproxima da superfície, os átomos da ponta interagem com os átomos e com as moléculas da superfície do material, causando a deflexão do braço de AFM (MACIEL et al., 2000).

16.10.6 DETERMINAÇÃO DE AMILOSE E AFINIDADE POR IODO

As amostras de amido devem ser dispersas em solução de dimetilsulfóxido (90% DMSO). Essa suspensão dever ser fervida durante 1 hora, conforme Franco, Cabral e Tavares (2002). A afinidade de iodo é determinada conforme Kasemsuwan et al. (1995). Nessa análise deve ser empregado um autotitulador potenciométrico (716 SM Titrino, Brinkmann Instrument, Westbury, NY), e em função dos valores de afinidade, é calculado o conteúdo de amilose, dividindo o valor de afinidade do amido por 19% (TAKEDA; HIZUKURI, 1987).

16.10.7 DISTRIBUIÇÃO DE COMPRIMENTO DE CADEIA DE AMILOPECTINA

A determinação de distribuição de comprimento de cadeia lateral de amilopectina é estabelecido pelo método de Wong e Jane (1997). Primeiramente, as amostras devem ser desramificadas com o emprego de isoamilase, em seguida, analisadas por cromatografia aniônica de alta perfomace (Dionex DX-300 system, Sunnyvale, CA) equipado com uma pós-coluna de reator amperométrico (HPAEC-ENZ-PAD) e uma coluna aniônica (CarboPac PA-100 column). O gradiente de eluição A (100 mM NaOH) e de eluente B (100 mM NaOH, 300 mM NaNO3) devem ser programados da seguinte forma: 0 min. A fase móvel considerada é de 99% (fase A) e 1% (fase B), posteriormente a concentração de eluente B deve ser aumentada para 5%, 8%, 30% e 45%, no intervalo de tempo de 30, 50, 60, 160 e 220 minutos, respectivamente, com injeção de 0,5 mL min^{-1}.

16.10.8 ESPECTROSCOPIA DE INFRAVERMELHO MÉDIO

A espectroscopia na região do infravermelho médio é avaliada por espectrômetro ajustado com resolução 4 cm^{-1}. A faixa espectral considerada é de 700 a 4.000 cm^{-1}, o que possibilita uma investigação da estrutura molecular dos compostos analisados, em especial a presença de grupos funcionais carbonilas e carboxilas formados durante a oxidação (DUPUY, 1997).

16.10.9 VOLUME ESPECÍFICO (EXPANSÃO)

O volume específico, assim como o conteúdo carboxílico, corresponde aos principais procedimentos para a avaliação da qualidade do polvilho azedo. A metodologia proposta por Brito e Cereda (2015) é simples e rápida para ser realizada, e ainda dispensa o escaldamento e o uso de ingredientes complexos. A massa de polvilho azedo e água na proporção 1:1 (massa:volume) é confeccionada diretamente nos moldes de silicone, sem necessidade de untar com gordura. As forminhas são então colocadas em forno elétrico termostatizado preaquecido a 200 °C durante 25 minutos.

Depois de assada a massa se solta com facilidade da forma, e em seguida é resfriada à temperatura ambiente em um dessecador. A massa é obtida pela pesagem direta em balança analítica, e o volume, pelo deslocamento de sementes de painço, aferido em proveta de 50 cm³. O volume específico é obtido pelo quociente entre o volume (cm³) e a massa (g) de cada amostra forneada, com resultados expressos em cm³ g⁻¹ pela Equação (16.2).

$$VE = \text{volume específico (cm}^3\text{ g}^{-1}\text{); } V = \text{volume (cm}^3\text{); } m = \text{massa (g)} \tag{16.2}$$

Os índices de qualidade adotados para o polvilho azedo são os estabelecidos por Nunes e Cereda (1994), considerando de pouca expansão os volumes específicos < 5 cm³ g⁻¹, médios os valores de 5 a 10 cm³ g⁻¹ e de boa expansão aqueles > 10 cm³ g⁻¹ (cm³ g⁻¹).

16.11 CONSIDERAÇÕES FINAIS

É difícil estabelecer a trajetória de produtos artesanais obtidos por processos biotecnológicos. Em geral eles são eliminados do mercado, devido à concorrência com produtos obtidos em maior escala, produtos importados ou seus sucedâneos, obtidos sem necessidade de fermentação demorada e exigente de mão de obra especializada.

O polvilho azedo faz parte desses produtos e guarda ainda questões a serem respondidas pela pesquisa.

Uma questão intrigante que a pesquisa tenta esclarecer é a seguinte: quais são as alterações moleculares que realmente proporcionam a propriedade de expansão das massas? Resultados de pesquisa com fermentação natural ou tratamento ácido seguido de radiação ultravioleta mostram que apenas o amido nativo de mandioca é utilizado para produção de polvilho azedo. Amidos de tuberosas proporcionam baixa expansão, assim como amido de cereais (PEREIRA et al., 1999; FRANCO et al., 2010).

Pereira et al. (1999) avaliaram amidos nativos de araruta (*Maranta arundinacea* L.), mandioquinha-salsa (*Arracacia xanthorrhiza* B.), batata (*Solanum tuberosum* L.) e mandioca (*Manihot esculenta* Crantz), que passaram por fermentação natural, sem inóculo, e foram posteriormente secos ao sol. Os resultados mostraram que as expansões obtidas foram baixas, segundo os limites propostos por Nunes e Cereda (1994), evidenciando que a radiação ultravioleta não permite controle adequado. As expansões variaram de 1,71 para amido de batata a valores próximos a 5 cm³.g⁻¹ (mandioquinha--salsa, araruta e mandioca).

Garcia e Leonel (2005) apresentam os resultados obtidos com tratamento de amidos de outras amiláceas tuberosas como a batata-doce (*Ipomoea batatas* L.), biri (*Canna edulis* Ker.), mandioca (*Manihot esculenta* Crantz) e taioba (*Xanthosoma sagittifolium* L. Scott) sem e com ácido lático (85%), que variou de 13 g a 54 g para cada quilo de amido, seguido de exposição à radiação ultravioleta artificial em processo estático (carga de 1 kg/m²) com cinco lâmpadas de UV-C (comprimento de onda 254 nm) fixadas em calha com refletor em inox a uma distância de 8 cm do material, conforme descrito por Nunes e Cereda (1994).

Os índices de expansão obtidos com os amidos foram considerados de pequenos a médios segundo os limites propostos por Nunes e Cereda (1994), obtidos na maior concentração de ácido lático, 54 gramas por kg de amido. O destaque foi para a expansão proporcionada pelo amido de mandioca (polvilho azedo), que variou de 3 a 11,6 cm^3 g^{-1}, observando-se uma variação dependente da concentração do ácido lático, o que não ocorreu com os amidos de outras fontes botânicas. A expansão obtida na maior concentração de ácido lático pode ser considerada alta. Além disso, o aspecto das massas forneadas foi muito diferente, com cor mais clara e aspecto de "pipoca", como citado por Brito e Cereda (2015).

Os autores já haviam antecipado que a grande barreira para o crescimento do uso de polvilho azedo seria encontrar um processamento que permitisse obter grandes quantidades com padrão de qualidade. Analisando a situação nos anos 2000, observa-se que, embora o consumo do pão de queijo tenha continuado sua expansão no Brasil, com a imagem de *fast food*, o biscoito de polvilho permaneceu em seu nicho de produto de padaria. Para alcançar o maior volume de produção com certo padrão de qualidade, teve de abrir mão de sua característica de sabor e aroma, adquirindo uma textura mais seca, em razão da substituição quase total pelo amido nativo.

A fabricação de polvilho azedo passou a ser uma exclusividade das fecularias, empresas que extraem o amido nativo de mandioca em escala de 400 a 600 toneladas de raízes por dia. Em algumas dessas indústrias, ainda há jiraus para "secagem" do polvilho azedo ao sol, embora os empresários saibam muito bem que a característica de expansão ao forno sem uso de agentes levedantes pode ser obtida sem necessidade de fermentação.

Mas, como manda a tradição, os produtos derivados de polvilho azedo, biscoito de polvilho e pão de queijo continuam com formulações que não exigem fermento químico ou biológico. Para tornar isso possível, as empresas utilizam "amidos modificados" cuja formulação e processos são considerados segredo de fábrica. Produtos e processos são comercializados em relativo ambiente de segredo, mas nenhum conseguiu se firmar no mercado por diversas razões, a principal delas porque a expansão inicial não consegue se preservar no tempo, como ocorre com o polvilho azedo da tradição mineira. São os amidos denominados sucedâneos de polvilho azedo, alguns deles da categoria amido oxidado, ácido modificado ou amidos acetilados. Para esses sucedâneos de polvilho azedo não há necessidade de secagem ao sol.

Duas ou três gerações de consumidores dos produtos obtidos com esses sucedâneos são consumidores que não valorizam o forte odor e sabor de ácido butírico do polvilho azedo fermentado como em Minas Gerais. A pesquisa finalmente conseguiu explicar como ocorre o processo de transformação do amido nativo em polvilho azedo, e os autores protocolaram um pedido de privilégio para um equipamento contínuo para elaborar polvilho azedo com expansão e qualidade estável.

A questão de melhorar o aspecto de sabor, aroma e textura para aproximar o produto do polvilho azedo tradicional de Minas Gerais é relativamente simples. E possível com o processo biotecnológico desenvolver fermentação com inóculo selecionado e padronizado para obter o aroma e sabor desejado, sem necessidade de modificar toneladas de amido nativo. O aroma e sabor obtidos por fermentação poderiam ser adicionados ao amido já modificado para obter expansão, de modo a ajustar às exigências do consumidor. Como dito na edição anterior deste volume, de 2001, os próximos anos serão decisivos para o desenvolvimento industrial do polvilho azedo.

REFERÊNCIAS

ALBUQUERQUE, M. Notas sobre a mandioca. *Boletim*, Instituto Agronômico do Norte, 1961. 92 p (Boletim técnico, 41.)

ANVISA – Agência Nacional de Vigilância Sanitária. Diretoria Colegiada. Resolução RDC n. 263, de 22 de setembro de 2005. Regulamento técnico para produtos de cereais, amidos, farinhas e farelos. *Diário Oficial [da] República Federativa do Brasil*, Brasília, DF, 2005. Disponível em: <http://www4.anvisa.gov.br/base/visadoc/CP/CP%5B8993-1-0%5D.PDF>. Acesso em: 6 abr. 2015.

APLEVICZ, K. S.; DEMIATE, I. M. Caracterização de amidos de mandioca nativos e modificados e utilização em produtos panificados. *Ciência e Tecnologia de Alimentos*, v. 27, p. 478-484, 2007.

AYUCITRA, A. Preparation and characterisation of acetylated corn starches. *International Journal of Chemical Engineering and Applications*, v. 3, p. 156-159, 2012.

BEN-OMAR, N. et al. Molecular diversity of lactic acid bacteria from cassava sour starch (Colombia). *Syst. Appl. Microbiol.*, v. 23, p. 285-291, 2000.

BERTOLINI, A. C. et al. Photodegradation of cassava and corn starches. *Journal Agricultural Food Chemistry*, v. 49, p. 675-682, 2001.

BULÉON, A. et al. Starch granules: structure and biosynthesis. *International Journal of Biological Macromolecules*, v. 23, p. 85-112, 1998.

BRABET, C. et al. Study of natural fermentation of cassava starch in Colombia. I: Characterization of the microflora and fermentation parameters. INTERNATIONAL MEETING ON CASSAVA FLOUR & STARCH, Cali, 1994. In: *Proceedings...* Cali: Ciat, 1994a. p. 120.

_____. Study of natural fermentation of cassava starch in Colombia. III: Establishment of an exopolysaccharide (EPS)-producing lactic acid bacteria strain bank. INTERNATIONAL MEETING ON CASSAVA FLOUR & STARCH, Cali, 1994. In: *Proceedings...* Cali: Ciat, 1994b. p. 121.

BRASIL. Decreto n. 12.486. Normas técnicas especiais relativas a alimentos e bebidas. São Paulo, 1978.

_____. Decreto nº 3.029: Regulamento Técnico para Produtos de Cereais, Amidos, Farinhas e Farelos. Brasília, 2004. 4p.

_____. Resolução RDC n. 12, de 02 de janeiro de 2001. Aprova o Regulamento Técnico sobre padrões microbiológicos para alimentos. *Diário Oficial da União*, Poder Executivo, 10 jan. 2001.

BRITO, V. H. S. *Inovação em processamento de amido como ferramenta para a sustentabilidade do setor agroindustrial.* 151 p. Dissertação (Mestrado) – Centro de Ciências Agrárias, Universidade Católica Dom Bosco (UCDB), Campo Grande, 2015.

BRITO, V. H. S.; CEREDA, M. P. Método para determinação de volume específico como padrão de qualidade do polvilho azedo e sucedâneos. *Brazilian Journal of Food Technology*, v. 18, n. 1, p. 14-22, 2015.

CARVALHO, E. P. de. *Determinação da microbiota do polvilho azedo.* 91 p. Tese (Doutorado) – Universidade Estadual de Campinas (Unicamp), Campinas, 1994.

CARDENAS, O. S.; DE BUCKLE, T. S. Sour cassava starch production: a preliminary study. *Journal of Food Science*, v. 45, p. 1509-1528, 1980.

CEREDA, M. P. Alguns aspectos sobre a fermentação da fécula de mandioca. Tese (Doutorado), Botucatu, Faculdade de Ciências Médicas e Biológicas, 1973. 89 p.

_____. Avaliação da qualidade da fécula fermentada comercial de mandioca (polvilho azedo). I – Características viscográficas e absorção de água. *Revista Brasileira de Mandioca*, Cruz das Almas, v. 3, n. 2, p. 7-12, 1985a.

_____. Avaliação da qualidade da fécula fermentada comercial de mandioca (polvilho azedo). II – Características físico-químicas e absorção de água. *Revista Brasileira de Mandioca*, Cruz das Almas, v. 3, n. 2, p. 15-20, 1985b.

_____. Avaliação da qualidade de duas amostras de fécula fermentada de mandioca (polvilho azedo). *Boletim SBCTA*, v. 17 n. 3, p. 305-320, 1983a.

_____. Determinação de viscosidade de fécula fermentada de mandioca (polvilho azedo). *Boletim SBCTA*, v. 17, n. 1, p. 15-24, 1983b.

_____. Efeito de tratamentos de esterilização sobre a microflora natural de fécula de mandioca (polvilho). CONGRESSO LATINO-AMERICANO DE MICROBIOLOGIA, 12. In: *Anais...* São Paulo, 1983c. p. 130.

CEREDA, M. P. Alguns aspectos sobre a fermentação da fécula de mandioca. *Revista Brasileira de Mandioca*, Cruz das Almas, v. 2, n. 1, p. 69-72, 1983.

_____. Esterilização de amido de mandioca (*Manihot utilissima Pohl*). *Revista Ciência e Tecnologia de Alimentos*, v. 4, n. 2, p. 139-157, 1984.

_____. *Estudos físico-químicos e microbianos da esterilização e da fermentação da fécula de mandioca.* 185 p. Tese (Livre docência) Faculdade de Ciências Agronômicas, Botucatu, 1981.

_____. Tecnologia e qualidade do polvilho azedo. *Inf. Agropec.*, Belo Horizonte, v. 13, n. 145, p. 63-68, 1987.

CEREDA, M. P. et al. Propriedades do amido. *Culturas de Tuberosas Amiláceas Latino-americanas 1*. São Paulo: Fundação Cargill, 2001. p. 141-185.

CEREDA, M. P.; BONASSI, L. A. Avaliação da qualidade da fécula fermentada comercial de mandioca (polvilho azedo). III – Ácidos orgânicos e absorção de água. *Revista Brasileira de Mandioca*, Cruz das Almas, v. 3, n. 2, p. 21-30, 1985.

CEREDA, M. P.; BRITO, V. H. S. Fermented Foods and Beverages from Cassava (Manihot esculenta Crantz): South America and Brazil. In: PENNA, A. L. B.; NERO, L. A.; TODOROV, S. D. (orgs.). *Fermented Foods of Latin America: From Traditional Knowledge to Innovative Applications*. Boca Raton: CRC Press/Taylor & Francis Group, 2016. v. 1., p. 192-213.

CEREDA, M. P.; CATÂNEO, A. Avaliação de parâmetros de qualidade da fécula fermentada de mandioca. *Revista Brasileira de Mandioca*, Cruz das Almas, v. 5, n. l, p. 55-62, 1986.

CEREDA, M. P. et al. Caracterização do polvilho azedo proveniente de duas regiões produtoras de Minas Gerais. In: *Anais...* p. 14, Congresso Brasileiro de Mandioca, 5, Fortaleza, 1988.

_____. Ensaios de fermentação da fécula de mandioca em diferentes condições de cultivo. *Revista Brasileira de Mandioca*, Cruz das Almas, v. 3, n. 2, p. 69-81, 1985.

_____. Evaluation of fermented cassava starch quality: absorption, expansion and basic formulation for biscuit confection for sensorial analysis. CONGRESSO BRASILEIRO DA MANDIOCA, 8. Salvador, 1994. In: *Anais...* p. 31.

CEREDA, M. P.; LIMA, U. A. Aspectos sobre a fermentação da fécula de mandioca. IV. Determinação dos açúcares redutores. *Revista de Agricultura*, v. 57, n. 1/2, p. 23-34, 1982.

_____. Fermentação da fécula de mandioca. II – Controle das fermentações realizadas em laboratório. *Boletim SBCTA*, Campinas, v. 15, n. 2, p. 197-22, 1981.

_____. Microrganismos e ácidos orgânicos ocorrentes na fermentação da fécula de mandioca. *Anais da Academia Brasileira de Ciências*, Rio de Janeiro, v. 47, p. 361-362, 1975.

_____. Padronização para ensaio de qualidade da fécula de mandioca fermentada (polvilho azedo). I – Formulação e preparo de biscoitos. *Bol. SBCTA*, v. 17, n. 3, p. 287-96, 1983.

CEREDA, M. P; LIMA, U. A.; BRASIL, M. A. M. Aspectos sobre a fermentação da fécula de mandioca. I – Características do polvilho azedo comercial. *Revista de Agricultura*, Piracicaba, v. 56, n. 4, p. 219-230, 1981.

CEREDA, M. P.; NUNES, O. L. G. da S.; WESTBY, A. Brazilian fermented cassava starch: A low cost acidic starch with modified functional properties. *Science, Technology Development*, v. 13, p. 43-49,1995.

CEREDA, M. P; VILPOUX, O. F. Polvilho azedo, critérios de qualidade para uso em produtos alimentares. In: CEREDA, M., P.; VILPOUX, O. *Culturas de Tuberosas Amiláceas Latino-americanas 3*. São Paulo: Fundação Cargill, 2003. p. 333-355.

CEREDA, M. P.; VILPOUX, O. F.; DEMIATE, I. M. *Amidos modificados. Tecnologia, Uso e Potencialidades de Tuberosas Amiláceas Latino-americanas 1*. São Paulo: Fundação Cargill, 2003. p. 246-333.

CEREDA, M. P.; VILPOUX, O. F.; VEIGA, P. Possíveis usos da fécula de mandioca e critérios de qualidade. *Boletim Técnico CERAT – Centro de Raízes Tropicais da UNESP*, Botucatu, 1994. 30p.

CEREDA, M. P.; NUNES, O. L. G. S. Aperfeiçoamento em processo de obtenção de polvilho azedo com emprego de radiação ultravioleta. Processo de patente: 940 2304, 1994a.

_____. Processo de desenvolvimento de expansão em produtos de mandioca através de efeito fotoquímico, aplicável à produção de polvilho azedo. Processo de patente: 940 2303, 1994b.

CORRADINI, E. et al. Estudo comparativo de amidos termoplásticos derivados do milho com diferentes teores de amilose. *Polímeros: Ciência e Tecnologia*, v. 15, p. 268-273, 2005.

DAHLQUIST, A. Determination of maltase and isomaltase activities with a glucose oxidase reagent. *Biochemical Journal*, London, n. 80, p. 547-551, 1961.

DEFLOOR, I.; DEHING, I.; DELCOUR, J. A. Physico-chemical properties of cassava starch. *Starch/Stärke*, v. 50, p. 58-64, 1998.

DEMIATE, I. M. et al. Relationship between baking behavior of modified cassava starches and starch chemical structure determined by FTIR spectroscopy. *Carbohydrate Polymers*, v. 42, p. 149-158, 2000.

DEMIATE, I. M.; KOTOVICZ, V. Cassava starch in the Brazilian food industry. *Food Science and Technology*, v. 31, p. 388-397, 2011.

DENARDIN, C. C.; SILVA, L. P. Estrutura dos grânulos de amido e sua relação com propriedades físico-químicas. *Ciência Rural*, v. 39, p. 945-954, 2009.

DEWI, A. M. P.; TETHOOL, E. F.; JADING, A. Physicochemical and baking expansion properties of peroxide oxidized sago starch with different UV irradiation. *Asian Journal of Food Agroindustry*, v. 7, p. 6-12, 2014.

DIAS, A. R. G. et al. Oxidação dos amidos de mandioca e de milho comum fermentados: desenvolvimento da propriedade de expansão. *Ciência e Tecnologia de Alimentos*, v. 27, p. 794-799, 2007.

_____. Pasting, expansion and textural properties of fermented cassava starch oxidised with sodium hypochlorite. *Carbohydrate Polymers*, v. 84, p. 268-275, 2011.

DUPUY, N. et al. Mid-red spectroscopyn achemormetrics in corn starch classification. *Journal of Molecular Structure*, v. 410-411, p. 551-554, 1997.

ELOMAA, M. et al. Determination of the degree of substitution of acetylated starch by hydrolysis, 1H NMR and TGA/IR. *Carbohydrate Polymers*, v. 57, p. 261-267, 2004.

FIGUEIREDO, A. P. de. Sobre a indústria da mandioca: amidon, gomma ou polvilho. *Chácaras e Quintais*, São Paulo, v. 53, p. 99-113, 1936.

FRANCO, C. M. L.; CABRAL, R. A. F.; TAVARES, D. Q. Structural and physicochemical characteristics of lintnerized native and sour cassava starches. *Starch/Stärke,* v. 54, p. 469-475, 2002.

FRANCO, C. M. L. et al. Effect of lactic acid and UV irradiation on the cassava and corn starches. *Brazilian Archives of Biology and Technology*, v. 53, p. 443-454, 2010.

GARCIA, A. C. D. B.; LEONEL, M. Efeito da concentração de ácido lático sobre a propriedade de expansão em amidos modificados fotoquimicamente. *Ciência e Agrotecnologia*, v. 29, p. 629-634, 2005.

GRAVATÁ, A. G. Mandioca for ever, carimã e polvilho azedo. *Chácaras e Quintais*, São Paulo, v. 62, p. 440-441, 1940.

INSTITUTO ADOLFO LUTZ – IAL. *Normas analíticas do Instituto Adolfo Lutz*. 4. ed. São Paulo: IMESP, 2008. 881p.

KASEMSUWAN, T. et al. Characterization of the dominant mutant amylose-extender (Ae1-5180) maize starch. *Cereal Chemistry*, v. 72, n. 5, p. 457-464, 1995.

KIATKAMJORNWONG, S.; MONGKOLSAWAT,K.; SONSUK, M. Synthesis and property characterization of cassava starch grafted poly[acrylamide-*co*-(maleic acid)] superabsorbent via γ-irradiation. *Polymer*, v. 43, p. 3915-3924, 2002.

KUMAR, P. et al. Synthesis and characterization of pH sensitive ampiphillic new copolymer of methyl methacrylate grafted on modified starch: influences of reaction variables on grafting parameters. *International Journal of Pharmacy and Pharmaceutical Sciences*, v. 6, p. 868-880, 2014.

LAJOLO, F. M.; MENEZES, E. W. Carbohidratos em alimentos regionales Iberoamericanos. São Paulo: Universidade de São Paulo, 2006. 648 p.

LEME-JÚNIOR, J. Amideria e fecularia. In: *Enciclopédia Delta-Larousse 14*. 2. ed. São Paulo, 1967. p. 7652-7656.

LOPEZ-TENORIO, J. A; RODRIGUEZ-SANDOVAL, E.; SEPULVEDA-VALENCIA, J. U. Evaluación de características físicas y texturales de pandebono. *Acta Agronomica*, v. 61, n. 3, p. 273-281, 2012.

MACIEL, H. S. et al. Esterilização de limas odontológicas com plasma de oxigênio. *Pesquisa Odontológica Brasileira*, São Paulo, v. 14, n. 3, p. 205-208, jul./set. 2000.

MAEDA, K. C.; CEREDA, M. P. Avaliação de duas metodologias de expansão ao forno do polvilho azedo. *Ciência e Tecnologia de Alimentos*, v. 21, n. 2, p. 139-143, 2001.

MARCON, M. J. A. et al. Expansion Properties of Sour Cassava Starch (*Polvilho Azedo*): Variables Related to its Practical Application in Bakery. *Starch/Stärke*, v. 61, p. 716-726, 2009.

MESTRES, C.; ROUAU, X. Influence of natural fermentation and drying conditions on the physicochemical characteristics of cassava starch. *Journal Science and Food Agriculture*, v. 74, p. 147-155, 1997.

MORLON-GUYOT, J. et al. Lactobacillus manihotivorans sp. nov., a new starch hydrolyzing lactic acid bacterium isolated from cassava sour starch fermentation. *International Journal Syst. Bacteriology*, v. 48, p. 1101-1109, 1998.

MUA, J. P.; JACKSON, S. D. Fine structure of corn amylose and amylopectin fractions with various molecular weights. *Journal of Agriculture and Food Chemistry*, v. 45, p. 3840-3847, 1997.

NUNES, O. L. G. S. Efeito da radiação ultravioleta sobre as propriedades de expansão de fécula de mandioca tratada com ácido láctico. Dissertação (Mestrado), Botucatu, FCA/UNESP, 1994. 81 p.

NUNES, O. L. G. S.; CEREDA, M. P. Effect of drying processes on the development of expansion in cassava starch hydrolyzed by lactic acid. INTERNATIONAL MEETING ON CASSAVA FLOUR & STARCH, Cali, 1994. In: *Proceedings...* Cali: Ciat, 1994.

ONITILO, M. O. et al. Physicochemical and Functional Properties of Sour Starches from Different Cassava Varieties. *International Journal of Food Properties*, v. 10, n. 3, p. 607-620, 2007.

PAROVOURI, P. et al. Oxidation of Potato Starch by Hydrogen Peroxide. *Starch/ Stärke*, v. 47, p. 19-23, 1995.

PEREIRA, J. et al. Féculas fermentadas na fabricação de biscoitos: estudo de fontes alternativas. *Ciência e Tecnologia de Alimentos*, v. 19, n. 2, p. 287-293, 1999.

PLATA-OVIEDO, M. S. V.; CAMARGO, C. R. O. Determinação de propriedades físico-químicas e funcionais de duas féculas fermentadas de mandioca (polvilho azedo). *Ciência e Tecnologia de Alimentos*, v. 15, p. 59-65, jan.-jun. 1995.

_____. Effect of acid treatments and drying processes on physico-chemical and functional properties of cassava starch. *Journal of Science Food Agriculture*, v. 77, p. 103-108, 1998.

QIAN, F.; LIU, K.; MA, H. Amidinate aluminium complexes: synthesis, characterization and ring-opening polymerization of *rac*-lactide. *Dalton Transactions*, v. 39, p. 8071-8083, 2010.

RICKARD, J. E.; ASAOKA, M.; BLANSHARD, J. M. V. The physicochemical properties of cassava starch. *Tropical Science*, v. 31, p. 189-207, 1991.

SARMENTO, S. B. S. Metodologia para avaliação da qualidade de fécula fermentada de mandioca (Polvilho azedo). CONGRESSO BRASILEIRO DA MANDIOCA, 8. Salvador, 1994. In: *Anais...* p. 37.

SILVA, R. M. et al. Características físico-químicas de amidos modificados com permanganato de potássio/ácido lático e hipoclorito de sódio/ácido lático. *Ciência Tecnologia de Alimentos*, v. 28, p. 66-77, 2008.

SILVEIRA, A. H. da. Polvilho. *Bol. Agric.*, Belo Horizonte, v. 5, p. 55-56, 1956

SONG, H. et al. Synthesis and application of amphoteric starch graft polymer. *Carbohydrate Polymers*, v. 78, p. 253-257, 2009

SCHOCH, T. J.; MAYWALD, E. C. Microscopie examination of modified starches. *Analytical Chemistry*, v. 28, p. 382-387, 1956.

SMITH, R. J. Characterization and analysis of starches. In: WHISTLER, R. L.; PASCHALL, E. F. *Starch: chemistry and technology*, New York: Academic Press, 1967.

SWINKELS, J. J. M. *Industrial starch chemistry: Properties, modifications and applications of starches*. Veendam: Avebe, 1996. 48 p.

TAKEDA, Y.; HIZUKURI, S. Structures of rice amylopectins with low and high affinities for iodine. *Carbohydr. Res.*, v.168, p.79-88. 1987.

TANG, H., MITSUNAGA, T.; KAWAMURA, Y. Molecular arrangement in blocklets and starch granule architecture. *Carbohydrate Polymers*, v. 63, p. 555-560, 2006.

TESTER, R. F.; KARKALAS, J.; QI, X. Starch-composition, fine structure and architecture. *Journal of Cereal Science*, v. 39, p. 151-165, 2004.

TETLOW, I. J. Understend storge starch biosintesys in plants: a means of quality improment. *Canada Journal Botanic*, v. 84, p. 1167-1185, 2006.

VATANASUCHART, N. et al. Effects of Different UV Irradiations on Properties of Cassava Starch and Biscuit Expansion. *Kasetsart Journal – Natural Science*, v. 37, p. 334-344, 2003.

_____. Molecular properties of cassava starch modified with different UV irradiations to enhance baking expansion. *Carbohydrate Polymers*, v. 61, p. 80-87, 2005.

VILPOUX, O.; CEREDA, M. P.; CHUZEL, G. Caracterização das empresas de polvilho azedo. INTERNATIONAL MEETING ON CASSAVA FLOUR & STARCH, Cali, 1994. In: *Proceedings...* Cali: Ciat, 1994.

VILPOUX, O. et al. *Análise dos anais de distribuição de fécula de mandioca e polvilho azedo na cidade de São Paulo.* Relatório da Fapesp, 1996.

VITTI, P.; PIZZINATTO, A.; LEITÃO, R. F. F. Uso de ácido láctico tamponado no processamento de biscoitos tipo estampado duro e "cream cracker". *Colet. ITAL*, v. 21, p. 64-72, 1991.

VEIGA, P.; VILPOUX, O. F.; CEREDA, M. P. Possíveis usos de amido de mandioca: critérios de qualidade. *Boletim Técnico CERAT*, 1995.

WANG, Q. et al. Convenient synthetic method of starch/lactic acid graft copolymer catalyzed with sodium hydroxide. *Bulletin of Materials Science*, v. 35, p. 415-418, 2012.

WONG, K. S.; JANE, J. Quantitative analysis of debranched amylopectin by HPAEC--PAD with a postcolumn enzyme reactor. *Journal of Liquid Chromatography and Related Technologies*, v. 20, p. 297-310, 1997.

WURZBURG, O. B. Converted starches. In: WURZBURG, O. B. *Modified starches: Properties and uses.* Boca Raton: CRC Press, 1989.

ZHAI, M. et al. Syntheses of PVA/starch grafted hydrogels by irradiation. *Carbohydrate Polymers*, v. 50, p. 3295-303, 2002.

CAPÍTULO 17
Biomineração

Denise Bevilaqua

17.1 INTRODUÇÃO

A grande oscilação dos preços dos metais no mercado internacional nos últimos anos tem afetado seriamente as empresas mineradoras, uma vez que impactam seriamente os custos de produção. Tecnologias de tratamento mineral que envolvam menor custo de investimento e menor custo operacional vêm ganhando relevância no cenário mineral mundial. A bio-hidrometalurgia se apresenta como alternativa real dentro deste contexto, agregando sustentabilidade e menor impacto ambiental.

As aplicações industriais da bio hidrometalurgia podem ser divididas em dois processos: biolixiviação e bio-oxidação. Um termo recente e geral que engloba ambas as técnicas é "biomineração".

Biolixiviação ou lixiviação bacteriana pode ser definida como um processo industrialmente explorável que envolve a mobilização de metais a partir de minérios com a mediação de microrganismos.

A bio-oxidação é um processo de pré-tratamento mineral em que os microrganismos solubilizam minerais, como pirita e arsenopirita, que ocluem metais valiosos, como ouro e prata, tornando-os acessíveis aos processos de extração e elevando enormemente a recuperação desses metais nas etapas subsequentes do processo.

A história da biolixiviação começa muito antes do que possamos considerar. Existem vários registros do emprego de técnicas de lixiviação bacteriana em pilhas durante a Idade Média na Itália, Alemanha e Hungria. A primeira grande operação em larga escala de cobre biolixiviado ocorreu nas minas do rio Tinto, na Espanha, no século XVIII. O rio Tinto possui este nome devido à coloração avermelhada de suas águas, ricas em íons férricos, decorrentes da ação bacteriana. A dissolução natural de ferro e cobre dos minerais através da atividade dos microrganismos nativos foi reconhecida muito posteriormente.

A primeira evidência do envolvimento de bactérias na geração de drenagem ácida de minas (*acid mine drainage* – AMD) veio da oxidação de pirita de depósitos de carvão betuminoso em minas de carvão no leste dos Estados Unidos. A definitiva correlação da ação de bactérias na geração dos íons férricos e produção de ácido sulfúrico foram estabelecidas no final da década de 1940. No início da década de 1950 foram isoladas as primeiras cepas de *Thiobacillus ferrooxidans* (posteriormente reclassificada como *Acidithiobacillus ferrooxidans* por Kelly e Wood (2000) (EHRLICH, 2004).

Os microrganismos relevantes na biomineração são bactérias acidófilas e *archaea* com crescimento quimiolitotrófico, aeróbias e que necessitam, além de oxigênio, de gás carbônico em meio ácido (pH 0,5 a 5). Uma das características desses organismos, e a principal razão para seu uso na indústria mineral, é sua capacidade de se adaptar e tolerar altas concentrações de metais pesados.

Tanto a biolixiviação quanto a bio-oxidação de minerais são empregadas hoje de duas maneiras: pilhas e tanques agitados. Esses dois métodos têm sido usados pela indústria de minérios tradicionalmente como parte do processamento mineral. No entanto, a partir da década de 1980, eles foram sendo modificados especialmente para os processos bio-hidrometalúrgicos. Atualmente, cerca de 20% da produção mundial de cobre, por exemplo, é realizada através de biolixiviação. A bio-oxidação de minérios contendo ouro representa apenas 5% do total da produção mundial.

17.2 BIOLIXIVIAÇÃO

17.2.1 ASPECTOS GERAIS

Atualmente, a biolixiviação ocupa um lugar de destaque nas tecnologias disponíveis na indústria de mineração. A situação é muito diferente de mais de 40 anos atrás, quando o primeiro encontro internacional sobre o tema foi realizado em Socorro, Novo México, dando início ao agora tradicional International Biohydrometallurgical Symposium (IBS), realizado a cada dois anos.

Hoje, a biolixiviação não é mais uma tecnologia promissora, mas uma alternativa real para tratamento mineral. Essa situação decorre da capacidade da bio-hidrometalurgia de ser um processo economicamente viável para o processamento de minérios de baixo teor ou de alta complexidade (minérios polimetálicos), características cada vez mais comuns na realidade das empresas mineradoras.

O cobre é um exemplo do progressivo esgotamento das reservas minerais. Em um passado não muito distante, a extração de cobre a partir de um minério era considerado rentável se o teor fosse de aproximadamente 5%, mas atualmente as principais minas de cobre estão operando com teores menores que 1%. Na mina de Aitik, localizada 60 km ao norte do Círculo Ártico e operada pela companhia sueca New Boliden, o corpo mineral sulfetado contém apenas 0,24% de cobre (além de pequenas quantidades de ouro e prata), mas a eficiência do processo de extração torna a mina rentável (JOHNSON, 2013). Os aumentos dos custos energéticos e da consciência ambiental em torno de uma mineração sustentável têm contribuído significativamente para o aumento do interesse nos processos bio-hidrometalúrgicos no mundo e, mais recentemente, no Brasil.

A primeira operação usando biolixiviação ocorreu em uma mina de cobre em Utah, Estados Unidos (mina Bigham), e foi realizada pela empresa Kennecott. Nessa operação, os minérios utilizados eram *run of mine* (ROM), ou seja, tirados diretamente da mina, sem qualquer tipo de beneficiamento, e continham um teor muito pequeno de cobre. Esse material foi empilhado em grandes montes (*dumps*) de 50 m a 100 m de altura e irrigado com ácido sulfúrico diluído a fim de facilitar o desenvolvimento das bactérias naturalmente presentes no ecossistema.

Segundo Acevedo (2002), nas décadas de 1960 e 1970 vários estudos foram desenvolvidos de maneira a desenvolver uma tecnologia em escala para a biolixiviacão. Um deles foi desenvolvido na Austrália de 1964 a 1968. Primeiramente foram realizados estudos em escala de bancada, com minério de 0,5 polegada, e o estudo seguiu até a montagem de pilhas de 360 mil toneladas, uma para óxidos e outra para sulfetos. Na década de 1970, a primeira importante tentativa de avaliar a tecnologia da biolixiviação de cobre em pilhas em países em desenvolvimento foi a planta piloto implementada em Toromocho, no Peru. Foram montadas e operadas por vários meses pilhas de 10 mil a 36 mil toneladas de minério contendo 0,4% de cobre.

A aplicação comercial da bio-hidrometalurgia em larga escala começou na década de 1980 para operações em pilhas de biolixiviação de minerais de cobre secundários e oxidados. Algumas dessas operações comerciais estão descritas na Tabela 17.1.

As primeiras pilhas de biolixiviação tinham originalmente de 100 a 300 metros de comprimento com uma altura de 3 a 6 metros, mas os projetos mais recentes possuem pilhas de mais de 4.000 m de comprimento e mais de 8 metros de altura (ACEVEDO, 2002).

A pilha de biolixiviação de Escondida, localizada na região de Antofagasta, norte do Chile é um exemplo do aumento da dimensão do processo com o tempo. A pilha industrial de biolixiação é dividida em andares e faixas. Foi projetada para ter sete andares e atualmente está operando no terceiro andar. As pilhas têm 2.000 m de largura, 5.000 m de comprimento e cada andar tem 18 m (SOTO et al., 2013).

A última aplicação comercial de biolixiviação e a primeira no continente europeu é a mina de Talvivaara Sotkamo, no noroeste da Finlândia. As características mineralógicas do deposito permitem a utilização da biolixiviação em condições subárticas, uma vez que o processo de dissolução mineral leva a produção de calor. A operação comercial teve início no final de 2008 e atingiu sua escala completa em 2011. O formato das pilhas em Talvivaara é conhecido como "Kit-Kat", porque lembra de fato o famoso chocolate. O processo acontece em dois estágios: pilhas primárias e secundárias. Primeiramente duas pilhas de biolixiviação primárias de 2.400 m de comprimento por 800 m de largura, separadas por um corredor de 40 m foram montadas. Cada seção foi dividida em dois setores. Após o primeiro ciclo de operação das pilhas, o minério foi transportado para a montagem das pilhas secundárias. O total de níquel recuperado após os dois estágios é maior que 90% (RIEKKOLA-VANHANEN, 2013).

Tabela 17.1 Operações comerciais de pilhas de biolixiviação de cobre

Planta e localização/proprietário	Produção de cátodo de cobre (t/ano)	*Status* operacional
Lo Aguirre, Chile/Sociedad Minera Pudauhel	15.000	1980–1996
Mount Gordon (anteriormente Gunpowder), Austrália/Aditya Birla	33.000	1991–2008
Lince II, Chile/Antofagasta plc	27.000	1991–2009
Mt. Leyshon, Austrália (anteriormente Normandy Poseidon)	750	1992–1995
Cerro Colorado, Chile/BHP-Billiton	115.000	1993–presente
Girilambone, Austrália/Straits Resources and Nord Pacific	14.000	1993–2003
Ivan-Zar, Chile/Compañia Minera Milpro	10.000–12.000	1994–presente
Punta del Cobre, Chile/Sociedad Punta del Cobre	7.000–8.000	1994–presente
Quebrada Blanca, Chile/Teck Resources	75.000	1994–presente
Andacollo Cobre, Chile/Teck Resources	21.000	1996–presente
Dos Amigos, Chile/CEMIN	10.000	1996–presente
Skouriotissa Copper, Cyprus/Hellenic Copper	8.000	1996–presente
Cerro Verde, Peru/Freeport McMoran	54.200	1997–presente
Zaldivar, Chile/Barrick Gold	150.000	1998–presente
Lomas Bayas, Chile/Xstrata	60.000	1998–presente

(continua)

Tabela 17.1 Operações comerciais de pilhas de biolixiviação de cobre (*continuação*)

Planta e localização/proprietário	Produção de cátodo de cobre (t/ano)	*Status* operacional
Monywa, Myanmar/Myanmar N. 1 Mining Enterprise	40.000	1998–presente
Nifty Copper, Austrália/Aditya Birla	16.000	1998–presente (óxidos/sulfetos)
Equatorial Tonopah, Nevada/Equatorial Tonopah, Inc.	25.000 (projetada)	2000–2001
Morenci, Arizona/Freeport McMoran	380.000	2001–presente
Zijinshan Copper, China/Zijin Mining Group	20.000	2005–presente
Lisbon Valley Mining Company, Utah	10.000	2006–presente
Jinchuan Copper, China/Zijin Mining Group	10.000	2006–2009
Whim Creek and Mons Cupri, Austrália/Straite Resources	17.000	2006–presente
Spence, Chile/BHP Billiton	200.000	2007–presente
Tres Valles, Chile/Vale SA	18.500	2010–presente

Fonte: Brierley e Brierley (2013).

Dentre as vantagens da biolixiviação podemos destacar os itens a seguir:

- Os custos são muito menores em relação aos processos convencionais de extração mineral, com muito menos consumo de energia, sem produção de gases tóxicos.

- Capacidade de processar grandes volumes de material.

- Tecnologia que pode ser aplicada ao tratamento de materiais que normalmente seriam considerados rejeitos ou seriam passíveis de severas multas, como minérios de baixos teores ou de alta complexidade mineralógica, minérios contendo arsênio, lixo eletrônico, baterias usadas, rejeitos de processos industriais, tratamento de esgoto etc.

- Tecnologia relativamente simples em termos de condições de operação e equipamento, operando em condições ambientais.

Dentre as desvantagens podemos citar a lenta cinética do processo e a geração de drenagens ácidas de minas.

Simplificadamente o processo consiste na deposição de grandes quantidades de minério (milhares de toneladas) sobre uma base impermeabilizada, seguida de uma irrigação com uma solução de ácido sulfúrico (pH ao redor de 2) na superfície da pilha. Essa solução, coletada após a percolação pelo minério, é reciclada constantemente pela pilha, ocasionando uma intensificação da atividade bacteriana no substrato mineral sulfetado. Desta ação resulta uma elevação de acidez e do poder oxidantes da solução, pela produção biológica de H_2SO_4 e do íon Fe^{3+}, com a consequente solubilização do metal desejado. Após essa etapa, que se constitui a essência do processo de lixiviação bacteriana, o efluente que sai da pilha é chamado de PLS (*pregnant leach solution*) que contém o metal solubilizado. Este metal é extraído da solução por processos convencionais. Um esquema do processo pode ser visto na Figura 17.1.

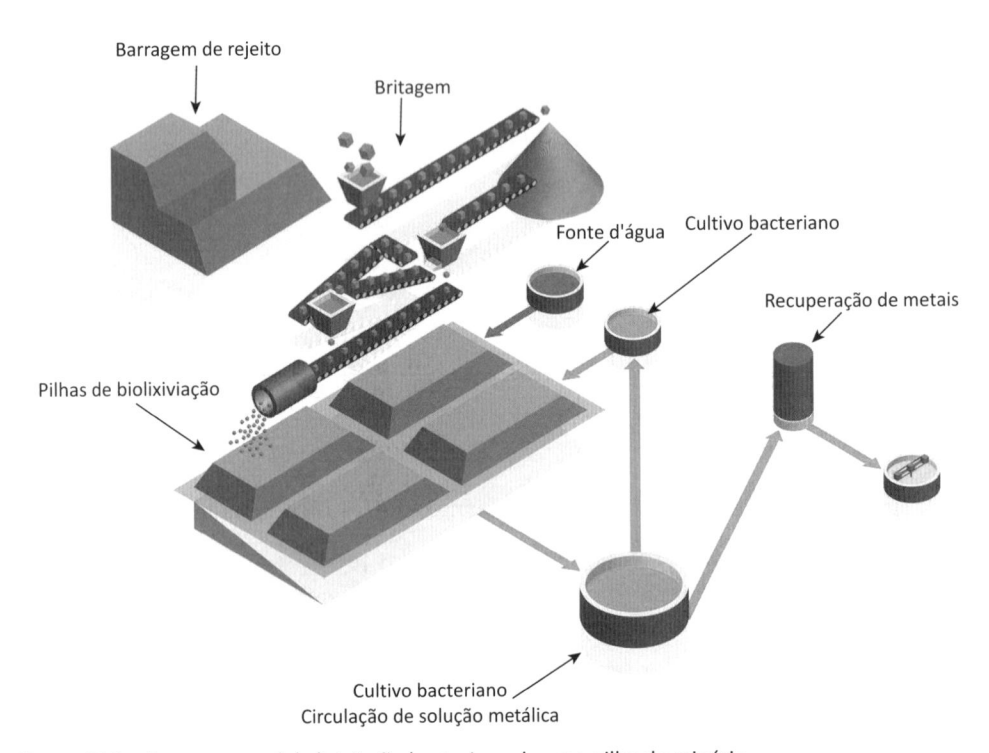

Figura 17.1   Esquema geral da lixiviação bacteriana de uma pilha de minério.

Dependendo das características do minério e das condições de operação do processo, variações deste esquema geral podem ocorrer, por exemplo: a pilha pode ser inoculada inicialmente com microrganismos específicos; ar pode ser injetado através de tubulações instaladas na base da pilha, de maneira a não haver limitações de oxigênio e dióxido de carbono para a atividade bacteriana e outras.

17.2.2 MINERAIS

A espécie mineral, a composição e a estrutura do minério afetam a solubilização dos metais a serem extraídos por biolixiviação a partir de seus compostos sulfetados. Por exemplo, minerais secundários de cobre são mais facilmente lixiviados do que minerais primários. Os processos industriais de biolixiviação de cobre são atualmente quase que exclusivos para o beneficiamento de minerais secundários. Na Tabela 17.2 estão listados os tipos mais comuns de minerais primários e secundários. Os minerais primários são de longe os mais abundantes na natureza, e encontrar uma rota economicamente viável para o processamento destes minerais utilizando-se biolixiviação tem sido um desafio para os pesquisadores, tanto do ponto de vista científico como tecnológico.

Tabela 17.2 Sulfetos minerais de cobre mais comuns

Mineral primário de cobre		Mineral secundário de cobre	
Mineral	**Fórmula**	**Mineral**	**Fórmula**
Calcopirita	$CuFeS_2$	Calcocita	Cu_2S
Enargita	Cu_3AsS_4	Covelita	CuS
		Bornita	Cu_5FeS_4

Fonte: Gentina e Acevedo (2013).

Os maiores teores de cobre encontrados normalmente estão entre 3% e 4%, o que significa que a biolixiviação acontece na presença de uma alta porcentagem de material que varia enormemente de um depósito mineral para outro. Alguns desses materiais podem interferir no processo, inibindo a atividade bacteriana ou consumindo ácido, o que torna necessário o ajuste da acidez da PLS.

A calcopirita é a principal fonte de cobre no mundo, mas é reconhecidamente o sulfeto mineral mais recalcitrante aos tratamentos químicos e biológicos de extração mineral. Existem milhões de toneladas de minério de baixo teor e de rejeitos minerais contendo cobre esperando o desenvolvimento de um processo de biolixiviação economicamente eficiente para o tratamento de calcopirita.

Algumas tentativas de operação de pilha de biolixiviação com mineral calcopirítico foram realizadas com êxito (WATLING, 2006). Os impedimentos para a aceitação e efetiva implementação de uma rota biolixiviante para tratamento de minério calcopirítico não estão necessariamente restritos aos aspectos biológicos. De acordo com Holmes e Debus (1991), um processo biológico precisa apresentar uma vantagem superior a 20% sobre os processos convencionais para interessar à indústria mineral.

A relutância em adotar essa nova tecnologia para a calcopirita não se deve a um único fator. A cada um dos seguintes fatores podemos imputar parcialmente essa responsabilidade: um reflexo da relativa refratariedade da calcopirita; competição econômica com as novas tecnologias pirometalúrgicas; risco associado ao uso de uma nova tecnologia de processamento mineral, levando em consideração o perfil extremamente conservador do empresário mineral.

A dissolução da calcopirita ocorre, numa primeira etapa, pelo ataque bacteriano direto, conforme a equação abaixo (BEVILAQUA; GARCIA JR., 2005):

$$2CuFeS_2 + 8\frac{1}{2}O_2 + H_2SO_4 \rightarrow 2CuSO_4 + Fe_2(SO_4)_3 + H_2O \qquad (17.1)$$

Entretanto, ocorre também um ataque bacteriano indireto, pois o sulfato férrico formado inicialmente (17.1) tem também atividade oxidante sobre a própria calcopirita, solubilizando mais cobre, conforme a equação abaixo:

$$CuFeS_2 + 2Fe_2(SO_4)_3 \rightarrow CuSO_4 + 5FeSO_4 + 2S^0 \qquad (17.2)$$

A cinética de dissolução dos minerais pode mudar quando dois minerais estão em contato elétrico, o que normalmente ocorre nos minérios. Em sistemas de lixiviação que contenham mais de um mineral, necessariamente estarão envolvidas interações galvânicas entre eles. Diversos sulfetos minerais podem ser organizados em uma série eletroquímica baseada nos seus potenciais de repouso. Uma relação decrescente de nobreza, e, portanto, dos maiores para os menores potenciais de repouso dos seguintes minerais pode ser estabelecida: pirita (FeS_2) > calcopirita ($CuFeS_2$) > pentandlita ($(Ni,Fe)_9S_8$ > galena (PbS) > pirrotita (FeS) > esfarelita (ZnS).

Dependendo da natureza, tipo e quantidade de impurezas presentes nos sulfetos minerais, a medida do potencial de repouso pode variar de amostra para amostra, e, dessa maneira, pode-se esperar uma mudança na posição de um determinado sulfeto mineral numa série galvânica.

A pirita e calcopirita, sendo sulfetos mais nobres, são difíceis de serem oxidadas em meio ácido. Por outro lado, a esfarelita e a pirrotita são minerais ativos, e, portanto, podem ser facilmente oxidadas. Quando dois sulfetos minerais estabelecem contato no meio de lixiviação, uma célula galvânica é formada, e assim o mineral mais ativo do par irá sofrer corrosão, enquanto o mais nobre (de menor atividade) estará catodicamente protegido. Baseando-se na série eletroquímica, é possível prever o comportamento da dissolução seletiva de um sulfeto mineral em uma combinação de sulfetos, seja ela binária ou múltipla. Por exemplo, no par pirita-calcopirita, a calcopirita será oxidada preferencialmente à pirita, uma vez que seu potencial é menor que o da pirita, portanto, menos nobre. De forma análoga, a pentandlita será oxidada preferencialmente quando em contato com a calcopirita. Previsões do comportamento eletroquímico dos sulfetos minerais em combinações múltiplas são mais difíceis. A contribuição do mecanismo galvânico nos processos de lixiviação pode variar significativamente, dependendo de muitos fatores. Entre os mais importantes estão: o grau de diferença entre os potenciais de repouso; a área superficial relativa entre o cátodo e o ânodo (um ânodo menor em contato com um cátodo maior facilita o aumento da dissolução anódica), a distância inter-eletrodos; a natureza e a duração do contato; a condutividade do mineral e do eletrólito; as propriedades do eletrólito, como pH, sais dissolvidos, presença ou ausência de oxigênio e outros pares redox; e finalmente a presença ou ausência de microrganismos.

17.2.3 OUTRAS APLICAÇÕES DA BIO-HIDROMETALURGIA

A lixiviação microbiológica é relativamente barata, o que tem motivado o interesse dos ambientalistas para a aplicação no tratamento de resíduos industriais. O processo é muito dinâmico, e os microrganismos podem facilmente se adaptar às diferentes condições e metabolizar os substratos presentes no meio. Como esses processos microbiológicos são considerados "verdes", tem crescido o interesse pela adoção destes em relação às técnicas convencionais de tratamento de resíduos industriais, sejam eles sólidos, líquidos ou gasosos. A aplicação do processo biotecnológico pode ter como objetivo a recuperação de metais de interesse econômico ou ainda a remoção de contaminantes, metálicos ou não, visando à descontaminação desses rejeitos. Podemos citar como exemplos a dessulfurização biológica do carvão, cujo propósito é minimizar seu teor de enxofre, para que durante sua utilização industrial ocorra uma redução na emissão de SO_2 para a atmosfera (PANDEY et al., 2005); o significativo potencial desses microrganismos para descontaminação de emissões gasosas (SOLCIA et al., 2014); e a remoção de metais pesados presentes em rejeitos do tratamento de efluentes, o lodo de esgoto (LOMBARDI; GARCIA JR., 1999).

A recuperação de metais pesados visando à exploração econômica, ou com preocupações ambientais, reduzindo a toxicidade desses rejeitos, também tem sido objeto de interesse da comunidade acadêmica e industrial, uma vez que a produção de tais resíduos vem crescendo a cada dia. Mishra e Rhee (2014), em recente e vasta revisão, abordaram as diferentes estratégias para tratamento de resíduos sólidos industriais, das mais diferentes categorias. Devido aos problemas ambientais e potencial econômico dos resíduos gerados pelo lixo eletrônico na Europa, designado como WEES (*waste electrical and electronic equipments*), recentemente a União Europeia estabeleceu diretrizes para o gerenciamento desses resíduos, desde a coleta até os processos de reciclagem e/ou recuperação.

17.3 BIO-OXIDAÇÃO

Apesar de a biolixiviação ser o aspecto mais conhecido e divulgado da biomineração, a bio-oxidação também é um processo já bem estabelecido e aplicado comercialmente em vários países. A bio-oxidação é aplicada basicamente para o tratamento de minérios refratários de ouro. Por causa do alto valor comercial desse metal, o uso de reatores, em vez de pilhas, se justifica pelo rendimento e sobretudo pelo tempo de operação, muito menor.

O ouro se encontra amplamente distribuído na natureza, tanto em sua forma nativa como combinada. Por essa razão, são vários os métodos desenvolvidos para sua extração, sendo os mais comuns concentração por gravidade, amalgamação (com mercúrio), flotação, pirometalurgia, hidrometalurgia e, por fim, uma combinação de métodos.

Como os minerais de ouro de alto teor foram extensamente explorados, e com a diminuição drástica das reservas, atualmente tem-se buscado alternativas para o processamento de minérios de baixo teor e minerais refratários, da mesma maneira que acontece com os outros minerais.

A ocorrência de ouro está frequentemente associada à presença de minerais piríticos (pirita, FeS_2; arsenopirita, FeAsS; enargita, Cu_3AsS_4). Normalmente esses minerais ocluem o ouro, dificultando sua recuperação pelos processos convencionais. A ação da bactéria oxidando o sulfeto expõe o ouro, tornando-o acessível a um processo convencional de recuperação, por exemplo, a cianetação (Figura 17.2).

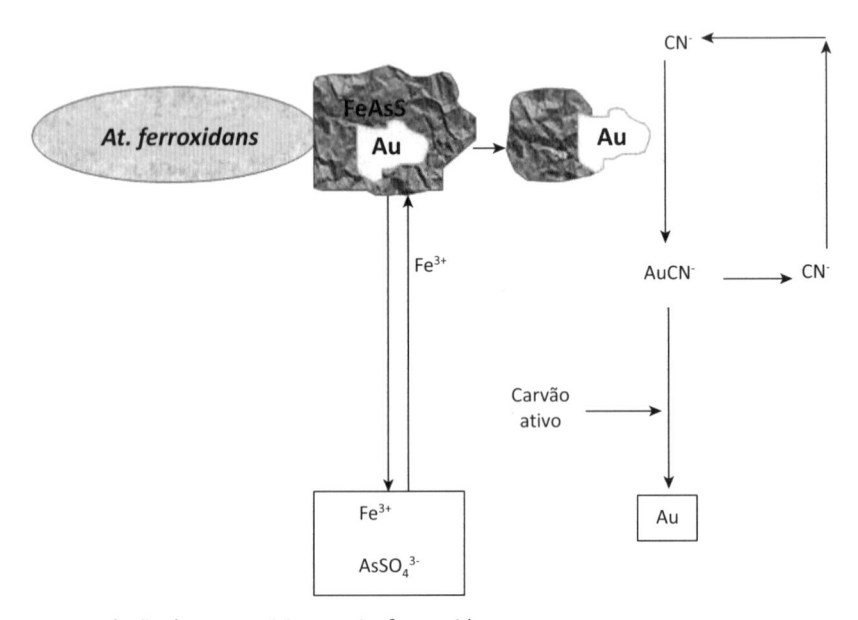

Figura 17.2 Oxidação da arsenopirita por *At. ferrooxidans*.

Em um processo como esse, as reações se podem resumir nas seguintes:

$$4FeAsS + 13O_2 + 6H_2O \rightarrow 4H_3AsO_4 + 4FeSO_4 \qquad (17.3)$$

$$2FeS_2 + 7O_2 + 2H_2O \rightarrow 2FeSO_4 + 2H_2SO_4 \qquad (17.4)$$

$$4Cu_3AsS_4 + 35O_2 + 10H_2O \rightarrow 12CuSO_4 + 4H_3AsO_4 + 4H_2SO_4 \qquad (17.5)$$

$$4FeSO_4 + O_2 + 2H_2SO_4 \rightarrow 2Fe_2(SO_4)_3 + 2H_2O \qquad (17.6)$$

$$2FeAsS + Fe_2(SO_4)_3 + 6O_2 + 4H_2O \rightarrow 2H_3AsO_4 + 4FeSO_4 + H_2SO_4 \tag{17.7}$$

$$2H_3AsO_4 + Fe_2(SO_4)_3 \rightarrow 2FeAsO_4 + 3H_2SO_4 \tag{17.8}$$

$$FeS_2 + Fe_2(SO_4)_3 \rightarrow 3FeSO_4 + 2S^0 \tag{17.9}$$

$$2S^0 + 2H_2O + 3O_2 \rightarrow 2H_2SO_4 \tag{17.10}$$

As reações 3, 4, 5, 6 e 10 são mediadas por microrganismos, enquanto as restantes são puramente químicas.

Como pode ser observado, a ação microbiana provoca a solubilização da arsenopirita, da pirita e da enargita (reações 3, 4 e 5). A remoção desses compostos sulfetados favorece a posterior extração de ouro por cianetação, tanto porque o ouro fica mais exposto ao agente lixiviante como porque diminuem os compostos que competem pelo oxigênio necessário para a cianetação, além de compostos consumidores de cianeto.

Um ponto importante do desenvolvimento da bio-oxidação foi ter demonstrado que não é necessário remover a totalidade dos compostos sulfetados para obter um máximo de extração do ouro. Em muitos casos, a oxidação de 40% a 50% do conteúdo de sulfetos é suficiente para recuperar mais de 90% do ouro (GENTINA; ACEVEDO, 2005).

A Gencor foi a empresa pioneira na pesquisa e no desenvolvimento de reatores para bio-oxidação de concentrados minerais sulfetados refratários contendo ouro. Essa tecnologia mais tarde se tornou conhecida como processo BIOX®. O primeiro sistema de biorreatores de bio-oxidação em escala comercial para o pré-tratamento de minério refratário contendo ouro foi implementado pela Gold Fields em 1986, na mina de Fairview, na África do Sul. Essa planta foi ampliada para processar maiores quantidades de minério e permanece operando até os dias de hoje.

O sucesso da tecnologia BIOX® se refletiu no número de plantas construídas e em operação listadas na Tabela 17.3. A maioria das plantas em operação do mundo atualmente utiliza essa tecnologia, com exceção das minas de Youanmi e Beaconsfield, na Austrália; Laizhou, na China; e Olimpiada, na Rússia. As três primeiras utilizam o processo BacTech, que emprega um cultivo bacteriano adaptado a temperaturas entre 45 °C e 55 °C.

O processo BIOX® utiliza um cultivo misto de *Acidithiobacillus ferrooxidans*, *Acidithiobacillus thiooxidans* e *Leptospirilum ferrooxidans*. A operação é contínua, utilizando somente três reatores, sendo o primeiro deles o maior. O pH é controlado entre 1,2 e 2, e a temperatura de operação, que inicialmente era de 40 °C, foi aumentada para 42 °C a 45 °C na década de 1990, com o objetivo de melhorar o desempenho do processo, alteração que resultou na mudança da população microbiana dominante para *Acidithiobacillus caldus* e *Leptospirilum ferriphilum*. O tempo de retenção e as porcentagens de oxidação dos sulfetos são uma função do tipo de cada mineral (GENTINA; ACEVEDO, 2005).

Tabela 17.3 Plantas comerciais de bio-oxidação para recuperação de ouro

Planta e localização	Processo	Capacidade de operação (t/dia)	*Status* operacional
Fairview, África do Sul	BIOX®	62	1986–presente
São Bento, Brasil	BIOX®	150	1990–(manutenção)
Tamboraque, Peru	BIOX®	60	1990–presente
Harbour Lights, Austrália	BIOX®	40	1991–1994 (mina esgotada)
Wiluna, Australia	BIOX®	128	1993–presente
Sansu, Gana	BIOX®	960	1994–presente
Youanmi, Austrália	BacTech	120	1994–1998 (mina esgotada)
Coricancha, Peru	BIOX®	60	1998–2008
Beaconsfield, Austrália	BacTech	70	2000–presente
Laizhou, China	BacTech	100	2001–presente
Olimpiada, Rússia	Reatores	8220	2003–presente
Fosterville, Austrália	BIOX®	211	2005–presente
Suzdal, Cazaquistão	BIOX®	196	2005–presente
Bogozo, Gana	BIOX®	820	2007–presente
Jinfeng, China	BIOX®	790	2007–presente
Kokpatas, Uzbequistão	BIOX®	1069	2008–presente
Agnes, África do Sul	BIOX®	20	2010–presente

Fonte: Brierley e Brierley (2013).

O fornecimento de oxigênio no biorreator representa de 30% a 40% do consumo de energia no processo e é o maior responsável pelo custo total da operação. No desenho dos biorreatores devem ser feitas considerações especiais para favorecer a transferência de oxigênio a um custo não excessivo.

A bio-oxidação de minérios também pode ser realizada em pilhas. Um exemplo foi a implementação pela Newmont Mining Corporation da primeira pilha em escala industrial para o pré-tratamento de minério refratário de ouro (Newmont BIOPRO®). Do comissionamento em 1999 até 2005, mais de 8,8 Mt de minério foram oxidadas pelas bactérias, com a recuperação de aproximadamente 12,2 t de ouro. Apesar de a operação ter sido interrompida em 2005, essa pilha demonstrou a robustez do processo de bio-oxidação em pilha, e a eficácia da tecnologia foi comprovada.

Estima-se que 20% das plantas que processam minerais refratários em todo o mundo empreguem a bio-oxidação como pré-tratamento para minerais sulfetados. Dado o eminente esgotamento dos depósitos auríferos tratáveis por cianetação direta, no futuro haverá um aumento progressivo da exploração de depósitos refratários, que atualmente respondem por um terço da produção mundial. Consequentemente, espera-se um forte aumento no uso da bio-oxidação como pré-tratamento para esse tipo de minerais.

Ainda que o processo tenha chegado à escala comercial, é necessário continuar seu estudo tanto do ponto de vista microbiano como de engenharia, com a finalidade de torná-lo mais eficiente e econômico.

17.4 MICRORGANISMOS ENVOLVIDOS NA BIOMINERAÇÃO

Nos últimos anos, os avanços nas técnicas de biologia molecular foram aplicados extensivamente ao estudo dos microrganismos envolvidos nos processos de biomineração e novas espécies foram descritas, tanto entre os microrganismos oxidantes de enxofre quanto entre os microrganismos acidófilos e não oxidantes de sulfetos minerais (SCHIPPERS, 2008). Os microrganismos que predominam nesse processo são bactérias e *Archaea* extremamente acidófilas (pH < 3), capazes de oxidar compostos inorgânicos de enxofre e/ou íons ferrosos.

Bactérias lixiviantes estão distribuídas entre os filos Proteobacteria (*Acidithiobacillus, Acidiphilium, Acidiferrobacter, Ferrovum*); Nitrospirae (*Leptospirillum*); Firmicutes (*Alicyclobacillus, Sulfobacillus*); e Actinobacteria (*Ferrimicrobium, Acidimicrobium, Ferrithrix*). *Archaea* em sua grande maioria pertencem ao filo Sulfolobales, um grupo de termófilas extremas oxidantes de ferro e enxofre, incluindo os gêneros *Sulfolobus, Acidianus, Metallosphaera* e *Sulfurisphaera*.

Uma grande diversidade quanto à assimilação de carbono é encontrada nesses microrganismos. *Acidithiobacillus* spp. e *Leptospirillum* spp. crescem somente quimio-autotroficamente. *Acidiphilium acidophilum* e *Acidimocrobium ferrooxidans* são capazes de crescerem autotroficamente com compostos reduzidos de enxofre e íons ferrosos, e hetcrotroficamente com glicose ou extrato de levedura e, ainda, mixotroficamente com todos esses substratos.

Embora uma grande variedade de microrganismos tenha sido descrita na degradação dos sulfetos minerais, as bactérias pertencentes aos gêneros *Acidithiobacillus* e *Leptospirillum* são as mais conhecidas, mais extensivamente estudadas e de maior interesse comercial. Na prática, os microrganismos acidófilos quimiolitotróficos de interesse na biotecnologia mineral são categorizados em mesófilos, termófilos moderados e termófilos extremos, de acordo com a faixa de temperatura na qual o crescimento ótimo é observado (Tabela 17.4).

Tabela 17.4   Bactérias acidófilas e *Archaea* de interesse na biotecnologia mineral

Grupo	Cultura	Características
Mesófilos (20 °C a 40 °C)	*Acidithiobacillus ferrooxidans*	Autótrofo, oxidante de Fe/S
	Leptospirillum ferrooxidans	Autótrofo, oxidante de Fe
	Acidithiobacillus thioooxidans	Autótrofo, oxidante de S
	Ferroplasma acidiphilum	Autótrofo, oxidante de Fe (Archaea)
Termófilos moderados (40 °C a 55 °C)	*Sulfobacillus acidophilus*	Autótrofo/mixotrófico, oxidante de Fe/S
	S. termosulfidooxidans	Autótrofo/mixotrófico, oxidante de Fe/S
	Acidithiobacillus caldus	Autótrofo/mixotrófico, oxidante de S
	Acidimicrobium ferrooxidans	Autótrofo/mixotrófico, oxidante de Fe
Termófilos extremos (*Archaea*) (55 °C a 85 °C)	*Sulfolobus*-tipo *Archaea* *Sulfolobus metalicus*	Autótrofo, oxidante de Fe/S
	Acidianus brierleyi	Autótrofo/mixotrófico, oxidante de Fe/S

Fonte: adaptada de Akcil e Deveci (2010).

As bactérias do gênero *Acidithiobacillus* são obrigatoriamente acidófilas (pH < 4), bastonetes Gram-negativos, não esporulantes, com dimensões médias de 0,3 a 0,8 μm de diâmetro e 0,9 a 2 μm de comprimento. A temperatura ótima de crescimento desses microrganismos varia entre 20 °C e 40 °C, dependendo da linhagem em particular e das condições de crescimento. CO_2 é fixado através do ciclo de Calvin. São acidofílicos estritos, e o pH ótimo de crescimento situa-se em torno de 2, ocorrendo, porém, crescimento numa faixa de 1,5 a 4,5. O gênero compreende as seguintes espécies: *At. ferrooxidans, At. thiooxidans, At. caldus, At. albertensis.*

O *At. ferrooxidans* foi a primeira bactéria descrita (COLMER; HINKLE, 1947) e é o microrganismo oxidante de sulfetos mais estudado. Essa espécie é dotada de uma extraordinária e ampla capacidade metabólica. Trata-se de um autótrofo obrigatório que obtém sua energia da oxidação de íons ferrosos, vários compostos de enxofre, entre eles enxofre elementar, tiossulfato, tritionatos e sulfetos, além de hidrogênio molecular, ácido fórmico e outros metais (VERA; SCHIPPERS; SAND, 2013). O organismo pode crescer anaerobicamente com compostos de enxofre ou hidrogênio como doadores de elétrons e íons férricos como aceptor final desses elétrons. A utilização de aceptores finais de elétrons diferentes do oxigênio é consequência da presença de vários componentes transportadores de elétrons. Exemplificando, pelo menos 11 diferentes citocromos do tipo c foram identificados no genoma do *At. ferrooxidans*.

O grupo de pesquisa de Bioprocessos Aplicados à Mineração e ao Meio Ambiente, do Instituto de Química da Unesp de Araraquara, possui um banco de linhagens de *At. ferrooxidans* e *At. thiooxidans* cujas linhagens foram, em sua maioria, isoladas pelo Prof. Dr. Oswaldo Garcia Junior (GARCIA JR., 1991). A maioria delas foi caracterizada molecularmente (PAULINO et al., 2001).

A estequiometria da reação de oxidação do íon Fe^{2+} por *At. ferrooxidans* pode ser vista na Equação (17.11).

$$4FeSO_4 + O_2 + 2H_2SO_4 \rightarrow 2Fe_2(SO_4)_3 + 2H_2O \tag{17.11}$$

Além do Fe^{2+}, a espécie oxida ainda formas reduzidas de enxofre para a produção de energia:

$$2S^0 + 3O_2 + 2H_2O \rightarrow 2H_2SO_4 \tag{17.12}$$

$$Na_2S_2O_3 + 2O_2 + H_2O \rightarrow Na_2SO_4 + H_2SO_4 \tag{17.13}$$

Mais recentemente, estudos proteômicos e transcriptômicos vêm sendo conduzidos, visando esclarecer e propor mecanismos para o crescimento anaeróbio do *At. ferrooxidans* (OSÓRIO et al., 2013). O conceito de biolixiviação redutiva ainda é muito novo e no futuro poderá ser aplicado para tratamento de minérios oxidados, ou visando à aplicação no tratamento da drenagem ácida de minas.

17.5 MECANISMOS DE BIOLIXIVIAÇÃO

Os mecanismos da biolixiviação foram objeto de muita discussão e controvérsia na década de 1990. Naquela época a discussão girava em torno dos defensores dos mecanismos "direto" e "indireto". O mecanismo "direto" se referia à transferência direta do elétron do sulfeto mineral para a célula aderida na superfície desse mineral. O mecanismo "indireto" atribuía aos íons férricos a responsabilidade pela dissolução do mineral, que eram gerados pela atividade bacteriana (reação 2). Uma vez que a via direta de transferência desses elétrons, fosse por enzimas, nanoestruturas etc., não havia sido demonstrada, os defensores do mecanismo "indireto" negavam a existência do mecanismo "direto".

Depois de muita controvérsia na literatura nos anos 1990 (GARCIA JR.; BEVILAQUA, 2008), é bem-aceito, hoje, que os microrganismos estão envolvidos na biolixiviação através de três mecanismos: contato, indireto e cooperativo (Figura 17.3).

A adesão das bactérias é essencial para os mecanismos de contato e cooperativo. Esse contato é fortalecido pela secreção de substâncias exopoliméricas (EPS) pelas bactérias. O EPS é constituído principalmente de proteínas, lipídeos, açúcares e Fe^{3+}. A presença do EPS aumenta a área de ação das bactérias. Atualmente se propõe que o mecanismo de contato aconteça através da oxidação enzimática dos íons ferrosos dentro dessa matriz polimérica (Figura 17.3A). O Fe^{3+} gerado dentro do EPS retiraria elétrons da superfície do mineral, os quais reduziriam o oxigênio molecular através da cadeia transportadora de elétrons presente na membrana da célula bacteriana.

O mecanismo cooperativo (Figura 17.3B) é estabelecido entre as células aderidas ao mineral e as células planctônicas, sendo que as células aderidas fornecem Fe^{2+} e S^0 (ou outros compostos contendo enxofre) como fonte de energia para as células planctônicas.

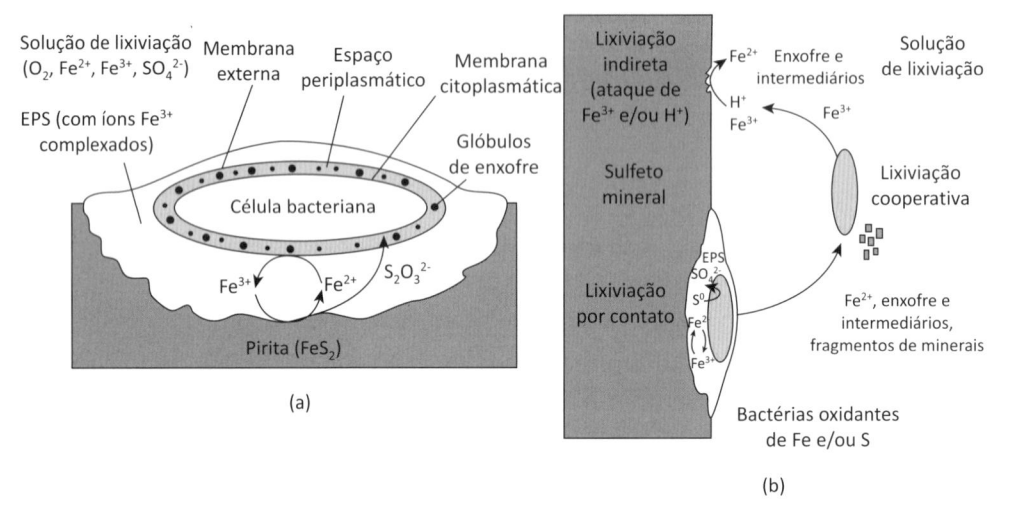

Figura 17.3 Mecanismos propostos para a biolixiviação. (a) Adesão da célula bacteriana sobre a superfície do mineral; (b) esquema do mecanismo de lixiviação cooperativa.

Fonte: adaptada de Li et al., 2013.

17.6 FATORES QUE AFETAM A BIOMINERAÇÃO

Como já salientado, a biolixiviação e a bio-oxidação de sulfetos minerais são processos complexos que envolvem bactérias acidófilas e *Archaea* mediando a dissolução oxidativa dos minerais sulfetados. Esses microrganismos estabelecem as condições ótimas para os processos, desde que estejam nas condições ótimas de desenvolvimento metabólico.

Os fatores considerados fundamentais na biomineração são temperatura, acidez, meio de crescimento, tamanho de partícula e densidade de sólidos, disponibilidade de oxigênio e gás carbônico e toxicidade dos metais presentes no sistema (AKCIL; DEVECI, 2010).

A atividade ótima de cada tipo de microrganismo é definida em uma faixa de temperatura (Tabela 17.2) na qual esses microrganismos apresentam maior atividade metabólica. Embora a dissolução dos sulfetos seja facilitada em temperaturas mais altas, se o sistema atingir temperaturas superiores à temperatura ótima de crescimento bacteriano haverá diminuição da atividade metabólica, com consequente queda na dissolução do mineral.

A acidez do meio biolixiviante também controla a atividade bacteriana e a solubilidade dos íons férricos. O pH ótimo para o crescimento de bactérias acidófilas e *Archaea* varia de 1,5 a 2,5. Entretanto, na prática o pH é um pouco menor, de maneira a minimizar a formação de precipitados contendo íons férricos. Por exemplo, no processo BIOX o pH fica entre 1,2 e 1,8 e entre 1,3 e 1,5 no Bac Tech.

As bactérias e *Archaea* de importância para a biossolubilização dos sulfetos minerais são, em geral, aeróbias autótrofas, e, portanto, a atividade oxidante desses microrganismos depende da disponibilidade de oxigênio e dióxido de carbono. O oxigênio é o aceptor final dos elétrons da cadeia respiratória, e o carbono, fixado via ciclo de Calvin, é utilizado para síntese de biomassa. A transferência desses dois gases está entre os fatores mais importantes nos processos de biomineração. A quantidade mínima de oxigênio dissolvido deve ser maior do que 1 a 2 mg/L para garantir uma condição ótima para os microrganismos. Da mesma forma, a disponibilidade de CO_2 é um pré-requisito para o crescimento bacteriano.

17.7 DESENVOLVIMENTO EXPERIMENTAL DA LIXIVIAÇÃO BACTERIANA[1]

17.7.1 ISOLAMENTO E PURIFICAÇÃO

O isolamento dessa espécie é conseguido com certa facilidade, utilizando-se amostras (sólidas ou líquidas) provenientes de minas contendo minérios sulfetados. Efluentes de minas de carvão, por exemplo, são fontes quase certas da bactéria devido ao seu alto conteúdo de pirita. Várias formulações de meios de cultura têm sido publicadas, mas até hoje os dois meios mais utilizados para o cultivo da espécie são os meios líquidos "9K" (SILVERMAN; LUNDGREN, 1959) e "T&K" (TUOVINEN; KELLY, 1973) largamente utilizados e descritos na literatura específica desses microrganismos.

A composição do meio "9K" é a que se segue: solução A – $(NH_4)_2SO_4$ (3 g); K_2HPO_4 (0,5 g); $MgSO_4.7H_2O$ (0,5 g); KCl (0,1 g); esses sais são dissolvidos em água destilada (700 ml) e o pH é ajustado a 2,8 com H_2SO_4. Solução B – $FeSO_4.7H_2O$ (44,8 g), dissolvido em 300 mL de água destilada, com pH final ajustado para 2,8 (H_2SO_4). A solução A é esterilizada em autoclave (20 minutos a 120 °C), e a solução B por filtração em membrana (0,45 μm de diâmetro de poro). No momento do uso, mistura-se a solução A e B na proporção de 7:3, respectivamente.

O meio "T&K" é preparado da seguinte forma: solução A – $(NH_4)_2SO_4$ (0,5 g); K_2HPO_4 (0,5 g); $MgSO_4.7H_2O$ (0,5 g); esses sais são dissolvidos em água destilada (800 mL) e o pH é ajustado a 1,8 com H_2SO_4. Solução B – $FeSO_4.7H_2O$ (33,3 g), dissol-

---

[1] Seção adaptada de Garcia Jr. e Urenha (2001).

vido em 200 mL de água destilada, com pH final ajustado para 1,8 (H_2SO_4). A esterilização de ambas as soluções segue o procedimento do meio "9K", e a proporção da mistura final é de 4:1, respectivamente, para as soluções A e B.

O crescimento do *At. ferrooxidans* pode ser visualizado facilmente por uma mudança na cor em ambos os meios: inicialmente a cor se apresenta levemente esverdeada, passando a um castanho-avermelhado com precipitados (meio "9K") e vermelho intenso sem precipitação (meio "T&K"). Tais mudanças são indicativas da oxidação completa do íon Fe^{2+} para Fe^{3+}, a qual pode ser acompanhada quantitativamente por titulação redox do Fe^{2+} com dicromato de potássio, por exemplo. Após alguns repiques a partir da amostra original, consegue-se um enriquecimento significativo da espécie, indicada pela oxidação total do Fe^{2+} em cerca de 40 horas de cultivo sob agitação constante e a 30 °C. A Figura 17.4 mostra uma típica curva de crescimento de uma linhagem de *At. ferrooxidans* em meio "T&K".

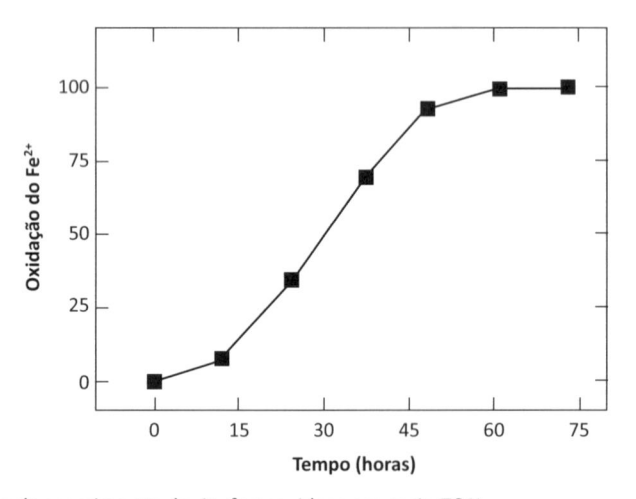

Figura 17.4 Curva de crescimento de *At. ferrooxidans* em meio T&K.

Para purificação (após o enriquecimento em meio líquido) e o cultivo rotineiro da espécie em meio sólido, a utilização de tipos convencionais de ágar é praticamente descartada, pois ocorre inibição do crescimento causada provavelmente pela presença de açúcares solúveis. Dessa forma, outros tipos de agentes solidificantes têm sido testados, sendo que a utilização de agarose (uma forma purificada de ágar) mostrou os melhores resultados. As colônias em geral se mostram arredondadas, embora colônias dos mais variados tipos de morfologia tenham sido descritas na literatura. A Figura 17.5A mostra em detalhes algumas colônias em uma placa do meio sólido anteriormente citado (Figura 17.5A), e a Figura 17.5B, o detalhe de uma única colônia de *At. ferrooxidans*.

Conforme já destacado, a lixiviação de metais por bactérias é um processo que ocorre naturalmente, desde que o minério apresente condições adequadas para o desenvolvimento da atividade oxidativa bacteriana. Historicamente, não se utilizou de um metabolismo bacteriano conhecido para a implantação de um processo de solubilização e recuperação de metais; pelo contrário, empregou-se o próprio processo que naturalmente ocorria para a compreensão desse metabolismo e para o isolamento de seu agente causador. Após tal descoberta, o interesse pela aplicação do processo aumentou consideravelmente, e um grande número de trabalhos foi publicado nos últimos cinquenta anos. Todos esses estudos, reunidos sob o nome "bio-hidrometalurgia", determinaram o estabelecimento de métodos e procedimentos gerais para uma avaliação rápida do potencial de lixiviação biológica de um minério.

A condição básica para se realizar uma avaliação da lixiviabilidade de uma amostra mineral é ter a disponibilidade de pelo menos uma cultura de *At. ferrooxidans*, se possível isolada do próprio minério ou de efluentes da sua mina.

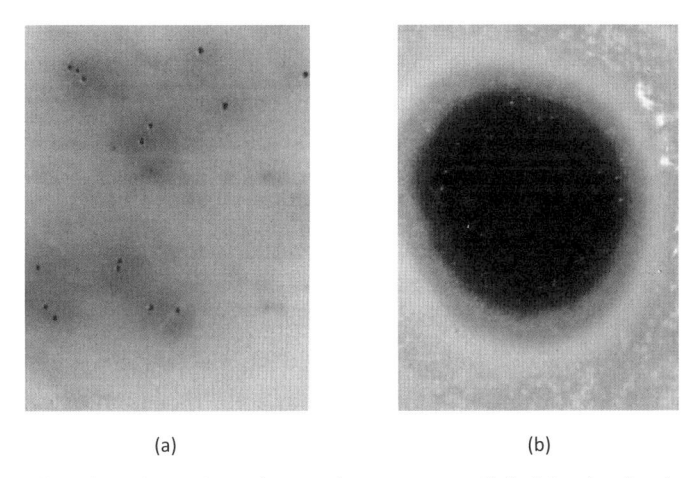

(a) (b)

Figura 17.5 Detalhes de colônias de *At. ferrooxidans* em meio sólido (a) e detalhe de uma única colônia de *At. ferrooxidans* (b).

17.7.2 CARACTERÍSTICAS MINERALÓGICAS E QUÍMICAS DO MINÉRIO

O passo inicial para o desenvolvimento de um estudo sistemático é a caracterização mineralógica e química da amostra mineral. A caracterização mineralógica permite o conhecimento das espécies minerais presentes, as quais poderão determinar, a princípio, o nível de atividade oxidativa da bactéria na amostra. Uma condição bastante apropriada, considerando-se uma lixiviação bacteriana clássica, seria a presença do metal de interesse na forma de um sulfeto. Por exemplo, se o metal de interesse é o cobre e o minério em estudo apresenta calcopirita ($CuFeS_2$) ou um outro sulfeto de cobre qualquer (p. ex., a covelita, CuS), então a amostra apresenta um potencial inicial adequado. Entretanto, se o metal de interesse não estiver na forma de sulfeto, não significa necessariamente que o minério não tem perspectivas de ser processado pela via biotecnológica. Exemplificando: se o cobre desse minério estiver na forma de óxido (cuprita, Cu_2O), mas se na composição do minério houver uma disponibilidade adequada de pirita, a bactéria poderá oxidar esse sulfeto, produzindo os agentes necessários para que ocorra a dissolução da cuprita. A concentração do elemento de interesse na amostra mineral é também fator decisivo para o desenvolvimento dos estudos de avaliação.

Um exemplo clássico é a lixiviação bacteriana do urânio. Normalmente minerais de urânio estão na forma de óxidos (uraninita, UO_2), mas a presença de pirita associada ao minério permitiu a implantação de diversos empreendimentos industriais em vários países.

A composição mineralógica da amostra poderá indicar ainda a presença de minerais que poderão interferir no processo, como carbonatos e argilas, pela elevação do consumo de ácido sulfúrico e/ou pela impermeabilização do minério, respectivamente.

Um outro aspecto que deve ser mencionado é a presença simultânea de diferentes sulfetos metálicos; tal situação poderá interferir na cinética de lixiviação do metal desejado devido a efeitos eletroquímicos. É bem conhecido que, além do efeito galvânico resultante da proximidade de dois sulfetos metálicos diferentes, sua solubilidade é influenciada decisivamente por diferenças em seus potenciais de eletrodo.

Quanto à composição química, o conhecimento da concentração do metal de interesse e a presença de outros metais que podem ser potencialmente tóxicos é um aspecto relevante. Por exemplo, certos minérios contendo esfalerita (ZnS) apresentam altas concentrações de mercúrio, que podem exceder o nível de resistência do *At. ferrooxidans*.

Uma vez conhecidas essas características, a maneira mais simples, econômica e rápida de se avaliar a aplicação da biolixiviação num determinado minério é a realização de testes em escala de bancada. Basicamente, dois desses testes indicam o potencial da amostra e se a ampliação de escala (*scale-up*) deverá prosseguir: lixiviação agitada em frascos e lixiviação estática por percolação em colunas.

17.7.3 LIXIVIAÇÃO AGITADA EM FRASCOS

Esse tipo de experimento permite uma avaliação rápida da capacidade oxidativa da bactéria sobre o minério em estudo, pois o ensaio é realizado tanto quanto possível nas condições ótimas para o desenvolvimento bacteriano. Basicamente, necessita-se de uma mesa agitadora, frascos (normalmente Erlenmeyer) e um suporte analítico adequado para a realização das análises de acompanhamento, como pH, Eh, metais dissolvidos etc. Existe uma grande variação na literatura sobre as condições gerais dos ensaios, as quais diferem em relação à massa e à granulometria do minério, volume de solução e de inóculo inicial, tipo de solução (adição ou não de nutrientes suplementares) etc. Em linhas gerais utiliza-se um volume de 100 mL de meio ("T&K" ou "9K", sem adição do Fe^{2+}) e de 1 g a 10 g de minério moído. Inicia-se o teste corrigindo-se o pH com H_2SO_4 (se necessário) para estabilização ao redor de 2. Após essa fase inicial, inocula-se o *At. ferrooxidans* numa relação de 5% a 10% (v/v). Durante o ensaio, incluindo a fase de correção da acidez (lixiviação ácida), o pH, Eh, Fe^{2+}, Fe^{3+} e metais dissolvidos deverão ser monitorados periodicamente. Tais parâmetros proporcionarão informações sobre o consumo de ácido pela amostra, o rendimento de extração do metal durante a lixiviação química, o potencial de geração de ácido e o nível do potencial de oxidação (Eh) do sistema, além do rendimento de extração do metal durante a fase de lixiviação bacteriana.

17.7.4 LIXIVIAÇÃO ESTÁTICA POR PERCOLAÇÃO EM COLUNAS

Se os resultados obtidos nos testes de lixiviação em frascos mostrarem-se promissores, prossegue-se no desenvolvimento experimental ainda em escala de laboratório, realizando-se experimentos de lixiviação estática por percolação em colunas. Também para esse tipo de ensaio existem inúmeros procedimentos descritos na literatura, mas que não diferem na essência do objetivo central: avaliar a potencialidade da lixiviação bacteriana em uma condição mais próxima da situação real do processo em escala industrial, essencialmente no que se refere à condição de lixiviação estática. Deve-se ressaltar que, quando se fala em "processo em escala industrial", estão sendo destacados apenas os processos clássicos da lixiviação bacteriana em pilhas, e não o processo de lixiviação bacteriana em reatores, atualmente praticado em escala industrial, sobretudo para minérios auríferos.

A Figura 17.6 mostra uma montagem básica de um sistema de lixiviação estática em colunas. O sistema é constituído de colunas de PVC ou vidro, com capacidade para alguns quilogramas do minério (1 kg a 10 kg), o qual deve estar numa faixa granulométrica que permita uma percolação adequada da solução lixiviante pelo minério (entre 5 e 15 mm).

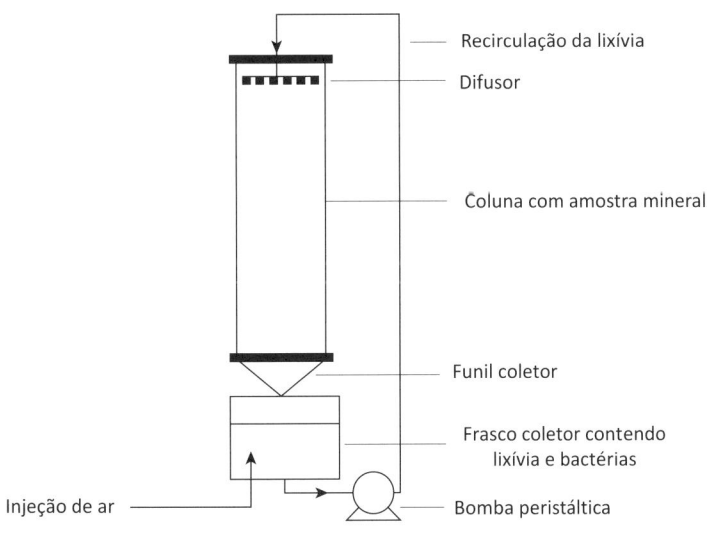

Figura 17.6 Sistema básico para realização de ensaios de lixiviação bacteriana em colunas de percolação em escala de laboratório.

A relação líquido/sólido deve ser significativamente diminuída em relação aos experimentos em frascos; enquanto nesses ensaios a relação situa-se em torno de 10:1, em colunas essa relação deve ficar ao redor de 1:1 ou 1:2. Conforme mostra a Figura 17.6, a reciclagem da solução lixiviante pode ser feita através de uma bomba peristáltica, utilizando-se mangueiras flexíveis de látex ou outro material resistente à acidez. É muito comum, também, a utilização de sistemas de reciclagem chamados de *air lift*, isto é, elevação da coluna de líquido por ar comprimido. Como o sistema opera em condições estáticas, é conveniente realizar-se uma aeração da solução para suprir as bactérias com O_2 e CO_2. O acompanhamento analítico do ensaio segue basicamente aquele descrito para os ensaios em frascos.

Após essa fase de estudos em laboratório, na qual inúmeras variáveis poderão ser testadas (p. ex., o efeito da granulometria, adição ou não de suprimentos de Fe^{2+} e outros nutrientes, complementação de ataque ácido, ciclos operacionais etc.), podem ser feitos ensaios em escala ampliada (1 a 5 toneladas de minério), ainda utilizando colunas de percolação, em sistema semelhante ao descrito, com as adaptações necessárias para essa escala de trabalho.

17.7.5 LIXIVIAÇÃO ESTÁTICA POR PERCOLAÇÃO EM PILHAS

Resumidamente, o processo consiste na deposição de grandes quantidades de minério sobre uma base impermeabilizada, seguida de uma irrigação na superfície dessa pilha com uma solução de ácido sulfúrico (pH ~ 2). Essa solução, coletada após a percolação pelo minério, é reciclada constantemente pela pilha, ocasionando uma intensificação da atividade bacteriana no substrato mineral sulfetado. Dessa ação resulta uma elevação da acidez e do poder oxidante da solução, pela produção biológica de H_2SO_4 e do íon Fe^{3+}, com a consequente solubilização do metal desejado. Após essa etapa, que se constitui na essência do processo de lixiviação bacteriana, o metal é extraído da solução por processos convencionais. Um esquema do processo já foi apresentado na Figura 17.1.

17.8 A BIO-HIDROMETALURGIA NO BRASIL[2]

O interesse em nosso país pela interação de microrganismos e minerais ("geoquímica microbiana") e, mais especificamente, pela lixiviação de metais por bactérias ("bio-hidrometalurgia"), começou no início da década de 1970 com o isolamento do *Thiobacillus ferrooxidans* em águas de minas e alguns trabalhos sobre a potencialidade de recuperação de cobre por bactérias. Em seguida, o Instituto de Pesquisas Tecnológicas do Estado de São Paulo (IPT) iniciou um programa de estudos na área, que se estendeu até o começo dos anos 1990, resultando em alguns trabalhos significativos utilizando minério de cobre das minas de Camaquã (RS) e da Caraíba (BA), e em estudos de liberação de ouro ocluso em sulfetos (GARCIA JR.; URENHA, 2001).

---

[2] Seção adaptada de Garcia Jr. e Urenha (2001).

No final da década de 1970 e início da de 1980, duas outras instituições iniciaram trabalhos na área: a extinta Nuclebras (atualmente Urânio do Brasil) e o Cetem (Centro de Tecnologia Mineral, RJ). A primeira desenvolveu processo na área de urânio, e a segunda, na área de cobre. Logo depois, também o Ceped (Centro de Pesquisa e Desenvolvimento, BA) iniciava estudos objetivando aproveitar o minério de baixo teor da mina Caraíba e de pequenos depósitos que ocorrem na mesma região, no interior da Bahia. Na mesma época, a companhia Morro Velho Mineração (Nova Lima, MG), iniciava estudos visando implantar o processo bacteriano para o aproveitamento de rejeitos de arsenopirita contendo ouro ocluso. Os resultados em escala piloto demonstraram excelente potencial (LIBERATO, apud GARCIA JR.; URENHA, 2001, p. 509).

No Instituto de Química de Araraquara (Unesp, SP), essa linha de pesquisa foi implantada em 1986 pelo prof. Oswaldo Garcia Júnior, e desde então procura-se desenvolver tanto estudos voltados para os aspectos fisiológicos, bioquímicos e genéticos do principal microrganismo envolvido como também estudos aplicados aos minérios específicos.

No âmbito industrial, alguns trabalhos foram realizados, com maior ou menor êxito. A Quimbrasil, Química Industrial Brasileira S/A, desenvolveu durante cerca de três anos estudos em recuperação de enxofre de fosfogesso por ação bacteriana (FRIDMAN, apud GARCIA JR.; URENHA, 2001, p. 509). Esse processo, bastante estudado em escala de laboratório, tem se mostrado comercialmente inviável até o momento. A Urânio do Brasil estudou, com sucesso, o processo de lixiviação de urânio por soluções ácidas de sulfato férrico com bactérias em escala piloto, mas não o aplicou comercialmente. A Mineração Morro Velho S.A., em Nova Lima (MG) adaptou com sucesso, em escala piloto, o processo de recuperação de ouro ocluso em sulfetos por lixiviação bacteriana, mas até o momento não o aplicou comercialmente (LIBERATO, apud GARCIA JR.; URENHA, 2001, p. 509). A São Bento Mineração implantou com sucesso processo desenvolvido pela Gencor, África do Sul, para oxidar parcialmente por ação bacteriana os sulfetos do minério (arsenopirita) que foi processado em sua unidade em Santa Bárbara (MG).

De 1985 para cá, uma série de estudos vêm sendo realizados em universidades e institutos de pesquisa, como a Escola de Química da UFRJ, Cetem, IPT, Ceped, Instituto de Química de Araraquara da Unesp, Programa de Engenharia Metalúrgica e de Materiais da Coppe/UFRJ, Fundação Centro Tecnológico de Minas Gerias (Cetec), Escola de Engenharia da UFRGS, Universidade Federal de Minas Gerais e Universidade Federal de Ouro Preto. Muitos desses estudos foram divulgados como artigos em periódicos, dissertações, teses ou relatórios de projetos.

Dentre as instituições citadas, o Instituto de Química de Araraquara da Unesp é a que mantém uma linha de pesquisa regular nessa área, abordando desde estudos fisiológicos, bioquímicos e genéticos, até estudos de aplicação da técnica.

Apesar do conhecimento e experiência acumulados por diversos pesquisadores brasileiros nos diferentes grupos de pesquisa atuando nessa área, o Brasil não possui nenhum processo biotecnológico sendo aplicado pela indústria mineral, em nenhuma escala.

Para que esses processos bio-hidrometalúrgicos sejam aplicados comercialmente de maneira mais abrangente são necessários avanços tecnológicos, seja na pesquisa fundamental dos microrganismos envolvidos e como esses microrganismos interagem com os minerais, seja na engenharia do processo, de pilhas e tanques, para que o desempenho dos microrganismos seja máximo nesses sistemas. Esses avanços tecnológicos abrangem uma ampla gama de disciplinas: química, geologia, microbiologia, hidrologia, hidrometalurgia, engenharia química, entre outras. A formação de equipes multidisciplinares é, portanto, fundamental para o sucesso desse setor da indústria mineral. Não menos importante é o diálogo que deve existir entre a comunidade acadêmica e as empresas, de maneira a impulsionar o desenvolvimento dessa importante tecnologia para um setor industrial estratégico e cujo futuro depende de avanços tecnológicos sustentáveis.

REFERÊNCIAS

ACEVEDO, F. Present and future of bioleaching in developing countries. *Electronic Journal of Biotechnology*, v. 5, n. 2, p. 196-199, 2002.

AKCIL, A.; DEVECI, H. Mineral Biotechnology of Sulphides. In: JAIN, S. K.; KHAN, A. A.; RAI, M. K. (eds.). *Geomicrobiology*. New York: CRC Press, 2010. p. 101-137.

BEVILAQUA, D.; GARCIA JÚNIOR, O. Oxidación de sulfuros de cobre por *A. ferrooxidans*: análisis de los productos de las fases líquidas y sólidas. In: ACEVEDO, F. E.; GENTINA, J. C. M. (eds.). *Fundamentos y perspectivas de las tecnologías biomineras*. Valparaíso: Ediciones Universitarias de Valparaíso, 2005. p. 63-77.

BRIERLEY, C. L.; BRIERLEY, J. A. Progress in bioleaching: part B: applications of microbial processes by the mineral industries. *Applied Microbiology and Biotechnology*, v. 97, p. 7543-7552, 2013.

COLMER, A. R.; HINKLE, M. E. The role of microorganisms in acid mine drainage: a preliminary report. *Science*, v. 106, p. 253-256, 1947.

EHRLICH, H. L. Beginnings of rational bioleaching and highlights in the development of biohydrometallurgy: A brief history. *The European Journal of Mineral Processing and Environmental Protection*, v. 4, n. 2, p. 102-112, 2004.

GARCIA JR., O. Isolation and purification of *Thiobacillus ferrooxidans* and *Thiobacillus thiooxidans* from some coal and uranium mines of Brazil. *Revista de Microbiologia*, v. 20, p. 1-6, 1991.

GARCIA JR, O.; BEVILAQUA, D. Micro-organismos, minerais e metais. In: MELO, I. S.; AZEVEDO, J. L. (eds.). *Microbiologia ambiental*. 2. ed. Jaguariúna: Embrapa Meio Ambiente, 2008. p. 49-81.

GARCIA JR., O.; URENHA, L. C. Lixiviação bacteriana de minérios. In: LIMA, U. A. et al. (eds). *Biotecnologia Industrial*, v. 3, 2001. p. 485-512.

GENTINA, J. C., ACEVEDO, F. Biolixiviación de minerales del oro. In: ACEVEDO, F. E.; GENTINA, J. C. M. (eds.). *Fundamentos y perspectivas de las tecnologías biomineras*. Valparaíso: Ediciones Universitarias de Valparaíso, 2005. p. 79-91.

_____. Application of bioleaching of copper mining in Chile. *Electronic Journal of Biotechnology*, v. 16, n. 3, 2013.

HOLMES, D. S., DEBUS, K. A. Biological opportunities for metal recovery. In: MALIK, K. A.; NAQVI, S. H. M.; ALEEM, M. I. H. (eds.). *Biotechology for Energy*. Faisalabad: NIAB/NIBGE, 1991. p. 341-358.

JOHNSON, D. B. Development and application of biotechnologies in the metal mining industry. *Environmental Science Pollution Research*, v. 20, p. 7768-7776, 2013.

KELLY, D. P.; WOOD, A. P. Reclassification of some species of *Thiobacillus* the newly designated genera *Acidithiobacillus* gen. nov. *Halothiobacillus* gen. nov. and *Thermithiobacillus* gen. nov. *International Journal Systematic Evolution Microbiology*, v. 50, p. 511-515, 2000.

LI, Y. et al. A review of the structure, and fundamental mechanisms and kinetics of the leaching of chalcopyrite. *Advances in Colloid and Interface Science*, v. 197-198, p. 1-32, 2013.

LOMBARDI, A. T.; GARCIA JR., O. An evolution into the potencial of biological processing for the removal of metals from sewage sludges. *Reviews in Microbiology*, v. 25, p. 275-288, 1999.

MISHRA, D.; RHEE, Y. H. Microbial leaching of metals from solid industrial wastes. *Journal of Microbiology*, v. 52, n. 1, p. 1-7, 2014.

OSORIO, H. et al. Anaerobic sulfur metabolism coupled to dissimilatory iron reduction in the extremophile *Acidithiobacillus ferrooxidans*. *Applied Environmetal of Microbiology*, v. 79, p. 2171-2181, 2013.

PANDEY, R. A. et al. Microbial desulphurization of coal containing pyritic sulphur in a continuously operated bench scale coal slurry reactor. *Fuel*, v. 84, n. 1, p. 81-87, 2005.

PAULINO, L. C. et al. Molecular characterization of *Acidithiobacillus ferrooxidans* and *A. thiooxidans strains* isolated from mine wastes in Brazil. *Antonie van Leeuwenhoek*, v. 80, p. 65-75, 2001

RIEKKOLA-VANHANEN, M. Talvivaara mining company – From a project to a mine, *Minerals Engineering*, v. 48, p. 2-9, 2013.

SCHIPPERS, A. Microorganisms involved in bioleaching and nucleic acid-based molecular methods for their identification and quantification. In: DONATI, E. R.; SAND, W. (eds). *Microbial Processing of Metal Sulfides*. Netherlands: Springer, 2008. v. 1, p. 3-34.

SILVERMAN, M. P., LUNDGREN, D. G. Studies on the chemoautotrophic iron bacterium *Ferrobacillus ferrooxidans*. I. An improved medium and a harvesting procedure for securing high cell yields. *Journal of Bacteriology*, v. 77, p. 642-647, 1959.

SOLCIA, R. B. et al. Hydrogen sulphide removal from air by biotrickling filter using open-pore polyurethane foam as a carrier. *Biochemical Engineering Journal*, v. 84, p. 1-8, 2014.

SOTO, P. E. et al. Parameters influencing the microbial oxidation activity in the industrial bioleaching heap at Escondida mine, Chile. *Hydrometallurgy*, v. 133, p. 51-57, 2013.

TUOVINEN, O. H.; KELLY, D. P. Growth of *Thiobacillus ferrooxidans*. I. Use of membrane filters and ferrous iron agar to determine viable number and comparison with carbon-14 dioxide-fixation and iron oxidation as measures of growth. *Archives of Microbiology*, v. 88, n. 4, p. 285-298, 1973.

VERA, M.; SCHIPPERS, A.; SAND, W. Progress in bioleaching: fundamentals and mechanisms of bacterial metal sulfide oxidation – Part A. *Applied Microbiology of Biotechnology*, v. 97, p. 7529-7541, 2013.

WATLING, H. R. The bioleaching of sulphide minerals with emphasis on copper sulphides – A review. *Hydrometallurgy*, v. 84, p. 81-108, 2006.

CAPÍTULO 18
Aplicações da biotecnologia na produção de celulose e papel

André Luis Ferraz

Fernanda de Lima Valadares

18.1 INTRODUÇÃO

Neste capítulo abordaremos como a biotecnologia tem sido aplicada em diversos processos dentro da indústria produtora de celulose e papel. Considerando que a fabricação de celulose e papel envolve basicamente o processamento físico e químico da madeira e que o parque industrial desse setor está estabelecido na forma de plantas de grande porte, veremos que a aplicação de processos biotecnológicos dentro desse setor industrial pode ser considerada um desafio contínuo para a biotecnologia moderna.

Os tópicos nos quais a biotecnologia tem encontrado aplicação nas diversas áreas da produção de celulose e papel estão destacados no Quadro 18.1. Os números apresentados entre parênteses se referem aos pontos de aplicação indicados nos fluxogramas de processos que serão discutidos mais à frente neste capítulo e constam da Figura 18.5.

Podemos observar que a gama de aplicações apresentada é vasta. No entanto, incluímos, além das aplicações que já obtiveram êxito industrial, aquelas que envolvem desenvolvimentos tecnológicos recentes e que poderão ser aplicadas num futuro próximo. De qualquer forma, a aplicação de processos biotecnológicos na produção de celulose e papel envolve a perfeita integração de áreas como química, bioquímica, microbiologia, genética e engenharia química, que são a base da biotecnologia moderna.

Quadro 18.1 Áreas de aplicação de processos biotecnológicos no setor de celulose e papel

Produção florestal	Melhoramento genético (1) e transgênicos (2)
Polpação	Biopolpação (3)
	Biobranqueamento (4)
	Enzimas na polpação mecânica (5)
Reciclagem e fabricação de papel	Enzimas na reciclagem de papel e cartões (4, 5 e 6)
	Facilitadores de refino (7)

Para desenvolver nosso tema com maior facilidade, apresentamos inicialmente uma breve revisão sobre a química da madeira e a forma de sua degradação por fungos ou enzimas isoladas. O estudo dos fungos decompositores de madeira e seus sistemas enzimáticos se faz necessário, pois esta é a base científica para o desenvolvimento dos processos biotecnológicos envolvendo a transformação dos componentes da madeira. Mostramos também como se processa a madeira nos diversos setores da indústria de celulose e papel, abrangendo desde as etapas de corte das árvores até a obtenção final de polpa celulósica empregada na fabricação de papéis e cartões.

18.2 MADEIRA: COMPOSIÇÃO QUÍMICA E ULTRAESTRUTURA

A possibilidade de produzir madeira a partir da atividade de reflorestamento permite que esse tipo de material seja um excelente insumo para a indústria de transformação, pois se trata de matéria-prima renovável e não de fonte fóssil, tradicionalmente empregada pela indústria química. A madeira é essencialmente constituída por celulose, hemicelulose e lignina, além de pequenas quantidades de extrativos e de sais minerais. Os três principais componentes são depositados durante a síntese da parede celular vegetal e juntos formam um compósito resistente que deve ser estudado considerando-se suas propriedades químicas e morfológicas. A seguir apresentamos uma breve descrição de cada um desses componentes.

18.2.1 CELULOSE

É o componente mais abundante na madeira (cerca de 50%), sendo um polímero linear (parte amorfo e parte cristalino) formado exclusivamente por moléculas de anidroglicose unidas através de ligações β-(1-4)-glicosídicas. Estritamente, a celulose é composta por unidades repetitivas de celobiose, sempre apresentando o oxigênio que liga os anéis glicosídicos na posição equatorial, conforme mostrado na Figura 18.1.

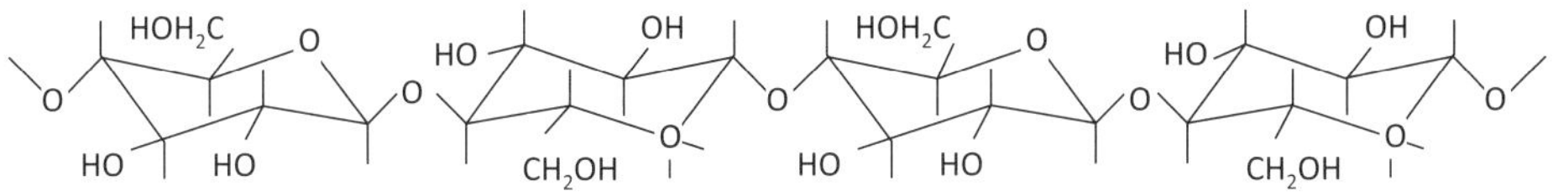

Figura 18.1 Estrutura de um fragmento de celulose.

18.2.2 HEMICELULOSES

As hemiceluloses (ou polioses) são compostas por uma grande diversidade de açúcares, que incluem as hexoses (glicose, manose e galactose) e as pentoses (xilose e arabinose), podendo ainda apresentar quantidades variáveis de ácidos urônicos e desoxi-hexoses em alguns tipos de madeira. Esses açúcares compõem polímeros contendo ligações glicosídicas na cadeia principal, bem como na união dos grupos laterais pendentes à cadeia principal. A massa molar das hemiceluloses é menor do que a da celulose, e os polímeros podem ser classificados como homopolímeros (p. ex., xilana, formada exclusivamente por anidroxilose na cadeia principal) ou heteropolímeros (p. ex., glucomanana, formada por anidroglicose e anidromanose alternadas na cadeia principal). O teor de hemiceluloses em diferentes tipos de madeira é bastante variável, mas pode-se admitir um valor médio de cerca de 20% a 30%.

18.2.3 LIGNINA

A lignina é composta basicamente de unidades fenilpropano que se acoplam de forma irregular e não repetitiva, representando 20% a 30% da massa total da madeira. O acoplamento das unidades de fenilpropano ocorre por via radicalar a partir da reação de três álcoois cinamílicos precursores. A terminologia empregada na química da lignina é fundamentada numa estrutura básica de fenilpropano. Nessa terminologia considera-se como carbono 1 do anel aromático aquele que está ligado à cadeia propânica. Os carbonos dessa cadeia lateral são então denominados, respectivamente, como α, β e γ, partindo do carbono ligado ao anel aromático.

Os diferentes tipos de acoplamento entre os precursores dão origem a vários tipos de ligações entre as unidades fenilpropano. Uma estrutura modelo para a lignina é mostrada na Figura 18.2. As ligações mais abundantes são do tipo éter alquila-arila, principalmente β-O-4. Também podem ocorrer acoplamentos éter diarila como 4-O-5, ou acoplamentos carbono-carbono como β-1 e 5-5, além de ligações que envolvem acoplamentos via éter e carbono-carbono simultaneamente, como β-5/α-O-4 e β-β/pinorresinol. Em madeiras de coníferas podem ocorrer acoplamentos múltiplos envolvendo ligações éter e carbono-carbono, como aqueles de estruturas dibenzodioxocinas correspondentes a ligações 5-5/α-O-4/β-O-4.

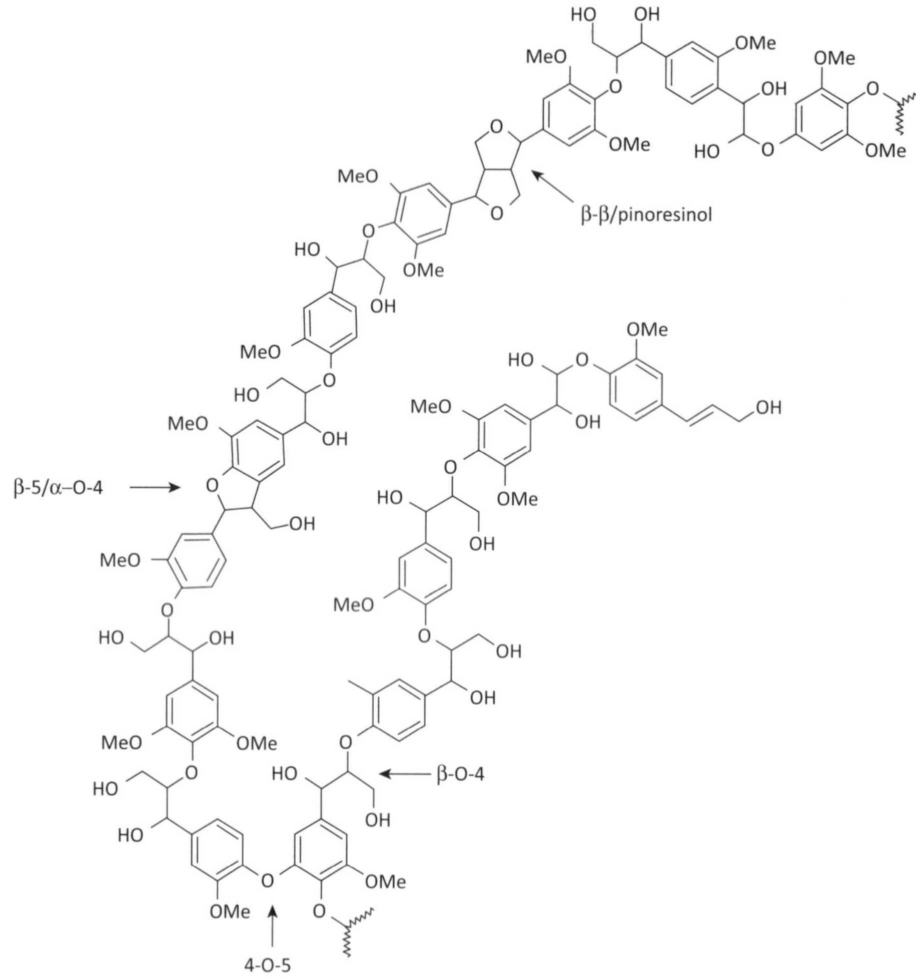

Figura 18.2 Estrutura modelo de lignina oriunda de madeira de folhosas mostrando a diversidade de ligações entre as unidades fenilpropano.

Fonte: adaptada de Amidon et al. (2011).

Existe ainda uma fração da madeira que é formada basicamente por compostos fenólicos e resinas que comumente são chamados de extrativos, pois são solúveis em solventes orgânicos e água, correspondendo usualmente a cerca de 2% a 4% da massa total seca da madeira.

É importante ressaltar que os principais componentes da madeira estão intimamente associados e/ou quimicamente ligados, construindo todo o complexo celular. A Figura 18.3 mostra como esses constituintes se distribuem em camadas na parede celular. A celulose e as polioses ocorrem majoritariamente nas paredes primária e secundária (S1 e S2). A lignina ocorre majoritariamente na camada S2 e em concentração elevada na lamela média (ML).

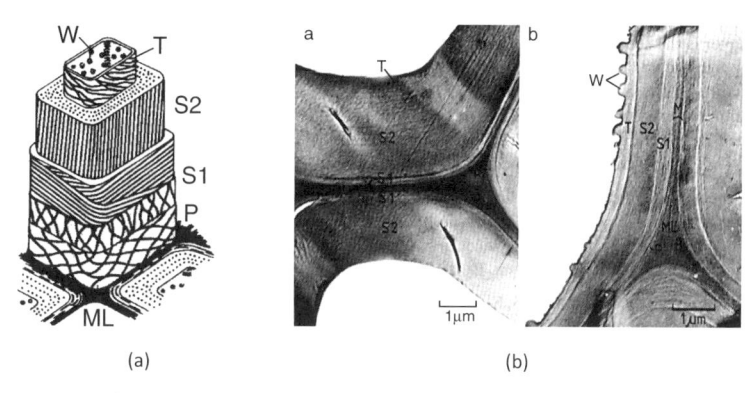

(a)   (b)

Figura 18.3   Sistema de camadas na parede das células de madeira. (a) Corte ilustrativo, e (b) microscopia eletrônica de transmissão mostrando lamela média (ML), a parede celular (S1, S2 e T) e o lúmen das células de madeira. A parede primária e a lamela média dificilmente são visualizadas separadamente.

Fonte: adaptada de Fengel e Wegener (1989).

18.3   BIODEGRADAÇÃO DA MADEIRA E SEUS COMPONENTES

Os fungos decompositores de madeira estão entre os responsáveis pelo ciclo do carbono na natureza, uma vez que apresentam a capacidade única de decomposição da parede celular vegetal lignificada até CO_2 e H_2O. A maioria dos fungos de decomposição da madeira pertence ao filo Basidiomicota, especificamente à classe Agaricomicetes. Tradicionalmente, esses fungos são divididos em dois grupos de acordo com as modificações que ocasionam no resíduo de madeira durante a biodegradação. Os fungos categorizados como de decomposição branca são capazes de degradar os três principais componentes dos substratos lignocelulósicos de duas maneiras distintas. A mais típica envolve a remoção simultânea da celulose, hemicelulose e lignina. A menos frequente inclui a retirada seletiva da lignina e da hemicelulose, mantendo a celulose praticamente intacta. A remoção da lignina faz com que materiais decompostos por esses fungos adquiram uma cor esbranquiçada e sejam facilmente rompidos no sentido das fibras. Os fungos classificados como de decomposição parda, por sua vez, são capazes de causar somente modificações parciais na lignina e degradam principalmente a porção polissacarídica do material vegetal, deixando um substrato residual rico em lignina, de cor marrom e de aparência quebradiça (FERRAZ, 2004; RYTIOJA et al., 2014).

A madeira, apesar de insolúvel em água e extremamente recalcitrante, pode ser degradada pela ação de compostos de baixa massa molar, enzimas hidrolíticas e oxidorredutases secretadas pelos fungos mencionados. Esses metabólitos extracelulares atuam sinergicamente na conversão de polissacarídeos e da lignina em pequenos compostos suscetíveis ao metabolismo intracelular dos fungos decompositores de madeira, bem como ao metabolismo de outros organismos oportunistas que podem invadir o substrato em determinados estágios do processo de decomposição.

A degradação eficiente da celulose requer a ação sinérgica de vários grupos de enzimas hidrolíticas que clivam as ligações glicosídicas pela adição de uma molécula de água. A Figura 18.4 mostra um esquema que inclui a ação sinérgica dos diferentes grupos de enzimas hidrolíticas e oxidativas envolvidas na degradação da cadeia de celulose.

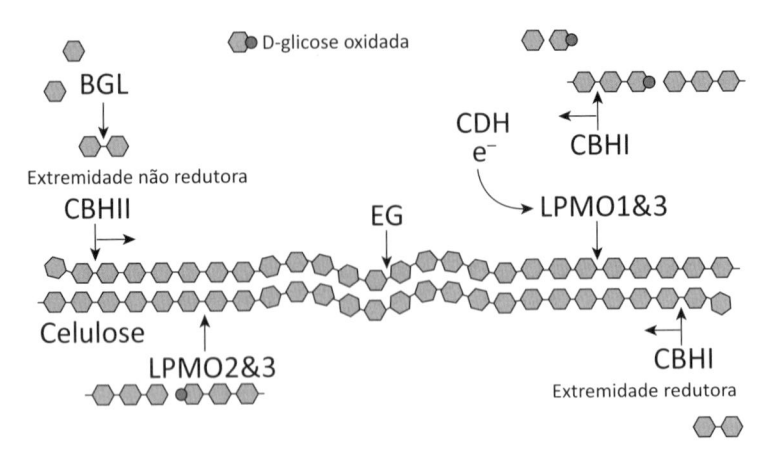

Figura 18.4   Esquema ilustrativo da degradação enzimática da celulose pela ação sinérgica de um grande grupo de enzimas.

Fonte: adaptada de Rytioja et al. (2014).

Um excelente compêndio de informações sobre as celulases foi publicado no renomado periódico *Chemical Reviews* em 2015 (PAYNE et al., 2015). Em síntese, as principais enzimas que causam a hidrólise da celulose são: endoglucanases (EC 3.2.1.4); celobio-hidrolases (EC 3.3.1.91) e β-glicosidases (EC 3.2.1.21). As endoglucanases (EGs) clivam preferencialmente regiões amorfas dentro da cadeia de celulose. As celobio-hidrolases (CBHs) liberam celobiose de extremidades redutoras (CBH I) e não redutoras (CBH II) da cadeia de celulose. As β-glicosidases (BGLs) liberam glicose pela hidrólise da celobiose ou de oligossacarídeos pequenos.

A hidrólise da celulose é um processo de catálise heterogênea, visto que o polímero é insolúvel em água. Dessa forma, um pré-requisito para a reação de hidrólise enzimática é a adsorção das enzimas ao substrato. As CBH e as EG podem apresentar-se associadas a estruturas não catalíticas designadas como CBM (do inglês, *carbohydrate-binding modules*) que promovem a ligação da enzima ao substrato, aumentando, dessa forma, a concentração da enzima na superfície da celulose. Algumas proteínas denominadas swoleninas (derivada da palavra em inglês *swollen*, que significa inchado), mesmo não apresentando atividade hidrolítica, também podem auxiliar na despolimerização da celulose. Uma das primeiras swoleninas foi descoberta no ascomiceto *Hypocrea jecorina* e apresenta um domínio de ligação à celulose (CBM). Alguns estudos mostram que a função das swoleninas está associada ao rompimento de ligações não covalentes entre microfibrilas de celulose e entre outros polissacarídeos associados às microfibrilas de forma similar ao já observado para às proteínas envolvidas na síntese da parede celular vegetal, denominadas expansinas. A desestruturação do empacotamento da cadeia de celulose facilitaria a ação das demais enzimas celulolíticas (ARANTES; SADDLER, 2010).

Algumas enzimas com atividade oxidativa também participam da degradação da celulose. As celobiose desidrogenases (CDH) (EC 1.1.99.18) atuam sobre celobiose e celo-oligossacarídeos oxidando o terminal redutor. As CDH também apresentam a habilidade de reduzir quinonas e íons Fe^{3+}, o que pode fomentar as reações de Fenton, cuja participação na degradação dos componentes da madeira será discutida mais à frente. Outro grupo de enzimas que também pode atuar na despolimerização de celulose inclui as mono-oxigenases líticas de polissacarídeos dependentes de cobre (do inglês *copper dependent lytic polysaccharide monooxygenases*, LPMO). As LPMO clivam ligações glicosídicas por via oxidativa na superfície do cristal de celulose. Essa reação requer um doador de elétrons para reduzir cobre II a cobre I no sítio ativo da enzima e oxigênio molecular a fim de formar um complexo cobre-oxigênio, o qual é capaz de oxidar ligações glicosídicas. Alguns estudos indicam que a oxidação de celobiose pelas CDH poderia representar um conjunto sinérgico de oxidorreduções, provendo elétrons para a atividade das LPMO na despolimerização da celulose (PAYNE et al., 2015).

Devido à maior variedade constitutiva das hemiceluloses, a completa degradação desses polímeros aos respectivos monômeros requer um sistema com uma maior diversidade de enzimas. As hemicelulases são classificadas de acordo com sua ação em distintos substratos, sendo que xilanases hidrolisam ligações glicosídicas entre unidades de anidroxilose, mananases atuam sobre ligações entre moléculas de anidromanose, além das enzimas específicas que atuam sobre ligações dos grupos pendentes ligados ao polímero principal, como as glucuronidases, acetil esterases, arabinofuranosidases e as ferúlico/p-cumárico esterases (JUTURU; WU, 2012).

A degradação de lignina tem como base um sistema enzimático capaz de oxidar ligações éter alquila-arila e carbono-carbono de maneira inespecífica, superando, dessa forma, a complexa e irregular estrutura química da lignina. A degradação da lignina é realizada por peroxidases e oxidases que atuam através da geração de radicais livres no substrato, os quais sofrem então uma variedade de reações secundárias de clivagem espontânea. Entre as enzimas oxidativas estão as lignina peroxidases (LiP, EC 1.11.1.14), as manganês peroxidases (MnPs, EC 1.11.1.13) e as peroxidases versáteis (VP, EC 1.11.1.16). As LiP são capazes de degradar estruturas não fenólicas da lignina, enquanto as MnP oxidam Mn^{2+} a Mn^{3+}. O Mn^{3+} pode agir isoladamente como um oxidante de unidades fenólicas ou não fenólicas via reações de peroxidação de lipídeos. As VP foram primeiramente descritas em fungos de decomposição branca do gênero *Pleurotus*. Essas enzimas apresentam propriedades catalíticas combinadas de MnP e LiP, sendo capazes de oxidar estruturas fenólicas e não fenólicas. A degradação da lignina também pode estar relacionada à ação das lacases (EC 1.10.3.2). Essas enzimas são cuproproteínas não dependentes de peróxido que podem oxidar estruturas fenólicas formando radicais fenoxila (POLLEGIONI; TONIN; ROSINI, 2015).

As enzimas envolvidas tanto na síntese como na desconstrução dos componentes da parede celular vegetal estão agrupadas num banco de dados que leva em conta a similaridade estrutural entre as proteínas. Esse banco de dados, de livre acesso na internet, foi denominado Cazy (do inglês *Carbohydrate Active EnZYmes*).[1] Trata-se de uma ferramenta dinâmica e moderna, muito útil para o estudo das enzimas em questão. A classificação Cazy é feita em diferentes famílias e subfamílias, incluindo glicosil hidrolases (GH), polissacarídeo liases (PL), carboidrato esterases (CE), glicosil transferases (GT), módulos de ligação a carboidratos (CBM), além da inclusão de diversas oxidorredutases em um grande grupo denominado enzimas acessórias, que incluem as LPMO na família AA9, as lacases na família AA1 e as peroxidases que atuam em lignina na família AA2 (LEVASSEUR et al., 2013).

No caso dos fungos de decomposição parda, é relativamente comum haver deficiência na produção de CBH, o que limitaria a capacidade desses fungos de degradar a celulose cristalina pela via enzimática. Nesses casos, há evidências de que os fungos de decomposição parda produzem compostos de baixa massa molar que permitem a redução de Fe^{3+} a Fe^{2+} e a consequente geração de radicais hidroxila através da reação de Fenton (Fe^{2+}/H_2O_2), já que a capacidade de produzir H_2O_2 é relativamente disseminada entre os fungos decompositores de madeira. Os radicais hidroxila gerados na reação de Fenton podem atuar na oxidação e degradação da celulose e dos demais componentes da madeira (RYTIOJA et al., 2014).

Estudos genômicos recentes comparando vários fungos de decomposição da madeira sustentam uma correlação coerente entre os padrões de decomposição branca e parda e as diversas famílias de enzimas lignocelulolíticas produzidas por cada grupo. Especificamente, fungos de decomposição branca apresentam enzimas com alta capacidade oxidativa para a degradação da lignina e celobio-hidrolases, frequentemente associadas a CBM, para a degradação de celulose cristalina. Em contraste, os genomas de espécies de fungos de decomposição parda não codificam peroxidases de degradação da lignina, e os genes preditos para celobio-hidrolases geralmente estão ausentes ou falta o domínio CBM. Contudo, algumas espécies fogem dos parâmetros usualmente empregados para distinção e classificação de fungos de decomposição branca ou parda (RILEY et al., 2014).

Ainda que a degradação dos componentes individuais dos materiais lignocelulósicos possa ser estudada de forma independente, o sinergismo da decomposição enzimática deve ser considerado, visto que o acesso a cada componente é limitado pela presença e natureza dos outros. Logo, uma visão global da decomposição de todas as frações da parede celular vegetal é necessária para avaliar os mecanismos gerais da degradação de materiais lignocelulósicos como a madeira.

Toda a diversidade de enzimas estudadas nos processos de degradação da madeira e dos componentes individuais dos materiais lignocelulósicos representa as ferramentas disponíveis para aplicação nos processos conduzidos dentro de uma indústria de celulose e papel. Assim, apresentamos a seguir uma visão geral dos processos tradicionais envolvidos na produção de celulose e papel, para posteriormente agrupar as informações relativas às aplicações dos processos biotecnológicos nesse contexto industrial.

---

[1] Ver www.cazy.org.

18.4 PROCESSAMENTO DA MADEIRA NA INDÚSTRIA DE CELULOSE E PAPEL

Os processos de polpação envolvem a conversão da madeira (ou de alguns tipos de gramíneas) em um material desfibrado denominado polpa celulósica. O desfibramento pode ser feito por ação mecânica, por reagentes químicos ou por uma combinação dos dois processos. De fato, os processos de polpação podem ser visualizados dentro de uma gradação, sendo que em um dos extremos encontra-se a polpação mecânica por refinamento (processo exclusivamente mecânico) e no outro extremo o processo de polpação química desenhado para remover a totalidade da lignina (processo exclusivamente químico). O desfibramento realizado por ação mecânica é denominado polpação mecânica e compreende uma série de processos adaptados para essa finalidade. Há também uma série de processos que utilizam um tratamento químico dos cavacos prévio ao desfibramento mecânico, os quais são denominados quimiomecânicos ou semiquímicos. Por fim, quando o desfibramento ocorre como resultado da dissolução quase completa da lignina e consequente liberação das fibras, o processo é denominado polpação química. Nesse último caso, há uma série de processos que podem ser utilizados, mas o de maior importância industrial envolve a polpação kraft.

A Figura 18.5 mostra um fluxograma simplificado com os vários tipos de processos empregados para a conversão da madeira em polpa celulósica e posteriormente em papel. Na mesma figura foram incluídos os processos de reciclagem de papéis e cartões, bem como os processos envolvidos na fabricação de papéis. As indicações numéricas que aparecem na Figura 18.5 destacam alguns dos pontos de aplicação de processos biotecnológicos dentro desse setor industrial. A lista de bioprocessos em questão tem sido motivo de ampla avaliação técnico-científica, bem como de avaliações econômicas e também de análises de ciclo de vida dos bioprocessos. Neste último caso, os bioprocessos aplicados nesse setor industrial são avaliados abordando inclusive as emissões de carbono de cada etapa e como a biotecnologia tem contribuído para criar um novo setor industrial que cause o menor impacto ambiental possível. Um excelente estudo de casos sobre esse assunto foi publicado no periódico *The International Journal of Life Cycle Assessment* (SKALS et al., 2008).

Após a produção e corte da madeira no campo, a primeira etapa de processamento industrial da madeira envolve o descascamento e a transformação das toras em cavacos de dimensões reduzidas (aproximadamente $2,5 \times 2 \times 0,2$ cm). Esses cavacos são então transformados em polpa a partir de processos químicos ou mecânicos.

Na polpação química (processo kraft), os cavacos são digeridos com o objetivo de solubilizar a lignina, preservando a celulose e parte da hemicelulose. O processo envolve o cozimento dos cavacos por uma mistura de Na_2S e $NaOH$ em água a cerca de 160 °C a 180 °C. As cargas de reagentes inorgânicos, bem como a temperatura e o tempo de digestão, variam de acordo com o tipo de madeira empregada. Veremos que uma das formas de amenizar as condições de digestão é exatamente o emprego de plantas geneticamente melhoradas ou cavacos biotratados com fungos decompositores de madeira (seções 18.5.1 e 18.5.2, respectivamente).

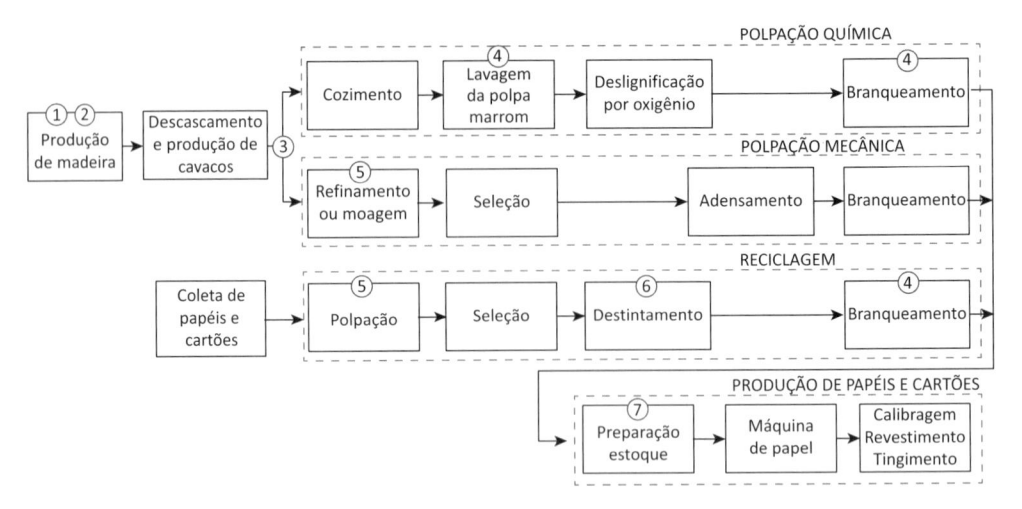

Figura 18.5 Fluxograma simplificado das etapas de processamento da madeira nos processos de polpação, reciclagem e fabricação de papel. Os números indicados em cada quadro apontam para processos biotecnológicos associados a esse setor industrial: (1) melhoramento genético de plantas; (2) plantas transgênicas; (3) biopolpação; (4) biobranqueamento; (5) enzimas na polpação mecânica; (4, 5 e 6), enzimas na reciclagem de papel e cartões; (6) destintamento; (7) facilitadores de refino.

Fonte: adaptada de Skals et al. (2008).

No processo kraft, o material que sai do digestor é lavado e consiste no que se chama de polpa marrom (polpa não branqueada). Essa polpa apresenta ainda uma quantidade residual de lignina (inferior a 4%) e outros produtos passíveis de oxidação com oxidantes fortes. Na maioria dos casos, esses materiais residuais são indesejáveis para a produção de vários tipos de papéis e devem ser removidos. A primeira etapa de oxidação e remoção desses compostos usualmente é feita em um reator que emprega O_2 pressurizado e meio alcalino. Posteriormente, a polpa é deslocada para os reatores de branqueamento que empregam oxidantes mais eficientes, como o dióxido de cloro (ClO_2), o ozônio (O_3) e o peróxido de hidrogênio (H_2O_2). As etapas de oxidação são sucessivas e normalmente incluem uma extração alcalina entre elas a fim de solubilizar os produtos oxidados. Ao final da sequência de branqueamento se obtém um material, denominado polpa branqueada, praticamente isento de lignina residual e que apresenta alvura superior a 90%. A polpa branqueada destina-se basicamente à produção de papel, sendo que sua transformação em folhas dos mais diversos tipos envolve uma série de operações unitárias que não serão discutidas em detalhes neste capítulo (EK; GELLERSTEDT; HENRIKSSON, 2009).

Durante as diversas etapas de branqueamento, produzem-se efluentes que contêm vários compostos, incluindo os fragmentos de lignina modificados pelos agentes de branqueamento. Esses efluentes apresentam carga elevada de matéria orgânica, além de poderem apresentar frações contendo organoclorados que necessariamente devem ser tratados antes da descarga no meio ambiente.

Além da polpação química, há outros processos de transformação da madeira empregados industrialmente. Entre eles destacam-se os processos de polpação termomecânica e quimiotermomecânica, conforme mencionado. Nos processos termomecânicos e quimiotermomecânicos, a madeira é transformada em polpa pela ação de desfibradores e refinadores de discos. Esses processos proporcionam rendimentos elevados de polpa (acima de 75%), que contêm quantidade apreciável de lignina residual. A presença da lignina e seus produtos de degradação térmica torna a polpa escura e com baixa resistência mecânica, o que restringe seu uso para a fabricação de papéis de impressão de jornais ou catálogos, papéis e cartões para embalagens, além do emprego como insumo básico na produção de papéis absorventes quando misturada com polpa kraft de melhor qualidade. Outro problema associado aos processos de polpação mecânica é o elevado consumo de energia elétrica dos refinadores industriais. Também neste quesito a biotecnologia tem provido novos processos empregando madeiras biotratadas ou enzimas na etapa de refino, permitindo um menor consumo de energia durante as diversas etapas de polpação mecânica.

Apesar de muito bem desenvolvida, a indústria de celulose e papel requer a melhoria contínua de seus processos. Neste capítulo serão discutidas as etapas nas quais a biotecnologia tem sido aplicada no sentido de melhorar a obtenção de polpa celulósica ou ainda as etapas prévias ou posteriores à sua obtenção. Grande parte das aplicações envolve redução do consumo de energia, amenização das condições de polpação, diminuição da geração de contaminantes do meio ambiente, minimização das emissões de carbono e, obviamente, geração de polpas celulósicas de melhor qualidade, eventualmente com características diferenciadas. Este último quesito tem sido fundamental para a ampliação do mercado de produtos desse setor industrial. Mais recentemente, a biotecnologia tem provido metodologias que permitirão que as indústrias de celulose e papel se transformem em complexos industriais de produção mais diversificada, operando como verdadeiras biorrefinarias de madeira. Esse tipo de complexo industrial gerará não somente polpa celulósica para a fabricação de papel, mas também energia e subprodutos de elevado valor agregado derivados de frações minoritárias da biomassa vegetal.

18.5 APLICAÇÕES DA BIOTECNOLOGIA NA INDÚSTRIA DE CELULOSE E PAPEL

A biotecnologia tem provido processos importantes para a indústria de celulose e papel há muitos anos. O tratamento de efluentes em lagoas aeróbias é um exemplo clássico. A fermentação de açúcares de hemicelulose para a produção de etanol ou proteína microbiana também recebeu destaque dentro das plantas que operavam com o processo sulfito. Além desses processos mais antigos, a biotecnologia moderna tem possibilitado avanços significativos para a indústria de celulose e papel. Conforme destacado na Figura 18.5, as aplicações vão desde o campo do melhoramento genético de árvores até o branqueamento biológico, passando por processos eficientes de pré-tratamento da madeira para a polpação e processos enzimáticos que auxiliam a fabricação e a reciclagem de papel. A seguir discutiremos alguns desses aspectos da biotecnologia, dando ênfase especial aos processos derivados dos avanços obtidos no entendimento da biossíntese dos componentes da madeira e da sua biodegradação. Apresentaremos alguns exemplos didáticos, selecionados na literatura especializada. Ao leitor mais interessado pelo assunto, apresentamos, na lista de referências, alguns livros e artigos que permitirão um aprofundamento nos conhecimentos relacionados ao tema.

18.5.1 MELHORAMENTO GENÉTICO E MODIFICAÇÃO DE PLANTAS

Este é um dos campos nos quais a biotecnologia tem contribuído com a indústria de celulose e papel, provendo bosques mais produtivos e homogêneos e madeira mais adequada aos processos de polpação. Mais recentemente, a manipulação gênica tem possibilitando alterar características da parede celular vegetal, gerando árvores mais produtivas e adequadas para os processos de fabricação de celulose e papel.

A seleção e a propagação de árvores de elite têm sido utilizadas há muito tempo para a produção comercial de plantas de qualidade superior. A propagação vegetativa permite gerar um grande número de plântulas com o mesmo genoma de uma planta de elite, previamente selecionada. Essa abordagem provê atualmente a maioria das áreas de reflorestamento de países de clima tropical que possuem uma indústria de celulose e papel bem desenvolvida.

Outra abordagem envolve o cruzamento induzido de plantas de elite a partir de exemplares cultivados em viveiros em condições artificiais que induzem a floração prematura. O processo de cruzamento gera novos híbridos, que passam, então, aos testes de viabilidade e posterior propagação para a seleção de novas variedades de aplicação comercial. Estas são as aplicações apontadas com o número 1 na Figura 18.5 (GIRI; SHYAMKUMAR; ANJANEYULU, 2004).

Nos dois casos há a possibilidade de propagação das plantas de interesse através do cultivo de células ou de tecidos. A Figura 18.6 ilustra o procedimento normalmente empregado. O processo tem início com uma planta sadia e de características superiores, que resultaram de um melhoramento natural (ou induzido) ao longo de várias gerações. Dessa árvore são recolhidos tecidos jovens ou maduros que servem para a produção de "embriões". Na etapa de iniciação, pequenas quantidades de tecidos são cultivadas em meios contendo nutrientes específicos, sob condições controladas e de assepsia total. Esses tecidos cultivados podem então ser repicados e dar origem a vários cultivos de "embriões". A etapa de maturação é desenhada para inibir a proliferação de novos "embriões" e estimular o crescimento dos já existentes, até que atinjam um grau de estruturação celular adequado (maturação). A última etapa envolve a conversão desses "embriões" maturados em plântulas que posteriormente serão repicadas em tubos e darão origem a mudas que são usadas no reflorestamento. Das plantas produzidas, pode-se também iniciar novo ciclo a fim de preservar ou melhorar características já obtidas.

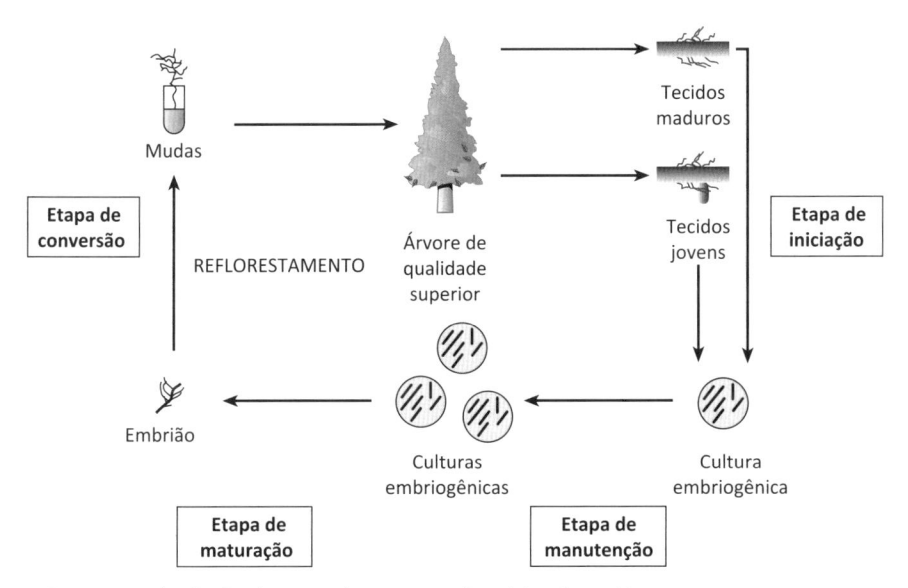

Figura 18.6 Reprodução de plantas pelo processo de cultivo de tecidos.

Os processos biotecnológicos listados nos parágrafos anteriores têm proporcionado a seleção de plantas com características superiores, como maior velocidade de crescimento e consequente aumento de produtividade no campo, resistência a pragas e a condições de estresse do meio externo e formato mais adequado às finalidades de corte, descascamento e produção de cavacos. Outra grande vantagem desse tipo de procedimento é a obtenção de bosques mais homogêneos e a consequente estabilidade do processo de polpação da madeira produzida.

Uma abordagem mais ambiciosa da genética ligada à produção de árvores de melhor qualidade para os processos de polpação tem sido a manipulação gênica. Essa aplicação biotecnológica foi indicada com o número 2 na Figura 18.5. Os trabalhos que têm recebido maior ênfase relacionam-se à manipulação gênica de plantas com o objetivo de alterar características das paredes celulares das fibras. Um exemplo de avanço na área é a produção de eucalipto transgênico com produtividade celular aumentada em cerca de 20%. O eucalipto em questão foi manipulado para incorporar um gene que codifica endoglucanases de plantas (glicosil hidrolases da família 9) associadas com a formação da celulose na parede celular. Trata-se de um gene naturalmente expresso em uma planta modelo (*Arabidopsis thaliana*) que foi introduzido no eucalipto (LEI et al., 2014). O eucalipto transgênico já é uma realidade no Brasil, tendo sido aprovado para plantio comercial pela Comissão Técnica Nacional de Biossegurança (CTNBio) em 2015. As avaliações em campo feitas com a planta transgênica apontam para uma maior produtividade decorrente, entre outros fatores, do crescimento mais rápido, permitindo o corte com 5,5 anos após o plantio em vez dos 7 anos tradicionalmente empregados para o eucalipto no Brasil.[2]

---

[2]   Ver www.futuragene.com.

Outro tipo de manipulação gênica visa alterar o tipo e a quantidade de lignina presente nas árvores. O entendimento sobre a via de biossíntese dos monolignóis (os álcoois cinamílicos precursores da lignina) e as enzimas envolvidas em cada etapa avançou muito após o sequenciamento completo dos genomas de árvores de interesse comercial, como *Populus trichocarpa* e *Eucalyptus grandis* (TUSKAN et al., 2006; MYBURG et al., 2014). Os estudos de fluxo metabólico envolvendo a via de biossíntese de monolignóis tem permitido o direcionamento das tentativas de bloqueio de genes que codificam enzimas-chave na síntese dos precursores em questão. Plantas transgênicas com teor alterado e estruturas modificadas de lignina também já são uma realidade. Em geral, as modificações na via de biossíntese de lignina que permitem obter plantas com maior proporção de unidades siringila em ligações éter levam a melhor performance da madeira durante a polpação kraft. A diminuição no teor total de lignina obtido a partir da inibição dos genes codificadores das enzimas-chave na síntese de monolignóis também tem proporcionado plantas mais fáceis de deslignificar no processo kraft.

A força motriz de muitos desses trabalhos envolve a diferença na capacidade de deslignificação de madeiras de coníferas (gimnospermas) e folhosas (angiospermas) pelo processo kraft. Há muito tempo se sabe que a relação entre a proporção de unidades siringila e guaiacila (relação entre o teor de ligninas com duas metoxilas por anel aromático e ligninas com uma metoxila por anel aromático) da lignina afeta a deslignificação no processo kraft. Madeiras de folhosas apresentam lignina com alto teor de estruturas siringila e consequentemente menor grau de condensação por ligações carbono-carbono entre as unidades fenilpropano. Já as madeiras de coníferas apresentam predominantemente lignina com estruturas guaiacila e maior grau de condensação entre as unidades fenilpropano. Devido ao maior grau de condensação, a lignina de madeiras de coníferas é mais dificilmente removida que a lignina de madeiras de folhosas. Por outro lado, as madeiras de coníferas apresentam fibras longas, mais adequadas para a produção de vários tipos de papéis, enquanto as madeiras de folhosas apresentam fibras curtas, nem sempre adequadas (EK; GELLERSTEDT; HENRIKSSON, 2009).

Em decorrência da definição de características desejadas em uma madeira para a produção de papel e celulose, surgiu um dos objetivos básicos da manipulação gênica de árvores. Esse objetivo seria alterar a via biossintética da lignina em gimnospermas (madeiras de coníferas) a fim de produzir uma lignina com maior teor de estruturas siringila e consequentemente com menor grau de condensação. Dessa forma, poderiam ser produzidas plantas com fibras longas e ao mesmo tempo com lignina mais adequada para a polpação química. A prova desse conceito foi recentemente obtida a partir do cultivo de tecidos da conífera *Pinus radiata* geneticamente manipulada para expressar genes envolvidos na síntese de monolignóis do tipo siringila, comum nas madeiras de folhosas (WAGNER et al., 2015).

18.5.2 BIOPOLPAÇÃO

A biopolpação se caracteriza como uma etapa do biotratamento dos cavacos de madeira prévio ao início dos processos de transformação da madeira em polpa celulósica, conforme apontado na aplicação número 3 da Figura 18.5. Esse processo é desenvolvido ainda no pátio de cavacos e requer a aplicação de espécies de fungos pré-selecionados sobre os cavacos de madeira.

Partindo do princípio de que várias espécies de fungo podem degradar lignina, surgiu a ideia inicial da biopolpação. O conceito está baseado no fato de que fungos que degradam lignina seletivamente, isto é, removem lignina preservando a celulose, podem ser aplicados sobre cavacos de madeira e, depois de um determinado tempo de biodegradação, dar origem a um resíduo biodegradado rico em celulose e com baixo teor de lignina (polpa). Esse processo é realmente possível, e a ocorrência de amostras de madeiras naturalmente biodegradadas, com teores de polissacarídeos superiores a 95%, demonstra que a biopolpação é tecnicamente factível. Além de madeiras biodeslignificadas na natureza, a biopolpação *in vitro* também é possível. Um exemplo de biodeslignificação seletiva, obtida em experimentos de laboratório, é mostrado na Figura 18.7. Essa figura mostra uma microscopia eletrônica de varredura de um ponto microlocalizado em uma amostra de madeira de *Pinus radiata* biodegradado por *Ganoderma australe* por 140 dias. Observa-se claramente que as fibras estão soltas e praticamente isentas de lignina na lamela média (duas dessas fibras estão indicadas por setas na Figura 18.7). Estudos de espectroscopia no infravermelho dos pontos microlocalizados na madeira biotratada confirmaram a ausência de lignina (FERRAZ et al., 2000). No entanto, a biodegradação de madeira nesses níveis de deslignificação é um processo extremamente demorado, e sua aplicação dentro de uma indústria de celulose e papel é inviável.

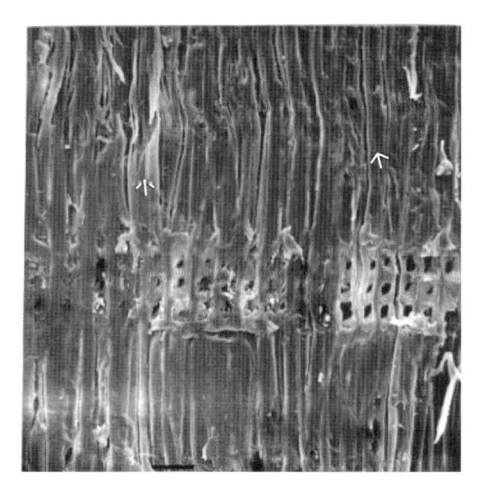

Figura 18.7 Microscopia eletrônica de varredura de um ponto microlocalizado em uma amostra de madeira de *Pinus radiata* biodegradado pelo basidiomiceto *Ganoderma australe* por 140 dias. Aumento de 155 vezes. As setas indicam fibras soltas, totalmente livres de lamela média adjacente.

Uma reformulação no conceito inicial de biopolpação foi necessária para que o processo obtivesse êxito em escala ampliada e com tempos de biodegradação compatíveis com a produção industrial. Na reformulação desse conceito foi considerada a possibilidade de aplicar a biodegradação de madeira como uma etapa prévia à polpação química ou mecânica (AKHTAR et al., 1998).

Mesmo com períodos mais curtos de biodegradação (7 a 15 dias), a madeira biodegradada já apresenta um "amolecimento" característico que permite maior facilidade de desfibramento mecânico, ou, no caso de polpação química, maior facilidade de penetração dos reagentes, bem como maior suscetibilidade da lignina parcialmente degradada à solubilização pelos licores de polpação. Esse pré-tratamento biológico permite então uma redução no consumo de energia para o desfibramento e refino mecânico, ou, no caso da polpação química, diminuição no tempo, na temperatura de reação ou mesmo na carga de reagentes químicos utilizados. Essa "amenização" nas condições necessárias para a produção de polpas celulósicas também pode proporcionar a obtenção de polpas com melhor resistência mecânica. Uma limitação do processo é que ele depende do uso de espécies de fungos que degradam lignina seletivamente e, portanto, não afetam significativamente a celulose (AKHTAR et al., 1998; FERRAZ et al., 2008).

Atualmente, a biopolpação associada aos processos de produção de polpas mecânicas atingiu um grau de desenvolvimento que permitiu a ampliação de escala para os níveis piloto e industrial. Um esquema do processo aplicado em escala ampliada está ilustrado na Figura 18.8. A madeira entra num processo que envolve a descontaminação superficial dos cavacos com o emprego de vapor à pressão atmosférica, o resfriamento dos cavacos descontaminados com a aplicação de ventilação forçada e, finalmente, a inoculação dos cavacos seguida da manutenção da pilha inoculada em condições adequadas ao crescimento do fungo empregado. Esse desenho de processo já foi aplicado industrialmente para a produção de polpas mecânicas (polpação biomecânica) e mostrou resultados promissores com relação à diminuição no consumo de energia elétrica nos refinadores industriais. Essa redução no consumo de energia depende do grau de refino realizado no processo mecânico e ocorre porque a madeira biodegradada apresenta menor coesão entre as fibras, permitindo que os discos dos refinadores operem mais distanciados entre si, exigindo menor torque para o processo de desfibramento inicial e posterior refinamento. Uma consequência do desfibramento mais "ameno" da madeira biotratada é a menor degradação das fibras, o que pode proporcionar a obtenção de polpas de melhor qualidade (FERRAZ et al., 2008).

Uma ilustração do consumo de energia nos refinadores industriais empregados na polpação mecânica de *Eucalyptus grandis* biotratado pelo fungo de decomposição branca *Ceriporiopsis subvermispora* é mostrada na Figura 18.9. O primeiro segmento da Figura 18.9 representa o consumo de energia para o refino da madeira controle (não biotratada) sob o regime de polpação termomecânica (TMP); o segundo segmento, o consumo de energia registrado para a madeira biotratada sob polpação TMP; o terceiro segmento, o consumo de energia registrado para a madeira biotratada sob polpação quimiotermomecânica (CTMP); e, o quarto segmento, para a madeira controle sob polpação CTMP. O consumo de energia diminui de cerca de 913 kWh/t para 745 kWh/t ao se empregar a madeira biotratada sob o regime TMP em vez da madeira controle. Essa alteração representa 18% de economia de energia no processo TMP. No caso das polpas CTMP, com níveis similares de refino, o consumo de energia diminui ainda mais (1.038 kWh/t para 756 kWh/t), representando uma economia de energia de 27% ao se empregar a madeira biotratada.

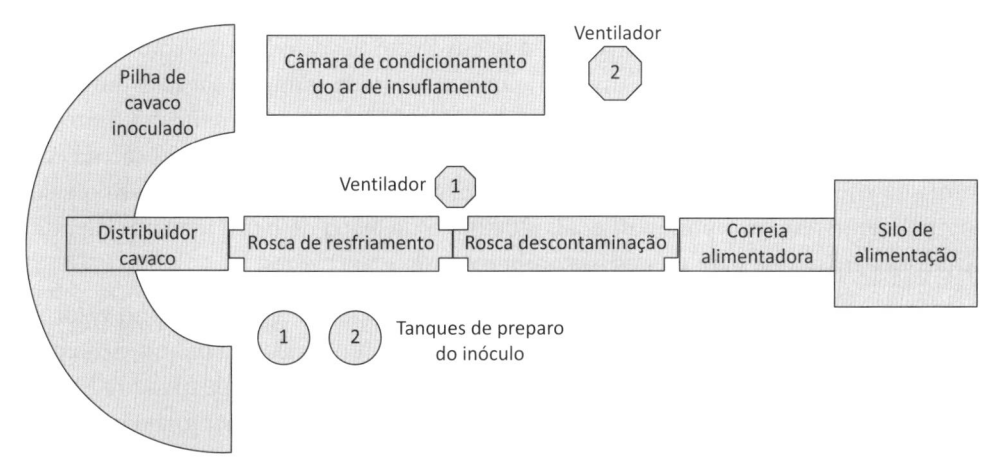

Figura 18.8 Esquema ilustrativo de uma planta piloto de biopolpação.

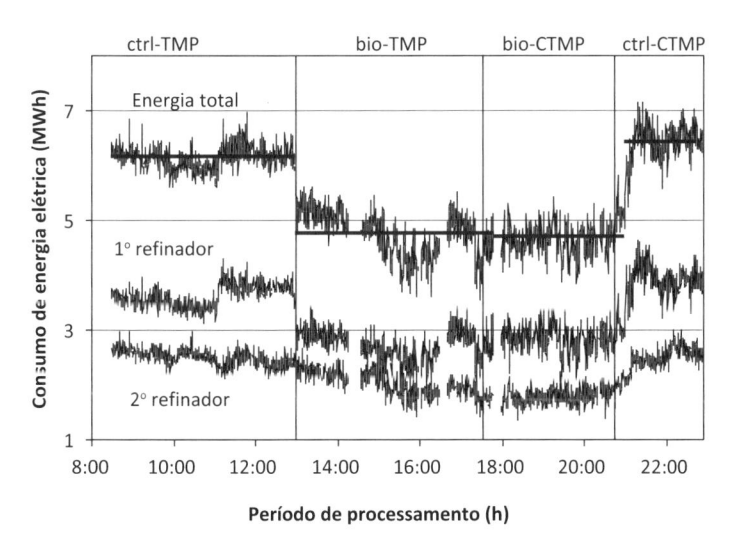

Figura 18.9 Consumo bruto de energia elétrica durante o desfibramento e refino de madeira de *E. grandis* em diferentes regimes de alimentação: ctrl-TMP, madeira controle sob regime TMP; bio-TMP, madeira biotratada sob regime TMP; bio-CTMP, madeira biotratada sob regime CTMP; e ctrl-CTMP, madeira controle sob regime CTMP.

A viabilidade técnica da biopolpação em escala industrial suscitou a necessidade da análise econômica do processo. Tomando como base somente a redução no consumo de energia elétrica, as simulações de benefícios econômicos obtidos com a implementação do bioprocesso apontam para processos viáveis, principalmente quando os custos de energia elétrica são elevados. Uma simulação envolvendo uma planta industrial que produz 220 t de polpa mecânica por dia e que consome cerca de 816 kWh de energia elétrica por tonelada de polpa processada mostrou os dados ilustrados na Figura 18.10. Obviamente, os benefícios econômicos da aplicação do bioprocesso dependem da redução de custos decorrentes da economia de energia elétrica, mas também dos custos do processo de biodegradação da madeira, que envolvem desde os gastos com o inóculo fúngico até os custos de processamento e manutenção da pilha de cavacos durante o biotratamento (vapor, energia elétrica e mão de obra). A Figura 19.10 mostra a simulação dos valores de benefício econômico no processo de biopolpação em função da economia de energia e do custo do bioprocesso. Essa simulação toma como base o valor originalmente proposto por Scott et al. (2002) para a etapa de biotratamento, além de variações para mais e para menos nas proporções de 1,5 e 2 vezes.

Na Figura 18.10A, que parte da premissa da tarifa de energia elétrica no valor de R$ 134,00/MWh, pode-se verificar que os benefícios econômicos da biopolpação passariam a ser obtidos quando a economia de energia, devido ao uso de madeira biotratada, superasse cerca de 24% considerando o custo do biotratamento sugerido por Scott et al. (2002), ou seja, R$ 26,00/t. No cenário que considera a tarifa de energia elétrica como R$ 225,00/MWh (Figura 18.10B), os benefícios econômicos oriundos da aplicação da biopolpação já poderiam ser obtidos a partir de cerca de 14% de economia de energia, quando o custo do biotratamento é aquele proposto por Scott et al. (2002). Obviamente, custos menores para a etapa de biotratamento permitiriam que os benefícios econômicos fossem obtidos mesmo com níveis menores de economia de energia nos dois cenários avaliados.

O custo da etapa de biotratamento pode variar de acordo com a complexidade do sistema de inoculação e manutenção da pilha de cavacos inoculada. Em termos conceituais, essa etapa do bioprocesso poderia ser simplificada ao extremo se a inoculação fosse feita diretamente sobre cavacos frescos, não descontaminados com vapor. Nesse caso, o fungo inoculado deveria ser agressivo o suficiente para competir com a biota naturalmente encontrada na madeira e nos pátios de cavaco das indústrias de celulose e papel (MASARIN et al., 2009). Uma alternativa para o sistema é o emprego de inóculo produzido diretamente sobre os cavacos de madeira, denominado "inoculação por semente". Esse tipo de inoculação tem sido usado em escala piloto e permitiu a obtenção de economias significativas de energia conforme anteriormente mencionado. Com esse tipo de inoculação, até mesmo cavacos frescos não descontaminados podem ser efetivamente colonizados por *C. subvermispora* (GUERRA; PAVAN; FERRAZ, 2006; PAVAN; FERRAZ, 2008).

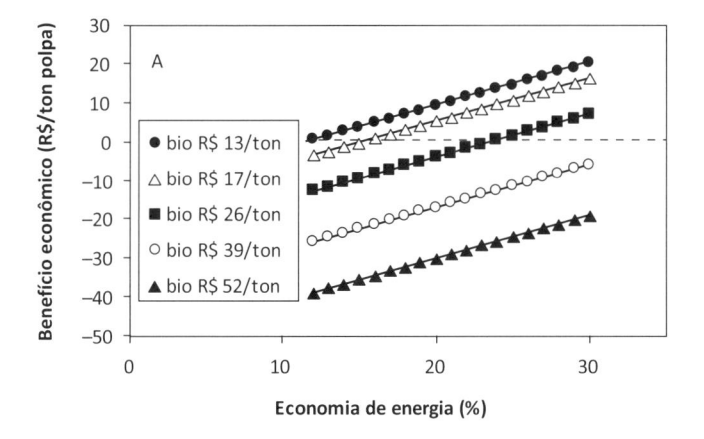

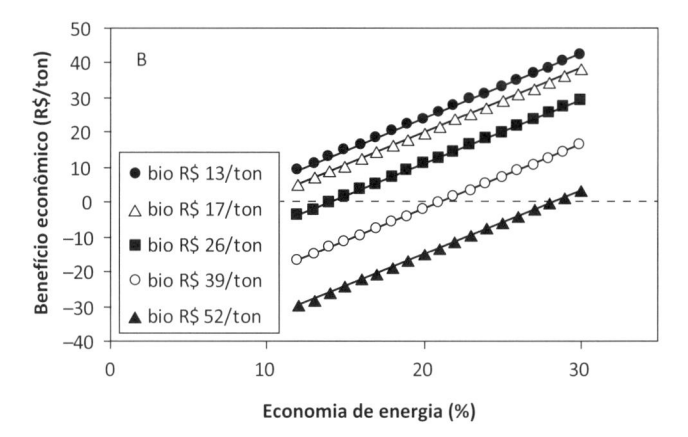

Figura 18.10 Simulação do benefício econômico devido à aplicação do processo de biopolpação considerando diferentes níveis de economia de energia e custos variáveis para o processo de biotratamento dos cavacos. A: dados simulados considerando o custo da energia elétrica a R$ 134,00/MWh; B: dados simulados considerando o custo da energia elétrica a R$ 225,00/MWh.

18.5.3 BIOBRANQUEAMENTO, CONTROLE DE RESINAS E RECICLAGEM DE PAPÉIS E CARTÕES

As aplicações apontadas com os números 4 e 5 na Figura 18.5 estão baseadas no uso de enzimas como auxiliares dos processos de polpação e branqueamento. Os papéis destinados à impressão de livros e os mais diversos tipos de documentos, além de papéis absorventes de uso doméstico, normalmente necessitam de um grau de alvura superior a 90%. Para atingir esse grau de alvura é necessário remover a lignina residual e seus produtos de degradação, que ainda permanecem na polpa produzida pelo processo de polpação química. Essa lignina residual é de difícil solubilização e precisa ser oxidada ou funcionalizada a fim de possibilitar sua extração por soluções alcalinas diluídas. Os agentes branqueadores mais utilizados na atualidade incluem o dióxido de cloro (ClO_2) e o peróxido de hidrogênio (H_2O_2). A busca por novas tecnologias de branqueamento encontrou resposta na biotecnologia moderna. O uso de enzimas como auxiliares do branqueamento saltou rapidamente de experimentos de laboratório no final dos anos 1980 para aplicações industriais. Uma das razões do sucesso dessas tecnologias foi a diminuição no custo de produção das enzimas devido a melhorias nos processos de cultivo dos organismos produtores, bem como aos avanços na engenharia genética que permitiram o desenvolvimento de organismos superprodutores de enzimas. Por exemplo, xilanases são usadas industrialmente como auxiliares no processo de branqueamento de polpas kraft. O emprego das xilanases pode ser feito em diversos estágios posteriores à etapa de cozimento no processo kraft. A Figura 18.11 ilustra o benefício da aplicação dessas enzimas na etapa de lavagem das polpas marrons anterior à etapa de deslignificação com O_2, ou em uma das etapas de branqueamento. Nos dois casos, a aplicação das enzimas sobre as polpas permite diminuir a demanda por oxidantes de branqueamento como o ClO_2. Os dados mostram como a aplicação de xilanases pode reduzir a quantidade de cloro ativo total durante o branqueamento de polpas kraft. Por exemplo, observa-se que para um determinado valor de alvura da polpa branqueada é necessário utilizar cerca de 17% a menos que o total de cloro ativo. Como decorrência da redução na quantidade de cloro ativo total utilizado no branqueamento, a carga de compostos organoclorados produzidos e descartados no efluente também é reduzida. Por exemplo, a quantidade de matéria orgânica clorada (AOX) produzida no branqueamento de uma polpa kraft de 91% de alvura é reduzida de 4,3 para 3,5 kg de AOX/t de polpa (cerca de 19%) quando xilanases são aplicadas antes do branqueamento.

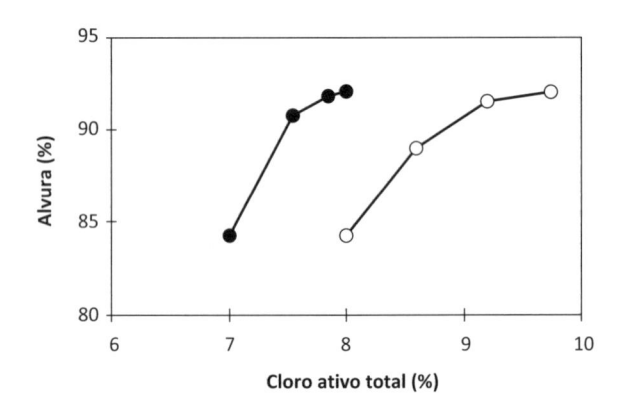

Figura 18.11 Efeito da aplicação de xilanases no branqueamento de polpa kraft utilizando uma sequência de branqueamento a dióxido de cloro. (-•-) Polpa tratada com xilanases; (-o-) polpa não tratada (controle).

Fonte: adaptada de Daneault, Leduc e Valade (1995).

A aplicação das xilanases no branqueamento não requer grandes modificações no processo tradicional, pois elas são adicionadas nos próprios tanques de reação normalmente utilizados. Adicionalmente, a polpa branqueada obtida não apresenta diminuição significativa nas características de resistência mecânica.

Uma das dificuldades da passagem da escala de laboratório para a industrial foi o pH e temperatura ótimos de ação dessas enzimas. O pH e a temperatura da polpa não branqueada normalmente encontram-se entre 8 a 11 e 55 °C a 65 °C, respectivamente. A Figura 18.12 mostra o avanço da tecnologia enzimática na busca de enzimas apropriadas às condições de aplicação industrial. O primeiro produto comercializado (PULPZYME HA) atuava em pHs limitados ao intervalo entre 4 e 5,5 com temperaturas entre 30 °C e 50 °C, enquanto os preparados enzimáticos mais modernos comercializados pela empresa Novozymes (PULZYME HC) atuam eficientemente em pH entre 7,5 e 10 e a temperaturas de 60 °C a 70 °C.

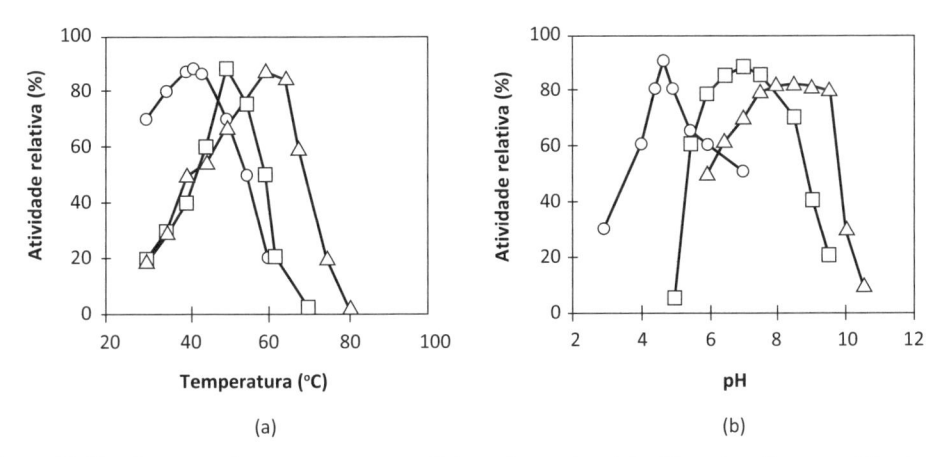

(a)   (b)

Figura 18.12 Respostas à temperatura e ao pH do meio reacional de diferentes xilanases utilizadas no biobranqueamento de polpas celulósicas. (a): (-o-) Pulpzima HA a pH 5; (-□-) Pulpzima HB a pH 8; (-Δ-) Pulpzima HC a pH 8. (b): (-o-) Pulpzima HA a 40 °C; (-□-) Pulpzima HB a 45 °C; (-Δ-) Pulpzima HC a 50 °C.

Fonte: adaptada de Hansen (1995).

O mecanismo de ação das xilanases como auxiliares no branqueamento tem sido atribuído à remoção de hemiceluloses redepositadas sobre as fibras durante o processo de polpação. Como o cozimento da madeira no processo kraft tem início em pHs e temperaturas bastante elevados, parte da hemicelulose é degradada e outra parte é solubilizada no meio reacional ainda como oligossacarídeos de cadeia longa. Esses oligossacarídeos de cadeia longa podem precipitar no final do processo de cozimento devido à diminuição do pH e da temperatura. A precipitação dessa hemicelulose ocorre sobre as fibras, ocluindo parte da lignina residual. Isso torna parte da lignina residual inacessível aos agentes de branqueamento. A hidrólise seletiva das hemiceluloses pelas xilanases expõe a lignina residual, tornando-a mais facilmente removível pelos agentes de oxidação.

As etapas de branqueamento das polpas kraft podem ainda ser facilitadas pelo emprego de enzimas envolvidas na degradação de lignina. A maior parte das aplicações dessas enzimas foi descrita em escala de laboratório e eventualmente em escala piloto. O princípio é basicamente o de oxidar a lignina residual por um agente biológico, diminuindo a demanda por agentes químicos na etapa de branqueamento. As lacases têm encontrado maior aplicação neste processo graças à maior facilidade de produção desse tipo de enzima em escala industrial. No entanto, devido à ação restrita das lacases sobre estruturas fenólicas da lignina, o processo requer o emprego de um mediador da enzima que potencialize sua ação também sobre estruturas não fenólicas. O mediador empregado com sucesso em escala piloto tem sido o hidroxibenzotriazol (HBT). Muitos ensaios de otimização envolvendo carga de enzima, carga de mediador, pH e temperatura de tratamento foram desenvolvidos. Um exemplo de estudo em planta piloto que processava 100 kg de polpa/h foi conduzido por Call e Mücke (1997). A linha de branqueamento empregada contava com etapas de ajuste de pH inicial, adição de enzima e mediador e etapas subsequentes de extração alcalina e branqueamento com peróxido de hidrogênio. A polpa foi amostrada na linha de branqueamento após a etapa de tratamento com o sistema lacase/HBT e também após o branqueamento final com peróxido de hidrogênio (Figura 18.13). Observa-se claramente que, a partir da introdução da etapa de tratamento com lacase seguida de uma extração alcalina, o número kappa (que mede o teor de lignina residual) das polpas foi reduzido de 12 para 5,5, e a alvura, elevada de 38% para 55%. Incluindo a etapa final de branqueamento com peróxido de hidrogênio a polpa tratada com o sistema lacase/mediador atingiu o valor de alvura de 76,5%.

Atualmente, a tecnologia lacase/mediador ainda não foi implementada em escala industrial, principalmente porque o custo dos mediadores é muito elevado e eles são requeridos numa carga da ordem de 15 kg/t de polpa tratada. Dessa forma, parte expressiva da pesquisa atual dentro do tema busca mediadores alternativos (CAMARERO et al., 2007; SINGH et al., 2015).

Outro tipo de aplicação de enzimas nos processos de polpação foi originalmente desenvolvido para obter benefícios similares aos obtidos com a biopolpação. O processo está indicado com o número 5 na Figura 18.5 e compreende o emprego de enzimas hidrolíticas aplicadas no material do desfibramento primário realizado no processo de polpação mecânica. Os melhores resultados são obtidos com a aplicação de celobio--hidrolases (CBHI) sobre as polpas, com tempos de residência da ordem de 2 horas. Esse tipo de tratamento mostrou ser efetivo para reduzir o consumo de energia elétrica em cerca de 15% a 20% no refinador secundário do processo de polpação mecânica. A polpa produzida apresenta melhor resistência mecânica devido à menor degradação durante o refino secundário mais ameno e o rendimento se mantém elevado, sendo que a perda de massa de polpa não supera 0,3% (PERE; SIIKA-AHO; VIIKARI, 2000).

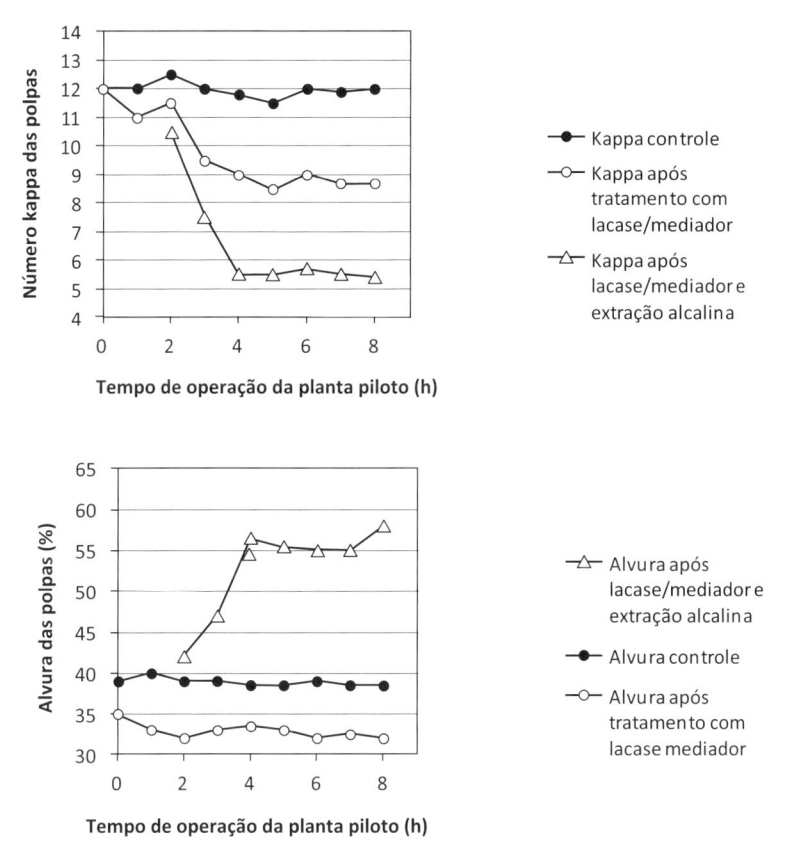

Figura 18.13 Processamento de polpa kraft em uma planta piloto de branqueamento que aplica o sistema lacase/mediador. (A) Valores do número kappa das polpas em função do tempo de operação do processo. (B) Valores de alvura das mesmas polpas avaliadas em A. O tempo de residência durante a etapa com lacase/mediador foi de 2 horas com carga de enzima de 40.10^6 UI/t de polpa, mediador HBT 13 kg/t de polpa, pressão de O_2 de 2 bar, pH 4,5 e 45 °C.

Celulases e hemicelulases também podem ser usadas como auxiliares no processo de refino na fabricação de papel (indicado com o número 7 na Figura 18.5). Uma empresa produtora de papel usualmente compra polpa celulósica de um ou mais fornecedores e processa a polpa de acordo com o fluxograma mostrado na Figura 18.5 (produção de papéis e cartões). O processo envolve essencialmente a suspensão das fibras em água, uma etapa subsequente de refino e a formação final das folhas na máquina de papel. O refino representa um processo de achatamento das fibras e a escamação da superfície (fibrilação), fazendo com que o material refinado forme papéis mais densos e resistentes aos esforços de tração e rasgo (Figura 18.14). Esse processo requer o uso de refinadores de disco e consome elevada quantidade de energia elétrica. O emprego de celulases como auxiliares de refino permite amenizar a severidade das etapas de refino, proporcionando a redução no consumo de energia no processo.

No entanto, a carga de enzima e o tipo de celulases e hemicelulases empregados devem ser cuidadosamente otimizados a fim de evitar a ação excessiva das celulases, o que pode ocasionar a perda de resistência do papel final formado devido à degradação extensiva da celulose (CUI et al., 2015).

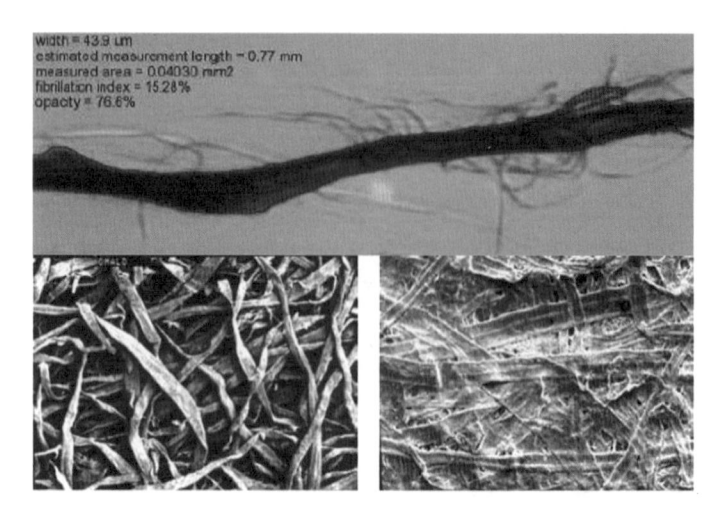

Figura 18.14   Acima, fotografia de uma fibra individual após a etapa de refino, mostrando a fibrilação da superfície. Abaixo, microscopias eletrônicas de varredura da superfície de um papel fabricado com polpas não refinadas (à esquerda) e após refinamento mecânico (à direita).

Uma aplicação de enzimas similar à descrita pode ser vista no processo de reciclagem de papéis e cartões. A reciclagem, em geral, demanda uma etapa inicial de processo que envolve o desfibramento e ressuspensão das fibras (Figura 18.5). Esse processo costuma ser chamado de "polpação", pois em alguns casos se emprega a adição de reagentes alcalinos nessa etapa. Uma parte dos pigmentos originalmente presentes no material fibroso sendo reciclado (restos de papéis e cartões impressos) é removida por flotação e parte por degradação química e solubilização. Uma alternativa biotecnológica que tem se mostrado viável é realizar essa etapa do processo com o auxílio de enzimas hidrolíticas, minimizando o uso de reagentes inorgânicos. O emprego de celulases e hemicelulases facilita a desagregação das fibras contidas nos materiais e também auxilia na separação do pigmento que está adsorvido na superfície da fibra. As enzimas atuam hidrolisando parcialmente a celulose e as hemiceluloses, diminuindo a interação dos pigmentos com a matriz celulósica, o que facilita consideravelmente a flotação dos pigmentos na etapa de destintamento. Uma vantagem adicional da aplicação de celulases e hemicelulases na reciclagem de papel é o aumento na velocidade de drenagem da suspensão de polpa reciclada. Esse aumento na velocidade de drenagem é extremamente importante, pois permite uma maior velocidade de operação da máquina formadora de folhas. Por exemplo, a aplicação de enzimas comerciais possibilita a operação de uma determinada máquina formadora de folhas a 285 m/s, enquanto com polpa não tratada a velocidade não pode ser superior a 250 m/s (GRANT, 1991). Esse mesmo tipo de aplicação pode ser feito na produção de papel usando fibras virgens (de madeira de reflorestamento) em vez de material reciclado.

Outras etapas do processo de reciclagem de fibras também podem ser beneficiadas pela aplicação de enzimas. Por exemplo, algumas esterases podem ser aplicadas na etapa final de remoção de pigmentos (indicada com o número 6 na Figura 18.5). Na etapa final de destintamento é comum a formação de aglomerados contendo materiais adesivos, resinas e pigmentos, comumente encontrados em papéis e cartões impressos submetidos à reciclagem. A terminologia em inglês empregada para esses aglomerados é *stickies* e se refere a toda uma variedade de impurezas que podem acumular nas máquinas formadoras de papel ou mesmo se depositar como manchas sobre os papéis produzidos. Um dos principais compostos presentes nesses aglomerados tem origem nos adesivos a base de acetato de polivinila usados nos papéis. As esterases empregadas nessa etapa de processamento podem degradar os acetatos, bem como alguns tipos de resina derivadas de triglicerídeos e facilitar a solubilização e remoção dos materiais que geram a formação dos aglomerados (SKALS et al., 2008).

Esterases também podem ser empregadas na fabricação de papéis produzidos a partir das mais variadas fontes de fibras (virgens ou recicladas), conforme indicado com o número 7 na Figura 18.5. Essa aplicação tem sido denominada controle de resinas. A resina compreende uma série de compostos, principalmente ésteres de ácidos graxos, que estão presentes na madeira em pequenas quantidades. Esses compostos, insolúveis em sistemas aquosos, normalmente se acumulam nas máquinas que produzem o papel e podem causar defeitos no próprio papel e levar à interrupção da fabricação devido à ocorrência de rasgos (casos extremos), obrigando a limpezas frequentes do maquinário para a sua eliminação. A aplicação de lipases ou resinase A (enzima produzida pela Novozymes) na linha de produção de papel para catálogos que emprega polpa mecânica como insumo minimiza a ocorrência de defeitos no papel produzido. A enzima é adicionada aos cavacos de madeira previamente à entrada no refinador de discos, na razão de 0,38 kg/tonelada de polpa. As condições na etapa de refinamento são mantidas a 40 °C a 50 °C e pH 6,5 a 7. Linhas que operam sem a adição de enzima requerem limpezas periódicas a cada 30 minutos, enquanto a aplicação da enzima possibilita o aumento desse tempo para 3 horas, diminuindo em 83% a frequência de limpeza da máquina formadora de papel (GRANT, 1991).

REFERÊNCIAS

AKHTAR, M. et al. An overview of biomechanical pulping research. In: YOUNG, R.; AKHTAR, M. (eds.). Environmentally friendly technologies for the pulp and paper industry. New York: John Wiley and Sons, 1998. p. 309-383.

AMIDON, T. E. et al. Commercializing biorefinery technology: a case for the multi-product pathway to a viable biorefinery. *Forests*, v. 2, p. 929-947, 2011.

ARANTES, V.; SADDLER, J. N. Access to cellulose limits the efficiency of enzymatic hydrolysis: the role of amorphogenesis. *Biotechnology for Biofuels*, v. 3, p. 4, 2010.

CALL, H. P.; MÜCKE, I. History, overview and applications of mediated lignolytic systems, especially laccase-mediator-systems (Lignozym®-process). *Journal of Biotechnology*, v. 53, p. 163-202, 1997.

CAMARERO, S. et al. Paper pulp delignification using laccase and natural mediators. *Enzyme and Microbial Technology*, v. 40, p. 1264-1271, 2007.

CUI, L. et al. Effect of commercial cellulases and refining on kraft pulp properties: Correlations between treatment impacts and enzymatic activity components. *Carbohydrate Polymers*, v. 115, p. 193-199, 2015.

DANEAULT, C.; LEDUC, C.; VALADE, J. L. The use of xilanases in kraft pulp bleaching: a review. *Tappi Journal*, v. 77, n. 6, p. 125-131, 1995.

EK, M.; GELLERSTEDT, G.; HENRIKSSON, G. *Wood Chemistry and Wood Biotechnology, Pulping Chemistry and Technology 2*. Berlin: Walter de Gruyter, 2009.

FENGEL, D.; WEGENER, G. *Wood: chemistry, ultrastructure, reactions*. Berlin: Walter de Gruyter, 1989.

FERRAZ, A. Fungos decompositores de materiais lignocelulósicos. In: ESPOSITO, E.; AZEVEDO, J. L. (eds). *Fungos: uma introdução à biologia, bioquímica e biotecnologia*. Caxias do Sul: Educs, 2004. p. 215-242.

FERRAZ, A. et al. Characterzation of white zones produced on *Pinus radiata* wood chips during biodegradation by *Ganoderma australe* and *Ceriporiopsis subvermispora*. *World Journal of Microbiology and Biotechnology*, v. 16, p. 641-645, 2000.

_____. Technological advances and mechanistic basis for fungal biopulping. *Enzyme and Microbial Technology*, v. 43, p. 178-185, 2008.

GIRI, C. C.; SHYAMKUMAR, B.; ANJANEYULU, C. Progress in tissue culture, genetic transformation and applications of biotechnology to trees: an overview. *Trees*, v. 18, p. 115-135, 2004.

GRANT, R. First mill-scalle trials get underway. *Pulp and Paper International*, n. 6, p. 61-63, 1991.

GUERRA, A.; PAVAN, P. C.; FERRAZ, A. Bleaching, brightness stability and chemical characteristics of *Eucalyptus grandis*-bio-TMP pulps prepared in a biopulping pilot plant. *Appita Journal*, v. 59, n. 5, p. 412-415, 2006.

HANSEN, D. N. A enzima de alto desempenho para reforçar o alvejamento. *BioTimes (Novo Nordisk)*, n. 1, p. 6-7, 1995.

JUTURU, V., WU. J. C. Microbial xylanases: Engineering, production and industrial applications. *Biotechnology Advances*, v. 30, p. 1219-1227, 2012.

LEI, L. et al. The *jiaoyao1* mutant is an allele of korrigan1 that abolishes endoglucanase activity and affects the organization of both cellulose microfibrils and microtubules in *Arabidopsis*. *The Plant Cell*, v. 26, p. 2601-2616, 2014.

LEVASSEUR, A. et al. Expansion of the enzymatic repertoire of the CAZy database to integrate auxiliary redox enzymes. *Biotechnology for Biofuels*, v. 6, p. 41, 2013.

MASARIN, F. et al. Laboratory and mill scale evaluation of biopulping of *Eucalyptus grandis* Hill ex Maiden with *Phanerochaete chrysosporium* RP-78 under non-aseptic conditions. *Holzforschung*, v. 63, p. 259-263, 2009.

MYBURG, A. A. et al. The genome of *Eucalyptus grandis*. *Nature*, v. 510, p. 356-362, 2014.

PAVAN, P. C.; FERRAZ, A. Processo industrial de biopolpação de eucalipto para a produção de polpas termomecânicas e quimiotermomecânicas. Patente INPI PI-0801220-2, 2008.

PAYNE, C. M. et al. Fungal Cellulases. *Chemical Reviews*, v. 115, p. 1308-1448, 2015.

PERE, J.; SIIKA-AHO, M.; VIIKARI, L. Biomechanical pulping with enzymes: Response of coarse mechanical pulp to enzymatic modification and secondary refining. *Tappi Journal*, v. 83, n. 5, p. 1-8, 2000.

POLLEGIONI, L.; TONIN, F.; ROSINI, E. Lignin-degrading enzymes. *FEBS J*, v. 282, p. 1190-1213, 2015.

RYTIOJA, J. et al. Plant-Polysaccharide-Degrading Enzymes from Basidiomycetes. *Microbiology and Molecular Biology Reviews*, v. 78, p. 614-649, 2014.

RILEY, R. et al. Extensive sampling of basidiomycete genomes demonstrates inadequacy of the white-rot/brown-rot paradigm for wood decay fungi. *PNAS*, v. 111, p. 9923-9928, 2014.

SCOTT, G. M. et al. Recent developments in biopulping technology at Madison, WI. In: VIIKARI, L.; LANTTO, R. (eds.). *Progress in Biotechnology*. Amsterdam: Elsevier, 2002. v. 21, p. 61-71.

SINGH, G. et al. Critical factors affecting laccase-mediated biobleaching of pulp in paper industry. *Applied Microbiology and Biotechnology*, v. 99, p. 155-164, 2015.

SKALS, P. B. et al. Environmental assessment of enzyme assisted processing in pulp and paper industry. *Int J LCA*, v. 13, p. 124-132, 2008.

TUSKAN, G. A. et al. The Genome of Black Cottonwood *Populus trichocarpa* (Torr. & Gray). *Science*, v. 313, p. 1596-1604, 2006.

WAGNER, A. et al. Syringyl lignin production in conifers: Proof of concept in a Pine tracheary element system. *PNAS*, v. 112, p. 6218-6223, 2015.

CAPÍTULO 19
Produção de bioinseticidas

Iracema de Oliveira Moraes

Deise Maria Fontana Capalbo

Regina de Oliveira Moraes Arruda

Rodrigo de Oliveira Moraes

19.1 INTRODUÇÃO

Causa de preocupação mundial, o uso excessivo ou indiscriminado de agrotóxicos e seus impactos negativos cada vez mais mostram a necessidade de desenvolvimento de métodos ambientalmente mais seguros para o controle de pragas. Mesmo os países em desenvolvimento estão conscientes e preocupados com esses impactos e se mostram interessados no desenvolvimento e implantação de programas de manejo integrado de pragas (MIP). A utilização de microrganismos como bioprodutos seletivos tem mostrado alguns sucessos notáveis. Várias bactérias, fungos e vírus estão sendo utilizados como produtos comerciais, como resultado dos esforços para se atingirem bons processos de produção e formulação (MORAES et al., 2008a; CAPALBO et al., 2008b; MORAES et al., 2008b; CAPALBO et al., 2008c).

Muitas bactérias formadoras de esporos produzem moléculas importantes (solventes, antibióticos, enzimas e inseticidas), enquanto outra fração representa um problema na indústria de alimentos, por produzir toxinas e apresentar esporos altamente resistentes a processos de higienização. Do processo de esporulação resulta um endosporo dormente e altamente resistente a temperatura e outros estresses, que, sob condições favoráveis, pode germinar e se transformar numa célula vegetativa. As bactérias formadoras de esporos pertencem em sua maioria à família Bacillaceae, incluindo cinco gêneros: *Bacillus*, *Sporolactobacillus*, *Clostridium*, *Desulfotomaculum* e *Sporosarcina* (MORAES; CAPALBO; ARRUDA, 2001). Muitas dessas bactérias são

Gram-positivas, têm mobilidade devido a flagelo (lateral ou em toda a superfície celular) e são aeróbicas, aeróbicas facultativas ou até anaeróbicas. O gênero aeróbio *Bacillus é* o maior, seguido pelo anaeróbio *Clostridium*, sendo que os patógenos de insetos pertencem a um desses dois gêneros. *Bacillus* são aeróbicos ou anaeróbicos facultativos, enquanto os do gênero *Clostridium* são anaeróbicos. A Figura 19.1 apresenta as mudanças morfológicas durante a diferenciação de *Bacillus* sp.

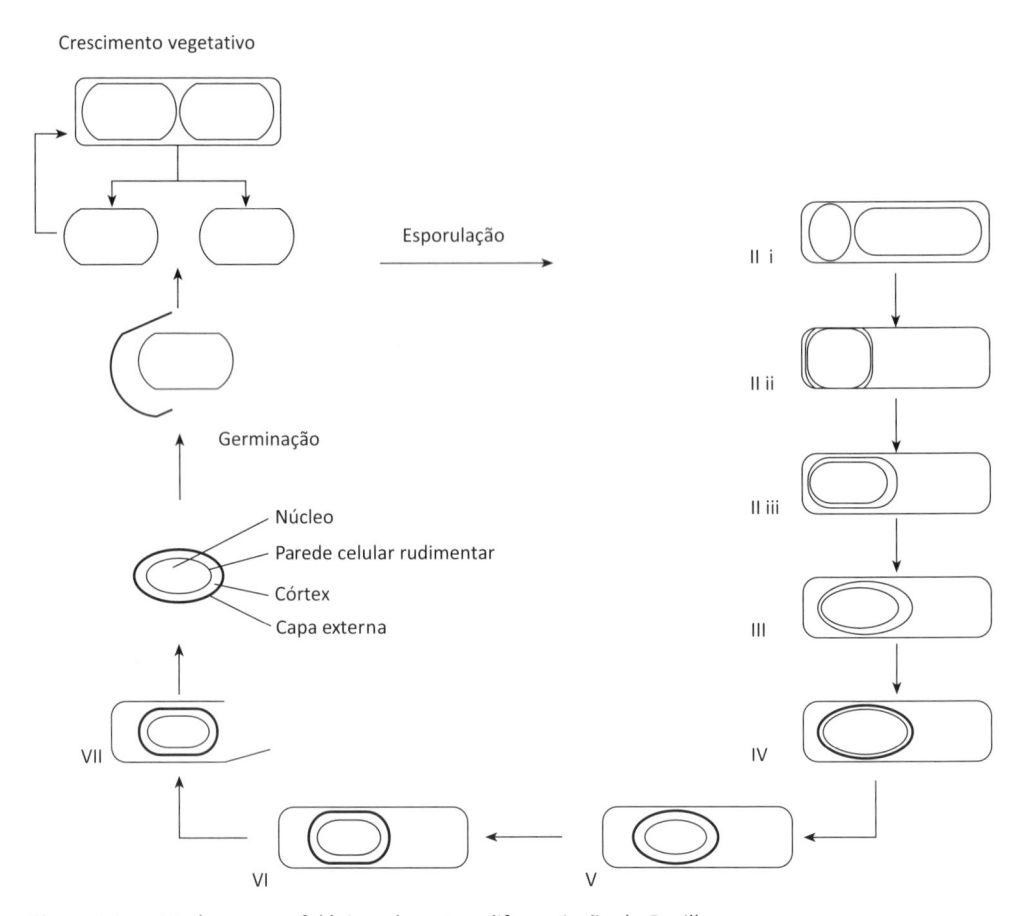

Figura 19.1 Mudanças morfológicas durante a diferenciação de *Bacillus* sp.

São também essas bactérias formadoras de esporos as de maior potencial para o controle biológico, pelas mesmas características que lhes conferem resistência às condições adversas ambientais e de processamento industrial. O gênero *Bacillus* inclui a bactéria mais utilizada para controle de insetos, mas nenhum membro do gênero *Clostridium* foi relatado como efetivo agente de controle. Nos últimos quarenta anos o desenvolvimento da agricultura e a ampliação das fronteiras agrícolas obrigaram à intensificação do uso de pesticidas químicos, devido ao grande aumento do ataque de insetos, responsáveis por cerca de 30% de perdas em colheitas e produtos armazenados. Paralelamente a essa expansão, surgiram os problemas de toxidez, devido especialmente ao emprego indiscriminado e aos resíduos que tais pesticidas deixam nas plantações. Além disso, o problema de resistência de insetos a pesticidas químicos deve ser considerado. Surgiram, então, alternativas de combate aos insetos, entre as quais o uso de feromônios e entomopatógenos, que incluem especialmente vírus, bactérias e fungos. Os inseticidas baseados em entomopatógenos são quase sempre específicos, apresentando baixa ou nenhuma toxidez aos vertebrados e insetos benéficos, e ocorrendo naturalmente nos campos cultivados (MORAES, 1973, 1976a, 1976b, 1981; CAPALBO et al., 2008c).

Apesar do uso de entomopatógenos representar apenas 1% do mercado total de produtos para proteção de plantas, um número significativo de estudos promoveu o aumento da quantidade de produtos disponíveis e ampliou as perspectivas para o mercado. Em particular, o entendimento do modo de ação de *Bacillus thuringiensis* (Bt), o ingrediente ativo mais utilizado comercialmente nos biopesticidas, cresceu pela aplicação de métodos biotecnológicos. Um recente aumento de vendas de produtos à base de Bt (de 80% em três anos) se deve a avanços na formulação e formas de produção que geraram produtos mais econômicos, alguns dos quais competem diretamente com os químicos, conforme Lysansky e Coombs (1992), citados por Moraes, Capalbo e Arruda, 2001.

A aplicação de patógenos como inseticidas requer grandes quantidades do agente ativo. Consequentemente, sua produção deve ser relativamente fácil e com boas características de estocagem. A produção depende do microrganismo entomopatogênico se desenvolver em meio artificial ou não. Se ele crescer em meio artificial (*in vitro*) poderá ser produzido em larga escala, utilizando-se as modernas técnicas de fermentação. Por outro lado, se o patógeno se reproduzir apenas *in vivo*, faz-se necessário o hospedeiro vivo, ou um organismo alternativo para sua multiplicação. Tal produção será viável com a utilização de métodos de criação de insetos, livres de doenças, geralmente alimentados com dieta artificial (PARRA, 1986).

Qualquer que seja o método de produção utilizado, seja fermentação submersa ou fermentação em estado sólido, existirão problemas de formulação e manutenção da viabilidade microbiana (ARRUDA et al., 2013, MORAES, 1993). Os princípios e métodos de formulação de inseticidas químicos podem ser adaptados para microrganismos, porém, deve-se estar atento ao fato de que o patógeno deve ser mantido vivo e que ele é suscetível a fatores que não costumam afetar os compostos químicos, como radiação ultravioleta, temperatura e pressão durante a moagem para formulação em pó, entre outros.

A manutenção da linhagem do patógeno geralmente é de vital importância, particularmente para aqueles que perdem sua virulência com as constantes repicagens da cultura *in vitro*. A variabilidade, mutabilidade e, algumas vezes, a facilidade de manipulação genética são algumas vantagens dos inseticidas baseados em entomopatógenos, em comparação com os químicos. A manipulação genética dos patógenos, promovendo novas linhagens potencialmente mais ativas, e a descoberta de novas espécies apresentam perspectivas mais promissoras na área. Paralelamente, o desenvolvimento de novos métodos de preservação de microrganismos favorece a manutenção de bancos desse material para futuras pesquisas e melhoramentos. A preservação dos microrganismos de interesse deve ser realizada através de depósito em uma reconhecida coleção de culturas. A Fundação André Tosello possui a Coleção de Culturas Tropical (CCT), que preenche os requisitos, é registrada na World Federation Culture Collections (WFCC) e possui catálogo on-line[1] (MORAES; MORAES; ARRUDA, 2012; MORAES et al., 2011). Iniciada em 1982, a CCT contava 8 mil linhagens em 2016.

Pelos idos de 1960, o potencial para biopesticidas no mercado foi observado por diferentes óticas, sendo que hoje esses produtos são vistos não como uma panaceia, mas como um componente efetivo e de valor nos sistemas de manejo integrado (LYSANSKY; COOMBS, 1992, apud MORAES; CAPALBO; ARRUDA, 2001).

Segundo Moraes e Capalbo (1986), são vários os microrganismos entomopatogênicos. Podem ser divididos em três grupos, com base em sua ecologia. O primeiro grupo, uma vez introduzido numa população-alvo, será reciclado naturalmente, gerando um grau de controle permanente naquela população. O segundo grupo logo desaparece do ambiente ao qual foi aplicado e deverá ser aplicado repetidamente. O terceiro grupo pode se comportar de ambas as formas, dependendo da combinação da linhagem do patógeno com a espécie de praga visada e também do ambiente. Os agentes bacterianos de controle biológico se dividem entre os três grupos. *Bacillus popilliae* e espécies semelhantes pertencem ao primeiro grupo. Muitas variedades de Bt são do segundo grupo. O terceiro grupo envolve linhagens de *Bacillus sphaericus*. Essa lista de espécies bacterianas, embora curta, contém os mais promissores agentes de controle microbiano. Cada um dos três grupos possui, entretanto, características particulares interessantes, que resultaram na sua utilização como meio de controle de insetos.

Essas espécies de bactérias possuem vantagens e desvantagens para controle de insetos. As vantagens incluem a produção de esporos, que são bastante resistentes aos fatores adversos do ambiente, a possibilidade de serem mantidas na forma de pó ou emulsão, o fato de serem facilmente utilizadas em equipamentos projetados para a aplicação de inseticidas químicos e, principalmente, a característica de serem inócuas ao ser humano, a outros mamíferos e benéficas à flora e à fauna. Muitas delas apresentam um verdadeiro arsenal de toxinas para diferentes tipos de controle biológico e diversos alvos. Dentre as desvantagens, está o fato de as bactérias agirem por via oral, não se tendo nenhuma notícia que apresente ação por contato. Sua ação geralmente se restringe a um estágio de desenvolvimento do inseto e, por consequência, a aplicação do produto deve ser mais exata e controlada do que a de produtos químicos. Geralmente sua ação se dá desde o ovo até alguns instares da larva, não atingindo o inseto adulto.

19.2 PRODUÇÃO COMERCIAL

O interesse comercial no desenvolvimento de produtos para controle microbiano de insetos iniciou-se em torno de 1950, quando se percebeu a possibilidade de se manipular microrganismos para causar epizootias em insetos suscetíveis, em velocidades próximas daquelas dos produtos químicos, mas sem causar danos às espécies benéficas.

---

[1] Ver www.fat.org.br.

Primeiramente, foram as empresas de fermentação que, na procura de novos mercados, se lançaram no estudo da produção de Bt, que se apresentava viável para crescimento *in vitro*. A seguir, as indústrias de produtos químicos, já estabelecidas na produção e venda de inseticidas, demonstraram interesse, devido à potencialidade que o inseticida bacteriano representava na facilidade de produção, viabilidade e eficácia para o controle de insetos. Em oposição à maioria dos pesticidas químicos, o ingrediente ativo dos produtos à base de bactérias é obtido diretamente de organismos vivos, o que implica etapas de obtenção e utilização diferentes das rotineiramente observadas nos produtos químicos (MORAES et al., 2008c; BRYANT, 1994).

Para a produção comercial de microrganismos ou produtos microbianos, há a necessidade de seleção de uma linhagem bem adaptada ao processo fermentativo, e variações são necessárias a fim de maximizar a produção e realizar o crescimento sob condições de fermentação econômicas. Por outro lado, podem-se adquirir linhagens depositadas em coleções de cultura idôneas, como a já citada Coleção de Culturas Tropical da Fundação André Toshello.

Martin e Travers (1989), Dulmage e Aizawa (1982), citados por Moraes, Capalbo e Arruda (2001), afirmaram que Bt é um habitante de solo e apresentaram resultados de isolamento de Bt do solo usando técnica até hoje aplicada para recuperação dessa bactéria de diferentes hábitats. Observaram também que aproximadamente 40% das cepas de Bt isoladas, formadoras de cristal, não eram tóxicas aos insetos testados (*Bombyx mori*, *Trichoplusia ni*, *Culex pipiens*), tampouco a besouros.

Independente da fonte de obtenção da linhagem, seja ela isolada de fontes naturais, como solo ou insetos, seja ela obtida por manipulação genética, ou adquirida de coleções de culturas, todos os novos "materiais" deverão seguir etapas de otimização antes de poderem ser utilizados em fermentações de escala comercial. Essas etapas envolvem a estabilidade da linhagem e as condições ótimas de produção. Verifica-se a estabilidade da linhagem através de várias gerações, de forma a demonstrar que através de multiplicações sucessivas um inóculo inicial não reverterá a um isolado menos ativo. Estudam-se as condições ótimas de produção da entidade tóxica, pois apesar de se poder contar com uma linhagem potente, existe a possibilidade de as condições de fermentação alterarem drasticamente a habilidade do isolado de gerar um produto altamente tóxico. Assim, a potência e o espectro de atividade do caldo final fermentado dependem muito da qualidade e controle do processo de produção.

As etapas preliminares de otimização das condições de produção são normalmente realizadas em pequenos reatores (entre 1 e 5 L), seguidas de etapas intermediárias (reatores entre 10 e 50 L). Esses reatores são construídos de forma a permitir o controle, o monitoramento e o registro das condições de trabalho (temperatura, aeração, agitação, entre outras), bem como a retirada de amostras assepticamente. Desses testes obtêm-se dados sobre condições ideais de suprimento de nutrientes (carboidratos, minerais, proteínas), temperatura, pH, oxigênio dissolvido, que embasarão o escalonamento do processo. Considerações sobre os aspectos custo de produção e recuperação do produto final devem ser conjugadas com os dados de produtividade obtidos nas etapas de otimização do processo fermentativo, de forma a gerar produtos competitivos (MORAES; CAPALBO, 1986; MORAES et al., 2008b; MORAES et al., 2008c).

No caso do Bt a aplicação de bioensaios com o produto obtido determina a melhor linhagem. Isso envolve grande consumo de tempo, o que não é prático nem econômico, embora indispensável. A manutenção de culturas em meio sólido e as repetidas transferências em meio de cultura artificial causam alterações indesejáveis no microrganismo, sendo uma delas o decréscimo na capacidade de esporular, diminuindo sua patogenicidade. Esta pode ser restaurada através da passagem do microrganismo, pelo inseto hospedeiro e posterior reisolamento (MORAES, 1976a; MORAES; CAPALBO; ARRUDA, 2001).

19.3 PROCESSO FERMENTATIVO

Os processos fermentativos envolvem várias etapas na obtenção de grandes quantidades de células e/ou seus metabólitos (MORAES; CAPALBO; MORAES, 1991). Para Bt, a forma mais usual é o processo submerso, no qual um meio nutritivo líquido é utilizado para suspender e propagar a biomassa bacteriana (MORAES; CAPALBO, 1986; MORAES et al., 2001).

Cada linhagem é mantida como uma cultura-estoque na forma liofilizada ou preservada em ultrafreezers a –80 °C. A forma liofilizada é reidratada conforme instruções da coleção microbiana. Uma pequena quantidade desse material pode ser transferida assepticamente para um meio de propagação, por exemplo, um meio nutritivo contendo ágar. Essa etapa primeira de propagação (cultura-mãe, semente ou *starter*) é utilizada para testes de pureza que incluem, por exemplo, sorotipagem, sensibilidade a bacteriófagos, observação quanto à presença de contaminantes e confirmação da atividade inseticida (ARRUDA et al., 2013).

O processo de fermentação tem início quando se transfere uma pequena alíquota da cultura-mãe para um reator ou frasco de Erlenmeyer (até 1 L), que, após um período de fermentação sob condições controladas, será o inóculo de reatores maiores (p. ex., 5, 10, 50 L), e assim sucessivamente até se atingir o volume final desejado. O volume de inóculo varia de 1% a 10% conforme as demais condições de cultivo. Condições de assepsia durante todo o procedimento devem ser observadas para evitar contaminações por outros microrganismos. Todo o equipamento e meios de cultivo devem ser esterilizados em autoclave ou por vapor, de forma a manter as condições de assepsia necessárias (MORAES; CAPALBO, 1986; CAPALBO et al., 2008c; MORAES; CAPALBO; ARRUDA, 2001).

As condições de produção devem ser cuidadosamente monitoradas para segurança quanto ao andamento e manutenção da produtividade. Após o período de crescimento analisa-se o caldo quanto às propriedades físicas e microbiológicas, para assegurar qualidade e integridade antes de passar a etapas posteriores de produção, que atingirão até 10 mil litros ou mais por reator (BERNHARD; UTZ, 1993). Até esse ponto a fermentação gerou células em estágio de crescimento vegetativo; esporos e cristais proteicos ainda não foram produzidos em quantidades significativas, como se pode observar pelos resultados experimentais apresentados na Figura 19.2.

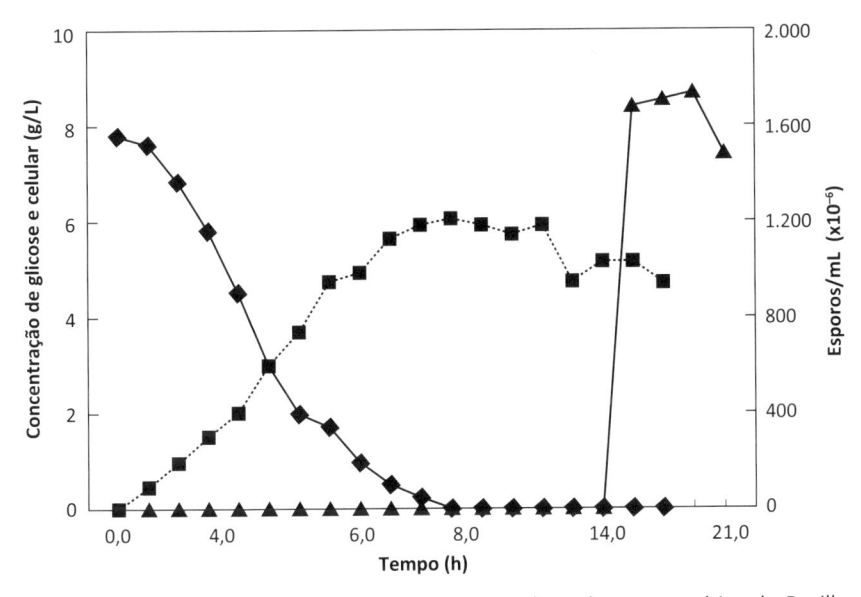

Figura 19.2 Alterações nas concentrações de algumas variáveis durante o cultivo de *Bacillus thuringiensis* em processo submerso descontínuo: (■) concentração celular (g peso seco/L); (♦) concentração de glicose (g/L); (▲) esporos/mL × 10⁻⁶.

Fonte: Moraes e Capalbo (1986); Moraes, Capalbo e Arruda (2001).

É no estágio final das fermentações que as fontes de nutrientes se tornam limitantes, o que promove a etapa final, de esporulação, chegando-se à obtenção de um grande número de cristais e esporos. Ocorre finalmente a lise de algumas células, liberando unidades de esporos e cristais independentes no meio de cultura. Dessa forma, o caldo final do reator conterá uma suspensão de células remanescentes do processo, pequenos fragmentos celulares (resultantes da lise da parede celular), além de esporos e cristais, que predominam (MORAES; CAPALBO; ARRUDA, 2001).

19.3.1 FERMENTAÇÃO SUBMERSA DESCONTÍNUA

Desde meados do século XX, todos os produtos contendo Bt têm sido obtidos por fermentação submersa, variando apenas a forma de recuperação dos esporos e a formulação final. Também *B. sphaericus* e *B. subtilis* vêm sendo estudados e produzidos nos últimos anos por esse processo.

Nas fermentações com Bt há a necessidade de altos níveis de carbono, nitrogênio e oxigênio: (a) microrganismos aeróbios como Bt apresentam elevada demanda de ar nos estágios iniciais de fermentação. É quase impossível saturar com ar caldos dessas culturas em estágio de crescimento logarítmico em fermentadores de 14 L, mesmo com aeração de 2 vvm (volume de ar/volume de meio × min⁻¹); (b) altas concentrações de carboidratos são geralmente conseguidas a partir de dextrose ou amido. Entretanto, a partir desses carboidratos podem ser produzidas grandes quantidades de ácidos orgânicos, que irão baixar o pH do caldo a valores inferiores a 5,4, o que poderá provocar a interrupção do crescimento bacteriano. A neutralização desses caldos geralmente permite que a cultura recupere seu crescimento; (c) altos níveis de nitrogênio (a partir de proteínas, hidrolisados ou água de maceração de milho) também estimulam o crescimento e promovem a liberação de bases orgânicas, que irão favorecer a manutenção do pH do caldo em níveis desejáveis. A composição do meio de cultura para fermentação deve consistir em água, carbono e nitrogênio, para biossíntese e energia, e traços de minerais. Os níveis e formas desses elementos dependem do processo de fermentação usado. Assim, uma fonte de carbono apropriada para fermentação em estado sólido (farelo de arroz, tortas de oleaginosas) pode não o ser para fermentação em submerso, onde o mais indicado seria melaço de beterraba, melaço de cana, amido de cereais etc. (CAPALBO et al., 2008c).

19.3.1.1 Fontes de carbono e nitrogênio

O nitrogênio pode ser suprido com sais de amônio, água de maceração de milho e farinha de soja. Dulmage (1993) e Moraes, Capalbo e Arruda (2008) estudaram diferentes meios de cultura e diferentes linhagens de Bt em cultura submersa. A atividade tóxica foi dependente do meio e da linhagem empregada. Os carboidratos usados foram triptona, farinha de soja e torta de algodão parcialmente desengordurada. Ejiofor (1989) menciona a utilização, na Nigéria, de levedura residual de cervejaria e amido residual de mandioca como substratos para crescimento de Bt.

Uma das chaves para o sucesso da produção e comercialização do inseticida bacteriano é o desenvolvimento do meio de cultura. A maioria dos meios de cultura empregados usa produtos totalmente naturais, como fontes de carbono, nitrogênio e sais. Conforme listados anteriormente, verifica-se que são subprodutos/derivados industriais de baixo custo. Moraes (1973) estudou o crescimento e produção em diversos meios de cultura. O balanço entre nitrogênio e oxigênio pode ter uma grande influência sobre o pH durante a fermentação. O pH da fermentação pode ser controlado entre 5,4 e 8,4, através do balanço de nutrientes, fontes de proteína que formam ácidos e bases. Segundo Pearson e Ward (1988) há um pequeno aumento na síntese da toxina de Bt se forem utilizados meios contendo amido quando comparados com melaço, e para a fermentação de *B. thuringiensis* var. *israelensis* (Bti) é interessante o suplemento do meio com sulfato de amônio, conforme Avignone-Rossa et al. (1992), citados em Moraes, Capalbo e Arruda (2001). Segundo os mesmos autores, *B. sphaericus* não utiliza fontes de carbono para crescimento e não metaboliza o açúcar, de modo que são necessários acetato, succinato, arginina e glutamato com fontes de carbono e energia, sendo possível também o gluconato e o glicerol. De acordo com Priest (1992), devido à sua fisiologia, o meio de crescimento deve ser composto apenas de componentes proteicos e aminoácidos. Priest também comenta que muitos trabalhos foram desenvolvidos para atingir um meio de cultivo efetivo para uso em países em desenvolvimento e que aparentemente um meio contendo resíduos agroindustriais de geração local reduziria os custos, porém, para Bti materiais amiláceos devem ser evitados, sendo mais recomendados sementes de leguminosas e produtos fermentados de mandioca ou milho, ou seja, a versatilidade do metabolismo do Bt pode ser benéfica na exploração desse potencial de grande valor para a produção de bioinseticidas em países em desenvolvimento.

Através da Figura 19.3 e da Tabela 19.1 (referentes ao trabalho de Yudina et al., 1993), observa-se claramente a influência da fonte de carbono sobre a atividade biológica e morfologia do cristal de Bt.

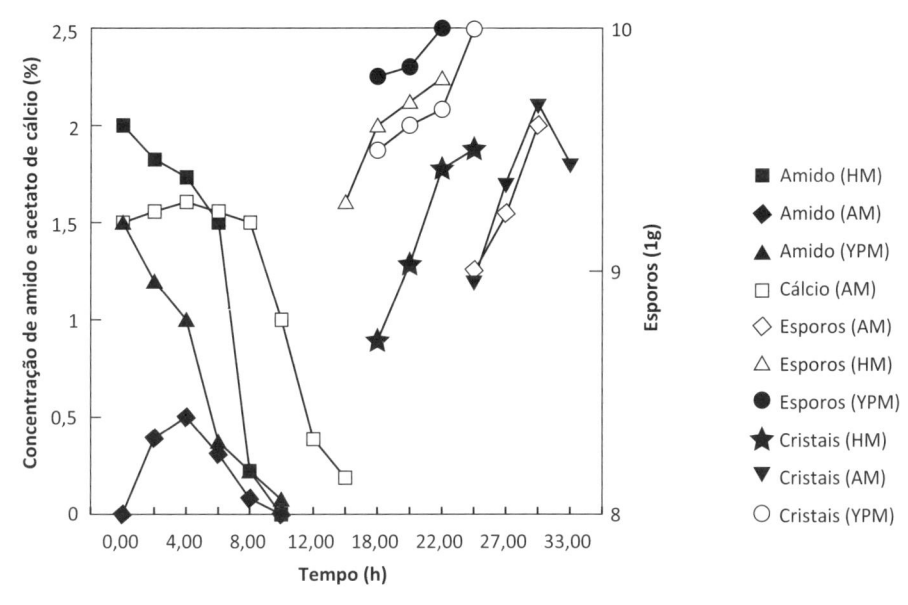

Figura 19.3 Formação de esporos e cristais durante o crescimento de *Bacillus thuringiensis* var. *kurstaki* Z-52 em diferentes meios de cultura. (YPM = 3% nutriente extrato de levedura, 1,5% farinha de milho; AM = acetato de cálcio, levedura, farinha de milho; HM = extrato de levedura hidrolisada (H_2SO_4) e diferentes concentrações de amido de 0,5% a 2,5%).

Fonte: Yudina et al. (1993).

Nesse processo, não apenas o número de cristais de diferentes formas se altera durante o crescimento em diferentes meios, como também as características morfológicas que dependem das variações nas estruturas e das relações de composição das delta-endotoxinas, levando a alterações na magnitude e especificidade do seu efeito inseticida (YUDINA et al., 1993). Um aumento na concentração de carbono (HM) aumentou a biomassa e também a quantidade de cristal. Entretanto, sua atividade biológica permaneceu a mesma, não tendo variado tampouco as formas e as relações entre formas de cristal obtidas. Já a mudança da fonte de carbono levou a alterações nas velocidades de formação de toxinas, o que se refletiu na mudança das principais características bioativas de Bt.

Para a produção no Brasil, é interessante usar melaço de cana e água de maceração de milho (MORAES, 1973, 1976a, 1985). A composição do meio de cultura é determinada através da análise de custos comparada com o rendimento das frações endo e exotóxicas.

A produção em alguns países da América Latina e Caribe, Cuba, Argentina, Colômbia, México e Peru foi apresentada por Capalbo et al. (2008c).

19.3.1.2 Sais minerais

São também necessários sais inorgânicos para o crescimento de microrganismos, tais como cálcio, zinco, manganês e magnésio. O balanço adequado de sais minerais auxilia no equilíbrio do pH do caldo de fermentação, o que é de extrema importância na produção e posteriores recuperação e estabilidade da toxina ou produto final desejado. O cálcio é necessário para a termoestabilidade dos esporos de Bt, enquanto o manganês é requerido para a esporulação.

Tabela 19.1 Principais propriedades do cristal produzido pela linhagem Z-52 em diferentes meios de cultura

Meio	HM + 0,5% de amido	HM + 1% de amido	HM + 2% de amido	AM	YPM
Comprimento do cristal (μm)	–	1,38	1,43	1,91	1,51
Largura da base do cristal (μm)	–	0,64	0,56	0,83	0,68
Dimensão do cubo	–	0,64	0,58	0,81	0,64
Volume dos cristais bipiramidais (μm³)	–	0,19	0,15	0,44	0,23
Volume dos cristais cuboides (μm³)	–	0,26	0,20	0,53	0,26
Concentração do cristal (mg/mL)	0,5	1,2	1,9	2,9	3,1
Atividade antibacteriana específica do cristal (U/mL)	2,3	2,2	2,0	9,0	6,7
Atividade antibacteriana geral do cristal (U/mL)	1,2	2,6	3,8	26,0	20,8
Número de esporos ($\times 10^9$/mL)	1,8	2,8	4,2	7,3	4,7
Atividade inseticida ($\times 10^6$ esporos /mL)	–	7,7	–	1,7	2,4

– = não determinado.

Fonte: Yudina et al. (1993).

Diversos autores, estudando o efeito de alguns minerais sobre o crescimento de Bti, verificaram que as concentrações ótimas de minerais para o crescimento e produção de endotoxinas são diferentes, não havendo relação entre crescimento celular e produção de toxina. Entre os elementos estudados (potássio, magnésio, cálcio, ferro, cobre e molibdênio), apenas o molibdênio provocou inibição.

19.3.1.3 Temperatura

Como determinado por Dulmage (1993) e apresentado na Tabela 19.2, crescimento e rendimento não variam muito entre temperaturas de 26 °C até 34 °C. A 37 °C, exames ao microscópio mostraram a presença de longos cordões de células e baixos rendimentos. Não existe vantagem em crescer Bt em temperaturas acima de 34 °C para produção comercial, pois, além do risco de menor rendimento, existe o custo da energia a ser acrescido.

Tabela 19.2 Efeito da temperatura de incubação no crescimento e produção de delta-endotoxina de *Bacillus thuringiensis* variedade HD 263 em fermentador de 14 L

Temperatura de incubação (°C)	Tempo para obter o máximo rendimento (h)	Esporos (× 10⁷)	Potência observada (kIU/mL)*
37	39-42	80	283
34	18-24	170	1.150
30	34-39	220	1.500
30	39	240	1.450
26	39-42	200	1.630

* Determinada contra *Heliothis virescens*; kIU = Unidades Internacionais × 10^3.

Fonte: Dulmage (1993).

19.3.1.4 Oxigênio e aeração

Entre os diferentes trabalhos já realizados sobre a influência do oxigênio na esporulação de Bt, o de Moraes, Santana e Hokka (1981) demonstra bem a influência dos diversos fatores que promovem a dissolução do oxigênio no meio de fermentação. Os autores estudaram a influência da concentração de oxigênio na produção de inseticidas bacterianos por fermentação submersa de *Bacillus thuringiensis* NCIB 9207. O meio de cultura foi composto de melaço de cana-de-açúcar e água de maceração de milho como fontes de carbono e nitrogênio. As condições iniciais foram estabelecidas em minifermentadores M 1000, determinando os parâmetros cinéticos de crescimento, e ampliou-se a escala para o fermentador CHEMAP F0020, 20 L, com o kit de agitação da Bench Scale Co.

Avignone-Rossa et al. (1992, apud MORAES; CAPALBO; ARRUDA, 2001) observaram a influência do oxigênio sobre a formação de endotoxinas de Bt. Apesar de a esporulação e síntese de endotoxinas serem ambas grandemente afetadas pelo suprimento de O_2, uma vez iniciada a esporulação ela será completada, mesmo que o fornecimento de oxigênio seja interrompido. Entretanto, a síntese de endotoxina é afetada por tal interrupção, e apenas uma fração do rendimento esperado será atingida. Assim, o oxigênio deve ser suprido de maneira contínua se o objetivo for atingir um alto rendimento em endotoxinas, principalmente quando se lembra que a endotoxina é responsável por grande faixa de atividade do Bt.

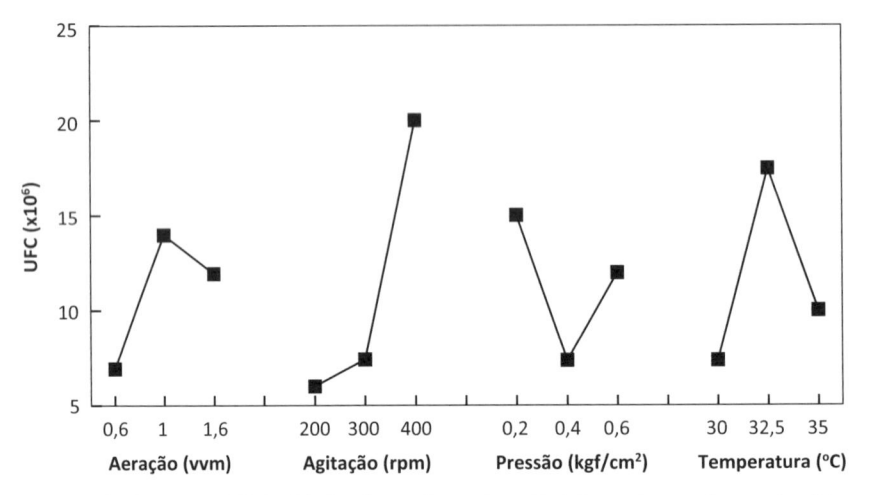

Figura 19.4   Relação entre UFC (unidades formadoras de colônia) e cada um dos quatro fatores que influenciam a quantidade de oxigênio dissolvido no meio de fermentação.

Fonte: Moraes, Capalbo e Arruda (2001).

19.3.1.5 Operação e acompanhamento

As condições de operação comumente utilizadas industrialmente, descritas por vários autores, indicam um pH inicial de 7,2 a 7,6 para o meio de fermentação. O volume de inóculo varia de 2% a 10% do volume total de fermentação, sendo esse inóculo obtido de pré-fermentação de forma a garantir que o microrganismo esteja em fase de crescimento logarítmico. A temperatura utilizada é de 30 ± 2 °C, e a aeração, variável segundo o tipo de fermentador. O ciclo de fermentação pode variar de poucas horas, cerca de 8 a 10 horas, até 3 dias, conforme as condições operacionais e o microrganismo selecionado.

O comportamento característico da fermentação descontínua de Bt em meio de cultura com melaço e água de maceração de milho está representado nas Figuras 19.5, 19.6 e 19.7, para consumo de glicose, variação de pH e cinética de crescimento, em dois tipos de fermentador (MORAES; CAPALBO; ARRUDA, 2001).

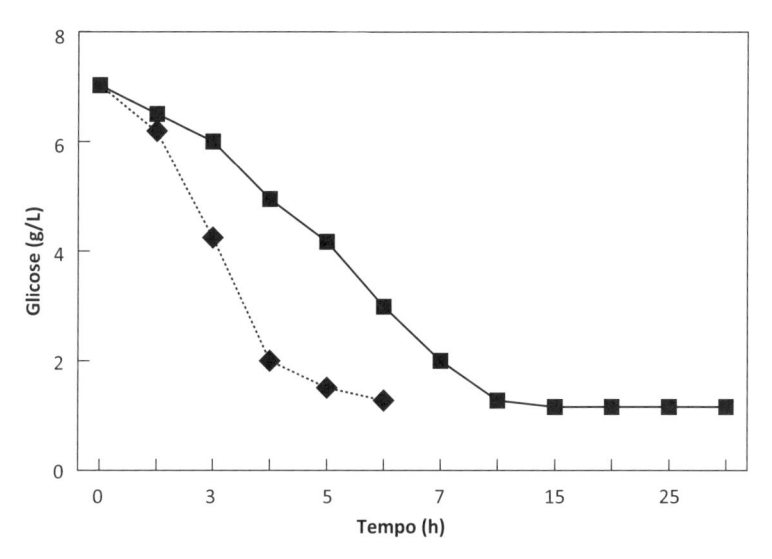

Figura 19.5 Cinética de consumo de açúcar para *Bacillus thuringiensis* em duas escalas de fermentação: (■) fermentador de 1 L; (♦) fermentador de 20 L.

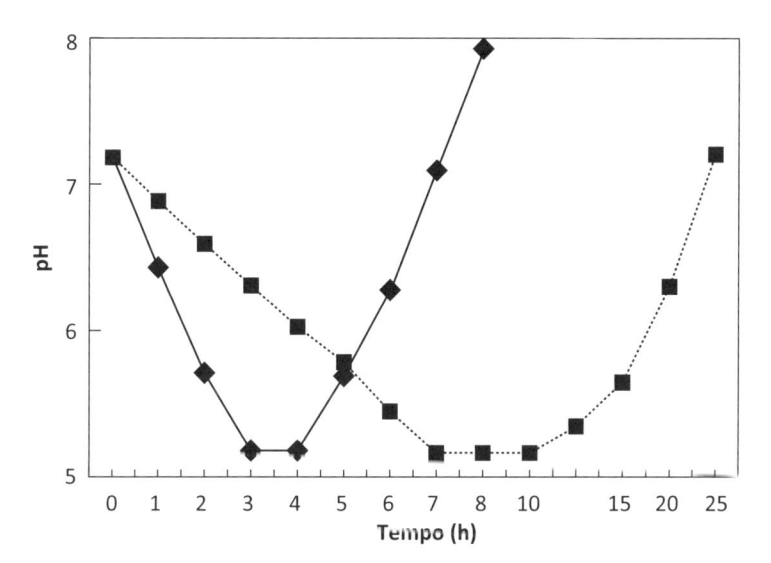

Figura 19.6 Variação de pH em fermentação de *Bacillus thuringiensis* para diferentes volumes de fermentação: (■) fermentador de 1 L; (♦) fermentador de 20 L.

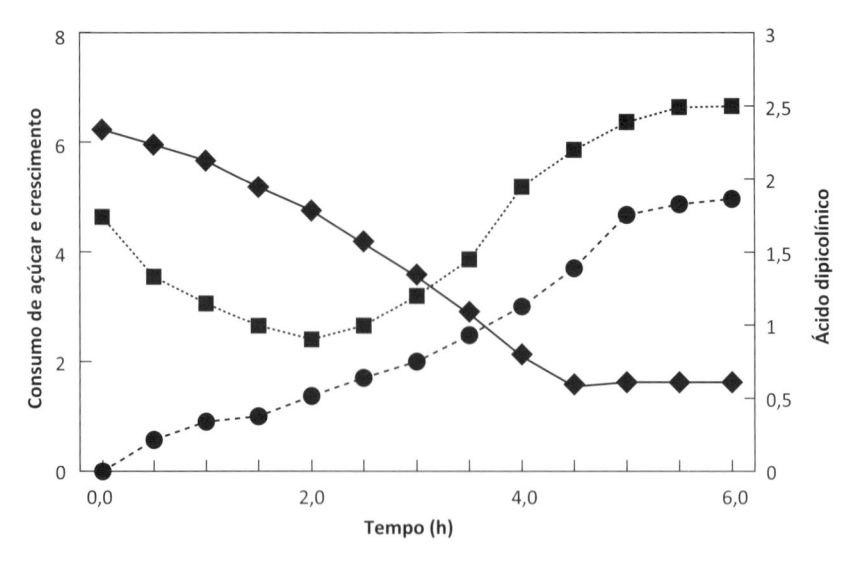

Figura 19.7   Cinética da fermentação de *Bacillus thuringiensis* em fermentador de 20 L: (■) ácido dipi-colínico (mg/g células); (♦) glicose (g/L); (●) biomassa (g/L).

Fonte: Moraes (1981).

19.3.2 FERMENTAÇÃO SUBMERSA CONTÍNUA

A maioria dos processos industriais diz respeito à técnica de produção do inseticida microbiano "em descontínuo", também denominada "em batelada". Conhecidas as condições ótimas para tal técnica, pode-se empregá-las num processo contínuo. Na cultura contínua, as condições de equilíbrio do sistema podem ser manipuladas, de forma a permitir um estudo profundo da cinética do crescimento do microrganismo e dos produtos de seu metabolismo.

Apesar de a técnica de cultura contínua ter sido alvo de muitos ensaios e utilizada com sucesso para fermentações industriais, o uso de cultura contínua para microrganismos esporuláveis é raro. Alguns trabalhos indicam que variações na velocidade de crescimento e no teor de carboidratos do meio poderão acelerar a esporulação.

Capalbo (1982) verificou que, para condições de laboratório, a fermentação contínua com Bt é bem-sucedida para sistemas com mais de um estágio, sendo a diminuição da aeração do último estágio do processo um fator econômico importante. Moraes, Capalbo e Arruda (2001) citam o estudo de Blokina et al. (1994) sobre o processo contínuo de Bt, que verificou que o crescimento em processo contínuo favorece a formação e desenvolvimento de colônias distintas da colônia-mãe. Também citam Freiman e Chupin (1973), que estudaram o processo em dois estágios e obtiveram uma cultura com máxima maturação, sendo que o segundo estágio atuou como fermentador descontínuo. Já Sachidanandham et al. (1993 apud MORAES; CAPALBO; ARRUDA, 2001) realizaram estudo sobre a otimização de parâmetros do processo fermentativo, visando a uma produção industrial de Bt, e utilizaram dados da fermentação contínua para estabelecer os dados de escalonamento. A produção em descontínuo foi realizada em fermentador de 3 mil L, com a obtenção de um produto efetivamente ativo, segundo Sachidanandham et al. (1993 apud MORAES; CAPALBO; ARRUDA, 2001).

19.3.3 FERMENTAÇÃO EM ESTADO SÓLIDO

A fermentação em estado sólido (FES), como é muitas vezes designada, é um sistema de produção alternativo para obtenção de novas substâncias ou mesmo algumas já conhecidas, a partir de microrganismos que se desenvolvem na superfície de substratos sólidos. Uma enorme gama de produtos pode ser obtida (como cogumelos, alimentos orientais, enzimas etc.). O desenvolvimento de FSS é realizado desde há muitos séculos, especialmente no Oriente, tendo geralmente um fungo como microrganismo, conhecido como método Koji. Uma revisão bastante interessante foi realizada por Hesseltine (1965), tratando de "um milênio de fungos: alimento e fermentação". Várias características intrínsecas ao processo foram extensivamente revisadas na tese de doutorado de Capalbo (1989), sendo interessante resumir que, do ponto de vista da engenharia de processos, a FSS oferece características atrativas como processo alternativo à fermentação submersa: meio de cultura muitas vezes natural e simples, utilizando resíduos agroindustriais, e aeração facilitada pelos espaços vazios entre partículas do substrato.

Na FSS, subprodutos de origem agrícola são geralmente utilizados como suporte para o crescimento microbiano, sendo que os microrganismos crescem internamente no substrato, em sua superfície e nos espaços intersticiais. Como o microrganismo está intimamente ligado ao suporte, muitas vezes é difícil avaliar sua massa diretamente. Por isso, muitas vezes se avalia crescimento microbiano através do consumo de O_2 ou da produção de CO_2 (CAPALBO, 1989). A estrutura dentro do fermentador muda com o tempo em diferentes níveis: no nível intraparticular, o microrganismo invade os poros disponíveis e modifica a composição química do suporte; no nível interparticular, o crescimento provoca o recobrimento da superfície do suporte; e no caso de fungos, o micélio liga as diferentes partículas. Cada uma dessas modificações, induzida pelo microrganismo, leva a modificações nos coeficientes de transferência de massa e gasoso.

Num estudo sobre difusão de CO_2 e O_2 em FSS, Auria, Palacios e Revah (1992, apud MORAES; CAPALBO; ARRUDA, 2001) avaliaram as alterações nos coeficientes de difusão durante a realização da fermentação, apresentando os resultados obtidos para biomassa seca (Figura 19.8). Esses autores ressaltaram a importância que as variáveis macroscópicas (tamanho coluna, forma, distribuição de tamanho de partícula do substrato, pressão de enchimento do reator) podem ter sobre as taxas e coeficientes de difusão, e, portanto, sobre os resultados de biomassa obtidos. Outro fator importante é a transferência de calor devido ao aumento da temperatura resultante do desenvolvimento do microrganismo.

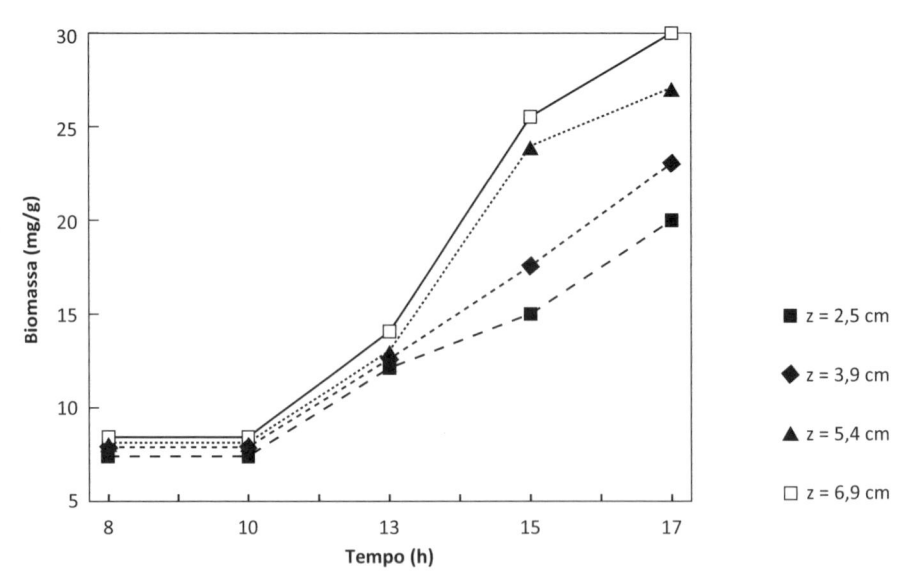

Figura 19.8   Variação da concentração de biomassa seca com o tempo em diferentes alturas da camada do meio semissólido, sendo $Z = 0$ o topo da camada.

Fonte: Moraes, Capalbo e Arruda (2001).

Como processo, a FSS é muito complexa devido à heterogeneidade do sistema, tanto do ponto de vista físico como químico e biológico. Mais detalhes no Capítulo específico, no volume 2 desta coleção.

19.4 SEPARAÇÃO DAS TOXINAS

De acordo com Moraes (1973), o Bt possui um verdadeiro arsenal de toxinas: alfa, beta, gama e delta. Durante a esporulação, forma-se ao lado de cada esporo um cristal proteico (delta-endotoxina), tóxico para a maior parte de lepidópteros, nos quais causa paralisia intestinal e morte. Em alguns casos em que o inseto parece não ser suscetível ao cristal tóxico, a ingestão deste com o esporo acarreta germinação dos esporos e produção de uma fosfolipase C, que mata o inseto hospedeiro (MORAES, 1973).

Além dessas endotoxinas, há a exotoxina termoestável (beta-exotoxina), descoberta por McConnell e Richards (1959, apud MORAES, 1981), que é produzida pelo Bt na fase de crescimento vegetativo e que é tóxica a alguns lepidópteros, dípteros, himenópteros, coleópteros e ortópteros. Moraes (1981), em tese de livre-docência, estudou o processo fermentativo e meios de cultura alternativos, além de produzir e testar as exotoxinas obtidas contra três variedades de moscas denominadas *Chrysomia*.

19.4.1 DELTA-ENDOTOXINA

É a principal toxina, conforme Barjac e Burgerjon (1971), componente do cristal proteico, sendo sua potência (dose letal média – DL_{50}) para *Pieris brassicae* da ordem de 0,25 g/g de inseto.

Megna (1963) em sua patente indica a separação da endotoxina por filtração do mosto fermentado, com auxiliar de filtração (Celite 512). Estabelece que qualquer desequilíbrio do suprimento de nitrogênio e carboidrato ao meio de cultura resultará na esporulação incompleta, germinação de esporos e/ou autólise, tornando a separação por filtração mais difícil.

Também já se executou a centrifugação do mosto, e o creme obtido (esporos + cristais) foi suspenso em solução 4% a 6% de lactose e precipitado com acetona. Esse precipitado, filtrado e lavado com acetona e água, foi seco. A potência do sistema foi testada em bioensaios (DULMAGE; CORRÊA; MARTINEZ, 1970).

Qualquer que seja a forma de separação desejada ou possível, ela envolverá etapas de purificação e concentração do caldo fermentado, uma vez que este contém água, remanescentes do meio de cultura (sólidos e material dissolvido), fragmentos celulares e os esporos e cristais. Essa separação é uma outra etapa crítica no desenvolvimento do processo produtivo, pois nela a potência do produto pode ser reduzida, caso o desenho aplicado à separação não seja adequado (BRYANT, 1994).

Moraes (1993) estudou os parâmetros termobacteriológicos para o Bt, em ensaios de laboratório, visando à definição dos processos de secagem do biopesticida em escala piloto. Com a pasta centrifugada, obtida da fermentação submersa, acrescentou argila como material inerte, e este pré-formulado foi submetido à secagem usando diferentes secadores. A secagem realizada em secador convencional a 90 °C apresentou valor de D (índice de redução decimal) de 5,84 horas. A secagem realizada em atomizador a 120 °C, 150 °C e 180 °C apresentou respectivamente 9,49 s, 5,88 s e 3,43 s de valor D, e valor z (coeficiente térmico) de 135,16 °C. A viabilidade relativa foi mantida a 50 °C e 70 °C, e sofreu redução a 90 °C em secador convencional. No atomizador a viabilidade relativa decresceu com elevação da temperatura de 120 °C a 180 °C.

19.4.2 BETAEXOTOXINA

Distingue-se a exotoxina do complexo esporo-cristal ao menos em quatro aspectos: termoestabilidade a 121 °C por 15 minutos, espectro das espécies de insetos suscetíveis, sintomas diferentes e existência de alguns sorotipos de Bt não produtores do complexo endotóxico que são produtores da exotoxina termoestável.

Em entomologia definem-se as endotoxinas produzidas pelos microrganismos entomopatogênicos como sendo aquelas toxinas ligadas à célula microbiana, enquanto as exotoxinas são aquelas excretadas no meio de cultura. Nesse sentido, a toxina termoestável de Bt é definida como exotoxina.

McConnel e Richards (1959, apud MORAES, 1981) verificaram que o sobrenadante autoclavado, separado do mosto fermentado de Bt, era tóxico quando injetado em larvas de *Galleria mellonella*, tendo obtido valores de DL_{50} como 0,3 μL/larva ou 2 μL/g de larva. Insetos de outras espécies, *Ostrinia nubilalis*, *Sarcophaga bullata* e baratas das espécies *Periplaneta americana* e *Blatta orientalis* também apresentaram suscetibilidade em testes de injeção de toxina. A adição de exotoxina em dieta alimentar desses insetos apresentou resultado negativo.

Citados por Moraes (1981), Burgerjon e De Barjac (1960) fizeram um relato sobre a toxicidade do sobrenadante autoclavado quando ministrado oralmente a alguns insetos da ordem Lepidoptera (*Bombyx mori*, *Pieris brassicae*, *Malacosoma neustria*, entre outros), Coleoptera (*Leptinotarsa decemlineata*) e Hymenoptera (*Pristiphora pallipes*). Da mesma maneira, Briggs (1960) apud Moraes (1981) verificou que o sobrenadante esterilizado de mosto bacteriano filtrado inibia o desenvolvimento da larva da mosca-doméstica. O termo *fly toxin* ou *fly factor*, fator responsável pelo voo do inseto, foi então adotado para descrever a entidade tóxica responsável, visto que o inseto, quando não morria, tinha suas asas deformadas, além de outros defeitos teratológicos.

Simultaneamente, foi demonstrado por diferentes autores, citados por Moraes, Capalbo e Arruda (2001), que produtos comerciais obtidos de Bt podiam ser ministrados a galinhas e vacas, sendo que a exotoxina remanescente nesses produtos mantinha sua atividade tóxica, atuando contra moscas cujas larvas ou pupas infestavam as fezes desses animais, exercendo assim um controle sobre os insetos que viriam a se desenvolver (GINGRICH, 1965). Não sabiam se a exotoxina passava intacta através do trato intestinal do animal, ou se os esporos do Bt contidos no complexo esporo-cristal tóxico, passando intactos, germinavam nas fezes produzindo novas quantidades de exotoxina (MORAES, 1981). Estudo sobre o efeito da exotoxina em *Anagasta kuehniella* foi desenvolvido por Yamvrias (1965, apud MORAES, 1976a). Sua pesquisa com o sobrenadante do mosto fermentado demonstrou atividade tóxica tanto injetado como na alimentação da larva. Comparou a velocidade de ação do componente tóxico obtido de duas variedades diferentes de Bt, limitando-se, no entanto, a um número pequeno de insetos; houve uma alta mortalidade no lote testemunha, o que prejudicou, mas não invalidou seus resultados. Sebesta, Farkas e Horska (1981) afirmam que a produção da exotoxina se dá durante a fase exponencial do crescimento, completando-se na esporulação. A Figura 19.9 ilustra essa produção, sendo a exotoxina denominada thuringiensina. É interessante observar que a concentração de thuringiensina diminui na célula bacteriana entre 9 e 16 horas, enquanto aumenta a concentração no sobrenadante da cultura. Segundo Faust (1973), citado por Moraes (1981), normalmente a variedade *thuringiensis* produz concentração aproximada de 50 mg de exotoxina por litro do sobrenadante separado do mosto fermentado. Essa separação se faz por centrifugação, com posterior esterilização a 121 °C, por 15 minutos, do fluido resultante. A purificação se faz por adsorção da exotoxina em carvão com posterior eluição com solução de etanol a 50%. O eluído é concentrado e cromatografado em papel, ou fracionado usando Dowex 1 em coluna. Após eluição com formiato de amônia 0 a 1,5 M, efetua-se a dessalinização em Sephadex e o produto resultante é empregado em bioensaio para determinação da toxicidade.

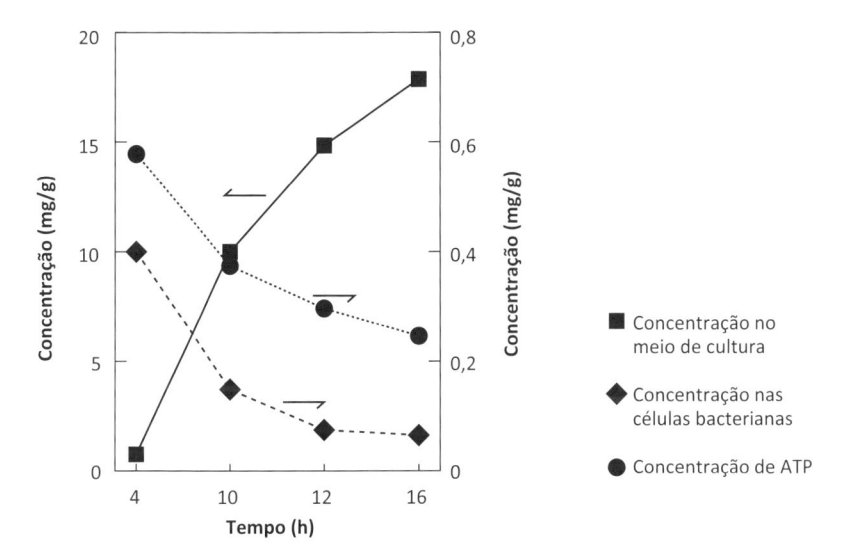

Figura 19.9   Concentração de thuringiensina e ATP durante fermentação de *Bacillus thuringiensis*.

Kim e Huang (1970) descreveram o processo usado para isolar exotoxinas puras de *B. thuringiensis* var. *thuringiensis*.

No Brasil, o estudo do desenvolvimento da exotoxina de Bt foi realizado por Moraes (1981), e o produto foi testado contra algumas espécies de moscas tipo varejeiras, sendo três espécies de *Chrysomyas*, com bons resultados. Foi depositada patente do processo e esta recebeu o Prêmio Governador do Estado em 1985, tendo sido citada em três livros internacionais que tratam de mulheres inventoras: *Les femmes inventeurs existent* (1986), *Les femmes inventeurs de Phillipines et des pays de troisième monde* (1995), ambos do autor Farag Moussa, e *Si les femmes nous etaient comptés*, de Huguette Junod (2005).

19.5 BIOENSAIO E FORMULAÇÃO

O controle da produção de inseticidas químicos pode ser bem estabelecido, pois a normalização desses produtos pode ser expressa em porcentagem de ingredientes ativos, já que eles são quimicamente definidos e seus efeitos bem determinados. Já para os bioinseticidas, como os produtos de Bt, o mesmo não ocorre. Eles poderão conter até três princípios ativos (esporo, cristal e exotoxina), necessitando de bioensaio com o inseto-alvo. A contagem de esporos ou, método que os correlacione, é um método presuntivo, enquanto os bioensaios com insetos são conclusivos, para determinar a potência do produto (para aquele inseto-alvo). A contagem de esporos ou de cristais como único método não tem relação com a atividade da toxina, uma vez que muitas variáveis e parâmetros envolvidos no processo de obtenção podem modificar a atividade dos componentes tóxicos (HEIMPEL; ANGUS, 1963; DE BARJAC; BURGERJON, 1971; BURGES, 1967, apud MORAES, 1973).

O caldo fermentado deve ser estabilizado antes de ser utilizado, de forma a não perder a potência. Assim, a remoção de fragmentos celulares e compostos intermediários da fermentação que podem "desativar" o composto tóxico é feita através de lavagens e centrifugações sucessivas da biomassa com soluções de pH controlado (entre 7 e 8), permitindo a limpeza e estabilização das unidades tóxicas. Ao mesmo tempo, a redução do líquido em que esteve suspensa a biomassa aumenta a potência do caldo total. O controle de qualidade é vital durante esse procedimento, pois minimiza variações inevitáveis que podem ocorrer com o processo biológico (BRYANT, 1994).

De acordo com normas nacionais e internacionais, para Nardo et al. (1995) um pesticida, para ser registrado, necessita apresentar resultado oficial de dosagem de ingrediente ativo. Nos Estados Unidos estabeleceu-se em 1971 o uso de Unidades Internacionais (UI) para expressar a potência dos produtos à base de Bt, sendo para isso necessária uma preparação padrão. A primeira preparação fornecida pelo Instituto Pasteur, na França, foi designada E-61, continha Bt var. *thuringiensis* e teve sua potência verificada em bioensaio contra *Trichoplusia ni* (Hubner). A ela foi atribuído o valor arbitrário 1.000 UI/mg. Esse padrão existe até hoje no Instituto Pasteur, tendo sido utilizado para padronizar os padrões l-S-1971 e l-S-1980, ambos obtidos a partir de B. *thuringiensis* var. *kurstaki*, com potências de 18.000 e 16.000 UI/mg, respectivamente. Para Bti produziram-se dois padrões IPS-78 e IPS-80, que não se mostraram estáveis, tendo sido substituídos pelo IPS-82 com potência 15.000 UI/mg. Nesse caso, os bioensaios de padronização podem ser realizados segundo protocolos da Organização Mundial da Saúde (OMS) ou do Departamento de Agricultura dos Estados Unidos (USDA). Com o surgimento de variedades ativas contra outros insetos, as normas de registro estão sendo revisadas, sendo que se observam nos rótulos atualmente as Unidades Internacionais acompanhadas da % em peso do ingrediente ativo (esporo + cristal). Alguns autores apontam ainda a impossibilidade de se ter inseto padrão internacional, por dificuldades da legislação de alguns países que exigem quarentena. Por outro lado, é questionável se é melhor usar um inseto teste ou vários, a fim de obter uma útil complementação de informações. Além disso, para se obter resultados reprodutivos, é preciso ter uniformidade dos insetos (idade e peso), constância de fatores climáticos e quantidade de alimento administrado. Assim sendo, na rotina industrial a constância de características do produto deve ser verificada através de amostra referência, sendo que cada produtor poderá ter seu próprio padrão de qualidade (CAPALBO et al., 2008c).

Para a exotoxina, Moraes (1981) comenta ser menor a relação existente entre a contagem de esporos e a toxina termoestável do que para a endotoxina, propondo a utilização de uma amostra padrão para que o produtor padronize seu produto por referência, usando o inseto teste preferido. Há autores que apresentam uma metodologia para a dosagem bioquímica da toxina, utilizando os substratos usados para a dosagem de RNA-polimerase, afirmando haver uma boa correlação entre este e o método de aplicação de bioensaio (MORAES et al., 2001; MORAES, 1981).

19.6 COMERCIALIZAÇÃO E APLICAÇÃO

Muitas revisões mostram que cerca de dois terços de todos os pesticidas químicos comercializados nos Estados Unidos são objeto de preocupação quanto à segurança alimentar. Essa ansiedade pode ser o incentivo perfeito para incrementar o mercado dos pesticidas não químicos. Mesmo assim, apesar das perspectivas otimistas, volumes e valores dos biopesticidas se mantêm reduzidos, representando cerca de 1% do mercado mundial de pesticidas químicos. No passado, muitos produtos biológicos não se mostraram efetivos, além de serem mais caros que os químicos. Nos últimos anos os produtos melhoraram seu desempenho e estão mais baratos, o que promoveu o crescimento do mercado.

De acordo com Mordor Intelligence (2019), o mercado mundial de biopesticidas, em termos de valor, deverá chegar a 4.369,88 milhões de dólares até 2019, com uma taxa composta de crescimento anual de 16% de 2014 a 2019. O crescimento do mercado de biopesticidas é principalmente desencadeado pela enorme prevalência de doenças de cultivos e crescente demanda por alimentos saudáveis, tanto nos países desenvolvidos como nos países em desenvolvimento, e pelos benefícios oferecidos pelos biopesticidas em comparação com os pesticidas convencionais, além da introdução de produtos tecnologicamente avançados. No entanto, fatores como a falta de conhecimento dos agricultores sobre os benefícios dos biopesticidas e a relutância entre os agricultores para alterar as práticas de proteção química existentes restringem o crescimento desse mercado.

Com essa ressalva em mente, em 2006, a Arysta Life Science, uma empresa internacional de proteção de plantas e ciências da vida, estimou o mercado mundial de biopesticidas em aproximadamente 541 milhões de dólares. Um estudo de 2008 divulgado pela Global Industry Analysts, Inc. (GIA) estimou que os biopesticidas representavam cerca de 3% (750 milhões de dólares) do mercado global de pesticidas, e era provável que atingisse a marca de 1 bilhão de dólares até 2010. Os principais fatores para esse crescimento incluem maior investimento global na pesquisa e desenvolvimento de biopesticidas, aplicação mais estabelecida dos conceitos de manejo integrado de pragas (MIP) e manejo integrado de culturas (MIC) e aumento da área de produção orgânica.

Talvez o fator mais importante no crescimento do mercado de biopesticidas seja o avanço na tecnologia destes produtos. A pesquisa extensiva e sistemática resultou em aperfeiçoamentos nas técnicas de formulação, na capacidade de fabricar biopesticidas através da produção em massa, maior capacidade de armazenamento e vida de prateleira, e melhores métodos de aplicação. Por extensão, o aumento do conhecimento entre os usuários finais tem contribuído para o aumento na sua adoção. Como a proposição cumulativa oferecida pelos biopesticidas tornou-se mais bem compreendida – gerenciamento de resistência, gerenciamento de resíduos, aumento de rendimento e qualidade da cultura, gerenciamento de mão de obra e muitas vezes controle aprimorado quando usado em controle integrado com produtos químicos tradicionais em programas convencionais –, os produtores tornaram-se mais receptivos ao teste e implementação dos biopesticidas.

Prevê-se que a demanda em volume e valor por biopesticidas superará os pesticidas sintéticos por uma margem considerável, sendo que os bio-herbicidas e os biofun-
gicidas emergem como maiores sub-segmentos, de crescimento mais rápido. Por
região, enquanto a América do Norte manteria seu domínio em termos de volume e
valor por demanda de biopesticidas, a Ásia-Pacífico deverá superar outros mercados
globais, progredindo num ritmo mais acelerado.

Quadro 19.1 Volume do mercado global de biopesticidas por principais regiões (2010-2020, em milhares de toneladas)

	2010	2011	2012	2013	2014	2020
América do Norte	43,46	46,46	50,24	54,89	60,6	135,77
Europa	40,23	43,24	46,97	51,48	57,06	128,97
Ásia-Pacífico	31,6	34,68	38,37	42,93	48,57	125,78
América Latina	13,1	14,35	15,93	17,83	20,17	51,76
Restante do mundo	5,47	5,93	6,47	7,15	7,96	18,79

Entre as décadas de 1960 e 1970 o mercado de biopesticidas se baseou exclusivamente em Bt para controle de insetos da ordem Lepidoptera.

Como o produto parecia ser simples e barato de obter, muitas indústrias viram
nesse mercado a possibilidade de lucro fácil. Entretanto, a potência das linhagens determinada em laboratório não se reproduziu em condições de campo, onde é necessário um aumento de cerca de trinta vezes nos valores determinados no laboratório para
que se observe algum benefício real. Ao redor dos anos 1980, muitas variedades de Bt
foram descobertas e determinou-se sua atividade contra Diptera (mosquitos e moscas) e Coleoptera. Além da ampliação do espectro de atuação do Bt investiu-se em
abertura de novos mercados, tecnologia de produção, inovação dos produtos (novas
formulações) e preços competitivos.

O mercado de biopesticidas mostra crescimento constante, mais acentuado desde
1997; as vendas globais foram estimadas em 460 milhões de dólares em 2000 e em
1 bilhão de dólares em 2010, com previsão de crescimento contínuo. Existem aproximadamente 225 biopesticidas fabricados em trinta países membros da Organização
para a Cooperação e Desenvolvimento Econômico (OCDE). Os países Nafta (Estados
Unidos, Canadá e México) usam 44% de todos os produtos de controle biológico vendidos no mundo inteiro. Há 53 biopesticidas registados nos Estados Unidos, que têm
vendas no valor de 205 milhões de dólares, e prevê-se que esse mercado alcance 300
milhões de dólares ao final da década de 2020. A União Europeia tem 21 biopesticidas

registrados em pelo menos um Estado-Membro. A venda desses biopesticidas representa 20% dos produtos do mercado mundial, avaliado em 135 milhões de dólares, com uma projeção de crescimento para atingir 270 milhões de dólares antes do final da década de 2020. Os biopesticidas que combatem os nematoides chegaram a representar 55% do mercado em 2004 (CUDDEFORD, 2008).

O restante da quota do mercado mundial está dividido entre os países da Oceania (20%), os países da América Latina (10%), e menos de 5% são atribuídos à Ásia, em especial, à Índia. O crescimento futuro nestes últimos países é variável. Devido à grande quantidade de terra em áreas de pastagens na Oceania, o mercado poderá estar saturado em poucos anos e o potencial de crescimento é esperado de modo limitado, enquanto a Ásia, especialmente a China, está preparada para a expansão e para o crescimento da demanda por biopesticidas.

O declínio no uso de pesticidas químicos gerará um número crescente de nichos de mercado para os quais os biopesticidas se mostram apropriados. Os fatores de mercado que favorecem os biopesticidas incluem: preferência crescente do consumidor por produtos sem pesticidas químicos, aumento de mercado para os produtos de cultivo orgânico, desenvolvimento de um sistema agrícola mais sustentável usando programas de manejo integrado, estabilização e harmonização de regulamentação governamental para registro de biopesticidas contendo microrganismos de ocorrência natural ou engenheirados, e presença de muitas companhias de grande porte no mercado de biopesticidas.

A Tabela 19.3 fornece uma visão geral da distribuição dos diversos microrganismos entre os produtos comercializados mundialmente segundo Lysansky (1993, apud MORAES et al., 2001) e o panorama em 2006 apresentado pela CPL Business Consultants (2006).

Tabela 19.3 Ingredientes ativos em produtos comerciais disponíveis no mercado internacional (1993) para controle de pragas agrícolas

Ingrediente ativo	Número de produtos
Bactéria	104
Nematoide	44
Fungo	12
Vírus	8
Protozoário	6
Inseto	107

Fonte: Moraes et al. (2001).

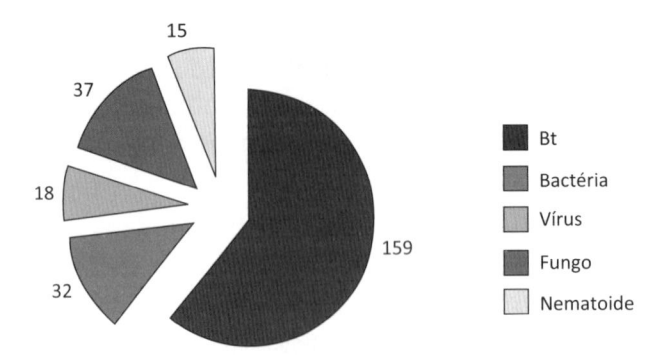

Figura 19.10 Ingredientes ativos em produtos comerciais disponíveis no mercado internacional (2006) para controle de pragas agrícolas.

Fonte: CPL Business Consultants (2006).

Dias (1991, apud Moraes, Capalbo, Arruda, 2001) avaliou o mercado de bioinseticidas bacterianos no Brasil como ao redor de 0,5% do mercado potencial. Naquele ano, cerca de 350 milhões de dólares foram comercializados em inseticidas, sendo apenas 2 milhões de dólares para os bioinseticidas. Ele aponta como um dos motivos da baixa utilização o alto custo de importação e distribuição, e também a incerteza da disponibilidade do produto quando necessário. Outro fator seria o reduzido número de grupos de pesquisa que atuam nessa área, e o número ainda menor que atua no setor agrícola. Dias salientava também que o mercado brasileiro ainda carecia de competitividade, pois todos os produtos eram importados. Espera-se que com o lançamento de produtos brasileiros tão efetivos quanto os importados os custos globais baixem, favorecendo a ampliação do mercado. O Brasil ainda engatinha para ser um grande produtor de bioinseticidas, sendo que as barreiras que os empreendedores encontram são: elevado custo de produção, concorrência com os inseticidas químicos e escassez de incentivo ao desenvolvimento de formulações e novos produtos.

Para o controle de mosquitos e vetores de doenças, entretanto, o quadro é mais promissor, pois o envolvimento da saúde pública (controle de dengue, malária etc.) demanda a substituição dos produtos químicos com urgência. Além disso, as indústrias se associaram aos grupos de pesquisa nos estudos relativos ao Bti e *B. sphaericus*.

Baró et al. (2012) caracterizaram linhagens cubanas de *Bacillus thuringiensis* de interesse tecnológico e científico para Cuba e Brasil, desenvolvendo cooperação bilateral. Os bioensaios foram realizados contra *Spodoptera frugiperda*, *Anticarsia gemmatalis* e ovos do nematoide *Meloidogyne incognita*. Os resultados se mostraram promissores para desenvolvimento e formulação de novos bioinseticidas.

Buscando avanços no tocante ao processo produtivo e à transferência de tecnologia de bioinseticidas, com vista à solução da problemática causada pela Diptera *Aedes aegypti*, foram desenvolvidos, com o apoio da Fundação de Amparo à Pesquisa do Estado de São Paulo (Fapesp), os processos 2006/06706-9 e 2009/52990-9 Inovação Tecnológica na Formulação de Inseticida Biológico Produzido por *Bacillus thuringiensis israelensis* fase I e II, pela Probiom Tecnologia Pesquisa e Desenvolvimento Experimental em Ciências Físicas e Naturais Ltda.[2] Nesse projeto desenvolveu-se tanto o processo fermentativo quanto a formulação, selecionando substratos econômicos e disponíveis, chegando-se a um biopesticida adequado aos hábitos do *Aedes aegypti*. Atingiu-se a escala de 50 L por batelada em fermentação submersa e cerca de 30 kg em fermentação em estado sólido. Desenvolveu-se processo, produto e também um novo biorreator, além da adequação de uma extrusora para a manutenção da viabilidade do microrganismo após processo. Esse projeto fez parte do Programa de Inovação Tecnológica em Pequenas Empresas (Pipe), e a tecnologia está disponível para ser utilizada no combate à dengue. Foram desenvolvidos produtos experimentais para controle biológico de Lepidoptera, e dentre elas para a *Helicoverpa zea*. Adequações dessas tecnologias estão em andamento na Probiom Tecnologia para oferecer bioinseticidas para controle de outras importantes Diptera, quais sejam, a mosca-do-chifre *Haematobia irritans*, a mosca-dos-estábulos *Stomoxys calcitrans*, as varejeiras *Chrysomya* e para Coleoptera *Alphitobius diaperinus* (Coleoptera, Tenebrionidae), o cascudinho, praga de aviários, dentre outros. A mesma tecnologia pode ser oferecida para controle de outras pragas, utilizando o entomopatógeno específico.

A ausência de normas adequadas à avaliação de produto biológico, em muitos países, reduz ou dificulta o processo de registro, restringindo consequentemente o mercado. É o que ocorre no Brasil (NARDO et al., 1995). Deve-se lembrar que a inocuidade absoluta não pode ser garantida em todos os sistemas vivos em todo o tempo. Toxidez ou patogenicidade podem ser geralmente demonstradas se não se impuserem restrições à dosagem ou tipo de sistema vertebrado. Uma decisão sobre o campo de uso de um entomopatógeno deve ser baseada em uma prudente consideração dos benefícios a serem obtidos, em contraposição ao potencial de riscos de uso.

19.7 PRINCIPAIS AVANÇOS E LIMITAÇÕES

Há muito entusiasmo no desenvolvimento de plantas transgênicas resistentes a pragas, mas há muitos passos que requerem avaliação cuidadosa e de longo termo entre a produção dessa planta (p. ex., plantas contendo Bt) e seu uso extensivo. As propriedades inseticidas dessa planta provavelmente se perderão, a menos que ela seja cultivada próxima de campos onde o inseto "alvo" ainda esteja presente. Isso porque em uma grande população de insetos alguns poucos indivíduos não serão sensíveis à toxina, e estes terão a vantagem de sobreviver. O desencadeamento de resistência poderá ser particularmente rápido para as plantas transgênicas que produzirem seu próprio agente tóxico, pois exercerão um efeito nos níveis de população muito abaixo daqueles que ocorreriam com os pesticidas convencionais, químicos ou biológicos, promovendo, assim, um desenvolvimento mais rápido da resistência.

Incentivos financeiros, ou mesmo leis, para persuadir agricultores a adotar plantas "refúgio" deverão ser necessários; entretanto, esta não será uma ação barata ou logística

---

[2]   Ver www.probiom.com.br.

e politicamente fácil de implementar. Claramente, muitas dessas soluções aparentemente elegantes de controle de doenças e plantas irão requerer trabalhos de longa duração para serem transferidas com sucesso à prática diária no campo. Não há soluções rápidas e nem mesmo perenes para os problemas da agricultura; microrganismos e insetos são muito flexíveis geneticamente.

O Bt permanece sendo o foco principal dos estudos e pesquisas sobre pesticidas microbianos. Desde sua descoberta até aproximadamente 1978 pensava-se que sua atividade tóxica se limitava à ordem Lepidoptera, e as variedades conhecidas até a época eram a base dos produtos conhecidos, produzidos pelas grandes companhias. As descobertas mais recentes de linhagens que atuam contra nematoides, ectoparasitos de animais (como ácaros) e endoparasitos (protozoários), bem como as descobertas da atividade contra Coleoptera e Diptera, criaram uma gama maior de oportunidades. Novos produtos estão sendo lançados no mercado, como processos patenteados, ou apresentando formulações aquosas especiais que permitem o uso em aplicadores terrestres e aéreos convencionais.

O uso da engenharia genética e técnicas não recombinantes tem gerado variedades com maior ou mais ampla atividade, bem como a possibilidade de novas formulações. Produtos já foram lançados contendo a toxina do Bt internamente em *Pseudomonas*, sendo que estas são unidades não viáveis, não apresentando preocupações do ponto de vista ambiental. A tecnologia da recombinação genética permitiu a inserção do gene responsável pela produção da toxina do Bt em diferentes hospedeiros, como *Escherichia coli*, *B. subtilis*, e mesmo em algas. Também já se inseriu o gene da toxina de Bt em *Clavibacter xyli* var. *cynodontis* (bactéria endofítica em milho), que coloniza rapidamente as raízes, folhas e colmo do milho, onde permanece durante toda a vida da planta. É possível também, por meio de outro vetor (*Agrobacterium tumefaciens)*, inserir genes de Bt para que apresente a síntese de δ-endotoxina nos tecidos de plantas de algodão, tomate, batata, fumo e outras culturas de interesse econômico, tendo sido conseguido, também, a inserção direta dos genes nas plantas. Além da sua nova ação inseticida, apresenta como vantagem ao ambiente o fato de não sobreviver fora da planta.

Outra bactéria presente no mercado internacional é *Streptomyces griseoviridis*, um biofungicida que apresenta atividade contra patógenos de semente e de solo. Essa bactéria atua produzindo substâncias antibióticas que inibem o crescimento dos patógenos. Nessa linha, já se estudam também *B. pumilus*, *B. mycoides*, *Enterobacter cloacae*, *Erwinia herbicola*, *Lactobacillus plantarum*. A engenharia genética pode gerar melhorias em outras espécies, que tornarão os produtos ainda mais efetivos.

Alguns poucos casos de efeitos adversos de alguma variedade de Bt e *B. sphaericus* sobre o ser humano já foram discutidos. Como o número é bem pequeno, foram inclusive consideradas a dificuldade de diagnóstico ou falhas no reconhecimento nos laboratórios onde foram observados. Concluiu-se que, do ponto de vista da saúde humana, não há razão para interromper o uso dos produtos nos países desenvolvidos nem nos que estão em desenvolvimento. Entretanto, considera-se que a introdução de novas variedades ou de misturas de toxinas não pode ser admitida como segura com base nos trabalhos anteriormente desenvolvidos para outras variedades de microrganismos. As plantas transgênicas contendo o cristal do Bt também possuem limitações.

Uma é a dificuldade em produzir nas células o cristal em níveis que rapidamente matem as larvas. Nem todas as espécies de insetos-praga são igualmente sensíveis aos cristais, e muitas vezes o nível de cristais expressados nas plantas não é capaz de matar os insetos resistentes. Também há o risco de expor as larvas a doses muito altas de toxina, induzindo, assim, a resistência ao cristal.

Uma estratégia interessante para retardar o aparecimento de resistência pode ser a combinação de cristais que são tóxicos para o mesmo alvo, porém se ligam a diferentes sítios receptores no trato digestivo do inseto (Lepidoptera). Deveriam acontecer múltiplas mutações nos sítios receptores para poder ocorrer resistência. Deve-se lembrar que a combinação de toxinas pode acarretar mais rapidamente a adaptação do que o uso de uma única.

Em qualquer dos exemplos apontados, é indiscutível a importância do processo fermentativo na produção massal dos novos microrganismos, tanto os que contêm ou expressam a toxina do Bt como aqueles com potencial para o biocontrole, sejam eles obtidos através de manipulação genética ou não. Para todos eles, as variáveis e os parâmetros de produção e recuperação apontados neste capítulo são válidos e devem ser cuidadosamente avaliados para a obtenção de um produto de qualidade. As possibilidades de aumento do potencial de biocontrole apresentadas por um microrganismo podem ser ampliadas, desde que o processo de produção seja criteriosamente otimizado.

REFERÊNCIAS

ARRUDA, R. O. M. et al. Inovação em métodos de ativação de cultura iniciadora (starter) de *Bacillus thuringiensis* var. *israelensis*, obtida por fermentação em estado sólido. In: SICONBIOL, 13. Bonito, 2013.

ARRUDA, R. O. M.; MORAES, I. O. Pasteurização de Substrato Fermentativo com Microondas. *Anais de Farmácia e Química*, São Paulo, v. 36, n. 3, p. 28-33, 2003.

BARJAC, H. de; BURGERJON, A. Microbial control of insects. In: SEMINAR, 1971. *Helsinki International Organization for Biotechnology and Bioengineering*. Helsinki: Department of Microbiology, 1971. 32 p.

BARÓ, Y. R. et al. Characterization of *Bacillus thuringiensis* strains under the umbrella of Brazil Cuba cooperation on bioinsecticides. In: MENDEZ-VILAS, A. (ed.). *Microbes in applied research – Current Advances and Challenges*. Malaga: Formatex Research Center, 2012. p. 505-508. 694 p.

BERNHARD, K.; UTZ, R. Production of *Bacillus thuringiensis* insecticides for experimental and commercial uses. In: ENTWISTLE, P. F. et al. (eds.). *Bacillus thuringiensis: an environmental biopesticide – Theory and practice*. Chichester: John Wiley, 1993. p. 255-267. 311 p.

BRYANT, J. E. Commercial production and formulation of *Bacillus thuringiensis*. *Agriculture, Ecosystems and Environment*, v. 49, p. 31-35, 1994.

BURGES, H. D. Standardization of *Bacillus thuringiensis* products: homology of the standard. *Nature*, v. 215, p. 664-665, 1967.

CAPALBO, D. M. F. *Contribuição ao estudo de fermentação de Bacillus thuringiensis.* 81 p. Dissertação (Mestrado) – Faculdade de Engenharia de Alimentos, Universidade Estadual de Campinas, Campinas, 1982.

_____. *Desenvolvimento de processo de fermentação semi-sólida para obtenção de* Bacillus thuringiensis *Berliner.* 2. impr. 159 p. Tese (Doutorado) – Faculdade de Engenharia de Alimentos, Universidade Estadual de Campinas, Campinas, 1989.

CAPALBO, D. M. F. et al. An estrategic tool for integrating farming-food production-based biological control. In: THANGADURAI, D. et al. (eds.). *Biotechnology for food, environment and agriculture.* Jodhpur: Agrobios, 2008a.

_____. Impact assessment of the production and utilization of entomopathogens and its effects on public policies. In: THANGADURAI, D. et al. (eds.). *Crop improvement and biotechnology.* Puliyur: Bioscience Publications, 2008b. p. 223-241.

_____. Produção de bactérias entomopatogênicas na América Latina. In: ALVES, S. B.; LOPES, R. B. (orgs.). *Controle microbiano de pragas na América Latina 1 – Avanços e desafios.* Piracicaba: Fealq, 2008c. p. 239-256.

CPL. *Biopesticides 2007.* Wallingford: CPL Business Consultants, 2006.

CUDDEFORD, V. *Biocontrol Files*, World Wildlife Fund/Biocontrol Network/Agriculture and Agri-Food Canada. n. 13, p. 1-8, mar. 2008.

DULMAGE, H. T. Development of isolates of *Bacillus thuringiensis* and similar aerobic microbes for use in developing countries. In: SALAMA, H. S.; MORRIS, O. N.; RACHED. E. (eds.). *The biopesticide Bacillus thuringiensis and its applications in developing countries.* Cairo: National Research Centre and IDRC, 1993. p. 15-42. 339 p.

DULMAGE, H. T; CORRÊA, J. A.; MARTINEZ; A. J. Coprecipitation with lactose as a mean of recovering the spore-crystal complex of *Bacillus thuringiensis. Journal of Invertebrate Pathology*, v. 15, p. 15-20, 1970.

EJIOFOR, A. O. Status and prospects of biological control of mosquitoes in Nigeria. *Israel Journal of Enthomology*, v. 23, p. 83-90, 1989.

FAUST, R. M. The *Bacillus thuringiensis* exotoxin: current status. *Bulletin of the Entomological Society of America*, v. 19, p. 153-156, 1973.

GINGRICH, R. E. *Bacillus thuringiensis* as a feed additive to control dipterous pests of cattle. *Journal of Economic Entomology*, v. 58, p. 363-364, 1965.

HESSELTINE, C. W. A millennium of fungi, food, and fermentation. *Mycologia*, v. 57, p. 149-97, 1965.

JUNOD, H. *Si les femmes nous etaient comptés.* Paris: DIP, 2005.

KIM, Y. T.; HUANG; H. Y. The beta exotoxins of *Bacillus thuringiensis* I. Isolation and characterization. *Journal of Invertebrate Pathology*, v. 15, p. 100-108, 1970.

MEGNA, J. C. US Patent 3076922, 1963.

MORAES, I. O. *Ensaios de fermentação submersa para produção de inseticida bacteriano em minifermentador.* 76 p. Tese (Doutorado) – Faculdade de Engenharia de Alimentos, Universidade Estadual de Campinas, Campinas, 1976a.

_____. Obtenção de inseticidas bacterianos por fermentação submersa. 60 p. Dissertação (Mestrado) – Faculdade de Engenharia de Alimentos, Universidade Estadual de Campinas, Campinas, 1973.

_____. Processo de fermentação submersa para produção de um inseticida bacteriano. Brasil Patente BRPI 7608688, 1976b.

_____. Processo de produção de toxina termoestável de *Bacillus thuringiensis.* Brasil Patente BRPI 8500663, 1985.

_____. Produção, separação e bioensaio da exotoxina termoestável de *Bacillus thuringiensis*, obtida por fermentação submersa. 100 p. Tese (Livre-docência) – Faculdade de Engenharia de Alimentos, Universidade Estadual de Campinas, Campinas, 1981.

MORAES, I. O; CAPALBO. D. M. F. Produção de bactérias entomopatogênicas. In: ALVES, S. B. (coord.). *Controle microbiano de insetos.* São Paulo: Manole, 1986. p. 296-310. 407 p.

MORAES, I. O.; CAPALBO, D. M. F.; ARRUDA, R. O. M. Produção de bioinseticidas. In: LIMA, U. A. et al. (coords.). *Biotecnologia industrial*: processos fermentativos e enzimáticos. São Paulo: Blucher, 2001. v. 3, p. 245-265.

MORAES, I. O.; CAPALBO, D. M. F; MORAES, R. O. Multiplicação de agentes de controle biológico. In: BETTIOL, W. (coord.). *Controle biológico de doenças de plantas.* Brasília: Embrapa, 1991. p. 253-272. 388 p.

MORAES, I. O.; MORAES, R. O.; ARRUDA, R. O. M. Brazilian biodiversity in a culture collection devoted to the identification and preservation of microorganisms useful in environmental, industrial and applied microbiology. In: MENDEZ-VILA, A. (ed.). *Microbes in Applied Research – Current Advances and Challenges.* Malaga: Formatex Research Center, 2012. p. 367-371. 694 p.

MORAES, I. O.; SANTANA, M. H. A; HOKKA, C. O. The influence of oxygen concentration on microbial insecticide production. In: MOO-YOUNG, M.; ROBINSON, C. W.; VEZINA, C. (eds.). *Advances in Biotechnology I: Scientific and Engineering Principles.* Toronto: Pergamon Press, 1981. p. 75-79.

_____. *Bacillus thuringiensis*: The Brazilian perspective. In: THANGADURAI, D. et al. (eds.). *Biotechnology for food, environment and agriculture.* Jodhpur: Agrobios, 2008a.

_____. Case studies of *Bacillus thuringiensis* production and biocontrol applications. In: THANGADURAI, D. et al. (eds.). *Crop improvement and biotechnology.* Puliyur: Bioscience Publications, 2008b. p. 229-241.

_____. Woman entrepreneurship to get bioproducts – The case of *Bacillus thuringiensis biopesticide. Proccedings of the 15th International Conference for women engineers and scientists*, Adelaide, Australia, jul. 2011.

MORAES, R. O. *Determinação da viabilidade de* Bacillus thuringiensis *após processo de secagem.* 92 p. Dissertação (Mestrado) – Faculdade de Engenharia Agrícola, Universidade Estadual de Campinas, Campinas, 1993.

MORDOR INTELLIGENCE. *Research Report*: Global Bioinsecticide Market – Segmented by product, application and geography – Growth, Trends and Forecast (2019 – 2024). Hyderabad, 2019. Disponível em: <https://www.mordorintelligence.com.br/industryreports/global-insecticides-amarket-aindustry>. Acesso em: 13 abr. 2019.

MOUSSA, F. Inventive women from the Philippines and selected developing countries. Genève: Ifia, 1995. 128 p.

_____. *Les femmes inventeurs de Phillipines et des pays de troisième monde.* Genève: World Intelectual Property Organization (Wipo), 1995.

_____. *Les femmes inventeurs existent – je les ai rencontrées.* Genève: World Intelectual Property Organization (Wipo), 1986. 224 p.

NARDO, E. A. B. et al. Requisitos para a análise de risco de produto contendo agentes microbianos de controle de organismos nocivos: uma proposta para os órgãos federais registrantes. Jaguariúna: Embrapa-CNPMA, 1995. 42 p. (Embrapa/CNPMA-Documentos 2.)

PARRA, J. R. P. Criação de insetos para estudo com patógenos, In: ALVES, S. B. (coord.). *Controle microbiano de insetos.* São Paulo: Manole, 1986. p. 348-373. 407 p.

PEARSON, D.; WARD, O. D. Effect of culture conditions on growth and sporulation of Bacillus thuringiensis subsp. israelensis and development of media for production of the protein crystal endotoxin. *Biotechnology Letters*, n. 7, v. 10, p. 451-456, 1988.

PRIEST, F. G. Biological control of mosquitoes and other biting flies by *Bacillus sphaericus* and *Bacillus thuringiensis. Journal of Applied Bacteriology*, v. 72, p. 357-369, 1992.

SACHIDANANDAM, R.; JAYARAMAN, K. Formation of spontaneous asporogenic variants in continuous cultures of Bacillus thuringiensis subsp. galleriae. *Applied Microbiology and Technology*, v. 40, p. 504-507, 1993.

SEBESTA, K.; FARKAS, J.; HORSKA, K. Thuringiensin, the beta-exotoxin of *Bacillus thuringiensis*. In: BURGES, H. D. (ed.). *Microbial control of pest and plant diseases.* London: Academic Press, 1981. p. 249-281. 925 p.

YUDINA, T. T. et al. Effect of carbon source on the biological activity and morphology of paraspore crystals from *Bacillus thuringiensis. Microbiology*, v. 61, p. 402-407, 1993.

CAPÍTULO 20
Produção de microrganismos

Iracema de Oliveira Moraes

Regina Oliveira Moraes Arruda

Rodrigo de Oliveira Moraes

20.1 INTRODUÇÃO E BREVE HISTÓRICO

Considerando-se a natureza prolífica dos microrganismos, seria de fato surpreendente se eles não exercessem uma significativa influência nas atividades humanas, a despeito do desconhecimento de sua existência. Um único grama de solo possui mais de 10 mil espécies diferentes de microrganismos, cerca de 1 bilhão de bactérias, 1 milhão de actinomicetos e 100 mil fungos (MENDES; BUENO, 2010). O potencial dos microrganismos envolve habilidade para conseguir quase todas as conversões de substratos orgânicos aquossolúveis (incluindo compostos de solubilidade muito baixa, como hidrocarbonetos e esteroides), através de complexas sequências de reações catalisadas por enzimas, geralmente por eles produzidas.

Os microrganismos são as menores formas de vida, mas juntos representam a maior massa de vida na Terra (SCHAECHTER; KOLTER; BUCKLEY, 2004). São fundamentais na manutenção da saúde dos organismos que dependem deles para obter nutrientes, minerais e reciclar energia. Por outro lado, causam doenças infecciosas quando se sobrepõem a hospedeiros suscetíveis. Manifestam a maior diversidade de todas as criaturas vivas, usando processos biológicos e químicos que não existem em parte alguma na natureza. Consequentemente, podemos olhar para o mundo microbiano como um vasto cabedal de recursos de potencial biotecnológico, e é possível estudar micróbios para compreender a maior parte dos processos vitais, de modo a desvendar ainda mais completamente os mecanismos básicos da vida (OCDE, 2001).

No Brasil, a Lei n. 13.123/2015 regulamenta o inciso II do § 1º e o § 4º do art. 225 da Constituição Federal, o Artigo 1, a alínea *j* do Artigo 8, a alínea *c* do Artigo 10, o Artigo 15 e os §§ 3º e 4º do Artigo 16 da Convenção sobre Diversidade Biológica, promulgada pelo Decreto n. 2.519, de 16 de março de 1998 (BRASIL, 2015); dispõe sobre o acesso ao patrimônio genético, sobre a proteção e o acesso ao conhecimento tradicional associado e sobre a repartição de benefícios para conservação e uso sustentável da biodiversidade; revoga a Medida Provisória nº 2.186-16, de 23 de agosto de 2001; e dá outras providências.

Em seu prefácio e apresentação do livro *Microbial Fundamentals*, primeiro volume da série Biotechnology – A Comprehensive Treatise, Rehm refere-se ao livro como um tratamento completo relativo ao microrganismo, abordando desde os princípios taxonômicos e os fundamentos de seu crescimento até microrganismos de interesse industrial (REHM; REED, 1981). Considera o metabolismo celular básico e as rotas biossintéticas, ou seja, a genética microbiana em relação à prática industrial. Apresenta as fontes de culturas puras e a metodologia de manutenção destas, passando pela patenteabilidade dos microrganismos, assunto que foi normatizado no Brasil em 1996 (BRASIL, 1996). Descreve, ainda, os cultivos contínuo e descontínuo, a composição e a preparação de meios de cultivo, enfatizando, no texto, os princípios e a base teórica da biotecnologia, oferecendo exemplos de aplicação industrial.

Para Rehm, foram quatro os patamares da biotecnologia: no primeiro ocorreu a produção microbiana de alimentos, existente desde os primórdios, praticada há milhares de anos. Apenas agora, nas últimas décadas, processos mais aperfeiçoados foram introduzidos, por exemplo, na produção de bebidas alcoólicas. Nesse patamar encontra-se a produção de vinho, cerveja, queijo, iogurte, vinagre, pão, outros produtos láticos e muitos alimentos orientais e/ou asiáticos. São processos relativamente simples, de produção massal, usando a microflora natural. O segundo patamar considera a produção biotecnológica de ácidos orgânicos, solventes e biomassa, sob condições não estéreis; ocorre desde as descobertas de Pasteur e outros cientistas, no final do século XIX, com a obtenção de metabólitos primários. Nesses casos, ainda eram simples as tecnologias envolvidas. O terceiro patamar envolve os processos desenvolvidos sob condições de esterilidade, e praticamente se iniciou em 1940, com a necessidade de produção de enormes quantidades de penicilina (descoberta por Fleming), em processo absolutamente estéril. Com essas novas técnicas tornou-se possível o crescimento unicamente do microrganismo desejado, em quantidades máximas, obtendo apenas o produto final visado. Não somente a obtenção de produtos considerados metabólitos secundários tornou-se possível, mas também a obtenção de produtos através da transformação microbiana de metabólitos. Finalmente, no quarto patamar surgem novas e modernas tecnologias, as de uso de enzimas e de células imobilizadas. No campo da biologia molecular e da tecnologia genética desenvolveram-se os mutantes, microrganismos cuja estrutura genética foi modificada para expressar genes de interesse; plantas com inserção de genes para o controle de pragas, como plantas modificadas contendo genes de *Bacillus thuringiensis*; desenvolveram-se novos reatores biotecnológicos; estudaram-se a otimização dos processos e o emprego de melhores técnicas de medidas e controle de processo, controle total, via computador.

Atkinson (1984), por sua vez, considera a existência de três períodos de tempo ao estudar o desenvolvimento histórico da exploração do potencial microbiano: um período de ignorância (pré-1800), um período de descobrimento (1800 a 1900) e um período de desenvolvimento industrial (pós-1900). Já Smith (1985) trata do que considera as quatro fases de desenvolvimento, apresentando tabelas de capacidade de produção biotecnológica e de comércio, relativas aos anos 1970. Apresenta as técnicas que estimularam o desenvolvimento e exemplifica com produtos beneficiados segundo essas técnicas, como xaropes de alto teor de frutose (HFS). Aponta a problemática da recuperação de produtos microbianos apresentando dois exemplos que demonstram a necessidade de mais pesquisas: enquanto a relação custo de recuperação/custo de fermentação para o álcool é de 0,16, para a L-asparaginase é de cerca de 3. Isso acontece com produtos de alto valor agregado. Segundo Smith, o *downstream processing*, ou seja, o processo de recuperação, é a Cinderela da biotecnologia.

Em conclusão, qualquer que seja o patamar que considere o período histórico vivido pela biotecnologia, seu principal personagem é o microrganismo. Nesse sentido é que, neste capítulo, serão apresentados casos de produção de microrganismos, reconhecidos como importantes no processo de obtenção de bioprodutos ou seus metabólitos úteis.

Segundo Atkinson (1984) é surpreendente, por exemplo, no caso da penicilina, que linhagens provindas de uma única célula de fungos para a produção de penicilina pudessem apresentar um rendimento 300 vezes maior que o obtido pela linhagem descoberta por Fleming.

Conforme Moraes, Capalbo e Moraes (1991), os processos de fermentação comercial são em essência muito similares, independentemente do microrganismo selecionado, do meio de cultivo usado ou do bioproduto de interesse; por isso, em alguns casos, o assunto pode ter um tratamento bem generalizado, enquanto em outros devem ser destacados aspectos *sui generis* da produção.

Bull, Holt e Lilly (1977) apresentam os produtos de fermentação de acordo com o setor industrial, tendo sua tabela adaptada por Smith (1985). Os modernos processos fermentativos levam em conta os aspectos econômicos da produção, bem como aqueles relacionados à recuperação dos bioprodutos, geralmente os mais custosos, especialmente se o produto se obtém em ínfimas quantidades.

O mesmo equipamento, com pequenas modificações, pode ser usado para a produção de microrganismos, sejam proteínas, sejam *starters* (culturas iniciadoras usadas na área de carnes, laticínios etc.), enzimas, antibióticos, vitaminas, ácidos orgânicos, solventes etc.

O processo, em síntese, é a mistura de um microrganismo selecionado a um substrato específico por um certo tempo, em condições ambientais de temperatura e pH, para que o microrganismo degrade o substrato e se reproduza à custa dele, pelo uso das fontes de carbono e nitrogênio em especial, chegando-se a um produto final ou a uma cultura iniciadora (*starter*). A conversão microbiana pode ser uni ou multiestágio. Pode ser obtido um ou diversos produtos finais; o ponto-chave para o resultado é o processo de separação adotado.

Segundo Cooney (1981), cada microrganismo responde unicamente com sua própria personalidade ao ambiente, usando mecanismos físicos ou químicos, e é esta personalidade que o dota de uma seletiva e competitiva vantagem, no seu usual nicho ecológico. Falanghe (1975) faz um histórico e apresenta aspectos específicos de processos da época, sendo que a maioria deles continua válida. O autor apresenta, na primeira edição desta série, o estado da arte até aquela época, década de 1970. Neste capítulo, além de oferecer informações apresentadas naquela edição, traremos novos subsídios para tão importante assunto.

20.2 PRINCÍPIOS DO CRESCIMENTO MICROBIANO

Capítulos precedentes estabeleceram as condições mínimas ou ótimas de produção de microrganismos, assim como os meios para tal, incluindo os equipamentos principais usados. Assim, a discussão sobre os biorreatores e o processo de fermentação, nos seus aspectos genéricos, deixa de ser apresentada, cuidando-se de aspectos específicos que couberem nos casos analisados.

O crescimento de microrganismos pode ser avaliado por meio do aumento da massa celular ou pelo número de células e resulta de uma série de eventos altamente coordenados e enzimaticamente catalisados. A expressão máxima do crescimento microbiano é dependente do transporte dos nutrientes necessários, fontes de carbono, nitrogênio, vitaminas e sais minerais, que se transferem à célula (transferência de massa), e de parâmetros ambientais, como temperatura, pH e presença/ausência de oxigênio, que devem ser mantidos no valor ótimo.

A quantidade de massa celular, ou biomassa, obtida em um biorreator pode ser determinada por métodos diretos – como determinação do número de células; contagem ao microscópio; contagem de colônias formadas; número mais provável; contagem eletrônica (contador Coulter, citometria de fluxo); peso seco; turbidimetria; volume de centrifugado; viscosidade – ou ainda por métodos indiretos – como constituintes celulares; concentração total de N ou C; ATP; DNA, RNA; conteúdo proteico. É importante ter em mente os conceitos de tempo de duplicação e de tempo de geração. O primeiro significa o período de tempo necessário para que a massa celular se duplique, enquanto o segundo se relaciona com a duplicação do número de células. Em condições de crescimento balanceado ou na fase exponencial, quando o crescimento é controlado apenas pelas atividades celulares intrínsecas, os dois tempos se igualam. Pelizer e Moraes (2014) desenvolveram um interessante método para determinação de biomassa de microalgas.

O tempo de duplicação de um microrganismo aumenta com o aumento do tamanho e a complexidade da célula, sendo que os intervalos de valores em horas, encontrados experimentalmente, segundo Smith (1985), são: para bactérias, entre 0,25 e 1 horas; para leveduras, entre 1,15 e 2 horas; para fungos, de 2 a 6,9 horas; e para células de plantas, de 20 a 40 horas.

20.3 PRODUÇÃO DE MICRORGANISMOS E SUBSTRATOS USADOS

Os primeiros processos fermentativos levavam em conta a pureza das fontes de carbono e nitrogênio, bem como de vitaminas e sais minerais necessários ao crescimento microbiano. Nesse sentido, apenas reagentes ou compostos para análise eram utilizados.

A partir da observação de que existe uma considerável gama de substratos e subprodutos, resíduos ou águas residuárias, especialmente de origem industrial ou agropecuária, com ótima composição em carbono, nitrogênio, vitaminas e sais minerais, alguns pesquisadores passam a utilizá-los, buscando seu aproveitamento, com consequentes redução de custos e benefício ao meio ambiente, uma vez que é comum que o descarte desses materiais provoque problemas ambientais.

Trabalhos realizados por diversos autores (MORAES; CAPALBO; ARRUDA, 2001) apresentam resultados de produção de microrganismos a partir de soro de leite/queijo. Birch, Parker e Worgan (1976) apresentam os resultados de um simpósio em cooperação indústria-universidade que conduziu à publicação do livro *Food from Waste*, no qual a maioria dos resíduos e águas residuárias são tratados com vista ao controle de sua capacidade poluente e ao seu aproveitamento como substrato para produtos úteis.

Para produção de microrganismos entomopatogênicos, Capalbo (1989) fez um levantamento da existência e disponibilidade de diferentes resíduos e águas residuárias para uso como substrato. Esses substratos fermentativos, além de disponíveis em quantidade considerável, apresentam um custo muito baixo, insignificante, possibilitando uma boa relação custo/benefício, minimizando o custo final de produção, com a possibilidade do repasse desse lucro ao usuário/produtor/consumidor, segundo Moraes, Capalbo e Moraes (1994).

20.3.1 PRODUÇÃO DE MICRORGANISMOS

Os aspectos que devem ser observados ao se projetar uma produção de microrganismos e processo de produção massal dizem respeito ao microrganismo em si, aos substratos nutricionalmente importantes para o desenvolvimento desses microrganismos e aos processos que serão utilizados na sua produção e recuperação. Isso também leva em conta parâmetros e variáveis do processo, para otimização e ampliação de escala. Envolve ainda as análises, a metodologia de acompanhamento das fases de crescimento, de produção de metabólitos, primários ou secundários, e do processo como um todo, incluindo a separação e a formulação.

No passado, a produção de microrganismos voltava-se aos estudos de microrganismos como fonte de proteínas, para alimento humano ou ração animal, as famosas proteínas de microrganismos unicelulares, ou *single-cell protein* (SCP), cujo maior contingente era representado pelas obtidas a partir de leveduras. Trabalhos apresentados por Peppler (1983) são importantes fontes de consulta dos desenvolvimentos das décadas de 1970 e 1980.

20.3.1.1 Do microrganismo e coleções de cultura

O início do processo de produção massal se dá pela seleção do microrganismo produtor, o qual pode ser obtido através de isolamento ou da aquisição de microrganismos que estão devidamente depositados em coleções de cultura reconhecidas e registradas em instituições idôneas. Os microrganismos depositados nessas instituições são listados em catálogos, muitos deles on-line, que contêm informações sobre a origem, condições de manutenção-estoque, preservação e cultivo, nutrientes específicos ou limitantes, pH, temperatura etc., produtos obtidos ou passíveis de obtenção, permitindo rastreabilidade.

Outras formas de obtenção de microrganismos incluem processos de isolamento e identificação microbiana. Muitos pesquisadores optam por esses estudos de isolamento junto aos substratos (ar, solo, águas, resíduos) que lhes estão afetos, descobrindo, assim, linhagens novas e até mesmo melhores e mais adaptadas.

Para um processo economicamente viável, dependendo do sistema, é desejável isolar linhagens que demandem curtos tempos de fermentação, ou seja, tenham elevada velocidade específica de crescimento, não produzam metabólitos indesejáveis, tenham exigência de aeração reduzida, exibam espumação decrescente durante o processo de fermentação, ou que sejam capazes de metabolizar substratos de baixo custo, segundo Crueger e Crueger (1984).

A seleção de um microrganismo apropriado para um produto específico é assunto de considerável importância. As características de um microrganismo escolhido se refletem, até certo ponto, nos parâmetros do processo de manufatura.

Com o advento da engenharia genética, outras técnicas de obtenção ou transformação de microrganismos com características melhores estão sendo desenvolvidas. Esse assunto também recebe um tratamento especial nesta edição.

Segundo Wasserman, Montville e Korkek (1988), o mundo da biologia está sofrendo uma revolução, cujas consequências ainda não se podem estimar. Genes podem ser transferidos de um organismo para outro; microrganismos e células de plantas podem ser programados para a superprodução de produtos naturais escassos; anticorpos visando a uma porção diminuta de uma proteína podem ser confeccionados (*custom-made*) em semanas. Tudo isso modifica o perfil dos produtos, obtidos para diferentes finalidades, que estão nas prateleiras.

O processo clássico para a obtenção de microrganismos se inicia no tubo de cultura-estoque, cultura esta que pode estar em meio sólido (tubo inclinado com ágar nutritivo), meio líquido, em pó junto a inertes ou na forma liofilizada. Nessas últimas formas, inicialmente o microrganismo deve ser reidratado, para então se iniciar o processo. A cultura-estoque é aquela cujas características microbianas são conservadas através de técnicas, ao longo do tempo. Apresentam-se as fases para o preparo e desenvolvimento de inóculo, que também pode ser chamado de cultura *starter* ou cultura iniciadora. Da cultura-estoque, se estiver em meio sólido, o microrganismo se transfere por via asséptica, usando-se uma alça de platina flambada e resfriada, ao meio de cultura, sólido ou líquido, cuja composição é adequada às exigências nutricionais do microrganismo. A partir desse ponto, após o crescimento ou reprodução do microrganismo, repete-se o processo com inoculações ou semeaduras sucessivas, em volumes crescentes, até a desejada escala de produção. Geralmente, esses volumes são, cada um, dez vezes maior que o predecessor, e o inóculo varia entre 1% e 10% de acordo com certas condições iniciais de processo.

Na realidade, cada microrganismo responde com sua personalidade ao ambiente, e é essa personalidade que lhe provê uma seletiva e competitiva vantagem em seu nicho ecológico. A resposta do microrganismo ao ambiente é por vezes interativa: enquanto cresce e se reproduz, ou quando se adapta ao ambiente, o microrganismo modifica o próprio ambiente, como consequência de suas atividades de crescimento e, em alguns casos, para melhorar suas vantagens competitivas contra outros microrganismos.

Com relação a coleções de cultura, exemplifica-se com a Coleção de Culturas Tropical da Fundação André Tosello (CCT/FAT), a qual é a maior coleção da América Latina, registrada na World Federation Culture Collection (WFCC) sob número 835. Essa coleção teve início em 1982 e passou a ser uma coleção de serviço a partir de 1988. A CCT realiza a preservação e distribuição de linhagens de bactérias, leveduras e fungos filamentosos de classe de risco (ou seja, nível de biossegurança) 1 e 2 nas formas liofilizada e ultracongelada (–80 °C). Dispõe de 8 mil linhagens, entre bactérias, leveduras e fungos que nela estão depositados nos regimes confidencial, semiaberto e aberto. Possui uma coleção de microalgas iniciada em 2010.

A Figura 20.1 apresenta o acervo da CCT/FAT em 2015. Como dissemos, tratam-se de microrganismos preservados no mínimo de duas formas: por ultracongelamento a –80 °C ou por liofilização. O acervo possui uma subcoleção de 118 fungos da Mata Atlântica.

A Figura 20.2 apresenta a distribuição anual de linhagens a instituições de pesquisa, empresas industriais e doação a pesquisadores de programas de mestrado ou doutorado, credenciados na Capes, com conceitos superiores a 4, para o desenvolvimento da pesquisa de seus orientados. A doação é aprovada pela curadora da Coleção após detalhada análise dos currículos Lattes do orientador e orientado e do resumo do trabalho a ser desenvolvido, no qual deve constar a metodologia a ser utilizada. O orientador assina um protocolo responsabilizando-se pelo bom uso da linhagem e comprometendo-se a enviar cópia da tese ou dissertação produzida, bem como de trabalhos publicados, em que conste o nome da Fundação André Tosello.

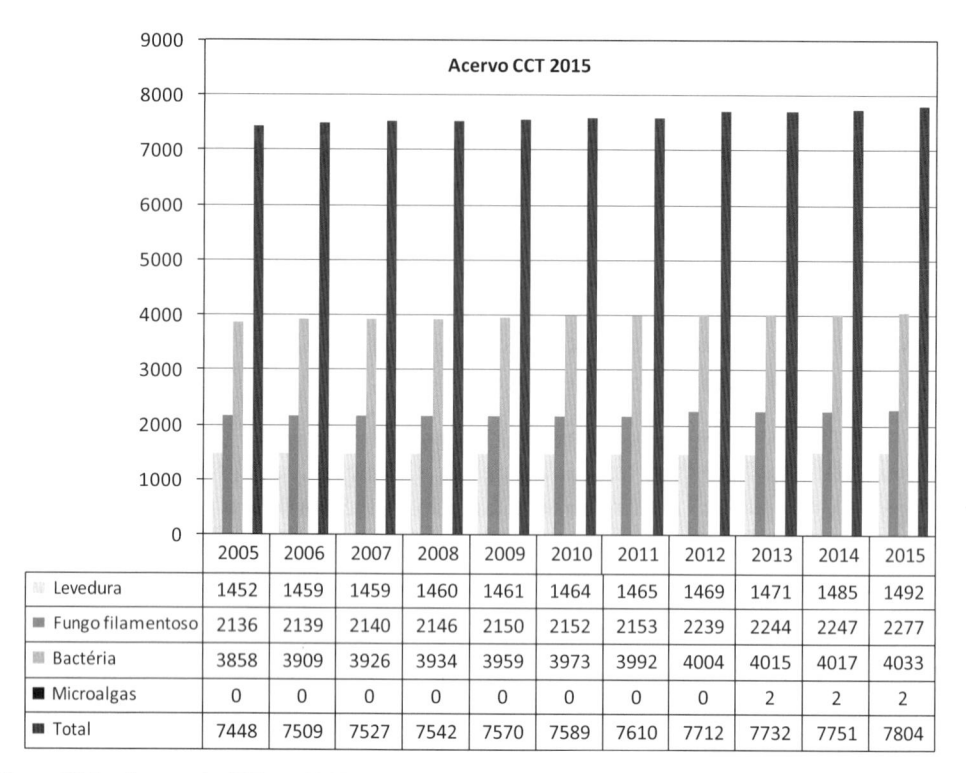

	2005	2006	2007	2008	2009	2010	2011	2012	2013	2014	2015
Levedura	1452	1459	1459	1460	1461	1464	1465	1469	1471	1485	1492
Fungo filamentoso	2136	2139	2140	2146	2150	2152	2153	2239	2244	2247	2277
Bactéria	3858	3909	3926	3934	3959	3973	3992	4004	4015	4017	4033
Microalgas	0	0	0	0	0	0	0	0	2	2	2
Total	7448	7509	7527	7542	7570	7589	7610	7712	7732	7751	7804

Figura 20.1   Acervo da CCT em 2015.

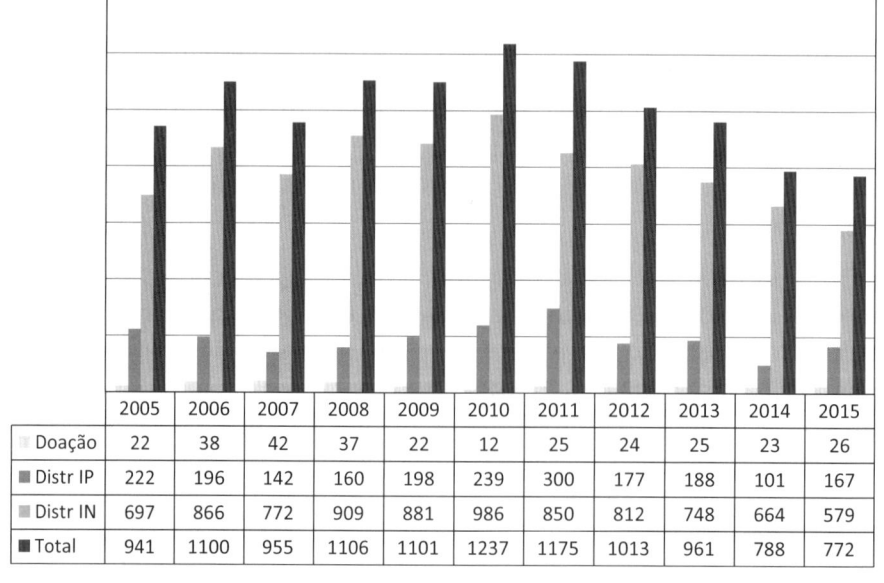

	2005	2006	2007	2008	2009	2010	2011	2012	2013	2014	2015
Doação	22	38	42	37	22	12	25	24	25	23	26
Distr IP	222	196	142	160	198	239	300	177	188	101	167
Distr IN	697	866	772	909	881	986	850	812	748	664	579
Total	941	1100	955	1106	1101	1237	1175	1013	961	788	772

Figura 20.2   Distribuição anual de culturas do acervo da CCT no período de 2005 a 2015. Distr IP, distribuição a instituições de pesquisa; Distr IN, distribuição à indústria.

20.3.1.2 Meios de cultivo

Os meios de cultivo são projetados para atender à demanda nutricional do microrganismo produtor, aos objetivos do processo e à escala da operação. A seleção desses meios depende, para a maioria dos processos em larga escala, do custo, disponibilidade e propriedades de manejo dos componentes de tais meios.

Os componentes básicos, nutricionalmente importantes, são fontes de carbono, de nitrogênio, sais minerais e, em alguns casos, fatores de crescimento. A maioria dos processos biotecnológicos industriais usa carbono e nitrogênio a partir de misturas complexas de produtos ou subprodutos naturais de baixo custo, buscando resíduos e águas residuárias com boa composição e com disponibilidade na região.

As fontes de carbono, especialmente carboidratos, podem ser: glicose (glicose pura, amido hidrolisado), lactose (lactose pura, soro de leite ou de queijo, em pó), amido ou fécula (cevada, centeio, trigo, aveia, farinhas e farelos diversos, soja, amendoim, algodão, batata, batata-doce, mandioca, sorgo) e sacarose (melaço de cana, de beterraba, açúcar demerara, açúcar refinado). As fontes nitrogenadas podem ser cevada (1,5% a 2%), melaço de beterraba (1,5% a 2%), água de maceração de milho (4,5%), farinha de aveia (1,5% a 2%), farinha de centeio (1,5% a 2%), farelo de soja (8%), soro de leite (pó) (4,5%). Os traços de metais necessários geralmente estão presentes na água corrente ou na maioria das matérias-primas. Sais minerais são adicionados, especialmente como fontes suplementares de nitrogênio, fósforo, enxofre ou cálcio. A maioria dos fatores de crescimento necessários pertence ao grupo das vitaminas B ou compostos afins, certos aminoácidos ou ácidos graxos.

O adequado balanço de C/N pode ser fundamental, especialmente se o pH não for controlado.

20.3.1.3 Dos reatores bioquímicos

Atkinson (1984) discute a interdisciplinaridade da biotecnologia, o relacionamento dos profissionais a ela ligados e a extrema importância dos reatores bioquímicos. Afirma que eles interessam aos bioengenheiros, engenheiros químicos ou de alimentos envolvidos com fermentações e ampliação de escala, importam aos engenheiros civis e sanitaristas no tratamento de águas residuárias e são necessários aos biologistas, microbiologistas e bioquímicos devido aos aspectos básicos do processo para um futuro desenvolvimento dos próprios biorreatores.

Fermentação é aqui entendida em sentido lato, não apenas como inicialmente proposto por Pasteur na obtenção de álcool, como sinônimo de borbulhamento, mas como um processo no qual ocorrem mudanças bioquímicas num substrato orgânico, através da ação de catalisadores (enzimas), pela ação de microrganismos *in vivo* ou *in vitro*.

Prenosil et al. (apud MORAES; CAPALBO; ARRUDA, 2001), em revisão de reatores bioquímicos, listam considerações cinéticas para a escolha de um reator, descontínuo ou contínuo, e entre estes últimos analisa o de simples tanque (um estágio), o tubular e o multiestágios. Os mesmos autores relatam que, no início do século XXI, outros tipos de reatores estão sendo desenvolvidos, mas em essência o comportamento é similar ao dos citados. Geralmente os modelos descontínuo e o tubular, com os conceitos de transferência de massa interna e externa e as expressões cinéticas intrínsecas, proporcionam a necessária flexibilidade para descrever todos os tipos de reatores. Entre os novos, encontram-se o de leito fixo ou de recheio, o de leito fluidizado e o sistema de membrana de ultrafiltração. Existem ainda os reatores para o processo em semissólido ou em estado sólido, bastante aplicável para fungos.

20.4 CASOS DE PRODUÇÃO DE MICRORGANISMOS

Para Dellweg (1983), a biotecnologia é diretamente orientada para a produção e aplicação industrial de organismos unicelulares (ou partes deles), para a criação de produtos ou a conversão de materiais. O produto mais direto é o próprio microrganismo, obtido através de multiplicação massal. A produção de biomassa de microrganismos unicelulares (*single-cell protein*, CP) tem uma grande tradição, e um exemplo é a levedura de panificação. Os substratos clássicos são os açúcares, em especial a sacarose. No exterior, o decréscimo da oferta e o custo de melaços tornou outras fontes de carboidratos mais interessantes, como soro de leite e queijo ou subprodutos de sacarificação de amido de milho. A produção de biomassa para ração animal é principalmente apoiada pela disponibilidade do substrato mais barato. Como já dito, há muitos estudos de produção utilizando resíduos e/ou águas residuárias como fontes de carbono e nitrogênio, vitaminas e sais minerais. Ernandes, Del Bianchi e Moraes (2013), por exemplo, estudaram diferentes meios de cultura para obtenção de biopesticidas.

Em alguns casos é importante que o microrganismo seco (produto final) possua alto teor proteico, baixo conteúdo de ácidos nucleicos e seja livre de compostos tóxicos. Embora o termo SCP seja comum, ele é inadequado, já que SCP contém no máximo 70% de proteína.

A substituição de um substrato por outro mais vantajoso, por disponibilidade e/ou custo, leva geralmente à troca ou adaptação do microrganismo produtor.

Falanghe (1975, apud MORAES, 2001) cita processos baseados no uso de licor sulfítico, resíduo de indústria de papel e celulose, que usam *Candida utilis* e *Candida tropicalis*, as quais utilizam pentoses e outros compostos de carbono e nitrogênio mais do que outras leveduras. Nos anos 1960, hidrocarbonetos residuais pareceram excelentes e disponíveis substratos. *Candida lipolytica* e *Candida tropicalis* foram extensivamente estudadas e, realmente, o desempenho de ambas foi muito bom.

Com a crise do petróleo, em 1973, os n-alcanos passaram a perder interesse, e o alcano mais simples, disponível como gás natural, foi eleito para estudos de produção de proteína microbiana. Nesse caso o microrganismo mais eficiente é uma bactéria, cuja produção atinge de 60% a 80%, enquanto leveduras metilotróficas produzem de 35% a 50%.

A biotecnologia se favoreceu em muito dos avanços na produção de SCP, especialmente pelos reatores desenvolvidos e pelos processos de separação. No entanto, a produção de SCP não foi um sucesso, mesmo após a solução dos problemas para obter proteína alimentícia, inclusive para humanos, de alta qualidade e livre de compostos indesejáveis. Como razões, apontam-se principalmente as econômicas, políticas e psicológicas. Não se pode duvidar que a SCP poderá ajudar a satisfazer a demanda mundial de proteína, solvendo o problema da fome mundial no futuro, desde que os obstáculos apontados para sua rejeição sejam retirados ou minimizados.

A mais econômica fonte de carbono disponível é o gás carbônico. Sua exploração depende da habilidade em se usar a energia do sol para a conversão desse gás em produtos úteis. Em países com muita energia solar, por exemplo os das zonas tropical e subtropical, a solução desses problemas é de vital importância.

Deve-se observar que a biomassa microbiana não é apenas fonte de proteína alimentar. Em muitos casos, microrganismos são produzidos para distintas aplicações, conforme seus potenciais.

20.4.1 PRODUÇÃO DE LEVEDURAS

A amplitude desse grupo de microrganismos é muito grande. O termo levedura inclui fungos cujo crescimento assexuado resulta predominantemente de brotamento ou fissão e que não apresentam formas sexuais dentro ou sobre um corpo de frutificação (MADIGAN et al., 2014; KURTZMAN; FELL; BOEKHOUT, 2011). Segundo Deak (2009), há mais de mil espécies conhecidas, e o número existente na natureza deve ser muito maior, estimado entre 15 mil e 24 mil. Ainda segundo esse autor, no entanto, de todas essas espécies, apenas cerca de uma dúzia são empregadas atualmente em escala industrial, e algo como setenta a oitenta foram testadas em escala de laboratório e apresentaram potencial para uso biotecnológico. Há, portanto, um enorme potencial ainda a ser explorado para a aplicação industrial de leveduras em diversos setores.

Oura (1983) apresenta a evolução da produção de levedura de panificação que, historicamente, sabe-se ser o mais antigo processo de produção de biomassa. Embora o conhecimento da existência da levedura date de 100 a 150 anos atrás, o então anônimo e misterioso material já vinha desempenhando um importante papel na história da humanidade desde os primórdios. O homem aprendeu a usá-lo para fermentar bebidas e para levedar a massa. Depois deve ter aparecido a levedura de cervejaria e do vinho. Uma boa revisão e conceituação das leveduras para vinho pode ser encontrada em Lafon-Lafourcade (1983). Iniciou-se o aproveitamento das leveduras de cervejaria para produção da levedura de panificação por volta de 1847. O lúpulo prejudicava essa produção. Na Holanda, em 1781, as destilarias de gin também passaram a estudar o uso das leveduras residuais da fermentação alcoólica para a produção de pão. As leveduras recuperadas foram distribuídas como leveduras comprimidas e seu uso tornou-se popular. O rendimento de biomassa úmida era de 20 kg, enquanto o de álcool era de 20 L para 100 kg de substrato.

Para Oura (1983), de fato a moderna produção de biomassa para leveduras de panificação iniciou-se em 1916-1925, com a operação do processo em descontínuo-alimentado (*fed-batch* ou método Zulauf, *Z Process*), também chamado de método dinamarquês, no qual o substrato é adicionado à medida que a levedura se desenvolve. O rendimento em levedura/biomassa passou a ser de 75 kg por 100 kg de grãos, sem produção de álcool. Isso se tornou possível pela observação de que, apesar da aeração conveniente, o excesso de açúcar causava a formação de álcool por meio do efeito denominado *crabtree*, o qual podia ser evitado pela contínua e cuidadosa adição de açúcar durante o processo, mantendo-se em um limite conveniente a concentração da fonte de carbono. Paralelamente, em 1792, na Inglaterra, foi iniciado o mesmo tipo de processo realizado com resíduo de cervejaria (mosto sem lúpulo). Em 1846, desenvolveu-se o processo vienense, obtendo-se de 10 a 12 kg de biomassa e 28 L de álcool a partir de 100 kg de grãos, geralmente cevada. Após Pasteur e sua descoberta de que em condições aeradas o rendimento de biomassa aumentava, em 1877 foi introduzido o processo aerado por Eusebius Brun, de Copenhague.

O processo evoluiu depois para o uso de melaço, substituindo os grãos, e de amônio como fonte nitrogenada. Avanços continuam a ser praticados no campo tecnológico, mas o método descontínuo-alimentado segue sendo o melhor para rendimento tecnológico. Dentre os desenvolvimentos, contam-se os novos sistemas de aeração, instrumentação e novas linhagens de leveduras, além do uso de processo contínuo de fermentação.

A levedura de panificação, *Saccharomyces cerevisiae*, é um microrganismo facultativo, capaz de crescer com e sem aerobiose. Crescendo em presença de oxigênio, exige biotina, e a presença de inositol e ácido pantotênico varia conforme a linhagem. Não é absolutamente necessária a suplementação com outras vitaminas, embora às vezes seja benéfico o uso de tiamina, por exemplo. Ao se desenvolver em absoluta anaerobiose, quando mesmo traços de oxigênio são evitados, outros componentes, como ácidos graxos insaturados e ergosterol, são necessários, sendo que algumas linhagens exigem ácido nicotínico. O crescimento sem esses elementos na anaerobiose ocorre por algumas gerações e depois cessa.

O comportamento da levedura em processo aeróbio é complicado, observando-se um grande número de efeitos controlando o metabolismo da levedura, frente ao oxigênio. São relatados os efeitos: Pasteur, Pasteur reverso – que é o mesmo que *crabtree* –, glicose ou repressão catabólica e Pasteur-negativo.

O crescimento de *S. cerevisiae* em aerobiose se constitui em crescimento glicose-etanol diáuxico. A glicose se metaboliza a etanol na primeira fase exponencial de crescimento, quando as células apresentam uma alta velocidade (tempo de geração de 1,7 hora). A segunda fase de crescimento se inicia quando a glicose está quase toda consumida. É separada da primeira por uma fase de transição, quase uma fase de latência. Nessa segunda fase a velocidade de crescimento apresenta tempo de geração de 5 a 8 horas. Na produção industrial de leveduras de panificação, observa-se um tempo de geração de 3 a 4 horas, quando se forma uma boa concentração de álcool, e de 5 a 6 horas nas culturas livres de álcool. Na primeira fase de crescimento, as funções do ciclo tricarboxílico (TCA) são apenas para a formação de esqueletos carbônicos para propósitos biossintéticos. As atividades das enzimas são baixas, assim como as dos demais sistemas envolvidos, por exemplo, citocromos. Na segunda fase do crescimento diáuxico as atividades aumentam, havendo a formação de enzimas de metabolismo oxidativo, crescente na fase interlag. Se a concentração de glicose ultrapassa determinado nível, cerca de 250 a 300 mg/L, essas enzimas não se formam ou são inibidas. O oxigênio controla o metabolismo da glicose no efeito Pasteur, por isso, nesse caso, o fenômeno foi chamado de efeito Pasteur reverso, efeito glicose ou *crabtree*. À medida que o mecanismo passa a ser melhor entendido, recebe o nome de repressão catabólica, que é mais geral.

Evita-se a repressão catabólica, produzindo-se a levedura em meio de cultura com baixa concentração de glicose, o que é possível em fermentação contínua ou, melhor ainda, em descontínuo-alimentado (*fedbatch*).

Oura (1983) apresenta as exigências que a levedura de panificação deve atender:

- A levedura-semente deve crescer bem em melaço sob condições aeróbias e dar bom rendimento na forma de levedura comprimida. Rendimentos de 56,7 g (massa seca) por 100 g de glicose são obtidos em condições de laboratório. Em cultivo industrial, o máximo cultivo não se obtém nos primeiros estágios, mas mesmo com algumas perdas chega-se a 48 a 50 g de levedura seca por 100 g de sacarose.

- A levedura obtida deve apresentar cor clara e aroma fresco. As células devem ser de tamanho uniforme, não formar agregados ou grumos e ser de fácil filtragem.

- Deve ser ativa e apresentar bom poder de crescimento da massa, além de boa estabilidade. A obtenção de elevado rendimento em fermentação é contrária à alta atividade de crescimento.

Maiores atividades de crescimento da massa se obtêm com a fermentação anaeróbia, porém esta conduz a baixos rendimentos e más propriedades de armazenagem do produto. Isso se deve ao alto conteúdo proteico das leveduras que crescem anaerobiamente, significando também uma elevada atividade proteolítica, que acarreta a baixa estabilidade do produto.

Por outro lado, baixo conteúdo proteico é característico de levedura com elevada estabilidade. Como atividade e estabilidade são inversamente relacionadas, o processo produtivo deve ser bem balanceado, para dar um resultado satisfatório. As linhagens de levedura de panificação atualmente utilizadas dividem-se em: com alta atividade e razoável estabilidade, ou com baixa atividade e boa qualidade de armazenagem.

O primeiro tipo é preferido em países em que a demanda do produto é pequena, o transporte do material se faz em curtas distâncias e em condições refrigeradas. Quando a demanda é grande, o produto fresco deve resistir bem por semanas e as distâncias são longas, o segundo tipo é utilizado, sendo que a atividade da levedura é sacrificada a favor da estabilidade. O clima da região também permite ou limita o tempo de armazenagem do produto.

A produção de levedura alimentar e para ração animal é similar à produção de levedura de panificação. Falanghe (1975) apresenta o fluxograma de produção. A composição elementar da levedura de panificação com 27% de umidade apresenta 12,33% de carbono; 2,3% de nitrogênio; 0,28% de fósforo; 0,54% de potássio; 0,03% de magnésio e 0,01% de cálcio.

Além do uso de carboidratos como substrato para a produção de biomassa, no fim dos anos 1960 e início dos 1970 foram desenvolvidos processos a partir de hidrocarbonetos. Essa levedura também era considerada *single-cell protein*, mas logo a Comissão de Fermentação da International Union Pure and Applied Chemistry (Iupac) a nomeou de *single-cell biomass*, ou *proteinaceous single-cell biomass*. Einsele (1983) apresenta considerações sobre o assunto, comentando o sucesso e a promessa que essa tecnologia apresentou por duas décadas. A alta do petróleo, após 1973, alterou o panorama, porém algumas empresas continuam a produção de leveduras alimentares ou para ração.

No Brasil, dentre outros trabalhos, tese de livre-docência de Sadir (1973) foi desenvolvida usando querosene como substrato e *Candida lipolytica* como microrganismo produtor.

Algumas leveduras são capazes de produzir substâncias com características tensoativas e/ou emulsificantes, chamadas de biossurfactantes.

Apesar de alguns fungos filamentosos e muitas bactérias também serem produtores de biossurfactantes, a grande maioria não é adequada para a utilização na indústria alimentícia devido ao seu caráter patogênico, sendo necessária a prospecção de microrganismos não patogênicos que produzam essas biomoléculas. A grande vantagem do uso de leveduras é que muitas delas têm *status generally recognized as safe* (Gras), o que minimiza os riscos de toxicidade e patogenicidade e permite sua aplicação sem restrições (FONTES; AMARAL; COELHO, 2008). Além disso, algumas leveduras são mais tolerantes aos biossurfactantes secretados no meio de cultivo quando comparadas às bactérias.

Dessa forma, os biossurfactantes produzidos por leveduras vêm sendo cada vez mais estudados, sendo responsáveis por muitas patentes registradas na área. Para aplicação na indústria alimentícia, os biotensoativos e bioemulsificantes possuem vantagens em relação aos obtidos por via química por apresentarem menor toxicidade, maior biodegradabilidade, excelente atividade surfactante, maior estabilidade em condições extremas de pH, temperatura e salinidade, além de poderem ser produzidos a partir de fontes naturais de baixo custo. Além disso, é sabido que a adição de surfactantes diminui a atividade de água do alimento e, aliadas a essa ação, alguns biossurfactantes são conhecidos por suas propriedades antimicrobianas. Isso os torna vantajosos por diminuir a necessidade da adição de conservantes químicos e aumentar o tempo de prateleira dos alimentos, o que faz deles uma alternativa interessante na substituição dos tensoativos e emulsificantes sintéticos.

Embora exista uma enorme variedade de espécies, apenas aquelas que são classificadas como Gras, consideradas inócuas à saúde, podem ser utilizadas na alimentação. Entre elas, destacam-se as espécies *Saccharomyces boulardii* e *Saccharomyces cerevisiae*, esta presente na maior parte dos produtos comerciais derivados de leveduras.

Linhagens dessas leveduras são a base de formulações probióticas de uso humano e animal, pois possuem as características necessárias para manter e restaurar a microbiota intestinal.

Dentro do contexto industrial brasileiro, considerando-se especialmente o processo de produção de etanol, cerca de metade da biomassa microbiana resultante é destinada ao mercado interno e o restante é exportado, pois trata-se de um suplemento proteico de baixo custo, utilizado principalmente como componente da ração animal e também pela indústria alimentícia (BNDES/CGEE, 2008).

20.4.2 PRODUÇÃO DE BACTÉRIAS

Muitos bioprodutos contendo grande concentração de microrganismos podem ser adicionados a determinados produtos para acelerar o processo de fermentação. Esses microrganismos (sozinhos ou em conjunto) são aceleradores de fermentação e são denominados culturas *starter* ou iniciadoras. As bactérias se destacam nesse grupo.

Podem ser observadas as seguintes funções para culturas *starter*:

- incorporar número significativo de organismos selecionados;
- conferir maior uniformidade ao produto final;
- fermentar açúcares, levando a um decréscimo do pH;
- ajustar a uma escala de produção;
- produzir componentes voláteis;
- possuir atividades proteolíticas e lipolíticas;
- produzir substâncias, como álcool (Kefir e Kumis); agentes texturizantes – exopolissacarídeos (influenciam na consistência do produto).

As indústrias de laticínios, as de embutidos e de bebidas são as maiores usuárias dessas culturas iniciadoras, para a produção de queijos, iogurtes e bebidas fermentadas. As bactérias mais empregadas na indústria de queijos são: *Streptococcus lactis*; *S. cremoris*; *S. lactis* ssp. *diacetylactis*; *Leuconostoc cremoris*. Essas são linhagens mesófilas. Dentre as termófilas têm-se *S. thermophilus*, *Lactobacillus bulgaricus*, *L. lactis*, *L. helveticus*. As bactérias usadas na produção de queijos preenchem uma série de requisitos: produzem ácido lático; secretam metabólitos associados a aroma e sabor; modificam o substrato de tal forma que as alterações bioquímicas ocorram. Para obter um queijo duro, atuam melhor as linhagens mesófilas.

Muitos pesquisadores estudaram a produção de *Lactobacillus acidophilus*, microrganismo importante nos probióticos de uso humano e animal. Diversos produtos a partir de diferentes espécies de *L. acidophilus* encontram-se disponíveis nas prateleiras dos supermercados e drogarias, sendo usados especialmente para a recomposição da microbiota intestinal.

Os *starters* ou culturas iniciadoras são obtidos a partir de processo fermentativo com o microrganismo escolhido, mantendo o processo até o final da fase exponencial ou início da fase estacionária. Na forma líquida, o *starter* para a produção de queijo pode ser reproduzido por até cinquenta vezes. Para a produção de iogurte, o *starter* é mais suscetível, e sua reprodução pode ser viável cerca de dez vezes. Características indesejáveis podem ocorrer no processo com sucessivas reproduções. Para uma maior estabilidade do *starter*, pode-se usar outras formas de preservação. Na obtenção de *starter* na forma seca, especialmente o processo de liofilização das culturas vem sendo empregado, embora existam alguns trabalhos sendo desenvolvidos com a secagem por atomização. Nesta, a manutenção da viabilidade microbiana é ainda muito baixa para ser competitiva com a forma liofilizada, que, de início é a mais cara forma de preservação do microrganismo. Nesse processo desenvolve-se a bactéria em um meio de cultura estéril composto de leite fortificado até um nível elevado de sólidos totais, com ou sem adição de agentes crioprotetores; ao atingir o final da fase exponencial de crescimento ou o início da estacionária, paralisa-se o processo fermentativo, congela-se rapidamente a cultura, entre –20 °C e –30 °C, e depois seca-se a vácuo a temperaturas inferiores a –30 PC, em liofilizador. O material final é um pó, com no máximo 3% de umidade residual e com contagem bacteriana muito próxima da contagem da cultura original. Esse material é conservado em ampolas. Os *starters* congelados são obtidos de culturas microbianas que atingiram um teor de sólidos de 14% a 16% ou contêm um agente protetor, tal como sacarose ou lactose. Nesse caso, é possível o congelamento da cultura e sua manutenção nessa forma, que é mais econômica do que a forma liofilizada. A temperaturas de –20 °C a –40 °C, essas culturas podem permanecer viáveis por dois a três meses. Para maior vida de prateleira reduz-se a temperatura a –196 °C com nitrogênio líquido. Isso exigirá maiores investimentos e somente se justificará se houver uma grande demanda por esse tipo de *starter*. Em ambos os casos, a atividade das culturas após o descongelamento é extremamente alta, e dificilmente acarreta maior fase de latência no processo subsequente.

Robinson (1983) apresenta alguns tipos de *starters* de culturas comerciais e métodos de seu uso. Apresenta também a produção em ampliação de escala, para processo em milhares de litros de leite, em grandes tanques, quando a assepsia torna-se mais difícil, porém necessária. Para *starter* da indústria da carne as bactérias láticas também são adequadas, porém é preciso tomar alguns cuidados especiais. Dentre as características necessárias incluem-se a habilidade da bactéria de produzir ácido lático, tolerar sal, condimentos, nitrato e nitrito e ter capacidade de reduzir o nitrato. Entre os primeiros microrganismos bem-sucedidos, cita-se a bactéria lática *Pediococcus cerevisiae,* que, embora não se associe normalmente a produtos cárneos, atende aos requisitos, ainda que não reduza nitrato.

Alguns produtores usam *Micrococcus* sp. com essa finalidade. Com a mudança de uso de nitrato para nitrito, os *Pediococcus cerevisiae, Lactobacillus plantarum, Leuconostoc mesenteroides* e *Lactobacillus brevis* passaram a ser utilizados.

Ainda segundo esse autor, culturas microbianas permanecem tendo importante papel na produção de embutidos, pois um produto com pH abaixo de 5 e atividade de água abaixo de 0,91 não necessita de refrigeração, desde que a atividade bacteriana seja bem controlada. Bons *starters* poderão levar a produtos que dispensem refrigeração, evitando o uso de aditivos químicos e tratamentos térmicos drásticos.

Muitas outras aplicações existem em que se produzem microrganismos a partir de bactérias (MORAES; CAPALBO; MORAES, 1991; MORAES; CAPALBO; ARRUDA, 1996; MORAES; CAPALBO, 1986; MORAES et al., 1991). Outros capítulos desta coleção tratam de alguns desses microrganismos, com profundidade, por exemplo, para a produção de bioinseticidas.

20.4.3 PRODUÇÃO DE FUNGOS

Wiseman (1986) cita alguns casos de produção usando fungos. Recomenda o processo Tate & Lyle para países em desenvolvimento, em processos em pequena escala, usando diferentes subprodutos e resíduos agrícolas disponíveis regionalmente. Os fungos filamentosos usados são o *Aspergillus niger* e o *Fusarium* sp. Um processo da Rank Hovis McDougall Co., inicialmente desenvolvido para usar subprodutos de moinhos de trigo adicionados de fatores de crescimento, propicia uma elevada velocidade de crescimento do fungo filamentoso *Fusarium graminearum*, que também é importante pelo teor de fibras. O processo Pekilo emprega, na Finlândia, resíduos da indústria de polpa e papel, tanto para reduzir seu potencial poluidor quanto para a obtenção de proteína para ração animal. Trata-se de um processo contínuo e, após serem testados cerca de trezentos microrganismos, foi selecionado o microfungo *Paecilomyces variotii*. O processo se iniciou em 1975, com a implantação de uma nova instalação em 1982, sendo o rendimento de biomassa, baseado em substrato consumido, de 55%. A concentração miceliar atinge 17 g/L. Outra vantagem é a facilidade de separação do produto obtido, sendo este concentrado mecanicamente até 35% a 45% e depois seco. Processos em pequenos fermentadores resultam em alta velocidade de crescimento e conteúdo de até 60% de proteína.

Um importante produto agrícola que está passando por um processo de valorização no Brasil é a mandioca, cujo processamento apresenta diversos subprodutos, resíduos e águas residuárias, as quais são estudadas como fonte nutricional para a produção de biomassa. Menezes (1994) apresenta vários casos de produção e de fortificação de farinhas obtidas.

20.4.4 EXEMPLOS DE PRODUÇÃO COM ALGAS

A cultura massal de algas teve seu início em 1919, com a introdução de *Chlorela* sp., verificando-se que certas algas podiam duplicar-se com muita velocidade e que sua matéria seca podia conter até 50% de proteína crua. Os primeiros testes de produção massal foram realizados na Alemanha em 1942, mas o grande interesse no assunto instalou-se nos anos 1950 e progrediu rapidamente. Nos anos 1960 começou o interesse por *Spirulina* (*Arthrospira*) *platensis*. Este volume possui um capítulo sobre a produção de microalgas para fins energéticos ("Aplicações industriais de microalgas"), e o volume quatro apresenta a produção de biomassa a partir de algas para fins alimentícios ("Produção de *Arthrospira* (spirulina) e suas aplicações em alimentos"). Há um grande interesse mundial com relação à produção de algas, especialmente as algas verdes *Chlorella* sp. e *Scenedesmus acutus* e a verde-azulada *Spirulina*. Nos países em desenvolvimento, entre os quais o Brasil, já existem diversos trabalhos enfocando essa produção, especialmente usando grandes espelhos de águas (MORAES et al., 2013; MORAES; ARRUDA; MORAES, 2011; MORAES et al., 2013; PELIZER; MORAES, 2009). O desenvolvimento de microrganismos fotossintéticos que produzem lipídios ou hidrocarbonetos também possui ótimo potencial para a produção de biocombustíveis. Apesar de ser pouco provável que a produção agrícola de biomassa utilizável exceda a eficiência de conversão solar de 1% a 2%, algas podem converter energia solar a eficiências que excedem 10%. A combinação de processos microbianos anaeróbios e aeróbios pode ser separadamente otimizada, para que o precursor de um combustível possa ser produzido em um ambiente anaeróbico e o produto final, em um ambiente aeróbico. O cultivo de algas teria a vantagem de alta eficiência, mas a produção desses microrganismos poderá requerer uma infraestrutura de alto custo de capital, segundo Goldenberg (2009).

A Escola Brasil Argentina de Biotecnologia, juntamente com o Ministério de Ciência, Tecnologia e Inovação, apoiou quatro cursos em nível de pós-graduação em anos consecutivos (2011, 2012, 2013, 2014), realizados na Fundação André Tosello, com a parceria da Probiom Tecnologia, para capacitação de graduados, pós-graduados e pós-doutores em produção de biocombustíveis de terceira geração, sob a coordenação de I. O. Moraes. Para 2017 foi aprovado o curso Introducción a la Biotecnología algal: desde el aislamiento de cepas nativas hasta posibles procesos industriales para la obtención de biocombustibles y otros bioproductos, a ser realizado na Argentina, sob a coordenação do dr. Leonardo Curatti, com a participação de I. O. Moraes como coordenadora brasileira.

20.5 MICRORGANISMOS VISANDO A OUTROS PRODUTOS

Muitos outros microrganismos podem ser utilizados com vista à obtenção de outros produtos em todas as áreas de influência da biotecnologia, sejam elas do setor primário, secundário ou terciário. A maioria dessas aplicações está na indústria, agricultura, saúde, energia e meio ambiente. Este volume apresenta um considerável número de capítulos que demonstram essa afirmação.

A tecnologia das fermentações evolui a passos largos, mas há muitos obstáculos a serem ultrapassados para a máxima utilização desta como fonte ou como ferramenta na obtenção de microrganismos úteis à humanidade, inclusive na solução do problema da fome.

Na maioria dos países em desenvolvimento há um gargalo entre o setor aplicado e o setor de pesquisa, e dois fatores geram e mantêm esse gargalo: não existem mecanismos de promoção e transferência de tecnologia e há barreiras legais, econômicas, políticas e sociais que dificultam a cooperação universidade/empresa. Há um potencial microbiano quase incomensurável nos países em desenvolvimento, do qual cerca de 5%, se tanto, são utilizados.

Patentes de processos microbianos, com a possível produção regionalizada, usando *Bacillus thuringiensis* e diversos substratos foram depositadas no Instituto Nacional de Propriedade Industrial (Inpi), porém, apesar do tempo decorrido, a transferência de tecnologia ainda não se realizou (MORAES, 1976, 1985, 1992).

Plantas modificadas pela inserção de genes de *Bacillus thuringiensis* estão sendo desenvolvidas, nas quais o microrganismo inserido promove controle biológico de pragas, especialmente de Lepidoptera. Muitos microrganismos úteis vêm sendo desenvolvidos por grupos multidisciplinares de pesquisadores, prevendo-se para um futuro não tão distante a plena utilização desse formidável potencial microbiano existente no Brasil, proveniente de toda a biodiversidade possibilitada pelo clima, solo, amplitude territorial, substratos disponíveis e tecnologias desenvolvidas.

REFERÊNCIAS

ARRUDA, R. O. M. et al. Fermentação de *Spirulina platensis* sob condições naturais de Temperatura e Insolação. *Revista Saúde da Universidade Guarulhos*, v. 3, p. 16-19, 2009.

ATKINSON, B. *Biochemical Reactors*. London: Pion Limited, 1984. 267 p.

BERNARDI, S.; GOLINELI, B. B.; CONTRERAS-CASTILLO, C. J. Aspectos da aplicação de culturas starter na produção de embutidos cárneos fermentados. *Brazilian Journal of Food Technology*, Campinas, v. 13, n. 2, p. 133-140, abr.-jun. 2010.

BIRCH, G. G.; PARKER, K. J.; WORGAN, J. T. *Food from Waste*. London: Applied Science Publishers Ltd., 1976. 301 p.

BNDES/CGEE. Banco Nacional de Desenvolvimento Econômico e Social/Centro de Gestão e Estudos Estratégicos (coord.). *Bioetanol de cana-de-açúcar: energia para o desenvolvimento sustentável*. Rio de Janeiro: BNDES, 2008.

BRASIL. Decreto n. 8.772, de 11 de maio de 2016. *Diário Oficial da União*, 12 maio 2016.

_____. Lei Federal n. 9.279, de 14 de maio de 1996. *Diário Oficial da União*, 15 maio 1996.

_____. Lei Federal n. 13.123/2015. *Diário Oficial da União*, 14 maio 2015.

BULL, A. T.; HOLT, G.; LILLY, M. D. *Biotechnology: International Trends and Perspectives*. OCDE Report, 1977.

CAPALBO, D. M. F. *Desenvolvimento de processo de fermentação semi-sólida para obtenção de Bacillus thuringiensis Berliner*. 2. impr. 159 p. Tese (Doutorado) – Faculdade de Engenharia de Alimentos, Universidade Estadual de Campinas, Campinas, 1989.

COONEY, C. L. Growth of microorganisms. In: REHM, H. J.; REED, G. *Biotechnology – A Comprehensive Treatise 1*. Basel: Verlag Chemie, 1981. p. 75-112.

CRUEGER, W.; CRUEGER, A. *Biotechnology – A Textbook of Industrial Microbiol*. Madison: Sei. Tech, Inc., 1984. 308 p.

DEAK, T. Ecology and biodiversity of yeasts with potential value in biotechnology. In: SATYANARAYANA, T.; KUNZE, G. (eds.). *Yeast Biotechnology: diversity and applications*. Amsterdam: Springer, 2009. p. 151-168.

DELLWEG, H. (ed.). *Biotechnology – A Comprehensive Treatise 3: Biomass, microorganisms for special applications, microbial products I, energy from renewable sources*. Basel: Verlag Chemie, 1983. 642 p.

EINSELE, A. Biomass from higher n-alkanes. In: DELLWEG, H. (ed.). *Biotechnology – A Comprehensive Treatise 3*. Basel: Verlag Chemie, 1983. p. 43-81. (8 v.)

ERNANDES, S.; MORAES, I. O.; DEL BIANCHI, V. L. Evaluation of two different culture media for the development of biopesticides based on *Bacillus thuringiensis* and their application in larvae of *Aedes aegypti*. *Acta Scientiarum Technology*, v. 35, p. 11-18, 2013.

FALANGHE, H. Produção de microrganismos. In: LIMA, U. A.; AQUARONE, E.; BORZANI, W. *Biotecnologia: Tecnologia das Fermentações 1*. São Paulo: Blucher, 1975. p. 246-285.

FONTES, G. C.; AMARAL, P. F. F.; COELHO, M. A. Z. Produção de biossurfactante por levedura. *Química Nova*, São Paulo, v. 31, n. 8, 2008.

GOLDENBERG, J. Biomassa e energia. *Química Nova*, São Paulo, v. 32, n. 3, p. 582-587, 2009.

KNORR, D. Improving Food Biotechnology Resources and Strategies in Developing Countries. *Food Technology*,, v. 49, n. 1, p. 91-93, 1995.

KURTZMAN, C. P.; FELL, J. W.; BOEKHOUT, T. (eds). *The yeasts. A taxonomic study*. 5. ed. Amsterdam: Elsevier B.V., 2011. (3 v.)

LAFON-LAFOURCADE, S. Wine and Brandy. In: REHM, H. J.; REED, G. *Biotechnology – A Comprehensive Treatise 5*. Basel: Verlag Chemie, 1983. p. 81-163.

MADIGAN, M. T. et al. *Brock Biology of Microorganisms*. 14. ed. Boston: Pearson, 2014.

MENDES, I.; BUENO, F. Microrganismos do solo e a sustentabilidade dos agroecossistemas. *Jornal Dia de Campo*, 8 jul. 2010. p. 1.

MENEZES, T. J. B. Mandioca, resíduos e subprodutos para produção de biomassa protéica. In: CEREDA, M. P. *Industrialização da Mandioca no Brasil*. São Paulo: Paulicéia, 1994. p. 101-109.

MORAES, I. O. *Dificuldades de Implantação de Patentes de Biotecnologia – Um Caso Brasileiro*. INTERNATIONAL SEMINAR ON TECHNOLOGY TRANSFER, 4. Rio de Janeiro, 1992. p. 395-401.

_____. Patente BR PI 7 608 688, 1976.

_____. Patente BR PI 8 500 663, 1985.

_____. Produção de microrganismos. In: LIMA, U. A. et al. (eds.). *Biotecnologia industrial 3*. São Paulo: Blucher, 2001. p. 199-217.

MORAES, I. O.; ARRUDA, R. O. M.; MORAES, R. O. Biofuels production studies by cultivation of the microalgae *Spirulina platensis*. In: *World Engineers Convention 2011*, Genève, 2011.

MORAES, I. O.; CAPALBO, D. M. F. Produção de bactérias entomopatogênicas. In: ALVES, S. B. (ed.). *Controle Microbiano de Insetos*. São Paulo: Manole, 1986. p. 297-310.

MORAES, I. O.; CAPALBO, D. M. F.; ARRUDA, R. O. M. *Bacillus thuringiensis*: research and development - chalenges and possibilities in Latin America, mainly in *South Market. Biocontrol*, Lima, v. 2, p. 71-76, 1996.

_____. Produção de bactérias entomopatogênicas. In: ALVES, S. B. *Controle Microbiano de Insetos*. São Paulo: Manole, 1998. p. 815-843.

_____. Produção de bioinseticidas. In: LIMA. U. A. et al. (org.). *Biotecnologia industrial: processos fermentativos e enzimáticos*. São Paulo: Blucher, 2001. v. 3. p. 245-265.

MORAES, I. O.; CAPALBO, D. M. F.; MORAES, R. O. Byproducts from Food Industries: Utilization for bioinsecticide production. In: MATSUNO, Y.; NAKAMURA, K. *Developments in Food Engineering 2*. Tokyo: Chapman & Hall, 1994. p. 1020-1022.

_____. Multiplicação de Agentes de Controle Biológico. In: BETTIOL, W. *Controle Biológico de Doenças de Plantas*. Jaguariúna: Embrapa/CNPMA, 1991. 388 p.

MORAES, I. O. et al. *Spirulina platensis* – Process optimization to obtain biomass. *Ciência e Tecnologia de Alimentos*, v. 33, p. 179-183, 2013.

_____. Technical aspects of the use of wastewater to get useful products through fermentative processes. LATINAMERICAN CONGRESS OF HEAT AND MASS TRANSFER, 4. Chile, 1991, v. 1, p. 93-95.

OCDE – Organização para a Cooperação e Desenvolvimento Econômico. *Biological Resource Centres: Underpinning the Future of Life Sciences and Biotechnology*. Paris: OCDE, 2001. (Science and Technology series.)

OURA, E. Biomass from carbohydrates. In: REHM, H. J.; REED, G. *Biotechnology - a Comprehensive Treatise 3*. Basel: Verlag Chemie, 1983. p. 3-41.

PELIZER, L. H.; MORAES, I. O. Development of solid state cultivation process for *Spirulina platensis* production. *New Biotechnology Abstracts of the 14th European Congress on Biotechnology Barcelona*, Elsevier B.V., v. 25, suppl. 1, p. s223-s224, set. 2009.

_____. A method to estimate the biomass of Spirulina platensis cultivated on a solid medium. *Brazilian Journal of Microbiology* (Online), v. 45, p. 933-936, 2014.

PEPPLER, H. J. Fermented Feeds and Feeds Supplements. In: REED, G. *Biotechnology – A Comprehensive Treatise 5*. Basel: Verlag Chemie, 1983. p. 599-615. (8 v.)

PRENOSIL, J. E.; DUNN, I. J.; HEINZLE, E. Biocatalyst Reaction Engineering. In: KENNEDY, J. F. *Biotechnology – A Comprehensive Treatise 7: Enzime Technology.* Basel: Verlag Chemie, 1987. p. 507-545. (8 v.)

REHM, H. J.; REED, G. (eds.). *Biotechnology – A Comprehensive Treatise 1: Microbial Fundamentals.* Basel: Verlag Chemie, 1981. 520 p.

RICHMOND, A. Phototrophic microalgae. In: DELLWEG, H. *Biotechnology – A Comprehensive Treatise 3.* Basel: Verlag Chemie, 1983. p. 109-143. (8 v.)

ROBINSON, R. K. Starter Cultures for Milk and Meat processing. In: DELLWEG, H. *Biotechnology – A Comprehensive Treatise 3.* Basel: Verlag Chemie, 1983. p. 191-202. (8 v.)

SADIR, R. *Produção de leveduras a partir de querosene como fonte de carbono.* 92 p. Tese (Livre-docência) – Universidade Estadual de Campinas, Campinas, 1973.

SCHAECHTER, M.; KOLTER, R.; BUCKLEY, M., Microbiology in the 21st Century: Where Are We and Where Are we Going? *American Academy of Microbiology,* Washington, 2004.

SMITH, J. E. *Biotechnology Principles: Aspects of Microbiology.* Washington: American Society for Microbiology, 1985. 119 p.

WASSERMAN, B. P.; MONTVILLE, T. J.; KORKEK, E. L. Food Biotechnology. *Food Technology,* p. 133-146, 1988.

WISEMAN, A. *Princípios de Biotecnologia.* Zaragoza: Editorial Acribia S.A., 1986. 252 p.

CAPÍTULO 21

Produção de poliésteres bacterianos

José Gregório Cabrera Gomez

21.1 INTRODUÇÃO

A sociedade moderna é altamente tecnológica e fortemente baseada no consumo. A utilização de combustíveis fósseis (petróleo, carvão e gás natural) como principais fontes de energia e de matérias-primas ao longo do século XX certamente foi um dos fatores mais importantes para o estabelecimento desse *status quo*. Entretanto, dois grandes problemas associados ao intenso uso dos combustíveis fósseis apontam para dificuldades na sua manutenção por um longo tempo e para a necessidade de se buscar alternativas que os substituam pelo menos parcialmente. Dentre os combustíveis fósseis, o petróleo tem ocupado o papel central nessas questões, principalmente por seu uso mais amplo e pela expectativa de esgotamento com maior brevidade de suas reservas naturais, o que determina maior instabilidade de preços.

O primeiro grande problema está associado à geopolítica. As principais reservas de petróleo do planeta estão localizadas em regiões de grande turbulência social, religiosa e política.

O segundo grande problema é ambiental. O petróleo é um material de origem biológica, que durante milhões de anos se acumulou na crosta terrestre, na maior parte das vezes em condições de difícil acesso. Assim, durante milhões de anos, processos naturais levaram ao lento acúmulo de combustíveis fósseis, que, para atender a demandas da sociedade moderna, estão sendo rapidamente consumidos. O acesso, o transporte e a distribuição desse material ou seus derivados implicam importantes riscos de acidentes com sérias consequências para os ecossistemas locais. Além disso, o uso de petróleo (e também de outros combustíveis fósseis) para suprir necessidades de energia implica sua queima e liberação na atmosfera de gases que têm sido considerados fatores importantes nas alterações climáticas globais, com impactos ecológicos, na saúde pública e na economia.

A solução para esses problemas consiste em uma mudança profunda na base econômica da sociedade moderna e na utilização crescente de fontes energéticas e de materiais que sejam renováveis, permitindo estabelecer formas mais sustentáveis de desenvolvimento (Figura 21.1). A substituição parcial de combustíveis líquidos por etanol e biodiesel representa significativo avanço nessa direção.

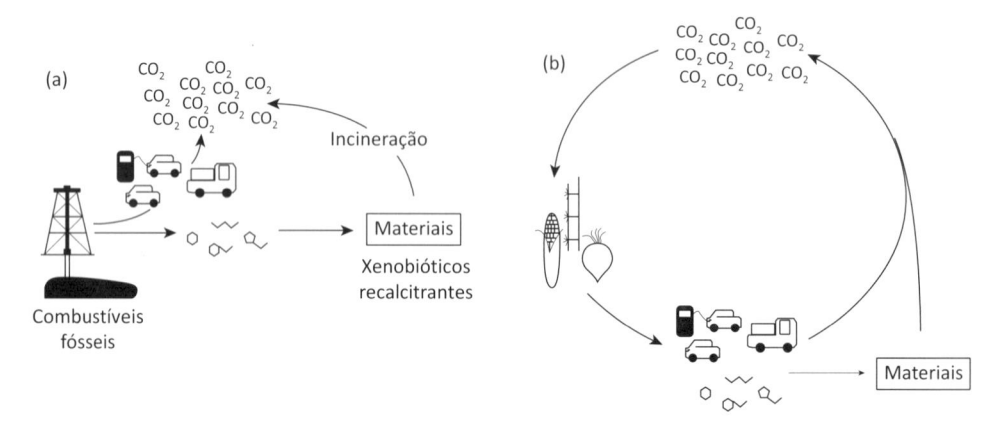

Figura 21.1   Fluxos de carbono em (a) um sistema não cíclico baseado no uso intenso de combustíveis fósseis e (b) um sistema cíclico mais sustentável baseado em matérias-primas renováveis.

Cerca de 90% dos combustíveis fósseis são utilizados para fins energéticos e os 10% restantes como matérias-primas pela indústria petroquímica para a produção de plásticos, tensoativos, solventes, entre outros compostos. A produção de plásticos é preponderante nesse aspecto e responde por 5% a 7% do petróleo consumido.

Os plásticos têm um papel fundamental na sociedade moderna, sendo utilizados de múltiplas formas. Além disso, tem-se desenvolvido inúmeras aplicações para as quais anteriormente eram utilizados outros materiais, como metais, vidro, madeira, papel etc. Ou seja, os plásticos possuem não apenas um grande mercado, como representam um mercado com forte crescimento. O mercado mundial de plásticos atingiu cerca de 350 milhões de toneladas em 2017 (PLASTICSEUROPE, 2018), e as expectativas são que esse mercado atinja cerca de 400 milhões de toneladas em 2020.

O Brasil produziu cerca de 6,4 milhões de toneladas de resinas plásticas em 2016, o que corresponde a 2,3% da produção mundial (ABIPLAST, 2017). O consumo *per capita* de resinas plásticas no Brasil correspondeu a cerca de 30 kg/habitante.ano, valor bastante inferior ao observado em países desenvolvidos, onde esse número atinge 100 kg/habitante.ano, indicando um potencial de crescimento do mercado brasileiro de resinas plásticas (ABIPLAST, 2017).

O fato de algumas aplicações dos plásticos, por exemplo, o seu uso em embalagens, serem de descartabilidade muito rápida, associado à grande dificuldade de degradação desses materiais no ambiente, tem feito o uso do plástico despertar grande preocupação.

No Brasil, são geradas cerca de 180 milhões de toneladas de resíduos sólidos por ano, das quais mais de 90% têm como destino aterros sanitários, aterros controlados e lixões. Menos de 5% são reciclados ou utilizados para compostagem. Os plásticos correspondem a 13,5% do total de resíduos sólidos, representando quase 9 milhões de toneladas por ano (IPEA, 2012). Considerando seu principal destino, os plásticos representam um sério problema, pois, devido à dificuldade na sua degradação, acabam comprometendo a circulação de gases e líquidos, prejudicando a decomposição de outros materiais constituintes do lixo e, desse modo, retardando a estabilização dessas áreas.

Acompanhando o crescimento da preocupação com os problemas gerados pelo uso crescente dos plásticos em aplicações de rápida descartabilidade, diversas alternativas têm surgido para reduzir esses problemas, dentre as quais podemos destacar: reciclagem, incorporação de aditivos aos plásticos convencionais permitindo sua desestruturação, síntese de plásticos convencionais a partir de matérias-primas renováveis, obtenção de novos materiais plásticos biodegradáveis.

A reciclagem dos plásticos no Brasil ainda é muito pequena. Somadas, as reciclagens pré- e pós-consumo representam apenas pouco mais de 10% do plástico consumido. Diversos fatores têm impedido que a reciclagem de plásticos convencionais atinja níveis compatíveis àqueles do descarte: problemas técnicos para misturas dos diferentes tipos de polímeros que constituem os plásticos, coleta seletiva ainda em pequena escala, gerenciamento dos sistemas de separação e geração de novos produtos. A incineração, inicialmente alvo de grandes críticas, ganhou mais recentemente o *status* de reciclagem quaternária, ou seja, não do material propriamente, mas da energia nele contida. Embora essa abordagem resolva as dificuldades de reciclagem dos plásticos como materiais, torna-os um problema semelhante aos combustíveis fósseis utilizados como fonte de energia, pois representa a rápida liberação na atmosfera de carbono que foi armazenado na forma de combustíveis fósseis por milhões de anos.

Algumas formas de aditivação permitem a destruição da estrutura dos plásticos sob condições ambientais. A incorporação de materiais biodegradáveis aos plásticos convencionais é outra forma de aditivação que vem conquistando espaço. O principal material utilizado para este fim é o amido. Diversas empresas têm produzido e comercializado polietileno aditivado com amido (BABU; O'CONNOR; SEERAM, 2013). Todas essas estratégias permitem a degradação de pelo menos parte do material descartado e a destruição de sua estrutura, reduzindo-o a partículas menores. O grande problema dessas tecnologias é a imprevisibilidade do impacto ambiental causado pelas partículas menores e não biodegradáveis liberadas.

Existe ainda a possibilidade de produzir plásticos convencionais utilizando matérias-primas renováveis. O melhor exemplo desse caso é a conversão de etanol em eteno e sua utilização para a produção de polietileno. Com tecnologias dessa natureza, evitaríamos o uso de recursos não renováveis e, por consequência, os problemas relacionados à transferência do carbono acumulado por milhões de anos, que, em última análise, poderia voltar à atmosfera. Entretanto, os impactos associados à não biodegradabilidade permaneceriam. De qualquer forma, nem sempre a biodegradabilidade é uma propriedade desejada, sendo necessário analisar todo o ciclo de vida do material para identificar a real importância dessa propriedade.

O desenvolvimento tecnológico atual também tem permitido identificar novos materiais que possuem propriedades termoplásticas e características de desempenho semelhantes às dos plásticos convencionais, mas que são mais facilmente degradados pela ação de microrganismos no meio ambiente: os plásticos biodegradáveis. Diversos materiais que reúnem estas duas características (termoplasticidade e biodegradabilidade) têm sido estudados e produzidos comercialmente, dentre os quais podemos citar: polilactato, poliglicolato, poli-ε-caprolactona (PCL), álcool polivinílico (PVOH), poli-hidroxialcanoatos (PHA). Deve-se destacar que alguns desses materiais podem ser obtidos a partir de matérias-primas não renováveis.

Neste capítulo, serão apresentados diversos aspectos relacionados à produção de poli-hidroxialcanoatos (PHA), que constituem um grupo bastante diversificado de poliésteres acumulados por inúmeras bactérias utilizando matérias-primas renováveis (MENG et al., 2014). Assim, PHA seriam excelentes substitutos aos plásticos convencionais em aplicações de descartabilidade muito rápida, pois poderiam ser depositados em aterros sem causar dificuldades para a degradação de outros materiais constituintes do lixo. No caso da existência de sistemas de coleta seletiva, poderiam ser reunidos ao restante da matéria orgânica e utilizados na produção de fertilizantes. Estudo recente indicou que PHA tem o potencial técnico de substituir os plásticos petroquímicos em 10% do volume produzido, ou seja, cerca de 25 milhões de toneladas (SHEN; WORRELL; PATEL, 2010).

21.2 POLI-HIDROXIALCANOATOS (PHA)

Os poli-hidroxialcanoatos (PHA) são polímeros acumulados por diversas bactérias na forma de grânulos intracelulares, que podem representar até 80% da massa seca celular (ANDERSON; DAWES, 1990). A função mais frequentemente atribuída a esses grânulos é a reserva de carbono e energia, ou seja, teriam função semelhante àquela atribuída à gordura para os mamíferos. A síntese de PHA normalmente ocorre quando há excesso de fonte de carbono e energia disponível e limitação de pelo menos um nutriente essencial à multiplicação das células bacterianas (N, P, Mg, Fe etc.). Ao contrário, quando há limitação de carbono ou energia, mas não de outros nutrientes, os PHA podem ser reutilizados para suprir essa necessidade.

Cerca de 150 monômeros diferentes já foram identificados como constituintes de PHA sintetizados por bactérias (STEINBÜCHEL; VALENTIN, 1995), o que demonstra a grande diversidade de PHA que podem ser produzidos. Esses monômeros incluem: (i) todos os 3-hidroxialcanoatos (3HA) contendo de 3 a 16 átomos de carbono; (ii) 3-hidroxialcenoatos contendo uma ou duas insaturações; (iii) 3HAs com grupos metil em várias posições; (iv) outros hidroxialcanoatos com os grupos hidroxi nas posições 2, 4, 5 ou 6; (v) 3HA com vários grupos funcionais diferentes, como carboxi livres; carboxi esterificados a alquilas ou ácido benzoico; fenoxi ou acetoxi; *para*-cianofenoxi ou *para*-nitrofenoxi; hidroxilas secundárias; epoxi; ciano ou átomos como flúor, cloro ou bromo ligados ao carbono terminal do monômero (Figura 21.2).

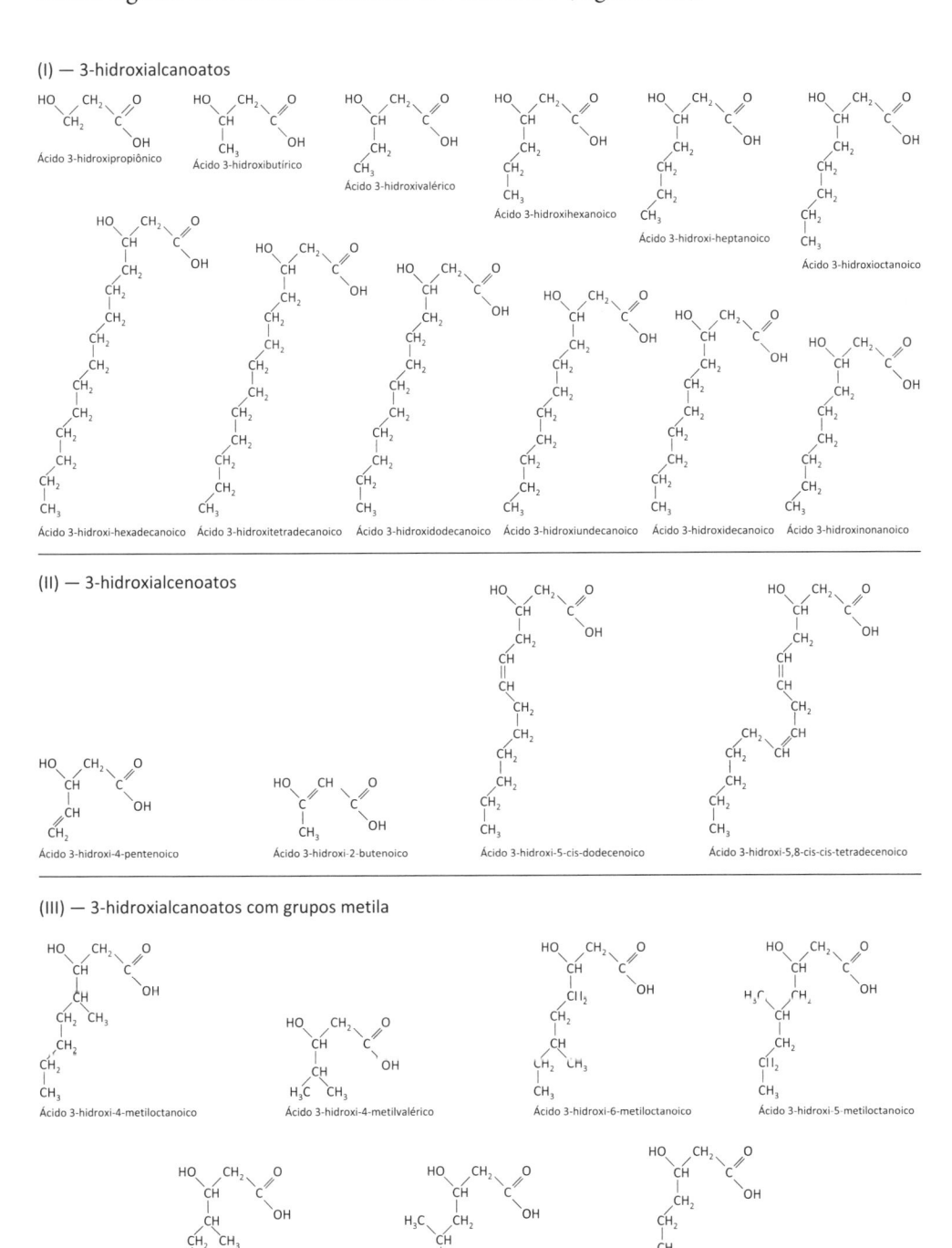

Figura 21.2 Alguns exemplos de monômeros detectados em PHA sintetizados por bactérias.

Fonte: adaptada de Steinbüchel e Valentin (1995).

(continua)

(IV) — 4, 5 e 6-hidróxialcanoatos

(V) — 3-hidroxialcanoatos com diferentes grupos funcionais

Figura 21.2 Alguns exemplos de monômeros detectados em PHA sintetizados por bactérias (*continuação*).

Fonte: adaptada de Steinbüchel e Valentin (1995).

A síntese e incorporação desses diferentes monômeros dependem do fornecimento de uma fonte de carbono adequada que possa ser convertida no hidroxiacil-CoA desejado através das reações metabólicas existentes na célula bacteriana. Além disso, é necessário que a célula bacteriana contenha uma enzima denominada *PHA sintase*, que é capaz de incorporar o hidroxiacil-CoA sintetizado a uma cadeia polimérica (Figura 21.3).

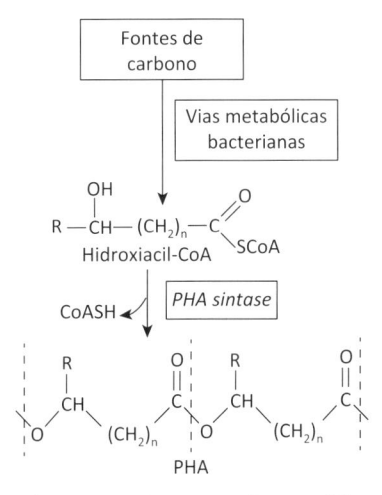

Figura 21.3   Síntese de hidroxiacil-CoA e sua incorporação ao poliéster bacteriano.

Deve-se destacar, entretanto, que a incorporação de muitos monômeros pode ser obtida apenas com matérias-primas muito específicas e com estrutura muito próxima do monômero. A Tabela 21.1 apresenta alguns exemplos de PHA que podem ser produzidos por diversas bactérias a partir de diferentes fontes de carbono.

Tabela 21.1   PHA sintetizados por algumas bactérias a partir de diferentes fontes de carbono

Bactérias	Fontes de carbono	PHA: monômeros constituintes[c]
R. eutropha	Frutose	**3HB**
R. eutropha	Propionato	**3HB** e 3HV
R. eutropha	1,4-butanodiol	**3HB** e 4HB
R. eutropha	5-clorovalerato	3HB, 3HV e 5HV
R. eutropha	4-valerolactona	3HB, **3HV** e 4HV
P. putida	Glicose	3HHx, 3HO, **3HD**, 3HDD, 3HTD, 3HDDΔ_5
P. oleovorans	Octanoato	3HHx, **3HO** e 3HD

(continua)

Tabela 21.1 PHA sintetizados por algumas bactérias a partir de diferentes fontes de carbono (*continuação*)

Bactérias	Fontes de carbono	PHA: monômeros constituintes[c]
P. oleovorans	Nonanoato	3HHx, 3HHp, 3HO, **3HN**, 3HD e 3HUD
P. oleovorans	Octeno	3HHx, 3HHxΔ_5, 3HO e **3HOΔ_7**
P. oleovorans	7-metil-octanoato	**7Me3HO** e 5Me3HHx
P. putida[a]	4-hidroxi-hexanoato	3HB, **3HHx** e 4HHx
R. rubrum	4-pentenoato	3HB, **3HV** e 3HPΔ_4
Burkholderia sp.	Gliconato	**3HB** e 3HPΔ_4
Rhodococcus sp.	Frutose	3HB e **3HV**
H. mediterranei	Amido	**3HB** e 3HV
Aeromonas sp.	Ácidos graxos	**3HB** e 3HHx
E. coli[b]	Carboidratos	3HB e **LA**

a *Pseudomonas putida* contendo plasmídeo com os genes responsáveis pela síntese de PHA em *Thiocapsa pfennigii*. **b** *E. coli* modificada geneticamente abrigando uma PHA sintase de *Pseudomonas* também modificada. **c** Os monômeros em negrito representam o principal constituinte do PHA.

3HP, 3-hidroxipropionato; 3HB, 3-hidroxibutirato; 3HV, 3-hidroxivalerato; 3HHx, 3-hidroxi-hexanoato; 3-HHp, 3-hidroxi-heptanoato; 3HO, 3-hidroxioctanoato; 3HN, 3-hidroxinonanoato; 3HD, 3-hidroxidecanoato; 3HUD, 3-hidroxiundecanoato; 3HDD, 3-hidroxidodecanoato; 3HTD, 3-hidroxitetradecanoato; 4HB, 4-hidroxibutirato; 4HV, 4-hidroxivalerato; 5HV, 5-hidroxivalerato; 4HHx, 4-hidroxi-hexanoato; 3HHxΔ_5, 3-hidroxi-5-hexenoato; 3HOΔ_7, 3-hidroxi-7-octenoato; 7Me3HO, 3-hidroxi-7-metiloctanoato; 5Me3HHx, 3-hidroxi-5-metil-hexanoato; 3HPΔ_4, 3-hidroxi-4-pentenoato; 3HDDΔ_5; 3-hidroxi-cis-5-dodecenoato; LA, lactato.

21.2.1 HISTÓRICO DO PHA

Em 1923, Lemoigne notou que culturas de *Bacillus subtilis*, quando sofriam autólise em água destilada, reduziam o pH devido à liberação de um ácido desconhecido. Posteriormente, Lemoigne identificou que o ácido liberado pela autólise de *Bacillus megaterium* era o ácido 3-hidroxibutírico, que era acumulado no interior das células dessa bactéria na forma de poli-3-hidroxibutirato (P3HB) (LEMOIGNE, 1925).

Mesmo após algumas décadas de sua descoberta, o P3HB representava somente uma curiosidade acadêmica. Apenas em 1962 foram publicadas as primeiras patentes sobre sua produção; nelas citam-se pela primeira vez as propriedades termoplásticas desse polímero. Também nessa época ocorreu o primeiro empreendimento para produção de P3HB, efetuado pela empresa norte americana W. R. Grace Co. Esse empreendimento não obteve sucesso devido à baixa eficiência de produção, bem como ao alto custo e baixa eficiência do processo de extração do polímero.

Durante algumas décadas, o ácido 3-hidroxibutírico (3HB) permaneceu como o único constituinte de PHA conhecido. Em 1972, a partir de análises da composição do lodo ativado de um sistema de tratamento de efluentes, identificou-se a presença de um material solúvel em álcool a quente que continha o 3HB, mas que possuía uma estrutura diferente do P3HB. Esse material possuía ponto de fusão entre 100 °C e 105 °C, enquanto o P3HB fundia a 169 °C e 170 °C. Posteriormente, verificou-se que esse material era composto, além das unidades 3HB, pelo ácido 3-hidroxivalérico (3HV) e por pequenas quantidades dos ácidos 3-hidroxi-hexanoico (3HHx) e 3-hidroxi-heptanoico (3HHp). Não foi possível produzir PHA contendo esses monômeros a partir de culturas puras isoladas do lodo ativado e concluiu-se que a formação desses monômeros dependia da geração de precursores essenciais pelos vários microrganismos presentes na cultura mista do lodo.

Em 1976, a empresa inglesa Imperial Chemical Industries (ICI) retomou a avaliação do P3HB, objetivando sua produção e comercialização como uma alternativa aos plásticos gerados a partir de matérias-primas derivadas do petróleo. Os primeiros resultados, entretanto, demonstraram que o P3HB era um material duro e quebradiço, o que permitia o seu uso em um número restrito de aplicações. Em 1981, foi depositada uma patente descrevendo um processo no qual a bactéria aeróbia *Ralstonia eutropha* é utilizada na produção de copolímeros contendo 3HB e 3HV. Para obtenção desse copolímero é necessário fornecer ácido propiônico a *R. eutropha* na etapa de acúmulo do polímero, além da glicose normalmente utilizada para a produção de P3HB. A relação entre a glicose e o ácido propiônico fornecidos permite controlar a composição do polímero sintetizado. O controle da composição do copolímero é de grande importância, uma vez que a incorporação de quantidades crescentes de unidades 3HV aumenta gradativamente a maleabilidade e a resistência do polímero, permitindo obter plásticos com diferentes características físicas e mecânicas, os quais, portanto, podem ser utilizados em diferentes aplicações (BYROM, 1990).

O uso de fontes de carbono como precursores para inserção de diferentes monômeros ao PHA foi uma estratégia amplamente estudada ao longo dos anos 1980 e 1990. Como está apresentado na Tabela 21.1, essa abordagem permitiu a produção de PHA contendo 4-hidroxibutirato (4HB); 4-hidroxivalerato (4HV), 5-hidroxivalerato (5HV), entre outros monômeros utilizando *R. eutropha*.

Em 1983, foi relatado que *Pseudomonas oleovorans* produz e acumula um PHA contendo ácido 3-hidroxioctanoico (3HO) como principal monômero, quando n-octano é fornecido no meio de cultura. Posteriormente, verificou-se que essa bactéria é capaz de incorporar diferentes 3HAs com cadeia carbônica de comprimento médio (de 6 a 14 carbonos na cadeia principal), desde que suprida no meio de cultivo com uma fonte de carbono relacionada estruturalmente aos monômeros inseridos. Por exemplo, quando suprida com ácido octanoico, *P. oleovorans* produz um PHA no qual 3HO é o principal constituinte, e quando suprida com ácido nonanoico produz um PHA no qual o ácido 3-hidroxinonanoico (3HN) é o principal constituinte (Tabela 21.1).

Em 1988, foi notificado que os genes codificadores das enzimas responsáveis pela síntese de P3HB em *R. eutropha* haviam sido clonados em *Escherichia coli*, capacitando-a a acumular quantidades consideráveis de P3HB. Atualmente, diversos genes de PHA sintases já foram clonados e expressos em diferentes organismos.

Até 1989, supunha-se que, a partir de fontes de carbono como carboidratos, que normalmente são metabolizadas levando à formação de acetil-CoA, somente monômeros de 3HB fossem produzidos e inseridos no polímero. Para a inserção de qualquer outro monômero seria necessário fornecer à bactéria uma fonte de carbono estruturalmente relacionada ao monômero que se desejava inserir, ou seja, que funcionasse como precursor para a síntese deste. É o que ocorre com *R. eutropha*, que utiliza os ácidos propiônico ou valérico como precursores para a síntese de unidades 3HV, ou com *P. oleovorans*, que utiliza os ácidos octanoico ou nonanoico como precursores para a síntese de unidades 3HO e 3HN, respectivamente.

A partir de 1990, foram publicados alguns trabalhos relatando a síntese de PHA contendo monômeros diferentes de 3HB, sem que qualquer precursor fosse fornecido. Várias bactérias capazes de sintetizar P3HB-*co*-3HV, sem a necessidade de precursores, foram identificadas, incluindo: actinomicetos, como *Rhodococcus* spp. e outros gêneros relacionados; bactérias púrpuras fototróficas incapazes de oxidar enxofre, como *Rhodobacter* spp. e outros gêneros relacionados; uma bactéria halófila, *Haloferax mediterranei*; bactérias Gram-negativas aeróbias, como *Alcaligenes* spp. e *Agrobacterium* spp. Também foi identificado que diversas bactérias do gênero *Pseudomonas* são capazes de sintetizar PHA, tendo o ácido 3-hidroxidecanoico (3HD) como principal constituinte, a partir de glicose, frutose, gliconato etc.; ou seja, a partir de substratos não relacionados estruturalmente aos monômeros inseridos. Também foram isoladas, a partir de amostra de solo de canavial do estado de São Paulo, algumas linhagens de *Burkholderia* que sintetizam, a partir de sacarose ou ácido glicônico, PHA que contém, além das unidades 3HB, unidades do ácido 3-hidroxi-4-pentenoico (3HPΔ4).

Propõe-se que as unidades constituintes de PHA sejam divididas em dois grandes grupos com base no comprimento da cadeia de carbonos principal. Assim, temos os hidroxialcanoatos com cadeia de comprimento curto (do inglês *short chain length*, HA_{SCL}), contendo de 3 a 5 átomos de carbono na cadeia principal, e os hidroxialcanoatos com cadeia de comprimento médio (do inglês *medium chain length*, HA_{MCL}), contendo de 6 a 16 átomos de carbono na cadeia principal.

Uma classificação preliminar permite separar as bactérias em dois grandes grupos: aquelas que incorporam em seus PHA apenas HA_{SCL} ou mais raramente HA_{MCL}, cujo principal representante é *R. eutropha*, mas do qual bactérias representantes dos mais diferentes grupos taxonômicos podem ser citadas; e aquelas que incorporam apenas HA_{MCL} ou mais raramente HA_{SCL}, do qual os representantes principais são *Pseudomonas*. Essas diferenças parecem ser determinadas essencialmente pelo tipo de PHA sintase presente nessas bactérias, uma vez que a clonagem em *P. oleovorans* dos genes responsáveis pela síntese de P3HB em *R. eutropha* determinou, após cultivo em diferentes ácidos orgânicos, a síntese de dois PHA distintos, um contendo apenas 3HB e outro contendo monômeros HA_{MCL}.

Estudo sobre a produção de PHA a partir de óleos vegetais revelou a capacidade de bactérias do gênero *Aeromonas* de produzir um PHA contendo 3HB e 3HHx. Pouco tempo depois esse polímero foi caracterizado e demonstrou-se que apresentava propriedades termomecânicas muito interessantes. *Aeromonas* feriam a regra geral, pois produziam PHA contendo ao mesmo tempo monômeros $3HA_{SCL}$ e $3HA_{MCL}$.

O conhecimento da diversidade de bactérias e genes relacionados à síntese de PHA abriu a oportunidade de construção de organismos recombinantes. Duas abordagens principais foram alvo da construção de bactérias recombinantes: (i) conseguir a produção em organismos que tornassem mais interessante economicamente a produção de PHA; e (ii) diversificar ainda mais os PHA produzidos.

A primeira abordagem pode ser exemplificada pela construção de plantas recombinantes. Em meados da década de 1990, a empresa Monsanto iniciou um importante empreendimento com o objetivo de produzir PHA em plantas e atingir valores comerciais de PHA semelhantes a outros produtos obtidos nesses organismos (óleo e amido, entre outros). Importantes avanços foram obtidos, mas a Monsanto abandonou esse empreendimento ao constatar que a quantidade de energia fóssil necessária para produção de PHA em plantas era maior que a quantidade de energia e materiais necessários para a produção de polietileno ou polietileno tereftalato (GERNGROSS; SLATER, 2000). O problema central era a não utilização de energia renovável para a extração e purificação do polímero; assim, a produção de PHA em plantas ainda faz parte da agenda da empresa Metabolix, que utiliza estratégias para solucionar esse problema (SNELL, PEOPLES, 2009).

A composição do PHA pode ser controlada de duas formas diferentes com a construção de linhagens recombinantes: (i) expressando-se PHA sintases com especificidades por monômeros peculiares em hospedeiros que apresentam vias metabólicas específicas para o suprimento dos monômeros; (ii) expressando-se genes que permitem o estabelecimento de caminhos metabólicos para a síntese de monômeros específicos.

Com a expressão de genes de biossíntese de PHA de *Thiocapsa pfennigii* em um mutante de *Pseudomonas putida*, foi possível diversificar a composição do PHA, obtendo-se polímero contendo HA_{SCL} e HA_{MCL}. Posteriormente, demonstrou-se que essa linhagem recombinante era capaz de produzir PHA contendo 4-hidroxialcanoatos e 5-hidroxialcanoatos, desde que suprida com fontes de carbono que eram precursores adequados desses monômeros (Tabela 21.1). Assim, demonstrou-se que a PHA sintase de *T. pfennigii* apresenta uma especificidade peculiar por monômeros.

PHA sintases de bactérias do gênero *Aeromonas* também têm sido expressas em diferentes hospedeiros com base em sua especificidade por monômeros, ou seja, sua peculiaridade de apresentar uma boa capacidade de inserir ao mesmo tempo monômeros 3HB e $3HA_{MCL}$.

Inicialmente, a inserção de monômeros 4HB em PHA foi obtida com a utilização de fontes de carbono precursoras desses monômeros (Tabela 21.1). Em trabalho de engenharia do metabolismo, a produção de 4HB foi obtida a partir de glicose com a expressão de genes que permitem a conversão do succinato (intermediário do ciclo de Krebs) em succinato-semialdeído e deste em 4-hidroxibutirato. A polimerização do 4-hidroxibutirato depende de sua ligação à coenzima A, que é realizada pelo produto de outro gene. Esse é um exemplo de construção de linhagem recombinante em que os produtos dos genes expressos permitem a síntese de um monômero não convencional a partir de um intermediário do metabolismo.

A partir da clonagem e análise das propriedades de diferentes enzimas relacionadas à síntese de PHA, foi possível identificar características específicas para seu melhoramento. Assim, iniciaram-se trabalhos de evolução dirigida dessas enzimas. PHA sintases têm sido o principal alvo, mas outras enzimas relacionadas ao direcionamento de intermediários do metabolismo para a síntese de monômeros não têm sido negligenciadas. O cenário configurado permitiu ampliar ainda mais os monômeros incorporados ao PHA. A partir de uma PHA sintase de *Pseudomonas* modificada foi possível construir linhagens recombinantes capazes de incorporar ao PHA 2-hidroxialcanoatos (ácidos lático, glicólico e 2-hidroxibutírico) (MATSUMOTO; TAGUCHI, 2013).

O estado atual de conhecimento demonstra que é possível engenheirar (planejar e construir) linhagens bacterianas para a síntese de uma grande diversidade de PHA. Uma vez estabelecido como variam as propriedades do PHA em função de sua composição, esses polímeros podem ser desenhados sob medida para diferentes aplicações.

21.3 METABOLISMO DE PHA

Como verificamos até aqui, a síntese de PHA depende da capacidade metabólica da célula bacteriana em sintetizar hidroxiacil-CoA a partir da fonte de carbono, bem como da presença de uma PHA sintase que permita a incorporação do monômero ao poliéster (Figura 21.3). A seguir apresentaremos as vias metabólicas envolvidas na síntese dos principais PHA, assim como a via metabólica envolvida na degradação de PHA.

21.3.1 SÍNTESE DE P3HB

A via metabólica mais estudada de produção de P3HB é aquela encontrada em *R. eutropha*, e que é muito semelhante à via metabólica que leva à síntese de P3HB em diversas bactérias (Figura 21.4).

Na síntese de P3HB a partir de acetil-CoA (um intermediário entre as vias de degradação de diferentes fontes de carbono e o ciclo de Krebs) estão envolvidas três enzimas. A β-cetotiolase catalisa a condensação de duas moléculas de acetil-CoA, formando uma molécula de acetoacetil-CoA. Esta, por sua vez, é reduzida a *R*-3-hidroxibutiril-CoA numa reação estereoespecífica catalisada pela enzima 3-cetoacil-CoA redutase NADPH dependente. O último passo compreende a polimerização da unidade *R*-3-hidroxibutiril-CoA a uma cadeia polimérica em crescimento, numa reação catalisada pela enzima PHA sintase. Os genes relacionados a essas três enzimas estão presentes em um óperon *phaCAB* em *R. eutropha*, sendo que o gene *phaA* codifica a β-cetotiolase, o gene *phaB* codifica a 3-cetoacil-CoA redutase NADPH dependente e o gene *phaC* codifica a PHA sintase.

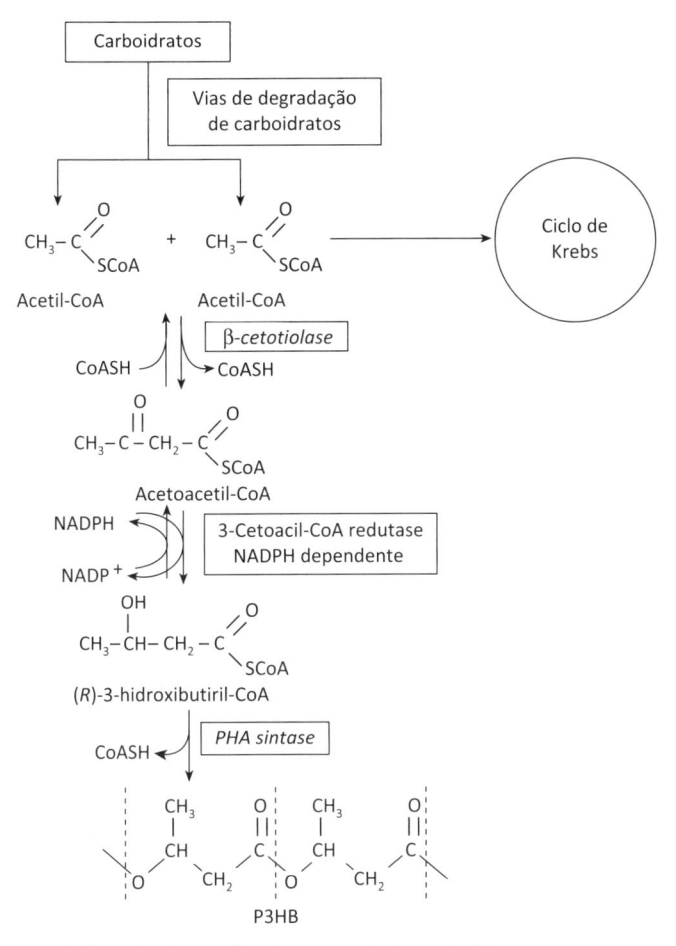

Figura 21.4   Via metabólica de síntese de P3HB a partir de carboidratos.

A enzima-chave para a regulação dessa via metabólica é a β-cetotiolase. A regulação pode ocorrer em nível metabólico, uma vez que o equilíbrio da reação catalisada por essa enzima determina a conversão de acetoacetil-CoA em acetil-CoA sob condições equimolares dos reagentes e produtos. A produção de P3HB ocorrerá de forma mais expressiva quando excesso de acetil-CoA estiver disponível, deslocando o equilíbrio da reação no sentido da formação de acetoacetil-CoA. Isso ocorrerá quando algum nutriente se tornar limitante à multiplicação da bactéria, reduzindo a demanda por grupos acetil, seja como precursor de componentes da biomassa, seja para produção de energia por sua oxidação no ciclo de Krebs.

21.3.2 SÍNTESE DE P3HB-*CO*-3HV

A via metabólica de síntese do copolímero P3HB-*co*-3HV a partir de ácido propiônico e carboidratos presente em *R. eutropha* é apresentada na Figura 21.5. O primeiro passo consiste na formação de propionil-CoA a partir do ácido propiônico e CoA livre

(CoASH), em uma reação catalisada pela enzima acil-CoA sintetase. Uma enzima β-cetotiolase catalisa a condensação de uma molécula propionil-CoA e uma molécula acetil-CoA, formando, assim, o esqueleto de 5 carbonos, 3-cetovaleril-CoA. Essa β-cetotiolase é codificada pelo gene *bktB*. A enzima 3-cetoacil-CoA redutase NADPH dependente não é tão específica e pode catalisar a redução de 3-cetovaleril-CoA a *R*-3--hidroxivaleril-CoA. As unidades *R*-3-hidroxivaleril-CoA também funcionam como substrato para ação da enzima PHA sintase, embora essa enzima tenha atividade específica muito maior com unidades *R*-3-hidroxibutiril-CoA em *R. eutropha*. Foi demonstrado *in vitro* que a atividade da enzima PHA sintase de *R. eutropha* para monômeros de *R*-3-hidroxivaleril-CoA corresponde a apenas 7,5% da atividade dessa mesma enzima para monômeros *R*-3-hidroxibutiril-CoA.

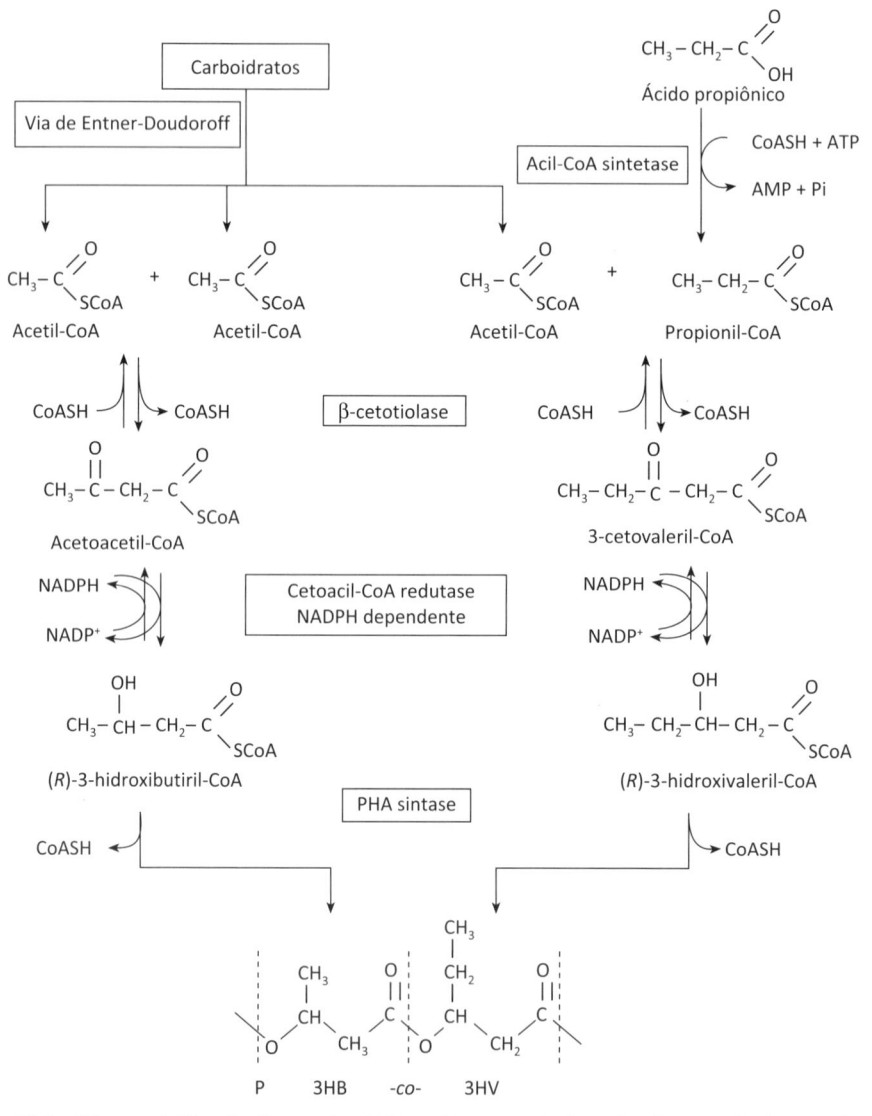

Figura 21.5 Via metabólica de síntese de P3HB-*co*-3HV a partir de carboidratos e ácido propiônico.

Se o ácido propiônico for fornecido a *R. eutropha* como única fonte de carbono, o polímero produzido conterá cerca de 45 mol% de unidades 3HV. Se, de modo otimista, assumirmos que um polímero contendo 50 mol% de unidades 3HV será formado, isso implicaria que pelo menos três quartos do ácido propiônico fornecido fossem de algum modo convertidos a acetil-CoA (um quarto se condensa com propionil-CoA para formar unidades 3HV e dois quartos se condensam entre si para formar unidades 3HB). A observação de que uma importante parcela do ácido propiônico fornecido é drenada para a formação de energia ou para a síntese de unidades 3HB é de grande importância sob o ponto de vista industrial, uma vez que ácido propiônico é um substrato relativamente caro para a produção de PHA.

A síntese e incorporação de monômeros 3HV em PHA podem ser obtidas a partir de diversas outras fontes de carbono que funcionam como precursores. Dentre estas podemos destacar: ácidos valérico e ácido heptanoico, pentanol e propanol.

Um trabalho de prospecção de bactérias realizado no Brasil identificou uma linhagem de *Burkholderia* como promissora para a produção de P3HB e P3HB-*co*-3HV utilizando sacarose como principal fonte de carbono. Essa linhagem foi identificada como uma nova espécie desse gênero e denominada *B. sacchari*, pois havia sido isolada de solo de canavial. A eficiência dessa bactéria em converter sacarose, glicose ou frutose em P3HB foi muito boa (80% a 100% do valor máximo teórico), mas propionato era convertido em unidades 3HV com eficiência inferior a 10% do valor máximo teórico. Mutantes mais eficientes foram obtidos e atingiram até 80% do valor máximo teórico. Um mutante desse grupo foi objeto de patente concedida pelo INPI (GOMEZ; SILVA, 1998). O trabalho avançou com a identificação da principal via relacionada ao metabolismo de ácido propiônico em *B. sacchari* e com o estabelecimento de que pelo menos mais uma via de oxidação de propionato deve estar presente nessa bactéria.

A compreensão completa das vias de degradação de precursores é uma estratégia para redução dos custos de produção relacionados ao seu uso em bioprocessos de produção de PHA. Além disso, permite um maior controle na composição do PHA que será sintetizado.

A capacidade de sintetizar o copolímero P3HB-*co*-3HV a partir de substratos não relacionados (isto é, sem o suprimento de precursores específicos de 3HV) foi detectada em algumas bactérias. Estas bactérias são capazes de dirigir intermediários do seu metabolismo central para a síntese de unidades 3HV. A síntese de P3HB-*co*-3HV em *R. eutropha* R3 a partir de substratos não relacionados é consequência da síntese de propionil-CoA no interior da célula, em decorrência da degradação de aminoácidos ramificados ou de intermediários para a formação destes, uma vez que a linhagem R3 é um mutante que readquiriu a capacidade de crescer em meios mínimos a partir de uma linhagem incapaz de crescer na ausência de isoleucina. Essa reversão é consequência da superexpressão da enzima acetolactato sintase, que acaba levando à formação em excesso de intermediários da via de síntese de aminoácidos ramificados que, quando degradados, levam à formação de propionil-CoA. Em *Nocardia* e *Rhodococcus*, propionil-CoA é gerado principalmente a partir de succinil-CoA pela via do metilmalonil-CoA.

Outro aspecto que pode ser relevante para a síntese de P3HB-*co*-3HV a partir de substratos não relacionados é a atividade específica da enzima PHA sintase por unidades 3HV. Estudos *in vitro* demonstraram que a PHA sintase de *Rhodococcus* sp. catalisa a polimerização de unidades *R*-3-hidroxivaleril-CoA com 64% da eficiência dessa mesma enzima quando *R*-3-hidroxibutiril-CoA é suprida como substrato. É importante ressaltar que em *R. eutropha* a atividade da PHA sintase com unidades 3HV corresponde a apenas 7,5% da atividade com unidades 3HB.

21.3.3 PRODUÇÃO DE P3HB-*CO*-3HHX

Bactérias do gênero *Aeromonas* são capazes de produzir P3HB-*co*-3HHx a partir de triglicérides (óleos vegetais ou gorduras) ou ácidos graxos. A partir de carboidratos não se observa a produção de nenhum PHA.

Em *Aeromonas*, os genes relacionados à biossíntese de PHA estão organizados em um óperon *phaPCJ*. O gene *phaP* codifica uma PHAsina, que é uma proteína estrutural do grânulo de PHA. O gene *phaJ* codifica uma enoil-CoA hidratase *R*-específica. O gene *phaC* codifica a PHA sintase. Uma vez que nenhum PHA é sintetizado a partir de carboidratos, sugere-se que todos os monômeros detectados no PHA produzido por *Aeromonas* derivam da β-oxidação de ácidos graxos (Figura 21.6). Assim, o produto do gene *phaJ* deve direcionar 2-hexenoil-CoA e 2-butenoil-CoA (intermediários da β-oxidação dos ácidos graxos) para síntese de PHA, convertendo-os nos monômeros 3HHx-CoA e 3HB-CoA, respectivamente.

A alta especificidade das PHA sintases de *Aeromonas* por 3HHx-CoA é um fator importante para determinar a composição do PHA produzido por essas bactérias.

A PHA sintase de *Aeromonas* é uma das enzimas que mais tem sido alvo de trabalhos de evolução dirigida. Evolução dirigida da enoil-CoA hidratase *R*-específica também foi realizada.

Recentemente, foi estabelecida uma estratégia de produção de P3HB-*co*-3HHx em linhagens de *B. sacchari* utilizando carboidratos e ácido hexanoico como fontes de carbono. É possível controlar a composição do poliéster produzido a partir da relação de carboidrato e ácido hexanoico supridos. Utilizando uma linhagem de *B. sacchari* expressando genes de biossíntese de *Aeromonas* foi possível converter ácido hexanoico em 3HHx com uma eficiência de 50% do valor máximo teórico (MENDONÇA, 2014).

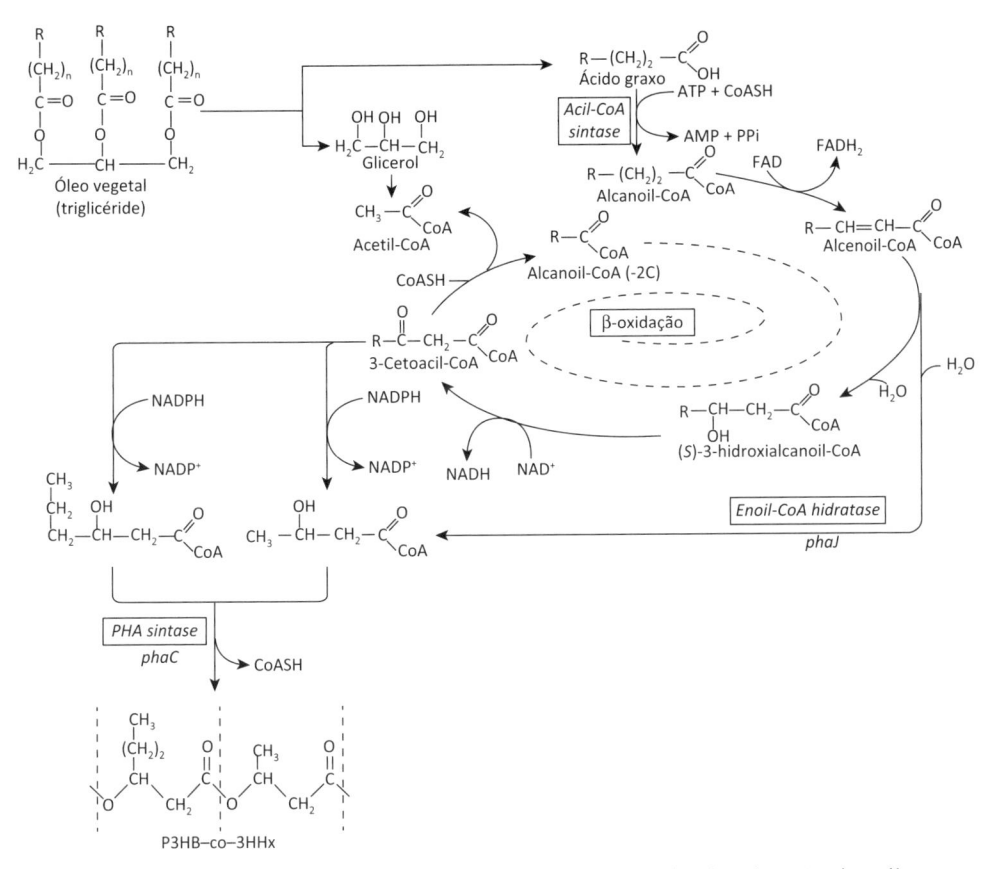

Figura 21.6 Biossíntese de P3HB-*co*-3HHx a partir de ácidos graxos (ácidos alcanoicos) ou óleos vegetais pelo gênero *Aeromonas*.

21.3.4 SÍNTESE DE PHA$_{MCL}$

Diversas *Pseudomonas* são capazes de sintetizar e incorporar ao polímero 3-hidroxialcanoatos com cadeia de carbonos de comprimento médio (3HA$_{MCL}$); esses poliésteres são denominados genericamente PHA$_{MCL}$ (KIM et al., 2007). O fator determinante para a síntese de polímeros contendo 3HA$_{MCL}$ é a enzima PHA sintase das bactérias pertencentes a esse grupo, que é claramente distinta da enzima PHA sintase formada por bactérias com capacidade semelhante àquela encontrada em *R. eutropha*. Estudos fisiológicos indicam que PHA sintases presentes em *Pseudomonas* possuem maior especificidade por 3-hidroxialcanoatos contendo 6 a 16 átomos de carbono na cadeia principal.

Quando *Pseudomonas* são cultivadas com ácidos carboxílicos, alcoóis ou alcanos como fonte de carbono, intermediários do ciclo da β-oxidação de ácidos graxos são dirigidos para a síntese de PHA$_{MCL}$. Intermediários alcenoil-CoA ou 3-cetoalcanoil-CoA são drenados do ciclo e convertidos a *R*-3-hidroxialcanoil-CoA pela ação de uma enoil-CoA hidratase (PhaJ) ou uma 3-cetoacil-CoA redutase (PhaB), respectivamente (Figura 21.7).

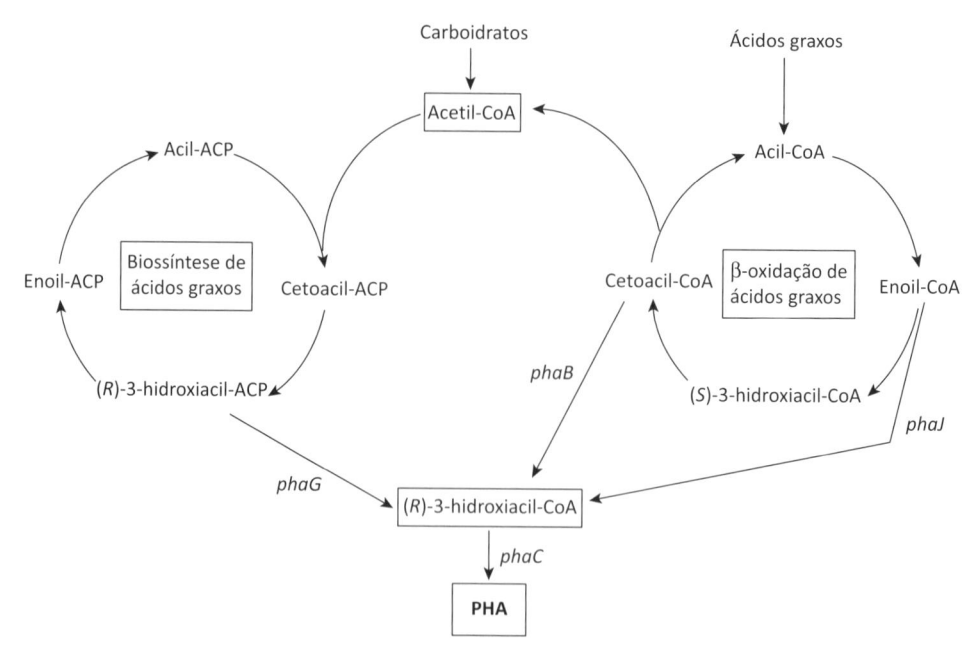

Figura 21.7 Síntese de PHA$_{MCL}$ a partir de ácidos carboxílicos (ácidos alcanoicos) ou carboidratos.

De modo geral, o PHA produzido por *P. oleovorans* quando cultivada em presença de alcanos, álcoois ou ácidos carboxílicos, possui como principal constituinte um monômero contendo o mesmo número de átomos de carbono que o substrato fornecido. Além desse principal constituinte, outros componentes secundários contendo dois carbonos a mais ou dois carbonos a menos que o substrato também são encontrados (Tabela 21.1).

A formação de monômeros contendo dois carbonos a menos que o substrato pode ser explicada pela retirada de intermediários do ciclo de β-oxidação de ácidos graxos após um ciclo completo, em que dois carbonos são retirados com a formação de acetil-CoA e um alcanoil-CoA contendo dois carbonos a menos que o substrato.

A formação de monômeros contendo dois carbonos a mais pode ser explicada pela condensação do alcanoil-CoA, formado diretamente a partir do substrato, com uma molécula de acetil-CoA, gerada no ciclo de β-oxidação, numa reação que seria catalisada por uma β-cetotiolase e levaria à formação de um 3-cetoalcanoil-CoA contendo dois carbonos a mais que o substrato. Esse 3-cetoalcanoil-CoA seria convertido em *R*-3-hidroxialcanoil-CoA através da ação de uma 3-cetoacil-CoA redutase.

Diversas espécies do gênero *Pseudomonas* são capazes de produzir PHA$_{MCL}$ a partir de carboidratos ou outros substratos não relacionados estruturalmente aos monômeros. A síntese desse PHA é associada à utilização de intermediários da via de síntese de ácidos graxos para a geração dos esqueletos carbônicos dos monômeros. Uma ACP-CoA transacilase codificada pelo gene *phaG* é responsável pela conversão do *R*-3-hidroxiacil-ACP (intermediários da biossíntese de ácidos graxos) em *R*-3-hidroxiacil-CoA, substrato da PHA sintase. O produto do gene *phaG* apresenta maior especificidade por *R*-3-hidroxidecanoil-ACP, fato que pode explicar que 3HD seja o principal constituinte do PHA produzido (ver Figura 21.7).

21.3.5 BIODEGRADAÇÃO DE PHA

Associada às propriedades termoplásticas, a biodegradabilidade é uma característica que destaca PHA como materiais de interesse industrial.

Desde já é importante distinguir a degradação intracelular da extracelular. A degradação intracelular deve ser realizada por todos os microrganismos capazes de acumular esse polímero e corresponde à reutilização do material acumulado sob condições em que uma fonte externa de carbono não está mais disponível. A degradação extracelular é realizada por algumas bactérias e também por alguns fungos. Essa distinção é bastante importante, pois, enquanto a P3HB despolimerase extracelular é capaz de degradar P3HB em estado altamente cristalino, a P3HB despolimerase intracelular só é capaz de degradar grânulos em estado nativo, ou seja, em um estado amorfo.

Microrganismos capazes de realizar a degradação extracelular podem ser facilmente isolados em meios de cultivo em que P3HB ou P3HB-*co*-3HV são fornecidos como fonte de carbono. Microrganismos capazes de degradar PHO (poli-3-hidroxioctanoato) também foram isolados (JENDROSSEK, 2001).

Estudos que avaliaram a produção e degradação intracelular de P3HB foram desenvolvidos já nos anos 1950 a 1960. Esses estudos eram baseados na análise de liberação de 3HB a partir de grânulos de P3HB purificados ou utilizando extratos celulares.

Foi demonstrado que quando células de *R. eutropha* contendo P3HB são incubadas em presença de ácido valérico, sob condições que determinam o acúmulo de PHA, apesar de não ocorrerem grandes alterações na quantidade de PHA presente na célula, a fração de unidades 3HV do polímero aumenta gradativamente ao longo do cultivo. De modo contrário, quando células contendo P3HB-*co*-3HV são cultivadas em presença de ácido butírico, sob condições que determinam o acúmulo de PHA, apesar de não ocorrerem mudanças na quantidade de PHA presente na célula, a fração de unidades 3HV presentes no polímero se reduz gradativamente ao longo do cultivo. Esses resultados indicam que a síntese e degradação de PHA são processos que ocorrem simultaneamente em *R. eutropha*.

Apenas em 2001 foi clonado gene codificando uma P3HB despolimerase intracelular. Diversos outros genes foram sendo apontados como codificando P3HB despolimerases ou oligômero hidrolases envolvidas na degradação intracelular de P3HB. Entretanto, apenas para o produto do gene *phaZa1* existem evidências claras de seu envolvimento na degradação intracelular de P3HB. 3HB-CoA tem sido apontado como o produto resultante da ação da P3HB despolimerase intracelular. Este é um resultado muito importante, pois faz com que o processo de síntese e mobilização de P3HB não represente um ciclo fútil de dissipação de energia (JENDROSSEK, 2014).

21.4 PRODUÇÃO DE PHA

P3HB, P3HB-*co*-3HV e P3HB-*co*-3HHx são os PHA que despertaram maior interesse industrial até o momento, e iniciativas para sua produção foram realizadas por diversas empresas nos Estados Unidos, Inglaterra, Áustria, Alemanha, Brasil, China, Itália, Japão e Singapura.

A produção de P3HB pode ser realizada de duas formas: em uma só etapa, em que a síntese de P3HB ocorre associada à multiplicação celular; ou em duas etapas, das quais a primeira tem por objetivo a multiplicação celular e a segunda levar ao acúmulo de quantidades expressivas de P3HB.

Embora processos contínuos tenham sido avaliados em escala laboratorial, os processos para a produção de P3HB, P3HB-*co*-3HV ou P3HB-*co*-3HHx são realizados em batelada alimentada.

A Figura 21.8 apresenta curvas demonstrando o consumo de carboidratos, amônio e fosfato, a formação de biomassa total, biomassa residual (biomassa total menos a massa de P3HB-*co*-3HV) e P3HB-*co*-3HV, em um processo em batelada alimentada dividido em duas etapas. O processo inicia-se com a inoculação de meio contendo todos os nutrientes necessários à multiplicação celular, com células de *R. eutropha*, e prossegue até que o carboidrato fornecido inicialmente se exaure e uma nova alimentação de carboidratos seja executada. A seguir ocorre a exaustão de um nutriente essencial à multiplicação celular (neste caso, nitrogênio), momento a partir do qual tem início o acúmulo mais expressivo de P3HB-*co*-3HV a partir das fontes de carbono supridas em excesso. A exaustão das fontes de nitrogênio ou fósforo são as mais frequentemente utilizadas para controlar a transição entre as etapas de multiplicação celular e o acúmulo do poliéster. Assim, no início do cultivo uma dessas fontes nutricionais está presente em concentrações que determinarão a extensão da fase de multiplicação celular, bem como a concentração de biomassa residual que poderá ser atingida. A segunda etapa do cultivo prossegue fornecendo-se uma solução contendo carboidratos e ácido propiônico, que leva ao acúmulo de quantidades expressivas de P3HB-*co*-3HV no interior das células. Nesse processo, a fração de unidades 3HV no polímero pode ser controlada através de ajustes na relação dos dois substratos na solução de alimentação.

O uso de processo em uma única etapa tem se restringido à produção de P3HB. *Azohydromonas lata* ou linhagens recombinantes de *E. coli* são as bactérias geralmente utilizadas nesses processos, pois sintetizam quantidades expressivas de P3HB mesmo quando todos os nutrientes necessários à multiplicação celular estão disponíveis.

Para a síntese de P3HB-*co*-3HV processos em duas etapas são mais adequados do que o processo em uma única etapa, pois permitem restringir a presença do ácido propiônico à etapa em que ocorre apenas acúmulo do polímero. Poder executar essa restrição é bastante importante, pois concentrações de ácido propiônico superiores a 1 g/L inibem a multiplicação de *R. eutropha* e aumentariam o tempo necessário para se atingir a concentração celular desejada. Além disso, o ácido propiônico é rápida e eficientemente degradado por células bacterianas, e seu uso durante a fase de multiplicação celular implicaria um maior desperdício desse substrato, impedindo que ele cumprisse seu principal papel nesse processo, ou seja, a síntese de unidades 3HV. Foi desenvolvida uma linhagem de *Burkholderia sacchari* que apresenta deficiência no consumo de ácido propiônico para o crescimento e aumento na eficiência de conversão de propionato em unidades 3HV (GOMEZ; SILVA, 1998).

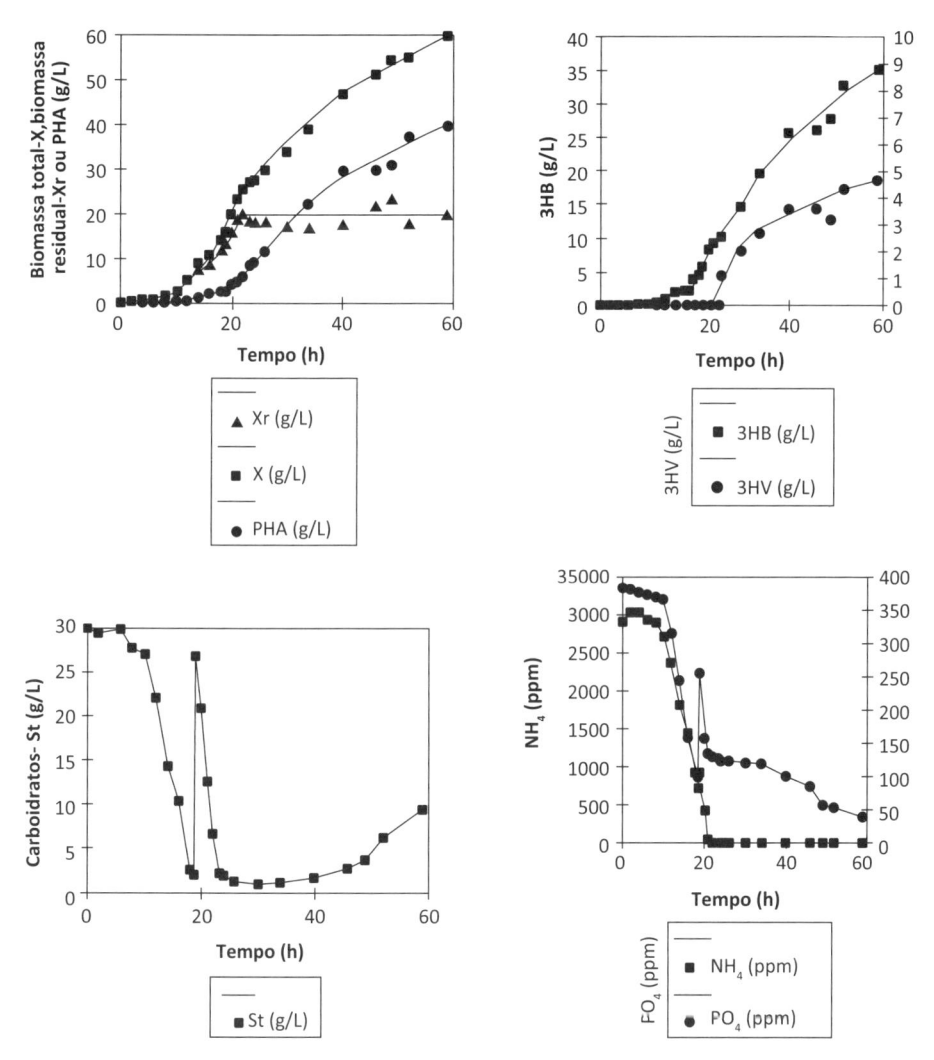

Figura 21.8 Cultivo de *R. eutropha* para a produção de P3HB-*co*-3HV. Os gráficos apresentam a formação de biomassa residual (Xr), biomassa total (X), PHA (P3HB-*co*-3HV), unidades 3HB e unidades 3HV e o consumo de carboidratos totais (St), amônio (NH_4) e fosfato (PO_4).

P3HB-*co*-3HHx pode ser produzido a partir de ácidos graxos ou óleos vegetais por *Aeromonas*. Como estas bactérias não produzem PHA a partir de carboidratos, esta fonte de carbono pode ser utilizada para crescimento celular e ácidos graxos para produção do polímero. Ou seja, na prática o cultivo pode ser realizado em duas fases (CHEN et al., 2001). Como já mencionado, foi estabelecido um processo que permite controlar a composição do P3HB-*co*-3HHx produzido por uma linhagem recombinante de *B. sacchari* pelo fornecimento de quantidades variáveis de carboidratos e ácido hexanoico (MENDONÇA, 2014).

O custo da fonte de carbono é um dos fatores de grande importância econômica para a produção industrial de PHA. Assim, a eficiência com que a(s) fonte(s) de carbono é(são) convertida(s) em PHA deve ser analisada cuidadosamente em processos de produção de PHA. Medidas do fator de conversão da fonte de carbono no produto ($Y_{P/C}$) são a forma de se avaliar essa eficiência em um processo.

O fator de conversão da fonte de carbono em P3HB ($Y_{P3HB/C}$) pode ser definido de duas formas. Na primeira, consideram-se apenas os gastos com a fonte de carbono para a síntese de P3HB, desprezando-se os gastos prévios para a formação da biomassa residual. Este tem sido denominado fator teórico de conversão da fonte de carbono em P3HB ($Y^T_{P3HB/C}$), pois o seu valor máximo pode ser estimado a partir do conhecimento das vias metabólicas de degradação da fonte de carbono e síntese de P3HB. Os valores máximos de $Y^T_{P3HB/C}$, para bactérias utilizando glicose ou sacarose através da via indicada na Figura 21.4, correspondem a 0,48 e 0,50 g/g, respectivamente.

Na determinação do fator global de conversão da fonte de carbono em P3HB ($Y^G_{P3HB/C}$) considera-se o consumo total da fonte de carbono, tanto para a formação dos constituintes celulares que não o P3HB (biomassa residual) como para o acúmulo do P3HB pelas células previamente formadas. A partir de considerações muito simples é possível obter a equação a seguir (GOMEZ et al., 1996):

$$Y^G_{P3HB/C} = \frac{\%P3HB}{\%P3HB\left(\dfrac{1}{Y^T_{P3HB/C}} - \dfrac{1}{Y_{Xr/C}}\right) + \dfrac{100}{Y_{Xr/C}}} \tag{21.1}$$

Sendo que %P3HB corresponde ao percentual de P3HB acumulado em relação à biomassa total e $Y_{Xr/C}$ corresponde ao fator de conversão da fonte de carbono em biomassa residual (Xr), quando são considerados gastos da fonte de carbono exclusivamente para síntese de biomassa residual.

Do ponto de vista da avaliação econômica do processo os valores de $Y^G_{P3HB/C}$ são mais interessantes, uma vez que indicam a eficiência global do processo, ou seja, das etapas de multiplicação celular, bem como de acúmulo do polímero. É simples prever que os valores de $Y^G_{P3HB/C}$ serão maiores quanto mais P3HB as células acumularem. Essa observação é facilmente explicável. Embora a produção de P3HB seja o objetivo final do processo, fazer as células para o acumularem é um preço que deve ser pago inicialmente. O gasto prévio para a síntese da biomassa residual terá um peso menor no processo quanto mais produto for formado ao final.

Para processos de produção de P3HB-*co*-3HV é de grande importância considerar o fator de conversão de ácido propiônico em unidades 3HV ($Y_{3HV/PROP}$), pois ácido propiônico é um substrato relativamente caro nesse processo e bactérias possuem mecanismos altamente eficientes na degradação desse substrato. Assim, a eficiência de conversão do ácido propiônico em unidades 3HV é bastante relevante na avaliação econômica do processo. Caso todo o ácido propiônico fornecido fosse convertido a propionil-CoA, que por sua vez se condensasse a moléculas de acetil-CoA geradas a partir de outro substrato (carboidratos, por exemplo), o valor de $Y_{3HV/PROP}$ seria de 1,35 g/g, que corresponde ao valor máximo teórico.

Outro fator importante na avaliação econômica de processos para a produção de PHA é a velocidade com que se faz a síntese das células e do polímero, uma vez que determinará o tempo de operação da planta industrial, bem como o volume dos biorreatores necessários para se atingir a produção desejada. As equações para a formação de células e de P3HB (ou qualquer outro PHA) podem ser definidas da seguinte forma:

$$\frac{dXr}{dt} = \mu_{Xr} \cdot Xr$$

$$\frac{dP3HB}{dt} = \mu_{P3HB} \cdot Xr$$

(21.2)

Sendo μ_{Xr}, a velocidade específica de formação da biomassa residual e μ_{P3HB} a velocidade específica de síntese de P3HB.

Como se verifica, tanto a velocidade de formação de células como a de síntese de P3HB (ou qualquer outro PHA) estão vinculadas à biomassa residual, uma vez que esta é a biomassa com capacidade biossintética.

Na segunda etapa do cultivo ocorre apenas o acúmulo do PHA e a velocidade de síntese de P3HB (dP3HB/dt) pode ser constante, desde que os valores de μ_{PHB} e Xr também o sejam. Diminuições da velocidade de síntese serão decorrentes de perdas na capacidade biossintética, que podem ocorrer em virtude da diminuição da atividade específica de enzimas responsáveis pela síntese do polímero ou do alcance da capacidade máxima de polímero que a célula pode acumular. Foi demonstrado que a velocidade de síntese de P3HB por *Protomonas extorquens* decresce desde o início da fase de acúmulo e que a taxa desse decréscimo pode ser modulada com o suprimento de fonte de nitrogênio durante a fase de acúmulo. Também se relacionou o decréscimo na velocidade específica de síntese de P3HB ou P3HB-*co*-3HV ao percentual de polímero acumulado por *R. eutropha*.

A partir da equação (21.2) é fácil verificar que a velocidade de síntese de P3HB está diretamente relacionada aos valores de Xr atingidos na primeira etapa de cultivo. Quanto maior o valor de Xr atingido, maior será a velocidade de síntese de P3HB na segunda etapa do processo. Assim, maiores produtividades de formação de P3HB serão obtidas em cultivos com alta densidade celular.

A Tabela 21.2 apresenta o desempenho atingido em diferentes processos de produção de PHA. Uma produtividade de até 4,94 g/L.h foi atingida na produção de P3HB. Uma estratégia para reduzir os custos de produção consiste na utilização de resíduos agroindustriais no processo de produção (SOLAIMAN et al., 2006). Alguns desses resíduos estão disponíveis ou são obtidos em baixas concentrações da fonte de carbono, que dificulta atingir altas densidades celulares. Uma estratégia para aumentar a densidade celular e a produtividade consiste em associar ao processo de batelada alimentada o reciclo das células, ou seja, o retorno das células ao reator (AHN; PARK; LEE, 2001). A estratégia pode ainda ser realizada em bateladas alimentadas sucessivas (IENCZAK et al., 2016).

Tabela 21.2   Desempenho de diferentes processos de produção de PHA

Bactéria	Fonte(s) de carbono	PHA	X_T (g/L)	PHA (%)	Prod. (g/Lh)	Tipo de processo	Referência
R. eutropha	Glicose	P3HB	164	76	2,42	Batelada alimentada	Kim et al. (1994)
R. eutropha	Sacarose hidrolisada	P3HB	150	75	1,89	Batelada alimentada	Rossell et al. (2006)
A. lata	Sacarose	P3HB	111,7	88,3	4,94	Batelada alimentada	Wang e Lee (1997)
E. coli recombinante	Glicose	P3HB	194,1	141,6	4,63	Batelada alimentada	Choi, Lee e Han (1998)
E. coli recombinante	Soro de leite	P3HB	119,5	80,5	2,57	Batelada alimentada	Ahn et al. (2000)
E. coli recombinante	Soro de leite	P3HB	194	87	4,60	Batelada alimentada com reciclo de células	Ahn et al. (2001)
B. sacchari	Hidrolisado de palha de trigo	P3HB	145,8	72	1,60	Batelada alimentada	Cesário et al. (2014)
B. sacchari	Sacarose	P3HB	150	42	1,77	Batelada alimentada	Pradella, Taciro e Pataquiva-Mateus (2010)
R. eutropha	Glicose	P3HB	61,6	68,8	1,00	Batelada alimentada sucessiva com reciclo	Ienczak et al. (2016)
B. sacchari	Xilose e glicose	P3HB	60	58	0,47	Batelada alimentada	Silva et al. (2004)
R. eutropha	Glicose + propionato	P3HB-co-3HV	158	74	2,55	Batelada alimentada	Kim et al. (1994)
A. hydrophila	Ácido oleico	P3HB-co-3HHx	95,7	45,2	1,01	Batelada alimentada	Lee et al. (2000)
B. sacchari	Glicose + hexanoato	P3HB-co-3HHx	17,6-20,1	69,6-75,9	0,38-0,47	Batelada alimentada	Mendonça (2014)
P. oleovorans	n-octano	PHA_{MCL}	18	63	1,1	Contínuo (2 estágios)	Hazenberg e Witholt (1997)
P. putida IPT046	Glicose e frutose	PHA_{MC}	51	63	0,80	Batelada alimentada	Diniz et al. (2004)
P. putida	Ácido oleico	PHA_{MCL}	141	52	1,91	Batelada alimentada	Lee, Wong e Choi (2000)

X_T, biomassa total; %PHA, teor de PHA acumulado; prod., produtividade.

Relatos da literatura apontam que o processo desenvolvido pela PHB Industrial S/A atinge produtividades de 1,89 g/L.h. Relatos pessoais apontam que produtividades de cerca de 2,5 g/L.h já foram atingidas.

Uma das características que levou à seleção de *B. sacchari* para a produção de PHA foi sua maior capacidade de utilização de fontes de carbono. *B. sacchari* é capaz de utilizar sacarose e xilose, por exemplo. Linhagens com maior eficiência na utilização de propionato e hexanoato foram obtidas. Produtividades de até 1,77 g/L.h foram conseguidos com *B. sacchari* (PRADELLA; TACIRO; PATAQUIVA-MATEUS, 2010), entretanto, ainda existem oportunidades interessantes para melhorar a engenharia do processo, seja para a produção de P3HB, P3HB-*co*-3HV ou P3HB-*co*-3HHx. A produção de PHA$_{MCL}$ também deverá sofrer sensível melhora com a intensificação de estudos de engenharia do processo.

21.5 EXTRAÇÃO/PURIFICAÇÃO DE PHA

Como PHA são acumulados intracelularmente, para a obtenção do produto final, após sua produção na etapa fermentativa do processo, é necessária sua liberação dos demais constituintes da célula. Três princípios básicos têm sido apresentados para a extração de P3HB (ou outros PHA) (JACQUEL et al., 2008).

A extração por solventes foi o primeiro processo utilizado industrialmente. O princípio básico envolvido nessa forma de extração é a solubilização do polímero utilizando um solvente, seguida da precipitação do polímero com um não solvente. Compostos organoclorados como clorofórmio e cloreto de metila estão entre os solventes de PHA mais amplamente utilizados, assim como álcool e água são os não solventes utilizados. A aplicação da extração com solventes exige a construção de plantas industriais com sistemas fechados, evitando, assim, perdas do solvente e não solvente, que comprometeriam os custos do processo ou poderiam representar um sério problema ambiental.

O uso de enzimas capazes de digerir todos os constituintes celulares exceto o polímero acumulado foi uma alternativa encontrada em relação à extração com solventes. A grande vantagem desse método é que ele não necessita de um sistema fechado, como o utilizado para a extração com solventes, reduzindo, desse modo, os custos com instalação e manutenção da planta industrial para extração do polímero. Entretanto, como as enzimas não são recuperadas após a digestão, os custos de extração devem ser cuidadosamente avaliados. Nesse método, são usadas uma série de enzimas e lavagens com detergentes que permitem solubilizar os componentes celulares e deixar apenas o polímero, que é insolúvel em água.

Hipoclorito foi utilizado muito antes que as enzimas com o objetivo de digerir constituintes celulares e, assim, extrair o polímero acumulado intracelularmente. Entretanto, como o uso do hipoclorito pode levar a redução na massa molecular do polímero, sua aplicação deve ser cuidadosamente controlada de modo a preservar a qualidade final do produto.

O rompimento mecânico das células através do uso de prensas francesas ou homogeneizadores é outra forma de extração sugerida.

A combinação dessas diferentes formas de extração de PHA pode ainda se constituir na alternativa mais viável. Por exemplo, um processo de extração poderia consistir numa digestão prévia das células com enzimas ou mesmo hipoclorito, que tornaria as células mais frágeis e suscetíveis ao rompimento mecânico. Uma vez rompidas as células, solventes e não solventes seriam utilizados para a obtenção de um polímero com alto grau de pureza.

21.6 APLICAÇÕES DE PHA

As primeiras aplicações vislumbradas para PHA foram como plástico biodegradável. As propriedades termoplásticas de P3HB foram detectadas há mais de cinquenta anos. Um dos mais importantes empreendimentos relacionados à produção de PHA foi realizado pela empresa inglesa ICI nos anos 1980. Uma avaliação do P3HB revelou sua limitação em propriedades e aplicações possíveis. A descoberta do processo para produção de copolímeros de P3HB-*co*-3HV ampliou as propriedades e também as aplicações, permitindo que nos anos 1990 surgissem as primeiras embalagens comerciais feitas de PHA (frasco do xampu Wella e do óleo Castrol).

A descoberta da possibilidade de diversificar as propriedades do P3HB com a inserção de monômeros 3HV motivou trabalhos científicos que exploraram a versatilidade das PHA sintases em inserir diferentes monômeros ao PHA com o uso de diferentes moléculas precursoras. Nesse contexto, o 4HB foi identificado como um novo comonômero a ser polimerizado junto com 3HB. Grupos de pesquisa e empresas japoneses foram os principais responsáveis por estudos com os copolímeros de P3HB-*co*-4HB.

A produção de copolímeros de P3HB-*co*-3HHx tem despertado grande interesse, pois com esses polímeros é possível produzir filmes plásticos que não podem ser produzidos com P3HB ou mesmo P3HB-*co*-3HV.

As aplicações para PHA se estenderam de termoplásticos para outras que exploravam seu potencial como polímeros. Filme impermeabilizante de papel, papelão e cartão foi uma das aplicações importantes. Outros usos incluem componentes de adesivos sensíveis à pressão e agentes ligantes em formulações de tintas.

Algumas aplicações biomédicas de PHA exploram as características de termoplasticidade, biodegradabilidade e biocompatibilidade. Molde utilizado *in vivo* para engenharia de tecidos é uma aplicação que se vale dessas propriedades. PHA também têm sido utilizados em algumas aplicações ortopédicas, regeneração de pele e formulação de sistemas para liberação controlada de drogas.

Considerando a enantiosseletividade da PHA sintase (todos os monômeros estão na configuração espacial *R*), os monômeros podem ser utilizados como precursores de diferentes compostos bioativos devido à sua quiralidade.

21.7 PERSPECTIVAS FUTURAS PARA PHA

PHA podem ser utilizados desde aplicações de pequeno volume e alto valor agregado (especialidades) até de grande volume e pequeno valor agregado (*commodities*). No primeiro caso, estão principalmente as aplicações médicas e altamente especializadas. A substituição de plásticos convencionais se encaixa no segundo caso.

As aplicações altamente especializadas continuarão sendo estabelecidas e dependem da identificação e exploração das propriedades específicas do material. Nessas aplicações, produtos altamente purificados são necessários, mas como os volumes de produto são pequenos, os processos de produção são relativamente simples.

O grande desafio futuro está em produzir materiais que sejam competitivos com os plásticos convencionais derivados do petróleo. Esses materiais estão bem estabelecidos no mercado mundial e tradicionalmente apresentam preços de comercialização bastante reduzidos (aproximadamente 1 a 2 dólares por quilograma). Assim, competir com esses materiais exige um custo reduzido de produção, tarefa bastante difícil com o preço do barril do petróleo em torno de 40 dólares.

O empreendimento da Monsanto pretendia produzir PHA em plantas recombinantes com baixo custo. Entretanto, falhou por desprezar as necessidades energéticas no processo de extração e purificação do PHA (GERNGROSS; SLATER, 2000). A proposta de integração do processo de produção de PHA em usinas de açúcar e álcool brasileiras superava essas dificuldades, pois há excesso de energia renovável disponível nesses locais. Além disso, várias das matérias primas e facilidades disponíveis também facilitariam o processo como um todo (NONATO; MANTELATTO; ROSSELL, 2001). A análise técnico-econômica desse processo indicou que PHA poderia ser produzido com custos de 2,25 a 2,75 dólares por quilograma (ROSSELL et al., 2006), valor que já possibilitaria que os PHA competissem com plásticos petroquímicos em várias aplicações em que o preço da embalagem e do polímero utilizado não representa o principal componente do custo do produto final.

Com os desenvolvimentos relacionados à produção de etanol de segunda geração (ou seja, utilizando também material lignocelulósico como matéria-prima para a produção de etanol) preveem-se mudanças profundas na estrutura geral das usinas de açúcar e álcool ou mesmo o estabelecimento de unidades completamente diferentes daquelas classicamente utilizadas para a produção de etanol no Brasil. Ainda assim há possibilidade de integrar processos de produção de PHA nessas novas unidades, sobretudo utilizando-se xilose (carboidrato presente no material lignocelulósico e pobremente utilizada pelas leveduras para a produção de etanol) como principal matéria-prima para a produção destes polímeros (SILVA et al., 2014).

O preço do petróleo tem sido um dos fatores principais a motivar ou não o investimento em biorrefinarias. Quando as circunstâncias forem apropriadas, o Brasil tem as unidades industriais (usinas de açúcar e álcool) que deverão ser os embriões mais adequados para o desenvolvimento de biorrefinarias. Os PHA poderão, então, ser um dos produtos dessas unidades industriais.

REFERÊNCIAS

ABIPLAST. Indústria brasileira de transformação de plástico. *Perfil 2017.* São Paulo, 2017. Disponível em: <http://www.abiplast.org.br/publicacoes/perfil-2017/. Acesso em: 9 maio 2019>.

AHN, W. S.; PARK, S. J.; LEE, S. Y. Production of poly(3-hydroxybutyrate) by fed-batch culture of recombinant *Escherichia coli* with a highly concentrated whey solution. *Applied and Environmental Microbiology*, v. 66, n. 8, p. 3624-3627, 2000.

_____. Production of poly(3-hydroxybutyrate) from whey by cell recycle fed-batch culture of recombinant *Escherichia coli. Biotechnology Letters*, v. 23, p. 235-240, 2001.

ANDERSON, A. J.; DAWES, E. A. Occurrence, metabolism, metabolic role, and industrial uses of bacterial polyhydroxyalkanoates. *Microbiological Reviews*, v. 54, p. 450-472, 1990.

BABU, R. P.; O'CONNOR, K.; SEERAM, R. Current progress on bio-based polymers and their future trends. *Progress in Biomaterials*, v. 2, p. 8, 2013.

BYROM, D. Industrial production of copolymers from *Alcaligenes eutrophus.* In: DAWES, E.A. *Novel biodegradable microbial polymers.* Dordrecht: Kluwer Academic Publishers, 1990. p. 113-117.

CESÁRIO, M. T. et al. Enhanced bioproduction of poly-3-hydroxybutyrate from wheat straw lignocellulosic hydrolysates. *New Biotechnology*, v. 31, n. 1, p. 104-113, 2014.

CHEN, G. Q. et al. Industrial scale production of poly(3-hydroxybutyrate-co-3-hydroxyhexanoate). *Applied Microbiology and Biotechnology*, v. 57, p. 50-55, 2001.

CHOI; J. I.; LEE, S. Y.; HAN, K. Cloning of the *Alcaligenes latus* polyhydroxyalkanoate biosynthesis genes and use of these genes for enhanced production of poly(3-hydroxybutyrate) in *Escherichia coli. Applied and Environmental Microbiology*, v. 64, n. 12, p. 4897-4903, 1998.

DINIZ, S. C. et al. High-cell-density cultivation of *Pseudomonas putida* IPT 046 and medium-chain-length polyhydroxyalkanoate production from sugarcane carbohydrate. *Applied Biochemistry and Biotechnololy*, v. 119, p. 51-69, 2004.

GERNGROSS, T.; SLATER, S. C. How green are green plastics? *Scientific American*, ago. 2000.

GOMEZ, J. G. C. et al. Evaluation of soil Gram-negative bacteria yielding polyhydroxyalkanoic acids from carbohydrates and propionic acid. *Applied Microbiology and Biotechnology*, v. 45, p. 785-791, 1996.

GOMEZ, J. G. C.; SILVA, L. F. Processo de obtenção de *Burkholderia* sp. mais eficiente na utilização de propionato para produção de copolímero biodegradável. Patente, PI 9806557-2, 1998.

HAZENBERG, W.; WITHOLT, B. Efficient production of medium-chain-length poly(3-hydroxyalkanoates) from octane by *Pseudomonas oleovorans*: economic considerations. *Applied Microbiology and Biotechnology*, v. 48, p. 588-596, 1997.

IENCZAK, J. L. et al. Poly(3-hydroxybutyrate) production in repeated fed-batch with cell recycle using a medium with low carbon source concentration. *Applied Biochemistry and Biotechnology*, v. 178, p. 408-417, 2016.

IPEA – Instituto de Pesquisa Econômica Aplicada. *Diagnóstico dos resíduos sólidos urbanos Relatório de pesquisa.* Brasília, DF, 2012. Disponível em: <http://www.ipea.gov.br/portal/images/stories/PDFs/relatoriopesquisa/121009_relatorio_residuos_solidos_urbanos.pdf>.

JACQUEL, N. et al. Isolation and purification of bacterial poly(3-hydroxyalkanoates). *Biochemical Engineering Journal*, v. 39, p. 15-27, 2008.

JENDROSSEK, D. Microbial degradation of polyesters. *Advances in Biochemical Engineering/Biotechnology*, v. 71, p. 293-325, 2001.

_____. New insights in the formation of polyhydroxyalkanoate granules (carbonosome) and novel functions of poly(3-hydroxybutyrate). *Environmental Microbiology*, v. 16, p. 2357-2373, 2014.

KIM, B. S. et al. Production of poly(3-hydroxybutyric acid) by fed-batch culture of *Alcaligenes eutrophus* with glucose concentration control. *Biotechnology and Bioengineering*, v. 43, n. 9, p. 892-898, 1994.

KIM, D. Y. et al. Biosynthesis, modification and biodegradation of bacterial medium--chain-length polyhydroxyalkanoates. *The Journal of Microbiology*, v. 45, p. 87-97, 2007.

LEE, S. H. et al. Production of poly(3-hydroxybutyrate-co-3-hydroxyhexanoate) by high-cell-density cultivation of *Aeromonas hydrophila. Biotechnology and Bioengineering*, v. 67, n. 2, p. 240-244, 2000.

LEE, S. Y.; WONG, H. H.; CHOI, J. Production of medium-chain-length polyhydroxyalkanoates by high-cell-density cultivation of *Pseudomonas putida* under phosphorous limitation. *Biotechnology and Bioengineering*, v. 68, p. 466-470, 2000.

LEMOIGNE, M. Études sur l'autolyse microbienne acidification par formation d'acide beta-oxybutyrique. *Annals Institute Pasteur*, v. 39, p. 144-172, 1925.

MATSUMOTO, K.; TAGUCHI, S. Enzyme and metabolic engineering for the production of novel biopolymers: crossover of biological and chemical processes. *Current Opinion in Biotechnology*, v. 24, p. 1054-1060, 2013.

MENDONÇA, T. T. *Estudo de bactérias recombinantes e análise de fluxos metabólicos para a biossíntese do copolímero biodegradável poli(3-hidroxibutirato-co-3-hidroxihexanoato) [P(3HB-co-3HHx)]*. Tese (Doutorado) – Programa de Pós-Graduação Interunidades em Biotecnologia, Universidade de São Paulo, São Paulo, 2014.

MENG, D. C. et al. Engineering the diversity of polyesters. *Current Opinion in Biotechnology*, v. 29, p. 24-33, 2014.

NONATO, R. V.; MANTELATTO, P. F.; ROSSELL, C. E. V. Integrated production of biodegradable plastic, sugar and ethanol. *Applied Microbiology and Biotechnology*, v. 57, p. 1-5, 2001.

PLASTICSEUROPE. *Plastics*: the facts 2018: an analysis of European plastics production, demand and waste data. Brussels, 2018. Disponível em: <https://www.plasticseurope.org/application/files/6315/4510/9658/Plastics_the_facts_2018_AF_web.pdf>. Acesso em: 9 maio 2019.

PRADELLA, J. G. C.; TACIRO, M. K.; PATAQUIVA-MATEUS, A. Y. High-cell-density poly(3-hydroxybutyrate) production from sucrose using *Burkholderia sacchari* culture in airlift bioreactor. *Bioresource Technology*, v. 101, p. 8355-8360, 2010.

ROSSELL, C. E. et al. Sugar-based biorefinery – Technology for integrated production of poly(3-hydroxybutyrate), sugar and ethanol. In. KAMM, B.; GRUBER, P. R.; KAMM, M. *Biorefineries – Industrial practices and products. Status quo and future direction.* Weinheim: Wiley-VCH Verlag, 2006. p. 209-226.

SHEN, L; WORRELL, E.; PATEL, M. Present and future development in plastics from biomass. *Biofuels, Bioproducts and Biorefining*, v. 4, p. 25-40, 2010.

SILVA, L. F. et al. Perspectives on the production of polyhydroxyalkanoates in biorefineries associated with the production of sugar and ethanol. *International Journal of Biological Macromolecules*, v. 71, p. 2-7, 2014.

_____. Poly-3-hydroxybutyrate (P3HB) production by bacteria from xylose, glucose and sugarcane bagasse hydrolysate. *Journal of Industrial Microbiology and Biotechnology*, v. 31, p. 245-254, 2004.

SNELL, K. D.; PEOPLES, O. P. PHA bioplastic: A value-added coproduct for biomass biorefineries. *Biofuels, Bioproducts and Biorefining*, v. 3, p. 456-467, 2009.

SOLAIMAN, D. K. Y. et al. Conversion of agricultural feedstock and coproducts in poly(hydroxyalkanoates). *Applied Microbiology and Biotechnology*, v. 71, p. 783-789, 2006.

STEINBÜCHEL, A.; VALENTIN, H. E. Diversity of bacterial polyhydroxyalkanoic acids. *FEMS Microbiology Letters*, v. 128, p. 219-228, 1995.

WANG, F.; LEE, S. Y. Poly(3-hydroxybutyrate) production with high productiviy and high polymer content by a fed-batch culture of *Alcaligenes latus* under nitrogen limitation. *Applied and Environmental Microbiology*, v. 63, n. 9, p. 3703-3706, 1997.

CAPÍTULO 22

Processos com células animais

Elisabeth de Fátima Pires Augusto

Ângela Maria Moraes

22.1 INTRODUÇÃO

Os processos com células animais diferem basicamente daqueles envolvendo microrganismos pelo fato de utilizarem em suas transformações células derivadas de tecidos humanos ou animais, adaptadas para o crescimento *in vitro*. Quando em cultura, essas células apresentam grande similaridade com o cultivo de bactérias, leveduras e fungos. As técnicas de manipulação, esterilização, quantificação, controle de qualidade, ampliação de escala e obtenção de produtos são semelhantes em todos esses processos. As características das células animais são, no entanto, significativamente distintas daquelas apresentadas por microrganismos: em geral seu crescimento é mais lento, as células são mais frágeis; as necessidades nutricionais, mais complexas, e, em muitos casos, é fundamental que exista um suporte para que ocorram a adesão e o crescimento. São essas particularidades que vêm orientando os desenvolvimentos tecnológicos da área nas últimas décadas, de modo que várias dessas dificuldades são hoje muito menos impactantes do que há 20 anos, o que torna os processos com células animais mais competitivos.

Um dos principais entraves à ampliação de escala desses processos advém das baixas concentrações de células e de produtos que normalmente resultam dos cultivos. Na década de 1990, por exemplo, a secreção do produto era bastante limitada, variando de 1 a 10 mg.L^{-1}, com produtividades específicas de 0,1 a 1 pg.célula^{-1}.dia^{-1}. Mais recentemente, são considerados aceitáveis níveis da ordem de 10 a 20 mg.L^{-1} para o cultivo em escala industrial, com valores de produtividade específica de 1 a 30 pg.célula^{-1}dia^{-1}, com máximo teórico de cerca de 100 pg.célula^{-1}dia^{-1} (CHICO; RODRÍGUEZ; FIGUE-REDO, 2008).

O tempo de processamento dos produtos consiste também em uma limitação. Os processos em batelada são conduzidos ao longo de 5 a 10 dias, enquanto os processos com operação ininterrupta compreendem intervalos de 20 a 30 dias. Os valores típicos de máxima taxa ou velocidade[1] específica de crescimento (μ_{max}) para linhagens industriais variam de 0,02 a 0,04 h^{-1}, correspondendo a tempos de duplicação de 17 a 35 horas (CHICO; RODRÍGUEZ; FIGUEREDO, 2008).

Desse modo, a obtenção de concentrações celulares e de produtos elevadas em períodos relativamente curtos é meta de muitos desenvolvimentos tecnológicos, sendo necessário buscar soluções para questões como:

a) adequada transferência de oxigênio em sistemas que utilizam células susceptíveis às tensões de cisalhamento;

b) otimização da formulação do meio de cultura, com destaque para a questão da utilização de soro sanguíneo;

c) redução dos efeitos inibitórios ocasionados pelos subprodutos do crescimento e/ou síntese de produtos (amônio e ácido lático são os mais importantes); e

d) ampliação de escala de processos que utilizam células dependentes de suporte para adesão.

Quando cultivadas em escala de bancada, as células animais podem ser utilizadas para estudar formas de manipulação de diferentes linhagens, assim como sua diferenciação (p. ex., em estudos com células-tronco) e também para pesquisas visando ao desenvolvimento de novos fármacos, vacinas e dispositivos implantáveis (p. ex., através de estudos de citotoxicidade e atividade empregando linhagens padronizadas).

Em escala industrial, o cultivo de células animais tem por principal meta a obtenção de proteínas recombinantes complexas, sendo a categoria mais comercializada a de glicoproteínas, para uso como vacinas e biofármacos e para o diagnóstico e terapia de doenças. Alguns exemplos de categorias dos produtos obtidos em larga escala incluem:

a) substâncias imunobiológicas: vacinas virais, anticorpos monoclonais e citocinas;

b) enzimas: asparaginase, colagenase, citocromo P450, fatores sanguíneos VII, VIII e IX, pepsina, renina, tripsina, uroquinase, e outras;

c) hormônios de cadeias longas (50 a 200 aminoácidos): hormônios luteinizante, coriônico, folículo estimulante, e outros; e

d) bioinseticidas e outros produtos derivados de células infectadas por baculovírus.

---

[1] Tanto o termo taxa quanto velocidade são usados indistintamente em português para indicar variações de concentrações de células, substratos, produtos e correlatos ao longo do tempo de cultivo. As autoras optaram por usar ambos no texto.

Mais recentemente, esforços têm se concentrado também no cultivo de células animais para aplicações em terapias gênica e celular, com destaque para as células-tronco usadas na engenharia de tecidos e na medicina regenerativa.

O mercado de produtos da categoria dos biológicos é muito grande, excedendo cifras anuais de 125 bilhões de dólares (KANTARDJIEFF; ZHOU, 2014). Os anticorpos monoclonais, os hormônios e os fatores de crescimento são as três classes de produtos mais vendidas. Esse mercado está em crescimento, havendo a previsão de que, em 2020, as vendas globais atinjam a ordem de 248 bilhões de dólares (VISION GAIN, 2016).

No Brasil, a maioria dos biofármacos é classificada pelo Ministério da Saúde como "medicamentos excepcionais", sendo fornecidos gratuitamente pelo Estado. A produção no país é muito limitada, e o gasto anual com tais produtos importados é expressivo, pois o preço unitário dos produtos é tão alto que, em alguns casos, chega a R$ 10 mil (equivalente a 3,7 mil dólares) por mês por paciente. Os medicamentos da categoria dos biológicos representam apenas 4% da quantidade total de fármacos distribuída pelo Sistema Único de Saúde (SUS), mas compreendem 51% do orçamento de compra (ROCHA, 2016).

A atratividade comercial de proteínas recombinantes obtidas a partir do cultivo de células animais é muito grande, principalmente em decorrência da expiração próxima ou já atingida de patentes de vários produtos consolidados no mercado. Nesses casos, um número razoável de empresas investe seus esforços tanto para a produção dos chamados biossimilares ("biogenéricos" comparáveis ao produto original, mas com bula e marca próprias) quanto para a melhoria dos produtos já existentes (denominados *biobetter*), por exemplo por alteração na formulação ou na forma de administração, visando aumentar sua efetividade. Os biossimilares na forma de moléculas recombinantes complexas, entretanto, são bem diferentes dos genéricos de baixa massa molar, pois é mais difícil a caracterização completa da estrutura dos primeiros assim como sua produção de forma reprodutível; além disso, os biossimilares requerem regulamentação diferenciada.

No processo de produção, a segurança, eficácia e reprodutibilidade terapêutica dos produtos devem ser demonstradas de forma inequívoca, atingindo cerca de 250 testes para os biossimilares em comparação aos aproximadamente 50 testes para moléculas de pequeno tamanho. Isso encarece os biossimilares, os quais não podem ser vendidos, ao contrário das moléculas de pequeno tamanho, a uma fração relativamente pequena do preço do produto original.

A título de exemplo, tem-se que o preço de venda por grama de proteína recombinante para o tPA (ativador de plasminogênio tecidual) é de cerca de 23 mil dólares e para anticorpos monoclonais, entre 2 mil dólares e 20 mil dólares. O anticorpo Adalimumab (Humira®, da Abbvie) custa em torno de 20 mil dólares por grama, estimando-se a partir dos dados de preços máximos de medicamentos para compras públicas no Brasil (ANVISA, 2017), tendo sido este o medicamento mais vendido no mundo em 2015, ultrapassando 14 bilhões de dólares em receitas. Para efeito de comparação, o preço da insulina recombinante humana de origem microbiana do tipo Humulin® N (da Eli Lilly) é da ordem de 340 dólares por grama (ANVISA, 2017), o que ilustra mais claramente a grande diferença de preços das moléculas obtidas através do cultivo de células animais em relação a fármacos com estrutura menos complexa.

22.2 CÉLULAS ANIMAIS

Diferentemente das células dos microrganismos, as células animais não crescem facilmente *in vitro*. O termo "células animais" frequentemente refere-se a células obtidas de um tecido (renal, de ovário, hematopoiético etc.) de um organismo superior (murino, inseto, humano etc.), que, de forma natural ou induzida, ganham a capacidade de crescer de forma dispersa em sistemas de cultivo semelhantes àqueles usados para microrganismos, isto é, frascos ou biorreatores.

Diversos tipos de células animais podem ser cultivados *in vitro*, como células fibroblásticas (tecido conectivo), epiteliais (p. ex., de fígado, de mamas, rim e pulmão), cardíacas, de músculo liso, hematopoiéticas, do sistema nervoso (p. ex., neurônios ou células da glia) (LÉO et al., 2008). Um material de referência bastante completo para o cultivo desses vários tipos de células é o livro publicado por Freshney (2016).

Exceto pelas células advindas do tecido hematopoiético, que são intrinsecamente individualizadas, os demais tipos de células precisam de uma etapa de dissecação e dispersão do tecido original antes de serem capazes de constituir uma linhagem celular e crescer *in vitro*. No caso de células do sangue, essa separação é feita por centrifugação usando gradientes de densidade.

A digestão do tecido já fragmentado é normalmente feita usando enzimas como tripsina e colagenases, entre outras, e causa elevado estresse às células, resultanto inicialmente em culturas bastante heterogêneas (FRESHNEY, 2016). As culturas primárias podem ser oriundas de tecido normal ou tumoral. As células normais mantêm suas características diploides, apresentam inibição por contato, são dependentes de aderência em um suporte, têm vida finita em cultura e não são tumorais, isto é, não formam tumores quando injetadas em ratos imunodeficientes.

22.2.1 CULTURAS PRIMÁRIAS

Cultura primária é o nome dado à cultura quando as células já foram isoladas e inoculadas em meio nutriente, mas ainda não ocorreu o primeiro subcultivo (FRESHNEY, 2016). Atualmente, o conceito de cultura primária foi expandido para incluir também culturas de baixo número de passagens (poucos subcultivos) e que estão disponíveis comercialmente.

As culturas primárias advindas de tecido normal podem ser utilizadas como modelos de estudos biológicos, em terapia celular e na produção de sementes de vírus, visando à produção posterior de vacinas humanas; ou podem iniciar novas linhagens celulares, isto é, células que aumentam em número, são coletadas e dão início a novas culturas. O crescimento de células primárias e células com baixo número de passagens se dá pela multiplicação destas, aderidas a um suporte (normalmente uma superfície plana de vidro ou plástico), formando uma monocamada que termina por cobrir completamente o suporte. Nesse ponto, as células são descoladas do suporte e dissociadas com o auxílio de enzimas específicas (principalmente tripsina) e são diluídas em meio de cultura fresco, dando origem a novas culturas. Esse processo é limitado a poucos subcultivos.

22.2.2 ESTABELECIMENTO DAS LINHAGENS

Células que conseguem crescer a uma taxa constante ao longo de sucessivos subcultivos estabelecem uma linhagem celular. Existem diferentes tipos de linhagens celulares dependendo de sua origem, cariótipo, longevidade e características de cultivo.

As linhagens ditas "normais" mantêm as características descritas anteriormente, o que indica que nenhuma mutação genética significativa ocorre no processo de estabelecimento da linhagem. Essas linhagens apresentam uma vida finita, em média não mais do que cinquenta gerações, um reflexo da regulação intrínseca do crescimento. A longevidade *in vitro* está relacionada à origem da célula – as derivadas de tecido embrionário têm um crescimento mais prolongado do que as provenientes de tecido adulto. Finalmente, essas células não apresentam características tumorais, o que possibilita seu uso para a produção de vacinas e substâncias de uso humano continuado.

Células de origem tumoral adquirem facilmente a capacidade de crescimento infinito, mas células normais podem sofrer um processo de "transformação", natural ou induzido por vírus oncogênicos, que as torna igualmente linhagens contínuas. As linhagens contínuas perdem facilmente a sensibilidade a vários estímulos em geral associados ao controle do crescimento, como a inibição por contato, ou sofrem alterações cromossômicas. Nem todas as células "transformadas" apresentam características tumorais, mas as que possuem tal característica são igualmente robustas e de crescimento rápido. Esses aspectos tornam os dois tipos de células bastante interessantes do ponto de vista industrial. No entanto, sua aplicação em processos que se destinam à geração de produtos para consumo humano é usualmente dificultada, devido ao risco de serem portadoras de agentes tumorais.

Na Tabela 22.1 são apresentados exemplos das linhagens celulares mais comumente utilizadas, seus tecidos de origem, suas morfologias e suas aplicações industriais. Em grande parte, são células disponíveis em bancos de células, como por exemplo o American Type Culture Collection (ATCC).

As células estão classificadas ainda em duas categorias: a) células cujo crescimento, originalmente, está condicionado à disponibilidade de um suporte para adesão; e b) células que crescem individualizadas em suspensão, como os microrganismos, sem qualquer necessidade de um suporte sólido. As consequências dessas características intrínsecas das linhagens nas suas aplicações industriais serão discutidas na seção 22.5. Entretanto, é interessante destacar que a tendência geral é adaptá-las à segunda forma de cultivo, isto é, o crescimento em suspensão, pois isso traz enormes vantagens para o processo de fabricação de bioprodutos. Essa estratégia já tem vários resultados positivos, indicados na Tabela 22.1.

A Tabela 22.1 reúne ainda exemplos de linhagens de células de inseto que receberam grande atenção nos últimos quinze a vinte anos em função de sua maior facilidade de cultivo *in vitro* (DRUGMAND; SCHNEIDER; AGATHOS, 2012) e de linhagens de origem humana, que são alvo no presente momento de grandes investimentos em P&D, visto que expressam proteínas com padrão de modificações pós-tradução (MPT) humano, ideais para a fabricação de biofármacos (DUMONT et al., 2016).

Tabela 22.1   Principais linhagens celulares contínuas

Nome	Espécie e tecido de origem	Morfologia	Exemplos de aplicação
Crescimento na forma aderida			
BHK-21[1]	Rim de hamster sírio	Fibroblasto	Vacinas e proteínas recombinantes
Chick embryo	Embrião de galinha	Fibroblasto	Vacinas
CHO[1]	Ovário de hamster chinês	Fibroblasto	Proteínas recombinantes
COS	Rim de macaco-verde africano	Fibroblasto	Transfecção transiente
HEK-293[1]	Rim humano	Epitelial	Proteínas recombinantes
HeLa[1]	Carcinoma cervical humano	Epitelial	Estudo de antitumorais
HEPG2	Fígado humano	Epitelial	Ensaios de citotoxicidade
HT-1080	Fibrossarcoma humano	Epitelial	Proteínas recombinantes
L929	Tecido conectivo de camundongo	Fibroblasto	Biocompatibilidade de novos materiais clínicos
MDCK	Rim de cachorro (Madim Darby)	Epitelial	Vacinas
MRC-5	Pulmão embrionário humano	Fibroblasto	Vacinas
NIH 3T3	Embrião de camundongo	Fibroblasto	Ensaios de citotoxicidade
PERC.6	Retina humana	Retinoblasto	Vacinas e proteínas recombinantes
VERO	Rim de macaco-verde africano	Epitelial	Vacinas
WI-38	Pulmão embrionário humano	Fibroblasto	Vacinas
Crescimento em suspensão			
HL60	Leucemia humana	Linfoblasto	Ensaios de citotoxicidade
Nawalwa	Linfoma humano	Linfoblasto	Proteínas recombinantes
NS0	Mieloma de camundongo	Linfoblasto	Proteínas recombinantes

(continua)

Tabela 22.1 Principais linhagens celulares contínuas (*continuação*)

Nome	Espécie e tecido de origem	Morfologia	Exemplos de aplicação
SH-SY5Y	Neuroblastoma humano	Neuroblasto	Estudos sobre neurodegeneração
Sp2/0	Mieloma de camundongo	Linfoblasto	Proteínas recombinantes
Sf-9	Ovário da pupa do inseto *Spodoptera frugiperda*	Epitelial	Vacinas
Sf-21	Ovário da pupa do inseto *Spodoptera frugiperda*	Epitelial	Proteínas recombinantes
High Five™	Embriões do inseto *Trichoplusia ni*	Embrionária	Vacinas
S2	Embriões do inseto *Drosophila melanogaster*	Embrionária	Proteínas recombinantes

(1) Células também adaptadas à cultura em suspensão.

Fonte: Léo et al. (2008); Silva et al. (2015); Dumont et al. (2016); Durocher e Butler (2009).

Naturalmente, a expressão de proteínas recombinantes por células animais requer a geração de linhagens celulares também recombinantes por meio da inserção de vetores plasmidiais ou do uso de abordagens baseadas em vetores virais, como o baculovírus, muito utilizado em células de insetos, ou o vírus Símio (SV40), empregado na modificação de células de mamíferos. A transfecção do gene que codifica o produto de interesse para a linhagem celular escolhida, a seleção dos clones de maior produtividade, a amplificação do gene desejado e a garantia da estabilidade de expressão gênica são etapas cruciais no processo (BUTLER, 2005). Mais informações acerca da base teórica e dos procedimentos comumente utilizados para esse fim podem ser encontradas nos trabalhos publicados por Bollati-Fogolín e Comini (2008) e De Jesus e Wurm (2011).

As células CHO (*Chinese hamster ovary*) são consideradas eficientes plataformas de produção para proteínas recombinantes, já contando com aproximadamente 50 produtos aprovados (DUMONT et al., 2016). Aproximadamente 75% dos biofármacos produzidos são expressos por essas células, enquanto a segunda linhagem celular mais usada, a NS0, provê apenas 7,7% dos produtos. Há algumas razões para tamanho sucesso da CHO: a) essas células são muito bem caracterizadas do ponto de vista genético, molecular e fisiológico; b) são robustas e apresentam elevada produtividade em proteína; c) secretam de forma competente proteínas grandes e complexas; e d) as proteínas que expressam têm padrões de MPT, principalmente de glicosilação, muito similares àqueles observados em humanos, resultando em proteínas com menores possibilidades de respostas antigênicas.

Apesar do sucesso dessa plataforma, a CHO ainda é uma linhagem não humana, o que determina que exista em certo nível a expressão de padrões de glicosilação não humanos (DUMONT et al., 2016; DUROCHER; BUTLER, 2009). Essas alterações na glicosilação podem ser reconhecidas pelo sistema imunológico do paciente e causar a rápida eliminação do medicamento do organismo, reduzindo sua eficácia terapêutica. Além disso, uma resposta prévia do sistema imunológico ocasiona reações adversas nas doses subsequentes do medicamento, um problema grave em tratamentos prolongados. Em resumo, a escolha da linhagem celular tem grande impacto na farmacocinética e na farmacodinâmica do produto *in vivo*.

Como essa questão dos padrões de glicosilação inadequados se faz presente em todas as linhagens não humanas, a identificação de células humanas que possam servir como plataformas para a produção em larga escala de proteínas recombinantes é de grande interesse. Os melhores resultados até o momento foram obtidos com as linhagens HEK293 (*human embryonic kidney*) e HT-1080 (ver Tabela 22.1) (DUMONT et al., 2016; SPEARMAN; BUTLER, 2015).

Um tipo de células que também deve ser destacado são os hibridomas, resultado da fusão de linfócitos com mielomas, que teve um papel central na produção de anticorpos monoclonais. Essas células serão discutidas na seção 22.7.1. Outra categoria de células humanas – as células-tronco – vem ganhando enorme destaque nas terapias celulares e será tratada em detalhe na seção 22.7.2.

Qualquer que seja o uso que se faça dessas linhagens celulares, procedimentos de criopreservação das células animais em nitrogênio líquido necessariamente estão envolvidos durante sua manipulação (FRESHNEY, 2016). A criopreservação, além de garantir o suprimento de células para cultivos futuros, reduz alterações e a perda de características das linhagens entre cultivos consecutivos. Temperaturas abaixo de -130 °C são as mais recomendadas para esse fim (ATCC, 2014). Crioprotetores como DMSO (dimetilsulfóxido), glicerol, albumina e EDTA [ácido N-(hidroxietil)piperazina-N-(2-etanossulfônico)] são frequentemente adicionados ao meio de criopreservação para proteger as células dos efeitos deletérios dos processos de congelamento e posterior descongelamento, como mudanças na estrutura de membranas, na contração citoplasmática, na agregação do citoesqueleto da célula, na cadeia respiratória e na conversão de carboidratos.

22.2.3 CARACTERÍSTICAS DETERMINANTES DAS ROTAS TECNOLÓGICAS

As células animais possuem uma série de características próprias, que determinam as rotas tecnológicas empregadas no seu cultivo (PORTNER, 2015; FENGE; LÜLLAU, 2006).

Essas células não possuem parede celular e apresentam dimensões de 10 a 100 vezes maiores que as dos microrganismos. São, portanto, muito mais suscetíveis às tensões de cisalhamento, o que complica as tarefas de transferência de oxigênio e a manutenção da homogeneidade do reator. Além disso, algumas linhagens têm crescimento dependente da disponibilidade de suporte para adesão. Nesses casos, torna-se mais difícil ainda assegurar a homogeneidade do sistema e, mesmo quando as partículas que servem para a adesão celular podem ser mantidas em suspensão no meio líquido, o cisalhamento pelo choque entre elas pode causar lesões às células (ver seção 22.5.2.2).

As células possuem elevado grau de diferenciação celular, implicando em dificuldades de adaptação ao cultivo *in vitro*. Suas exigências nutricionais são muito grandes e demandam formulações complexas de meio de cultura. Esta questão, em particular, era contornada pela adição de soro (fetal ou adulto) aos meios de cultura, ocasionando diversos problemas para o processo e, mais recentemente, implicou em enorme esforço para eliminá-lo das formulações (ver seção 22.3).

O genoma das células animais é maior e mais complexo que o de microrganismos, dificultando a construção de linhagens recombinantes. Em função de sua origem tecidual, essas células mantêm programação genética de morte celular por processos apoptóticos e necróticos que são ativados pelas condições ambientais às quais estão submeticas (PORTNER, 2015).

Essas células possuem metabolismo e sistema de regulação mais complexos, com inúmeros metabólitos intermediários exercendo funções controladoras. Há, portanto, uma enorme necessidade de adição de fatores de crescimento e de aderência, que implicam formulações complexas de meio de cultura, com as implicações já mencionadas.

Finalmente, as células animais apresentam ciclos reprodutivos mais complexos, com regulação distinta daquela apresentada pelos microrganismos. As taxas de crescimento são baixas, de 10 a 100 vezes menores que as dos microrganismos, tornando as questões da produtividade e da manutenção da esterilidade bastante críticas.

22.3 MEIOS DE CULTURA

Conforme mencionado anteriormente, as células animais são organismos com exigências nutricionais elevadas, requerendo meios de cultura com formulações significamente mais complexas que as necessárias para o cultivo de microrganismos. Dentre outros compostos, componentes típicos de um meio de cultura para células animais incluem fontes de carbono, nitrogênio e energia, como aminoácidos e glicose, sais inorgânicos, vitaminas, micronutrientes, lipídios, fatores de crescimento, hormônios, suplementos orgânicos (como proteínas, peptídeos, nucleosídeos intermediários do ciclo do ácido cítrico e piruvato) e agentes tamponantes (FRESHNEY, 2016) dissolvidos em água de qualidade apropriada, geralmente tratada em sistemas de destilação multiestágio e/ou de deionização, microfiltração, ultrafiltração ou osmose reversa (FRESHNEY, 2016). Caso se pretenda produzir produtos farmacológicos injetáveis, a água deve também ser isenta de pirogênio.

Inicialmente, a formulação dos meios utilizados no cultivo de células animais era baseada na composição dos fluidos biológicos e muito frequentemente requeria a adição de suplementos complexos, como soro sanguíneo ou extrato de tecidos animais, o que acarretava problemas como alta variabilidade quanto à composição e elevado risco de contaminação. Na Tabela 22.2 é apresentada a formulação de um dos primeiros meios semissintéticos desenvolvidos para crescimento de células de mamíferos. Essa formulação serviu de base para a proposição de diversas outras, com vista a atender requerimentos particulares de linhagens celulares e/ou processos específicos.

Tabela 22.2   Meio mínimo desenvolvido por Eagle (MEM) em 1959

Componente	Concentração (mmol.L^{-1})	Componente	Concentração (mmol.L^{-1})
Aminoácidos		**Vitaminas**	
L-Arginina	0,6	Ácido fólico	0,0023
L-Cistina	0,1	Cloreto de colina	0,0071
L-Fenilalanina	0,2	Mioinositol	0,011
L-Glutamina	2,0	Nicotinamida	0,0082
L-Histidina	0,2	D-Pantotenato de cálcio	0,0042
L-Isoleucina	0,4	Piridoxal	0,0049
L-Leucina	0,4	Riboflavina	0,00027
L-Lisina HCl	0,4	Tiamina	0,003
L-Metionina	0,1	**Sais inorgânicos**	
L-Treonina	0,4	NaCl	116,0
L-Triptofano	0,049	KCl	5,3
L-Tirosina	0,2	CaCl$_2$	1,8
L-Valina	0,4	NaHCO$_3$	26,0
		NaH$_2$PO$_4$	1,0
		MgSO$_4$	0,81
		Outros	
		Glicose	5,6
		Vermelho de fenol	0,027

Fonte: Freshney (2016).

Uma das principais fontes de carbono para o catabolismo celular adicionada aos meios de cultura é a glicose, em concentrações que podem variar de 5 a 25 mmol.L^{-1}.

O aminoácido glutamina atua também como fonte de carbono e energia, suprindo, adicionalmente, nitrogênio. Por essas razões, a glutamina é intensamente consumida, sendo adicionada em concentrações que podem variar de 0,7 a 4 mmol.L^{-1} para células de mamíferos e até 12,3 mmol.L^{-1} para células de insetos. Além da glutamina, encontram-se nas formulações de meios de cultivo os dez aminoácidos essenciais, mais cisteína e tirosina, podendo-se também incluir aminoácidos não essenciais para reduzir a carga metabólica e aumentar a proliferação celular.

E, dado que a manutenção do balanço osmótico é crucial para o desenvolvimento e metabolismo celular, diferentes sais são incluídos nos meios de cultivo, destacando-se os compostos dos íons Na$^+$, K$^+$, Mg^{+2}, Ca^{+2}, Cl^{-1}, SO$_4^{-2}$, PO$_4^{-2}$ e HCO$_3^-$ (MORAES; MENDONÇA; SUAZO, 2008). Elementos traço, com atuação principalmente como cofatores enzimáticos, são também fornecidos, como Fe, Cu, Zn, Mn, Se, V e Mo, adicionando-se, com funções correlatas, também vitaminas.

Outra categoria de compostos comumente adicionada aos meios de cultivo é a dos lipídios, para o suprimento de energia, ácidos graxos e etanolamina, atuando também no transporte de compostos para dentro e para fora das células e como constituintes estruturais de membranas celulares. Para células que não sintetizam esteróis, como as de insetos, sua adição é fundamental.

Uma vez que a manutenção das condições de pH em patamares adequados é de grande relevância no sucesso do cultivo celular, com frequência faz-se uso, para células de mamíferos, do sistema bicarbonato/CO$_2$ (5% a 10% v/v), mas soluções de succinato de sódio/ácido succínico e tampões orgânicos, como o HEPES [ácido N-2(hidroxietil) piperazina-N'-(2etanossulfônico)] e TRIS (-2-amino-2-(hidroximetil)-1,3 propanodiol), podem substituí-lo. No caso de células de insetos, para as quais o pH ótimo de cultivo é ligeiramente inferior a 7, pode-se utilizar fosfato de sódio para essa finalidade (MORAES; MENDONÇA; SUAZO, 2008).

Comumente, nos cultivos em escala laboratorial, são adicionados antibióticos e/ou antimicóticos como medida profilática, para o controle de contaminações, para induzir a expressão de proteínas recombinantes ou visando manter pressão seletiva em células transfectadas (ATCC, 2014). Entretanto, seu uso contínuo pode resultar na seleção de microrganismos resistentes, induzindo a contaminação crônica. Além disso, os antibióticos e antimicóticos podem ser citotóxicos, principalmente em meios sem soro, e interferir no metabolismo celular. Os mais utilizados são a penicilina (50 a 100 UI.mL^{-1}), a estreptomicina (50 a 100 µg.mL^{-1}), a anfotericina B (0,25 a 2,5 µg.mL^{-1}) e a gentamicina (50 a 100 µg.mL^{-1}). A adição de penicilina e outros antibióticos β-lactâmicos não é recomendada na produção de biofármacos, pois podem causar reação de hipersensibilidade em pacientes alérgicos.

Um dos componentes mais utilizados e, ao mesmo tempo, mais controversos como suplemento em meios de cultura é o soro sanguíneo. Trata-se, fundamentalmente, de um complexo de proteínas ideais para a nutrição celular, para a adesão e o crescimento de linhagens dependentes de suporte, para a proteção biológica (antioxidantes, antitoxinas, entre outros) e para a proteção mecânica em sistemas agitados e aerados. Esse componente estimula, igualmente, o transporte de glicose, fosfato e aminoácidos e aumenta a permeabilidade das membranas, além de prover micronutrientes.

Os soros mais empregados são os de origem bovina, equina e humana (FRESHNEY, 2016), sendo que o soro fetal de bezerro é um dos suplementos mais efetivos para o multiplicação celular de várias linhagens, devido ao seu elevado conteúdo de fatores de crescimento. Assim, a adição de soro sanguíneo, por prover simultaneamente variados componentes com importantes funções no cultivo celular, simplifica a formulação do meio de cultura.

No entanto, o soro pode ser uma fonte de contaminações por parasitas, bactérias, fungos, micoplasmas e vírus, além de poder carrear materiais tóxicos e inibidores (p. ex., imunoglobulinas). Sua composição e, portanto, sua eficácia como suplemento nutricional são diretamente dependentes do "histórico de vida" do animal de origem, transformando esse componente em um fator de grande variabilidade para o processo. Trata-se do componente de meio de cultura de maior custo, podendo atingir valores da ordem de 80% do custo total do meio. Na produção de biofármacos, a adição de soro ao meio de cultura implica a desvantagem adicional de aumentar o custo nas etapas de purificação, em decorrência da introdução de proteínas contaminantes que dificultam o processo.

É, portanto, compreensível que muitos esforços tenham sido e ainda sejam empregados no sentido de reduzir a utilização do soro, ou mesmo de substitui-lo completamente por outros de composição mais definida, conforme discutido em detalhes por Van Der Valk et al. (2010). Normalmente, meios de cultura totalmente livres de soro são substancialmente mais onerosos do que as formulações que o contêm. Além disso, essas substituições são mais facilmente aplicadas em sistemas com células que não dependem de suporte para adesão (p. ex., hibridomas).

Formulações comerciais de meios de cultura que não utilizam soro geralmente contêm como substitutos insulina, transferrina, selênio, etanolamina, β-mercaptoetanol, cloreto de colina, inositol, fatores de crescimento epiteliais e fibroblásticos, albumina, lipídios e lipoproteínas, dentre outros compostos. Suplementos complexos como extratos de tecidos animais, de plantas ou microbianos (especialmente extrato de levedura) e hidrolisados proteicos são também utilizados com sucesso na substituição total ou parcial de soro sanguíneo (MORAES; MENDONÇA; SUAZO, 2008). No entanto, devido à composição química indefinida e às fontes nem sempre bem estabelecidas ou caracterizadas, o uso industrial de hidrolisados proteicos e dos extratos de tecidos animais é limitado.

Uma das funções de grande importância do soro é a proteção conferida contra danos mecânicos resultantes da agitação e aeração por borbulhamento durante o cultivo, e também do estresse causado às células no cultivo em modo de perfusão. Em meios livres de soro devem ser adicionados compostos com a finalidade de substituir essa função, como metilcelulose, dextrana, polietilenoglicol, álcool polivinílico e polióis como o Pluronic F68 (GODOY-SILVA; BERDUGO; CHALMERS, 2013), também comercializado como Kolliphor® P188 (Sigma-Aldrich), Flocor™ (CytRx Corporation), RheothRx (Glaxo Wellcome Inc.), Lutrol® (Basf) e Synperonic F-68 (Croda). Esse efeito protetor é atribuído a diferentes razões, dentre elas, o aumento da viscosidade e a diminuição da tensão superficial no meio, a prevenção da interação entre as células e as bolhas, a redução da fluidez da membrana celular, a estabilização da espuma e a redução de sua taxa de drenagem, além da diminuição na formação de espuma em meios contendo soro.

Para uso em escala industrial, verifica-se uma tendência de adoção de meios líquidos em vez de na forma de pó a ser dissolvido, sobretudo em linhas de operação e processos novos, apesar de os meios vendidos na forma de pó apresentarem custos significativamente menores (LANGER; RADER, 2014). Isso se dá especialmente em unidades de escala pequena ou média, com biorreatores de capacidade igual ou inferior a 2 mil litros, em unidades com instalações responsáveis pela produção de múltiplos produtos e em diferentes escalas.

Dentre as formulações clássicas mais utilizadas para o cultivo de células animais, particularmente de mamíferos, destacam-se as seguintes:

a) meio DMEM (*Dulbecco's Modification of Eagle's Medium*), que tem cerca de duas vezes a concentração de aminoácidos e quatro vezes a de vitaminas do MEM, mais nitrato de ferro, piruvato de sódio e aminoácidos suplementares;

b) meio RPMI-1640 (meio do Roswell Park Memorial Institute), desenvolvido para linfócitos de sangue periférico, mas que viabiliza o cultivo de vários outros tipos de células;

c) misturas de nutrientes de Ham (F10, F12), formuladas para células CHO, L de camundongos e He-La, mas que possibilitam o cultivo de diversas outras linhagens, com ou sem soro;

d) mistura DMEM/F12 na proporção 1:1 de DMEM e Ham F12, que é um meio rico, suplementado ou não com soro, possibilitando cultivar variados tipos de células.

A formulação detalhada destes e de outros meios de cultura para células de mamífero pode ser consultada em Freshney (2016).

Variadas formulações para células de insetos estão também disponíveis (MORAES; MENDONÇA; SUAZO, 2008; LÉO et al. 2008), destacando-se os meios basais de Grace, TNM-FH, TC-100, D22, Schneider e o de Shields e Sang (M3), que requerem adição de soro fetal bovino ou outros suplementos. As formulações Sf900II e III, Ex-Cell® 405 e 420, Express Five SFM, Insect-XPRESS, HyQ SFX-Insect e IPL-41 dispensam a suplementação com soro e têm como vantagem maior reprodutibilidade no cultivo celular.

22.4 CATABOLISMO CELULAR

Os processos de adaptação que permitem o cultivo *in vitro* de linhagens celulares ocasionam alterações genéticas que têm consequências diretas sobre seu metabolismo (ALTAMIRANO; GÒDIA; CAIRÓ, 2008; AMABLE; BUTLER, 2008; HAGGSTROM, 2000). Este é, em geral, altamente desregulado quando comparado àquele no tecido: os consumos das fontes de carbono e de nitrogênio são elevados e resultam na formação de grandes quantidades de subprodutos tóxicos ao crescimento celular e/ou síntese de proteínas recombinantes. Além disso, há grande interação entre as vias de degradação de carbono (glicólise) e de nitrogênio (ciclo do ácido tricarboxílico), o que dificulta a regulação do metabolismo (Figura 22.1).

As células animais utilizam glicose (GLC) e glutamina (GLN) como principais fontes de carbono e nitrogênio, respectivamente. Esses compostos suprem normalmente as vias de anabolismo (construção do esqueleto carbônico) e catabolismo (geração de energia) celular. Em paralelo, como resultado dos metabolismos de glicose e glutamina, são produzidas grandes quantidades de subprodutos como lactato e amônio, respectivamente.

22.4.1 METABOLISMO DA GLICOSE

A assimilação da GLC pelas células ocorre em grande parte por difusão facilitada através da membrana celular. No citossol ela é convertida rapidamente a glicose-6--fosfato e, em seguida, degradada por duas vias principais: a glicolítica e a das pentoses-fosfato. Esta última produzirá precursores e moléculas essenciais para a biossíntese (p. ex., NADPH e ribose-5-fosfato), mas também possibilitará o balanceamento entre anabolismo e catabolismo pela interligação entre o ciclo das pentoses--fosfato e a via glicolítica (ALTAMIRANO; GÒDIA; CAIRÓ, 2008). Já a via glicolítica permite a descarboxilação da glicose-6-fosfato até ácido pirúvico e a geração de duas moléculas de adenosina trifosfato (ATP), de duas moléculas de dinucleótido de nicotinamida e adenina (NADH), além de outros intermediários para a biossíntese celular (frutose-6-fosfato, gliceraldeído-3-fosfato e 3-fosfoglicerato).

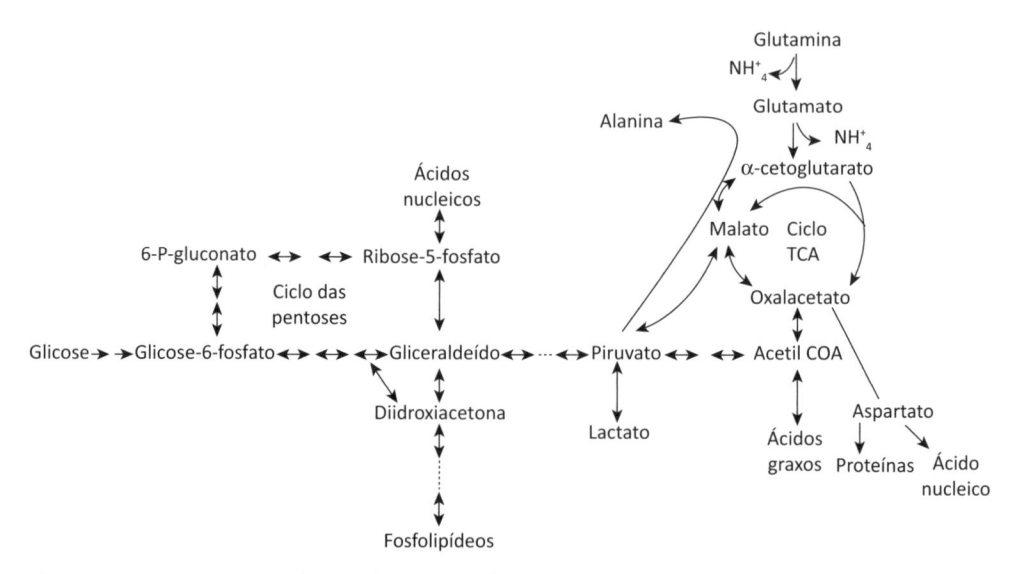

Figura 22.1 Principais vias de metabolismo celular propostas para células animais.

Fonte: Moraes, Mendonça e Suazo (2008).

O piruvato é o elemento de conexão entre a via glicolítica e o ciclo dos ácidos tricarboxílicos (*tricarboxylic acid* – TCA), uma importante via metabólica de geração de ATP (através da cadeia respiratória) e de outros intermediários para a biossíntese celular (ver Figura 22.1). Na presença de quantidades adequadas de oxigênio, a combustão completa da glicose pode gerar até 38 moléculas de ATP por molécula de glicose consumida. Para mais detalhes sobre o metabolismo oxidativo, consulte o volume 1 desta coleção.

Em condições normais de cultivo, isto é, cultivo em modo descontínuo e com meio de cultura convencional (5 a 25 mmol.L^{-1} de glicose; ver seção 22.3), há um excesso de GLC disponível e observam-se taxas de consumo dessa fonte de carbono que ultrapassam as necessidades de síntese de precursores e de energia para crescimento ou manutenção celular. Há, normalmente, um acúmulo de piruvato no interior das células que não pode ser integralmente metabolizado no ciclo do TCA, mesmo na presença de concentrações adequadas de O$_2$ para o correto funcionamento da cadeia respiratória. Como forma de regenerar o NAD+ no citossol, as células convertem piruvato a lactato numa reação catalisada pela lactato desidrogenase (HAGGSTROM, 2000).

Embora o fluxo através dessas vias metabólicas varie em função do tipo celular, da formulação do meio de cultura e dos demais parâmetros do cultivo, valores típicos para o fator de conversão de glicose a lactato estão na faixa de 1,4 a 2 mol.mol^{-1} (HAGGSTROM, 2000). Como o valor máximo para Y$_{LAC/GLC}$ é de 2 mol.mol^{-1}, isso indica que 70% a 100% da glicose consumida tem como destino final a formação de lactato, apontando uma situação clara de falta de regulação do metabolismo. Para condições de fornecimento controlado de glicose (modos descontínuo alimentado ou contínuo), esses valores podem ser bastante reduzidos (Y$_{LAC/GLC}$ da ordem de 0,2 mol.mol^{-1}).

22.4.2 METABOLISMO DA GLUTAMINA

Os aminoácidos participam da biossíntese de proteínas, seja fornecendo esqueletos de carbono e de nitrogênio para a construção dessas macromoléculas, seja permitindo a geração da energia que garantirá essa atividade metabólica (ALTAMIRANO; GÒDIA; CAIRÓ, 2008; AMABLE; BUTLER, 2008; HAGGSTROM, 2000). A entrada da glutamina no citossol é mediada por transportadores dependentes e não dependentes de sódio, sendo a glutamina posteriormente conduzida à mitocôndria, onde ocorre a glutaminólise (AMABLE; BUTLER, 2008). Nessa via de degradação, a GLN é inicialmente convertida a glutamato (GLU) e amônio (NH$_4^+$) e, em seguida, este GLU é degradado a α-cetoglutarato, com a liberação de mais uma molécula de NH$_4^+$ (Figura 22.1). Esse α-cetoglutarato faz parte do ciclo do TCA, sendo possível a geração tanto de coenzimas reduzidas (NADH), que resultarão na formação de moléculas de ATP na cadeia respiratória, como de intermediários para biossíntese celular.

Como citado para o metabolismo da glicose, existe, igualmente, uma falta de regulação na assimilação da GLN em cultivos *in vitro*: quando há GLN em excesso, o consumo desse aminoácido ocorre em taxas elevadas, que, de forma geral, ultrapassam as necessidades de síntese de precursores ou de energia. Para cultivos típicos (modo descontínuo e concentração de GLN no meio de cultura de aproximadamente 4 mmol.L^{-1}) são encontrados valores para o fator de conversão de glutamina a amônio na faixa de 0,4 a 1 mol.mol^{-1}. Como o valor máximo para $Y_{NH4/GLN}$ é 2 mol.mol^{-1}, essa é uma boa indicação de que a GLN é uma importante fonte de geração de ATP em cultivos *in vitro* (HAGGSTROM, 2000; AMABLE; BUTLER, 2008). Como também já mencionado para o uso de glicose, os valores de $Y_{NH4/GLN}$ podem ser menores se a concentração de GLN no ambiente reacional for mantida em valores mais baixos, como ocorre nos processos operados em modo descontínuo alimentado ou contínuo (AMABLE; BUTLER, 2008).

A GLN incorporada pelas células pode ainda gerar outros subprodutos, como vários aminoácidos (alanina, aspartato e glutamato estão entre os mais relevantes) ou mesmo lactato, mediante vias alternativas que estão indicadas na Figura 22.1. A formação de glutamato decorre da ativação parcial da via da glutaminólise, mencionada anteriormente. As formações de alanina e de aspartato são frutos da ação de transaminases específicas – alanina transaminase (AlaTA) e a aspartato transaminase (AspTA), respectivamente. Nas vias catalisadas por essas enzimas, o glutamato ainda é convertido a α-cetoglutarato, mas o amônio liberado é transferido para o piruvato ou oxaloacetato, gerando alanina ou aspartato, respectivamente (ALTAMIRANO; GÒDIA; CAIRÓ, 2008).

Essas vias podem ser consideradas formas de controlar os níveis internos do amônio, um subproduto sabidamente tóxico. Quando ocorre a formação de alanina existe ainda a vantagem de se evitar a formação de lactato a partir do piruvato, reduzindo ainda mais os efeitos tóxicos de subprodutos. A produção de alanina é relativamente frequente nos cultivos com células, e valores típicos de $Y_{ALA/GLN}$ estão na faixa de 0,2 a 0,6 mol/mol (HAGGSTROM, 2000). Esses níveis de formação indicam que 20% a 60% da glutamina consumida (valor máximo de $Y_{ALA/GLN}$ é de 1 mol/mol) destina-se exclusivamente à geração de alanina, caracterizando um metabolismo pouco eficiente. Assim, processos conduzidos em modo descontínuo alimentado ou contínuo, que promovem maior controle do aporte de glutamina, resultam em cultivos mais eficientes do ponto de vista do consumo desse aminoácido (AMABLE; BUTLER, 2008).

Finalmente, pode ocorrer a formação de lactato a partir de moléculas de glutamina, reação que acontece no citossol e que é possível devido à presença de transportadores de malato na membrana mitocondrial (ALTAMIRANO; GÒDIA; CAIRÓ, 2008; AMABLE; BUTLER, 2008; HAGGSTROM, 2000). Esses transportadores (como o transportador malato/citrato indicado na Figura 22.1) possibilitam a regulação do metabolismo mediante a troca de moléculas maiores entre o citoplasma e a mitocôndria. É o caso, por exemplo, da coenzima reduzida NADH, gerada pela via glicolítica, que, ao atravessar a membrana mitocondrial, pode ser reoxidada na cadeia respiratória, para maior rendimento na formação de ATP. É também o caso do malato gerado pela degradação da glutamina, que, ao ser transportado para o citoplasma, é convertido a piruvato mediante uma série de reações enzimáticas, e finalmente transformado em lactato pela ação da lactato desidrogenase.

22.4.3 INTERAÇÃO ENTRE OS METABOLISMOS DA GLICOSE E DA GLUTAMINA

A interação entre a via glicolítica e a glutaminólise é bastante flexível em células animais e dependerá fortemente das concentrações dos dois principais substratos – GLC e GLN – no meio reacional. As células animais respondem tanto às diferenças entre concentrações de GLC e de GLN, como às diferenças de limitação/excesso entre esses substratos (ALTAMIRANO; GÒDIA; CAIRÓ, 2008; HAGGSTRON, 2000). A linhagem celular, assim como questões sobre sua adaptação às condições do cultivo, são outros fatores que podem interferir nos fluxos de GLC e GLN através das vias metabólicas.

Pelo exposto, fica claro que o conhecimento dessa interação entre as vias centrais do catabolismo é essencial para o controle adequado da geração de energia que sustentará as funções metabólicas, assim como da formação de subprodutos tóxicos, que, minimizada, permitirá maior crescimento celular.

22.5 SISTEMAS DE CULTIVO

Para assegurar o bom desempenho de uma cultura celular é necessário prover um meio reacional no qual os nutrientes essenciais e as principais variáveis físico-químicas (pH, temperatura etc.) sejam mantidos em condições adequadas e controladas. Além dessas exigências, comuns a qualquer processo biotecnológico, é preciso considerar que as células animais possuem características particulares que interferem de forma direta na escolha do sistema de cultivo adotado (ver seção 22.5.1). Aspectos como a susceptibilidade ao cisalhamento precisam ser considerados na escolha dos sistemas e seus acessórios, de forma a garantir a mistura e a transferência de oxigênio adequadas, com a preservação da integridade celular. Outro aspecto é a dependência de um suporte para adesão, que é intrínseca a certas linhagens celulares. Nesses casos, são exigidos sistemas que disponibilizem superfícies com dimensão adequada para o crescimento esperado e com características que facilitem seu escalonamento futuro. Os materiais usados nesses suportes também devem ser compatíveis com as exigências celulares.

A produção industrial de substâncias biológicas utilizando células animais remonta aos anos 1950, com a manufatura de vacinas de uso humano e veterinário (FENGE; LÜLLAU, 2006). Nessa primeira fase de uso desses sistemas produtivos, os processos empregaram métodos de cultivo tradicionais. Reatores bastante semelhantes aos encontrados na indústria fermentativa com microrganismos eram utilizados no cultivo de células que cresciam livremente em suspensão (ver seção 22.5.2). Para os processos que exigiam células dependentes de suporte, a opção foram os frascos normalmente utilizados em laboratório, com a ampliação da escala de manufatura sendo feita pela simples multiplicação do número de unidades produtoras (ver seção 22.5.3).

Com o sucesso de tecnologias como a do DNA recombinante e a da construção de hibridomas na década de 1980, o uso de culturas de células animais em larga escala tornou-se uma importante alternativa para a fabricação de produtos biológicos, notadamente proteínas mais complexas. Com isso, surgiu a necessidade de otimizar as tecnologias de manufatura tradicionais, o que obrigou a uma adequação das formas de cultivo às exigências particulares das células animais.

Sempre que possível, a indústria buscou selecionar linhagens celulares capazes de crescer em suspensão, sem necessidade de suportes, dada a maior facilidade no escalonamento desses processos. Os principais sistemas para o cultivo em larga escala dessas células têm sido os biorreatores tipo tanque agitado e *air lift*. Os projetos desses biorreatores foram alvo de inúmeras adaptações, justificadas, em grande parte, pela necessidade de solucionar questões relativas ao transporte de quantidade de movimento, de calor e de massa num ambiente onde as tensões hidrodinâmicas geradas podem ser letais às células, visto que estas possuem exclusivamente sua membrana celular como elemento de proteção. Ainda no mesmo contexto, sabe-se que a homogeneidade do sistema pode ter enorme efeito sobre a qualidade da proteína expressa, sobretudo quando se trata de proteínas complexas. Nesses casos há vários indícios de que os padrões de glicosilação são influenciados por gradientes de nutrientes ou de pH ou de temperatura no meio reacional (SERRATO et al. 2004; CHALMERS; MA, 2015).

Mais recentemente, a indústria vem adotando sistemas de produção descartáveis, como o reator tipo onda abordado na seção 22.5.4, ou mesmo reatores do tipo tanque agitado fabricados em plástico. Isso é particularmente relevante na indústria de biofármacos e tem como objetivo central a redução de custos operacionais, sobretudo os relacionados com a validação de materiais e das etapas de limpeza e esterilização que precedem a fabricação.

Todas essas questões relacionadas ao crescimento celular e à expressão de produtos serão tratadas nas próximas seções, com a apresentação de sistemas de cultivo laboratoriais, sobretudo no que diferirem daqueles empregados para microrganismos, bem como das diferentes formas de produção passíveis de uso na escala industrial de cultivo de células animais.

22.5.1 CONDIÇÕES BÁSICAS DE CULTIVO

Dada a complexidade das células animais, estes cultivos exigem um controle preciso das principais variáveis físico-químicas – temperatura, pH, oxigênio dissolvido e osmolalidade – dentro de faixas de valores bastante estreitas. Como regra geral, os valores ótimos para qualquer dessas variáveis nos cultivos é função da linhagem celular.

A temperatura ótima para a grande maioria das células de mamífero situa-se na faixa de 35 °C a 37 °C, enquanto para as células de inseto esses valores estão entre 20 °C e 28 °C (FRESHNEY, 2016; LÉO et al., 2008). Essas linhagens celulares podem sobreviver por longos períodos em temperaturas mais baixas, no entanto, a grande maioria delas não tolera variações superiores a 2 °C acima do valor máximo indicado. Assim, recomenda-se que a temperatura dos processos seja controlada próxima ao valor ótimo, com variações inferiores a 0,5 °C. A redução da temperatura de cultivo é uma das forma de incrementar a produtividade da síntese de proteínas recombinantes, entretanto essa estratégia deve sempre considerar os efeitos sobre a glicosilação do produto (ZHU, 2012; SPEARMAN; BUTLER, 2015).

A maioria das células de mamíferos tem pH ótimo de cultivo na faixa de 7,2 a 7,4, mas diferentes linhagens apresentam faixas de valores distintas, como valores de 7,4 a 7,7 para linhagens normais de fibroblastos ou de 7 a 7,4 para linhagens celulares transformadas (FRESHNEY, 2016). As faixas de pH para células de inseto são mais baixas, variando entre 6 e 6,8, com valor ótimo típico de 6,2 (DRUGMAND; SCHNEIDER; AGATHOS, 2012).

Como visto na seção 22.4, as células animais podem formar ácido lático e CO_2 como subprodutos do metabolismo da glicose e/ou da respiração, o que teria como consequência imediata a diminuição do valor do pH. Assim, os sistemas de cultivo devem apresentar mecanismos para minimizar essa tendência, visto que a redução do pH pode ocasionar efeitos indesejáveis para o cultivo: aumento da extensão da fase *lag*, redução da velocidade específica de crescimento, redução do crescimento celular, dentre outros (DRUGMAND; SCHNEIDER; AGATHOS, 2012). Nos processos realizados em biorreatores é possível aplicar estratégias de controle automático do pH pela adição de álcali ou de CO_2 gasoso (quando se adiciona bicarbonato ao meio de cultura, ver seção 22.3). Entretanto, nos cultivos realizados em frascos isso não é possível, devendo-se definir formas de monitorar o pH, ou utilizar tampões na formulação do meio de cultura (ver seção 22.3).

O oxigênio molecular é requerido para a geração de ATP na via da cadeia respiratória. A faixa ótima de concentração de oxigênio dissolvido para as células animais usualmente varia entre 30% a 60% da saturação em ar (LÉO et al., 2008). Valores abaixo desses limites implicam aumento da síntese de ácido lático e podem reprimir de forma severa o crescimento celular. No extremo superior da faixa ótima, observam-se frequentemente efeitos deletérios devido ao estresse oxidativo.

Os valores de velocidade específica de consumo de oxigênio (OUR) são característicos de cada linhagem e estão tipicamente numa faixa de $0,03.10^{-8}$ a $2,6.10^{-8}$ $mg_{O2}.cel^{-1}.h^{-1}$ para células de mamífero (AUNINS; HEINZLER, 1993; GODOY-SILVA; BERDUGO; CHALMERS, 2013; PORTNER, 2015). Visto que concentrações celulares da ordem de 10^6 $cel.mL^{-1}$ equivalem a aproximadamente 0,25 $g.L^{-1}$ (CHICO; RODRÍGUEZ; FIGUEREDO, 2008), os valores de velocidade específica de respiração para células de mamífero estão na faixa de 1,2 a 96 $mg_{O2}.g^{-1}.h^{-1}$. Esses valores são 10 a 250 vezes menores do que aqueles observados para microrganismos como *S. cerevisiae ou E. coli* (ver volume 2 desta coleção). Para células de inseto, os valores de OUR estão na faixa de 0,92 a $5,2.10^{-8}$ $mg_{O2}.cel^{-1}.h^{-1}$ (GODOY-SILVA; BERDUGO; CHALMERS, 2013).

Além do efeito do oxigênio dissolvido sobre o crescimento celular, vários autores indicam correlações entre os níveis desse nutriente e os padrões de glicosilação das proteínas sintetizadas (SERRATO et al., 2004; SPEARMAN; BUTLER, 2015).

A baixa solubilidade do oxigênio em meios de cultura implica dificuldades para a etapa de transferência de oxigênio em qualquer tipo de bioprocesso aerado. Entretanto, nos sistemas com células animais há problemas adicionais na transferência de O_2, como a sensibilidade celular ao cisalhamento e a formação acentuada de espuma decorrente das altas concentrações de proteínas nos meios de cultura. Essas questões serão mais detalhadas na seção 22.5.2.

A ausência de parede celular nas células animais implica sensibilidade à pressão osmótica do meio de cultura muito superior àquela observada para microrganismos. Valores típicos para células de mamíferos estão na faixa de 260 a 320 mOsm.kg^{-1} (FRESHNEY, 2016), enquanto para células de inseto são aceitos valores mais elevados: 250 a 450 mOsm.kg^{-1} (DRUGMAND; SCHNEIDER; AGATHOS, 2012).

No entanto, em qualquer cultivo em batelada, a osmolalidade do meio varia ao longo do tempo em função do consumo de nutrientes e da formação de produtos e subprodutos. Essa questão é crítica em processos com elevada concentração celular, quando as variações de concentrações são mais expressivas. Como alternativa, pode-se modificar a formulação dos meios de cultura, corrigindo a osmolalidade mediante ajustes nas concentrações dos sais NaCl e/ou KCl.

O controle inapropriado das condições de cultivo resulta, por exemplo, em limitação de nutrientes, acúmulo de metabólitos tóxicos, aumento da osmolaridade e alteração do pH; e mesmo a ocorrência de elevados níveis de tensões cisalhantes decorrentes da agitação pode levar à morte precoce das células por apoptose. Este tipo de morte celular, que segue uma programação genética definida e tem grande importância fisiológica, difere da necrose, que é caracterizada como um processo de morte rápida no qual a célula não tem tempo de se adequar a um dado estímulo. Estes mecanismos de morte celular são discutidos em detalhes por Pellegrini, Pinto e Castilho (2008).

22.5.2　SISTEMAS DE CULTIVO PARA CÉLULAS NÃO DEPENDENTES DE SUPORTE

22.5.2.1　Sistemas para cultivo em pequena escala

Para o cultivo de células animais em suspensão podem ser empregados sistemas agitados bastante semelhantes aos usados para microrganismos, desde que a turbulência gerada seja compatível com a fragilidade das células (ver seção 22.2). A Figura 22.2 resume algumas das formas mais empregadas para o crescimento desse tipo de células em escala laboratorial, enquanto a Tabela 22.3 indica os volumes total e útil desses sistemas. Alguns desses sistemas de cultivo, originalmente concebidos para estudos e produção de biomoléculas em pequena escala, são hoje empregados industrialmente, por exemplo, os reatores de ondas (*Wave bioreactors*) e de fibras ocas (*hollow fibers*).

Os frascos denominados *Spinner* (Figura 22.2a), especialmente desenvolvidos para a cultura de células animais, são incubados sobre plataformas magnéticas com agitações brandas, geralmente inferiores a 100 rpm (FRESHNEY, 2016; CHICO; RODRÍGUEZ; FIGUEREDO, 2008). Condições de agitação igualmente suaves (em geral inferiores a 150 rpm) são usadas quando o cultivo acontece em tubos de fundo cônico (Figura 22.2b) e frascos Erlenmeyer (Figura 22.2c), incubados sobre plataformas rotativas.

Os biorreatores de ondas são bolsas plásticas descartáveis, incubadas sobre agitadores do tipo gangorra, que promovem tanto a mistura como a transferência de oxigênio mediante a formação de ondas na superfície do líquido (Figura 22.2d) (EIBL et al., 2010). Desenvolvidos na década de 1990, inicialmente para volumes de 0,5 a 1 L, esses biorreatores tornaram-se um marco importante no cultivo de células animais pela popularização dos sistemas de produção descartáveis na indústria de biofármacos. Atualmente são empregados reatores de ondas de até 500 L, tanto para as etapas iniciais de preparo de inóculos, como para a etapa final de manufatura de produtos. Essas bolsas de plástico são munidas com conexões para entrada e saída de líquidos e gases, tornando-as práticas e eficientes na linha de produção (ver também seção 22.5.4).

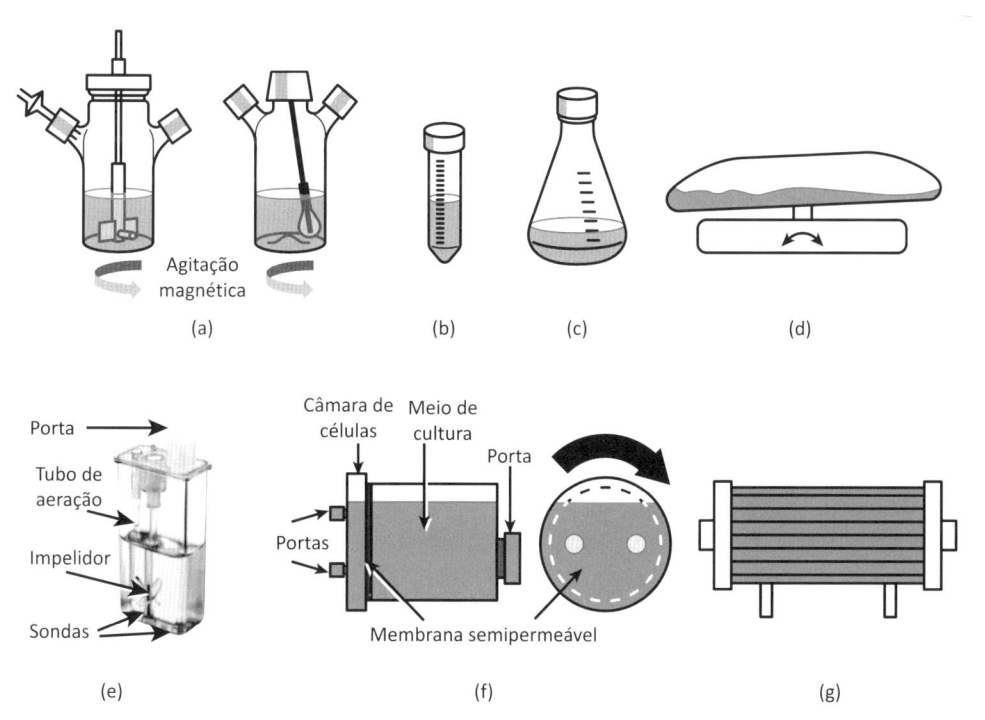

Figura 22.2 Sistemas agitados de pequena escala para cultivo de células animais em suspensão. (a) Frascos tipo Spinner; (b) tubo; (c) frasco Erlenmeyer; (d) reator descartável de ondas; (e) minirreator ambr™ (TAP Biosystems, Sartorius Stedim Biotech Group); (f) frasco Miniperm® com membrana para diálise; (g) reator descartável de fibra oca (*hollow fiber*).

Fonte: Fresheny (2016); Chico, Rodríguez e Figueredo (2008); minirreator ambr™
uso da imagem autorizada pela Sartorius Stedim Biotech.

Os minirreatores (Figura 22.2e) possuem geometria semelhante à dos tanques agitados empregados em escala industrial, o que facilita a transposição de dados obtidos nos minirreatores posteriormente para a escala final. O pequeno volume reduz os custos com meios de cultura e facilita tanto a otimização de meios de cultura e do processo como a aplicação de técnicas automatizadas para a seleção de linhagens celulares (p. ex., *high throughput screening* – HTS) (KUMAR; WITTMANN; HEINZLE, 2004).

Os dois outros sistemas utilizados para o crescimento de células animais em suspensão, em pequena escala, são reatores caracterizados pela existência de dois compartimentos, separados por uma membrana de porosidade controlada que isola as células e o produto de interesse do *bulk* líquido, por isso são geralmente classificados como reatores de membrana. Os biorreatores miniPerm® e de fibras ocas (Figuras 22.2f e 22.2g, respectivamente) possuem uma membrana que separa os compartimentos com porosidade selecionada (*cut-off*), de forma a garantir a troca de nutrientes e subprodutos através dela, mas não a passagem das células e do produto de interesse. Esses sistemas asseguram elevadas concentrações de células e, consequentemente, do produto em um volume reduzido, minimizando os custos das etapas de purificação subsequentes.

O biorreator miniPerm® deve se incubado sobre uma plataforma que promova a rotação do frasco (5 a 20 rpm), visando à homogeneização e à transferência de O_2 para o meio reacional. Utilizando-se de membrana de aproximadamente 10 KDa, esse sistema permite atingir concentrações celulares superiores a 1.10^7 cel.mL^{-1} e acúmulo de produto da ordem de miligramas (FALKENBERG, 1998; BRUCE et al., 2002). A limitação do sistema está no pequeno volume do compartimento de células e produtos (35 mL, ver Tabela 22.3) e no transporte de massa limitado. Ainda assim, o miniPerm® tem sido usado com sucesso para produção de pequenas quantidades de anticorpos monoclonais visando, por exemplo, à aplicação em pesquisa. Um sistema que opera de forma bastante semelhante é o frasco estático CELLine (Integra Biosciences) (BRUCE et al., 2002).

Tabela 22.3 Principais características dos sistemas empregados no cultivo de células dependentes de suporte em pequena escala. Os valores indicados na tabela são típicos para cada sistema e dependem do fabricante

Sistema	Volume de meio	
	Total	Útil
Frasco *Spinner*	125 mL a 5 L	40 mL a 4 L
Frasco Erlenmeyer	125 mL a 2 L	25 mL a 400 mL
Reator de ondas [1]	0,5 L a 500 L	50 mL a 250 L
Minirreator ambr™	–	15 mL
Reator Miniperm®	–	35 mL[2] e 400 mL [3]
Reator fibra oca [1,4]	–	0,1 L[2] e 2,5 L [3]

[1] Sistema usado também para produção industrial; [2] volume do compartimento de células; [3] volume do compartimento de meio; [4] volumes indicados correpondem aos maiores biorreatores comercializados.

Fonte: adaptada de Freshney (2016); GE Healthcare (2016); Corning Life Sciences (2012).

Nos biorreatores tipo fibra oca (*hollow fibers*) (Figura 22.2g; Tabela 22.3), um número elevado de tubos de porosidade controlada e de diâmetro reduzido é acondicionado em uma carcaça cilíndrica. O meio nutriente circula pelo interior dos tubos, enquanto as células são contidas no espaço extracapilar. A membrana semipermeável dos tubos permite o transporte de nutrientes e de oxigênio dissolvido desde o *bulk* líquido até o compartimento que retém as células, ao mesmo tempo que promove uma diálise constante dos subprodutos tóxicos que afetam tanto o crescimento celular quanto a síntese de produtos. Como esses biorreatores podem ser utilizados para produções em escala comercial, suas características serão apresentadas na seção 22.5.2.4.

Quanto aos materiais utilizados para a construção desses sistemas, os frascos tipo *Spinner* e Erlenmeyer são fabricados em vidro ou plástico atóxico, mas todos os demais sistemas indicados na Tabela 22.3 seguem uma forte tendência de uso exclusivo de plásticos descartáveis, como copolímeros de etileno vinil acetato e polietileno de baixa densidade.

22.5.2.2 Biorreatores tipo tanque agitado

Os biorreatores do tipo tanque agitado são os mais empregados pela indústria que cultiva células animais em suspensão, ou mesmo células dependentes de suporte que se desenvolvem sobre microcarregadores (ver seção 22.5.3.2). Apesar de toda a preocupação com as questões de sensibilidade das células animais às tensões de cisalhamento, existe um vasto conhecimento acumulado sobre o projeto, a operação e a ampliação de escala desses biorreatores para uso com células animais. Esses sistemas são fáceis de esterilizar e operar e suficientemente versáteis para atender às necessidades específicas das células animais (CHALMERS; MA, 2015).

As características básicas desse tipo de reator – vaso cilíndrico equipado com um eixo de agitação central, sobre o qual são montados impelidores, com eventual inclusão de sistema de aspersão de ar – são semelhantes àquelas de reatores para microrganismos (ver Capítulo 7 "Análise de biorreatores", volume 2 desta coleção). No entanto, as relações geométricas características (altura/diâmetro da ordem de 2 a 3) indicam que os reatores projetados para o cultivo de células animais são menos longilíneos que os de microrganismos e têm impelidores de menor diâmetro (relação entre diâmetro do impelidor e diâmetro do tanque de 0,3 a 0,5) (GODOY-SILVA; BERDUGO; CHALMERS, 2013). Os materiais utilizados para a construção dos reatores de células precisam ainda atender aos requisitos do uso dos produtos que serão fabricados neles, o que em geral é definido pelas agências reguladoras (Food and Drug Administration, Anvisa etc.) Por exemplo, o aço inoxidável deve ter qualidade de grau farmacêutico (AISI 316 L), além de ser eletropolido para assegurar rugosidade superficial inferior a 0,8 μm (CHICO; RODRÍGUEZ; FIGUEREDO, 2008). Mais recentemente, as indústrias vêm adotando unidades de produção descartáveis, fabricadas em plástico, e também nesse caso é preciso assegurar que não existam substâncias químicas migrando dos materiais para o produto final (BRECHT, 2009).

As questões referentes aos transportes de quantidade de movimento (homogeneidade), calor e massa (O_2 e CO_2) ficam a cargo de impelidores e aspersores de ar/gás instalados no vaso. Uma das principais diferenças entre os biorreatores do tipo tanque agitado usados para células animais e aqueles empregados para microrganismos reside justamente nos muitos tipos de impelidores projetados para atender às necessidades de mistura e transferência de oxigênio, com mínimo dano mecânico às células. A Figura 22.3 apresenta os impelidores mais utilizados nessa área, classificando-os como elementos que promovem escoamentos do tipo laminar ou turbulento e, neste último caso, com descarga de fluido radial ou axial. O impelidor tipo *pitched* tem sido também classificado como misto, i.e., capaz de produzir escoamento tanto axial como radial (DORAN, 2012). A opção por um impelidor baseia-se na sua capacidade de promover homogeneidade e transferência de massa no sistema, mas também no tipo de estresse hidrodinâmico que gera e o efeito deste sobre as células. Esses aspectos serão abordados nos tópicos subsequentes.

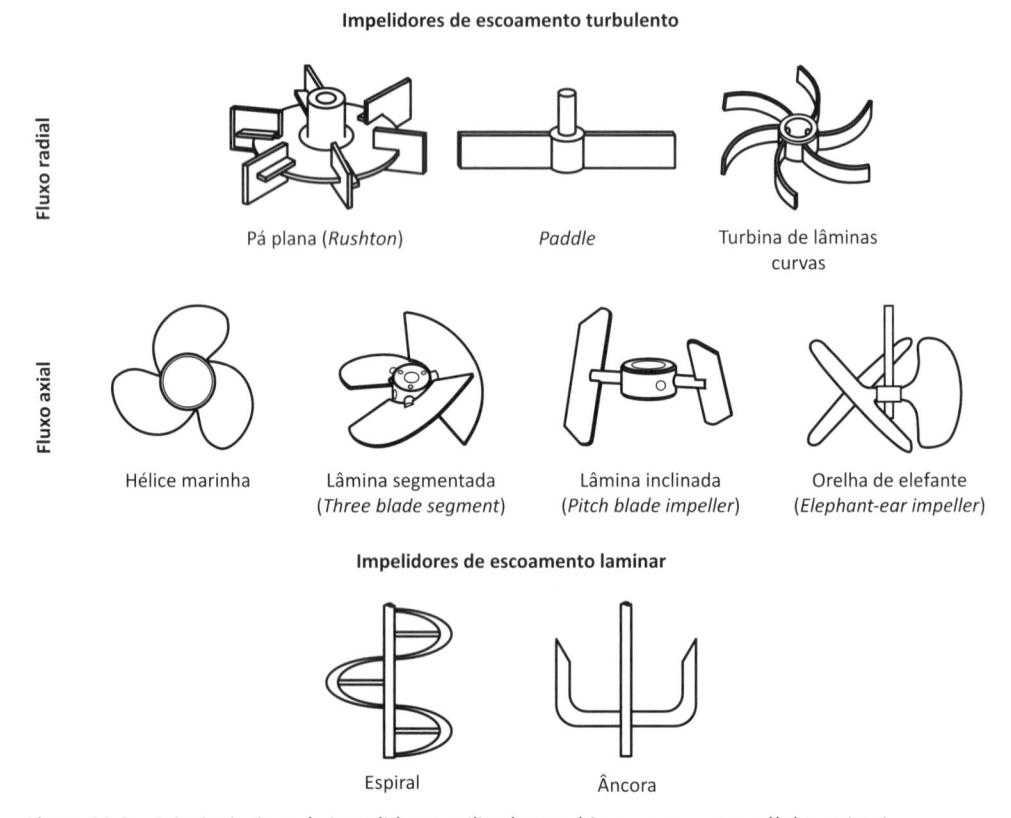

Figura 22.3   Principais tipos de impelidores utilizados em bioprocessos com células animais.

Fonte: Ozturk (2014, p. 80); Godoy-Silva, Berdugo e Chalmers (2013); Palomares e Ramirez (2013).

A introdução de ar/gás nesse tipo de biorreator é feita mediante o uso de aspersores tradicionais, como os de orifício, anel perfurado e elemento microporoso (em material cerâmico, metal sinterizado ou polimérico) (Figura 22.4), ou através de tubos/membranas que permitem a transferência de oxigênio sem a formação de bolhas (AUNINS; HENZLER, 1993; OZTURK, 2014). As membranas podem ser classificadas em: membranas porosas, usualmente de polipropileno ou politetrafluoretileno (PTFE), nas quais a passagem do gás ocorre através de poros de tamanho reduzido; ou membranas do tipo difusivas, usualmente fabricadas em silicone. Normalmente são necessários de 1 a 3 m de tubo para cada litro de meio de cultivo, de forma a prover área interfacial suficiente para a transferência de oxigênio. Isso limita a aplicação do sistema de membranas a escalas de cultivo de até 500 L.

Atualmente, os reatores do tipo tanque agitado construídos em aço inoxidável atingem volumes de até 25 mil litros, enquanto para as unidades descartáveis, os volumes máximos são de 2 mil litros (OZTURK, 2014).

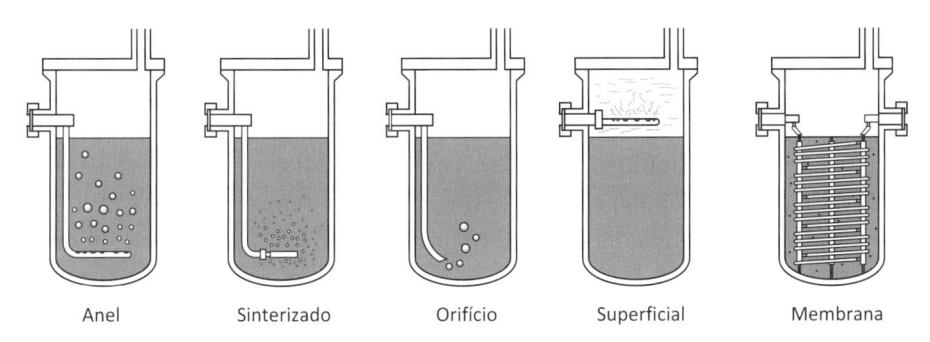

| Anel | Sinterizado | Orifício | Superficial | Membrana |

Figura 22.4 Diferentes métodos para fornecimento de gás em bioprocessos com células animais.

Efeitos da agitação mecânica e da aspersão de gás

As questões relativas à mistura e à transferência de oxigênio em sistemas de cultivo de células animais são válidas tanto para os biorreatores tipo tanque agitado como tipo *air lift*, empregados nos cultivos em suspensão, mas igualmente para sistemas alternativos como os reatores de ondas (ver seção 22.5.4) ou reatores com microcarregadores para células aderentes (ver seção 22.5.3.2).

Análogo ao que foi visto para microrganismos (ver Capítulo 6, "Tipos de biorreatores e formas de operação" no volume 2 desta coleção), o projeto do biorreator deve garantir homogeneidade adequada ao sistema, minimizando gradientes de pH e de nutrientes, ao mesmo tempo que provê boas condições de transporte de calor e massa (oxigênio e gás carbônico). Esses objetivos podem ser atingidos mediante a seleção apropriada do tipo de impelidor e da frequência de agitação, bem como pela escolha adequada do tipo de aspersor e da vazão de gás (ar ou ar enriquecido em O_2).

O desempenho do biorreator pode então ser caracterizado por uma série de parâmetros relacionados às questões de transporte de quantidade de movimento e de massa e que serão úteis na ampliação de escala do sistema: o coeficiente volumétrico de transferência de oxigênio ($K_L a$), a velocidade de aeração (vvm – volume de meio/volume de reator/minuto), a velocidade da ponta do impelidor, a potência volumétrica aplicada ou a taxa de dissipação de energia, o tempo de mistura, entre outros.

Entretanto, os biorreatores empregados no cultivo de células animais devem satisfazer alguns critérios adicionais: as condições hidrodinâmicas devem ser toleráveis para as células animais, tendo em vista a ausência de parede celular e a consequente fragilidade das células. Além disso, é preciso assegurar não apenas a transferência de oxigênio para o meio de cultivo, mas igualmente a remoção do CO_2 produzido do líquido a fim de evitar inibição de funções celulares por esse composto.

A questão específica da transferência de oxigênio requerida pelas células pode ser satisfeita de duas formas: a) aplicando-se condições de agitação e de vazão de ar que favoreçam o transporte de O_2 desde a bolha até o líquido; e b) mediante enriquecimento do ar de entrada com O_2, a fim de aumentar a força motriz para o transporte de massa (consulte o volume 2 desta coleção).

A primeira estratégia é muito eficaz em promover mistura e transferência de O_2 adequados ao sistema, mas pode resultar em um ambiente adverso devido a tensões de cisalhamento no *bulk* líquido ou à liberação abrupta de energia durante a ruptura de bolhas na superfície do líquido. Essas forças hidrodinâmicas podem ocasionar o rompimento da membrana citoplasmática e, consequentemente, a morte das células animais, ou podem ter efeitos subletais que levem à redução no crescimento, alteração do metabolismo, diminuição da síntese de produto, ou, ainda, à modificação de padrões de glicosilação das proteínas expressas (PORTNER, 2015; CHALMERS; MA, 2015; SPEARMAN; BUTLER, 2015).

Os efeitos adversos dependem da linhagem celular, mas de forma geral há um grande receio de que as condições de agitação ou de borbulhamento de gás possam gerar tensões hidrodinâmicas prejudiciais às células, o que faz da estratégia de enriquecimento do ar com O_2 uma opção atraente para essa indústria. Quando se aumenta o percentual de O_2 no gás de entrada, os valores de K_La requeridos pelos sistemas com células animais são mais facilmente atingíveis. As concentrações celulares são normalmente baixas (10^6 a 10^7 cel/mL), e para as velocidades específicas de respiração mencionadas anteriormente (1 a 100 $mg_{O2}.g^{-1}.h^{-1}$) os valores de coeficiente volumétrico de transferência de O2 (K_La) necessários são da ordem de 10 a 15 h^{-1}, valores esses considerados baixos (NIENOW, 2015).

Se por um lado a estratégia de enriquecimento do ar de entrada com O_2 minimiza os efeitos adversos advindos das tensões hidrodinâmicas, por outro implica em redução na vazão total do gás insuflado no biorreator. Como consequência, ocorre menor remoção do gás carbônico dissolvido no líquido. O CO_2 é um subproduto da respiração celular, e aproximadamente 1 mol de CO_2 é formado para cada mol de O_2 consumido. Como sua solubilidade nos meios de cultivo é 200 vezes superior à do O_2, o CO_2 acumula-se no meio reacional em altas concentrações e pode inibir o crescimento celular e a síntese de proteínas (GOUDAR et al., 2007; NIENOW, 2015). Portanto, deve-se buscar um ponto ótimo entre as estratégias de transferência de oxigênio discutidas.

A seguir, serão feitas considerações adicionais sobre os efeitos da agitação e do borbulhamento de ar nesses tipos de biorreatores.

Efeito da agitação sobre as células

A aplicação de uma frequência de rotação ao eixo de agitação, bem como a introdução de bolhas de gás no líquido, gera turbilhões em quantidade e tamanho variados que podem causar lesões às células animais. As características desses turbilhões dependem dessas condições operacionais, bem como do número de impelidores e de suas características particulares (dimensões e tipo de descarga que promove no líquido), do tipo de aspersor, além dos demais fatores geométricos do reator (diâmetro do vaso, relação altura-diâmetro, presença de chicanas etc.). Para estimar os efeitos hidrodinâmicos do fluido sobre as células utilizam-se equações semiempíricas ou parâmetros característicos do sistema, dentre os quais destacam-se a taxa de dissipação de energia (ε_T) e a microescala de turbilhão de Kolmogorov (η) (NIENOW, 2006; CHALMERS; MA, 2015; GODOY-SILVA; BERDUGO; CHALMERS, 2013).

A energia é dissipada para o líquido a uma taxa total que considera a contribuição tanto da agitação provida pelo impelidor ($\varepsilon_{Impelidor}$) quanto do borbulhamento do gás ($\varepsilon_{Gás}$), conforme mostrado na Equação (22.1) (GODOY-SILVA; BERDUGO; CHALMERS, 2013):

$$\overline{\varepsilon}_T = \left(\overline{\varepsilon}\right)_{Impelidor} + \left(\overline{\varepsilon}\right)_{Gás} \tag{22.1}$$

em que $\overline{\varepsilon}_T$ é a taxa média de dissipação de energia (W.m^{-3}).

A parcela da taxa média de energia dissipada devido à introdução de gás no sistema pode ser descrita aproximadamente pela Equação (22.2):

$$\left(\overline{\varepsilon}\right)_{Gas} \approx V_s \cdot g \cdot \rho \tag{22.2}$$

em que V_s é a velocidade superficial do gás (m.s^{-1}); g é a aceleração da gravidade (9,81 m.s^{-2}); e ρ, a densidade do líquido (kg.m^{-3}).

A parcela da taxa média de energia dissipada devido à agitação promovida pelo impelidor é descrita pela Equação (22.3):

$$\left(\overline{\varepsilon}_T\right)_{Impelidor} = \frac{\left(Po\right)_g \cdot \rho \cdot N^3 \cdot \left(D_{Impelidor}\right)^5}{V_R} \tag{22.3}$$

em que $(Po)_g$ é o número de potência em condições aeradas; N é a frequência de rotação do impelidor (s^{-1}); $D_{Impelidor}$ é o diâmetro do impelidor (m); e V_R, o volume de meio no reator (m^3).

O número adimensional denominado número de potência em condições aeradas tem formulação indicada na Equação (22.4):

$$\left(Po\right)_g = \frac{P_g}{N^3 \cdot \left(D_{Impelidor}\right)^5 \cdot \rho} \tag{22.4}$$

na qual P_g refere-se à potência (W) em condições aeradas.

Como as vazões de gás em processos com células animais são usualmente baixas (0,001 a 0,05 vvm) o valor de $(Po)_g$ pode ser aproximado pelo número de potência não aerado (Po) (GODOY; BERDUGO; CHALMERS, 2013). Além disso, Po torna-se independente do número de Reynolds (Re) quando o escoamento é turbulento (Re > 10^4).

Apesar das condições brandas de agitação praticadas nos cultivos com células animais, o escoamento é predominantemente turbulento, visto que as propriedades do meio de cultura são similares às da água (NIENOW, 2015). Assim, em condições de escoamento turbulento, Po é constante e dependente apenas do tipo de impelidor, assumindo valores aproximados de 5 para impelidor do tipo pá plana (ou Rushton), de 1,7 para impelidores dos tipos *Paddle* ou *Pitched* e de 0,32 para hélice marinha (GODOY; BERDUGO; CHALMERS, 2013). Esses valores do número de potência permitem classificar o impelidor do tipo pá plana como de alto cisalhamento, resultando em valores mais elevados de taxa média de dissipação de energia, enquanto a hélice marinha é tida como um impelidor de baixo cisalhamento, com valores menores de $\bar{\varepsilon}_T$, desde que as demais condições sejam similares.

Essa classificação dos impelidores em elementos de baixo ou alto cisalhamento orientou durante muito tempo o projeto de biorreatores para células animais. No entanto, estudos mais recentes indicam que os valores típicos de taxa de dissipação de energia em biorreatores para células animais estão na faixa de 10 a 10^3 W.m^{-3}, enquanto a destruição das células animais só ocorre quando esse parâmetro alcança valores de 10^7 a 10^8 W.m^{-3} (CHALMERS; MA, 2015). Assim, independentemente da classificação atribuída ao impelidor, para esses novos estudos não há indícios de que estes possam causar morte celular por cisalhamento hidrodinâmico nas condições de operação praticadas na indústria. Entretanto, os valores de taxa de dissipação de energia normalmente aplicados em cultivos podem ocasionar danos subletais às células (alterações no metabolismo celular e na síntese ou na estrutura proteica), ou mesmo morte quando as células estiverem aderidas a algum tipo de suporte (CHAMBERS; MA, 2015).

Além da taxa de dissipação de energia, outro parâmetro utilizado para prever o efeito do estresse hidrodinâmico sobre as células é a dimensão do turbilhão na escala de Kolmogorov, λ_K, que pode ser calculada pela Equação (22.5):

$$\lambda_K = \left(\frac{\nu^3}{(\varepsilon_T)_{max}} \right)^{1/4} \tag{22.5}$$

em que ν é a viscosidade cinemática do meio e $(\varepsilon_T)_{Max}$ o valor máximo da taxa de dissipação de energia.

Vários autores propõem que o dano às células torna-se significativo quando o tamanho dos turbilhões formados pelo escoamento do fluido tem escala semelhante àquela das células ou dos suportes aos quais as células estão aderidas (CHAMBERS; MA, 2015; CHICO; RODRÍGUEZ; FIGUEREDO, 2008). Nessas condições, verificam-se velocidades relativas muito elevadas entre as células e o líquido que podem ocasionar danos permanentes à membrana celular.

Efeito da aspersão de gás sobre as células

A introdução contínua de ar ou de mistura de ar enriquecido com O_2 é uma das formas mais efetivas de transferir oxigênio para o meio de cultura. Isso pode acontecer na interface gás-líquido do reator, mediante borbulhamento do gás diretamente no meio de cultura ou por difusão do O_2 através de membranas cerâmicas ou de silicone, por exemplo. A introdução de bolhas no líquido é a forma mais eficaz para dissolver oxigênio e obter valores elevados de coeficiente volumétrico de transferência de O_2 ($K_L a$). Este será ainda maior se o borbulhamento for acompanhado pela agitação do meio por impelidores, pois nessa condição o diâmetro das bolhas é reduzido e as bolhas são mantidas no tanque por mais tempo, sendo que ambos os efeitos favorecem a transferência de O_2.

O borbulhamento de gás tem ainda uma outra vantagem muito clara para os processos com células animais, que é a remoção contínua do CO_2 gerado pela respiração, evitando o acúmulo desse composto no líquido em níveis tóxicos para as células (ABU-ABSI et al., 2014; OZTURK, 2014; PORTNER, 2015; NIENOW, 2015; CHICO; RODRÍGUEZ; FIGUEREDO, 2008).

Entretanto, a presença de bolhas implica também condições que podem ser prejudiciais para as células, seja porque as células tendem a aderir às bolhas, seja pela formação de espuma. Como a membrana celular é levemente hidrofóbica em cultura, as células tendem a aderir às bolhas (CHICO; RODRÍGUEZ; FIGUEREDO, 2008) e podem sofrer danos em diferentes zonas do biorreator: próximo à saída do aspersor quando as bolhas se formam; próximo aos impelidores, onde as bolhas podem ser fracionadas; durante a ascensão, quando pode ocorrer coalescência de bolhas; e na superfície, quando as bolhas se rompem (CHALMERS; MA, 2015). Certamente o estresse causado na ruptura das bolhas na superfície do líquido é o mais significativo deles, de 1 a 5 ordens de grandeza maior do que aquele decorrente do efeito hidrodinâmico do escoamento (NIENOW, 2015; CHALMERS; MA, 2015).

O mecanismo de ruptura das bolhas na superfície do líquido está representado na Figura 22.5. As células aderidas às bolhas são arrastadas até a superfície do líquido, onde estarão expostas aos efeitos gerados localmente pela ruptura das bolhas. Quando a bolha ultrapassa a superfície do líquido, o filme que a envolve se torna mais fino e finalmente se rompe. A ruptura causa grandes gradientes de velocidade na região e a tensão superficial empurra o filme líquido, afastando-o da abertura que se formou. A retração sofrida pelo filme líquido o direciona para a cavidade da bolha, culminando com uma colisão na parte mais baixa e a formação de jatos de líquido que são lançados em duas direções (CHISTI, 2000; CHALMERS; MA, 2015). Todo esse processo libera grande quantidade de energia que é absorvida pelas células, ocasionando, frequentemente, danos irreversíveis à membrana celular e a subsequente morte das células.

A intensidade do dano celular ocasionado pelas bolhas depende da linhagem celular e de sua sensibilidade, do diâmetro das bolhas, da quantidade de bolhas no sistema (vazão de gás), da frequência de agitação e da presença de substâncias protetoras no meio de cultura (PORTNER, 2015).

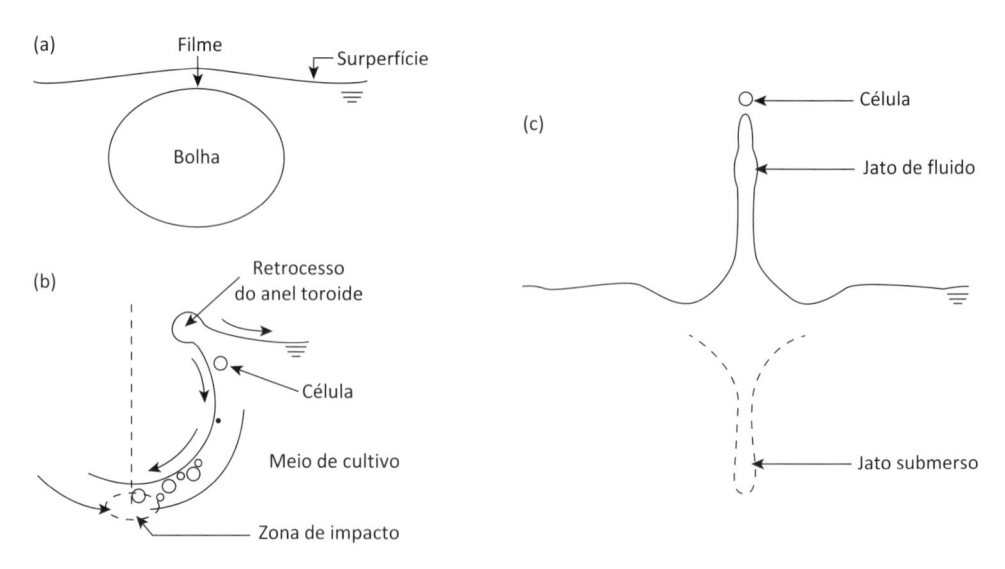

Figura 22.5   Etapas da ruptura de uma bolha. (a) A bolha atinge a superfície do líquido e ocorre a diminuição da espessura do filme líquido; (b) o filme líquido é drenado para a cavidade da bolha; e (c) o líquido é projetado em direções opostas, formando jatos.

Fonte: Chisti (2000).

Bolhas com diâmetro inferior a 2 mm são mais agressivas do que bolhas com maior dimensão (diâmetro > 10 mm) (CHISTI, 2000). Além de causar maior cisalhamento, bolhas menores promovem a formação de espuma, que é capaz de reter até dez vezes mais células do que o seio do líquido (CHALMERS; MA, 2015). As células retidas na espuma estão sujeitas ao escoamento do líquido entre as bolhas, que provoca tensões cisalhantes suficientemente elevadas para danificá-las.

Pelos motivos anteriores, o uso de bolhas pequenas deveria ser desencorajado em processos com células animais. Apesar de as lesões causadas pela ruptura de bolhas pequenas serem mais sérias, deve-se considerar que a transferência de oxigênio é tanto mais eficiente quanto menores forem as bolhas. Assim, para um mesmo coeficiente volumétrico de transferência de oxigênio, a vazão de gás pode ser até dez vezes menor em condições de microaspersão, em comparação com a aspersão de gás com bolhas maiores (OZTURK, 2014). Com o uso de vazões de gás menores, os efeitos adversos da ruptura das bolhas e da formação de espuma também são minimizados, tornando essa opção mais atraente.

A solução adotada com maior frequência para reduzir os efeitos deletérios do borbulhamento de gás é a adição de substâncias protetivas ao meio de cultura, como soro animal, polietileno glicol (PEG), álcool polivinílico (PVA), derivados de celulose, dextrana ou surfactantes (p. ex., Pluronic® F68). O uso de soro tem sido desestimulado nos últimos anos (ver seção 22.3), de modo que o surfactante Pluronic® F68, em concentrações na faixa de 0,3 a 3 g/L (CHISTI, 2000), é uma opção bastante frequente em bioprocessos com células animais. Nessas condições, as células não conseguem aderir às bolhas e o dano resultante da ruptura das bolhas na superfície do líquido é minimizado (NIENOW, 2015; CHALMERS; MA, 2015).

A adição de antiespumantes é outra alternativa interessante para evitar os efeitos deletérios resultantes do borbulhamento de gás, embora a nova tendência de uso de meios isentos de soro seja em si uma condição que resulta em menor formação de espuma, logo minimiza de forma significativa o problema.

Uma última estratégia para evitar os danos derivados do borbulhamento de gás é a introdução deste através de tubos ou membranas que permiteam a transferência de oxigênio sem a formação de bolhas (Figura 22.4) (OZTURK, 2014; AUNINS; HENZLER, 1993). Como visto anteriromente, essa estratégia se aplica a escalas de produção de até 500 L.

22.5.2.3 Biorreatores tipo *air lift*

Os biorreatores do tipo *air lift* têm sido utilizados em processos com células animais como alternativa aos tanques agitados, e sua configuração básica não difere daquela apresentada para microrganismos (ver Capítulo 7 "Análise de biorreatores", no volume 2 desta coleção). Embora esses reatores reduzam os efeitos de estresse hidrodinâmico sobre as células, uma vez que não há sistema de agitação envolvido, sua ampliação de escala ainda apresenta certa dificuldade, pois é preciso selecionar uma vazão de gás que garanta homogeneidade ao sistema sem incorrer em estresse crítico devido à ruptura de bolhas. A indústria tem feito uso do reator para a produção de anticorpos monoclonais para uso em diagnóstico, numa escala de até 10 mil litros (WARNOCK; AL-RUBEAI, 2006; WANG et al., 2005; PORTNER, 2015; FENGE; LÜLLAU, 2006).

22.5.2.4 Biorreatores com células imobilizadas

Nesse tipo de biorreator existe um compartimento no qual as células são retidas e que é permeado pelo meio de cultura. Essa estratégia permite que o processo seja conduzido em modo contínuo com reciclo, assegurando concentrações elevadas de células (10^7 a 10^8 cel.mL^{-1}) e, consequentemente, de produto de interesse. No caso particular de biorreatores com células animais, o confinamento das células reduz também os efeitos do estresse hidrodinâmico sobre estas, favorecendo o crescimento e a viabilidade celular (PORTNER, 2015). Quando se utilizam células animais dependentes de suporte, a imobilização não é apenas uma técnica de otimização do processo, mas uma condição *sine qua non* para que o crescimento ocorra (ver seção 22.5.3). Essa estratégia encontra aplicação tanto na indústria de manufatura de bioprodutos derivados de células, como na construção de orgãos artificiais e na produção de células para aplicação em terapia celular (MEUWLY et al., 2007; RODRIGUES et al., 2011; SERRA et al., 2012; WUNG et al., 2014; FENGE; LÜLLAU, 2006).

A seguir serão discutidos os métodos de imobilização para células não dependentes de suporte, e na seção 22.6.3 será vista uma forma alternativa de retenção de células que faz uso de equipamentos específicos.

Métodos de imobilização

Os mesmos princípios de imobilização usados com microrganismos (ver volume 2 desta coleção) podem se aplicados às células animais: adsorção (ou adesão) a superfícies sólidas; captura das células em matrizes porosas; agregação (ou floculação) e contenção por meio de barreiras (Figura 22.6) (MANOJLOVIC; BUGARSKI; NEDOVIC, 2013).

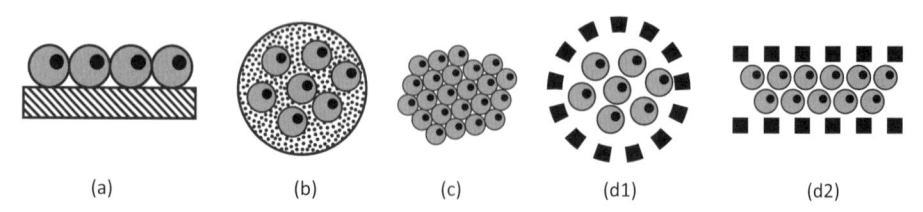

    (a)   (b)   (c)   (d1)   (d2)

Figura 22.6   Métodos de imobilização de células. (a) Adsorção sobre superfícies sólidas; (b) captura em matrizes porosas; (c) floculação (ou agregação); (d) contenção por barreira subdividida em (d1) micro-encapsulação e (d2) confinamento entre membranas.

Os métodos de adesão ou adsorção a superfícies se aplicam sobretudo às células dependentes de ancoragem e serão tratados na seção 22.5.3.

A captura de células nos interstícios de poros ocorre tanto em matrizes gelatino-sas, formadas *in situ*, como em matrizes pré-formadas (Figura 22.6b). As células penetram nos poros das matrizes rígidas, e o transporte de massa difusivo que ocorre nos canais que interligam esses poros garante o acesso a nutrientes e possibilita a remoção de produtos e metabólitos secundários (MANOJLOVIC; BUGARSKI; NEDOVIC, 2013). Para a formação de matrizes gelatinosas utilizam-se géis de polis-sacarídeos como alginato, agarose, sulfato de celulose, ou proteínas como colágeno e fibrina, dentre outros polímeros de origem biológica e mesmo sintética (FENGE; LÜLLAU, 2006; HUEBNER; BUCHHOLZ, 1999). Para a formação das partículas, as células são misturadas a soluções dos polímeros, que são posteriormente conforma-das em partículas e reticuladas, por exemplo, no caso do alginato, por suspensão em solução rica em Ca^{+2} (ULUDAG; DE VOS; TRESCO, 2000). Por essa técnica formam--se partículas com diâmetros de 0,5 a 1 mm (FENGE; LÜLLAU, 2006), que podem ser utilizadas em suspensão em biorreatores do tipo tanque agitado ou leito fluidizado. As condições suaves de preparo das partículas, a biocompatibiliade das matérias-pri-mas empregadas e o acesso adequado aos nutrientes asseguram boa viabilidade e as células conseguem colonizar os interstícios das matrizes, atingindo concentrações de 10^6 a 10^7 cel.mL^{-1}. Entretanto, essas partículas têm estabilidade mecânica limitada em condições de compressão ou estresse hidrodinâmico e são suscetíveis a vazamento de células dos canais. O uso de compósitos (por exemplo, alginato – PEG) busca minimi-zar tais deficiências (FENGE; LÜLLAU, 2006).

O uso de matrizes porosas pré-formadas contorna problemas observados nas ma-trizes gelatinosas referentes à estabilidade mecânica e difusão de nutrientes para o interior dos carregadores. Essas partículas possuem maior relação superfície-volume, o que permite atingir concentrações celulares da ordem de 10^7 a 10^8 cel.mL^{-1}, e são apropriadas para os cultivos tanto de células que necessitam de ancoragem como para células não dependentes de suporte (PORTNER et al., 2007). Vários materiais são utilizados para a confecção dos carregadores macroporosos: vidro, celulose, colágeno, polipropileno, poliuretano e cerâmica (MEUWLY et al., 2007; FENGE; LÜLLAU, 2006). Essas partículas têm diâmetro de 0,6 a 5 mm e podem ser empregadas em cultivos em suspensão (tanque agitado e leito fluidizado), no caso de partículas com diâmetro inferior a 1 mm, e em reatores tipo leito empacotado, para partículas com diâmetro superior a 1 mm. Apesar das melhorias alcançadas com esses carregadores, persistem a limitação de transporte de massa e a perda de células pelos poros.

Nos processos de floculação ou autoagregação as células formam grandes grumos que sedimentam sob ação da gravidade (ver Figura 22.6c). A habilidade de aglomerar pode acontecer naturalmente, o que é mais frequente em células dependentes de suporte, mas pode também ser o resultado de ligações induzidas, normalmente por substâncias de carga polivalente (MANOJLOVIC; BUGARSKI; NEDOVIC, 2013). Esse é o processo mais simples de imobilização e tipicamente resulta em agregados com diâmetro de 90 a 400 μm, com efeitos necróticos mínimos no centro do *pellet*. O método foi testado na produção de vacinas (SILVA et al., 2015) e mais recentemente vem alcançando bons resultados na expansão e criopreservação de células-tronco (RODRIGUES et al., 2011; SERRA et al., 2012), ou mimetizando tecidos *in vitro* (SILVA et al., 2015).

Pela estratégia de contenção das células mediante o uso de barreiras físicas (ver Figuras 22.6d1 e 22.6d2), controla-se a transferência de massa por meio de membranas, minimizando-se a perda de células e melhorando a difusão de moléculas pequenas através do sistema. A contenção pode ocorrer no espaço entre membranas sobrepostas, ou no interior de microcápsulas (partícula com um núcleo sólido ou fluido circundado por um filme semipermeável) (MANOJLOVIC; BUGARSKI; NEDOVIC, 2013; ULUDAG; DE VOS; TRESCO, 2000).

Para o microencapsulamento, prepara-se uma partícula gelatinosa, como descrito anteriormente, e recobre-se esta com um polímero, em geral poli-L-lisina, que formará a membrana semipermeável. A matriz gelatinosa pode ainda ser liquefeita, o que no caso de alginato de cálcio significa um tratamento com citrato de sódio, resultando em um carregador com núcleo fluido. As microcápsulas geradas nesse processo têm diâmetro de 0,1 a 1 mm e podem ser empregadas em reatores do tipo tanque agitado ou leito fluidizado, atingindo concentrações celulares da ordem de 10^6 a 10^8 cel.mL^{-1} (SERRA et al., 2011). A fragilidade desse tipo de partícula limita seu uso em larga escala para fabricação de biomoléculas, de modo que, no presente momento, os esforços de pesquisa têm focado na sua utilização para a expansão e criopreservação de células-tronco visando a aplicações em terapia celular (SERRA et al., 2012; RODRIGUES et al., 2011).

Por fim, o método de confinamento entre membranas (Figura 22.6d2) é bem representado pelo reator do tipo fibra oca (*hollow fiber*), que foi introduzido na seção 22.5.2.1, em conjunto com outros sistemas de cultivo laboratorial (Figura 22.2g). Maiores detalhes sobre suas características e funcionalidades serão apresentadas em seguida, à medida que se discutem os biorreatores especificamente projetados para operar com células imobilizadas.

Todos os biorreatores utilizados com células imobilizadas – leito empacotado, leito fluidizado e fibra oca – descritos a seguir são operados em modo contínuo com reciclo (perfusão), portanto o leitor deve consultar também a seção 22.6.3 para obter informações complementares.

Biorreatores de leito empacotado (ou de leito fixo)

Os biorreatores denominados leito empacotado ou leito fixo são colunas preenchidas com macrocarregadores porosos (diâmetro de 1 a 5 mm), nos quais as células foram imobilizadas (PORTNER et al., 2007; MEUWLY et al., 2007; WARNOCK; AL-RUBEAI, 2006; PORTNER, 2015). O sistema é factível tanto para células aderentes como células não dependentes de suporte. Os processos que utilizam esses sistemas operam em modo contínuo, com o meio de cultura sendo bombeado constantemente através da coluna a fim de fornecer nutrientes às células e remover metabólitos tóxicos e o produto do ambiente. O reservatório de meio pode ser externo ou interno em relação ao leito de partículas, o que determinará que o fluxo de líquido através dos suportes seja axial (na direção do eixo central da coluna) ou radial, respectivamente.

A operação em modo perfusão e o fato de que as células estão protegidas do estresse da agitação e do borbulhamento de ar resultam em altas densidades celulares (1 a 5.10^8 cel.mL^{-1}). Apesar do bom desempenho desses biorreatores em escala laboratorial, há poucos relatos na literatura de tanques com volumes superiores a 5 L e as escalas comerciais não ultrapassam os 30 L (MEUWLY et al., 2007). A principal limitação do sistema está na formação de gradientes de oxigênio ao longo da coluna, o que limita as dimensões do tanque a cerca de 30 cm de altura e 2 m de diâmetro. Outros aspectos relevantes são a dificuldade de quantificar a concentração celular e o acúmulo de biomassa, que pode obstruir ou dificultar a circulação do meio de cultura através do leito empacotado.

O sistema foi testado para a produção de anticorpos monoclonais e γ-interferon, entre outras proteínas, mas pode ser também utilizado para a expansão de células--tronco para transplantes (PORTNER et al., 2007; MEUWLY et al., 2007).

Biorreatores de leito fluidizado

Nos biorreatores de leito fluidizado, os carregadores com as células imobilizadas ou os agregados celulares são mantidos em suspensão pelo escoamento ascendente do meio de cultura. As partículas devem ter diâmetros na faixa de 0,6 a 1 mm e esse tipo de sistema é utilizado tanto para células não dependentes de suporte como para células aderentes, como as cultivadas em microcarregadores (ver seção 22.5.3.2) (WARNOCK; AL-RUBEAI, 2006).

A maioria dos estudos com esse sistema foi realizada em escala de bancada, nos quais se verificou bom desempenho em termos de produtividade, decorrente das elevadas concentrações celulares (até 2.10^8 cel.mL^{-1}). Embora sistemas comerciais estejam disponíveis para escala de até 400 L, no momento não existem produtos licenciados com essa tecnologia (WARNOCK; AL-RUBEAI, 2006). Um ponto crítico desse tipo de biorreator é o gradiente de oxigênio, verificado desde o fundo até o topo da coluna.

Biorreatores de fibra oca

Os biorreatores de fibra oca (*hollow fiber bioreactors*), já mencionados na seção 22.5.2.1 (Figura 22.2g e Tabela 22.3), resultam de desenvolvimentos da década de 1970 e podem ser considerados a primeira geração de biorreatores descartáveis (BRECHT, 2009; JAIN; KUMAR, 2008). Nesse tipo de reator, milhares de capilares (fibras ocas) são acondicionadas em uma carcaça cilíndrica de plástico (cartucho) que tipicamente tem diâmetro de 3,2 a 9 cm e comprimento de 6 a 30 cm (WARNOCK; AL-RUBEAI, 2006; PALOMARES; RAMIREZ, 2013). As células são acondicionadas no espaço extracapilar, e a circulação contínua do meio de cultura se dá através dos capilares, que têm diâmetro interno na faixa de 40 a 200 µm (Figura 22.7).

Os tubos são fabricados com material polimérico (acetato de celulose, polipropileno ou polisulfona), com diâmetro de poro de 0,3 a 300 KDa, o que permite o transporte de nutrientes e oxigênio dissolvido desde a corrente líquida até o compartimento que retém as células. Ao mesmo tempo, essas membranas semipermeáveis garantem a diálise constante dos subprodutos tóxicos resultantes do metabolismo celular.

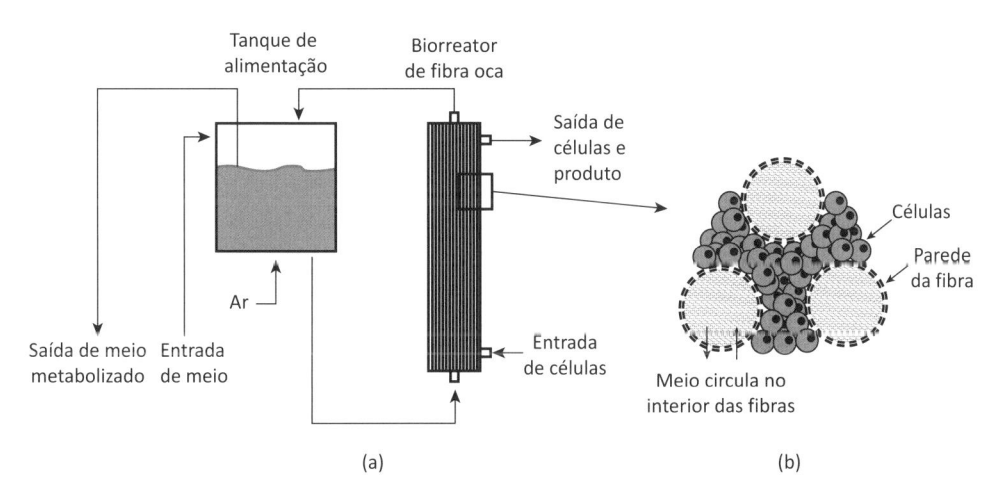

Figura 22.7 Biorreatores de fibra oca. (a) Esquema de circulação; (b) corte transversal do cartucho indicando as fibras ocas e as células depositadas no espaço extracapilar.

A operação em modo contínuo, a capacidade de remover metabólitos tóxicos do espaço intracapilar, a ausência de estresse hidrodinâmico (visto que as células estão acondicionadas em compartimento isolado), a elevada área de troca dos cartuchos – 0,3 a 1,2 m^2 (CADWELL, 2004) – e o volume reduzido do espaço extracapilar (até 110 mL) (BRECHT, 2009) possibilitam atingir concentrações muito elevadas de células (1.10^8 a 1.10^9 cel.mL^{-1}), densidades similares às encontradas *in vivo* (BRECHT, 2009; JAIN; KUMAR, 2008). Essa condição favorece a adaptação das células a meios isentos de soro fetal, uma grande vantagem nas etapas de purificação. Mediante seleção apropriada da porosidade das fibras pode-se reter no espaço extracapilar a biomolécula de interesse, possibilitando o acúmulo de concentrações igualmente elevadas de produto (0,5 a 5 g/L), o que também reduz os custos das etapas subsequentes de purificação (CADWELL, 2004). Embora o biorreator seja operado em modo contínuo com relação à alimentação de nutrientes, a coleta de produto do espaço extracapilar ocorre em geral de forma intermitente.

A ampliação de escala desse sistema tem como problema central limitações de transporte e a formação de gradientes de pressão ao longo das fibras, implicando gradientes nas concentrações de nutrientes, de oxigênio e de células (no espaço extracapilar) entre a entrada e a saída do reator (CADWELL, 2004). A segunda geração desses equipamentos introduziu câmaras de expansão nas correntes de circulação de meio para controlar a pressão transmembrana. Ainda assim, o comprimento dos cartuchos não deve exceder 30 cm e a ampliação de escala se dá por multiplicação do número de unidades. As maiores unidades operam com vinte cartuchos em paralelo, totalizando um volume de cultura de cerca de 2,5 L (BRECHT, 2009).

Em decorrência dessas limitações no escalonamento, esses biorreatores só se aplicam à produção de anticorpos monoclonais com demandas anuais da ordem de poucos quilogramas, com é o caso daqueles empregados em diagnóstico ou para fins acadêmicos (BRECHT, 2009). Nos últimos anos, esse tipo de sistema tem alcançado enorme êxito em aplicações nas áreas de terapia celular, tanto para expansão de células-tronco como na fabricação de orgãos artificiais (WUNG et al., 2014). Mais recentemente, os biorreatores de fibra oca foram propostos como plataforma para a produção de vacinas virais, como a influenza A (SILVA et al., 2015).

22.5.3 SISTEMAS DE CULTIVO PARA CÉLULAS DEPENDENTES DE SUPORTE

22.5.3.1 Sistemas para cultivo em pequena escala

A Figura 22.8 resume os principais aparatos para cultivo de células dependentes de suporte, em escala de laboratório, sendo que tais aparatos podem ser utilizados também para o crescimento de células que não têm essa demanda por um suporte (FRESHNEY, 2016). Exceto pelo frasco Roller, que necessita de um aparato especial para mantê-lo em rotação, todos os demais são sistemas estáticos.

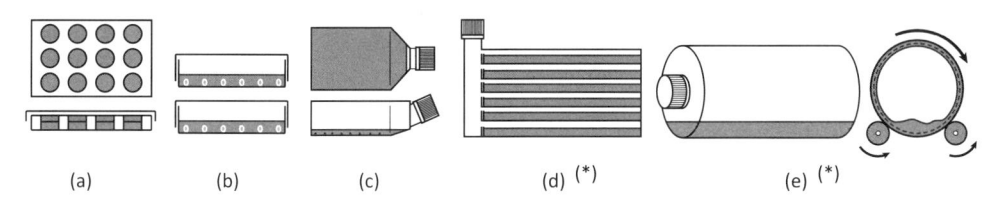

(a) (b) (c) (d) (*) (e) (*)

Figura 22.8   Sistemas de pequena escala para cultivo de células animais dependentes de suporte. (a) Placa de poços; (b) placa de Petri; (c) frasco T; (d) frasco com múltiplas bandejas; (e) frasco Roller.

(*) Sistemas usados também para produção em escala industrial.

Fonte: Fresheny (2016); Chico, Rodríguez e Figueredo (2008).

O crescimento típico sobre suportes é da ordem de 1.10^5 cel.cm^{-2} (FENGE; LÜLLAU, 2006) e, em geral, a limitação do crescimento decorre da carência de superfície, pois a maioria das células se propaga em monocamada. Assim, os desenvolvimentos de sistemas para células aderentes visaram prover áreas cada vez maiores, como se pode notar na Tabela 22.4. As placas de poços e os frascos tipo T são artefatos usados apenas em escala de laboratório. Entretanto, os frascos com múltiplas bandejas e o tipo Roller são também empregados na escala industrial, como é o caso da manufatura de vacinas veterinárias e humanas. Além da maior disponibilidade de área, os frascos com múltiplas bandejas têm também a vantagem de reduzir o espaço ocupado pelo cultivo no laboratório ou na planta industrial.

Tabela 22.4   Principais características dos sistemas empregados no cultivo de células dependentes de suporte em pequena escala. Os valores indicados são típicos para cada sistema e dependem do fabricante

Sistema	Área (cm²)	Volume útil
Placa de poços	0,3 a 10	0,1 a 3 mL
Placa de Petri	8 a 500	2 a 150 mL
Frasco T	10 a 225	2 a 75 mL
Frasco com múltiplas bandejas[1]	500 a 60.000	125 mL a 13 L
Frasco Roller[1]	490 a 1.725	100 a 525 mL

[1] Sistema usado também para produção industrial.

Fonte: Freshney (2016); GE Healthcare (2016); Corning Life Sciences (2012).

Esses sistemas são tipicamente operados em descontínuo e não permitem o controle de variáveis críticas do cultivo, exceto para o caso do sistema com múltiplas bandejas denominado CellCube™ (Corning Life Sciences). Esse sistema tem as maiores áreas de cultivo por unidade de produção e permite a circulação de meio de cultura entre as bandejas (AUNINS et al., 2003), possibilitando assim sua operação em modo perfusão (contínuo com reciclo de células).

Os primeiros frascos para cultivo de células aderentes (frascos Roux e Roller) eram fabricados em vidro. Atualmente, todos os sistemas da Figura 22.8 são produzidos em plástico não tóxico (poliestireno ou polipropileno), tratado ou não para maximizar a adesão celular, descartáveis e comercializados estéreis.

22.5.3.2 Microcarregadores

O conceito de culturas com microcarregadores compreende a proliferação das células sobre pequenas partículas, ditas microcarregadores, e sua suspensão no líquido mediante agitação. As células aderem ao substrato sólido e crescem, gradualmente, até atingirem confluência total (FENGE; LÜLLAU, 2006).

Vários materiais têm sido utilizados na manufatura dessas partículas (ver Tabela 22.5), de forma a garantir as seguintes características a elas (SHARFSTEIN; KAISERMAYER, 2013):

a) Diâmetro: 100 a 400 μm, com distribuição estreita de tamanhos (± 25 μm) para garantir homogeneidade da cultura (as células tendem a aderir preferencialmente às partículas de menor tamanho).

b) Densidade: 1,02 a 1,05 g.cm^{-3}, para facilitar a manutenção das partículas em suspensão mediante aplicação de baixas frequências de agitação (40 a 150 rpm).

c) Densidade de carga superficial: pode ser positiva ou negativa, mas não deve ser muito baixa pelo risco de dificultar a aderência, nem muito elevada pois pode inibir o crescimento; a carga deve, ainda, estar uniformemente distribuída por toda a superfície, a fim de não proporcionar crescimento diferenciado.

d) Transparência: para permitir observação ao microscópio.

Na Tabela 22.5 são listados os principais tipos de microcarregadores disponíveis comercialmente, classificados segundo a sua porosidade, enquanto na Figura 22.9 estão exemplificadas partículas microporosas e macroporosas. A escolha de um determinado tipo de material é função das características das células a serem cultivadas e das necessidades particulares do processo (GE HEALTHCARE, 2005). Para linhagens celulares robustas, tem-se utilizado, com sucesso, microcarregadores de dextrana, inclusive na produção industrial (p. ex., vacinas virais e interferon). No caso de células mais frágeis, microcarregadores de gelatina ou microcarregadores macroporosos parecem ser os mais indicados (SHARFSTEIN; KAISERMAYER, 2013).

Os processos com microcarregadores, além de apresentarem apropriada relação superfície/volume (aproximadamente 1,32.10^4 cm^2.L^{-1} para Cytodex 1, que tem 4.400 cm^2 por grama e normalmente é utilizado em uma concentração de partículas de 3 g.L^{-1}), requerem biorreatores mais simples (tanque agitado ou *air lift*), normalmente operando em processo contínuo com reciclo total de células (GE HEALTHCARE, 2005).

Dessa forma, tem-se um sistema homogêneo e observável, ao qual se pode aplicar, com alguma facilidade, técnicas clássicas e otimizadas de controle de processo.

Tabela 22.5 Microcarregadores disponíveis comercialmente

Nome	Fabricante	Material	Diâmetro (μm)
Microcarregador não poroso			
Nunc 2D Microhex	Thermo Fischer Scientífic	Poliestireno	L:125 x H:25(*)
HyQ Sphere	Hyclone/ Thermo Fischer Scientific	Poliestireno reticulado; recoberto por colágeno; carregado com cátions	125-212 / 160-180
Collagem	SoloHill Engineering	Poliestireno reticulado; recoberto por colágeno	90-150 / 125-212
Plastic Plus	SoloHill Engineering	Poliestireno reticulado; carregado com cátions	90-150 / 125-212
FACT III	SoloHill Engineering	Poliestireno reticulado; recoberto por colágeno; carregado com cátions	90-150 / 125-212
Microcarregador microporoso			
Hillex II	SoloHill Engineering	Poliestireno modificado;	160-200
Cytodex 1	GE Healthcare	Dextrana reticulada; matriz carregada	131-220
Cytodex 3	GE Healthcare	Dextrana reticulada; matriz carregada	131-220
Microcarregador macroporoso			
Cytoline 1 e Cytoline 2	GE Healthcare	Polietileno e silica; diâmetro de poro 10-400 μm	L:1700-2500 / H:400-1100 (*)
Cytopore 1 e Cytopore 2	GE Healthcare	DEAE - celulose: diâmetro de poro médio = 30 μm	200-270
Cultispher G Cultispher S	Percell Biolytica AB	Gelatina suína reticulada	170-270

(*) Sistemas 2D, L-largura e H-altura.

Fonte: adaptada de Silva et al. (2015).

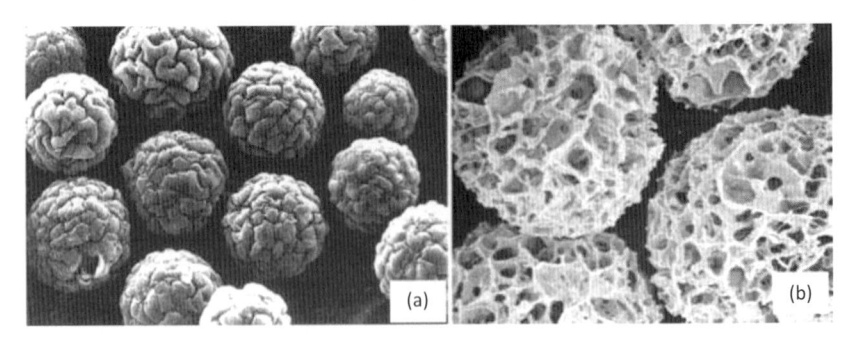

Figura 22.9 Microscopia eletrônica de varredura de microcarregadores. (a) Microcarregador sólido tipo Cytodex recoberto por células de músculo esquelético de embrião de galinha; (b) Microcarregador macroporoso Cytopore.

Fonte: GE Healthcare (2005), com permissão da GE.

A produtividade com microcarregadores é semelhante à que se obtém com sistemas capilares (fibra oca, por exemplo) e seu custo de produção é muito inferior ao desses biorreatores. A ampliação de escala é também uma questão de fácil solução, desde que se respeite o efeito do cisalhamento, mais crítico nesse sistema do que naqueles com células livres (ver seção 22.5.2.2).

Os microcarregadores são rotineiramente utilizados para a produção de vacinas virais e proteínas recombinantes. Uma unidade de 6 mil litros é descrita para a produção de vacinas contra Influenza utilizando células Vero (FENGE; LÜLLAU, 2006; SHARFSTEIN; KAISERMAYER, 2013). Esse sistema vem sendo testado para o cultivo de células-tronco, com bons resultados para diferentes microcarregadores (RODRIGUES et al., 2011; SERRA et al., 2011; SERRA et al., 2012).

22.5.4 BIORREATORES DESCARTÁVEIS

O conceito de sistemas descartáveis envolve o uso de frascos fabricados em material plástico (polietileno, policarbonato, poliestireno etc.), de preferência aprovado pelas agências de regulação (FDA, EMA – *European Medicines Agency*, Anvisa etc.), que são fornecidos já esterilizados, com todas as conexões necessárias. São empregados uma única vez, sendo descontaminados ao final do cultivo e posteriormente descartados (LÖFFELHOLZ et al., 2014). Os primeiros exemplos desse tipo de sistemas são aqueles usados em escala laboratorial, como os frascos T, tubos cônicos, frascos Roller, frascos de múltiplas bandejas e os reatores de fibras ocas (ver Figuras 22.2 e 22.8). Como já mencionado, alguns desses sistemas se destacaram também nas escalas de produção industrial (frascos Roller e de múltiplas bandejas e os reatores de fibra oca).

Nos últimos dez anos, entretanto, houve uma mudança drástica no setor industrial, com a adoção de biorreatores descartáveis nas linhas de produção em larga escala. A substituição dos sistemas tradicionais – reatores em aço inoxidável – por reatores de plástico visa reduzir os custos de produção. Com reatores descartáveis é possível aumentar a produtividade dos sistemas, visto que os tempos mortos destinados à limpeza, esterilização e manutenção dos tanques de reação podem ser eliminados. Há também a redução de custos pela dispensa em validar os biorreatores, visto que estes já são pré-validados pelos fornecedores. Finalmente, os sistemas descartáveis flexibilizam as operações, algo de grande interesse em plantas de produção multipropósitos: há facilidade de substituição de linhas de produção, com mínimo risco de contaminação cruzada. O menor tempo de desenvolvimento dos processos e a maior rapidez de colocação dos produtos no mercado são outras vantagens desses sistemas descartáveis (LÖFFELHOLZ et al., 2014; BRECHT, 2009).

Contudo, os sistemas descartáveis têm ainda custo elevado, a ampliação de escala é relativamente difícil (p. ex., para reatores de ondas, que atingem a capacidade máxima de 500 L) dada a fragilidade desse tipo de unidade produtiva e é preciso desenvolver e validar os fornecedores para os materiais plásticos (BRECHT, 2009).

O desenvolvimento de reatores do tipo tanque agitado descartáveis permitiu extrapolar com maior facilidade o conhecimento previamente existente para os tanques tipo agitado convencionais. A indústria já opera com reatores tipo tanque agitado descartáveis em escalas de até 2 mil litros (EIBL et al., 2010). Exemplos de fornecedores desses tipos de dispositivos são: Sartorius Stedim, Merck Millipore, Eppendorf, GE Healthcare, Thermo Fisher Scientific, Applikon Biotechnology, Lonza e Bayer Technology Service, dentre outros.

22.6 MODOS DE OPERAÇÃO

Processos de cultivo de células animais podem ser conduzidos de forma semelhante àqueles empregados nos processos microbianos: em descontínuo, em descontínuo alimentado, em contínuo e em contínuo com reciclo. O modo de operação selecionado determinará não apenas a concentração final de produtos e a produtividade do sistema, mas também a qualidade desses produtos, visto que o ambiente no qual a célula é cultivada tem relação direta com os padrões de glicosilação das proteínas expressas (SPEARMAN; BUTLER, 2015).

Nesta seção, serão apresentados os aspectos estritamente relacionados aos processos com células animais, e espera-se que o leitor consulte o Capítulo 7 "Análise de biorreatores", no volume 2 desta coleção, para maior compreensão dos conceitos e do equacionamento desses modos de operação.

22.6.1 MODO DESCONTÍNUO

O modo de operação em descontínuo caracteriza-se pelo fornecimento de todos os nutrientes no instante inicial do processo. O perfil de crescimento típico apresentará as fases de crescimento tradicionais (lag, adaptação, exponencial, desaceleração, estacionário e declínio), semelhante ao que se observa com microrganismos. Normalmente, o fim das fases de crescimento exponencial e de desaceleração decorre de limitações em nutrientes, em geral glicose e/ou glutamina, ou de inibições por sub-produtos do metabolismo celular, sendo lactato e amônio os principais exemplos (ABU-ABSI et al., 2014), podendo também decorrer de limitação de área livre no suporte para o caso de células aderentes.

Dada a simplicidade de execução e o tempo de cultivo relativamente curto (4 a 6 dias), o modo descontínuo é a forma mais empregada em estudos laboratoriais, que visam elucidar a fisiologia e o metabolismo celular em diferentes ambientes reacionais. Em escala industrial, esse modo de operação é normalmente empregado nas etapas iniciais de preparo de inóculo ou em processos mais simples, como na produção de vacinas veterinárias. Entretanto, as baixas concentrações celulares obtidas – tipicamente 1 a 3.10^6 cel.mL^{-1}, podendo atingir até 10.10^6 cel.mL^{-1} com células e meio otimizados – não o tornam atrativo para a manufatura de produtos comerciais de elevada pureza, como os biofármacos.

Essas baixas concentrações celulares implicam em concentrações finais de produtos inferiores a 1 g.L^{-1}, o que implica baixos valores de produtividade em produto (até 10 pg.cel^{-1}.dia^{-1}) e custos elevados de purificação. Este último aspecto é um dos pontos mais críticos na indústria de biofármacos, podendo responder por 50% a 70% do custo de produção (MORAES; CASTILHO; BUENO, 2008). Dessa forma, a indústria tem optado por processos que resultam em altas densidades celulares, como os conduzidos em descontínuo alimentado ou em perfusão (contínuo com reciclo) (ABU-ABSI, 2014; WLASCHIN; HU, 2006).

22.6.2 MODO DESCONTÍNUO ALIMENTADO

A operação descontínua alimentada pressupõe adições de substrato ao longo do cultivo como forma de superar as limitações nutricionais e/ou controlar a síntese de subprodutos tóxicos usuais no modo descontínuo. Dessa forma, amplia-se o tempo de crescimento, atingem-se densidades celulares maiores, bem como maior expressão de produtos.

Existem diferentes formas de proceder à alimentação do sistema. Pode-se introduzir o nutriente no sistema, de forma intermitente, quando sua concentração se torna muito reduzida, evitando assim a limitação do metabolismo energético e, consequentemente, prologando o crescimento celular. Por essa forma de operar, evita-se a limitação nutricional, mas não a formação de subproduto inibidor (sP), cujo acúmulo no sistema poderá causar a inibição do crescimento e sua interrupção. Outra opção é a alimentação contínua do sistema até que se atinja um limite de capacidade volumétrica predefinido, resultando em variação do volume do reator ao longo da corrida. O controle da concentração de substrato em níveis baixos durante todo o cultivo implica em fluxos de substrato baixos na via glicolítica, evitando condições de excesso de substrato e, consequentemente, reduzindo a síntese de subprodutos (p. ex., amônia e lactato). Conduzindo-se o processo dessa maneira, evitam-se os efeitos adversos tanto da limitação nutricional, quanto da inibição por componentes tóxicos (WLASCHIN; HU, 2006; ABU-ABSI et al., 2014).

No modo descontínuo alimentado atingem-se valores bastante elevados de concentrações celular (1 a 10.10^7 cel.mL^{-1}) e de produtos (p. ex., até 5 g.L^{-1}, para anticorpos monoclonais), bem como elevada produtividade específica (35 pg.cel^{-1}.dia^{-1}) (WALTHER et al., 2015; PORTNER, 2015). Em geral, os cultivos se estendem por aproximadamente 10 dias, e o bom desempenho dessa estratégia de condução, associado à sua simplicidade de execução, faz do descontínuo alimentado o principal modo de operação na indústria de biofármacos, que o utiliza em diferentes tipos de reator, com volumes de até 10 mil litros (WALTHER et al. 2015; ABU-ABSI et al., 2014).

22.6.3 MODO CONTÍNUO

No modo contínuo, meio fresco é continuamente alimentado no reator e igual quantidade de meio metabolizado é removida, assegurando volume constante no reator. Dessa forma, estabelecem-se estados estacionários (valores constantes) para as concentrações de todas as espécies no interior do reator (células, substratos, produtos e subprodutos) para taxas de diluição (relação vazão/volume) inferiores à máxima velocidade específica de crescimento. As concentrações celulares e de produto típicas desse modo de operação são baixas, logo, de pouco interesse para a indústria. Entretanto, essa é uma ferramenta importante para estudos cinéticos e de fisiologia celular.

O uso de sistemas para a retenção celular no biorreator permite operá-lo em um modo contínuo alternativo, conhecido como perfusão ou contínuo com reciclo, no qual as concentrações celulares alcançadas são elevadíssimas (até 1.10^8 cel.mL^{-1}), assim como as concentrações de produtos (cerca de 2 g.L^{-1}) e a produtividade específica (35 pg.cel^{-1}.dia^{-1}) (WALTHER et al., 2015; ZHANG et al., 2015). O método tem sido aplicado para a produção de fatores de coagulação, enzimas e anticorpos monoclonais, em unidades industriais cujos volumes variam de 75 L a 4 mil litros (POLLOCK; HO; FARID, 2013).

Os valores de produtividade volumétrica para esse tipo de processo são equiparáveis àqueles apresentados para o modo descontínuo alimentado, mas é possível destacar outras vantagens do modo em perfusão: a) o processo pode ser conduzido por tempos muito mais longos (da ordem de 60 dias), o que eleva sua produtividade global; e b) a manutenção de concentrações contantes e otimizadas de substratos e subprodutos assegura qualidade uniforme aos produtos gerados. Entretanto, as concentrações finais de produto tendem a ser menores em perfusão, quando comparadas ao modo descontínuo alimentado, o que eleva os custos da etapa de purificação. Konstantinov et al. (2006) compararam esses dois modos de operação e propuseram a redução da taxa de diluição do modo perfusão como estratégia para elevar a concentração de produto e otimizar o processo.

A retenção celular requerida para a operação em perfusão pode ser obtida, no caso de células dependentes de suporte, pela imobilização das células em microcarregadores (ver seção 22.5.3.2) ou pela captura em matrizes porosas. Para células que crescem livremente (ver seção 22.5.2.4), a retenção pode ser mediada pela agregação celular, ou por contenção das células entre barreiras, havendo também a possibilidade de uso de equipamentos específicos que garantem a permanência das células no interior do biorreator. Os equipamentos de retenção aplicados aos processos com células animais foram revisados por Castilho e Medronho (2002) e baseiam-se em diferentes tecnologias de separação sólido-líquido: a) por tamanho das partículas, como no caso da filtração (convencional ou tangencial); e b) por densidade das partículas, como nos métodos que fazem uso de sedimentadores, centrífugas ou hidrociclones. As técnicas mais empregadas pela indústria são os sedimentadores, os *spin-filters* (filtros cilíndricos montados sobre eixos que promovem a rotação de uma tela filtrante) e o sistema ATF (*alternating tangential filter*) (POLLOCK; HO; FARID, 2013).

22.6.3.1 Operação em perfusão e integração com processos de recuperação e purificação dos bioprodutos

Conforme já mencionado, atualmente uma fração significativa das plantas industriais nas quais se realiza o cultivo de células animais baseia-se em sistemas que operam em batelada ou batelada alimentada, com múltiplos reatores de aço inoxidável de até 20 mil litros de capacidade e grandes colunas cromatográficas, de cerca de 500 L, para as etapas de purificação dos bioprodutos (uma abrangente revisão dos métodos de recuperação e purificação de biofármacos e de outras categorias de biomoléculas é apresentada por Moraes, Castilho e Bueno, 2008, e também está disponível no Capítulo 20 desta obra).

Como a taxa de utilização dos principais equipamentos empregados no cultivo e nas operações de purificação é geralmente bem distinta (alta para os biorreatores e baixa para as colunas cromatográficas), não é incomum industrialmente o uso concomitante de vários biorreatores operando em batelada, mas de forma dessincronizada (escalonada) (PETRIDES, 2015). Com isso, pode-se prover de forma mais frequente (ou mais contínua) o meio reacional a ser processado na etapa de purificação, mas não se tem ganho em termos da qualidade do produto, já que pode ocorrer variação em composição e estabilidade entre diferentes lotes processados nos biorreatores. Essa e outras limitações podem ser contornadas pelo uso da operação em perfusão, que possibilita alimentar as etapas de recuperação e purificação mais diretamente, evitando-se elevados tempos de armazenamento em tanques intermediários.

A adoção de processos em perfusão em plantas industriais envolvendo o cultivo de células animais é relativamente recente e envolve não só a análise de demandas tecnológicas e de procedimentos específicos, mas também a discussão detalhada por parte de agências regulatórias como a norte-americana Food and Drug Administration (FDA), a europeia *European Medicines Agency* (EMA) e a brasileira Agência Nacional de Vigilância Sanitária (Anvisa).

Em função da atratividade dos processos contínuos, ao longo da última década investimentos superiores a 1 bilhão de dólares foram feitos na busca de estratégias de adoção deste modo de operação na indústria farmacêutica. De fato, o número de empresas operando biorreatores em modo de perfusão já é significativo, havendo registro de, pelo menos, doze biofármacos fabricados em perfusão, incluindo, por exemplo, o fator VIII, além de enzimas e anticorpos monoclonais diversos (POLLOCK; HO; FARID, 2013). Empresas como Bayer, Genzyme, Janssen, Merck-Serono, Novartis, Pfizer, Biomarin e Shire já adotaram essa configuração de processo (KONSTANTINOV; COONEY, 2015).

Entretanto, observa-se ainda grande setorização nas operações industriais quanto ao modo de operação nas indústrias do ramo de biofármacos. Por exemplo, proteínas pouco estáveis, como enzimas, fatores de coagulação e fatores de crescimento, são geralmente obtidos em sistemas híbridos, em biorreatores operando em perfusão, enquanto a recuperação e purificação dessa categoria de bioprodutos é realizada em batelada, conforme esquematizado na Figura 22.10.

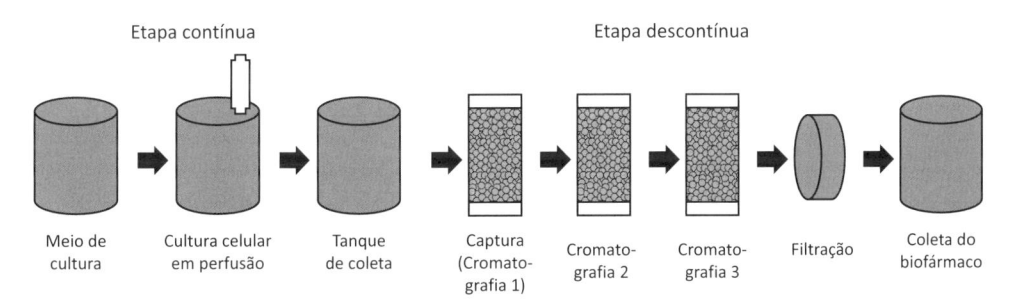

Figura 22.10 Representação esquemática das principais etapas dos processos híbridos utilizados na produção de biofármacos pouco estáveis, que contam com equipamentos operando em contínuo na fase de expressão do produto pelas células e em descontínuo nas fases de recuperação e purificação da molécula desejada.

Fonte: adaptada de Konstantinov e Cooney (2015).

Como já mencionado, visto que as etapas de recuperação e purificação de biofármacos podem representar em torno de 70% dos custos finais do bioproduto, é de grande interesse o uso de estratégias que possibilitem que tais operações possam ser também realizadas em modo contínuo, o que certamente é facilitado pela condução do cultivo celular em perfusão.

A possibilidade de operar conjuntamente de forma contínua nos setores de cultivo celular (*upstream*) e de recuperação e purificação (*downstream*) traz à tona um extenso leque de benefícios, conforme discutido em detalhes por Konstantinov e Cooney (2015) e sumarizado a seguir.

É possível, por exemplo, atingir maiores produtividades volumétricas em processos com correntes de fluxo material mais bem encadeadas, tendo-se potencial para obter produtos com qualidade melhor e mais facilmente reprodutíveis. Com a implantação de processos contínuos, pode-se fazer uso de equipamentos de menor capacidade, com maior potencial de portabilidade, mediante investimentos iniciais e custos de operação também menores. Além disso, equipamentos menores possibilitam efetuar mais facilmente a adição ou remoção de linhas de produção paralelas e propiciam ainda maiores oportunidades de uso de componentes descartáveis. Adicionalmente, plantas menores são de construção e comissionamento mais rápidos e nelas se tem maior facilidade no controle da qualidade do ar ambiental, implicando em menor investimento inicial e menor custo operacional também nesse sentido.

Naturalmente, a adoção de processos contínuos abre também oportunidades de melhoria na padronização de processos e produtos. Equipamentos de menor tamanho são de mais fácil padronização e interfaceamento com outros dispositivos de processo, e sua operação em contínuo favorece a automação, que, por sua vez, se traduz em redução de mão de obra operacional e no maior controle da qualidade do produto em si.

Com efeito, a qualidade do produto, principalmente de biofármacos pouco estáveis, pode sofrer melhoria adicional em decorrência dos menores tempos de residência nos biorreatores operados em perfusão (CHICO; RODRÍGUEZ; FIGUEREDO, 2008). Moléculas com perfis de glicoformas menos variados são esperadas nessas condições, assim como menores efeitos na desamidação proteica por exposição mais curta à temperatura e pH do processo. Ainda, menores tempos de residência contribuem também para que os biorreatores operem com viabilidade celular mais alta, o que resulta em menor quantidade de debris no efluente do reator, facilitando as etapas de *downstream*.

Nas operações com curtos tempos de residência do produto no biorreator a competitividade econômica é fortemente dependente da concentração de células atingida durante o cultivo. Assim, adequações prováveis dos processos para atingir altas produtividades por longos períodos de operação contínua (2 a 3 meses) incluem, por exemplo, conforme apontado por Konstantinov e Cooney (2015): a) o desenvolvimento de linhagens celulares robustas, estáveis e com comportamento metabólico apropriado; b) a seleção de meios de cultura que sustentem reprodutivelmente altas concentrações celulares (superiores a 50.10^6 cel.mL^{-1}), mas que apresentem formulações de baixo custo e preferencialmente livres de proteínas e componentes de origem animal para facilitar as etapas de *downstream*; e c) a perfusão de 1 a 2 volumes de reator por dia. Certamente, projetos otimizados de biorreatores e de dispositivos para o controle automatizado da concentração celular, da aeração, da eliminação de CO_2 e do controle de espuma são também requeridos.

No que tange a adequações mais especificamente relacionadas às etapas de *downstream*, recomenda-se consultar o trabalho de Zydney (2014), que enfoca estratégias de separação das células da corrente de saída e seu reciclo para o biorreator, a etapa inicial de captura da molécula-alvo e a purificação em si do produto, com foco detalhado em operações cromatográficas contínuas.

Por fim, destaca-se que a transição para o processamento contínuo, particularmente para processos em perfusão, não requer somente a simples conexão entre si de equipamentos que operam tradicionalmente em batelada. As preocupações típicas da construção e operação em contínuo de plantas de produção envolvendo o cultivo de células animais são muitas, incluindo um grande número de questões, como: de que forma se pode instalar e validar processos contínuos na indústria farmacêutica? São requeridas mudanças na formulação do meio de cultura? Se sim, quais são elas? Ao se iniciar e encerrar o processo haverá grandes perdas materiais e custos? Os tempos de validação serão longos? O processo será robusto? A limpeza dos equipamentos será mais complexa? Se uma unidade de operação do processo parar, todo o funcionamento da planta também precisará ser interrompido? O desempenho do processo é reprodutível ao longo do tempo? Qual é a mínima escala que torna o processo contínuo economicamente atraente? Cada uma dessas questões deve ser abordada de forma cuidadosa e completa, sendo esperado, na prática, que a transição da operação em batelada para o modo de perfusão ocorra de forma gradual, implantando-se, inicialmente, apenas segmentos contínuos.

22.7 PRINCIPAIS BIOPRODUTOS

A partir da segunda metade do século XX, a tecnologia de células animais se estabeleceu como estratégia eficiente, e muitas vezes única, para a geração de produtos biológicos. Em 1954 foi licenciado o primeiro produto a utilizar essa tecnologia, a vacina viral inativada contra poliomielite (Salk), obtida em células de rins de macaco (célula Vero), e que teve um enorme impacto na sociedade quando praticamente eliminou a poliomielite na América do Norte (GRIFFITHS, 2007). Nos anos subsequentes, desenvolveram-se linhagens humanas diploides e livres de vírus, consideradas mais seguras, como é o caso da WI-38 e da MRC-5, que foram empregadas na fabricação de novas vacinas de uso humano (sarampo, caxumba, rubéola e varicela). Em paralelo, linhagens celulares mais robustas, como a BHK, foram testadas para a fabricação de vacinas veterinárias (febre aftosa e raiva) e, visto que as restrições de segurança eram menores para os produtos de uso em animais, nos anos 1960 já se produziam 200 milhões de doses por ano, em tanques agitados de 500 L, enquanto as vacinas humanas ainda eram sintetizadas em milhares de frascos Roller. Esse conhecimento em larga escala permitiu que a empresa Wellcome lançasse em 1970 o imunorregulador α-interferon, uma proteína secretada por células Nawalwa, utilizando reatores de 8 mil litros. Outros produtos similares, como o β-interferon e várias interleucinas, seriam comercializados nos anos seguintes (GRIFFITHS, 2007).

Em 1975, George Kohler e Cesar Millstein inventaram o método de construção de hibridomas que permitiria gerar anticorpos monoclonais *in vitro* e que daria enorme impulso a essa indústria nascente. Em 1987 foi aprovado, pela empresa Ortho Biotech, o primeiro medicamento monoclonal – OKT3 – indicado para pacientes transplantados com risco de rejeição do orgão. Quase simultaneamente, a empresa Genenthec aprovou a enzima terapêutica tPA (ativador de plasminogênio tecidual), indicada para casos de infarto do miocárdio e a primeira proteína recombinante. Ainda na mesma época, a empresa Amgen aprovou a produção de outra proteína recombinante, a eritropoetina (EPO), uma citocina indicada em casos de anemia aguda. Nos trinta anos subsequentes a indústria de biofármacos cresceu de forma consistente e foi responsável por disponibilizar ao mercado centenas de produtos terapêuticos de importância inegável.

No presente momento, os produtos da indústria de biológicos são, em sua maioria, proteínas recombinantes que podem ser classificadas nas seguintes categorias: anticorpos monoclonais (AcMo); fatores de crescimento hematopoiético (p. ex., EPO e GM-CSF); citocinas (p. ex., interferons e interleucinas); fatores de coagulação sanguíneos (p. ex., fatores de coagulação VII, VIII e IX); enzimas (p. ex., tPA) e hormônios (p. ex., hormônio luteinizante) (MELLADO; CASTILHO, 2008). São 230 produtos aprovados, 51% dos quais produzidos em células animais, sendo que em algumas categorias as células animais são a opção de síntese predominante, como é o caso dos anticorpos monoclonais (95% do total) e dos fatores de coagulação (83% do total) (KANTARDJIEFF; ZHOU, 2014). Conforme já mencionado, essa indústria movimenta anualmente 125 bilhões de dólares e tem uma taxa de crescimento de mais de 10% ao ano. Alguns exemplos de produtos, de seus fabricantes e de sua aplicação são fornecidos na Tabela 22.6, observando-se que uma fração significativa dos biofármacos disponíveis comercialmente têm uso no tratamento do câncer e de doenças autoimunes.

Tabela 22.6 Exemplos de proteínas terapêuticas aprovadas, obtidas via células animais

Produto	Proteína	Indicação	Célula	Aprovação
Epogen	Eritropoietina	Anemia	CHO	1989
Kogenate	Fator VIII	Hemofilia A	BHK	1993
Avonex	β-interferon	Esclerose múltipla	CHO	1996
Bene Fix	Fator IX	Hemofilia B	CHO	1997
Herceptin/Trastuzumabe	AcMo	Câncer de mama	CHO	1998
Simulect/Basiliximabe	AcMo	Rejeição aguda a transplante renal	Mieloma de rato	1998
Campath/Alentuzumabe	AcMo humanizado	Leucemia	CHO	2001
Humira	AcMo humanizado	Artrite, doenças inflamatórias crônicas, psoríase	CHO	2002
Xolair/Omalizumabe	AcMo humanizado	Asma	CHO	2003
Avastin/Bevacizumabe	AcMo humanizado	Carcinoma de colo ou reto	CHO	2004
Flublok	Hemaglutinina	Imunização contra influenza	Sf9	2013
Vonvendi	Fator von Willebrand	Controle de sangramento	CHO	2015
Afstyla/Solchayn	Fator anti-hemofílico	Hemofilia A	CHO	2016

Fonte: Mellado e Castilho (2008); Kantardjieff e Zhou (2014); Rodgers e Chou (2016).

O tempo de desenvolvimento dessas proteínas é longo (normalmente mais de oito anos) e várias etapas de análise do produto *in vitro* e *in vivo* são requeridas, tanto em animais como em humanos, caracterizando-se por baixo índice de aprovação e registro final (MELLADO; CASTILHO, 2008). Adicionalmente, as moléculas mais complexas sofrem modificações pós-tradução (MPT) em suas estruturas químicas, que são, em grande parte, definidas pelo próprio método de fabricação. Como já comentado neste capítulo, a célula adotada e as condições ambientais às quais estará exposta, como o grau de homogeneidade do reator e as concentrações de nutrientes e inibidores disponíveis, determinam as MPT que as moléculas sofrerão durante sua síntese e ainda no interior da célula (DUMONT et al., 2016; SPEARMAN; BUTLER, 2015; ZHU, 2012; DUROCHER; BUTLER, 2009; SERRATO et al., 2004). Dessa forma, o licenciamento só pode ser dado para o conjunto célula-processo-produto, que não deve ser alterado, sob risco de também se modificar a qualidade final da proteína. Isso dificulta a aprovação tanto de novas moléculas como de produtos biossimilares, aqueles cujas patentes já estão vencidas.

Essas MPT referem-se a uma série de reações enzimáticas que ocorrem no interior das células, no retículo endoplasmático e no complexo de Golgi, e que promovem transformações na estrutura química da molécula, como glicosilação, desamidação, desaminação e γ-carboxilação, entre outras (SPEARMAN; BUTLER, 2015). As glicosilações são as mais frequentes MPT nas glicoproteínas de interesse comercial e compreendem adições de glicanos, isto é, estruturas de carboidratos (N-acetil-glicosamina, manose, galactose, fucose e ácido siálico), a sítios da proteína que possuem sequências específicas de aminoácidos. Finalmente, essas MPT estão diretamente relacionadas à atividade biológica que a molécula desempenhará quando administrada ao paciente.

Uma outra categoria de produtos que vem recebendo enorme atenção são as células-tronco, que têm aplicação em terapias celulares, como na medicina regenerativa. Esse produto, assim como os anticorpos monoclonais, serão tratados em maior detalhe nas próximas seções, por serem representativos das classes de produtos biofármacos e células *per se*.

22.7.1 ANTICORPOS MONOCLONAIS

Anticorpos são glicoproteínas de origem animal que conferem imunidade humoral e constituem a maior parte das defesas imunológicas contra infecções por microrganismos. Quando uma substância estranha invade o organismo de um animal, ou nele é injetada, um aspecto da resposta imune que pode ser ativado é a secreção de anticorpos por células do plasma. Essas células, linfócitos B, produzirão moléculas de anticorpos (imunoglobulinas) apresentando sítios de ligação que reconhecem a forma de um determinante particular na superfície da substância estranha (antígeno) e a ele se ligam. O repertório de moléculas de anticorpos produzido por indivíduos humanos é extremamente vasto, atingindo de 10^7 a 10^8 moléculas distintas, mas cada linfócito B só produz anticorpos específicos contra um único determinante antigênico. Após a imunização, as células B que reconhecem determinantes antigênicos presentes na molécula do antígeno expandem-se clonalmente, aumentando a frequência de linfócitos específicos para o antígeno. O resultado desse processo é a elevação dos níveis de anticorpos específicos, que se acumulam no soro ou nas secreções corpóreas do indivíduo imunizado. A combinação do anticorpo com o antígeno desencadeia um processo que pode neutralizar a substância estranha (TAMASHIRO; AUGUSTO, 2008).

Dada sua elevada especificidade, os anticorpos têm aplicações terapêuticas no tratamento de doenças como câncer e artrite, mas também como reagentes analíticos para diagnósticos *in vivo* e *in vitro* e na purificação de proteínas. Dessa forma, inúmeras estratégias foram testadas desde a sua descoberta para obter grandes quantidades de anticorpos. A fabricação a partir da imunização de animais apropriados (camundongos, coelhos, ratos e outros) e a coleta dos anticorpos do plasma sanguíneo têm a desvantagem de produzir um soro policlonal, que contém as imunoglobulinas desejadas, mas também outras secretadas pelas células B nativas do animal. Esse produto tem, portanto, menor especifidade, além da dificuldade de se assegurar reprodutibilidade entre diferentes preparações desse tipo. A produção *in vitro* a partir de cultivos de linfócitos B é muito difícil, visto que essas células não sobrevivem em cultura, a menos que sofram algum tipo de transformação maligna. Assim, a obtenção *in vitro* de anticorpos monoclonais com a especificidade esperada só foi possível com o advento da tecnologia de hibridomas, desenvolvida por Köhler e Milstein em 1975.

Nessa técnica, células de hibridomas secretoras de AcMo específico são produzidas pela fusão *in vitro* de linfócitos normais com linfócitos tumorais (mielomas). Os mielomas são linfócitos de origem murina que perderam a capacidade de secretar anticorpos, mas podem se manter indefinidamente em cultura. Já os linfócitos normais, que são extraídos do baço de um camundongo previamente imunizado com o antígeno adequado, são linfócitos produtores de anticorpos e não conseguem ser mantidos em cultura por longos períodos. A fusão desses dois tipos de linfócitos, seguida pela seleção e clonagem dos hibridomas de interesse, permite a obtenção de quantidades ilimitadas de AcMo homogêneos e altamente específicos (TAMASHIRO; AUGUSTO, 2008). Os hibridomas podem ser cultivados em biorreatores, e os AcMo serão purificados a partir do meio de cultura metabolizado. Alternativamente, os hibridomas podem ser inoculados na cavidade peritoneal de camundongos que desenvolverão tumores ascíticos, em cujo líquido se acumulam quantidades elevadas dos anticorpos monoclonais. Apesar da vantagem, essa é uma técnica que recebe críticas severas, pois causa enorme desconforto aos animais. Finalmente, os genes isolados dos hibridomas podem ser transfectados em células mais robustas do ponto de vista industrial, como é o caso da CHO, podendo-se utilizar então as mesmas plataformas de produção empregadas para outras proteínas recombinantes (JAIN; KUMAR, 2008).

De início, as preparações advindas da cultura de hibridomas visaram a aplicações em pesquisa acadêmica, mas, como mencionado, rapidamente (em 1987) foi lançado no mercado um produto terapêutico associado a essa tecnologia, o OKT3. Essa primeira molécula gerou enormes expectativas na indústria de biofármacos de que novas moléculas chegariam em breve ao mercado. Entretanto, rapidamente se verificou que os anticorpos monoclonais induziam resposta imune severa nos pacientes tratados. Essa resposta, conhecida como Hama (*human anti-murine antibody*), decorre do fato de anticorpos murinos serem reconhecidos como antígenos pelo sistema imunológico humano e, portanto, serem rapidamente eliminados da circulação por anticorpos anti-anticorpos de camundongo, reduzindo sua meia-vida e os efeitos do tratamento. Em consequência, são exigidas doses maiores do medicamento, o que aumenta o risco de efeitos indesejáveis (TAMASHIRO; AUGUSTO, 2008).

As moléculas de anticorpos são formadas por duas cadeias polipetídicas leves, de 25 kDa, e duas cadeias pesadas, com 50 kDa, idênticas entre si e que são mantidas juntas através de pontes dissulfeto. Ambos os tipos de cadeias possuem domínios N--terminal variáveis e domínios C-terminal constantes. A região espacial formada pelos domínios variáveis das cadeias leves e das cadeias pesadas da molécula de imunoglobulina (Ig) constitui o sítio de combinação com o antígeno (fragmento F_V). O restante da molécula (fragmento F_C) desempenha funções efetivas de anticorpos, que incluem sua interação com células do sistema imune via receptores para Ig.

Assim, as moléculas de segunda geração adotaram a estratégia de "humanização" de parte da cadeia dos anticorpos que suscita resposta imune, empregando as ferramentas da tecnologia de DNA recombinante, os genes que codificam para um anticorpo de interesse presentes em hibridomas murinos e os genes que expressam anticorpos humanos provenientes de linfócitos B humanos. Assim, foi possível construir um anticorpo quimérico a partir de uma sequência gênica que expressa uma molécula contendo simultaneamente os fragmentos variáveis (Fv) das cadeias murinas leve e pesada de interesse e os fragmentos funcionais (Fc) humanos. Esses AcMo são 70% humanizados e apresentam resposta adversa mais branda que seus equivalentes 100% murinos (TAMASHIRO; AUGUSTO, 2008; RODGERS; CHOU, 2016, p. 1150). Outra estratégia foi realizar uma recombinação gênica por enxerto, de forma a substituir apenas as porções hipervariáveis (*complementarity determining region* – CDR) do fragmento F_V, resultando em um AcMo com 90% de propriedades semelhantes ao AcMo humano.

A terceira geração de AcMo trata de moléculas com estrutura completamente humana e sua obtenção é possível a partir de camundongos transgênicos (com sistema imunológico humano), ou através da síntese de fragmentos de anticorpos a partir de bibliotecas construídas pela técnica de expressão de fagos (RODGERS; CHOU, 2016).

Essas estratégias que levam à humanização dos AcMo tiveram bons resultados, de maneira que sessenta anticorpos monoclonais já foram aprovados – e há cerca de duzentos deles em diferentes fases dos testes pré-clínicos e clínicos que podem aumentar essa lista (RODGERS; CHOU, 2016). Além disso, neste momento, dos dez biofármacos de maior sucesso comercial, sete deles são anticorpos monoclonais. As vendas de anticorpos monoclonais e anticorpos de fusão totalizaram 65 bilhões de dólares no ano de 2012 (KANTARDJIEFF; ZHOU, 2014), o que correponde aproximadamente a 50% do mercado global do setor, um resultado certamente expressivo.

Com um mercado em ascensão e considerando que as doses de AcMo devem ser elevadas nos tratamentos ($\geq$ 100 mg por dose, visto que a potência do medicamento é baixa), as unidades industriais devem ter capacidade para produzir 10 a 100 kg.ano^{-1}. Essa demanda elevada motivou nos últimos anos a otimização dos processos, sobretudo os de *upstream* (JAIN; KUMAR, 2008).

Os fragmentos de anticorpos têm sido produzidos com sucesso em sistemas procarióticos, como a bactéria *Escherichia coli*, que já apresenta níveis de expressão de 2 g.L^{-1} (JAIN; KUMAR, 2008). Apesar disso, as células animais continuam sendo os sistemas mais adequados para a expressão de proteínas complexas cuja funcionalidade depende de modificações pós-tradução executadas de forma correta, como é o caso dos AcMo. As linhagens iniciais geradas pela tecnologia de construção de hibridomas foram em grande parte substituídas pelas células CHO, NS0 e SP2/Ag, transfectadas com genes para expressão dos AcMo. As produtividades dessas células foram melhoradas usando ferramentas de engenharia genética e incorporação de diferentes vetores de expressão. Os dois sistemas mais utilizados são o sistema de expressão genético da glutamina sintetase (Lonza Biologics) e os baseados no gene DHFR (di-hidrofolato redutase) (JAIN; KUMAR, 2008). No entanto, a tecnologia de construção de hibridomas continua gerando células, porém agora a partir de animais transgênicos, a fim de que os anticorpos secretados sejam nesses casos completamente humanos. Embora os processos com essas células ainda sejam menos eficientes do que a plataforma CHO, as moléculas que esses hibridomas secretam são humanas, e isso é uma grande vantagem.

Em paralelo, também foram introduzidas melhorias nas formulações de meio de cultura e na definição e controle do processo de síntese. A maioria das formulações de meio de cultura atualmente empregadas pela indústria é isenta de soro fetal bovino e até mesmo quimicamente definida, tendo sido projetada para sustentar altas densidades celulares (TAMASHIRO; AUGUSTO, 2008). No que se refere aos sistemas de síntese, as escolhas devem passar por todos os pressupostos discutidos nas seções anteriores: reatores que garantam adequadas homogeneidade e transferência de oxigênio e um modo de operação que controle o ambiente reacional de forma a minimizar questões de limitação nutricional ou excesso de substrato que possa produzir quantidades críticas de subprodutos inibidores. O reator mais utilizado é o tanque agitado, e a otimização do processo até este momento permite atingir concentrações de células da ordem de 1.10^8 cel.mL^{-1}, concentrações de produto de até 5 g.L^{-1} e produtividade específica da ordem de 35 pg.cel^{-1}.dia^{-1} (WALTHER et al., 2015; PORTNER, 2015, p. 99). Esses dados se referem ao modo descontínuo alimentado, o mais empregado até o momento, mas como o modo perfusão facilita a integração das etapas de síntese e de purificação, conforme já discutido, esse panorama pode se alterar num futuro próximo. A escala de produção para síntese foi ampliada dos 500 L, praticados nos anos 1990, para 20 mil litros, nos dias atuais. Os trabalhos de Jain e Kumar (2008), de Konstantinov e Cooney (2015) e de Rodgers e Chou (2016) podem ser consultados para se ter um panorama mais detalhado do conhecimento atual acerca desse tema.

22.7.2 CÉLULAS-TRONCO E MEDICINA REGENERATIVA

Uma área de aplicação de células animais na qual o interesse vem crescendo enormemente nos últimos anos é a da medicina regenerativa, em que o cultivo celular é realizado visando à recuperação de tecidos e órgãos com funções insuficientes ou extintas. Por sua versatilidade, a cultura de células-tronco se destaca para esse fim, embora seja também comum o uso de células diferenciadas.

As células-tronco existem na maior parte dos tecidos do organismo e em todos os estágios de seu desenvolvimento, desde a fase embrionária até a fase adulta. Essas células podem ser definidas, do ponto de vista funcional, por sua capacidade de autorrenovação e de diferenciação. No processo de autorrenovação, as células-tronco, ao se reproduzirem, mantêm suas características fenotípicas e sua capacidade de diferenciação, ao passo que, ao se diferenciarem, as células apresentam mudança no fenótipo e desenvolvem funções especializadas, características de diferentes tipos de tecidos. O processo de diferenciação, entretanto, compromete tanto a capacidade de reprodução celular como de sua diferenciação subsequente (CARPENEDO; MCDEVITT, 2013).

Embora vários aspectos da existência e do funcionamento das células-tronco tenham sido elucidados apenas há duas décadas, o uso de terapias com esse tipo celular não é exatamente uma novidade. Transplantes de células-tronco hematopoiéticas (HSC) para o tratamento de lesões por exposição à radiação e do câncer estão em uso há mais de sessenta anos (SHARPE; MORTON; ROSSI, 2012).

Células-tronco de fontes autólogas (do próprio indivíduo) ou alogênicas (de um doador compatível da mesma espécie) podem ser hipoteticamente utilizadas (SILVA JÚNIOR; BOROJEVIC, 2008), geralmente enfocando o tratamento de doenças gastrointestinais, oculares, metabólicas, do sistema nervoso central, do sistema imunológico, musculoesqueléticas, degenerativas e inflamatórias, além do reparo de tecidos lesados diversos (como cartilagem e pele). Essas células são também promissoras para a terapia de diabetes, doença de Parkinson, problemas cardíacos, lesões na coluna e câncer, dentre outras doenças. Entretanto, caso as células sejam de origem alogênica, há risco de rejeição e, com frequência, é necessária a administração de imunossupressores.

O uso terapêutico dessas células exige padronização com relação à identidade, pureza, potência e segurança, e elas podem ser isoladas de tecidos embrionários, fetais e adultos. A última opção é a mais aceita do ponto de vista ético e mesmo religioso. Alternativamente, células pluripotentes podem ser geradas por reprogramação genética de células adultas, sendo, nesse caso, denominadas pela sigla iPSC – *induced pluripotent stem cells* (TAKAHASHI et al., 2007). Entretanto, esse último tipo celular se mostrou mais importante como ferramenta no estudo de doenças humanas e para o teste de fármacos do que para aplicações terapêuticas (SCUDELLARI, 2016), conforme discutido um pouco mais adiante.As células isoladas de tecidos embrionários podem ser derivadas da massa interna de blastocistos e gerar tecidos resultantes dos três folhetos germinativos (SHARPE; MORTON, ROSSI, 2012), caracterizando-se como pluripotentes. Essas células têm tendência de agregação e formação de corpos embrioides e podem sofrer diferenciação espontânea, verificando-se em algumas situações tumorigenicidade inata, com a formação de teratomas (RODRIGUES et al., 2011). Por outro lado, células-tronco isoladas diretamente de tecidos adultos, apresentam características dependentes do doador e capacidade proliferativa limitada *in vitro*, com diferenciação restrita ao potencial das células originais. Destacam-se nessa categoria as células isoladas da medula, fontes de uso já consolidado em transplantes, mas são também promissoras para aplicações clínicas células do sangue periférico e células-tronco mesenquimais oriundas de tecido adiposo, de placenta e do cordão umbilical

(RODRIGUES et al., 2011), e mesmo de fontes menos exploradas até o momento, como células coletadas da polpa dentária (LA NOCE et al., 2014).

A análise das vantagens e limitações de cada tipo celular indica que a alternativa mais adequada para a medicina regenerativa parece ser o estabelecimento de bancos de células alogênicas humanas pluripotentes, mas seu longo tempo de obtenção e alto custo são ainda fatores a serem contornados.

As células iPSC apresentam uso bem consolidado em pesquisa, no desenvolvimento de fármacos e como modelo de doenças (SART et al., 2014), tendo ainda potencial para uso em transplantes (KOH; SUCK, 2012). Essas células apresentam expressão forçada de genes específicos, por exemplo, via transfecção com plasmídios de lentívirus. A vantagem das iPSC é que podem ser utilizadas de forma personalizada, mas os riscos com segurança são iguais ou maiores do que os de processos com células embrionárias de fontes alogênicas, havendo evidências de que, durante a reprogramação, podem ocorrer mutações pontuais no DNA, com aumento da tumorigenicidade.

A quantidade de células necessária para uma dada aplicação terapêutica varia com a condição que se quer tratar, conforme exemplificado na Tabela 22.7. Percebe-se pela análise desses dados que o número de células requerido nas aplicações terapêuticas tem a tendência de ser bastante elevado. E, como a coleta direta do doador costuma ser limitada, isso implica a necessidade de expansão *in vitro* da cultura para que sua utilização seja efetiva.

Tabela 22.7   Células-tronco pluripotentes humanas requeridas para alguns tipos de terapias

Alvo terapêutico	Tipo de célula	Número de células
Doença de Parkinson	Neurônios dopaminérgicos	1.10^5
Distrofia macular de Stargardt	Células epiteliais de retina pigmentadas (MA09-hRPETM)	$0,5$ a 2.10^5 (testes clínicos fases I/II)
Degeneração macular		
Infarto do miocárdio	Cardiomiócitos	1 a 2.10^9
Diabetes tipo I	Células β produtoras de insulina	$1,3.10^9$ por paciente de 70 kg
Insuficiência hepática	Hepatócitos	1.10^{10}

Fonte: adaptada de Serra et al. (2012).

Os principais aspectos críticos no desenvolvimento de bioprocessos visando à obtenção de células-tronco em quantidades apreciáveis são discutidos por Rodrigues et al. (2011), Serra et al. (2012) e Sart et al. (2014) e incluem, dentre outros fatores, a fonte das células e a variabilidade da população celular inicial, o entendimento dos mecanismos moleculares e celulares envolvidos nas funções das células (p. ex., comunicação celular), a formulação de meios de cultura específicos para o crescimento celular e de formulações próprias para sua estocagem, transporte e administração, além das condições apropriadas para o crescimento organizado nas formas aderida (células mesenquimais), em suspensão (hematopoiéticas) ou em agregados (embrionárias) e o desenvolvimento de processos em conformidade com condições de boas práticas de manufatura (BPM). Além disso, destaca-se também a frequente dificuldade no monitoramento e controle de variáveis de processo críticas para a sobrevivência, proliferação e diferenciação celular, que incluem o ambiente físico-químico (T, pH, pO_2, pCO_2), as forças físicas relacionadas ao cisalhamento hidrodinâmico, à compressão, à pressão hidrostática e às forças centrífugas; a análise das concentrações de nutrientes, metabólitos, fatores de crescimento e de sinalização; além da própria dificuldade na quantificação dos parâmetros da cultura. A essas limitações soma-se também a necessidade de comprovar de forma confiável a segurança de utilização dessas células, o que tem requerido a realização de um grande número de estudos pré-clínicos e clínicos ao redor do mundo.

As etapas típicas dos bioprocessos utilizados para a obtenção de células-tronco para uso clínico podem ser resumidas na Figura 22.11. No caso do cultivo de células aderentes, a expansão da cultura requer o uso de matrizes que mimetizem a matriz extracelular, como as que contêm laminina, colágeno IV, entactina, fatores de crescimento e de transcrição (p. ex., a Matrigel™). Uma opção ao uso dessas matrizes é o emprego de células alimentadoras, como as células embrionárias de pele de camundongo ou de prepúcio humano tratadas para não se dividir, que atuam como camada basal, secretando metabólitos importantes. Entretanto, assim como em outros casos de produção de materiais para uso clínico, verifica-se uma tendência de substituição de materiais de composição complexa e origem xenogênica por suportes sintéticos e proteínas recombinantes humanas.

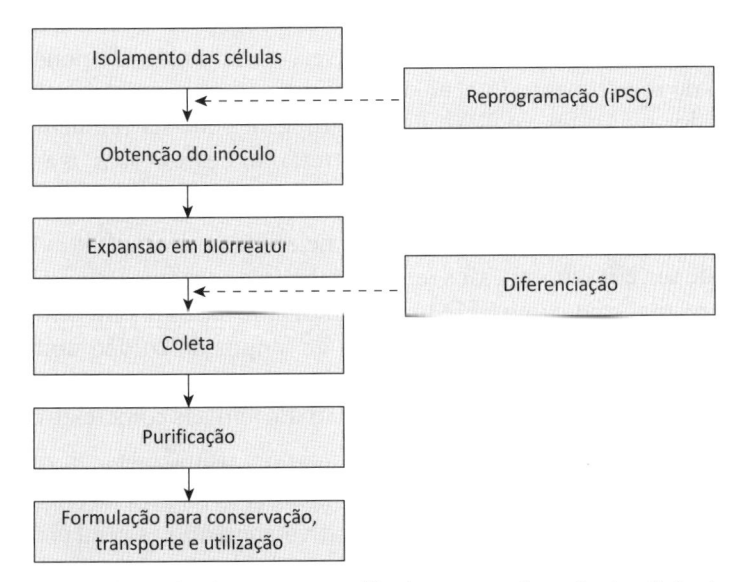

Figura 22.11 Etapas típicas dos bioprocessos utilizados para a obtenção de células-tronco para uso clínico. As linhas pontilhadas referem-se a etapas opcionais.

O cultivo de células-tronco visando à expansão da cultura para aplicações clínicas pode ser feito com sucesso em biorreatores (RODRIGUES et al., 2011; SERRA et al., 2012; LIU et al., 2014; SART et al., 2014.) De forma geral, em pequena escala, as células-tronco podem ser propagadas em frascos T, placas e bolsas de cultivo permeáveis a gases, que apresentam, entretanto, as desvantagens de serem sistemas estáticos e de difícil escalonamento. Sistemas mais robustos para larga escala são utilizados no cultivo em suspensão, preferencialmente de células isoladas. Esferoides autoagregados podem ser uma opção factível no caso de cultivo tridimensional de células aderentes, e é possível também empregar microcarregadores para a imobilização das células ou hidrogéis (como os de alginato) para a encapsulação celular. Outros sistemas de cultivo incluem biorreatores de paredes rotativas com capacidade entre 10 e 500 mL que, por simularem ambientes com microgravidade, apresentam baixas tensões cisalhantes. Podem ser também empregados biorreatores de leitos fixo e fluidizado, que possibilitam o cultivo em suportes tridimensionais, sistemas que operam com fibras ocas, nos quais se tem boa mimetização do ambiente *in vivo* e baixo cisalhamento celular e mesmo sistemas baseados em microfluídica, com volumes úteis de 0,1 a 2 mL, ideais para testes de seleção e otimização de condições de cultivo.

Em maior escala, podem ser realizados cultivos em suspensão em tanques agitados com volumes de até 200 L, com manutenção mais efetiva da homogeneidade se operados em contínuo ou em perfusão. Nesse tipo de sistema, as principais limitações referem-se a efeitos de cisalhamento e à agregação celular. Não obstante, concentrações de 10^6 a 10^7 células.mL^{-1} podem ser atingidas, o que possibilita que tratamentos que envolvam até 10^{10} células por paciente possam ser realizados em biorreatores com 1 a 10 L de capacidade. Variados tipos de células-tronco já foram cultivadas nesses sistemas, como células embrionárias na forma agregada (*corpos embrioides*) e em microcarregadores, células neurais agregadas, células hematopoiéticas em suspensão, células mesenquimais em suspensão e em microcarregadores e células iPS em microcarregadores. O uso de dispositivos descartáveis, como bolsas de polietileno ou etil vinil acetato, no revestimento interno dos tanques agitados mecanicamente facilita o atendimento dos requisitos de BPM. Essa abordagem pode ser também utilizada em cultivos realizados em reatores de ondas, entretanto, nesses casos, a amostragem, o monitoramento e o controle do cultivo costumam ser problemáticos.

Apesar do grande interesse no uso clínico de células-tronco e nas evidências coletadas acerca de sua eficácia em casos representativos, os produtos e terapias aprovadas por agências regulatórias como a FDA são comumente baseados em células-tronco do tipo progenitoras hematopoiéticas, derivadas de sangue do cordão umbilical. Entretanto, produtos celulares à base de células diferenciadas, como condrócitos, fibroblastos e queratinócitos, autólogos ou alógenos, já estão disponíveis comercialmente.

No caso de cultura de células aderentes em matrizes tridimensionais (suportes) para a obtenção de estruturas mais complexas, em aplicações da área de engenharia de tecidos visando à implantação direta do dispositivo contendo as células no paciente, a complexidade do próprio cultivo aumenta vertiginosamente. Nessas situações, o suporte deve ter características específicas quanto à composição, biocompatibilidade, estabilidade química, degradabilidade, bioatividade, hidrofilicidade, estrutura tridimensional, dimensões, resistência mecânica, porosidade, tamanho e interconectividade dos poros. A esses requerimentos soma-se ainda a necessidade do uso de fatores biológicos específicos para distintos tipos celulares, que podem ser disponibilizados no meio de cultura ou inclusos na própria matriz do material de suporte a ser utilizado, como hormônios, citocinas, fatores de crescimento, moléculas que mimetizem a matriz extracelular e ácidos nucleicos, dentre muitas outras. Por fim, pode ser requerido o cultivo de mais de um tipo celular no mesmo dispositivo, de forma distribuída ou concentrada em diferentes regiões, para melhor representar o tecido ou órgão *in vivo* que se deseja substituir. Essa área está ainda em franco desenvolvimento e tem caráter altamente pluridisciplinar, envolvendo profissionais das mais diferentes formações para enfrentar todos os desafios de forma complementar e integrada. Certamente há ainda muito o que se investir em tempo, recursos, mão de obra e esforços técnicos e científicos para que a engenharia de tecidos possa se consolidar como opção terapêutica de ampla aplicabilidade, e seguramente o domínio dos vários aspectos relacionados ao cultivo de células animais é uma etapa crucial para se alcançar com sucesso essa meta.

REFERÊNCIAS

ABU-ABSI, S. et al. Cell culture process operations for recombinant protein production. *Advances in Biochemical Engineering/Biotechnology*, v. 139, p. 35-68, 2014.

ALTAMIRANO, C.; GÒDIA, F.; CAIRÓ, J. J. Metabolismo de células de mamíferos cultivadas *in vitro*. In: MORAES, A. M.; AUGUSTO, E. F. P.; CASTILHO, L. R. (eds.). *Tecnologia do cultivo de células animais: de biofármacos à terapia gênica*. São Paulo: Roca, 2008. p. 81-104.

AMABLE, P.; BUTLER, M. Cell metabolism and its control in culture. In: CASTILHO, L. R. et al. (eds.). *Animal cell technology: from biopharmaceuticals to gene therapy*. Londres: Taylor & Francis, 2008. p. 75-110.

ANVISA – Agência Nacional de Vigilância Sanitária, Lista de preços de medicamentos. 2007. Disponível em: <http://portal.anvisa.gov.br/documents/374947/2829072/LISTA_CONFORMIDADE_GOV_2017-08-22.pdf/fe4043f2-f3a4-4289-8668-937e1c500e6e>. Acesso em: 17 set. 2017.

ATCC – American Type Culture Collection. *Animal cell culture guide: tips and techniques for continuous cell lines*. Manassas: American Type Culture Collection, 2014. 39 p.

AUNINS, J. G.; HENZLER, H. J. Aeration in cell culture bioreactors. In: REHM, H.-J.; REED, G. (eds.). *Biotechnology 3*. 2. ed. Weinheim: VCH, 1993. p. 219-281.

AUNINS, J. G. et al. Fluid mechanics, cell distribution, and environment in CellCube bioreactors. *Biotechnology Progress*, v. 19, p. 2-8, 2003.

BOLLATI-FOGOLÍN, M.; COMINI, M. A. Clonagem e expressão de proteínas heterólogas em células animais. In: MORAES, A. M.; AUGUSTO, E. F. P.; CASTILHO, L. R. (eds.). *Tecnologia do cultivo de células animais: de biofármacos à terapia gênica*. São Paulo: Roca, 2008. p. 42-80.

BRECHT, R. Disposable bioreactors: Maturation into pharmaceutical glycoprotein manufacturing. *Advances in Biochemical Engineering/Biotechnology*, v. 115, p. 1-31, 2009.

BRUCE, M. P. et al. Dialysis-based bioreactor systems for the production of monoclonal antibodies – Alternatives to ascites production in mice. *Journal of Immunology Methods*, v. 264, n. 1, p. 59-68, 2002.

BUTLER, M. Animal cell cultures: recent achievements and perspectives in the production of biopharmaceuticals. *Applied Microbiology and Biotechnology*, v. 68, p. 283-291, 2005.

CADWELL, J. J. S. New Developments in hollow-fiber in cell culture. *American Biotechnology Laboratory*, jul. 2004.

CARPENEDO, R. L.; MCDEVITT, T. C. Stem cells: key concepts. In: RATNER, B. D. et al. *Biomaterials Science: an introduction to materials in medicine*. Londres: Academic Press, 2013. p. 487-495.

CASTILHO, L. R.; MEDRONHO, R. A. Cell retention devices for suspended-cell perfusion cultures. *Advances in Biochemical Engineering/Biotechnology*, v. 74, p. 129-169, 2002.

CHALMERS, J. J.; MA, N. Hydrodynamic damage to animal cells. In: AL-RUBEAI, M. (ed.). *Animal cell culture*. Cham: Springer, 2015. p.169-183.

CHICO, E.; RODRÍGUEZ, G.; FIGUEREDO, A. Biorreatores para células animais. In: MORAES, A. M.; AUGUSTO, E. F. P.; CASTILHO, L. R. (eds.). *Tecnologia do cultivo de células animais: de biofármacos à terapia gênica*. São Paulo: Roca, 2008. p. 216-254.

CHISTI, Y. Animal-cell damage in sparged bioreactors. *Trends in Biotechnology*, v. 18, p. 420-432, 2000.

CORNING LIFE SCIENCES. Corning cell culture product selection guide. Tewksbury: Corning Incorporated, 2012.

DE JESUS, M.; WURM, F. M. Manufacturing recombinant proteins in kg-ton quantities using animal cells in bioreactors. *European Journal of Pharmaceutics and Biopharmaceutics*, v. 78, p. 184-188, 2011.

DORAN, P. M. *Bioprocess engineering principles*. United Kingdom: Elsevier, 2012, p. 256-323.

DRUGMAND, J. C.; SCHNEIDER, Y. J.; AGATHOS, S. N. Insect cells as factories for biomanufacturing. *Biotechnology Advances*, v. 30, n. 5, p. 1140-1157, 2012.

DUMONT, J. et al. Human cell lines for biopharmaceutical manufacturing: history, status, and future perspectives. *Critical Reviews in Biotechnology*, v. 36, n. 6, p. 1110-1122, 2016.

DUROCHER, Y.; BUTLER, M. Expression systems for therapeutic glycoprotein production. *Current Opinion in Biotechnology*, v. 20, n. 6, p. 700-707, 2009.

EIBL, R. et al. Disposable bioreactors: the current state-of-the-art and recommended applications in biotechnology. *Applied Microbiology and Biotechnology*, v. 86, p. 41-49, 2010.

FALKENBERG, F. W. Production of monoclonal antibodies in the miniPerm bioreactor: comparison with other hybridoma culture methods. *Research in Immunology*, v. 6, p. 560-570, 1998.

FENGE, C.; LÜLLAU, E. Cell culture bioreactors. In: OZTURK, S. S.; HU, W. S. (eds.). *Cell culture technology for pharmaceutical and cell-based therapies*. Filadélfia: Taylor & Francis Group, 2006, p. 155-224.

FRESHNEY, R. I. *Culture of animal cells: a manual of basic technique and specialized applications*. 7. ed. Hoboken: John Wiley & Sons, 2016.

GE HEALTHCARE. Disposable Cellbag™ bioreactors for WAVE Bioreactor™ systems. *GE ReadToProcess*. Uppsala: GE Healthcare, mar. 2016.

_____. Microcarrier cell culture – Principles and methods. *GE Healthcare, technical booklet series*. Uppsala: GE Healthcare, 2005.

GODOY-SILVA, R.; BERDUGO, C.; CHALMERS, J. J. Aeration, mixing, and hydrodynamics in animal cell bioreactors. In: FLICKINGER, M. C. (ed.). *Upstream Industrial Biotechnology*. Hoboken: John Wiley & Sons, 2013. p. 791-820.

GOUDAR, C. T. et al. Decreased pCO_2 accumulation by eliminating bicarbonate addition to high cell-density cultures. *Biotechnology and Bioengineering*, v. 96, n. 6, p. 1107-1117, abr. 2007.

GRIFFITHS, B. The development of animal cell products: history and overview. In: STACEY, G.; DAVIS, J. (eds.). *Medicines from animal cell culture*. Wiltshire: John Wiley & Sons, 2007. p. 1-14.

HAGGSTROM, L. Animal cell metabolism. In: SPIERS, R.E. (ed.). *Encyclopedia of cell technology*. New York: Wiley & Sons, 2000. p. 392-411.

HUEBNER, H.; BUCHHOLZ, R. Microencapsulation. In: FLICKINGER, M. C.; DREW, S. W. (eds.). *Encyclopedia of Bioprocess Technology: Fermentation, Biocatalysis, and Bioseparation*. Nova York: John Wiley & Sons, 1999. p. 1786-1798.

JAIN, E.; KUMAR, A. Upstream processes in antibody production: Evaluation of critical parameters. *Biotechnology Advances*, v. 26, p. 46-72, 2008.

KANTARDJIEFF, A.; ZHOU, W. Mammalian cell cultures for biologics manufacturing. *Advances in Biochemical Engineering/Biotechnology*, v. 139, p. 1-9, 2014.

KOH, M. B. C.; SUCK, G. Cell therapy: Promise fulfilled? *Biologicals*, v. 40, p. 214-217, 2012.

KONSTANTINOV, K. B.; COONEY, C. L. White paper on continuous bioprocessing. Continuous Manufacturing Symposium, maio 2014. *Journal of Pharmaceutical Sciences*, v. 104, p. 813-820, 2015.

KONSTANTINOV, K. et al. The "Push-to-Low" approach for optimization of high-density perfusion cultures of animal cells. *Advances in Biochemical Engineering/Biotechnology*, v. 101, p. 75-98, 2006.

KUMAR, S.; WITTMANN, C.; HEINZLE, E. Minibioreactors. *Biotechnology Letters*, v. 26, p. 1-10, 2004.

LA NOCE, M. et al. Dental pulp stem cells: state of the art and suggestions for a true translation of research into therapy. *Journal of Dentistry*, v. 42, p. 761-768, 2014.

LANGER, E. S.; RADER, R. A. Powders and bulk liquids: Economics of large-scale culture media and buffer preparation are changing. *BioProcess International*, v. 12, n. 3, p. 10-16, 2014.

LÉO, P. et al. Células animais: Conceitos básicos. In: MORAES, A. M.; AUGUSTO, E. F. P.; CASTILHO, L. R. (eds.). *Tecnologia do cultivo de células animais: de biofármacos à terapia gênica*. São Paulo: Roca, 2008. p. 15-41.

LIU, N. et al. Stem cell engineering in bioreactors for large-scale bioprocessing. *Engineering in Life Sciences*, v. 14, p. 4-15, 2014.

LÖFFELHOLZ, C. et al. Dynamic single-use bioreactors used in modern liter and m^3- scale biotechnological processes: engineering characteristics and scaling up. *Advances in Biochemical Enginering/Biotechnology*, v. 138, p. 1-44, 2014.

MANOJLOVIC, V.; BUGARSKI, B.; NEDOVIC, V. Immobilized cells. In: FLICKINGER, M. C. (ed.). *Upstream Industrial Biotechnology*. Nova York: John Wiley & Sons, 2013. p. 1179-1199.

MELLADO, M. C. M.; CASTILHO, L. R. Proteínas recombinantes terapêuticas. In: MORAES, A. M.; AUGUSTO, E. F. P.; CASTILHO, L. R. (eds.). *Tecnologia do cultivo de células animais: de biofármacos à terapia gênica*. São Paulo: Roca, 2008. p. 384-402.

MEUWLY, F. et al. Packed-bed bioreactors for mammalian cell culture: Bioprocess and biomedical applications. *Biotechnology Advances*, v. 25, p. 45-56, 2007.

MORAES, A. M; CASTILHO, L. R.; BUENO, S. M. A. Processos de purificação dos produtos. In: MORAES, A. M.; AUGUSTO, E. F. P.; CASTILHO, L. R. (eds.). *Tecnologia do cultivo de células animais: de biofármacos à terapia gênica*. São Paulo: Roca, 2008. p. 289-320.

MORAES, A. M.; MENDONÇA, R. Z.; SUAZO, C. A. T. Meios de cultura para células animais. In: MORAES, A. M.; AUGUSTO, E. F. P.; CASTILHO, L. R. (eds.). *Tecnologia do cultivo de células animais: de biofármacos à terapia gênica*. São Paulo: Roca, 2008. p. 105-121.

NIENOW, A. W. Mass transfer and mixing across the scales in animal cell culture. In: AL-RUBEAI, M. (ed.). *Animal cell culture*. Cham: Springer, 2015. p. 137-168.

_____. Reactor engineering in large scale animal cell culture. *Cytotechnology*, v. 50, p. 9-33, 2006.

OZTURK, S. S. Equipment for large-scale mammalian cell culture. *Advances in Biochemical Engineering/Biotechnology*, v. 139, p. 69-92, 2014.

PALOMARES, L. A; RAMIREZ, O. T. Bioreactor scale-up In: FLICKINGER, M. C. (ed.). *Upstream Industrial Biotechnology*. Nova York: John Wiley & Sons, 2013, p. 863-886.

PELLEGRINI, M. P.; PINTO, R. C. V.; CASTILHO, L. R. Mecanismos de crescimento e morte de células animais cultivadas *in vitro*. In: MORAES, A. M.; AUGUSTO, E. F. P.; CASTILHO, L. R. (eds.). *Tecnologia do cultivo de células animais: de biofármacos à terapia gênica*. São Paulo: Roca, 2008. p. 138-169.

PETRIDES, D. Bioprocess design and economics. Disponível em: <http://www.intelligen.com/downloads/BioProcessDesignAndEconomics_March_2015.pdf>. Acesso em: 1 mar. 2017.

POLLOCK, J.; HO, S. V.; FARID, S. S. Fed-batch and perfusion culture processes: economic, environmental, and operational feasibility under uncertainty. *Biotechnology and Bioengineering*, v. 110, n. 1, p. 206-219, jan. 2013.

PORTNER, R. Bioreactors for mammalian cells. In: AL-RUBEAI, M. (ed.). *Animal cell culture*. Cham: Springer, 2015, p. 89-135.

PORTNER, R. et al. Fixed bed reactors for the cultivation of mammalian cells: design, performance and scale-up. *Open Biotechnology Journal*, v. 1, p. 41-46, 2007.

ROCHA, G. Saúde investe R$ 443 mi para produção de medicamentos biológicos. 2016. Disponível em: <http://portalms.saude.gov.br/noticias/agencia-saude/26775--saude-investe-r-443-mi-para-producao-de-medicamentos-biologicos>. Acesso em: 27 fev. 2017.

RODGERS, K. R.; CHOU, R. C. Therapeutic monoclonal antibodies and derivatives: historical perspectives and future directions. *Biotechnology Advances*, v. 34, p. 1149-1158, 2016.

RODRIGUES, C. A. V. et al. Stem cell cultivation in bioreactors. *Biotechnology Advances*, v. 29, p. 815-829, 2011.

SART, Y. et al. Stem cell bioprocess engineering towards cGMP production and clinical applications. *Cytotechnology*, v. 66, p. 709-722, 2014.

SCUDELLARI, M. How iPS cells changed the world. *Nature*, v. 534, p. 310-312, 2016.

SERRA, M. et al. Microencapsulation technology: a powerful tool for integrating expansion and cryopreservation of human embryonic stem cells. *PLoS ONE*, v. 6, p. e23212, 2011.

_____. Process engineering of human pluripotent stem cells for clinical application. *Trends in Biotechnology*, v. 30, n. 6, p. 350-359, 2012.

SERRATO, J. A. et al. Heterogeneous conditions in dissolved oxygen affect N--glycosylation but not productivity of a monoclonal antibody in hybridoma cultures. *Biotechnology and Bioengineering*, v. 88, n. 2, p. 176-188, 2004.

SHARFSTEIN, S. T.; KAISERMAYER, C. Microcarrier culture. In: FLICKINGER, M. C. (ed.). *Upstream Industrial Biotechnology*. Nova York: John Wiley & Sons, 2013. p. 771-732.

SHARPE, M. E.; MORTON, D.; ROSSI, A. Nonclinical safety strategies for stem cell therapies. *Toxicology and Applied Pharmacology*, v. 262, p. 223-231, 2012.

SILVA JÚNIOR, H.; BOROJEVIC, R. Terapias celulares e células-tronco. In: MORAES, A. M.; AUGUSTO, E. F. P.; CASTILHO, L. R. (eds.). *Tecnologia do cultivo de células animais: de biofármacos à terapia gênica*. São Paulo: Roca, 2008. p. 465-479.

SILVA, A. C. et al. Cell Immobilization for the production of viral vaccine. In: AL-RUBEAI, M. (ed.). *Animal cell culture*. Cham: Springer, 2015. p. 541-563.

SPEARMAN, M.; BUTLER, M. Glycosylation in cell culture. In: AL-RUBEAI, M. (ed.). *Animal cell culture*. Cham: Springer, 2015. p. 236-258.

TAKAHASHI, K. et al. Induction of pluripotent stem cells from adult human fibroblasts by defined factors. *Cell*, v. 131, p. 861-872, 2007.

TAMASHIRO, W. M. S. C; AUGUSTO, E. F. P. Anticorpos monoclonais. In: MORAES, A. M.; AUGUSTO, E. F. P.; CASTILHO, L. R. (eds.). *Tecnologia do cultivo de células animais: de biofármacos à terapia gênica*. São Paulo: Roca, 2008. p. 385-393, 403-426.

ULUDAG, H.; DE VOS, P.; TRESCO, P. A. Technology of mammalian cell encapsulation. *Advanced Drug Delivery Reviews*, v. 42, p. 29-64, 2000.

VAN DER VALK, J. et al. Optimization of chemically defined cell culture media-replacing fetal bovine serum in mammalian in vitro methods. *Toxicology in Vitro*, v. 24, n. 4, p. 1053-1063, jun. 2010.

VISION GAIN. Biologics market trends and forecasts 2016-2026. 2016. Disponível em: <https://www.visiongain.com/report/biologics-market-trends-and-forecasts-2016-2026/>. Acesso em: 27 fev. 2017.

WALTHER, J. et al. The business impact of an integrated continuous biomanufacturing platform for recombinant protein production. *Journal of Biotechnology*, v. 213, p. 3-12, 2015.

WANG, D. et al. The bioreactor: a powerful tool for large-scale culture of animal cells. *Current Pharmaceutical Biotechnology*, v. 6, p. 397-403, 2005.

WARNOCK, J. N.; AL-RUBEAI, M. Bioreactor systems for the production of biopharmaceuticals from animal cells. *Biotechnology and Applied Biochemistry*, v. 45, p. 1-12, 2006.

WLASCHIN, K. F; HU, W.-S. Fedbatch culture and dynamic nutrient feeding. *Advances in Biochemical Engineering and Biotechnology*, v. 101, p. 43-74, 2006.

WUNG, N. et al. Hollow fibre membrane bioreactors for tissue engineering applications. *Biotechnology Letter*, v. 36, p. 2357-2366, 2014.

ZHANG, Y. et al. Very high cell density perfusion of CHO cells anchored in a non-woven matrix-based bioreactor. *Journal of Biotechnology*, v. 213, p. 28-41, 2015.

ZHU, J. Mammalian cell protein expression for biopharmaceutical production. *Biotechnology Advances*, v. 30 , p. 1158-1170, 2012.

ZYDNEY, A. L. Continuous downstream processing for high value biological products: A Review. *Biotechnology and Bioengineering*, v. 113, n. 3, p. 465-475, 2016.

Sobre os autores

Adalberto Pessoa Jr.

Docente de Biotecnologia Farmacêutica na Faculdade de Ciências Farmacêuticas da Universidade de São Paulo (USP) desde 1998. Engenheiro de alimentos pela Universidade Federal de Viçosa, com mestrado e doutorado em Tecnologia Bioquímico-Farmacêutica pela USP, doutorado-sanduíche na Alemanha (*Gesellschaft fur Biotechnologische Forschung*) e período sabático no Massachusetts Institute of Technology, Estados Unidos. É livre-docente e professor titular na FCF/USP. Foi vice-diretor da FCF/USP; coordenador do Programa de Pós-Graduação em Tecnologia Bioquímico-Farmacêutica; presidente da Comissão de Pós-Graduação; editor-chefe do periódico *Brazilian Journal of Microbiology* (BJM); presidente da Sociedade Brasileira de Microbiologia; vice-presidente da Associação Latino-Americana de Microbiologia; coordenador da Rede Brasileira de Biotecnologia Farmacêutica; professor do curso de mestrado em Energías Renovables da Universidad Autónoma de Guadalajara, México. Atualmente atua como editor associado na área de Microbiologia Industrial do BJM; membro do corpo docente do Colégio de Doutorado em Engenharia Química da Università degli studi di Genova, Itália; professor do doutorado em Biologia Molecular e Biotecnologia Aplicada da Universidad de La Frontera, Chile; pesquisador em projeto sobre produção de L-asparaginase (biofármaco antileucêmico) com a Universidad Nacional Mayor de San Marcos, Peru; e coordenador do convênio de duplo doutorado com o Institute of Pharmaceutical Sciences, King's College London. Possui mais de dez patentes na área de biotecnologia; mais de 270 artigos publicados e dois livros publicados. Supervisionou dezenas de mestres, doutores e pós-doutores.

Alline Artigiani Lima Tribst

É engenheira de alimentos e mestre, doutora e pós-doutora em tecnologia de alimentos formada pela Universidade Estadual de Campinas (Unicamp). É pesquisadora do Núcleo de Estudos e Pesquisas em Alimentação da Unicamp na linha de pesquisa de desenvolvimento de novos produtos e tecnologias. Desenvolve trabalhos de pesquisa científica e extensão universitária, fornecendo apoio técnico a produtores e órgãos governamentais. Publicou cinco capítulos de livros e 64 artigos científicos em revistas indexadas, sendo a maioria deles em revistas internacionais de alto impacto. Participou de dezessete projetos de pesquisa e atua em colaboração com outras universidades brasileiras como UFV, Udesc, Cefet-RJ e USP. Ganhadora do prêmio Crea 2006 de excelência acadêmica na área de engenharia de alimentos e do prêmio Capes de tese 2013, como melhor tese defendida na área de ciência de alimentos do Brasil no ano de 2012.

Ana Paula Manera

Professora associada nível I classe D da Universidade Federal do Pampa (Unipampa), *campus* de Bagé, do curso de Engenharia de Alimentos. Possui graduação em Engenharia de Alimentos pela Universidade Federal do Rio Grande (Furg, 2003) e mestrado em Engenharia e Ciência de Alimentos pela Furg (2006), doutorado em Engenharia de Alimentos pela Universidade Estadual de Campinas (Unicamp, 2010), na área de Engenharia de Bioprocessos. Atua principalmente nos seguintes temas: microbiologia, fermentação de microrganismos para produção de enzimas, síntese de galacto-oligossacarídeos e nanofiltração de compostos.

André Luis Ferraz

Professor titular da Escola de Engenharia de Lorena da Universidade de São Paulo (USP, 2017). Bacharel em Química (1987) e doutor em Ciências/Química Orgânica (1991) pela Universidade Estadual de Campinas (Unicamp). Pós-doutorado na área de Química da Madeira na Universidade de Concepción, Chile (1996). Tem experiência na área de química da madeira e outros materiais lignocelulósicos, com ênfase em biotecnologia, atuando principalmente nos seguintes temas: biodegradação de madeira, biopolpação, biorrefinarias, enzimas oxidativas, hidrolíticas e seus sistemas biomiméticos, topoquímica de células lignificadas e hidrólise enzimática da biomassa lignificada.

Ângela Maria Moraes

Graduou-se em Engenharia Química pela Universidade Estadual de Maringá em 1988, concluiu seu mestrado em Engenharia Química na Faculdade de Engenharia Química (FEQ) da Universidade Estadual de Campinas (Unicamp) em 1991 e fez seu doutorado em Engenharia Química também na Unicamp (defesa em 1996), com estágio doutoral de dois anos no Departamento de Engenharia Química da Universidade Estadual da Carolina do Norte, Estados Unidos. É atualmente professora titular do Departamento de Engenharia de Materiais e de Bioprocessos da FEQ/Unicamp. Tem experiência na área de Engenharia Química, com ênfase em biomateriais e em processos bioquímicos, atuando principalmente no cultivo de células animais, tanto na forma livre quanto aderida a suportes ou na forma de esferoides, no desenvolvimento de biomateriais micro e nanoestruturados para a área de saúde humana e animal, particularmente de dispositivos à base de polissacarídeos e de polímeros sintéticos biocompatíveis biodegradáveis para uso como partículas, fibras, filmes, membranas e suportes tridimensionais úteis na regeneração de pele, ossos, vasos sanguíneos, mucosa e cartilagem. Atua também no desenvolvimento de micro e nanodispositivos para a liberação controlada de agentes bioativos como fármacos e vacinas e no estudo da formação, controle e prevenção de biofilmes microbianos.

Antonio de Pádua Risolia Barbosa

Graduado como engenheiro químico pela Escola de Química da Universidade Federal do Rio de Janeiro (EQ/UFRJ), tem especialização em Microbiologia pela Universidade de Buenos Aires, é mestre em Ciências e doutor em Gestão e Inovação Tecnológica pelo Programa de Engenharia de Tecnologia de Processos Químicos e Bioquímicos da EQ/UFRJ.

Especializado na produção de vacinas no Instituto de Pesquisa de Doenças Infecciosas – Biken da Universidade de Osaka, Japão, e em Vacinologia em Annecy, França, pela Fundação Mérieux e Universidade de Genebra.

Trabalhou com o desenvolvimento de projetos de pesquisas em fermentação alcoólica no Laboratório de Engenharia de Bioprocessos da Escola de Química e no Laboratório de Bioprocessos da Coppe, ambos na UFRJ.

É tecnologista sênior do Instituto de Tecnologia em Imunobiológicos/Bio-Manguinhos da Fundação Oswaldo Cruz/Fiocruz desde 1989, onde exerceu o cargo de gerente da Seção de Fermentação de Vacinas Bacterianas, gerente do Laboratório de Produção de Vacinas Bacterianas, trabalhando também com desenvolvimento tecnológico e escalonamento de processos de produção de vacinas. Posteriormente, foi gerente do Departamento de Produção de Vacinas Bacterianas por cinco anos. Durante onze anos, ocupou o cargo de vice-diretor de produção de Bio-Manguinhos, foi responsável pela produção das dez vacinas que o instituto fornece ao Programa Nacional de Imunizações, quatro biofármacos e quinze reagentes para diagnósticos.

Desde 2017, é responsável pela Coordenação Tecnológica de Bio-Manguinhos, cuja finalidade é coordenar as transferências de tecnologia para a nacionalização da produção de vacinas, biofármacos e reagentes para diagnósticos na unidade.

Bruno Ricardo de Castro Leite Jr.

Bacharel em Ciência e Tecnologia de Alimentos pelo IF Sudeste MG, mestre e doutor em Tecnologia de Alimentos pela Universidade Estadual de Campinas com período de doutorado sanduíche na University of British Columbia, Canadá. É professor adjunto do Departamento de Tecnologia de Alimentos da Universidade Federal de Viçosa (DTA-UFV), onde ministra aulas para os cursos de Engenharia de Alimentos,

Medicina Veterinária, Ciência e Tecnologia de Laticínios, Agronomia, Zootecnia e Nutrição. É revisor de doze periódicos científicos, já publicou três capítulos de livros, mais de 45 artigos científicos e centenas de resumos em forma de pôster e apresentações orais em congressos nacionais e internacionais. Na área de pesquisa, vem desenvolvendo projetos com as tecnologias de ultrassom, homogeneização a alta pressão; alta pressão isostática e ozônio no processamento de alimentos em colaboração com outras instituições de ensino superior do Brasil, como USP, Nepa/Unicamp, CEFET-RJ e IF Sudeste MG. Ganhador do prêmio de Melhor Desempenho Acadêmico no curso de graduação em CTA-2011 e do prêmio Capes de Tese 2018, como melhor tese defendida na área de ciência de alimentos do Brasil no ano de 2017.

Deise Maria Fontana Capalbo

Possui graduação (1978), mestrado (1982) e doutorado (1989) em Engenharia de Alimentos pela Universidade Estadual de Campinas (Unicamp). Foi professor adjunto na Unicamp e na Pontifícia Universidade Católica de Campinas entre 1983 e 1985. É pesquisadora da Empresa Brasileira de Pesquisa Agropecuária, na sua unidade de pesquisa em meio ambiente, em Jaguariúna. Tem experiência na área de microbiologia, com ênfase em microbiologia industrial e de fermentação, principalmente nos seguintes temas: *Bacillus thuringiensis* e seus processos de produção, *Clonostachys roseum* e processo produtivo em substrato sólido e líquido, *Trichoderma stromaticum*, entre outros agentes de controle biológico. Desde 2005 dedica-se também a estudos de avaliação de impactos ambientais para agentes microbianos utilizados como pesticidas. Desde 1998 atua no tema de biossegurança de plantas geneticamente modificadas, especialmente nos assuntos relativos a impactos ambientais dos transgênicos sobre a microbiota do solo.

Denise Bevilaqua

Graduada em Química pela Universidade Estadual Paulista "Júlio de Mesquita Filho" (Unesp, 1989), mestrado em Biotecnologia pela Unesp (1999) e doutorado em Biotecnologia pela Unesp (2003). Pesquisadora visitante na Tampere University of Technology (2008). É professora assistente doutora no Departamento de Bioquímica e Tecnologia Química do Instituto de Química de Araraquara. Seu grupo de pesquisa se intitula "Bioprocessos aplicados à mineração e ao meio ambiente" e atua na pesquisa e desenvolvimento de projetos que buscam alternativas de menor impacto ambiental aos processos industriais atuais de extração mineral, visando recuperação de metais de minérios de baixo teor ou de resíduos industriais com ênfase na recuperação de cobre, ouro e alumínio pelo uso de microrganismos no bioprocesso, conhecido como biomineração. Além dos processos minerais, também são desenvolvidas propostas para tratamentos de resíduos industriais líquidos, como drenagem ácida de mina, e gasosos, como gás sulfídrico em biogás. Publicou 25 trabalhos, três depósitos de patentes, quatro capítulos de livros, e tem dezenas de participações em eventos científicos no Brasil e no mundo. Orientou doze dissertações de mestrado e seis de doutorado. Coordenou e participou de projetos de cooperação entre empresa e universidade, além de projetos com as agências de fomento Fapesp, CNPq e Capes. É assessora científica da Fapesp e de diversas revistas científicas.

Denise Maria Guimarães Freire

Engenheira química, mestre em Tecnologia de Processos Bioquímicos e doutora em Bioquímica pela Universidade Federal do Rio de Janeiro (UFRJ). Coordena o Laboratório de Biotecnologia Microbiana (LaBiM), sendo atualmente professora titular do Departamento de Bioquímica do Instituto de Química da UFRJ. Atua como docente permanente nos cursos de pós-graduação em Bioquímica e Ciências de Alimentos do Instituto de Química e como docente colaboradora no Programa de Engenharia Química da Coppe. Dedica-se à área de bioprocessos há cerca de trinta anos, nos seguintes temas: produção e utilização de lipases vegetais e microbianas, produção e utilização de proteases microbianas, aproveitamento de resíduos e coprodutos industriais, tratamento biológico-enzimático de efluentes e produção e utilização de biossurfactantes. Tem grande número de artigos publicados em revistas internacionais indexadas, publicou capítulos de livros e teve patentes concedidas. Orientou muitos mestres e doutores e é consultora *ad hoc* de diversas agências de fomento nacional. Desenvolveu projetos de investigação em cooperação com empresas (Petrobrás, Chevron, Agropalma e L'Oréal). Por sua atividade de investigação, foi premiada diversas vezes. A pesquisadora é ainda membro do corpo editorial das revistas *Enzyme Research*, *BioMed Research International* (Hindawi Publishing Corporation) e *Bioresearch and Biotechnology Inovation* (Elsevier) de circulação internacional.

Elisabeth de Fátima Pires Augusto

Graduada em Engenharia Química pela Escola Politécnica da Universidade de São Paulo (EPUSP, 1984). Mestre (1991) e doutora (1999) em Engenharia Química pela EPUSP, com ênfase em Engenharia Bioquímica. Foi pesquisadora sênior e chefe do Laboratório de Biotecnologia Industrial do Instituto de Pesquisas Tecnológicas do Estado de São Paulo (IPT, 1985-2012). Atualmente, é professora do curso de bacharelado em Biotecnologia da Universidade Federal de São Paulo (Unifesp), *campus* de São José dos Campos (2012-).

Tem experiência na área de processos bioquímicos, com ênfase no desenvolvimento e otimização de bioprocessos, na tecnologia de cultura de células animais para produção de proteínas recombinantes e vacinas de uso humano e veterinário e em modelagem matemática. Coordenou vários projetos em parceria com o setor privado que envolveram transferências de tecnologias nas áreas de *expertise* mencionadas.

Elke Jurandy Bran Nogueira Cardoso

Professora titular sênior do Departamento de Ciência do Solo da Universidade de São Paulo (USP), Escola Superior de Agricultura Luiz de Queiroz (Esalq) e orientadora do Curso PG em Solos e Nutrição de Plantas e em Microbiologia Agrícola e Ambiental. Formação em Engenharia Agronômica pela Esalq/USP (1964); mestrado em Fitopatologia pela Esalq/USP (1968); Ph.D. pela Ohio State University, Estados Unidos (1971); pós-doutorado pela Universidade de Goettingen, Alemanha (1989). Defendeu a livre-docência (1984) e é professora titular (1992) na Esalq/USP de Microbiologia e Biotecnologia do Solo.

Desenvolve pesquisa em sustentabilidade ambiental e agrícola, utilização de resíduos orgânicos na agricultura, manejo biológico e microbiológico do solo e serviços ecossistêmicos, recuperação de solos degradados, interações plantas-solos-microrganismos, minimização de estresses ambientais e climáticos.

Atualmente é coordenadora do projeto temático da Fapesp intitulado "Mudanças Climáticas e Eficiência Energética na Agricultura: um Enfoque em Estresse Hídrico, Manejo Orgânico e Biologia do Solo". Coordenou grande número de projetos de pesquisa com financiamento de agências nacionais e internacionais no Brasil e em convênios com Alemanha, Portugal, Espanha, Colômbia etc. Publicou mais de 170 artigos científicos internacionais, treze livros e 25 capítulos de livros. Orientou noventa teses de mestrado e de doutorado e 45 projetos de iniciação científica, monografias e estágios técnicos e supervisionou cinco pós-doutores. É bolsista CNPq.

Fernanda de Lima Valadares

Graduação em Bioquímica pela Universidade Federal de Viçosa (UFV, 2011); mestrado (2013) e doutorado (2017) em Ciências nas áreas aplicadas de conversão de biomassa e microbiologia, respectivamente, pela Universidade de São Paulo (USP). Pós-doutorado pelo Departamento de Bioquímica e Biologia Tecidual, no Laboratório de Enzimologia e Biologia Molecular de Microrganismos pela Universidade Estadual de Campinas (Unicamp, 2019). Entre as principais linhas de pesquisa, atuou no estudo de enzimas hidrolíticas e oxidativas oriundas do secretoma de basidiomicetos degradadores de madeira, visando o desenvolvimento de misturas enzimáticas específicas para degradação de um determinado material lignocelulósico. As pesquisas mais recentes tiveram como foco o estudo dos mecanismos enzimáticos oxidativos das LPMOs (Mono-oxigenases líticas polissacarídicas) e sua aplicabilidade na degradação de biomassa lignocelulósica.

Francisco Maugeri Filho

Professor titular da Faculdade de Engenharia de Alimentos (FEA) da Universidade Estadual de Campinas (Unicamp). Possui graduação em Engenharia de Alimentos pela Unicamp (1976) e doutorado em Génie Biochimique pelo Institut National Des Sciences Appliquées (1980). Tem experiência na área de engenharia de alimentos, com ênfase em engenharia bioquímica e biotecnologia industrial, atuando principalmente nos seguintes temas: Produção e purificação de bioprodutos, processos fermentativos, reatores bioquímicos, produção e aplicação de enzimas.

Geraldo Lippel Sant'Anna Junior

Graduado em Engenharia Química pela Universidade de São Paulo (USP), mestre em Engenharia Química pela Universidade Federal do Rio de Janeiro (UFRJ) e doutor em Química Industrial e Engenharia de Processos pelo Institut national des sciences appliquées (Insa) de Toulouse. De 1974 a 2007 foi professor e pesquisador do Programa de Engenharia Química da Coppe/UFRJ. Aposentou-se como professor titular da UFRJ em 2007. Foi membro do Conselho Técnico e Científico da empresa Rhodia S.A. de 1992 a 1998. De 2008 a 2013 atuou como consultor de empresa de base tecnológica com vistas à transferência de produtos e processos desenvolvidos na academia para o setor industrial. Foi pesquisador visitante sênior (Faperj) do Departamento de Engenharia Sanitária e Ambiental da Universidade do Estado do Rio de Janeiro (Uerj) no período de outubro de 2014 a março de 2016. Mantem cooperação com o LabPol do Programa de Engenharia Química da Coppe/UFRJ, na área de tratamento de efluentes industriais. Tem atuado profissionalmente nos seguintes temas: tratamento biológico de efluentes industriais, tratamento de efluentes por processos oxidativos e produção de enzimas de interesse industrial. Por seu trabalho acadêmico, foi agraciado com o Prêmio Coppe de Mérito Acadêmico em 2002, e desde 2006 é membro titular da Academia Brasileira de Ciências.

German Andrés Estrada-Bonilla

Pesquisador na área de microbiologia de solos na Corporação Colombiana de Pesquisa Agropecuária (Agrosavia) e representante da Associação Latino-Americana de Rizobiologia (Alar) na Colômbia. Microbiologista (2009) com mestrado em Fitotecnia (2011) pela Universidade Federal Rural do Rio de Janeiro (UFRJ) e doutorado em Solos e Nutrição de Plantas (2015) pela Escola Superior de Agricultura Luiz de Queiroz da Universidade de São Paulo (Esalq/USP). Desenvolve projetos de pesquisa principalmente na área de interação solo-microrganismo-planta-ambiente, especificamente para aprimorar a eficiência da fertilização e modular a resposta da planta a estresses abióticos. Tem experiência na área de uso de PGPB em culturas de interesse econômico em condições de estresse ambiental e no aproveitamento de resíduos orgânicos na agricultura utilizando técnicas como a compostagem. Seu objetivo é tornar a agricultura colombiana mais competitiva utilizando a microbiologia do solo como eixo de inovação.

Iracema de Oliveira Moraes

Nasceu em 1940, em Socorro/SP, onde iniciou o ensino fundamental, continuando-o em Amparo, completando ali os demais níveis. Em seguida, ingressou na então FFCL da Pontifícia Universidade Católica de Campinas (hoje PUC-Campinas), onde se graduou em Matemática e Física em 1962. Em 1968 ingressou na recém-implantada Universidade Estadual de Campinas (Unicamp), graduando-se em Engenheira de Alimentos na primeira turma, em 1970. Contratada para a área de bioengenharia da Faculdade de Engenharia de Alimentos (FEA/ Unicamp), nela realizou seu mestrado (1973), doutorado (1976) e livre-docência (1981). Aprovada em concurso, passou a professora adjunta em 1984 e professora titular em 1986. Especialização no Massachusets Institute of Technology (MIT), dos Estados Unidos, em Biochemical Engineering com o Prof. Arthur Humphrey (1974). Docente de graduação e pós-graduação; coordenadora do Programa de Pós-Graduação em Engenharia de Alimentos da Unicamp (quatro mestrados e três doutorados). Entre os ex-alunos da Unicamp, foi a primeira a ser eleita diretora de unidade (de 1982 a 1986), na época, na FEAA, com os cursos de Engenharia de Alimentos e Engenharia Agrícola. Em 1985 desmembrou o curso de Engenharia Agrícola, criando a Faculdade de Engenharia Agrícola da Unicamp. Aposentou-se em 1988. Colaborou com a implantação do curso de Engenharia Química da Unicamp e dele foi docente (1980 a 1988). Coordenou o Departamento de Engenharia de Alimentos da Universidade Estadual Paulista, *campus* de São José do Rio Preto (Unesp/SJRP) de 1989 a 1997 e o curso de Engenharia Química da Universidade Guarulhos (UNG) de 1997 a 2004. Docente e orientadora de Pós-Graduação na USP/FCA, Unesp/Araraquara, Unesp/Rio Claro, UFLA, além da FEA/Unicamp: 29 teses orientadas, quinze mestrados e catorze doutorados. Coordenou cursos internacionais de pós-graduação da Escola Brasil Argentina de Biotecnologia/MCT/CNPq em 2010, 2011, 2012, 2013, 2017 (este na Argentina) em cultivo de micro/macro algas para obtenção de biocombustíveis de terceira geração.

Empresária, implantou (em 2004) e é presidente da Probiom Tecnologia – Pesquisa e Desenvolvimento Experimental em Ciências Físicas e Naturais, empresa de biotecnologia, desenvolvedora de bioprocessos e bioprodutos.

Como inventora, tem duas patentes: PI 7608688 e PI 8500663-7; laureada com o Prêmio Governador do Estado de 1985 (melhor invento do ano); protótipos premiados no México em 1986 (1º lugar) e 1987 (2º lugar; agitador naval e agitador de turbina – estudos de reologia); curadora da Coleção de Culturas Tropical da Fundação André Tosello e presidente do de seu Conselho Curador (três mandatos)

Ivna Alana Freitas Brasileiro da Silveira

Graduada em Farmácia pela Universidade Federal da Bahia (UFBA) em 1986. Mestrado em Farmacologia Básica e Clínica pelo Departamento de Farmacologia Básica e Clínica do Instituto de Ciências Biomédicas da Universidade Federal do Rio de Janeiro (UFRJ) em 1991. Doutorado em Imunologia pelo Instituto de Microbiologia Prof. Paulo Góes da UFRJ em 2007. Tem experiência na área de saúde coletiva, com ênfase em saúde pública, atuando principalmente nos seguintes temas: desenvolvimento, avaliação físico-química e imunológica de vacinas conjugadas, ensaios animais, obtenção e análise de antígenos de *Neisseria meningitidis, Haemophilus influenzae e Streptococcus pneumoniae* com potencial vacinal. Colaboradora e tecnologista sênior do Instituto de Tecnologia em Imunobiológicos (Bio-Manguinhos/Fiocruz) desde 1998, onde gerencia o projeto estratégico de desenvolvimento autóctone da vacina meningocócica C conjugada. Essa vacina já foi escalonada para obtenção de lotes industriais e submetida a vários estudos clínicos de fase I e II em adultos e crianças, tendo apresentado excelentes resultados de segurança e imunogenicidade. Atualmente a vacina está sendo avaliada no estudo clínico de fase II e III em lactentes, crianças e adultos jovens de até 19 anos, última avaliação clínica antes da solicitação do registro da vacina.

Jaciane Lutz Ienczak

Possui graduação em Engenharia de Alimentos pela Universidade de Passo Fundo (UPF, 2005), mestrado em Engenharia de Alimentos pela Universidade Federal de Santa Catarina (UFSC, 2006) e doutorado em Engenharia de Alimentos pela UFSC (2011). Tem experiência na área de microbiologia industrial, engenharia bioquímica, com ênfase em bioprocessos, atuando principalmente nos seguintes temas: produção de biopolímeros, poli(3-hidroxiburato), etanol de primeira e segunda geração, biorrefinaria de carboidratos para o desenvolvimento de bioprocessos. Trabalhou na Indústria Parmalat S.A. como responsável pela microbiologia de processo (2003-2005), e como pesquisadora líder no Laboratório Nacional de Ciência e Tecnologia do Bioetanol (2011-2018). Atualmente é professora adjunta no Departamento de Engenharia Química e Engenharia de Alimentos da UFSC, nas disciplinas de fermentações industriais, engenharia bioquímica e biorrefinarias.

Jorge Alberto Vieira Costa

É engenheiro de alimentos e doutor em Engenharia de Alimentos pela Universidade Estadual de Campinas (Unicamp). Professor titular da Universidade Federal do Rio Grande (Furg) da disciplina de Engenharia Bioquímica, e professor do Programa de Pós-Graduação em Engenharia de Bioprocessos e Biotecnologia da Universidade Federal do Paraná (UFPR). Coordenou o Programa de Pós-Graduação em Engenharia e Ciência de Alimentos e os cursos de graduação de Engenharia de Alimentos, Engenharia Química e Engenharia Bioquímica. É pesquisador e coordenador do Laboratório de Engenharia Bioquímica (LEB) da Furg. Atua na área de ciência e tecnologia de alimentos, com ênfase em engenharia de alimentos. As principais linhas de pesquisas nas quais atua são: produção de microalgas, produção de biossurfactante, biorremediação, fermentação semissólida, tratamento de efluentes e desenvolvimento de novos produtos. Publicou mais de 240 artigos em periódicos especializados e mais de seiscentos trabalhos em anais de eventos. Possui 23 capítulos de livros publicados e 22 produtos tecnológicos, dos quais catorze registrados e patenteados.

Jorge Fernando Brandão Pereira

Desde julho de 2014, professor doutor assistente do Departamento de Bioprocessos e Biotecnologia da Faculdade de Ciências Farmacêuticas da Universidade Estadual Paulista (Unesp), *campus* de Araraquara, e docente credenciado no Programa de Pós-graduação em Biociências e Biotecnologia aplicadas à Farmácia (Capes 7). Em 2008, obteve o mestrado integrado em Engenharia Biológica na Universidade do Minho, em Braga, Portugal. Possui grau de doutor em Engenharia Química conferido pela Universidade de Aveiro (2013). Realizou estágio de pós-doutoramento nos Estados Unidos (julho de 2013 a abril de 2014) no Departamento de Química da The University of the Alabama, num projeto de investigação em parceria com o grupo MIT/Novartis do Massachusetts Institute of Technology (MIT), Estados Unidos. Desde 2014, colidera o grupo de pesquisa BioPPuL – Bioproducts' Production and Purification Lab, que tem como principais áreas de atuação: i) desenvolvimento de processos biotecnológicos para a produção e purificação de bioprodutos de alto valor agregado, com particular ênfase em plataformas sustentáveis utilizando líquidos iônicos; ii) integração de processos *upstream* e *downstream* para obtenção de biomoléculas de interesse industrial; iii) estudos de aumento de escala de processos de extração líquido-líquido; iv) processos químicos e biológicos de recuperação avançada de petróleo; v) estudos de termodinâmica e químico-física de processos de separação. Possui mais de cinquenta artigos publicados, dois editoriais em periódicos internacionais indexados, com mais de 1275 citações e índice H de 17, e ainda quatro capítulos de livros publicados.

José Geraldo da Cruz Pradella

Engenheiro químico pela Escola de Engenharia Mauá (1975), mestre em Engenharia de Alimentos pela Universidade Estadual de Campinas (Unicamp, 1980), doutor em Engenharia Química pela Escola Politécnica da Universidade de São Paulo (USP, 1987), com pós-doutoramento em Polímeros Biodegradáveis pela Universidade de Montreal, Canadá (1992). Foi especialista em bioprocessos no Centro de Pesquisa de Química dos Renováveis da Braskem; pesquisador sênior do Laboratório Nacional de Ciência e Tecnologia do Bioetanol (CTBE) do Centro Nacional de Pesquisas em Energia e Materiais (CNPEM); assessor de P&D e responsável pela Planta Piloto de Produção de Vacinas do Centro de Biotecnologia do Instituto Butantan; pesquisador sênior e chefe do Agrupamento de Biotecnologia do IPT e professor adjunto no Departamento de Engenharia Química da Universidade Federal de São Carlos (UFSCar).

Tem experiência na área de engenharia química, com ênfase em P&D em biotecnologia e bioprocessos para produção de inoculantes, enzimas, biopolímeros, vacinas e anticorpos monoclonais, cultivo em biorreator de alta densidade celular, projeto e ampliação de escala de biorreatores e projeto básico e avaliação econômica de bioprocessos.

Atualmente é professor associado do Instituto de Ciência e Tecnologia da Universidade Federal de São Paulo (ICT/Unifesp), *campus* de São José dos Campos.

José Gregório Cabrera Gomez

É biólogo formado pela Universidade de São Paulo (USP). Realizou mestrado em Biotecnologia (1994) e doutorado em Microbiologia (2000) na USP. Foi pesquisador do Instituto de Pesquisas Tecnológicas do Estado de São Paulo (1995 a 2006) e desde 2006 é professor do Departamento de Microbiologia do Instituto de Ciências Biomédicas da USP. Atua no desenvolvimento de processos biotecnológicos com ênfase em aspectos do metabolismo bacteriano.

Lívia Vieira de Araujo de Castilho

Pós-doutorado em Bioquímica, mestrado e doutorado em Ciência de Alimentos, todos pelo Departamento de Bioquímica do Instituto de Química da Universidade Federal do Rio de Janeiro (UFRJ). Especialização em Ciência dos Medicamentos e Alimentos pela Faculdade de Farmácia da Universidade Federal Fluminense (UFF) e graduação (bacharel) em Medicina Veterinária pela Universidade Estácio de Sá. Tem experiência nas áreas de ciência e tecnologia de alimentos, biotecnologia e caracterização físico-química de produtos/superfícies. Vem atuando principalmente nos seguintes temas: biossurfactantes (otimização da produção, caracterização físico-química e aplicação nas seguintes áreas: indústria de alimentos e petróleo), surfactantes (avaliação das propriedades físico-químicas e verificação da aplicação em altas profundidades para mitigação de vazamento de óleo no mar), biofilmes (inibição e controle da formação de biofilmes indesejáveis) e caracterização/modificação de superfícies (avaliação das propriedades físico-químicas, alteração destas propriedades por modificação da superfície, inibição da formação de biofilmes e controle da corrosão).

Maria de Lourdes Moura Leal

Graduada em Engenharia Química pela Universidade Federal do Rio de Janeiro (UFRJ, 1995). Mestrado em Tecnologia de Processos Químicos e Bioquímicos da Escola de Química da UFRJ (1998). Doutorado em Tecnologia de Processos Químicos e Bioquímicos da Escola de Química da UFRJ (2011).

Atualmente é tecnologista em Saúde Pública Pleno III do Instituto de Tecnologia em Imunobiológicos da Fundação Oswaldo Cruz. Atua na área de biotecnologia com ênfase em desenvolvimento de bioprocessos para obtenção e purificação de antígenos bacterianos com potencial vacinal, tais como: produção e purificação de polissacarídeos capsulares de *Streptococcus pneumoniae*, *Neisseria meningitidis* e *Streptococcus agalactiae*, produção e purificação de antígeno proteico de *Neisseria meningitidis* B. Possui experiência no aumento de escala do bioprocesso, etapa de biorreação, da escala de bancada até industrial para obtenção de antígenos meningocócicos capsulares e proteicos para posterior formulação e produção de lotes de vacinas para estudos clínicos. Coordenou o Laboratório de Tecnologia Bacteriana (Bio-Manguinhos-Fiocruz) no período de 2011 a julho de 2019.

Marney Pascoli Cereda

Graduou-se em Engenharia Agronômica pela Escola Superior de Agricultura Luiz de Queiroz (Esalq, 1969) da Universidade de São Paulo (USP), com especialização de um ano em Tecnologia Rural. Ingressou em 1969 na Universidade Estadual Paulista (Unesp), onde cumpriu todas as etapas da carreira universitária. Na Faculdade de Ciências Agronômicas de Botucatu, foi idealizadora e primeira diretora de um centro de pesquisa especializado em amidos e, em 2000, recebeu a Medalha de Mérito Fernando Costa, da Secretaria de Ciência e Tecnologia do Estado de São Paulo, por sua atuação em pesquisa. Até 2019, foi professora titular da Universidade Católica de Campo Grande (MS). Desde 2012, atua como professora credenciada no Programa de Pós-graduação em Ciências Ambientais e Sustentabilidade Agropecuária, em nível de mestrado e doutorado, onde leciona e orienta nos temas de agroindústrias, tecnologia, segurança alimentar e alimento seguro, além de uso, valorização e tratamento de resíduos. Em agricultura familiar, desenvolve processos em tecnologia apropriada (social), valorização de produção da agricultura familiar. A atuação nessa área proporcionou três patentes aprovadas no Inpi e, mais recentemente, seis outras estão em processo de análise. Na área de microbiologia aplicada, atua em fermentação alcoólica de carboidratos e microbiologia industrial, segurança alimentar e alimento seguro.

Mais recentemente, participou de intercâmbio com a China pelo Programa Santander Universidades, em que proferiu aula sobre cogeração de energia por biomassa de cana-de-açúcar, em julho de 2015. Na vida profissional, realizou diversos estágios de pós-doutorado, na Espanha, França e Inglaterra. Realizou também visitas técnicas na China, Tailândia, Japão, Índia e na maioria dos países da América Central e do Sul. Em 2015, teve auxílio do Programa Santader Universidades para estágio na China. Em 2016, com uma equipe de pesquisadores, venceu o edital do Santander Universidade Solidária com o projeto de extensão de valorização da produção da agricultura familiar com a comercialização de frutas desidratadas e barras energéticas a partir de produtos locais e com tecnologias inovadoras e sustentáveis. Encerrado em 2017, possibilitou transferir tecnologia e desenvolver um equipamento original para a moldagem das barras.

Marta Cristina de Oliveira Souza

Graduada em Engenharia Industrial Química pela Faculdade de Engenharia Química de Lorena (1995). Mestrado em Biotecnologia Industrial pela Faculdade de Engenharia Química de Lorena (1998). Doutorado em Engenharia Química pela Universidade Federal do Rio de Janeiro (UFRJ, 2011).

Atualmente é tecnologista em Saúde Pública Pleno II do Instituto de Tecnologia em Imunobiológicos da Fundação Oswaldo Cruz. Trabalha no Laboratório de Tecnologia Virológica, no desenvolvimento de bioprocessos para produção de antígenos virais. Possui experiência na tecnologia de cultivo de células animais em diferentes sistemas de cultivo, em escala de bancada, incluindo sistemas estáticos e agitados, como biorreatores. Desenvolve atividades relacionadas a purificação, caracterização e inativação de arbovírus, como os vírus da febre amarela, dengue, zika e chikungunya, além de atuar no desenvolvimento de formulações termicamente estáveis para antígenos virais. Desde 2018 coordena a Plataforma de Produção e Caracterização Viral do Laboratório de Tecnologia Virológica (Bio-Manguinhos-Fiocruz).

Michele Greque de Morais

Engenheira de alimentos, com mestrado e doutorado em Engenharia e Ciência de Alimentos pela Universidade Federal do Rio Grande (Furg). Professora das disciplinas de Microbiologia e Nanobiotecnologia no curso de Engenharia Bioquímica na Furg. Desenvolveu seu Pós-Doutorado na área de cultivo de microalgas para obtenção de biocompostos no Scripps Institution of Oceanography (SIO) na University of California, San Diego (UCSD). É pesquisadora e coordenadora do Laboratório de Microbiologia e Bioquímica (Mibi) da Furg, onde orienta alunos no Programa de Pós-Graduação em Engenharia e Ciência de Alimentos (PPGECA). Atua em atividades de pesquisa, desenvolvimento e inovação nas áreas de nanobiotecnologia e ciências agrárias com ênfase em engenharia de alimentos e biotecnologia. Patenteou processos e produtos, publicou artigos em periódicos especializados e capítulos de livros na área de microalgas, bioprodutos extraídos de biomassa microalgal e nanobiotecnologia.

Regina de Oliveira Moraes Arruda

Possui graduação em Engenharia Agronômica pela Faculdade de Agronomia e Zootecnia Manoel Carlos Gonçalves (1986), mestrado em Engenharia Agrícola pela Universidade Estadual de Campinas (Unicamp, 1993) e doutorado em Ciências Farmacêuticas pela Universidade de São Paulo (USP, 1999). É professora adjunta da Universidade Guarulhos (UNG), onde coordena o curso de mestrado em Análise Geoambiental e atua na graduação nos cursos de Química, Farmácia e Medicina Veterinária. É consultora técnica da empresa Probiom Tecnologia – Indústria e Comércio de Bioprodutos. Tem experiência na área de microbiologia aplicada, atuando principalmente nos seguintes temas: qualidade microbiológica da água e saúde pública, cianobactérias, *Bacillus thuringiensis*, controle biológico, *Spirulina platensis*.

Ricardo Pinheiro de Souza Oliveira

Professor livre-docente no Departamento de Tecnologia Bioquímico-Farmacêutica da Faculdade de Ciências Farmacêuticas da Universidade de São Paulo (USP). Graduou-se em Engenharia Agronômica pela USP (2002), cursou mestrado em Ciência e Tecnologia de Alimentos pela USP (2005). Obteve o título de duplo doutorado em Tecnologia Bioquímico-Farmacêutica pela USP e em Engenharia Química, dos Materiais e de Processo pela Università degli Studi di Genova, Itália (2010). Realizou pós-doutorado na Università degli Studi di Genova. Atua sobretudo nos seguintes temas: cultivo microbiano; produção de biomoléculas microbianas, como bacteriocinas e biossurfactantes; bactérias ácido-láticas; probióticos; prebióticos e uso de resíduos agroindustriais em processos fermentativos. É vice-chefe do Departamento de Tecnologia Bioquímico-Farmacêutica, presidente da Comissão de Segurança Química e Biológica da FCF-USP, coordenador de projetos nacionais e internacionais, membro da equipe do projeto financiado pelo Ministerio de Economia y Competitividad da Espanha e colaborador no projeto financiado pelo Ministry of Higher Education da University of King Saud (Arábia Saudita). É membro titular da Comissão de Apoio aos Estágios (CAEs), membro titular da Comissão Interna de Biossegurança (CIBio) e representante titular dos professores associados junto ao Conselho de Departamento de Tecnologia Bioquímico-Farmacêutica (FBT) e docente responsável pelo Laboratório Multiusuário (Setor de Fermentações). É assessor *ad hoc* da Fapesp e revisor de 52 periódicos. Foi vice-presidente da Comissão de Relações Internacionais, editor associado da revista científica *The Scientific World Journal*, da Hidawi Publishing Corporation, entre 2014 e 2016. Possui 64 artigos publicados, dois deles na revista *Biotechnology Advances* – fator de impacto 11,45. Destaques: artigos científicos mais citados pelo Scopus, no período de 2014/2015, e publicados na Food Control (fator de impacto 3,66) e na Trends in Food Science & Technology (fator de impacto 6,60). Possui orientações concluídas de alunos de TCC, iniciação científica, mestrado e doutorado, e supervisão de pós-doutorados. É coordenador das seguintes disciplinas da FCF/USP: Graduação – Informação Científica, Purificação de Produtos Biotecnológicos e Biotecnologia Farmacêutica; Pós-Graduação – Aplicação Biotecnológica de Bactérias Láticas).

Rodrigo de Oliveira Moraes

Possui graduação em Engenharia de Alimentos pela Universidade Estadual Paulista Júlio de Mesquita Filho (Unesp, 1996), mestrado em Engenharia Química pela Universidade Estadual de Campinas (Campinas, 1999) e doutorado em Ciências Farmacêuticas pela Universidade de São Paulo (USP, 2004). É professor assistente da Faculdade de Jaguariúna, coordenador da Fundação Tropical de Pesquisas e Tecnologia André Tosello, vice-presidente e diretor técnico da da Probiom Tecnologia – P & D Experimental em Ciências Físicas e Naturais, e professor visitante de pós-graduação do Instituto de Tecnologia de Alimentos, todos em Campinas. Tem experiência na área de engenharia química, com ênfase em operações industriais e equipamentos para engenharia química, atuando principalmente nos seguintes temas: fermentação em estado sólido, *Trichoderma stromaticum*, vassoura-de-bruxa, *Crinipellis perniciosa*, bioprocessos, biorreatores e formulação.

Rosana Goldbeck

Professora doutora MS-3.1 na Faculdade de Engenharia de Alimentos (FEA) da Universidade Estadual de Campinas (Unicamp). Possui graduação em Engenharia de Alimentos (2005) pela Universidade Federal do Rio Grande (Furg), mestrado (2008) e doutorado (2012) em Engenharia de Alimentos pela Unicamp. Realizou uma parte de seu doutorado na Universitat Autònoma de Barcelona (UAB), onde desenvolveu atividades de pesquisa com o grupo coordenado pelo Prof. Pau Ferrer. Realizou pós-doutorado no Laboratório Nacional de Ciência e Tecnologia do Bioetanol (CTBE) no Centro Nacional de Pesquisa em Energia e Materiais (CNPEM). Possui experiência na área de biotecnologia e bioengenharia com ênfase em processos fermentativos, produção e purificação de enzimas, clonagem e expressão de proteínas heterólogas, hidrólise enzimática e produção de biocombustíveis (bioetanol) e produção de xilo-oligossacarídeos.

Sarita Cândida Rabelo

Graduada (2000-2004) em Química pela Universidade Federal de Viçosa (UFV), mestre (2005-2007) e doutora (2007-2010) em Engenharia Química pela Universidade Estadual de Campinas (Unicamp), com um período de sanduíche (2009) no Institut National de la Recherche Agronomique (Inra), Narbonne, França. Desenvolveu seu pós-doutorado (2010) em Lunds Universitet, Lund, Suécia. Foi pesquisadora (2010-2018) e coordenadora da Divisão de Processos Tecnológicos (2016-2018) do Laboratório Nacional de Biorrenováveis (LNBR), pertencente ao Centro Nacional de Pesquisa em Energia e Materiais (CNPEM). Atualmente é professora assistente doutora no Departamento de Bioprocessos e Biotecnologia da Faculdade de Ciências Agronômicas (FCA), da Universidade Estadual Paulista "Júlio de Mesquita Filho" (Unesp), *campus* de Botucatu. Tem experiência no desenvolvimento de projeto de pesquisa, desenvolvimento e inovação na área de processamento de biomassas para produção de biocombustíveis e produtos químicos e biotecnológicos de alto valor agregado.

Urgel de Almeida Lima

Nasceu em 1929 e graduou-se em Agronomia pela Universidade de São Paulo (USP), onde também obteve seu doutorado e demais títulos universitários. Fez especialização em destilarias e fermentações industriais na França e na Espanha. Colaborou como professor em suas especialidades na hoje Faculdade de Ciências Agronômicas da Universidade Estadual Paulista "Júlio de Mesquita Filho" (Unesp), *campus* de Botucatu. Foi pesquisador e vice-diretor da Escola Superior de Agricultura "Luiz de Queiroz" (Esalq-USP). Lecionou na Faculdade de Ciências Farmacêuticas da USP, onde também foi orientador de teses de mestrado e doutorado. Foi professor na Escola de Engenharia Mauá do Instituto Mauá de Tecnologia, em São Caetano do Sul, onde ministrou aulas de Tecnologia dos Produtos Agropecuários e de Fermentações. Foi membro fundador, membro do conselho diretor e, posteriormente, diretor da Fundação de Estudos Agrários Luiz de Queiroz. Participou de comissões especializadas no desenvolvimento do uso de etanol como combustível alternativo durante o período de atividade do Programa Nacional do Álcool (Proálcool) e foi consultor de empresas nacionais e internacionais em tecnologias agroindustriais. É professor aposentado da USP e continua a dar sua colaboração técnica à Esalq, a outras universidades e a empresas agrozootécnicas. É autor de artigos e livros técnico-científicos.

Valéria de Carvalho Santos Ebinuma

Professora doutora assistente do Departamento de Bioprocessos e Biotecnologia da Faculdade de Ciências Farmacêuticas da Universidade Estadual Paulista (Unesp), *campus* de Araraquara, e docente credenciada no Programa de Pós-Graduação em Biociências e Biotecnologia aplicadas à Farmácia (Capes 7). Engenheira bioquímica pela Escola de Engenharia de Lorena da Universidade de São Paulo (USP), com mestrado e doutorado em Tecnologia Bioquímico-Farmacêutica pela USP. Desde 2014, colidera o grupo de pesquisa BioPPuL – Bioproducts' Production and Purification Lab, que tem como principais áreas de atuação: i) processos de produção e purificação de colorantes naturais produzidos por microrganismos; ii) desenvolvimento de processos biotecnológicos para a produção e purificação de bioprodutos de alto valor agregado, com particular ênfase para plataformas sustentáveis; iii) integração de processos *upstream* e *downstream* para obtenção de biomoléculas de interesse industrial; iv) estudos de aumento de escala de processos de produção de biomoléculas. Possui mais de quarenta artigos publicados, dois editoriais em periódicos internacionais indexados, com mais de oitocentas citações e índice H de 16, e ainda dois capítulos de livros publicados.

Vitor Hugo dos Santos Brito

Engenheiro agrônomo, mestre e doutor em Ciências Ambientais e Sustentabilidade Agropecuária – realização de sanduíche na Facultad de Agronomía da Pontifícia Universidad Católica de Chile (PUC). Professor pesquisador do curso de Agronomia da Universidade para o Desenvolvimento do Estado e da Região do Pantanal (Uniderp – Agrárias). Atuação em pesquisas interdisciplinares voltadas ao agronegócio e produção sustentável (sustentabilidade do meio rural), com os temas: agroindústrias (ciências e tecnologia de alimentos, gestão, indústrias de processamento de amidos, farinhas e derivados), fitotecnia e botânica aplicada (produção vegetal, morfometria, plasticidade fenotípica, nutrição vegetal, fenologia e ecofisiologia) e agroquímica e biomoléculas (bioquímica, metabolômica, biologia molecular). Participante dos grupos de pesquisas: Tecnologia, Segurança Alimentar e Sustentabilidade Rural (UCDB-CeTeAgro), Propagação e Produção de Plantas com Interesse Agrícola (UCDB-CeTeAgro), Carboidratos – Amidos (Unesp- Ibilce), Produtos Naturais e Espectrometria de Massas (UFMS-LaPNEM), Desenvolvimento, Meio Ambiente e Sustentabilidade (UCDB- Casa) e QuinoaLab (PUC Chile).